C++
编程之禅
从理论到实践

刘志宇 / 著

U0387852

清华大学出版社

北京

内 容 简 介

本书是一部全面系统介绍C++编程语言的高级教程，旨在帮助读者深入理解C++的设计哲学和编程技巧。本书从C++的基础设计原则出发，详细地探讨了封装、继承、模板等核心概念，并介绍了C++20和C++23引入的一些现代特性。书中不仅讲解了C++的基本语法和结构，还探讨了类型系统、内存模型、并发编程、设计模式、架构策略以及性能分析等高级主题，并展示了诸多最佳实践供开发者参考。

本书为读者提供了全面而细致的技术景观，能够帮助读者掌握C++这门强大的编程语言，并利用其功能来优化和创新编程实践。

图书在版编目（CIP）数据

C++编程之禅：从理论到实践 / 刘志宇著. -- 北京：

清华大学出版社，2024. 10. -- ISBN 978-7-302-67485-6

Ⅰ. TP312.8

中国国家版本馆 CIP 数据核字第 2024HG8538 号

责任编辑：王金柱　秦山玉
封面设计：王　翔
责任校对：闫秀华
责任印制：刘　菲

出版发行：清华大学出版社
　　　　　网　　　址：https://www.tup.com.cn，https://www.wqxuetang.com
　　　　　地　　　址：北京清华大学学研大厦A座　　　　邮　　编：100084
　　　　　社 总 机：010-83470000　　　　　　　　　　邮　　购：010-62786544
　　　　　投稿与读者服务：010-62776969，c-service@tup.tsinghua.edu.cn
　　　　　质量反馈：010-62772015，zhiliang@tup.tsinghua.edu.cn
印 装 者：三河市天利华印刷装订有限公司
经　　销：全国新华书店
开　　本：190mm×260mm　　　　印　　张：48.75　　　　字　　数：1315 千字
版　　次：2024 年 11 月第 1 版　　　　　　　　　　印　　次：2024 年 11 月第 1 次印刷
定　　价：189.00 元

产品编号：107769-01

前　　言

C++作为一门历史悠久且功能强大的编程语言，长期以来一直处于软件开发的前沿，广泛应用于系统编程、游戏开发以及实时性能计算等领域。然而，尽管C++具有广阔的应用前景，许多人在学习这门语言的过程中因其复杂性而感到畏惧，或者尽管经过反复学习但仍难以编写出优质的代码。有些人虽然掌握了C++的基础知识，但不知道如何进一步提升技能。本书的编写初衷正是为了帮助这些读者全面掌握C++这门语言，并为他们的进一步学习提供清晰的方向。

心理学家卡罗尔·德韦克在其研究中提出了成长心态的概念——拥有成长心态的人相信自己的能力可以通过努力和学习得到提升。这种心态对于学习C++这样的复杂技术尤为重要，因为它使人们在面对编程中的挑战和失败时，将其视为成长和学习的机会，而非障碍。正如禅宗哲学中强调的"初心"，即始终保持学习初期的好奇和热情。

在笔者的开发旅程中，发现初学者最害怕的不是编程本身，而是在面对浩瀚的知识海洋时感到自己的认知不足，难以全面解决问题。每当笔者发现一个新技术或解决方案时，总会欣喜若狂。这种发现的喜悦和随之而来的成就感，是笔者渴望与读者分享的源泉。技术是一片深不可测的海洋，每一次的深入学习都是对未知领域的探索和对自我能力的挑战。在这个广阔的知识领域中，我们都是探险者，渴望揭开更多的奥秘，追求技术的极致。

本书旨在填补市场上关于C++深度解析与设计哲学的空缺。我们将通过详细讨论C++的设计目标和原则，培养读者的系统思维和架构设计能力，使他们能够构建更加稳定、安全和高效的C++应用程序。特别是从C++20开始，引入了很多现代化的特性，对于那些在各自领域已有成就但可能不熟悉这些新特性的读者来说，这既是挑战也是机会。本书将包含这些特性的应用示例，帮助读者从新视角解决问题，并保持对技术前沿的敏感性。希望通过这种方式，为C++开发者的成长之路提供指引和启发，无论是初学者还是有经验的专业人士。

在快速变化的技术世界中，理解一门编程语言的深层设计哲学是一种宝贵的能力。这种理解不仅能够帮助开发者预测和适应未来的技术趋势，也能在现有项目中做出更加明智的技术选择。C++作为一门支持多范式的编程语言，它的复杂性和灵活性为我们提供了无限的可能性，但同时也带来了不少挑战。本书将为读者提供全面而细致的技术景观，帮助读者掌握这门强大的语言，并利用其功能来优化和创新编程实践。

为了确保本书的内容能够被广泛理解并被有效吸收，建议读者在深入阅读之前，具备一定的编程基础知识。理想的基础知识包括但不限于以下几个方面：

（1）C语言基础：具备C语言的基本知识是理解C++的重要前提。

- 基本的编程结构：熟悉变量和数据类型、操作符（或运算符）、控制结构（如条件判断和循环）、函数的使用以及数组和指针的基本操作。
- 代码组织：了解如何使用源代码文件和头文件组织程序，包括对头文件的作用和重要性的理解。

（2）理解编程概念：理解编程的基本概念，知道如何通过编程语言解决问题、执行任务，以及如何将复杂的问题分解为可管理的部分。

（3）理解进程和线程的基本概念：

- 进程：了解进程作为操作系统分配资源和调度的基本单位，每个进程都有自己独立的内存空间。
- 线程：理解线程作为进程中的一个执行流程，是 CPU 调度和执行的基本单位，以及一个进程可以包含多个线程，共享进程的资源。

（4）理解库的基本概念：

- 静态库：了解静态库在程序编译时被链接到程序中，成为程序的一部分，通常具有 ".lib" 或 ".a" 的文件扩展名，以及它们的自包含特性。
- 动态库：了解动态库在程序运行时被加载，通常具有 ".dll"（在 Windows 系统中）或 ".so"（在 Unix-like 系统中）的文件扩展名，以及它们允许多个程序共享同一份库代码的特性。

这些基础知识将帮助读者更好地理解C++的高级特性，并在实际开发中应用书中讨论的设计哲学和高级编程技巧。

阅读建议

本书旨在为不同背景的C++开发者提供宝贵的知识和见解。为了确保读者能从本书中获得最大的学习效益，特别制定了以下阅读指南：

- 第 1 章：强烈推荐所有读者从第 1 章开始阅读。这一章不仅揭示了 C++的设计哲学和语言的演变，也为后续深入理解高级主题提供了坚实的基础。它是启动读者的 C++深度探索之旅的完美起点。
- 第 2、3 章：这两章系统地介绍了 C++的基础知识和核心技术。如果读者是 C++初学者，这些内容将为其学习打下坚实的基础；如果读者已有一定的 C++经验，这里的复习和知识巩固将帮助查漏补缺，确保技能无缝对接到更高级的主题。
- 第 4~8 章：对于经验丰富的开发者，本书涵盖了一系列高级主题，如深入的设计模式、性能优化、并发编程等。这些内容将挑战并扩展读者的 C++能力，助力读者在技术领域达到新的高度。

期待本书成为读者值得信赖的伙伴，无论是初识C++的新手还是求知若渴的资深开发者，都能在这里找到启发和得到成长。

源码下载

本书源码下载，请读者用自己的微信扫描下面的二维码获取。如果阅读过程中发现问题或有疑问，请使用下载资源中提供的相关电子邮箱或微信进行联系。

刘志宇
2024年6月

目　　录

第 1 章

C++的艺术与科学：设计哲学概览

1.1 导语：探索 C++ 的设计哲学

在这个日益复杂的世界中，编程不仅仅是一种技术活动，更是一种艺术，一种将深邃思想转化为现实的手段。C++作为一种历经时间考验的编程语言，其设计哲学深深植根于这种艺术与科学的双重性质之中。技术不仅是学习的艺术，更是C++设计哲学的核心，引导我们将抽象的理念转化为具体的代码。

C++的设计哲学并非空中楼阁，其每一个细节都紧密联系着编程的实际需求。从提升性能到简化复杂度，从支持多范式到实现零开销原则，C++的设计原则旨在挑战和激励开发者，引领他们探索编程艺术的广阔世界。

深入探索C++的设计哲学后，我们会发现它不只是追求技术的极致。C++的设计思想揭示了编程作为一种创造性活动的本质，强调在面对复杂问题时如何保持代码的清晰性和高效性，并塑造开发者的思维模式。C++鼓励我们超越单纯的代码编写，思考如何通过灵活的设计模式和先进的语言特性来应对不断变化的项目需求。

通过掌握C++，我们获得的不只是让程序运行得更快、更稳定的方法，更重要的是通过代码设计实现思维的精准表达的能力。这包括在保证性能的同时，让代码结构更加清晰，便于团队理解和维护，以及在面对新问题时，快速找到平衡和解决方案的能力。

1.2 C++的设计目标与原则

本节主要介绍 C++ 的设计目标与原则。

1.2.1 高性能与效率

在深入探讨C++的设计哲学时，首先遇到的是对高性能与效率的不懈追求。这一目标深植于C++的基础之中，彰显了它作为一门高效编程语言的本质。C++的设计理念旨在赋予开发者充分利用计算资源（特别是CPU和内存）的能力，以实现程序的极致高效运行。

高性能与效率的追求涵盖多个层面，包括但不限于对内存管理的精细控制、数据结构的高效实现以及算法的优化，旨在最小化占用CPU的周期数和提高程序的执行速度。

　　C++通过提供对底层硬件的直接访问，允许开发者深入程序的运行机制，从而进行精确的性能优化。这种能力不仅使开发者能够针对特定硬件配置优化应用，还能在更广泛的场景内提高应用的性能和响应速度。

　　此外，C++对高性能与效率的追求不仅体现在资源利用的最大化，还反映在语言设计的各个方面。例如，通过运算符重载和模板编程等机制，使得在编写高效代码的同时，代码具有良好的可读性和可维护性。这些特性为开发者提供了在不牺牲代码质量的前提下，对程序代码进行性能精细调优。

　　C++鼓励开发者深入理解和利用计算机的运行原理，如理解缓存的工作机制、内存访问模式以及并行与并发编程。这种深入的理解和利用，使C++在要求极致性能的领域，如游戏开发、金融模型计算、科学计算等，成为首选编程语言。

　　综上所述，C++的设计目标之一——高性能与效率，是通过深入的硬件层面优化、精细的资源管理以及高效的语言特性来实现的。它要求开发者在编程时全面考虑性能因素，从而在实现复杂功能的同时，保持应用程序的高效运行。在接下来的章节中，我们将探讨这种对效率的追求如何影响C++的其他设计原则，以及开发者如何利用C++的特性来构建既快速又可靠的软件解决方案。

1.2.2　资源管理

　　在C++的设计哲学中，资源管理占据了核心地位，强调了对内存、文件句柄、网络连接等计算资源的精细控制和高效利用。这一原则不仅体现了C++对性能优化的承诺，还展现了它在确保代码安全、可维护以及高效的同时，如何优雅地处理资源。

　　资源管理在C++中的重要性源自它提供的底层访问能力和对硬件资源的直接控制。与自动垃圾收集编辑语言不同，C++赋予开发者直接管理资源的能力，这既是一种权利，也是一种责任。正确地管理资源意味着防止资源泄漏（resource leak）、避免悬空指针（dangling pointer）和确保资源的适时释放和再分配（resource deallocation）。

　　C++通过智能指针（smart pointers）、析构函数（destructors）以及资源获取即初始化（resource acquisition is initialization，RAII）等机制，提供了强大的资源管理工具。智能指针，如std::unique_ptr和std::shared_ptr，自动管理内存生命周期，帮助避免内存泄漏。析构函数确保当对象离开作用域时，资源被适时释放。RAII模式是C++中的一个核心概念，它通过精细管理对象的生命周期来控制资源。该模式确保资源的获取与对象的初始化同步进行，并在销毁对象时自动释放这些资源。这不仅实现了异常安全，确保在发生错误时资源被正确释放，还简化了管理资源的代码，有效避免了内存泄漏和其他资源泄漏问题。

　　在实际编程实践中，合理的资源管理极大提升了应用性能，并增强了代码的可读性与可维护性。特别是通过RAII模式，开发者能够集中精力于业务逻辑的实现，而无须担心资源释放。这不仅减少了错误，还使代码更加简洁和健壮。

　　C++中的资源管理原则鼓励开发者采用更加精细和安全的方法来处理资源，这不仅体现了对性能和安全性的追求，也体现了对代码质量的重视。通过这些机制，C++确保了即使在面对复杂的资源管理需求时，开发者也能编写出既高效又安全的代码。

1.2.3　多范式支持

　　C++的设计哲学之一是对多范式编程的支持。这意味着C++不仅支持面向对象的编程（object-oriented programming，OOP），还支持过程式编程（procedural programming）、泛型编程（generic programming）、函数式编程（functional programming）等多种编程范式。这种多样性赋予了开发者极大的灵活性和表达力，使C++成为一种极其强大且适用于多种问题领域的工具。

- 过程式编程：C++继承了C语言的特性，提供了强大的过程式编程能力。这包括了函数、数组、指针等基本元素，允许开发者直接操作内存并实现复杂的算法。这种能力对于需要紧密控制硬件和追求高执行效率的应用来说至关重要。
- 面向对象编程：C++在C的基础上增加了类、继承和多态等面向对象的特性。这些特性促进了代码的封装、复用和模块化，使得大型软件系统的设计和维护变得更加容易。注意：在本书中，reuse和resuability统一翻译为"复用"和"可复用性"，而非"重用"和"可重用性"。
- 泛型编程：C++通过模板支持泛型编程，允许开发者编写与数据类型无关的代码。此外，C++的泛型编程还包括类型推导、模板特化以及概念（Concepts）。这些特性提高了代码的复用性和性能，同时确保了类型安全。
- 函数式编程：尽管C++通常被视为一种命令式语言，但它也支持函数式编程特性。通过匿名函数、函数对象和标准模板库中的算法，C++允许开发者编写更简洁、更安全的并行代码。这些工具不仅提升了代码的表达力，还增强了程序的安全性和并行处理能力。

C++的多范式支持和鼓励开发者根据具体的问题场景选择适合的编程风格和范式。这种灵活性是C++强大功能的核心之一，它允许开发者针对不同的问题采取不同的解决策略，无论是需要底层控制的系统编程，还是需要高层次抽象的应用开发。

通过对多种编程范式的支持，C++不仅展示了它作为一种成熟语言的深度和广度，还体现了它的设计哲学的一个重要方面：提供一种足够灵活的工具，以适应不同的编程需求和风格。

1.2.4　零开销原则

零开销原则（zero-overhead principle）是C++设计哲学中的另一个核心原则，由Bjarne Stroustrup提出。这个原则指出："不应为未使用的功能支付任何成本，而使用的功能应尽可能直接实现。"这意味着语言和编译器的设计应尽力消除未使用特性的运行时（runtime）和资源开销，同时优化已使用的特性，以达到手写底层代码的效率。

此外，零开销原则的具体体现之一是零开销抽象（zero-cost abstraction），这种抽象旨在确保高级编程抽象（如类、模板、多态等）在不增加额外运行时成本的前提下使用。这种抽象的关键在于利用编译器的高级优化技术，使得抽象的使用效率与直接编写底层代码相当。

C++通过以下语言特性实现零开销原则：

- 模板（templates）：通过在编译时为特定类型生成专门的代码，模板避免了运行时类型检查的开销，在实现泛型编程的同时保证了执行效率。
- 内联函数（inline functions）：通过将函数体在调用点内展开，内联函数消除了函数调用的开销，特别适用于小型且频繁调用的函数。
- 常量表达式（constexpr）：允许在编译时完成表达式的求值，从而避免了运行时的计算开销，为编译时（compile-time）的确定性提供了强大的支持。
- 移动语义（move semantics）：通过允许将资源从一个对象"移动"到另一个对象，移动语义减少了不必要的对象复制。特别是在处理大型对象或容器时，移动语义大幅提升了程序的性能。

通过这些特性，C++不仅展现了它对性能的承诺，还在设计上平衡了抽象的便利性与对底层控制的需求。零开销原则确保了C++作为一个高效且强大的编程语言，能够继续满足现代软件开发的复杂需求。

1.2.5　应用设计原则于编程实践

将C++的设计原则融入编程实践，不仅是一项技术挑战，更是一种艺术。通过深入学习C++，我们能够逐渐领悟并掌握它的设计哲学——包括高性能与效率、资源管理、多范式支持和零开销原则——是编写高质量代码的关键。这些原则能够塑造我们的编程思维，并指导我们在面对各种问题时如何选择最佳解决方案；更重要的是，学会如何恰当地平衡这些原则，以提升代码的性能、可读性和可维护性。

【示例展示】

接下来，我们将通过一个简单的图形处理示例，展示这些原则在实际编程中的应用。通过这一具体示例，读者可以更深入地理解C++设计原则的实际意义和应用价值。

```cpp
#include <iostream>
#include <memory>
#include <vector>
#include <algorithm>

// 定义一个基本的Shape类，所有图形都将继承自该类
// 这体现了多范式支持中的面向对象编程（OOP）原则
class Shape {
public:
    virtual void draw() const = 0;          // 纯虚函数，要求子类必须实现draw方法
    virtual ~Shape() = default;             // 虚析构函数，确保子类的析构过程被正确执行
};

// 定义具体的图形类：Circle
class Circle : public Shape {
public:
    static constexpr double radius = 10.0; // 添加constexpr成员，表示半径

    void draw() const override {
        constexpr double area = 3.14159265358979323846 * radius * radius; // 利用编译时的
常量来计算面积，体现零开销原则
        std::cout << "Drawing a Circle with radius: " << radius << " and area: " << area
<< std::endl;
    }
};

// 定义具体的图形类：Square
class Square : public Shape {
public:
    static constexpr double side_length = 5.0;               // 添加constexpr成员，表示边长

    void draw() const override {
        constexpr double area = side_length * side_length; // 计算面积
        std::cout << "Drawing a Square with side length: " << side_length << " and area:
" << area << std::endl;
    }
};

// 利用智能指针std::unique_ptr管理图形对象的生命周期
// 这体现了资源管理原则，通过智能指针自动处理资源释放，避免内存泄漏
using GraphicPtr = std::unique_ptr<Shape>;

// 使用STL容器std::vector管理图形集合
// 这展示了如何通过标准库容器提高代码的性能和效率
```

```
using GraphicCollection = std::vector<GraphicPtr>;
// 支持函数式编程风格的图形遍历和操作
// std::for_each和Lambda表达式的使用，展示了C++对多范式编程的支持
void processGraphics(const GraphicCollection& graphics) {
    std::for_each(graphics.begin(), graphics.end(), [](const GraphicPtr& graphic) {
        graphic->draw();
    });
}

int main() {
    GraphicCollection graphics;

    // 创建不同类型的图形，并添加到集合中
    graphics.push_back(std::make_unique<Circle>());
    graphics.push_back(std::make_unique<Square>());

    // 遍历并绘制所有图形
    processGraphics(graphics);

    return 0;
}
```

上述示例不仅展示了C++代码的实际编写方法，还体现了C++设计原则在实际开发中的应用。接下来，让我们深入探讨这个示例中所运用的几个核心设计原则，以更清楚地了解它们如何提升代码的质量、性能、灵活性和可维护性。

【示例解析】

- 多范式支持：C++之所以强大，源于它对多种编程范式的支持——面向对象、泛型和函数式编程。本示例充分展示了这些范式的结合：通过继承和多态实现面向对象设计；利用模板支持泛型编程，使代码适应多种数据类型；采用Lambda表达式和标准算法执行函数式风格的数据处理。
- 零开销原则：C++的设计遵循"零开销"原则。在本示例中，通过constexpr进行编译时的面积计算，避免了运行时的计算开销。
- 资源管理：现代C++通常通过智能指针等自动化机制减少资源管理错误的风险。例如，std::unique_ptr确保它管理的对象在离开作用域时被正确销毁，从而避免内存泄漏。
- 高性能与效率：C++的标准模板库（standard template library，STL）提供了高效的容器和算法来优化数据存储和操作。示例中使用的std::vector展示了如何利用STL容器高效地管理动态数据集，提升了代码的性能、可读性和可维护性。

这个示例展现了如何将C++的核心设计原则应用于实际编程，以提高代码质量、性能、灵活性和可维护性。这些原则是高效使用C++的基础，并指导开发者充分利用该语言的强大功能。

虽然示例内容对初学者来说可能较为复杂，但随着本书内容的深入，我们将详细解析每个概念，并通过丰富的示例来加深读者的理解。从基本的封装到高级的模板和智能指针应用，每一章节都旨在帮助读者逐步掌握C++编程的艺术与科学。

1.3　C++的演进对编程技巧与原则的影响

C++是一种历史悠久的编程语言，它的演化历程见证了对高性能、效率和灵活性的不断追求与完

善。在本节中，我们将探讨C++的发展历程、主要版本和特性，以及这些进展如何深刻影响了编程设计技巧和设计原则的实施。

1.3.1　初始阶段和标准化之路

在C++的早期岁月，Bjarne Stroustrup在贝尔实验室的一个安静的角落中面临一项挑战：如何在保持C语言的性能和对底层控制的前提下，引入面向对象的特性来增强代码的可复用性和可维护性。这个挑战的解决方案不只是技术上的突破，还深刻地影响了编程哲学，推动了对软件设计理念的重新评估。

- C++的诞生：C++的诞生反映了开发和研究人员对编程工具的不断追求与完善。C++最初被称为"C with Classes"，并在1983年重新命名为"C++"，这一名称借用了C语言中的递增运算符"++"，象征着这是C语言的扩展或增强版本。
- 标准化努力：随着C++的普及，不同编译器的实现差异对代码的可移植性带来了挑战。为了解决这一问题，1998年发布了首个C++国际标准ISO/IEC 14882:1998，也就是我们通常所说的C++98标准。这一标准的确立不仅统一了C++的语言规范，也为后续的语言发展提供了坚实的基础。

这两个关键的时间节点不仅标志着C++在技术上的重大进展，也展示了它在设计哲学上的独特魅力。Stroustrup的努力让C++成为一个平衡高性能与高级抽象的典范，鼓励开发者探索更有效的编程方法。C++的主要贡献包括：

- 让抽象技术在应用代价和管理上对主流项目来说变得更加可行。
- 在性能要求更高的应用领域，将面向对象和泛型程序设计技术作为先驱。

这段历史不仅是对C++发展的回顾，也是对所有追求卓越的编程者的启示。正如Stroustrup在其著作中所说："良好的设计感觉就像美——它超越了表面之下的结构。"在这里，C++不仅是一种编程语言，更是一种追求效率、可维护性和美的艺术形式。

1.3.2　主要版本和特性

随着C++的演进，每个主要版本都在语言的能力、效率及可用性上做出了显著贡献。从C++98的标准化开始，到当前最近的C++23，每个版本都反映了技术的进步、社区需求的变化以及设计哲学的演变。

1. C++98：创新的基石

C++98通过引入关键的特性和改进，显著提高了C++的能力、效率及可用性。下面是对C++98中一些核心特性的详细探讨：

- STL：作为C++98的标志性成就，STL引入了一套强大的组件库，包括容器（如向量、列表、映射）、迭代器、算法（如排序、搜索）和函数对象。这一举措极大地提高了C++的抽象能力和编程效率，使得程序员可以通过泛型编程实现代码的高度复用。STL的设计哲学体现了C++对效率和灵活性的追求，通过提供一套丰富的、可高度定制的工具，让程序员能够编写出既快速又安全的代码。
- 异常处理：C++98通过引入异常处理机制，提供了一种结构化和统一的错误处理方式。与传统的错误码或错误标志相比，异常处理使得错误的检测和响应更加直观和集中，有助于编写更清晰、更稳健的代码。通过try、catch和throw关键字，程序员可以在检测到错误条件时抛出异常，并在上层代码中捕获和处理这些异常。这种机制显著提高了错误处理的安全性和易用性。

- 模板：模板是C++中的一项核心特性，允许程序员编写与类型无关的代码。C++98的模板系统引入了模板类和函数模板，极大地丰富了泛型编程的能力。模板让程序员能够设计出通用的算法和数据结构，无须针对每种数据类型编写重复代码。这不仅提高了代码的可复用性，也增强了代码的清晰度和可维护性。模板是实现STL的基础，也是C++支持泛型编程的关键所在。

2. C++03：细化与增强

C++03标准主要聚焦于对C++98标准的修订和完善，虽然它没有引入大量的新功能，但通过对现有特性的细微调整和增强，进一步提高了语言的稳定性和一致性。C++03的贡献主要体现在以下几个方面：

- 库的修正和增强：C++03对标准模板库和其他库组件进行了一系列的修正和微调，解决了C++98标准中发现的一些问题和不一致性。这些改进提升了库的性能和适用性，同时保持了与C++98的兼容性。
- 值初始化：C++03引入了值初始化的概念，为未初始化的对象提供了一个清晰、一致的初始化机制。通过这种方式，开发者可以确保所有对象在使用前都被正确初始化，从而减少了因未初始化变量而导致的错误。
- 强化的模板支持：虽然没有引入新的模板功能，但C++03通过修订模板实例化的规则和修正一些与模板相关的不一致性，使模板的使用变得更加稳定和可预测。这些改动为模板编程提供了更坚实的基础。
- 弃用某些特性（deprecation of some features）：C++03开始弃用一些特性，如旧版的头文件命名和一些不再推荐使用的函数，这是语言精简和现代化过程的一部分。这些变化鼓励开发者采用更现代、更安全的编程实践。

3. C++11：现代C++的黎明

C++11是C++语言的一次重大革新，被广泛认为是现代C++编程时代的开始，并因其丰富的功能和改进而成为广泛使用和常见面试内容的核心版本。C++11引入了大量的新特性和改进，旨在提升语言的表达能力、编程便利性以及性能，同时也增强了代码的安全性和可维护性。C++11的变革几乎触及了C++编程的每一个方面，下面是一些主要特性的概览：

1）类型安全和表达力增强

- 自动类型推导（auto）：允许编译器基于变量的初始赋值来自动推断类型，减少了代码中的类型错误。
- nullptr关键字：提供了一种类型安全的方式来表示空指针，替代了以前的NULL宏。
- 显式转换运算符：允许通过explicit关键字定义的类型转换运算符，防止意外的类型转换，增强了类型安全。
- 强类型枚举（enum class）：提供了作用域和类型安全的枚举，解决了传统枚举类型污染命名空间和隐式类型转换的问题。
- Lambda表达式：提供了定义匿名函数的能力，使得编写回调函数（callback function）和临时函数（temporary function）更加便捷。
- 范围for循环：简化了对容器的遍历操作，使代码更加直观和简洁。

- 委托构造函数：允许在同一个类中的一个构造函数调用另一个构造函数，提高了代码复用和初始化逻辑的清晰度。
- 统一的初始化列表：提供一致的对象初始化语法，使用花括号初始化任何类型的对象，增强了代码的一致性和直观性。
- 类型别名声明（using）：提供了一种新的定义类型别名的方式，特别是对于模板，使代码更易于理解和维护。
- 长长整型（long long和unsigned long long）：引入了至少64位的整数类型，为处理更大数值提供了支持，这对于需要处理大范围整数的应用尤为重要，如金融分析或科学计算。
- 字符类型扩展（char16_t和char32_t）：提供了对Unicode字符集更好的支持，char16_t 和 char32_t 分别用于表示UTF-16和UTF-32编码的字符。这样的扩展有助于增强国际化应用的开发，确保字符串处理在多语言环境下的类型安全和一致性。
- 属性：C++11引入了属性这一新语法来帮助提升代码的清晰度和安全性，例如：[[noreturn]]（指示函数不返回，优化编译过程），[[nodiscard]]（强制检查函数返回值，防止忽视重要返回值），[[deprecated]]（标记元素已废弃，生成编译警告）。这些属性增强了代码的清晰度和安全性。

2）内存和资源管理

- 智能指针：C++11标准库中包括了几种智能指针，主要是std::unique_ptr、std::shared_ptr和std::weak_ptr，它们自动管理指针生命周期，帮助避免内存泄漏和悬挂指针问题。
- 移动语义和右值引用：通过右值引用（使用&&操作符）和移动构造函数/移动赋值操作符的引入，C++11允许资源的转移而非复制。这显著减少了对大对象的复制开销，特别是在容器类和算法中，资源的重新分配和传递变得更加高效。
- 构造函数继承：通过构造函数的继承，子类能够直接使用基类的构造函数，这简化了复杂类体系中资源管理相关代码的编写。
- 删除函数：可以将特定函数标记为删除（使用=delete），明确禁止某些操作（如复制或赋值），这有助于防止资源复制时的错误使用。
- 默认函数：可以显式地要求编译器生成默认的构造函数、析构函数、拷贝构造函数和拷贝赋值运算符（使用=default），这有助于清晰地管理资源，确保资源处理逻辑的正确性。

3）模板和泛型编程增强

- 变量模板：允许模板用于变量的定义，使得可以为每种特定的类型创建静态变量，这有助于减少代码重复并增加类型安全。
- 类型别名模板（alias templates）：通过使用using关键字，可以为模板定义别名，简化复杂模板类型的使用，并使得代码更清晰易懂。
- 模板默认参数：允许为模板参数指定默认类型，这简化了模板的使用，因为不必每次都显式指定所有模板参数。
- 右尖括号（>）的分隔：解决了模板中的 ">>" 被错误解析为右移操作符的问题，现在可以连续使用>>而不需要使用空格分隔。
- 外部模板：通过显式实例化声明（extern template），可以显著减少编译时间，因为避免了在每个编译单元中重复模板的实例化。

- 可变参数模板：这是C++11中对模板的一个重大改进，允许模板接受任意数量的类型参数，极大地提高了模板的灵活性和通用性。通过使用省略号（...）标记，可以创建接受任意数量参数的函数模板和类模板。

4）编译时计算和静态验证增强

- 常量表达式（constexpr）：这是C++11中的一个重要特性，允许将函数或对象构造函数标记为constexpr，以使它能够在编译时就被计算。这对于提高数组和其他静态数据结构的初始化效率以及编写嵌入式系统和资源限制软件非常有用。
- 静态断言（static_assert）：提供编译时的断言检查，使得在编译时（compile-time）即可验证程序的某些属性，而不是在运行时。静态断言是验证模板和泛型编程中类型约束的强大工具。
- 用户定义的字面量（user-defined literals）：允许程序员为字面值定义自己的解析规则，这些字面值可以在编译时被处理，从而增加代码的表达力和灵活性。
- 类型特征和类型操作：C++11标准库提供了丰富的类型特征（type traits）库，如std::is_integral、std::is_class等，这些工具在编译时提供类型信息，用于模板元编程和条件编译。

4. C++14：细化与实用性增强

C++14作为C++11的直接后继，主要集中于对C++11引入的特性进行细化和增强，同时引入了一些新特性来提升编程的便利性和实用性。

C++14的改进主要体现在以下几个方面：

- 泛型Lambda：C++14扩展了Lambda表达式的能力，允许在Lambda参数中使用auto关键字实现类型自动推导，进一步提高了Lambda表达式的灵活性和泛用性。
- 返回类型推导：C++14允许普通函数和Lambda表达式的返回类型被自动推导，这使得编写函数时可以不必显式指定返回类型，简化了代码的编写。
- 变量模板：引入了变量模板的概念，允许模板用于变量的定义。这对于定义依赖于类型的常量值非常有用，如数学常数的定义。
- 二进制字面量和数字分隔符：C++14引入了二进制字面量的表示法（通过前缀0b或0B），以及在数字字面量中使用撇号（'）作为分隔符，提高了大数字的可读性。
- 弃用属性：引入了[[deprecated]]属性，允许开发者标记某些特性或函数为弃用，这有助于库的作者向使用者传达关于API变更的信息。
- constexpr的增强：C++14放宽了constexpr函数的限制，允许它们包含更多种类的语句，使得编写在编译时就进行计算的函数更加灵活。
- 标准化用户定义字面量：提供了一种机制，允许用户定义自己的字面量操作符，使得创建和使用自定义类型的字面量表示变得更加直接。
- 松散的函数类型转换规则：简化了Lambda表达式和函数指针之间的转换规则，使得在期望的函数指针的上下文中使用Lambda表达式变得更加方便。

5. C++17：进一步的现代化与便利性

C++17是C++标准的又一次重要更新，进一步推动了语言的现代化进程。它不仅增强了C++的功能性和实用性，还引入了多项新特性，以简化编程模型并提高开发效率。

以下是C++17的一些关键特性：

- 结构化绑定（structured bindings）：这项特性允许从数组、元组或结构体中一次性解包多个值，极大地简化了对这些数据结构的操作。通过结构化绑定，开发者可以编写更清晰、简洁的代码。
- 内联变量（inline variables）：C++17引入了内联变量，特别是对于模板静态成员的内联，解决了头文件中包含多个定义的问题，简化了库的设计和使用。
- 编译时if（if constexpr）：if constexpr允许在编译时根据条件编译不同的代码块，这对于模板编程尤为有用，可以根据模板参数在编译时决定执行哪段代码，进一步提高了代码的灵活性和效率。
- 文件系统库（filesystem）：C++17标准库中增加了文件系统库，提供了一系列操作文件和目录的功能。这是对C++标准库的重要扩展，使得文件系统的操作变得更加直接和便捷。
- 并行算法（parallel algorithms）：C++17在标准库中引入了并行算法的支持，允许标准算法利用多线程并行执行，这可以显著提高程序的性能。
- 新的属性（attributes）：C++17引入了更多的属性，如[[nodiscard]]和[[maybe_unused]]，分别用于标记函数返回值不应被忽略以及变量可能未被使用，提高了代码的可读性和安全性。
- 选择性初始化（optional）：引入了std::optional类型，提供了一种表示可选值的方式。这对于处理可能不存在的值非常有用，比如从函数返回可能失败的结果。
- 变体和任意类型（variant and any）：std::variant和std::any提供了更灵活的类型安全选择，用于存储和访问任意类型的值，增强了C++的动态特性。
- 字符串视图（string view）：std::string_view类型引入了一种轻量级的字符串操作方式，提供了对字符串的非拥有、只读视图，可以提高处理字符串的性能和效率。

6. C++20：革命性的进步与现代化

C++20是C++历史上最具革命性的更新之一，引入了多项长期期待的特性和显著的改进，大大推进了语言的现代化。这个版本的目标是让C++更加易于学习和使用，同时提高编程效率和代码质量。以下是C++20的一些核心特性：

- 概念（concepts）：C++20引入了概念，它是对模板的一个重要补充，用于指定模板参数必须满足的约束条件。通过概念，可以编写更清晰、更易于理解和维护的模板代码，同时提高编译器错误消息的质量。
- 范围库（ranges）：范围库为STL算法和容器引入了"范围"的概念，使得操作序列数据变得更加直观和灵活。它提供了一种更加现代和函数式的方式来处理数据集合，简化了很多常见的数据处理任务。
- 协程（coroutines）：C++20正式引入了协程的底层支持，为C++程序提供了编写异步代码的新方式。协程允许暂停函数的执行并在需要时恢复，非常适合处理I/O密集型任务和并发编程，开启了C++异步编程的新篇章。
- 模块（modules）：模块旨在解决传统的包含（include）模型问题，提供了一种新的代码组织和复用机制。通过使用模块，可以显著减少编译时间，避免宏定义和头文件包含的问题，使代码更加模块化和封装。
- 三向比较运算符（three-way comparison Operator）：C++20引入了三向比较运算符（<=>，又称为"宇宙飞船"运算符），它允许一次性比较两个对象的相等、小于和大于关系，简化了自定义类型比较函数的编写。

- **初始化列表的推导**：这项特性允许从初始化列表中自动推导出对象的类型，进一步增强了自动类型推导的能力。
- **常量求值的改进**：C++20扩展了可以在编译时求值的表达式范围，进一步提升了编译时计算的能力和效率。
- **标准库的增强**：C++20对标准库进行了大量增强，包括对时间库的改进、引入格式化库（提供了类似于Python的字符串格式化功能）、同步库的增强等。

7. C++23：功能增强与语言现代化

C++23继续推进C++语言的现代化，引入了多项新特性和改进，旨在提高编程效率、增强代码的表达能力，并改善开发者体验。以下是C++23中一些关键改进的详细描述：

- **UTF-8源文件编码支持**：标准化了对UTF-8编码的支持，使得C++源代码文件的编码更加一致和便携。
- **模块标准库支持**：通过std和std.compat模块进一步增强了C++的模块化能力，促进代码的组织和复用。
- **协程库支持**：引入了同步协程std::generator，增强了对异步编程和非阻塞操作的支持。
- **泛用库支持**：新增了如std::expected、std::move_only_function等工具，提升了错误处理和函数包装（function wrapping）的灵活性。
- **编译时支持增强**：增加了对constexpr的支持，包括std::type_info::operator==、std::bitset等，以及对一些<cmath>函数的constexpr支持，强化了元编程能力。
- **迭代器、范围和算法支持**：引入了新的范围转换函数std::ranges::to和一系列基于范围的算法，如std::ranges::starts_with、std::ranges::ends_with等，增强了对序列操作的支持。
- **内存管理支持**：新增了std::out_ptr和std::inout_ptr等工具，改善了与C语言的互操作性。
- **容器支持**：引入了如std::mdspan的多维视图，并改进了容器与其他兼容范围的构造和赋值能力。
- **字符串和文本处理支持**：改进了字符串处理能力，例如引入了std::basic_string_view::contains和std::basic_string::resize_and_overwrite等新成员函数。
- **输入/输出支持**：引入了格式化输出函数std::print和std::println，以及基于std::span的流库<spanstream>，提高了I/O操作的便利性。

表1-1总结了C++的主要版本及其引入的关键特性，以及这些特性如何体现C++的设计原则。

表1-1　C++的主要版本的特性

版　　本	发布年份	关键特性	设计原则体现
C++98	1998	STL（标准模板库）、异常处理、命名空间、模板、内联函数、const修饰符、新的强制转换运算符（操作符）	强化抽象能力，提高代码可复用性和组织性，增强类型安全和编程便利性
C++03	2003	对C++98的修订，增强语言稳定性和可靠性	增强语言稳定性和标准的可靠性
C++11	2011	自动类型推导、移动语义、Lambda表达式、智能指针（unique_ptr, shared_ptr）、基于范围的for循环（range-based for loop）、线程支持（thread library）、枚举类、nullptr、统一初始化（initializer lists）、模板增强（variadic templates、template aliases）等	引入现代编程范式，提高效率和安全性；加强类型安全和编程便利性；支持并发编程

版　　本	发布年份	关键特性	设计原则体现
C++14	2014	泛型 Lambda 表达式、变量模板（variable templates）、二进制字面量（binary literals）、返回类型推导（auto return type deduction）、Lambda 中的初始化捕获（init-capture in Lambda）、大小不定数组成员（extended constexpr support）	增强语言灵活性和便利性；提升编译时计算能力
C++17	2017	结构化绑定、内联变量、constexpr if 语句、std::optional、std::variant、std::any、std::string_view、文件系统库（filesystem library）	进一步提升抽象能力和编程效率；加强标准库的功能和灵活性
C++20	2020	概念、范围、协程、模块、三向比较运算符、consteval、constexpr lambda、使用概念的模板（template<Concept>）、格式化库（format library）、std::span	革命性增强编程模型，提高代码可读性、可维护性和编程效率；引入更多编译时计算能力和更好的类型检查
C++23	2023	UTF-8源文件编码支持，模块标准库支持，协程库支持，泛用库支持（如std::expected），编译时支持增强（如constexpr支持扩展），迭代器，范围和算法支持增强，内存管理支持，容器支持，字符串和文本处理支持，输入/输出支持增强	增强语言的灵活性、效率和现代化特性，提供更加强大和便捷的编程工具和库支持

　　通过这一系列重要版本和特性的介绍，我们得以见证C++如何恪守并发展其核心设计原则：追求极致性能与效率、提供全面的资源管理能力、支撑多范式编程，并通过零开销原则实现高级编程技巧与底层性能的完美结合。每次标准的更新都精心平衡了这些核心领域，以响应软件开发需求的持续演进和扩展。从C++98的基础设施建设，到C++11的现代化革新，再到C++20及C++23中引入的前沿技术，每一个版本的发布都标志着C++社区对于实现更高效编程实践和技术创新的不懈追求。

1.3.3　设计技巧的演化

　　随着C++语言的不断发展和版本的迭代，C++的设计技巧也经历了显著的演化。

1. 模板元编程的兴起

　　C++的模板是泛型编程的核心，允许在编译时进行代码生成，这一点在C++98中就已经引入。随着C++11和后续版本中对模板的增强，模板元编程（template metaprogramming，TMP）成为开发者手中的一项强大工具。TMP使得开发者能够编写在编译时执行的代码，这不仅提高了代码的执行效率，也为复杂问题的解决提供了新的途径。

2. 面向对象编程（OOP）与泛型编程（GP）的融合

　　在C++中，面向对象编程和泛型编程并非相互排斥的范式，而是可以相互补充和融合的。C++的类模板提供了一种强大的机制，允许将泛型编程的灵活性与面向对象设计的封装和抽象能力结合起来。这种融合推动了设计模式的发展，例如工厂模式在C++中可以通过模板来实现，以提供更高的灵活性和类型安全。

3. 并发和多线程编程

C++11标志着C++对并发编程的正式支持，引入了线程库、原子操作、锁和条件变量等并发编程工具。C++17和C++20进一步增强了这一领域，通过引入并行算法等特性，使得开发高性能并行应用程序变得更加容易和安全。

4. 现代C++设计理念

零开销抽象的实现：C++的设计始终遵循"零开销抽象"的原则，即不使用的特性不应增加任何成本。从智能指针到Lambda表达式，再到C++20的概念，每一项新特性都在不牺牲性能的前提下，提供更高层次的抽象和更好的开发体验。

代码的表达力与安全性：随着现代C++的演进，提高代码的表达力和安全性成为重要目标。通过引入自动类型推导、范围for循环、移动语义等特性，C++减少了样板代码和错误的发生，同时提高了代码的清晰度和可读性。

经过长足的发展，C++的设计技巧不断革新，为开发者提供了更加强大、灵活和安全的编程工具。这些技巧的演化不仅凸显了C++语言的强大与灵活性，也彰显了开发社区对提升软件设计质量和编程效率的坚定追求。作为一种成熟的编程语言，C++设计技巧的演化过程，为软件开发领域带来了丰富的经验和深刻的启示。

1.3.4　对未来的展望

随着C++23的发布，我们见证了C++语言持续进化的最新成果。C++26及其后续版本的讨论也已经开始，预示着C++将继续适应和引领现代软件开发的趋势。在展望未来时，我们聚焦于几个关键方面，旨在提供一个既具前瞻性又足够灵活的视角。

1. 长期趋势和不变的原则

- 持续的现代化：C++致力于提高程序员的生产力，同时保持其核心价值——高性能和灵活性。C++的未来版本将继续引入旨在简化现代软件开发的语言特性和库。
- 并发和并行编程的深化：随着多核和异构计算环境的普及，C++将进一步增强其并发和并行编程能力，使得开发者能够更有效地利用现代硬件资源。
- 跨平台能力的加强：C++将持续改进其在不同平台和环境中的互操作性和一致性，包括对云计算和容器化技术的更好支持。

2. 未来C++版本展望

虽然编写本书时C++26的具体特性尚未最终确定，但以下是一些已经被社区讨论和预期的方向：

- 提高抽象水平：通过引入更高级的抽象和元编程能力，如更灵活的概念和编译时计算，提供更强大的编程工具，同时保持零开销的原则。
- 编程模型的创新：探索新的编程模型和范式，例如协程的进一步应用，以及函数式编程和反应式编程元素的集成，为解决复杂问题提供新的工具。
- 生态系统和社区的发展：C++的生态系统将继续扩大和丰富，包括更多的第三方库、工具和服务，以及教育和学习资源，支持从新手到专家的所有C++开发者。

3. 未来的C++代码长什么样

在展望C++的未来发展时，让我们暂时抛开严肃的讨论，跳跃到一个遥远的版本——想象一下，我们迎来了C++100。在这个版本中，auto关键字已经发展到了全新的高度，成为编程中的"瑞士军刀"，几乎无所不能。以下是一个小小的"预览"，让我们一起在这段奇妙的旅程中探索充满无限可能的C++世界。

```cpp
// 在C++100的世界里，auto关键字获得了超能力
auto magicalOperation(auto mystery) {
    auto enchantedResult = auto{[&]() -> auto {
        auto spell = auto(auto(mystery * auto(auto)));
        return spell;
    }};
    return enchantedResult();
}

auto main() -> auto {
    auto secretNumber = auto{1127};
    auto revelation = magicalOperation(secretNumber);

    // 甚至输出也充满了魔法
    auto(std::cout << "Unveiling the mystery: " << revelation << std::endl);

    // 在未来，我们的循环和条件判断也变得更加"自动"
    for(auto i = auto{0}; auto(i < auto{auto}); ++i) {
        auto("Repeating the magic...\n");
    }

    // 异常处理当然也是自动的
    try {
        auto riskySpell = []() -> auto {
            throw auto("A mysterious error occurred!");
        };
        riskySpell();
    } catch (auto& spellError) {
        std::cerr << "Caught a spell gone wrong: " << spellError << std::endl;
    }

    // 最后，我们的函数也变得不那么具有确定性了
    auto uncertainFunction(auto possiblyMagic) -> auto {
        if (possiblyMagic) {
            return auto(true);
        }
        return auto(false);
    }

    return auto(0); // 即使在C++100，我们仍然需要返回一个值
}
```

这个例子虽然夸张，但启发了我们深入思考C++标准未来的发展方向——我们如何在保持语言强大表达能力的同时，进一步提升编程的效率和可读性。虽然未来的C++可能不会完全依赖于auto关键字，但它肯定会在简化编程模型、增强类型推断以及提升编程便利性等方面继续取得进步。

1.4　C++标准与实践：跨环境的支持与协作

本节主要介绍C++的标准与实践。

1.4.1　语言核心与库的融合：跨编译器视角

当我们探讨C++的设计哲学时，理解语言的核心特性（core language features）与标准库特性（library features）之间的关系就变得尤为重要。这两者之间的关系非常紧密，它们都是ISO C++ 标准定义的实体。以下几个关键点说明了它们之间的重要联系：

- 无缝集成：C++的设计目标之一是提供无缝的语言特性与库的集成。语言的核心特性在设计时就考虑到了与标准库的互操作性，确保开发者可以平滑地在核心语言特性和库功能之间切换。
- 性能与效率：C++强调性能和效率，这不仅体现在语言的核心特性上，也体现在其标准库的设计与实现中。例如，模板是C++的一个核心语言特性，它直接支持了标准模板库的高效数据结构和算法。
- 抽象与灵活性：C++的设计哲学鼓励高级抽象，同时保留对底层操作的访问。这种设计理念体现在语言的核心特性和标准库之间，使得开发者能够根据需要选择使用抽象级别。
- 向后兼容性：C++的设计非常重视向后兼容性。新的语言特性和库更新旨在与旧代码基兼容，这反映了C++设计哲学中对现有代码基和开发者社区的尊重。
- 标准化进程：C++标准化进程促进了语言核心特性和标准库特性的协同发展。通过这一过程，C++不断引入新特性和库，同时确保它们与语言的设计哲学保持一致。

1. 核心语言特性

核心语言特性构成了C++的基础架构，包括但不限于变量声明、数据类型、函数定义、控制结构（例如循环和条件判断）、模板以及元编程等。这些基础元素为编写高效且具有表达力的代码提供了可能。随着C++标准的发展（如C++11、C++14、C++17、C++20、C++23等），引入的新特性（比如自动类型推导、基于范围的for循环、Lambda表达式等），旨在通过提升抽象级别和增强代码表达力，来简化编程模型和提高开发效率。

2. 库特性

与核心语言特性紧密相连的是标准模板库，它提供了一系列的容器、算法、迭代器、函数对象和智能指针等。

这些工具和组件极大地扩展了C++的应用领域，使得开发者可以更加专注于业务逻辑的实现，而不是底层的数据结构和算法的具体实现。标准库的不断发展引入了如并发编程支持、正则表达式、文件系统操作等现代编程所需的高级特性。

3. C++语言的兼容性

C++语言的兼容性通常涉及两个层面：源代码的兼容性和二进制的兼容性。

- 源代码的兼容性：C++的新版本通常会努力保持向后兼容，这意味着大多数旧版本的代码应该能够在新的编译器版本中编译和运行。然而，这并不绝对，因为有时为了语言的改进和安全性，某些旧特性可能被弃用或者更改。
- 二进制的兼容性：指编译生成的可执行文件或库文件在不同版本的环境下的兼容性。通常，用低版本的C++编译器生成的可执行文件或库，在高版本的运行时环境中能够运行（向前兼容）。然而，用高版本C++编译器生成的可执行文件可能会使用一些低版本运行时不支持的特性，这些文件在低版本的环境中通常无法运行（不向后兼容）。

因此，如果使用一个较新的C++编译器或库来编译程序，生成的可执行文件可能包含低版本编译器或运行环境不支持的特性。相反，使用较旧版本的C++编译器编译的程序，由于不会使用新版本特有的功能，通常能在更新的编译器或运行时环境中运行。

在实际使用中，保持编译器、标准库和其他依赖的更新是重要的，以确保兼容性和利用最新的语言改进。同时，当跨版本部署应用时，了解目标系统的具体C++环境也是非常关键的。

4. 持续学习：掌握编译器支持与标准库进展

在探索C++的深邃世界时，我们不仅见证了它作为一门编程语言的发展，还观察到了它作为一种设计哲学的演进。这种哲学不断推动C++向前发展，从最初的C++11到即将到来的C++26，每一次更新都是对效率、灵活性和表达力的进一步追求。C++标准库的扩展——覆盖了从基础数据结构和算法到复杂的系统交互和并发编程等广泛的功能模块——展现了这一设计哲学的实践。这种演进不仅展示了对编程艺术和科学的深刻理解，还反映了对开发者需求的持续响应。

在这个不断进化的语言生态中，了解各种C++特性在不同编译器版本中的支持情况至关重要。这不仅是为了充分利用C++的强大功能，更是为了确保我们能够编写出既高效又可维护的代码。幸运的是，像cppreference.com这样的资源为我们提供了宝贵的知识库，其中详细列出了从C++11到C++26各个标准的库特性支持情况，并覆盖了主流编译器如GCC（GNU Compiler Collection）、MSVC（Microsoft Visual C++）、Clang等。这样的资源不仅是技术的宝库，更是连接过去、现在和未来C++设计哲学的桥梁。

主流编译器对C++标准的支持情况如表1-2所示。

表1-2   主流编译器对C++标准的支持情况

核心语言特性	Visual Studio 版本支持情况	GCC 版本支持情况
C++11	MSVC 2013基本支持 MSVC 2015完全支持	GCC 4.8.1完全支持
C++14	MSVC 2015基本支持 MSVC 2017完全支持	GCC 6.1完全支持
C++17	MSVC 2015部分支持 MSVC 2017基本支持 MSVC 2019增强支持	GCC 7完全支持
C++20	MSVC 2019开始支持 MSVC 2022几乎完全支持	GCC 8开始支持 GCC 11完全支持
C++23	MSVC 2022开始逐渐支持	GCC 9开始支持 GCC 14几乎完全支持

建议所有C++开发者，无论是刚开始接触这门语言的新手，还是深耕多年的资深专家，都将浏览这类资源作为一种常规的学习途径。这不仅能帮助我们保持对最新C++特性的了解，更重要的是，它能激发我们探索C++设计哲学深层次美学和逻辑的热情。通过不断学习和实践，我们不仅能够掌握C++提供的强大功能，更能在编程的旅程中体验到发现和创造的乐趣。

1.4.2   编译器的多样性与选择：适应多操作系统

1. Windows环境下的编译器生态

在Windows操作系统中，C++开发者有多种编译器可以选择，每种编译器都有其独特的特点、优势和限制。Windows平台上常见的C++编译器包括：

- GCC：作为一个开源编译器套件，GCC支持多种编程语言，包括C++。它广泛用于Linux平台，但也可以通过MinGW（Minimalist GNU for Windows）或Cygwin在Windows上使用，提供了跨平台编程的便利。
- Clang：由LLVM项目支持的Clang编译器以其出色的编译速度和错误消息清晰度而备受欢迎。它在Windows上既可以独立使用，也可以与Visual Studio集成，支持最新的C++标准。
- MSVC：是Microsoft Visual Studio的一部分，由Windows开发的官方编译器，提供广泛的C++标准支持和强大的集成开发环境（integrated development environment，IDE）。MSVC经常是第一个支持Microsoft平台特定特性的编译器。
- Intel C++ Compiler：现为Intel oneAPI Toolkits的一部分，Intel C++ Compiler专注于优化代码，以利用Intel处理器的高性能计算能力。它可以在Windows上使用，与Visual Studio紧密集成。
- Embarcadero C++ Builder：提供快速应用开发（rapid application development，RAD）环境的编译器和IDE，特别适合于快速开发Windows桌面、移动和数据库应用程序。它自带的可视组件库（visual component library，VCL）和FireMonkey框架支持跨平台开发。

对于其他的编译器，如Apple Clang（专用于macOS）、IBM XL C++（针对AIX和Linux on IBM Z）、Sun/Oracle C++（专注于Solaris平台）、Cray（针对超级计算机系统）、Nvidia HPC C++（专用于高性能计算）和Nvidia nvcc（CUDA编译器），它们在Windows平台上的使用受到限制或不适用。特别是Apple Clang和Nvidia nvcc有着明确的平台或用途限制，而IBM、Sun/Oracle、Cray和Nvidia的某些编译器则更多地用于特定的硬件或系统。

以下是Visual Studio 2015到Visual Studio 2022 及其对应的MSVC编译器版本号的总结。请注意，MSVC的版本号和Visual Studio的发布年份使用不同的命名方案，这可能导致一些混淆。此外，MSVC的版本号通常指的是编译器的内部版本号，它与Visual Studio的市场版本号不同。

1）Visual Studio 2015

MSVC版本号：19.00。

这是MSVC 2015版本的开始，也称为MSVC 14.0。这是因为MSVC的版本号跳过了13.0，以避免与Visual Studio的某些旧版本之间的潜在混淆。

2）Visual Studio 2017

MSVC版本号：开始于19.10。

Visual Studio 2017的MSVC编译器在19.x系列中继续发展，从MSVC 19.10开始，后续更新会增加次要版本号。

3）Visual Studio 2019

MSVC版本号：开始于19.20。

对应于Visual Studio 2019的MSVC编译器的版本号的进一步递增。从MSVC 19.20开始，随着新功能和修复的引入，会增加次版本号。

4）Visual Studio 2022

MSVC版本号：开始于19.30。

Visual Studio 2022标志着MSVC编译器系列中的又一次重要更新。从MSVC 19.30开始，支持最新的C++标准和改进。

这些版本的MSVC编译器都包含了对应版本的Visual Studio所支持的C++标准的更新和改进。随着每个新版本的发布，都会引入对最新C++标准的支持。

编译器的选择取决于项目的具体需求、目标平台和性能要求。Windows开发者通常会考虑编译器对最新C++标准的支持程度、集成开发环境的功能以及对目标硬件的优化能力。

2. Linux下的编译器支持

Linux环境为C++开发提供了极佳的支持，特别是通过广泛使用的GCC。GCC自带了C编译器，并配有C++编译器前端G++。尽管不是所有Linux发行版都预装了G++，但在Linux中安装G++编译器也非常简单。大多数情况下，开发者只需通过发行版的包管理系统执行简单的安装命令即可获得G++。

Linux发行版提供的GCC和G++版本通常与其发布周期密切相关，这意味着不同版本的Linux可能支持不同版本的C++标准。因此，开发者在选择发行版时，需要考虑GCC和G++的版本，以确保其支持项目所需的C++标准。

- GCC：作为Linux开发的基石，GCC在Linux社区中占据着核心地位。开发者可以通过发行版的包管理器（如apt-get、yum或pacman）轻松地安装或更新G++，以适应它们对C++标准的不同需求。GCC的广泛支持和高度优化使其成为Linux平台上开发高性能应用的可靠选择。
- Clang：Clang编译器因其现代的架构、优秀的编译速度和清晰的错误信息而受到许多Linux开发者的青睐。它与GCC高度兼容，提供了对最新C++标准的良好支持。通过包管理系统，开发者也可以轻松地在大多数Linux发行版上安装Clang。
- Intel C++ Compiler：现为Intel oneAPI Toolkits的一部分。Intel C++ Compiler专门为Intel处理器提供优化，旨在提升应用程序的执行效率和性能。尽管它主要面向企业和专业开发者，但Intel也提供了适用于学术研究和非商业用途的免费版本。

其他专业编译器，如IBM XL C++和Nvidia HPC C++，为特定硬件平台或性能敏感的应用提供了优化。这些编译器可能不像GCC和Clang那样广泛适用于所有Linux环境，但它们在其目标领域内提供了无与伦比的性能优势。

Ubuntu作为广泛使用的Linux发行版之一，每个版本的GCC编译器都可能有所不同，这影响着对C++标准的支持程度。以下是近几个Ubuntu版本及其默认软件源对应的GCC版本的概览：

- Ubuntu 24.04 LTS: 2024年发布，GCC 13，完全支持C++20，同时支持部分的C++23标准特性。
- Ubuntu 22.04 LTS (Jammy Jellyfish)：GCC 11，增加了对C++20的更完整的支持，并改进了对早期标准的兼容性。
- Ubuntu 20.04 LTS (Focal Fossa)：GCC 9，这是首个默认支持C++20部分特性的GCC版本，同时也提高了对C++17标准的支持完整性。
- Ubuntu 18.04 LTS (Bionic Beaver): GCC 7，引入了对C++17标准的初步支持，同时保持对C++14和更早标准的支持。
- Ubuntu 16.04 LTS (Xenial Xerus)：GCC 5，这是首个引入对C++14标准完整支持的GCC版本，同时也支持部分C++17的草案特性。

在选择Linux下的C++编译器时，开发者必须考虑各个编译器的兼容性、性能优化能力及对C++标准的支持。GCC作为大多数Linux系统的默认编译器，提供了一个稳定且成熟的开发基础。同时，Clang和其他商业编译器为追求最新语言特性和特定优化的项目，提供了额外的选项。通过包管理系统的支持，Linux开发者可以灵活选择和切换不同的编译器，以最佳地适应他们的开发需求。

3. macOS环境下的专属编译器

macOS为C++开发者提供了一套独特的工具和环境，其中集成了现代化的编译器和开发工具，以支持高效的软件开发流程。macOS平台上常用的C++编译器如下：

- Apple Clang：Apple Clang编译器是macOS上的标准C++编译器，它是基于Clang的开源项目，并由Apple进行了定制和优化，以更好地支持macOS和iOS的开发环境。Apple Clang紧密集成于Xcode IDE中，提供了对最新C++标准的支持，并针对Apple的硬件进行了优化，以提高应用程序的性能和效率。

- GCC：尽管Apple Clang是macOS上的首选编译器，但GCC仍然可以通过Homebrew或其他包管理系统安装和使用。GCC在macOS上为开发者提供了另一种选择，特别是对于那些习惯于Linux环境或寻求GCC特定特性的用户。

- Clang：macOS上的Apple Clang基本上与开源的Clang编译器保持一致，但是开发者也可以直接使用最新版本的开源Clang编译器，以获得最前沿的语言特性支持和性能优化。开源Clang可通过Homebrew安装，为需要跨平台一致性或特定Clang功能的项目提供了便利。

- Intel C++ Compiler：虽然主要针对Linux和Windows平台，但Intel的C++编译器也可以在macOS上使用，尤其是在需要对Intel处理器进行深度优化的场景中。作为Intel oneAPI Toolkits的一部分，它为macOS上的高性能计算应用提供了另一种选择。

macOS平台上的编译器选择体现了平衡多样性和专业化优化之间的关系。Apple Clang提供了对Apple生态系统深度集成的优势，而GCC和开源Clang则为开发者提供了更广泛的兼容性和灵活性，Intel C++ Compiler则在特定用例下提供了性能上的优势。

在选择适合的macOS编译器时，Xcode和Apple Clang的紧密集成为开发Apple平台的应用提供了便利，而GCC和开源Clang的可用性则为需要跨平台兼容性的项目增加了选择。

1.4.3　开发环境的选择与策略：优化开发体验

1. 跨平台的IDE与编辑器选择

在C++开发中，选择一个合适的集成开发环境或编辑器是至关重要的，它不仅可以提高编码效率，还能提供代码管理、调试和测试等一系列开发支持功能。对于需要在多个操作系统平台上工作的项目来说，选择一个支持跨平台的IDE或编辑器尤为重要。流行的跨平台C++ IDE和编辑器如下：

- Visual Studio Code（VS Code）：微软出品，必属精品——VS Code就是这样一个闪耀的明星。它虽然是轻量级的，但它的能力却不容小觑，堪比重量级选手。VS Code跨越操作系统的界限，无论是在Windows、Linux还是macOS上，都能发挥其强大的源代码编辑功能。只需轻松安装C/C++扩展，它就能变身为C++开发者的"超级英雄"，提供智能代码补全、敏锐的代码导航以及强大的编译和调试支持。更令人兴奋的是，VS Code的社区就像是一个充满活力的大家庭，提供了海量的插件来满足各种编程语言和需求。简而言之，VS Code不仅是一个编辑器，更是每位开发者的得力助手，让编码变得更加高效和愉快。

- Qt Creator：当谈到为Qt注入魔法时，Qt Creator无疑是那位神秘而强大的巫师。它不仅是一个跨平台C++ IDE，更是Qt应用开发的"圣杯"，无论你身处Windows、Linux还是macOS的世界。Qt Creator带来了一个集成的GUI布局和表单设计器，让界面美化变得像搭积木一样简单。它的工具箱里还装着管理数据库和处理版本控制的"神器"，以及对Qt框架的深度支持，使得从构思到实现，每一步都行云流水。简言之，Qt Creator不只是工具，更是创造力的加速器，让每个想法都能够闪耀成真。

- CLion：JetBrains的CLion犹如一位智慧的大师，它横跨Windows、macOS和Linux三大平台，为C++开发者提供了一座功能丰富的宝库。它不仅是一个IDE，而是一个全方位的开发伙伴，携带着智能代码编辑和精准导航的灯塔，照亮代码的海洋。CLion深谙代码之道，提供细致入微的代码分析，能够洞察潜在的问题与机遇。它的集成调试器和测试工具宛若开发者的左右手，使得寻错和验证变得轻而易举。更不用说，它对CMake的原生支持，简化了项目构建的复杂度，让开发者能够更专注于创造而非琐事。

- Eclipse CDT（C/C++ Development Tooling）：在开源世界中，Eclipse CDT犹如一位老练的舵手，引领C++开发者穿越编码的大海。它的跨平台特性让Windows、Linux和macOS的开发者都能找到归属。Eclipse CDT的魅力不仅在于它的全能——从项目管理到源代码编辑，再到编译和调试的一站式服务——更在于它的灵活性。像一块干净的画布，它允许通过各种插件进行个性化扩展，满足各色开发者的独特需求。它是那种越用越能发现新大陆的IDE，每一个功能都像是为解决编程路上的挑战而精心设计的。Eclipse CDT不只是开源的骄傲，也是每个C++开发者工具箱中的珍宝。

- Code::Blocks：在编程的世界里，Code::Blocks就是那位随和又可靠的好友，它以开源的姿态欢迎每一位Windows、Linux和macOS上的C++开发者。它的设计哲学是简洁而不简单，力求为开发者提供一个轻松上手且功能全面的编程环境。从代码编辑到编译，再到调试，Code::Blocks都像是为你量身打造的工具，它的灵活性更是体现在对GCC、Clang、Visual C++等多种编译器的支持上。无论你是新手探索编程之路，还是资深开发者追求效率和效果，Code::Blocks都能成为你值得信赖的伙伴，助你一臂之力，让编程之旅充满乐趣和成就感。

这些跨平台IDE和编辑器各有特色，为开发者提供了广泛的选择。无论是对IDE的集成度有高要求的开发者，还是偏好轻量级编辑器的用户，都可以在这些工具中找到适合自己的选项。选择合适的工具可以极大地提高开发效率和项目质量。

2. 平台独有IDE的特定优势

对于C++开发者来说，除了跨平台的IDE和编辑器，还有一些平台独有的IDE，这些工具为特定操作系统或开发环境提供了深度集成和优化，能够提升在特定平台上的开发效率和体验。

以下是一些主要操作系统上的平台独有IDE：

- Visual Studio（Windows）：在开发者的圈子里，Visual Studio常被戏称为"宇宙第一IDE"，这不仅仅是因为它的名字响亮，而是它那几乎无所不能的功能集合所赋予的神话色彩。由Microsoft亲手雕琢，这款IDE为Windows平台的软件开发提供了一站式解决方案。装备了MSVC编译器，它的代码编辑器不只是智能，几乎能预测你的下一步打算，而且它的调试工具和性能分析器如同拥有超能力一般，能洞察代码的每一个角落。再加上对Windows API和Microsoft技术生态的深度整合，Visual Studio 让开发Windows应用和游戏变得既轻松又富有乐趣。功能强大到让人不禁感叹，这难道不是开发者梦寐以求的神器吗。

- Xcode（macOS）：Xcode是Apple为macOS和iOS开发提供的官方IDE。虽然它主要面向Swift和Objective-C语言，但同样提供了对C++的支持。Xcode集成了Apple Clang编译器，提供了代码编辑、调试、性能分析工具以及对macOS和iOS开发的各种框架和API的访问。Xcode的界面设计和用户体验与macOS平台紧密集成，为开发Apple平台的应用程序提供了便利。

- Android Studio（Android）：虽然Android Studio主要是为Android应用开发设计的，但它基于IntelliJ IDEA，并提供了对C++的支持，特别是在使用原生开发工具包（native development kit，NDK）开发Android应用时。Android Studio提供了代码编辑、调试和性能分析等功能，以及对Android平台特有的库和API的集成支持。

这些平台独有的IDE提供了针对特定操作系统或生态系统优化的工具和服务，它们利用平台特有的特性和技术，为开发者提供了无缝的开发体验。选择这些IDE进行开发，不仅可以提高生产效率，还能更好地利用操作系统的特性和优势，开发出更加高效、稳定的应用程序。

1.5　小结

本章深入探讨了C++的艺术与科学，通过对设计哲学的全面概览，引导读者进入C++的精神世界。从C++的设计目标与原则开始，不仅强调了高性能与效率、资源管理、多范式支持、零开销原则，还深入分析了如何将这些原则应用于编程实践中，以实现优雅高效的代码设计。通过探讨C++的演化历程和设计技巧的发展，读者可以看到这门语言是如何随着时间不断进化，以适应不断变化的技术环境的。同时，本章也详细讨论了C++标准与实践，包括语言核心与库的融合、编译器的多样性与选择，以及开发环境的选择与策略，为读者提供了跨环境支持与协作的宝贵知识。

通过本章的学习，可以发现C++不只是一种编程语言，它实际上融合了艺术和科学的设计哲学。这种哲学不仅关注技术的精湛与效率，还注重创造性思维和深度参与的体验。心理学家米哈伊·契克森米哈伊（Mihaly Csikszentmihalyi）在其著作《心流：最优体验心理学》中阐述了心流状态——一种在个人完全投入、高度集中于挑战性活动时所达到的完全沉浸和参与感。C++的设计哲学旨在引领每一位开发者体验这种心流状态，通过面对编程挑战而产生的吸引力和参与度，激发他们的好奇心和探索欲。

我们的目标是希望读者通过学习和应用C++，不仅能提升技术技巧，而且能够体验到心流状态所带来的乐趣和满足感。这种经历有助于读者提高编程效率，加深对编程艺术的理解，并最终促进个人和职业的发展。在接下来的章节中，我们将进一步探索如何将C++设计哲学应用于具体的编程实践中，使读者能够在技术的海洋中航行得更远，同时享受每一次都潜入心流的旅程。

第 2 章

构筑C++的基石：核心设计
技巧与原则

2.1 导语：多范式编程的艺术与哲学

C++不仅是一种编程语言，更是一个强大的思考工具，用于分析和解决问题。这种语言的设计受到多范式编程的强烈影响，支持从过程化编程到面向对象编程，再到泛型编程的多种编程风格。

这一多样性不仅展示了C++对解决软件工程问题的深刻洞察，还体现了编程界的一个基本原则：追求简洁与效率的平衡。正如牛顿在力学和自然哲学中寻求简单和统一的原则一样，C++的设计哲学也是在功能的强大与易用性之间找到一种优雅的平衡。

在本章中，我们将详细探讨C++的核心设计原则，包括封装、继承和多态等概念，从而理解这些原则如何帮助我们更有效地组织代码，提升代码的可复用性和可维护性。

2.2 C++的结构哲学：封装与类的精细设计

本节主要介绍 C++的封装与类的概念。

2.2.1 封装的艺术：C++设计哲学的体现

在探索C++的丰富世界时，封装（encapsulation）是一块基石，它不仅是一种编程技巧，更是C++设计哲学中的核心概念。封装代表了一种将数据（属性）和操作这些数据的方法（函数）捆绑在一起的思维方式，这种机制不仅能够保护数据不被外界随意访问，还能确保对象的行为得到合理的控制。

1. 封装的定义与意义

封装在计算机科学中，尤其在面向对象编程语言如C++中，扮演着至关重要的角色。这一概念将数据（即对象的状态）与操作这些数据的方法（即对象的行为）紧密结合，并巧妙地对外隐藏了其实现细节。封装的艺术不仅在于隐藏数据，更在于它将复杂性隐蔽于无形，同时提供了简洁而直观的操作接口。

对于初学者，尤其是那些习惯于C语言中直接进行数据操作的开发者而言，封装初看似乎带有制约性，因为它防止了对对象内部状态的直接访问。然而，正是这种制约赋予了封装真正的力量——它不仅保护数据不受未经授权的访问与修改，也确保了数据与操作间的高度一致性。通过限制对对象内部的直接访问，封装有效减少了因操作不当而引发的错误，从而显著提高了软件的可靠性。

此外，封装极大地提升了代码的可维护性与可扩展性。当对象的底层实现需求变更时，只要其外部接口保持不变，依赖于该对象的代码就无须修改。这种解耦合的策略不仅使得在不干扰已有系统的前提下进行更新与优化成为可能，对于大型及长期项目来说，更是尤为重要。封装还推动了代码的高度复用。它通过隐匿实现细节，使得相同的代码能够在不同环境中应用，并且无须担忧内部实现的差异。这不仅显著减少了代码的冗余，还简化了软件的测试与维护过程。

对于那些从 C 语言转向 C++的开发者，接受封装的理念或许需要一段时间。但通过理解封装如何减少错误和提升代码的安全性、可维护性及可扩展性来转变编程思维，开发者将能够顺利转变编程思维，这将是他们编程旅途中的一个关键转折点。封装远非简单的限制，它实际上是一种强大的策略工具，使得开发者能以更抽象、更安全及更高效的方式来构建复杂的软件系统。

2. 封装在 C++设计哲学中的角色

C++的设计哲学强调灵活性和效率，而封装恰好体现了这两点。通过提供抽象的接口，封装使得对象的使用者不必关心对象的内部实现。这种抽象化不仅降低了软件开发的复杂度，还使软件更易于理解和修改。

在 C++中，封装不仅体现在类的设计上，也体现在如 public、private、protected 等访问修饰符的使用上。这些修饰符定义了类成员的访问权限，允许设计者明确指定哪些信息是可以公开访问的，哪些应当是私有的。

通过定义良好的接口（即类的公有成员函数），封装允许用户在完全不了解对象内部机制的情况下与之交互。这种方法不仅增强了代码的安全性，也提高了其灵活性和可维护性。

封装在 C++的面向对象编程哲学中并不孤立存在，它与继承和多态共同构成了面向对象编程的三大支柱。封装提供了信息隐藏和接口抽象的基础，继承实现了代码的复用和接口的规范化，而多态则通过同一接口支持多种实现。这三者的结合极大地提升了 C++软件开发的效率和灵活性。

C++通过编译时解析、内联函数以及精细的底层控制等机制，努力最小化面向对象特性可能引入的任何额外开销。这些优化手段确保开发者在享受封装带来的好处（例如代码模块化、提高安全性和可维护性）的同时，还能保持程序的高效执行。

理解封装在 C++中的应用，意味着认识到如何有效地使用 C++的面向对象特性来提升代码的质量和可维护性，同时保持高效性能。

2.2.2　封装的三重境界：访问控制、抽象和信息隐藏

1. 访问控制

访问控制是封装的第一重境界，它通过定义类成员的可见性范围，实现对类内部数据和行为的保护与隐藏。在 C++中，访问控制主要通过 3 个访问修饰符来实现：public、private 和 protected。

- public 成员可以被任何访问该类对象的代码访问。
- private 成员只能被其所在类的成员函数、友元函数和友元类访问。
- protected 成员介于 public 和 private 之间，它允许派生类访问，但阻止外部访问。

访问控制的意义在于它允许类的设计者精确地控制哪些信息是对外公开的，哪些应该被隐藏。这样的设计不仅保护了数据的安全性，还提高了代码的可维护性，因为使用者无法直接访问内部状态，只能通过类提供的公共接口来与对象交互。

【示例展示】

假设要设计一个BankAccount类，该类用于模拟银行账户的基本操作，如存款、取款等。在这个类中，我们将使用访问控制来确保账户余额的安全性，同时提供公共接口来执行安全的操作。

```cpp
#include <iostream>
#include <iomanip>                // 用于设置输出格式

class BankAccount {
private:
    long long balance;            // 账户余额，以分为单位，只能通过公共成员函数访问

public:
    // 构造函数，初始余额以元为单位，内部转换为分
    BankAccount(double initialBalance) : balance(static_cast<long long>(initialBalance
* 100)) {}

    // 存款操作，输入金额以元为单位，内部转换为分
    void deposit(double amount) {
        if (amount > 0) {
            long long amountInCents = static_cast<long long>(amount * 100);
            balance += amountInCents;
            std::cout << "Deposit " << std::fixed << std::setprecision(2) << amount
                    << ", New Balance: " << static_cast<double>(balance) / 100 << std::endl;
        }
    }

    // 取款操作，输入金额以元为单位，内部转换为分
    bool withdraw(double amount) {
        long long amountInCents = static_cast<long long>(amount * 100);
        if (amount > 0 && amountInCents <= balance) {
            balance -= amountInCents;
            std::cout << "Withdraw " << std::fixed << std::setprecision(2) << amount
                    << ", New Balance: " << static_cast<double>(balance) / 100 << std::endl;
            return true;
        }
        return false;
    }

    // 获取当前余额，返回值以元为单位
    double getBalance() const {
        return static_cast<double>(balance) / 100;
    }
};

int main() {
    BankAccount account(1000.0);          // 创建一个初始余额为1000元的账户
    account.deposit(500.0);               // 存入500元
    account.withdraw(200.0);              // 取出200元
    std::cout << "Final Balance: " << std::fixed << std::setprecision(2) <<
account.getBalance() << std::endl;        // 显示最终余额

    return 0;
}
```

在这个示例中，balance成员变量被设定为private属性，这意味着除了BankAccount类自身之外，没有任何代码能够直接访问这个变量。

这种设计选择体现了封装的核心原则：隐藏内部实现细节，仅通过公开接口与外界交互。为了操作账户余额，我们提供了3个public成员函数：deposit用于存款，withdraw用于取款，而getBalance则允

许查询当前余额。这些公开方法确保了与BankAccount对象的交互既安全又方便，同时维护了账户余额的一致性和安全性。

同时，此示例也展示了访问控制的力量：它不仅保障了类内部状态的安全，还为使用该类的开发者提供了一个清晰、简洁的接口。这种通过访问修饰符实施的封装策略，是C++实现数据保护和接口隐蔽的根本方法，引领我们进一步探索类设计的深层美学。此方法确保了软件设计的灵活性和可维护性，是面向对象编程中不可或缺的一环。

2. 抽象

抽象是封装的第二重境界，它通过定义接口来隐藏实现细节，从而允许设计在不同抽象层次上进行。这种方法不仅降低了系统的复杂性，还提高了其灵活性和可扩展性。

通过抽象，开发者能够专注于接口设计而非细节实现。这也使得在更高的层次上思考和设计系统成为可能，从而创建出更清晰、更易于理解和维护的软件结构。此外，由于接口与实现分离，即使底层实现发生变化，也不会影响到依赖于这些接口的代码，从而极大地提升了代码的可复用性和模块化。

【示例展示】

下面通过设计一个简单的形状处理系统来演示抽象的实用性。在此系统中，首先定义了一个名为Shape的基类，它包含一个抽象方法draw()，专门用于绘制形状。不同的具体形状类，如Circle和Rectangle，通过继承Shape基类并具体实现draw()方法，分别提供了圆形和矩形的绘制逻辑。

```cpp
#include <iostream>
#include <vector>
#include <memory>

class Shape {
public:
    virtual void draw() const = 0;        // 纯虚函数定义抽象接口
    virtual ~Shape() {}                    // 虚析构函数确保派生类对象能被正确销毁
};

class Circle : public Shape {
public:
    void draw() const override {
        std::cout << "Drawing Circle" << std::endl;
    }
};

class Rectangle : public Shape {
public:
    void draw() const override {
        std::cout << "Drawing Rectangle" << std::endl;
    }
};

int main() {
    std::vector<std::shared_ptr<Shape>> shapes;
    shapes.push_back(std::make_shared<Circle>());
    shapes.push_back(std::make_shared<Rectangle>());

    for (const auto& shape : shapes) {
        shape->draw();                     // 通过Shape接口调用具体的draw()方法
    }

    return 0;
}
```

在这个示例中，我们通过定义Shape基类和设立纯虚函数draw()来构建一个简洁且强大的形状处理系统。Shape类的纯虚函数使其无法直接实例化，迫使所有派生类如Circle和Rectangle必须实现draw()方法，以便具体绘制各自的形状。

这一设计巧妙地展示了抽象的强大功能，我们可以通过Shape指针或引用来操作形状对象，而无须事先知道具体的形状类型。这种方式显著提高了设计的灵活性和通用性，允许各种形状的绘制逻辑独立于使用它们的代码进行变化。

这个示例通过降低系统各部分之间的耦合度并增强系统的可扩展性和可维护性，不仅展示了抽象的直接好处，还深化了我们对面向对象设计中的封装等核心概念的理解。

3. 信息隐藏

信息隐藏是封装的第三重境界，它深化了访问控制和抽象的概念，通过限制对类内部实现细节的访问，促进了模块间的独立性和系统的健壮性。信息隐藏的核心思想是，一个模块（类或函数）不应该暴露它不需要暴露的细节。这样，即使内部实现发生变化，也不会对使用该模块的其他部分产生影响，从而降低了系统各部分之间的依赖性，提高了系统的可维护性和可扩展性。

信息隐藏的意义在于它强调了设计良好的接口的重要性。通过仅暴露必要的操作和数据，信息隐藏帮助设计者构建了松耦合的系统，其中各部分可以独立变化而不影响其他部分。这种方法不仅减少了对内部变化的敏感性，还提高了代码的安全性，因为它限制了外部对敏感数据的直接访问。

【示例展示】

考虑一个在线图书馆系统，其中Book类用于管理图书信息。我们希望隐藏图书的库存数量等内部信息，仅提供公共接口来访问和修改这些信息。

```cpp
#include <iostream>
#include <string>

class Book {
private:
    std::string title;              // 书名
    std::string author;             // 作者
    int stock;                      // 库存数量，外部不可直接访问

public:
    Book(const std::string& title, const std::string& author, int stock)
        : title(title), author(author), stock(stock) {}

    void display() const {
        std::cout << "Title: " << title << ", Author: " << author << std::endl;
    }

    // 提供公共接口检查库存是否充足
    bool isAvailable() const {
        return stock > 0;
    }

    // 处理借书，只在库存充足时成功
    bool borrowBook() {
        if (isAvailable()) {
            --stock;
            std::cout << title << " borrowed. Remaining Stock: " << stock << std::endl;
            return true;
        } else {
            std::cout << title << " is currently out of stock." << std::endl;
            return false;
```

```
        }
    }

    // 处理还书，库存增加
    void returnBook() {
        ++stock;
        std::cout << title << " returned. New Stock: " << stock << std::endl;
    }
};

int main() {
    Book myBook("The C++ Programming Language", "Bjarne Stroustrup", 3);

    myBook.display();           // 显示图书信息
    myBook.borrowBook();        // 借出一本书
    myBook.borrowBook();        // 再借出一本
    myBook.returnBook();        // 归还一本书

    return 0;
}
```

在这个示例中，通过将Book类中的stock成员变量设为私有，我们有效地隐藏了关于图书库存数量的内部信息。这种设计决策阻止了从类外部直接访问stock变量，转而必须通过isAvailable、borrowBook和returnBook等公开的方法来进行库存查询、借书和还书操作。

这样，Book类内部的具体实现细节对使用者保持透明，确保了即便将来修改了库存管理逻辑，也不会影响到依赖这些公共方法的外部代码。

在探索软件设计的深层理论时，我们遵循一条由简至繁的旅程——始于访问控制，途径抽象，终结于信息隐藏，就像水流从小溪出发，经过河流，最终融入广袤的海洋。这个旅程不仅展示了设计的深化，也呈现了从具体技术到广阔设计原则的自然过渡。

起初，访问控制为数据和方法划定了保护圈，类似于小溪边的第一道屏障，它守护着类的秘密，确保内部状态不被不当干预。这是打造安全软件之旅的第一步，为之后的旅程奠定了坚实的基础。

随着旅程深入，我们抵达抽象阶段，此时就像小溪汇入河流，将复杂的实现细节隐藏在简单的接口背后。这一转变不仅使代码更加易用和可重复使用，还让开发者能够把注意力从烦琐的细节中解放出来，聚焦于更宏观的问题解决。

最后，信息隐藏的阶段宛如河流汇入无边的大海。在这里，封装的目标超越了简单的细节隐藏，它通过巧妙设计的接口，将系统分割成可以独立进化的模块。这种方法大大降低了模块间的相互依赖，提升了系统的灵活性和可维护性。

整个过程就像是一场从具体实践到抽象思维，再到整体视角的探索之旅。C++的设计哲学通过这一旅程展示了设计理念的深化，鼓励开发者不仅要提升编程技巧，还要更深入理解软件设计的本质。最终，像百川入海，我们能够创造出既强大又灵活的软件系统，以应对各种挑战。

2.2.3　实践中的封装：C++的实现策略

2.2.3.1　类与对象：封装的基本单位

在深入探讨C++中的封装机制之前，首先需要理解其构建基石——类（class）与对象（object）。正如古代建筑师精心设计每一块砖、每一片瓦以构建坚固而美观的建筑，C++程序员通过类和对象的设计，将数据与操作这些数据的方法封装起来，构建出既稳健又高效的软件结构。

类在C++中扮演着封装的蓝图角色，通过定义数据成员和成员函数，提供创建对象的详尽框架。

具体类具备完整的功能，可以直接实例化，用于创建具体的对象。相对地，抽象类则作为一个不完全的框架存在，它包含一个或多个纯虚函数，意味着抽象类需要被其他类继承并实现这些未完成的功能才能使用。这种设计允许程序员构建一个类层次结构，通过这种层次化可以实现更加复杂的功能和行为的模块化管理。

通过将数据成员设置为私有，形成对象的内部机制，而通过公开成员函数，使外部能与对象的数据进行有限的互动。对象则是这些蓝图的具体实现，每个对象都独立拥有类中定义的数据成员的副本，通过执行成员函数来表现行为。这些函数操作对象的私有数据，同时提供与外界交互的接口。

如哲学家让-雅克·卢梭（Jean-Jacques Rousseau）所言："人是自由的，但他在枷锁中成长。"这在封装的语境下显得尤为贴切，类的结构像枷锁，限制了对象的行为，保护其内部状态不受外部影响，但同时这种限制也赋予了对象自由，因为它保障了对象的稳定性和可预测性，使得对象能在预定的框架内自由地行动。

这种封装策略不仅保护了数据的安全，也反映了人类在信息处理和关系管理上的自然倾向：在保护核心的同时，还需与外界进行必要的互动。这样的设计加强了软件系统的模块化和抽象化，提高了其稳定性、安全性及可维护性。

2.2.3.2　构造函数与析构函数：管理资源与状态

在C++中，构造函数（constructor）和析构函数（destructor）扮演着至关重要的角色：它们管理对象的生命周期，确保对象在创建和销毁时维护其资源和状态的正确性。

这两种特殊的成员函数体现了封装的另一个维度——资源管理和状态控制。

1. 构造函数——生命的起始

构造函数在C++中扮演着初始化对象的关键角色。创建类的实例时，C++自动调用相应的构造函数来设置对象的初始状态。这个特殊的函数与类同名，并且不指定任何返回类型，连"void"也不用。

当一个类包含多个构造函数时，它们通过参数的数量和类型的不同进行区分，就构成了所谓的构造函数重载。

构造函数的任务远不止于简单地为数据成员分配初始值，它还负责完成所有初始化前必需的准备工作，比如分配必要的资源、初始化互斥锁或设置对象的初始状态，确保对象一经创建就处于一个有效且一致的状态。

1）构造函数介绍

构造函数不仅是对象初始化的基础，还执行包括资源管理和状态设置在内的多种关键操作，为对象的整个生命周期打下基础。除了基本的初始化功能之外，构造函数还涉及以下方面：

- 资源分配与状态设置：构造函数负责进行必要的资源分配（如文件、网络资源等）和状态设置，为对象的稳定运行提供基础。
- 线程安全：在多线程环境中，构造函数可能需要初始化同步机制，如互斥锁，以确保对象状态的线程安全。

此外，构造函数在类的生命周期管理中有以下重要作用：

- 显式和隐式调用：虽然构造函数通常在对象创建时被隐式调用，但它们也可以在创建临时对象时被显式调用，以提供更大的灵活性。

- 与类的其他特性关系：构造函数不能被继承，这要求派生类必须定义自己的构造函数（如果需要）。构造函数还与类的其他特性（如析构函数、拷贝构造函数和移动构造函数）有着密切的关系，这些特性共同定义了对象如何被复制、移动和销毁。

通过这些设计，构造函数在面向对象编程中可以确保对象一经创建就处于有效和预期的状态。

2）默认构造函数和无参构造函数

在C++中，默认构造函数和无参构造函数虽然都可以在没有显式参数的情况下初始化对象，但它们之间存在一些细微的差别：

- 默认构造函数：当类未显式定义任何构造函数时，C++编译器会自动生成的默认构造函数（不带参数），这些构造函数简单地执行成员的默认初始化。
- 无参构造函数：是由用户显式定义的、不接受任何参数的构造函数，可以包含复杂的初始化逻辑，如设置成员变量的初始值或执行必要的启动代码。

细节和规则：

- 自动生成条件：只有当类中未声明任何构造函数时，编译器才会自动生成默认构造函数。
- 成员初始化：在使用默认构造函数时，保证类的成员按照声明时的初值进行初始化（如果已赋初值）。
- 隐式默认构造函数：即使提供了默认实参，一个构造函数也可以充当默认构造函数的角色，这增强了设计的灵活性。
- 合成默认构造函数的限制：如果类包含的成员自身缺少默认构造函数，则编译器可能无法自动生成默认构造函数。

在实际的软件开发中，选择合适的构造函数非常关键，这会影响我们高效地管理和使用对象。以下情况可能会给我们一些启示。

何时使用默认构造函数：

- 简单且自足的类：当类结构简单且成员可以自管理时，使用默认构造函数通常足够了。
- 无状态或自足状态对象：对于不依赖外部状态初始化的对象，编译器生成的默认构造函数通常可以满足需求。

何时必须手动指定构造函数：

- 复杂的初始化逻辑：对于需要复杂的初始化逻辑、依赖注入，或成员自身无默认构造函数的类，必须显式定义构造函数。
- 保证状态完整性和一致性：当确保对象状态的完整性和一致性至关重要时，自定义构造函数可以提供更多的控制和灵活性。

综上所述，选择使用编译器提供的默认构造函数还是显式定义构造函数，取决于类的具体需求和成员特性。正确的选择有助于保证对象的稳定性和程序的可靠性。

初始化的主要目的是确保对象的状态在创建时既确定又一致，默认构造函数执行的初始化类型则取决于对象成员的类型：

- 基本数据类型（如int、double等）：没有显式初始化时，局部变量的初始值是未定义的，而静态存储期的对象（如全局变量）则进行零初始化。这意味着不进行显式初始化可能留下安全隐患。
- 类类型的成员：如果该类定义了默认构造函数，成员将通过这个默认构造函数初始化。只要每个成员的默认构造函数能保证其状态的正确初始化，整个对象的状态就可以得到保证。
- 指针类型：默认初始化通常不会将指针设置为nullptr，除非它是静态或全局的。因此，未显式初始化的指针可能指向一个随机的内存地址，这是不安全的。

理解默认构造函数在不同类型成员初始化中的行为是至关重要的，因为它影响对象的一致性和安全性。特别是在设计涉及复杂成员变量或资源管理的类时，正确利用默认构造函数或显式定义必要的构造函数可以显著提高程序的稳定性和可靠性。

3）带参数的构造函数

在C++中，带参数的构造函数是实现对象定制化初始化的关键工具，它允许开发者为类实例提供详细的初始化数据，以满足各种使用场景和需求。通过构造函数的参数，对象可以在创建时接收外部值或配置，使每个对象实例都具有独特的属性和状态，从而增强了灵活性和个性化。

例如，一个Account类可能需要ownerName和accountBalance参数来具体化每个账户实例的详细信息。此外，构造函数的重载是C++设计中的一项强大特性，它允许一个类定义多个构造函数，每个构造函数都带有不同的参数列表。这使得开发者可以根据传入的参数类型和数量调用适当的构造函数，从而支持多样化的初始化方式。

这种重载机制不仅确保了类的灵活性和可扩展性，还允许根据类的发展需要增加新的构造函数，而不影响现有代码的功能，体现了C++设计哲学中"对扩展开放，对修改封闭"的原则。

【示例展示】

以一个Rectangle类为例，它可以通过接收长度和宽度参数来进行初始化，也可以只接收一个参数（可能是长度），并设置长度和宽度相等来进行初始化。构造函数的重载让这两种初始化方式都成为可能。

```
class Rectangle {
public:
    // 使用长度和宽度参数进行初始化
    Rectangle(double length, double width) : m_length(length), m_width(width) {}

    // 使用一个参数进行长宽相等的初始化
    Rectangle(double side) : m_length(side), m_width(side) {}

private:
    double m_length, m_width;
};
```

这个例子展示了如何根据不同的构造参数提供不同的初始化逻辑，同时保持类的清晰和简洁。通过构造函数的重载，Rectangle类为用户提供了灵活的使用方式，而不必担心类内部实现的复杂性。

4）特殊的构造函数类型

在C++中，除了基本的无参和带参数构造函数外，还有一些具有特殊用途的构造函数，包括转换构造函数（conversion constructor）、拷贝构造函数（cope constructor）、移动构造函数（move constructor）和委托构造函数（delegating constructor）等。它们在类的功能和灵活性中扮演着关键角色。虽然这些构造函数在技术上仍属于有参构造函数，但因其独特的功能和使用场景而被特别区分。通过提供这些特殊类型的构造函数，C++的面向对象设计能够更加精细和高效地处理对象的创建和转换。

（1）转换构造函数

转换构造函数是一种特殊类型的构造函数，它允许将一个类型的对象自动转换为另一个类型。

➲　转换构造数的定义和用途

转换构造函数是指接收单个参数的构造函数（除了可能的默认参数外），这种构造函数使得在需要特定类型对象时，自动将该参数类型转换为类类型。这种隐式转换为编程提供了便利性，但也需要谨慎使用，以避免出现意外的转换行为。

例如，考虑一个String类，可以通过单个char数组（C风格字符串）参数来构造，从而允许隐式地将char数组转换为String对象：

```
class String {
public:
    // 转换构造函数，允许从 char 数组隐式构造 String 对象
    String(const char* str) {
        // 初始化逻辑
    }
};
```

在这个例子中，如果有函数需要String对象作为参数，可以直接传递一个char数组，String类的转换构造函数会被自动调用来创建一个String对象。

➲　转换构造函数的设计哲学

转换构造函数在C++的面向对象设计中扮演着关键的角色。它们允许程序在编译时自动将一种类型的数据转换为类类型的对象，从而增强了语言的灵活性和表达力。这种自动类型转换能够使代码更为直观和简洁，但同时也带来了额外的复杂性和潜在的错误源。

设计转换构造函数时，开发者必须仔细考虑其使用场景。首先，这种构造函数应当在不引起歧义且确实需要自动类型转换的场合中使用。例如，一个表示复数的类可能会提供一个转换构造函数，允许将单一的实数自动转换为一个复数，这样可以简化类似于"Complex x = 4;"这样的代码写法。

然而，过度使用转换构造函数可能导致代码难以阅读和理解，特别是当发生意外的类型转换时，可能会引入难以发现的错误。为了减少这种风险，C++11引入了explicit关键字，使得构造函数只能在显式类型转换的上下文中被调用。这种机制强制程序员明确表达自己的意图，减少了因隐式转换而产生的意外错误。

总的来说，转换构造函数的设计需要权衡灵活性和安全性。在允许方便的类型转换的同时，也要通过精心的接口设计和使用explicit关键字等手段，来控制这种转换的发生，确保它只在真正安全和合适的情况下发生。这样的策略不仅体现了C++的设计哲学，也提醒开发者在实现功能的同时，需维护代码的清晰度和健壮性。

（2）拷贝构造函数

拷贝构造函数在C++中扮演着核心角色，专门用于创建一个新对象作为现有对象的精确副本。这个构造函数在处理对象复制、函数参数传递以及返回值时显示出其关键性。

➲　拷贝构造函数的定义和用途

拷贝构造函数通常接收一个同类型对象的常量引用作为参数。这样的设计不仅能复制对象的数据

成员，还能在复制过程中实现深拷贝或进行其他必要的初始化操作，以保证新对象精确地反映原始实例的状态。通过这种方式，拷贝构造函数确保了数据的一致性和对象的独立性，是C++面向对象设计中不可或缺的一部分。

【示例展示】

下面是一个示例，展示如何设计具有指针成员的Matrix类，并实现其拷贝构造函数，以确保正确复制指针指向的数据。

```cpp
#include <iostream>
#include <cstring>

class Matrix {
private:
    int rows, cols;
    double* data;

public:
    // 构造函数
    Matrix(int r, int c) : rows(r), cols(c) {
        data = new double[rows * cols];        // 为矩阵数据分配内存
    }

    // 拷贝构造函数
    Matrix(const Matrix& other) : rows(other.rows), cols(other.cols) {
        data = new double[rows * cols];        // 为拷贝的数据分配新的内存空间
        std::memcpy(data, other.data, rows * cols * sizeof(double));  // 深拷贝数据
    }

    // 析构函数
    ~Matrix() {
        delete[] data;                         // 释放分配的内存
    }

    // 设置矩阵中的某个元素
    void set(int row, int col, double value) {
        if (row >= 0 && row < rows && col >= 0 && col < cols) {
            data[row * cols + col] = value;
        }
    }

    // 获取矩阵中的某个元素
    double get(int row, int col) const {
        if (row >= 0 && row < rows && col >= 0 && col < cols) {
            return data[row * cols + col];
        }
        return 0;                              // 越界返回0
    }

    // 打印矩阵内容
    void print() const {
        for (int i = 0; i < rows; i++) {
            for (int j = 0; j < cols; j++) {
                std::cout << data[i * cols + j] << " ";
            }
            std::cout << std::endl;
        }
    }
};

int main() {
    Matrix mat1(2, 2);
```

```
    mat1.set(0, 0, 1.0);
    mat1.set(0, 1, 2.0);
    mat1.set(1, 0, 3.0);
    mat1.set(1, 1, 4.0);

    Matrix mat2 = mat1;                      // 使用拷贝构造函数创建mat2

    std::cout << "Original Matrix:" << std::endl;
    mat1.print();
    std::cout << "Copied Matrix:" << std::endl;
    mat2.print();

    return 0;
}
```

在这个例子中，Matrix类包含一个指向double数组的指针，该数组存储矩阵的元素。拷贝构造函数被定义为深拷贝，以确保每个矩阵实例都有自己的独立的数据副本。这是防止默认的浅拷贝行为，浅拷贝仅复制指针值，可能导致多个对象共享相同的数据数组，并在析构时引起问题（如重复释放内存）。

这样的设计确保了每次复制Matrix对象时，新对象能安全地管理自己的数据，且原始对象与新对象之间不会互相影响。

了解了拷贝构造函数的基本概念之后，我们可以进一步探讨它的具体应用场景：

- 对象的复制：在创建对象副本的过程中，如使用赋值语句 Matrix mat2 = mat1;，则拷贝构造函数被调用以初始化新对象mat2。
- 函数参数的传递：当一个对象作为值传递给函数时，拷贝构造函数负责创建该函数参数的副本。
- 函数返回值：当函数返回一个对象时，拷贝构造函数用于构建该返回值的副本，尽管编译器优化（如返回值优化）有时可以省略这一过程。

在设计拷贝构造函数时，深拷贝与浅拷贝的选择至关重要。浅拷贝只复制对象的指针和浅层数据，这可能导致多个对象共享同一资源，从而引发资源冲突或重复释放。相反，深拷贝创建资源的独立副本，确保新对象与原对象完全独立，这对维护程序的稳定性和数据的一致性至关重要。

正确实现拷贝构造函数对防止资源泄漏和无效内存访问至关重要。不当的拷贝构造函数实现可能会引入多种运行时错误。因此，当类成员包含指向动态分配内存或其他需要显式管理的资源的指针时，开发者必须仔细设计拷贝构造函数，确保它能有效地处理这些复杂的资源管理任务。

⮞ 拷贝构造函数的设计

在C++的世界里，拷贝构造函数的设计细节揭示了该语言的深邃智慧和对效率的追求。不知道读者有没有思考过，为什么拷贝构造函数的参数必须是引用，特别是常量引用呢？这背后反映了C++设计者的前瞻思维。

首先，通过使用引用作为参数，C++巧妙地避免了无限递归的问题。想象一下，如果拷贝构造函数的参数不是引用而是通过值传递的对象，那么在尝试将一个对象作为参数传递给拷贝构造函数时，就会不断地触发新的拷贝构造函数调用，从而形成一个无休止的递归循环，直到程序崩溃。通过引用传递，这个问题就被巧妙地规避了，因为引用仅仅是原始对象的一个别名，而不会触发新对象的创建。

其次，引用传递大幅提升了效率。如果拷贝构造函数的参数通过值传递，那么每次调用都会涉及创建参数的副本，这不仅增加了内存使用，还会消耗更多的处理器资源。通过引用传递，我们可以直接操作原始对象，避免了不必要的复制开销，这对于大型对象或者频繁调用拷贝构造函数的场景尤其重要。

最后，引用还使得拷贝构造函数能够接收const对象作为参数。这是因为非const引用不能绑定到const对象上，但const引用可以。这样的设计使得即便是不可修改的对象，也可以被拷贝构造函数接收和处理，进一步增强了C++的灵活性和功能性。

通过这些设计，C++不仅展现了对程序效率的不懈追求，还体现了对程序安全性和稳定性的深刻考量。这些细节，虽然在初学者眼中可能显得微不足道，却是C++为我们提供的精妙工具和技术，使我们能够构建更为高效、安全的程序。

（3）移动构造函数

移动构造函数是随C++11标准引入的特性，它通过"移动语义"允许开发者高效地转移资源。与传统的拷贝构造函数不同，移动构造函数不复制对象，而是直接接管另一个对象（特别是临时对象）的资源。这种方法在处理大量数据或资源时显著提升了效率，因为它避免了不必要的数据复制。

在深入了解移动构造函数之前，有必要了解C++中的5种主要值类别，这有助于我们更好地理解移动语义如何与它们互动。这5种值类别分别是：

- 左值（Lvalue）：指那些具有持久存储位置的对象。左值可以位于赋值表达式的左侧，代表着程序中长期存在的资源。
- 右值（Rvalue）：指不具有固定存储位置的临时值，这些值多用于表达式求值，并在求值后立即被销毁。
- 纯右值（PRvalue）：是右值的一个子类，表示表达式返回的临时对象或字面量。
- 将亡值（Xvalue）：也是右值的一种，指的是即将被销毁或移动的对象。
- 泛左值（Glvalue）：一个更广的类别，包括所有左值和将亡值。

移动语义主要与右值相关，尤其是将亡值，它允许对象在无须复制的情况下转移资源。通过"窃取"这些即将被销毁的右值的资源，移动构造函数能够初始化新对象，从而显著减少内存分配和数据复制的开销。

左值通常指的是具有持久状态的对象或可通过标识符访问的对象。可以把它们看作长期居住在内存中的"居民"，拥有明确的地址，生命周期相对较长。在代码中，左值可以出现在赋值表达式的左侧，这也是"左值"这个名字的来源。

想象一下，左值就像有固定家庭地址的人，他们的家和身份是持久存在的。

```cpp
int x = 5; // x 就是一个左值
```

在这里，x是一个左值，因为它代表了一个具体的内存位置。

右值则指那些通常不具有可识别的内存地址、往往只在表达式中短暂出现的值。它们像过客，没有固定的居所，在表达式求值后就消失了。右值可以是字面量、临时对象或是在表达式中产生的中间结果。

右值就像旅行者，他们在城市中没有固定的住所，仅仅是路过或短暂停留。

```cpp
int getY() { return 10; }
int z = getY(); // getY() 返回的是一个右值
```

在这个例子中，getY()函数返回的是一个右值，因为它是一个临时的、没有明确内存地址的数值。

⊃ 移动构造函数的定义和功能

接下来，我们详细探讨移动构造函数的定义和具体功能。移动构造函数接收一个同类型的右值引用（T&&）作为参数，并通过转移资源而不是复制它们来初始化新对象。这种方法主要用于优化那些涉及大型数据结构和临时对象的操作，大大减少了程序执行中的内存分配和数据复制操作。

例如，一个简单的Vector类可能有以下的移动构造函数定义：

```
class Vector {
public:
    // 移动构造函数
    Vector(Vector&& other) : data(other.data), size(other.size) {
        other.data = nullptr;
        other.size = 0;
    }
private:
    int* data;
    size_t size;
};
```

在这个例子中，移动构造函数将other的资源（如data指针）直接转移到新对象中，并将other的状态设置为无效状态，从而避免了不必要的复制和潜在的资源释放问题。

⮞ 移动构造函数的使用场景

移动构造函数适用于以下场景：

● 资源转移：当一个临时对象或右值被赋值给新对象时，移动构造函数允许直接转移资源，而非复制。

● 函数返回优化：当函数返回一个局部对象时，如果支持移动语义，编译器可以使用移动构造函数来优化返回过程。

● 容器优化：标准库容器（如std::vector、std::string等）在需要调整大小或在容器间转移数据时会利用移动构造函数。

移动构造函数的引入，是对类设计和资源管理实践的一大革新，使得开发者能够通过合理利用这一机制大幅度提升程序的性能和可靠性。

（4）委托构造函数

委托构造函数是C++11标准中引入的一项构造函数特性，专为提升构造函数间的代码复用和逻辑共享而设计。这种构造函数允许在同一类中的一个构造函数调用另一个构造函数，实现直接的代码委托。

在C++11之前，构造函数间的代码复用通常依赖于调用额外的初始化成员函数，这虽然有效，但增加了代码的复杂度并可能引入错误。委托构造函数通过提供一种直接调用其他构造函数的方法，简化了类的初始化过程，明确了构造函数之间的执行关系，从而提高了代码的清晰度和可维护性。

例如，一个类可能有多个构造函数，它们都需要执行一些共通的初始化步骤。通过使用委托构造函数，可以将这些共通步骤放在一个主构造函数中，而其他构造函数可以通过调用这个主构造函数来复用这些初始化代码，从而避免了代码的重复和潜在的初始化错误。

这种机制不仅优化了资源管理减少了错误，而且由于是语言级支持，允许编译器进行可能的优化处理，因此进一步提高了程序的运行效率。

⮞ 委托构造函数的用途

我们可以考虑一个Rectangle类，它可能有多个构造函数，每个构造函数都需要执行一些共通的初始化操作：

```cpp
class Rectangle {
public:
    // 主要构造函数
    Rectangle(double width, double height) : width(width), height(height) {
        initialize();
    }

    // 委托构造函数
    Rectangle(double length) : Rectangle(length, length) {}
private:
    double width, height;

    void initialize() {
        // 执行一些共通的初始化操作
    }
};
```

在这个例子中，单参数构造函数委托给了双参数构造函数，确保所有的构造路径都会执行相同的初始化逻辑。

⮞   委托构造函数的使用场景

委托构造函数特别适用于以下场景：

● 复杂初始化逻辑共享：当多个构造函数需要执行相同的初始化步骤时，可以通过委托来避免代码重复，确保所有构造函数都通过一个共通路径执行初始化，从而增加了初始化过程的一致性和可预测性。

● 构造函数重载管理：在有多个构造函数重载时，可以使用委托构造函数来简化构造逻辑，使得构造过程更加清晰和易于管理。

⮞   委托构造函数的设计哲学

委托构造函数专为提高代码复用和简化类的构造过程而设计。它通过以下几个方面展示了其对编程实践的深远影响：

● 增强的表达能力：通过允许构造函数间的直接调用，委托构造函数消除了C++11之前的语言限制，使得代码结构更加清晰，提升了语言的表达力和代码的组织性。

● 代码的复用性与可维护性：委托构造函数通过集中管理初始化逻辑，减少了重复代码，提高了构造过程的一致性和可预测性。这不仅降低了错误率，也便于代码的后续维护和扩展。

● 编译器优化潜力：作为语言级特性，委托构造函数使编译器能够优化构造函数的调用过程，提高了程序的运行效率。

● 适应现代开发需求：随着项目复杂度的增加，灵活而高效的构造函数设计变得尤为重要。委托构造函数应对了这种需求，为构建复杂对象提供了更灵活的手段。

这些设计理念展示了C++在提高开发效率和代码质量方面的不断追求，使委托构造函数成为现代C++编程不可或缺的一部分。

（5）特殊构造函数总结

表2-1总结并对比了转换构造函数、拷贝构造函数、移动构造函数和委托构造函数的设计需求、调用时机、注意事项以及它们与操作符重载的关系。

表2-1 特殊构造函数总结

构造函数类型	设计需求	调用时机	注意事项	操作符（运算符）重载
转换构造函数	实现类型转换	隐式或显式转换时	使用explicit防止不必要的隐式转换	无特定关联
拷贝构造函数	创建对象的副本	对象被复制时	管理深拷贝与浅拷贝，防止资源泄漏	operator=
移动构造函数	转移临时对象的资源	临时对象需要转移时	确保移动后源对象处于有效状态	operator= (移动版)
委托构造函数	复用构造代码	对象构造时需要调用其他构造函数	避免委托循环，保持初始化逻辑清晰	无特定关联

构造函数的设计与使用体现了对类对象生命周期管理重要性的深刻理解，并展示了C++设计哲学对效率、安全性和代码可维护性的重视。

【示例展示】

下面是一个综合示例，展示如何在一个类中实现不同类型的构造函数。

```cpp
#include <iostream>
#include <string>

class Person {
public:
    // 委托构造函数：当只提供一个参数（名称）时，委托构造函数被调用，它委托给主构造函数并使用默认年龄
    Person(const std::string& name) : Person(name, 30) {
        std::cout << "Delegate constructor called." << std::endl;
    }

    // 主构造函数：接收名称和年龄，完成对象的完全初始化
    Person(const std::string& name, int age) : name(name), age(age) {
        std::cout << "Main constructor called." << std::endl;
    }

    // 转换构造函数：允许从C语言风格字符串直接构造Person对象，并调用委托构造函数进行进一步初始化
    Person(const char* name) : Person(std::string(name)) {
        std::cout << "Conversion constructor called." << std::endl;
    }

    // 拷贝构造函数：用于创建一个新的Person对象作为现有对象的副本
    Person(const Person& other) : name(other.name), age(other.age) {
        std::cout << "Copy constructor called." << std::endl;
    }

    // 移动构造函数：将资源从另一个Person对象（临时对象）移动到新对象中，通常用于优化性能
    Person(Person&& other) noexcept : name(std::move(other.name)), age(other.age) {
        other.age = 0;  // 清除源对象的年龄信息，确保源对象处于合适的状态
        std::cout << "Move constructor called." << std::endl;
    }

    // 成员函数用于显示Person的当前状态
    void display() const {
        std::cout << "Name: " << name << ", Age: " << age << std::endl;
    }

private:
    std::string name;
    int age;
};
```

```
int main() {
    // 使用转换构造函数，从字符串直接创建Person对象
    Person p1 = "John Doe";
    p1.display();

    // 使用委托构造函数，仅提供名字，年龄使用默认值
    Person p2 = "Jane Doe";
    p2.display();

    // 使用拷贝构造函数，复制p1为p3
    Person p3 = p1;
    p3.display();

    // 使用移动构造函数，将p2的资源移动到p4
    Person p4 = std::move(p2);
    p4.display();

    return 0;
}
```

这个示例有效地展示了如何在一个类中实现不同类型的构造函数，并阐明了它们的调用时机和作用，同时加深了对特殊构造函数在实践中应用的理解。

2. 深入理解构造函数

在前面的讨论中，我们介绍了C++中的4种特殊的构造函数及其用途。然而，构造函数的作用远不止于此。在C++中，构造函数承担着更为复杂的责任，包括深层次的设计考量和处理高级特性。这些高级特性涵盖了构造函数的异常安全、在继承中的行为以及构造函数如何与虚函数、模板和泛型编程互动。

1）构造函数和异常安全

构造函数的异常安全是C++编程中的一个关键考虑因素。如果对象的构造过程因异常而中断，那已经初始化的成员或者已分配的资源需要被正确处理，以防止资源泄漏。为管理这种情况，C++通常采用资源获取即初始化（RAII）模式，这是一种有效的策略，确保资源在发生异常时能够自动释放。

在RAII模式中，每个资源都由一个对象封装，其构造函数负责资源的获取，而析构函数负责资源的释放。这样，当异常发生并传播出对象作用域时，局部对象的析构函数将自动被调用，从而释放资源。例如，使用智能指针（如std::unique_ptr或std::shared_ptr）管理动态分配的内存，可以避免显式的删除操作，减少内存泄漏的风险。

【示例展示】

以下是一个简单的示例，展示如何在构造函数中使用智能指针来保证异常安全。

```
#include <memory>
#include <stdexcept>
class ResourceHolder {
public:
    ResourceHolder() {
        ptr = std::make_unique<Resource>();
        // 可能抛出异常的操作
        if (someConditionFails()) {
            throw std::runtime_error("Failed to initialize.");
        }
    }

private:
```

```
    std::unique_ptr<Resource> ptr;
    void someConditionFails() {
        // 根据某些条件抛出异常
    }
};
```

在这个例子中，如果在构造过程中 someConditionFails() 抛出异常，那么 std::unique_ptr 将自动释放它管理的资源，无须手动清理。

理解构造函数中的异常安全十分关键，它有助于确保在构造失败时资源得到妥善管理。更多关于异常处理的内容将在第3章详细介绍。

2）构造函数在继承中的行为

继承是 C++面向对象设计的核心概念，允许派生类继承基类的属性和方法。然而，构造函数在继承中的行为有其特殊性，理解这些行为对设计健壮的类层次结构至关重要。

基类构造函数的调用

当创建派生类的实例时，必须首先初始化其基类部分。这通常通过在派生类构造函数的初始化列表中调用基类的构造函数来实现：

```
class Base {
public:
    Base(int value) {}
};

class Derived : public Base {
public:
    Derived(int value) : Base(value) {}
};
```

在这个例子中，Derived 类的构造函数显式调用了 Base 类的构造函数，确保在初始化 Derived 对象之前，Base 部分已经被正确初始化。

构造对象时，成员变量的初始化顺序遵循特定的规则：先基类后派生类，且成员变量的初始化顺序与它们在类中的声明顺序一致。理解这个顺序对于掌握对象的初始化过程非常重要。

在涉及虚继承时，构造函数的行为更加复杂。虚基类的构造函数由最派生类直接或间接调用，以解决多重继承中的二义性问题。这要求在设计类层次结构时特别注意构造函数的调用逻辑。

在使用继承时，开发者应仔细设计构造函数，以确保所有类的正确初始化。考虑到继承的复杂性，推荐的做法是尽量避免深层次的继承结构，并在可能的情况下优先使用组合而不是继承。通过这样的设计，可以更有效地实现类层次结构，确保对象的稳定运行和正确初始化。构造函数在继承中的行为不仅展示了 C++设计的严谨性和层次化，也强调了正确构造过程的必要性。

3）构造函数和虚函数

在 C++中，理解构造函数和虚函数的交互是设计安全和可靠的类层次结构的关键。虚函数在构造和析构过程中的调用有一定的限制，因为它可能导致不符合预期的行为。

在构造和析构期间调用虚函数不会表现出多态性。这是因为在这些函数执行时，对象的动态类型是当前构造或析构的类。例如，在 Base 构造函数执行期间，对象的类型被视为 Base（基类），即使实际上正在创建一个 Derived（派生类）的实例。

```
class Base {
public:
    Base() {
```

```
        virtualCall();   // 调用虚函数
    }
    virtual void virtualCall() {
        std::cout << "Base version of virtualCall" << std::endl;
    }
};
class Derived : public Base {
public:
    Derived() : Base() {}
    void virtualCall() override {
        std::cout << "Derived version of virtualCall" << std::endl;
    }
};
// 在创建Derived对象时
Derived obj;                        // 输出"Base version of virtualCall"
```

在此例中，在Derived对象的构造期间调用virtualCall()时，实际上调用的是Base类的版本，因为在Base类的构造函数执行期间，Derived类的部分尚未初始化。

为避免构造或析构期间的虚函数调用引发问题，建议采取以下两点建议：

● 在构造或析构函数中使用非虚成员函数。

● 如果需要派生类对对象的行为产生影响，可以在构造函数执行完毕后，通过类的公共接口显式调用可被覆盖的虚函数。

通过这些措施，可以确保对象完全构造后再执行可能需要多态行为的操作，避免了在关键阶段使用虚函数可能带来的风险。

4）模板和泛型编程中的构造函数

在C++中，模板提供了一种强大的机制用于泛型编程。模板允许开发者定义一套操作或数据类型，这套定义可以应用于多种数据类型。在这种泛型编程上下文中，构造函数的设计和使用也需要特别考虑。

（1）泛型构造函数的特点

在模板类中，构造函数可以接收泛型参数，这允许创建具有灵活类型的对象实例。这种构造函数根据模板参数的类型来确定其行为和初始化对象的方式。

例如，一个模板类Container可能如下所示：

```
template <typename T>
class Container {
public:
    Container(const T& value) : value(value) {}

private:
    T value;
};
```

在这个例子中，Container类有一个构造函数，接收一个类型为T的参数。这意味着对于不同的类型T，Container类可以使用适合该类型的方式来初始化其成员。

（2）构造函数的模板特化

在某些情况下，可能需要对特定类型提供特殊的构造逻辑，这可以通过模板特化来实现。模板特化允许为特定的模板参数类型定义不同的实现。

```
template <>
class Container<std::string> {
public:
    Container(const std::string& value) {
        // 特殊处理字符串类型
    }
};
```

在这个特化版本中，当T是std::string时，Container类将拥有不同的构造函数行为。

（3）构造函数在泛型编程中的挑战

在泛型编程中，构造函数的设计面临着确保类型兼容性和灵活性的挑战。这些挑战主要包括：

- 类型约束：泛型编程需要处理多种数据类型，但并非所有类型都适合特定的操作。C++20的"概念"特性允许明确指定类型参数必须满足的条件，从而增强类型安全和代码清晰度。
- 默认构造函数的存在性：不可假设所有类型参数都具有默认构造函数。设计泛型类时需考虑类型的构造多样性，可能需要通过多种构造方法或设计模式（如工厂模式）来增强类的适用性。
- 依赖性注入：泛型类可能需要依赖多种类型，这些类型的构造逻辑可能各不相同。设计时的构造函数应足够灵活，以适应不同类型的依赖关系。

【示例展示】

下面是一个使用C++20的概念特性来设计泛型构造函数的示例，展示如何通过概念来约束泛型类型，确保该类型具备某些必需的操作或特性。假设我们需要一个通用的容器类，它可以包含任何类型的元素。为了确保这个容器能够进行元素的复制和赋值，我们可以定义一个名为"CopyAssignable"的概念，然后在容器的泛型构造函数中应用这个概念。

```
#include <concepts>
#include <string>
#include <iostream>
// 定义一个概念，要求类型T必须可复制和可赋值
template<typename T>
concept CopyAssignable = std::copyable<T> && std::assignable_from<T&, T&>;

// 泛型容器类，使用CopyAssignable 概念约束类型T
template<CopyAssignable T>
class GenericContainer {
public:
    T value;

    // 泛型构造函数，接收任何满足 CopyAssignable 概念的类型
    GenericContainer(T v) : value(v) {}

    // 一个展示用的成员函数，返回存储的值
    T getValue() const {
        return value;
    }
};

int main() {
    // 使用满足 CopyAssignable 概念的类型
    GenericContainer<int> intContainer(123);
    GenericContainer<std::string> stringContainer("Hello");

    std::cout << "Int Container holds: " << intContainer.getValue() << std::endl;
    std::cout << "String Container holds: " << stringContainer.getValue() << std::endl;
```

```
    return 0;
}
```

在这个示例中：

- 我们定义了一个名为CopyAssignable的概念，它要求类型 T 必须是可复制和可赋值的。
- GenericContainer是一个泛型类，它接收任何满足CopyAssignable概念的类型。
- 类的构造函数接收一个类型为T的参数，并存储在成员变量value中。
- 我们还提供了一个getValue()成员函数来返回存储的值。

泛型编程中构造函数的设计不仅要求开发者具有前瞻性，还需灵活处理不同类型的需求。利用C++20的概念特性和适当的设计，可以有效解决泛型编程的复杂性，确保代码的健壮性和灵活性。

5）构造函数小结

在C++中，构造函数是类设计的核心，用于初始化对象，其设计和实现对于确保程序的稳定性、效率和可维护性至关重要。以下是构造函数类型的总结：

（1）默认和参数化构造函数

提供了从无参数到多参数的灵活初始化方式，允许对象在创建时接收外部值或使用默认值。

（2）特殊用途构造函数

- 拷贝构造函数和移动构造函数：分别用于处理对象的复制和资源的优化转移，对管理对象的值语义和资源所有权至关重要。
- 转换构造函数：允许类类型从其他数据类型隐式或显式转换，增强了类型的兼容性，但需谨慎，以防止非预期转换。
- 委托构造函数：通过在同类中的构造函数之间的委托，简化了代码并统一了初始化逻辑。

（3）构造函数设计的实践建议

- 明确构造函数的目的：每个构造函数应有明确的功能和适用场景。
- 优化资源管理：尤其在处理拷贝和移动构造函数时，确保资源的安全和有效管理。
- 使用初始化列表：利用初始化列表确保成员初始化的效率和顺序。
- 确保异常安全：设计时应考虑异常安全，防止资源泄漏。
- 慎用虚函数调用：避免在构造和析构过程中调用虚函数，以防止未完全形成的对象状态导致的错误。
- 使用explicit关键字：对可能导致意外转换的构造函数使用explicit关键字，减少隐式类型转换带来的风险。
- 合理使用默认构造函数：只在有意义的情况下提供默认构造函数，避免无意义的对象默认状态。

通过这些总结和建议，希望各位开发者可以更有效地利用构造函数来设计和实现健壮、可靠的C++类和应用程序。

3. 析构函数——生命的终结

构造函数标志着对象生命起始，而析构函数标志着对象生命的终结。

在对象被销毁时，析构函数自动被调用，主要用于释放在对象生命周期内申请的资源，如动态分配的内存、文件句柄、网络资源等，确保资源的适当清理。这防止了资源泄漏和其他潜在问题。

在C++中，析构函数的设计哲学深入体现了RAII原则，即资源的获取即初始化，通过对象的构造和析构自动管理资源。析构函数与构造函数相对应，但每个类只能有一个析构函数，它无参数、无返回值，并且不需要开发者显式调用。析构函数的自动调用不仅提升了编程效率，还加强了代码的稳定性和可维护性，减少了复杂性。

这种设计鼓励开发者考虑对象的整个生命周期，从构造到析构，确保资源的合理利用和生命周期的优雅结束，体现了C++对自动化资源管理的重视。

1）虚析构函数和析构顺序

在C++的设计中，虚析构函数（virtual destructor）和析构顺序（destruction order）的概念凸显了对细节的精细考虑以及对系统整体性的重视。设立虚析构函数是为了在多态使用场景下，当通过基类指针删除派生类对象时，确保派生类的析构函数得到正确调用，从而正确地管理资源和避免内存泄漏。这是因为在基于继承的体系中，若基类的析构函数不是虚函数的，则可能只会调用基类的析构函数，而忽略派生类特有资源的清理。

对于对象的构造和析构顺序，C++遵循一致的原则：对象的析构顺序总是与构造顺序相反。这适用于所有对象，不仅限于含有成员对象的类。首先构造的最后析构，确保了资源的有序释放。在类的层面，这意味着派生类的析构函数首先被调用，随后才是基类的析构函数，保证了从最具体到最一般地实现所有资源的正确清理。

这种设计展现了C++对资源管理的重视，同时体现了对生命周期和继承结构的深思熟虑。它鼓励开发者全面考虑设计决策的长期影响，目的是提高代码的健壮性和可维护性，反映了对复杂系统管理的深刻理解。

2）析构函数的调用机制

探讨析构函数的调用机制，不仅揭示了C++中自动化和稳定性的设计哲学，也展示了处理各种情况下资源管理的多样性。

- 自动调用析构函数的情景：这主要发生在局部对象超出其作用域或动态分配的对象通过delete操作符被销毁的时刻。
- 显式调用析构函数与placement new的使用：显式调用析构函数的需求主要出现在使用placement new的情况中，以及其他需要精细控制资源释放过程的场合。placement new允许在已分配的内存上构造对象，这时由于C++标准不自动管理这些内存的释放，因此需要显式调用析构函数来清理资源。这种方法提供了额外的控制能力，尤其是在内存管理或对象复用的复杂场景中，但使用时必须格外谨慎，以避免引入错误。
- 异常情况下的析构调用：在程序意外崩溃或异常终止时，可能不会正常执行析构函数，导致资源未被正确释放。设计异常安全的代码和实现稳健的资源管理策略，对于防止资源泄漏至关重要。
- 智能指针管理下的析构调用：智能指针，如std::unique_ptr和std::shared_ptr，确保了其管理的对象在适当时机自动调用析构函数。这种方式提供了自动化的资源管理，减少了手动释放资源的必要性。
- 全局与静态对象的析构处理：程序正常结束时，全局和静态对象的析构函数会被调用，通常发生在main函数结束之后，这样保证了这些资源的正确清理。
- 继承体系中的析构处理：在有继承关系的类中，应将析构函数声明为虚函数，确保在通过基类指针销毁派生类对象时能正确执行派生类的析构函数，防止资源泄漏。

- 多线程与并发环境中的析构：在并发编程中，析构函数的调用需要特别注意，避免竞态条件或死锁，确保多线程环境下资源的安全释放。
- 对象池模式中的析构处理：使用对象池时，对象的构造和析构通常不遵循常规生命周期，析构函数可能在对象彻底从池中移除时才调用。
- placement new方式构造的对象析构：通过placement new创建的对象需要显式调用析构函数进行清理，因为该分配方式不自动触发析构逻辑，需要开发者手动管理。

通过考虑这些不同的情况，C++让开发者能够更灵活地处理资源管理，同时保持代码的健壮性和可靠性。

3）析构函数与异常

在C++中，析构函数的设计允许开发者在对象生命周期结束时执行必要的清理工作。然而，当涉及异常处理时，析构函数的行为需要格外小心。

在异常传播过程中，如果析构函数抛出异常，并且没有在当前的析构函数或调用栈上捕获这个异常，程序可能会直接终止。因为C++标准规定，在异常传播过程中抛出另一个异常会导致std::terminate()的调用。

因此，确保析构函数不抛出异常是至关重要的，这通常通过"异常安全"技术来实现，例如，使用noexcept关键字且在析构函数中捕获并处理所有可能的异常。

【示例展示】

下面是一个综合示例，展示了多种析构函数调用的场景。

```cpp
#include <iostream>
#include <memory>
#include <new> // for placement new

class Base {
public:
    Base() { std::cout << "Base constructor\n"; }
    virtual ~Base() { std::cout << "Base destructor\n"; }
};

class Derived : public Base {
public:
    Derived() { std::cout << "Derived constructor\n"; }
    ~Derived() override { std::cout << "Derived destructor\n"; }
};

// 全局对象，用于展示全局和静态对象析构调用
Base globalBase;

void functionWithLocalObject() {
    std::cout << "Entering functionWithLocalObject\n";
    Derived localDerived;
    std::cout << "Exiting functionWithLocalObject\n";
}

void functionWithDynamicObject() {
    std::cout << "Entering functionWithDynamicObject\n";
    Base* dynamicBase = new Derived;
    delete dynamicBase; // 触发析构
    std::cout << "Exiting functionWithDynamicObject\n";
}
```

```cpp
void functionWithSmartPointer() {
    std::cout << "Entering functionWithSmartPointer\n";
    std::unique_ptr<Base> smartPtr = std::make_unique<Derived>();
    std::cout << "Exiting functionWithSmartPointer\n";
}

// 用于placement new的缓冲区
// alignas确保buffer的对齐方式满足Derived对象的对齐要求
alignas(Derived) char buffer[sizeof(Derived)];

void functionWithPlacementNew() {
    std::cout << "Entering functionWithPlacementNew\n";

    // 在预分配的buffer上使用placement new构造Derived对象
    // 使用placement new意味着我们使用现有的内存而不是新分配内存
    Derived* placementObj = new (buffer) Derived;

    // 显式调用析构函数进行对象的清理
    // 必须手动调用析构函数，因为placement new不涉及自动析构调用
    placementObj->~Derived();

    // 由于内存是由buffer提供的，不是由new分配的，因此此不需要也不能使用delete
    // 使用delete会尝试释放placement new使用的内存，这会导致未定义行为
    // buffer在离开作用域时，作为局部变量自动释放，无须手动管理内存释放

    std::cout << "Exiting functionWithPlacementNew\n";
}

int main() {
    functionWithLocalObject();
    functionWithDynamicObject();
    functionWithSmartPointer();
    functionWithPlacementNew();

    std::cout << "Exiting main function\n";
    // 全局对象和静态对象的析构函数将在main函数退出后调用
    return 0;
}
// 这里仅为了演示析构函数的调用，在实际代码中应避免这样做
```

这个示例涵盖了以下场景：

- 局部对象超出作用域时的自动析构。
- 动态分配对象使用delete进行销毁时的自动析构。
- 使用智能指针管理对象，实现自动化的资源管理。
- 使用placement new手动构造对象后显式调用析构函数进行清理。
- 全局和静态对象的析构函数在程序退出时自动调用。

需要特别注意的是，除非在特殊情况下（如使用placement new），通常不需要显式调用析构函数。在常规情况下，对象的生命周期结束时（如局部对象离开作用域、使用delete删除动态分配的对象、智能指针自动释放所管理的对象时），析构函数会自动被调用以清理资源。显式调用析构函数而随后不适当管理内存（如未对应地使用delete），可能会导致资源泄漏，因为析构函数本身并不释放对象占用的内存。

在动态分配对象的情况下，使用delete是必要的，因为它不仅调用析构函数来清理对象，还释放对象所占用的内存。若显式调用了析构函数后再使用delete，将导致析构函数被调用两次，可能引发未定义行为，如二次释放资源等问题。因此，在非特殊情况下，应避免显式调用析构函数，以防止资源管理上的错误和潜在的程序错误。

4）构造函数和析构函数的设计——封装的实践

在设计构造函数和析构函数时，实际上是在定义对象的生命周期管理策略。这两种函数的合理设计不仅关乎对象使用的安全性，也体现了类设计者对封装原则的深刻理解和应用。例如，通过构造函数，我们可以初始化对象的状态，为它分配必要的资源；析构函数则在对象生命周期结束时，负责释放这些资源，关闭任何打开的文件句柄或网络连接等，从而避免资源泄漏。

更进一步，精心设计构造函数和析构函数能隐藏类的内部实现细节，为类的使用者提供一个清晰且简洁的接口。例如，通过私有化部分成员变量，并通过公共方法暴露有限的访问接口，可以控制对象状态的改变，确保对象始终保持有效状态。

总之，构造函数和析构函数不仅是C++中管理对象生命周期、资源和状态的关键工具，它们的正确使用和设计更是实现封装、提升代码质量的基石。掌握这些函数的设计是每个C++程序员必须具备的重要技能之一，它直接影响到程序的健壮性和可维护性。

2.2.3.3　成员变量与成员函数：数据和行为的封装

在C++中，成员变量（member variables）和成员函数（member functions）构成了类的核心，它们分别封装了对象的数据和行为。这种将数据和操作这些数据的方法组织在一起的方式，是面向对象编程的基石，也是C++封装思想的具体体现。

1. 成员变量——封装的数据

成员变量代表了对象的状态，它们是对象属性的抽象表示。在设计类时，选择哪些数据作为成员变量，以及确定这些变量的访问权限，会直接影响到类的封装性和安全性。通过将成员变量设置为私有或受保护，可以限制对这些数据的直接访问，从而保护对象的状态不被外部错误地修改。

2. 成员函数——封装的行为

成员函数定义了对象可以执行的操作，它们操作和修改成员变量，实现对象的行为。通过公有成员函数（public member functions），类向外界提供了一个接口，允许外部代码以受控的方式与对象交互。这些函数通常执行数据验证、状态更新、事件触发等操作，确保对象始终保持有效和一致的状态。

3. 封装的设计

- 信息隐藏：通过将细节隐藏在类的内部，只暴露必要的操作接口，降低了外部代码与类内部实现之间的耦合度，使得类的使用变得更简单，同时也提高了代码的可维护性。
- 安全性：成员变量的私有化保护了对象的状态，避免了外部直接访问导致的数据不一致问题。成员函数提供了数据验证的机会，确保对对象状态的修改是安全的。
- 易于修改和扩展：由于实现细节被封装在类的内部，当需要修改类的实现时，不会影响到使用该类的代码。这种封装性使得类更容易被修改和扩展。

4. 设计实践

在设计成员变量和函数时，应遵循最小权限原则，即尽量将成员变量设置为私有，仅通过成员函数对外提供必要的访问和操作接口。这样不仅可以保护数据的安全，还可以在成员函数中加入逻辑判断，确保数据的正确性和对象状态的一致性。

同时，合理组织成员函数，使其职责单一且清晰，有助于提高类的内聚性和代码的可读性。例如，一个处理用户信息的类应该避免直接暴露所有操作用户数据的方法，而是通过设计精细的公有方法来提供服务，如updatePassword、validateEmail等，在这些方法内部再来操作具体的数据成员。

通过精心设计成员变量和函数，我们可以有效地利用 C++ 的封装特性，构建出既安全又易于维护的高质量软件。

2.2.4　友元函数与友元类：特殊访问权的考量

在 C++ 中，封装不仅关乎如何隐藏数据和实现细节，还包括如何在保持封装性的同时，允许某些外部函数或类访问类的私有或受保护成员。这就引入了友元函数（friend functions）和友元类（friend classes）的概念，它们提供了一种特殊的访问权限，是 C++ 中封装机制的一个重要补充。

- 友元函数——跨界的访问者：友元函数是定义在类外部，但有权访问类的所有私有和受保护成员的函数。它不是类的成员函数，但需要在类的定义中明确声明其为友元（通过 friend 关键字）。友元函数的主要用途是允许两个或多个类共享对彼此私有数据的访问，或者实现一些需要访问对象内部数据但又不适合作为类成员的函数，如某些运算符重载函数。
- 友元类——亲密的外人：友元类的所有成员函数都能够访问另一个类的私有和受保护成员，类似于友元函数，通过在类定义中声明另一个类为友元类来实现。友元类的使用场景包括实现高度协作的类之间的紧密交互（如设计模式中的访问者模式），或者在类库的内部实现中，需要深入访问另一类的内部数据和功能。

了解友元函数与友元类的基本概念后，让我们深入探讨为什么需要友元，以及如何在保持类封装性的同时使用友元提供必要的访问权限。

1. 为什么需要友元

当我们编写代码时，经常会遇到需要让某些特定的外部函数或类访问当前类的私有成员的情况。这种需求可能是由于设计决策、性能优化或其他特殊原因引起的。但是，我们并不希望这些私有成员被任意的外部函数或类访问，因为这会破坏封装性并可能导致数据不一致或其他潜在问题。

这时，我们就需要一个机制，可以精确地控制哪些外部函数或类可以访问当前类的私有成员，而不是完全公开这些成员。友元关系正是为了满足这种需求而设计的。

在日常交往中，虽然我们可能不会轻易地与所有人分享我们的秘密，但对于某些特定的朋友，我们可能会毫无保留地分享。这与 C++ 中的友元关系非常相似，我们不会轻易地公开类的私有成员，但对于某些特定的函数或类，我们可能会选择性地公开。

2. 友元关系的特点

友元关系具有如下特点：

- 非对称性：如果类 A 声明类 B 为其友元，则类 B 可以访问类 A 的私有成员，但类 A 不能访问类 B 的私有成员，除非类 B 也声明类 A 为其友元。
- 非传递性：如果类 A 是类 B 的友元，类 B 是类 C 的友元，则类 A 不自动成为类 C 的友元。
- 限定作用域：友元声明只在给定的类中有效，必须在每个类中显式声明。

3. 友元关系的应用示例

1）全局友元函数

在 C++ 中，全局友元函数允许在不是类成员的情况下访问类的私有和受保护成员。这一特性非常适合用于实现那些需要访问类内部数据但又不适合作为类成员的功能。

【示例展示】

在一个小社区中，有一个被大家信任的邮递员，他被允许使用每家的私人信箱来投递邮件。在这里，每户人家的信箱就是类的私有成员，而邮递员则类似于全局友元函数——他不属于任何一个家庭（类），但却有权访问他们的信箱（私有成员）。

```cpp
#include <iostream>
#include <string>

using namespace std;

// 定义一个类，代表一个家庭，它有一个私有信箱
class Family {
private:
    string mailbox = "You have a new letter!";

    // 声明邮递员为友元，赋予其访问信箱的权限
    friend void Postman(Family&);

public:
    Family() {}
};
// 全局友元函数，邮递员可以访问家庭的私有信箱
void Postman(Family &f) {
    cout << "Postman checks the mailbox: " << f.mailbox << endl;
}

int main() {
    Family family;
    Postman(family);  // 邮递员访问家庭的信箱

    return 0;
}
```

在这个示例中，Family类有一个私有成员mailbox，这是家庭的私人信箱。我们声明了一个全局函数Postman为Family的友元，这意味着Postman函数可以访问Family的所有成员，包括私有成员。在main函数中，我们创建了Family类的一个对象family，并通过Postman函数查看了信箱的内容。

通过这种方式，全局友元函数提供了一种灵活的方法来访问类的私有数据，同时也保持了类的封装性。这种机制在设计需要广泛访问但又不适合直接成为类成员的功能时非常有用。

2）友元成员函数

友元成员函数允许一个类的成员函数访问另一个类的私有或受保护成员。这种设计可以用于特定情况——两个类需要紧密合作，但又希望保持封装性。

【示例展示】

有一个园艺师，他被一个花园的主人信任，允许他特别照顾某些稀有的植物。在这里，花园代表一个类，稀有植物代表私有成员，而园艺师就是友元成员函数——虽然他不属于花园的"家庭"（类），但由于他有特殊的权限，因此能够照料这些特别的植物。

```cpp
#include <iostream>

// 前向声明
class Garden;

// 园艺师类
class Gardener {
public:
```

```
        void careForPlant(const Garden& g);
};

// 花园类，拥有一些稀有植物
class Garden {
private:
    void rarePlant() const {
        std::cout << "Watering a rare plant." << std::endl;
    }

    // 声明Gardener的特定成员函数为友元
    friend void Gardener::careForPlant(const Garden&);
};

// Gardener 类成员函数定义
void Gardener::careForPlant(const Garden& g) {
    std::cout << "Gardener is caring for a plant." << std::endl;
    g.rarePlant();                          // 访问并照顾花园的稀有植物
}

int main() {
    Garden garden;
    Gardener gardener;
    gardener.careForPlant(garden);          // 园艺师照顾花园的稀有植物

    return 0;
}
```

在这个示例中，Garden类有一个私有成员函数rarePlant，它代表花园中的一种稀有植物。我们允许Gardener学习和照顾这种植物，但不希望这种权限被任意赋予其他人。因此，在Garden类中将Gardener的careForPlant成员函数声明为友元。这样，careForPlant函数就可以调用Garden的私有成员函数rarePlant了。

在main函数中，我们创建了Garden和Gardener的对象，然后通过Gardener对象调用careForPlant方法，间接地照顾了Garden的稀有植物。这个过程展示了友元成员函数如何突破类的封装界限，以实现特定的功能需求。

3）友元类

在C++中，友元类允许一个类完全访问另一个类的私有或受保护成员。这种关系特别适用于两个类需要共享数据或功能但又要保持其他封装特性的场景。

【示例展示】

在一个私人图书馆中存放着珍贵的研究资料，图书管理员因其职责和信任而被允许完全访问所有藏书。在这里，图书馆类似于一个类，藏书代表私有成员，而图书管理员则相当于一个友元类——他们不是图书馆的“部分”，但由于特殊的许可，可以访问所有的藏书。

```
#include <iostream>
#include <string>
using namespace std;

// 声明图书管理员类，以便图书馆类能提前知道其存在
class Librarian;

// 图书馆类，拥有珍贵的藏书
class Library {
private:
    string secretDocument = "Original copy of rare manuscript";

    // 声明图书管理员为友元类，允许它访问所有私有成员
    friend class Librarian;
```

```
public:
    Library() {}
};

// 图书管理员类，能够访问图书馆的藏书
class Librarian {
public:
    void revealSecret(const Library& lib) {
        cout << "Librarian accesses the library's secret: " << lib.secretDocument << endl;
    }
};

int main() {
    Library library;
    Librarian librarian;
    librarian.revealSecret(library);                    // 图书管理员访问了图书馆的珍贵藏书

    return 0;
}
```

在这个示例中，Library类有一个私有成员secretDocument，代表图书馆的珍贵资料。我们允许Librarian类访问这些资料，但不希望这种权限被其他人获取。因此，在Library类中将Librarian声明为友元类。这样，Librarian类的任何成员函数都可以访问Library的所有成员，包括私有成员。

在main函数中，我们创建了Library和Librarian的对象，并通过Librarian对象调用revealSecret方法，成功访问了Library的私有藏书。

4. 友元关系的使用场景与权衡

在C++中，友元关系提供了一种特殊的访问权限，使得在类外部定义的函数或其他类可以访问该类的私有和受保护成员。尽管友元关系在某些情况下非常有用，例如实现紧密协作的类或操作符重载，但它们的使用应谨慎，以避免破坏封装性和增加代码耦合度。

1）全局友元函数

- 使用场景：适用于需要跨多个类访问私有成员的函数，特别是在逻辑上不属于任何一个类的场合，如操作符（或运算符）重载。
- 权衡：虽然可以通过减少不必要的公共接口来简化类的设计，但过度依赖可能导致破坏封装性和增加类间耦合度。

2）友元成员函数

- 使用场景：当两个或更多的类需要共享数据或功能，并且这些功能严格限制在几个特定的成员函数中时，使用友元成员函数最为合适。
- 权衡：提供了比全局友元函数更细粒度的控制，能够精确定义哪些成员函数可以访问其他类的内部状态。然而，它可能导致类之间的高耦合，特别是当涉及多个类时。

3）友元类

- 使用场景：当一个类需要完全访问另一个类的所有私有和受保护成员，并且双方的合作对于执行某些任务至关重要时，使用友元类是合理的。
- 权衡：虽然友元类提供了广泛的数据访问权限，便于执行复杂的操作，但同时也带来了最大程度的封装性破坏和耦合性增加。

4）使用建议

- 理解友元的真正意图：确保使用友元关系是为了提高代码的功能性和效率，而非简单地绕过封装性。
- 限制友元的范围：仅在绝对必要时，为那些真正需要访问类内部数据的函数或类声明友元关系，避免不必要的耦合。
- 避免链式友元关系：尽量不创建复杂的友元关系网，每个友元声明都应有明确的目的和合理的边界。
- 优先使用友元函数而不是友元类：如果仅有个别函数需要访问某些私有数据，考虑仅将这些函数声明为友元，而不是整个类。

表2-2直观地展示了不同类型的友元关系（全局友元函数、友元成员函数和友元类）的使用场景、封装性破坏程度以及耦合度等。这样的比较可以帮助读者更加清晰地理解每种友元关系的适用条件和潜在影响。

表2-2　友元技术的对比

特　　性	全局友元函数	友元成员函数	友　元　类
访问粒度	函数级别	成员函数级别	类级别
使用场景	需要访问多个类的私有成员，且逻辑上不属于任何一个类	两个类之间存在密切的协作关系，需要访问对方的私有成员	一个类需要完全访问另一个类的私有和受保护成员
封装性破坏程度	中等，只破坏了特定数据的封装性	中等，只有特定的成员函数可以访问另一个类的内部状态	高，允许另一个类的所有成员访问私有和受保护成员
耦合度	中到高，增加了不同类之间的耦合	高，增加了成员函数之间的耦合	高，两个类之间的耦合度最高
推荐使用条件	适用于操作符重载或不自然归属于任何类的逻辑	当两个类密切相关，并且仅需要单向访问时推荐使用	当两个类需要紧密合作，并且双向访问私有成员时推荐使用
权衡考虑	是否有可能通过成员函数或者类设计来避免使用全局友元函数	是否能通过公开接口或设计模式减少对友元成员函数的需求	是否能通过重新设计类的职责和接口来避免使用友元类，或者是否可以接受高耦合度

通过以上表格，读者可以根据自己的具体需求和设计目标，在全局友元函数、友元成员函数和友元类之间做出更加明智的选择。每种友元关系都有其独特的优点和局限性，适当的使用可以显著提高代码的灵活性和表现力，但必须谨慎处理，以保持代码的封装性和降低不必要的耦合。

笔者在编程旅程中曾遇到过一些特殊情况，其中标准的友元关系在C++中并不适用或无法直接实现。这让笔者意识到，理解这些特殊情况并探索相应的解决方案，对于成为一名更加熟练的C++程序员至关重要。接下来，让我们一起深入了解这些情况以及如何巧妙地解决它们。

5. 无法建立友元关系的情况及其解决方案

1）模板函数的编译时机与友元声明冲突

在C++中，模板函数提供了强大的泛型编程能力，允许我们编写可适应任何类型的函数。然而，当我们尝试将模板函数声明为某个类的友元时，可能会遇到一个挑战：模板函数的编译时机与友元声明可能产生冲突。

这个问题的根源在于，模板函数在编译时才会被实例化，而友元声明需要在类定义时明确指定。如果在友元声明之前尚未定义模板函数，编译器可能无法正确识别友元关系，导致编译错误。

为了解决这个问题，可以采取以下3种策略：

（1）前置声明模板函数

在类定义之前，对模板函数进行前置声明。这样做可以让编译器知道模板函数的存在，即使它的具体实现还未定义。

```cpp
template<typename T>
void someFunction(T param);                 // 前置声明

class MyClass {
    friend void someFunction<>(int param);  // 指定特定实例化版本为友元
public:
    MyClass() {}
};

// 模板函数定义
template<typename T>
void someFunction(T param) {
    // 函数实现
}
```

（2）在类内部定义模板友元

另一种方法是在类内部直接声明模板函数为友元，这样可以确保友元关系的声明和模板函数的实例化在编译器看来是同时发生的。

```cpp
class MyClass {
    template<typename T>
    friend void someFunction(T param);      // 直接声明模板函数为友元
};
```

（3）使用外部模板实例化

如果模板函数位于类的外部，可以考虑显式实例化模板函数，并将实例化后的函数声明为友元。

```cpp
template<typename T>
void someFunction(T param) {
    // 函数实现
}

class MyClass {
    friend void someFunction<>(int);        // 将特定类型实例化的模板函数声明为友元
};
```

通过以上方法，可以有效地解决模板函数的编译时机与友元声明冲突的问题，保持代码的灵活性和强大的泛型编程能力，同时维护类的封装性。

2）std::make_unique无法创建具有私有构造函数的友元类的实例

std::make_unique用于创建一个std::unique_ptr，同时自动处理动态分配的内存。然而，当尝试使用std::make_unique创建一个类的实例时，如果该类的构造函数是私有的，即使在友元关系的上下文中，std::make_unique也无法直接访问私有构造函数。

【错误示例】

```cpp
#include <memory>
#include <iostream>
```

```
class MyClass {
    friend class FriendClass;                        // 声明FriendClass为友元类
private:
    MyClass() {
        std::cout << "MyClass constructor called." << std::endl;
    }
};

class FriendClass {
public:
    std::unique_ptr<MyClass> createMyClassInstance() {
        // 尝试使用std::make_unique来创建MyClass的实例
        return std::make_unique<MyClass>();          // 这行会导致编译错误
    }
};

int main() {
    FriendClass friendClass;
    auto myClassInstance = friendClass.createMyClassInstance();
    return 0;
}
```

在这个示例中，尽管FriendClass是MyClass的友元，但尝试在FriendClass中使用std::make_unique创建MyClass的实例会导致编译错误。错误原因是std::make_unique尝试直接调用MyClass的私有构造函数，而这在C++中是不被允许的，即使在友元类的上下文中。

编译上述代码会产生类似于以下的编译错误信息：

```
error: 'MyClass::MyClass()' is private within this context
Bash
```

这表明MyClass的构造函数在当前上下文中是私有的，不能被std::make_unique直接调用。

为解决上述问题，可以使用以下两种方法。

（1）公共静态工厂方法

在MyClass内部提供一个公共静态成员函数，该函数内部调用私有构造函数来创建MyClass的实例，并返回该实例的std::unique_ptr。

```
#include <memory>
#include <iostream>

class MyClass {
    int value;
    friend class FriendClass; // 声明FriendClass为友元类
    MyClass(int val) : value(val) {} // 私有构造函数
public:
    static std::unique_ptr<MyClass> createInstance(int val) {
        return std::unique_ptr<MyClass>(new MyClass(val));
    }

    void printValue() const {
        std::cout << "Value: " << value << std::endl;
    }
};

class FriendClass {
public:
    std::unique_ptr<MyClass> createMyClassInstance(int val) {
        // 使用MyClass内部提供的公共静态成员函数来创建实例
```

```
        return MyClass::createInstance(val);
    }
};

int main() {
    FriendClass friendClass;
    auto myClassInstance = friendClass.createMyClassInstance(1127);
    myClassInstance->printValue(); // 输出: Value: 1127

    return 0;
}
```

在这个解决方案中，我们往MyClass中添加了一个名为createInstance的公共静态成员函数。这个函数内部使用new直接调用了私有构造函数，并返回包装了新创建对象的std::unique_ptr。这样，即使构造函数是私有的，也能通过友元类FriendClass安全地创建MyClass的实例。

这种方法既保持了类的封装性，也允许友元类通过一个明确的"工厂"方法来创建实例，避免了直接使用std::make_unique可能遇到的权限问题。

（2）辅助友元函数

另一种解决思路是利用C++中的友元声明，使得能够间接访问私有构造函数。然而，直接对std::make_unique应用这种方法存在困难，因为std::make_unique是模板函数，我们无法直接声明模板函数的特化为友元。但我们可以定义一个辅助函数为友元函数，它内部调用私有构造函数并直接构造std::unique_ptr。

这样，我们不直接修改类的设计（不增加静态成员函数），而是提供一个全局或静态的友元函数来实现这一目的。

【示例展示】

```
#include <memory>
#include <iostream>

class MyClass {
    int value;

    // 私有构造函数
    MyClass(int val) : value(val) {}

    // 声明辅助函数为友元，允许它访问私有构造函数
    friend std::unique_ptr<MyClass> makeMyClassUniquePtr(int val);

public:
    void printValue() const {
        std::cout << "Value: " << value << std::endl;
    }
};

// 辅助友元函数，用于创建MyClass的实例
std::unique_ptr<MyClass> makeMyClassUniquePtr(int val) {
    return std::unique_ptr<MyClass>(new MyClass(val));
}

int main() {
    auto myClassInstance = makeMyClassUniquePtr(2024);
    myClassInstance->printValue(); // 输出: Value: 2024

    return 0;
}
```

在这个示例中，通过定义一个全局函数makeMyClassUniquePtr并将它声明为MyClass的友元，使其能够访问MyClass的私有构造函数。然后，在这个函数内部，使用new操作符直接调用私有构造函数，并手动创建std::unique_ptr<MyClass>。

这种方法的优点是保持了类的封装性，不需要在类内部公开静态工厂方法，同时也提供了一种安全创建类实例的方式。这种策略尤其适用于那些构造函数需要保持私有，但又想通过友元关系允许特定函数或类创建实例的场景。此外，这种方法更加灵活，可以根据需要为不同的友元关系提供不同的辅助创建函数。

掌握了友元关系的使用技巧后，可以看到封装不仅是关于限制访问权限的简单机制，还是一种更深层次的设计哲学，它要求我们细致地考虑类的设计和对象之间的互动。

接下来，让我们深入探讨类的精细设计，看看如何通过恰当的封装思维构建出既健壮又灵活的软件设计。

2.2.5　封装在设计模式中的角色：加强类的设计

在C++的类设计中，封装不仅是隐藏数据和内部状态的技术，也是一种设计哲学，旨在通过减少系统各部分之间的直接交互来增强代码的可维护性和可扩展性。某些设计模式特别强调了通过精细设计类来体现封装思维，以下是几个典型的例子。

1. 工厂模式

在工厂模式中，创建对象的职责被封装在一个单独的工厂类中，这样的结构隐藏了对象创建的复杂性，并降低了类之间的耦合度。通过使用工厂类，我们可以在不直接依赖具体类的情况下生成对象，这强化了代码的封装性和灵活性。

2. 单例模式

单例模式通过确保类只有一个实例并提供一个全局访问点来封装其唯一性。这种模式通过私有化构造函数来控制实例的全局访问，是对类实例控制的一种严格封装。

3. 建造者模式

建造者模式将一个复杂对象的构建与其表示分离，使得同样的构建过程可以创建不同的表示。这是通过一个被称为"建造者"的接口来实现的，它封装了复杂对象的构建过程，允许对象通过多个步骤和可能的配置来构建，增强了类的封装性。

通过将这些模式纳入类的设计，我们不仅清晰地定义了类的责任和行为，还通过封装提升了整个系统的结构清晰度和稳定性。这些模式展示了封装不仅能够隐藏数据和实现细节，还能够通过精细的接口设计和责任分配，提升类的功能性和互操作性。

2.3　函数的艺术：效率、灵活性与表达力

在深入探讨了C++的封装和类设计之后，现在转向函数这一编程的基础构件。函数不仅是实现逻辑封装和复用的基本工具，也是C++程序中不可或缺的部分。本节将带领读者一步一步地深入了解函数在C++中的多维应用，从函数的基本概念开始，逐步探索其在实际编程中的强大功能和灵活性。

2.3.1　基础概念：函数的组成部分

在C++中，完成任务主要通过调用函数来实现。深入理解函数的组成部分不仅能帮助开发者更有效地利用C++的强大功能，也是掌握高级编程技巧的关键基础。

函数由返回类型、函数名、参数列表和函数体组成。

1．返回类型

作用：指定函数调用完成后返回给调用者的数据类型。

设计考量：选择适当的返回类型可以优化性能，例如使用引用返回可以避免不必要的对象复制。在现代C++中，可以利用auto关键字使得函数返回类型依赖于表达式的类型，这增加了代码的灵活性。

2．函数名

作用：函数的唯一标识符，描述了函数执行的操作或返回的值。

设计考量：函数命名应遵循明确、简洁的原则，同时保持足够的描述性，如calculateInterest比func更能明确描述函数的用途。

3．参数列表

作用：定义函数需要从调用者那里接收的输入，每个参数由一个类型和一个名称组成，多个参数之间用逗号分隔。

设计考量：合理设计参数列表可以增强函数的可用性和灵活性。使用默认参数、重载函数或参数包（variadic templates）可以处理更多的使用场景。

4．函数体

作用：包含函数调用时将执行的所有语句，是函数逻辑的实现部分。

设计考量：函数体应该保持精简，遵循单一职责原则。复杂函数可以拆分成多个辅助函数，以提高代码的可读性和可维护性。

5．实用技巧

内联函数：对于小型、频繁调用的函数，使用inline关键字可以提示编译器将函数体嵌入每个调用点，以减少函数调用的开销。

constexpr函数：在C++11及以后的版本中，constexpr函数允许在编译时进行函数调用，这对于提高性能和资源利用率非常有用。

consteval函数：C++20引入的consteval关键字用于声明只能在编译时调用的函数。这确保了函数在编译时执行，对于需要编译期计算的场景尤为适用。

通过精细设计函数的各个组成部分，开发者可以充分利用C++的强类型语言特性，编写出既高效又易于维护的代码。在后续章节中，我们将进一步探讨如何通过高级技巧和设计模式，优化函数的设计和实现，使它更好地服务于大型项目的开发。

2.3.2　参数传递深度解析：从基础到高阶

在C++中，理解函数参数的传递方式是至关重要的，因为它直接影响到程序的性能、内存的使用以及函数对外部数据的操作能力。

C++提供了 3 种主要的参数传递方式：按值传递、按引用传递和按指针传递。每种方式有其特点和适用场景，选择合适的传递方式对于编写高效、易维护的代码至关重要。

1. 按值传递

在按值传递方式中，函数接收参数的一个副本。在函数内部对参数进行任何修改都不会影响到原始数据。这种方式简单且安全，特别是对于基本数据类型（如 int、char 等），因为它避免了外部数据的无意修改。

```cpp
void increment(int value) {
    value += 1; // 只修改副本
}

int main() {
    int a = 5;
    increment(a);
    // a 仍然是 5
}
```

2. 按引用传递

按引用传递不同于按值传递，它允许函数直接操作外部变量。这意味着在函数内部对参数进行的任何修改都会反映到原始数据上。这种方式在需要修改传入数据或传递大型对象而又不想产生额外拷贝成本时非常有用。

```cpp
void increment(int& value) {
    value += 1; // 直接修改原始数据
}

int main() {
    int a = 5;
    increment(a);
    // a 现在是 6
}
```

区别于传统的左值引用，右值引用是 C++11 中引入的一种引用类型，用于绑定即将销毁的对象（即"右值"），从而允许从原始对象中"移动"资源，而非复制。这种方式非常适合传递临时对象或需要转移所有权的大型数据结构，因为它减少了不必要的数据复制，提高了程序效率。

```cpp
void process(std::vector<int>&& data) {
    std::vector<int> local_data = std::move(data); // 从data移动数据到local_data，data现在为空
}

int main() {
    std::vector<int> vec = {1, 2, 3, 4};
    process(std::move(vec)); // vec现在为空，其内容已经被移动到process中的local_data
    // vec不再含有原来的元素
}
```

通过使用右值引用和 std::move，process 函数接收一个将要被销毁的 vector，并通过移动语义取得其资源，避免了数据的复制。这种传递方式特别适用于函数需要取得数据所有权并且不再需要原数据的场景。

3. 按指针传递

按指针传递与按引用传递类似，允许函数访问并修改外部数据。不同之处在于，使用指针明确地

表达了内存地址的概念。这种方式在与旧的C语言代码互操作或者需要处理NULL指针（即不指向任何对象）的情况下特别有用。

```cpp
void increment(int* value) {
    if (value) {              // 检查指针非空
        *value += 1;          // 修改指向的值
    }
}

int main() {
    int a = 5;
    increment(&a);
    // a 现在是 6
}
```

4. 选择传递方式

选择适当的传递方式：

- 按值传递适用于传递小型数据或不需要修改输入参数的场景。
- 按引用传递适合需要修改输入参数或传递大型对象而不想产生额外拷贝开销的情况。
- 按右值引用传递适用于处理临时对象或大型数据结构的移动操作，有效减少了性能损耗。
- 按指针传递在需要处理空指针或与C语言接口互操作时有其特别的用途。

函数传递方式的总结如表2-3所示。

表2-3　函数传递方式的总结

比 较 项	按值传递	按引用传递	按右值引用传递	按指针传递
参数复制	需要复制实参	不需要复制实参	不需要复制实参	不需要复制实参（复制指针）
内存消耗	可能较大（取决于实参的大小）	较小（只传递引用）	较小（避免数据复制）	较小（只传递指针大小）
函数内修改	不影响实参	直接影响实参	直接影响实参（移动语义）	直接影响实参（如果非空指针）
安全性	较高（不会修改实参）	较低（可能修改实参）	较低（需要确保不再使用移动后的数据）	变动（空指针检查可增加安全性）
特殊用途	适用于小型数据或不修改实参的情况	修改实参或避免大对象拷贝的场景	处理临时对象或需要所有权转移的大型对象	可处理空值或与C程序接口互操作

理解和选择适当的参数传递方式是C++程序设计中的一项基本而重要的技能。

1）默认实参的使用与注意事项

在C++中，可以为函数参数设置默认值，这种参数被称为默认实参（default arguments）。当调用函数时，如果没有提供某个默认实参的值，那么将使用该参数的默认值。

我们可以在函数声明或定义时为参数设置默认值。例如，定义一个用于计算幂的函数：

```cpp
int power(int base, int exponent = 2) {
    int result = 1;
    for (int i = 0; i < exponent; ++i) {
        result *= base;
```

```
    }
    return result;
}
```

在这个函数中，参数exponent的默认值为2。当调用power函数时，可以选择提供或不提供exponent的值：

```
int a = power(3);          // a = 9，使用了exponent的默认值2
int b = power(3, 3);       // b = 27，exponent的值设置为3
```

使用默认实参的注意事项如下：

- 默认实参的规定性：函数的默认参数值只能在函数声明中指定一次，以避免混淆。如果函数在声明和定义中为同一参数提供了默认值，编译器将会报错。正确的做法是在函数声明中指定默认参数值，而在函数定义时省略这些默认值，除非函数是在其首次声明的同时定义的。
- 参数默认值的连续性：只有当函数参数位于参数列表的最右侧时，才能为它指定默认值。这意味着一旦某个参数被赋予默认值，其右侧的所有参数也必须有默认值。这样做是为了防止调用时的歧义，确保函数调用的清晰性和一致性。
- 默认实参的值的限制：默认参数值必须是编译时可知的常量表达式。这意味着不能使用局部变量、非静态成员变量或任何需要运行时计算结果的表达式作为默认值。这样的限制确保了函数调用的确定性和效率。
- 类成员作为默认实参的限制：

  - 非静态成员变量：由于这些变量的值与具体的类实例相关，且不是编译时常量，因此不能用作默认参数。
  - 成员函数：尽管可以用作默认实参，但通常需要指向特定对象的成员函数的指针，这种用法较少见。
  - 静态成员：静态成员变量和函数由于在编译时具有确定的值，可以作为默认参数。
  - 版本差异：不同的编译器和C++版本可能在实施这些规则时有所不同，特别是在模板和内联函数中。

另外，谈谈设计理念。在C++中规定了函数的默认参数值只能在声明中提供一次，而不能在定义时重新指定，这反映了C++设计哲学的深层意图：一致性、清晰性和编译效率。

首先，这种做法强调了接口一致性和避免潜在混淆的重要性，因为允许在声明和定义中分别指定可能导致不同的默认值，这样的不一致会混淆程序并可能引入错误。

其次，从编译器的角度来看，这简化了符号解析和链接过程，因为所有必要的信息（包括默认参数值）在编译调用函数的代码时都已知晓，无须等到链接时才解决可能的不一致问题，从而提高了编译效率。

最后，将默认参数值放在函数声明中，确保了所有看到该声明的代码都有相同的行为预期，保持了代码在不同编译单元间的一致性。

因此，这一规则不仅体现了C++对代码清晰和逻辑严密性的追求，也考虑到了编译过程的实际需求，以优化编译时间和避免错误。

以上就是C++默认实参的基本使用方法和注意事项。在实际编程中，合理使用默认实参，可以使函数调用更加灵活，代码更加简洁。

2）函数参数的类型匹配与转换

在C++中，函数参数的类型匹配与转换是性能和安全性的关键。下面将探讨C++如何通过精确的类型系统来优化函数调用，并保证代码的可靠性。

（1）函数参数的类型匹配

在C++中，当函数被调用时，实参（调用者提供的参数）必须与形参（函数定义中的参数）进行类型匹配。编译器首先尝试直接匹配每个实参与对应形参的类型，若直接匹配成功，则无须进一步转换。这种情况下的调用是最高效的，因为它避免了不必要的类型转换开销。

```cpp
void display(int value) {
    std::cout << value << std::endl;
}

int main() {
    int num = 10;
    display(num); // 类型完全匹配，无须转换
}
```

（2）自动类型转换

如果直接匹配失败，编译器会尝试自动类型转换（隐式转换）来匹配参数。这包括基本数据类型的普通转换，例如从int到float或从char到int。虽然这种转换提高了代码的灵活性，但可能会导致精度损失或其他非预期行为，因此使用时需要谨慎。

```cpp
void display(double value) {
    std::cout << value << std::endl;
}

int main() {
    int num = 10;
    display(num); // int 自动转换为 double
}
```

（3）强制类型转换

在某些场景下，开发者可能需要更明确地控制类型转换的行为。C++提供了显式类型转换运算符，如static_cast，允许进行更安全的转换（例如避免指针类型误用和确保类型兼容性）。使用显式转换可以提升代码的清晰度和安全性，尤其在涉及复杂类型或需要精确控制转换行为时。C++中具体的强制类型转换方式将在4.3.2节详细介绍。

```cpp
void display(double value) {
    std::cout << value << std::endl;
}

int main() {
    char ch = 'A';
    display(static_cast<double>(ch)); // 显式从 char 转换为 double
}
```

（4）模板和函数重载中的类型转换

C++的模板和函数重载机制允许相同名称的函数处理不同类型的参数，这进一步增强了语言的灵活性和表达力。在这些情况下，编译器根据传递的参数类型来选择最合适的函数版本。这要求开发者对类型匹配和转换有深入的理解，以确保调用的正确性和效率。

3）main函数传参

main函数作为C++程序的入口，它的参数设计体现了C++的灵活性和与操作系统交互的能力。它可以接收两个参数：int argc和char* argv[]。

- argc（argument count）：这是一个整数，表示命令行参数的数量。它至少为1，因为默认的第一个参数是程序本身的名称。
- argv（argument vector）：这是一个字符指针数组，每个元素指向一个字符串，即命令行传递给程序的一个参数。argv[0]是程序的名称，argv[1]是传递给程序的第一个参数，以此类推，直到argv[argc-1]。

这种参数设计的目的是提供一种标准化的方法，让C++程序能够处理外部输入，使程序更加灵活和强大。通过命令行参数，用户可以在启动程序时传递配置信息、文件路径或其他数据，使程序行为更加灵活和动态。

在一些情况下，main函数需要接收参数来执行特定任务或应对不同的使用场景。这种需求通常出现在以下情况：

- 配置控制：程序行为可能需要根据用户或环境提供的配置进行调整。例如，程序可以接收一个日志级别参数，决定是输出详细的调试信息还是仅显示错误信息。
- 功能选择：如果程序包含多个功能，可以通过命令行参数来选择具体执行哪个功能。这种方式使得单个程序可以具备多样的用途，而不需要改变其代码。
- 数据输入：程序可能需要处理的数据文件或值可以通过命令行参数传入，从而避免了硬编码数据路径或值，提高了程序的通用性和灵活性。

【示例展示】

为了展示C++设计的灵活性和实用性，下面将设计一个示例程序——文本处理工具，该程序基于命令行参数执行不同的文本处理任务，如搜索、替换字符或提取数字。这个示例将说明如何通过main函数的参数传递复杂输入，并根据这些输入调整程序行为，使它更为强大和灵活。

我们的程序将支持以下命令行参数：

- search：搜索并显示文本中指定字符串的出现次数。
- replace：替换文本中的指定字符或字符串。
- extract：从给定的字符串中提取所有数字。

```cpp
#include <iostream>
#include <string>
#include <algorithm>
#include <cctype>

// 定义搜索函数
void search(const std::string& text, const std::string& query) {
    size_t count = 0;
    size_t pos = text.find(query);
    while (pos != std::string::npos) {
        count++;
        pos = text.find(query, pos + query.length());
    }
    std::cout << "The text contains '" << query << "' " << count << " times." << std::endl;
}
```

```cpp
// 定义替换函数
void replace(std::string& text, const std::string& from, const std::string& to) {
    size_t start_pos = 0;
    while((start_pos = text.find(from, start_pos)) != std::string::npos) {
        text.replace(start_pos, from.length(), to);
        start_pos += to.length();
    }
    std::cout << "Replaced text: " << text << std::endl;
}

// 定义提取数字函数
void extract(const std::string& text) {
    std::string numbers;
    std::copy_if(text.begin(), text.end(), std::back_inserter(numbers), ::isdigit);
    std::cout << "Extracted numbers: " << numbers << std::endl;
}

// main函数：解析命令行参数并调用相应的处理函数
int main(int argc, char* argv[]) {
    if (argc < 3) {
        std::cerr << "Usage: " << argv[0] << " <command> <text> [args...]" << std::endl;
        return 1;
    }

    std::string command = argv[1];
    std::string text = argv[2];

    if (command == "search") {
        if (argc != 4) {
            std::cerr << "Usage: " << argv[0] << " search <text> <query>" << std::endl;
            return 1;
        }
        search(text, argv[3]);
    } else if (command == "replace") {
        if (argc != 5) {
            std::cerr << "Usage: " << argv[0] << " replace <text> <from> <to>" << std::endl;
            return 1;
        }
        replace(text, argv[3], argv[4]);
    } else if (command == "extract") {
        extract(text);
    } else {
        std::cerr << "Unknown command: " << command << std::endl;
        return 1;
    }

    return 0;
}
```

在这个示例中，main函数首先检查参数的数量是否正确，然后根据第一个参数确定调用哪个功能函数。通过这种方式，演示了如何使用main函数参数来控制程序的不同行为，同时也展示了C++在文本处理方面的能力。

接下来，让我们思考一下，从命令行传递参数时，这些参数的生命周期和存储位置又是如何变化的呢？

4）参数的生命周期和存储位置

当程序从命令行启动时，操作系统将命令行参数传递给程序。这个过程涉及内存管理和参数的生命周期，具体如下：

- 命令行输入：当用户在命令行中输入命令并执行程序时，操作系统会将整个命令行字符串（包括程序名称和参数）处理为一系列字符串。每个参数都是一个字符串，由空格分隔。
- 内存分配：操作系统为这些字符串及其数组分配内存空间。通常，这些内存空间位于程序的堆栈区域，因为它们是在程序开始执行前分配的，并且随着程序的结束而被释放。
- 参数传递：操作系统将命令行参数的数量（argc）和指向这些参数的指针数组（argv）传递给程序的main函数。argv是一个指向字符指针的数组，其中每个元素都指向一个参数字符串。argv[0]通常是程序的名称，而argv[1]到argv[argc-1]是命令行提供的参数。
- 生命周期管理：从main函数开始到程序结束，这些命令行参数都是可访问的，因为它们在程序的整个运行周期内都位于内存中。一旦程序终止，操作系统就会清理这些分配的内存空间。

在C++中，argc和argv的处理遵循标准的C语言惯例。虽然C++是一种支持多种编程范式的语言，但它在这方面保持了与C语言的兼容性，体现了其设计的灵活性和实用性。

通过这样的机制，C++程序可以灵活地处理来自命令行的输入，使得程序能以用户友好的方式接收复杂的输入，并据此执行相应的逻辑。

5. 函数传参的高阶应用

1）函数作为参数传递

在C++中，函数指针可以用于传递函数作为参数，但它的使用相对有限。这主要是因为函数指针的语法较为复杂且不具备足够的灵活性。

函数指针示例如下：

```cpp
#include <iostream>
void display(int x) {
    std::cout << "Value: " << x << std::endl;
}

void executeFunction(void (*func)(int), int value) {
    func(value);
}

int main() {
    executeFunction(display, 5);  // 通过函数指针调用 display
    return 0;
}
```

上述代码展示了函数指针的基本用法。尽管函数指针有效，但现代C++推荐使用更为灵活的std::function。

std::function是一个功能强大的函数包装器，允许封装几乎任何类型的可调用实体，包括普通函数、Lambda表达式、函数对象等。它的使用极大地提高了代码的灵活性，使得动态决定调用哪个函数成为可能。

使用std::function作为函数参数的示例如下：

```cpp
#include <functional>
#include <iostream>
void executeFunction(std::function<void(int)> func, int value) {
    func(value);
}

int main() {
    std::function<void(int)> func = [](int x) { std::cout << "Lambda: " << x << std::endl; };
```

```
    executeFunction(func, 10);  // 使用 std::function 调用 Lambda 表达式
    return 0;
}
```

在这个示例中，std::function允许传递任何类型的可调用对象，包括Lambda表达式，这不仅提高了代码的模块化，还增强了灵活性和类型安全性。因此，std::function在现代C++中被视为处理函数传递的首选方法，特别适用于需要高度灵活性和强类型安全的场景。

2）容器作为参数传递

在C++中，函数参数的传递是常见的数据交换方式，特别是在需要处理集合或序列数据时。

虽然传统的数组经常用于这一目的，但它们存在安全性和灵活性的限制。为了克服这些限制并提高代码的安全性与可维护性，现代C++推荐使用标准容器如std::array和std::vector作为函数参数。

（1）传统数组传参

传统数组传参示例如下：

```cpp
#include <iostream>

void processArray(int* arr, int size) {
    for (int i = 0; i < size; ++i) {
        std::cout << arr[i] << " ";
    }
    std::cout << std::endl;
}

int main() {
    int data[] = {1, 2, 3, 4, 5};
    processArray(data, 5);  // 传递数组和大小
    return 0;
}
```

这种方法虽然简单，但需要显式传递数组大小，并且函数内部没有对数组元素进行边界检查，这增加了出错的可能。为了提供更安全和灵活的数据处理方式，C++标准库提供了多种容器，这些容器内置了大小管理和安全访问的功能，极大地简化了数据处理任务。

（2）使用std::array传参

使用std::array传参的示例如下：

```cpp
#include <array>
#include <iostream>

void processArray(const std::array<int, 5>& arr) {
    for (int i : arr) {
        std::cout << i << " ";
    }
    std::cout << std::endl;
}

int main() {
    std::array<int, 5> data = {1, 2, 3, 4, 5};
    processArray(data); // 传递std::array对象
    return 0;
}
```

std::array提供了固定大小的数组替代，增强了类型安全性，并避免了裸数组的常见问题。

（3）使用std::vector传参

使用std::vector传参的示例如下：

```
#include <vector>
#include <iostream>

void processVector(const std::vector<int>& vec) {
    for (int i : vec) {
        std::cout << i << " ";
    }
    std::cout << std::endl;
}

int main() {
    std::vector<int> data = {1, 2, 3, 4, 5};
    processVector(data);  // 传递std::vector对象
    return 0;
}
```

与std::array相比，std::vector提供了动态大小的管理，使它更适合处理大小未知的数据集合。

通过采用这些容器，程序员可以利用C++的强类型系统和资源管理特性，编写出更安全、更可维护的代码。这些容器不仅简化了数据传递的实现，还通过其丰富的接口和与算法库的良好集成，提高了程序的总体质量。

（4）使用std::span传参

std::span是C++20中新增的一个轻量级的视图对象，用于提供对数组或std::vector（以及其他连续数据容器）的元素的安全视图。使用std::span可以增加代码的安全性和灵活性，特别是在函数需要访问部分数组或全数组时，因为它不需要复制数据。std::span的使用示例如下：

```
#include <span>
#include <iostream>
#include <vector>

void processSpan(std::span<int> data) {
    for (int i : data) {
        std::cout << i << " ";
    }
    std::cout << std::endl;
}

int main() {
    std::vector<int> vec = {1, 2, 3, 4, 5};
    std::span<int> span = vec;          // 创建span覆盖整个vector
    processSpan(span);                  // 传递span对象
    return 0;
}
```

在这个例子中，std::span直接从std::vector创建，无须指定大小，它自动推断出容器的大小。这样可以很方便地传递整个或部分容器的引用给函数，而不必担心性能损失或数据复制的问题。std::span也支持对数组的操作，提供了类似指针的随机访问，但更加安全。

std::span的主要优点包括：

- 灵活性：可以非常容易地从数组、std::vector、std::array等容器创建视图。
- 性能：因为std::span只是视图，不拥有数据，所以传递的成本低。
- 安全性：通过提供范围检查的接口，减少了越界错误的风险。

因此，std::span是现代C++中处理数组和容器数据的一个非常有用的工具，它为数组和容器操作提供了更加安全和灵活的方法，特别适用于需要高性能和高安全性的系统和应用程序。结合使用std::array、std::vector和std::span，开发者可以在不牺牲性能的前提下，提升程序的安全性和可维护性。

2.3.3　函数的行为调整：修饰符与作用域

在深入探讨C++中函数行为调整的艺术时，理解各种函数修饰符及其背后的原理尤为关键。本节将主要讨论inline、static和extern这些修饰符如何影响函数的行为，从而提升程序的性能和可维护性。值得注意的是，这些修饰符大多数情况下也使用于变量，原理与作用相似。例如，inline修饰符减少了函数调用的开销，static修饰符帮助函数和变量在多个调用之间保持状态，而extern扩大了变量或函数的可见性。通过这些修饰符，我们不仅可以优化函数的行为，还能精确控制变量的作用范围和持续性。

接下来将详细探讨这些修饰符在函数中的具体应用，以及它们如何影响代码的整体结构和性能，同时指出这些效果在变量上的类似应用。这将帮助读者更全面地理解和运用C++的强大功能，构建更高效、更易维护的程序。

2.3.3.1　影响函数链接性的修饰符

在C++中，影响函数链接性的修饰符主要包括inline、static和extern。这些修饰符对函数在编译和链接过程中的行为有重要影响。

1. inline修饰符：内联函数

在C++中，inline关键字用于建议编译器尝试将函数体内联到每个函数调用的位置。这意味着编译器会在函数调用的位置直接插入函数的代码，而不是执行常规的函数调用，从而减少函数调用的运行时开销。

使用inline定义一个函数时，实际上是在提示编译器："如果可能的话，可以考虑避免这个函数的调用开销，直接展开它的代码。"然而，这只是一个优化建议，最终是否内联，取决于编译器的实现和对特定代码的评估。因此，inline并不保证函数一定会被内联。

1）内联函数的优缺点

内联函数的优点：

- 减少调用开销：内联可以省去函数调用过程中的一些常规开销，如寄存器保存、堆栈帧的设置与清理。
- 提高执行效率：对于频繁调用的小型函数，内联通过消除函数调用的额外负担，可以显著提高程序的运行速度。

内联函数的缺点：

- 增加程序大小：内联可能导致编译后的代码量增加，特别是当一个内联函数被多个地方调用时，每个调用点都需要插入相同的函数体，这可能会使得最终的程序体积增大，影响缓存利用效率，反而可能降低程序性能。
- 代码管理复杂：由于函数体被复制到多个地点，可能使得维护和调试代码变得更加困难。

除了作为一种优化技术来减少函数调用的开销之外，inline在C++中还有另一个重要的作用，那就是影响函数的链接属性。

2）控制链接属性

inline在C++中不仅用于优化函数调用的开销，还扮演着控制函数链接属性的关键角色。inline关键字特别有助于解决程序中的多重定义问题，这通常发生在同一个头文件被多个源文件包含时。

（1）背后机制

- 多个定义的容忍：C++标准要求函数和对象的定义在整个程序中必须唯一，违反这一规则通常会导致链接器错误。然而，inline函数是一个例外。由于inline函数在不同编译单元中的多个定义都被视为同一函数的实例，因此它们不会触发链接错误，即使这些函数的定义在代码中出现多次。
- 静态链接：inline函数的另一个关键特性是在编译时的处理。当编译器遇到inline函数时，它可能将函数体在每个调用点展开。即使没有展开，编译器也保证这些函数定义在链接时是可用的，并视为同一符号，从而避免了链接冲突。

（2）使用场景

- 头文件中的全局函数和静态成员函数：这些函数如果在头文件中定义，并且头文件被多个源文件包含，未标记为inline的情况下会引发链接错误。通过标记这些函数为inline，编译器确保在链接时将它们视为同一符号，从而避免了多重定义的错误。
- 类成员函数：虽然类定义内直接实现的成员函数自动被视为inline，但对于在类外部定义的成员函数，如果它们在头文件中提供定义，同样应标记为inline以防链接错误。

通过这些机制，inline功能不仅提高了代码的可复用性和模块化，还确保了程序的链接正确性和执行效率。因此，inline是现代C++编程中不可或缺的一部分。

（3）模板函数与链接

对于模板函数，即使它在多个编译单元中实例化，也不会导致多重定义链接错误，这是因为C++标准允许在不同编译单元中生成相同模板的多个实例。为了管理这些重复的实例，链接器采用了特殊的机制来确保在最终程序中只保留每个模板的一个实例。

这种机制通常涉及"符号去重"或"弱符号"技术。这些技术允许多个相同的符号定义存在于不同的编译单元中，而链接器在处理时会选择其中一个定义，确保最终生成的程序中不会有重复定义的问题。这样，开发者可以在不同的源文件中自由地使用模板，而不必担心链接错误。

3）内联函数的注意事项

在编写内联函数时，需要注意以下几个关键点，以确保其正确性和效率。

（1）定义在头文件中

内联函数应该在头文件中定义，而不是在源文件或库文件中。这样做确保了在编译时，所有包含该头文件的源文件都可以直接访问到内联函数的定义，从而允许编译器在各个调用点进行内联展开。如果内联函数定义在源文件中，即使使用了inline关键字，也只能在该源文件内部进行内联展开，而无法在其他源文件中实现内联，这限制了内联优化的作用范围。

（2）避免过度使用

内联函数适用于小而频繁调用的函数。过度使用内联函数，特别是复杂或大型函数，可能会导致编译后的代码体积增大（代码膨胀），从而影响性能和缓存的使用效率。

（3）编译器优化

我们需要明白，即使函数被声明为内联，但最终是否内联取决于编译器的优化决策。编译器会根据函数的复杂性、调用频率等因素决定是否进行内联展开。

（4）递归函数慎用内联

对于递归函数，应避免将其声明为内联，因为内联递归函数可能导致大量的代码重复，严重时可能导致栈溢出。

（5）兼容性和链接问题

虽然内联函数可以避免多重定义的链接问题，但当内联函数过多时，可能会增加编译时间。确保头文件被守卫（使用头文件保护符，例如#ifndef, #define, #endif），以避免重复包含可能导致的编译错误。

通过遵循这些注意点，可以有效地利用内联函数带来的优势，同时避免可能出现的问题。内联函数是C++中一个强大的特性，但应谨慎使用，确保代码的可维护性和性能。

4）扩展知识：C++17标准的改进

C++17对内联功能做了一些显著的改进，以增强代码的灵活性和效率。这些改进主要集中在内联变量（inline variables）和内联命名空间（inline namespaces）上，提供了更多的语义支持和灵活性。以下是一些主要的改进点。

（1）内联变量

在C++17中，新增了内联变量的概念。这使得在头文件中定义的变量可以在多个源文件中安全地使用，而不会引起重定义错误。内联变量特别适用于头文件中的常量和模板静态成员。例如，可以将模板类的静态成员声明为内联的，这样就不需要在单独的源文件中定义它们。

```
struct MyStruct {
    static inline int counter = 0;  // C++17 允许在类定义中直接初始化
};
```

（2）内联命名空间

虽然内联命名空间在C++11中已经引入，但在C++17中它们的使用更加普遍。内联命名空间的主要用途是版本控制，允许库开发者在不破坏二进制兼容性的情况下更改函数、类和变量的定义。在内联命名空间中的所有实体都可以像在其外层命名空间中一样被访问，这使得版本转换更加平滑。

```
namespace MyLib {
    inline namespace Version1 {
        int getVersion() { return 1; }
    }
    namespace Version2 {
        int getVersion() { return 2; }
    }
}
// 使用默认版本（内联命名空间）
int v = MyLib::getVersion();  // 返回 1
```

命名空间是C++中用于组织代码和防止命名冲突的机制。通过将相关的函数、类和变量放在同一个命名空间中，可以避免不同库或模块中同名标识符之间的冲突。例如：

```
namespace MyLib {
    void func() {
```

```
        // 实现
    }
}namespace YourLib {
    void func() {
        // 另一个实现
    }
}
// 使用时需要指定命名空间
MyLib::func();
YourLib::func();
```

内联命名空间是在C++11中引入的，并在C++17及以后的版本中得到了更广泛的应用。它主要用于版本控制，允许库开发者在不破坏二进制兼容性的情况下修改函数、类和变量的定义。内联命名空间中的所有实体可以像外层命名空间中的成员一样直接访问，这使得版本升级更加平滑和便捷。

```
namespace MyLib {
    inline namespace Version1 {
        int getVersion() { return 1; }
    }
    namespace Version2 {
        int getVersion() { return 2; }
    }
}

// 使用默认版本（内联命名空间）
int v = MyLib::getVersion();              // 返回 1

// 使用指定版本
int v2 = MyLib::Version2::getVersion();   // 返回 2
```

通过使用内联命名空间，开发者可以轻松切换库的版本，而无须修改大量调用代码。这不仅保持了代码的清晰性，还确保了向后兼容性。

2. static修饰符：静态函数

在C++中，static关键字深刻体现了编程的设计哲学，它不仅控制变量和函数的生命周期，也限制它们的作用域和链接性。此关键字确保静态局部变量在函数首次调用时初始化并保持其状态，适用于需要跨多个函数调用维持状态的场景。下面将探讨static关键字如何应用在不同类型的函数中，以及它对程序结构的具体影响。

- 全局函数的隐藏：使用static修饰全局函数，将函数的作用域限定在定义它的文件内，这有效隐藏了函数，防止它在其他文件中被访问，减少了命名冲突并提高了封装性。尽管static全局函数有助于减少全局命名空间的污染，但它们在面向对象编程中可能不被推荐，因为它可能破坏封装性和模块化，特别是在大型项目中。更推荐的做法是将功能封装在类中。
- 静态成员函数：静态成员函数不依赖于类的实例，可以通过类名直接调用。这些函数适用于操作静态成员变量或执行与实例无关的任务。

1）关键规则与技巧

（1）初始化和构造

局部静态变量在首次访问时初始化，此过程是线程安全的（C++11及以后），保证即使在多线程环境中也不会有并发问题。

全局静态变量和静态类成员在程序启动前完成初始化，如果位于同一个编译单元中，则按定义顺序初始化。跨编译单元时，初始化顺序未指定，可能导致依赖顺序的问题。

（2）销毁

静态变量在程序终止时被销毁，销毁顺序通常与初始化顺序相反。这包括局部静态变量和全局静态变量，其析构函数在main函数结束后执行。这对资源管理非常关键。

（3）链接性

用static修饰的全局函数和变量具有内部链接性，即它们只在定义它们的源文件内可见。这与未加static修饰的具有外部链接性的全局变量和函数形成对比，后者可以通过在其他文件中声明来访问。

2）static与线程安全

在多线程编程的上下文中，static变量的线程安全成为一个至关重要的考虑因素。C++设计哲学中的一个核心原则是提供足够的机制以支持高效的并行计算，同时要求程序员对这些机制的使用保持谨慎和明智。由于static变量的生命周期贯穿整个程序运行期间且在多个线程间共享，因此特别需要在并发环境下考虑线程安全性。

默认情况下，static变量不是线程安全的。这意味着当两个或更多的线程同时访问相同的static变量，并且至少有一个线程在修改这个变量时，就会出现竞态条件（race condition），导致不可预测的结果。例如，一个线程在读取一个static变量的同时，另一个线程可能正在修改它，从而引发数据损坏或不一致。

为了解决这个问题，C++11及其后续版本引入了多线程库，其中包括用于同步访问的互斥锁（例如std::mutex）和其他并发控制机制。在访问可能被多个线程共享的static变量时，使用这些同步机制可以保护数据，确保每次只有一个线程能够修改变量。这种方式虽然可以提高线程安全性，但也可能降低程序的性能，因为它引入了额外的开销和潜在的线程阻塞。

此外，C++11引入了线程局部存储（thread local storage，TLS）关键字thread_local，允许程序员声明其作用域为当前线程的变量。与static变量不同，每个线程都有一份thread_local变量的独立副本，这消除了由多线程访问共享数据引起的竞态条件，是另一种提高线程安全的策略。

总的来说，C++的设计哲学鼓励开发者理解并发编程的复杂性，并提供了一系列工具来帮助管理这些复杂性。对于static变量的线程安全访问，既需要利用C++提供的同步机制来保护共享数据，也要考虑设计上的选择，比如是否可以使用thread_local来避免共享状态，以实现更安全、高效的并发程序设计。

【示例展示】

下面的示例展示的是如何在C++中实现线程安全。示例中定义了一个简单的类SafeCounter，它包含一个静态成员变量count，用于计数；一个静态成员函数increment，用于安全地增加计数值。为了保证线程安全，我们使用std::mutex来同步对count的访问。

```cpp
#include <iostream>
#include <mutex>
#include <thread>

class SafeCounter {
public:
    // 静态成员变量，用于计数
    static int count;
    // 互斥锁，保护静态成员变量的线程安全访问
    static std::mutex mutex;

    // 静态成员函数，安全地增加计数值
```

```cpp
    static void increment() {
        // 锁定互斥锁，防止多线程同时访问
        std::lock_guard<std::mutex> lock(mutex);
        // 安全地增加count的值
        ++count;
        // 互斥锁在lock_guard对象被销毁时自动解锁
    }
};

// 初始化静态成员变量
int SafeCounter::count = 0;
std::mutex SafeCounter::mutex;

int main() {
    // 创建多个线程，模拟并发环境下对SafeCounter::increment的调用
    std::thread threads[10];
    for (int i = 0; i < 10; ++i) {
        threads[i] = std::thread(SafeCounter::increment);
    }

    // 等待所有线程完成
    for (auto& t : threads) {
        t.join();
    }

    // 输出最终的计数值
    std::cout << "Final count: " << SafeCounter::count << std::endl;

    return 0;
}
```

这个示例展示了如何在类内使用static变量和static函数，并通过std::mutex确保了在多线程环境下对静态成员变量的线程安全访问。每个线程在调用SafeCounter::increment函数时，都会尝试获取互斥锁。如果互斥锁已被另一个线程占用，则当前线程将等待直到锁被释放。这确保了在任何时刻只有一个线程可以修改count的值，从而避免了竞态条件。

3）匿名命名空间与static的比较

在C++中，封装性和作用域管理是设计的核心，旨在创建清晰和可维护的代码。static关键字和匿名命名空间都用于控制变量或函数的可见性和链接范围，但它们各有特点和适用场景，如表2-4所示。

表2-4　static与匿名命名空间的比较

特 性	static	匿名命名空间
作用域	限制到定义它们的文件内部	限制到定义它们的文件内部
生命周期	程序运行期间一直存在	程序运行期间一直存在
适用性	全局变量和函数	类型、变量、函数等
链接性	内部链接，不可被外部文件访问	不可被外部文件访问
灵活性	适合跨越多次调用的全局变量和函数	适合更复杂的封装需求，支持细粒度封装和模块化

static提供了一种简单直接的方式来管理变量和函数的生命周期及作用域，非常适合那些需要持久存在但不希望被外部访问的全局变量和函数。相比之下，匿名命名空间通过提供一种更为灵活和统一的方式来限制访问范围，特别适用于需要将多个相关定义限制在单个文件内的复杂封装需求。

最终选择使用static还是匿名命名空间，取决于项目的具体需求和设计偏好。C++程序员会根据具体情况选择其中一种或者结合使用这两种机制，以达到既保证了代码的封装性和模块的独立性，又满

足了灵活性和可维护性的目标。这种灵活性体现了C++设计哲学中的核心价值，旨在为开发者提供多样化的工具来解决复杂的编程挑战。

3. extern修饰符：声明外部全局函数

1）extern修饰符概述及其在封装与可复用性中的应用

在C++中，extern修饰符用于声明全局变量或函数的存在，其定义位于程序的另一部分。这一特性通过减少全局命名空间的污染，简化了大型程序的管理，并支持代码的封装与复用。

extern允许在一个文件中定义全局变量或函数，而在其他文件中通过声明来进行访问。这种方式不仅帮助隐藏实现细节，只暴露必要的接口，从而提高代码的封装性，也避免了在多个地方重复定义同一全局变量或函数，促进了代码的模块化和提高了开发效率。

在编译和链接的过程中，extern扮演了至关重要的角色。它指示编译器，尽管全局变量或函数在当前文件中声明，但它们的定义位于程序的其他部分。这允许编译器在不具备完整定义的情况下进行编译，并指望链接器在后续过程中解决外部符号的引用。这种机制确保了在多文件项目中全局变量和函数的一致性和可靠性。

然而，过度依赖extern可能导致代码结构混乱，因此需要谨慎使用，以保持代码的清晰性和可维护性。在设计大型软件系统时，合理利用extern可以显著提高项目的组织结构，但应避免使其成为依赖全局状态的手段，从而避免引入不必要的复杂性和潜在的错误来源。

2）链接可见性与存储期

在探讨extern修饰符的用途时，理解它如何影响链接可见性和存储期是至关重要的。这些特性对于维护程序的结构和性能有直接的影响。

（1）链接可见性

链接可见性指的是一个标识符（如变量或函数名）在多个文件之间是否可见。extern关键字扩展了标识符的作用域，使得在一个文件中定义的全局变量或函数可以在其他源文件中被访问。这是通过在其他文件中声明它们为extern来实现的，从而允许跨文件共享数据和函数。

例如，当使用extern声明在一个源文件中定义的变量时，就是在告诉编译器这个标识符的定义存在于程序的另一部分，这有助于避免链接时的符号冲突。这种机制支持了更广泛的模块化设计，允许开发者将程序逻辑分散到不同的文件中，而不损害整体的协调性和一致性。

（2）存储期

extern声明的变量或函数拥有静态存储期，意味着它们在程序启动时创建，在程序终止时销毁。这种存储期的管理确保了全局变量和函数在程序的整个运行周期内一直存在，避免了重复初始化等问题。

静态存储期对于管理那些需要在多个函数调用之间保持状态的数据尤其有用。例如，一个跨多个函数调用记录操作次数的计数器就是一个典型应用，它需要在程序的整个生命周期内保持其值。

通过合理使用extern，程序员可以在整个项目中有效地共享和管理全局资源，同时确保这些资源的稳定性和一致性。这不仅提高了代码的可维护性，还增强了程序的可靠性。

3）语言互操作性和extern "C"

在多语言编程环境中，确保不同编程语言之间能够有效互操作是软件开发的重要考虑因素。特别是在C++项目中，经常需要调用由C语言编写的库，因为C语言由于其稳定性和高效性，仍然广泛用于接近系统底层和硬件的编程。

在这种情况下，extern "C"在C++中扮演着桥梁的角色，确保了C++代码能够无缝调用C语言函数。

（1）避免名称修饰

C++为了支持函数重载，会对函数名进行名称修饰（name mangling），即在内部表示中添加关于函数参数类型的信息。这种机制使得链接器可以区分重载函数，但也导致C++生成的符号名称与C编译器生成的不兼容。使用extern "C"声明可以指示C++编译器不对所修饰的函数名进行名称修饰，保持其C语言风格的符号名称，从而确保符号在链接时能够正确匹配。

（2）实现跨语言调用

extern "C"的使用不限于调用C库中已有的函数，它也适用于预期会被C代码调用的由C++实现的函数。通过这种方式，可以确保这些函数对C代码可见，并能够被正确调用，避免名称修饰可能导致的链接错误。

（3）促进库的可复用性

通过extern "C"，C++项目可以无缝集成广泛的C语言资源，如操作系统API、硬件驱动和各种第三方库。这种互操作性极大地提高了现有代码库的可复用性，使开发者能够在C++项目中使用成熟、稳定的C语言生态系统，而无须重写底层组件。

【示例展示】

考虑一个简单的例子：C语言编写的函数需要在C++代码中被调用。

C语言函数定义如下：

```
// math_operations.c
#include <stdio.h>

void c_add(int a, int b) {
    printf("The sum is: %d\n", a + b);
}
```

为了在C++中调用上述C语言函数，首先需要确保函数声明符合C的链接约定：

```
// math_operations.h
#ifdef __cplusplus
extern "C" {
#endif

void c_add(int a, int b);

#ifdef __cplusplus
}
#endif
```

然后在C++文件中包含此头文件并调用函数：

```
// main.cpp
#include "math_operations.h"

int main() {
    c_add(3, 4);  // 调用C语言函数
    return 0;
}
```

这个例子展示了如何通过extern "C"使得C++代码能够无缝地集成和调用C语言库中的函数。这项技术的深度使用和理解是任何涉及多语言互操作的C++项目的基础。

4）动态链接库和共享对象的实践

Windows平台的动态链接库（DLLs）和Unix-like系统中的共享对象（SOs）是实现代码复用和内存效率的关键技术。它们允许程序在运行时而非编译时链接到共享代码库，极大地提高了软件的灵活性和可维护性。

在动态链接的环境中，extern用于声明在共享库中定义的全局变量和函数。这确保了跨模块的函数调用和变量访问的正确性，允许应用程序无缝接入库的更新，同时保持接口的稳定性。

【示例展示】

考虑一个简单的例子：我们希望跨平台使用一个加法库，并通过动态链接的方式进行调用。

定义库接口：

```cpp
// math_lib.h
#ifdef _WIN32
    #ifdef MATHLIB_EXPORTS
        #define MATHLIB_API __declspec(dllexport)
    #else
        #define MATHLIB_API __declspec(dllimport)
    #endif
#else
    #define MATHLIB_API
#endif

extern "C" {
    MATHLIB_API int add(int a, int b);
}
```

实现库函数：

```cpp
// math_lib.cpp
#include "math_lib.h"

extern "C" {
    MATHLIB_API int add(int a, int b) {
        return a + b;
    }
}
```

使用库：

```cpp
// app.cpp
#include "math_lib.h"
#include <iostream>

int main() {
    std::cout << "3 + 4 = " << add(3, 4) << std::endl;
    return 0;
}
```

这个例子展示了如何创建和使用跨平台的动态链接库，通过extern "C"确保函数符号在不同编译环境下的一致性，从而增强库的兼容性和可复用性。

2.3.3.2　改变函数行为的修饰符

改变函数行为的修饰符包括const、constexpr和consteval，这些修饰符都和函数的不变性有关。

1. const修饰符：常量函数

在面对庞大项目或复杂系统时，我们难以确保每个部分的完美无缺。虽然人脑能够设计和处理复杂情境与模式，但其注意力与记忆均有限，故而需要工具与策略来管理复杂性。

C++中的const关键字就是这样一个工具，它允许我们在函数声明尾部添加const关键字，以明确标示函数不应改变其所属对象的状态。这种标记不仅清晰地指示了变量、函数或对象状态的不可变性，而且是实现封装和数据完整性的关键，保护对象状态不被无意修改，确保了程序的稳定性和多线程安全。此外，通过定义良好的接口，const加强了C++设计理念中的封装与接口设计，使得代码更加清晰和可靠，是管理复杂性和维护代码清晰性的有效策略之一。

1）安全且稳定的接口设计：C++中的const成员函数

在C++的类设计中，合理使用const关键字来定义成员函数是提高接口设计质量的关键策略。这一做法不仅明确区分了哪些成员函数仅用于读取操作，而且确保这些函数不会修改对象的状态。通过在成员函数声明末尾添加const关键字，开发者可以创建出既稳定又安全的接口，使得这些函数可以在广泛的上下文中使用，包括在常量对象上执行操作。

- 可读性提升：const成员函数通过声明清晰地传达了它为只读操作，这增强了整个代码的可读性，使其他开发者能够迅速理解哪些函数不会改变对象的状态。
- 安全性增强：将函数标记为const有助于防止在不应该修改对象的情况下意外地修改对象状态，从而保护了数据的完整性。
- 类型安全：const成员函数可以由任何类型的对象调用，包括常量对象。这增加了类型安全性，因为常量对象仅能调用常量成员函数，这样的限制有助于在编译时期捕捉潜在的错误，例如尝试修改常量对象的状态。

这种策略有助于在任何规模的项目中保持代码的整洁和安全。const关键字的恰当使用是实现高质量C++接口设计的一个重要组成部分，确保了接口的逻辑清晰和操作的安全性。

【示例展示】

考虑以下类定义，它包含一个const成员函数，用于获取对象的信息而不修改任何成员变量。

```cpp
#include <iostream>
class Account {
public:
    Account(double balance) : balance_(balance) {}

    // getBalance是一个const成员函数，不修改任何成员变量
    double getBalance() const {
        return balance_;
    }

    // 存款函数，修改成员变量
    void deposit(double amount) {
        balance_ += amount;
    }

private:
    double balance_;
};

int main() {
    const Account myAccount(1000.0);
```

```
    double myBalance = myAccount.getBalance();  // 可以在const对象上调用
    std::cout << "Balance: $" << myBalance << std::endl;

    // myAccount.deposit(500.0);  // 编译错误：不能在const对象上调用非const成员函数
    return 0;
}
```

在这个例子中，由于getBalance()方法被声明为const，因此可以安全地在常量对象myAccount上调用；而尝试调用deposit()方法将导致编译错误，因为它试图修改常量对象的状态。这清楚地展示了const成员函数在实际应用中如何提供类型安全和数据保护。

2）扩展const的应用：函数参数和返回类型

在C++中，const修饰符的应用不仅限于常量函数。通过扩展其应用到函数参数和返回类型，const进一步增强了函数接口的清晰度和安全性，使得代码更加稳定和可维护。

（1）修饰函数参数

当const用于修饰函数参数时，它向调用者保证传递给函数的参数在函数执行期间不会被修改。这为基本数据类型的参数增加了安全性，对于复杂对象类型的参数尤为重要，因为它防止了对象状态的意外修改。

例如，使用const修饰对象引用参数：

```
void printDetails(const Person& person) {
    std::cout << "Name: " << person.getName() << std::endl;
    // person.modifyName("New Name"); // 编译错误，因为person是const引用
}
```

这种设计不仅保护了传递给函数的对象，而且清楚地向使用者表明了函数不会更改对象的任何状态。

（2）修饰返回类型

使用const修饰函数的返回类型，表明返回的数据不应被修改。这对返回对象的引用或指针尤其重要，因为它防止了对返回的对象进行非预期的修改，维护了数据的完整性。

例如，使用const修饰返回类型：

```
const std::string getName() const {
    return name;
}
// 使用场景
// std::string& newName = obj.getName();     // 编译错误，不能将非const的引用绑定到临时变量
```

这样的设计防止了返回值的非预期修改，确保了程序的行为符合预期，减少了因误操作而导致的bug。

通过在函数参数和返回类型中应用const修饰符，开发者能够创建出更加安全、清晰和易于维护的接口代码。这种做法强调了在设计函数接口时的预见性和防错性，是高质量软件开发的重要标志。通过这些实践，const显著提升了代码的稳定性和可读性，使其成为管理复杂C++项目中不可或缺的工具。

2. constexpr修饰符：常量表达式

在C++中，const和constexpr都是用来定义常量的关键字，但它们各自扮演着不同的角色，反映了C++的设计原则和对编译时效率的追求。const用于定义不变的值，确保变量一旦初始化后其值就不能改变。然而，const只能保证运行时的不变性，并不确保变量在编译时已知。

为了弥补const的这一限制并进一步利用编译时计算带来的优势，C++引入了constexpr修饰符。constexpr指示编译器验证函数或对象的值是否可以在编译时确定，从而允许在编译时进行计算，减少

运行时的开销。这种设计体现了对性能的高度重视，使得程序能够在不牺牲运行时效率的前提下，实现更高的编译时确定性和优化。

constexpr修饰符的优点与缺点：

- 优点：constexpr提升了程序效率，通过允许编译时计算，减少了运行时的计算负担。
- 缺点：它对代码的编写提出了更高的要求，如constexpr函数必须足够简单，以便编译器能够在编译时计算其结果。

constexpr修饰符的使用规则和技术细节：

- 常量表达式要求：constexpr函数或对象必须是在编译时可以确定的，这通常意味着函数体内部只能包含一条返回语句，并且不能有任何运行时才能确定的元素，如非常量表达式或动态内存分配。
- 适用场景：constexpr适用于那些能够保证在编译时就能计算出结果的函数或变量，这样可以在编译时就确定它们的值，优化程序性能。

3. consteval修饰符：即时函数

consteval是C++20引入的一个关键字，用于指示某个函数必须在编译时求值。使用consteval声明的函数通常被称为"即时函数"（immediate function），它在编译时就会被执行和解析，而不是在运行时。这对于编写编译时计算表达式非常有用，适用于模板元编程或者编译时数据验证等场景。

1）使用consteval

在C++中使用consteval的示例如下：

```cpp
consteval int Square(int n) {
    return n * n;
}

int main() {
    constexpr int squared = Square(5);  // 正确，编译时求值
    int x = 10;
    // int squared_runtime = Square(x); // 错误，因为 x 不是编译时常量
    return 0;
}
```

在上面的例子中，Square函数被consteval修饰，所以它必须在编译时进行调用和求值。尝试在运行时传递非编译时常量（如变量x）会导致编译错误。

2）consteval与其他关键字的差别

在C++中，consteval关键字用于指定函数必须在编译时求值，而const和constexpr有着不同的用途和含义。下面来详细看一下这些修饰符是否能够共同使用。

（1）consteval和const

consteval修饰的函数称为即时函数，意味着它们必须在编译时求值。而const关键字通常用于类的成员函数，表示该函数不会修改类的任何成员变量。

因此，在C++中，consteval和const可以一起使用，特别是在类的成员函数中，这意味着该函数必须在编译时求值，并且在运行时不会修改对象的状态。

（2）consteval和constexpr

consteval强制函数必须在编译时求值；而constexpr修饰的函数可以在编译时求值，如果其所有参数都是编译时常数，也可以在运行时求值。因为consteval已经保证了函数只能在编译时求值，所以consteval和constexpr不能同时用于修饰同一个函数。它们的组合是多余的，并且在语义上存在冲突，因为constexpr允许但不要求编译时求值，而consteval强制编译时求值。

因此，consteval和const结合使用是有效的，通常用于类的成员函数。而consteval和constexpr一起使用是不被允许的，也没有必要，因为consteval已经包含了constexpr所有编译时求值的要求。

此外，C++23还解决了constexpr函数中包含对consteval函数调用时的一些编译时计算传播问题，允许在编译时必须执行的函数之间更灵活地交互。通过这种改进，当一个constexpr函数包含对一个consteval函数的调用时，它可以自动转变为consteval，从而确保所有相关计算都在编译时完成。这有助于简化编译时代码的书写和维护，同时确保代码的执行效率和安全性。

3）适用场景

consteval非常适合那些需要保证编译时确定性和安全性的场合，例如生成编译时哈希值、编译时配置检查或其他类型的元程序任务。通过使用consteval，开发者可以更清楚地表达代码的意图，并利用编译器的能力来确保代码行为的一致性和预期。

4. 综合使用指南

const函数、constexpr函数以及consteval函数的特性对比如表2-5所示。

表2-5　const函数、constexpr函数以及consteval函数的特性对比

特　　性	const 函数	constexpr 函数	consteval 函数
使用场景	主要用于类成员函数，确保不修改对象状态	可用于任何需要编译时计算的场景，也可用于类成员函数	用于确保函数必须在编译时求值，不可用于运行时
用途	表明函数不会修改对象的状态	允许在编译时进行计算，减少运行时成本，可提高性能	必须在编译时计算，确保计算结果的确定性和一致性
使用限制	仅适用于类的成员函数，不能改变成员状态	函数体必须足够简单，以便在编译时计算	函数必须在编译时求值，不能用于运行时表达式
返回类型	可以是任意类型	通常是基本数据类型或简单对象	任何类型，但必须在编译时可解析
对象状态	不变	不适用（与对象状态无关），除非用作类成员函数并加const	不适用（与对象状态无关），除非用作类成员函数并加const

- constexpr + const：当constexpr函数用于类的成员函数时，添加const修饰符意味着该函数不会修改类的任何成员变量的状态。这有助于确保对象在编译时能够安全地使用，同时保持了constexpr函数在编译时计算的能力。
- consteval + const：类似于constexpr + const，当consteval函数用作类的成员函数并且加上const修饰时，表示该函数不会修改对象的状态，并且它保证了所有的计算都在编译时完成，确保了类对象的不变性与编译时的确定性。

上述方式使得constexpr和consteval函数可以在类设计中保证对象状态不被改变，同时利用编译时计算的优势，增强了代码的效率和安全性。

2.3.3.3　增强代码安全性和可读性的修饰符

这一类修饰符包括 noexcept 和 explicit，主要目的是提高代码的安全性和可读性，防止一些常见的编程错误。

1. noexcept 修饰符

在 C++ 编程中，通常会遇到两种指定函数异常抛出行为的方式：一种是函数可能抛出异常，另一种是函数保证不抛出任何异常。为了更明确地表达后一种情况，C++11 引入了 noexcept 关键字。这个关键字提供了一种更直接和优化友好的方式来声明一个函数不会抛出异常，它替代了旧的异常规范 throw()。

```
void swap(Type& x, Type& y) throw()   // C++11之前
{
    x.swap(y);
}
void swap(Type& x, Type& y) noexcept  // C++11及以后
{
    x.swap(y);
}
```

> **注意**　使用 noexcept 声明的函数，如果在运行时违反了其不抛出异常的承诺，将直接导致程序终止并调用 std::terminate() 函数，进而可能调用 std::abort() 来结束程序。这种机制强制执行了函数的异常承诺，并帮助编译器在知道某个函数绝不会抛出异常的情况下进行优化。

在 C++ 中，处理异常需要编译器生成额外的代码来支持运行时的异常检测，这可能会影响程序的性能。但是，通过标记函数为 noexcept，编译器可以省略这部分额外代码或进行其他形式的优化，从而提高程序的运行效率。

1）如何正确使用 noexcept

使用 noexcept 时，必须在函数的声明和定义中保持一致。如果在声明中使用了 nocxccpt，则在定义中也必须使用。编译器会在 noexcept 不一致时报错，以确保异常安全的一致性。

这与 inline 关键字的使用不同，后者主要用于函数定义中，而在函数声明中的使用是可选的。inline 旨在建议编译器采用内联函数以减少函数调用的开销，是否在声明中出现不会影响函数的一致性。

下面是使用 noexcept 的一个示例：

```
// 声明
void foo() noexcept;

// 定义
void foo() noexcept {
    // ...
}
```

在这个例子中，foo() 函数在其声明和定义中均明确使用了 noexcept。通过精确地使用 noexcept 关键字，可以提高代码的异常安全性，同时向编译器提供重要的信息，帮助它执行更好的优化。在设计不会抛出异常的函数时，使用 noexcept 是一个好习惯，它为编写高效、安全的 C++ 代码提供了有力的支持。

2）使用 noexcept 的注意事项

使用 noexcept 表明函数或操作不会发生异常，这不仅可以为编译器提供更大的优化空间，还能改善代码的异常安全和性能。然而，并不是所有情况下添加 noexcept 都会提升效率，如果使用不当，反而会带来问题。以下是推荐使用 noexcept 的情形：

- 移动构造函数和移动赋值函数：这些函数通常不应抛出异常，因为它们会在对象移动操作中使用，例如在容器重新分配内存时。标记为noexcept可确保容器使用移动而非复制，从而提高性能。
- 析构函数：C++11标准规定，类的析构函数默认为noexcept(true)。这是因为析构函数通常用于资源释放，不应抛出异常，以避免在异常处理过程中导致程序崩溃。如果析构函数中包含可能抛出异常的操作，应当谨慎处理这些异常，防止它们逃逸出析构函数。
- 叶子函数：叶子函数是指不调用其他函数的函数。这类函数的行为通常很容易预测，且控制范围有限，适合被标记为noexcept。

尽管noexcept提供了性能优化的潜力，但使用时需要谨慎。以下是一些使用noexcept时的注意事项：

- 不要假设noexcept函数不会失败：即使函数声明为noexcept，也可能因为内存分配失败等原因导致失败。这种情况下，如果没有正确处理可能的错误，程序可能会在运行时崩溃。
- 谨慎使用noexcept：如果一个函数可能抛出任何类型的异常，那么它不应该被声明为noexcept。过度使用noexcept可能会导致程序难以处理异常。
- 理解noexcept的传播规则：在C++中，函数的noexcept状态可以继承自它操作的内容。例如，如果一个函数调用的另一个函数是noexcept的，那么原函数也可以声明为noexcept。
- 在可能的情况下，优先考虑noexcept：在设计类时，如果成员函数（尤其是移动构造函数和移动赋值运算符）可以保证不抛出异常，那么声明它们为noexcept可以提高代码的性能和可读性。

3）noexcept使用示例

在C++中，noexcept关键字不仅影响函数的异常抛出状态，还可以用来指导编译器的优化策略。下面是一个示例，展示如何依据另一个函数的noexcept状态来声明函数的noexcept状态：

```
template <class T, class U>
void foo(T& t, U& u) noexcept(noexcept(t.swap(u))) {
    t.swap(u);
}
```

在这个模板函数foo()中，我们使用noexcept运算符来检查T类型的swap()方法是不是noexcept的。如果t.swap(u)是noexcept的，那么foo()函数也将自动成为noexcept。这样的设计确保了foo()函数只在能够安全承诺不抛出异常的情况下才声明为noexcept。这种方法有助于提升程序的安全性和性能，尤其是在涉及类型的移动操作时。

了解如何声明函数为noexcept后，我们还可以使用C++提供的工具来检测函数是否被编译器视为noexcept。这种检测特别重要，因为它有助于验证代码是否符合异常安全的预期。下面是一个检测析构函数noexcept状态的示例：

```
struct X
{
    ~X() { };
};

int main()
{
    X x;
    static_assert(noexcept(x.~X()), "Ouch! Destructor is not noexcept");
}
```

在这个示例中，通过static_assert和noexcept，我们检查了X类的析构函数是否被视为noexcept。如果析构函数不是noexcept的，编译时将产生一个错误。这种检测方式非常有用，尤其是在依赖编译器自动将析构函数视为noexcept的情况下，可以确保类符合异常安全的预期。

4）深入理解noexcept及其性能优化

接下来，让我们深入探究noexcept 在程序性能优化中的作用。首先，需要明确的是，noexcept对性能的影响并非直接的，而是通过允许编译器进行某些优化来实现的。

一般来说，编译器在处理可能抛出异常的函数时需要考虑的情况更多，因此需要生成更复杂的代码，尤其是在涉及栈展开（stack unwinding）的情况下。当一个函数被标记为noexcept时，编译器可以确保这个函数不会抛出异常，从而在生成代码时忽略处理异常的部分，产生更简洁、高效的代码。

最直接的影响是编译器可能不需要生成处理异常的代码，也不需要在函数调用之后检查是否有异常被抛出。这可以减少生成的代码的大小，也可能使代码运行得更快。然而，这种优化通常是微不足道的，因为大多数函数调用的成本都远大于检查异常的成本。

另一个可能的优化是，如果编译器知道一个函数不会抛出异常，它可能更愿意将这个函数内联。这是因为异常处理代码通常不能被内联，所以如果一个函数可能抛出异常，编译器就会选择不将其内联。然而，这种优化依赖于具体的编译器和优化级别。

此外，noexcept还可以影响C++对象的移动语义，特别是在容器重排序或调整大小等操作时。如果一个对象的移动构造函数和移动赋值运算符被标记为noexcept，那么C++运行时环境可以安全地移动这些对象，而不是进行更复杂、更耗费时间的复制操作。

下面看一个简单的例子，说明 noexcept 如何提升性能。

```cpp
void process_elements(std::vector<MyType>& elements) noexcept
{
    for(auto& elem : elements)
    {
        // 对elem的一些复杂的处理
    }
    // 重新排列元素以进行下一步处理
    std::sort(elements.begin(), elements.end());
}
```

在上面的例子中，如果MyType的移动构造函数和移动赋值运算符都是noexcept，那么std::sort可以用更有效的方法来移动元素，从而提升整体性能。

因此，noexcept不仅可以表示函数的异常安全，还可以对函数的性能产生重要影响。但我们不应滥用它，只有确定一个函数不会抛出异常时，才应将它声明为noexcept。

2. explicit修饰符

在C++中，explicit关键字扮演着一个至关重要的角色：它确保类型转换是明确和有意的，从而减少程序中不必要的错误并提高代码的清晰度。这个关键字反映了C++设计哲学中的一个核心原则——强类型安全，它要求程序员在代码中明确指定构造函数和转换运算符是否允许隐式类型转换。通过使用explicit，开发者可以避免许多由隐式类型转换引起的常见编程错误，从而增加代码的可读性和可维护性。

1）防止隐式转换的重要性

如果构造函数不用explicit标记，它就可以执行所谓的隐式转换。虽然这在某些情况下提供了便利，但也容易引起编程错误。例如，如果一个类有一个接收int类型参数的构造函数，但该函数没有被标记为explicit，那么在任何期望该类对象的地方，单独的int值可能在无意中被转换为该类的对象。这种隐式转换往往在不被注意的情况下发生，可能导致逻辑错误或性能问题。

通过声明构造函数为explicit，程序员可以避免这种无意的类型转换。这意味着只有当开发者显式地调用构造函数时，转换才会发生，从而提高了代码的可预测性和安全性。例如：

```
class MyClass {
public:
    explicit MyClass(int a) {
        // 构造函数的实现
    }
};
```

在这个例子中，不能简单地使用"MyClass obj = 123;"这样的语句，因为这会尝试隐式转换，而编译器会因为explicit关键字而拒绝这种转换。必须使用直接初始化的形式，如"MyClass obj(123);"或"MyClass obj{123};"。这样的调用是明确的，遵循了C++的类型安全原则。

除了控制单参数构造函数的隐式转换之外，从C++11开始，explicit关键字也可以用于多参数构造函数和转换运算符。这进一步扩展了explicit的使用范围，允许开发者对类的转换逻辑进行更细粒度的控制。例如：

```
template<typename T>
class MyClass {
public:
    explicit MyClass(T a, T b) {
        // 构造函数的实现
    }
};
```

在这种情况下，explicit阻止了由于多参数构造函数引发的隐式类型转换，增加了需要明确调用构造函数的场景，从而使代码的意图更加清晰。

2）explicit在实际编程中的应用

在实际的C++编程实践中，使用explicit关键字可以有效控制类的行为，确保类的使用符合设计意图。下面通过几个具体示例来说明explicit关键字的应用及其好处。

（1）使用explicit提高构造函数的意图明确性

在设计类时，经常需要将构造函数声明为explicit，以防止意外的类型转换。例如：

```
class Duration {
public:
    // 假设Duration表示时间长度
    explicit Duration(int days) {
        // 实现
    }
};
```

在这个例子中，Duration类表示时间长度。如果不使用explicit，则可能会出现如下调用：

```
void processDuration(Duration d);
```

```
processDuration(5);  // 隐式转换，可能不符合程序员的预期
```

这种隐式转换虽然方便，但可能会引起逻辑错误，因为数字5的含义可能不明确（是天数、小时数还是分钟数？）。通过使用explicit，上述调用会导致编译错误，除非开发者显式地使用构造函数：

```
processDuration(Duration(5));  // 明确的调用
```

（2）explicit与转换运算符

从C++11开始，explicit可以用于类的转换运算符，进一步控制类如何与其他类型互操作。例如：

```
class String {
public:
    // 允许将String对象转换为std::string
```

```
    explicit operator std::string() const {
        return std::string("Some string representation");
    }
};
```

在这个例子中，String类有一个转换到std::string的运算符，标记为explicit意味着这种转换不会随意发生，而需要显式请求：

```
String myString;
std::string str = static_cast<std::string>(myString);  // 显式转换
```

（3）防止构造函数模板的隐式实例化

在使用模板类时，explicit关键字可以防止构造函数模板的隐式实例化，这对于防止类型推导带来的潜在问题非常有用。例如：

```
template<typename T>
class Numeric {
public:
    explicit Numeric(T value) {
        // 实现
    }
};

Numeric<int> num1(10);          // 明确的类型实例化
// Numeric num2 = 10;           // 这将导致编译错误，因为没有指明类型
```

通过这些例子，我们可以看到explicit关键字如何帮助程序员编写更稳定、更清晰、更易于维护的代码。

3）使用指南

我们应该如何决定是否使用explicit关键字呢？一般来说，如果构造函数的参数具有容易引起误解的类型（如基本数据类型或标准库类型），那么最好使用explicit。

Scott Meyers 在他的经典书籍*Effective C++*中也推荐过："除非你有明确的理由要使用隐式转换，否则最好总是将单参数构造函数标记为explicit"。

- 单参数构造函数：对于只有一个参数的构造函数（或多个参数但都有默认值），使用explicit防止隐式类型转换。这样可以避免由于意外的类型转换导致的错误。
- 转换运算符：从C++11开始，可以将explicit应用于类的转换运算符，如operator T()，以避免隐式的类型转换。这可以增加代码的安全性和可预测性。
- 构造函数和转换运算符：即使构造函数或转换运算符不会导致意外的类型转换，也可以考虑使用explicit，以明确表达这是一个需要显式调用的操作。

但在某些情况下，我们可能想利用构造函数的隐式转换功能，因此不希望使用explicit关键字。这通常发生在以下情况：

- 无缝类型转换：当想让某种类型的对象能够无缝转换为我们的类类型时，可以使用隐式转换构造函数。这使得我们的类可以直接接收那种类型的参数，从而提供更好的语法简洁性和易用性。
- 与标准库协同工作：如果我们的类需要与标准库或其他第三方库紧密协作，且这些库的函数或方法期望特定类型的参数，那么可以通过提供隐式转换构造函数来确保我们的类能够直接用于这些函数或方法中。

- 函数重载解析：在函数重载解析中，隐式转换可以使某个函数调用变得可行，即使没有直接匹配的参数类型。如果想让我们的类在这样的上下文中能够自动转换为所需的类型，以匹配特定的函数重载，那么隐式转换构造函数就会很有用。
- 提高代码可读性和简洁性：在某些情况下，允许隐式转换可以使代码更加简洁和易读。例如，如果我们有一个String类，那么允许从const char*隐式转换可能会使得使用字符串字面量赋值变得非常直观。

然而，使用隐式转换构造函数时应当谨慎，因为它可能导致不明显的错误和性能开销。确保其使用场景合理且不会引入意外的行为非常重要。在设计接口时，考虑一个操作是否会意外地发生是很重要的，如果隐式转换可能导致意外或不明确的行为，那么使用explicit关键字会更安全、清晰。

2.3.4　属性规范序列：现代 C++的编译指示

随着C++语言的发展，C++11标准引入了属性规范序列，为开发者提供了一种新的编译指示方法。属性规范通过在代码中嵌入特定的指令，帮助编译器优化代码、提升性能，同时提高代码的可读性和安全性。这一特性不仅增强了编程的灵活性，还使得编写高效、易维护的代码变得更加容易。

属性规范序列使用双方括号（[[...]]）包裹，这种语法使得属性指示在代码中显得简洁，并且不干扰代码的主要逻辑。通过属性规范，开发者可以向编译器传达更多信息，例如建议优化行为、标记废弃的功能或提示特定的代码约束等。

1. 语法

从C++11开始，属性可以通过以下语法使用：

```
[[ attribute-list ]]
```

从C++17开始，还可以指定属性的命名空间：

```
[[ using attribute-namespace : attribute-list ]]
```

其中attribute-list是由0个或多个属性构成的、以逗号分隔的序列，若以省略号（...）结束，表示一个包扩展。

属性可以是以下形式：

- 简单属性，例如 [[noreturn]]。
- 带有命名空间的属性，例如 [[gnu::unused]]。
- 带有参数的属性，例如 [[deprecated("因某原因")]]。
- 同时带有命名空间和参数列表的属性。

如果在属性列表的开始使用"using namespace:"，则列表中的所有其他属性都应用这个命名空间，不需要再次指定。例如：

```
[[using CC: opt(1), debug]]      // 等同于 [[CC::opt(1), CC::debug]]
[[using CC: CC::opt(1)]]         // 错误：不能结合使用 using 和带作用域的属性
```

属性提供了一种统一的标准语法，用于实现定义的语言扩展，例如GNU和IBM的语言扩展__attribute__((...))、Microsoft的扩展__declspec()等。属性几乎可以用在C++程序的任何地方，适用于几乎所有东西：类型、变量、函数、名称、代码块、整个翻译单元。然而，每个特定的属性只有在被实现允许的地方才有效，例如[[expect_true]]可能是一个只能用于if语句的属性，而不能用于类声明。

　　在声明中，属性可以出现在整个声明之前或在被声明实体的名称之后。在后一种情况下，属性会被组合使用。在大多数其他情况下，属性适用于其前面的实体。

2. C++属性规范一览

　　C++中的属性规范如表2-6所示。

表2-6　C++中的属性规范

属　　性	C++标准版本	用　　途
[[noreturn]]	C++11	表示函数不返回
[[carries_dependency]]	C++11	表示在 release-consume 内存顺序中，依赖链在函数内外传播
[[deprecated]]	C++14	表示允许但不建议使用该属性声明的名称或实体
[[deprecated("reason")]]	C++14	表示允许但不建议使用该属性声明的名称或实体，并提供弃用原因
[[fallthrough]]	C++17	表示从前一个case标签落入的情况是故意的，不应被编译器警告
[[maybe_unused]]	C++17	抑制未使用实体的编译器警告
[[nodiscard]]	C++17	鼓励编译器在返回值被丢弃时发出警告
[[nodiscard("reason")]]	C++20	鼓励编译器在返回值被丢弃时发出警告，并提供原因
[[likely]]	C++20	表示编译器应该优化某条执行路径，比其他路径更可能执行
[[unlikely]]	C++20	表示编译器应该优化某条执行路径，比其他路径更不可能执行
[[no_unique_address]]	C++20	表示非静态数据成员不需要具有与类的所有其他非静态数据成员不同的地址
[[assume(expression)]]	C++23	指定在给定点表达式的求值结果总是为true
[[indeterminate]]	C++26	指定如果对象未初始化，则其值是不确定的

3. 使用示例

　　以下是不同语法环境下使用属性的示例，每种示例展示了一个常用属性。

1）简单属性

```
[[noreturn]] void fatalError(const char* msg) {
    std::cerr << msg << std::endl;
    std::abort();
}
```

　　在这个示例中，[[noreturn]]表示fatalError()函数不会返回。

2）带有命名空间的属性

```
[[gnu::unused]] void foo(int x) {
    // 此函数的参数 x 被标记为未使用
}
```

　　在这个示例中，[[gnu::unused]]是一个GNU扩展的属性，用于指示编译器某个变量或函数可能不会被使用，但这种未使用的情况不应该触发编译器警告。

3）带有参数的属性

```
[[deprecated("使用 newFunction 代替")]] void oldFunction() {
    // 这个函数已过时
}
```

在这个示例中，[[deprecated("使用newFunction代替")]]表示oldFunction()函数已过时，并建议使用newFunction。

4）同时带有命名空间和参数列表的属性

```
[[gnu::always_inline]] inline void bar() {
    // 此函数总是内联
}
```

在这个示例中，[[gnu::always_inline]]用于告诉编译器尽可能将某个函数内联，而无论其他的优化设置如何。这是GNU扩展中定义的一个非标准属性。

5）使用using namespace:的属性

```
[[using CC: opt(1), debug]] void optimizedFunction() {
    // 此函数带有 CC 命名空间的 opt 和 debug 属性
}
```

在这个示例中，[[using CC: opt(1), debug]]表示所有属性都使用CC命名空间。

6）属性在声明中的位置

（1）在整个声明之前

```
[[nodiscard]] int calculate() {
    return 42;
}
```

在这个示例中，[[nodiscard]]表示返回值不应被忽略。

（2）在声明实体的名称之后

```
int [[nodiscard]] calculate() {
    return 42;
}
```

在这个示例中，[[nodiscard]]放在函数名称之后，具有相同的效果。

7）在代码块中使用属性

```
void process() {
    if (condition) {
        [[likely]] doSomething();
    } else {
        [[unlikely]] handleFailure();
    }
}
```

在这个示例中，[[likely]]和[[unlikely]]用于提示编译器优化不同的代码路径。

这些示例展示了如何在不同语法环境中使用属性，以提高代码的可读性和优化编译过程。

2.3.5　递归的魅力：自我调用的艺术

递归函数是一种强大的编程技巧，它允许函数调用自身来解决问题。在C++中，递归提供了一种优雅的方式来处理那些可以分解为更小相似问题的任务。

1. 递归的历史和理论背景

递归作为一种算法思想，其历史可以追溯到数学和逻辑领域的早期发展。在计算机科学诞生之前，递归已经在数学证明和理论中占有一席之地。著名的数学家阿兰·图灵（Alan Turing）和阿隆佐·丘奇（Alonzo Church）的工作揭示了递归函数理论的基础，并对现代计算机科学的形成产生了深远影响。

在 C++的设计哲学中，递归体现了语言对于简洁性、表达力和通用性的追求。C++允许使用递归来简化复杂问题的解决方案。通过分解问题为可管理的子问题，递归帮助程序员以清晰和直观的方式编写代码。这种设计哲学鼓励利用递归来实现算法的优雅和效率，同时也考虑到性能和资源管理的需要。

递归设计思路的核心在于将大问题细化为小问题，直到达到一个简单的基案例（base case），该案例可以直接解决，而无须进一步递归。

2. 递归函数的原理

递归函数的设计基于两个主要部分：基案例和递归步骤。基案例是递归的终止条件，防止无限递归；递归步骤则将问题分解为更小的部分，并调用自身来解决这些更小的问题。

递归可以使代码更简洁、易读，特别是在处理复杂的算法或数据结构时。它避免了复杂的循环和迭代，提供了一种直观的解决方案，因此特别适用于处理那些自然呈递归结构的问题，如树或图的遍历、排序算法（如快速排序和归并排序）以及动态编程问题等。

3. 设计递归函数的示例

阶乘函数是递归的典型例子。阶乘 $n!$ 定义为从 1 到 n 的所有整数的乘积，且 0!为 1。递归阶段是 $n! = n \times (n-1)!$，基案例是 $0! = 1$。

```cpp
int factorial(int n) {
    if (n == 0) {                      // 基案例
        return 1;
    } else {
        return n * factorial(n - 1);   // 递归步骤
    }
}
```

在这个例子中，每次函数调用自身时，都将问题的规模减小，直到达到基案例。

4. 潜在的栈溢出风险

虽然递归提供了编码的便利，但也带来了栈溢出的风险。每个递归调用都会占用一定的栈空间，如果递归深度太大，可能会耗尽可用的栈空间，导致程序崩溃。因此，设计递归函数时，必须确保递归能够在合理的深度内终止。

5. 设计思路

设计递归函数时，首先判断问题是否适合用递归来解决：能否将问题分解为更小的子问题，且这些子问题与原问题具有相同的形式。然后，明确基案例，确保递归调用能够终止。最后，合理估算递归深度，以避免栈溢出风险。

通过递归，C++程序员可以使用简洁的方式解决复杂的问题，展现了 C++设计哲学中对效率和表达力的追求。然而，递归的使用也需谨慎，确保代码的健壮性和效率。

6. 递归与迭代的比较

在解决编程问题时，递归和迭代是两种常用的方法。虽然它们都可以用来执行重复的任务，但在概念、实现方式、性能考量以及适用场景上有着本质的区别。

概念差异：

- 递归是一种自我调用的过程，它将问题分解为更小的问题，直到达到基案例。递归的核心在于解决每个更小的问题，然后将这些解组合起来以解决原始问题。
- 迭代通常通过循环结构实现，如for、while循环，它重复执行某段代码块直到满足特定条件。迭代依靠单一的外部状态变化来推进过程。

实现方式：

- 递归实现通常更简洁、直观，尤其是当问题本质上具有递归特性时（例如树的遍历、分治算法等）。递归函数易于编写且易于理解，但可能会导致额外的内存开销，因为每一次函数调用都会占用栈空间。
- 迭代实现在执行效率上通常优于递归，因为它避免了函数调用的开销，并且对内存的使用更加高效。然而，迭代代码可能在逻辑上不如递归直观，特别是在处理复杂的问题时。

性能考量：

- 递归可能导致大量的函数调用，如果不加以控制，可能会导致栈溢出错误。对于深层次的递归调用，性能可能成为问题。
- 迭代不会导致栈溢出问题，因为它通常只使用固定量的内存资源。但是，如果迭代逻辑不当，也可能导致性能低下。

适用场景：

- 递归适用于问题可以自然分解为相似子问题的情况，特别是在这些子问题的大小递减较快或者问题结构具有明显的递归特性（如树或图的结构）时。
- 迭代适用于问题可以通过逐步递进或累积方式解决的情况，特别是当问题需要逐步逼近解或者需要重复执行相同任务直到满足结束条件时。

选择使用递归或迭代应基于问题的具体性质、实现的复杂度以及性能要求。在某些情况下，递归方法可以转换为迭代方法来避免递归的缺点，如使用循环加栈来模拟递归调用，这种方法结合了迭代的效率和递归的清晰结构。

总之，递归和迭代各有优势和局限，理解它们的根本区别和各自的适用场景对于设计有效和高效的算法至关重要。在实践中，应根据具体问题选择最适合的方法，有时甚至需要将两者结合起来，以达到最优的解决方案。

7. 编译器如何处理递归

从编译器的角度来看，递归函数的处理和优化是一个复杂但极其重要的话题。编译器在处理递归调用时，既要保证代码的逻辑正确性，又要尽可能地提高执行效率。这涉及对递归调用的堆栈使用、调用开销和优化策略的深入理解。

当编译器遇到递归函数时，它会像处理其他函数调用一样处理每次递归调用。对于每次递归调用，编译器都会在调用栈上分配一帧（frame），用于存储局部变量、参数和返回地址。随着递归调用的深入，栈空间的使用会逐渐增加，如果递归深度过大，可能导致栈空间耗尽，引发栈溢出错误。

编译器通常采用以下几种策略来优化递归函数，以减少它对资源的消耗并提高执行效率。

1）尾递归优化

尾递归是一种特殊类型的递归，其中函数的递归调用是函数体中的最后一个操作。在尾递归中，由于递归调用后不再有其他操作，编译器可以复用当前的栈帧而不是为每次递归调用创建新的栈帧。这大大减少了栈空间的使用，实际上将递归调用转换为迭代调用，从而避免了栈溢出的风险。

2）循环优化

在某些情况下，编译器可能将递归函数转换为等效的循环结构，特别是在递归逻辑可以直接映射到循环逻辑时。通过这种转换，编译器能够减少函数调用的开销和栈空间的使用。

3）内联展开

对于简单的递归函数，编译器可能选择将递归调用内联展开，即直接在调用点插入函数体的副本，以减少函数调用的开销。然而，这种优化需要谨慎使用，因为过度内联可能导致代码膨胀。

4）缓存结果（备忘录技术）

在执行递归调用时，编译器或程序员可以实现结果缓存机制，存储已计算的结果，以避免重复计算相同的值。这种技术在递归中特别有用，尤其在处理具有重叠子问题的递归（如动态规划问题）时。

虽然编译器能够自动应用一些优化策略，但编写高效的递归代码也需要程序员的智慧。理解编译器的优化机制和限制，以及递归函数的性能影响，对于编写高效的 C++ 代码至关重要。在设计递归函数时，使用尾递归、转换为循环、结果缓存等技术，可以显著提高程序的性能和可靠性。

8. 编译时递归：模板元编程

在 C++ 中，模板元编程（template metaprogram）允许在编译时进行复杂的计算和逻辑操作，其中一种强大的应用是实现编译时（compile-time）递归。通过模板递归，可以在编译时解决问题，这有助于提高运行时的效率。

模板递归利用了模板实例化过程中的递归特性。C++ 编译器在处理模板时会展开模板定义，这一过程可以模拟递归函数调用的行为。与运行时递归不同，模板递归在编译时完成，结果直接编译到最终的二进制代码中。

编译时递归的优势：

- 性能：由于计算在编译时完成，避免了递归调用的开销，因此运行时的性能得到了优化。
- 类型安全：模板递归可以在编译时检查类型错误，提高代码的安全性。
- 常量表达式：编译时计算通常用于生成常量表达式，这有助于优化代码和减少运行时错误。

【示例展示】

下面的示例展示如何使用模板递归在编译时计算阶乘。

```cpp
template<int N>
struct Factorial {
    static const int value = N * Factorial<N - 1>::value;
};

// 基案例
template<>
struct Factorial<0> {
```

```
        static const int value = 1;
};

int main() {
    constexpr int fact5 = Factorial<5>::value; // 编译时计算5的阶乘
    return 0;
}
```

在上述代码中，Factorial模板结构体通过递归模板实例化来计算阶乘。当模板参数为0时，递归达到基案例，并返回1；否则，它将继续展开递归。

模板递归的考虑因素：

● 编译时间：虽然模板递归可以减少运行时开销，但它可能会增加编译时间，因为编译器需要处理递归的模板展开。

● 递归深度限制：编译器对模板递归深度有限制，过深的递归可能导致编译错误。

模板递归是现代C++编程中的一种高级技巧，允许开发者利用编译器的能力在编译时进行复杂计算。它在需要优化性能和执行编译时计算的场景中非常有用，但也需要考虑其对编译时间和代码复杂性的影响。通过精心设计，可以有效利用模板递归在编译时解决问题，从而提高程序的整体效率和表现。

2.3.6 内建函数：语言的功臣

1. 内建函数的由来

C/C++旨在提供直接而高效的硬件操作能力，同时维护语言的灵活性。内建函数（亦称编译器扩展函数）正体现了这一目的，它们填补了高级编程语言与底层硬件操作间的空隙。这些函数允许开发者在保持代码抽象的同时，直接执行特定硬件的高效操作，如单指令多数据（SIMD）和位操作，显著提升了性能。

内建函数由编译器识别并优化，直接转换为机器指令，而非经过常规函数调用过程。这不仅保留了使用高级语言的便利，还实现了对硬件特性的直接利用，极大提升了C/C++的性能和灵活性。例如，GCC提供的__builtin_expect和__builtin_popcount、Clang的__builtin_assume_aligned，以及Visual C++的__assume等，都是性能优化的典型内建函数。

开发者应当利用各自编译器提供的文档和资源来最大化这些函数的效用。内建函数的设计不仅展示了C/C++对高效率和灵活性的追求，还使开发者能够在维持高层抽象的同时，直接访问硬件级操作，平衡了性能与易用性。

2. 内建函数的优化特点

内建函数的优化特点如下：

● 编译器级优化：内建函数通常直接映射到底层的机器指令或者是一小段高度优化的代码。这意味着编译器可以使用特殊的汇编指令或硬件加速技术来实现这些函数，从而提供超出常规编程技术范畴的性能优化。

● 避免代码膨胀：与内联函数不同，内建函数在使用时不会将函数体的代码直接插入每一个调用点。内联函数虽然可以减少函数调用的开销，但如果大量使用，可能会导致代码膨胀（即增加编译后程序的大小），这反过来可能影响程序的缓存利用率和最终性能。内建函数由于其特殊的实现方式避免了这一问题，既提供了性能优化，又保持了代码的紧凑性。

- 高度优化与测试：内建函数是由编译器或操作系统直接提供的，它们已经通过了广泛的优化、测试和验证。这不仅保证了其执行效率，还确保了高度的可靠性和稳定性。
- 特殊的汇编指令或硬件加速：某些内建函数能够利用特定的硬件特性（如SIMD指令集），来实现并行处理，这是手动编码难以达到的。这种底层的优化能够显著提升处理大量数据时的性能。

尽管内建函数带来了一定优势，但它们并非在所有场景下都是最优选择，特别是考虑到可移植性，一些内建函数只在特定的编译器或平台上可用，这可能会对跨平台应用的兼容性构成挑战。

因此，在决策使用内建函数时，开发者应基于应用的具体需求仔细权衡。对于那些对性能有着极高要求的应用场景，如嵌入式系统、游戏开发或需要进行硬件级优化的场合，内建函数能够提供关键的性能优化。然而，在面对跨平台需求时，开发者需谨慎考虑内建函数的兼容性问题，并可能需要寻求标准库函数或其他跨平台解决方案。同时，保持代码的可维护性和可读性也是至关重要的，需要在追求性能的同时，保证代码的清晰和易于维护。

3. 使用内建函数的注意事项

内建函数是特定编译器提供的、优化过的函数，它们直接映射到底层机器指令，不通过常规的函数调用机制实现。这使得开发者能在不离开高级语言环境的情况下，利用单指令多数据操作、位操作等处理器的特定功能，实现性能的显著提升。

然而，有时开发者可能需要自定义这些操作的行为，或者编译器的默认优化与特定需求不符。在这种情况下，可以通过编译器选项来禁用特定的内建函数优化，如GCC和Clang的-fno-builtin选项，这允许开发者提供自己的实现。例如，通过使用-fno-builtin-memcpy编译选项，可以禁用编译器优化的memcpy函数，从而使用自定义的memcpy实现。这一过程应该谨慎进行，因为替换优化过的内建函数可能会导致性能下降。因此，仅在确有必要时才考虑这种替代，并且需要通过充分的测试和性能分析来验证新实现的有效性。

总的来说，编译器内建函数代表了C/C++追求高效率和灵活性的核心理念，它们为开发者提供了直接访问硬件级操作的能力，同时保持了代码的高层抽象，实现了性能与易用性的平衡。在特殊情况下替换这些函数需要谨慎，确保不会对程序的性能造成不利影响。

【示例展示】

在提及C/C++的内建函数时，理解如何在实际编码中应用这些概念，特别是在保持代码跨平台兼容性和可维护性方面，非常关键。以下是一个简单的示例，展示如何在不同平台（以GCC和Visual Studio为例）上使用不同编译器的内建函数进行优化，同时通过预处理指令确保代码的可移植性。

```cpp
#include <iostream>

// 使用预处理指令检测编译器类型
#if defined(__GNUC__) // GCC编译器
// GCC内建函数示例：__builtin_popcount，计算一个无符号整数中位为1的数量
unsigned int countBits(unsigned int value) {
    return __builtin_popcount(value);
}
#elif defined(_MSC_VER) // Visual Studio编译器
#include <intrin.h> // 包含MSVC内建函数所需的头文件
// Visual Studio内建函数示例：__popcnt，计算一个无符号整数中二进制位为1的数量
unsigned int countBits(unsigned int value) {
    return __popcnt(value);
}
```

```
#else
// 对于其他编译器，提供一个通用的位计数函数作为回退
unsigned int countBits(unsigned int value) {
    unsigned int count = 0;
    while (value) {
        count += value & 1;
        value >>= 1;
    }
    return count;
}
#endif

int main() {
    unsigned int value = 0b10101010; // 示例整数
    std::cout << "The number of set bits in " << value << " is " << countBits(value) <<
"." << std::endl;
    return 0;
}
```

在这个例子中展示了一个countBits函数，该函数计算一个无符号整数中二级制位为1的数量。根据编译器的不同，使用了不同的方法来实现这个功能：对于GCC，使用了__builtin_popcount函数；对于Visual Studio，使用了__popcnt函数；对于其他编译器，提供了一个通用的位计数实现作为回退，以保证代码的广泛兼容性。

这种方法的优点是它结合了特定编译器优化的高效实现和通用代码的可移植性，既利用了特定平台的性能优势，又未牺牲代码的广泛适用性。此外，通过集中处理编译器特定的代码，也提高了代码的可维护性和可读性，因为这种差异性被局限在了明确的区域内。

通过这个简单的示例可以看到，在考虑跨平台兼容性和代码可维护性时，合理地使用编译器特定的内建函数是可行的。这不仅体现了C/C++追求高效率和灵活性的核心理念，还使得开发者能够在保持代码高层抽象的同时，充分利用硬件级操作的性能优势。这种平衡的实现方法，对于想要提升程序性能的开发者来说，是一个非常有价值的技术策略。

2.3.7　增强代码表达力：操纵符与函数技巧

1. 操纵符基础

操纵符（manipulators）在C++中的本质是特殊的函数或对象，它们通过改变流对象（如std::cin、std::cout等）的状态或属性来控制输入/输出的格式和行为。这种改变涉及调整输出的宽度、精度、填充字符、格式（如十进制、十六进制等）、对齐方式等。操纵符的设计允许将链式或插入的方式直接应用于流表达式中，使得格式化输入和输出变得更加简洁、直观。

操纵符的实现通常基于以下两种主要机制：

- 无参数操纵符：这类操纵符不接收参数，其本质是指向特定函数的指针。当这种操纵符被插入流中时，它实际上是通过流对象调用一个特定的成员函数来改变流的状态。例如，std::endl就是一个无参数操纵符，它通过刷新缓冲区并输出换行符来改变输出流的状态。
- 带参数操纵符：这类操纵符接收一个或多个参数，用于提供更细致的控制。它们的实现通常依赖于函数重载和运算符重载技术。当这些操纵符被使用时，它们实际上创建了一个临时对象，该对象通过重载的运算符与流对象交互，以设置特定的格式化属性。例如，std::setw(n)就是一个接收参数的操纵符，它设置了随后输出的最小字段宽度。

操纵符背后的核心思想是利用C++的运算符重载和函数重载特性，通过简洁的语法为程序员提供强大的流控制能力。这种设计不仅提高了代码的可读性和易用性，也允许对输出格式进行精细控制，展现了C++语言的灵活性和表达力。通过操纵符，程序员可以在保持代码简洁的同时，实现复杂的输入/输出格式化需求。

2. 常见的内置操纵符

C++常见的内置操纵符如表2-7所示。

表2-7 常见的内置操纵符

操 纵 符	头 文 件	作用说明
std::endl	<iostream>	在输出流中插入换行符，并刷新输出缓冲区
std::ends	<iostream>	在输出流中插入空字符('\0')
std::flush	<iostream>	刷新输出缓冲区，但不插入任何字符
std::setw	<iomanip>	设置下一个输出字段的宽度
std::setfill	<iomanip>	设置用于填充空白处的字符
std::setprecision	<iomanip>	设置浮点数输出的精度
std::fixed	<iomanip>	使用定点数表示法输出浮点数
std::scientific	<iomanip>	使用科学记数法输出浮点数
std::hex	<iostream>	设置整数以十六进制形式输出
std::dec	<iostream>	设置整数以十进制形式输出
std::oct	<iostream>	设置整数以八进制形式输出
std::left	<iomanip>	设置左对齐输出
std::right	<iomanip>	设置右对齐输出
std::internal	<iomanip>	设置符号或基数前缀与数值之间的填充
std::setbase	<iomanip>	设置整数的基数（8,10,16），影响输出
std::showbase	<iomanip>	在八进制和十六进制数前输出基数前缀（0, 0x/0X）
std::showpoint	<iomanip>	强制显示浮点数的小数点
std::showpos	<iomanip>	在正数前显示加号
std::noshowpos	<iomanip>	不在正数前显示加号
std::uppercase	<iomanip>	在科学记数法和十六进制输出中使用大写字母
std::nouppercase	<iomanip>	在科学记数法和十六进制输出中使用小写字母
std::boolalpha	<iomanip>	以文字形式（true/false）输出布尔值
std::noboolalpha	<iomanip>	以数值形式（1/0）输出布尔值
std::skipws	<istream>	输入时跳过前导空白
std::noskipws	<istream>	输入时不跳过前导空白

1）std::endl和std::flush

std::endl不仅是换行符的代表，更是流的刷新符号，确保了数据的即时输出。正如哲学家Immanuel Kant在《纯粹理性批判》中强调的，"新的开始往往意味着旧事物的结束"。std::endl在提供新行的同时，也保证了之前输出的数据不会因缓冲而延迟展现。相较之下，std::flush则更专注于刷新流的功能，它不引入新行，但保证数据的即时呈现，体现了即使在细微之处也追求完美的态度。

2）std::setw和std::setfill

std::setw设定了数据展示的宽度，使得输出可以按照预定的格式整齐排列，这种对齐的追求不仅是对美的追求，也是对秩序的追求。而std::setfill则允许我们在必要时填充空白，它不仅填补了空间，更在视觉上创造了一种平衡与和谐。

3. 操纵符的应用

在C++中，操纵符不仅是简化标准输入/输出操作的工具，它们还提供了强大的格式化和控制能力，使得开发者能够精确地管理输出的呈现方式。通过应用这些操纵符，可以在保持代码清晰和可维护的同时，实现复杂的输出格式要求。

1）格式化输出

格式化输出是操纵符最常见的应用之一，它允许开发者定义输出数据的精确表示方式，包括数字的格式、精度、对齐方式以及字符串的宽度等。

- 数字格式化：使用std::fixed和std::scientific可以指定浮点数的显示格式，而std::setprecision允许控制小数点后的位数。这使得输出可以根据上下文需求，以最适合的方式展现。
- 宽度和填充：std::setw用于设置下一个输出项的宽度，而std::setfill操纵符可以指定填充字符。这对于生成对齐的表格或报表尤为有用。

2）控制操纵符

除了格式化输出外，操纵符还能用于执行特定的控制任务，如清空缓冲区、跳过输入中的空白字符等。

- 清空缓冲区：std::flush和std::endl都会刷新输出缓冲区，但std::endl还会输出一个换行符。这对于确保在程序的关键点上即时显示输出非常重要。
- 输入忽略：std::ws是一个输入操纵符，用于从输入流中消耗并忽略任何前导的空白字符。这在处理用户输入时特别有用，可以避免因额外的空格或换行符而导致的解析错误。

【示例展示】

以下示例展示的是如何利用高级操纵符来实现复杂的格式化输出。

```cpp
#include <iostream>
#include <iomanip>

int main() {
    double pi = 3.14159265358979323846;
    std::cout << "固定小数点格式: " << std::fixed << std::setprecision(2) << pi << std::endl;
    std::cout << "科学记数格式: " << std::scientific << pi << std::endl;

    std::cout << "宽度为10, 填充'*', 右对齐: "
              << std::right << std::setw(10) << std::setfill('*') << 123 << std::endl;

    // 清空缓冲区
    std::cout << "立即显示此行" << std::flush;

    // 输入忽略示例
    std::cin >> std::ws; // 忽略前导空白

    return 0;
}
```

4. 自定义操纵符

自定义操纵符在C++中提供了一种强大的机制，允许开发者扩展标准库的功能，以适应特定需求。通过创建自己的操纵符，开发者能以简洁和一致的方式实现复杂的输出逻辑和控制流行为。

实现自定义操纵符通常涉及两个步骤：定义一个操纵符函数和可选地创建一个接收该函数的流运算符重载。操纵符函数可以是一个简单的函数，也可以是一个对象，具体取决于是否需要维护状态。

【示例展示】

以下示例实现一个简单的自定义操纵符，它可以在输出时自动添加前缀和后缀来美化某个值。

```cpp
#include <iostream>
#include <iomanip>

// 自定义操纵符函数
std::ostream& addBrackets(std::ostream& os) {
    return os << "[" << std::setw(10) << std::right;
}

// 使用自定义操纵符
int main() {
    std::cout << addBrackets << 123 << "]" << std::endl;
    return 0;
}
```

在这个例子中，addBrackets是一个简单的操纵符函数，它接收并返回一个std::ostream对象的引用。这个函数向流中插入一个左方括号，并设置后续输出的宽度和对齐方式。使用这个操纵符时，需要手动添加对应的右方括号。

如果需要创建更复杂的操纵符，可能需要操纵符携带参数。这可以通过定义一个接收参数的函数来实现，该函数返回一个特殊的函数对象，后者重载了operator()以接收和操作流。

```cpp
#include <iostream>
#include <iomanip>

// 自定义操纵符，带参数
class CustomWidth {
    int width;
public:
    CustomWidth(int w) : width(w) {}
    friend std::ostream& operator<<(std::ostream& os, const CustomWidth& cw) {
        return os << std::setw(cw.width);
    }
};

// 使用带参数的自定义操纵符
int main() {
    std::cout << CustomWidth(10) << 123 << std::endl;
    return 0;
}
```

在这个例子中，CustomWidth是一个包装了宽度参数的类，它的实例可以直接用在流表达式中。重载的operator<<操作符使得CustomWidth对象能够修改流的状态，设置输出的宽度。

2.3.8　函数的可重入性：并发编程的基石

1. 概念

在函数中使用静态变量可能会导致在中断或调用其他函数的过程中，若再次调用这个函数，于是原来的静态变量被改变了，然后返回到主体函数时，原来的那个静态变量已经被修改了，这可能导致错误。这类函数我们称为不可重入函数。

可重入函数的概念起源于需要在多任务或并发执行环境中保持程序的稳定性和数据一致性。在早期的单任务操作系统中，程序往往独占CPU资源，函数重入的问题并不突出。然而，随着多任务操作系统的发展，尤其是实时系统和并发编程的兴起，函数的重入性变得至关重要。为了解决因中断或多线程导致的数据竞争和状态不一致问题，可重入函数应运而生。它们通过避免使用静态或全局变量，确保了函数的每次调用都是独立的，从而保证在并发环境中的安全性。

如果是在函数体内动态申请内存，即便新的线程调用这个函数也不会有问题，因为新的线程使用的是新申请的动态内存（相对而言，静态变量只有一份，所以多线程对函数体内的静态变量的改变会造成无法修复的结果）。因此，这类函数就是可重入函数。

可重入函数主要用于多任务环境中，简单来说就是可以被中断，即在这个函数执行的任何时刻中断它，转入操作系统调度去执行另外一段代码，返回控制时都不会出现错误。这也意味着它除了使用自己栈中的变量以外，不依赖于任何环境（包括静态变量）。这样的函数被称为纯代码（purecode）可重入，即允许有该函数的多个副本运行而不会相互干扰——因为这些副本使用的是分离的栈。而不可重入的函数由于使用了一些系统资源，比如全局变量区、中断向量表等，它如果被中断，就可能出现问题，因此这类函数不适合在多任务环境下运行。

2. 可重入与不可重入函数

可重入函数设计用于多任务环境，能够在并发执行中保持数据的完整性和一致性。这些函数不依赖或不修改共享的静态或全局数据，避免了数据竞争和线程安全问题。它们的行为在多次调用中具有强预测性，确保即使在执行过程中被中断，也能恢复执行而不丢失执行的中间状态。

为了确保函数的可重入性，开发者应遵守以下原则：

- 避免在函数内部使用静态或全局数据。
- 不返回静态或全局数据，所有数据都应由函数的调用者提供。
- 使用局部数据，或者通过制作全局数据的本地拷贝来保护全局数据。
- 不调用其他不可重入的函数。

尽管可重入函数提供了线程安全和可预测的行为，但它们可能会因为依赖局部数据而消耗更多资源（例如增加栈空间的使用），尤其在深度递归或高频调用时。此外，这类函数的设计可能相对复杂，需要确保完全独立于程序的其他部分。

不可重入函数通常更简单直接，因为它们可以使用共享的资源或数据。这类函数适用于单线程环境，可以减少内存使用，但在多线程环境中可能引起数据竞争和安全问题。它们的使用限制了程序在并发环境下的可扩展性和可靠性。

不可重入函数的典型特点包括：

- 静态数据结构的使用：如果函数内部使用了静态数据结构，那么它可能在多线程环境中被多个线程同时访问，导致数据损坏。

- 全局状态依赖：使用全局变量或依赖全局状态的函数，如malloc()和free()，通常使用全局变量来追踪内存的空闲区域。此外，某些标准I/O库函数的实现也可能使用全局数据结构。这些都是不可重入的。
- 浮点运算：在许多处理器或编译器中，浮点运算通常不是可重入的，因为浮点运算大多依赖于硬件协处理器或软件模拟来实现，这些操作常常依赖于共享资源。

不可重入函数的优点是实现简单，能够在不需考虑多线程同步和数据隔离的情况下使用共享资源。它们的主要缺点是线程不安全和可扩展性差，特别是在需要高度并发的应用中，这些函数可能导致程序错误甚至崩溃。因此，选择使用可重入或不可重入函数应基于特定的应用场景和需求。在多线程或需要高度并发的环境中，可重入函数更为适合；在单线程环境下，为了简化实现，不可重入函数可能是一个合理的选择。

3. Linux信号处理与线程安全性的可重入挑战

1）Linux信号与可重入

在Linux中，信号作为软中断允许进程捕获并处理异步事件。这导致进程暂停当前执行流，转而执行信号处理程序，完成处理后再回到原执行点继续。于是出现了这样的问题，例如在执行malloc()等动态内存分配函数时接收信号，且信号处理程序也尝试调用malloc()，则可能因链表的并发修改导致数据不一致或其他错误。由于malloc()维护所有已分配内存的链表，因此这种并发访问尤为危险。

2）设计安全的信号处理

在设计需要响应信号的应用程序时，尤其应避免在信号处理上下文中使用malloc()等非可重入函数，因为它们可能改变程序的全局状态或引起资源竞争。信号处理程序中应使用可重入性函数，这些函数不改变全局状态，也不调用任何非可重入的函数。这有助于防止处理信号时产生竞态条件和数据破坏。

4. 线程安全性与可重入性

在多线程编程中，线程安全性和可重入性是衡量函数和程序在并发环境下的行为的两个重要概念。

线程安全性描述了程序在多线程环境下，能够有效防止数据不一致和避免死锁的能力。要实现线程安全，程序在设计时需要采用适当的同步机制，以防止多个线程在没有适当控制的情况下同时修改同一数据资源。缺乏适当的同步措施，程序可能会遭受数据竞争，导致数据不一致或运行错误。

可重入性则是指函数或程序代码可以被同一个线程安全地多次调用，或者被多个线程同时调用而不产生负面效果（如数据竞争或不一致）。可重入的代码通常不会使用或修改任何共享的非常量全局数据，如全局变量或静态变量。因此，可重入的函数因其独立地执行上下文而被视为是线程安全的。

然而，反之并不总是成立。不可重入的函数通常依赖全局或静态变量的状态，可能会在多次调用中改变这些变量的状态，从而导致不同线程间的执行结果不一致。这种依赖和状态修改使得不可重入函数在并发环境中往往不是线程安全的，特别是当它们被多个线程访问时，可能会引起程序行为的不确定性和错误。

5. 可重入性函数实例分析

1）函数的可重入性示例

可重入函数的一个例子是strtok_s()函数，它是strtok()函数的线程安全版本。该函数用于将一个字符串分割成多个子串，每次调用返回一个子串，直到没有更多子串可以返回为止。

strtok_s()函数的原型如下：

```
char* strtok_s(char* str, const char* delim, char** context);
```

该函数是可重入的，因为它使用了一个额外的参数context来保存函数内部状态。这与strtok()不同，后者使用静态变量来保存状态，使得strtok()在多线程环境中是不安全的。在strtok_s()中，状态信息保存在调用者提供的context变量中，意味着每个线程可以有自己的独立状态，从而可以安全地在多线程环境下使用。

通过为每个线程调用维护独立的状态，strtok_s()避免了多线程中的数据竞争和状态破坏问题，使其成为一个线程安全和可重入的函数。

在C++中编写可重入函数，要确保函数是自给自足的，不依赖于外部的静态或全局数据，并且不调用其他非可重入函数。这样的函数可以安全地在多线程环境中调用，即使在中断或并发执行的情境中也能保持行为的一致性和预测性。下面是一个C++中可重入函数的示例及其分析。

【示例展示】

可重入的字符串长度计算函数：

```
int stringLength(const char* str) {
    int count = 0;              // 局部变量，函数的每个调用实例都有自己的副本
    while (str && *str) {       // 遍历字符串直到遇到空字符
        count++;
        str++;
    }
    return count;               // 返回计算的长度
}
```

在上述代码中：

- 局部变量的使用：函数使用count作为局部变量来计算字符串的长度，每次函数调用都会创建count的新实例，避免了共享数据的问题。
- 参数传递：通过参数传递的字符串str被当作常量处理，这意味着函数内部不会修改传入的字符串数据，避免了对共享资源的修改。
- 无静态或全局变量：函数内没有使用静态或全局变量，确保了函数的独立性和可重入性。
- 无外部状态依赖：函数的行为完全由传入的参数决定，不依赖于外部的状态或资源，因此不会因为外部状态的变化而改变行为。
- 无非可重入函数的调用：函数没有调用任何可能修改静态或全局状态的其他函数，确保了其可重入性。

通过这个示例可以看到，编写可重入函数的关键在于确保函数的独立性和封闭性，避免使用或修改任何外部的共享资源或状态。这样的函数可以安全地在多线程或多任务环境中使用，无论是在常规的函数调用还是在中断和信号处理程序中，都能保持一致和稳定的行为。

2）函数的不可重入性示例

不可重入函数的一个典型例子是asctime()函数，在C/C++的标准库中，这个函数用于将时间结构体转换成人们可读的字符串形式。其原型如下：

```
char* asctime(const struct tm* timeptr);
```

asctime()函数不可重入的主要原因是它使用了一个静态变量来存储转换后的字符串。这意味着每次调用asctime()都会覆盖这个静态变量的内容。如果在同一线程中嵌套调用asctime()，或者在多线程环境中并发调用，就会导致上一次调用的结果被新的调用结果覆盖，从而产生副作用。这样的行为在多

线程程序中尤其危险，因为它可能引起数据竞争和线程不安全的情况。

因此，在需要线程安全或可重入的上下文中，应避免使用asctime()这样的函数，或者采用其线程安全的替代版本，如**asctime_r()**，后者通过避免使用静态内部存储来提供可重入的能力。

在C++中，不可重入函数通常涉及全局或静态状态的修改，或者依赖于某些特定的外部条件，这会导致在并发环境或在中断中调用时出现问题。下面是一个不可重入函数的示例及其分析。

【示例展示】

不可重入的计数器函数：

```
int globalCounter = 0;                    // 全局变量作为计数器

int incrementCounter() {
    globalCounter++;                      // 修改全局变量
    // 假设这里有复杂的逻辑处理，可能包含更多的全局状态修改
    return globalCounter;
}
```

在上述代码中：

● **全局变量的使用**：此函数使用了全局变量globalCounter进行计数，这意味着所有对incrementCounter()的调用都会影响这个共享的全局状态，从而引发数据竞争和不一致的问题。

● **状态修改**：函数内部修改了全局变量globalCounter，这种修改在多线程环境或中断中调用时会导致未定义的行为或竞态条件。

● **副作用**：由于修改了外部状态（全局变量），该函数具有副作用，这在多任务或多线程环境中是不可预测的。

● **非原子操作**：globalCounter++这个操作非原子，意味着它包含读取、增加和写回全局变量的多步操作。如果在这些步骤之间发生中断或线程切换，可能导致两个线程看到相同的初始值，进而导致globalCounter增加的次数少于调用的次数。

通过这个示例可以看到，不可重入函数的典型问题是它们依赖于外部共享状态，并且在函数执行过程中可能会修改这些状态。在并发环境中，这样的函数使用需要特别小心，因为它们很容易引发竞态条件和数据不一致问题。

6. 可重入函数的实现难点

确保可重入函数在运行时安全地修改其参数是多线程编程中面临的一个挑战。为了实现这一点，我们需要采用一些特定的策略：

● **使用指针或引用传递参数**：这样做允许函数直接修改其输入参数的值，而不需要通过返回值来实现修改。这种方式减少了数据拷贝，提高了效率。然而，必须确保在函数调用过程中，传递的参数所引用的内存保持有效和未被意外修改。

● **确保线程安全的参数访问**：在多线程环境中，如果参数是全局或静态存储的，可以使用锁（如互斥锁）来同步对这些共享参数的访问，防止竞争条件。此外，原子操作也可以用于保护对基本数据类型参数的访问，从而无须使用锁。

● **考虑使用线程局部存储（TLS）**：虽然TLS通常用于存储函数内部的状态或局部变量，但在某些情况下，也可以用来存储需要在函数调用中修改的参数，确保每个线程都有参数的私有副本。这样，即使函数修改了这些参数，也不会影响其他线程。

在设计可重入函数时，必须细致考虑这些策略以确保线程安全。选择什么样的策略取决于函数的具体用途、参数的类型和预期的使用环境。总之，正确管理参数的内存和同步访问是实现可重入函数的关键。

2.3.9   现代 C++风格：Lambda 表达式与函数对象

现代C++（特别是从C++11开始）引入和强化了多种功能，以支持更灵活和强大的编程范式，其中函数式编程特性尤为显著。Lambda表达式和函数对象是实现函数式编程的两个核心工具，它们体现了C++设计哲学的几个关键方面：灵活性、表达力和效率。

1. Lambda表达式与函数对象的设计哲学

1）函数对象

函数对象（或称为仿函数）是一个重载了函数调用操作符operator()的对象。它们可以像普通函数一样被调用，但由于是对象，可以持有状态。这意味着它们可以在多次调用之间保持变量和信息，提供了比普通函数更大的灵活性。

函数对象的设计思想反映了C++对面向对象编程的深入支持，同时也展示了C++语言的多范式能力。通过函数对象，开发者可以利用面向对象的特性（如封装和继承）来构建复杂的可复用逻辑单元，同时保持代码的清晰和模块化。

2）Lambda表达式

在C++中，Lambda表达式的本质是通过生成一个匿名类来实现的。这个匿名类自动重载了operator()，使其实例能够像普通函数那样被调用。这种方法的优点是Lambda表达式既可以捕获周围作用域中的变量，实现闭包功能，又能保持与C++对象模型的一致性，利用类的特性（如状态保持和成员访问）。

Lambda表达式的设计思想源自函数式编程，强调无状态和不可变数据的操作。通过使用Lambda表达式，C++程序员可以编写出更清晰、简洁的代码，尤其在使用STL算法时。Lambda表达式通过捕获列表、参数列表、返回类型和函数体的组合，提供了对闭包（即捕获外部变量的函数）的支持。

3）编译器优化

编译器对Lambda表达式的优化如下：

- 内联展开：对于简单的Lambda表达式（无论是否捕获变量），编译器可能会将它内联展开，就像对普通函数的内联优化一样。这意味着在调用点，会直接插入Lambda表达式的代码，而不是进行函数调用，这种优化减少了函数调用的开销。
- 转换为函数指针：如果Lambda表达式没有捕获任何外部变量，它可以被转换为一个函数指针。这是因为没有捕获的Lambda表达式不需要维持任何状态，所以它的行为更接近于普通函数。编译器可以利用这一点，在某些情况下将这样的Lambda表达式转换为等价的函数指针，从而进一步优化代码。

⚙➕注意   优化取决于编译器的实现和具体情况，而非语言规范强制定义的行为。

2. Lambda语法结构

Lambda语法结构如图2-1所示。

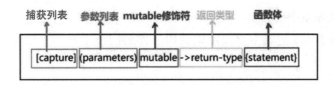

图 2-1　Lambda 的语法结构

下面介绍不同语法形式的Lambda表达式。

1）基于不显式模板参数列表的Lambda表达式

```
[captures](params) specs(exception) back-attr(trailing-type) requires { body }
```

参数说明：

- captures: 捕获列表,定义哪些外部变量被Lambda表达式捕获以及如何捕获(值捕获或引用捕获)。
- params: 参数列表，定义Lambda表达式接收的参数。
- specs: 指定Lambda表达式的属性，如mutable、constexpr等（可选）。
- exception: 异常规范，指定Lambda表达式可以抛出的异常类型（可选）。
- back-attr: 后置属性（可选）。
- trailing-type: 返回类型后置语法（可选）。
- requires: 约束表达式，用于模板Lambda表达式（可选）。
- body: Lambda表达式的函数体。

2）不带参数列表的Lambda表达式

```
[captures] { body }
```

最简单的Lambda表达式形式，仅包含捕获列表和函数体。

3）Lambda表达式扩展语法（自C++20起）
带显式模板参数列表的Lambda表达式（总是泛型）：

```
[captures]<tparams> t-requires(front-attr)(params) specs(exception)
back-attr(trailing-type) requires { body }
```

参数说明：

- tparams: 模板参数列表，使Lambda表达式支持泛型编程。
- t-requires: 模板约束，定义模板参数需要满足的要求（可选）。

4）C++23新视角

（1）Lambda表达式的简化语法
C++23引入了一些新的语法特性，使得编写Lambda表达式更加灵活和简洁。这包括但不限于以下几点：

- [captures] { body }和[captures] (params) { body }的形式保持不变，依然是Lambda表达式的核心。
- 对于不需要参数列表的Lambda表达式，C++23之前需要写作[captures] () { body }，现在可以简化为[captures] { body }，即省略空的参数列表。

（2）后置返回类型和异常规范

C++23允许在Lambda表达式中更灵活地使用后置返回类型和异常规范，以便更清晰地指定Lambda函数的行为和类型：

- Lambda表达式可以包含trailing-return-type（后置返回类型），使得返回类型的指定更加灵活，尤其在返回类型较复杂或需要依赖参数类型的场景中。
- 异常规范（如noexcept）的使用使得Lambda表达式可以显式地声明其是否会抛出异常，有助于编写更安全、明确的代码。

（3）模板Lambda表达式的增强

自C++20以来，Lambda表达式支持模板参数，C++23进一步增强了这一功能：

- 模板Lambda表达式可以更灵活地定义泛型代码，通过在捕获列表之后使用模板参数列表<tparams>来实现。这使得Lambda表达式可以像模板函数一样，根据传入的参数类型进行自动实例化和类型推导。
- requires子句的支持允许对模板Lambda表达式的模板参数进行约束，进一步提升了泛型编程的能力和灵活性。

（4）属性和规范的扩展

C++23增加了对Lambda表达式中使用属性和规范的支持，包括：

- [[attributes]]可以应用于Lambda表达式，允许开发者指定编译器特定的优化或行为指示，例如[[nodiscard]]、[[maybe_unused]]等。
- constexpr和consteval Lambda表达式的支持，允许在编译时求值，增强了编译时计算和元编程的能力。

C++23对Lambda表达式的扩展和改进，体现了C++标准的持续进化，旨在提供更强大、灵活的编程机制。通过这些改进，C++开发者可以编写更简洁、高效、易于理解的代码，尤其在需要匿名函数、泛型编程和元编程的场景中。这些特性的引入，进一步加强了C++作为一个现代、高效的编程语言的地位。

这些语法形式使得Lambda表达式不仅能够用于简单的场景（如作为小型函数传递），还能支持复杂的泛型编程和模板元编程等高级用途。Lambda表达式的这种灵活性和强大功能，深刻体现了C++设计的哲学，即提供高效、灵活且表达力强的编程工具。

（5）返回值后置的引入

值得一提的是，在C++中，返回类型后置（也称为尾返回类型或后置返回类型）最初是在C++11标准中引入的，主要用于Lambda表达式。这种语法允许在Lambda表达式中清晰地指定返回类型，尤其在自动类型推导不适用或者需要明确指定类型的情况下。

例如，在C++11中，可以这样写Lambda表达式：

```
auto func = []() -> int { return 42; };
```

这里的"-> int"是后置返回类型，指定了Lambda表达式的返回类型为int。

随后，这种后置返回类型的语法被扩展到普通函数中，这在C++14标准中得到了更广泛的支持。在C++14和更高版本中，后置返回类型可以用于普通函数和模板函数，使得编写泛型代码（如模板）更加灵活和清晰。例如：

```
template<typename T, typename U>
auto add(T x, U y) -> decltype(x + y) {
    return x + y;
}
```

在这个例子中，decltype(x + y)用于推导x和y相加的结果类型，这是在编译时自动推断的。

3. Lambda捕获方式

捕获列表支持多种捕获模式，包括值捕获、引用捕获、隐式值捕获和隐式引用捕获。

- 值捕获是以传值方式捕获变量，这意味着在Lambda表达式中使用的是变量的副本。
- 引用捕获是以传引用方式捕获变量，这意味着在Lambda表达式中使用的是变量的引用。
- 隐式值捕获和隐式引用捕获则可以一次性捕获所有变量，分别使用 "=" 和 "&" 表示。

捕获列表还可以混合使用这些捕获模式，根据实际需要灵活选择。

0个或多个捕获的以逗号分隔的列表，可选择以捕获默认值开头。

Lambda表达式还可以通过捕获列表捕获一定范围内的变量：

- []：不捕获任何变量。
- [&]：捕获外部作用域中的所有变量，并作为引用在函数体中使用（按引用捕获）。
- [=]：捕获外部作用域中的所有变量，并作为副本在函数体中使用（按值捕获）。
- [=, &foo]：按值捕获外部作用域中的所有变量，并按引用捕获 foo 变量。
- [a, &b]：以值的方式捕获a，以引用的方式捕获b，也可以捕获多个。
- [bar]：按值捕获bar变量，同时不捕获其他变量。
- [this]：捕获当前类中的this指针，让Lambda表达式拥有和当前类成员函数同样的访问权限。如果已经使用了&或者=，就默认添加此选项。捕获this的目的是可以在Lambda中使用当前类的成员函数和成员变量。

【示例展示】

假设有一个书本信息的列表，想要找出列表内标题中包含某个关键字（target）的书本的数量。

```cpp
#include <algorithm>
#include <vector>
#include <string>
#include <iostream>

// 定义一个图书的结构体，包含书籍的ID、标题和价格
struct Book {
    int id;
    std::string title;
    double price;
};

int main() {
    // 初始化一些图书
    std::vector<Book> books = {
        {1, "C++ Primer", 45.95},
        {2, "Effective Modern C++", 54.99},
        {3, "The C++ Programming Language", 59.95}
    };

    // 要搜索的目标字符串
    std::string target = "C++";
```

```
// 使用 Lambda 按值捕获 target，并使用列表初始化在 Lambda 内部创建新变量 v
auto count_by_value = [&books, v = target]() {
    return std::count_if(books.begin(), books.end(), [v](const Book& book) {
        return book.title.find(v) != std::string::npos;
    });
};
// 使用 Lambda 按引用捕获 target，并使用列表初始化在 Lambda 内部创建新变量 r
auto count_by_reference = [&books, &r = target]() {
    return std::count_if(books.begin(), books.end(), [&r](const Book& book) {
        return book.title.find(r) != std::string::npos;
    });
};
// 输出按值捕获和按引用捕获的计数结果
std::cout << "Count by value: " << count_by_value() << std::endl;
std::cout << "Count by reference: " << count_by_reference() << std::endl;

return 0;
}
```

在这个示例中，使用了Book结构体的全部属性，即id、title和price。此外，示例展示了C++14中Lambda表达式的列表初始化功能，它允许在 Lambda 表达式中创建新变量。这种方法对于捕获外部变量而不改变其原有名字非常有用。

在按值和按引用捕获中，分别用[v = target]和[&r = target]语法展示了如何在Lambda捕获列表中使用初始化器，这使得在Lambda内部可以使用v和r这两个新变量名来引用target。

这种方法可以在不改变外部变量名称的情况下在Lambda内部使用不同的变量名称，从而提高代码的可读性和灵活性。

4. Lambda表达式实际应用案例

在深入探讨Lambda表达式的实际应用案例之前，先回顾一下Lambda表达式在不同编程场景中的使用优势。Lambda表达式的使用场景包括但不限于：替换小型函数、简化STL算法和函数适配器、实现回调函数和事件处理，以及简化并行和异步编程。

使用Lambda表达式的优势在于：

- 简化语法，提高代码的可读性和可维护性：不需要额外再写一个函数或者函数对象，避免了代码膨胀和功能分散，使开发者更加集中精力于手边的问题，同时也获取了更高的生产率。
- 更好的性能，编译器可以更好地进行内联优化。
- 声明式编程风格：就地匿名定义目标函数或函数对象，减少代码冗余。
- 以更直接的方式去写程序，更好的可读性和可维护性：更好地支持函数式编程范式，使代码更加通用和可复用。
- 在需要的时间和地点实现功能闭包，使程序更具灵活性。

接下来将通过一系列具体的例子来展示Lambda表达式在简化算法、容器操作和异步编程等方面的强大能力，以及它们如何提升代码的可读性、性能和可维护性。

1）使用Lambda表达式简化算法

C++标准库中包含许多算法，如sort、for_each、transform等，使用Lambda表达式可以使这些算法更加简洁和灵活。例如，对一个整数向量进行降序排序，可以使用Lambda表达式自定义排序规则：

```cpp
#include <algorithm>
#include <vector>
#include <iostream>

int main() {
    std::vector<int> numbers = {3, 1, 4, 1, 5, 9, 2, 6, 5};
    std::sort(numbers.begin(), numbers.end(), [](int a, int b) { return a > b; });

    for (int num : numbers) {
        std::cout << num << " ";
    }
    std::cout << std::endl;
    return 0;
}
```

2）在容器操作中使用 Lambda 表达式

Lambda 表达式可以与 C++ 标准库中的容器结合使用，实现更加简洁和高效的容器操作。例如，使用 std::for_each 遍历一个向量，并将其中的每个元素加倍：

```cpp
#include <algorithm>
#include <vector>
#include <iostream>

int main() {
    std::vector<int> numbers = {1, 2, 3, 4, 5};
    std::for_each(numbers.begin(), numbers.end(), [](int &n) { n *= 2; });

    for (int num : numbers) {
        std::cout << num << " ";
    }
    std::cout << std::endl;
    return 0;
}
```

3）异步编程与 Lambda 表达式

在异步编程中，Lambda 表达式可以作为回调函数或任务，简化异步任务的创建和调度。例如，使用 std::async 启动一个异步任务来计算斐波那契数列的第 n 项：

```cpp
#include <future>
#include <iostream>

int main() {
    auto fibonacci = [](int n) {
        int a = 0, b = 1;
        for (int i = 0; i < n; ++i) {
            int temp = a;
            a = b;
            b = temp + b;
        }
        return a;
    };

    std::future<int> result = std::async(std::launch::async, fibonacci, 10);
    int value = result.get(); // 获取异步任务的结果
    std::cout << "Fibonacci(10) = " << value << std::endl;
    return 0;
}
```

5. Lambda表达式的高级用法

1）Lambda表达式中的条件表达式

Lambda表达式可以使用条件表达式进行复杂的逻辑判断，例如实现多种排序规则：

```cpp
#include <algorithm>
#include <vector>
#include <iostream>

int main() {
    // 定义一个Lambda表达式，根据参数ascending决定是升序还是降序排序
    auto custom_sort = [](bool ascending) {
        return [ascending](int a, int b) {
            return ascending ? a < b : a > b;
        };
    };

    std::vector<int> numbers = {3, 1, 4, 1, 5, 9, 2, 6, 5};

    // 使用custom_sort(true)进行升序排序
    std::sort(numbers.begin(), numbers.end(), custom_sort(true));
    std::cout << "Ascending order: ";
    for (int num : numbers) {
        std::cout << num << " ";
    }
    std::cout << std::endl;

    // 使用custom_sort(false)进行降序排序
    std::sort(numbers.begin(), numbers.end(), custom_sort(false));
    std::cout << "Descending order: ";
    for (int num : numbers) {
        std::cout << num << " ";
    }
    std::cout << std::endl;

    return 0;
}
```

在这个示例中，custom_sort是一个接收布尔参数ascending的Lambda表达式，根据这个参数返回一个新的Lambda表达式，用于升序或降序排序。然后，使用std::sort函数和custom_sort来对numbers向量进行排序，并分别打印升序和降序的结果。

2）嵌套Lambda表达式

Lambda表达式可以嵌套在其他Lambda表达式中，以实现更高级的功能。例如，下面的代码定义了一个高阶函数compose，用于组合两个函数。

```cpp
#include <iostream>

int main() {
    // 定义一个高阶函数compose，用于组合两个函数
    auto compose = [](auto f1, auto f2) {
        return [f1, f2](auto x) { return f1(f2(x)); };
    };

    // 定义两个简单的函数：square和increment
    auto square = [](int x) { return x * x; };
    auto increment = [](int x) { return x + 1; };

    // 使用compose组合square和increment函数
    auto square_then_increment = compose(increment, square);
```

```
    // 测试组合后的函数
    int result = square_then_increment(3); // 结果为10 (3 * 3 + 1)
    std::cout << "Result: " << result << std::endl;

    return 0;
}
```

在这个示例中，compose 是一个高阶函数，它接收两个函数 f1 和 f2 作为参数，并返回一个新的 Lambda 表达式，该表达式首先应用 f2，然后将结果传递给 f1。通过这种方式，我们可以组合任意两个函数，创建出新的功能。在测试部分，使用 square_then_increment 函数先对 3 进行平方运算，然后将结果加 1，最终得到 10。这个示例展示了 Lambda 表达式在函数式编程中的强大能力，特别是在组合函数时的灵活性。

3）使用 Lambda 表达式实现惰性求值

Lambda 表达式可以用于实现惰性求值，即仅在需要结果时才进行计算。例如，使用 Lambda 表达式实现一个惰性求和函数：

```cpp
#include <vector>
#include <numeric>
#include <iostream>

int main() {
    // 定义一个Lambda表达式lazy_sum，用于实现惰性求和
    auto lazy_sum = [](auto container) {
        return [container]() {
            return std::accumulate(container.begin(), container.end(), 0);
        };
    };

    std::vector<int> numbers = {1, 2, 3, 4, 5};

    // 创建一个惰性求和函数
    auto sum = lazy_sum(numbers);

    // 在其他操作后，当需要结果时，才进行求和计算
    // 其他操作
    int result = sum(); // 执行求和计算
    std::cout << "Sum: " << result << std::endl;

    return 0;
}
```

在这个示例中，lazy_sum 是一个返回 Lambda 表达式的函数，这个 Lambda 表达式捕获了容器 container，并在调用时才执行求和操作。通过这种方式，可以延迟求和计算，直到真正需要结果时再进行计算。这种惰性求值的方法在处理大量数据或执行代价较高的计算时非常有用，因为它可以避免不必要的计算，提高程序的效率。

以上高级用法展示了 Lambda 表达式在实际编程中的强大潜力，它们有助于我们编写出更简洁、高效的代码。当然，这些技巧只是 Lambda 表达式的冰山一角，掌握这些高级用法，将帮助我们更好地发挥 Lambda 表达式的威力。

2.4　动态行为的哲学：继承与多态

本节主要介绍 C++中的动态行为——继承与多态。

2.4.1 继承：多样性的建构基础

在C++的世界里，继承不仅是一种代码复用的机制，更是一种哲学，一种将现实世界复杂性抽象化的艺术。正如生物学中的遗传，继承允许我们在软件世界中模拟现实世界的层次结构和关系。这不仅是技术上的实现，更是对现实世界的理解和表达的一种方式。

想象一下，当我们谈论动物园里的动物时，可以抽象出一个"动物"类，这个类包含了所有动物共有的特性和行为，比如呼吸、移动等。然后，让"狮子""老虎"等具体动物类从"动物"类继承，这样它们就自然地拥有了呼吸和移动的能力。这种设计不仅简化了代码的复杂性，还提高了代码的可读性和可维护性。

现在，让我们从基础开始，探索继承的定义和声明。继承允许我们定义一个基类（父类）和一个或多个派生类（子类）。派生类继承了基类的公有和受保护成员，同时还可以添加或重写成员函数。在C++中，有必要区分接口继承和实现继承：接口继承只继承方法的签名，而实现继承则同时继承方法的实现。这种区分有助于我们更精细地控制类之间的关系和责任分配。例如：

```cpp
class Animal {
public:
    void breathe() {
        std::cout << "Breathing" << std::endl;
    }
};

class Lion : public Animal {
public:
    void roar() {
        std::cout << "Roaring" << std::endl;
    }
};
```

在这个例子中，Lion类继承了Animal类，这意味着狮子不仅拥有自己的独特行为——咆哮（roar），还继承了呼吸（breathe）的能力。通过C++中的继承，我们不仅学习了一项编程技能，更掌握了将抽象理念转化为实践的能力，这是理解和创造更复杂软件架构的关键步骤。

2.4.1.1 单继承和多继承

继承有两个基本形式：单继承和多继承。这两种形式在C++中都是可能的，它们各自代表了不同的设计哲学和应用场景。

- 单继承：顾名思义，是一种简单而直接的继承方式，其中每个派生类只有一个基类。这种方式鼓励了清晰的层次结构和简单的关系链，使得代码更容易理解和维护。就像一个家族树，每个人都只有一对父母。这种清晰的线性关系有助于我们追踪祖先，理解每个人的位置和角色。
- 多继承：允许一个派生类有多个基类，继承多个类的特性和行为。这像一个复杂交织的社交网络，其中的个体可以从多个源头继承特性和能力。多继承提供了极大的灵活性，但同时也带来了更复杂的设计挑战，比如潜在的名称冲突和更复杂的依赖关系。

在游戏设计过程中，经常会遇到需要表达角色多重身份和能力的情况。以一个典型的角色扮演游戏为例，其中的角色可能需要展示既是某个种族的成员，如精灵或矮人，同时又拥有特定的职业技能，比如法师或战士。

考虑到这种需求，我们可以创建一个基本的角色类Character，用于定义所有角色共享的属性，如健康值和力量。此外，为了表示某些角色具备施法能力，引入了SpellCaster类，专门负责施法相关的功能。如果希望设计一个法师角色Wizard，这个法师不仅具有基本的角色属性，还能施法，那么单继承和多继承就是我们可以选择的两条路径。

1. 单继承

我们可能会让Wizard类直接从Character类继承，然后在Wizard类中实现施法的功能。这种做法的局限性在于，施法能力被局限在了Wizard类中，如果游戏中出现了其他也能施法的角色，比如一个施法精灵，那么施法的代码就需要在另一个类中重复编写，这显然不利于代码的复用。

```cpp
class Character {
public:
    void walk() { /* 实现行走 */ }
};

class SpellCaster {
public:
    void castSpell() { /* 实现施法 */ }
};

// 单继承
class Wizard : public Character {
public:
    void castSpell() { /* 在这里实现施法，特定于Wizard */ }
};
```

2. 多继承

在C++中，我们可以让Wizard类同时继承Character类和SpellCaster类，这样Wizard就同时获得了基本角色属性和施法的能力。多继承使得Wizard能够更自然地反映出它同时属于角色和施法者的复杂身份。如果游戏中还有其他能施法的角色，比如一个精灵Elf，那么Elf也可以同时继承Character类和SpellCaster类，从而避免了代码的重复。

```cpp
// 多继承
class Wizard : public Character, public SpellCaster {
    // 自动获得了Character和SpellCaster的功能
};

// 另一个角色，能施法的Elf
class Elf : public Character, public SpellCaster {
    // 同样继承了Character和SpellCaster的功能，无须重复实现施法
};
```

通过使用多继承，我们不仅增强了代码的可复用性，也更贴切地模拟了现实世界中个体可能具有的多重身份和能力，使得游戏角色设计更加灵活和丰富。

3. 多重继承的问题与优势分析

在C++中，多重继承可以带来许多设计上的灵活性，但同时也伴随着一些潜在的复杂性。接下来将详细探讨多重继承所带来的问题和优势。

多重继承的问题：

- 二义性问题：在多重继承中，如果两个或多个基类拥有相同的成员变量或函数，可能会产生二义性。为了解决这一问题，可以使用作用域解析运算符（::）来明确指定派生类应调用的基类成员。

- 菱形继承问题：所谓的菱形继承出现在两个子类继承自同一基类，而一个派生类又同时继承这两个子类的情况。这可能导致派生类中包含两个相同的基类成员副本，引起数据冗余和资源浪费。通过虚拟继承，可以确保派生类只包含一个共享的基类成员副本，从而解决这一问题。
- 增加代码复杂度和维护难度：多重继承可能使得代码结构更加复杂，增加了理解和维护的难度。尤其在大型项目中，不当的使用多重继承可能导致代码依赖关系难以追踪，增加了错误排查和功能修改的工作量。

多重继承的优势：

- 提高代码可复用性：多重继承允许开发者将不同基类的特性整合到一个派生类中，有助于减少代码重复，提高可复用性。
- 模块化设计：通过将不同功能划分至不同的基类，多重继承支持模块化的设计，使得各个模块更加独立，便于管理和维护。
- 支持高度定制化：多重继承使得开发者可以根据需要为派生类挑选合适的基类特性，实现高度定制化的类层次结构。

多重继承在C++中是一个强大的工具，它既带来了诸多优势，也引入了不少挑战。通过合理使用虚拟继承和其他技巧，我们可以最大限度地发挥其优势，同时避免或减轻相关问题。理解这些概念将帮助我们更加精确地掌握面向对象编程中的继承机制，使我们能够在实际项目中更有效地运用这些技术。

2.4.1.2　继承中的权限关系

在C++的继承中，理解权限关系是至关重要的。这不仅关乎代码的可访问性，更关乎如何在设计中恰当地表达意图和确保数据的封装。继承中的权限关系，就像是在不同的社会角色之间设定边界，确保每个角色都能在适当的范围内行动，既保持了秩序，又给予了必要的自由度。

让我们回顾一下相关知识点，C++中类成员可以被声明为public、protected或private：

- public成员：可以被任何人访问。
- protected成员：只能被基类和派生类访问。
- private成员：只能被类本身访问，即使是派生类也无法访问。

当一个类从另一个类继承时，基类成员的访问权限会受到派生方式的影响。C++支持3种继承方式：public（公有继承）、protected（受保护继承）和private（私有继承）。

- 公有继承：基类的public成员在派生类中仍然是public，基类的protected成员在派生类中仍然是protected，基类的private成员不能被派生类访问。
- 受保护继承：基类的public和protected成员在派生类中都变成protected，基类的private成员不能被派生类访问。
- 私有继承：基类的public和protected成员在派生类中都变成private，基类的private成员不能被派生类访问。

【示例展示】
想象一个王国中的3种不同的领地分配方式，这些方式决定了领地的使用权限和规则。

- 公有领地（公有继承）：这是王国的公园或广场，任何人都可以自由进入。国王（基类）将这些领地开放给所有人，包括其子嗣（派生类）和平民（其他类或对象）。
- 保护领地（受保护继承）：这是国王的私家花园，只允许皇室成员（基类和派生类）进入，普通平民（其他类或对象）则不可进入。但即使是皇室成员，在这些领地中也只能按照规定活动，不能随意更改景观或设施。
- 私有领地（私有继承）：这是国王的私人领地，例如私人藏书室或秘密花园，仅国王本人（基类本身）可以进入，即便是王子和公主（派生类）也无法进入。

```cpp
class Kingdom {
public:
    void publicGarden() { /* ... */ }            // 公园，任何人可见
protected:
    int privateGardenArea = 300;                 // 保护领地面积
private:
    string secretDocuments = "Classified";       // 秘密文件
};

// 公有继承
class Prince : public Kingdom {
    // Prince可以访问publicGarden()和privateGardenArea，但不能访问secretDocuments
};

// 受保护继承
class Duke : protected Kingdom {
    // Duke可以访问publicGarden()和privateGardenArea，但这些在Duke中都成了protected
    // secretDocuments仍然不可访问
};

// 私有继承
class Earl : private Kingdom {
    // Earl可以访问publicGarden()和privateGardenArea，但这些在Earl中都成了private
    // secretDocuments仍然不可访问
};
```

通过这个示例，我们可以更直观地理解不同继承方式对成员访问权限的影响。在设计类的层次结构时，选择合适的继承方式有助于我们更好地封装数据，并确保只有恰当的类能访问特定的资源，从而维持代码的秩序和清晰度。

2.4.1.3　派生类的特点

在C++的世界中，派生类继承基类的特性并加以扩展，是面向对象编程的核心之一。这一过程不仅是技术上的继承，更是一种设计哲学的体现，让我们能够在已有的基础上进行创新和扩展。派生类的存在，就像在一个坚实的基础上建造新的楼层，既保持了建筑的稳定性，又增加了它的功能性和美观性。

派生类的特点可以从以下几个方面进行概括：

- 继承性：派生类继承了基类的数据成员和成员函数（除非它们是私有的），这意味着派生类的对象可以使用基类中定义的方法和属性。这种继承性保证了代码的可复用性和可扩展性。
- 多态性：通过继承和派生，C++允许使用基类的指针或引用来指向派生类的对象。结合虚函数，这一特性使得我们可以在运行时决定调用的是基类的成员函数还是派生类重写的版本，从而实现多态性。

- 封装性：尽管派生类继承了基类的特性，但它也可以定义自己的成员（数据和函数），包括公有、受保护和私有成员。这些新成员仅对派生类可见，这种封装性保护了派生类的数据，避免了外部的不当访问。

在深入理解了派生类的基本特点之后，下面将探索的是继承中的两个关键机制——函数覆盖（function overriding）以及名字遮蔽（name hiding），它们共同构成了C++继承体系中不可或缺的一部分。通过掌握这些概念，我们将能够更加深入地理解程序中的对象响应不同的消息，以及它们在系统中如何被组织和管理。

1. 深入派生：函数覆盖与名字遮蔽的艺术

1）函数覆盖

在C++中，函数覆盖是面向对象编程的一个核心概念，它允许派生类重新定义继承自基类的成员函数。这一机制是实现多态性的关键之一，使得同一个函数调用可以根据对象的实际类型执行不同的行为。

当派生类中的函数与基类中的某个函数具有相同的名称、返回类型及参数列表时，就说派生类的函数覆盖了基类的函数。覆盖发生的前提是基类中的函数被声明为virtual，这告诉编译器在运行时动态绑定该函数。例如：

```cpp
class Base {
public:
    virtual void display() const {
        std::cout << "Display of Base" << std::endl;
    }
};

class Derived : public Base {
public:
    void display() const override {
        std::cout << "Display of Derived" << std::endl;
    }
};
```

在这个例子中，Derived类覆盖了Base类中的display函数。使用override关键字是C++11的新特性，它不是必需的，但可以让编译器帮助我们检查是否正确地覆盖了基类的虚函数。

函数覆盖增强了程序的灵活性和可扩展性，使得通过基类的指针或引用操作不同派生类的对象成为可能。

2）名字遮蔽

名字遮蔽是指在派生类定义了与基类同名的成员，导致基类的同名成员在派生类中不可见。这一现象与成员的参数列表无关，即使是重载函数，只要名字相同，就会发生遮蔽。

这一概念的核心在于理解派生类与基类之间成员的访问规则和继承关系。在派生类中，任何同名成员的引入都会使得基类中所有同名成员不可直接访问，包括函数和变量。要访问被遮蔽的基类成员，可以通过作用域解析运算符（::）显式指定基类成员的访问路径。

简而言之，名字遮蔽强调了派生类对基类成员的独立性，即使这可能导致基类功能不可用。这促使开发者在设计类的继承结构时保持谨慎，以确保类的行为符合预期。

【示例展示】

```cpp
#include <iostream>
```

```cpp
class Base {
public:
    void display() const {
        std::cout << "Base display()" << std::endl;
    }
    void display(int) {
        std::cout << "Base display(int)" << std::endl;
    }
};

class Derived : public Base {
public:
    using Base::display;              // 引入Base类中所有display()函数的定义
    void display() const {
        std::cout << "Derived display()" << std::endl;
    }
};

int main() {
    Derived d;
    d.display();                      // 调用Derived中的display()
    d.display(10);                    // 调用Base中的display(int)
    d.Base::display();                // 显式调用Base中的无参display()

    return 0;
}
```

在上述示例中，Derived类继承自Base类，并引入了一个新的display()函数。如果不采取特殊措施，派生类中同名的新函数将隐藏基类中的所有同名函数，导致调用d.display(10);报错，即便它们的参数不同。这种现象被称为"名字遮蔽"。

为了解决这个问题，在Derived类中使用了"using Base::display;"。这条语句的作用是将Base类中所有名为display的函数版本引入Derived类中，使得它们可以像派生类自己的成员一样被直接访问。

有效避免名字遮蔽的方法有以下三种：

- 使用using声明：如上例所示，可以使用using语句显式地引入基类中被遮蔽的成员。
- 避免在派生类中使用与基类相同的成员名称：在设计类时，尽量避免使用基类中的成员名称，除非有覆盖的意图。
- 清晰的命名规范：采用清晰且一致的命名规范可以减少名字遮蔽的发生。

名字遮蔽强调了在继承和类设计中命名的重要性，以及对基类成员的访问控制。理解名字遮蔽对于编写清晰、可维护的C++代码至关重要，它要求开发者对继承体系中的名称解析有深刻的理解。

3）C++继承和多态性的关键概念：重载、覆盖与名字遮蔽

在面向对象编程中，理解重载、覆盖和名字遮蔽这3个概念是至关重要的。虽然它们在某些情况下看起来相似，但实际上代表着不同的行为和设计决策。表2-8总结了这三种概念，帮助开发者更加准确地掌握它们之间的差异，并有效地运用于C++编程中。

表2-8　重载、覆盖与名字遮蔽对比

概　　念	定义与核心要点	关　键　字
重载	同一作用域内多个函数名称相同但参数不同，用于执行基于参数不同的任务。解析发生在编译时	无特别关键字

（续表）

概　　念	定义与核心要点	关　键　字
覆盖	派生类函数与基类的虚函数名称、返回类型和参数完全相同，用于实现运行时多态	override（推荐使用）
名字遮蔽	派生类的同名函数或成员，无论参数如何，都会隐藏基类中的所有同名函数。通常在编译时解析	使用using或作用域运算符（::）可解决

通过深入理解这3个概念及其区别，开发者可以更加准确地控制类之间的关系和继承行为，避免潜在的错误，并充分利用C++提供的面向对象编程特性。

2. 内存布局

理解派生类的内存布局（memory layout）对深入掌握C++的面向对象编程极为关键，尤其是在涉及多态、虚函数表等高级概念时。下面内容旨在揭示C++在物理层面如何处理类的继承关系，特别是派生类对象在内存中是如何组织和存储的。

当一个类继承自另一个类时，派生类的对象实际上包含了一个基类对象的实例。即派生类对象在内存中的布局首先是其基类部分，随后是派生类自己定义的成员变量。这意味着基类指针实际上指向派生类对象的基类部分。因此，基类指针可以安全地访问其所指向对象的基类部分。对于多层次的继承结构，这种布局方式递归地应用于每一层派生。

- 数据成员布局：派生类对象的内存空间首先填充基类的数据成员，其排列顺序与在基类定义中的顺序一致，紧接着是派生类自身添加的数据成员。
- 虚函数表（vtable）：如果基类中有虚函数，编译器为基类及其派生类各生成一个虚函数表。派生类对象中会包含一个指针，指向其虚函数表，其中包含了覆盖的基类虚函数的地址及派生类自己的新虚函数的地址。

【示例展示】

用以下类定义进行说明：

```cpp
class Base {
public:
    virtual void func() {}
    int baseData;
};
class Derived : public Base {
public:
    void func() override {}
    int derivedData;
};
```

在此例中，一个Derived类对象在内存中的布局如下：首先是一个指向其虚函数表的指针，其次是基类的baseData成员，最后是派生类自己的derivedData成员。虚函数表内将包含指向Derived::func的指针，替代了基类的虚函数项，体现了函数的覆盖。

除了理解基本的内存布局之外，深入探索如何通过合理的设计避免因不恰当的继承导致的内存浪费，对设计高效且可维护的C++程序至关重要。

2.4.1.4 虚继承和菱形继承

1. 菱形继承问题的提出

在多重继承的语境中，菱形继承问题是C++程序设计中一个典型且需特别注意的情形。菱形继承，也被称为钻石继承，主要出现在以下场景：一个派生类同时继承自两个或更多的子类，而这些子类又都直接或间接地继承自同一个基类。这种继承结构在类图中形成了一个菱形图形，故得名菱形继承。

菱形继承引入了两个主要问题，严重影响了代码的可维护性和性能：

- 数据冗余：在菱形继承结构中，派生类会从每个子类路径继承其基类的成员副本。因此，派生类最终会包含多个相同基类的副本。这种数据冗余不仅增加了对象的内存占用，还可能在不同副本之间引入数据一致性问题。例如，如果通过不同的继承路径修改了基类成员的不同副本，会导致派生类中相同成员的值出现不一致，进而引发难以追踪的bug。
- 成员访问二义性：当派生类尝试访问从基类继承来的成员时，如果从不同的子类路径继承了同名的成员，编译器将无法确定应该访问哪一个。这种二义性不仅使编译器难以决定使用哪个基类成员，还会引发编译错误或警告，增加了代码维护的难度。

【示例展示】

以下C++代码直观地展示了菱形继承的问题。

```
class A {
public:
    void func() { cout << "A: func()" << endl; }
};

class B : public A { };

class C : public A { };

class D : public B, public C { };

int main() {
    D obj;
    obj.func(); // 编译错误，因为存在二义性
    return 0;
}
```

在这个例子中，类D继承自类B和类C，而类B和类C都继承自类A。当尝试调用类D的func()函数时，会产生二义性问题，因为编译器无法确定是调用从类B继承来的func()还是从类C继承来的func()。

因此，理解和解决菱形继承问题对于设计健壮和高效的C++程序至关重要。下面将详细讨论解决这一问题的主要方法和技巧，特别是虚拟继承的应用。

2. 菱形继承问题的解决方法与技巧

1）虚拟继承的介绍和应用

为了解决菱形继承带来的数据冗余和成员访问二义性问题，C++提供了虚拟继承的机制。虚拟继承通过特定的语法和编译器支持，确保从多个子类间接继承的公共基类在派生类中只有一个共享实例。

（1）定义和基本使用

在虚拟继承中，基类被声明为虚拟基类，这通过在继承声明中使用virtual关键字实现。它告诉编译器，无论基类在继承树中被继承多少次，派生类中只应保留一个共享的基类实例。

【示例展示】

考虑以下改进的菱形继承结构：

```cpp
#include <iostream>

class A {
public:
    void func() { std::cout << "A: func()" << std::endl; }
};

// 派生类B，虚拟继承自类A
class B : virtual public A { };

// 派生类C，虚拟继承自类A
class C : virtual public A { };

// 派生类D，继承自类B和类C
class D : public B, public C { };

int main() {
    D obj;
    obj.func(); // 不会产生二义性，正常调用类A的func()
    return 0;
}
```

在这个例子中，类B和类C虚拟继承自类A，这确保在派生类D中只存在一个类A的实例。当类D的对象调用func()方法时，不存在二义性，因为只有一个func()可供调用。

（2）虚基类的构造

虚拟继承引入了特定的构造顺序规则。在虚拟继承中，虚基类的构造函数由最底层的派生类（即执行最终构造的类）负责调用，而不是由直接继承虚基类的中间类调用。这确保虚基类在构造过程中被正确初始化，避免了多次初始化的问题。由于这种初始化顺序，设计虚拟继承时必须在最底层派生类的构造函数中显式或隐式地调用虚基类的构造函数。如果未正确处理，可能导致编译错误或运行时错误。

在虚拟继承中，由于整个继承结构中只有一个实例的虚基类，任何派生自该虚基类的类的对象都可以安全地将其指针或引用隐式转换为虚基类的指针或引用。这是因为编译器能够确切地知道如何从派生类中找到唯一的虚基类实例，这种转换保证了类型安全和直接访问。

此外，如果虚基类的成员在继承链中的多个派生类中被重写，那么在最底层的派生类中必须再次重写这些成员。这一规则确保可以明确指定哪一个版本的成员函数或变量应当被使用，从而避免由多个可能的选择而导致的二义性问题。如果没有在最底层派生类中明确重写，当尝试访问这些成员时，编译器将报告二义性错误。

另外，虚基类的析构函数必须声明为虚函数。这才能确保当通过基类指针删除派生类对象时，能够正确地调用到派生类以及整个继承结构中涉及的所有析构函数，按照正确的顺序销毁对象。这是资源管理和避免内存泄漏的关键。

在下一部分，我们将讨论虚拟继承的另一个重要方面——作用域解析运算符的使用，它提供了一种明确指定成员访问路径的方法，用于解决在复杂继承关系中可能出现的二义性问题。

2）作用域解析运算符的使用

在虚拟继承的情况下，虽然通过使用virtual关键字可以解决多数的冲突和二义性问题，但有时还是需要更精确的控制来访问特定的类成员。作用域解析运算符（::）提供了一种方式来明确指定基类成员的访问路径，特别是在继承结构复杂或多个基类中存在同名成员的情况下。

作用域解析运算符允许程序明确指定要访问的成员函数或变量的类作用域，这对于解决由多重继承引起的成员访问二义性尤其有用。

【示例展示】

以下示例展示没有使用虚拟继承时的成员访问冲突。

```cpp
#include <iostream>
class A {
public:
    void func() { std::cout << "A: func()" << std::endl; }
};

class B : public A { };

class C : public A { };

class D : public B, public C {
};

int main() {
    D obj;
    obj.B::func(); // 明确指定调用类B中的func()
    obj.C::func(); // 明确指定调用类C中的func()
    return 0;
}
```

在这个例子中，类D继承自类B和类C，而类B和类C都继承自类A。如果尝试直接调用obj.func()，将产生编译错误，因为存在二义性：编译器无法确定是调用从类B继承来的func()还是从类C继承来的func()。通过使用作用域解析运算符，可以明确地指定调用路径，从而解决这个问题。

虽然作用域解析运算符是一个强大的工具，但也有一些局限性：

● **不解决数据冗余**：使用作用域解析运算符可以解决方法调用的二义性，但并不解决由菱形继承结构引起的数据冗余问题。

● **增加代码复杂性**：频繁使用作用域解析运算符可能会使代码变得更难阅读和维护，尤其在大型和复杂的继承体系中。

在设计类的继承结构时，推荐优先考虑使用虚拟继承来处理可能的菱形继承问题。作用域解析运算符应作为解决特定问题的补充工具，而不是主要解决方案。通过合理利用虚拟继承和作用域解析运算符，可以有效地管理和利用C++的多重继承机制，提高代码的可维护性和稳定性。

2.4.2　多态：灵活性与接口的艺术

多态（polymorphism）这个词来源于希腊语，其中"poly-"意为"多的"，"morph-"意为"形态"或"形式"。在C++的世界里，它让我们得以通过相同的接口访问不同的基础形式或数据类型。正如生活中一词多义的语言现象，多态性赋予了C++强大的表达能力。它主要分为两种：动态多态和静态多态，每种都有其独特的应用场景和实现机制。

2.4.2.1　动态多态：虚拟的舞蹈

在探索C++的动态多态时，我们似乎在与一个深邃而复杂的艺术形式跳舞。动态多态允许代码在运行时做出选择，这就给予了代码一种自我表达的自由。虚函数作为这一机制的核心，让派生类有机会以自己的方式回应基类的调用。这一过程就如同舞者在舞台上的即兴表演，每一次执行可能都会展现出不同的风采。

因此，动态多态的实现依赖于虚函数，也就是在基类中用 virtual 关键字声明的函数。继承是实现多态的基础，但单纯的继承并不产生多态效果，只有当至少有一个函数被声明为虚函数时，C++编译器才会处理多态调用，使用虚函数表在运行时确定应调用的正确方法。

1. 动态多态基础：探索未知的艺术

在探索C++设计的奥秘时，我们首先踏入了一个充满变化的领域——动态多态基础。

想象一下，我们正在构建一个游戏，需要不同类型的角色——战士、法师和弓箭手。每种角色都有其特有的攻击方式。在C++中，我们通过定义一个含有虚函数的基类来实现这一点，从而允许派生类重写这些函数，展现各自独特的攻击技能。

通过虚函数和纯虚函数的应用，我们不仅能够设计出在运行时动态改变行为的系统，还能够构建更加灵活和可扩展的代码架构。想象我们在游戏中引入了一个新角色——治疗师。在不改变现有代码的基础上，只需简单地添加一个新的派生类，覆盖基类中的虚函数，即可轻松集成新的角色和技能。这正是动态多态带给我们的魔力：无须修改现有代码，就能扩展程序的功能。

纯虚函数和抽象基类进一步推进了这种设计思想。它们不仅定义了一个接口，更提出了一个约定——派生类必须实现这些函数。这就像是在说："如果你想成为这个游戏的一部分，就必须按照这些规则来。"这种方式鼓励了代码的一致性和可预测性，同时也提供了一个清晰的框架，让开发者能够在其中自由发挥。接下来通过代码示例来更直观地理解这个概念。

【示例展示】

首先，定义一个Character基类，其中包含一个虚函数attack()，用于表示角色的攻击行为。然后，为战士、法师和弓箭手分别创建派生类，并重写attack()方法以实现各自的攻击方式。最后，将通过基类指针来调用这些方法，演示动态绑定在运行时如何根据对象的实际类型来选择正确的执行方法。

```cpp
#include <iostream>
#include <string>
#include <vector>

// 基类 Character
class Character {
public:
    virtual void attack() const = 0;      // 纯虚函数，使Character成为抽象基类
    virtual ~Character() {}                // 虚析构函数，确保派生类的析构函数被正确调用
};

// 派生类 Warrior
class Warrior : public Character {
public:
    void attack() const override {
        std::cout << "Warrior attacks with a sword!" << std::endl;
    }
};

// 派生类 Mage
class Mage : public Character {
public:
    void attack() const override {
        std::cout << "Mage casts a spell!" << std::endl;
    }
};

// 派生类 Archer
class Archer : public Character {
```

```
public:
    void attack() const override {
        std::cout << "Archer shoots an arrow!" << std::endl;
    }
};

void performAttack(const Character* character) {
    character->attack();
}

int main() {
    Warrior warrior;
    Mage mage;
    Archer archer;

    // 存储基类指针的向量
    std::vector<Character*> characters = {&warrior, &mage, &archer};

    // 遍历并执行攻击
    for (const auto& character : characters) {
        performAttack(character);
    }

    return 0;
}
```

在这个示例中，首先通过定义一个包含纯虚函数attack()的Character基类来创建一个抽象的角色概念。接着，分别为战士、法师和弓箭手实现了这个基类，每个派生类都有其特定的attack实现。通过在基类中声明attack()为虚函数，使得派生类可以通过基类指针被多态地调用。此外，通过performAttack()函数演示了如何使用基类指针来调用实际对象类型的attack()方法，这正是动态多态的精髓。这样的设计不仅让代码更加灵活和可扩展，也使得添加新角色变得异常简单，无须修改现有的函数调用代码。

2. 高级多态实现：构建灵活性的桥梁

动态多态不仅是一个技术概念，更像一座桥梁，连接着代码的现实与理想，帮助我们构建出既灵活又强大的系统。接下来，我们将深入探讨高级多态实现的世界，看看如何利用这一强大的特性来打造更加健壮的应用程序。

1）虚析构函数：优雅地管理资源

在面向对象编程中，虚析构函数是管理动态多态和资源释放的关键工具。它确保当通过基类指针删除派生类对象时，能够正确地调用派生类的析构函数，从而安全地清理资源。

考虑一个游戏中的角色系统，其中每个角色都可能拥有动态分配的资源，比如装备或技能列表。使用虚析构函数可以确保这些资源在角色不再被需要时被正确释放，防止资源泄漏。这样，无论删除操作是通过基类类型的指针还是指向派生类对象的指针进行的，都能调用适当的析构函数。

（1）虚构造函数的缺席

构造函数负责对象的初始化，它基于对象的实际类型执行，这个过程在编译时就已确定，不需要多态性。相比之下，析构过程中可能需要通过基类指针来删除派生类对象，因此需要虚析构函数来确保析构顺序正确。在C++中，构造函数始终是非虚的，因为：

- 构造过程的本质：对象的类型在创建时就已经完全确定，构造函数是根据对象的静态类型调用的。

● 继承和对象构造的机制：在C++的继承体系中，对象的构造过程首先调用基类的构造函数，然后是派生类的构造函数，保证了层级初始化的正确顺序。

（2）覆盖：实现定制行为

动态多态的实质是通过派生类覆盖基类中的虚函数来定制行为。这允许每个派生类根据自身特性重新定义函数行为，从而使代码复用与扩展成为可能，而无须重新设计。

覆盖使得代码在保持接口一致性的同时，能为特定类定制具体行为，这不仅提高了代码的可维护性，还增强了其灵活性和可扩展性。下面通过一个具体的代码示例来进行说明。

【示例展示】

假设在我们的游戏中，每个角色不仅有其特有的攻击方式，还拥有一些特殊的资源。例如，一个法师可能拥有一本魔法书，而一个战士可能拥有一把独特的剑。本示例将展示如何优雅地管理这些资源，并允许派生类根据自己的特性来定制行为。

首先，定义一个Character基类，并在其中声明一个虚析构函数。然后，为Mage和Warrior类实现特定的资源管理和定制攻击行为。

```cpp
#include <iostream>
#include <string>
#include <memory>

// 基类 Character
class Character {
public:
    virtual void attack() const = 0; // 纯虚函数
    virtual ~Character() {
        std::cout << "Character destroyed." << std::endl;
    } // 虚析构函数
};

// Mage 派生类，拥有魔法书资源
class Mage : public Character {
private:
    std::string magicBook;
public:
    Mage(const std::string& book) : magicBook(book) {}
    void attack() const override {
        std::cout << "Mage casts a spell from " << magicBook << "!" << std::endl;
    }
    ~Mage() {
        std::cout << "Mage's magic book " << magicBook << " is returned to the library."
<< std::endl;
    }
};

// Warrior 派生类，拥有一把剑
class Warrior : public Character {
private:
    std::string sword;
public:
    Warrior(const std::string& swordName) : sword(swordName) {}
    void attack() const override {
        std::cout << "Warrior attacks with the sword " << sword << "!" << std::endl;
    }
    ~Warrior() {
```

```
        std::cout << "Warrior's sword " << sword << " is stored back in the armory." <<
std::endl;
    }
};

void performAttack(const Character* character) {
    character->attack();
}

int main() {
    std::unique_ptr<Character> mage(new Mage("Ancient Grimoire"));
    std::unique_ptr<Character> warrior(new Warrior("Excalibur"));

    performAttack(mage.get());
    performAttack(warrior.get());

    // Objects are automatically destroyed and resources are freed when the unique_ptr
goes out of scope
    return 0;
}
```

在这个例子中，我们通过 Mage 和 Warrior 类的析构函数来展示如何在对象被销毁时释放资源。当
Mage 或 Warrior 对象被销毁时，它们的析构函数会被自动调用，输出一条消息表示资源（魔法书或剑）
被正确地回收了。这演示了虚析构函数在动态多态中管理资源的重要性。此外，通过 attack() 方法的覆
盖，展示了如何在派生类中定制行为。每个角色类都有其独特的 attack 实现，这体现了多态性的魅力——
相同的函数调用（performAttack），根据对象的实际类型执行不同的行为。

下面继续我们的探索之旅，深入动态绑定与虚函数表，揭开 C++ 动态多态更深层次的奥秘。

2）动态绑定与虚函数表：深入机制的魅力

在 C++ 中，动态绑定和虚函数表是实现多态性的核心机制。这些概念深植于 C++ 的设计哲学之中，
特别是对于支持面向对象编程的能力。

（1）动态绑定的原理

动态绑定允许在运行时决定调用哪个函数，而不是在编译时。这是通过虚函数实现的。当一个函数
在基类中被声明为虚函数时，派生类可以覆盖这个函数以提供特定的实现。如果通过基类的指针或引用
调用这个函数，C++ 运行时会根据对象的实际类型来决定调用哪个版本的函数，这就实现了多态性。

（2）虚函数表

虚函数表是实现动态绑定的底层机制。每个使用虚函数的类都有一个虚函数表，这个表是一个函
数指针数组，指向类的所有虚函数的实现。当声明类的对象时，对象会包含一个指向其类的虚函数表
的指针（称为 vptr）。通过这个指针，运行时可以找到并调用正确的函数版本。

当派生类覆盖基类的虚函数时，派生类的虚函数表会被更新，以指向新的函数实现。如果派生类
没有覆盖某个虚函数，其虚函数表则指向基类的实现。这确保了即使使用基类的指针或引用，也能正
确地调用到派生类的函数实现。

动态绑定的魅力在于它为 C++ 程序提供了极大的灵活性和可扩展性。开发者可以定义通用的接口
（即包含虚函数的基类），然后通过派生类来扩展功能，而不需要修改现有的代码。这符合开闭原则
（open-closed principle），即软件实体应该对扩展开放，对修改关闭。

此外，动态绑定使得代码更加模块化，更易于理解和维护。开发者可以在不影响使用基类接口的
前提下，添加或修改派生类的行为。

虚函数的调用原理如图 2-2 所示。

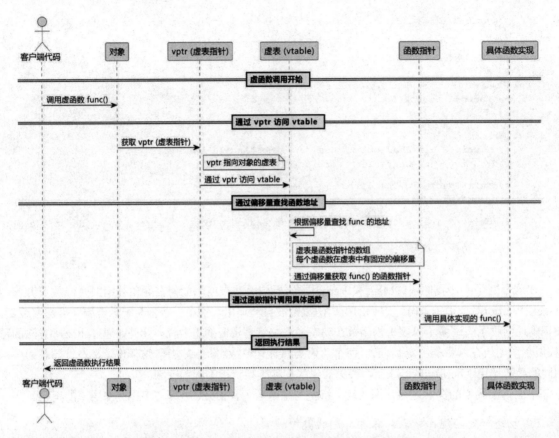

图 2-2　虚函数的调用原理图

当客户端代码调用对象的虚函数（func()）时，对象通过自己的虚函数指针（vptr）访问虚函数表（vtable），从中获取func()的地址，然后使用这个地址调用正确的函数。这就是动态绑定的过程，它确保了在运行时能够根据对象的实际类型调用正确的函数，而不是在编译时就固定下来。这种机制使得多态成为可能。

2.4.2.2　静态多态：编译器的魔法

静态多态是一种发生在编译时的魔法，通过模板和函数重载实现，允许代码根据参数的类型或数量在编译时决定具体调用哪个函数。想象一下，作为一个魔术师，你的魔法书（模板）可以根据所选的魔法材料（参数类型）变出不同的魔法（函数实现）。由于静态多态不依赖运行时类型信息，因此提供了更优的性能。这是泛型编程的基石，增强了代码的灵活性和可复用性。

本部分将重点探讨函数重载和运算符重载，这两种机制是C++实现静态多态的关键，而模板这一提升代码泛用性和灵活性的强大工具将在后续章节详细介绍。

1. 函数重载

1）基本概念

在C++中，函数重载体现了静态多态性，允许开发者定义具有相同名称但参数列表不同的函数。这增强了语言的表达力，并体现了C++对代码效率、灵活性及可维护性的重视。函数重载使得开发者可以根据不同场景选择合适的函数实现，展示了选择的力量。此外，重载支持代码复用，提高了可预测性和透明度，并强调接口与实现的分离，允许优化内部实现而不改变外部接口。

在实际应用中，理解函数重载的原理和适用场景是至关重要的。它允许同一个函数名根据输入参数的不同展现出不同的行为，增强了语言的灵活性和表达力。Bjarne Stroustrup曾强调：程序员在简洁性与复杂性之间的选择非常关键。函数重载正是这种设计哲学的体现，它是语言功能性和多态性的关键组成部分。

2）条件和原理

函数重载在C++中的成功实现依赖于两个关键条件：相同的函数名称和不同的参数列表。这背后的原理涉及编译器如何在多个重载版本间做出选择，这是理解和正确应用函数重载的基础。

首先，相同的函数名称意味着重载的函数共享同一标识符，但可以根据参数的类型、数量或顺序来执行不同的任务。这种设计使得开发者能够用统一的接口执行相关但可能不同的操作，提升了代码的可读性和易用性。

其次，参数列表的差异确保了即使函数名相同，但只要参数的类型、数量或顺序有所不同，函数就被视为不同的实体。编译器利用这些差异来区分并选择适当的函数进行调用。

编译器在遇到函数调用时会进行重载解析，以决定调用哪个函数版本。这个过程包括检查调用的参数，并与所有可用的重载函数进行匹配，以确定哪个函数的参数列表最适合当前的调用。核心在于找到"最佳匹配"，编译器会依据参数类型的匹配度、所需的隐式类型转换数量及其质量来确定最合适的函数。

通过这种方式，函数重载不仅简化了多功能方法的实现，还通过提供清晰且精确的代码执行路径，优化了程序的整体结构和性能。

3）重载决议

在C++中，重载决议（或重载解析）是一个编译时的过程，用于在多个重载函数存在时确定应调用哪一个。这个过程关键地考虑了函数的签名，包括名称、参数类型、数量和顺序。编译器通过比较调用处的参数与各重载函数的参数列表进行决策，从而确保调用的准确性和效率。

（1）候选函数的筛选

在这一阶段中，编译器像图书管理员筛选书籍一样，基于函数名和参数数量，筛选出所有潜在匹配的函数作为候选。这个初步筛选阶段不涉及参数类型的深入匹配，只是确认有哪些函数可能被调用。如果没有函数符合这些最基本的条件，将导致编译错误。

（2）最佳匹配函数的选择

在候选函数确定后，编译器进入一个更精细的选择阶段，这时要考虑参数的类型，包括精确匹配、隐式类型转换和模板参数推导。编译器运用复杂的算法权衡各种匹配程度，找出最佳匹配。如果多个函数都符合，但没有明确的最佳选择，则会导致二义性错误。

重载决议的流程如图2-3所示。

图2-3展示了重载决议从开始到结束的全部流程：

① 收集候选者：编译器首先收集所有同名的函数。

② 筛选匹配的候选者：筛选所有候选者，寻找匹配的函数。

③ 精确匹配：如果存在精确匹配的函数，则选择该函数。

④ 默认参数匹配：如果没有精确匹配，则检查是否可以通过提供默认参数来匹配。

⑤ 类型转换匹配：如果默认参数也不能匹配，则尝试通过类型转换来匹配。

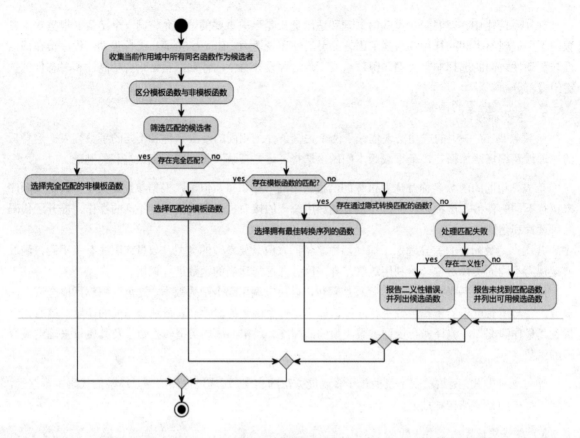

图 2-3   重载决议流程

⑥ 处理配失败：如果以上方法都不能找到匹配的函数，就处理匹配失败的情况。

- 二义性错误：如果存在多个函数都可以匹配，但没有明确的最佳选择，就报告二义性错误。
- 未找到匹配函数：如果没有任何一个函数能匹配实参，就报告未找到匹配函数的错误。

通过这一过程，编译器确保最适合当前调用的函数被选择，就像图书管理员帮助我们在几本书中找到最符合我们需求的那一本。

（3）辅助编译器进行重载决议

为了辅助编译器有效进行重载决议，我们可以采用策略来优化代码，提高其清晰度和编译效率。以下是一些实用建议：

- 提供更精确的函数重载声明：通过为不同类型的参数精心设计独立的函数重载，可以帮助编译器更容易地做出正确的决策。在可能的情况下，考虑为特定的函数行为使用不同的函数名，以明确函数的意图和用途。
- 使用explicit关键字防止隐式类型转换：在函数声明或类构造函数中使用explicit关键字，可以禁止编译器进行不必要的或意料之外的隐式类型转换。这一措施有助于避免由于隐式转换引起的二义性，提高了代码的可读性和安全性。
- 利用命名空间组织代码：将函数合理地组织进不同的命名空间内，可以有效避免不同库或模块间的命名冲突。这种做法不仅有助于减少编译器在处理重载决议时的歧义，还提升了代码的模块化和易理解性。

- 限制默认参数的使用：尽管默认参数为函数调用提供了便利，但它们可能会增加重载解析的复杂性。因此，建议适度使用默认参数，并在设计函数接口时仔细考虑它对重载决议的影响。
- 合理应用函数模板：通过函数模板，可以在减少代码冗余的同时，为不同数据类型提供通用的函数实现。恰当使用模板可以简化函数的重载需求，降低编译器的负担。
- 避免不必要的函数重载：在某些情况下，通过代码重构或接口设计优化，可以减少对函数重载的需求。评估是否真正需要多个重载版本，并探索是否有更简洁的方法来实现相同的功能。

通过实施这些策略，开发者不仅能够辅助编译器进行高效的重载决议，还能提升代码的整体质量和可维护性。

（4）重载决议优先级

表2-9详细说明了C++中函数重载决议的优先级，从最高优先级到最低优先级排序。

表2-9　重载决议优先级

优　先　级	包含的内容	示　　例
精确匹配	不做类型转换，直接匹配	void func(int); 调用func(5);
微不足道的转换	从数组名到数组指针、从函数名到指向函数的指针、从非const类型到const类型	void func(const int*); 调用 int arr[10]; func(arr);
类型提升后匹配	整型提升：从bool、char、short提升为int	void func(int); 调用func('a');
	小数提升：从float提升为double	void func(double); 调用func(3.14f);
使用自动类型转换后匹配	整型转换：从较小整型到较大整型，反之则不是	void func(long); 调用func(10);
	小数转换：从double到float	void func(float); 调用func(3.14159);
	整数和小数转换：整数类型与小数类型之间的转换	void func(double); 调用func(10);
	指针转换：从特定类型指针到void指针	void func(void*); 调用int* ip; func(ip);

C++标准要求编译器按照从高到低的顺序搜索重载函数：首先是精确匹配，接着是类型提升，最后是类型转换。这种有序的搜索过程确保了最合适的函数被选中，从而避免了潜在的二义性。

4）函数重载与编译器

函数重载与编译器的关系是核心的，因为编译器负责处理重载函数的选择过程。理解这一关系对于高效使用函数重载至关重要。当编译器遇到一个函数调用时，首先会识别函数名，并在当前作用域内查找所有同名的函数声明。这一查找过程涉及参数列表的考量，以区分不同的重载函数，从而确定哪个版本与提供的参数最匹配。

编译器处理函数重载的主要技术是名称修饰（name mangling），它是一种将参数类型信息附加到函数名上来生成唯一名称的机制，用于区分不同的重载版本。这意味着，即便两个函数在源代码中名称相同，它们编译后的二进制级别的名称也是不同的，从而确保了调用的准确性。

以GCC为例，它具体实现名称修饰的方式是将函数名称与参数类型结合，生成独特的标识符。例如，void display(int)和void display(double)分别被转换为_Z7displayi和_Z7displayd。其中，"_Z"是矫正前缀，"7"表示函数名display由7个字符组成，后面的"i"和"d"分别代表参数类型int和double。

名称修饰不仅确保了函数的唯一标识，还影响链接器解析不同的函数重载。GCC中名称修饰的具体实现可以在其源码文件"gcc/cp/mangle.c"中找到，了解这些细节有助于深入理解编译器如何处理不同的重载函数。

编译器还会优化重载解析过程，以缩短编译时间并提升运行时效率。这包括缓存先前的解析结果、使用高效算法匹配函数调用与候选项，以及优化代码以减少不必要的重载调用。

理解函数重载如何与编译器互动至关重要，它使开发者能更好地设计函数，避免重载解析中的常见陷阱。编译器的这一角色不仅技术性强，还深刻影响代码的可读性、可维护性和性能。因此，在编写重载函数时，应充分考虑这些因素。

完成对函数重载的深入探讨后，将转向C++的另一重要特性——运算符重载。运算符重载扩展了静态多态的概念，允许我们为自定义数据类型重新定义标准运算符的行为。这样的能力不仅丰富了语言的表现力，还让自定义类型的操作变得直观和自然，仿佛它们是内置类型。

2. 运算符重载

运算符重载允许程序员为自定义数据类型提供直观、自然的操作方式，这是为了实现C++设计哲学的两核心原则——一致性和直观性。通过运算符重载，我们可以对自定义类型使用标准运算符，如加法（+）、减法（-）或比较（==），使得这些类型在语法和行为上与内置类型无异。

在C++中，运算符重载的目的远不止于简化代码或增强可读性，它深植于语言的设计理念之中，旨在提供强大的抽象能力，允许开发者创造出可以像内置类型那样自然使用的自定义数据类型。这种能力极大地提升了语言的表达力，使得复杂的概念和操作可以用简洁、直观的方式表达。

例如，在实现一个复数类时，通过重载加法运算符，我们可以直接使用它来表示复数间的加法，这不仅使得代码更加直观，也更接近数学中的原始表达方式。通过提供更自然的语法和增强代码的可读性，运算符重载使得自定义类型的行为更符合直觉，更容易被理解和使用。通过这种方式，运算符重载成为C++语言中静态多态性的重要组成部分，展现了语言设计的深邃思考和对开发者需求的深刻理解。

1）运算符重载的分类

在C++中，运算符重载是一个强大的特性，它允许开发者为自定义数据类型定义运算符的操作。这种特性可以分为以下几个主要类别：

- 一元运算符重载：针对只需要一个操作数的运算符，如递增（++）、递减（--）和取反（!）等。这种重载使得对单一对象的操作更加直观和简洁。
- 二元运算符重载：用于需要两个操作数的运算符，如加法（+）、减法（-）和乘法（*）等。通过这种重载，可以定义两个自定义类型对象的交互，或自定义类型与内置类型的交互。
- 特殊运算符重载：包括赋值运算符（=）重载，它对对象的生命周期管理至关重要；输入和输出流运算符（>>和<<）重载，这对于定义自定义类型如何与标准输入和输出进行交互非常重要。

某些运算符如作用域解析（::）、成员访问（.）、成员指针访问（.*）和条件（?:）运算符不能被重载，因为它们在语言中具有特殊的意义和用途。此外，C++也不允许开发者定义新的运算符，这是语言设计中为保持核心语法的一致性和清晰性而做出的限制。

表2-10从多个角度总结和对比了C++中不同类型运算符重载的使用场景和表现形式。

表2-10   不同类型运算符重载的使用场景和表现形式

运算符类型	运　算　符	重载能力	说　　明	使用场景示例
一元运算符	++	可重载	递增运算符，增加对象的值	实现自定义类型的递增操作
	--	可重载	递减运算符，减少对象的值	实现自定义类型的递减操作
	!	可重载	逻辑非运算符，反转对象的布尔值	重载自定义类型的逻辑反操作，用于条件判断

（续表）

运算符类型	运　算　符	重载能力	说　　明	使用场景示例
二元运算符	+	可重载	加法运算符，合并两个对象的值	重载以实现自定义类型对象间的加法运算
	−	可重载	减法运算符，计算两个对象之间的差值	重载以实现自定义类型对象间的减法运算
	*	可重载	乘法运算符，计算两个对象的乘积	重载以实现自定义类型对象间的乘法运算
	/	可重载	除法运算符，计算两个对象的商	重载以实现自定义类型对象间的除法运算
	==	可重载	等于运算符，判断两个对象是否相等	重载以实现自定义类型对象间的等价比较
	<	可重载	小于运算符，判断一个对象是否小于另一个对象	重载以实现自定义类型对象间的大小比较
特殊运算符	=	可重载	赋值运算符，将一个对象的值赋给另一个对象	重载以实现自定义类型的赋值操作，如深拷贝或移动赋值
	<<	可重载	插入运算符，用于输出流	重载以实现自定义类型的输出流格式化输出
	>>	可重载	提取运算符，用于输入流	重载以实现自定义类型的输入流处理，如格式化输入
不可重载运算符	::	不可重载	作用域解析运算符	用于指定命名空间中的变量或函数名称
	.	不可重载	成员访问运算符	用于访问对象的成员变量或成员函数
	.*	不可重载	指向成员的指针运算符	用于指针访问对象的成员
	?:	不可重载	条件运算符	用于表达基于条件的值选择

2）运算符重载的两种方式

在C++中，运算符重载可以通过两种方式实现：成员函数和非成员函数（通常是友元函数）。这两种方式各有其适用场景和特点，理解它们的区别和适用性对于设计合理的重载运算符至关重要。

（1）成员函数方式

当运算符重载作为类的成员函数时，它的第一个操作数隐式地绑定到调用它的对象上。这种方式适合那些操作涉及改变对象内部状态或需要访问对象的私有成员的情况。

【示例展示】

假设有一个Complex类代表复数，重载加法运算符作为成员函数可以直接访问和修改复数的实部和虚部。这种方式的定义如下：

```cpp
// 定义一个代表复数的Complex类
class Complex {
private:
    double real; // 存储复数的实部
    double imag; // 存储复数的虚部

public:
    // 构造函数，允许创建具有特定实部和虚部的复数
    Complex(double r, double i) : real(r), imag(i) {}
```

```
// 重载+运算符作为成员函数。它接收另一个Complex对象作为参数，并返回两个复数相加的结果
Complex operator+(const Complex& other) const {
    // 创建并返回一个新的Complex对象，其实部和虚部分别是当前对象(this指针指向的对象)
    // 和参数对象other的实部和虚部之和
    return Complex(this->real + other.real, this->imag + other.imag);
}

// 可选：添加一个显示函数，以便打印复数的值
void display() const {
    std::cout << real << " + " << imag << "i" << std::endl;
}
};
```

在这个例子中，重载的"+"运算符通过成员函数的方式实现。这个运算符接收一个Complex类型的参数other，并返回一个新的Complex对象，该对象的实部是调用对象和参数对象实部之和，虚部是调用对象和参数对象虚部之和。当使用"+"运算符对两个Complex对象进行操作时，实际上是调用了这个重载的运算符函数，它返回了一个新的Complex对象作为结果。

（2）非成员函数方式

非成员函数方式的运算符重载通常声明为类的友元函数，这样它们可以访问类的私有和受保护成员，同时它们的操作数都是显式传递的，没有隐式的this指针。这种方式特别适用于那些需要对称地处理两个操作数的情况。例如，当两个操作数的类型不同或者当操作不直接关联到对象状态的改变时。

【示例展示】

以下示例展示如何通过非成员函数（通常是友元函数）方式重载Complex类的"+"运算符。

```
#include <iostream>
// 定义Complex类
class Complex {
private:
    double real; // 复数的实部
    double imag; // 复数的虚部

public:
    // 构造函数，初始化复数的实部和虚部
    Complex(double r = 0.0, double i = 0.0) : real(r), imag(i) {}

    // 声明运算符重载函数为友元，使它可以访问私有成员
    friend Complex operator+(const Complex& lhs, const Complex& rhs);

    // 可选：实现一个显示函数来打印复数
    void display() const {
        std::cout << real << " + " << imag << "i" << std::endl;
    }
};

// 以非成员函数（友元函数）的形式实现+运算符重载
Complex operator+(const Complex& lhs, const Complex& rhs) {
    // 直接访问两个操作数的私有成员，计算它们的和
    return Complex(lhs.real + rhs.real, lhs.imag + rhs.imag);
}

// 主函数，用于演示如何使用重载的"+"运算符
int main() {
    Complex c1(5, 4), c2(2, 10), c3;

    // 使用重载的"+"运算符将两个复数相加
    c3 = c1 + c2;
```

```
    // 显示结果
    c3.display(); // 应输出: 7 + 14i

    return 0;
}
```

在这个例子中，我们通过以下几个步骤完成了非成员函数方式的运算符重载：

- 私有成员变量：real和imag分别用于存储复数的实部和虚部。
- 构造函数：允许在创建Complex对象时初始化它们的实部和虚部。
- 友元函数声明：将"operator+"函数声明为Complex类的友元，允许它访问类的私有和受保护成员。
- 友元函数实现：实现"operator+"函数，它接收两个Complex对象作为参数（lhs和rhs），直接访问并相加它们的实部和虚部，然后返回一个新的Complex对象作为结果。
- 显示函数：一个辅助的成员函数，用于打印复数对象的值，方便验证运算符重载的结果。

通过这种方式，运算符重载函数能够平等地处理两个操作数，并且不需要依赖任何一个对象的内部状态，从而在逻辑上提供了更大的灵活性和对称性。

选择哪种方式的关键在于理解运算符重载的语义需求和操作的对称性。成员函数方式侧重于表达操作与对象状态密切相关的行为，而非成员函数方式则在处理需要平等访问两个操作数的场景中更为合适。在实际应用中，应根据具体的操作特性和需求来决定使用哪种方式进行运算符重载。

3）运算符重载的规范、建议与技术限制

- 运算符重载不能改变运算符的优先级和结合性。
- 运算符重载不会改变运算符的用法，原来有几个操作数、操作数在左边还是在右边等，都不会改变。
- 运算符重载函数不能有默认的参数，否则会改变运算符操作数的个数，这显然是错误的。
- "<<"和">>"在iostream中被重载，才成为所谓的"流插入运算符"和"流提取运算符"。
- 类型的名字可以作为强制类型转换运算符，也可以被重载为类的成员函数。它使得对象被自动转换为某种类型。
- 运算符重载函数既可以作为类的成员函数，也可以作为全局函数。
- 运算符重载的实质是将运算符重载为一个函数，使用运算符的表达式就被解释为对重载函数的调用。
- 当运算符为全局函数时，函数的参数个数就是运算符的操作数个数，运算符的操作数就成为函数的实参。
- C++ 规定，箭头运算符（->）、下标运算符（[ ]）、函数调用运算符（( )）、赋值运算符（=）只能以成员函数的形式重载。

4）运算符重载实例

【示例展示】

以下是一个通过运算符重载实现字符串操作的自定义类型的示例。在这个示例中将演示如何为一个字符串包装类重载赋值运算符（=）、加法运算符（+）以及流插入运算符（<<），展示运算符重载在实现更复杂行为时的应用。

```cpp
#include <iostream>
#include <string>

// 定义一个字符串包装类
class MyString {
private:
    std::string data;

public:
    // 默认构造函数
    MyString() : data("") {}

    // 从std::string构造MyString的构造函数
    MyString(const std::string& str) : data(str) {}

    // 重载赋值运算符
    MyString& operator=(const MyString& other) {
        if (this != &other) { // 防止自赋值
            this->data = other.data;
        }
        return *this;
    }

    // 重载加法运算符，实现字符串连接
    MyString operator+(const MyString& other) const {
        return MyString(this->data + other.data);
    }

    // 友元函数，重载流插入运算符，用于输出MyString对象
    friend std::ostream& operator<<(std::ostream& out, const MyString& str) {
        out << str.data;
        return out;
    }
};

// 使用示例
int main() {
    MyString str1("Hello, ");
    MyString str2("World!");

    MyString str3 = str1 + str2; // 使用重载的加法运算符连接字符串
    std::cout << "Concatenated string: " << str3 << std::endl;

    MyString str4;
    str4 = str3; // 使用重载的赋值运算符
    std::cout << "Assigned string: " << str4 << std::endl;

    return 0;
}
```

在这个示例中：

- MyString类封装了std::string类型，提供了基本的字符串操作。
- 构造函数MyString(const std::string& str)允许从std::string创建MyString对象。
- 赋值运算符"operator="被重载以允许MyString对象之间的赋值。它检查自赋值，并只在对象不是自赋值时进行赋值操作。
- 加法运算符"operator+"被重载来实现MyString对象的字符串连接操作。
- 流插入运算符"<<"作为友元函数被重载，以便可以直接将MyString对象输出到标准输出流。

这个示例展示了运算符重载如何用于实现类似内置类型的自然操作，并在自定义类型中实现更加

复杂的行为。通过这样的重载，MyString 类的对象可以直观地使用赋值和加法运算，以及直接输出到流中，从而提高了代码的可读性和易用性。

【示例展示】

在实际编程中，某些时候我们可能需要重载类型转换运算符，以允许自定义类型的对象在需要时自动转换为其他类型。

```cpp
#include <iostream>
#include <string>

// 定义一个类，表示温度
class Temperature {
private:
    double degreesCelsius;

public:
    // 构造函数，初始化温度值
    Temperature(double degrees) : degreesCelsius(degrees) {}

    // 重载类型转换运算符，将Temperature对象转换为double类型
    operator double() const {
        return degreesCelsius;
    }

    // 重载类型转换运算符，将Temperature对象转换为std::string类型
    operator std::string() const {
        return std::to_string(degreesCelsius) + " °C";
    }

    // 友元函数，重载流插入运算符，用于输出Temperature对象
    friend std::ostream& operator<<(std::ostream& out, const Temperature& temp) {
        out << temp.degreesCelsius << " °C";
        return out;
    }
};

// 使用示例
int main() {
    Temperature temp(36.5);

    // 使用重载的类型转换运算符
    double tempInDouble = temp;              // 自动转换为double类型
    std::string tempInString = temp;         // 自动转换为std::string类型

    std::cout << "Temperature in double: " << tempInDouble << std::endl;
    std::cout << "Temperature in string: " << tempInString << std::endl;

    return 0;
}
```

在这个特殊情况示例中：

- Temperature 类表示温度，内部以摄氏度存储。
- 类中重载了类型转换运算符，允许 Temperature 对象自动转换为 double 和 std::string 类型。这种转换使得 Temperature 对象可以在不同上下文中灵活使用，提高了代码的通用性和可读性。

这个示例展示了运算符重载在特殊场景下的用法，即通过类型转换运算符的重载，实现了自定义类型到其他类型的隐式转换，使得类型在表达和使用上更加灵活和强大。然而，它们也可能引起潜在的问题，如意外的类型转换，这可能会导致代码难以理解和维护。

因此，虽然重载类型转换运算符是C++提供的一个强大工具，它在某些情况下确实非常有用，但建议谨慎使用。

- 明确性优于隐式性：自动类型转换可能会导致代码的行为不够明确，特别是在复杂的表达式中，很难立即看出发生了哪种类型转换。
- 潜在的性能影响：自动类型转换可能会引入意料之外的性能开销，因为它涉及复杂的构造和析构过程。
- 类型安全问题：过度使用或不当使用类型转换运算符可能会破坏类型系统的安全性，导致难以追踪的错误。

总的来说，重载类型转换运算符既可以视为特定情况下的解决方案，也可以在特殊设计中成为常见的做法，关键是要清楚地了解它带来的便利与潜在风险，确保它的使用符合设计目标和代码可维护性需求。

5）C++20的三向比较运算符的重载

C++20引入了一种新的比较运算符，称为"三向比较运算符"或"太空船运算符"，其符号为"<=>"。这个运算符提供了一种简化方式来同时比较两个值的相等性、小于和大于状态。这一特性旨在简化代码并改善性能，通过一次操作就能得到完整的比较结果。

（1）功能和用法

三向比较运算符返回一个名为std::strong_ordering、std::weak_ordering或std::partial_ordering的特殊类型，这些类型都是从 std::compare_three_way 派生的。它们可以表达小于、等于、大于3种状态。

- std::strong_ordering::less：表示左侧值小于右侧值。
- std::strong_ordering::equal：表示左侧值和右侧值相等。
- std::strong_ordering::greater：表示左侧值大于右侧值。

【示例展示】

考虑以下结构体Point，使用三向比较运算符来比较两个点。

```cpp
#include <compare>
#include <iostream>
struct Point {
    int x, y;

    auto operator<=>(const Point& other) const = default;  // 使用默认生成的比较
};

int main() {
    Point p1{1, 2};
    Point p2{1, 3};

    auto result = p1 <=> p2;

    if (result == std::strong_ordering::less) {
        std::cout << "p1 is less than p2";
    } else if (result == std::strong_ordering::equal) {
        std::cout << "p1 is equal to p2";
    } else if (result == std::strong_ordering::greater) {
        std::cout << "p1 is greater than p2";
    }
}
```

以上代码中，Point结构体包含两个成员变量：x和y，都是整数类型。结构体重载了三向比较运算符，使用默认方式生成。这意味着比较会按成员顺序进行：首先比较x，如果x相等，则比较y。这里的三向比较运算符返回一个std::strong_ordering类型的结果，表示两个对象的相对大小关系。

- p1 初始化为{1, 2}（即 x=1, y=2）。
- p2 初始化为{1, 3}（即 x=1, y=3）。

当使用p1 <=> p2进行比较时，首先比较它们的x值。因为p1.x和p2.x都是1，所以相等，比较进入下一步，比较y值。此时，p1.y是2，而p2.y是3，p1小于p2，因此result的值为std::strong_ordering::less。

在main函数中，根据result的值输出相应的信息。因此，最终输出将是"p1 is less than p2"，表示点p1在按先x后y的顺序比较时小于点p2。

当然，三向比较运算符在C++20中也可以用于运算符重载。这使得开发者能够为自定义类型定义一种自然的比较逻辑，通过一次比较即可判断出小于、等于或大于的关系。这种能力特别适用于那些需要经常进行排序或比较的数据结构。

（2）重载三向比较运算符

当重载三向比较运算符时，可以选择返回 std::strong_ordering、std::weak_ordering 或 std::partial_ordering，具体取决于类型是否总是可以完全排序。

- std::strong_ordering：适用于那些总是可以完全比较的类型。
- std::weak_ordering：适用于比较可能因等价元素的不同而不能完全比较的类型。
- std::partial_ordering：适用于可能不具有全序性的类型（如浮点数）。

【示例展示】
下面是一个简单的示例，展示如何为一个包含整数成员的类重载三向比较运算符。

```cpp
#include <iostream>
#include <compare>
class Widget {
public:
    int value;
    int priority;

    Widget(int v, int p) : value(v), priority(p) {}

    // 自定义三向比较运算符的逻辑
    auto operator<=>(const Widget& other) const {
        if (auto p = priority <=> other.priority; p != 0) {
            return p;                        // 如果优先级不同，根据优先级进行比较并返回结果
        }
        return value <=> other.value;    // 如果优先级相同，根据值进行比较并返回结果
    }
};

int main() {
    Widget w1(10, 2), w2(20, 1);

    auto result = w1 <=> w2;
    if (result < 0) {
        std::cout << "w1 is less important or has a lower value than w2";
    } else if (result == 0) {
        std::cout << "w1 is equal to w2";
    } else if (result > 0) {
```

```
        std::cout << "w1 is more important or has a higher value than w2";
    }
}
```

在这个示例中，我们使用"<=>"来定义Widget类的比较逻辑。此逻辑首先比较对象的priority成员。当使用"<=>"运算符比较两个int类型的priority成员时，结果的类型被自动推导为std::strong_ordering，因为整型比较总是提供一个全序比较结果。

如果priority的比较结果不为0（即它们不相等），则直接返回该结果，表示一个对象比另一个对象"更大"或"更小"。只有当两个对象的priority相等时，才会继续比较value成员。此处同样使用"<=>"比较int类型的value，结果也自动推导为std::strong_ordering。另外，我们不需要为每一种比较类型定义重载版本的比较运算符，只需定义一个三向比较运算符，根据成员变量的类型和比较逻辑选择合适的返回类型。例如，如果类包含浮点数，auto会选择返回std::partial_ordering。

这种方式确保了比较操作符的返回类型的一致性，并且符合特定的业务逻辑，即在priority相同的情况下，通过value的大小进一步区分对象的排序。

整体上，这种比较方法使得Widget类的实例比较操作不仅简洁、高效，还能确保对象间的比较遵循设定的"首先看优先级，然后是值"的逻辑，从而满足特定的业务需求，如将优先级较高的对象视为"更重要"或"更优先"。

（3）注意事项

重载三向比较运算符时有以下注意事项：

- 隐式重载"=="运算符：在C++20中，如果为类重载了"<=>"运算符，并且类中所有参与比较的成员重载了"=="运算符，那么"=="运算符将被隐式地重载。如果需要不同的比较逻辑，应显式重载"=="运算符。
- 支持全序关系：使用"<=>"运算符时，确保参与比较的数据类型支持全序关系。对于可能不具有全序特性的类型（如浮点数），应使用std::partial_ordering。
- 复杂类成员的手动实现：对于包含复杂成员变量的类，可能需要手动实现"<=>"运算符来确保正确的行为，尤其在类的成员变量比较复杂或者不直接支持"<=>"运算符时。

这些注意事项强调了在实现和使用三向比较运算符时需要考虑的关键点，以确保类型比较运算符的正确使用和实现。

2.4.3 综合案例：贯彻 C++多态思维

前面的内容探讨了C++中继承和多态的基础概念，揭示了它们在构建灵活和可扩展软件设计中的核心作用，特别是动态多态和静态多态这两种强大的机制，它们让我们能够通过基类指针或引用来操作派生类对象，以及通过模板和函数重载实现编译时多态。

然而，理解这些概念的真正价值不仅仅在于掌握它们的定义和工作原理，更重要的是能够将这些理论知识应用于解决实际编程中。多态性不仅是C++语言的一项基础特性，更是一种设计哲学，指导我们设计出既灵活又高效的系统——系统能够在不牺牲代码清晰度和可维护性的情况下，轻松适应未来的变化。

本节将通过几个精选的案例，展示如何在实际项目中应用这一哲学。无论是构建复杂的用户界面、开发具有丰富行为的游戏角色，还是设计一个灵活的插件架构系统，多态性都能使代码更加简洁、模块化，且易于扩展和维护。

通过这些案例，希望读者不仅能够加深对多态性的理解，还能够将这些理论知识转化为实践能力，在面对复杂的编程挑战时，能够更加自信和从容地应对。

1. 案例一：文件处理系统

1）背景

在现代软件开发中，处理不同类型的文件是一个常见需求。不同类型的文件（如文本文件、图像文件、音频文件等）需要不同的处理逻辑。为了设计一个既灵活又易于扩展的文件处理系统，可以利用C++的多态性来设计一个基于对象的框架。

2）目标

设计一个文件处理系统，该系统能够支持不同类型文件的读取、处理和保存。系统应该易于扩展，以便在未来添加新的文件类型处理器，而无须修改现有代码。

3）实现

- 定义一个基类FileHandler：这个基类定义了所有文件处理器都应遵循的接口，比如open()、read()、process()和save()方法。
- 创建派生类：对于每种文件类型，创建一个从FileHandler派生的类，如TextFileHandler、ImageFileHandler和AudioFileHandler。每个派生类都具体实现了基类中定义的操作。
- 利用动态多态：通过基类指针或引用，我们可以在运行时确定使用哪个派生类的实例来处理特定类型的文件。这允许系统在不直接依赖具体类的情况下，动态地处理不同类型的文件。

【示例展示】

```cpp
#include <iostream>
#include <vector>
#include <memory>

// 基类
class FileHandler {
public:
    virtual void open() = 0;
    virtual void read() = 0;
    virtual void process() = 0;
    virtual void save() = 0;
    virtual ~FileHandler() {}
};

// 派生类：文本文件处理
class TextFileHandler : public FileHandler {
public:
    void open() override { std::cout << "Opening text file.\n"; }
    void read() override { std::cout << "Reading text file.\n"; }
    void process() override { std::cout << "Processing text file.\n"; }
    void save() override { std::cout << "Saving text file.\n"; }
};

// 派生类：图像文件处理
class ImageFileHandler : public FileHandler {
public:
    void open() override { std::cout << "Opening image file.\n"; }
    void read() override { std::cout << "Reading image file.\n"; }
```

```
        void process() override { std::cout << "Processing image file.\n"; }
        void save() override { std::cout << "Saving image file.\n"; }
};

// 客户端代码
int main() {
    std::vector<std::unique_ptr<FileHandler>> handlers;
    handlers.push_back(std::make_unique<TextFileHandler>());
    handlers.push_back(std::make_unique<ImageFileHandler>());

    for(auto& handler : handlers) {
        handler->open();
        handler->read();
        handler->process();
        handler->save();
    }

    return 0;
}
```

这个案例展示了如何通过C++的多态性来设计一个灵活且易于扩展的文件处理系统。通过基类和派生类的架构，我们能够在不修改现有代码的情况下，轻松地添加对新文件类型的支持。这种设计方式不仅降低了系统的维护难度，也提高了其可扩展性和可复用性。

2. 案例二：图形渲染系统

1）背景

在图形应用程序中，经常需要渲染不同种类的图形对象，如圆形、矩形等。每种图形的渲染方式可能不同，例如，渲染矩形可能需要考虑边长和颜色，渲染圆形则需要考虑半径和颜色。为了设计一个既灵活又易于扩展的图形渲染系统，我们可以利用C++的模板和函数重载特性来实现静态多态。

2）目标

设计一个图形渲染系统，支持不同种类图形的渲染。系统应该易于扩展，允许未来添加新的图形种类，而无须修改现有代码。

3）实现

- 定义图形类：定义基本图形类，如Circle和Rectangle，每个类都有其特定的属性，如半径或边长和颜色。
- 使用函数重载：定义一个render()函数，为每种图形类型重载这个函数，以实现不同的渲染逻辑。
- 引入模板：如果有通用的处理逻辑，可以使用模板函数来处理那些共享相同接口的图形类型，从而减少代码重复。

【示例展示】

```
#include <iostream>
// 图形类定义
class Circle {
public:
    void draw() const { std::cout << "Drawing Circle\n"; }
};

class Rectangle {
public:
```

```cpp
    void draw() const { std::cout << "Drawing Rectangle\n"; }
};
// 函数重载示例
void render(const Circle& circle) {
    std::cout << "Rendering Circle\n";
    circle.draw();
}
void render(const Rectangle& rectangle) {
    std::cout << "Rendering Rectangle\n";
    rectangle.draw();
}
// 模板函数，用于处理可以绘制的任何对象
template<typename T>
void renderAny(T&& drawable) {
    std::cout << "Rendering using template function\n";
    drawable.draw();
}
int main() {
    Circle circle;
    Rectangle rectangle;

    render(circle);
    render(rectangle);

    // 使用模板函数
    renderAny(circle);
    renderAny(rectangle);

    return 0;
}
```

这个案例展示了如何利用C++的静态多态特性（模板和函数重载）来设计一个灵活且易于扩展的图形渲染系统。通过为每种图形类型提供特定的render()函数重载，我们能够在编译时确定使用哪种渲染逻辑。同时，模板函数renderAny()提供了一种通用的处理方式，进一步提高了代码的可复用性。这种设计方式不仅优化了性能（通过在编译时解析多态），也提高了系统的可扩展性和可维护性。

3. 案例三：可扩展的插件系统

1）背景

在许多应用程序中，插件系统是一种允许第三方开发者扩展应用功能的流行方式。一个有效的插件系统能够在不重新编译主应用的情况下，动态加载和卸载插件，同时还保持一定的性能效率。

2）目标

设计一个既灵活又高效的插件系统，支持动态加载不同的插件，每个插件可以执行特定的任务。系统应该允许易于添加新插件，并且在性能敏感的操作中优化调用。

3）实现

- 定义插件接口：使用抽象基类定义一个插件接口（动态多态），所有插件都必须实现这个接口。这为插件的动态加载提供了基础。
- 动态加载插件：在运行时通过插件接口动态加载和卸载插件，使用虚函数来调用每个插件特有的操作。

- **性能优化**：对于一些频繁调用且性能敏感的操作，考虑使用模板和内联函数（静态多态）来实现，以减少虚函数调用的开销。
- **权衡选择**：根据插件的具体任务和性能要求，决定使用动态多态还是静态多态。一般规则是，对于需要运行时决定行为的场景使用动态多态，对于编译时就能确定且频繁执行的操作使用静态多态。

【示例展示】

```cpp
#include <iostream>
#include <vector>
#include <memory>

// 插件接口
class PluginInterface {
public:
    virtual void execute() = 0;
    virtual ~PluginInterface() {}
};

// 插件实现示例
class ConcretePluginA : public PluginInterface {
public:
    void execute() override {
        std::cout << "Executing Plugin A\n";
    }
};

class ConcretePluginB : public PluginInterface {
public:
    void execute() override {
        std::cout << "Executing Plugin B\n";
    }
};

// 插件管理器
class PluginManager {
    std::vector<std::unique_ptr<PluginInterface>> plugins;
public:
    void loadPlugin(std::unique_ptr<PluginInterface> plugin) {
        plugins.push_back(std::move(plugin));
    }

    void executeAll() {
        for (auto& plugin : plugins) {
            plugin->execute(); // 动态多态
        }
    }

    // 静态多态的示例可能需要更复杂的场景来展示，这里省略
};

int main() {
    PluginManager manager;
    manager.loadPlugin(std::make_unique<ConcretePluginA>());
    manager.loadPlugin(std::make_unique<ConcretePluginB>());

    manager.executeAll();

    return 0;
}
```

4. 权衡选择

在设计插件系统时，开发者需要根据插件的功能、性能要求和使用场景来决定使用动态多态还是静态多态。动态多态提供了运行时的灵活性，适用于那些行为在编译时无法完全确定的场景。静态多态（如模板）则适用于那些可以在编译时确定行为，且对性能有较高要求的场景。

通过上述三个案例，读者应该能够理解如何在实际开发中根据不同的需求选择合适的多态实现方式，并理解动态多态和静态多态各自的优势和适用场景。这种权衡选择的能力是 C++ 设计哲学中非常重要的一部分，能够帮助开发者设计出既灵活又高效的系统。

2.4.4 小结：多态的艺术与实践

在我们的探索之旅中，我们已经深入了解了 C++ 中多态的强大力量，从基础的继承和动态多态到静态多态的精妙应用，再到通过案例学习如何在实际开发中灵活运用这些概念。正如心理学家卡尔·荣格所言："没有一个创造性的生活，个体就会失去很多可能的东西。"这句话同样适用于软件开发——没有多态性的灵活应用，我们的代码就会失去很多可能的优雅和力量。

1）案例回顾

通过三个精心挑选的案例，我们展示了多态性如何在不同的场景中发挥关键作用：

- 案例一展示了动态多态在文件处理系统中的应用，强调了在运行时处理多种类型对象的能力。
- 案例二展现了静态多态在图形渲染系统中的效率和灵活性，强调了编译时决策的力量。
- 案例三综合考虑了动态与静态多态在插件系统中的应用，引导读者思考如何根据不同需求选择合适的多态形式。

2）多态在 C++ 设计中的重要性

多态不仅是一种技术手段，更是一种设计哲学、一种思维方式。它鼓励我们设计出既灵活又可扩展的系统，使得代码能够适应未来的变化，而不是被初期设计所限制。通过多态，我们可以编写出更加抽象和解耦的代码，提高软件的质量和可维护性。

在面对实际项目时，需要根据项目的具体需求、性能考量以及未来的可扩展性来决定使用动态多态还是静态多态。这需要我们不仅仅掌握这些技术概念，还要理解它们背后的设计哲学和应用场景。如同在棋局中决定每一步的最佳着法，选择最适合当前场景的多态形式，是软件设计中的一门艺术。

3）向前看

我们看到，C++ 提供了丰富的语言特性来支持多态的应用，但如何有效地利用这些特性，还需要开发者具备深刻的理解和丰富的实践经验。建议每一位读者将这些知识应用到自己的项目中，不断探索和实践，发现多态的真正力量。

2.5 泛型的力量：模板编程哲学

本节进入泛型部分，介绍泛型的相关知识。

2.5.1 模板基础：泛化编程的入门

在 C++ 的学习旅途中，模板往往被视为一个充满神秘色彩的领域，令许多程序员望而生畏。有些人甚至会觉得模板过于抽象，难以驾驭，或者在平时的编程实践中找不到模板的用武之地，因此选择避而远之。然而，这种看法却未能认识到模板的真正潜能以及它们在现代C++编程中所占据的核心地位。

2.5.1.1　引入模板的初衷

在没有模板的岁月里，我们不得不为每一种数据类型编写重复的代码。例如，若要实现一个简易的数组排序函数，针对整数、浮点数、字符串等不同类型的数组，可能需要编写几乎一模一样的排序逻辑。这不仅导致代码冗余膨胀，而且一旦排序逻辑需要更新，就必须逐一进行修改。这不仅增加了出错的风险，也大大提高了维护的难度。

模板的引入，正是为了解决这种类型冗余和代码重复的问题。它使得我们可以编写一份泛化的代码，这份代码可以自适应任何类型，从而极大地提升了代码的可复用性和可维护性。更重要的是，模板让代码更加抽象，使得我们能够关注于算法和逻辑本身，而不是纠结于类型具体化的细节。

例如，通过模板可以创建一个通用的sort函数，它可以排序任何类型的容器，不论是整数数组还是字符串列表。这样一来，无论面对什么数据类型，都无须重写排序逻辑，直接使用这一通用函数即可。这不仅提升了开发效率，也使得代码更加简洁和易于理解。

现在，让我们从编写一个简单的排序模板函数开始，探索模板编程的基础。下面的示例将展示如何用模板将排序算法泛化，使它能够处理任意类型的数组。

【示例展示】

假设我们要对一个数组进行排序，传统的方法可能需要为整数数组、浮点数数组等编写多个排序函数。但是，使用模板，我们只需要编写一个通用的排序函数。以下是一个基本模板排序函数的示例。

```cpp
template <typename T>
void sort(T* array, int size) {
    for (int i = 0; i < size - 1; i++) {
        for (int j = 0; j < size - i - 1; j++) {
            if (array[j] > array[j + 1]) {
                T temp = array[j];
                array[j] = array[j + 1];
                array[j + 1] = temp;
            }
        }
    }
}
```

在这个函数中，template <typename T>是模板声明，表示这是一个模板函数。T是一个占位符类型，它在函数被调用时替换成实际的数据类型。这意味着我们可以用这个函数来排序任何类型的数组，只要这些类型支持比较操作（>）。

例如，使用这个sort模板函数排序整数数组和浮点数数组：

```cpp
int intArray[] = {5, 3, 2, 4, 1};
sort(intArray, 5);                // 对整数数组排序

float floatArray[] = {3.5, 2.1, 4.3, 1.0, 5.2};
sort(floatArray, 5);              // 对浮点数数组排序
```

这个例子展示了模板的强大之处：用一份代码处理不同类型的数据。这不仅减少了代码量，也使得维护和扩展变得更加简单和安全。

当然，模板的真正魅力不仅在于它能减少重复的代码，还在于它赋予了代码以前所未有的灵活性和表达力。通过实践这样一个简单的模板排序函数，我们不仅学会了如何利用C++的模板机制来处理

各种数据类型，更重要的是，这个过程揭示了泛型编程背后的核心理念：一套代码，无限可能。这既是一个极好的起点，也是激励我们深入挖掘C++模板和泛型编程世界的灵感之源。

另外，理解template和typename（或class，在模板定义中可以互换使用）对于深入掌握C++模板至关重要。这两个关键字是模板声明的基础，它们一起定义了模板的通用性和灵活性。

- template关键字：声明了随后的代码是模板代码。它告诉编译器，接下来的结构（可能是函数、类或方法）不是具体实现，而是一个模板，可以用来生成特定类型的实例。
- typename关键字：指定了一个类型参数，它是一个占位符，代表未来会传递给模板的具体类型。在模板定义中使用typename（或class）来声明一个泛型类型，使得模板能够处理多种数据类型。

理解这两个概念的关键在于，模板不是直接编译成可执行代码的，而是一种编译时的指令，用于生成特定类型的代码。当使用特定类型调用模板函数时，编译器会根据这个类型生成一个具体的实现版本，这个过程称为模板实例化。例如，在上面的sort函数示例中，当使用sort(intArray, 5)调用时，编译器会实例化一个处理int类型数组的sort函数版本；同理，调用sort(floatArray, 5)会生成一个处理float类型的版本。这就是泛型编程的魅力。

模板同样允许存在默认参数，我们可以在声明模板时为其类型参数指定默认值。这增加了模板的灵活性，允许使用者在调用模板时省略某些模板参数。例如，可以为一个函数模板指定默认的比较函数或为类模板提供默认的数据类型。

```cpp
template<typename T = int>
void print(T value = T()) {
    std::cout << value << std::endl;
}

int main() {
    print();           // 使用默认参数，输出默认构造的int值0
    print(27);         // 输出27
}
```

在这个例子中，print函数模板提供了一个默认的类型参数int，并为参数value提供了一个默认的初始值。

2.5.1.2　模板的种类

模板按行为可以分为函数模板和类模板。它们都是在编译时根据给定的类型自动生成具体代码的蓝图。

1. 函数模板

函数模板允许我们编写与数据类型无关的函数。这种函数可以用一种类型安全的方式应用于任意类型的数据，只要这些数据支持函数中使用的操作。之前的sort函数示例就是一个典型的函数模板，它可以对任何支持比较操作的数据类型的数组进行排序。

函数模板的基本语法如下：

```cpp
template <typename T>
void functionName(T parameter) {
    // 函数体
}
```

其中，typename T声明了一个类型参数T，在函数体中可以像使用普通类型一样使用它。

2. 类模板

类模板允许我们定义一套能够处理任何类型数据的类框架。这在创建通用数据结构（如链表、队列、栈等）时特别有用。与函数模板类似，类模板提供了一种机制，可以用来生成针对特定类型的类实例。

类模板的基本语法如下：

```cpp
template <typename T>
class ClassName {
public:
    ClassName(T param) : member(param) {}
    void memberFunction() {
        // 方法体
    }

private:
    T member;
};
```

其中，T代表了一个通用类型，我们可以在类的任何地方使用它。当创建类的实例时，如ClassName<int>或ClassName<string>，T将被替换为相应的类型。

理解函数模板和类模板的工作方式和用途，可以帮助开发者编写更高效、更易于维护的代码，并且在多种编程场景中实现高度的代码复用和抽象。

从设计哲学的角度来看，选择类模板还是函数模板取决于目标是增强代码的可复用性还是增强抽象和封装。如果目标是创建一个高度通用的算法，那么函数模板通常是最佳选择；如果需要构建一个能够存储任意类型元素并执行多种操作的数据结构，类模板则更加适合。

例如，如果我们不仅想要排序数组，还想在同一个结构中提供查找和删除元素的功能，那么可能需要定义一个类模板，这个类模板不仅实现排序，还可以包含查找和删除操作，以及可能的其他相关功能：

```cpp
template <typename T>
class SortedArray {
public:
    SortedArray() { /* ... */ }
    void sort() { /* ... 实现排序逻辑 ... */ }
    int find(T value) { /* ... 实现查找逻辑 ... */ }
    void remove(T value) { /* ... 实现删除逻辑 ... */ }

private:
    T* array;
    int size;
};
```

这个SortedArray类模板将提供一个更加丰富和封闭的环境，不仅仅限于排序，还可以进行查找和删除操作，使得整个数据结构更加完整、功能更加丰富。

通过上述讨论，希望读者能够根据自己的实际需求和设计目标，做出合理的选择，有效地使用C++的模板编程能力来构建灵活、高效的代码。

2.5.1.3　模板推导

在C++的世界里，模板推导就像一把钥匙，能够解锁代码潜在的通用性和灵活性。但这把钥匙并不总是那么容易理解或使用。

1. 初识模板推导

模板推导作为编译器的一种能力，允许我们在编写泛型代码时不必显式指定所有类型，从而大大增强了代码的灵活性和可复用性。假设我们有一个简单的函数模板，旨在返回两个参数中的最大值：

```
template<typename T>
T max(T a, T b) {
    return a > b ? a : b;
}
```

当调用max(3，7)时，编译器会如何行动呢？在这个阶段，编译器的任务是根据提供的整数参数，推导T为int类型。这一过程相当于编译器在解谜，只不过线索是函数调用中提供的参数类型。

2. 进阶理解：引用和cv-限定符

在模板推导过程中，处理引用和cv-限定符（即const和volatile）需要更细致的考量。让我们通过一个示例来深入探讨：

```
template<typename T>
void swap(T& a, T& b) {
    T temp = a;
    a = b;
    b = temp;
}
```

在这个swap函数模板中，参数T&指的是类型T的引用。当调用swap(x，y)（假设x和y都是int类型的变量）时，编译器需要进行如下推导：

- 首先，确定T的基本类型。由于x和y均为int类型，编译器将T推导为int。
- 接着，编译器识别到T&表示的是T类型的引用。因此，在函数内部，a和b实际上是int的引用，这使得在函数中对a和b的操作直接影响到原始变量x和y。

此外，如果引入常量限定符，如调用swap(const int& a, int& b)，情况将更为复杂。在这种情况下：

- 编译器必须处理const限定符，这意味着不能通过a修改其绑定的变量。
- 如果模板以"const T&"的形式接收参数，编译器将推导出T是const int，这反映了对传入参数的不可变承诺。

通过这种方式，模板推导不仅涉及类型本身，还涉及类型的修饰（如引用和cv-限定符），这对于编写能够正确处理各种类型输入的泛型代码至关重要。

3. 模板推导的边界

模板推导的边界指的是那些在推导过程中可能导致编译器无法正确推断模板参数类型或者导致程序行为不符合预期的情况。

理解这些边界条件对于编写健壮的模板代码至关重要。这些边界条件不仅反映了C++模板机制的复杂性，也展示了编程中的一些普遍挑战，比如类型不匹配、过度推导、特化与重载冲突等。下面将详细探讨这几种常见的模板推导边界情况及其解决策略。

1）类型不匹配

当函数模板被调用时，编译器会尝试根据提供的实参类型来推导模板参数的类型。如果实参类型之间存在不一致，将导致编译错误。

例如：

```
template<typename T>
void print(T a, T b) {
    std::cout << a << " " << b << std::endl;
}
// 调用
print(1, 2.5); // 错误：无法决定 T 的类型
```

在这个例子中，由于1是int类型，而2.5是double类型，编译器无法决定T应该是哪种类型。

针对类型不匹配，有以下两种解决策略：

- 使用重载或者特化来处理不同类型的情况。
- 引入更多的模板参数来允许不同类型的参数。

当然，针对这种情况，C++20还引入了std::type_identity元编程工具，它定义在<type_traits>头文件中。这个结构体模板提供了一个类型别名type，该别名直接表示模板参数T，即所谓的身份变换。std::type_identity的主要设计目的是创建一个非推导（non-deduced）上下文。在C++的模板参数推导过程中，编译器会尝试从函数调用中推导模板参数，然而，某些情况下我们可能希望阻止编译器对某些模板参数进行推导，这时std::type_identity 就显得非常有用。

【示例展示】

一个典型的应用场景是，在模板函数中明确指定某个参数的类型，而不是让编译器去推导。

```
#include <iostream>
#include <type_traits>

template<class T>
T foo(T a, T b) { return a + b; }

template<class T>
T bar(T a, std::type_identity_t<T> b) { return a + b; }

int main()
{
    // foo(4.2, 1); // 错误，T的类型推导冲突
    std::cout << bar(4.2, 1) << '\n';  // 正确，显式调用 bar<double>
}
```

在这个例子中，foo()函数调用会因为类型推导冲突（4.2是double 类型，而1是int类型）而出错。而在bar()函数中，第二个参数使用了std::type_identity_t<T>，阻止了对该参数的类型推导，允许我们明确地将b的类型指定为调用bar时T的类型（此例中为double），从而避免了类型推导的冲突。

通过使用std::type_identity，开发者可以更精确地控制模板参数的类型，避免不必要的类型错误，这在编写泛型代码或元编程库时尤为重要。

2）过度推导

过度推导是指编译器在模板推导过程中，由于模板定义过于泛化，导致推导结果不符合程序员的预期。

【示例展示】

```
template<typename T>
void process(T& data) {
    // 处理逻辑...
```

```
    }
    const int x = 10;
    process(x); // 错误：T 被推导为 const int，而非 int
```

这里，T被推导为const int，因为x是常量。这可能不是函数设计者预期的行为。

针对过度推导，有以下两种解决策略：

- 使用std::remove_const、std::remove_reference等类型特性来调整模板参数的类型。
- 明确指定模板参数，避免依赖推导。

3）特化与重载冲突

模板特化和函数重载是两种常用的代码多态性实现方式。然而，当这两者在同一作用域内混用时，可能会导致预期之外的函数调用解析结果，这种现象被称为"特化与重载冲突"。

【示例展示】

```cpp
#include <iostream>

// 泛型模板
template<typename T>
void foo(T t) { std::cout << "泛型版本\n"; }

// 特化模板版本针对 int 指针
template<>
void foo(int* t) { std::cout << "特化版本\n"; }

// 函数重载版本针对 void 指针
void foo(void* t) { std::cout << "重载版本\n"; }

int main() {
    int* p = nullptr;
    foo(p);  // 调用特化版本

    void* pv = nullptr;
    foo(pv);  // 调用重载版本
}
```

在这个例子中，调用 foo(p) 时，虽然 int* 同样适用于模板 void foo<T>(T t) 和重载 void foo(void* t)，但编译器优先选择了特化版本 void foo(int* t)，因为特化模板在类型匹配时提供了更精确的匹配。

当特化模板与函数重载同时存在时，编译器会根据以下规则进行选择：

- 如果存在直接匹配的特化模板版本，编译器将优先使用该特化版本。
- 如果没有直接匹配的特化模板，编译器则会考虑函数重载版本。

为了避免混淆和潜在的错误，推荐使用以下策略：

- 避免混用：尽量避免在相同的作用域中混用模板特化和函数重载。如果两者必须共存，确保逻辑上的一致性。
- 显式指定：在可能引发混淆的调用点使用显式模板参数调用，如 foo<int*>(p);，来确保调用的是预期中的模板特化版本。
- 文档说明：为所有的特化和重载函数提供详尽的文档说明，让使用者了解每个函数版本的用途和适用场景。

4）解决模板推导的边界问题

对于处理C++模板推导的边界问题，一个深入理解模板机制和精心设计的接口是至关重要的。下面将提供一些策略和编程技巧，帮助读者避开常见的陷阱，优化模板的设计和使用。

（1）利用SFINAE

SFINAE（Substitution Failure Is Not An Error，匹配失败不是错误）是C++中的一个核心概念，它使得在模板实例化过程中，若某个类型替换失败，该失败不会立即引发编译错误，而是允许编译器继续寻找其他可能的模板匹配。通过应用SFINAE，可以有效地排除那些不适合的模板重载或特化，从而避免编译错误和运行时行为的异常。

【示例展示】

```cpp
#include <iostream>
#include <type_traits>

// 用于整数类型的print函数模板
template<typename T, std::enable_if_t<std::is_integral<T>::value, int> = 0>
void print(T t) {
    std::cout << "Integral: " << t << std::endl;
}

// 用于浮点类型的print函数模板
template<typename T, std::enable_if_t<std::is_floating_point<T>::value, int> = 0>
void print(T t) {
    std::cout << "Floating point: " << t << std::endl;
}

int main() {
    print(9427);           // 应调用第一个模板，输出 "Integral: 9427"
    print(3.14);           // 应调用第二个模板，输出 "Floating point: 3.14"
    // print("hello");     // 如果取消注释此行，将导致编译错误，因为没有适合的模板匹配
}
```

在这个例子中，依据传入的参数是否为整数或浮点数，使用std::enable_if来启用或禁用特定的函数模板。这种做法确保了只有适合特定类型的参数的模板才会参与重载解析，增强了类型安全，并提高了代码的清晰度和可维护性。

（2）明确模板参数

在C++模板编程中，虽然模板参数的自动推导提供了极大的灵活性和便利性，但在复杂的应用场景下可能引发类型推导的不确定性或错误。在这些情况下，明确指定模板参数是一个简单而有效的解决方案。通过显式定义模板参数，可以避免由编译器的自动类型推导带来的潜在问题，确保代码的行为符合预期。

【示例展示】

```cpp
#include <iostream>

template<typename T>
void process(T data) {
    std::cout << "Processing data: " << data << std::endl;
}

int main() {
    process<int*>(nullptr);        // 明确指定模板参数为 int*
    process<double>(25.24);        // 明确指定模板参数为 double
}
```

　　在这个例子中，尽管传递给process函数的是nullptr和数值25.24，但通过明确指定模板参数int*和double，确保了函数模板process能够准确地识别和处理传入的参数类型。这种明确指定的做法在调用环境较为复杂或模板推导可能导致歧义的情况特别有用。

　　明确模板参数不仅提升了代码的可读性和可维护性，还增强了程序的健壮性，尤其是在涉及多重模板重载和特化的场景中。通过这种方式，开发者可以更精确地控制程序的行为，避免由于模板推导带来的意外错误。

　　（3）利用概念和约束

　　C++20引入了概念和约束，这些新特性为C++模板提供了一种强大的机制，以在编译时强制执行类型的接口要求和约束条件。概念允许开发者定义一个模板参数必须满足的特性，从而使得模板的使用更加安全和清晰。首先，我们可以直接使用C++标准库中提供的概念，如std::integral和std::floating_point，来简单而直接地约束模板参数类型。这种直接应用概念的方式提高了类型安全，同时增强了代码的可读性和可维护性。

【示例展示】

```cpp
#include <iostream>
#include <concepts>

template<std::integral T>
void print(T t) {
    std::cout << "Integral: " << t << std::endl;
}

template<std::floating_point T>
void print(T t) {
    std::cout << "Floating point: " << t << std::endl;
}

int main() {
    print(123);                    // 应调用整数模板，输出 "Integral: 123"
    print(3.14f);                  // 应调用浮点数模板，输出 "Floating point: 3.14"
    // print("text");              // 如果取消注释此行，将导致编译错误，因为没有适合的模板匹配
}
```

　　在这个例子中，使用了标准库中的概念来明确指定模板函数应接收的参数类型。通过定义明确的类型要求，概念确保了模板的实例化仅发生在满足特定条件的类型上，避免了类型推导中的错误和歧义。进一步地，我们可以利用更灵活的概念应用方式，如requires子句，来精细控制模板的实例化条件。

　　● 使用requires子句

　　requires子句允许在模板定义中加入更复杂的条件，这为模板的类型安全提供了更高层次的保障。例如，可以定义一个模板函数，它除了要求类型为数值类型外，还要求这些类型支持特定的数学运算。

【示例展示】

```cpp
#include <iostream>
#include <concepts>

template<typename T>
requires std::integral<T> || std::floating_point<T>
void printMath(T t) {
    std::cout << "Result: " << t * t << std::endl;        // 假设需要执行平方运算
}
int main() {
```

```
    printMath(5);                    // 输出: Result: 25
    printMath(3.14);                 // 输出: Result: 9.8596
    // printMath("text");            // 编译错误，因为"text"不满足integral或floating_point
}
```

在这里，requires子句确保了printMath只能被整数或浮点数调用，进一步强化了函数的专用性和安全性。

⊃   定义和使用自定义概念

自定义概念允许开发者根据特定的需求定义更具体的类型约束，从而提供了更大的灵活性。例如，如果我们需要一个模板函数来处理既可以进行算术运算又可以进行逻辑比较的数据类型，那么可以定义如下概念：

【示例展示】

```
#include <iostream>
#include <concepts>

template<typename T>
concept ArithmeticAndComparable = requires(T a, T b) {
    { a + b } -> std::convertible_to<T>;
    { a == b } -> std::convertible_to<bool>;
};

template<ArithmeticAndComparable T>
void advancedPrint(T a, T b) {
    if (a == b) {
        std::cout << "Equal: " << a << std::endl;
    } else {
        std::cout << "Sum: " << a + b << std::endl;
    }
}

int main() {
    advancedPrint(10, 10);           // 输出: Equal: 10
    advancedPrint(1.5, 2.5);         // 输出: Sum: 4
    // advancedPrint("a", "b");      // 编译错误，因为char类型不满足ArithmeticAndComparable
}
```

这个自定义概念ArithmeticAndComparable确保了类型T不仅支持算术运算，还支持等于比较。advancedPrint函数利用这一概念来提供更复杂的功能。

通过这些示例，可以看到概念和约束为模板编程带来的强大表达力和严格的类型检查，使得代码更健壮；并且允许开发者以声明的方式明确指出类型应具备的属性，从而在编译期就消除了很多潜在的运行时错误。这样的特性特别适用于需要处理多种数据类型且对类型安全性要求较高的复杂系统。

2.5.1.4 模板实例化

在C++中，模板实例化是将模板转换为具体代码的过程，这一过程对于理解模板的工作原理至关重要。掌握这些概念有助于开发者有效地管理和优化模板代码，特别是在面对复杂项目时。

1. 实例化的概念

当编译器遇到模板定义时，并不会立即生成代码，它会等到模板被实际使用时才进行所谓的"实例化"过程。在这个过程中，编译器将模板参数替换为具体的类型或值，根据模板定义生成具体的实现代码。

假设有一个简单的模板函数：

```
template<typename T>
void print(const T& value) {
    std::cout << value << std::endl;
}
```

当调用print<int>(5);时，编译器会根据模板定义和传递的模板参数int，生成如下的实例化代码：

```
void print(const int& value) {
    std::cout << value << std::endl;
}
```

这个过程就是模板实例化。编译器根据模板定义和实际传递的参数，生成了一个具体的函数实现。

2. 显式实例化与隐式实例化

模板的实例化分为两种类型：显式实例化和隐式实例化。

- 显式实例化：允许程序员直接告诉编译器为特定类型生成模板实例，而不是等到模板被实际使用时才生成。这通过使用template关键字后跟模板声明来完成。显式实例化的主要优点是控制——它允许程序员精确控制模板实例的生成时间和位置。这对于减少编译时间和管理模板实例化导致的代码膨胀可能很有用。
- 隐式实例化：发生在模板被实际使用时，编译器自动为所需的具体类型生成模板实例。这是最常见的模板实例化方式，因为它不需要程序员进行额外的声明。例如，当调用一个函数模板时，编译器会根据调用中提供的参数类型，自动生成这个函数模板的一个具体实例。

在C++模板实例化中，大多数情况下会采用默认的隐式实例化，因为它提供了足够的灵活性和自动化，无须显式指定每一个类型实例。编译器会根据代码中的实际使用情况自动生成模板实例，使代码更加简洁和易于管理。显式实例化通常用于特定情况，例如需要确保模板实例只被生成一次，以减少编译时间和二进制大小。它还可以解决模板引起的链接错误，并优化编译性能，特别是当某些特定类型被频繁使用时。然而，这需要更多的手动管理和预见性，可能增加实现的复杂性。

3. 实例化过程中的问题及优化

我们需要明确的是，虽然模板为C++程序提供了极大的灵活性和表达能力，但这些优点并非没有成本。模板实例化过程中常见的问题包括代码膨胀和编译时间增长。以下是针对这些问题的优化策略。

1）限制模板实例的类型

策略描述：有意识地限制模板参数的类型数量，只为必要的类型实例化模板。

应用方式：通过文档和API设计指导用户使用预定义的类型集，减少不必要的模板实例化。

2）使用显式实例化

策略描述：利用显式实例化声明告诉编译器仅为特定类型生成模板代码，避免在每个使用点进行隐式实例化。

应用方式：在实现文件中对常用的模板实例类型进行显式实例化，而在头文件中仅提供模板声明。这样，所有使用相同类型的模板实例都会复用相同的代码，减少了编译器的工作量。

3）分离接口和实现

策略描述：将模板的定义（接口）与实现分离，在头文件中提供模板声明，在实现文件中定义模板实现，并进行显式实例化。

应用方式：这种策略允许编译器在多个编译单元中复用模板的实例化结果，减少了重复编译模板实现的需要。

4）优化模板设计

策略描述：优化模板的设计，以减少不必要的模板参数和代码路径，使用非类型模板参数和默认模板参数减少模板的复杂度。

应用方式：设计时考虑模板的通用性和特殊性，避免创建过于通用的模板，专注于解决具体问题。

5）使用前向声明

策略描述：尽可能使用模板的前向声明，减少头文件的包含。

应用方式：在不需要知道模板完整定义的地方，仅提供模板声明，以减少编译依赖和编译时间。

通过实施这些策略，可以有效管理模板实例化过程中的问题，优化编译时间和可执行文件大小，同时保持代码的灵活性和表达力。

4. 模板实例化的过程

模板实例化的过程如图2-4所示。

① 模板定义识别：编译器首次遇到模板定义时，不会立即生成代码，而是记录模板的结构和参数。这一步确保了模板的每个实例化请求都能够基于准确和完整的信息进行处理。

② 模板实例化请求：当源代码中出现具体的模板使用（如函数调用或类型声明）时，编译器根据提供的模板实参发起实例化请求。这标志着编译器准备根据模板定义和实参生成特定的代码实例。

③ 模板参数替换：在这一步中，编译器将模板定义中的参数替换为实例化请求中的具体实参。这包括类型参数及非类型参数的替换，为生成特定于请求的代码做准备。

④ 代码生成：参数替换完成后，编译器生成相应的代码。对于类模板，这意味着为特定类型生成类的所有成员函数和成员变量；对于函数模板，则是为给定参数生成具体的函数实现。

⑤ 识别唯一实例和解决外部依赖：在链接阶段，编译器需要确保每个模板实例在最终程序中只有唯一的定义，并解决所有外部依赖问题，包括确保对外部模板函数或类的正确引用。

⑥ 地址重定位：由于模板实例可能在多个编译单元中使用，因此编译器在链接过程中还需处理这些实例的地址，确保它们在最终的可执行文件中被正确引用和定位。

通过这一连串的步骤，模板代码最终被转换和链接为可执行文件的一部分。这个过程不仅展示了编译器如何处理泛型编程的复杂性，还体现了C++模板技术的强大能力，使得开发者能够编写出既灵活又高效的代码。

5. 正确的模板编程方式

在C++中，非模板类的声明和定义通常是分开放置的，但这种做法对模板并不适用。

如果我们按常规编程方式处理模板，将出现链接错误，例如以下的Stack类。

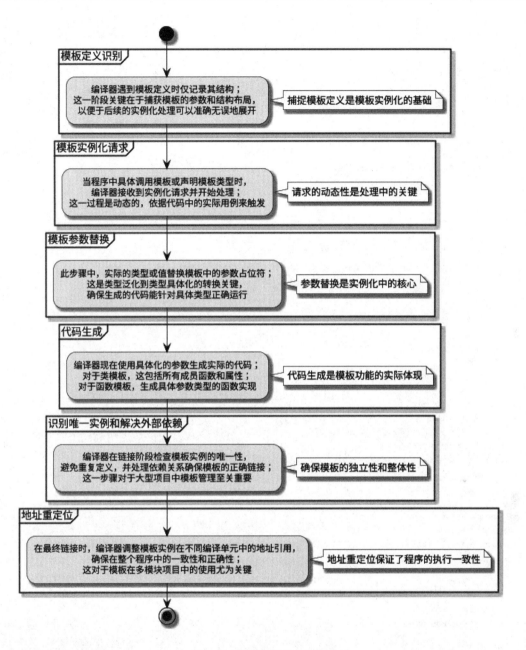

图 2-4　模板实例化的过程

1）错误示例

文件组织如下：

- Stack.h: 头文件，包含模板类的声明。
- Stack.cpp: 源文件，尝试包含模板定义。
- main.cpp: 主程序文件，使用Stack模板类。

Stack.h的内容如下：

```
#ifndef STACK_H
#define STACK_H
```

```
#include <vector>
#include <cassert>

template<typename T>
class Stack {
private:
    std::vector<T> elems;   // 使用vector来存储栈元素
public:
    void push(const T& item);
    T pop();
    const T& top() const;
     bool empty() const;
};

#endif // STACK_H
```

Stack.cpp的内容如下（不推荐在.cpp文件中定义模板类）：

```
#include "Stack.h"

template<typename T>
void Stack<T>::push(const T& item) {
    elems.push_back(item);
}
template<typename T>
T Stack<T>::pop() {
    assert(!elems.empty());
    T item = elems.back();
    elems.pop_back();
    return item;
}
template<typename T>
const T& Stack<T>::top() const {
    assert(!elems.empty());
    return elems.back();
}
template<typename T>
bool Stack<T>::empty() const {
    return elems.empty();
}
```

main.cpp的内容如下：

```
#include "Stack.h"
#include <iostream>

int main() {
    Stack<int> intStack;   // 创建一个int类型的栈

    intStack.push(10);
    intStack.push(20);
    intStack.push(30);

    while (!intStack.empty()) {
        std::cout << "Top element: " << intStack.top() << std::endl;
        intStack.pop();
    }

    return 0;
}
```

2）链接错误的产生

由于Stack.cpp中的模板定义不会被其他编译单元看到，因此在main.cpp中使用Stack<int>时，编译器无法找到对应的实例化定义，从而导致链接错误。

```
/usr/bin/ld: CMakeFiles/apps.dir/main.cpp.o: in function `main':
main.cpp:(.text+0x3f): undefined reference to `Stack<int>::push(int const&)'
/usr/bin/ld: main.cpp:(.text+0x4b): undefined reference to `Stack<int>::pop()'
```

3）解决模板链接错误的策略

（1）策略一：在头文件中定义模板

这是最常用的解决方案，确保模板的定义对所有使用它的编译单元可见：

```cpp
#ifndef STACK_H
#define STACK_H

#include <vector>
#include <cassert>

template<typename T>
class Stack {
private:
    std::vector<T> elems;                   // 使用vector来存储栈元素

public:
    void push(const T& elem) {
        elems.push_back(elem);              // 将元素添加到向量的末尾
    }

    T pop() {
        assert(!elems.empty());             // 确保栈不为空
        T elem = elems.back();              // 获取向量的最后一个元素
        elems.pop_back();                   // 移除向量的最后一个元素
        return elem;                        // 返回被弹出的元素
    }

    const T& top() const {
        assert(!elems.empty());             // 确保栈不为空
        return elems.back();                // 返回向量的最后一个元素
    }

    bool empty() const {
        return elems.empty();               // 返回栈是否为空
    }
};

#endif // STACK_H
```

（2）策略二：显式模板实例化

如果非要将实现放在.cpp文件中，可以在Stack.cpp中完成所有定义，并在所有定义之后进行模板的显式实例化。

```cpp
//...保持原有内容
template class Stack<int>;
```

这样，编译器在编译Stack.cpp时会为int类型生成所有模板函数的实例化定义，避免链接错误。

显式模板实例化虽然解决了链接问题，但它限制了模板的灵活性，因为必须预先决定哪些类型将被实例化。这种方法适用于已知类型集合的情况，但减少了模板用于未预见类型的能力。

（3）策略三：包含模板定义的头文件

这种方法通常用于模板类定义比较复杂的情况，或者为了提高代码可读性而将模板的实现从声明中分离出来。通过这种方式，可以将模板的声明和定义分别放在不同的头文件中，并通过包括实现头文件来确保模板的完整定义在编译时可用。

文件组织如下：

- Stack.h: 头文件，包含模板类的声明。
- Stack_impl.h: 头文件，包含模板类的实现。

Stack.h的内容如下：

```cpp
#ifndef STACK_H
#define STACK_H

#include <vector>
template<typename T>
class Stack {
private:
    std::vector<T> elems;  // 使用vector来存储栈元素
public:
    void push(const T& item);
    T pop();
    const T& top() const;
    bool empty() const;

};
#include "stack_impl.h"

#endif // STACK_H
```

Stack_impl.h头文件包含了Stack模板类的所有成员函数的实现：

```cpp
// 注意，这里不再需要重复模板类声明
#include <cassert>
template<typename T>
void Stack<T>::push(const T& item) {
    elems.push_back(item);
}
template<typename T>
T Stack<T>::pop() {
    assert(!elems.empty());
    T item = elems.back();
    elems.pop_back();
    return item;
}
template<typename T>
const T& Stack<T>::top() const {
    assert(!elems.empty());
    return elems.back();
}
template<typename T>
bool Stack<T>::empty() const {
    return elems.empty();
}
```

这种策略的优点与缺点如下：

优点：通过分离声明和实现，这种方法可以提高代码的可读性和可维护性。同时，由于实现包含在声明的头文件中，确保了在任何使用模板的地方，模板的完整定义都是可用的，从而避免了链接错误。

缺点：每次模板实现发生变化时，都要求项目的所有消费者都重新编译。此外，如果模板实现非常庞大，可能会导致编译时间显著增加。

通过这种方式，可以有效地在大型项目中保持代码组织清晰的同时，避免因模板实例化而导致的链接错误。这种策略适用于模板类比较复杂，或者希望隐藏模板定义细节，只暴露接口的情况。

（4）探讨编译器和链接器对模板的处理方式

当编译器遇到一个#include指令时，它会查找指定的头文件，并将其内容直接插入源代码中。这就是所谓的预处理阶段。这意味着头文件中的所有内容（包括模板的定义）都会被复制到每个包含它的源文件中。这就是为什么我们通常在头文件中定义模板。因为模板是在编译时实例化的，编译器需要看到模板的完整定义才能生成模板实例。如果模板的定义在.cpp文件中，那么编译器就无法在其他.cpp文件中看到模板的定义，从而无法生成模板实例。

链接器的任务是将多个编译单元（通常是.cpp文件）合并成一个可执行文件。在这个过程中，链接器需要解决符号的引用问题，也就是找到每个符号的定义。

对于模板实例来说，情况就比较复杂。因为模板实例的代码可能在多个编译单元中都有，所以链接器需要决定使用哪一个。这种选择过程称为"模板实例的唯一化"，其中链接器保留一个实例，丢弃其他重复的实例以避免代码冗余。然而，这个过程有一个前提，那就是链接器能够找到模板实例的代码。如果模板的定义在.cpp文件中，那么链接器就无法在其他.cpp文件中找到模板实例的代码，从而导致链接错误。这就是为什么我们不能使用常规编程布局进行模板编程。

2.5.2 模板的高级应用与技巧：掌握泛型编程的精髓

在C++的宏伟世界中，模板不仅是构建高效、类型安全的代码的基石，更是通往深度定制和性能优化圣地的神奇钥匙。

随着技术的发展，模板已经从最初的模板函数和类模板演化出了更加复杂且强大的形式，但与这些技术的强大能力相伴的，是它们的复杂性和陡峭的学习曲线。许多C++程序员在掌握基础之后，可能会对如何进一步利用模板技术感到迷茫。本节将带领读者深入探索"C++模板的高级应用和技巧"，揭开模板特化与偏特化的神秘面纱，探寻模板元编程的无限可能，理解模板在资源管理中的巧妙运用，并掌握利用if constexpr进行高效的编译时决策的方法。

无论你是初探模板奥妙的新手，还是寻求更深层次理解的资深开发者，本文都将为你开启一个新视角，帮助你更好地理解和运用C++模板的强大功能。

1. 模板特化与偏特化

在深入探索模板编程的奥秘之旅中，模板特化与偏特化是两个绕不开的概念，它们为模板编程提供了更高层次的灵活性和精确控制。

1）模板特化的魔力

模板特化是C++中一种机制，允许开发者为模板定义特定条件下的特殊实现。当模板参数满足某些特定条件时，编译器会选择这个特化版本而非通用模板，从而实现更为精细的控制。这种能力使得模板不仅是一个泛化工具，更成为一种强大的、能够根据上下文进行自我调整的编程构造。

2）特化的应用场景

- 性能优化：对于性能敏感的应用，特定类型的特化可以提供更为高效的算法实现。
- 特定行为：某些类型可能需要与通用实现截然不同的特殊处理方式。
- 增加类型安全：通过特化，可以为特定类型添加编译时检查，增强程序的稳定性和可靠性。

3）偏特化的艺术

偏特化是指对模板的一部分参数进行特化，而不是全部。这种技术在类模板中尤为常见，它允许开发者根据特定的参数类型组合来调整模板的行为。

通过偏特化，我们可以创建更为灵活的模板，这些模板能够根据不同的类型约束提供不同的实现。这不仅增加了模板的适用性，还使得代码更加模块化和易于管理。

4）特化与偏特化的实例

假设我们正在开发一个图形渲染库，其中需要处理不同类型的图形数据。我们的目标是创建一个通用的Renderer模板类，它可以根据图形数据类型的不同，应用最合适的渲染策略。我们将使用模板特化和偏特化来实现这一目标。

```cpp
#include <iostream>
#include <vector>

// 通用的Renderer模板
template<typename T>
class Renderer {
public:
    void render(const T& data) {
        std::cout << "Rendering generic data." << std::endl;
    }
};

// 特化版本，专为 std::vector<int> 类型设计
template<>
class Renderer<std::vector<int>> {
public:
    void render(const std::vector<int>& data) {
        std::cout << "Optimized rendering for vector<int>." << std::endl;
        for (int i : data) {
            std::cout << "Data: " << i << std::endl;
        }
    }
};

// 偏特化版本，适用于所有类型的 std::vector
template<typename T>
class Renderer<std::vector<T>> {
public:
    void render(const std::vector<T>& data) {
        std::cout << "Rendering vector of any type." << std::endl;
        for (const T& item : data) {
            Renderer<T> itemRenderer;
            itemRenderer.render(item);
        }
    }
};
```

接下来添加一个main函数，用于演示如何使用这些模板：

```
int main() {
    // 使用通用模板
    Renderer<double> genericRenderer;
    genericRenderer.render(3.14159);

    // 使用特化的Renderer模板，针对 std::vector<int>
    Renderer<std::vector<int>> specializedRenderer;
    std::vector<int> intData = {1, 2, 3, 4, 5};
    specializedRenderer.render(intData);

    // 使用偏特化的Renderer模板，针对 std::vector<double>
    Renderer<std::vector<double>> partialSpecializedRenderer;
    std::vector<double> doubleData = {1.1, 2.2, 3.3};
    partialSpecializedRenderer.render(doubleData);

    return 0;
}
```

在这个main函数中，我们创建了三种不同类型的Renderer实例：

- 一个通用的Renderer实例，用于渲染单个double类型的数据。
- 一个特化的Renderer实例，用于优化渲染std::vector<int>。
- 一个偏特化的Renderer实例，用于处理包含任何类型的std::vector，示例中为std::vector<double>。

编译并运行这段代码，将看到每种类型的渲染方法都按预期工作，展示了模板特化和偏特化的强大功能。这样的结构不仅使代码更加灵活，而且提高了程序的效率。

2. 模板元编程

1）模板元编程简介

在C++中，模板本身是一种强大的特性，允许程序员编写与数据类型无关的代码。模板元编程进一步扩展了这一概念，它是一种利用C++模板来执行编译时计算的技术，使得模板不仅可以根据不同类型生成精确匹配的代码，还能在编译时解决复杂的算法问题。这意味着很多计算可以在程序运行前完成，在程序运行时就不需要进行这些计算。模板元编程不仅可以增强代码的灵活性和可复用性，而且在很多情况下能够提升程序的执行效率。

模板元编程的主要用途包括：

- 编译时计算：计算常量表达式，如数学运算、数组大小或者复杂的条件逻辑。
- 代码生成和优化：根据不同的编译时条件动态生成优化的代码路径。
- 类型推导和校验：在编译时进行类型的推导和校验，确保代码的安全性和正确性。
- 反射和自省：虽然C++不直接支持运行时反射，但模板元编程可以在一定程度上模拟这些特性，例如自动注册工厂或接口的实现。

2）编译时计算的基础

编译时计算是模板元编程中最基本也是最核心的功能之一，它利用模板的特性在编译阶段完成计算，从而在程序运行时减少必要的计算负担，提升整体性能。

在传统的编程中，循环和递归是常用的构造复杂逻辑和算法的手段。在模板元编程中，由于需要在编译时解决问题，因此通常利用模板的递归来模拟循环计算。模板递归主要是通过模板的特化来实现递归的终止条件，而递归本身则在模板的一般形式中进行。

【示例展示】

我们可以编写一个模板元函数在编译时计算斐波那契数列中的第*N*个数。斐波那契数列是一个经典的数学序列，序列的前两个数是0和1，此后的每个数是前两个数的和。

```cpp
#include <iostream>

// 模板元函数计算斐波那契数
template <int N>
struct Fibonacci {
    static const int value = Fibonacci<N - 1>::value + Fibonacci<N - 2>::value;
};

// 特化斐波那契数列的前两项
template <>
struct Fibonacci<0> {
    static const int value = 0;
};

template <>
struct Fibonacci<1> {
    static const int value = 1;
};

int main() {
    // 输出第10项斐波那契数
    std::cout << "Fibonacci 10: " << Fibonacci<10>::value << std::endl;
    return 0;
}
```

在这个示例中，Fibonacci<N>结构体通过递归地引用自身，来计算斐波那契数列中的第*N*项。它利用模板特化来定义递归的基本情况，即数列的第0项和第1项。在main函数中，我们实例化Fibonacci<10>，其 value 属性在编译时就已经被计算出来了。这种方式确保了计算的结果是一个编译时常量，不涉及任何运行时计算。这是模板元编程的一大优势，特别适用于需要预计算的场景。

3）高级模板技巧和元函数及其实际应用

下面继续深入探索模板元编程，介绍一些更高级的模板技巧和元函数，并展示它们在实际应用中的具体例子。这些高级技术可以帮助开发者构建更复杂的编译时逻辑，从而提高代码的效率和灵活性。

（1）编译时数据结构

在模板元编程中，我们可以利用模板来创建编译时数据结构，如编译时链表、元组和映射。这些数据结构在编译时就已经确定下来，而不是在程序运行时动态生成。这种方法可以提高程序的性能，因为它消除了运行时数据结构管理的开销，并且确保了类型安全（因为所有的类型检查和结构的构建都在编译时期完成）。

【示例展示】

下面是一个示例，展示如何使用模板和递归定义来构建一个编译时的类型链表（Typelist）：

```cpp
// 定义一个编译时的类型链表结构
template <typename Head, typename Tail>
struct Typelist {
    using head = Head;  // 当前节点存储的类型
    using tail = Tail;  // 链表的下一部分，也是一个 Typelist 或 NullType
};
```

```cpp
// 定义一个特殊的类型表示链表的结束
struct NullType {};

// 构造一个类型链表
using MyTypes = Typelist<int, Typelist<char, Typelist<double, NullType>>>;

// 用于访问和打印 Typelist 中的类型信息
#include <iostream>
#include <typeinfo>

// 递归遍历 Typelist 并打印类型信息
template <typename List>
void printTypelist() {
    std::cout << typeid(typename List::head).name() << " -> ";
    printTypelist<typename List::tail>();
}

// 特化用于结束递归的情况
template <>
void printTypelist<NullType>() {
    std::cout << "NullType" << std::endl;
}

int main() {
    std::cout << "Typelist contains types: ";
    printTypelist<MyTypes>();
    return 0;
}
```

在这个示例中，Typelist是一个模板结构体，用来定义编译时的链表。链表的每个节点存储一个类型作为头部，并通过tail指向链表的下一部分。特化的 NullType 表示链表的结束。

在main函数中，我们构造了一个MyTypes类型的链表，包含int、char和double类型，然后递归地遍历这个链表并打印出每个类型的名称（返回的类型名是编译器按内部规则生成的，可能是缩写）。这个过程完全在编译时完成，程序运行时仅执行打印操作。

通过这种方式，我们可以在编译时处理类型相关的逻辑，使得程序更加高效且类型安全。

（2）编译时算法

利用模板，我们可以实现各种编译时算法，如排序、搜索和转换等。这些算法完全在编译时执行，因此运行时不再需要计算开销。

【示例展示】

以下示例展示编译时冒泡排序。首先需要使用C++的模板元编程构建一个类型列表，然后实现一个编译时冒泡排序算法来对这个类型列表进行排序，最后通过一个打印函数来展示排序的结果。

```cpp
#include <iostream>
#include <type_traits>
// 定义一个基本的类型列表节点
template<int H, typename T = void>
struct Typelist {
    static constexpr int value = H;
    using rest = T;
};
// 类型列表的结束标记
using NullType = void;

// 打印类型列表
template <typename List>
```

```cpp
    void printTypelist() {
        if constexpr (!std::is_same_v<List, NullType>) {
            std::cout << List::value << " -> ";
            printTypelist<typename List::rest>();
        } else {
            std::cout << "End of List" << std::endl;
        }
    }

// 冒泡排序的单次迭代，比较头两个元素，如果需要，则交换它们
template<typename List>
struct BubbleSortStep;

// 两个元素以及后续列表
template<int H1, int H2, typename Rest>
struct BubbleSortStep<Typelist<H1, Typelist<H2, Rest>>> {
    using type = std::conditional_t<
        (H1 <= H2),
        Typelist<H1, typename BubbleSortStep<Typelist<H2, Rest>>::type>,
        Typelist<H2, typename BubbleSortStep<Typelist<H1, Rest>>::type>
    >;
};

// 只有一个元素或没有元素时的处理
template<int H>
struct BubbleSortStep<Typelist<H, NullType>> {
    using type = Typelist<H, NullType>;
};

template<>
struct BubbleSortStep<NullType> {
    using type = NullType;
};

// 冒泡排序的完整逻辑，持续应用BubbleSortStep，直到列表完全排序
template<typename List, unsigned N>
struct BubbleSort {
    using sorted_tail = typename BubbleSort<typename BubbleSortStep<List>::type,
N-1>::type;
    using type = typename BubbleSortStep<sorted_tail>::type;
};

template<typename List>
struct BubbleSort<List, 1> {
    using type = List;
};

template<typename List>
struct BubbleSort<List, 0> {
    using type = List;
};

int main() {
    std::cout << "Sorted types: ";
    printTypelist<BubbleSort<Typelist<3, Typelist<1, Typelist<2, Typelist<8, Typelist<5,
Typelist<4, NullType>>>>>>, 6>::type>();
    return 0;
}
```

在这个代码示例中：

- Typelist结构定义了一个类型列表，其中value是当前节点的值，rest是指向下一个节点的类型。

- BubbleSortStep模板结构对列表中的前两个元素进行比较，并根据条件交换它们的位置。
- BubbleSort递归应用BubbleSortStep，直到整个列表排序完毕。
- 在主函数中，初始化一个类型列表并调用printTypelist来显示排序后的结果。

3. 模板与资源管理

1）模板在资源管理中的应用

资源管理是现代C++编程中的一个关键主题，确保资源（如内存、文件句柄和网络连接）得到正确和高效的管理。模板在这里扮演了至关重要的角色，特别是在实现智能指针和容器类时，它们是资源管理的两大支柱。

（1）智能指针

智能指针是利用模板实现的一种工具，用于自动化内存管理，从而减少内存泄漏和指针相关错误。C++标准库提供了几种智能指针，如std::unique_ptr、std::shared_ptr和std::weak_ptr。它们都利用模板机制提供了一种自动管理内存的方法，保证了在对象不再被需要时能够自动释放其所占用的资源。

- std::unique_ptr：保持对某个对象的唯一所有权。当std::unique_ptr被销毁（例如，离开其作用域）时，它会自动删除其指向的对象。这种智能指针是避免资源泄漏的强有力工具，特别适用于需要确保资源仅由一个所有者管理的场景。
- std::shared_ptr：通过引用计数机制实现对象的共享所有权。多个std::shared_ptr实例可以指向同一个对象，该对象仅在最后一个引用被销毁时才会被释放。std::shared_ptr适用于资源需要在多个所有者之间共享的情况。
- std::weak_ptr：是一种不控制对象生命周期的智能指针，用于解决由std::shared_ptr导致的循环引用问题。std::weak_ptr允许访问由std::shared_ptr管理的对象，而不影响该对象的引用计数。

【示例展示】

std::unique_ptr的定义和使用如下：

```cpp
#include <memory>

template<class T>
class unique_ptr {
    // 实现细节
};

void function() {
    std::unique_ptr<int> ptr(new int(10));
    // 当ptr离开作用域时，它所指向的内存会被自动释放
}
```

这个例子展示了如何使用std::unique_ptr自动管理动态分配的内存，从而防止内存泄漏。

（2）容器类

容器类如std::vector、std::list和std::map等，是C++标准库中广泛使用模板的另一例子。这些容器不仅能够存储任意类型的对象，还管理着对象的生命周期，并提供高效的数据操作方法。

【示例展示】

std::vector是一个动态数组，可以根据需要自动调整大小，并可以存储任意类型的元素。

```
#include <vector>

template<class T, class Allocator = std::allocator<T>>
class vector {
    // 实现细节
};

void function() {
    std::vector<int> numbers;
    numbers.push_back(10);
    numbers.push_back(20);
    // numbers 现在包含两个元素：10 和 20
}
```

这个例子展示了std::vector如何为开发者提供灵活且高效的数组操作功能。

2）利用模板实现高效的内存管理

使用模板编程的优势在于它为C++开发者提供了一种灵活而强大的方式来封装和应用复杂的内存管理逻辑，同时保持代码的通用性和可复用性。模板使得开发者能够编写可配置的组件，这些组件可以在不牺牲性能的前提下，适应不同的数据类型和使用场景。

（1）自定义内存分配器的应用

内存分配器是一个支持内存分配和释放操作的对象，它定义了一套接口，标准库容器通过这些接口与内存分配器交互。内存分配器模板通常至少需要实现以下功能：

- 分配内存块。
- 释放内存块。
- 构造对象。
- 析构对象。

内存分配器的一个重要优势是它的高度自定义性。开发者可以根据具体的应用需求设计内存分配器，无论是为了优化性能，还是为了更好地管理资源。例如，一个针对图形处理的应用可能会频繁地创建和销毁大量的小对象，使用标准的内存分配器可能会导致效率低下和内存碎片。在这种情况下，一个定制的内存分配器通过预先分配一个大的内存块并从中分配小块，可以显著提高性能。

通过掌握模板编程和自定义内存分配器的使用，C++开发者可以在保证类型安全和代码效率的同时，灵活地应对各种内存管理挑战。

【示例展示】

假设我们要为特定类型的对象频繁的分配和释放操作优化内存使用，这时使用一个内存分配器可以减少内存碎片并提高性能。以下是一个简化的内存分配器实现示例。

```
#include <memory>
#include <vector>
#include <iostream>

// 自定义内存分配器
template<typename T>
class MemoryPoolAllocator {
public:
    using value_type = T;

    // 分配内存块：分配n个T类型的对象所需的内存
    T* allocate(std::size_t n) {
```

```
        std::cout << "Allocating " << n << " objects of size " << sizeof(T) << std::endl;
        return static_cast<T*>(::operator new(n * sizeof(T)));  // 使用全局new运算符分配足
够的原始内存
    }

    // 释放内存块：释放先前分配的内存
    void deallocate(T* p, std::size_t n) {
        std::cout << "Deallocating " << n << " objects of size " << sizeof(T) << std::endl;
        ::operator delete(p);  // 使用全局delete运算符释放内存
    }

    // 构造对象：在已分配的内存上构造对象
    template<typename U, typename... Args>
    void construct(U* p, Args&&... args) {
        new (p) U(std::forward<Args>(args)...);  // 使用定位new表达式在原始内存上构造对象
    }

    // 析构对象：调用对象的析构函数
    template<typename U>
    void destroy(U* p) {
        p->~U();  // 显式调用析构函数
    }
};
// 使用自定义内存分配器的std::vector示例
int main() {
    std::vector<int, MemoryPoolAllocator<int>> myVector;

    // 向vector中添加元素，这将触发MemoryPoolAllocator的构造函数和分配器逻辑
    myVector.push_back(10);
    myVector.push_back(20);
}
```

在这个例子中，MemoryPoolAllocator定义了一个简单的内存分配器，它通过重载allocate和deallocate方法来控制内存的分配和释放。虽然这个示例并未实现一个真正的内存池（为简洁起见），但它展示了自定义分配器的基本框架。在实际应用中，可以在这个基础上实现更复杂的内存管理策略，如使用自由列表或其他技术来复用和管理内存块，从而提高内存使用效率和性能。

（2）性能优化措施

为了进一步提升性能，我们可以采取一系列优化措施，它们不仅优化了内存使用效率，还有助于提高整体应用程序的性能和响应速度。具体的优化措施包括：

- 减少内存分配和释放的开销：通过预先分配大块内存，快速分配和回收小块内存，减少系统调用和对象创建与销毁成本。
- 减少内存碎片：采用固定大小的内存块或按类型优化内存布局，提高内存使用效率，保证访问速度的一致性。
- 针对特定场景优化内存使用：根据应用的具体内存使用模式，设计针对性强的内存分配策略，如图像处理或科学计算中对象生命周期的高度预测性。
- 提高并发性能：实现线程安全的内存管理或采用无锁技术，为每个线程提供专用的内存区域，避免锁的开销和线程间竞争。

4. 编译时决策：if constexpr

前面探讨了模板特化与偏特化、模板元编程以及模板在资源管理中的应用。这些技术都在C++模板编程中发挥了关键作用，允许开发者编写出更高效、灵活且功能强大的代码。接下来，将介绍一个

强大的C++17特性——if constexpr，它为编译时决策提供了更为简洁和直接的方法。

if constexpr是C++17中引入的一种条件编译语句，它可以根据模板参数做编译时决策，而不必依赖于传统的SFINAE技术或复杂的模板特化逻辑。这一特性允许程序员编写出依据模板参数变化而动态调整的代码逻辑。

相比传统的模板特化，if constexpr的使用大幅简化了代码的复杂度。例如，在模板特化中，我们可能需要为每一种类型或条件编写完全不同的模板定义，而通过使用if constexpr，可以在同一个函数或模板中处理多个条件，显著减少了代码重复，并提高代码的可读性和可维护性。

1）全特化与if constexpr的比较

全特化用于处理单一的具体类型或值，而使用if constexpr可以在一个函数内部根据类型条件编译出不同的执行路径，从而避免创建多个特化版本。例如：

```cpp
template<typename T>
void print(T x) {
    if constexpr (std::is_integral<T>::value) {
        std::cout << "整数: " << x << std::endl;
    } else {
        std::cout << "非整数: " << x << std::endl;
    }
}
```

这个函数模板利用if constexpr根据类型条件进行编译，减少了需要编写的特化数量。

2）偏特化与if constexpr的局限

偏特化涉及更为复杂的类型条件，如模板的一部分参数固定，另一部分保持通用。例如，有一个模板类用于处理数组，我们希望对特定类型的数组进行优化。在这种情况下，使用if constexpr在类模板中实现可能不太直接或清晰：

```cpp
template<typename T, int N>
class Array {
public:
    T data[N];

    void fill(T value) {
        if constexpr (std::is_integral<T>::value && N > 10) {
            // 为大型整数数组优化
            std::fill_n(data, N, value);
        } else {
            // 默认处理方式
            for (int i = 0; i < N; ++i) {
                data[i] = value;
            }
        }
    }
};
```

尽管if constexpr能处理一些简单的偏特化场景，但它不如直接使用偏特化那样能在模板类的设计中提供清晰的结构分离和代码组织。因此，if constexpr主要适合用在函数模板中简化全特化。而对于更复杂的偏特化场景，直接使用模板偏特化通常是更好的选择。

5. 模板构造函数的特殊性与应用

在C++的模板编程中，构造函数模板提供了构造类实例时的灵活性和强大的类型适应能力。然而，特定类型的构造函数模板，如拷贝构造函数模板和移动构造函数模板，存在一些特殊的规则和限制，这些是每位使用模板的程序员必须理解的。

1）拷贝构造函数模板的局限性

拷贝构造函数模板虽然看起来可以增加泛型编程的灵活性，但在C++中，它们从不被视为真正的拷贝构造函数。这是因为标准的拷贝构造函数要求参数是一个非模板的、类型精确匹配的常量引用。即使拷贝构造函数模板能够接收一个到同类对象的引用，编译器也不会将它视为标准拷贝构造函数。这意味着在对象的拷贝操作中，编译器会优先选择非模板的拷贝构造函数，或者在没有提供非模板拷贝构造函数的情况下生成默认的拷贝构造函数。

2）移动构造函数模板的特性

与拷贝构造函数模板类似，移动构造函数模板也不会被视为真正的移动构造函数。真正的移动构造函数接收一个到自己类类型的右值引用，形如 MyClass(MyClass&&)。即使模板构造函数形如 template<typename T> MyClass(T&&)，能够接受任何类型的右值，但它仍然不满足作为移动构造函数的标准定义。这一点对于保证类的移动语义至关重要，尤其在涉及性能优化和资源管理的上下文中。

3）理解和应用

理解这些特性对于设计和使用模板的类至关重要，它们不仅影响到类实例的初始化方式，还关系到资源的有效管理和程序的性能。当定义模板类时，应明确提供标准的拷贝和移动构造函数，以确保类的行为符合预期，同时还可以通过构造函数模板提供更广泛的类型兼容性和灵活性。

2.5.3　模板与设计：构筑高效且可复用的代码结构

在C++的模板编程领域中，模板不仅是一种语言特性，更是一种强大的设计工具。它提供了一种方式，让我们能够在不牺牲性能的前提下，实现高度的代码抽象和复用。在设计层面，模板使得我们能够将算法、数据结构和其他功能以泛型的形式定义，使它们能够适用于各种模式。

2.5.3.1　利用模板实现设计模式

设计模式是解决常见软件设计问题的最佳实践。C++的模板让我们能够以类型安全和高效的方式实现这些模式。例如：

- 工厂模式：通过模板，可以创建一个通用的工厂类，它能够生成任何类型的对象，而不需要为每种类型编写专门的工厂。
- 单例模式：利用模板，可以设计一个单例模式的实现，它能够确保对于任何给定的类型，全局只有一个实例存在。

1. 利用模板实现工厂模式

在C++中，模板可以用来实现高度通用的工厂模式，允许我们在运行时决定创建哪种类型的对象。

【示例展示】

我们可以定义一个模板化的工厂类，它通过接收特定的类型参数来创建相应类型的对象。

```
#include <memory>
#include <map>
#include <string>
#include <functional>
```

```cpp
// 基础产品类
class Product {
public:
    virtual void operation() = 0;
    virtual ~Product() {}
};

// 具体产品类
class ConcreteProductA : public Product {
public:
    void operation() override {
        // 具体操作
    }
};

class ConcreteProductB : public Product {
public:
    void operation() override {
        // 具体操作
    }
};

// 模板化的工厂类
class Factory {
private:
    std::map<std::string, std::function<Product*()>> registry;

public:
    template<typename T>
    void registerProduct(const std::string& key) {
        registry[key] = [] { return new T(); };
    }

    Product* create(const std::string& key) {
        if (registry.find(key) != registry.end()) {
            return registry[key]();
        }
        return nullptr;
    }
};

// 使用示例
int main() {
    Factory factory;

    // 注册产品类型
    factory.registerProduct<ConcreteProductA>("ProductA");
    factory.registerProduct<ConcreteProductB>("ProductB");

    // 创建产品对象
    Product* productA = factory.create("ProductA");
    Product* productB = factory.create("ProductB");

    // 使用产品
    productA->operation();
    productB->operation();

    delete productA;
    delete productB;
}
```

在这个例子中，Factory类使用模板方法registerProduct来注册产品类型。这个方法接收一个类型参数T，它代表了要生成的产品类型，并将类型名称和创建函数存储在一个映射中。在需要创建对象时，工厂使用这个映射来查找并创建正确类型的对象。

2. 利用模板实现单例模式

单例模式是一种确保类只有一个实例，并提供一个全局访问点来获取这个实例的设计模式。

【示例展示】

创建一个模板化的单例类，它可以为任何类型提供单一实例的保证。

```cpp
#include <mutex>

template <typename T>
class Singleton {
public:
    Singleton(const Singleton&) = delete;
    Singleton& operator=(const Singleton&) = delete;

    static T& instance() {
        static T instance;
        return instance;
    }

protected:
    Singleton() {}
    ~Singleton() {}
};

// 使用示例
class MySingletonClass : public Singleton<MySingletonClass> {
    friend class Singleton<MySingletonClass>; // 允许Singleton访问私有构造函数
public:
    void operation() {
        // 执行操作
    }

protected:
    MySingletonClass() {}
};

int main() {
    MySingletonClass& singletonInstance = MySingletonClass::instance();
    singletonInstance.operation();
}
```

在这个例子中，Singleton模板类定义了一个instance静态方法，该方法保证了对于任何T类型，其实例在程序中只会被创建一次。通过将构造函数和析构函数设为保护，防止外部直接创建或销毁Singleton类的实例。

模板在C++中扮演着关键角色，特别是在设计模式的实现上。它们不仅提升了代码的通用性和灵活性，也确保了类型安全，使得设计模式（如工厂模式和单例模式）能够更加简洁且易于维护。

通过模板实现设计模式，将为C++程序员开启更多的可能性，无论是增强现有项目的灵活性，还是提升个人的编程技能。这无疑是提升软件开发效率和创新性的有效途径。

2.5.3.2　应用案例：使用模板提升代码可复用性和灵活性

1. 背景：配置系统

在许多软件应用中，配置系统是一个核心组件，它允许应用程序根据不同的环境和需求进行灵活调整。配置系统通常需要支持多种数据类型（如整数、字符串、布尔值等）和来源（如文件、环境变量、命令行参数等），并且能够在运行时进行访问和修改。

配置系统的复杂性在于需要处理各种数据类型，同时保持高效和易用。传统的实现方法可能涉及大量的类型检查和代码转换，容易出错且难以维护。此外，配置系统通常需要能够扩展以支持新的数据类型和配置来源，这进一步增加了实现的复杂性。

在本案例中，我们将探索如何使用模板来设计一个类型安全、可扩展且易于使用的配置系统。

2. 需求分析

支持多种数据类型：

- 配置系统应能够存储和管理多种基本数据类型，如整数、浮点数、字符串和布尔值。
- 使用模板可以在不牺牲类型安全的前提下，为这些不同类型提供统一的接口。

读取和设置配置项：

- 应提供方法来读取和设置配置项的值。
- 对于设置操作，如果配置项不存在，则应自动创建该配置项。

类型安全的访问：

- 访问配置项时，应保证类型安全，即获取的配置项的值应该与其存储时的类型匹配。
- 模板和泛型编程可以确保在编译时检查类型的正确性。

默认值和错误处理：

- 当尝试读取不存在的配置项时，应能够返回一个默认值，而不是抛出异常或导致运行时错误。
- 提供一个机制来检查配置项是否存在。

简单的接口：

- 配置系统的接口应该足够简单，使得在不查阅大量文档的情况下就能进行基本操作。
- 接口方法应该是自解释的，如get、set、has等。

3. 选择模板的原因

通过需求分析可以看到，一个高效且易于使用的配置系统对于支持多种数据类型和来源而言至关重要。模板的引入不仅满足了这些需求，还提供了额外的优势，包括类型安全、代码简洁，以及易于扩展。

表2-11对比探讨了在配置系统设计中使用模板相对于传统方法的具体优势，从而更加直观地展示模板如何使得系统设计更为高效、灵活和可维护。

表2-11　案例方案的选择

考虑因素	使用模板	不使用模板
类型安全	通过模板实现编译时类型检查，保证类型安全	需要在运行时进行类型检查和转换，容易出错
代码复用	一套逻辑处理多种数据类型，减少代码重复	对每种数据类型编写重复的逻辑
可扩展性	添加新的数据类型时只需简单地扩展模板	每添加一种新的数据类型就需添加新的处理逻辑
可维护性	由于减少了重复代码，因此更易于维护和更新	代码重复和冗长，难以维护

（续表）

考虑因素	使用模板	不使用模板
易用性	提供统一的接口，使用者无须关心数据类型的具体实现	使用者可能需要针对不同的数据类型调用不同的方法
性能	编译时生成具体类型的代码，运行时进行性能优化	运行时类型检查和转换可能导致性能损失
错误处理	编译时即可发现类型不匹配的错误	类型错误可能在运行时才被发现，增加了错误处理的复杂性

从以上对比中可以清楚地看出，模板在配置系统设计中提供了显著的优势。这种优势不仅体现在提升代码的可复用性和类型安全上，更关键的是，它增强了整个系统的设计灵活性和代码质量。

4. 类的设计思路

在了解基本软件需求后，我们需要思考类的设计思路，明白要实现哪些功能。

1）支持多种数据类型

支持多种数据类型是设计灵活且强大的配置系统的首要目标。实现这一目标的关键在于如何在保持类型安全的同时，为不同的数据类型提供统一的处理方式。模板编程在这方面提供了完美的解决方案。

（1）使用配置项类ConfigItem<T>

通过定义一个模板化的配置项类ConfigItem<T>，可以轻松支持整数、浮点数、字符串和布尔值等基础数据类型。这个类使用模板参数T来泛化不同的数据类型，从而允许使用统一的接口来存储和访问各种类型的配置数据。

```cpp
template<typename T>
class ConfigItem {
public:
    ConfigItem(T value) : value_(value) {}

    T getValue() const { return value_; }
    void setValue(T value) { value_ = value; }

private:
    T value_;
};
```

在这个设计中，ConfigItem类的实例化将根据具体的数据类型进行，如ConfigItem<int>或ConfigItem<string>，每种实例化类型都有自己的值存储方式，但它们共享相同的接口。这种方法不仅简化了对不同数据类型的处理，还增强了代码的可读性和可维护性，因为所有配置项都遵循同样的模式。

此外，这种设计还天然支持类型安全，因为任何尝试错误访问或修改配置项的操作都将在编译时被捕获，从而避免了运行时类型错误的可能性。这是利用传统方法（如使用void*或联合体来存储不同类型的数据）所难以实现的。

（2）使用std::any

除了使用ConfigItem<T>外，std::any提供了另一种灵活的方式来存储不同类型的配置数据。引入于C++17的std::any允许在单个变量中存储任意类型，提供了一种类型安全的方式在运行时处理多种数据类型，这对于需要存储不确定类型数据的配置系统尤其有用。

```cpp
#include <any>
#include <string>
```

```
#include <unordered_map>

class ConfigManagerUsingAny {
private:
    std::unordered_map<std::string, std::any> items_;

public:
    // 设置配置项
    template<typename T>
    void set(const std::string& key, const T& value) {
        items_[key] = value;
    }

    // 读取配置项，需要提供默认值以处理类型不匹配或键不存在的情况
    template<typename T>
    T get(const std::string& key, const T& defaultValue = T()) const {
        auto it = items_.find(key);
        if (it != items_.end()) {
            try {
                return std::any_cast<T>(it->second);
            } catch (const std::bad_any_cast&) {
                // 返回默认值
            }
        }
        return defaultValue;
    }
};
```

在使用std::any时，set方法允许将任何类型的值与指定的键关联起来。然而，当使用get方法读取值时，必须明确知道想要的数据类型，并且如果存储的类型与请求的类型不匹配，需要准备处理std::bad_any_cast异常。相比之下，ConfigItem<T>的方法提供了编译时的类型检查，减少了运行时错误的可能性，但牺牲了一定的灵活性。

（3）对比和选择

- 类型安全性：ConfigItem<T>在编译时提供了更强的类型安全保证，而std::any依赖于运行时类型检查。
- 灵活性：std::any在处理多种不确定类型的数据时提供了更大的灵活性。
- 易用性：ConfigItem<T>通过编译时的类型安全检查，减少了运行时错误的风险，使代码更易维护。
- 性能考量：std::any的使用可能会引入运行时的性能开销，尤其是在频繁的类型转换和异常处理时。

最终选择哪种方式取决于具体需求和偏好。如果项目中需要处理多种不确定类型的数据且希望保持代码的灵活性，std::any可能是更好的选择；而如果项目更重视类型安全和避免运行时错误，ConfigItem<T>可能更加合适。

2）读取和设置配置项

对于读取和设置配置项的需求，设计一个既灵活又类型安全的接口至关重要。结合前文讨论的支持多种数据类型的方法，我们认为使用std::any而不是单独的ConfigItem<T>类，能够为配置系统实现更加通用且简洁的接口。这种方法同时保留了对不同数据类型的支持，并增强了接口的灵活性和易用性。

```
#include <any>
#include <string>
```

```cpp
#include <unordered_map>
class ConfigManager {
private:
    std::unordered_map<std::string, std::any> items_;
public:
    // 设置配置项，支持任意类型
    template<typename T>
    void set(const std::string& key, const T& value) {
        items_[key] = value;
    }

    // 读取配置项，提供类型安全的访问和默认值处理
    template<typename T>
    T get(const std::string& key, const T& defaultValue = T()) const {
        auto it = items_.find(key);
        if (it != items_.end()) {
            try {
                return std::any_cast<T>(it->second);
            } catch (const std::bad_any_cast&) {
                // 类型不匹配时返回默认值
                return defaultValue;
            }
        }
        return defaultValue; // 配置项不存在时返回默认值
    }
};
```

通过这种设计，ConfigManager利用std::any为我们提供了一个灵活且安全的方法来存储和访问多种类型的配置项。与前述的ConfigItem<T>相比，std::any简化了内部存储结构，减少了代码量，同时仍然保留了类型安全的特性：任何类型不匹配的尝试都将在get方法中被安全处理，返回一个默认值而不是引发错误。此外，这种方法简化了接口的使用，用户在设置和获取配置项时无须关心内部的类型处理细节，只需关注数据本身。

因此，在接下来的讨论中，我们将采用ConfigManager来代表配置管理实现，这不仅体现了模板和std::any的强大组合，也展现了我们追求简洁性和实用性的设计哲学。

3）类型安全的访问

确保类型安全的访问对于任何配置系统来说都是基本要求，这不仅关系到系统的稳定性，还直接影响到用户使用的便捷性。

为了增强类型安全性，我们可以在ConfigManager类中增加类型信息的检查，以确保对于给定的键，存取操作使用的类型始终一致。这可以通过将类型信息与"键-值对"（key-value pair）一起存储来实现，但需要一个方式在运行时检查类型一致性，而不失去模板带来的编译时好处。

一种方法是使用std::type_index（需要包含头文件<typeindex>），它提供了一种运行时比较类型的方式。我们可以将键映射到一个包含std::any值和该值的std::type_index的结构体。这样，每次通过get方法访问配置项时，不仅检查键是否存在，还检查请求的类型是否与存储时使用的类型匹配。

```cpp
#include <typeindex>
#include <any>
#include <unordered_map>

struct ConfigValue {
    std::any value;
    std::type_index type = typeid(void);            // 默认类型是void
```

```
    ConfigValue() = default;                              // 默认构造函数
    ConfigValue(std::any value, std::type_index type) : value(std::move(value)),
type(type) {}
};

class ConfigManager {
private:
    std::unordered_map<std::string, ConfigValue> items_;

public:
    template<typename T>
    void set(const std::string& key, const T& value) {
        items_[key] = ConfigValue(value, typeid(T));
    }

    template<typename T>
    T get(const std::string& key, const T& defaultValue = T()) const {
        auto it = items_.find(key);
        if (it != items_.end() && it->second.type == typeid(T)) {
            try {
                return std::any_cast<T>(it->second.value);
            } catch (const std::bad_any_cast&) {
                // 此处应该不会发生，因为类型已匹配
            }
        }
        return defaultValue;
    }
};
```

通过这种方式，ConfigManager不仅能够在存取配置项时保证类型安全，还能在尝试访问类型不匹配的配置项时提供清晰的反馈，进一步提升了系统的健壮性和用户代码的可靠性。这种设计充分利用了模板和C++类型系统的强大功能，实现了编译时和运行时的类型安全保障。

4）默认值和错误处理

在配置系统中，优雅地处理读取不存在的配置项或类型不匹配的情况是提高用户体验和系统健壮性的关键。为此，可以在get方法中引入了默认值的概念，确保即使所请求的配置项不存在或类型不匹配，系统也能返回一个合理的值，而不是抛出异常或导致崩溃。接下来，将进一步探讨如何优化默认值和错误处理机制，以加强配置系统的可用性和鲁棒性。

（1）默认值处理

默认值机制允许在请求的配置项不存在或类型请求不匹配时返回一个预设的值。这不仅提供了一种失败安全的机制，还可以减少调用者需要进行的错误处理的代码量。在ConfigManager类的get方法中，允许用户指定一个默认值，如果在配置中未找到相应的键或类型不匹配，则返回该默认值。

```
template<typename T>
T get(const std::string& key, const T& defaultValue = T()) const {
    auto it = items_.find(key);
    if (it != items_.end() && it->second.type == typeid(T)) {
        try {
            return std::any_cast<T>(it->second.value);
        } catch (const std::bad_any_cast&) {
            // 类型匹配，但转换失败，逻辑上不应该发生
        }
    }
    return defaultValue; // 键不存在或类型不匹配时返回默认值
}
```

（2）错误处理策略

虽然返回默认值是处理错误的一种简便方法，但在某些情况下，调用者可能需要更明确地了解是否发生了错误，例如配置项不存在或类型不匹配。为此，可以提供额外的接口来检查配置项是否存在以及类型是否匹配。

- 检查配置项是否存在：可以实现一个has方法，它仅检查配置项的键是否存在于配置中，而不关心类型。

```
bool has(const std::string& key) const {
    return items_.find(key) != items_.end();
}
```

- 检查类型匹配：虽然get方法的设计已经在内部处理了类型匹配的逻辑，但在某些情况下，提供一个显式的类型检查接口可能会更加灵活。这样的接口可以让用户在尝试读取配置项之前验证其类型，增加了使用的灵活性。

```
template<typename T>
bool isTypeMatch(const std::string& key) const {
    auto it = items_.find(key);
    return it != items_.end() && it->second.type == typeid(T);
}
```

通过这种方式，我们不仅为用户提供了更加丰富的错误处理选项，还保持了接口的简洁和一致性。用户可以根据自己的需求选择使用默认值机制简化代码，或通过额外的检查方法获得更多的控制能力。

5）直观的接口

为确保配置系统不仅功能强大而且易于使用，设计一个简单直观的接口至关重要。接口的简化有助于降低学习难度，使开发者能够快速上手，无须深入研究底层实现细节即可进行配置管理。

配置系统的接口应围绕几个核心操作设计：读取（get）、设置（set）、检查存在性（has）和类型匹配（isTypeMatch）。每个操作都应简洁明了，通过方法名即可理解其功能，避免过度复杂的参数列表或配置步骤。

- get方法：提供了一种类型安全的方式来读取配置项的值，如果指定的键不存在或类型不匹配，返回用户指定的默认值。
- set方法：允许用户为指定的键设置值，无论此键之前是否存在，均可通过类型推断简化操作。
- has方法：用于检查某个键是否存在于配置中，返回一个布尔值，简化了存在性的验证过程。
- isTypeMatch方法：进一步提供类型安全性检查，允许用户验证键对应的值类型是否与期望匹配。

考虑上述方法，配置管理类ConfigManager的接口部分如下所示：

```
class ConfigManager {
public:
    // 设置配置项，无须指定类型，由编译器推断
    template<typename T>
    void set(const std::string& key, const T& value) {
        items_.emplace(key, ConfigValue(value, typeid(T)));
    }

    // 读取配置项，需指定期望类型和默认值
    template<typename T>
    T get(const std::string& key, const T& defaultValue = T()) const {
```

```
            // 实现省略，参考前述描述
        }

        // 检查配置项是否存在
        bool has(const std::string& key) const {
            return items_.find(key) != items_.end();
        }

        // 检查键对应的值类型是否与期望匹配
        template<typename T>
        bool isTypeMatch(const std::string& key) const {
            // 实现省略，参考前述描述
        }
    private:
        std::unordered_map<std::string, ConfigValue> items_;
    };
```

这样设计的接口不仅清晰易懂，还具有自解释性，使得开发者可以直观地使用配置系统进行日常开发任务，而无须担心底层实现细节或错误处理逻辑。

接下来，基于前面讨论的类设计思路和核心功能实现，我们将展示一个完整的配置系统示例。这个示例将演示如何利用模板和现代C++特性来构建一个既灵活又强大的配置管理工具。

```
#include <any>
#include <string>
#include <unordered_map>
#include <typeindex>
#include <typeinfo>
#include <stdexcept>
#include <iostream>
struct ConfigValue {
    std::any value;
    std::type_index type = typeid(void);        // 默认类型是void

    ConfigValue() = default;                     // 默认构造函数

    ConfigValue(std::any value, std::type_index type)
        : value(value), type(type) {}
};
class ConfigManager {
public:
    // 设置配置项
    template<typename T>
    void set(const std::string& key, const T& value) {
        // 直接在容器中构造元素
        items_.emplace(key, ConfigValue(value, typeid(T)));
    }

    // 读取配置项，支持类型安全的访问和默认值
    template<typename T>
    T get(const std::string& key, const T& defaultValue = T()) const {
        auto it = items_.find(key);
        if (it != items_.end() && it->second.type == typeid(T)) {
            try {
                return std::any_cast<T>(it->second.value);
            } catch (const std::bad_any_cast&) {
                throw std::runtime_error("Type mismatch, this should never happen.");
            }
        }
        return defaultValue;
```

```
    }
    // 检查配置项是否存在
    bool has(const std::string& key) const {
        return items_.find(key) != items_.end();
    }

    // 检查配置项类型是否匹配
    template<typename T>
    bool isTypeMatch(const std::string& key) const {
        auto it = items_.find(key);
        return it != items_.end() && it->second.type == typeid(T);
    }
private:
    std::unordered_map<std::string, ConfigValue> items_;
};

int main() {
    ConfigManager config;

    // 设置不同类型的配置项
    config.set("max_connections", 100);
    config.set("db_name", std::string("mydatabase"));
    config.set("cache_enabled", true);

    // 尝试获取配置项，使用默认值作为后备
    int maxConnections = config.get<int>("max_connections", 10);
    std::string dbName = config.get<std::string>("db_name", "defaultdb");
    bool cacheEnabled = config.get<bool>("cache_enabled", false);

    std::cout << "Max connections: " << maxConnections << std::endl;
    std::cout << "DB Name: " << dbName << std::endl;
    std::cout << "Cache Enabled: " << std::boolalpha << cacheEnabled << std::endl;

    // 检查配置项存在性和类型匹配
    if (config.has("max_connections") && config.isTypeMatch<int>("max_connections")) {
        std::cout << "Max connections is correctly configured." << std::endl;
    }

    return 0;
}
```

以上代码实现了一个类型安全的、易于使用的配置管理系统，支持多种数据类型的配置项。它利用了 C++17 的 std::any 和 std::type_index 来存储任意类型的配置值及其类型信息，从而实现了灵活而健壮的配置项管理。通过 set 和 get 方法，开发者可以轻松地写入和读取配置项；has 和 isTypeMatch 方法则提供了额外的检查功能，使得开发者可以编写更健壮的代码，避免潜在的运行时错误。

此设计展示了模板在实现复杂系统中的强大功能，同时保持了代码的简洁和易用性。通过这种方式，配置管理系统不仅提高了代码的可复用性和灵活性，还确保了高度的类型安全和可维护性。

2.6　管理资源的艺术：智能指针的解析

在前面的章节中，我们介绍了智能指针在资源管理中的基础应用，展示了它们如何利用模板机制简化内存管理。本节将继续这个讨论，深入探讨智能指针的设计与实现，揭示它们如何在 C++中实现自动资源管理，并保证资源的安全使用。

2.6.1　智能指针的设计与实现：自动化资源管理

智能指针在C++中的设计充分体现了面向对象和泛型编程的原则之一——提供自动化的资源管理。通过封装原生指针，并在适当的时候自动释放所管理的资源，智能指针确保了资源使用的安全性和便捷性。

1. 设计理念

1）指针的背景

在计算机科学中，指针是一种变量，其值为另一变量的地址，即直接指向内存中的某个位置。在C/C++编程中理解指针的概念至关重要。通过指针，程序可以存取和操作内存中的数据，包括数组、结构体和函数。指针提供了一种强大的工具，支持动态内存管理、数据结构（如链表和树）的实现，以及高效的函数调用和回调。

（1）动态内存管理

在早期的编程实践中，对内存的直接管理是常见的需求。C++提供了动态内存分配的能力，允许程序在运行时根据需要分配或释放内存。指针在这一过程中扮演了核心角色，它们使得开发者能够引用和操作这些动态分配的内存区域。

（2）问题与挑战

尽管指针为编程提供了极大的灵活性和控制力，但它们的直接使用也带来了诸多挑战和风险：

- 内存泄漏：如果忘记释放已分配的内存，会导致内存泄漏，这是一种资源浪费，可能会随着时间的推移导致程序运行缓慢甚至崩溃。
- 野指针和悬挂指针：未初始化的指针（野指针）或指向已释放内存的指针（悬挂指针）可能会导致不可预测的行为或程序崩溃。
- 指针算术错误：错误的指针算术操作可能导致对内存的非法访问，破坏程序的数据完整性。
- 所有权和生命周期问题：在复杂的应用中，管理动态分配内存的所有权和生命周期变得非常困难，尤其当资源需要在多个对象或函数间共享时。

【示例展示】
以下示例展示如何使用原始指针进行内存的分配和释放。

```cpp
#include <iostream>

int main() {
    int* ptr = new int(10);                          // 动态分配内存
    std::cout << "Value: " << *ptr << std::endl;     // 使用分配的内存

    delete ptr;                                      // 释放内存
    ptr = nullptr;                                   // 避免悬挂指针

    // 尝试再次使用 ptr 可能导致未定义的行为
    if (ptr != nullptr) {
        std::cout << "Value after delete: " << *ptr << std::endl;
    }
    return 0;
}
```

在这种情况下，程序员需要显式地管理内存，包括如何正确分配和释放内存，并确保处理悬挂指针的问题。这些挑战凸显了对于更安全和更自动化的内存管理机制的需求，而这也正是智能指针应运而生的背景。智能指针旨在解决自动化内存管理的常见问题，同时保持C++的性能优势和灵活性。

2）智能指针的引入

智能指针的引入是C++针对直接使用原生指针所带来的诸多挑战给出的解决方案。这些挑战包括内存泄漏、野指针、悬挂指针、指针算术错误以及资源所有权和生命周期管理的复杂性。通过自动化内存管理，智能指针减少了手动操作new和delete引起的内存泄漏风险，提升了代码的安全性和简洁性，使代码更易于理解和维护。

在类型安全和错误预防方面，智能指针继承了C++的类型安全特性，通过与原生指针类似的接口提供安全保障，并限制某些具有潜在危险的操作。例如禁止将智能指针隐式转换为不相关类型的指针，这有助于编译时而非运行时发现错误。

智能指针还通过std::unique_ptr、std::shared_ptr和std::weak_ptr等不同类型明确了资源所有权和生命周期管理。这种明确的资源管理策略减轻了开发者在复杂系统中管理资源生命周期的负担，还提高了系统的可维护性。

总之，智能指针的引入不仅提升了C++在资源管理方面的自动化程度，还体现了其核心设计哲学，如性能、灵活性、类型安全和错误预防。这些特性使C++继续作为一种高效、可靠并适用于多种编程场景的语言，有效响应了现代软件开发中对安全性和高效性的需求。

3）智能指针的设计

智能指针的设计体现了C++对安全、灵活且高效的资源管理的承诺。std::unique_ptr、std::shared_ptr和std::weak_ptr 3种智能指针各自承担不同的角色，以满足不同场景下的需求。下面将探讨每种智能指针的设计理念，以及它们如何相互补充，共同构成C++资源管理的全貌。

（1）std::unique_ptr的独占所有权

std::unique_ptr代表对一个资源的独占所有权，其设计理念基于"资源仅有一个所有者"的原则，确保资源的生命周期明确且易于追踪。std::unique_ptr自动释放其所管理的资源，当指针对象超出作用域或被显式删除时，避免了资源泄漏的风险。它的轻量级实现保持了对性能的关注，无须额外的引用计数开销，使得std::unique_ptr成为单一所有者场景下的理想选择，如函数内部临时资源的管理或作为类成员管理动态分配的资源。

（2）std::shared_ptr的共享所有权

与std::unique_ptr不同，std::shared_ptr引入了共享所有权的概念，允许多个std::shared_ptr实例共同拥有一个资源。通过引用计数机制，它确保资源在最后一个拥有者被销毁时才被释放，从而支持复杂数据结构（如图和树）的构建，以及跨系统部分共享资源。std::shared_ptr的设计响应了在多个对象间安全共享资源的需求，同时处理了生命周期管理的复杂性。然而，引用计数机制引入了性能考量，特别是在多线程环境下对计数器的更新需要加锁，这可能导致性能下降。

（3）std::weak_ptr的辅助角色

std::weak_ptr设计为std::shared_ptr的补充，解决了由共享所有权可能导致的循环引用问题，即由于两个或多个std::shared_ptr相互引用而导致资源永远不会被释放。std::weak_ptr允许访问std::shared_ptr管理的资源，而不增加引用计数，从而使得资源的所有者能够被适当销毁。

std::weak_ptr在需要监视资源生命周期而不拥有资源的场景下非常有用，如在缓存实现或观察者模式中。

（4）设计理念的一致性

这3种智能指针共同体现了C++的设计理念：通过提供灵活的资源管理工具，同时保持代码的安全性、清晰性和高效性。std::unique_ptr、std::shared_ptr和std::weak_ptr的设计考虑了不同场景的资源管理需求和挑战，从单一所有权到共享所有权，再到资源的非拥有性引用，提供了一套完整的解决方案。通过这些工具，C++程序员可以根据具体需求选择最适合的资源管理策略，有效避免常见的内存管理错误，如内存泄漏和野指针，从而编写出更安全和更可维护的代码。

4）C++ 20的变革

在C++20的更新中，引入了一个特别有用的功能：std::atomic<std::shared_ptr<T>>。这是对std::shared_ptr<T>的一种部分模板特化，允许程序员在多线程环境中以原子方式操作shared_ptr对象。传统上，如果多个线程需要访问和修改同一个shared_ptr对象但没有适当的同步机制，就可能会引发数据竞争，特别是当这些访问中涉及shared_ptr的非常量成员函数时。为了解决这个问题，C++20提供了std::atomic<std::shared_ptr<T>>，它确保所有对shared_ptr的操作都是线程安全的。

使用这种新特性的主要优点包括：

- 原子性操作：对shared_ptr的引用计数的增加是原子的，确保在并发环境中正确管理资源。
- 操作序列化：对shared_ptr的引用计数的减少操作虽然在原子操作之后进行，但是它的执行顺序是确定的，这有助于防止潜在的竞争条件。
- 资源的安全释放：相关的删除和内存释放操作在更新后按顺序执行，虽然不是原子操作的一部分，但这确保了资源释放的正确性。

此外，值得一提的是，shared_ptr的控制块设计本身就是线程安全的。这意味着即使多个线程同时操作不同的shared_ptr实例，只要它们共享的控制块相同，这些操作本身就不会引起线程安全问题。std::atomic<std::shared_ptr<T>>的引入提供了更高级别的原子性和一致性保障，使得并发编程更加安全和高效，是C++20中对现代并发编程支持的重要扩展。

2．实现机制

1）std::unique_ptr的实现示例

下面将探讨std::unique_ptr的实现细节，通过一个简化的版本来展示它的核心技术要点。

```
template<typename T>
class unique_ptr {
private:
    T* ptr; // 原生指针，用于持有资源

public:
    // 构造函数：接收一个原生指针，用于初始化智能指针
    explicit unique_ptr(T* p = nullptr) : ptr(p) {}

    // 析构函数：负责释放智能指针所管理的资源
    ~unique_ptr() {
        delete ptr;
    }

    // 移动构造函数：实现资源所有权的转移
    unique_ptr(unique_ptr&& u) noexcept : ptr(u.ptr) {
        u.ptr = nullptr;              // 转移后将源对象的指针置空，确保资源不被重复释放
    }

    // 移动赋值操作符：实现资源所有权的转移
```

```
unique_ptr& operator=(unique_ptr&& u) noexcept {
    if (this != &u) {                    // 自我赋值检查
        delete ptr;                      // 释放当前对象所管理的资源
        ptr = u.ptr;                     // 转移资源所有权
        u.ptr = nullptr;                 // 置空源对象的指针，避免重复释放
    }
    return *this;
}

// 删除拷贝构造函数和拷贝赋值操作符，防止资源的不当复制
unique_ptr(const unique_ptr&) = delete;
unique_ptr& operator=(const unique_ptr&) = delete;

// 提供访问资源的方法
T* get() const { return ptr; }
T& operator*() const { return *ptr; }
T* operator->() const { return ptr; }

// 释放资源的控制权，并返回原生指针
T* release() {
    T* temp = ptr;
    ptr = nullptr;
    return temp;
}

// 替换管理的资源
void reset(T* p = nullptr) {
    T* old = ptr;
    ptr = p;
    delete old; // 释放旧资源
}

// 判断智能指针是否为空
bool is_null() const { return ptr != nullptr; }
};
```

在这个unique_ptr实现中，可以看到以下关键技术点：

- 资源独占管理：通过删除拷贝构造函数和拷贝赋值运算符，确保unique_ptr不能被复制，从而实现资源的独占管理。
- 自动资源释放：在析构函数中自动删除所管理的资源，实现资源的自动释放，防止内存泄漏。
- 移动语义支持：通过实现移动构造函数和移动赋值运算符，unique_ptr可以将资源所有权从一个对象转移到另一个对象，同时确保资源不会被重复释放或泄漏。
- 资源访问：通过get、operator*和operator->成员函数，允许对所管理的资源进行访问。
- 资源释放与替换：release和reset成员函数提供了控制或替换所管理资源的能力，进一步增强了unique_ptr的灵活性和控制力。

通过这个简化的实现，我们可以清晰地看到std::unique_ptr如何有效地封装资源管理的责任，确保资源的正确释放，并提供了资源独占和转移的能力，这些都是现代C++资源管理的核心要求。

2）std::shared_ptr和std::weak_ptr的实现示例

与std::unique_ptr不同，std::shared_ptr支持多个指针实例共享对同一资源的所有权。下面将通过一个示例来展示std::shared_ptr和std::weak_ptr的实现及其交互。这两种智能指针共同协作，提供了一个强大的框架来处理动态分配的资源，同时避免常见的内存管理错误，如资源泄漏和循环引用。std::shared_ptr负责管理资源的生命周期，通过引用计数来确保资源在多个所有者之间共享时能够被正

确管理和释放。相对地，std::weak_ptr提供了一种方法来观察std::shared_ptr管理的资源，而不延长其生命周期。

```cpp
#include <cstddef> // For std::nullptr_t
#include <stdexcept>
#include <iostream>
template<typename T>
class weak_ptr; // 前置声明

template<typename T>
class shared_ptr {
private:
    T* ptr; // 指向实际管理的资源
    std::size_t* strong_count; // 用于跟踪共享该资源的智能指针数量的引用计数
    std::size_t* weak_count;

public:
    // 构造函数
    explicit shared_ptr(T* p = nullptr) : ptr(p), strong_count(p ? new std::size_t(1) :
nullptr), weak_count(p ? new std::size_t(0) : nullptr) {}

    // 拷贝构造函数
    shared_ptr(const shared_ptr& other) : ptr(other.ptr), strong_count(other.strong_count) {
        increment_count();
    }

    // 析构函数
    ~shared_ptr() {
        std::cout << "Destroying shared_ptr, use count before: " << (strong_count ?
*strong_count : 0) << '\n';
        release_resource();
    }

    // 拷贝赋值运算符
    shared_ptr& operator=(const shared_ptr& other) {
        if (this != &other) {
            release_resource();
            ptr = other.ptr;
            strong_count = other.strong_count;
            weak_count = other.weak_count;
            increment_count();
        }
        return *this;
    }

    // 移动构造函数
    shared_ptr(shared_ptr&& other) noexcept
        : ptr(other.ptr), strong_count(other.strong_count), weak_count(other.weak_count) {
        other.ptr = nullptr;
        other.strong_count = nullptr;
        other.weak_count = nullptr;
    }

    // 移动赋值运算符
    shared_ptr& operator=(shared_ptr&& other) noexcept {
        if (this != &other) {
            release_resource();
            ptr = other.ptr;
            strong_count = other.strong_count;
            weak_count = other.weak_count;
            other.ptr = nullptr;
            other.strong_count = nullptr;
```

```
                other.weak_count = nullptr;
            }
            return *this;
        }

        T* get() const { return ptr; }
        std::size_t use_count() const { return strong_count ? *strong_count : 0; }
        T& operator*() const {
            if (!ptr) throw std::runtime_error("Attempted to dereference a null shared_ptr");
            return *ptr;
        }
        T* operator->() const {
            if (!ptr) throw std::runtime_error("Attempted to access member of a null
shared_ptr");
            return ptr;
        }
        // 添加显式布尔类型转换运算符
        explicit operator bool() const { return ptr != nullptr; }
        void swap(shared_ptr& other) noexcept {
            std::swap(ptr, other.ptr);
            std::swap(strong_count, other.strong_count);
            std::swap(weak_count, other.weak_count);
        }
        // reset方法
        void reset(T* p = nullptr) {
            shared_ptr<T>(p).swap(*this);
        }
        //返回一个布尔值，指示当前 shared_ptr 是否唯一拥有对象的智能指针
        bool unique() const {
            return use_count() == 1;
        }
        // 从weak_ptr构建shared_ptr的构造函数
        // Constructor from weak_ptr
        explicit shared_ptr(const weak_ptr<T>& weak) {
            if (weak.get_strong_count() && *weak.get_strong_count() > 0) {
                ptr = weak.get_ptr();
                strong_count = weak.get_strong_count();
                weak_count = weak.get_weak_count();
                (*strong_count)++;
            } else {
                // 如果没有强引用，则初始化为空
                ptr = nullptr;
                strong_count = nullptr;
                weak_count = nullptr;
            }
        }
        // 提供访问器
        T* get_ptr() const { return ptr; }
        std::size_t* get_strong_count() const { return strong_count; }
        std::size_t* get_weak_count() const { return weak_count; }
        friend class weak_ptr<T>; // 友元声明
    private:
        void increment_count() {
            if (strong_count) {
                (*strong_count)++;
            }
        }
        void release_resource() {
            if (strong_count) {
```

```
            if (--(*strong_count) == 0) {
                std::cout << "Deleting managed object and strong count\n";
                delete ptr;
                if (weak_count && --(*weak_count) == 0) {
                    std::cout << "Deleting weak count\n";
                    delete weak_count;
                    weak_count = nullptr;
                }
            }
            strong_count = nullptr;
        }
        ptr = nullptr;
    }
};
template<typename T>
class weak_ptr {
private:
    T* ptr;
    std::size_t* strong_count;
    std::size_t* weak_count;

public:
    weak_ptr() : ptr(nullptr), strong_count(nullptr), weak_count(nullptr) {}

    // 从shared_ptr构造weak_ptr
    weak_ptr(const shared_ptr<T>& shared)
        : ptr(shared.get_ptr()), strong_count(shared.get_strong_count()),
weak_count(shared.get_weak_count()) {
        if (weak_count) {
            (*weak_count)++;
        }
    }

    ~weak_ptr() {
        if (weak_count && --(*weak_count) == 0) {
            if (strong_count && *strong_count == 0) {
                delete ptr;
                delete strong_count;
                strong_count = nullptr;
            }
            delete weak_count;
            weak_count = nullptr;
        }
    }

    bool expired() const {
        return strong_count == nullptr || *strong_count == 0;
    }

    shared_ptr<T> lock() const {
        if (expired()) {
            return shared_ptr<T>();
        } else {
            return shared_ptr<T>(*this);
        }
    }
    // 访问器，返回原始指针
    T* get_ptr() const { return ptr; }
    // 访问器，返回强引用计数
    std::size_t* get_strong_count() const { return strong_count; }
    // 访问器，返回弱引用计数
```

```cpp
        std::size_t* get_weak_count() const { return weak_count; }
};
#include <iostream>
struct Test {
    int id;
    Test(int i) : id(i) { std::cout << "Test " << id << " created\n"; }
    ~Test() { std::cout << "Test " << id << " destroyed\n"; }
};

int main() {
    {
        shared_ptr<Test> sp1(new Test(1));  // 创建一个Test对象，其id为1
        std::cout << "Use strong_count of sp1: " << sp1.use_count() << '\n';

        weak_ptr<Test> wp1(sp1);             // 创建一个weak_ptr，从sp1初始化
        std::cout << "sp1 is expired: " << (wp1.expired() ? "Yes" : "No") << '\n';

        {
            shared_ptr<Test> sp2 = wp1.lock(); // 试图从wp1锁定一个shared_ptr
            if (sp2) {
                std::cout << "Managed object from wp1 locked\n";
                std::cout << "Use strong_count of sp1 now: " << sp1.use_count() << '\n';
            }
        } // sp2 goes out of scope

        std::cout << "Use strong_count of sp1 after sp2 goes out: " << sp1.use_count() <<
'\n';

        sp1.reset(); // 重置sp1，应该会导致Test对象被销毁
        std::cout << "sp1 is expired after reset: " << (wp1.expired() ? "Yes" : "No") <<
'\n';

        shared_ptr<Test> sp3 = wp1.lock(); // 尝试再次从wp1锁定一个shared_ptr
        if (!sp3) {
            std::cout << "No managed object, wp1 is expired\n";
        }
    } // All smart pointers go out of scope

    return 0;
}
```

本示例详细展示了std::shared_ptr和std::weak_ptr在现代C++中的应用，以及它们如何共同作用于资源管理：

- 强引用与弱引用的维护：std::shared_ptr通过引用计数机制维护资源的强引用，确保资源在多个所有者之间的正确共享和最终释放。与之相对的std::weak_ptr，通过监控但不增加std::shared_ptr的引用计数，提供了一种资源状态的观察方式，而不影响其生命周期。
- 资源共享与自动释放：当最后一个std::shared_ptr实例被销毁时，它会自动释放所管理的资源，这防止了内存泄漏并简化了资源管理。这种自动管理是现代C++资源管理的核心特性。
- 复制与移动操作：拷贝构造函数和拷贝赋值运算符增加了引用计数，支持资源的安全共享；移动构造函数和移动赋值运算符则转移了资源的所有权，这提高了效率并避免了不必要的计数增减。
- 解决循环引用问题：std::weak_ptr 的设计允许程序员安全地引用由 std::shared_ptr 管理的对象，同时避免了循环引用导致的内存泄漏问题。在复杂对象关系中，weak_ptr 是解决资源管理问题的关键工具。

2.6.2   智能指针的使用技巧：优化资源管理的策略

1. 适时使用std::weak_ptr避免循环引用

在C++中，管理动态内存时，经常使用智能指针来简化内存管理。其中，std::shared_ptr（共享指针）可以跟踪有多少个shared_ptr实例与一个特定资源相关联，并且只在没有shared_ptr指向这个资源时，资源才会被自动释放。然而，当两个shared_ptr相互引用时，它们之间就形成了循环引用，导致资源永远不会被释放，这就像人际关系中的依赖一样，如果没有外界介入，很难自行打破这种状态。

在这种情况下，std::weak_ptr（弱指针）显得尤为重要。使用weak_ptr可以观察资源，但不会增加资源的引用计数，从而避免了循环引用的问题。

举个例子，如果有两个类A和B，它们互相包含对方的shared_ptr，就很容易形成循环引用。改用weak_ptr后，即便其中一个类的实例被销毁，相关的资源也能正确释放，因为weak_ptr不会增加引用计数，从而避免了循环引用的问题。

```cpp
#include <memory>
class B; // 前置声明

class A {
public:
    std::shared_ptr<B> bPtr;
    ~A() {
        // 资源清理
    }
};

class B {
public:
    std::weak_ptr<A> aPtr;  // 使用weak_ptr替代shared_ptr
    ~B() {
        // 资源清理
    }
};

void test() {
    auto a = std::make_shared<A>();
    auto b = std::make_shared<B>();
    a->bPtr = b;
    b->aPtr = a;
}
```

在这个例子中，当类A或类B的实例被销毁时，由于类B中的aPtr是weak_ptr，因此不会阻止类A实例的销毁。这就像在人际关系中，当一方有足够的独立性时，即使另一方消失或离开，前者仍能继续正常地生活或前行。

在多线程环境中，这种机制尤为重要，因为资源的生命周期管理需要更加谨慎。如果不适当管理，很容易因为对象生命周期的错误管理而导致竞态条件或死锁。

2. 使用std::make_shared与std::make_unique的优势

在C++中，std::make_shared（创建共享指针）和std::make_unique（创建独占指针）是用于生成智能指针的工厂函数，它们分别对应于std::shared_ptr和std::unique_ptr。这些工厂函数不仅简化了智能指针的创建过程，而且提供了比直接使用智能指针构造函数更多的好处，正如在团队中有一个协调者可以使工作更加高效和有序。

使用 std::make_shared 和 std::make_unique 的 主 要 优 势 之 一 是 提 高 了 内 存 使 用 效 率。例 如，std::make_shared可以在单个内存分配中同时为对象和其控制块分配内存，而直接使用std::shared_ptr构造函数则需要两次内存分配。这种优化类似于在日常生活中进行批量采购，可以减少成本和提高效率。

此外，使用这些工厂函数还有助于减少代码中的错误。它们通过避免显式使用new操作符，减少了内存泄漏的风险。这就像在生活中使用自动化工具来避免疏忽造成的错误。

下面通过一个例子来具体看看这些优势：

```cpp
#include <memory>
class MyClass {
public:
    MyClass() {
        // 构造函数逻辑
    }
    ~MyClass() {
        // 析构函数逻辑
    }
};

void test() {
    // 使用make_shared创建智能指针
    auto sharedPtr = std::make_shared<MyClass>();

    // 使用make_unique创建智能指针
    auto uniquePtr = std::make_unique<MyClass>();
}
```

在这个例子中，std::make_shared和std::make_unique分别用于创建MyClass的共享和独占智能指针。通过这种方式，可以确保资源的安全管理和高效使用，正如一个精心设计的系统可以自动处理和优化其组成部分一样。

在多线程环境下，使用std::make_shared和std::make_unique尤为重要。因为它们通过减少内存分配次数和避免显式的new操作，降低了线程之间竞争和同步的复杂性，从而提高了性能和可靠性。

因此，std::make_shared和std::make_unique不仅体现了C++的设计哲学，即让资源管理更简单、安全，而且还能有效提升程序的性能和可维护性，这些都是在构建高效且可靠的系统时必须考虑的要素。

3. 转移智能指针所有权

在C++中，智能指针的所有权转移是一个重要的概念，它允许一个智能指针将管理对象的所有权传递给另一个智能指针。这种机制在实现资源管理和线程间通信时尤为重要，就像在接力赛中，一名运动员将接力棒顺利传递给下一名运动员一样。

std::unique_ptr（独占指针）的所有权转移是通过移动构造函数和移动赋值运算符实现的，因为独占指针不允许复制，确保了资源的独占性。当我们使用std::move函数时，就像在生活中有意识地决定将一个任务或责任从一个人转移到另一个人，保证了任务的连续性和资源的有效利用。

让我们通过代码来理解这一点：

```cpp
#include <memory>

class MyClass {
public:
    MyClass() {
        // 构造函数逻辑
    }
    ~MyClass() {
```

```
        // 析构函数逻辑
    }
};

void transferOwnership() {
    std::unique_ptr<MyClass> originalPtr = std::make_unique<MyClass>();
    std::unique_ptr<MyClass> newPtr = std::move(originalPtr); // 转移所有权

    // 此时, originalPtr为空, 所有权已经转移到newPtr
}
```

在这个例子中，originalPtr最初拥有一个MyClass的实例，通过使用std::move(originalPtr)，MyClass实例的所有权从originalPtr转移到了newPtr。在这个过程中，originalPtr变为空，而newPtr成为新的所有者。

对于std::shared_ptr（共享指针），所有权的概念略有不同，因为它允许多个指针共享对同一个资源的所有权。然而，在这种情况下，我们可以改变某个shared_ptr所指向的对象，从而在共享指针之间转移资源的"重点关注"。这类似于团队合作中角色和任务的动态调整，以适应项目的发展。

所有权的转移不仅关系到资源的有效管理，还涉及程序设计中的责任界定。在多线程环境中，正确管理智能指针的所有权转移尤为关键，它可以避免资源竞争和死锁，确保程序的稳定运行。这就如同在团队管理中，明确每个成员的职责和任务范围，能够使团队运作更加高效和协调。

通过智能指针的所有权转移，C++提供了一种强大的机制来控制和管理对象的生命周期，这与C++的设计哲学——提供既强大又灵活的资源管理工具——是完全一致的。这种机制使得程序员能够编写出既高效又可维护的代码，优化软件的整体性能和稳定性。

4. 智能指针与原生指针的交互

智能指针与原生指针（raw pointer）的交互是C++程序设计中一个细致而重要的部分，它就像在两个不同文化背景的人之间建立有效沟通一样，需要明确界限和相互理解。

原生指针在C++中的使用历史悠久，但它们不自动管理内存，这就要求程序员手动释放分配的内存，容易导致内存泄漏或野指针。智能指针的出现，尤其是std::shared_ptr和std::unique_ptr，通过自动管理内存生命周期，大大减轻了这一负担。然而，在智能指针和原生指针之间需要建立一个清晰的界限，以确保程序的健全性和效率。

当需要将原生指针转换为智能指针时，可以使用std::make_shared或std::make_unique来创建智能指针。这种转换类似于将一项任务从个人管理转移到一个团队管理，从而提高了管理效率和可靠性。然而，直接将原生指针赋给智能指针构造函数需要谨慎，因为如果原生指针也在其他地方被释放或管理，可能会导致重复释放同一资源。例如：

```
MyClass* rawPtr = new MyClass();
std::shared_ptr<MyClass> smartPtr = std::make_shared<MyClass>(*rawPtr);
```

在上述代码中，通过rawPtr创建了一个MyClass实例的智能指针smartPtr。但是，这样做并不会接管rawPtr本身的内存管理责任，而是创建了一个新的MyClass实例的拷贝。如果想要智能指针接管原生指针的管理权，应该直接使用智能指针的构造函数：

```
std::shared_ptr<MyClass> smartPtr(rawPtr);
```

但这种方式需要确保原生指针不会在其他地方被错误地管理（如重复释放）。因此，推荐在创建原生指针的同时就将其转换为智能指针，避免潜在的内存管理错误。

在某些情况下，可能需要从智能指针获取原生指针，比如调用某些旧的C API。这可以通过get方法实现：

```
std::shared_ptr<MyClass> smartPtr = std::make_shared<MyClass>();
MyClass* rawPtr = smartPtr.get();
```

在这种情况下，虽然获得了原生指针，但智能指针依然保有对象的所有权。这就要求在使用原生指针时必须确保智能指针仍然存在，以防对象被提前释放。

智能指针和原生指针的交互需要谨慎处理，以保持资源管理的准确性和程序的稳定性。这种交互类似于在不同管理系统之间进行任务转移，需要确保过程中的每一步都是清晰和可控的。正确地管理智能指针和原生指针之间的关系，有助于避免内存泄漏和其他资源管理问题，从而提高程序的健壮性和可维护性。

5. 智能指针在多线程环境下的使用注意事项和性能考量

在多线程环境中使用智能指针时，关键是要考虑线程安全和性能影响。尤其是 std::shared_ptr，其内部的引用计数机制虽然是线程安全的，但频繁操作（如创建和销毁）会涉及原子操作，可能成为性能瓶颈。C++20引入的std::atomic<std::shared_ptr<T>>提供了一种更安全的并发访问机制，通过确保引用计数的完全原子操作，避免了数据竞争和竞争条件。

1）线程安全性

std::shared_ptr通过原子操作维护引用计数，确保多线程环境下的基本线程安全。然而，指向的对象的线程安全性取决于该对象自身。对于需要更高级别的线程安全保障，std::atomic<std::shared_ptr<T>>是更合适的选择，它支持原子性操作共享指针，优化并发访问的性能和安全性。

2）性能考量

尽管std::shared_ptr提供便利的线程安全特性，但其原子操作引用计数可能导致性能下降，特别是在高并发场景中。优化策略包括减少std::shared_ptr对象的不必要拷贝，使用引用传递，或考虑使用std::weak_ptr来减轻引用计数的负担。在对象不需要共享时，std::unique_ptr提供了更高效的选择，无引用计数开销。

3）使用建议

对于智能指针的使用，有以下两点建议：

- 使用std::atomic<std::shared_ptr<T>>以支持更复杂的并发模式，如多个生产者和消费者同时修改共享指针。
- 优化智能指针的使用，如通过传递引用到线程函数，以减少不必要的拷贝和引用计数更新。

通过以上策略，开发者可以有效管理智能指针在多线程程序中的使用，确保应用的高效和稳定性。这些实践不仅有助于避免常见的并发问题，还可以提升整体性能。

6. 掌握智能指针的自我引用：shared_from_this和weak_from_this

1）继承和使用std::enable_shared_from_this

shared_from_this是C++11中引入的功能，允许对象在继承了std::enable_shared_from_this的情况下，安全地生成自身的std::shared_ptr实例，而不会创建新的控制块（引用计数块）。这样可以避免悬挂指针的问题，特别是在对象的成员函数中使用时，可以确保对象在使用期间不被销毁。

下面是一个简单的例子：

```
#include <iostream>
#include <memory>
```

```cpp
class MyClass : public std::enable_shared_from_this<MyClass> {
public:
    void show() {
        std::cout << "MyClass instance" << std::endl;
    }

    std::shared_ptr<MyClass> getShared() {
        return shared_from_this();
    }
};

int main() {
    std::shared_ptr<MyClass> ptr = std::make_shared<MyClass>();
    ptr->show();
    std::shared_ptr<MyClass> anotherPtr = ptr->getShared();
    // 'ptr' and 'anotherPtr' now share ownership of the same object
}
```

在C++11及其之后的版本中，为了在类的内部安全地使用shared_from_this()方法，类必须继承自std::enable_shared_from_this<T>。这是因为 shared_from_this() std::enable_shared_from_this<T>的成员函数，只有继承了这个基类的对象才具备调用它的能力。这种设计的原因是std::enable_shared_from_this<T>内部维护了一个std::weak_ptr<T>。当第一个std::shared_ptr<T>开始管理该对象时，weak_ptr被初始化。之后，当shared_from_this()被调用时，它将基于这个已经存在的weak_ptr返回一个新的 std::shared_ptr<T>，这个新的shared_ptr与原有的shared_ptr共享对象的所有权。这样就避免了在对象内部直接创建新的std::shared_ptr实例，这种直接创建可能导致独立的所有权块的形成，增加了资源释放错误的风险。

（1）使用注意事项

- 构造函数中禁用：在对象的构造函数中使用shared_from_this是错误的，因为此时还没有std::shared_ptr实例管理该对象。
- 安全调用条件：只有当至少有一个std::shared_ptr实例正在管理该对象时，调用shared_from_this才是安全的。在任何std::shared_ptr管理该对象之前，shared_from_this将无法正确工作并可能抛出异常。

（2）继承与构造行为

继承std::enable_shared_from_this并不改变如何构造对象，我们仍需提供适当的构造函数，特别是在默认构造函数不适用的情况下。此外，虽然std::enable_shared_from_this是一个基类，但继承它并不意味着基类和派生类之间共享对象所有权。相反，这种继承关系允许派生类在必要时通过shared_from_this()安全地生成一个新的std::shared_ptr实例，这个新实例将与已经存在的、管理同一对象的shared_ptr共享所有权。

（3）C++ 17之前获取weak_ptr的做法

在C++17之前，如果需要在类的内部获取一个指向自己的weak_ptr，必须先调用shared_from_this()来获得一个shared_ptr，然后从这个shared_ptr创建一个weak_ptr。这样的操作是安全的，但它稍显间接和不便。

例如，在C++17之前，可能会这样写：

```cpp
class Listener : public std::enable_shared_from_this<Listener> {
public:
    std::weak_ptr<Listener> getWeakPtr() {
```

```
            return shared_from_this();
        }
        // ...
    };
```

在这个例子中，getWeakPtr方法首先调用 shared_from_this()来获取一个shared_ptr，然后自动将其转换为weak_ptr。

而在C++17中，enable_shared_from_this类模板被增强，包括了一个weak_from_this方法，直接返回一个weak_ptr，这使得代码更直接和简洁。这个改进减少了创建临时shared_ptr的场景，使得代码更加高效和易于理解。

2）C++17中的weak_from_this

在C++17更新之前，std::enable_shared_from_this缺少直接获取std::weak_ptr的方法。C++17通过引入weak_from_this使得std::enable_shared_from_this在处理复杂对象关系和资源管理时变得更为灵活和安全。

该函数自C++17起提供了两个版本：

```
std::weak_ptr<T> weak_from_this() noexcept;             // (1)
std::weak_ptr<T const> weak_from_this() const noexcept; // (2)
```

这两个函数返回一个std::weak_ptr<T>，该智能指针追踪所有指向*this的std::shared_ptr实例。

3）std::enable_shared_from_this 和 weak_from_this的使用示例

下面是一个使用 std::enable_shared_from_this 和 weak_from_this 的 C++ 示例。这个例子模拟了一个简单的事件监听器系统，其中监听器可以注册到事件发生器上。使用 std::weak_ptr 可以防止循环引用，同时确保在尝试通知监听器时，监听器仍然存在。

```cpp
#include <iostream>
#include <vector>
#include <memory>

/**
 * @class Listener
 * @brief A listener class that can listen to events.
 *
 * This class is derived from std::enable_shared_from_this to allow
 * listeners to provide a shared_ptr to themselves when registering
 * for events, without creating a new shared_ptr manually.
 */
class Listener : public std::enable_shared_from_this<Listener> {
public:
    void onEvent() {
        std::cout << "Event received!" << std::endl;
    }
};

class EventGenerator {
public:
    /**
     * @brief Register a listener for events.
     *
     * @param listener A shared_ptr to the Listener to register.
     */
    void registerListener(std::shared_ptr<Listener> listener) {
```

```
            listeners.push_back(listener->weak_from_this());
        }

        /**
         * @brief Notify all registered listeners of an event.
         */
        void notifyListeners() {
            // 遍历所有注册的监听器
            for (auto weakListener : listeners) {
                // 尝试从 weak_ptr 获取 shared_ptr
                auto listener = weakListener.lock();
                // 检查返回的 shared_ptr 是否为空，确保监听器仍存在
                if (listener) {
                    listener->onEvent();  // 安全调用监听器的事件处理函数
                } else {
                    // 可以在这里处理监听器已销毁的情况，例如从列表中移除
                    std::cout << "Listener has been destroyed and removed." << std::endl;
                    // 移除逻辑代码（此处省略）
                }
            }
        }

    private:
        std::vector<std::weak_ptr<Listener>> listeners; ///< List of weak pointers to
registered listeners.
    };

    int main() {
        auto eventGenerator = std::make_shared<EventGenerator>();
        auto listener1 = std::make_shared<Listener>();
        auto listener2 = std::make_shared<Listener>();

        eventGenerator->registerListener(listener1);
        eventGenerator->registerListener(listener2);

        // Simulate an event

        eventGenerator->notifyListeners();

        // Output will be:
        // Event received!
        // Event received!

        return 0;
    }
```

在这个示例中，EventGenerator类有一个方法registerListener，它接收一个指向Listener的std::shared_ptr并将其存储为std::weak_ptr。这样做的好处是，EventGenerator不会增加Listener实例的引用计数，从而防止循环引用的问题。当EventGenerator需要通知监听器时，它会尝试通过调用std::weak_ptr::lock来获取一个std::shared_ptr，如果相关Listener已经被销毁，则lock会失败，这样就避免了访问悬挂指针的风险。

这个示例展示了 std::enable_shared_from_this 和 weak_from_this 在复杂的对象关系和生命周期管理中的应用，特别是在事件监听系统这类场景下的有效性。

4）小结

shared_from_this和weak_from_this 的使用场景和目的有所不同。

（1）shared_from_this

用途：shared_from_this 用于在类的成员函数内部安全地获取一个指向当前对象的 std::shared_ptr。这适用于需要确保当前对象在函数执行期间保持存活的场景。

C++11及以后：这个方法自 C++11 引入，适用于所有继承自 std::enable_shared_from_this 的类。

场景：例如，当一个类的成员函数需要将 this 对象作为 shared_ptr 传递给其他函数或存储它时，使用shared_from_this。

（2）weak_from_this

用途：C++17新增的weak_from_this方法返回一个 std::weak_ptr，用于创建一个不增加引用计数的指针，这对于避免循环引用特别有用。

C++17新增：这是C++17新增的功能，用于获取一个weak_ptr，从而可以在不创建额外 shared_ptr（和不增加引用计数）的情况下观察对象。

场景：当需要引用一个对象，但又不想拥有它（即不想增加引用计数），以避免循环引用或其他所有权问题时，使用weak_from_this。

综上所述，shared_from_this和weak_from_this都是在特定场景下的解决方案。

在C++17之后，我们拥有了更多的选择：如果需要共享所有权并确保对象在使用期间保持存活，可以使用shared_from_this；如果需要引用对象但不取得所有权，以避免循环引用或其他问题，可以使用weak_from_this。

2.7 探索底层：C++的编译与内存排列

在上一节中，我们详细探讨了智能指针，本节将从C++的编译过程入手，详解代码是如何被转换成可执行文件的，同时探索编译器如何进行符号解析与绑定。随后，将深入C++的内存管理机制，理解基本的内存区域操作，掌握虚拟内存分段机制。这些知识将帮助读者全面理解C++在底层的强大功能和复杂性，为高效编程和性能优化提供坚实的理论基础。

2.7.1 深入理解 C++编译过程：从源代码到可执行文件的转换阶段

在C++的开发过程中，编译流程是将源代码转换成可执行程序的一系列步骤，如图2-5所示。这个流程通常包括预处理、编译、汇编和链接这四个主要阶段。下面，我们将系统地介绍这些阶段及其在整个构建过程中的作用。

2.7.1.1 预处理

在深入探索C++的编译过程中，首先遇到的是预处理阶段。这个阶段可以视为编译旅程的起点，它静待每行源代码的到来，并将其转换成编译器能够进一步理解和处理的格式。

在此阶段，预处理器如同一个细心的艺术家，精心处理每行代码，通过扩展宏定义、执行精确的条件编译和巧妙地包含头文件内容，赋予代码新的生命力。这不仅是技术实现的必要步骤，也优化和提炼了代码本身，展示了C++设计中追求的效率、灵活性和可靠性。

正如雕塑家将粗糙的石块雕琢成精美雕塑，预处理器处理预处理指令，为编译、汇编、链接等后续阶段铺设道路，确保整个编译流程顺畅高效。预处理阶段虽然在幕后默默进行，但它对程序的性能和稳定性有着直接而重要的影响。

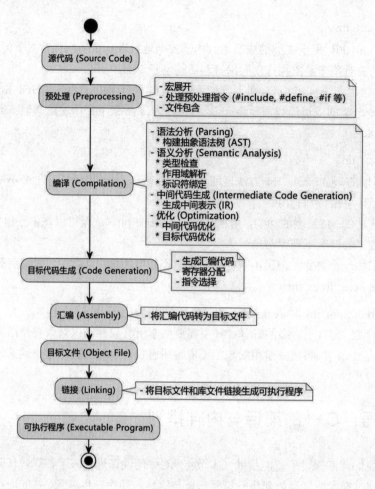

图 2-5　编译流程

1. 预处理器工作的原理

预处理器是编译过程中的一个早期阶段，主要负责处理以井号（#）开头的预处理指令。其工作原理主要包括文本替换、条件编译和文件包含三个方面。

- 文本替换机制：预处理器通过扫描源代码文件来查找以"#"开头的指令，并进行处理。对于宏定义（如"#define"），预处理器会在源文件中查找这些宏的实例，并用宏定义中的文本替换它们。这种替换在编译器进行源代码的语法分析之前完成，因此操作的结果是修改后的源代码文本。
- 条件编译：预处理器处理诸如#ifdef、#ifndef、#if、#else、#endif等条件编译指令，根据条件动态地包含或排除代码块。这使得开发者可以根据不同的编译条件，选择性地编译代码中的特定部分。
- 文件包含：通过"#include"指令，预处理器将指定文件的内容插入当前位置。这通常用于插入头文件，从而在多个源文件之间共享声明和定义，促进代码的模块化和复用。

这样的设计使得预处理器能在实际编译前对源代码进行必要的文本处理和组织，简化代码复杂性，控制编译流程，并通过宏定义和文件包含来优化和复用代码。预处理阶段的完成为编译器的下一阶段——编译（更深入的源代码分析和转换），提供了准备好的文本，确保了编译过程的效率和代码的准确性。

2. C++中的预处理指令

C++中的预处理指令是以井号（#）开头的指令，它们在编译过程中的预处理阶段被处理。以下是C++预处理指令的一些常见用法。

- 宏定义（#define）：用于定义宏，宏可以是一个值或者一段代码。例如，#define PI 3.14159定义了一个名为PI的宏，其值为3.14159。宏定义也可以包含参数，以提供类似函数的行为。
- 条件编译（#if、#ifdef、#ifndef、#else、#elif、#endif）：这些指令控制代码的编译，依据是否定义了某个宏或表达式的值。
  - ◆ #ifdef和#ifndef检查是否定义或未定义某个宏。
  - ◆ #if根据条件表达式的值决定是否编译后续代码。
  - ◆ #else和#elif提供条件编译的分支。
  - ◆ #endif结束一个条件编译块。
  - ◆ #elifdef和#ifndef是C++23新增的预处理指令，用于根据宏是否定义来条件编译代码。
- 包含文件（#include）：用于包含外部文件的内容。这通常用于包含头文件，例如#include <iostream>或#include "myheader.h"。
- 取消定义宏（#undef）：用于取消宏的定义，例如#undef PI将取消宏PI的定义。
- 错误指令（#error）：当预处理器遇到#error指令时，会生成一个编译错误，并停止编译过程。
- 编译警告（#warning）：在某些编译器中，#warning指令用于生成编译时警告以及提示开发者注意某些事项。

预处理指令不是C++语法的一部分，它们在编译阶段之前被预处理器处理。预处理器指令不受C++语法规则限制，例如，它们不需要以分号（;）结束。预处理器主要负责文本替换和条件编译，而不参与代码的实际编译过程。

2.7.1.2 编译

编译阶段是C++代码从高级语言转换为更接近机器语言的汇编语言的关键过程。这一阶段，编译器负责将预处理后的源代码进行深入分析和转换，以生成有效的机器级指令。

1. 编译阶段内部工作流程

编译阶段内部工作流程包括语法分析（parsing）、语义分析（semantic analysis）、中间代码生成（intermediate code generation）、优化（optimization）、目标代码生成（code generation）和目标代码优化（target code optimization）。

1）语法分析

在编译过程中的语法分析阶段，编译器细致地审视C++代码，确保每一条语句都严格遵循C++的语法规则。这一过程涉及构建一个名为抽象语法树（abstract syntax tree，AST）的复杂结构，它以树状形式反映源代码的层级关系，使得编译器能够深入理解代码的组成部分及其功能。

在AST中，每一个节点都代表了代码中的一个特定构造，比如循环、条件判断和表达式等，这些构造的层次组织帮助编译器像分析句子结构以理解文本含义那样，理解并处理代码。

通过这种方式，编译器能够确保代码不仅在语法上正确，而且其结构组织清晰，为后续的编译过程打下坚实的基础。

2）语义分析

在编译过程中，语义分析阶段紧随语法分析，是为程序赋予实际意义的关键步骤。此阶段涉及一系列复杂且细致的检查，确保代码不仅结构正确，还在逻辑上一致并符合语言的深层规范。

- 作用域规则验证：编译器首先检查每个变量和函数的使用是否处于适当的作用域内。由于作用域定义了变量和函数的可访问区域，任何作用域的误用都可能导致访问错误，因此此检查确保每个标识符都在其声明允许的范围内使用。
- 名称解析和绑定：随后，编译器确保所有标识符（如变量名、函数名）被正确解析并与相应的声明绑定。这个过程对确保代码中每个引用明确指向一个定义至关重要，防止了标识符的误用或引用错误。
- 数据类型检查：编译器还负责验证数据类型的正确性，包括操作符与操作数的匹配，以及函数调用中实参与形参的类型兼容性。这一检查防止了因类型不匹配而可能导致的运行时错误，例如将整数用于字符串操作。
- 函数调用验证：最后，编译器检测函数调用的有效性，确认调用的函数是否存在、参数数量和类型是否正确。这确保了程序中的函数调用是合法的，可以按预期工作。

通过上述检查，语义分析不仅确认代码的语法正确性，还确保它遵循语言的语义规则，包括作用域、名称解析、数据类型及函数调用的合法性，从而保障了程序的正确性和稳定性。

3）中间代码生成

在语法分析和语义分析完成后，编译器进入中间代码生成阶段，这是转换代码的关键步骤。此阶段的核心任务是将抽象语法树转换成中间表示（intermediate representation，IR），一种既非源代码也非机器代码的代码形式，位于二者之间，更接近机器代码。

中间代码的设计目标主要有两个：首先，它旨在简化编译过程中的优化步骤。将源代码转换为规范化的IR形式后，编译器能更有效地执行各种优化操作，如消除冗余计算、简化表达式和优化循环，因为IR的统一和简化结构使得代码分析和修改更直接、高效。

其次，中间代码简化了目标代码的生成。由于IR更接近机器代码，因此能够桥接不同高级语言和不同机器代码之间的转换。这意味着，编译器可以采用标准化的方法将IR转换成特定平台的机器代码，提高了编译器的可移植性和可复用性。

中间代码形式包括三地址代码（three-address code）、静态单赋值形式（static single assignment，SSA）、控制流图（control flow graph，CFG）等，每种都有其适用场景，但共同优化了后续编译步骤，如代码优化和目标代码生成。

总的来说，中间代码生成是编译过程中极为关键的阶段，它不仅保留了源程序的完整语义，同时将其转换为易于处理和优化的形式，为高效目标机器代码的生成打下基础。这一阶段深刻影响了编译器的效率及最终机器代码的性能，确保了程序的有效性和高效性。

4）优化

在生成中间表示后，编译器进入优化阶段，此时会对IR执行一系列优化操作以提高程序执行效率。优化分为两大类：与机器无关的优化和与机器相关的优化。

（1）与机器无关的优化

这些优化技术独立于目标硬件，旨在通过通用代码改进技术提高程序的运行效率。

- 循环优化：分析并重构循环，减少迭代次数和循环体内计算量，例如循环展开和循环不变代码外提。
- 无用代码消除（dead code elimination）：移除不会执行或结果不被使用的代码段。
- 常量折叠（constant folding）：在编译阶段计算常量表达式的值，减少运行时计算负担。
- 公共子表达式消除（common subexpression elimination）：消除重复计算的子表达式，确保每个子表达式只计算一次。
- 代码移动（code motion）：把不依赖于循环变量的计算移出循环体，减轻循环负担。

（2）机器相关的优化

完成与机器无关的优化后，编译器进行针对特定目标机器的优化，考虑硬件的具体特性，如指令集、寄存器数量和内存结构，以充分利用硬件资源。

- 指令选择（instruction selection）：根据目标机器的指令集选择最有效的指令来执行中间代码。
- 寄存器分配（register allocation）：优化变量存储于寄存器，以加速数据访问速度。
- 指令调度（instruction scheduling）：重排指令顺序，优化CPU流水线运行，减少执行停顿。
- 内存访问优化：改进数据存储和访问方式，减少缓存失效，提高内存效率。

这些优化步骤精确调整程序执行的资源消耗和时间，确保最终生成的机器代码既高效又紧凑，最大限度地发挥硬件性能。

5）目标代码生成

在编译过程中，目标代码生成指的是将经过前端分析和中端优化的中间表示转换为汇编语言代码的过程。这一步是编译器将高级语言程序转换成接近硬件层面但仍为人类可读的代码的关键步骤。在这个阶段，编译器执行如下任务：

- 指令选择：根据目标机器的指令集，选择合适的汇编指令来实现IR中的操作。
- 寄存器分配：决定哪些变量应该存储在CPU的寄存器中，这需要编译器进行复杂的分析以最大化寄存器的有效使用，减少访问内存的次数。
- 指令调度：安排指令的执行顺序，以避免硬件上的执行延迟，并充分利用CPU的流水线架构。

6）目标代码优化

目标代码优化阶段是在生成汇编代码之后进行的，旨在优化汇编代码以提高程序的执行效率和减少资源消耗。虽然大部分优化在中间代码优化阶段就已完成，但目标代码优化阶段仍有一些针对汇编代码的特定优化策略，例如：

- 汇编级优化：对生成的汇编代码进行进一步的优化，如简化指令序列、消除无用的指令等。
- 布局优化：调整指令和数据的布局，以减少分支延迟和改善缓存的利用。

经过目标代码生成和优化后，编译器利用汇编器将汇编代码转换成机器代码（对象文件）。最后，链接器（linker）将一个或多个对象文件以及必要的库文件链接成最终的可执行文件或库文件。

如果读者对编译过程感兴趣并想进一步探索，可以阅读《编译原理》这本书。它为希望深入了解编译器设计和操作的读者提供了详尽的资源。

2. C++代码在编译阶段的处理历程

C++代码在编译阶段经历一系列精密的处理步骤（见图2-6），这些步骤共同确保代码不仅遵循逻辑和语法规范，而且在性能和效率上得到优化。

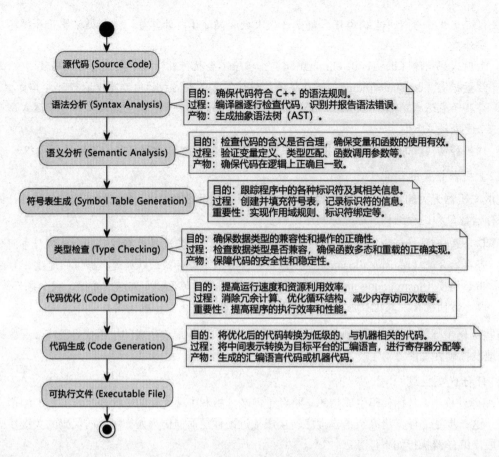

图 2-6   C++代码编译阶段的处理图

这一连串的处理步骤展示了C++编译器如何将高级代码细致地转换为接近硬件层面的表示，同时优化性能和资源使用，保证代码的准确性和效率。通过这一系列精确的技术细节，编译过程不仅是代码转换的过程，更是质量保证和性能优化的过程。

3. 编译参数对编译流程的影响

编译参数对编译流程的影响主要体现在优化级别、目标平台选择、调试信息的生成与否等方面。这些参数可以指导编译器在编译过程中处理源代码，从而影响生成的可执行文件的性能、大小和调试能力。

- 优化级别：例如-O1、-O2、-O3指示编译器进行不同程度的代码优化，直接影响编译阶段的操作，如代码的内联、循环展开等优化操作。
- 目标平台和架构：如-march=x86-64指定目标机器的体系结构，影响编译器生成的机器代码类型和优化。
- 调试信息：如-g使编译器在编译时包括调试信息，这影响生成的代码的可调试性，但不改变代码逻辑。
- 警告和错误处理：如-Werror将警告转换为错误，影响编译阶段的错误处理机制。

通过调整这些编译参数，开发者可以细致地控制编译过程和生成的代码的特性。合理设置编译参数是实现代码性能优化、确保程序稳定性和提高开发效率的重要手段。

2.7.1.3　汇编

汇编阶段是编译流程中至关重要的一步，它负责将编译器生成的汇编代码转换为机器指令，这些指令是计算机可以直接执行的。这一过程体现了C++对效率追求的核心理念，以及对底层控制的精确要求。

1）从源代码到机器指令：优化的艺术

开发者通过深入汇编语言，实际上是在探索如何最大限度地利用每条指令和每个CPU周期。这种努力不仅源自对程序性能优化的需求，也反映了开发者对创造和控制的深层需求。通过手动优化代码，开发者实际上是在挑战硬件的限制，力求在有限的资源条件下达到最优的运行效率。

2）汇编器的角色：桥梁与工匠

汇编器扮演着将开发者的创意和效率追求转换为硬件可执行语言的桥梁角色。这种转换不仅需要技术上的精确性，还需要对硬件特性有深入的理解。在这个过程中，汇编器和开发者共同创作出一幅精密的画卷，将高级的抽象概念转换为具体的硬件操作。

3）目标文件的生成：细节中的优雅

生成目标文件的过程是将抽象代码转换为具体实现的过程，每个字节和位的安排都体现了对程序细节的关注和对性能的尊重。在这一步骤中，程序的各个组成部分被具体化，为最终生成可执行文件做好准备。这不仅是一个技术过程，也是一个创造过程，显示了开发者通过精确控制每个细节来优化整体系统性能的能力。

4）汇编阶段的稳定性

相较于编译流程的其他环节，如预处理、编译、链接，汇编阶段通常更为稳定，因为它执行的任务非常明确——将汇编语言代码转换为机器语言指令。这个直接且简单的过程不涉及复杂的逻辑或依赖解析，因此出错的可能性较低。

- 明确的任务：汇编阶段的任务是直接将汇编代码转换为机器码，每条汇编指令几乎对应一个机器指令，这种直接的映射关系简化了转换过程。
- 少量的依赖性：此阶段不涉及外部库或文件的依赖解析，避免了依赖相关的错误。
- 错误类型简单：如果出现错误，通常是由于汇编代码的语法问题，这类错误相对容易识别和修正。
- 编译器的优化：现代编译器在生成汇编代码时会进行优化，确保指令的正确性和效率，减少了错误的可能性。

这些因素共同保证了汇编阶段的高稳定性，确保了整个编译流程的顺利进行。

2.7.1.4　链接

在探讨了汇编过程后，我们将转向C++编译过程中的最后一环——链接。在这个阶段，我们将看到如何将分散的代码和资源集成为一个完整的应用程序。

1. 链接的基本概念

链接是编译过程的最后一步，它的主要任务是将编译器和汇编器生成的一个或多个目标文件（.obj或.o），以及必要的库文件（.lib或.a），合并成一个单独的可执行文件（.exe或者可执行的二进制文件）。这个过程看似简单，实则涉及复杂的符号解析、地址分配等技术细节。

1）链接过程

链接过程可以分为静态链接（static linking）和动态链接（dynamic linking）两种。

- 静态链接是在程序编译时就将所有需要的目标文件和库文件合并到最终的可执行文件中。这意味着一旦链接过程完成，可执行文件就包含了运行程序所需的一切代码。静态链接的优点在于，生成的可执行文件独立性强，不依赖于外部的库文件，便于分发和部署。但这也导致了可执行文件体积的增大，以及更新库文件时需要重新编译链接的缺点。
- 动态链接将链接过程延迟到程序运行时进行。在这种方式下，可执行文件在编译时并不直接包含所有需要的库代码，而是在程序运行时由动态链接库（DLLs在Windows上或.so文件在Unix-like系统上）提供。动态链接的优点是减少了可执行文件的大小，便于更新和共享库文件，但它也带来了对库文件的依赖，以及可能的运行时错误。

2）应用场景

- 静态链接通常适用于那些对独立性和稳定性要求较高的应用场景，如嵌入式系统或单个分发的桌面应用。
- 动态链接则更适用于那些需要频繁更新或者共享大量公共库的应用，例如客户端/服务器应用程序或大型桌面应用。

链接不仅是技术上的合并，它在C++设计哲学中也占有重要地位，反映了对效率、控制与灵活性的追求。通过选择合适的链接方式，开发者可以根据具体的应用需求和部署环境制定最优的策略。

2. 解决符号依赖

在链接过程中，一个核心的任务是解决符号依赖（symbol resolution）。这一步骤涉及识别和连接程序中引用的各种变量、函数等符号的实际地址或定义。

1）符号解析的过程

符号解析过程包括：

- 符号收集：链接器首先从所有的目标文件中收集符号定义和符号引用。定义包含了符号的实际代码或数据，而引用则是对这些符号的调用或使用。
- 地址分配：收集了所有符号后，链接器接着为每个符号分配地址。对于静态链接，这意味着分配一个最终的、固定的内存地址；对于动态链接，则是分配一个相对地址，具体的物理地址将在程序运行时确定。
- 符号解决：有了地址之后，链接器解决程序中的外部引用，将引用指向正确的地址。这个过程中可能会发现未解决的符号，即在所有提供的目标文件中都未找到定义的符号，这通常会导致链接错误。

2）动态符号解析

在动态链接过程中，一些符号的解析被推迟到程序运行时。运行时动态链接器（如Linux下的ld.so）负责在需要时加载动态链接库（如.so文件），并解析其中的符号引用。这种延迟解析方式提高了程序的灵活性，允许更新库文件而无须重新编译整个程序，但同时也增加了程序的复杂性和运行时的依赖。

3. 优化和错误处理

在链接过程中，除了解决符号依赖这一核心任务外，优化和错误处理也是至关重要的环节。

1）优化

链接器在合并各个目标文件和库文件成一个可执行文件的过程中，有机会进行多种优化，以提升程序的性能和减少资源消耗。

- 去除未使用的代码：在静态链接过程中，链接器可以识别出那些从未被程序其他部分引用的函数和变量，将这些"死代码"从最终的可执行文件中移除。这不仅减少了可执行文件的大小，也提升了程序的加载速度。
- 重定位表优化：对于动态链接，链接器生成的重定位表（用于在运行时修正地址引用）也可以被优化，以减少运行时的处理开销。
- 内存布局优化：链接器还可以调整不同部分的内存布局，以提高缓存利用率或减少页面错误，进一步提升运行时性能。

2）错误处理

链接过程中的错误通常是由于符号冲突、缺失的符号引用或者库文件不匹配等问题引起的。处理这些错误需要深入理解链接过程和对应的依赖关系。

- 符号冲突：当两个或更多的目标文件提供了相同名称的全局符号定义时，会发生符号冲突。解决这类错误通常需要检查并修改源代码，确保每个全局符号的唯一性。
- 缺失符号：如果链接器找不到某个符号的定义，就会报告缺失符号错误。这可能是因为忘记链接某个必要的库文件，或者库文件与程序使用的声明不兼容。解决这类问题通常需要检查链接的库文件列表，确保所有必要的库都被正确链接。
- 库文件版本不匹配：当链接的库文件与程序期望的版本不一致时，可能会导致链接错误或运行时错误。解决这类问题需要确保所有库文件的版本与程序的依赖相匹配。

链接过程中的优化和错误处理体现了程序设计中的一种精细平衡：一方面追求效率和性能的最大化，另一方面又要确保程序的正确性和稳定性。这不仅是一种技术挑战，也是对程序员分析问题、解决问题能力的考验。

4. 编程中常见的链接错误

在C++编程中，符号链接是将代码中的引用（如函数调用、变量访问）与它们的定义相连接的过程。这一过程对于生成最终的可执行文件是至关重要的。

然而，程序员在编写代码时的一些行为可能会对符号链接产生显著影响，这些行为包括但不限于表2-12列举的错误。

表2-12　编程开发中常见的链接错误

错误类型	问题说明	解决方法
命名空间的使用	过度使用全局命名空间或不当使用命名空间，导致名称冲突	合理规划和使用命名空间，避免全局命名空间污染
外部链接指示（extern）	extern声明不一致，或声明无对应定义	确保所有extern声明的符号都有相应的定义，并保持声明与定义一致

（续表）

错误类型	问题说明	解决方法
库文件的使用	依赖的静态或动态库文件未正确链接，或链接了错误的版本	确保链接正确版本的库文件，并检查库文件路径和依赖关系
多重定义	同一符号在多个源文件中重复定义	避免符号在多个文件中重复定义，使用inline关键字或统一定义位置
条件编译	使用预处理指令如#ifdef导致符号定义被排除，引起链接时的符号缺失	确保条件编译不会排除必要的代码段，正确设置预处理宏
模板实例化	模板实例化不一致或缺失，导致找不到模板实例的符号	确保模板的正确实例化和一致性。可能需要显式模板实例化或调整编译器设置
内联函数和模板类	内联函数或模板类在多个源文件中使用但未被编译器内联，导致链接错误	限制内联函数和模板的使用范围，或确保内联声明与实际编译器行为一致
静态成员变量	类的静态成员变量在声明中未使用inline且未在任何源文件中定义，导致链接错误	在适当的源文件中定义所有静态成员变量，或使用inline关键字直接在类声明中初始化
平台或架构不匹配	试图链接的代码或库与目标平台或架构不兼容	确保所有编译的代码和链接的库与目标平台或处理器架构兼容
导入/导出符号错误	使用__declspec(dllexport)或__declspec(dllimport)不正确	正确地在DLL项目中导出符号，并在使用这些符号的项目中导入

2.7.1.5 小结

在深入理解C++编译过程中，我们跟随源代码在其转换为可执行文件的旅程中经历了4个关键阶段：预处理、编译、汇编和链接。这一过程不仅体现了C++的编译机制的复杂性和精确性，也展示了C++设计哲学中对效率、控制与灵活性的追求。通过这一节的学习，读者可以获得对C++编译过程的深刻理解，以及对程序从代码到可执行文件之旅的全面认识。

1. 预处理

在预处理阶段，预处理器对源代码进行初步的处理，包括宏定义的扩展、条件编译的处理以及头文件内容的展开。这一步骤为编译过程做好准备，通过移除注释、处理预处理指令等方式，清理和转换代码，确保其为编译阶段所需的格式。

2. 编译

编译阶段是将预处理后的代码转换成中间表示形式——汇编语言的过程。这一阶段包括了语法分析、语义分析以及代码优化等关键步骤。编译器检查代码的正确性，分析变量和函数的使用，然后根据这些信息生成优化后的汇编代码。这不仅体现了编译器的智能，也展示了C++对性能优化的不懈追求。

3. 汇编

汇编阶段涉及将编译阶段生成的汇编代码转换为机器语言指令，并生成目标文件。这一过程将高级的汇编指令转换为计算机可以直接执行的低级机器代码，是代码执行性能优化的关键步骤。

4. 链接

链接阶段将所有的目标文件和所需的库文件合并，生成一个单独的可执行文件。这一步骤解决了符号依赖，进行了地址分配和符号解析等任务。链接器的工作保证了程序的模块可以被正确地组装在一起，体现了C++设计哲学中对整合与协作的重视。

通过这一连串精细且复杂的过程，从源代码到最终的可执行文件，C++ 的编译流程展现了计算机科学中编译原理的深度与广度。对此流程的深入理解，不仅让程序员能够更有效地编写和优化 C++ 代码，也为深入探索计算机科学的其他领域打下坚实的基础。

2.7.2　编译器的符号解析与绑定：C++ 代码中的名称和地址关联机制

1. 符号和符号表

1）符号

在 C++ 编译过程中，给予变量、函数、类等代码实体的名称被统一称作符号（symbol）。编译器利用一个关键的数据结构——符号表（symbol table）——来跟踪这些代码实体。符号表的存在并不仅仅满足技术性的需求，它是编译器解析代码的基石。通过构建和维护符号表，编译器能够在整个编译过程中有效地识别和解析符号，确保代码中的每个部分都得到正确的理解和处理。

这个过程可以类比于人类社会中的姓名和身份证号码系统，其中符号表为代码中的每个实体提供了独一无二的身份。这种身份的赋予不仅是编译流程的要求，更是我们与代码互动时建立秩序和理解的一种体现。这使得我们能够在数千行代码中，准确地引用和操纵所需的特定部分，就如同在众多人群中识别出一个熟悉的面孔一样。

符号在编译器的语境下，是程序元素的代称，包括变量、函数、类、接口等。每一个符号都代表了程序中的某个构件的名称，它们使编译器能够追踪到程序的各个组成部分及其之间的联系。符号的意义远超过简单的名称标签，它们还包含了与程序元素相关的额外信息，如类型、作用域、存储类别和地址信息，从而为编译器提供了丰富的上下文信息，以支持复杂的编译任务。

2）符号表

符号表是编译器内部一个至关重要的数据结构，用于追踪源代码中定义和使用的所有符号，这些符号代表着变量、函数、类等编程实体。在编译的各个阶段，编译器会遇到这些程序实体的定义——无论是变量声明还是函数定义——并在符号表中为它们创建相应的条目。这些条目详细记录了符号的名称、类型、作用域、地址以及其他可能的属性，为编译器提供了一个全面的参考框架。

编译器依靠符号表来执行一系列关键任务：

- **类型检查**：符号表内记录的类型信息使编译器能够确保变量的使用与其声明匹配。例如，在进行赋值或函数调用时，保证使用了正确的类型。
- **作用域解析**：编译器查阅符号表以确定一个变量或函数的可见性，以及它们可以被程序的哪些部分访问。
- **名称解析**：面对重载的函数或运算符（操作符），编译器利用符号表信息来决定使用哪一个具体实体。

为了支持这些操作的高效执行，符号表的实现通常基于哈希表这样的高效数据结构，以便快速进行查找、插入和删除操作。编译器在不同的编译阶段会创建和使用不同的符号表，如在语法分析阶段构建全局符号表，而在处理具体函数体时创建局部符号表以跟踪局部变量和参数。

在这个过程中，符号表起到了连接代码和编译器内部机制的桥梁作用。它不只是一个技术性工具，更是连接人类思维与机器逻辑的纽带。通过符号表，我们的代码被编译器理解和转换，最终成为机器能执行的指令。这个过程中的每一细节，都体现了 C++ 设计哲学对效率和精确度的追求，同时展现了编程作为人机交互过程中艺术性与科学性的完美结合。

2. 作用域和命名空间

1）作用域

C++中的作用域概念与符号解析密切相关。作用域基本上定义了一个名字（变量、函数、类等）的可见性和生命周期。在C++中，根据定义位置的不同，可以分为几种作用域，如局部作用域、类作用域、命名空间作用域、全局作用域等。每种作用域都有其特定的规则来决定如何访问这些名字。

当编译器在代码中遇到一个标识符时，它将根据当前的作用域规则来解析这个标识符。这个过程称为符号解析。例如：

- 局部作用域：在一个函数内部定义的变量只能在该函数内部访问，这限制了变量的作用范围仅限于局部。
- 类作用域：在类内部定义的成员（包括变量和函数）可以通过类的对象或指针访问，并可以通过继承在派生类中被访问。
- 命名空间作用域：在命名空间中定义的名字可以防止不同库间的名字冲突，必须通过命名空间名来访问，除非使用了using声明。
- 全局作用域：在所有函数外部定义的变量和函数具有全局可见性，可以在文件的任何地方访问，除非被同名的局部变量遮蔽。

在多层嵌套的作用域中，如果内层作用域和外层作用域中存在同名的标识符，则内层的定义会隐藏外层的定义。这种特性允许编程时可以使用更加灵活的设计，但也要求程序员必须更加注意作用域规则，以避免意外的符号遮蔽或错误解析。

2）命名空间

命名空间中主要用来解决名称冲突问题。在C++中，随着项目的扩大和多个库的使用，不同模块之间很容易出现同名函数、类或变量，这会导致编译错误或者运行时错误。命名空间提供了一种将特定的名称封装起来的方式，使得相同名称的实体可以在不同的命名空间中共存，从而避免了名字的冲突。

（1）命名空间的使用

命名空间通过关键字namespace来定义，我们可以将相关的函数、类、变量等封装在一个命名空间中。例如：

```cpp
namespace MyProject {
    class Tool {
        // 类定义
    };

    void function() {
        // 函数实现
    }
}
```

在这个例子中，Tool类和function函数都封装在MyProject命名空间内。如果其他的库或代码也定义了Tool类或function函数，只要它们不在MyProject命名空间中，就不会产生冲突。

（2）访问命名空间中的实体

要使用命名空间中的实体，可以使用命名空间的名字加上作用域解析运算符（::），例如：

```cpp
MyProject::Tool myTool;
MyProject::function();
```

此外，如果要在某个文件或代码块中频繁使用某个命名空间中的实体，可以用 using 声明来简化代码：

```
using namespace MyProject;
```

这样就可以直接使用Tool和function而不需要每次都加"MyProject::"前缀。但要注意，过度使用using namespace 可能会引入新的名称冲突，特别是当引入多个命名空间时。

命名空间是组织大型 C++ 项目代码的一种非常有效的方式，它不仅帮助避免名称冲突，还可以提高代码的可读性和可维护性。

3）作用域解析运算符（::）

C++ 中的作用域解析运算符（::）是一个非常强大的工具，用于指定一个特定的作用域下的名称，从而精确控制符号解析过程。这个运算符有助于明确地访问全局变量、类的静态成员、嵌套类的成员，或者在有命名空间或多重继承的情况下确保访问正确的成员。下面是一些具体的使用场景和影响。

（1）访问全局变量

当局部作用域中有与全局变量同名的变量时，可以使用作用域解析运算符来指定访问全局变量。例如：

```
int value = 5;                          // 全局变量

void function() {
    int value = 10;                     // 局部变量
    std::cout << ::value;               // 输出全局变量的值 5
}
```

（2）访问类的静态成员

无论对象是否被创建，都可以通过类名和作用域解析运算符来访问类的静态成员。例如：

```
class Example {
public:
    static int number;
};

int Example::number = 1;

void function() {
    std::cout << Example::number;       // 直接通过类名访问静态成员
}
```

（3）解决继承中的命名冲突

当继承的类中有同名成员时，可以使用作用域解析运算符来指明具体访问哪个基类的成员。例如：

```
class Base1 {
public:
    void display() { std::cout << "Base1" << std::endl; }
};

class Base2 {
public:
    void display() { std::cout << "Base2" << std::endl; }
};

class Derived : public Base1, public Base2 {
public:
```

```
    void show() {
        Base1::display(); // 指定调用 Base1 的 display
        Base2::display(); // 指定调用 Base2 的 display
    }
};
```

（4）访问命名空间中的名称

当有多个相同名字的标识符在不同的命名空间中定义时，可以使用作用域解析运算符来明确指定所需的命名空间。例如：

```
namespace First {
    int value = 5;
}

namespace Second {
    int value = 10;
}

int main() {
    std::cout << First::value;              // 输出 5
    std::cout << Second::value;             // 输出 10
}
```

作用域解析运算符通过明确指定名称的作用域来避免歧义，增加了代码的清晰度，并有助于维护大型项目中的命名一致性和可管理性。

总之，作用域和命名空间是C++程序设计中关于符号解析与绑定非常重要的概念。它们不仅影响变量和函数的可见性和解析，还是组织和维护大型代码库的关键工具。

3. 符号解析

符号解析将程序中的标识符（如变量名、函数名）与其声明或定义相关联，确保了程序中使用的每个名称都准确地指向一个具体的实体。C++中的符号解析尤为复杂，因为语言的特性（如函数重载、模板、继承等）增加了解析的复杂度。

1）基本符号解析

当编译器遇到一个标识符时，它面临的任务是要确定这个标识符在代码中代表哪一个具体实体。这项任务看似简单，实际上却充满了挑战。

编译器的首个步骤是检查该标识符在当前作用域内的定义。如果在当前作用域内未找到，则会按照作用域链逐级向外层作用域扩展搜索，直至找到匹配的声明或定义，或者确认该标识符未被定义。这个寻找过程，从最内层作用域开始，逐渐向外扩展，直到全局作用域，若仍未找到，则会产生编译错误。这种从熟悉的环境开始，逐步扩展到更广泛范围搜索的过程，反映了人们面对信息搜索时的本能行为。这一整个查找和匹配的过程，在编译原理中被称为作用域链解析。

2）函数重载解析

C++支持函数重载，意味着在同一作用域内，多个函数可以共享相同的名称，但它们的参数类型或数量必须有所不同。

当调用一个重载函数时，编译器就像一位细心的匹配者，通过分析调用点提供的参数类型和数量，以及每个重载版本的函数定义，来决定最合适的函数版本。

这一过程不仅涉及类型匹配和类型转换优先级的逻辑分析，还包括从候选函数集中选择最匹配的函数，这需要编译器具备既严谨又灵活的分析能力。就如同人在面对多个选择时会根据情境做出最合适的决策一样，编译器在处理函数重载时也必须综合考虑各种因素，以确保选择最适合当前调用情境的函数版本。

3）模板实例化

C++ 模板允许在定义时使用泛型，以便在编译时根据提供的具体类型参数实例化成特定版本。

当编译器遇到一个模板实例化请求时，它所展现的不仅是按规则操作的能力，还有一种类似于创造性的过程：编译器会解析模板定义，并用实际提供的类型替换模板参数，从而生成一个专门化的版本。

在这个过程中，编译器需要处理可能的递归实例化和依赖关系解析，这不仅是技术上的挑战，也体现了编译器设计中的创造力。就像人类面对复杂问题时根据基本原理和具体情况创造出符合特定需求的解决方案一样，编译器在处理模板实例化时也需根据模板和具体类型参数的定义，创造出适用于特定情境的代码实体。

4）ADL

参数依赖查找（argument dependent lookup，ADL）是 C++ 中一种独特的名字解析机制。它专门用于处理函数调用时的名字解析问题，允许编译器在寻找函数定义时不仅考虑当前函数声明的命名空间，还包括函数参数类型所属的命名空间。这种机制的设计初衷是简化对用户定义类型的操作，使得可以直接调用这些类型相关的函数，无须显式指定它们所在的命名空间。

虽然 ADL 的存在极大地增加了语言的灵活性，但也可能引入某些复杂性，比如可能导致的名字解析歧义。例如，如果在不同命名空间中存在同名函数，编译器可能需要在多个候选函数间做出选择，这可能导致意料之外的函数调用结果。因此，了解 ADL 的工作原理对于编写清晰、无歧义的 C++ 代码至关重要，特别是在涉及多个库和命名空间的大型项目中。理解和正确应用 ADL 可以帮助开发者避免常见的陷阱，并确保代码的行为符合预期。

符号解析是编译器工作流程中至关重要的一部分，它确保了程序中的每个名称都被正确解析和与其相应的实体关联。C++ 的复杂性，尤其是函数重载、模板以及 ADL 的特性，都极大增加了符号解析的复杂度和精细性。在这一过程中，编译器如同一位智者，通过细致的观察和分析，精确地理解代码的本意，类似于人类在复杂的交流中寻找意义和解读语境。

4. 地址绑定

地址绑定是编译过程中的一个关键步骤，发生在符号解析之后，涉及将程序中的符号（如变量、函数、类成员等）与具体的内存地址相关联。这一过程是确定每个符号在程序运行时的物理存储位置的基础。

1）静态绑定

静态绑定主要发生在编译或链接阶段，涵盖全局变量和静态变量等符号，这些符号的内存地址在程序执行前已确定。编译器分析代码时，将这些符号与一个固定内存地址相关联，为它们在程序生命周期内提供一个不变的"居所"。这种绑定模式优化了执行效率，因为符号的地址已预先计算好，无须运行时进行额外的地址查找。

2）动态绑定

与静态绑定相对的是动态绑定，这种机制适用于那些在程序运行时动态分配的内存，如通过 new 或 malloc 创建的对象。动态绑定允许程序根据运行时的需求为这些对象分配内存地址，使得内存管理更加灵活。

这一过程类似于为程序中的动态实体在运行时"寻找住所"。这些实体没有预设的固定地址，它们的地址是根据运行时的需求动态决定的。尽管动态绑定提供了极大的灵活性和适应性，但也可能引入额外的性能开销，因为需要在程序执行时进行地址的计算和跟踪。

3）编译阶段的地址分配

在编译阶段，编译器对静态存储持续期的变量执行地址分配，设定它们在内存中的位置。对于局部变量，编译器则在每次函数调用时，动态地在栈上分配内存。这些编译时的地址分配决策是优化程序性能和资源管理的关键步骤。

5. 实用工具：探索可执行文件中的符号

在开发和维护复杂的软件系统时，深入理解编译后的可执行文件及其内部结构成为一项至关重要的技能。符号表作为编译过程中生成的关键数据结构之一，可以帮助开发者追踪程序崩溃的具体位置、优化性能瓶颈，甚至处理复杂的内存管理问题。为了有效地利用符号表，开发者需要熟悉一系列工具和命令，这些工具在不同操作系统中可能略有不同。以下部分将详细介绍如何在Linux/UNIX和Windows系统中使用这些工具，从而帮助读者更好地理解可执行文件中的符号。

1）工具和命令行技巧

在Linux/UNIX系统中：

- nm工具：nm命令是用于列出目标文件的符号的工具。使用nm可以查看可执行文件、对象文件或库文件中定义和引用的符号列表。通过特定的选项，如-C可以进行C++符号名的解码，更清楚地看到函数名称而非编译器生成的名称。
- objdump工具：objdump提供比nm更详细的信息，它能显示出符号的地址、大小、类型等详细数据，非常适合于需要深入分析二进制文件结构的场合，例如分析程序如何组织其代码和数据。
- readelf工具：对于遵循ELF格式的系统，readelf是一个不可或缺的工具。它可以显示ELF文件格式的详细信息，包括头部信息、段信息、节信息以及完整的符号表。使用readelf -s可以直接提取文件中的符号表。

在Windows系统中：

- dumpbin工具：dumpbin是Windows平台上一个非常有用的工具，用于显示可执行文件或对象文件中的信息。通过使用/SYMBOLS选项，可以查看这些文件中包含的所有符号，这对于理解和调试Windows应用程序至关重要。
- Visual Studio：在Visual Studio中，符号查找是调试过程的一部分。开发者可以在IDE中直接查看和管理符号，利用Visual Studio的调试器来逐步执行代码，查看变量和函数的符号信息。Visual Studio也支持远程符号解析，这在分析生产环境中的问题时极为有用。

通过掌握这些工具，可以有效地探索和管理可执行文件中的符号，这不仅能帮助我们在开发过程中快速定位和解决问题，还能优化程序的性能和内存使用。

2）实战演示

下面将通过具体的案例演示如何使用前面介绍的工具来解决实际遇到的编程和调试问题。我们将侧重于两个常见的问题：解析未解析的符号和分析程序崩溃问题。

（1）解析未解析的符号

假设有一个大型项目，它在编译后抛出了一个链接错误，提示有未解析的符号。这通常意味着某些函数或变量被引用了但没有定义，或者所需的库文件没有被正确链接。

使用 nm 和 objdump 工具：

① 使用 nm 查找缺失符号。假设未解析的符号名称为 MyMissingFunction，我们可以在所有相关的对象文件和库中运行以下代码：

```
nm libmylibrary.a | grep MyMissingFunction
```

如果找到该符号，nm 会显示符号的类型。如果符号类型为 U（未定义），则需要检查库文件或对象文件是否完整。

② 使用 objdump 查看更多细节。如果 nm 显示该符号在某个库中有定义（例如类型为 T 或 B），但链接器仍报错未解析，可以使用 objdump 来查看库中的符号导出情况：

```
objdump -t libmylibrary.a | grep MyMissingFunction
```

这可以帮助我们确认库确实包含了所需符号的正确定义。

（2）分析程序崩溃问题

假设一个应用程序在特定操作下频繁崩溃，崩溃报告指出了一个特定的内存地址，但没有提供足够的调用栈信息。

使用 gdb 与 readelf：

① 使用 gdb 启动程序。运行程序直至崩溃发生，gdb 会停在崩溃点，此时可以查看当前的调用栈：

```
gdb ./myapplication
run
bt
```

bt 命令将显示导致崩溃的函数调用序列。

② 确定崩溃位置。如果崩溃点相关的源代码不明确，可以使用 readelf 确定崩溃地址对应的节（section）和符号：

```
readelf -a ./myapplication | grep -B20 -A20 "<address>"
```

这个命令将帮助我们找到崩溃地址附近的符号和节信息，从而定位问题代码。

2.7.3　C++内存排列详解：理解和操作内存区域

在 C++中，内存排列是从低地址向高地址依次进行的，具体顺序为：代码区（code segment）、常量区（constant segment）、初始化数据区（initialized data segment）、未初始化数据区（uninitialized data segment，也称 BBS（block started by symbol）区）、堆区（heap）、栈区（stack）。

内存排列结构如表2-13所示。

表2-13　内存排列结构

内存区域	类　型	说　明
代码区	静态存储区	存放程序执行的机器语言代码，通常是只读的
常量区	静态存储区	存放程序中的常量数据，如字符串常量等，通常是只读的
初始化数据区	静态存储区	存放已初始化的全局变量和静态变量

内存区域	类　　型	说　　明
未初始化数据区	静态存储区	存放未初始化的全局变量和静态变量
堆区	运行时动态内存	用于动态内存分配，由程序员动态管理
栈区	运行时动态内存	存放函数的局部变量、函数参数、返回地址等

　　这样的内存排列结构有助于有效地管理程序的运行空间，保证程序执行的效率和稳定性。栈区和堆区之间的内存通常留给操作系统和其他程序使用，它们在程序运行时动态变化，以满足程序的需求。通过合理地使用和管理这些内存区域，可以优化程序的性能和资源使用。下面具体介绍各个内存区域。

1. 内存区域介绍

1）代码区

　　代码区亦称为文本段（text segment），是内存中存储程序执行代码的部分。这个区域存放编译后的机器语言指令，是程序运行的直接基础。

- 只读属性：为保护程序逻辑不被意外修改，代码区通常设置为只读。这种设计减少了程序执行时的自我修改风险，增加了程序的稳定性和安全性。
- 连续存储：代码区中的机器指令通常连续存储，这有助于提高指令的读取速度，优化程序执行效率。
- 优化和压缩：在编译阶段，编译器会对代码进行优化处理，移除不必要的指令和冗余操作，以提高执行效率并减小程序体积。

2）常量区

　　常量区是内存中专门用于存放程序中的常量数据（如字符串字面量和数值常量等）的区域。这些数据在程序运行期间不会被修改，因此通常放置在一个特定的、只读的内存区域。

- 只读特性：大部分时间，常量区是只读的，这防止了程序运行时对这些常量的意外修改，确保了数据的完整性和程序的可靠性。
- 静态存储：常量数据在程序编译时就已经确定，并在整个程序运行期间保持不变。因此，这些数据通常在程序启动时就被加载到内存中，并静态地存在于常量区。
- 优化存储：编译器可能会对常量数据进行优化处理，例如，通过合并相同的常量来减少内存占用并提高数据访问效率。

3）初始化数据区

　　初始化数据区用于存放程序中已经初始化的全局变量和静态变量。这些数据在程序编译时已被赋予具体的值，并在整个运行周期内保持这些初始值，除非它们被程序显式修改。

- 固定大小和内容：在程序加载时，初始化数据区的大小和内容已经确定，这些数据在程序执行过程中可以被读取和修改。这提供了对全局和静态变量一个可预测和持久的存储环境。
- 持久存储：与堆和栈的动态性质不同，初始化数据区的数据在程序的整个运行过程中都存在，直到程序结束。这使得全局状态和静态状态能在程序的多个部分之间共享和保持一致性。
- 内存地址分配：编译时，全局变量和静态变量在初始化数据区中获得固定的内存地址，这些地址在程序执行期间不会改变，确保对全局和静态数据的访问是高效且一致的。

该区域的稳定性和持久性是全局状态管理的核心，为程序提供了一种有效的方式来维持和共享状态信息。这种特性对于确保程序行为的一致性以及避免由于数据不一致引起的错误至关重要。

4）未初始化数据区

未初始化数据区通常称为BSS段，是专门用于存放程序中未经初始化的全局变量和静态变量的内存区域。这些变量在程序启动时由操作系统自动初始化为0或空值。

- 自动初始化：程序加载到内存时，BSS段中的变量自动被初始化为0。这一自动化过程减少了开发者的初始化负担，确保了程序启动时变量的确定性和一致性。
- 动态分配：虽然BSS段中的变量在程序启动时自动置0，但它们的具体值可以在程序运行期间动态改变。这提供了灵活性，同时保持了初始化前的内存使用效率。
- 内存占用优化：BSS段中的变量不占用可执行文件的初始大小，因为它们不需要在文件中存储具体的初始值。这减小了程序的磁盘占用和加载时的内存需求，优化了资源使用。

BSS段的设计有助于提高内存使用效率，因为只有实际使用时，这些内存区域才被分配和初始化。这种策略特别适用于内存使用量大或者变量数量众多的应用程序，帮助它们在保持较低内存占用的同时，确保程序运行的性能和稳定性。

5）堆区

堆区是内存中用于动态内存分配的区域。与自动管理的栈区不同，堆的内存分配和释放需要程序员通过编程显式控制，提供了灵活性和控制力，以满足程序在运行时对不同大小和生命周期的数据存储需求。

- 动态内存管理：程序可以在运行时根据需要动态请求和释放内存。这种管理方式使得堆区成为处理复杂数据结构和大量数据存储的理想选择。
- 非连续性：堆内存通常是非连续分配的，内存分配器根据可用的空间块来满足不同的内存请求，这可能导致内存碎片。
- 无大小限制：理论上，堆区的大小受限于计算机系统的可用内存和地址空间，提供了比栈区更大的存储空间。

动态内存的挑战：

- 内存泄漏和碎片化：不当的内存管理可能导致内存泄漏和碎片化，这些问题需要通过精心设计内存管理策略来避免。
- 性能考量：频繁的内存分配和释放可能影响程序性能。使用内存池等技术可以优化这些操作，提高性能。
- 设计复杂性：堆内存的使用增加了程序设计的复杂性，需要开发者有良好的内存管理知识和实践。

堆区的灵活性虽然提供了广泛的动态内存管理能力，但也带来了管理上的挑战和潜在风险。合理利用堆内存，有效地管理内存生命周期是高级编程中的重要技能，直接关系到程序的性能和稳定性。

6）栈区

栈区是内存中用于存放函数的局部变量、函数参数、返回地址及函数调用的上下文信息的区域。其特点是具有后进先出（last in first out，LIFO）的特性，这使得函数调用的执行和返回能够以有序和可预测的方式进行。栈区的管理是自动的，由编译器负责入栈和出栈操作，简化了内存管理的复杂性，同时保证了程序执行的高效性和稳定性。

- 自动管理：栈内存的分配和释放是自动进行的。编译器会自动为函数调用中的局部变量和参数分配栈空间，并在函数返回时自动释放这些空间。
- 连续性和顺序性：栈内存是连续分配的，函数调用的嵌套关系决定了栈空间的使用顺序，符合后进先出的原则。
- 大小限制：栈区的大小通常由操作系统预设，其大小比堆区的小。这意味着栈空间是有限的，过多的栈内存使用（如深度递归调用）可能导致栈溢出。

栈的挑战与考量：

- 函数调用效率：栈区的自动管理机制保证了函数调用的高效性。每次调用函数时，相关的局部变量和参数在栈上快速分配和释放，确保了执行效率。
- 资源限制：栈区内存的大小限制要求开发者注意避免大量局部变量的使用或深度递归调用，以防止栈溢出错误。
- 作用域和生命周期：栈内存的使用紧密关联于变量的作用域和生命周期。局部变量仅在其定义的函数或代码块中有效，并随着函数或代码块的结束而被销毁。

栈区在程序的执行中扮演着核心角色，它不仅支持函数调用的基本机制，也保证了内存使用的高效性和安全性。在C++设计哲学中，追求运行效率和资源管理的优化是基本目标。因此，合理利用栈区，理解其特性和限制，对于编写高效稳定的C++程序至关重要。

2. 代码的影响

内存管理是程序设计中至关重要的部分，不仅影响程序的性能，还关系到程序的安全性和稳定性。理解不同内存区的功能和特性能够帮助开发者更好地利用这些资源，避免常见的编程错误，并优化程序行为。

1）性能影响

性能影响主要体现在：

- 代码区和常量区的优化：由于这些区域通常是只读的，它们可以被有效地缓存，减少运行时的内存访问延迟。此外，编译器的优化可以减少这些区域的大小，提高程序启动速度和执行效率。
- 初始化数据区和BSS段的访问效率：这些区域存储全局变量和静态变量，它们的固定内存地址和预初始化特性确保了内存访问的快速和可预测性，有助于提高程序运行的性能。
- 堆的动态内存分配：虽然堆提供了极大的灵活性，允许程序在运行时按需分配内存，但不当的管理可能导致性能问题，如内存泄漏和碎片化。合理使用内存管理策略，例如内存池，可以大大提高程序性能。
- 栈的快速内存分配：栈的自动管理机制支持快速的内存分配和释放，极大地提高了局部变量和函数调用的处理速度，但需注意避免栈溢出。

2）安全性影响

安全性影响主要体现在：

- 代码区的只读属性：保护代码不被修改，防止恶意软件通过代码注入等方式破坏程序。

- 常量区的只读属性：保护常量数据不被修改，增强程序的数据完整性和安全性。
- 动态内存管理的风险：不正确的堆内存管理可能导致安全漏洞，如使用后未释放的内存（悬挂指针）或重复释放内存引起的问题。

3）稳定性影响

稳定性影响主要体现在：

- 全局和静态变量的管理：初始化数据区和BSS段的正确使用可以确保程序中全局和静态变量的稳定性，避免由于数据不一致或未初始化引起的错误。
- 堆和栈的适当使用：合理平衡堆和栈的使用，利用堆来处理大量或复杂的数据结构，利用栈来处理局部变量和快速的函数调用，可以增强程序的整体稳定性和响应能力。

通过上述内容，读者应能更全面地理解不同内存区对程序性能、安全性和稳定性的影响，以及如何通过优化内存使用来提升程序的整体质量。这不仅有助于避免常见的编程错误，还可以使程序更加高效、安全和稳定。

3. 操作系统和编译器中的内存区域大小概览

每个区的默认大小在不同的操作系统和编译器配置中可能有所不同，并且某些区域的大小是可以配置的。下面是一个概览。

1）代码区

- 默认大小：代码区的大小由程序的实际代码量决定，不是静态设定的。它与编写的代码量和编译器优化程度有关。
- 获取：代码区的大小等于程序的机器代码的大小，这可以通过查看编译后的可执行文件的大小来估计。在类UNIX系统中，可以使用size命令查看可执行文件各部分的大小，包括代码区、数据区和BSS段。
- 设置：通常不需要也无法手动设置代码区的大小，因为它完全由程序的代码量和编译过程决定。

2）常量区

- 默认大小：类似于代码区，常量区的大小取决于程序中定义的常量数据量。
- 获取：常量区的大小等于程序中所有常量的总大小。可以通过统计所有常量的大小来估计这个值。
- 设置：这部分大小也是由程序中的常量定义决定的，开发者通常无法直接设置。

3）初始化数据区和未初始化数据区

- 默认大小：这些区域的大小直接关联于程序中全局变量和静态变量的数量及类型。
- 获取：数据区的大小等于全局变量和静态变量的总大小。可以通过统计所有全局变量和静态变量的大小来估计这个值。
- 设置：大小根据程序中声明的数据自动确定，通常不提供手动设置的选项。

4）堆区

- 默认大小：堆区的默认大小由操作系统管理，并且可以根据程序的需求动态调整。

- 获取：堆区的大小取决于程序运行时动态分配的内存的总量。可以通过跟踪所有的new和delete操作来估计这个值。在类UNIX系统中，可以使用mallinfo()函数来获取堆的使用情况。
- 设置：可以通过编程方式查询可用的堆大小，并通过特定的系统调用（如setrlimit在类UNIX系统中）或编程技术来调整可用的最大堆大小。

5）栈区

- 默认大小：栈区的大小通常由操作系统预设，但也可以在程序或系统级别进行配置。
- 获取：栈区的大小取决于函数调用的深度和每个函数调用所需的栈空间。可以通过设置栈大小的编译器选项来限制栈的大小。在类UNIX系统中，可以使用ulimit -s命令来查看或设置栈的大小。
- 设置：在多数操作系统中，可以通过编译器选项（如GCC的-Wl,--stack,size）或系统设置来调整栈大小。在运行时，可以使用特定的系统调用（如getrlimit和setrlimit在类UNIX系统中）来获取和设置栈的大小。

4. 设置和获取各种内存区域的数据

在C++中，可以通过以下方式设置和获取各种内存区域的数据：

1）代码区

代码区主要存储程序的机器代码，这部分在编译期间确定，运行时只读，不可修改。

2）常量区

常量区用于存储常量数据，这部分在编译期间确定，运行时只读，不可修改。可以通过定义常量在常量区分配内存。例如：

```
const int const_var = 10; // 在常量区分配一个整数
C++
```

3）数据区（静态存储区）

数据区用于存储全局变量和静态变量。可以通过以下方式设置和获取这些变量：

- 全局变量：全局变量在函数外部定义，可以在程序的任何地方被访问和修改。例如：

```
int global_var = 10; // 定义全局变量
```

- 静态变量：静态变量在函数内部或类中定义，但它们的生命周期和全局变量一样。例如：

```
void func() {
    static int static_var = 0; // 定义静态变量
    static_var++;
}
```

4）堆区

堆区用于存储动态分配的内存。可以使用new和delete（或new[]和delete[]对于数组）来分配和释放堆内存。例如：

```
int* heap_var = new int;      // 在堆上分配一个存储整数值的内存空间
*heap_var = 10;               // 设置这个整数的值
delete heap_var;              // 释放这个整数
```

5）栈区

栈区用于存储函数调用的上下文，包括局部变量、函数参数和返回地址等。可以通过定义局部变量在栈上分配内存。例如：

```
void func() {
    int stack_var = 10;          // 在栈上分配一个整数
}
```

当函数返回时，所有在函数内部定义的局部变量都会被自动销毁。

注意，尽管我们可以在C++中操作这些内存区域，但通常不需要直接管理代码区和常量区，因为它们是由编译器自动处理的，我们主要关注的是如何正确地在堆区分配和释放内存，以及如何在栈区和数据区使用变量。

5. 在Linux中控制线程内存区域大小的方法

在Linux中，创建进程或线程时，各个内存区域的大小大部分是由系统自动管理的，而不是由用户显式设置的。这是因为这些内存区域的大小通常取决于程序的代码、数据和动态内存分配，而这些都是在程序运行时才能确定的。然而，我们也可以通过一些方式来影响这些内存区域的大小。

- 代码区：代码区的大小等于程序的机器代码的大小，这是在编译时就已经确定的，用户无法在运行时修改。
- 数据区（静态存储区）：数据区的大小等于全局变量和静态变量的总大小。这也是在编译时就已经确定的，用户无法在运行时修改。
- 堆区：堆区的大小取决于程序运行时动态分配的内存的总量。可以通过malloc、calloc、realloc和free函数（或者在C++中使用new和delete）来在堆上分配和释放内存。Linux系统还提供了brk和sbrk函数来改变程序的堆大小。
- 栈区：栈区的大小取决于函数调用的深度和每个函数调用所需的栈空间。可以通过ulimit -s命令来查看或设置栈的大小。在创建线程时，可以通过pthread_attr_setstacksize函数来设置新线程的栈大小。
- 常量区：常量区的大小等于程序中所有常量的总大小。这也是在编译时就已经确定的，用户无法在运行时修改。

> ❈✚注意　以上方法只能影响各个内存区域的大小，而不能精确地设置它们的大小。如果需要精确地控制内存使用，可能需要使用更底层的编程技术，如汇编语言或操作系统的内核编程。

【示例展示】

在Linux中，创建线程时可以通过pthread_attr_setstacksize函数来设置新线程的栈大小。

```
#include <pthread.h>

void* thread_func(void* arg) {
    // 线程函数
}

int main() {
    pthread_t thread;
    pthread_attr_t attr;

    // 初始化线程属性
    pthread_attr_init(&attr);
```

```
    // 设置线程栈大小
    size_t stacksize = 1024*1024; // 1MB
    pthread_attr_setstacksize(&attr, stacksize);

    // 创建线程
    pthread_create(&thread, &attr, thread_func, NULL);

    // 销毁线程属性对象
    pthread_attr_destroy(&attr);

    // 等待线程结束
    pthread_join(thread, NULL);

    return 0;
}
```

这段代码创建了一个新的线程，并设置该线程的栈大小为1MB。pthread_attr_setstacksize函数的第一个参数是一个线程属性对象，第二个参数是新的栈大小。

> **注意** 我们不能直接设置线程的堆大小、代码区大小、数据区大小或常量区大小。这些内存区域的大小是由程序的代码、数据和动态内存分配决定的。

另外，虽然我们可以设置线程的栈大小，但是应该谨慎地选择栈大小。如果栈太小，线程可能会因为栈溢出而崩溃；如果栈太大，可能会浪费内存，甚至导致内存不足。我们应该根据线程的实际需要来选择合适的栈大小。

2.7.4 虚拟内存分段机制：管理和优化 C++应用的内存空间

在了解C++应用的内存管理的同时，我们需要掌握一些计算机内存的基本概念。计算机内存是存储数据和指令的关键组成部分，直接被CPU访问，对系统的性能和稳定性起着至关重要的作用。

因此，理解C++的内存管理，不仅涉及语言本身的特性和技术，还必须建立在对操作系统内存管理原理的了解之上。这包括如何高效地满足应用程序对内存的需求，并最大化有限内存资源的利用率。了解底层操作系统，尤其是它如何处理内存分配、虚拟内存、页式内存管理以及交换空间等，是必要的。这些知识为我们深入理解C++内存管理中的高级技术和最佳实践提供了必要的背景。

1. 虚拟内存概述

在深入探讨虚拟内存（virtual memory）的奥秘之前，首先需要理解其基本概念及其在现代计算机系统中的重要性。虚拟内存是一种内存管理机制，它通过软件的帮助，使得应用程序认为它拥有连续的、比实际物理内存（physical memory）更大的地址空间。这种机制不仅极大地简化了程序的内存管理，还提升了计算机系统的安全性和稳定性。

在虚拟内存的设计哲学中，一个核心的理念是将内存使用的复杂性抽象化，为程序员提供一个更加直观和灵活的编程环境。通过这种抽象，程序员无须关心物理内存的实际限制，也无须手动管理内存的分配和释放，这大大降低了编程难度，提升了开发效率。在C++等需要细致内存操作的语言中，这种抽象尤其重要。

这种设计不仅保障了每个进程的地址空间互不干扰，增强了系统的稳定性和安全性，也体现了对用户和程序本能需求的深刻理解——每个进程都希望有足够且独立的资源来执行任务，而无须担忧资源的实际限制或其他进程的干扰。

在现代操作系统中，虚拟内存已经成为一项基础且不可或缺的技术。它不仅解决了物理内存容量限制的问题，还通过提供页替换（page replacement）机制、内存分配策略等高级特性，进一步优化了内存的使用效率和程序的执行性能。在C++程序设计中，深入理解虚拟内存的工作原理和优化方法，对于编写高性能且资源高效利用的应用程序至关重要。

2. 虚拟地址空间与内核空间

虚拟地址空间是操作系统为每个进程提供的一个隔离的地址范围，旨在使每个进程都认为自己拥有一大块连续的内存空间。这种设计不仅简化了内存管理，还增强了程序的安全性和稳定性。接下来，我们将探讨虚拟地址空间的划分，尤其是内核空间与用户空间的区分，以及它们对系统性能和安全性的影响。

1）虚拟地址空间的大小和划分

在32位操作系统中，虚拟地址空间通常限定为4GB，这一限制直接来源于32位寻址能力，即2^{32}个不同地址的能力，等同于4,294,967,296字节，或者说4GB。

这个空间被划分为两大部分：用户空间和内核空间。划分方式可能因操作系统的不同而有所不同，常见的做法是将4GB虚拟地址空间平分，即2GB分配给用户空间，2GB分配给内核空间。

这里提到的"32位"主要指的是操作系统和CPU的地址总线宽度。这种32位的架构意味着系统可以使用32位二进制数来处理和寻址内存，从而达到4GB的最大寻址能力。

- 二进制地址表示：在计算机系统中，所有的数据和地址都是以二进制形式表示的。一个二进制位（bit）可以表示两个状态（0或1）。
- 地址总线宽度：在32位系统中，地址总线宽度是32位。这意味着每个内存地址是用一个32位的二进制数来表示的。
- 寻址能力：32位的地址可以表示2^{32}个不同的状态。由于每个状态对应一个独特的内存地址，因此系统可以寻址2^{32}个不同的内存位置。
- 内存大小的计算：由于2^{32}等于4,294,967,296，因此32位系统能够寻址的最大内存大小是4,294,967,296字节，即4GB（1GB = 1,024MB = 1,048,576KB = 1,073,741,824字节）。

因此，32位系统中虚拟地址空间通常是4GB。这也是为什么64位系统能够支持远大于4GB的内存，因为2^{64}远大于2^{32}。在64位系统中，理论上的最大寻址空间是16EB（Exabytes，其中1EB = 1,024PB = 1,048,576TB = 1,073,741,824GB）。但实际上，现代64位操作系统并没有利用这么大的寻址空间，通常是根据硬件和操作系统设计的实际需求来限制的。

2）内核空间的共享机制

在探讨32位操作系统的内存管理和虚拟地址空间的使用时，值得注意的是，尽管每个进程都被分配了4GB的虚拟地址空间，其中约2GB被划分为内核空间，但这并不意味着每个进程都单独占用了2GB的物理内存。事实上，所有进程都共享相同的物理内核内存。因此，虽然虚拟内核空间的总量可能看起来很大，但它并不会导致总内核空间超过物理内存的容量。

这种内存共享主要体现在：

- 共享内核映射：在系统中，无论有多少个进程在运行，内核空间在物理内存中都只存在一份拷贝。这2GB的内核虚拟空间在所有进程中是相同的，并映射到同一块物理内存上。
- 按需映射：并非所有的内核虚拟空间都会被持续映射到物理内存中。只有在需要使用这部分内存时，例如执行系统调用或访问操作系统服务，相关的内核空间才会被实际映射到物理内存中，这样的设计有效地节省了物理内存资源。

3）用户空间与内核空间的独立性和交互

每个进程的用户空间是独立的，包含了进程的代码、数据、堆栈等；内核空间则与之不同，为所有进程共享。例如，32位系统中虚拟地址空间的上半部分（从0x00000000到0x7FFFFFFF）通常分配给用户空间，而下半部分（从0x80000000到0xFFFFFFFF）分配给内核空间。这种划分不仅便于进程在需要执行系统调用时高效地切换到内核模式，而且由于所有进程的内核空间映射到相同的物理地址，无须重复映射，从而节省了资源。

尽管32位操作系统理论上提供了4GB的虚拟地址空间，但实际可用的内存量通常会少于这个值，主要受以下因素影响：

- 内核空间和用户空间的分割：在许多32位操作系统中，虚拟地址空间被平分为2GB的用户空间和2GB的内核空间。这意味着单个用户进程最多只能访问约2GB的虚拟内存。
- 物理地址扩展（PAE）：通过PAE技术，一些32位操作系统能支持超过4GB的物理内存，使CPU能够使用更大的物理地址（如36位），寻址高达64GB的内存。尽管如此，单个32位进程的虚拟地址空间限制仍为4GB。
- 硬件和BIOS限制：某些旧的32位系统可能因硬件和BIOS的限制而无法支持4GB或更多的内存。
- 系统保留和设备映射：部分虚拟地址空间可能被系统保留或映射到硬件设备，进一步减少了可用的地址空间。

这些限制因素导致实际可用于应用程序的内存量依据操作系统架构、系统配置和硬件条件而变化，通常低于理论的4GB。这种了解有助于开发者在面对内存管理时做出更合适的设计决策。

通过深入了解虚拟地址空间及其与内核空间的关系，我们可以更好地理解操作系统如何优化内存管理，同时保护系统的安全性和稳定性。

3. 分段与分页在系统性能中的角色

1）内存分段机制

内存分段机制主要将程序的不同部分（如代码、数据和堆栈）分配到不同的逻辑段中。每个段通过唯一的标识符（如x86架构中的段选择子）和段基址来标识。段基址是该段在物理内存中的起始地址。操作系统通过将段基址与段内偏移量相加，计算出实际的物理地址。这种机制不仅简化了地址的计算，而且通过为不同的程序段分配独立的地址空间，增强了程序的隔离性和安全性。

此外，内存分段顺应了程序员将程序分为多个逻辑单元的自然倾向，使内存的组织更符合人类的思维模式。操作系统通过将不同类型的数据和代码隔离在不同的段中，提供了直观的权限管理和保护机制，简化了程序的设计和维护。然而，内存分段的挑战在于段的大小和数量可能受到物理内存的限制，导致内存碎片问题，需通过合理的内存管理策略（如段的动态扩展或压缩）来优化内存的使用。

2）内存分页机制

内存分页机制是将虚拟内存和物理内存都划分为固定大小的页，通过页表映射虚拟地址到物理地址。这种机制完全抽象化了内存的物理结构，简化了内存的管理。每个页的大小固定，使操作系统可以更灵活地分配和管理内存资源，有效减少了内存碎片并提高了内存使用效率。

在分页系统中，每个进程都有自己的页表（page table），这确保了进程间内存空间的隔离，提高了系统的稳定性和安全性。操作系统还采用页替换算法（如LRU算法）动态管理物理内存中的页框，优化内存访问速度和程序性能。

内存分页与分段虽然是两种不同的内存管理技术，但它们也可以结合使用，以发挥各自的优势。

在这种组合机制中，操作系统首先将虚拟地址空间分段，然后将每个段细分为多个页。这种方法既保留了分段机制提供的逻辑分组和保护特性，又利用了分页机制的高效内存管理和灵活性。

这种混合的内存管理机制为C++程序设计提供了更多的灵活性和控制能力，使程序员可以更有效地管理内存资源，编写出既高效又安全的应用程序。

4. 虚拟地址到物理地址的映射

在探讨内存管理的上下文中，虚拟地址到物理地址的映射是一个核心概念，它是理解现代计算机系统如何高效、安全地管理内存资源的关键。这一过程主要通过地址转换机制实现，其中页表扮演了至关重要的角色。同时，硬件的支持也是实现这一过程不可或缺的部分。

1）地址转换机制

地址转换机制是虚拟内存系统中的一个基本组成部分，它负责将虚拟地址（virtual address）转换为物理地址（physical address）。这一过程通常分为两个步骤：首先，操作系统将虚拟地址划分为两个主要部分，页号（page number）和页内偏移（offset）；然后，使用页号作为索引，在页表中查找相应的页框号（page frame number），页框号与页内偏移组合在一起就形成了物理地址。

2）页表的角色

页表是虚拟内存系统中用于记录虚拟页和物理页框映射关系的数据结构。每个进程都有自己的页表，这使得虚拟内存空间到物理内存空间的映射对每个进程都是唯一的。页表中的每一项通常包含了物理页框的地址以及一些控制位，如有效位（表示该映射是否有效）、修改位（表示该页是否被修改过）等。这些控制位对于实现内存保护和优化页替换算法至关重要。

（1）进程中的页表

每个进程都有自己的页表，这是现代操作系统中虚拟内存管理的一个关键特点。下面是这个机制的一些详细解释：

- **进程独立的虚拟地址空间**：每个进程在操作系统中都有自己的虚拟地址空间。这意味着同一个虚拟地址在不同的进程中可以映射到不同的物理内存地址。
- **页表的作用**：页表是实现虚拟地址到物理地址映射的数据结构。操作系统为每个进程维护一个独立的页表，用于记录该进程的虚拟地址空间如何映射到物理内存上。
- **隔离与安全**：由于每个进程都有自己的页表，因此它们的内存空间是隔离的。这意味着一个进程无法直接访问或更改另一个进程的内存空间，从而提高了操作系统的稳定性和安全性。
- **上下文切换时的页表切换**：当操作系统从一个进程切换到另一个进程（称为上下文切换）时，它也会切换页表。这样，新的进程就会使用它自己的页表，确保它访问的是自己的虚拟内存空间。
- **共享内存的例外**：虽然每个进程都有自己的页表，但在使用共享内存时，不同进程的页表会有指向同一物理内存地址的条目。这是进程间通信的一种方式。

因此，每个进程拥有自己的页表是操作系统管理内存和隔离进程的重要机制，它允许每个进程像拥有整个计算机的内存一样操作其地址空间，同时确保了系统的安全和整体稳定性。

（2）页表的大小

页表大小受多种因素影响，主要包括操作系统体系结构、页的大小、页表的深度以及进程的虚拟地址空间大小。

- 操作系统体系结构：在32位系统中，虚拟地址空间通常限制为4GB，而64位系统的虚拟地址空间则更大，因此64位系统的页表可能占用更多内存。
- 页的大小：标准页通常是4KB，但大页（例如2MB或1GB）可以减少页表项的数量，从而降低页表的总大小。
- 页表的深度：现代操作系统通常使用多级页表，如二级或四级，以减少未使用地址空间对页表大小的影响。只有实际分配的虚拟地址空间会在页表中创建条目。
- 进程的虚拟地址空间大小：通常，进程不会使用其所有的虚拟地址空间，因此实际的页表大小通常小于理论最大值。

估算页表所占用的内存大小，我们可以从一种简化的情景出发：假设操作系统使用的是32位体系结构的二级页表，每个页表项占用4字节，每页大小为4KB。在这种设置下，页表的工作机制如下：

- 一级页表（page directory）：每个条目映射4MB的内存。因为32位系统的虚拟地址空间总共为4GB，所以需要1024个一级页表条目来覆盖这一空间。
- 二级页表（page table）：假设每个4MB区域的虚拟地址都被使用，每个对应的二级页表将包含1024个条目（每个条目映射4KB）。这样，每个二级页表也将占用4KB的内存。
- 总页表大小：因此，在完全映射了4GB虚拟地址空间的情况下，一个进程的总页表大小大约为4MB（1024个一级条目×每个二级页表4KB）。这个数值是理论上的最大值，实际上，由于不是所有虚拟地址空间都会被实际使用，因此实际的页表大小通常小于这一理论值。

页表的示例结构如图2-7所示。

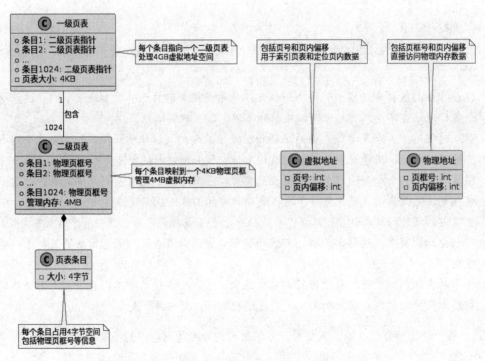

图2-7　页表的示例结构

需要注意的是，此计算基于若干假设，包括页的大小为4KB、页表项大小为4字节，以及虚拟地址空间被完全映射。不同的系统配置和实际使用情况可能会导致页表的实际大小有所不同。

（3）硬件支持

为了能高效执行地址转换过程，几乎所有的现代计算机硬件都提供了对虚拟内存管理的支持。其中，最关键的硬件组件是内存管理单元（memory management unit，MMU）。MMU负责在硬件层面上执行虚拟地址到物理地址的转换。

在执行地址转换时，MMU首先会查找内置的TLB（translation lookaside buffer，转译后备缓冲器，也称快表），这是一个包含最近使用的页表条目的小型缓存。

如果在TLB中找到了相应的条目，那么地址转换可以立即完成，极大地提高了转换的效率；如果在TLB中没有找到，MMU则需要从内存中读取页表，这一过程相对较慢。因此，TLB的命中率直接影响到系统的性能。

虚拟地址到物理地址的映射过程不仅是内存管理中的一个基础功能，也是现代操作系统能够高效、安全地运行的关键技术。通过页表和硬件支持，操作系统可以灵活地管理内存资源，同时保证不同进程间内存空间的隔离。对于C++程序员而言，虽然这一过程大多是透明的，但理解它的工作原理对于优化程序性能、避免内存相关的错误仍然非常重要。

5. 内存映射文件和共享内存

内存映射文件（memory-mapped files）和共享内存是现代操作系统提供的两种高效的内存管理技术。它们不仅在进程间通信（inter-process communication，IPC）中发挥着重要作用，还在提高内存使用效率方面有着显著的优势。

1）内存映射文件

内存映射文件技术允许程序将磁盘上的文件内容映射到进程的地址空间中。

通过这种方式，文件内容可以直接通过指针访问，就好像它们是程序内存中的数据一样。这种技术的主要优点是简化了文件的读写操作，提高了文件操作的效率。因为它避免了传统的文件I/O操作（如读/写调用）所需的数据复制步骤，数据可以直接在内存和磁盘之间交换，减少了不必要的中间缓存。内存映射文件特别适用于需要频繁读写大型文件的应用程序，因为它允许程序按需加载文件的一部分到内存中，而不是整个文件。这不仅减少了内存的使用，也提高了数据访问的速度。

在UNIX和类UNIX系统中，mmap函数是处理内存映射文件和实现POSIX标准共享内存的核心技术。此函数允许将磁盘上的文件内容或者内存块映射到调用进程的地址空间中。

这种映射机制使得进程可以通过内存访问的方式来直接操作文件数据或共享数据，从而避免了传统的读写系统调用，显著提高了处理大文件或进行进程间通信的效率。

相比之下，在Windows系统中，文件和内存映射则主要通过CreateFileMapping和MapViewOfFile函数实现。CreateFileMapping用于创建文件映射对象，而MapViewOfFile将这些对象中的数据映射到进程的地址空间。这允许进程将文件数据当作内存中的数据来直接访问，极大地提高了数据处理速度。

这两种不同的系统实现显示了操作系统在内存映射和共享内存管理方面的多样化。

2）共享内存

共享内存是一种允许两个或多个进程共享一块物理内存区域的技术。与其他进程间通信机制相比，共享内存是最快的一种，因为没有中间的数据复制步骤。共享内存广泛用于需要高速进行数据交换的场景，如数据库管理系统、多任务并行处理等。当然，尽管共享内存提供了极高的效率，但它也引入了复杂的同步和协调问题。因为多个进程可以同时访问共享内存区域，所以我们必须通过同步机制（如信号量、互斥锁等）来防止数据竞争和保证数据的一致性。

共享内存的原理如下：

① 共享内存的建立：共享内存是一种允许多个进程访问同一块物理内存区域的机制，实现了进程间的数据共享。这种机制通过操作系统的内存管理功能来创建和维护。

② 虚拟内存的角色：在现代操作系统中，每个进程都拥有自己的虚拟地址空间，这些虚拟地址并不直接对应到物理内存地址上。操作系统使用虚拟内存来模拟出比实际物理内存更大的内存空间，并且可以通过虚拟内存的隔离性提高系统的安全性。

③ 页表的作用：页表是一种用于映射虚拟地址到物理地址的数据结构。当进程尝试访问其虚拟内存中的地址时，操作系统会通过页表找到对应的物理内存地址。如果所需数据不在物理内存中，将发生页面错误（page fault），系统随后会从硬盘等存储设备中加载所需数据到物理内存。

④ 物理内存的访问：一旦页表映射建立，进程便可以通过映射后的物理地址访问存储在物理内存中的数据。物理内存通常指的是计算机的RAM。

⑤ 共享内存与页表的交互：在共享内存的应用场景中，不同进程的页表会将它们各自的虚拟地址映射到同一块物理内存区域。这样，当任一进程修改了共享内存中的数据时，所有可以访问这块共享内存的进程都能看到这些更改。

共享内存原理图如图2-8所示。

在这整个过程中，操作系统的内存管理单元（memory management unit，MMU）发挥着关键作用，它负责虚拟地址到物理地址的转换和管理。MMU使用页表来实现这种转换，并且还处理页面错误、页面置换等内存管理相关的事件。

总结来说，从共享内存到页表再到物理内存的过程是操作系统内存管理的核心组成部分，涵盖了进程间通信、虚拟内存管理、地址转换和物理内存的实际存取。这个过程确保了系统的高效运行和不同应用程序之间的数据隔离与共享。

3）进程间通信和使用效率

内存映射文件和共享内存都是提高进程间通信效率和系统内存使用效率的重要技术。通过直接在内存中共享数据，它们避免了传统的进程间通信（IPC）机制中涉及的数据复制操作，从而降低了通信的延迟和系统的CPU负载。此外，这两种技术还可以帮助应用程序更有效地利用有限的内存资源，特别是在处理大量数据或高速数据交换时。

然而，共享内存的设置和维护相较于其他通信机制更为复杂，涉及更多的系统资源管理和错误处理。由于多个进程可以同时访问同一内存区域，因此需要精心设计同步机制，以防止数据竞争并保证数据的一致性，这要求开发者具备高级的并发编程技能和对操作系统内存管理有深入的理解。

在C++程序设计中，利用这些技术可以显著提高程序的性能和效率。例如，通过使用内存映射文件技术，可以简化对大型数据集的处理和分析；而共享内存则可以在多个进程之间高效地共享和处理数据。这些技术的合理应用不仅为进程间通信提供了高效的手段，也大大提高了内存使用的灵活性和效率。

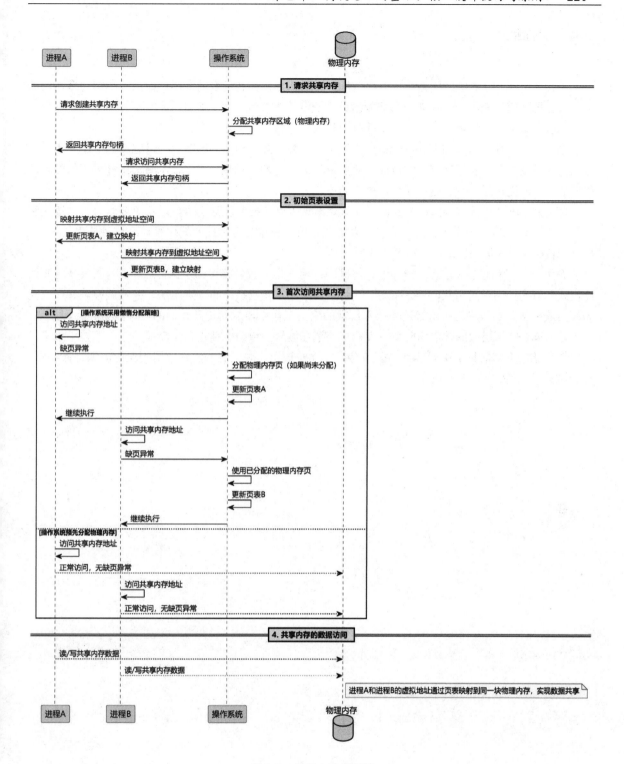

图 2-8 共享内存原理图

2.8 小结

本章深入探讨了C++的核心设计哲学，从封装的精细设计到函数的多样性应用、继承与多态的动态行为，再到模板编程的强大能力和智能指针的资源管理技术。每一个部分不仅详细介绍了C++的语法和功能，更重要的是揭示了背后的设计哲学和应用原则。

通过本章的学习，读者应该掌握C++如何通过封装、继承和多态等概念提供强大的抽象能力，以及如何通过模板和智能指针等高级特性来应对更为复杂的编程挑战。这些技术不仅提升了代码的效率和灵活性，还提供了一种表达程序设计思想的方式。

随着对C++深层次结构的理解，读者应该逐渐认识到，要掌握这门语言，不仅要学习它的语法和库的使用，更要学习如何通过语言的特性来实现高效、稳定且可维护的软件设计。这种能力的培养，是每一位C++程序员成长路径中不可或缺的一环。

在下一章"精进C++技艺：提升设计与编码技巧"中，我们将进一步探讨C++中的高级技术和设计模式，研究如何通过现代C++特性（如自动类型推导、智能指针的进阶用法、并发编程等）来优化编程实践；学习如何将这些高级技巧融入日常的编码工作中，从而提升我们的设计能力和编程效率。

通过对C++深层次的探索和应用，我们将继续在编程的道路上前进，不断提升自己的技术水平。希望读者在接下来的章节中能学到更多具有启发性的知识，并将这些知识应用到实际的编程挑战中，不断探索和扩展C++技能的边界。

第 3 章

精进C++技艺：提升设计与
编码技巧

3

3.1 导语：深化 C++设计与编码的艺术

在不断进化的技术世界中，编程超越了其原始的界限，成为一种将复杂思想具象化的艺术形式。C++，作为一门历史悠久的编程语言，不仅是科技发展的产物，更是艺术创造的平台。"掌握技术即掌握艺术"不仅是一种鼓励，更是一种启示，激励我们在进行C++编程中追求技术与创造力的完美结合。

本章将进一步提升和精细化C++编程技巧。在前两章中，我们已经奠定了坚实的基础，涵盖了C++的基本设计哲学和基本编程结构。现在，我们将深入探索更高级的编程主题，揭示如何运用这些技术将抽象概念转换为具体应用，从而提升设计与编码能力。

本章内容包括深入理解初始化机制、高级生命周期管理技巧、异常处理的细节与最佳实践，以及可变参数和可调用对象的灵活应用。这些主题不仅是编写高效且安全的代码的关键，更是设计高质量C++程序和库的核心要素。

我们将从探讨C++的初始化机制开始，这是每个C++开发者都必须掌握的基本概念。正确的初始化对于程序的安全性和效率至关重要，而C++提供了多种初始化方法，以适应不同的编程需求和上下文。理解这些方法的差异及其适用场景，将帮助我们编写更稳定和高效的代码。

3.2 理解 C++的初始化机制

在探索编程语言的浩瀚星空中，C++宛如一颗闪耀的星辰，凭借其强大的功能和灵活性，吸引了无数开发者的目光。在这个变化迅速的技术领域，C++的初始化功能尤为重要，因为它是程序中变量生命周期的起点，承担着确保程序正确和高效的重任。初始化与简单的赋值有所不同，它涉及将一段未初始化的内存区域转换为有效的对象。本节将向读者展示C++初始化的精妙之处，详细介绍各种初始化方式，并探讨如何根据具体需求选择最合适的方法。

3.2.1 C 语言中的初始化方式

在深入学习C++的变量初始化之前，了解C语言中的初始化方式是很有帮助的。本部分将简要介绍C语言中的初始化方式，并指出C++中相应的改进或差异。

1. 全局变量和静态变量

在C语言中，全局变量和静态变量自动初始化为0：

```
int global_var;                    // 自动初始化为0
static int static_var;             // 自动初始化为0
```

C++保留了这一行为，确保在程序启动时这些变量已经被初始化为0。

2. 局部变量

C语言中的局部变量不自动初始化，可能导致未定义行为：

```
void function() {
    int local_var;                 // 未初始化，值未定义
}
```

这一规则在C++中同样适用，但从C++11开始引入了列表初始化，增强了初始化的明确性和安全性。

3. 显式初始化

C语言支持对基本数据类型和数组进行显式初始化：

```
int a = 10;
char str[6] = "hello";
```

C++在此基础上扩展了初始化的表达方式，如构造函数初始化、列表初始化等，使得初始化更加灵活和安全。

4. 结构体和联合体

在C语言中，结构体和联合体可以直接初始化，C99还引入了指定初始化器，例如：

```
typedef struct {
    int id;
    float salary;
} Employee;
Employee emp = {.id = 1, .salary = 5000.0};
```

C++进一步增强了这些特性，支持构造函数和类的初始化器列表，提供了更丰富的初始化选项。

5. 直接内存操作在C和C++中的初始化应用

在C++中，虽然提供了许多高级的内存管理工具，但直接内存操作仍然是一种基础且重要的技术，尤其在处理底层数据时。下面将探讨C语言中常用的直接内存操作函数memset和memcpy，并讨论它们在C++中的适用性和注意事项。

1）使用memset或memcpy函数

memset函数主要用于设置内存块的内容，通常用于内存的初始化或清除。它接收三个参数：指向内存块的指针、要设置的值，以及要设置的字节数。

【示例展示】

```
#include <cstring>
#include <iostream>

int main() {
    int numbers[10];
```

```
    // 使用 memset 把整个数组初始化为0
    memset(numbers, 0, sizeof(numbers));
    for (int num : numbers) {
        std::cout << num << " ";
    }
    std::cout << std::endl;
    return 0;
}
```

memcpy函数用于将内存内容从一个位置复制到另一个位置，是处理非重叠内存块的首选方法，特别是在数据复制是表现出色。

【示例展示】

```
#include <cstring>
#include <iostream>

int main() {
    char src[50] = "Hello, World!";
    char dest[50];
    // 使用 memcpy 把字符串复制到另一个数组
    memcpy(dest, src, strlen(src) + 1);
    std::cout << "Copied string: " << dest << std::endl;
    return 0;
}
```

两者的区别如下：

用途：memset用于将内存设置为特定值，而memcpy用于内存之间的数据复制。

参数：memset接收设置的值和要设置的字节数，而memcpy需要源地址和目标地址以及复制的字节数。

2）适用场景与限制

- 初始化：在C++中，尽管memset可用于快速将大块内存初始化为特定值，但它不适用于含有非平凡构造函数的对象数组。对于基本数据类型或POD（plain old data）类型，memset是有效的。
- 数据复制：memcpy适合于复制大量的POD数据。在处理包含复杂对象的结构体时，应优先使用C++的拷贝构造函数或拷贝赋值运算符，以确保对象正确复制。

3）安全性考虑

使用memset和memcpy时，开发者必须确保目标内存区域足够大，以容纳所需数据，避免溢出。此外，对于包含动态内存指针或复杂内部状态的对象，应避免使用这些直接内存操作函数，因为它们不会调用对象的构造函数或析构函数，可能导致资源泄漏或其他未定义行为。

6. 小结：C语言初始化方式在C++中的应用与改进

C语言的初始化方法为C++的发展奠定了基础，而C++不仅沿用了这些技术，还进行了扩展和改进，以适应更复杂的编程需求。

1）C语言的初始化方式及其在C++中的沿用

C++继承了C语言的许多初始化技巧，并保持了对基础程序结构的兼容性：

- 基本数据类型的初始化：C++支持使用C语言的传统赋值表达式来初始化基本数据类型，例如int和double。

- 数组的初始化：C++允许使用C风格的花括号列表初始化数组，这种方式简单直观。
- 结构体的初始化：在C++中，结构体可以像在C语言中那样使用花括号进行聚合初始化。
- 指针的初始化：C++支持传统的NULL，以及新增的nullptr，后者是C++11引入的更安全的指针字面量。
- 内存操作函数：函数如memcpy和memset在C++中仍可用于原始内存操作，尽管在现代C++中，推荐使用更安全的替代方法。

2）C++对初始化方式的改进

C++对C语言的初始化方式做了以下重要改进，增强了语言的功能和安全性：

- 构造函数和类的初始化：C++引入了构造函数，支持基于参数的多态初始化，允许执行更复杂的对象初始化逻辑。
- 初始化列表：构造函数可以使用初始化列表直接初始化成员变量，提升效率和代码清晰度。
- 智能指针：如std::unique_ptr和std::shared_ptr等智能指针能自动管理内存，极大地减少了内存泄漏的风险。
- 列表初始化：C++11及以后版本引入的列表初始化，使用花括号可以初始化任何类型的对象，增强了代码的类型安全。
- 默认和删除的函数：可以显式声明构造函数和赋值运算符为默认或删除，提供了更精确的类行为控制。

通过这些扩展和改进，C++为程序员提供了比C语言更强大且灵活的初始化选项，特别是在面向对象和内存管理方面。现代C++编程推荐使用构造函数、初始化列表及智能指针等高级特性，替代直接的内存操作，以提高程序的安全性和可维护性。

3.2.2　C++中的初始化

1. 列表初始化

列表初始化是C++11引入的一个重要特性，提供了一种统一和直观的方式来初始化对象。可以使用花括号（{}）来初始化各种类型的数据，包括基本类型、聚合类型、容器以及用户自定义类型。列表初始化的语法简洁、使用灵活，是现代C++推荐的初始化方式之一。

列表初始化的特点：

- 防止窄化转换：列表初始化不允许窄化转换，这意味着编译器会阻止任何可能导致数据丢失或意外行为的隐式类型转换。例如，尝试用浮点数初始化整数时，如果使用列表初始化，编译器将拒绝编译。
- 直观的聚合类型初始化：对于聚合类型（如数组、结构体），列表初始化提供了简明的方式来一次性设置所有成员的值，而无须逐一指定。
- 兼容各种构造函数：如果类型定义了接收std::initializer_list参数的构造函数，列表初始化会自动匹配并调用此构造函数，使初始化更加灵活和方便。如果没有适合的std::initializer_list构造函数，编译器会尝试使用其他匹配的构造函数。
- 适用于自动类型推断：在使用 auto 关键字时，列表初始化允许编译器自动推断变量的类型，有助于减少代码冗余和提高可读性。

列表初始化的适用场景：

- 基本数据类型：列表初始化可以用于直接设定基础数据类型的值，例如 int x{5};。
- 聚合类型：结构体和数组可以通过列表初始化直接设定所有成员或元素的值，例如 struct Point { int x, y; }; Point p {1, 2};。
- 容器和其他类类型：对于支持 initializer_list 的容器（如 std::vector 或 std::map），列表初始化提供了一种方便的方式一次性填充容器，例如 std::vector<int> v = {1, 2, 3};。
- 自定义类型：用户定义的类可以设计构造函数支持列表初始化，提高类的易用性和灵活性。

列表初始化的限制：

- 没有公共构造函数的类型：对于构造函数为private或protected的类，普通代码不能直接使用列表初始化。只有类内部或友元类/函数才可以使用。
- 非聚合类型且无适当构造函数的类：如果一个类不是聚合类型（即具有私有或受保护的成员、基类、虚函数等），同时也没有定义接收std::initializer_list或其他形式参数的构造函数，则无法通过列表初始化进行初始化。
- 引用类型：引用必须绑定到一个现有对象，不能通过列表初始化直接创建引用。例如，int& ref{value};是合法的，因为引用绑定到value，但尝试使用int& ref{}形式的初始化将会导致编译错误。
- 复杂构造逻辑的类型：对于需要执行逻辑或多个参数的构造函数，如果未定义接收std::initializer_list的构造函数，可能无法使用列表初始化，因为列表提供确保正确匹配构造函数的参数。
- 某些内建类型的数组：当数组元素的类型不支持列表初始化时，数组也无法使用列表初始化。

以上情况基本涵盖了不能使用列表初始化的主要类型。在实际编程中，当遇到无法使用列表初始化的情况时，通常需要回退到传统的构造函数调用或其他初始化方式。

【示例展示】

下面是一个综合代码示例，展示了如何使用列表初始化来初始化聚合类型、非聚合类型以及容器。

```cpp
#include <iostream>
#include <vector>
#include <string>

// 聚合类型：结构体
struct Point {
    int x;
    int y;
};

// 非聚合类型：类定义
class Circle {
public:
    double radius;
    Circle(double r) : radius(r) {}  // 自定义构造函数
};
// C++17 聚合类型可以有基类（此特性需要编译器支持 C++20 的完整实现，部分编译器可能仅在 C++20 模式下支持）
struct Base {
    int baseValue;
};
```

```
// 聚合类型
struct Derived : public Base { // C++17 允许聚合类型有公有基类
    int x;
    double y;
};
int main() {
    // 聚合类型的列表初始化
    Point p {10, 20};
    std::cout << "Point: (" << p.x << ", " << p.y << ")" << std::endl;
    // C++17 聚合初始化，包括基类成员
    Derived d = {{1}, 2, 3.5};
    std::cout << "Derived: baseValue(" << d.baseValue << "), x(" << d.x << "), y(" << d.y
<< ")" << std::endl;

    // 非聚合类型的列表初始化
    Circle c {5.0};
    std::cout << "Circle radius: " << c.radius << std::endl;

    // 容器的列表初始化
    std::vector<std::string> names {"Alice", "Bob", "Charlie"};
    std::cout << "Names:";
    for (const auto& name : names) {
        std::cout << " " << name;
    }
    std::cout << std::endl;

    return 0;
}
```

这个示例展示了列表初始化在聚合类型、非聚合类型以及容器中的应用，说明了其灵活性和在现代C++编程中的实用性。

2. 直接初始化和值初始化

初始化的概念和技术随着C++的发展而逐渐演进，特别是为了解决从C语言遗留下来的问题，如未初始化的变量和类型安全问题。下面先简要回顾一下直接初始化和值初始化的由来及其重要性。

1）直接初始化

直接初始化的概念在C++中非常重要，特别是在需要精确控制对象的构造过程时。这种初始化方式直接使用构造函数的参数来初始化对象，可以使用圆括号（()）或花括号（{}）。直接初始化的主要优点是它允许开发者明确指定用于初始化对象的具体构造函数和参数，从而避免额外的拷贝或转换，尤其在涉及复杂对象或资源管理时。

【示例展示】

```
int x(5);                        // 使用圆括号的直接初始化
std::string s{"hello"};          // 使用花括号的直接初始化

class Rectangle {
public:
    Rectangle(double width, double height) : width_(width), height_(height) {}
private:
    double width_, height_;
};

Rectangle rect(3.0, 4.0);        // 使用圆括号的直接初始化
Rectangle rect2{5.0, 6.0};       // 使用花括号的直接初始化，同样是直接初始化
```

2）值初始化

值初始化是为了在C++中提供一种方式，确保所有类型的对象在使用前都被赋予合适的初始值。这主要针对那些基础数据类型，它们在C中经常因为没有初始化而导致未定义的行为。值初始化的引入确保了当没有提供初始值时，基本数据类型被初始化为0，类类型的对象则通过调用默认构造函数来初始化。

对于没有默认构造函数的聚合类型，其每个成员都会进行值初始化。这样的设计极大地提高了代码的可靠性和安全性。

【示例展示】

```
int a{};                        // 值初始化，确保 a 初始化为 0
class Example {
public:
    int value;
    Example() : value(100) {}   // 默认构造函数设置 value 为 100
};
Example ex{};                   // 值初始化，调用 Example 的默认构造函数
```

在C++中，直接初始化和值初始化是两种基本的初始化方式，各有其用途：

- 直接初始化提供了一个明确而直接的方式来调用特定的构造函数，常用于需要精确控制对象初始化的场景。
- 值初始化确保所有对象都从一个预定义且可预测的状态开始，特别是在不提供任何初始值的情况下。

对初始化方式的正确理解和使用是编写高质量C++程序的基石，可以帮助程序员编写更安全、可靠的代码。

3. 初始化列表

在C++中，初始化列表是一种用于在构造函数中初始化类成员变量的强大语法结构。它允许成员变量在构造函数体执行之前直接初始化，这样可以直接调用适当的构造函数，避免成员对象的默认构造和后续赋值。这不仅提高了代码的效率，还增强了代码的可读性。初始化列表对于必须在创建时就确定值的成员（如const成员和引用）是必需的，确保了这些成员的正确初始化和使用安全。

使用初始化列表的优势如下：

- 效率：成员变量通过初始化列表进行初始化，可以避免先默认初始化再赋值的双重操作，尤其对于那些不支持默认初始化的对象（如常量和引用）。
- 代码清晰：初始化列表直接显示了哪些成员变量被初始化以及如何初始化，提高了代码的可读性。
- 必要性：对于某些类型的成员变量（如常量、引用和没有默认构造函数的类类型），初始化列表不仅提供效率优势，而且是必需的。

【示例展示】

```
class Rectangle {
private:
    double width;
    double height;
public:
```

```
    // 使用初始化列表来初始化所有成员变量
    Rectangle(double w, double h) : width(w), height(h) {
        // 构造函数体现在是空的
    }
};

class Circle {
private:
    const double pi;
    double radius;
public:
    // 常量成员 pi 必须通过初始化列表进行初始化
    Circle(double r) : pi(3.14159), radius(r) {
        // 构造函数体可以进一步处理其他逻辑
    }
};
```

在这个例子中，Rectangle类的成员width和height通过初始化列表直接初始化，避免了默认初始化的额外开销。而Circle类中的常量成员pi必须通过初始化列表来初始化，因为常量成员一旦被默认初始化后就不能再被赋值。

初始化列表是C++中实现高效和清晰初始化的重要工具，特别适用于需要精确控制成员变量初始化顺序和方式的场合。通过初始化列表，程序员可以确保类的每个成员都以最合适的方式被初始化，从而增强程序的整体性能和可靠性。

3.2.3 特殊场景的初始化

在C++编程中，不同的初始化方式适用于不同的场景，特别是一些特殊的情况，可能涉及特定类型的对象或者特定的编程需求。

1. 延迟初始化

延迟初始化（也称为懒初始化）是一种设计策略，用于推迟对象的创建和初始化直到实际被需要的时刻。这种方法可以优化程序的启动时间和响应速度，同时减少不必要的资源消耗。

1）定义和使用

延迟初始化通常在对象的成本较高且使用不频繁时使用，或当对象的初始化依赖于条件或运行时的数据时。

【示例展示】

```
#include <iostream>
#include <memory>

class ExpensiveObject {
public:
    ExpensiveObject() {
        std::cout << "ExpensiveObject Created" << std::endl;
    }
    void process() {
        std::cout << "Processing..." << std::endl;
    }
};

class LazyInitializer {
private:
    mutable std::unique_ptr<ExpensiveObject> object;
```

```cpp
public:
    void process() {
        if (!object) {
            object = std::make_unique<ExpensiveObject>();
        }
        object->process();
    }
};

int main() {
    LazyInitializer lazy;
    std::cout << "Initialization not yet occurred." << std::endl;
    lazy.process();  // Initialization happens here
    return 0;
}
```

在这个示例中，ExpensiveObject的创建被推迟到第一次调用process方法时。

2）优势和适用场景

延迟初始化的优势如下：

- 性能优化：延迟初始化减少了程序启动时的负担，尤其对于资源密集型的应用来说，可以显著提高响应性。
- 条件依赖的初始化：当对象的创建依赖于未知或运行时决定的条件时，延迟初始化是理想的解决方案。
- 资源节约：通过仅在需要时创建对象，可以节约内存和其他计算资源。

延迟初始化在许多现代软件设计中都有应用，特别是在创建成本高昂或资源需求高的对象时。它是懒加载模式的一部分，广泛应用于各种编程语言和框架中，以提高应用程序的效率和性能。

2. 基于时间的异步初始化

基于时间的异步初始化是一种在后台线程或延迟事件中初始化对象的策略，使主程序流可以继续执行而不被阻塞。这种初始化方法在现代多线程和异步编程中非常有用，特别是在处理需要显著加载时间的资源（如网络资源或大型数据集）时。

1）定义和使用

异步初始化通常涉及将对象的创建和初始化放置在一个单独的执行线程或者在一个异步操作的回调中进行。这使得主程序可以在对象加载的同时继续运行，提高了程序的整体响应性和性能。

【示例展示】

```cpp
#include <iostream>
#include <future>
#include <thread>

class AsynchronousInitializer {
public:
    AsynchronousInitializer() {
        // 启动一个后台线程来执行初始化
        std::async(std::launch::async, [&]() {
            // 模拟长时间的初始化过程
            std::this_thread::sleep_for(std::chrono::seconds(2));
            std::cout << "Initialization completed." << std::endl;
        });
```

```
    }
    void process() {
        std::cout << "Processing data..." << std::endl;
    }
};
int main() {
    AsynchronousInitializer initializer;
    std::cout << "Main thread is free to continue!" << std::endl;
    initializer.process();
    return 0;
}
```

在这个示例中，AsynchronousInitializer的构造函数使用std::async启动了一个异步任务来执行初始化，而主程序继续执行没有被阻塞。

2）优势和适用场景

基于时间的异步初始化的优势如下：

- 提高响应性：通过在后台执行耗时的初始化任务，主程序的启动和执行不会被延迟，用户体验更佳。
- 资源优化：允许更有效地利用多核处理器的能力，通过分布工作负载来优化资源的使用。
- 错误处理：异步初始化允许在不影响主程序流的情况下，更加灵活地处理初始化过程中可能出现的错误。

异步初始化特别适用于应用程序需要快速启动和处理用户输入，同时后台进行资源加载的场景，如大型应用程序、游戏或高性能计算应用。通过使用基于时间的异步初始化，开发者可以设计出响应更快、更为智能的应用程序，这在现代软件开发中越来越重要。这种策略不仅优化了性能，还提升了用户的交互体验，特别是在加载大型数据或执行密集型操作时。

3. 工厂方法初始化

工厂方法初始化是一种创建对象的模式，其中一个方法（工厂方法）负责创建对象的实例。这种模式特别适用于对象的具体类型可能直到运行时才确定，或者当对象的创建涉及复杂的逻辑的情况。它提供了一种封装对象创建细节的方式，使得代码更加模块化和可维护。

1）定义和使用

在C++中，工厂方法通常被实现为静态方法，返回指向新创建对象的指针或智能指针。这种方法通常与一个基类和多个派生类一起使用，工厂方法根据输入参数来决定返回哪个派生类的实例。

【示例展示】

```
#include <iostream>
#include <memory>

class Product {                          // 抽象产品类
public:
    virtual void operation() = 0;        // 纯虚函数，子类必须实现
    virtual ~Product() {}                // 虚析构函数，允许正确析构派生类对象
};

class ConcreteProductA : public Product {   // 具体产品类A
public:
    void operation() override {          // 实现抽象类中的纯虚函数
```

```cpp
        std::cout << "Operation of ConcreteProductA" << std::endl;
    }
};
class ConcreteProductB : public Product {
public:
    void operation() override {
        std::cout << "Operation of ConcreteProductB" << std::endl;
    }
};

class Factory {
public:
    static std::unique_ptr<Product> createProduct(const std::string& type) {
    // 静态工厂方法，根据类型创建具体产品
        if (type == "A") {
            // 创建并返回ConcreteProductA的唯一指针
            return std::make_unique<ConcreteProductA>();
        } else if (type == "B") {
            // 创建并返回ConcreteProductB的唯一指针
            return std::make_unique<ConcreteProductB>();
        }
        return nullptr;    // 返回空指针，表示无法创建产品
    }
};

int main() {
    // 使用工厂方法创建ConcreteProductA对象
    auto productA = Factory::createProduct("A");
    productA->operation();     // 调用ConcreteProductA的operation方法

    auto productB = Factory::createProduct("B");
    productB->operation();

    return 0;
}
```

在这个示例中，定义了一个基类Product和两个派生类ConcreteProductA与ConcreteProductB。每个派生类都重写了基类的虚函数operation()，用于展示具体产品的操作。Factory类包含一个静态方法createProduct，该方法根据传入的类型参数type来决定创建并返回哪种产品的实例。

这种设计允许客户端代码通过工厂方法来创建对象，而无须了解具体的类实现细节，从而实现了类的实例化过程的解耦。这使得添加新的产品类或修改现有产品类变得更加灵活，不会影响到客户端代码。

2）优势和适用场景

工厂方法初始化的优势如下：

● 灵活性和可扩展性：工厂方法可以轻松地添加新的产品类型而无须修改现有代码，只需添加新的类和相应的工厂方法逻辑即可。

● 封装性：客户端代码通过工厂方法来获取新的对象，可以避免直接实例化具体类。这种封装帮助减少系统中各部分之间的依赖关系。

● 解耦：工厂方法将对象的创建和使用解耦，使得系统更容易理解和维护。

工厂方法初始化特别适用于需要根据外部条件或应用配置创建不同类型对象的场景，例如配置不同的服务策略或操作模式。此外，在需要处理大量具有相同接口但不同实现的对象时，使用工厂方法也是一种有效的设计策略。

4. 依赖注入初始化

依赖注入初始化是一种设计模式，用于提高软件系统的模块化和解耦。在这种模式中，对象的依赖项（即它需要的资源或服务）不是由对象本身创建，而是从外部传入（注入）。这种方式可以极大地提高代码的可测试性、可复用性和可维护性。

1）定义和使用

在C++中，依赖注入通常通过构造函数（构造器注入）、设置函数（设置器注入）或接口（接口注入）来实现。这允许对象在创建或运行时从外部接收其依赖项。

【示例展示】

```cpp
#include <iostream>
#include <memory>
class Logger {
public:
    virtual void log(const std::string& message) = 0;
    virtual ~Logger() {}
};
class ConsoleLogger : public Logger {
public:
    void log(const std::string& message) override {
        std::cout << "Log: " << message << std::endl;
    }
};
class Application {
private:
    std::shared_ptr<Logger> logger;
public:
    // 构造器注入
    Application(const std::shared_ptr<Logger>& logger) : logger(logger) {}

    void run() {
        logger->log("Application is running");
    }
};
int main() {
    auto logger = std::make_shared<ConsoleLogger>();
    Application app(logger);
    app.run();
    return 0;
}
```

在这个示例中，Application 类需要一个 Logger 依赖来进行日志记录。这个依赖通过构造函数注入Application 的实例中。

2）优势和适用场景

依赖注入初始化的优势如下：

- 测试和维护：依赖注入使得测试变得更加容易，因为可以注入模拟的依赖项来进行单元测试。
- 灵活性：依赖注入允许运行时改变依赖实现，从而提高系统的灵活性和可配置性。
- 解耦：通过将对象的创建和依赖的管理分开，降低了代码间的耦合度。

依赖注入初始化特别适用于那些需要处理复杂依赖关系的大型软件系统。例如，在企业级应用、框架和库的设计中，依赖注入可以使得系统更加灵活，组件之间的关系更加清晰。

通过使用依赖注入初始化，开发者可以构建出更加模块化和可扩展的系统，简化维护和升级过程，同时提高软件的质量和可测试性。这种方法在现代软件开发中得到了广泛的应用，尤其在使用高级架构模式的场景中。

5. 反射初始化

反射初始化是一种利用程序自省能力来动态创建和初始化对象的方法。在C++中，虽然没有如Java或.NET那样的内建反射机制，但可以通过一些技术和库实现类似的功能。

1）定义和使用

在C++中，反射初始化通常依赖于元编程、模板以及一些外部库来实现。例如，使用动态库加载、工厂模式结合类型注册机制等。

【示例展示】

假设我们使用一个简化的工厂模式和类型注册机制来动态创建对象，以下是一个基础示例。

```cpp
#include <iostream>
#include <map>
#include <functional>
#include <memory>

class Product {
public:
    virtual void use() = 0;
    virtual ~Product() {}
};

class ProductA : public Product {
public:
    void use() override {
        std::cout << "Using Product A" << std::endl;
    }
};

class ProductB : public Product {
public:
    void use() override {
        std::cout << "Using Product B" << std::endl;
    }
};

class ProductFactory {
private:
    std::map<std::string, std::function<std::unique_ptr<Product>()>> registry;

public:
    void registerProduct(const std::string& name,
std::function<std::unique_ptr<Product>()> creator) {
        registry[name] = creator;
    }

    std::unique_ptr<Product> createProduct(const std::string& name) {
        if (registry.find(name) != registry.end()) {
            return registry[name]();
        }
```

```
        std::cout << "Product not found" << std::endl;
        return nullptr;
    }
};

int main() {
    ProductFactory factory;

    // 注册产品
    factory.registerProduct("ProductA", []() { return std::make_unique<ProductA>(); });
    factory.registerProduct("ProductB", []() { return std::make_unique<ProductB>(); });

    // 创建和使用一个产品
    auto product = factory.createProduct("ProductA");
    if (product) {
        product->use();
    }

    return 0;
}
```

2）优势和适用场景

反射初始化的优势如下:

- 可配置性: 反射初始化允许系统根据外部配置文件或用户输入来决定实例化哪个类, 提高了系统的灵活性和可扩展性。
- 模块化: 可以在不修改原有代码的基础上添加新的类实例化逻辑, 符合开闭原则。
- 动态加载: 适合实现插件机制, 可以在运行时加载新的模块或类而不需要重新编译整个应用程序。

反射初始化在C++中实现起来较为复杂, 但对于需要高度灵活性和配置能力的大型软件系统, 如插件架构设计、游戏引擎, 或需要在运行时加载不同模块的企业级应用非常有用。通过使用适当的设计模式和现代C++技术, 可以有效地实现类似反射的功能, 以满足动态对象创建和管理的需求。

6. 特殊场景的初始化方式选择指南

在C++编程中, 选择合适的对象初始化方法不仅可以优化程序性能, 还能提高代码的可读性和可维护性。根据具体的应用需求和场景, 开发者可以从多种初始化技术中挑选最适合的一种。

以下是几种特殊场景的初始化技术总结, 它们各自适用于不同的环境和需求:

1）延迟初始化（懒初始化）

- 用途: 主要用于优化程序的启动时间和响应速度, 同时减少不必要的资源消耗。
- 适用场景: 当对象的创建成本高且使用频率低, 或对象的创建需要依赖于运行时才知道的条件时。
- 示例: 使用std::unique_ptr实现, 只有在对象首次被需要时才进行创建。

2）基于时间的异步初始化

- 用途: 允许主程序流在对象加载的同时继续运行, 从而不阻塞主线程, 提高程序的整体响应性和性能。
- 适用场景: 在需要加载大量数据或进行复杂计算时, 尤其适用于网络资源或大数据集的加载。
- 示例: 通过std::async或后台线程实现初始化, 使主线程保持响应状态。

3）工厂方法初始化

- 用途：提供了一种封装对象创建细节的方式，使得代码更加模块化和易于维护。
- 适用场景：当对象的具体类型需要在运行时才能确定，或创建对象涉及复杂的逻辑和配置时。
- 示例：实现一个工厂类，根据传入的参数返回不同类的实例。

4）依赖注入初始化

- 用途：提高软件系统的模块化和解耦，使系统更易于测试和维护。
- 适用场景：在构建大型软件系统时，尤其是那些涉及复杂依赖关系的企业级应用。
- 示例：通过构造函数或设定函数注入依赖，如日志记录器或数据库连接。

5）反射初始化

- 用途：使系统能够根据外部配置或运行时数据动态地创建和配置对象，提高了系统的灵活性和可扩展性。
- 适用场景：适用于需要动态加载模块或插件的大型软件系统，例如插件架构设计或游戏引擎。
- 示例：使用类型注册和工厂模式结合动态库加载，以支持运行时创建对象。

通过理解和应用这些初始化技术，开发者可以为不同的应用场景选择最适合的初始化方法，进而构建出性能优异、易于维护的系统。在实际开发中，这些技术的选择和应用往往需要根据具体的项目需求、预期的系统负载以及维护策略等因素来进行综合考虑。

3.2.4　代码设计中的初始化策略

在深入掌握了 C++ 的基本语法和特殊场景初始化技术后，将进一步探讨如何从代码设计的角度出发，选择和实施最佳的初始化策略。这部分内容将聚焦于类设计和全局管理中的初始化技术，帮助读者理解在不同情况下如何高效、安全地初始化数据。以下是常用的初始化策略。

1. 类内直接初始化

在类定义中直接给成员变量指定初始值是一种简洁且有效的初始化方法。这种方式允许开发者在声明成员变量时立即提供默认值。

【示例展示】

```
class Example {
    int x = 5;              // 直接初始化
    double y {3.14};        // 使用初始化列表
};
```

类内直接初始化的优势如下：

- 简化构造函数的复杂性，特别是有多个构造函数时，可以避免在每个构造函数中重复编写初始化代码。
- 确保创建的所有对象都从一个明确的初始状态开始，减少因遗漏初始化而导致的错误。

2. 全局变量与静态成员变量初始化

全局变量和静态成员变量的初始化在程序启动时自动进行，这通常发生在main()函数执行之前。

【示例展示】

```
int global_var = 42;  // 全局变量初始化
class Class {
    static int static_member;  // 静态成员变量声明
};
int Class::static_member = 0;  // 静态成员变量定义与初始化
```

全局变量与静态成员变量初始化的时机与方法：

- 全局变量和静态成员变量按照它们定义的顺序进行初始化，这一顺序可能在不同的编译单元间导致所谓的"静态初始化顺序问题"。
- 尽量使用常量表达式来初始化静态持续时间的对象，以避免运行时初始化的复杂性和潜在风险。

3. 构造函数初始化列表

构造函数初始化列表提供了一种在构造函数体执行之前初始化数据成员和基类的方式。

【示例展示】

```
class Rectangle {
    int width, height;
public:
    Rectangle(int w, int h) : width(w), height(h) {}  // 使用初始化列表
};
```

构造函数初始化列表的优势如下：

- 对于 const 成员变量和引用成员，使用初始化列表是一种好的实践，尤其当需要在构造函数中根据不同参数初始化这些成员时。对于引用成员，必须使用初始化列表，因为引用成员必须在构造函数体执行前被初始化且被绑定。
- 初始化列表直接调用成员的构造函数，避免了先默认初始化再赋值的额外开销。

4. 构造函数体内初始化

虽然构造函数体内初始化提供了更大的灵活性，但它通常作为补充而非首选。

【示例展示】

```
class Example {
    int value;
public:
    Example(int val) {
        if (val > 0)
            value = val;  // 在构造函数体内条件性初始化
        else
            value = 1;    // 提供默认值
    }
}
```

构造函数体内初始化的适用性：

- 当初始化过程依赖于条件判断或需要执行复杂的逻辑时，构造函数体内初始化提供了执行这些任务的灵活性。
- 对于简单的成员初始化，推荐使用初始化列表，以保持代码的清晰性和效率。

在掌握了各种初始化方法的基础上，开发者需要从代码设计的角度进行权衡，选择最合适的初始化策略。下面将讨论如何在不同的场景下做出合适的设计决策，并提供一些指导原则来优化初始化过程。

5. 权衡和选择初始化方法

1）考虑因素

在设计类和结构时，选择恰当的初始化策略对于确保代码的清晰性、效率和可维护性至关重要。以下是几个关键的考虑因素。

性能考虑：

- 尽量使用构造函数初始化列表，特别是对于基类和复合对象的初始化，这可以减少构造过程中的临时对象生成和额外的赋值操作，从而提高效率。
- 避免在构造函数体内重新赋值已经通过初始化列表初始化的成员，这种做法会导致不必要的性能损耗。

代码清晰性和可维护性：

- 对于那些总是需要同一个初始值的成员变量，优先考虑类内直接初始化。这样做可以提高代码的可读性和可维护性，同时减少错误的可能性。
- 当对象的初始化逻辑依赖于外部条件或复杂计算时，考虑在构造函数体内进行初始化。这样可以集中处理复杂逻辑，使构造函数的逻辑更加直观。

安全性：

- 对于全局变量和静态成员变量，考虑使用常量表达式或在初始化时明确赋值，以防止多线程环境中的竞争条件和初始化顺序问题。
- 当涉及多线程访问时，特别是对于静态局部变量，考虑使用C++11引入的线程安全的延迟初始化模式。

设计灵活性：

- 使用工厂方法或建造者模式等设计模式，可以将对象的构建逻辑从其使用逻辑中解耦，从而提供更大的灵活性，尤其在复杂对象创建或需要根据不同条件创建不同类型对象的场景中。

2）最佳实践

在设计和实施初始化策略时，以下几个最佳实践可以给我们提供指导：

- 遵循"资源获取即初始化"原则：确保资源在对象生命周期开始时获取，并在结束时释放。
- 使用智能指针管理资源：避免裸指针的使用，利用std::unique_ptr和std::shared_ptr等智能指针自动管理资源的生命周期。
- 考虑异常安全：确保代码在抛出异常时仍能保持状态一致，尤其在构造和初始化过程中。
- 文档化初始化行为：在类的接口和实现文档中清晰地描述其初始化行为，尤其对于库和框架的公共API。

通过这些策略和实践，开发者可以设计出更健壮、更高效、更易维护的软件系统。就如同心理学家卡尔·罗杰斯所说："个体只有在理解了自己的情感和体验时，才能做出适合自己的选择。"在C++编程中，这意味着了解每种初始化方式的特点，然后根据项目的具体需求做出明智的选择。

3.3   生命周期的管理与销毁技巧

在上一节中，我们详细探讨了C++的初始化机制，包括不同场景下的初始化策略。接下来，我们将深入讨论另一个重要的主题——对象的生命周期管理。理解和控制对象的生命周期不仅是高效资源管理的基础，对于确保程序的稳定性和性能也至关重要。生命周期管理直接影响资源的分配与释放，错误的管理可能导致资源泄漏或过度消耗，从而影响整个程序的性能和可靠性。

3.3.1   生命周期的基本概念

1. 对象生命周期类型

在C++中，对象的生命周期是一个基础且关键的概念，它描述了对象从创建到销毁的整个过程。理解生命周期对于编写高效、可靠的C++程序至关重要。以下是C++中几种主要的对象生命周期类型和相关概念。

1）自动存储期

自动存储期（automatic storage duration）的对象通常在函数体内声明，即局部变量，它们的生命周期与函数执行周期绑定，使用栈内存管理。这种管理方式的优点包括快速的内存分配和自动释放，极大地简化了内存管理，并支持资源获取即初始化设计模式。这种模式确保在对象生命周期结束时自动释放资源，增强了代码的安全性和可维护性。开发者可以通过缩小局部变量的作用域或使用匿名命名空间来优化栈资源的管理。

2）静态存储期

静态存储期（static storage duration）的对象包括全局变量、静态全局变量和静态局部变量。静态存储期对象从程序启动到结束持续存在，通常用于存储全局状态或配置信息。这些对象可以跨多个函数和文件共享，但需要严格控制其生命周期和资源使用。滥用全局静态对象可能导致程序启动时间延长和资源不必要的占用。开发者应有意识地使用这些对象，实现封装，减少对全局状态的依赖，如通过单例模式管理全局访问。

3）线程存储期

线程存储期（thread storage duration）的对象是C++11中引入的，用于多线程编程。这种类型的对象在相关线程开始时创建，在线程结束时销毁。它们对于在不同线程间独立管理数据非常有用。

4）动态存储期

动态存储期（dynamic storage duration）的对象通过new操作符动态创建，并通过delete操作符销毁。这些对象存储在堆上，它们的生命周期不由作用域控制，而是由程序员显式管理。动态存储期对象提供最大的灵活性，允许程序运行时动态创建和销毁。虽然它的管理复杂，但适合实现复杂的数据结构和算法。使用如std::unique_ptr和std::shared_ptr的智能指针可以自动化管理这些对象的生命周期，从而简化代码并减少错误。开发者应设计清晰的接口和实现异常安全的代码，确保正确释放资源。

2. 生命周期、作用域与所有权的区别及关联

理解生命周期（lifecycle）、作用域（scope）和所有权（ownership）这3个概念的差异对于高效地管理C++中的资源非常关键。以下是对这些概念的解析，以及它们之间的关系和区别。

1）生命周期

生命周期描述的是对象存在的时间跨度，从对象被创建到被销毁的整个过程。在 C++ 中，不同类型的对象——局部对象、静态对象和动态分配的对象——拥有不同的生命周期。生命周期的管理对于程序的性能和稳定性至关重要，因为不当的生命周期管理可能导致资源泄漏或程序错误。

2）作用域

作用域是一个编程术语，指的是程序中一个变量或对象可被访问的区域。在 C++ 中，作用域通常与花括号相关联，用来定义变量或对象的生命周期的起始和终结点。作用域内声明的变量在作用域结束时被销毁。因此，作用域对于局部自动变量的生命周期控制起到了直接的作用，但对静态和动态分配的对象的影响较小。

3）所有权

所有权是 C++ 中用于描述谁负责管理内存和其他资源的概念。在现代 C++ 中，所有权尤其重要，因为错误的所有权管理可能导致内存泄漏、悬挂指针等问题。智能指针（如 std::unique_ptr 和 std::shared_ptr）是管理动态内存所有权的常用工具，它们确保资源在不再被需要时自动释放，从而简化资源的管理。

4）生命周期、作用域和所有权之间的关系

- 生命周期与作用域的关联：对于局部自动变量而言，其生命周期通常受到作用域的限制。这意味着变量在进入作用域时创建，在离开作用域时销毁。然而，动态分配的对象的生命周期由其所有权决定，而不是作用域。
- 生命周期与所有权的关联：所有权明确指出了谁负责释放分配的资源。对于动态分配的对象，其生命周期开始于资源被分配时，结束于资源被显式释放时。智能指针通过转移所有权，可以自动管理这些对象的生命周期。
- 作用域与所有权的关联：虽然作用域本身不直接控制动态资源的所有权，但通过智能指针等机制在作用域内部管理所有权，可以实现资源的自动释放，从而利用作用域来间接控制资源的生命周期。

通过对这些概念的深入理解和应用，C++ 程序员可以更有效地管理内存和其他资源，从而编写出更高效、更稳定、更安全的代码。

3.3.2 生命周期的控制技巧

精确控制对象的生命周期是实现高质量 C++ 程序设计的基石。使用作用域进行生命周期控制是实现资源获取即初始化（resource acquisition is initialization，RAII）原则的一种有效方法。本节将详细探讨如何通过作用域来管理对象的生命周期，并通过示例说明这些技术的应用。

1. 使用作用域控制生命周期

在 C++ 中，作用域块（例如 {}）不仅是定义变量的地方，更是控制对象生命周期的关键工具。局部变量的生命周期通常限定在它们被声明的作用域块内。这种通过作用域控制生命周期的机制是实现 RAII 原则的基础，确保在生命周期结束时自动释放资源。

1）基本作用域控制

局部自动对象在进入其声明的作用域时被创建，并在离开该作用域时按照声明的逆序自动销毁。这不仅遵循RAII原则，而且促进了资源的安全管理。

- 局部作用域：涉及函数内部或其他代码块内部的局部变量。
- 条件作用域：如if或switch语句中声明的局部变量，仅在这些语句的条件块中存在。
- 循环作用域：在for或while循环中声明的局部变量，每次迭代开始时被创建并在迭代结束时被销毁。

2）特殊作用域控制

除了常规的局部作用域，C++还提供了其他几种作用域类型，允许更细致的生命周期管理。

- 命名空间作用域：在命名空间内声明的变量，其生命周期持续到程序结束，适用于全局变量的更安全替代。
- 类作用域：类成员变量的生命周期与其所属的类实例绑定，实例被销毁时成员变量随之被销毁。
- 文件作用域：通过static关键字声明的变量，在整个文件中可见，生命周期也持续到程序结束。这有助于隐藏实现细节。

3）全局作用域控制

全局变量的生命周期从它们被定义的时刻开始，直到程序结束时才被销毁。这意味着全局变量在程序的任何地方都是可见的，除非它们被声明为static。使用全局变量可以在不同的函数或文件间共享数据，但也需要小心处理，以避免不可预见的依赖和数据污染。

- 全局作用域：涉及在所有函数外部声明的变量。
- 静态全局作用域：通过static关键字声明的全局变量，其作用域限定在声明它们的文件内，对其他文件不可见，有助于减少全局变量的使用范围和提高代码的封装性。

2. 作用域块中的生命周期管理

为了更好地理解作用域如何控制对象的生命周期，下面通过两个示例来具体展示。

1）控制局部变量生命周期

```cpp
void function() {
    int a = 10;                    // 在这里创建
    {
        double b = 5.0;            // 在这里创建
        // 使用b
    }                              // b在这里销毁，a仍然存在
    // 使用a
}                                  // a在这里销毁
```

在此示例中，b的生命周期仅限于内部的作用域块中，而a的生命周期贯穿整个函数。

2）利用作用域管理动态资源

```cpp
#include <memory>
void manageResources() {
    std::unique_ptr<int> ptr(new int(10));        // 创建智能指针管理的对象
    {
        std::unique_ptr<int> tempPtr(new int(20));   // 在子作用域中创建
        // 使用tempPtr
```

```
    }                                  // tempPtr自动被销毁，管理的int也被删除
    // 使用ptr
}                                      // ptr自动被销毁，管理的int也被删除
```

在这个示例中，tempPtr在子作用域结束时自动被销毁，从而释放它所管理的内存。这展示了如何通过作用域和智能指针的联合使用来优化内存使用并防止内存泄漏。

通过这些示例，我们可以看到作用域的强大之处在于它提供了一种结构化的方法来自动化管理和精确控制对象的生命周期，从而帮助实现高效且安全的资源管理。

3.3.3　生命周期与资源管理

合理的资源管理是软件高效和稳定的关键。在C++中，利用对象的生命周期来管理资源，尤其是自动触发的资源回收机制，是实现这一目标的核心方法。本节将深入探讨如何利用智能指针和其他RAII容器来自动管理资源，以及如何设计健壮的资源管理策略，确保在异常情况下也能正确释放资源。

1. 自动触发的资源回收

在C++中，当对象的生命周期结束时，其析构函数会被自动调用，这是资源管理的关键环节。利用这一特性，可以实现资源的自动回收。

1）智能指针

std::unique_ptr和std::shared_ptr是两种常用的智能指针，它们都会在对象生命周期结束时自动释放所管理的资源。std::unique_ptr管理的对象具有唯一的所有权，而std::shared_ptr则允许多个指针共享同一个对象的所有权。

2）自定义RAII容器

除了标准库中的智能指针，我们也可以自定义RAII类来管理文件句柄、数据库连接或网络套接字等资源。

【示例展示】

```cpp
#include <stdexcept>

class FileHandle {
    FILE* file;
public:
    FileHandle(const char* filename, const char* mode) {
        file = fopen(filename, mode);
        if (!file) {
            throw std::runtime_error("Failed to open file.");
        }
    }

    ~FileHandle() {
        if (file) fclose(file);
    }

    // 禁止复制
    FileHandle(const FileHandle&) = delete;
    FileHandle& operator=(const FileHandle&) = delete;

    // 支持移动
    FileHandle(FileHandle&& other) noexcept : file(other.file) {
        other.file = nullptr;
    }
```

```
    FileHandle& operator=(FileHandle&& other) noexcept {
        if (this != &other) {
            fclose(file);
            file = other.file;
            other.file = nullptr;
        }
        return *this;
    }

    // 文件操作方法
    size_t read(void* buffer, size_t size, size_t count) {
        return fread(buffer, size, count, file);
    }
};
```

2. 设计健壮的资源管理策略

有效的资源管理策略不仅要确保正常情况下资源能够被正确释放，还要考虑异常情况。以下是设计这种策略的关键方面。

1）利用作用域和析构函数确保资源释放

RAII是C++中资源管理的安全保证。通过在对象的构造函数中获取资源并在析构函数中释放，可以保证资源的正确管理。

- 确保资源的原子性获取：构造函数应该以原子方式获取所有必要的资源。如果资源获取失败，构造函数应抛出异常，防止创建半初始化的对象。
- 管理多资源：如果一个对象管理多个资源，应确保在析构函数中正确地释放所有资源。考虑使用独立的RAII包装器来管理每个资源，以保持代码的清晰和简单。

2）异常安全

确保代码在抛出异常时不会造成资源泄漏是设计异常安全功能的核心。要实现这一点，可以采用以下策略：

- 强异常安全保证：操作要么完全成功，要么在发生异常时完全回滚到操作前的状态。要实现这一点，通常需要在操作过程中使用"提交或回滚"模式，确保不会更改任何状态，直到所有可能失败的点都被成功过渡。
- 异常中和操作：尽量使用不抛出异常的方法和操作，尤其在析构函数中。析构函数应该避免抛出异常，因为这可能导致程序中止。
- 使用智能指针和容器：标准库中的智能指针（如 std::unique_ptr 和 std::shared_ptr）和容器（如 std::vector）已经提供了异常安全保证。它们在销毁时自动释放资源，即使在抛出异常的情况下也是如此。

3）资源的所有权和生命周期

清晰定义资源的所有权和生命周期对于避免资源冲突和资源泄漏至关重要。

- 所有权转移：明确资源在对象之间的转移。例如，使用移动语义可以明确资源从一个对象转移到另一个对象，同时防止不必要的复制和潜在的资源泄漏。
- 生命周期管理：考虑资源可能的最长生命周期，并确保在资源不再被需要时能够及时释放。对于全局或静态资源，考虑使用智能指针或专门的管理器来控制其生命周期。

通过以上方法，可以设计出更为健壮和深入的资源管理策略，这些策略不仅在日常操作中有效，也能在系统遇到错误和异常时保持资源的安全和稳定。

3.3.4　高级生命周期管理技术

高级生命周期管理技术使得C++程序员能够有效应对更复杂的资源管理场景，并提升代码的性能、可用性和安全性。本节将介绍几种高级技术，如生命周期延长（lifetime extension）、对象池（object pooling）技术，并探讨这些技术在API和类库设计中的应用。

1. 生命周期延长

生命周期延长是指在特定情况下延长临时对象的生命周期，以适应特定的编程需求。

在C++中，当临时对象被绑定到引用时，其生命周期可以延长到与该引用相同的生命周期。

```
const std::string& title = getTitle();  // 假设getTitle返回一个临时std::string对象
// title的生命周期被延长，直到这个引用离开作用域
```

生命周期延长在函数返回临时对象时特别有用，能避免不必要的对象复制，提高代码效率。

2. 对象池技术

对象池是一种优化技术，通过复用一组初始化的对象来减少创建和销毁对象的开销，特别适用于创建成本高或频繁创建和销毁的对象。对象池技术的使用通常涉及以下几个主要步骤：初始化对象池、从池中获取对象、使用对象，以及将对象返回池中。下面是一个具体的示例，展示如何使用对象池技术来管理资源。

【示例展示】

首先，定义资源类。我们需要有一个Resource类，这个类代表了需要频繁创建和销毁的资源。

```cpp
class Resource {
public:
    Resource() {
        // 构造资源时的初始化代码
        std::cout << "Resource Created" << std::endl;
    }

    ~Resource() {
        // 析构资源时的清理代码
        std::cout << "Resource Destroyed" << std::endl;
    }

    void reset() {
        // 重置资源状态以供重新使用
        std::cout << "Resource Reset" << std::endl;
    }
};
```

然后，实现对象池类。对象池类负责管理Resource对象的创建、分配和回收。

```cpp
#include <list>
#include <iostream>

class ObjectPool {
private:
    std::list<Resource*> availableResources;

public:
```

```
    ~ObjectPool() {
        // 析构时清理所有资源
        for (auto* res : availableResources) {
            delete res;
        }
    }

    Resource* getResource() {
        if (availableResources.empty()) {
            // 池中无可用资源，创建新资源
            return new Resource();
        } else {
            // 从池中取出一个资源
            Resource* resource = availableResources.front();
            availableResources.pop_front();
            return resource;
        }
    }

    void returnResource(Resource* resource) {
        // 重置资源状态，然后将它放回池中
        resource->reset();
        availableResources.push_back(resource);
    }
};
```

最后，使用对象池。现在可以创建一个**ObjectPool**实例，并通过它来管理资源的获取和返回。

```
int main() {
    ObjectPool pool;

    // 从池中获取一个资源
    Resource* resource1 = pool.getResource();
    // 使用资源...

    // 将资源返回到池中
    pool.returnResource(resource1);

    // 再次获取相同的资源
    Resource* resource2 = pool.getResource();
    // 使用资源...

    // 再次返回资源
    pool.returnResource(resource2);

    return 0;
}
```

这个例子展示了如何通过对象池技术来管理资源，减少创建和销毁对象的成本，从而优化程序的性能和资源利用效率。在对象频繁创建和销毁的场景下，使用对象池可以显著提升性能。

3. API和类库中的生命周期考虑

当设计API和类库时，对对象和资源的生命周期进行恰当的管理是至关重要的。这不仅影响到API的易用性和安全性，还直接关系到整个应用的性能和稳定性。下面将深入探讨如何在API和类库设计中有效地考虑和实现生命周期管理。

1）设计原则

在开始设计前，必须明确一系列基本原则，这些原则将指导整个API的生命周期管理策略。

- 封装性：实现细节隐藏，只通过定义良好的接口暴露必要的操作和数据。这有助于限制资源的作用域，减少客户端代码对内部实现的依赖。
- 最小权限原则：对象应仅拥有完成其任务所需的最少资源，避免不必要的资源开放可以减少错误和滥用的情况。
- 清晰的所有权和生命周期：API 应清楚定义每个资源的所有权归属，包括创建、使用和销毁的责任。

2）生命周期的策略设计

在 API 和类库中设计生命周期管理策略时，需要考虑以下几个方面：

- 资源的创建和销毁：决定哪些组件负责资源的创建和销毁，是否允许用户控制这些操作，还是完全由库内部管理。
- 异常安全：确保在发生异常时，资源也能被安全释放。实现强异常安全保证，以确保操作可以在发生异常时回滚到安全状态。
- 依赖关系管理：当一个对象的生命周期依赖于另一个对象时，需要有策略来处理这些依赖，例如使用智能指针或其他机制来自动管理生命周期。

通过这些高级技术和设计策略，我们可以提高 C++ 代码的性能，同时确保代码的安全性和可维护性。高级生命周期管理技术不仅提供了性能优化的可能，也使得代码更加健壮和易于管理。

3.4　异常处理：深入 C++ 的安全机制

在之前的章节中，我们深入探讨了 C++ 中的生命周期管理技巧，了解了如何通过精细的资源控制来提升程序的性能和稳定性。本节将转向程序的另一个核心方面——异常处理。异常处理是现代软件开发中不可或缺的部分，特别是在面对不可预见的运行时错误时，它提供了一种结构化的错误恢复机制。

本节将详细介绍 C++ 中的异常机制，包括异常的工作原理、如何有效地捕获和处理异常，以及如何设计异常安全的代码。首先从异常处理的基本原理开始，探讨其关键概念和构建块。

3.4.1　异常处理的重要性

异常处理是 C++ 语言中的一个核心特性，它允许程序员在程序中定义和处理错误情况。为什么我们需要异常处理呢？答案很简单：因为错误是不可避免的。人们对待错误的态度是复杂的，我们既害怕犯错误，但同时又知道错误是成长的源泉。为了防止错误影响程序的正常运行，我们需要一个有效的机制来优雅地处理错误情况。

在 C++ 中，异常是程序中的一种特殊情况，它会中断程序的正常流程。当异常发生时，程序会尝试查找并执行特定的代码块来处理异常，这就是所谓的异常处理。

【示例展示】

```
#include <iostream>
#include <stdexcept>  // 包含标准异常类

int divide(int a, int b) {
    if (b == 0) {
```

```
        throw std::runtime_error("除数不能为0");  // 抛出异常
    }
    return a / b;
}

int main() {
    int x = 10;
    int y = 0;
    try {
        int result = divide(x, y);
        std::cout << "结果是: " << result << std::endl;
    } catch (const std::runtime_error& e) {
        std::cout << "发生异常: " << e.what() << std::endl;
    }
    return 0;
}
```

在这个例子中，定义了一个名为divide的函数，它接收两个整数参数并返回它们的商。但是，如果第二个参数（除数）为0，就会抛出一个异常。

我们知道除以0是不可能的，所以通过抛出异常来避免这种情况。这是一种防御性编程策略，反映了我们的潜意识里对错误的恐惧。

3.4.2 异常处理基础

在深入探讨异常处理之前，首先需要理解异常在C++程序中的基本工作原理。异常处理是一种跨越函数调用堆栈的错误传播机制，旨在响应程序执行中遇到的错误情况，如运行时错误或逻辑错误。

在C++中，异常是一个对象，它表示程序中的某种错误或特殊情况。当这种情况发生时，我们可以"抛出"一个异常。

1. 异常处理的工作原理

当C++程序中出现运行时（runtime）错误时，程序可以抛出（throw）一个异常。这个异常对象包含了错误的相关信息。异常一旦被抛出，程序的正常控制流就会被中断，C++运行时环境会开始在调用堆栈中搜索能够处理这一异常的代码块。

异常的传播示意图如图3-1所示。

当一个异常被抛出时，首先检查抛出异常的函数，如果没有适当的处理机制，就在调用堆栈中向上传播，直到它被一个匹配的catch块捕获或传播到main()函数之外。如果整个调用堆栈上都没有找到合适的处理机制，程序将调用std::terminate()终止执行。

这种传播机制与人类在面对困境时的反应相似。当我们面对一个问题时，可能会寻求帮助，直到找到一个可以解决问题的方法。

2. 关键字概览

在异常处理中，有以下几个关键字需要掌握：

- try块（try block）：用于标记可能抛出异常的代码区域。try块后必须至少跟随一个catch块。
- catch块（catch block）：用来捕捉和处理特定或所有类型的异常。它跟在try块后面，可以有多个catch块来处理不同类型的异常。
- throw语句（throw statement）：用于抛出异常。throw可以在try块内部或任何其他位置抛出，但其异常类型必须与某个catch块相匹配。

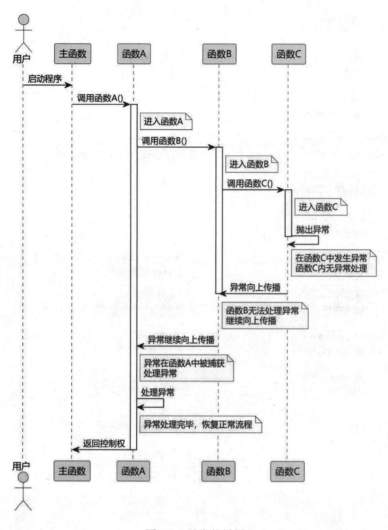

图 3-1　异常传播图

- noexcept说明符（noexcept specifier）：表明一个函数不会抛出异常。这对于优化程序性能有重要意义，因为编译器可以应用特定的优化策略。

在了解了异常处理的基本构件之后，下面将探讨不同类型的异常以及如何通过精心设计的catch块来有效管理它们。这些基础知识为我们深入了解更复杂的异常处理策略提供了必要的前提。

3.4.3　异常的类型与层次

在C++中，异常可以细分为多种类型，以适应不同的错误处理场景。了解并合理使用标准异常类（standard exception classes）及其派生类，对于编写清晰、健壮且易于维护的异常处理代码至关重要。

1. 标准异常类

C++标准库提供了一系列标准异常类，位于<exception>头文件中。这些异常类形成了一个层次结构，如图3-2所示。

这幅图展示了C++中的异常类层次结构，了解这个结构对于抛出和捕获合适的异常非常重要。在C++中，所有的异常都继承自一个名为exception的基类，它定义了最基本的异常行为。

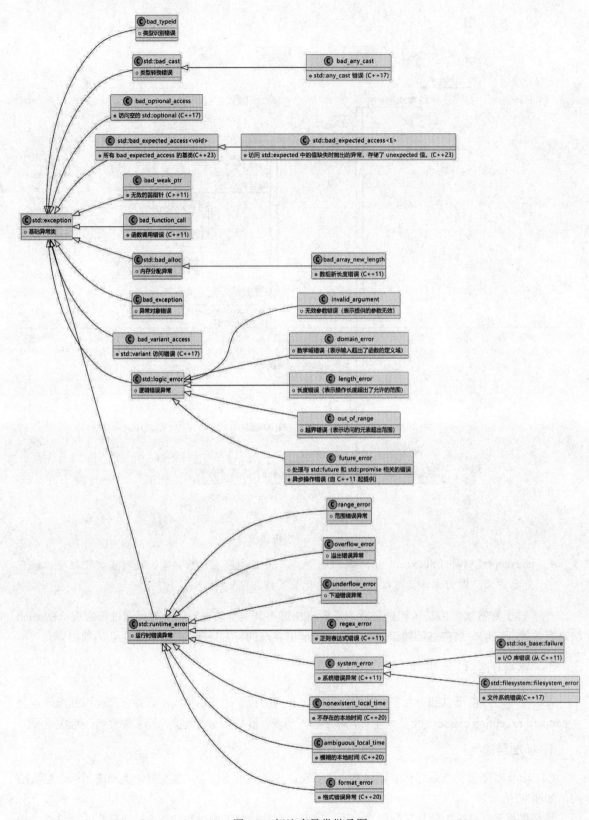

图 3-2 标注库异常继承图

标准异常主要分为两大类：逻辑错误（logic_error）和运行时错误（runtime_error）。

- 逻辑错误：通常是由程序逻辑问题引起的，例如无效的参数（'invalid_argument'）或越界（'out_of_range'）。这类错误通常可以在编写代码时避免。如果预见到了可能的错误来源，应该在代码中检查条件，并在违反逻辑时抛出相应的异常。
- 运行时错误：是在程序运行过程中发生的错误，往往无法在编写代码时预见，例如算术运算溢出（'overflow_error'）或下溢（'underflow_error'）。这类错误通常需要在程序执行过程中动态捕获。

此外，标准异常还包括其他类型的错误，例如内存分配失败（'bad_alloc'）和类型转换错误（'bad_cast'）等。

2. 自定义异常

在许多情况下，使用标准异常类可能不足以清楚地表达特定错误情况。在这种情况下，自定义异常类变得尤为重要。

1）命名规则

命名自定义异常时，应确保名称能够清晰地反映异常的性质。通常，异常名称以"Exception"后缀结束，前缀则描述异常的具体类型，例如FileReadException或DatabaseConnectionException。这种命名方式有助于即刻识别出代码中的异常处理逻辑。

2）继承与结构

自定义异常应该继承自std::exception或其派生类，如std::runtime_error或std::logic_error。这样做不仅保持了与标准异常体系的兼容性，还利用了多态性，使得异常处理更加灵活。

3）实现what()方法

what()是std::exception类中定义的一个虚函数，返回一个指向null-terminated字符数组的指针，通常包含关于异常的描述信息。在自定义异常中覆盖这个方法可以提供更具体的错误信息。

4）应用场景

在实际开发中，自定义异常应当用于处理特定的错误情况，这些情况在标准异常库中未被充分覆盖。

【示例展示】

下面将创建一个名为FileReadException的异常类，用于处理文件读取过程中的错误。这个类将继承自std::exception，并提供详细的错误信息。

首先，设计异常类。我们需要确定异常类的基础结构和功能，对于 FileReadException类，它应该能够：

- 继承自std::exception。
- 接收一个错误消息和可选的错误代码。
- 提供覆盖的what()方法以返回错误描述。

然后，实现异常类。FileReadException类的C++实现代码如下：

```
#include <exception>
#include <string>

// 自定义异常类，用于文件读取错误
```

```cpp
class FileReadException : public std::exception {
private:
    std::string message;                // 错误消息
    int errorCode;                      // 错误代码

public:
    // 构造函数
    FileReadException(const std::string& msg, int code = 0)
        : message(msg), errorCode(code) {}

    // 返回完整的错误描述
    const char* what() const noexcept override {
        static std::string fullMessage;
        fullMessage = "FileReadException: " + message + " (Error code: " +
std::to_string(errorCode) + ")";
        return fullMessage.c_str();
    }

    // 获取错误代码
    int getErrorCode() const {
        return errorCode;
    }
};
```

最后，使用自定义异常类。我们将使用这个自定义异常类来处理一个假设的文件读取函数中可能发生的错误。

```cpp
#include <iostream>

void readFile(const std::string& filename) {
    // 假设的错误检测逻辑
    bool fileNotFound = true;  // 假设未找到文件
    if (fileNotFound) {
        throw FileReadException("File not found", 404);
    }
}

int main() {
    try {
        readFile("example.txt");
    } catch (const FileReadException& e) {
        std::cerr << "An error occurred: " << e.what() << std::endl;
    }
    return 0;
}
```

在这个示例中，当readFile函数检测到未找到文件时，会抛出一个FileReadException。在main()函数中，这个异常被捕获，并通过调用异常对象的what()方法来打印错误信息。

通过这种方式，自定义异常不仅提供了错误信息的详细文本描述，还可以包含错误处理所需的任何其他上下文信息（如状态码），从而使得异常处理更加精确和有效。

3. 第三方库异常

除了标准异常类和自定义异常外，第三方库中的异常也是C++异常处理中不可忽视的部分。许多流行的第三方库定义了自己的异常类，以便更精确地报告库特有的错误条件。理解并正确处理这些异常对于整合外部库和构建稳定的应用程序至关重要。

第三方库异常通常继承自C++的标准异常类，确保了与C++异常处理机制的兼容性。

常见的第三方库异常如下：

- JSON库异常（JSON Library Exceptions）：处理JSON数据时，常用的如nlohmann::json库会抛出json::parse_error、json::type_error等异常，用于指示解析错误或类型不匹配。
- Boost库异常（Boost Library Exceptions）：Boost库提供了广泛的C++功能扩展，包括boost::filesystem中的boost::filesystem::filesystem_error，用于处理文件系统操作中的错误。

处理第三方库异常的策略如下：

- 文档和API参考：在使用任何第三方库时，首先应参考其文档和API描述，了解可能抛出的异常类型和情况。
- 封装库调用：在调用第三方库功能时，尽量在try-catch块中封装，以便捕获并适当处理这些异常，防止库内部的异常直接影响到更广泛的应用程序逻辑。
- 异常转换：在某些情况下，将第三方库的异常转换为应用程序定义的异常可能更有意义，特别是当这些异常需要跨多个库边界传播时。

通过对第三方库中的异常进行详细的处理和策略规划，我们可以确保当外部库发生错误时，也能保持程序的稳定性和可预测性。接下来将进一步探讨如何设计高效的异常捕获机制，以及如何通过catch块有效管理不同类型的异常。

3.4.4　异常的捕获规则

异常的捕获规则是理解C++异常处理机制的核心部分。正确的捕获和处理异常对于保证程序的稳定性和预期行为至关重要。

异常的捕获机制如下：

- 类型匹配：当一个异常被抛出时，C++运行时会查找最近的catch块，试图找到一个与异常对象类型匹配的块。如果当前函数中没有匹配的catch块，异常会被传递到调用堆栈中更高层的函数中。
- 多态捕获（polymorphic catch）：由于C++支持多态，因此可以用基类类型的引用或指针来捕获派生类的异常。这意味着一个基于std::exception的catch块可以捕获所有派生自std::exception的异常类型。

对于未捕获异常的情况，其处理如下：

- 默认行为：如果在任何catch块中都没有捕获到异常，程序将调用std::terminate()，这通常会导致程序立即终止。
- 自定义处理：可以通过设置std::set_terminate()函数来改变未捕获异常时的行为，例如记录日志、释放资源或尝试恢复。

异常捕获顺序与最佳实践：

- 按类型精确捕获（catch by specific type）：建议先捕获最具体的异常类型，然后是其基类类型。这样可以确保每种异常都按照特定的需要被处理。
- 避免捕获过宽（avoid catching too broadly）：虽然可以用捕获所有异常的通用catch块来捕获任何类型的异常，但通常不建议这样做，以免隐藏错误、阻碍诊断、破坏异常传播、导致资源管理问题，除非在特定情况下确实需要（如确保在程序退出前释放资源）。

【示例展示】

```cpp
#include <iostream>
#include <stdexcept>
#include <string>

// 自定义异常类
class MyCustomException : public std::runtime_error {
public:
    MyCustomException(const std::string& msg, int errorCode)
        : std::runtime_error(msg), m_errorCode(errorCode) {}

    int errorCode() const { return m_errorCode; }

private:
    int m_errorCode;
};

void functionThatThrows() {
    std::string* ptr = new std::string("This is a potential resource leak");
    // 在抛出异常前，应当处理所有必要的资源释放
    try {
        throw MyCustomException("Custom exception thrown", 101);
    } catch (...) {
        delete ptr;              // 确保资源被释放
        throw;                   // 重新抛出当前的异常
    }
}

int main() {
    try {
        functionThatThrows();
    }
    catch (const MyCustomException& e) {
        std::cerr << "Caught MyCustomException: " << e.what()
                  << ", Error Code: " << e.errorCode() << std::endl;
        // 处理特定于自定义异常的逻辑
    }
    catch (const std::exception& e) {
        std::cerr << "Caught std::exception: " << e.what() << std::endl;
        // 处理更一般的异常
    }
    catch (...) {
        std::cerr << "Caught an unknown exception" << std::endl;
        std::set_terminate([]() {
            std::cerr << "Unhandled exception, terminating the program." << std::endl;
            std::abort();     // 强制终止程序
        });
    }
    return 0;
}
```

本示例代码展示了如何定义和使用自定义异常，并演示了异常处理的最佳实践。我们创建了一个继承自std::runtime_error的自定义异常类，通过一个字符串和一个错误代码进行初始化，后者作为额外属性，在异常捕获时提供更多上下文信息以便进行详尽的错误处理。

在functionThatThrows()函数中，我们模拟了可能引发异常的情况，并通过动态分配的资源（一个字符串指针）展示了异常安全的重要性。通过使用try...catch块，在抛出异常前确保资源被正确释放，避免内存泄漏。

在main()函数中，通过多层catch块捕获不同类型的异常：首先是最具体的MyCustomException，输出异常信息和错误代码；其次是所有从std::exception派生的标准异常类型；最后，通过一个通用的catch块捕获所有其他异常，确保程序稳定运行。同时，我们设置了std::set_terminate()函数，定义了程序在遇到未捕获异常时的行为，增加了程序的健壮性，允许在紧急情况下进行必要的清理操作。

通过以上讨论，我们对异常的捕获规则有了深入的理解。接下来，将探讨如何设计安全的异常处理代码，以提高代码的鲁棒性。这些知识将帮助我们更好地利用C++的异常处理机制，应对各种可能的运行时错误和异常情况。

3.4.5　设计安全的异常处理代码

1. std::terminate()的角色与行为

在C++中，std::terminate()函数在处理未捕获异常的情况中扮演着关键角色。当程序中抛出一个异常而没有相应的catch块来处理它时，std::terminate()会被自动调用。其主要目的是防止程序在未定义状态下继续执行，这有助于避免可能的更严重的错误或不可预测的行为。

1）默认行为与std::abort()

默认情况下，std::terminate()调用std::abort()函数。std::abort()将导致程序发送一个SIGABRT信号（在类UNIX系统中）或直接终止（在Windows上），这通常会导致程序立即停止运行并退出。这种处理方式确保了一致性和预测性，尽管它可能导致所有未被保存的数据丢失。

2）自定义终止处理程序

虽然std::terminate()的默认行为是终止程序，但C++标准库也允许开发者自定义终止处理程序，以替换默认行为。如前文所示，我们可以通过std::set_terminate()函数实现自定义终止处理程序。自定义终止处理程序可以用于执行最后的清理工作，如关闭文件、网络连接或其他资源，甚至可以用于记录错误信息或通知用户。

3）行为一致性

尽管std::terminate()在不同操作系统（如Windows和Linux）上的底层实现略有差异，但它对于终止程序的行为是一致的：程序将被安全且迅速地终止。这种设计确保了不管在哪种平台上，遇到致命错误时程序都不会处于不稳定状态，满足了人们在面对不确定性和错误时对控制的基本需求。

2. 异常安全保证

异常安全代码的设计需要根据不同级别的保证来规划，C++社区通常认为有以下3种级别的异常安全保证（exception safety guarantees）：

- 基本保证（basic guarantee）：在操作可能抛出异常的情况下，保证所有资源都得到适当释放，且不会破坏程序的内部状态。即使操作未能完成，程序的状态仍然保持一致，不会发生资源泄漏。
- 强保证（strong guarantee）：操作要么完全成功，要么完全没有发生（即使发生异常）。这通常意味着操作是原子的，需要通过事务性技术实现，如使用提交/回滚机制或拷贝和交换（copy-and-swap）技术。
- 不抛保证（nothrow guarantee）：保证操作不会抛出任何异常。这通常涉及彻底避免调用可能抛出异常的函数或方法。

3种级别的异常安全保证逻辑如图3-3所示。

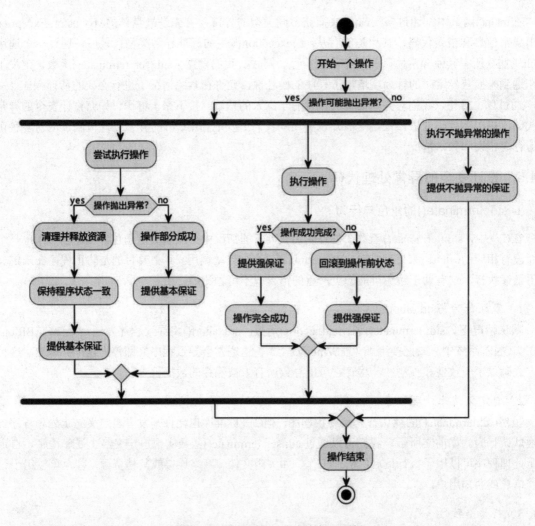

图 3-3　3 种级别的异常安全保证逻辑

3. 异常与资源管理

在C++中，正确的资源管理是编写可靠和稳定软件的关键，尤其在涉及异常处理的场景中。资源指的是程序中使用的任何外部资源，如内存、文件句柄、网络连接等。不当的资源管理可能导致资源泄漏、数据损坏或其他安全问题。为了安全地管理资源，特别是在可能抛出异常的情况下，C++提供了一些核心概念和技术。

1）RAII和异常安全性

RAII（资源获取即初始化）机制确保即使发生异常，所有资源也会被自动和安全地释放，极大地防止了资源泄漏的风险。此外，智能指针在管理动态分配的内存时发挥着关键作用，它们通过自动释放内存，保证了程序的异常安全性。这些工具是现代C++编程中防止资源泄漏和保障代码稳定性的重要支柱。

2）异常安全的设计模式

在设计异常安全的代码时，开发者必须考虑到异常可能在代码的任何地方发生。这要求在设计时全面考虑异常的影响，并采用适当的设计模式，确保代码在抛出异常时也能保持程序的正确性和资源的安全释放。

（1）Commit or Rollback模式

Commit or Rollback模式确保操作要么完全成功，要么在出错时恢复到操作前的状态。可以通过拷贝和交换技术来实现，这种技术在处理复杂对象和数据结构时特别有用。

【示例展示】

```cpp
#include <vector>
#include <iostream>
class Widget {
    std::vector<int> data;
public:
    void updateData(const std::vector<int>& newData) {
        std::vector<int> tempData = newData; // 拷贝新数据
        data.swap(tempData); // 交换旧数据和新数据
        // 当上面的操作抛出异常时，旧数据依然保持不变，因此符合异常安全
    }
};

int main() {
    Widget w;
    try {
        std::vector<int> newData = {1, 2, 3, 4};
        w.updateData(newData);
    } catch (const std::exception& e) {
        std::cout << "Exception caught: " << e.what() << std::endl;
    }
}
```

此示例通过在修改data成员之前创建其拷贝（tempData）来自动管理资源，确保只有在操作完全成功的情况下才会影响原始状态。如果操作中的任何一个步骤（如拷贝或交换）失败，原始的data将不会被修改。

（2）使用作用域守卫

作用域守卫（scope guards）是一种编程技术，用于确保在离开代码块时执行必要的清理工作，而无论是由于正常完成还是异常退出。这是通过创建一个在其析构函数中执行代码清理操作的对象来实现的。

【示例展示】

```cpp
#include <iostream>
class ScopeGuard {
public:
    ~ScopeGuard() {
        std::cout << "Clean up resources here" << std::endl;
        // 执行必要的清理工作，例如关闭文件、释放锁等
    }
};

void processFile() {
    ScopeGuard guard; // 无论如何离开，都会调用析构函数

    // 正常的处理逻辑
    std::cout << "Processing file" << std::endl;

    // 假设在此抛出异常
    throw std::runtime_error("Failed to process file");

    std::cout << "File processed successfully" << std::endl;
```

```
    }
int main() {
    try {
        processFile();
    } catch (const std::exception& e) {
        std::cout << "Exception caught: " << e.what() << std::endl;
    }
}
```

在这个示例中，无论processFile()函数因正常完成还是异常（如运行时错误）而退出，ScopeGuard对象的析构函数都会被调用，确保执行清理工作。

通过这些设计模式，开发者可以更好地管理异常发生时的资源和状态，从而提高程序的可靠性和鲁棒性。这些技术有助于减轻异常处理的负担，使代码更加清晰和易于维护。

3）异常与并发

多线程并发和异常处理看似是两个独立的领域，但在实际应用中，它们常常交织在一起，特别是在需要确保应用程序的健壮性和安全性时。

在多线程程序中处理异常，实际上是关于如何在线程间正确传播异常、安全地管理共享资源以及保证程序在异常发生时仍然维持一致和稳定状态的问题。以下几点说明了多线程并发编程中异常处理的重要性和存在的挑战。

（1）异常的线程间传播

在C++中，每个线程都有自己的调用栈。这意味着，当一个线程抛出一个异常时，这个异常只能在该线程的调用栈中传播，它不能跨线程传播或被其他线程捕获。

这种线程局部性的设计是有意为之的，因为跨线程的异常传播会引入很多复杂性和不确定性。但这也意味着，如果一个线程抛出了一个异常，但没有捕获到，那么只有这个线程会被终止，其他线程会继续执行。

在多线程环境中，一个线程的异常可能需要通知其他线程。例如，如果一个线程在处理共享数据时失败并抛出异常，其他依赖该数据的线程可能需要知晓这一失败状态，以避免进行无效处理或进一步的错误操作。

（2）共享资源的异常安全管理

多线程程序常常涉及对共享资源（如内存、文件等）的并发访问。如果一个线程在访问共享资源时发生异常而没有正确地释放已获得的锁，就可能导致死锁或资源泄漏。例如，一个线程可能在持有锁的状态下执行可能抛出异常的操作，如果没有正确处理异常，其他线程就可能永远等待永不释放的锁。

（3）保证数据的一致性

当多个线程操作相同的数据结构时，异常的抛出可能会导致数据处于不一致的状态。因此，设计时必须考虑到异常的发生，确保即使发生异常，也能通过适当的机制（如事务回滚）恢复数据到一致的状态。

（4）线程安全的异常处理策略

开发者需要实现线程安全的异常处理策略，以确保不会因为异常处理不当而导致程序的行为不可预测或系统崩溃。这包括使用线程局部存储来隔离异常影响、设计无锁数据结构来简化线程间的同步和减少锁的使用等。

【示例展示】

下面将创建一个共享的计数器，让多个线程对它进行操作。如果在操作中发生异常，我们需要确保：

- 其他线程能够知道异常的发生，以避免基于错误数据的操作。
- 所有使用的锁能在异常发生时正确释放，防止死锁。
- 保证在发生异常的情况下，共享数据的状态也能保持一致。
- 实施线程安全的异常处理策略，确保系统的稳定性。

```cpp
#include <iostream>
#include <vector>
#include <thread>
#include <mutex>
#include <stdexcept>
#include <condition_variable>
#include <atomic>

std::mutex mtx;
std::condition_variable cv;
std::atomic<bool> error_occurred(false);            // 使用atomic保证原子操作
std::atomic<int> counter(0);

void safe_increment(int id) {
    while (true) {
        try {
            std::unique_lock<std::mutex> lock(mtx);    // 使用unique_lock以便在等待时解锁
            if (counter >= 5 || error_occurred.load()) {
                // 如果计数器已达上限或已发生错误，则退出循环
                return;
            }
            ++counter;                              // 增加计数器
            std::cout << "Thread " << id << " incremented counter to " << counter << std::endl;
            if (counter == 3) {
                throw std::runtime_error("Simulated error");        // 模拟一个错误
            }
            lock.unlock();                          // 解锁，允许其他线程运行
            std::this_thread::sleep_for(std::chrono::milliseconds(10)); // 延时以减少锁争用
        } catch (const std::runtime_error& e) {
            std::cerr << "Thread " << id << " caught exception: " << e.what() << std::endl;
            error_occurred.store(true);             // 更新全局异常标志
            cv.notify_all();                        // 通知其他线程发生异常
            return;
        }
    }
}

void watch_for_error(int id) {
    std::unique_lock<std::mutex> lock(mtx);
    while (!error_occurred) {
        cv.wait(lock);                              // 等待异常发生的通知
    }
    std::cout << "Thread " << id << " noticed an error occurred and is terminating." <<
std::endl;
}

int main() {
    std::vector<std::thread> threads;
    for (int i = 0; i < 5; ++i) {
        threads.push_back(std::thread(safe_increment, i));
    }
```

```
// 延迟创建监视线程以确保它们不会过早进入等待状态
for (int i = 5; i < 10; ++i) {
    threads.push_back(std::thread(watch_for_error, i));
}
for (auto& th : threads) {
    th.join(); // 等待所有线程完成
}
return 0;
}
```

在上述代码中：

- 线程间的异常传播：通过一个原子布尔变量error_occurred来传播异常的发生。一旦在 safe_increment()函数中检测到条件被满足（计数器值达到3），就会模拟异常的抛出。异常被捕获后，会设置error_occurred标志为真，并通过条件变量cv通知所有其他线程。这样，无论何时发生异常，所有线程都能及时获得通知并相应地做出反应。
- 共享资源的异常安全管理：在异常处理中，使用std::unique_lock<std::mutex>来管理锁，这不仅确保了在抛出异常时锁可以被正确释放，而且还提供了在需要时手动解锁的灵活性。通过这种方式，可以在维持必要的保护的同时，减少锁的持有时间，优化了多线程之间的协调。
- 保证数据的一致性：利用原子变量counter来确保计数器的操作具有原子性，从而维护共享数据的一致性。原子操作消除了竞态条件的可能性，保证每次操作的结果都是可预测和正确的。
- 线程安全的异常处理策略：结合使用锁、条件变量和原子操作，我们设计了一种线程安全的异常处理策略。这种策略确保即使面对不可预测的异常情况，系统也能保持稳定和一致，防止因异常而导致的资源泄漏或死锁。

人们通常倾向于避免考虑负面的情况，特别是在面对复杂的问题时。这就是为什么在编程中，我们经常会忽略异常情况或错误处理。但是，通过深入学习异常安全的技术，我们可以更好地应对这些挑战，并编写更加健壮和可靠的代码。

3.4.6　抛出异常与返回错误码

在设计错误处理策略时，开发者通常可以选择使用异常或者直接返回错误码（error codes）。每种方法都有其特定的应用场景和优缺点，理解这些可以帮助开发者做出更合适的决策。

1. 比较异常和错误码

1）异常

优点：提供了一种分离错误处理代码和正常业务逻辑的方式，使主逻辑更加清晰；能够自动传播错误，无须在每一层手动检查和传递错误。

缺点：可能引入性能开销，特别是在异常频繁抛出的场景下；异常路径可能不够明显，使得代码的阅读和理解更加困难。

2）错误码

优点：性能开销通常较低，因为它们只是简单地返回值；错误处理逻辑和正常逻辑通常在同一路径，易于跟踪和调试。

缺点：需要在每个函数调用后检查返回值，容易导致代码冗余；错误信息不够丰富，难以提供详细的上下文。

2. 最佳实践

1）何时使用异常

当错误为异常情况，即不常发生，并且需要跨越多个函数调用层次传播时，使用异常更为合适。异常同样适用于那些复杂的结果或状态返回的情况，特别是当可能出现多种错误时，使用异常可以有效避免复杂的错误码逻辑。此外，当错误情况需要某种程度的操作撤销，或者错误恢复依赖于特定的函数调用结果，以及当错误太罕见而容易被忽视，或者当错误无法直接由调用者处理。采用异常处理将更加合适。

2）何时使用错误码

在性能敏感的应用或库中，尤其在错误为常见或可预期的情况下，使用错误码更为合适。错误码适用于那些期望调用者能够直接处理错误的场景。此外，当并行任务中发生错误而需要明确知道是哪个任务出错时，错误码提供了一种直接的解决方式。对于底层系统编程或硬件接口交互，由于异常机制可能不可用或不推荐使用，错误码在这些情境下就显得尤为重要。

此外，无论是使用异常还是错误码，打印出清晰的报错信息对于调试和维护代码至关重要。C++20号入的std::source location提供了一种简便的方法来捕捉错误发生的源代码位置，从而生成更具上下文的错误报告。通过 std::sourceocation，开发者可以自动获取文件名、行号、函数名等信息，而无需手动传递这些参数。这不仅有助于快速定位问题，还能提升代码的可读性和可维护性。例如，可以在抛出异常或返回错误码时，附加详细的源代码位置信息，使得错误日志更加详尽和有用。

当然在实际应用中，异常和错误码完全可以混合使用。例如，可以在内部使用错误码进行错误传递，而在API边界处将错误码转换为异常，以便公开给外部用户或其他系统。理解并权衡这些因素，可以帮助开发者根据具体的应用需求和性能要求选择最合适的错误处理策略。接下来，我们将探讨如何应用这些策略来编写异常中立代码（exception-neutral code），进一步提升程序的健壮性和可维护性。

3.4.7　异常处理的高级技巧

在C++程序设计中，掌握高级异常处理技巧是确保代码质量和可维护性的关键。这些技巧包括编写异常中立代码和异常传播控制（exception propagation control）等。下面来深入了解这些技巧的应用。

1. 异常中立代码

异常中立代码是指那些不直接抛出异常也不处理异常，但能安全传播异常给调用者的代码。这种代码形式对于库的设计尤为重要，因为它允许库的使用者根据自己的错误处理策略来处理异常。

实现方法：

- 异常安全保证：实现函数时，确保所有操作都能提供基本的异常安全保证，即在发生异常时，不会破坏程序的状态。
- 正确的异常规格：函数应声明其异常规格，明确其是否可以抛出异常。这有助于调用者了解函数的异常行为。

2. 异常传播控制

在C++中，异常传播是一个重要的概念，表明异常如何从抛出点传播到捕获点。合理控制异常传播不仅可以提升程序的性能，还能增强代码的可读性和可维护性。

实现方法：

- 最小化异常路径：通过限制程序中可能抛出异常的路径数量，可以显著减少错误处理代码的复杂性。这通常意味着将那些可能引发异常的操作集中在尽可能少的函数中，并在这些函数的文档中明确指出。
- 异常封装：在软件模块或类的边界处，考虑捕获所有内部异常并抛出一种统一的或几种相关的异常。这样做可以防止底层实现细节的泄漏，并允许上层代码只处理几种异常类型，从而简化错误处理逻辑。
- 使用异常指针：在多线程环境中，传统的异常传递机制可能不适用。C++11引入的std::exception_ptr 可以用来捕获和传递异常，使得异常可以跨线程边界安全传播。

下面通过两个示例来演示异常传播控制。

1）异常封装与嵌套处理

```cpp
#include <iostream>
#include <exception>
#include <stdexcept>

void processTask() {
    try {
        // 执行某些可能抛出异常的操作
        throw std::runtime_error("处理错误");
    } catch (...) {
        // 捕获所有类型的异常，并将其封装为一个通用类型
        std::throw_with_nested(std::runtime_error("任务处理失败"));
    }
}
int main() {
    try {
        processTask();
    } catch (const std::exception& e) {
        std::cout << "捕获异常: " << e.what() << std::endl;
        try {
            std::rethrow_if_nested(e);
        } catch (const std::exception& ne) {
            std::cout << "嵌套异常: " << ne.what() << std::endl;
        }
    }
    return 0;
}
```

在这个示例中，processTask()函数捕获所有类型的异常，并重新抛出一个新的异常，这种方式称为异常封装。这有助于隐藏实现细节，同时提供足够的信息给调用者。而main()函数则演示了如何处理这种封装后的异常，包括处理嵌套异常的可能性。

2）使用std::exception_ptr的异常传播

在多线程程序中，直接在一个线程中抛出异常并希望在另一个线程中捕获，是不可行的。而std::exception_ptr是一个用来捕获和传递异常对象的工具，它允许异常在不同线程之间安全传递。

```cpp
#include <iostream>
#include <exception>
#include <stdexcept>
#include <thread>
```

```cpp
#include <future>

void throwFunction() {
    throw std::runtime_error("出现错误");
}

void threadFunction(std::promise<void>& prom) {
    try {
        throwFunction();
    } catch (...) {
        // 捕获所有异常，并存储到 promise 对象中
        prom.set_exception(std::current_exception());
    }
}

int main() {
    std::promise<void> prom;
    std::future<void> fut = prom.get_future();
    std::thread t(threadFunction, std::ref(prom));

    try {
        fut.get();   // 在主线程中等待异步任务的结果，如果有异常则会在此抛出
    } catch (const std::exception& e) {
        std::cout << "主线程捕获到异常: " << e.what() << std::endl;
    }

    t.join();
    return 0;
}
```

在这个示例中，throwFunction抛出一个异常。这个异常在threadFunction中被捕获，并通过std::current_exception存储到一个std::exception_ptr对象中，然后将这个异常传递到std::promise对象。在主线程中，通过调用fut.get()，这个异常被重新抛出，从而可以在主线程中捕获并处理。这个模式特别适用于需要异常信息从一个执行线程传递到另一个执行线程（例如，从工作线程传递到主线程）的情况。使用std::exception_ptr可以确保异常安全地在多线程环境中传递，同时保持异常的原始类型和信息不变。

通过这些高级技巧，开发者可以更加精确地控制异常的行为，从而构建更健壮、更容易维护的代码。

3.4.8　深入底层：探索 C++异常原理

在C++中，异常处理是一种重要的错误处理机制，允许程序在检测到问题时从当前执行路径跳转到错误处理代码，如图3-4所示。

1. 异常表处理

异常表是一种由编译器在生成可执行文件时为每个函数创建的数据结构，存储了函数中可能抛出异常的位置及其对应的异常处理器（如catch块）的信息。

1）异常表的作用

异常表使得在异常发生时，运行时系统能够快速查找到合适的异常处理代码。通过这种映射，系统可以确定哪些代码块能够处理当前抛出的异常。

2）异常表的内容

异常表通常包括抛出异常的指令地址、相应的异常类型，以及处理该异常的catch块的地址。

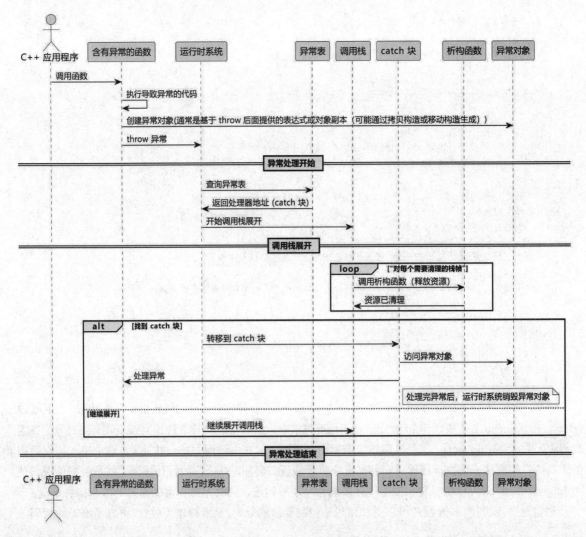

图 3-4 C++异常传递图

3）异常表的查找过程

当异常发生时，运行时系统会检查当前函数的异常表，找到与抛出的异常相匹配的条目，然后转移并执行相应的异常处理代码。

2. 调用栈展开

当异常被抛出后，如果当前函数内没有处理该异常的代码，系统必须展开调用栈，寻找能够处理该异常的外层函数。

1）展开过程

展开过程包括逐个退出当前函数中未完成的函数调用，同时确保调用每个函数的析构函数，以释放局部对象占用的资源。

2）析构函数的作用

在展开调用栈时，系统会调用所有局部对象的析构函数。这是为了防止资源泄漏，确保即使发生异常，程序的状态也能保持一致。

3）展开的终止

如果在某个函数中找到了匹配的异常处理代码，调用栈的展开就会停止，控制流转移到该函数的异常处理代码处。

3. 异常对象管理

异常对象的管理通过动态分配和销毁异常对象来实现，这确保了异常对象在整个异常处理过程中保持有效。

1）异常对象的创建

当异常被抛出时，对应的异常对象通常在堆上创建。编译器负责生成代码来构造这个对象，并可能包括拷贝构造函数的调用。

2）异常对象的生命周期

异常对象被抛出后，将一直存在，直到被捕获的异常处理代码执行完成。在此之后，运行时系统会销毁异常对象，释放占用的堆内存。

3）异常对象的传递

异常对象通过值传递给catch块，这意味着catch块中接收的是异常对象的副本，保证了原始异常对象的完整性和独立性。

这些机制加在一起，构成了C++异常处理的核心，虽然细节可能因编译器和操作系统的不同而略有差异，但大致框架是相通的。

3.4.9　探索 C++23 错误机制的新纪元

1. 引入背景

为了解决在现有错误处理机制（如异常和错误码）中存在的一些限制，例如：

- 虽然异常提供了丰富的错误信息和栈追踪能力，但它们可能导致性能下降，且在某些情况下可能不适用（如性能敏感或资源受限的环境）。
- 错误码虽然轻量，但通常需要额外的逻辑来检查和传递错误，这可能导致代码冗余和错误处理逻辑与业务逻辑混杂。

C++23引入了std::expected<T, E>类型，提供了一种结合了异常和错误码优点的错误处理方式。这种方式旨在通过在函数的返回类型中直接表达错误的可能性，该方式增强了代码的可读性，使错误处理更加明显且易于管理。

2. 新机制的优势

首先，std::expected<T, E>通过将成功和失败的结果封装在单一的返回类型中，极大地提高了代码表达的清晰性。这种设计允许开发者在类型签名中直观地看出函数可能失败的情况，从而在阅读和维护代码时更加容易理解其行为和潜在的错误处理逻辑。

其次，std::expected<T, E>允许开发者附带丰富的错误信息。与传统的错误码相比，这不仅有助于诊断问题，也方便了在错误发生时的逻辑处理，因为它可以存储除错误码以外的任何类型的信息，如自定义类或结构体。

再次，通过提供类似单子（monad）的接口（例如and_then和or_else），std::expected<T, E>支持

链式调用，这有助于保持代码的整洁和逻辑连贯。这种方式避免了传统错误码处理中常见的嵌套条件语句，使得错误处理流程更加线性和清晰。

最后，增加的error()成员函数和其他辅助功能使得访问和处理错误信息更为便捷和一致。这些功能的添加确保了std::expected<T, E>不仅在使用上更加直观，而且在整合现有代码库时也能提供兼容性和灵活性。

3. 形态相似但不一样

在介绍了std::expected<T, E>的基本优势后，我们可以进一步探讨它与传统的pair<T, ErrorCode>错误处理方式的区别和优势。尽管这两种方式都可以用于函数返回值和错误信息的组合，但std::expected<T, E>提供了一些专门针对错误处理优化的特性，使它在多种场景下更为有效和方便。

- 类型安全和意图明确：std::expected<T, E>通过其类型明确表达了操作成功或失败的可能性，这提高了代码的可读性和健壮性。而pair<T, ErrorCode>虽然灵活，但它的通用性也意味着缺乏对操作意图的明确表达，使用者需要额外的文档或命名约定来理解其用途。
- 便利的成员函数：与pair<T, ErrorCode>相比，std::expected<T, E>提供了一系列便利的成员函数，如value()、error()、has_value()和operator bool()。这些函数简化了错误检查和值提取的流程，使得开发者可以更直接地处理成功或错误的结果，而不必手动解析pair的first和second成员。
- 集成的异常处理：std::expected<T, E>支持通过value()访问时的异常抛出机制，如果尝试访问一个包含错误的对象，它将抛出bad_expected_access<E>异常。这为使用者提供了一种自然而强制的错误处理方式，而pair<T, ErrorCode>则缺乏这样的内建错误处理支持。

通过这些对比可以看出，std::expected<T, E>在设计上为错误处理提供了更多的优势，所以它被设计成了一个独立的类，逐渐成为现代C++应用中处理潜在错误和异常的首选方式。

【示例展示】

下面是一个使用std::expected<T, E>的示例，演示如何在实际的函数中使用这个类型来处理可能的错误，同时保持代码的清晰性和健壮性。

```cpp
#include <iostream>
#include <string>
#include <expected>                    // 标准库中的expected头文件

// 自定义错误类型
struct FileError {
    std::string message;               // 错误消息
};
// 尝试读取文件，可能返回字符串内容或者错误信息
std::expected<std::string, FileError> readFile(const std::string& filename) {
    // 检查文件名是否为空
    if (filename.empty()) {
        // 如果文件名为空，返回错误信息
        return std::unexpected<FileError>{{"文件名不能为空"}};
    }
    // 假设文件读取成功
    std::string data = "文件内容";
    return data;                       // 返回文件内容
}

int main() {
```

```
    // 尝试读取空文件名
    auto result = readFile("");

    // 检查结果是否成功
    if (result) {
        // 如果成功，输出文件内容
        std::cout << "文件内容: " << *result << std::endl;
    } else {
        // 如果失败，输出错误信息
        std::cout << "读取文件失败: " << result.error().message << std::endl;
    }

    return 0;
}
```

readFile()函数通过返回std::expected<std::string, FileError>来明确指出它如果成功就返回的文件内容，或者因为某些原因失败就返回一个FileError类型的错误。

在main()函数中，我们尝试读取一个文件，并通过检查result的值来决定接下来的操作。如果result的值表示成功，那么使用*result来获取文件内容；如果表示失败，则通过result.error()获取错误对象，并打印错误信息。

总的来说，std::expected<T, E>的引入提供了一种更为现代和高效的错误处理方式，既保留了异常的详细信息优势，又维持了错误码的性能优势，是对现有错误处理机制的有力补充。

3.5　灵活处理可变参数

继上一节深入探讨异常处理及其在编写健壮的C++应用中的重要性之后，本节将转向一个同样重要但在实际应用中常被忽视的话题——灵活处理可变参数。

随着C++11及其后续标准的推出，C++引入了多种支持可变参数的特性，如变参模板、std::initializer_list以及更先进的类型，如 std::optional、std::variant和std::any。这些工具极大地增强了语言的灵活性和表达力。

本节从最基本的可变参数函数开始，逐步深入到复杂的模板技巧。掌握这些技能对于创建可复用、能够适应多种输入的函数和类至关重要，特别是在设计需要广泛重载和高度灵活性的库和API时。

3.5.1　可变参数函数的基础

在学习如何处理可变参数之前，首先需要理解可变参数函数的基础。本节旨在介绍从最传统的C风格的可变参数列表到更现代的C++风格可变参数解决方案的使用方法。掌握这些基础，开发者可以更好地利用C++提供的工具来实现类型安全且易于维护的代码。

1. C风格的可变参数列表（C-style Variadic Arguments）

在C++中，传统的C风格可变参数仍然可用，它依赖于<cstdarg>头文件中定义的宏和类型。这种方式通常用于与遗留代码兼容或者一些特定场合，如简单的日志记录功能。

C风格的可变参数函数至少需要一个固定参数，这是为了能够安全地初始化va_list，并在调用va_start宏时指定从哪里开始读取可变参数。函数中的可变参数通过省略号（...）来表示，其后的参数数量和类型是不确定的。参数的遍历方式有两种：递归处理和指针偏移。这两种方法都依赖于使用va_list、va_start、va_arg、va_copy、va_end等宏来处理可变参数。

1）递归处理

在递归处理中，可变参数函数首先获取第一个参数，并根据参数的类型进行处理，然后通过递归调用处理下一个参数。在每次递归调用中，可变参数函数使用va_arg函数来获取下一个参数，并根据参数的类型进行处理，直到处理完所有的参数。递归处理适用于参数个数较少的情况，处理速度较快。

2）指针偏移

在指针偏移中，可变参数函数首先使用va_start函数来初始化可变参数列表，然后通过指针偏移来访问参数列表中的每个参数。在处理完所有参数之后，可变参数函数使用va_end函数来结束参数列表的处理。指针偏移适用于参数个数较多的情况，处理速度较慢。

【示例展示】

下面分别使用递归处理和指针偏移的函数来实现C++中的C风格可变参数。这两个函数会打印出传入的所有参数。此外，还提供一个主函数来调用这两个函数，并传递多种不同类型的参数。

使用递归处理的函数：

```cpp
#include <iostream>
#include <cstdarg>
#include <functional>
// 使用递归处理可变参数
void printArgsRecursively(int count, ...) {
    va_list args;
    va_start(args, count);

    // 递归函数，用于处理并打印参数
    std::function<void(int)> recursivePrint = [&](int n) {
        if (n > 0) {
            // 获取下一个参数（假设是int类型）
            int value = va_arg(args, int);
            std::cout << value << " ";
            recursivePrint(n - 1);
        }
    };

    recursivePrint(count);
    va_end(args);
    std::cout << std::endl;
}
```

使用指针偏移的函数：

```cpp
#include <iostream>
#include <cstdarg>

// 使用指针偏移处理可变参数
void printArgsByPointer(int count, ...) {
    va_list args;
    va_start(args, count);

    for (int i = 0; i < count; i++) {
        // 获取下一个参数（假设是int类型）
        int value = va_arg(args, int);
        std::cout << value << " ";
    }

    va_end(args);
    std::cout << std::endl;
}
```

主函数调用示例：

```
int main() {
    // 调用使用递归处理的函数
    std::cout << "Recursively:" << std::endl;
    printArgsRecursively(5, 1, 2, 3, 4, 5);

    // 调用使用指针偏移的函数
    std::cout << "By pointer offset:" << std::endl;
    printArgsByPointer(5, 6, 7, 8, 9, 10);

    return 0;
}
```

上述代码中假设传递的所有参数都是int类型。如果需要处理多种类型，可以在函数定义中明确指出如何根据不同情况处理不同类型的参数，或者增加参数类型作为函数的一部分。在实际应用中，应该考虑参数类型提升的问题，并且确保每次调用va_arg时都使用适当的类型。为了简化，本示例只处理了int类型的参数。

3）注意事项

在C++中使用C风格的可变参数时，需要注意参数的处理方式和对应的宏的正确使用。这些宏有助于处理函数中的可变参数列表。

（1）参数类型的提升

在使用C风格可变参数列表时，如果涉及char、short和float类型的参数，它们在传递到可变参数函数中时会经历类型提升：

- char和short类型的参数会被自动提升为int类型。
- float类型的参数会被自动提升为double类型。

因此，在使用va_arg宏从可变参数列表中提取这些类型的参数时，应该使用它们被提升后的类型来接收，即使用int来接收原本为char或short的参数，使用double来接收原本为float的参数。这样做是为了确保在运行时能够正确地匹配和处理参数类型，从而避免潜在的类型不匹配错误。这是由C++的参数传递规则决定的，确保了数据的正确处理和函数的稳定执行。

（2）宏的正确使用顺序

va_start必须在读取任何可变参数之前被调用，并且传入最后一个固定参数，以初始化va_list变量。在参数处理完成后，必须调用va_end来清理分配的资源，这有助于防止内存泄漏等问题。

如果需要重新处理参数列表，可以使用va_copy先拷贝一份va_list的状态，然后用这个副本来遍历参数，避免破坏原始的参数列表状态。

（3）函数实现注意事项

在设计使用可变参数的函数时，应确保所有的参数都得到正确处理，包括对每种可能的参数类型进行处理。

考虑参数类型提升的情况，应在文档中明确指出哪些类型的参数是有效的，以及它们如何被正确处理。

（4）安全性和错误处理

由于C风格的可变参数不提供类型安全检查，函数的实现者必须确保对传入的参数进行充分的检查和验证，尤其在处理不同类型的参数时。

通过遵循这些详细的注意事项，可以确保使用C风格可变参数的代码既安全又高效。

2. 使用std::initializer_list处理同类型可变参数

1）定义和使用

在C++中，std::initializer_list是一种轻量级模板类，它允许函数接收同类型的任意数量的参数，如{1, 2, 3}。其内部实现简单但效率高，通常用于在构造函数中实现列表初始化，例如在构造std::vector或其他容器类时。这样的设计不仅使得初始化过程直观，还大大简化了代码，允许直接将一组值聚合进行计算或存储。

2）底层实现

std::initializer_list内部结构主要包括两个核心组件：一个指向数据的指针和一个元素计数器。指针直接指向一个由编译器在编译时期创建的数组，这个数组包含所有初始化列表中的元素。

由于std::initializer_list本质上不拥有这些元素，而只是持有指向这些元素的指针，因此它实际上是这些元素的一个视图或引用。这个引用的数组是一个临时构造的数组，它的生命周期由编译器控制，保证在std::initializer_list使用期间有效。这种实现方式确保std::initializer_list在使用时既简洁又高效，特别适用于需要传递多个同类型数据到函数的场景。

3）使用特点

std::initializer_list具有以下特点：

- 效率高：std::initializer_list仅包含一个指向数据的指针和一个元素数量的计数器，因此其实例化和拷贝操作都极为轻量和快速。这种设计使得从函数参数到成员变量的传递都非常高效。
- 只读性：这个类设计为只读模式，主要用于安全地传递初始化数据。我们可以通过它访问元素，但不能修改元素，确保了数据传递过程中的不变性。
- 生命周期管理：std::initializer_list并不拥有它所包含的元素，只是引用编译器管理的临时数组。这意味着其有效性完全依赖于该临时数组的生命周期。使用时需要注意，一旦原始数组生命周期结束，通过std::initializer_list访问数组元素将不再安全。
- 编译时元素集合：std::initializer_list常用于接收编译时已知的元素集合，例如在函数调用时传递一个由字面量构成的列表。这强调了它在编译时就确定元素和数量的特性，使得它在静态数组和容器初始化中特别有用。

【示例展示】

下面是一个使用std::initializer_list的简单示例，展示如何接收多个整数并计算它们的和。

```cpp
#include <initializer_list>
#include <iostream>

int sum(std::initializer_list<int> list) {
    int total = 0;
    for (int x : list) {
        total += x;
    }
    return total;
```

```
    }
int main() {
    std::cout << "Sum: " << sum({1, 2, 3, 4, 5}) << std::endl;
    return 0;
}
```

这种方法的优势在于简洁和类型安全，它的局限在于只能接收同一类型的参数。对于需要不同类型参数的情况，这种方法就无法应用。

通过这一节的学习，读者应能够理解和使用两种基本的可变参数处理方法。接下来将介绍更复杂但功能更强大的变参模板技术，这是现代C++编程中不可或缺的一部分。

3.5.2 使用可变参数模板增强灵活性

1. 可变参数模板的概念

可变参数模板是C++的一个高级特性，它极大地扩展了模板的灵活性和功能性。该特性使得开发者能够创建可接收任意数量和类型参数的模板，包括函数模板、类模板以及模板模板（即模板的参数本身也是模板）。这种灵活性使得可变参数模板在实现通用库和框架中尤为有用，如标准模板库（STL）中的各种容器和函数工具。

可变参数模板通过引入参数包的概念实现其功能。参数包允许模板捕获未指定数量的模板参数或函数参数，从而可以在模板定义中处理这些参数。

- 模板参数包（template parameter pack）：用于在模板定义中捕获类型或模板的序列。这些参数可以是类类型、内置类型或其他模板。
- 函数参数包（function parameter pack）：用于在函数模板定义中捕获值的序列，这些值可以是任何类型的变量。

2. 可变参数模板的语法

可变参数模板的语法主要包括以下几点：

1）参数包的定义

- typename... Args或class... Args：这两种方式都可以用来在模板定义中声明一个类型参数包。
- args...：这是在函数模板中用来接收实际的函数参数的参数包。

2）参数包的展开

使用args...展开函数参数包，是将参数包中的每个参数作为独立的实参传递给函数或模板的一种方式。例如，可以将参数包传递给另一个函数。

3）折叠表达式

(args... op ...)或(... op args)表达式用于将参数包中的所有元素通过某个运算符（比如+、&&等）合并成一个单一的结果。这是C++17引入的功能，简化了对参数包的操作。

4）递归模板

通过在模板中调用自身（带有少一些参数的参数包），可以递归地处理参数包中的元素。通常会有一个基本案例（特化版本），用于停止递归。

【示例展示】

下面的示例代码展示了一个可变参数模板的使用。

```cpp
#include <iostream>

// 函数模板，用于打印参数包中的所有元素
template<typename T, typename... Args>
void print(T first, Args... args) {
    std::cout << first << " ";
    if constexpr (sizeof...(args) > 0) {
        print(args...);                     // 递归调用
    }
}

int main() {
    print(1, 2.5, "Hello", 'c');            // 输出: 1 2.5 Hello c
}
```

在这个示例中：

- 模板参数包：Args...在模板定义中用来声明一个类型的参数包。这里的Args表示可以接收多种不同的类型，每个类型对应一个参数。
- 函数参数包：args...在函数定义中用来声明一个与类型参数包相对应的函数参数包。这里的args表示实际的参数实例，每个实例的类型由Args...中相应位置的类型确定。
- 参数包展开：print(args...)是在函数体中对函数参数包args...进行展开的示例。在这个调用中，args...被展开成传递给print函数的多个独立的参数，每个参数的类型和顺序都与在Args...中声明的相匹配。

通过递归调用，每次都处理一个参数直到参数包为空。这种递归模板处理方式是处理参数包的一种常用方法，特别是在需要处理不定数量的参数时，例如实现泛型编程任务、创建高阶函数或者构建复杂的数据结构。

3. 参数包的本质与展开原理

参数包的本质是它的变长特性，即它能够代表0个或多个参数，这些参数可以是类型、值或者其他模板。参数包可以用来在编译时处理不同数量的参数，而这在传统的模板或函数中是做不到的。例如，有一个函数模板，它通过参数包可以接收任意数量的参数，每个参数都可以是不同的类型。

1）参数包的传递与修饰符

参数包可以通过不同的修饰符来控制其行为，这些修饰符决定了参数如何被传递到函数中，以及它们在函数内的可用性。表3-1概述了不同修饰符的作用及其对参数包处理方式的影响。

表3-1　不同修饰符对参数包的作用

修　饰　符	说　明	示　例
无	参数包可以接收任意类型的参数，传递给函数的是参数的副本	template <typename... Args> void func(Args... args)
const	参数包可以接收任意类型的参数，但是参数被视为常量，不能被修改	template <typename... Args> void func(const Args... args)

（续表）

修　饰　符	说　　　　明	示　　　　例
&	参数包可以接收任意类型的参数，但是参数必须是左值	template <typename... Args> void func(Args&... args)
const &	参数包可以接收任意类型的参数，但是参数必须是左值，并且被视为常量，不能被修改	template <typename... Args> void func(const Args&... args)
&&	参数包可以接收任意类型的参数，并根据传入参数的值类别保持为左值或转换为右值，常用于实现完美转发	template <typename... Args> void func(Args&&... args)

2）展开的技术

展开参数包是一个编译时过程，在这个过程中编译器将参数包替换为模板或函数所需的实际参数列表。这种展开可以通过直接使用省略号（...）在函数调用或模板实例化中实现。例如，使用参数包时，若要调用另一个接收可变数量参数的函数，可以直接将参数包传递给该函数：

```cpp
template<typename... Args>
void wrapper(Args... args) {
    other_function(args...);  // 直接展开并传递所有参数
}
```

3）折叠表达式的原理

C++17引入的折叠表达式进一步简化了参数包的操作。折叠表达式可以将参数包中的所有元素通过指定的运算符合并成一个单一表达式，它允许程序员用一个简洁的语法对参数包中的所有元素进行特定的二元运算符操作，并将其"折叠"成一个单一的结果。这是通过在编译时将参数包与一个二元运算符组合来实现的。

折叠表达式有两种形式：

- 二元左折叠：形式为(init op ... op pack)，其中init是初始值，op是二元运算符，pack是参数包。
- 二元右折叠：形式为(pack op ... op init)。

例如，若要计算参数包中所有元素的总和，可以使用如下的左折叠表达式：

```cpp
template<typename... Args>
auto sum(Args... args) {
    return (... + args);          // 折叠表达式
}
```

4. 可变参数模板在函数与类中的应用

现在我们已经了解了参数包的概念与展开原理，接下来具体探讨可变参数模板在函数和类模板中的应用。

1）可变参数模板函数

可变参数函数适用于需要接收和处理数量不固定的参数的场景，如格式化输出、构造函数重载或者任何需要灵活处理不同数量和类型输入的功能。

【示例展示】

下面是一个使用可变参数模板的函数示例，该函数可以接收任意数量和类型的参数，并将它们依次打印出来。

```
#include <iostream>

template<typename... Args>
void print(Args... args) {
    (std::cout << ... << args) << '\n';        // 使用折叠表达式来展开并打印所有参数
}

int main() {
    print(1, 2, 3, "hello", 4.5);              // 调用print函数
    return 0;
}
```

在这个示例中，使用了C++17的折叠表达式来简化参数包的处理，这使得打印不同类型的参数变得简单直接。

2）可变参数模板类

可变参数模板类适用于泛型编程中需要构建可接收任意类型和数量参数的函数或类模板，如通用数据结构、算法库或者在编译时进行类型检查的函数接口。

【示例展示】

以下示例使用可变参数模板类来创建一个通用的容器类，用于存储任意数量和类型的数据元素。

```
#include <iostream>
#include <tuple>

// 定义一个通用的容器类模板，使用可变参数模板
template<typename... Items>
class Container {
private:
    std::tuple<Items...> contents;              // 使用元组（tuple）来存储任意类型的元素
public:
    // 构造函数，接收任意数量和类型的参数，并存储它们
    Container(Items... items) : contents(std::make_tuple(items...)) {}

    // 获取特定位置的元素
    template<std::size_t N>
    decltype(auto) get() const {
        return std::get<N>(contents);
    }
};

int main() {
    // 创建一个容器，存储不同类型的数据
    Container<int, double, char, std::string> myContainer(42, 3.14, 'a', "Hello");

    // 访问并打印容器中的元素
    std::cout << "Integer: " << myContainer.get<0>() << std::endl;
    std::cout << "Double: " << myContainer.get<1>() << std::endl;
    std::cout << "Char: " << myContainer.get<2>() << std::endl;
    std::cout << "String: " << myContainer.get<3>() << std::endl;

    return 0;
}
```

在上述代码中：

- 类模板定义：Container是一个类模板，使用可变参数typename... Items来接收任意数量和类型的模板参数。

- 存储机制：使用std::tuple来存储不同类型的元素。tuple是一个非常强大的工具，用于在单个对象中存储多种类型的数据。
- 构造函数：使用std::make_tuple在构造函数中初始化contents，这样可以直接将传入的参数打包存储。
- 元素访问：通过模板成员函数get<N>()提供对存储元素的访问。这里使用了std::get来从tuple中提取指定位置的元素。decltype(auto)用于类型推导，确保返回类型与元素原有类型一致。

通过这两个示例，可以看到可变参数模板在实际编程中的广泛用途和灵活性。它们不仅使代码更加简洁，还提高了程序的通用性和可扩展性。

3.5.3　可变参数模板的进阶技巧

1. sizeof...运算符的用法

sizeof...运算符是在C++11标准中引入的。这个运算符用来计算一个模板参数包中包含的元素数量。它在编译时计算参数数量，因此不会影响运行时性能。

sizeof...运算符的语法如下：

```
sizeof...(parameter_pack)
```

【示例展示】

```cpp
template <typename... Args>
void func(Args... args) {
    constexpr size_t arg_count = sizeof...(Args);          // 或 sizeof...(args)
    std::cout << "Number of arguments: " << arg_count << std::endl;
}
```

由于函数参数的数量应该与模板参数的数量完全相同，因为每一个实际的参数（函数参数包中的参数）都必须有一个相对应的类型（模板参数包中的类型）。因此，在这个示例中，sizeof...(Args)和sizeof...(args)两者的结果相同，都是传递给函数的参数数量。

2. 递归和非递归解包技术

在可变参数模板函数中，通常需要展开参数包以处理每个参数。解包参数包的方法有两种：递归解包和非递归解包。

1）递归解包

递归解包使用递归的技巧来展开参数包。首先，我们为递归终止条件定义一个特化版本的函数模板。然后，在可变参数模板函数中，逐步处理参数并递归调用函数以处理剩余参数。

【示例展示】

```cpp
#include <iostream>

// 递归终止条件
template <typename T>
void print(T value) {
    std::cout << value << std::endl;
}

// 递归解包函数
template <typename T, typename... Args>
void print(T head, Args... tail) {
```

```
        std::cout << head << ", ";
        print(tail...);
    }

    int main() {
        print(1, 2.0, "Hello");
    }
```

这种写法的主要目的是便于处理参数包中的每一个参数。由于参数包不是一个容器，而是一个编译时的概念，因此不能用传统方法直接遍历，我们需要一种方法来逐个处理参数包中的参数。这就是"T head, Args... tail"这种写法的主要用途。当使用T head, Args... tail时，可以在函数体中处理head，然后递归地调用函数自身来处理tail。这样，就可以逐个处理参数包中的每一个参数，就像遍历一个链表一样。

2）非递归解包：折叠表达式

在C++中，非递归地展开参数包依赖C++17引入的折叠表达式，它可以极大地简化对可变参数模板的处理。

（1）使用折叠表达式进行非递归解包

以下是一个使用折叠表达式的示例，演示如何使用这种方法来简化参数包中所有元素的加法运算。

```
    #include <iostream>
    template <typename... Args>
    auto sum(Args... args) {
        return (... + args);                          // 将所有参数相加
    }

    int main() {
        int result = sum(1, 2, 3, 4, 5);
        std::cout << "Sum: " << result << std::endl;    // 输出: Sum: 15
    }
```

在这个示例中，sum()函数通过折叠表达式(... + args)直接将所有参数相加，无须递归。这种方式非常适合执行统一的操作，如加法、乘法、"逻辑与"或"逻辑或"等。

（2）折叠表达式的一般形式和用法

折叠表达式的一般形式是(...op args)或(args op...)，其中op是一个二元运算符，args是参数包。

例如，可以使用(* ... args)来计算参数包中所有元素的乘积，或者使用(args && ...)来检查参数包中所有元素是否都为真。

折叠表达式只能用于内置的二元运算符，如+、-、*、/、&&、||等。如果想在折叠表达式中使用函数或表达式，可以先在参数包中的每个元素上调用函数，再使用折叠表达式。例如：

```
    template <typename... Args>
    auto sum(Args... args) {
        return (... + std::abs(args));              // 对每个参数调用 std::abs，然后求和
    }
```

（3）折叠表达式的局限性

虽然折叠表达式非常强大，但它们并不适合所有情况。例如，在需要逐对处理或比较的操作中，如使用std::min或std::max处理多个参数时，折叠表达式无法直接应用。此外，展开表达式的错误处理和调试可能较为困难，尤其在模板推导失败或出现类型兼容性问题时。对于不熟悉折叠表达式的开发者来说，包含这些表达式的代码可能难以理解，从而会降低代码的可读性和可维护性。

　　总的来说，折叠表达式提供了一种简单而强大的方法来处理可变参数模板，但应根据具体场景选择是否使用，以确保代码的清晰性和效率。

3. 处理类型不固定的多个参数:std::tuple和std::apply

　　在现代C++编程中，处理类型不固定的多个参数是一个常见的挑战。可变参数模板为此提供了基础支持，但在实际应用中，我们还需要更高级的工具来简化和优化代码。

　　std::tuple和std::apply是C++标准库中引入的两个非常重要的工具，它们使得在不牺牲类型安全的前提下，操作多种数据类型变得更为灵活和直接。

1）std::tuple和std::apply的引入背景与意义

　　std::tuple允许开发者在一个单一的结构中存储任意数量和类型的数据。这种灵活性使得元组成为函数多值返回、数据聚合和参数传递等场景中的理想选择。在没有std::tuple之前，C++程序员通常需要依赖结构体或类来实现相似功能，这不仅增加了代码复杂性，也往往牺牲了开发效率和灵活性。

　　随着std::tuple的普及，需要一种方法能够方便地解包元组中的数据，并将这些数据应用到函数或方法中。std::apply正是为了解决这一需求而设计的。它提供了一种将元组中的数据作为参数传递给任何可调用对象的机制，极大地简化了代码，提高了开发效率。

　　在现代C++编程中，使用std::tuple和std::apply可以显著简化复杂数据处理、增强代码的可读性与可维护性，并提升类型安全。这些特性不仅增强了C++的功能性，还使得代码表达更加直观和强大。在后续章节中，我们将通过具体示例展示如何在可变参数模板函数中使用这些工具遍历参数，突出它们在实际编程中的应用价值和优势。

2）std::tuple的基本用途

　　std::tuple是一种通用的容器，用于存储固定数量但类型可能不同的数据。它是模板编程的一部分，提供了一种方式来组合任意类型的多个值成为一个单一的复合对象。

（1）创建和访问元组中的数据

　　创建一个元组非常直接，可以使用std::make_tuple函数或直接构造一个std::tuple对象。

【示例展示】
以下代码创建了一个包含整数、浮点数和字符串的元组。

```cpp
#include <tuple>
#include <string>
#include <iostream>
// 定义一个函数，返回一个元组
std::tuple<int, double, std::string> getValues() {
    // 返回包含整数、浮点数和字符串的元组
    return std::make_tuple(20, 6.28, "Another tuple");
}

int main() {
    // 创建元组
    std::tuple<int, double, std::string> myTuple = std::make_tuple(10, 3.14, "Hello,
tuple!");

    // 访问元组中的数据
    std::cout << "Integer value: " << std::get<0>(myTuple) << std::endl;
    std::cout << "Double value: " << std::get<1>(myTuple) << std::endl;
    std::cout << "String value: " << std::get<2>(myTuple) << std::endl;
```

```
    int a;
    double b;
    std::string c;

    // 调用getValues函数，使用std::tie来解包元组
    std::tie(a, b, c) = getValues();

    // 输出从getValues返回的值
    std::cout << a << ", " << b << ", " << c << std::endl;

    return 0;
}
```

在上述代码中，std::get<index>(tuple)用于访问元组中的特定元素，其中index是编译时常数，表示元素的位置。std::tuple常用于函数返回多个值，尤其在与std::tie结合使用时，它提供了一种优雅的方式来接收和分配这些值。

（2）结构化绑定

正如我们看到的，std::tuple通过封装多个值为单一对象，简化了函数间的参数传递。结构化绑定进一步增强了这种简化，提供了一种更直观且易于使用的方法来解包元组中的数据。自C++17开始引入的结构化绑定允许我们直接从std::tuple解包并赋值给明确命名的变量，这样做不仅减少了代码量，还提高了代码的可读性和可维护性。

【示例展示】

假设有一个函数返回一个std::tuple，传统的访问方法需要使用std::get和索引来提取每个元素：

```
std::tuple<int, double, std::string> getValues() {
    return std::make_tuple(20, 6.28, "Example");
}

// 传统访问方法
auto values = getValues();
int a = std::get<0>(values);
double b = std::get<1>(values);
std::string c = std::get<2>(values);
```

使用结构化绑定，可以更简洁地写出：

```
auto [a, b, c] = getValues();
```

这一行代码完成了与之前多行相同的工作，但显著提高了代码的清晰度和直观性。结构化绑定自动解包std::tuple，并将值分配给变量a、b和c。这种方式不仅减少了模板和类型推导的复杂性，还避免了在访问元组时可能发生的错误。

通过结合使用 std::tuple 和结构化绑定，C++ 程序员可以享受到代码更简洁、更安全、更易维护的好处。结构化绑定特别适用于从函数返回多个值的场景，优化了数据处理和参数管理。

3）std::apply的介绍

std::apply的作用是将元组中的每个元素解包并应用到一个给定的函数或可调用对象上。这极大简化了处理多参数可调用对象的复杂性。

【示例展示】

假设有一个函数需要多个参数，我们可以使用std::apply直接从元组中传递这些参数。

```
#include <tuple>
#include <iostream>
```

```
void print(int a, double b, const std::string& c) {
    std::cout << a << ", " << b << ", " << c << std::endl;
}

int main() {
    auto values = std::make_tuple(30, 9.42, "Use apply");
    std::apply(print, values);  // 将元组的每个元素传递给print函数
    return 0;
}
```

在这个示例中，std::apply允许直接从元组values中提取所有值并传递给print函数，这显著简化了代码，使得函数调用更加灵活和直接。

4）结合可变参数模板和std::tuple的应用

std::tuple和std::apply提供了一种高效的方式来处理可变参数模板，使得参数的传递和函数的调用更加灵活和直接。通过结合这两个工具，我们可以优化代码结构并提升执行效率。下面通过一个具体的示例来展示如何使用这些工具。

【示例展示】

假设我们需要一个函数print_with_tuple，它可以接收任意数量和类型的参数，并将它们打印出来。使用std::tuple和std::apply，我们可以简化这个过程。

```
#include <iostream>
#include <tuple>
#include <string>

// 使用std::apply 和Lambda来打印元组中的每个元素
template <typename... Args>
void print_with_tuple(Args... args) {
    auto args_tuple = std::make_tuple(args...);        // 将参数包转换为元组
    std::apply([](const auto&... args) {               // 使用Lambda函数处理元组中的每个元素
        ((std::cout << args << ", "), ...);            // 使用折叠表达式打印每个参数
    }, args_tuple);
    std::cout << '\n';                                  // 输出换行
}

int main() {
    print_with_tuple("Hello", 55, 3.14, "world");
}
```

在上述代码中，print_with_tuple函数首先创建一个包含所有参数的元组，然后使用std::apply来解包元组，并将它传递给一个Lambda函数，该函数使用折叠表达式来打印每个参数。

这种结合方式有以下优势：

（1）类型安全的异构数据集合

可变参数模板允许函数或类模板接收任意数量和类型的参数，这为泛型编程提供了极大的灵活性。然而，当需要存储这些参数以供后续处理时，单纯的可变参数模板无法直接做到。此时，std::tuple就显得非常有用，它可以安全地存储不同类型的值，并保持这些值的类型信息。

（2）简化参数的传递和访问

通过std::tuple，可以将一个可变参数列表封装成一个单一对象，使参数的传递（例如在函数间传递）更加简洁。同时，std::tuple提供了std::get函数，允许按类型或索引访问元组中的元素，这比处理一系列单独的参数要简单得多。

（3）支持编译时计算

结合使用时，可变参数模板和std::tuple支持编译时的递归和元编程技巧。例如，可以通过模板递归技术在编译时展开并处理std::tuple中的每个元素。这对于编写泛型库和元编程非常有帮助。

（4）功能增强的泛型操作

std::tuple与可变参数模板的结合能够支持更复杂的泛型操作，如多类型的比较、转换和组合。此外，C++标准库中的函数（如std::apply和std::make_from_tuple）可以利用std::tuple来调用任何函数，将元组中的元素作为参数传递，极大地增强了代码的可复用性和泛型能力。

4. 实现参数的完美转发

1）完美转发的基本概念与实现

在探讨具体实现之前，先了解一下完美转发的核心概念。

在C++的设计哲学中，效率和灵活性是核心的考虑因素。传统的函数调用机制在传递参数时，尤其在模板函数中，往往不能区分传递的是左值还是右值。这导致右值（通常是临时对象）在传递过程中可能被当作左值处理，结果是进行了不必要的拷贝操作。这种拷贝不仅增加了运行时的开销，还可能导致资源的低效利用，这在涉及资源密集型对象时尤为明显。

于是C++11引入了完美转发，这体现了C++对于性能优化和资源管理的严谨态度。

（1）什么是完美转发

"完美"一词主要是为了表达该技术能够无缝地转发参数，保持其原始的类型和值类别特性。原因是它允许函数模板以一种方式转发参数，使得原始参数的值类别和类型都得以保持。这使得我们可以在函数模板中准确地传递参数，无论它们是左值还是右值，从而在模板编程中极大地提高了灵活性和效率。

（2）如何实现完美转发

完美转发的实现通常使用std::forward来保持参数的左值或右值特性。std::forward是一个条件性转发函数，它只在其参数是右值时才将参数作为右值转发，否则将参数作为左值转发。这个特性是通过模板推导和引用折叠规则实现的，使得std::forward能够精确地维持传递给模板函数的实参的值类别。例如：

```
template<typename T>
void relay(T&& arg) {
    another_function(std::forward<T>(arg));  // 将参数转发到另一个函数，同时保留其左值或右值特性
}
```

在上述代码中，relay()函数接收任何类型的参数arg，并使用std::forward将其完美转发到another_function。这种方式确保了无论arg是左值还是右值，其类型都会被正确地维护和转发。

这一基础知识对于理解完美转发在可变参数模板中的应用非常关键，因为它为我们提供了在处理多参数时保持每个参数类型完整性的方法。

2）完美转发与可变参数模板的结合

在掌握了完美转发的基础知识后，下面将探讨如何将完美转发与可变参数模板结合使用，以处理函数或方法中的多个参数。

虽然可变参数模板允许函数接收不确定数量的参数，但当这些参数需要在内部传递给其他函数时，就需要完美转发。它确保每个参数都以原始状态（左值或右值）转发，从而避免了不必要的拷贝和潜在的性能损失。

【示例展示】

让我们考虑一个实际的例子，例如一个通用的对象工厂，它可以根据传入的参数动态创建不同类型的对象。

```cpp
#include <iostream>
#include <utility>                          // For std::forward
#include <string>                           // For std::string

class Example {
public:
    Example(int a, double b, const std::string& c) {
        std::cout << "Example created with values: "
              << a << ", " << b << ", " << c << std::endl;
    }
};

template<typename T, typename... Args>
T* create_object(Args&&... args) {
    return new T(std::forward<Args>(args)...);
}

int main() {
    int a = 42;                             // 左值
    double b = 3.14159;                     // 左值
    std::string c = "Hello World";          // 左值

    // 同时传递左值和右值
    Example* myExample = create_object<Example>(a, 2.71828, "Temporary String");

    delete myExample;

    return 0;
}
```

在这个工厂函数中，create_object使用模板参数T来确定对象类型，而可变参数模板和完美转发的结合确保所有构造函数的参数都能被正确处理。这使得工厂函数能够处理各种不同的构造情况，无论其构造函数需要多少个参数或是什么类型的参数。

通过以上讨论，我们可以看到完美转发和可变参数模板如何共同作用于现代C++中的高级编程技巧中，使得开发复杂而高效的软件系统变得可能。

3）使用std::bind_front和std::bind_back实现参数的完美转发

在理解了完美转发的基础知识后，我们可以进一步探讨如何使用C++20引入的std::bind_front和C++23引入的std::bind_back来实现参数的完美转发。这两个函数模板提供了一种便捷的方式来绑定部分函数参数，并生成一个新的可调用对象，该对象将保留原始参数的值类别（左值或右值）。

（1）使用std::bind_front

std::bind_front允许我们将函数的前几个参数绑定到特定值，并返回一个新的函数对象，该对象可以与剩余的参数一起调用。

【示例展示】

```cpp
#include <functional>
#include <iostream>

void example_function(int a, double b, const std::string& c) {
    std::cout << "example_function called with values: "
```

```
            << a << ", " << b << ", " << c << std::endl;
    }
    int main() {
        auto bound_function = std::bind_front(example_function, 42, 3.14159);
        bound_function("Hello World"); // 等效于调用 example_function(42, 3.14159, "Hello
World")
        return 0;
    }
```

在上面的例子中，std::bind_front将example_function的前两个参数绑定到42和3.14159，生成一个新的函数对象bound_function。调用bound_function时，只需传递剩余的参数，它将自动补充前两个参数并调用原始函数。

（2）使用std::bind_back

类似地，std::bind_back 允许我们将函数的后几个参数绑定到特定值，并返回一个新的函数对象。

【示例展示】

```
    #include <functional>
    #include <iostream>
    void example_function(int a, double b, const std::string& c) {
        std::cout << "example_function called with values: "
                << a << ", " << b << ", " << c << std::endl;
    }
    int main() {
        auto bound_function = std::bind_back(example_function, "Hello World");
        bound_function(42, 3.14159); // 等效于调用 example_function(42, 3.14159, "Hello
World")
        return 0;
    }
```

在这个例子中，std::bind_back将example_function的最后一个参数绑定到 "Hello World"，生成一个新的函数对象bound_function。调用bound_function时，只需传递前两个参数，它将自动补充最后一个参数并调用原始函数。

（3）实现参数的完美转发

通过结合std::bind_front或std::bind_back和完美转发，我们可以确保参数的值类别在绑定和转发过程中得以保留。这在处理模板函数时尤为重要，因为它避免了不必要的拷贝操作，从而提高了效率。

【示例展示】

```
    #include <functional>
    #include <iostream>
    #include <utility>  // For std::forward

    void example_function(int a, double b, const std::string& c) {
        std::cout << "example_function called with values: "
                << a << ", " << b << ", " << c << std::endl;
    }

    template<typename... Args>
    auto bind_front_example_function(Args&&... args) {
        return std::bind_front(example_function, std::forward<Args>(args)...);
```

```
}
int main() {
    int a = 42;
    double b = 3.14159;
    std::string c = "Hello World";

    auto bound_function = bind_front_example_function(a, b);

    bound_function(c); // 等效于调用 example_function(42, 3.14159, "Hello World")

    return 0;
}
```

在这个例子中，bind_front_example_function模板函数接收任意数量的参数，并使用std::forward进行完美转发，然后将这些参数绑定到example_function的前几个参数。生成的bound_function保持了原始参数的值类别，确保了高效的参数传递。

通过以上讨论可以看到，std::bind_front和std::bind_back提供了一种优雅的方法来实现参数的完美转发，并在现代C++编程中发挥重要作用。

5. 参数包的条件处理

1）使用SFINAE处理参数包

在C++中，SFINAE是一种模板元编程技术，允许在模板参数替换失败时取消某些重载的候选资格，而不是产生编译错误。这一特性可以与可变参数模板结合使用，以实现基于参数类型的条件编译。

当使用可变参数模板时，我们可以利用SFINAE来确保模板只在满足特定条件时才被实例化。这通常通过添加使模板替换失败的条件来实现，当这些条件不满足时，相应的模板重载就不会被考虑。

【示例展示】
以下示例展示如何使用SFINAE和std::enable_if来限制一个模板函数只处理整型参数：

```
template<typename... Args>
auto sum(Args... args) -> std::enable_if_t<(std::is_integral_v<Args> && ...), int> {
    return (... + args);  // 使用折叠表达式对参数进行求和
}
```

这个sum()函数利用了两个关键特性：

- std::enable_if_t：这是一个类型特性，用于在编译时根据提供的布尔表达式决定是否定义该模板。在这个例子中，表达式std::is_integral_v<Args> && ...检查所有参数是否都是整型。
- 折叠表达式：通过(... + args)将所有参数进行求和。这一表达式只在所有参数都能成功参与加法运算时才有效，如果任一参数不是整型，那么条件为假，std::enable_if_t不会产生类型，导致模板实例化失败。这种失败并不会产生编译错误，而是使得该函数模板在候选函数集中被排除掉，是SFINAE的典型应用。

2）if constexpr与参数包

从C++17开始，if constexpr提供了一种更直接的方式在编译时根据条件执行不同的代码分支。

【示例展示】
使用if constexpr来决定如何处理不同类型的参数。

```
template<typename T>
void printArg(T arg) {
```

```
    if constexpr (std::is_integral_v<T>) {
        std::cout << "Integral: " << arg << std::endl;
    } else if constexpr (std::is_floating_point_v<T>) {
        std::cout << "Floating point: " << arg << std::endl;
    } else {
        std::cout << "Other type: " << arg << std::endl;
    }
}

template<typename... Args>
void print(Args... args) {
    (..., (printArg(args), void()));  // 使用逗号折叠表达式和递归展开
}
```

在这个print函数中，if constexpr用于区分不同的参数类型，并为它们提供不同的处理逻辑。这种方式在处理多类型参数包时非常有用，可以根据参数的类型执行不同的操作，而且这些决策是在编译时做出的。

6. 可变参数模板类的特化以及继承

1）特化与可变参数模板

特化和偏特化允许开发者为模板类提供特定类型的实现。当模板被实例化时，编译器会根据参数列表匹配最合适的模板定义。

【示例展示】

以下示例展示如何使用C++模板进行完全特化和偏特化，以创建一个简单的 Tuple 类。

```cpp
#include <iostream>

// 通用模板
template<typename... Args>
class Tuple {};

// 单一类型特化
// 适用于只有一个类型参数的情况，可以是任何类型
template<typename T>
class Tuple<T> {
    T value;  // 存储单一数据
public:
    Tuple(T v) : value(v) {}
    T getValue() const { return value; }                    // 获取存储的值
};

// 偏特化版本，用于处理多个类型的参数
// 第一个参数固定为任意类型T，后续参数可以是任何类型（通过Args...表示）
template<typename T, typename... Args>
class Tuple<T, Args...> {
    T head;                                                 // 存储第一个参数
    Tuple<Args...> tail;                                    // 递归存储后续参数
public:
    Tuple(T h, Args... t) : head(h), tail(t...) {}
    T getHead() const { return head; }                      // 获取头部数据
    auto getTail() const -> const Tuple<Args...>& { return tail; } // 获取尾部的元组数据
};

int main() {
    // 使用完全特化版本创建只含int的元组
    Tuple<int> myIntTuple(10);
```

```
        std::cout << "Value in Tuple<int>: " << myIntTuple.getValue() << std::endl;

        // 使用偏特化版本创建含int和double类型数据的元组
        Tuple<int, double> myIntDoubleTuple(20, 3.14);
        std::cout << "Head in Tuple<int, double>: " << myIntDoubleTuple.getHead() << std::endl;
        std::cout << "Tail value in Tuple<int, double>: " << myIntDoubleTuple.getTail().
getValue() << std::endl;

        return 0;
    }
```

在上述代码中：

- Tuple<T>：这个类是针对单一类型 T 的完全特化。它能存储一个 T 类型的值，并提供一个方法 getValue() 来获取这个值。
- Tuple<T, Args...>：这个类是一个偏特化，用于处理至少有一个元素的元组，其中第一个元素是任意类型 T，后续元素可以是任何类型。它使用递归的方式来存储额外的参数。这种结构允许元组以类型安全的方式存储不同类型的数据。

2）继承与可变参数模板

通过将继承与可变参数模板结合使用，我们可以设计出能够从多个基类动态继承的类，这些基类的数量和类型都可以在编译时确定。

【示例展示】

```cpp
#include <iostream>
#include <type_traits>
class Drawable {
public:
    Drawable() = default;
    void draw() const { std::cout << "Drawing..." << std::endl; }
};

class Clickable {
public:
    Clickable() = default;
    void click() const { std::cout << "Clickable!" << std::endl; }
};

class Hoverable {
public:
    Hoverable() = default;
    void hover() const { std::cout << "Hover effect!" << std::endl; }
};

template<typename T, typename = void>
struct has_draw : std::false_type {};

template<typename T>
struct has_draw<T, std::void_t<decltype(std::declval<T>().draw())>> : std::true_type {};

template<typename ExtraType, typename... Mixins>
class Widget : public Mixins... {
public:
    ExtraType extraData;

    // 委托构造函数，适用于不提供 Mixins 的情况
    Widget(const ExtraType& data) : Widget(data, Mixins()...) {}
```

```
    // 主构造函数
    Widget(const ExtraType& data, const Mixins&... mixins)
    : Mixins(mixins)..., extraData(data) {}

    template<typename T>
    void tryDraw() const {
        if constexpr (has_draw<T>::value) {
            static_cast<const T*>(this)->draw();
        }
    }

    void draw() const {
        (..., tryDraw<Mixins>());
    }
};

int main() {
    Widget<int, Drawable, Clickable, Hoverable> widget(42);
    widget.draw();
    widget.click();
    widget.hover();
    std::cout << "Extra data: " << widget.extraData << std::endl;
    return 0;
}
```

在以上示例中，Widget类采用了模板元编程技术，结合多重继承和可变参数模板，展现了C++强大的灵活性。这种设计方法不仅增加了类的可扩展性，而且在面对多样化的需求时具有极高的适应性。下面是对这种设计的详细说明：

- 多重继承：在这个例子中，Widget类通过继承所有通过模板参数传递进来的Mixins类型，实现了多重继承。这些Mixins可以是任何类，如示例中的Drawable、Clickable、Hoverable，它们分别代表了可绘制、可单击和可悬浮的功能。这种多重继承允许Widget实例在运行时展现所有功能，而编译器能够保证类型安全和功能的正常调用。

- 可变参数模板：Widget类使用了C++11引入的可变参数模板，使得类能够接收任意数量的模板参数。在这里，Widget可以接收一个额外的类型ExtraType和任意数量的Mixins类型。这种灵活性意味着开发者可以根据需求向Widget类添加任意多的功能，而无须修改类本身的定义。可变参数模板在实现泛型编程和类库设计时提供了极大的便利。

- 委托构造函数：为了处理不同的构造需求，这个设计利用了C++11的另一个特性——委托构造函数。Widget类包含一个接收ExtraType参数的委托构造函数，该构造函数将其参数转发到主构造函数，并为每个Mixins提供了一个默认实例。这允许用户在不需要显式提供每个Mixins的情况下，仍能构造出Widget对象。

- 编译时方法调用检测：在Widget类中，draw()方法展示了如何动态调用Mixins的方法，如果该方法存在。这是通过一个辅助模板函数tryDraw()实现的，它使用if constexpr在编译时检查并调用存在的方法。这种使用if constexpr和类型特征的组合，展示了如何在编译时确定某些方法的存在与否，并进行相应的方法调用，而非使用 SFINAE 技术。

总的来说，这个设计不仅提供了强大的功能和灵活性，还展示了现代C++语言特性如何协同工作以构建复杂且高效的系统。通过多重继承和可变参数模板，开发者可以创建出能够动态适应不同功能需求的通用框架，从而极大地提升了代码的可复用性和可扩展性。

3.5.4　可变参数模板类的实际应用

1. 复杂数据结构的实现

在C++中，复杂数据结构的设计和实现是一个充满挑战性的话题，尤其当涉及处理不同数据类型和数量的结构时。可变参数模板提供了一种强大的方式来创建这样的数据结构，其中最典型的例子就是元组。元组可以存储任意数量和类型的数据，它在C++11及其之后的版本中得到了广泛支持和应用。下面我们来看一下元组的实现示例。

【示例展示】

为了实现一个基本的元组，我们需要利用可变参数模板和递归模板继承。这种方法使得元组能够灵活地存储不同类型的数据，并且提供了访问这些数据的方法。下面是一个简化的元组实现，展示如何利用可变参数模板来存储和访问异质类型数据。

```cpp
#include <iostream>
#include <string>
#include <utility>                  // 引入 std::forward 用于参数的完美转发，尽管在此代码中未使用

// 声明一个可变参数模板类 Tuple
template<typename... Args>
class Tuple;

// 特化Tuple类，用于处理至少包含一个元素的情况
template<typename Head, typename... Tail>
class Tuple<Head, Tail...> : private Tuple<Tail...> {    // 继承自包含余下元素的元组
    Head head; // 存储此位置的元素

public:
    // 构造函数，接收一个元素和余下的元素
    Tuple(Head h, Tail... t) : Tuple<Tail...>(t...), head(h) {}

    // 获取当前头部元素的值
    Head getHead() const { return head; }

    // 模板成员函数，用于获取指定索引位置的元素
    template<std::size_t N>
    decltype(auto) get() const {
        if constexpr (N == 0) {
            // 如果索引为0，返回当前头部元素
            return head;
        } else {
            // 否则递归调用get，索引减1，查询余下的元组
            return Tuple<Tail...>::template get<N-1>();
        }
    }
};

// 特化一个空的元组，用于终止递归
template<>
class Tuple<> {
    // 这个类不包含成员，只是作为递归终止的标识
};

int main() {
    // 创建一个包含int、double和std::string类型数据的元组
    Tuple<int, double, std::string> t(1, 2.3, "hello");
    // 输出元组中的每个元素，使用get<索引>()来访问
    std::cout << "Tuple contains: " << t.get<0>() << ", " << t.get<1>() << ", " << t.get<2>()
<< std::endl;
```

```
    return 0;
}
```

通过这个示例，可以看到可变参数模板如何帮助我们解决实际编程中的一些复杂问题，同时也体现了C++编程的一项基本哲学：将复杂性封装在简单的接口之后。这不仅是技术上的一种实现，更是一种设计上的智慧，教会我们如何更好地组织和处理数据。

2. 类型安全与函数包装

在现代C++编程中，保持类型安全是至关重要的，尤其在处理多种类型和数量的参数时。可变参数模板提供了一种强大的工具，不仅可以用于创建复杂的数据结构，还可以用来设计灵活的函数包装，这些包装能够确保类型安全并提供强大的功能。

1）类型安全

在使用可变参数模板时，类型安全变得尤为重要。通过精心设计的模板和类型约束，我们可以确保传递给函数的参数类型是安全和正确的。

【示例展示】

下面的示例展示如何通过可变参数模板实现一个类型安全的转换函数，该函数能够将多个输入转换为指定的类型，并返回转换后的结果。

```cpp
#include <iostream>
#include <vector>

// 定义一个模板函数convert_all_to，该函数接收任意数量和类型的参数，并将每个参数转换为指定的类型T
template<typename T, typename... Args>
std::vector<T> convert_all_to(Args&&... args) {
    return std::vector<T>{static_cast<T>(args)...};
}

int main() {
    // 将不同类型的参数转换为double，并封装到一个vector中
    auto vectorOfDoubles = convert_all_to<double>(1, 2.5, 'a');  // 将字符'a'转换为它对应
的ASCII值

    // 将不同类型的参数转换为int，并封装到一个vector中
    auto vectorOfInts = convert_all_to<int>(1, 2.5, 'a');  // 将浮点数2.5转换为2，将字符'a'
转换为它对应的ASCII值

    // 使用范围for循环来打印vector中的所有值
    std::cout << "Doubles: ";
    for (auto& value : vectorOfDoubles) {
        std::cout << value << ' ';
    }
    std::cout << "\nInts: ";
    for (auto& value : vectorOfInts) {
        std::cout << value << ' ';
    }
    std::cout << std::endl;

    return 0;
}
```

这段代码通过模板参数T来指定要转换的目标类型。函数convert_all_to接收任意类型的参数列表，然后使用static_cast<T>将它们转换为类型T，并将这些转换后的值存储在std::vector<T>中。这样的设计允许使用同一函数转换不同的类型，并根据需要存储不同类型的集合。

2）可变参数的函数包装

函数包装是可变参数模板的另一个实际应用，它允许开发者创建可以接收任意数量和类型参数的包装器。这种技术在设计库和框架时尤其有用，因为它可以增加函数的灵活性，使得函数能够处理多种不同的调用情况。

【示例展示】

```
#include <iostream>
#include <functional>

template<typename Func, typename... Args>
auto wrap_and_call(Func func, Args&&... args) {
    // 在调用前可以添加额外的功能，比如日志记录、参数检查等
    return func(std::forward<Args>(args)...);
}

int main() {
    auto result = wrap_and_call([](int x, double y) { return x * y; }, 3, 4.5);
    std::cout << "Result of function call: " << result << std::endl;
    return 0;
}
```

这个示例中的wrap_and_call函数接收一个函数和任意数量的参数，通过完美转发保持了参数的属性，并在实际调用函数之前提供了一个插入额外功能（如日志记录或参数检查）的点。

3）检查传入函数的所有参数

确保传入参数符合预期的类型和条件是函数包装中的一个重要方面。通过可变参数模板，可以实现在编译时对参数进行检查，从而提高代码的安全性和健壮性。

【示例展示】

使用static_assert和类型萃取技术来验证参数类型。

```
#include <type_traits>

template<typename... Args>
void check_parameters(Args... args) {
    static_assert((std::is_integral<Args>::value && ...), "All parameters must be
integral types");
    // 函数体可以进行进一步的处理
}

int main() {
    check_parameters(1, 2, 3);              // 正确
    // check_parameters(1, 2.5, 3);         // 将引发编译时错误
    return 0;
}
```

这部分内容展示了可变参数模板在提高函数灵活性和类型安全性方面的强大功能。通过类型安全的转换、函数包装以及编译时的参数检查，我们不仅提高了代码的通用性和可维护性，还加强了其安全性和健壮性，完全符合现代C++编程的设计哲学。这些技术的应用实现了代码的简洁和功能的强大，是对"简单与复杂结合以达到和谐"的再次体现。

3.5.5 使用 std::optional 处理可选参数

前面已经探讨了如何通过可变参数模板和其他技术增加函数的灵活性。现在，将讨论一种特别的

现代C++特性——std::optional，这是C++17引入的一种工具，用于表示可能不存在的值。在处理可变参数和条件逻辑时，std::optional提供了一种类型安全的方法来表示值的存在与否，这是之前的C++标准中无法直接实现的功能。

1. 为什么使用std::optional

在传统的C++编程中，我们常常使用指针、特殊返回值或者额外的状态检查来表示某个值的缺失（如使用NULL或-1）。然而，这些方法要么不安全（如裸指针），要么不直观（如特殊值），也不具有类型安全性。std::optional通过封装一个可选的值和一个布尔类型的状态标志来解决这一问题，使得代码更加清晰且易于维护。

2. 基础用法

std::optional<T>是一个模板类型，内部存储一个类型为T的值，这个类型提供了丰富的接口。

- has_value()：这个函数用来检查std::optional对象是否包含一个值。如果对象内部存储了值，则返回true；否则返回false。
- value()：当std::optional实例包含一个值时，这个函数返回存储的值的引用。如果调用value()时对象没有值，会抛出std::bad_optional_access异常。
- value_or(T&& default_value)：这个函数提供一种安全的方式来获取存储的值或一个默认值。如果std::optional实例包含一个值，就返回这个值；否则，返回传递给value_or的默认值。

此外，std::optional还支持operator*和operator->，用于直接访问存储的值（前提是存在这个值），这使得它的使用更加直观和方便。

【示例展示】

```cpp
#include <optional>
#include <iostream>

std::optional<int> get_even_number(int num) {
    if (num % 2 == 0) return num;
    return std::nullopt; // 返回一个空的 std::optional 对象
}

int main() {
    auto result = get_even_number(3);
    if (result.has_value()) {
        std::cout << "Even number: " << result.value() << '\n';
    } else {
        std::cout << "No even number provided.\n";
    }
}
```

在这个示例中，get_even_number函数尝试返回一个偶数。如果输入的数是偶数，它就返回该数并封装在std::optional中；如果不是，就返回std::nullopt，表示没有值。这使得函数的调用者可以明确知道何时没有有效的返回值，避免使用魔术数字或裸指针的风险。

3.5.6　使用 std::variant 实现类型安全的联合体

本节继续探索C++中类型安全可变参数的处理。std::variant是C++17引入的另一个重要特性，用于存储并操作一组类型安全的固定集合中的单个值。与传统的联合体（union）相比，std::variant为类型安全提供了保障，避免了联合体常见的类型错误和维护问题。

1. std::variant的基本用法

std::variant可以存储多种不同的类型中的一个，并且在运行时至少包含其中的一种类型。例如，一个std::variant<int, float, std::string>可以存储一个整数、一个浮点数或一个字符串。这使得std::variant成为处理多态而不使用继承的一个有力工具。

【示例展示】

```cpp
#include <variant>
#include <iostream>
#include <string>

// 定义一个可以存储 int、double 或 std::string 数据类型的 variant
std::variant<int, double, std::string> myVariant;

int main() {
    myVariant = 20;
    std::cout << std::get<int>(myVariant) << '\n';              // 安全地访问 int

    myVariant = "Hello, Variant!";
    std::cout << std::get<std::string>(myVariant) << '\n';     // 安全地访问 std::string

    // 通过 std::visit 自动处理所有可能的类型
    std::visit([](auto&& arg) { std::cout << arg << '\n'; }, myVariant);
}
```

在上述代码中，myVariant被赋予了不同类型的值，我们可以通过std::get安全地访问它存储的值。此外，std::visit提供了一种访问std::variant中存储值的通用方法，允许我们编写可以处理所有可能类型的函数。

2. 错误处理和异常安全

与std::optional类似，std::variant在类型不匹配时会抛出std::bad_variant_access异常。这通常发生在通过std::get强制访问不存在的类型时。为了避免这种情况，可以使用std::holds_alternative检查std::variant当前存储的是哪种类型。

【示例展示】

```cpp
if (std::holds_alternative<int>(myVariant)) {
    std::cout << "Variant holds an int: " << std::get<int>(myVariant) << '\n';
} else {
    std::cout << "Variant does not hold an int.\n";
}
```

3. 进阶应用：多态性和访问模式

std::variant与std::visit结合使用可以实现类似访问者模式的功能：std::visit提供了一种访问存储在std::variant中的当前值的机制，而不需要直接查询类型或进行显式的类型转换。这对于执行类型特定的操作非常有用，特别是在不使用虚函数的情况下实现多态性。

【示例展示】

```cpp
#include <variant>
#include <iostream>
#include <vector>

// 使用std::visit和Lambda表达式处理多种类型
void process_variants(const std::variant<int, double, std::string>& v) {
```

```
    std::visit([](auto&& arg) {
        using T = std::decay_t<decltype(arg)>;
        if constexpr (std::is_same_v<T, int>)
            std::cout << "Processing int: " << arg << '\n';
        else if constexpr (std::is_same_v<T, double>)
            std::cout << "Processing double: " << arg << '\n';
        else if constexpr (std::is_same_v<T, std::string>)
            std::cout << "Processing string: " << arg << '\n';
    }, v);
}

int main() {
    std::vector<std::variant<int, double, std::string>> vec = {10, 3.14, "variant"};
    for (const auto& v : vec) {
        process_variants(v);
    }
}
```

通过这种方式，std::variant和std::visit构成了强大的工具，使我们能够以类型安全和灵活的方式处理多种数据类型，这在传统的单一类型系统中是难以实现的。这些特性的引入，不仅使C++的类型系统更加健壮，也大幅提高了语言的表达力和安全性。

> 注意 decay_t用于模拟通过值传递方式发送到函数时参数类型所经历的变换，有关它的用法将在4.4.3节中介绍。

3.5.7 使用 std::any 存储任意类型的数据

std::any也是C++17引入的一项特性，它允许在同一个容器中存储任意类型的数据。std::any为动态类型提供了支持，类似于Python的动态类型或C#的object类型，但保持了C++的类型安全性。

1. std::any的基本用法

std::any可以存储任何类型，它通过小对象优化来减少内存分配的开销，使其性能更加接近于静态类型的解决方案。使用std::any可以在不知道具体类型信息的情况下进行类型的存储和检索，这对于需要处理多种数据类型的通用函数或库非常有用。

【示例展示】

```
#include <any>
#include <iostream>
#include <string>

int main() {
    std::any a = 10;
    std::cout << std::any_cast<int>(a) << '\n';             // 安全地提取 int

    a = std::string("Hello, std::any!");
    std::cout << std::any_cast<std::string>(a) << '\n';  // 安全地提取 std::string

    try {
        std::cout << std::any_cast<double>(a) << '\n';     // 抛出 std::bad_any_cast
    } catch (const std::bad_any_cast& e) {
        std::cout << "Caught an exception: " << e.what() << '\n';
    }
}
```

在这个例子中可以看到std::any如何存储不同类型的值，并通过std::any_cast安全地提取这些值。如果尝试错误的类型转换，std::any将抛出std::bad_any_cast异常。

2. 错误处理和类型检查

使用std::any时，类型安全是通过在运行时检查类型来实现的。这意味着，如果类型不匹配，将在运行时引发异常，而不是在编译时捕获错误。因此，使用std::any时需要谨慎处理可能的异常。

【示例展示】

```
if (a.type() == typeid(std::string)) {
    std::cout << "a stores a string\n";
} else {
    std::cout << "a does not store a string\n";
}
```

使用std::any::type()方法可以检查存储在std::any中的实际类型，这有助于避免使用std::any_cast引发的异常。

3. 应用场景

std::any特别适用于需要通用类型处理的应用程序，如动态配置系统、通用数据结构或事件处理系统。

【示例展示】

一个事件系统可能需要处理多种类型的事件数据，使用std::any可以简化这一过程。

```
#include <any>
#include <map>
#include <string>
#include <vector>
#include <iostream>

struct Event {
    std::string type;
    std::any data;
};

void process_event(const Event& event) {
    if (event.type == "int") {
        std::cout << "Processing int event with data: " << std::any_cast<int>(event.data) << '\n';
    } else if (event.type == "string") {
        std::cout << "Processing string event with data: " << std::any_cast<std::string>(event.data) << '\n';
    }
}

int main() {
    std::vector<Event> events = {
        {"int", 42},
        {"string", std::string("Hello, world!")}
    };

    for (const auto& event : events) {
        process_event(event);
    }
}
```

在这个例子中，事件系统可以轻松地处理不同类型的数据，而不需要为每种类型创建特定的数据结构。这种灵活性是std::any的优势之一，使其成为处理复杂和动态类型数据的理想选择。

3.5.8   如何选择合适的技术来实现可变参数

在前面的章节中，我们探讨了多种处理可变参数的技术，包括 std::optional、std::variant、std::any、可变参数模板、C风格的可变参数列表，以及函数重载。在本节中，我们将从设计原则和功能需求的角度出发，帮助读者选择适合特定情况的技术。

1. 设计原则和功能需求

在选择具体技术实现可变参数处理时，需要考虑以下几个关键点：

（1）类型安全：是否需要编译时的类型检查来防止类型错误？

（2）性能要求：选择的技术是否对性能有特别的影响？例如，动态类型检查可能带来运行时开销。

（3）代码的可读性和可维护性：使用的技术是否易于理解和维护？是否有助于代码的清晰性？

（4）类型的复杂性和多样性：需要支持多少种类型？这些类型是否有共同的基类或接口？

（5）可扩展性：随着软件的发展，是否容易添加或修改参数类型？

选择可变参数技术的流程如图3-5所示。

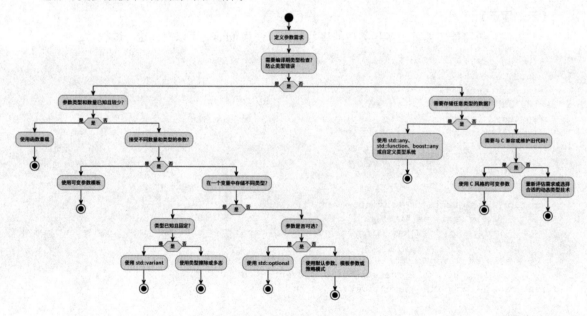

图 3-5   选择可变参数技术

2. 技术对比

对std::optional、std::variant、std::any、可变参数模板、C风格的可变参数列表以及函数重载这6种处理可变参数的技术进行比较，如表3-2所示。

表3-2　处理可变参数的技术的比较

处理可变参数的技术	用　　途	适用场景	优　　点	限　　制
std::optional	处理可选的参数，对于可能不存在的值提供了一种安全的方式	当函数参数不是必须提供时，使用std::optional可以使得接口清晰，避免使用魔法值（如NULL或特定错误码）	增强代码的可读性和安全性	只适用于单一可选值，不适合多种类型混合的情况
std::variant	可以安全地存储和访问固定集合中的任一类型数据	需要在同一个变量中存储不同类型的值，且这些类型在编译时已知	提供类型安全，避免了传统联合体的常见问题	处理类型时稍微复杂，需要使用 std::visit 和 std::get
std::any	存储任意类型的数据	当需要一个可以存储任何类型数据的通用容器时	具有极大的灵活性，可以用在很多动态类型的应用场景中	运行时类型检查可能影响性能，且需要处理 std::bad_any_cast 异常
可变参数模板	允许函数接收任意数量、任意类型的参数	创建通用函数或类，如容器、算法等	极大的灵活性和强大的表达力，无须预定义参数类型	代码复杂度高，理解和使用难度大于其他方法
C风格的可变参数列表	传统的C语言风格的参数传递	与C库交互或历史代码维护	与C语言兼容	不提供类型安全，容易出错，现代C++中建议避免使用
函数重载	针对不同的参数类型和数量提供不同的函数实现	参数类型和数量较少且固定时	代码清晰，易于理解和维护	不适合参数数量和类型极其多变的情况

3. 选择和考虑

对于技术的选项，可以考虑以下方面：

- 如果参数不会被传递，则使用std::optional。
- 如果需要在一个变量中存储已知固定集合中的不同类型，则使用std::variant。
- 对于需要存储任何类型的情况，选择std::any。
- 当需要极高的灵活性和支持不定数量的不同类型参数时，选择可变参数模板。
- 如果需要与C语言兼容或维护旧代码，可以选择使用C风格的可变参数。然而，应当谨慎使用，因为它缺乏类型安全，容易引发错误。
- 对于参数种类和数量较少且已知的情况，函数重载可以提供清晰、直观的解决方案。

在选择合适的技术时，也应考虑其他因素，如项目团队的熟悉度和偏好、项目的维护和扩展需求，以及潜在的性能影响。

- 团队熟悉度：选择团队成员最熟悉的技术可以减少错误和提高开发效率。
- 长期维护：选择容易维护和扩展的技术有助于项目的长期健康。过于复杂或不常用的技术可能在未来造成维护困难。
- 性能考虑：在性能敏感的应用中，运行时类型检查（如在std::any中使用）可能不是最佳选择。在这种情况下，预先确定的类型（如std::variant或使用模板的解决方案）可能更为适合，因为它们可以在编译时解析类型，从而避免运行时的性能损耗。

4. 案例分析和实例

为了进一步阐明如何选择适当的技术，下面介绍一些具体的使用场景。

1）配置文件解析器

- 需求：需要处理多种数据类型（整数、字符串、浮点数等）。
- 建议技术：std::variant或std::any，取决于是否需要限制类型到预定义集合。
- 原因：std::variant提供了类型安全，适用于已知固定类型集；而std::any提供了更大的灵活性，适合不确定会遇到哪些类型的情况。

2）图形界面库

- 需求：组件可能需要接收和处理不同类型和数量的事件参数。
- 建议技术：可变参数模板。
- 原因：可变参数模板允许以任意类型和数量接收参数，适合处理多种不同的用户交互事件。

3）API参数处理

- 需求：API 函数需要处理可选的配置参数。
- 建议技术：std::optional。
- 原因：std::optional明确表示参数是可选的，提高了代码的可读性和安全性。

4）兼容旧C库的接口

- 需求：需要与旧的C语言库交互，传递可变数量的参数。
- 建议技术：C风格的可变参数。
- 原因：直接与C库兼容，简化接口的实现。

在实际的软件开发过程中，这种选择往往需要在理想的技术解决方案与实际项目条件之间找到平衡。最终的决策应当基于对项目需求的深刻理解以及对各种技术优势和限制的充分考量。这样的方法不仅能保证技术选择的合理性，还能促进项目的顺利进行和未来的可持续发展。

3.6 C++中的可调用对象

在完成可变参数的探讨之后，接下来将转向C++中的另一个核心概念：可调用对象。这一概念在现代C++编程中扮演着至关重要的角色，特别是在高级函数编程和事件驱动编程模式中。

可调用对象是任何可以使用函数调用操作符（()）执行的实体，包括函数指针、类的成员函数以及Lambda表达式。本节将深入探讨这些可调用对象的种类和用途，以及如何在C++中高效地使用它们来实现清晰、灵活和高效的代码设计。

3.6.1 函数指针与成员函数指针

在C++中，函数指针和成员函数指针是可调用对象的两种基本形式，它们提供了直接调用函数和类成员函数的能力。本节将详细介绍这两种指针的定义、使用方法和实际应用场景。

1. 函数指针

函数指针是指向函数的指针，可以用来动态调用函数。这种指针非常有助于实现回调机制、函数的动态链接，或为函数调用提供灵活性。

定义和使用函数指针：

```cpp
// 定义一个返回类型为int、参数为int的函数指针
int (*funcPtr)(int);

// 示例函数
int square(int num) {
    return num * num;
}

// 使用函数指针
funcPtr = square;
int result = funcPtr(5);  // 调用square函数
std::cout << "Square of 5 is: " << result << std::endl;
```

函数指针的主要优点是简单和直接，但不支持捕获状态或拥有与对象关联的上下文。

2. 成员函数指针

成员函数指针是指向类的成员函数的指针。与普通函数指针不同，成员函数指针需要一个类的实例来调用。

定义和使用成员函数指针：

```cpp
class Calculator {
public:
    int multiply(int a, int b) {
        return a * b;
    }
};

// 定义一个指向Calculator类成员函数的指针
int (Calculator::*memberFuncPtr)(int, int) = &Calculator::multiply;

// 使用成员函数指针
Calculator calc;
int product = (calc.*memberFuncPtr)(3, 4); // 使用对象调用成员函数
std::cout << "Product of 3 and 4 is: " << product << std::endl;
```

成员函数指针的主要应用包括实现对象内部的回调和策略模式，其中函数的选择可以在运行时决定。

3. 应用场景

函数指针和成员函数指针的应用场景如下：

- 插件系统：使用函数指针可以很容易地实现模块化设计，如插件系统，其中各个模块可以在运行时被加载和调用。
- 事件驱动编程：成员函数指针可以用于事件处理系统中，允许在事件发生时调用对象的特定成员函数。
- 策略模式：成员函数指针可用于实现策略模式，允许在运行时更换对象的行为。

虽然函数指针和成员函数指针功能强大，但在现代C++中，通常推荐使用std::function和std::bind，

或者直接使用Lambda表达式，这些替代方案不仅能提供类似的功能，还能增强代码的安全性和可读性。这些现代技术使得管理可调用对象的生命周期和安全性更为方便。

3.6.2 函数对象与 Lambda 表达式

现代C++编程中，函数对象和Lambda表达式提供了一种强大的方式来编写具有自定义行为的代码块，同时保持代码的简洁和封装性。

1. 函数对象

函数对象又称为仿函数，是通过定义一个重载了operator()的类来创建的。这允许类的实例行为类似于函数，但与普通函数不同，函数对象可以保持状态。例如：

```cpp
class Multiply {
    int factor;
public:
    Multiply(int factor) : factor(factor) {}

    int operator()(int other) const {
        return factor * other;
    }
};
```

在这个例子中，Multiply是一个函数对象，存储了一个乘数因子，并通过调用operator()来使用这个因子乘以传入的参数。这种方式非常适合在需要对象保持某种状态时使用。

自定义函数对象的优势与应用场景：

- 状态保持：与普通函数相比，函数对象可以保持状态，使得它们可以存储和修改内部数据。
- 可复用性和封装：函数对象通过封装行为和状态，增加了代码的可复用性。
- 灵活性：可以轻松地将函数对象作为参数传递给算法或其他函数，尤其在使用标准库如std::sort等需要回调函数的场合。

【示例展示】

```cpp
std::vector<int> values = {1, 2, 3, 4, 5};
Multiply mult(5);
std::transform(values.begin(), values.end(), values.begin(), mult);
// values 现在是 {5, 10, 15, 20, 25}
```

这个例子展示了如何将函数对象mult与std::transform算法结合，对vector中的每个元素执行乘法操作。

2. Lambda表达式

Lambda表达式在C++中提供了一种灵活定义匿名函数表达式的方式。与自定义函数对象类似，Lambda表达式允许开发者封装包含状态的行为，但以更简洁的语法完成。在2.3.9节中，我们已经详细讨论了Lambda表达式的语法和使用。这里简要回顾其基本形式和如何通过Lambda表达式实现自定义函数对象的功能。

基本语法：

```cpp
[capture](parameters) -> return_type {
    // function body
};
```

关键特征：

- 捕获列表：捕获列表定义了 Lambda 可从其封闭作用域中捕获的变量。通过值（[=]）、引用（[&]）或显式列出变量名的方式，Lambda 可以访问并操控其外部作用域中的状态。
- 参数和返回类型：类似于普通函数和自定义函数对象，Lambda 可以接收参数并指定返回类型。如果 Lambda 体中只有单一返回语句，或返回类型可以自动推断，则可以省略返回类型。
- 匿名性：与具名的函数对象不同，Lambda 通常是匿名的，这使得它们在使用场景（如 STL 算法）中非常适合作为一次性使用的函数。

Lambda 表达式的实质是一种编译时生成的函数对象，这使得它们在执行效率上与普通函数对象相当，同时提供更加灵活的编程方式。例如，Lambda 可以很方便地用于定义局部的行为，而无须单独定义一个函数或函数对象。

【示例展示】

以下示例展示 Lambda 表达式如何简化代码。

```cpp
std::vector<int> values = {1, 2, 3, 4, 5};
int factor = 5;
std::transform(values.begin(), values.end(), values.begin(), [factor](int value) -> int {
    return factor * value;
});
// values 现在是 {5, 10, 15, 20, 25}
```

在这个示例中，Lambda 表达式[factor](int value) -> int { return factor * value; }被用于 std::transform 算法中，它捕获了局部变量 factor 并应用于 values 数组中的每个元素。

通过这种方式，Lambda 表达式为每个元素执行了乘法操作，类似于我们之前创建的 Multiply 函数对象。

Lambda 表达式的优势与应用场景：

- 简洁性：使用 Lambda 表达式可以在一行内定义函数行为，而不需要额外定义一个类。
- 灵活的捕获机制：通过捕获列表，Lambda 表达式可以捕获所需的变量，使得它们可以访问并操作其封闭作用域中的数据。
- 高度的封装性：Lambda 表达式封装了操作的细节，使得代码更加模块化和可复用。

3.6.3　std::function 和 std::bind

在 C++中，std::function 和 std::bind 是用于封装和引用任何可调用对象的强大工具，它们提供了极大的灵活性和功能性，使得函数调用和事件处理更加方便和高效。本节将详细探讨这两个组件的工作原理、用法及其在现代 C++编程中的应用。

3.6.3.1　std::function

std::function 是一个模板类，用于存储、管理和调用任何类型的可调用对象。它是 C++11 中引入的，属于<functional>头文件。std::function 的最大优点是可以包装任何满足调用签名的可调用对象，包括普通函数、Lambda 表达式、函数对象和绑定表达式。这意味着，无论函数的具体形式如何，std::function 都能以统一的方式对其进行处理。

1. 函数介绍

std::function的模板声明如下：

```cpp
#include <functional>
// 未定义的模板声明
template<class>
class function;                    // 未定义

// 定义的模板
template<class R, class... Args>
class function<R(Args...)>;        // 定义从 C++11 开始
```

std::function<R(Args...)>的用法如下：

- R是返回类型。
- Args...是参数类型的列表。

例如，std::function<int(float, double)>表示一个可以接收任何float和double参数并返回int的可调用对象。这使得std::function成为一个非常通用的类型，可以用于替代具体的函数指针，提供更高的灵活性和功能性。

接下来，我们将查看std::function的成员类型和功能，以便读者更好地理解和使用这个类模板。std::function成员如表3-3所示。

表3-3　std::function成员

类型/功能	说　　明
成员类型	
result_type	返回类型R
argument_type（C++17中已弃用，C++20中已移除）	当Args...仅包含一个类型T时的参数类型T
first_argument_type（C++17中已弃用，C++20中已移除）	当Args...包含两个类型时的第一个参数类型T1
second_argument_type（C++17中已弃用，C++20中已移除）	当Args...包含两个类型时的第二个参数类型T2
成员函数	
构造函数	构造一个新的std::function实例
析构函数	销毁std::function实例
operator=	赋值一个新目标
swap	交换内容
assign（C++17中已移除）	赋值一个新目标
operator bool	检查是否包含目标
operator()	调用目标
目标访问	
target_type	获取存储目标的typeid
target	获取指向存储目标的指针
非成员函数	
std::swap(std::function)	专门化的std::swap算法
operator== / operator!=（C++20中已移除）	比较std::function与nullptr

（续表）

类型/功能	说　明
辅助类	
std::uses_allocator<std::function>（C++11至C++17）	专门化的std::uses_allocator类型特性

表3-3详细列出了std::function类模板的关键成员和函数，这些都是在使用时需要了解和考虑的特性。通过这些功能，std::function提供了比普通函数指针更高的灵活性和功能性，使其成为现代C++应用程序中不可或缺的一部分。

2. std::function的主要作用

std::function在C++中扮演着重要的角色，主要体现在以下两个方面：

1）统一封装与类型安全的包装

std::function提供了一种通用且类型安全的方式来存储和调用各种类型的可调用实体，如普通函数、Lambda表达式、函数指针、成员函数指针以及函数对象（functors）。这不仅允许程序员在不需关心可调用实体具体类型的情况下统一处理函数调用，还在编译时期进行类型检查，确保赋予的可调用对象符合预期的签名，从而减少运行时的类型错误。

2）强化函数式编程与简化回调管理

std::function的灵活性允许函数作为参数传递给其他函数或作为返回值，支持更高级的函数式编程范式。此外，在需要函数回调或事件驱动编程（如GUI或网络应用程序）时，使用std::function可以简化函数的管理和调用过程，使代码更加清晰和易于维护。

3. std::function的实现机制和考量

std::function的能力基于一种被称为类型消除的技术，它允许将不同的可调用对象统一到一个通用接口下进行管理和调用。下面将详细探讨其实现原理、生命周期管理以及与存储和性能相关的考量。

1）类型消除的核心机制

std::function内部使用一个模板类实现类型消除，该模板类抽象出可调用对象的调用行为和存储方式。这种抽象主要通过以下两个组件实现：

- 函数指针：std::function维护一个通用的函数指针，指向一个内部函数，该函数负责调用实际存储的可调用对象。
- 包装器：std::function包含一个包装器，通常是一个指向动态分配存储的void*类型指针。这个包装器实现了对原始可调用对象类型的封装和转换，确保可以通过函数指针安全调用。

2）构造和调用过程

- 构造时的处理：在std::function的构造过程中，它将接收的可调用对象封装在一个类型消除的容器内。这通常涉及创建一个包装器实例，该实例持有指向具体可调用对象的指针。
- 调用操作：调用std::function的operator()时，内部的函数指针用来触发实际的可调用对象。这是通过包装器实现的，包装器负责正确的类型转换和调用逻辑。

这种实现方式允许std::function作为一个通用的函数引用容器，存储几乎任何类型的可调用对象，并提供统一的调用接口。

3）生命周期和存储管理

std::function对象的生命周期管理是自动的，但它涉及动态内存分配以存储可调用对象的副本，特别是当可调用对象的大小超过内部预分配的小缓冲区时（这个阈值具体是多少并没有统一标准，而是依赖于具体的库实现和平台）。这种动态分配可能影响性能，尤其在高频调用的场景中。

- 小对象优化（small object optimization，SOO）：对于小型可调用对象，std::function通常使用内部的固定大小存储空间，避免动态内存分配，从而提高性能。
- 大对象处理：对于较大的可调用对象，std::function 将使用动态内存来存储对象，这可能带来额外的性能开销。

4）性能考量

（1）较小的可调用对象

- 简单的函数指针：只包含一个指向函数的指针，非常小，通常是几字节（通常与机器架构的指针大小相同，如4或8字节）。
- 无状态的Lambda表达式：不捕获任何外部变量的Lambda表达式，其大小通常与函数指针相当。
- 轻量级函数对象：不包含数据成员或仅包含少量数据成员的函数对象。

（2）较大的可调用对象

- 捕获多个或大型数据的Lambda表达式：如果Lambda 表达式捕获了多个数据成员或捕获了大型对象（如大数组、容器等），它的大小会增加。
- 具有多个数据成员的函数对象：如果一个函数对象包含多个或复杂的数据成员（如字符串、向量、映射等），它的大小也会相应较大。
- 成员函数指针与对象指针的组合：这种情况常见于绑定类成员函数时。尽管 std::bind和成员函数指针自身不是很大，但如果绑定时捕获了类实例（非引用捕获），则可能导致整体大小较大。

使用小对象优化的主要目的是减少因频繁动态内存分配和释放而带来的性能开销，对于大多数日常使用场景，这种优化能显著提高性能。然而，对于较大的可调用对象，动态内存的使用是不可避免的，这在某些高性能敏感的应用中可能成为一个考虑因素。

虽然 std::function 提供了极大的灵活性，但其类型消除带来的间接性可能导致调用开销的增加，特别是在性能敏感的环境中。因此，在设计接口和选择使用 std::function 时，应仔细权衡其便利性与潜在的性能成本。

5）使用示例

下面创建一个std::function容器，用来存储并调用不同类型的可调用对象。每个可调用对象都将执行一个简单的操作，并返回一个结果，以便观察std::function的行为。

```cpp
#include <iostream>
#include <functional>
#include <string>

// 普通函数
int multiply(int x, int y) {
    return x * y;
}
// 函数对象
```

```
struct Divider {
    int operator()(int x, int y) {
        if (y != 0) return x / y;
        return 0; // 避免除以0
    }
};

int main() {
    // 使用 std::function 定义一个可调用对象的容器
    std::function<int(int, int)> func;

    // 将普通函数存储到 std::function
    func = multiply;
    std::cout << "乘法结果: " << func(10, 5) << std::endl; // 应输出 50

    // 将 Lambda 表达式存储到 std::function
    func = [](int x, int y) { return x - y; };
    std::cout << "减法结果: " << func(10, 5) << std::endl; // 应输出 5

    // 将函数对象存储到 std::function
    func = Divider();
    std::cout << "除法结果: " << func(10, 5) << std::endl; // 应输出 2

    return 0;
}
```

在之前的讨论中，我们介绍了如何使用std::function来封装普通函数、Lambda表达式和函数对象。有的读者可能已经注意到，我们还没有涉及封装类的成员函数。成员函数的处理稍微复杂一些，因为它们依赖于特定对象的上下文来访问成员数据和其他成员函数。这意味着，我们不能像处理普通函数那样简单地将成员函数赋值给std::function，因为成员函数需要一个对象实例来提供this指针。

为了在std::function中使用成员函数，我们需要一种方式来"绑定"这些函数到它们所属的对象实例上。在这里，std::bind就闪亮登场了。std::bind不仅仅是一个工具，它像一个魔术师，在C++的世界中将成员函数与其对象实例或指针巧妙地绑定在一起。想象一下，有一个Widget类和一个成员函数update，我们希望在不同的场合灵活调用它。有了std::bind，我们可以这样做：

```
#include <functional>
class Widget {
public:
    void update(int value) {
        // 实际的更新逻辑
    }
};

Widget w;
auto updateFunc = std::bind(&Widget::update, &w, std::placeholders::_1);
updateFunc(100); // 调用 w.update(100)
```

在这里，我们使用std::placeholders::_1代表update函数的参数，使得updateFunc变成了一个接收单个整数参数的函数对象。我们可以在任何需要调用w.update的地方使用updateFunc，从而增加了代码的可复用性和灵活性。

当然，C++还提供了其他方案，我们可以直接使用Lambda表达式达到同样的目的：

```
auto updateFunc = [&w](int value) { w.update(value); };
updateFunc(200); // 调用 w.update(200)
```

尽管Lambda表达式在很多情况下是首选工具，但std::bind依然拥有其独特的优势。std::bind提供了更大的灵活性，特别是在需要对函数调用进行更复杂的预配置时。它允许我们绑定参数的任意组合、预设一些参数值，或者重新安排参数的顺序，这是Lambda表达式难以直接实现的。

接下来，我们将详细探讨std::bind的这些特性，了解它如何与不同的可调用对象和参数一起工作，从而为程序添加更多的动态性和适应性。

3.6.3.2   std::bind

std::bind同样是一个非常强大的函数模板，允许创建一个新的可调用对象，这个对象将一个可调用实体（如函数、成员函数、函数对象等）和其部分或全部参数绑定在一起。这使得我们可以在调用时只需提供剩余的参数，从而增加代码的灵活性和可复用性。现在，我们来详细探讨std::bind的用法和特性。

1. std::bind的定义

std::bind定义在头文件 <functional> 中，并提供了两种形式的模板。

第一种是基本形式：

```
template<class F, class... Args>
constexpr auto bind(F&& f, Args&&... args);
```

参数说明如下：

- f: 可调用对象，可以是函数对象、函数指针、成员函数指针等。
- args: 参数列表，其中未绑定的参数可以通过 std::placeholders（如 _1, _2, _3等）来指定。

第二种指定返回类型：

```
template<class R, class F, class... Args>
constexpr auto bind(F&& f, Args&&... args);
```

自C++11起，std::bind生成一个转发调用包装器，调用此包装器等同于用部分绑定的参数调用f。从C++20开始，这些模板被标记为constexpr，表明它们可以用于编译时常量表达式的场景。

std::bind返回一个类型未指定的函数对象g，该对象在调用时表现为与f绑定了特定参数的可调用对象。如果std::bind的结果对象被复制或移动，它的行为将根据成员对象的可复制或可移动性确定。

成员类型和函数：

- result_type（在C++17中弃用）：如果F是函数指针或成员函数指针，则result_type是F的返回类型；如果F是类类型且具有内嵌的typedef result_type，则使用F::result_type。
- operator(): 当返回的函数对象g被调用时，内部存储的对象将被以绑定的参数调用。

2. std::bind的主要作用

std::bind在C++中的主要作用是增强函数调用的灵活性和便利性，通过以下几个关键功能实现。

1）参数绑定

std::bind允许将一个可调用对象的参数提前绑定。这意味着可以预先设置一些参数的值，生成一个新的可调用对象，这个对象在调用时只需提供剩余的未绑定参数。

2）部分绑定

可以选择只绑定一部分参数，而其余参数在新的可调用对象被调用时提供。这种方式在编写需要参数预设但又保持一定灵活性的函数时非常有用。

3）成员函数绑定

- 绑定到对象实例：可以直接将成员函数绑定到一个对象实例上，这样在调用绑定后的函数时无须再指定对象实例。
- 绑定到对象指针：成员函数还可以绑定到指向对象的指针上，调用时自动通过这个指针访问对象。
- 绑定到对象引用：类似于实例，但提供了引用的语义，适用于避免对象拷贝的场景。

4）与 std::function 配合使用

虽然 std::bind 生成的可调用对象可以直接被调用，但在很多场景中，特别是需要类型消除或想统一不同形式可调用对象接口的场景中，这些可调用对象会被存储在 std::function 中。

总结来说，std::bind 通过预设参数和改变函数调用的上下文（如将成员函数绑定到具体对象），为 C++ 程序提供了更高的灵活性和表达力，特别是在需要多样化参数处理和复杂函数调用的场景中。这使得代码更加模块化，更易于管理和维护。

3. std::bind 的实现机制

std::bind 创建一个新的可调用对象，该对象通过固定原始可调用对象（如函数、函数对象、成员函数指针等）的部分或全部参数来生成。这一过程涉及复杂的模板编程技术，具体包括参数的处理、存储以及调用机制的管理。以下是对 std::bind 实现机制的说明。

1）参数的处理和存储

std::bind 使用可变参数模板来接收一个目标可调用对象及其参数。用户可以选择性地固定某些参数值，而其余参数则通过占位符（如 std::placeholders::_1, std::placeholders::_2 等）在实际调用时由外部提供。std::bind 内部实现了一个函数对象，此对象负责存储原始的可调用对象和已经固定的参数值。这些参数值可以通过值复制、引用绑定或移动语义进行存储，具体方式取决于它们的类型和用途。

2）创建绑定后的可调用对象

绑定的可调用对象本质上是一个通过模板生成的函数对象。这个函数对象包括原始可调用对象以及所有已绑定的参数。对于通过占位符传入的参数，它们在函数对象被调用时从外部获取。这种方法允许函数对象在运行时动态地捕获和处理不同类型和数量的参数。

3）调用机制

当绑定的函数对象被调用时，std::bind 首先将内部存储的固定参数和在调用时传入的占位符参数组合起来。参数的传递顺序和数量由原始可调用对象的参数签名决定。std::bind 利用模板递归和参数包展开技术来动态处理这一组合过程，确保所有参数都按照正确的顺序和方式传递给原始可调用对象。

这种机制使得 std::bind 在实现函数回调和事件驱动编程中尤为有用，它能够灵活地适应不同的调用场景和参数需求。

4. 使用 std::bind 的注意事项

使用 std::bind 进行函数绑定这种技术极其有用，但也需要注意一些关键的细节以避免常见错误。下面是一些使用 std::bind 时的重要注意事项：

- 参数传递方式：使用 std::bind 时，预绑定的参数默认是值传递的形式。这意味着绑定时参数的一个副本将被存储在生成的可调用对象中。对于那些不希望被复制的大型对象，或者需要保持对象状态的连续性的情况，应考虑使用std::ref和std::cref，它们可以确保参数通过引用传递，而不是值传递。

- 使用占位符：std::placeholders提供了占位符方式来延迟绑定参数。这些占位符如_1、_2、_3等，代表将来传递给可调用对象的参数位置。它们允许std::bind创建的函数对象在被调用时接收新的参数。在同一bind表达式中重复占位符（例如多个_1）是被允许的，但只有相应的参数（u1）是左值或不可移动的右值，结果才是有定义的。
- 绑定成员函数：当使用std::bind绑定类的成员函数时，需要特别小心。成员函数与普通函数不同，它们需要一个this指针来访问类的成员变量和函数。因此，需要为绑定的第一个参数提供成员函数的指针，并用&运算符显式获取。接下来的一个参数应该是对象的引用或指针，具体取决于我们希望如何管理对象的生命周期和状态。
- 函数组合和嵌套bind表达式：std::bind支持函数组合，即可以将另一个std::bind表达式作为参数。在这种情况下，内部std::bind表达式将首先被调用，并将结果传递给外部std::bind表达式。需要注意的是，如果内部std::bind表达式使用了占位符，那这些占位符会被解析为外部std::bind表达式接收的相应参数。

通过理解并正确应用这些注意事项，可以更有效地使用std::bind，并避免一些常见的陷阱和错误。

5. std::bind的弊端

std::bind虽然提供了非常强大的功能，特别是在参数绑定和适应老式API需要等方面，但也有一些显著的缺点和局限性。

1）性能开销

std::bind在绑定过程中对每个参数进行求值并存储结果，涉及参数的复制或移动。当参数是大型数据结构或复制成本较高时，这可能导致显著的性能损失。此外，由于参数在绑定时就被求值，如果参数来源是复杂的函数调用，这些调用会立即执行，而不是延迟到实际需要时，可能导致不必要的计算和资源消耗。

2）代码可读性和可维护性

使用std::bind可能导致代码复杂和难以维护，特别是当绑定操作涉及多个参数或逻辑复杂时，理解和追踪绑定的参数及其在最终调用中的作用就变得困难。

3）灵活性限制

一旦创建了std::bind的可调用对象，其参数的类型和数量就固定下来，不允许后续调整，这限制了函数调用的灵活性。

综上所述，尽管std::bind在特定场景下有其独特用途，但在考虑性能和代码清晰度时，现代C++开发中我们往往会根据需求选择使用不同形式的Lambda表达式来处理函数对象的参数捕获和转发。这种方法不仅可以提高代码的效率，还能增强代码的可维护性和整体质量。

3.6.3.3 应用场景

通常我们会结合std::bind和std::function来创建灵活的编程模式：

- 参数绑定和函数封装：使用std::bind可以预设某个函数的部分或全部参数，然后将结果存储在std::function中。这使得调用时可以忽略那些已经绑定的参数，只关注剩余的参数。这种模式非常适用于回调和事件处理系统，其中某些参数在事件注册时已知，而其他参数则在事件触发时提供。

- 适配器模式：std::function可以持有任何类型的可调用对象，包括通过std::bind适配的函数。这种结合使用可以将不同签名的函数统一到一个std::function类型的接口中，方便管理和调用。
- 延迟执行：可以通过std::bind预设函数和参数，并将其封装在std::function中，这样就可以在需要的时候再调用，实现延迟执行的效果。

【示例展示】

```cpp
#include <iostream>
#include <functional>
#include <vector>
#include <typeinfo>

typedef std::function<void(int, int)> EventHandler;

class EventManager {
public:
    void registerHandler(EventHandler handler) {
        handlers.push_back(handler);
    }

    // 触发事件
    void triggerEvent(int eventType, int eventCode) {
        std::cout << "Triggering event with type: " << eventType << " and code: " << eventCode
<< std::endl;
        for (auto& handler : handlers) {
            handler(eventType, eventCode);
        }
    }

    // 交换处理器
    void swapHandlers(size_t index1, size_t index2) {
        if (index1 < handlers.size() && index2 < handlers.size()) {
            std::cout << "Swapping handlers: " << index1 << " and " << index2 << std::endl;
            handlers[index1].swap(handlers[index2]);
        }
    }
    // 打印所有处理器的类型信息
    void printHandlersTypeInfo() {
        for (auto& handler : handlers) {
            std::cout << "Handler type info: " << handler.target_type().name() << std::endl;
        }
    }
private:
    std::vector<EventHandler> handlers;
};

void handleEvent(int type, int code) {
    std::cout << "Global function handling event with type: " << type << " and code: "
<< code << std::endl;
}

class Processor {
public:
    void process(int type, int code) {
        std::cout << "Processing event with type: " << type << " and code: " << code <<
std::endl;
    }
};

int main() {
    EventManager manager;
```

```
        Processor processor;

    manager.registerHandler(handleEvent);
    EventHandler globalFunctionHandler = handleEvent;
    EventHandler boundMemberFunc = std::bind(&Processor::process, &processor,
std::placeholders::_1, std::placeholders::_2);
    manager.registerHandler(boundMemberFunc);

    int importantValue = 42;
    manager.registerHandler([importantValue](int type, int code) {
        std::cout << "Lambda handling event with type: " << type << " and code: " << code
<< " and important value: " << importantValue << std::endl;
    });

    manager.printHandlersTypeInfo();
    std::cout << "                        " << std::endl;
    // 判断是否绑定了 Processor::process
    auto targetMemberFunc = boundMemberFunc.target<void(Processor::*)(int, int)>();
    if (targetMemberFunc && *targetMemberFunc == &Processor::process) {
        std::cout << "The member function Processor::process is bound." << std::endl;
    } else {
        std::cout << "No matching target function bound for Processor::process." <<
std::endl;
    }

    // 判断是否绑定了 handleEvent
    auto targetGlobalFunc = globalFunctionHandler.target<void(*)(int, int)>();
    if (targetGlobalFunc && *targetGlobalFunc == handleEvent) {
        std::cout << "Global function handleEvent is bound." << std::endl;
    } else {
        std::cout << "No matching target function bound for handleEvent." << std::endl;
    }

    std:: cout << "                        " << std::endl;
    manager.triggerEvent(11, 27);

    //交换顺序
    manager.swapHandlers(0, 1);
    std::cout << "after swap" << std::endl;
    std:: cout << "                        " << std::endl;
    manager.triggerEvent(11, 27);
}
```

这个示例展示了如何使用C++中的std::function和std::bind以及Lambda表达式来构建一个灵活的事件管理系统。我们创建了一个EventManager类，它能够注册不同类型的事件处理器，如全局函数、绑定的成员函数和Lambda表达式，并能触发事件、交换处理器的顺序、打印处理器的类型信息。

- 注册处理器：首先注册了一个全局函数handleEvent作为事件处理器；接着通过std::bind将Processor类的成员函数process绑定到一个事件处理器，使它能够响应事件；最后使用Lambda表达式注册了一个捕获外部变量的处理器。
- 触发事件和处理器交换：在主函数中，通过triggerEvent方法触发了事件，并演示了如何交换事件处理器的顺序，这对于调整事件响应的优先级是非常有用的。
- 打印和检查处理器：printHandlersTypeInfo方法用于打印当前注册的所有处理器的类型信息，帮助我们了解背后的处理机制。我们还通过target方法检查了特定函数是否已绑定到处理器，这是验证处理器绑定状态的一种方法。

值得注意的是，std::function的target方法的使用是有限制的，主要包括：

- 全局函数或静态成员函数：如果std::function对象内部存储的是全局函数或静态成员函数，并且请求的类型与存储的类型完全匹配，target方法可以成功返回指针。这是因为全局函数和静态成员函数具有固定的地址，可以直接访问。
- 非静态成员函数和Lambda表达式：对于通过std::bind绑定的非静态成员函数或者由Lambda表达式创建的函数对象，target方法将不能成功返回指针。这些情况下，std::function实际上存储的是一个封装后的functor对象，这些functor通常是由编译器生成的匿名类型。因为这些functor与请求的任何具体函数类型都不匹配，所以target方法无法识别和返回正确的函数指针。
- 具体实现依赖：target的行为和是否能够成功取决于具体的实现和存储的可调用对象类型。如果类型不匹配或可调用对象是复杂的封装（如通过std::bind或lambda），target将返回nullptr。

因此，std::function的target方法主要用于检测和提取全局函数或静态成员函数的指针，而对于更复杂的可调用对象类型，如通过std::bind绑定的成员函数或Lambda表达式，target方法通常不可用。如果需要在std::function中存储和识别这类复杂的可调用对象，可能需要考虑使用其他机制，如设计时的接口约定或其他类型识别技术。

通过这个综合示例，我们不仅可以看到std::function、std::bind和Lambda表达式的实际应用，还能深入理解事件驱动编程模型的灵活性和强大功能。

3.6.3.4　其他函数封装器的概述

除了std::function外，C++标准库还提供了其他函数封装器，它们各有特点和用途，可以帮助我们更灵活地处理可调用对象。

1. std::move_only_function

从C++23开始，std::move_only_function为只可移动的可调用对象提供了支持。与std::function不同，std::move_only_function不支持复制操作，适用于包含移动语义的现代C++应用场景，例如存储捕获了std::unique_ptr的Lambda表达式。

2. std::copyable_function

预计在C++26中引入的std::copyable_function将是std::move_only_function的一个增强版本，允许封装可复制的可调用对象。它结合了std::function的灵活性和std::move_only_function的效率，适用于需要复制和移动可调用对象的场景。

3. std::function_ref

同样计划在C++26中引入的std::function_ref提供了一种非拥有的方式来引用任何符合特定签名的可调用对象。它不拥有所引用的对象，因此使用时不会产生拷贝，这使得它在性能敏感的场景中非常有用，如函数的高频调用。

4. std::mem_fn

std::mem_fn支持从成员函数指针创建一个函数对象。这允许我们更灵活地处理对象和其成员函数，特别是在需要将成员函数作为参数传递给算法或其他函数时。

这些工具的引入，不仅增强了C++在函数封装和泛型编程方面的能力，也使得编程模型更加灵活和强大。通过合理利用这些工具，开发者可以更有效地管理和使用函数、方法以及其他形式的可调用实体。

3.6.4 综合对比 C++中的可调用对象

在C++中，可调用对象的多样性为程序设计提供了广泛的选择，从简单的函数指针到复杂的Lambda表达式和std::function。了解每种类型的优缺点及其适用场景是选择正确技术的关键。

表3-4综合对比了C++中常见的可调用对象类型。

表3-4　可调用对象的对比表

可调用对象类型	优　　点	缺　　点	使用场景	注意事项
函数指针	简单，性能开销小	不能捕获上下文环境，不可直接调用类的成员函数	用于C风格接口和函数回调	确保函数指针的目标有效，避免野指针；不适用于需要状态捕获的场合
成员函数指针	允许访问类的成员函数	需要类的实例，语法相对复杂	面向对象的回调设计	需维护对象的生命周期，防止在成员函数调用时对象已被销毁
Lambda表达式	强大的封装能力，可以捕获上下文状态	捕获方式（尤其是按引用捕获）可能引入额外开销和潜在的安全隐患	适用于需要临时创建小函数封装特定逻辑的场景	选择合适的捕获模式（按值或按引用），避免不必要的性能损失和资源泄漏
std::function	高度灵活，可存储任意类型的可调用对象	有性能开销，因为涉及动态内存分配和类型消除	用于需要存储不同类型可调用对象的场合	理解其内存和性能开销，适用于灵活性要求高的情况而非性能关键路径
std::bind	可以绑定参数，减少调用时的参数数量，增加灵活性	可能引入额外的复杂性和性能负担	当需要重新调整函数调用的参数或实现部分参数预设时	注意绑定对象和参数的生命周期，避免悬挂引用
自定义函数对象	可以携带状态，通过重载operator()提供类似函数的行为	实现复杂，可能引入较大的代码量	当对象需要保持操作状态或多次使用时	设计时应保持简洁，避免引入不必要的状态，确保行为易于理解和维护

那么，应该如何选择合适的技术或工具来实现C++中的函数调用和对象行为管理呢？以下是几个可供参考的建议。

1．简单的静态函数调用

如果函数调用非常简单且不涉及状态维护，可以考虑直接调用静态函数。对于全局的、不依赖于对象状态的函数，直接使用静态函数可以最小化调用开销。如果需要额外的灵活性，可以考虑使用std::function来包装这些函数，以便于将它们作为参数传递或存储于容器中。

2．面向对象的设计

在面向对象的设计中，应优先使用类的成员函数而不是函数指针。成员函数指针的使用较为复杂且易于出错。更推荐的做法是使用虚函数来实现多态性，这样可以在运行时动态决定调用哪个成员函数，适合实现策略模式或命令模式。

3．状态捕获和封装

Lambda表达式是现代C++中处理状态捕获的强大工具，允许匿名函数捕获周围的环境变量。

Lambda表达式的使用场景非常广泛，从局部作用域的小函数到作为参数传递都非常适用。

4. 高度的灵活性

std::function是一个多功能的包装器，适用于存储和调用不同类型的可调用对象。其类型消除特性使其能够在多种场景中使用，如事件处理和延迟执行命令。它通常与Lambda表达式、自定义函数对象或其他形式的可调用对象一起使用。

5. 参数预设与调整

尽管std::bind可以用来预设函数的某些参数，但现代C++更推荐使用Lambda表达式来捕获和预设参数，因为它提供了更好的性能和灵活性。如果确实需要使用std::bind，应注意其生成的函数对象通常需要配合std::function来使用。

6. 保持状态与多次使用

自定义函数对象（仿函数）在需要保持内部状态或多次使用特定逻辑时非常有用。通过定义类并重载operator()，可以方便地封装状态和行为。同时，这样的对象可以直接被std::function使用，以便在STL算法或其他函数式接口中进行调用。

在选择合适的技术时，应该根据具体的性能要求、代码的复杂性和预期的用途来权衡，确保选择的方法既符合项目的需求，又能维持代码的清晰和可维护性。

3.7　高级文件和数据流操作：掌握 C++的 I/O 技术

在任何现代软件开发过程中，文件和数据流的处理都是不可或缺的一部分。无论是存储数据、读取配置文件，还是进行网络通信，高效和正确的数据处理都至关重要。本节将深入探讨C++提供的高级文件和数据流操作技术，帮助读者全面理解和掌握这些核心技能。

3.7.1　现代文件处理：C++17 文件系统库

随着C++17的到来，我们迎来了一个强大的新成员——<filesystem>库。这个库为跨平台处理文件和目录提供了一种标准化的方法，大大简化了文件系统的操作。

1. 执行文件系统操作

std::filesystem是一个命名空间，包含了一系列用于操作文件系统的类和函数。<filesystem>库的核心在于处理路径（path）、文件状态（file status）和目录遍历（directory traversal）。借助于这个库我们可以执行各种文件系统操作，如检查文件是否存在、获取文件大小、创建和删除目录等，而不需要关心操作系统的具体差异。

2. 操纵路径

在std::filesystem中，std::filesystem::path类是操作路径的基石。它提供了一种类型安全的方式来构建和操作文件路径。

【示例展示】

```
#include <filesystem>
#include <iostream>
```

```
int main() {
    std::filesystem::path p1 = "/usr/bin/gcc";
    std::filesystem::path p2 = p1 / "subdir";  // 使用 '/' 运算符来追加路径
    std::cout << "完整路径是: " << p2 << std::endl;
}
```

这段代码展示了如何创建和操作路径。通过简单地使用"/"运算符，可以轻松地构建出一个新的路径。

3. 文件和目录操作

std::filesystem提供了许多实用的函数来创建、删除和查询文件或目录的状态。

- 创建目录：

```
fs::create_directory("sandbox");
```

- 删除文件：

```
fs::remove("sandbox/example.txt");
```

- 检查文件是否存在：

```
bool exists = fs::exists("sandbox/example.txt");
```

- 获取文件大小：

```
auto size = fs::file_size("sandbox/example.txt");
```

这些操作不仅简洁明了，而且极大地减少了与平台相关的代码，使我们能够编写更干净、可移植的程序。

4. 获取文件类型

std::filesystem中的status()函数可以用来查询文件的状态，其中包括文件的类型。文件类型可以是普通文件、目录、符号链接、块设备、字符设备等。使用is_regular_file()、is_directory()、is_symlink()等函数可以帮助我们根据文件类型进行不同的操作处理。

【示例展示】

```
#include <filesystem>
namespace fs = std::filesystem;

void checkFileType(const fs::path& path) {
    fs::file_status fstatus = fs::status(path);

    if (fs::is_regular_file(fstatus)) {
        std::cout << path << " 是一个普通文件。" << std::endl;
    } else if (fs::is_directory(fstatus)) {
        std::cout << path << " 是一个目录。" << std::endl;
    } else if (fs::is_symlink(fstatus)) {
        std::cout << path << " 是一个符号链接。" << std::endl;
    } else {
        std::cout << path << " 是其他类型的文件。" << std::endl;
    }
}
```

在这个示例中，使用status()函数获取path指定的文件或目录的状态，并通过is_*系列函数确定其类型。这些函数返回布尔值，表示文件是否为特定类型，使得我们可以根据文件类型执行相应的操作或策略。

5. 文件属性和权限

我们不能忽视对文件属性的管理，这在很多应用中都至关重要。C++17 文件系统库提供了丰富的接口来获取和设置文件权限，比如只读、隐藏等属性。

【示例展示】

```
auto perms = fs::status("example.txt").permissions();
if ((perms & fs::perms::owner_write) != fs::perms::none) {
    std::cout << "拥有者有写权限" << std::endl;
}
```

通过这种方式，我们可以详细控制文件的安全性，确保对数据的保护。

6. 使用Boost文件系统库

如果读者使用的编译器尚未完全支持C++17，或者需要确保代码的兼容性以适应更早版本的C++，那么Boost文件系统库是一个理想的选择。它提供了与C++17 \<filesystem>几乎完全相同的功能集和接口。之所以有这种高度一致性，是因为C++17的\<filesystem>库在标准化过程中大量借鉴了Boost文件系统库的设计。因此，使用Boost文件系统库编写的代码通常可以很容易地迁移到标准C++17 \<filesystem>。

3.7.2　数据交换技术：缓冲与映射

1. 缓冲I/O优化

在C++中，I/O缓冲的管理对性能的影响极大，尤其在处理大型数据文件或进行高频率I/O操作时。以下是一些高级的缓冲I/O优化技术，帮助我们更精细地控制和优化操作。

1）调整流缓冲区策略

C++标准库允许我们调整流的缓冲策略，这对于提高特定类型的文件操作性能非常有帮助。

（1）无缓冲I/O

有时，直接关闭流的缓冲可以减少内存的使用，并避免缓冲区管理的开销，这在处理极大量小文件时尤其有效。例如：

```
std::ofstream file("output.dat", std::ios::binary);
file.rdbuf()->pubsetbuf(nullptr, 0);  // 关闭缓冲
```

（2）同步和异步缓冲

根据应用的需求，可以选择同步或异步的方式刷新缓冲区。同步操作确保数据立即写入底层媒体，适合对数据一致性要求较高的场景；异步操作则可以提高性能，适合对速度要求较高的场景。例如：

```
// 同步缓冲
std::ofstream file("log.txt");
file << "重要操作日志";  // 使用同步缓冲确保日志即时写入
file.flush();

// 异步缓冲
std::async(std::launch::async, []() {
std::ofstream async_file("async_log.txt", std::ios::app);
    async_file << "非关键操作日志";  // 异步写入，系统决定何时刷新缓冲
});
```

2）预读取与写入合并

操作系统和某些高级文件系统支持预读取（read-ahead）和写入合并（write coalescing）技术，这些可以通过底层系统调用来启用，以提高大量数据处理的效率。

在某些操作系统中，可以通过特定的系统调用来优化预读取和写入合并的行为。例如，在Linux上使用posix_fadvise()：

```
int fd = open("largefile.dat", O_RDONLY);
// 通知内核预期将进行顺序读取
posix_fadvise(fd, 0, 0, POSIX_FADV_SEQUENTIAL);
```

3）利用操作系统级的文件缓存

许多操作系统提供了文件系统级的缓存机制，可以利用这些机制来优化文件读写性能。例如，Windows提供了高级的文件缓存管理API，以帮助开发者更有效地利用系统资源：

```
HANDLE file = CreateFile("data.bin", GENERIC_READ, FILE_SHARE_READ, NULL,
                OPEN_EXISTING, FILE_ATTRIBUTE_NORMAL | FILE_FLAG_NO_BUFFERING, NULL);
// 使用FILE_FLAG_NO_BUFFERING标志来直接读写硬盘，绕过系统缓存
```

4）利用C++23的<spanstream>优化缓冲I/O

<spanstream>是C++23中引入的一种新的流类，它基于std::span设计，用于直接在内存中的数据上进行输入/输出操作。其核心优化原则主要包括：

- 直接内存访问：通过在内存缓冲区直接进行读写操作，<spanstream>避免了不必要的数据拷贝，这在实时数据处理和大数据量处理中尤为重要，能显著减少延迟并提高处理速度。
- 减少资源消耗：在嵌入式系统和资源受限的环境中，<spanstream>通过直接操作固定大小的数据缓冲区，避免了动态内存管理，从而降低了内存使用和能耗。
- 提高数据处理效率：对于网络数据包等需要高效处理的应用，<spanstream>允许开发者直接在数据包的缓冲区上构建流，以更直接和高效的方式进行数据解析和生成。

总体来说，<spanstream>的设计优化了缓冲I/O的处理方式，通过直接在内存缓冲区上操作数据，有效降低了性能瓶颈，提升了数据处理的速度和效率，适用于各种需要高效内存操作的应用场景。下面通过一个具体的例子来看看如何在实际程序中使用<spanstream>类来优化数据处理。

【示例展示】

假设有一个应用程序需要处理来自网络的实时数据流，并需要对这些数据进行初步的解析和转换。数据流是一系列的浮点数，代表传感器每秒钟发送的温度读数。我们需要从这个数据流中读取数据，进行简单的转换（例如从摄氏度转换为华氏度），然后将转换后的数据输出到另一个内存缓冲区中。

```
#include <iostream>
#include <vector>
#include <span>
#include <spanstream>
#include <sstream>

int main() {
    // 假设这是从传感器接收到的温度数据（单位：摄氏度）
    std::vector<float> temperatureCelsius = {25.0f, 30.0f, 15.0f, 10.0f, 20.5f};

    // 使用 std::span 创建一个视图来指向 vector 数据
    std::span<float> inputSpan(temperatureCelsius);

    // 创建字符缓冲区，用于存储输入和输出的数据
```

```cpp
    std::vector<char> inputBuffer;
    std::ostringstream tempStream;

    // 将输入数据转换为字符串并写入缓冲区
    for (float temp : inputSpan) {
        tempStream << temp << ' ';
    }
    std::string inputString = tempStream.str();
    inputBuffer.insert(inputBuffer.end(), inputString.begin(), inputString.end());

    // 创建输入流来直接从内存中读取数据
    std::span<char> inputCharSpan(inputBuffer);
    std::ispanstream inputStream(inputCharSpan);

    // 创建输出缓冲区，用于存储转换后的数据（单位：华氏度）
    std::vector<float> temperatureFahrenheit(temperatureCelsius.size());
    std::vector<char> outputBuffer(100); // 预留足够的空间来存放输出字符串
    std::span<char> outputCharSpan(outputBuffer);
    std::ospanstream outputStream(outputCharSpan);

    // 从输入流读取数据，将摄氏度转换为华氏度，然后写入输出流
    float tempC;
    while (inputStream >> tempC) {
        float tempF = tempC * 9.0f / 5.0f + 32.0f; // 摄氏度转换为华氏度
        outputStream << tempF << ' ';
    }

    // 从输出缓冲区读取转换后的数据并打印
    std::string outputString(outputCharSpan.data());
    std::istringstream outputDataStream(outputString);
    std::cout << "转换后的温度（华氏度）:" << std::endl;
    float tempF;
    while (outputDataStream >> tempF) {
        std::cout << tempF << " °F ";
    }

    std::cout << std::endl;
    return 0;
}
```

上述代码解释如下：

- 创建数据容器：我们首先使用std::vector<float>存储摄氏度温度数据，并通过std::span<float>创建内存视图，便于直接操作内存。
- 输入缓冲区：直接将浮点数的二进制数据转换为std::span<char>，并使用std::ispanstream进行输入流操作，避免了字符串转换带来的性能开销。
- 输出缓冲区：预先分配足够的std::vector<float>用于存储转换后的华氏度温度数据，并通过std::ospanstream进行输出流操作，确保高效的数据写入。
- 数据处理：在循环中读取每个摄氏度温度值，并在转换后直接写入输出缓冲区，从而减少了不必要的数据拷贝和中间转换步骤。
- 结果输出：遍历并打印转换后的华氏度温度值，展示最终结果。

通过这些高级技巧，我们可以根据应用场景的具体需求调整和优化文件I/O操作，实现更高的性能和更有效的资源使用。这不仅提升了程序的执行效率，也为处理复杂的数据处理任务提供了更多的灵活性和控制力。

2. 内存映射文件

内存映射文件技术允许我们将磁盘上的文件直接映射到进程的地址空间，这可以极大地提高处理大文件的速度。通过这种方式，文件读写操作直接在内存中进行，操作系统负责同步内存内容到磁盘上。

在C++中，虽然标准库没有直接提供内存映射的功能，但我们可以利用操作系统的API或第三方库来实现这一技术。例如，在POSIX系统中，可以使用mmap函数实现内存映射。

```cpp
#include <sys/mman.h>
#include <fcntl.h>
#include <unistd.h>

void* map_file(const char* filename, size_t& length) {
    int fd = open(filename, O_RDONLY);
    if (fd == -1) return nullptr;

    // 获取文件大小
    length = lseek(fd, 0, SEEK_END);

    // 内存映射
    void* addr = mmap(nullptr, length, PROT_READ, MAP_PRIVATE, fd, 0);
    close(fd);

    if (addr == MAP_FAILED) return nullptr;
    return addr;
}
```

通过这段代码，文件内容被映射到进程的内存空间中，允许我们像访问普通内存数组一样访问文件内容。这种方式在处理大型数据集时尤为有效。

3.7.3　文件定位与访问：随机访问与流控制

1. 高级文件定位

在处理大型文件或需要频繁访问文件特定部分的应用中，随机访问是一项非常有用的技能。C++提供了seekg（seek get）和seekp（seek put）方法，允许我们在文件中移动读写位置，实现高效的数据访问和修改。

【示例展示】

如果需要更新一个存储在文件中的数据记录，可以直接定位到该记录的开始位置，然后覆盖写入新数据，而无须重写整个文件。

```cpp
#include <fstream>

void update_record(std::fstream& file, std::streampos position, const std::string& data) {
    if (!file.is_open()) return;

    // 移动到指定位置
    file.seekp(position);

    // 写入新数据
    file.write(data.c_str(), data.length());
}
```

在这段代码中，seekp()被用来定位文件中的特定位置，这样新数据就可以被直接写入正确的位置，极大提升了操作的效率。

2. 流状态管理

处理复杂的文件输入/输出时，流状态的管理尤为重要。错误的处理和状态的检查可以帮助我们确保数据的正确性和程序的健壮性。C++中的文件流通过状态位来报告操作状态，如eofbit、failbit和badbit。

【示例展示】

我们可以检查这些状态位来决定下一步操作。

```cpp
void process_file(std::ifstream& file) {
    if (!file) {
        std::cerr << "文件打开失败！" << std::endl;
        return;
    }

    std::string line;
    while (std::getline(file, line)) {
        if (file.bad()) {
            std::cerr << "读取过程中发生硬件错误！" << std::endl;
            break;
        }
        if (file.fail()) {
            std::cerr << "数据格式错误或其他可恢复错误！" << std::endl;
            file.clear(); // 清除错误标志
            file.ignore(std::numeric_limits<std::streamsize>::max(), '\n'); // 忽略错误行
            continue;
        }
        // 处理读取的行
        std::cout << "读取内容: " << line << std::endl;
    }
}
```

这里，我们不仅处理了正常的行读取，还通过检查状态位来处理可能出现的错误。这种细致的错误管理策略对于保证数据处理的准确性和程序的稳定运行非常有用。

3.7.4　处理文件编码问题：确保 C++应用的国际化与本地化

在全球化的应用开发中，处理文件名和内容的编码是一个不容忽视的问题。C++标准库提供了一些基础工具，但很多时候，我们需要依靠第三方库或平台特定的API来处理不同编码之间的转换，尤其在处理非英语环境下的文件名和路径时。

1. 编码基础

在C++中，字符串通常用std::string或std::wstring表示，后者用于存储宽字符。std::string通常用于存储UTF-8或者本地编码的数据，而std::wstring在Windows中是UTF-16，在类UNIX系统中是UTF-32。了解这一点是处理国际化数据的第一步。

2. UTF-8与宽字符的转换

在开发国际化的应用程序时，选择正确的字符编码策略是关键。UTF-8编码因其与ASCII的兼容性以及对多语言的广泛支持而成为推荐使用的编码方式。然而，特定的应用环境，如使用Windows API，可能需要使用UTF-16编码，这就需要在这两种编码之间进行转换。

从C++11开始，标准库通过<locale>和<codecvt>头文件提供了处理字符编码的工具。其中std::wstring_convert结合std::codecvt是执行宽字符与其他编码间转换的主要工具，可以用来转换UTF-8与UTF-16或UTF-32。

【示例展示】

```cpp
#include <string>
#include <codecvt>
#include <locale>
#include <iostream>
// UTF-8和UTF-16转换
std::u16string utf8_to_utf16(const std::string& utf8) {
    std::wstring_convert<std::codecvt_utf8_utf16<char16_t>, char16_t> converter;
    return converter.from_bytes(utf8);
}
// UTF-16转换为UTF-8
std::string utf16_to_utf8(const std::u16string& utf16) {
    std::wstring_convert<std::codecvt_utf8_utf16<char16_t>, char16_t> converter;
    return converter.to_bytes(utf16);
}
int main() {
    std::string utf8 = "Hello, 世界!";
    std::u16string utf16 = utf8_to_utf16(utf8);
    std::string back_to_utf8 = utf16_to_utf8(utf16);

    std::cout << "Original UTF-8: " << utf8 << std::endl;
    std::cout << "Converted UTF-16 to UTF-8: " << back_to_utf8 << std::endl;

    return 0;
}
```

3. 面临的变化与未来的替代方案

std::codecvt_utf8和std::codecvt_utf8_utf16在C++17 中被标记为弃用，并计划在C++26中移除。对于未来的字符编码需求，开发者可以考虑使用其他库，如ICU（International Components for Unicode）或Boost.Locale，同时密切关注C++标准库未来可能提供的替代方案。

此外，C++20进一步增强了对字符编码的支持，引入了使用char8_t的新特化。例如，std::codecvt<char16_t, char8_t, std::mbstate_t>和std::codecvt<char32_t, char8_t, std::mbstate_t>用于处理UTF-16或UTF-32与UTF-8之间的转换。这表明尽管一些旧的工具可能会被淘汰，但标准库仍在努力提供更现代化和标准化的编码支持。

4. 使用第三方库

除了标准库，有许多第三方库可以帮助处理编码问题。例如，ICU是一个使用广泛的库，它提供了全面的Unicode支持，包括字符集转换、日期格式化、文本断词等功能。

【示例展示】

```cpp
#include <unicode/unistr.h>

std::string convert_to_utf8(const icu::UnicodeString& source) {
    std::string result;
    source.toUTF8String(result);
    return result;
}
```

正确处理编码问题对于开发国际化软件非常重要。虽然 C++ 标准库提供了一些基本工具，但在实际应用中，结合操作系统的特性和第三方库将提供更强大和灵活的支持。通过采用适当的编码策略和工具，可以确保软件能够在全球范围内正确地处理文件和数据，无论是在存储还是在交互中。

3.7.5　处理和存储不同进制的数据：C++中的数制转换技术

在C++中，处理和存储不同进制的数据是一个常见需求，尤其在涉及二进制、八进制、十进制和十六进制数据交换的场景中。理解如何在这些不同的进制之间进行转换，并有效地存储和处理这些数据，对于开发多种应用程序非常关键。

1. 基本进制表示

在C++中，可以直接在代码中使用不同的进制来表示整数：

- 十六进制：前缀为0x或0X。
- 八进制：前缀为0。
- 十进制：无前缀，直接写数字。
- 二进制：前缀为0b或0B（从C++14开始支持）。

例如：

```
int hexa = 0x1a;        // 十六进制
int octal = 072;        // 八进制
int binary = 0b1011;    // 二进制
```

2. 数制转换

在实际应用中，我们经常需要在不同进制之间转换数据。C++标准库中的std::stringstream可以方便地进行这些转换。

【示例展示】

```cpp
#include <iostream>
#include <sstream>
#include <string>

std::string decimalToHex(int decimal) {
    std::stringstream ss;
    ss << std::hex << decimal;  // 设置为十六进制输出模式
    return ss.str();
}

int hexToDecimal(const std::string& hex) {
    int decimal;
    std::stringstream ss(hex);
    ss >> std::hex >> decimal;  // 读取十六进制数
    return decimal;
}

int main() {
    // 十进制数转换为十六进制数
    int decimal = 255;
    std::string hex = decimalToHex(decimal);
    std::cout << "Decimal: " << decimal << " to Hexadecimal: " << hex << std::endl;

    // 十六进制数转换为十进制数
    std::string hexInput = "ff";
```

```
        int decimalResult = hexToDecimal(hexInput);
        std::cout << "Hexadecimal: " << hexInput << " to Decimal: " << decimalResult <<
std::endl;

        return 0;
    }
```

这些函数演示了如何将十进制数转换为十六进制数，以及如何将十六进制数解析回十进制数。

3. 存储和读取二进制数据

在处理不同进制的数据时，我们可能需要直接操作文件中的二进制数据。C++提供了二进制模式的文件流来处理这些需求。

【示例展示】

```cpp
#include <fstream>
#include <iostream>
#include <vector>

void writeBinaryFile(const std::string& filename, const std::vector<int>& data) {
    std::ofstream outfile(filename, std::ios::binary);
    if (outfile.is_open()) {
        outfile.write(reinterpret_cast<const char*>(data.data()), data.size() *
sizeof(int));
        outfile.close();
    }
}

std::vector<int> readBinaryFile(const std::string& filename) {
    std::ifstream infile(filename, std::ios::binary);
    std::vector<int> data;
    int value;
    while (infile.read(reinterpret_cast<char*>(&value), sizeof(int))) {
        data.push_back(value);
    }
    infile.close();
    return data;
}

int main() {
    // Create some data to write
    std::vector<int> numbers = {1, 2, 3, 4, 5};

    // Write data to binary file
    std::string filename = "example.bin";
    writeBinaryFile(filename, numbers);

    // Read data from binary file
    std::vector<int> readNumbers = readBinaryFile(filename);

    // Display read data
    std::cout << "Data read from file:" << std::endl;
    for (int num : readNumbers) {
        std::cout << num << std::endl;
    }

    return 0;
}
```

这里，我们使用了std::ofstream和std::ifstream的二进制模式来写入和读取整型数组。使用二进制模式可以确保数据按字节准确存储和恢复，适用于需要精确控制数据布局的场景。

在C++中，处理不同进制的数据涉及数制的表示、转换以及直接操作二进制数据。掌握这些技巧将帮助开发者在需要进行底层数据处理、文件交换或网络通信时，能够精确地控制数据的格式和存储方式。通过有效利用C++提供的工具和技术，我们可以确保应用程序在处理复杂数据时的准确性和效率。

3.7.6　数据序列化与网络传输

1. 复杂数据的序列化

数据序列化是将数据结构或对象状态转换为可以存储或传输的格式（如二进制或 JSON）的过程，使其可以在需要时重新构造出原始数据结构。在C++中，可以使用多种方式来实现序列化，包括手动实现或使用现成的库，如Boost.Serialization。

【示例展示】
下面演示如何使用Boost.Serialization库进行序列化和反序列化操作：

首先，需要安装Boost库。在大多数系统中，可以通过包管理器安装 Boost。例如，在 Ubuntu系统上，可以使用以下命令：

```
sudo apt-get install libboost-all-dev
```

接下来演示如何使用Boost.Serialization对一个简单的类进行序列化和反序列化。这个类包含两个基本数据成员。

① 定义一个包含数据成员的类，并包括序列化函数：

```cpp
#include <boost/serialization/serialization.hpp>
#include <boost/archive/text_oarchive.hpp>
#include <boost/archive/text_iarchive.hpp>
#include <sstream>

class MyData {
public:
    int id;
    std::string name;

    // 构造函数
    MyData() : id(0), name("") {}
    MyData(int _id, std::string _name) : id(_id), name(_name) {}

    // 私有成员函数，用于序列化
private:
    friend class boost::serialization::access;
    template<class Archive>
    void serialize(Archive & ar, const unsigned int version) {
        ar & id;
        ar & name;
    }
};
```

② 编写两个函数，一个用于序列化，另一个用于反序列化。

```cpp
// 序列化
std::string serialize(const MyData& data) {
    std::ostringstream archive_stream;
    boost::archive::text_oarchive archive(archive_stream);
    archive << data;
    return archive_stream.str();
```

```
    }
    // 反序列化
    MyData deserialize(const std::string& serialized_data) {
        std::istringstream archive_stream(serialized_data);
        boost::archive::text_iarchive archive(archive_stream);
        MyData data;
        archive >> data;
        return data;
    }
```

③ 在主函数中创建一个MyData对象，对其进行序列化，然后进行反序列化，以验证数据的一致性。

```
#include <iostream>

int main() {
    // 创建一个 MyData 对象
    MyData original_data(1, "Alice");

    // 序列化
    std::string serialized_data = serialize(original_data);
    std::cout << "Serialized data: " << serialized_data << std::endl;

    // 反序列化
    MyData deserialized_data = deserialize(serialized_data);
    std::cout << "Deserialized data - ID: " << deserialized_data.id
              << ", Name: " << deserialized_data.name << std::endl;

    return 0;
}
```

④ 编译和运行。编译时，需要链接Boost.Serialization和Boost.IOStreams库。使用g++进行链接的命令如下：

```
g++ -o my_program my_program.cpp -lboost_serialization -lboost_iostreams
```

运行程序后，我们将看到序列化和反序列化的输出结果。

2. 数据压缩和网络传输

除了本地存储，序列化数据经常需要通过网络传输。在这个过程中，数据压缩成为一个重要的方面，因为它可以显著减少传输的数据量和时间。在C++中有多种压缩库可用，如zlib、LZ4、Snappy等。

同时，为了在网络上传输数据，我们可能会使用套接字编程或更高级的网络库（如 Boost.Asio）来处理数据的发送和接收。

【示例展示】

```
#include <boost/asio.hpp>

void send_data(boost::asio::ip::tcp::socket& socket, const MyData& data) {
    std::ostringstream archive_stream;
    boost::archive::text_oarchive archive(archive_stream);
    archive << data;
    std::string outbound_data = archive_stream.str();

    // 假设已经处理了数据长度等网络协议细节
    boost::asio::write(socket, boost::asio::buffer(outbound_data));
}

void receive_data(boost::asio::ip::tcp::socket& socket, MyData& data) {
```

```
    std::string inbound_data;
    // 读取数据（省略了具体的网络读取细节）
    std::istringstream archive_stream(inbound_data);
    boost::archive::text_iarchive archive(archive_stream);
    archive >> data;
}
```

在这段代码中，我们利用Boost.Asio来处理网络通信，展示了如何发送和接收序列化的数据。这不仅提高了数据处理的效率，也加强了应用的网络能力。

3.7.7 字节序在数据交换和网络传输中的应用

1. 字节序的定义与分类

字节序（endianness）是计算机系统中数据表示的一种方式，定义了多字节数据在内存中的存储顺序。字节序主要有两种类型：大端字节序（big-endian）和小端字节序（little-endian）。理解这两种字节序对于在不同系统之间进行数据交换和存储非常重要。

1）字节序的概念

字节序描述了多字节数据（如32位整数或64位浮点数）在内存中的排列顺序。一个简单的例子是，一个32位整数（4字节）在内存中的存储方式。

（1）大端字节序

在大端字节序中，数据的最高有效字节（most significant byte，MSB）存储在内存的最低地址处，而最低有效字节（least significant byte，LSB）存储在内存的最高地址处。这种排列方式类似于我们书写数字的方式，从左到右依次递减。

例如，假设有一个32位整数0x12345678，它按大端字节序存储在内存中的方式如下：

```
地址      内容
0x00      0x12
0x01      0x34
0x02      0x56
0x03      0x78
```

（2）小端字节序

在小端字节序中，数据的最低有效字节存储在内存的最低地址处，而最高有效字节存储在内存的最高地址处。这种排列方式与大端字节序相反，从左到右依次递增。

例如，同样的32位整数0x12345678按小端字节序存储在内存中的方式如下：

```
地址      内容
0x00      0x78
0x01      0x56
0x02      0x34
0x03      0x12
```

（3）大端字节序与小端字节序的区别

大端字节序和小端字节序的主要区别在于数据在内存中的排列顺序。大端字节序强调数据的"重要性"，将最高有效字节放在首位；而小端字节序强调数据的"顺序性"，将最低有效字节放在首位。

例如：

- 大端字节序：

```
0x12345678 (MSB -> LSB)
地址: 0x00 0x01 0x02 0x03
数据: 0x12 0x34 0x56 0x78
```

● 小端字节序:

```
0x12345678 (LSB -> MSB)
地址: 0x00 0x01 0x02 0x03
数据: 0x78 0x56 0x34 0x12
```

2）字节序的应用场景

字节序在以下几种情况下尤为重要：

● 跨平台数据交换：不同平台可能采用不同的字节序，因此在进行跨平台数据交换时需要考虑字节序转换，以确保数据在不同系统之间正确解析。

● 文件存储：某些文件格式会明确规定采用哪种字节序存储数据，解析这些文件时需要遵循相应的字节序规则。

● 网络传输：网络协议通常采用大端字节序（网络字节序），在发送和接收数据时需要进行相应的字节序转换。

3）检查系统的字节序

可以通过编写简单的C++代码来检查当前系统的字节序：

```cpp
#include <iostream>

void check_endianness() {
    unsigned int num = 1;
    if (*(char *)&num == 1) {
        std::cout << "系统是小端字节序 (Little Endian)" << std::endl;
    } else {
        std::cout << "系统是大端字节序 (Big Endian)" << std::endl;
    }
}

int main() {
    check_endianness();
    return 0;
}
```

通过以上代码，我们可以确定当前系统使用的是大端字节序还是小端字节序。

另外，C++ 20引入了枚举类std::endian，用于指示标量类型的字节序。这个枚举类定义在头文件<bit>中，并包含3个可能的值：little、big和native。这里的native表示当前平台使用的字节序。

● 如果所有标量类型都是小端字节序，那么std::endian::native将等于std::endian::little。

● 如果所有标量类型都是大端字节序（big-endian），那么std::endian::native将等于std::endian::big。

● 在一些特殊情况下，比如所有标量类型的大小（sizeof）都等于 1，那么字节序就不重要，std::endian::little、std::endian::big和std::endian::native将会有相同的值。

● 如果平台使用混合字节序（mixed-endian），则std::endian::native不会等于std::endian::big，也不会等于std::endian::little。

这个特性的实现可能根据不同的编译器和平台而有所不同。

下面是基于std::endian的改写版本：

```cpp
#include <bit>          // 包含 std::endian
#include <iostream>

void check_endianness() {
    if constexpr (std::endian::native == std::endian::little) {
        std::cout << "系统是小端字节序 (Little Endian)" << std::endl;
    } else if constexpr (std::endian::native == std::endian::big) {
        std::cout << "系统是大端字节序 (Big Endian)" << std::endl;
    } else {
        std::cout << "系统是混合字节序 (Mixed Endian)" << std::endl;
    }
}

int main() {
    check_endianness();
    return 0;
}
```

这种方法更为直接且具有类型安全，依赖于编译时的 if constexpr 语句来确定字节序，因此不会有运行时的性能开销。此外，它也避免了对指针的操作，更符合现代 C++的安全和抽象的原则。

2. 跨平台数据交换中的字节序处理

在进行跨平台数据交换时，由于不同平台可能采用不同的字节序，因此正确处理字节序转换是确保数据正确传输和解析的关键。以下几种策略和方法可以帮助处理跨平台数据交换中的字节序问题。

1）跨平台兼容性

在进行跨平台数据交换时，必须确保发送和接收双方都能正确解析数据。这通常涉及以下两点：

- 确定数据格式：设计数据结构时，应明确规定数据的字节序。可以使用标准的网络字节序（大端）来确保跨平台兼容性。
- 转换字节序：在发送数据前，将数据转换为网络字节序；在接收数据后，将数据转换回主机字节序。

2）字节序转换函数

常用的字节序转换函数有：

- htons（host to network short）：将 16 位短整数从主机字节序转换为网络字节序。
- htonl（host to network long）：将 32 位长整数从主机字节序转换为网络字节序。
- ntohs（network to host short）：将 16 位短整数从网络字节序转换为主机字节序。
- ntohl（network to host long）：将 32 位长整数从网络字节序转换为主机字节序。

这些函数可以在大多数系统中使用，并且通常包含在 arpa/inet.h（POSIX 系统）或 winsock2.h（Windows 系统）头文件中。

【示例展示】

以下示例演示如何在跨平台环境中处理字节序问题，以确保数据被正确传输和解析。

```cpp
#include <iostream>
#include <cstring>
#include <arpa/inet.h> // 对于Windows系统使用 #include <winsock2.h>
#include <sys/socket.h>
#include <netinet/in.h>
```

```cpp
#include <unistd.h>

// 检查系统是不是大端字节序
bool is_big_endian() {
    uint16_t num = 0x1;
    return *(reinterpret_cast<char*>(&num)) == 0;
}

// 字节序转换函数
uint16_t swap_endian(uint16_t val) {
    return (val << 8) | (val >> 8);
}

uint32_t swap_endian(uint32_t val) {
    return ((val << 24) & 0xFF000000) |
           ((val << 8)  & 0x00FF0000) |
           ((val >> 8)  & 0x0000FF00) |
           ((val >> 24) & 0x000000FF);
}

void server() {
    int server_fd, new_socket;
    struct sockaddr_in address;
    int opt = 1;
    int addrlen = sizeof(address);
    uint32_t data;

    // 创建服务器套接字
    server_fd = socket(AF_INET, SOCK_STREAM, 0);
    if (server_fd == 0) {
        perror("socket failed");
        exit(EXIT_FAILURE);
    }

    // 绑定服务器地址
    address.sin_family = AF_INET;
    address.sin_addr.s_addr = INADDR_ANY;
    address.sin_port = htons(8080); // 端口号转换为网络字节序

    if (bind(server_fd, (struct sockaddr *)&address, sizeof(address)) < 0) {
        perror("bind failed");
        close(server_fd);
        exit(EXIT_FAILURE);
    }

    // 监听连接
    if (listen(server_fd, 3) < 0) {
        perror("listen");
        close(server_fd);
        exit(EXIT_FAILURE);
    }

    // 接收客户端连接
    new_socket = accept(server_fd, (struct sockaddr *)&address, (socklen_t*)&addrlen);
    if (new_socket < 0) {
        perror("accept");
        close(server_fd);
        exit(EXIT_FAILURE);
    }
```

```
    // 接收数据
    read(new_socket, &data, sizeof(data));
    data = ntohl(data); // 转换为主机字节序

    std::cout << "接收到的数据（主机字节序）: 0x" << std::hex << data << std::endl;

    close(new_socket);
    close(server_fd);
}

void client() {
    struct sockaddr_in address;
    int sock = 0;
    uint32_t data = 0x12345678;
    struct sockaddr_in serv_addr;

    // 创建客户端套接字
    sock = socket(AF_INET, SOCK_STREAM, 0);
    if (sock < 0) {
        std::cerr << "Socket creation error" << std::endl;
        return;
    }

    serv_addr.sin_family = AF_INET;
    serv_addr.sin_port = htons(8080); // 端口号转换为网络字节序

    // 连接到服务器
    if (connect(sock, (struct sockaddr *)&serv_addr, sizeof(serv_addr)) < 0) {
        std::cerr << "Connection Failed" << std::endl;
        close(sock);
        return;
    }

    data = htonl(data); // 转换为网络字节序
    send(sock, &data, sizeof(data), 0);
    std::cout << "数据已发送" << std::endl;

    close(sock);
}

int main() {
    pid_t pid = fork();

    if (pid == 0) {
        sleep(1); // 等待服务器启动
        client();
    } else if (pid > 0) {
        server();
    } else {
        std::cerr << "Fork failed" << std::endl;
        return 1;
    }

    return 0;
}
```

在这个示例中，服务器和客户端都在发送和接收数据时进行了字节序转换。服务器将接收到的网络字节序数据转换为主机字节序进行处理，客户端在发送数据前将主机字节序转换为网络字节序。

3）字节序转换的新方案：std::byteswap

在C++23中引入的std::byteswap为字节序转换提供了一种新的、标准化的解决方案。与传统的网络字节序转换函数（如htonl和ntohl）相比，这个新方案具有以下几个优势：

- 类型通用性：std::byteswap是一个模板函数，能够处理任何整数类型的数据。这使得它不仅限于处理特定大小的数据（如16位或32位），而是可以灵活地应用于各种整型数据。
- 简洁的语法：由于其简单直观的函数签名，使得使用std::byteswap进行字节序转换非常直观。例如，使用std::byteswap(value)即可实现字节序的反转，无须进行额外的类型转换或复杂的操作。
- 无依赖性：std::byteswap不依赖于操作系统提供的库，因此其跨平台性更强。它作为标准库的一部分，可以在任何支持C++23标准的编译器上使用，不受特定平台或系统库的限制。
- 执行效率：这个函数旨在以最优化的方式执行，利用编译器的优化能力，可能直接转换为单一的机器指令，尤其在现代编译器和硬件上。

在跨平台数据交换中，数据通常需要在不同的系统间传输，这些系统可能使用不同的字节序（大端或小端）。在这种情况下，使用std::byteswap可以确保数据在被发送前转换为适当的字节序，以及在被接收后转换回适用于本地处理的字节序。例如：

- 发送数据：在将数据从小端系统发送到大端系统前，使用std::byteswap将数据的字节序从小端转换为大端。
- 接收数据：在从大端系统接收数据到小端系统后，使用std::byteswap将数据的字节序从大端转换回小端。

【示例展示】

假设有一个跨平台的应用场景，其中一个小端系统需要发送一个整数给一个大端系统。

```cpp
#include <bit>
#include <iostream>
#include <cstdint>
int main() {
    uint32_t num = 0x12345678;  // 假设这是需要发送的数据
    std::cout << "原始数据: 0x" << std::hex << num << std::endl;

    // 转换字节序以适应大端接收
    uint32_t swapped = std::byteswap(num);
    std::cout << "转换后的数据: 0x" << std::hex << swapped << std::endl;

    // 假设这是在接收方
    uint32_t received = std::byteswap(swapped);
    std::cout << "接收后的数据（转回原始字节序）: 0x" << std::hex << received << std::endl;

    return 0;
}
```

在这个例子中，std::byteswap被用来在发送前将数据的字节序从小端转换为大端，以及在接收到数据后将其转换回小端。

在使用std::byteswap时，最好的做法是：

- 清晰定义数据字节序：在设计数据传输协议时，明确指定使用的字节序。
- 使用标准化函数：采用如std::byteswap这样的标准库函数来处理字节序转换，提高代码的可读性和可维护性。

- 测试跨平台兼容性：在实际部署前，在不同的平台上测试数据传输，确保数据在所有目标平台上都能被正确解析和处理。

通过这种方式，std::byteswap不仅增强了代码的可移植性和健壮性，还简化了跨平台开发中经常遇到的字节序问题的处理。

3.8 自定义工具的实现

本节将探索C++高级编程的一个关键领域——自定义工具的实现。相信大多数C++程序员都熟悉标准库提供的各种工具和方法，但在面对需要定制解决方案的复杂场景时，许多开发者往往感到无从下手。本节旨在弥补这一知识空缺，教会读者如何从头开始构建那些能够提高代码效率和适应性的自定义工具。

3.8.1 自定义迭代器

迭代器是C++标准库中的一个核心概念，用于访问和遍历容器（如数组、列表和向量）中的元素。这些容器中的元素通常组成一个"序列"，迭代器允许按顺序访问序列中的每个元素。虽然标准库提供了多种迭代器，但在某些情况下，为特定的数据结构实现自定义迭代器是非常有用的。

1. 迭代器的基本概念

在C++中，迭代器是用来访问和遍历容器（如数组、列表和向量）元素的对象。它们模拟了指针的功能，但提供了更高级的操作，允许以统一的方式对各种数据结构进行操作。迭代器是现代C++编程中不可或缺的工具，特别是在处理集合数据时。

1）迭代器的分类

迭代器可以根据它们支持的操作类型分为5种不同的类别，如图3-6所示。

- 输入迭代器：允许读取容器中的数据，但不允许修改数据。它们只能单向移动（只能递增）。
- 输出迭代器：只能用于在容器中写入数据，不能读取或修改数据。它们同样只能单向移动。
- 前向迭代器：比输入和输出迭代器的功能更强，允许读写操作，并可以多次遍历容器中的数据。前向迭代器同样只支持单向移动。
- 双向迭代器：在前向迭代器的基础上增加了向后移动的能力，允许双向操作容器中的数据。
- 随机访问迭代器：提供了最强大的功能，支持全面的数据访问，包括直接访问任何元素、元素之间的跳跃访问（例如，通过加法和减法），以及比较操作。这种迭代器的功能类似于原始指针，广泛用于数组和向量中。

在了解了迭代器种类的基本知识后，我们可以进一步思考：如何在实际编程中判断并应用不同类型的迭代器呢？这不仅有助于提高代码效率，还能在设计泛型算法时做出更精确的操作决策。

在C++标准库中，std::iterator_traits是一个模板结构，它为迭代器类型提供了统一的方式来查询其特性。迭代器的特性包括：

- iterator_category：迭代器的类别，如输入迭代器、输出迭代器、前向迭代器、双向迭代器或随机访问迭代器。

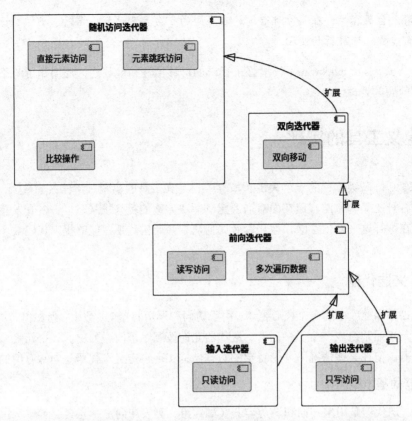

图 3-6   迭代器分类图

- value_type：迭代器指向的元素类型。
- difference_type：用于表示两个迭代器之间的距离的类型。
- pointer：指向迭代器元素类型的指针类型。
- reference：迭代器元素类型的引用类型。

这些特性对于编写通用和高效的模板代码非常关键。例如，当开发一个通用算法时，通过 std::iterator_traits可以不需要知道迭代器的具体类型，就能获取关于其指向的元素类型的信息，从而使算法能够适用于不同类型的迭代器。此外，迭代器类别的信息可以帮助算法决定使用哪种操作，比如只有随机访问迭代器才能进行快速跳跃访问和算术运算。

【示例展示】

以下示例展示如何使用std::iterator_traits来编写一个泛型函数，该函数根据迭代器的类别执行不同的操作：

```
#include <iostream>
#include <vector>
#include <iterator>
#include <list>

// 泛型函数，根据迭代器的类型使用不同的逻辑
template <typename Iterator>
void process_elements(Iterator begin, Iterator end) {
    using Category = typename std::iterator_traits<Iterator>::iterator_category;
    if constexpr (std::is_same<Category, std::random_access_iterator_tag>::value) {
```

```
        // 如果是随机访问迭代器，可以使用加法快速跳跃
        std::cout << "随机访问迭代器，支持快速跳跃访问: " << std::endl;
        size_t distance = end - begin;
        for (size_t i = 0; i < distance; i += 2) {
            std::cout << begin[i] << " ";  // 直接跳跃访问
        }
    } else {
        // 对于其他类型的迭代器，使用标准的递增
        std::cout << "标准迭代器，逐元素访问: " << std::endl;
        while (begin != end) {
            std::cout << *begin << " ";
            ++begin;
        }
    }
    std::cout << std::endl;
}

int main() {
    std::vector<int> v{1, 2, 3, 4, 5, 6, 7, 8, 9};
    std::list<int> l{10, 20, 30, 40, 50, 60, 70, 80, 90};
    std::cout << "使用vector: " << std::endl;
    process_elements(v.begin(), v.end());

    std::cout << "使用list: " << std::endl;
    process_elements(l.begin(), l.end());

    return 0;
}
```

在这个示例中：

- 定义了一个泛型函数process_elements，它接收任意类型的迭代器。
- 使用了std::iterator_traits来检查迭代器的类别，并据此决定使用的逻辑。
- 对于随机访问迭代器（如std::vector的迭代器），使用了索引来实现快速跳跃访问。
- 对于非随机访问迭代器（如std::list的迭代器），使用了标准的逐个元素访问。

此示例清晰地展示了利用std::iterator_traits编写通用且高效的代码的方法。通过识别迭代器的类型，我们可以选择最适合的操作策略，特别是在处理支持随机访问的容器时，这种方法能显著提高性能。std::iterator_traits的应用不仅增强了代码的灵活性，而且优化了数据处理效率，尤其在面对大数据量时。在实现自定义迭代器的过程中，通过特化std::iterator_traits，可以确保这些迭代器与期望使用标准迭代器特性的模板代码兼容。这一步骤不仅提升了自定义迭代器的可用性，而且确保了与现有标准库算法的无缝集成。

2）迭代器的工作原理

迭代器通过重载指针运算符（如解引用*和成员访问->）以及增加和减少操作符（如++和--），模拟指针的行为。例如，随机访问迭代器还会重载加法和减法运算符，使得可以实现类似于指针的算术运算。

【示例展示】

假设我们有一个简单的容器std::vector<int>，使用迭代器遍历这个容器中的所有元素。

```
#include <iostream>
#include <vector>

int main() {
    std::vector<int> vec = {1, 2, 3, 4, 5};
    std::vector<int>::iterator it;
```

```
    std::cout << "使用迭代器遍历vector: " << std::endl;
    for (it = vec.begin(); it != vec.end(); ++it) {
        std::cout << *it << " ";
    }
    std::cout << std::endl;

    return 0;
}
```

在这个例子中，begin()函数返回一个指向容器中的第一个元素的迭代器，而end()返回一个指向容器中的最后一个元素之后的位置的迭代器。通过不断增加迭代器it（++it），我们可以遍历整个容器。

3）为什么需要自定义迭代器

虽然标准库为常用的容器提供了迭代器，但在开发自定义数据结构（如链表或树结构）时，标准迭代器可能无法满足特定需求。此时，定义符合该数据结构特性的迭代器，能够提高代码的封装性和可复用性，同时使得数据结构可以无缝集成到C++标准库算法中，从而保持代码的清晰和一致。

2. 实现自定义迭代器

实现一个自定义迭代器通常涉及创建一个类，该类实现了迭代器应有的一系列操作符（或称运算符），如递增（++）、解引用（*）、比较（== 和 !=）等。

【示例展示】

实现一个简单的数组迭代器。

```cpp
template<typename T>
class ArrayIterator {
public:
    // 定义类型别名
    using value_type = T;
    using pointer = T*;
    using reference = T&;

private:
    pointer ptr;  // 指向数组元素的指针

public:
    ArrayIterator(pointer p) : ptr(p) {}

    // 前缀递增
    ArrayIterator& operator++() {
        ptr++;
        return *this;
    }

    // 后缀递增
    ArrayIterator operator++(int) {
        ArrayIterator temp = *this;
        ++(*this);
        return temp;
    }

    // 解引用
    reference operator*() const {
        return *ptr;
    }

    // 指针访问
    pointer operator->() {
```

```
        return ptr;
    }
    // 等于
    bool operator==(const ArrayIterator& other) const {
        return ptr == other.ptr;
    }

    // 不等于
    bool operator!=(const ArrayIterator& other) const {
        return ptr != other.ptr;
    }
};
```

3. 使用自定义迭代器

一旦定义了迭代器，就可以将它用于标准算法中或用来构造支持迭代的自定义容器。

【示例展示】

```
int main() {
    int arr[] = {1, 2, 3, 4, 5};
    ArrayIterator<int> begin(arr);
    ArrayIterator<int> end(arr + sizeof(arr)/sizeof(arr[0]));

    for (ArrayIterator<int> it = begin; it != end; ++it) {
        std::cout << *it << " ";
    }
    std::cout << std::endl;
}
```

通过自定义迭代器，开发者可以为特定的数据结构提供自然和高效的遍历方法。这不仅增强了代码的可读性，还提高了与C++标准库其他部分的兼容性。

4. 切换不同的迭代器

在讨论了自定义迭代器的创建和使用之后，一个进阶的话题是如何在不同迭代器之间进行切换，以应对不同的编程需求和场景。切换不同的迭代器是一种高级技巧，它可以极大增强程序的灵活性和效率，特别是在处理复杂或不同特性的数据结构时。

切换迭代器主要涉及以下几个关键点：

1）动态选择迭代器

在某些情况下，根据容器的特定属性或数据的特定状态选择最适合的迭代器类型是非常有用的。例如，如果一个容器支持随机访问迭代器，那么在执行需要频繁随机访问的操作时使用随机访问迭代器将极大提高效率；如果容器仅支持前向迭代器，则可能需要使用不同的策略或优化技术。

2）使用策略模式实现迭代器切换

策略模式是一种设计模式，允许在运行时选择算法的行为。通过将迭代器封装在具有公共接口的类中，可以根据不同的情况动态切换不同的迭代器。这种方式非常适合需要处理多种数据结构，且每种结构需要不同遍历策略的场景。

3）模板特化和条件编译

在编译时根据不同的条件选择不同的迭代器实现。使用预处理指令或模板特化可以在编译时决定使用哪种类型的迭代器，这种方法常用于依赖特定硬件或编译环境的程序。

4）利用using别名简化迭代器切换

在C++中，using关键字可以用来定义类型别名，这使得更换迭代器类型变得非常简单。通过在类或模板的顶部定义迭代器别名，可以轻松地在不同类型的迭代器间切换，而无须大量修改代码。

【示例展示】

假设有一个数据处理库，需要根据数据的大小和类型选择最适合的迭代器，可以使用策略模式和模板特化这样设计：

```cpp
// 抽象基类，定义迭代器的接口
template<typename T>
class AbstractIterator {
public:
    virtual T& operator*() = 0;
    virtual AbstractIterator<T>& operator++() = 0;
    virtual bool operator!=(const AbstractIterator<T>& other) = 0;
    virtual ~AbstractIterator() {}
};

// 具体迭代器类，实现随机访问迭代器
template<typename T>
class RandomAccessIterator : public AbstractIterator<T> {
private:
    T* ptr;
public:
    RandomAccessIterator(T* p) : ptr(p) {}
    T& operator*() override { return *ptr; }
    AbstractIterator<T>& operator++() override { ++ptr; return *this; }
    bool operator!=(const AbstractIterator<T>& other) const override {
        return ptr != dynamic_cast<const RandomAccessIterator<T>&>(other).ptr;
    }
};

// 迭代器选择器，运行时决定使用哪种迭代器
template<typename T, typename Container>
AbstractIterator<T>* createIterator(Container& container, bool isRandomAccess) {
    if (isRandomAccess) {
        return new RandomAccessIterator<T>(container.data());
    } else {
        // 返回其他类型的迭代器
    }
}
```

在这个设计中，根据容器是否支持随机访问，在运行时选择相应的迭代器实现。这种设计允许在不同的迭代器之间进行切换，以适应不同的数据结构和需求，同时保持代码的一致性和可维护性。

总之，迭代器的灵活使用和切换是提高C++程序设计效率和性能的关键策略之一，特别是在处理复杂或多样化数据结构的场景中，通过合理地应用这些技术，可以极大地提升程序的灵活性和响应能力。

3.8.2　自定义哈希函数

哈希表是一种关键的数据结构，在计算机科学中广泛用于管理和访问数据。通过使用哈希函数将数据键转换为数组索引，哈希表允许快速访问数据，通常提供平均常数时间复杂度的插入、查找和删除操作。

1. C++哈希表

在C++中，标准库中的std::unordered_map和std::unordered_set是基于哈希表实现的容器，它们使用哈希函数来优化数据的存储和访问速度。

1）哈希表的结构和使用场景

哈希表通过一个数组来存储元素，每个元素的位置（称为"槽"或"桶"）通过哈希函数计算得到。哈希函数接收一个键作为输入，并返回一个整数，该整数决定了键-值对（key-value pair）在表中的存储位置。

哈希表高效的数据访问能力，使其成为数据库索引、缓存实现、查找表和集合处理中的首选数据结构。特别是在处理大量数据且需要频繁查找或更新数据项的应用场景中，哈希表显示出无可比拟的效率。

2）为何哈希表需要哈希函数

在C++的标准库中，std::unordered_map和std::unordered_set等容器对于常见的数据类型（如整数、浮点数、字符串）已经提供了有效的默认哈希函数。这些函数足以处理大多数应用场景，提供了良好的性能和适当的冲突率。

然而，在某些特定情况下，自定义哈希函数成为必要：

- 复杂数据类型：对于自定义类或结构体，标准库不提供哈希实现，需要自定义哈希函数以确保正确的数据映射。
- 性能优化：针对具体的数据特性或高频使用场景，自定义哈希函数可以优化性能，减少冲突。
- 安全需求：在需要防止哈希碰撞攻击的安全敏感应用中，复杂且难以预测的哈希函数可以增强系统安全。
- 特定冲突解决策略：根据应用需求，特定的冲突解决技术（如开放寻址法或链地址法）可能需要特定的哈希函数支持。

理解并实现自定义哈希函数可以提高程序的性能、适应性和安全性，尤其在处理非标准数据类型或特定应用场景时。

表3-5总结了哪些结构需要自定义哈希函数，以帮助读者更好地明确使用场景。

表3-5　常见的哈希表存储类型

数据类型/结构	是否需要自定义哈希函数	说　　明
基本数据类型（int, float等）	不需要	标准库已提供高效的哈希函数
字符串类型（std::string）	不需要	标准库提供的哈希函数通常足够使用
自定义类或结构体	需要	需要提供自定义哈希函数以适应类/结构体的特定属性
枚举类型	通常不需要	如果枚举映射简单，标准的整数哈希通常足够
复杂数据结构（例如元组）	可能需要	如果元组内的类型复杂或不规则，可能需要自定义哈希
指针类型	通常不需要	直接哈希指针值通常足够，除非有特殊需求
容器类型（如向量、列表）	需要	容器类型不直接支持哈希，需根据内容自定义哈希函数

2. 哈希函数的基本要求

要确保哈希表的高效性和准确性，一个良好的哈希函数需要满足以下几个基本要求：

- 一致性：哈希函数必须保证对于同一对象，无论何时调用都应返回相同的哈希值。这是确保数据在哈希表中被正确存储和检索的基础。
- 高效性：哈希函数的计算应高效和快速，以保持整体数据结构的性能。处理速度延迟将直接影响到哈希表的性能表现。
- 均匀分布：哈希函数应能将输入均匀分布在所有可能的哈希值上，以减少冲突。均匀分布有助于优化存储结构，使得各个桶（bucket）的数据量尽可能平衡。
- 最小化冲突：尽管哈希冲突不可完全避免，但好的哈希函数应尽量减少这种情况的发生。冲突过多会增加哈希表操作的复杂度，从而降低效率。
- 适应性：在某些情况下，哈希函数应具备一定的适应性，能够根据不同的数据特点或应用需求进行调整。例如，在安全敏感的应用中，可能需要设计防碰撞的哈希函数以增强数据的保密性。

这些要求构成了设计和评估任何哈希函数的基础，确保哈希表作为一种数据结构能够在多种环境下提供高效、可靠的性能。

3. 实现自定义哈希函数

要为自定义类型实现哈希函数，需要创建一个结构体，该结构体重载operator()。这个操作符（或运算符）应该接收一个自定义类型的对象，并返回一个size_t类型的哈希值。

【示例展示】

```
#include <iostream>
#include <unordered_set>

class Point {
public:
    int x, y;

    // 构造函数
    Point(int x, int y) : x(x), y(y) {}

    // 等于运算符，用于比较两个点是否相同
    bool operator==(const Point& other) const {
        return x == other.x && y == other.y;
    }
};

// 自定义哈希函数
struct PointHash {
    // 哈希运算符函数
    std::size_t operator()(const Point& p) const {
        std::hash<int> int_hash;
        // 使用位运算以增加散列效果，有助于均匀分布哈希值
        // 原则：高效性，尝试最小化冲突，但这种简单的方法在特定数据分布下仍然会引起冲突
        return int_hash(p.x) ^ (int_hash(p.y) << 1);
    }
};
```

```cpp
    // 自定义等于函数
    struct PointEqual {
        // 比较两个点是否相等
        bool operator()(const Point& p1, const Point& p2) const {
            return p1.x == p2.x && p1.y == p2.y;
        }
    };

    int main() {
        std::unordered_set<Point, PointHash, PointEqual> points;
        points.insert(Point(1, 2));
        points.insert(Point(3, 4));
        points.insert(Point(1, 2)); // 不会添加, 因为(1,2)已存在

        // 输出集合中的所有点
        for (const auto& p : points) {
            std::cout << "(" << p.x << ", " << p.y << ")" << std::endl;
        }
    }
```

通过上述Point类及其相关哈希处理示例，我们初步探讨了如何为自定义类型实现基础哈希函数。这种简单的实现是理想的入门示例，可以帮助读者快速了解和掌握哈希表的基本操作及其在C++中的应用。

然而，对于那些设计要求更为严格的生产环境，我们需要进一步优化哈希策略。在实际应用中，尤其在数据量大、安全要求高或者性能需求严格的情况下，基础哈希函数可能无法满足所有的技术要求。因此，可以根据需求考虑：

- 引入更复杂的哈希逻辑：为了更好地处理数据分布和减少冲突，推荐使用高级的哈希算法，如MurmurHash或CityHash。这些算法在提供优异的冲突管理和分布均匀性方面表现出色，特别适用于处理大规模数据集。
- 进行哈希质量测试：确保哈希函数的有效性和一致性是至关重要的，特别是在数据敏感或性能关键的应用中。通过对不同数据点的哈希值分布进行测试，可以确保哈希函数没有明显的偏差和不规则模式，从而验证其在实际环境中的适用性。

采取这些措施将帮助确保在复杂和要求严格的环境中，哈希函数能够表现出更高的效率和可靠性。

自定义哈希函数允许开发者控制数据如何在哈希表中分布，这对于优化性能和避免冲突是非常重要的。当标准的哈希函数不适用于我们的数据类型时，自定义哈希函数就显得尤为重要。

3.8.3　自定义智能指针删除器

在C++中，智能指针（如std::unique_ptr和std::shared_ptr）是管理动态分配内存的现代且安全的方式。默认情况下，这些智能指针使用delete操作符来释放内存，但有时可能需要一个不同的清理策略，比如关闭文件句柄或释放网络资源。下面将探讨如何为智能指针实现自定义删除器，并展示其在资源管理中的应用。

1. 自定义删除器的必要性

当处理的资源不仅仅是通过new分配的内存时，自定义删除器就变得非常有用。例如，使用操作系统的资源（如文件句柄或网络连接）时，通常需要调用特定的函数来正确释放这些资源。

2. 实现自定义删除器

自定义删除器可以是一个函数、Lambda表达式或任何可调用的对象,只要它们符合删除器的要求,即接收一个参数(指向需要被清理资源的指针)。

【示例展示】

使用Lambda表达式作为自定义删除器。

```cpp
#include <memory>
#include <iostream>
#include <fstream>

int main() {
    // 使用Lambda表达式作为自定义删除器
    std::unique_ptr<std::ofstream, void(*)(std::ofstream*)> logFile(
        new std::ofstream("log.txt"),
        [](std::ofstream* p) {
            p->close();              // 正确关闭文件
            delete p;                // 释放内存
            std::cout << "File closed and memory freed.\n";
        }
    );

    *logFile << "Log message" << std::endl;
}
```

在这个示例中,std::unique_ptr使用了一个Lambda表达式作为删除器,它不仅关闭了文件流,还删除了指针。这种方法保证了资源的正确释放,即使在异常情况下也能正常工作。

3. 使用自定义删除器的优点

使用自定义删除器有以下优点:

- 灵活性: 允许指定释放资源的确切方式,这对于非标准资源尤为重要。
- 安全性: 确保资源总是以正确的方式被释放,减少内存泄漏和资源占用的风险。
- 可读性和可维护性: 明确资源管理逻辑,使代码更易于理解和维护。

总之,自定义删除器为智能指针提供了一种强大的方式来确保所有类型的资源都能得到正确管理。无论是管理文件、网络资源还是其他类型的特殊资源,通过自定义删除器,开发者都可以确保资源在不再需要时被适当地释放。这种模式不仅增强了程序的稳定性,也提高了其安全性和效率。

3.8.4　表达式模板

表达式模板是C++的一个高级模板技术,主要通过延迟计算和表达式优化来减少或消除中间临时对象的生成,从而显著提高性能。

1. 表达式模板的概念

虽然表达式模板依赖于模板编程,但其应用的重点和目的与模板元编程有明显的不同。

模板元编程是一种使用模板作为编译时计算的手段,允许在编译期进行复杂的逻辑和计算操作,常用于实现编译时算法、生成基于模板参数的条件代码等。它的核心在于利用模板的递归和特化能力,实现在编译时确定的结构和逻辑。

表达式模板则专注于运行时的优化。它们通过构造一个能够代表整个计算表达式的轻量级对象，延迟执行实际的数值计算，直到这些结果真正需要被评估（例如，赋值操作或输出操作）。这样，编译器可以在执行计算之前，优化整个表达式，合并多个操作，避免创建不必要的中间值。

这两种技术的关键区别在于：

- 应用目的：模板元编程主要用于编译时代码生成和逻辑判断，而表达式模板则用于运行时的性能优化。
- 处理时机：模板元编程在编译时解决问题，表达式模板则解决运行时的效率问题。
- 使用场景：模板元编程适用于需要编译时决策的场合，表达式模板则是在需要高效处理大规模数值计算时使用。

通过引入表达式模板，可以极大地优化那些涉及重复数据操作的代码段，特别是在科学计算、图像处理和统计分析等领域，操作往往包括大量连续的数值计算。

2. 表达式模板的适用场景

想象一下，我们正在处理一个涉及大规模数据集的科学计算项目，每一次计算都涉及成百上千的矩阵和向量操作。在传统的实现中，这些操作会产生大量的临时对象，导致程序频繁申请和释放内存，从而严重影响性能。表达式模板恰好可以解决这一问题。

下面列出了一些具体场景，说明为什么我们需要表达式模板。

- 数值计算密集型任务：在进行大量数值计算（如矩阵乘法或向量加法）时，表达式模板通过编译时的计算优化，提高了操作的效率和速度。
- 避免临时对象的创建：在传统的数值运算中，频繁的创建和销毁临时对象不仅花费时间，还增加了内存管理的复杂性。表达式模板通过优化这些操作，可以减少或消除临时对象的生成。
- 支持延迟计算：在某些应用中，可能需要推迟计算的执行直到真正需要其结果，以优化资源的使用和执行时间。表达式模板通过构建一个可执行的操作序列，仅在必要时触发计算。
- 代码优化：表达式模板允许编译器识别并优化计算中的冗余部分。例如，合并多个循环或消除不必要的变量，以生成更高效的机器代码。

3. 表达式模板示例

下面将通过一个具体的编程示例来探讨表达式模板在实际应用中的作用。我们将实现一个简单的向量加法操作，这是数值计算中常见的需求。通过这个示例，我们不仅可以看到表达式模板如何简化代码，还能观察到它们如何优化性能，尤其在处理大规模数据时。

```cpp
#include <iostream>
#include <vector>

// 表达式模板基类
template<typename E>
class VecExpression {
public:
    // 重载操作符[]：获取表达式中的元素
    double operator[](size_t i) const { return static_cast<const E&>(*this)[i]; }

    // 返回表达式的大小
    size_t size() const { return static_cast<const E&>(*this).size(); }
};
```

```cpp
// 向量类模板
template<typename T>
class Vector : public VecExpression<Vector<T>> {
    std::vector<T> elems;

public:
    // 构造函数：构造指定大小的向量
    Vector(size_t n) : elems(n) {}

    // 构造函数：从初始化列表构造向量
    Vector(std::initializer_list<T> init) : elems(init) {}

    // 构造函数：从任意 VecExpression 对象构造向量
    template<typename E>
    Vector(const VecExpression<E>& vec) {
        elems.resize(vec.size());
        for (size_t i = 0; i != vec.size(); ++i) {
            elems[i] = vec[i];
        }
    }

    // 返回向量的大小
    size_t size() const { return elems.size(); }

    // 重载操作符[]：获取向量中的元素（const 和非 const 版本）
    T operator[](size_t i) const { return elems[i]; }
    T& operator[](size_t i) { return elems[i]; }

    // 赋值运算符：将任意 VecExpression 对象赋值给向量
    template<typename E>
    Vector& operator=(const VecExpression<E>& expr) {
        if (this->size() != expr.size()) {
            elems.resize(expr.size());
        }
        for (size_t i = 0; i < expr.size(); i++) {
            elems[i] = expr[i];
        }
        return *this;
    }
};

// 表达式模板：两个向量的和
template<typename E1, typename E2>
class VecSum : public VecExpression<VecSum<E1, E2>> {
    const E1& u;
    const E2& v;

public:
    // 构造函数：接收两个表达式对象
    VecSum(const E1& u, const E2& v) : u(u), v(v) {}

    // 返回表达式的大小
    size_t size() const { return u.size(); }

    // 重载操作符[]：计算两个表达式中对应元素的和
    double operator[](size_t i) const { return u[i] + v[i]; }
};

// 操作符（或运算符）重载：两个表达式对象的和
```

```
template<typename E1, typename E2>
VecSum<E1, E2> operator+(const VecExpression<E1>& u, const VecExpression<E2>& v) {
    return VecSum<E1, E2>(static_cast<const E1&>(u), static_cast<const E2&>(v));
}

int main() {
    // 创建两个向量对象
    Vector<double> v = {1.0, 2.0, 3.0};
    Vector<double> w = {4.0, 5.0, 6.0};

    // 使用表达式模板进行向量相加
    Vector<double> x = v + w;

    // 输出结果
    for (size_t i = 0; i < x.size(); i++) {
        std::cout << x[i] << ' ';
    }
    std::cout << std::endl;

    return 0;
}
```

这个示例展示了如何使用表达式模板来实现向量的加法操作，其中包括了向量类模板（Vector）、表达式模板基类（VecExpression）、向量加法表达式模板（VecSum）以及相应的操作符重载。

- VecExpression基类：定义了表达式模板的基本接口，包括重载操作符[]和提供表达式的大小（size）。
- Vector向量类模板：表示实际的向量对象，包含了构造函数和对向量进行操作的方法，通过模板继承自 VecExpression，使得 Vector 类可以兼容表达式模板。
- VecSum表达式模板：用于表示两个向量相加的表达式，继承自VecExpression；包含了两个成员变量，用于存储两个待相加的表达式；重载了[]操作符，用于计算两个表达式中对应元素的和。
- 操作符（或运算符）重载：重载了"+"运算符，用于两个表达式对象的相加，返回一个VecSum表达式对象。
- main函数：创建了两个向量对象v和w，通过表达式模板进行向量相加，得到结果向量x，输出了结果向量x中的每个元素。

通过这种方式，可以实现对向量的加法操作，而且不需要创建额外的临时向量，提高了运行效率。现在，让我们对这个例子逐一解析，理解表达式模板的核心机制。

```
// 创建两个向量对象
Vector<double> v = {1.0, 2.0, 3.0};
Vector<double> w = {4.0, 5.0, 6.0};

// 使用表达式模板进行向量相加
Vector<double> x = v + w;
```

上述代码解析如下：

- 创建向量对象：创建了两个Vector<double>类型的向量对象v和w。
- 向量相加：使用表达式模板进行向量相加。此时，编译器在解析运算符重载时会尝试找到最适合的版本。因为Vector类自身没有直接定义operator+，所以编译器需要找到其他方法来解析v+w。由于Vector<T>继承自VecExpression<Vector<T>>，因此v和w的实例同时也是VecExpression的实例。这时，全局的operator+函数模板成为解析这个加法运算的候选者。此函数接收两个VecExpression类型的参数，并返回一个VecSum类型的对象，表示两个向量的和。

此过程并未立即执行加法运算，而是创建了一个VecSum对象，记录了两个向量相加的方法。

- 延迟计算：VecSum对象创建后，加法运算并未立即进行，而是延迟到我们访问x中的元素时才执行。这意味着此时没有生成新的临时向量或进行实际的数学运算。

因此，表达式v + w实际上创建了一个VecSum<Vector<double>, Vector<double>>类型的临时对象，该对象代表两个向量的和。在表达式模板中，VecSum类型代表两个向量的和，但它并不存储具体的计算结果，而是记录了如何执行加法操作。当我们对VecSum对象执行操作时，才会真正进行加法运算并生成结果。当计算完v + w后，这个操作触发了拷贝初始化，需要从表达式结果（如VecSum）构造Vector对象。我们的Vector类通过提供一个模板构造函数，允许从任何VecExpression对象构造Vector对象：

```cpp
template<typename E>
Vector(const VecExpression<E>& vec) {
    elems.resize(vec.size());
    for (size_t i = 0; i != vec.size(); ++i) {
        elems[i] = vec[i];
    }
}
```

因此，当我们将VecSum<Vector<double>, Vector<double>>类型的对象赋值给Vector<double>类型的对象x时，编译器会自动调用此模板构造函数，将VecSum对象中的数据复制到x中，使得x的最终类型为Vector<double>。

在简单情况下，直接在Vector类中实现加法运算符重载可能是一种更直接且更易于理解的方法。然而，采用表达式模板和全局运算符重载在大规模数学运算和性能优化中提供了若干优势：

1）避免不必要的临时对象

直接在Vector类中重载加法通常会导致每次运算时都创建新的临时Vector对象来存储结果。在连续运算（如v + w + x + y）中，这可能产生多个临时对象，导致效率低下。

表达式模板通过推迟计算，仅在实际需要结果（例如赋值或访问特定元素时）才执行加法，避免了创建不必要的临时对象。

2）优化连续运算

表达式模板使编译器能够看到整个操作序列，从而提供更高级的优化机会，如循环合并或向量化指令的使用。例如，在表达式v + w + x中，若无表达式模板，可能需要遍历数组两次；而有了表达式模板，整个计算可能只需一个循环即可完成。

3）灵活性和可扩展性

通过使用表达式模板和全局运算符重载，可以更灵活地处理不同类型的向量或矩阵运算。这种方法允许轻松定义向量与标量之间的运算，或不同类型的向量运算（如Vector<double>与Vector<float>），无须为每种类型组合重载运算符。

4）保持Vector类的简洁性

将运算符重载与数学运算逻辑分离到不同的类（如VecSum）中，使Vector类保持简洁并专注于基本的向量操作。这样的分离提高了代码的模块化和可维护性。

如果在Vector类中直接定义operator+，实现可能如下所示。

```cpp
Vector operator+(const Vector& rhs) const {
    Vector result(this->size());
    for (size_t i = 0; i < this->size(); i++) {
```

```
        result[i] = this->elems[i] + rhs.elems[i];
    }
    return result;
}
```

虽然在Vector类中直接定义operator+的方法直观且易于实现，但每次加法运算都会创建一个新的Vector实例来存储结果。在处理小规模数据时，这种方式可能效果尚可，但在复杂或大规模计算中，频繁生成和销毁临时对象会显著增加内存和处理开销，影响整体效率。因此，在性能敏感的应用场景中，这种方法可能并非最优的选择。

4．扩展到其他操作

表达式模板的核心目标是优化临时对象的创建和避免不必要的数据复制。它通过延迟计算来实现，即不立即计算运算表达式的结果，而是构建一个代表该表达式的对象，直到最终需要结果时（如赋值或访问操作）才进行真正的计算。

除了加法，还可以使用类似的模板结构来处理减法和乘法。

```cpp
template<typename E1, typename E2>
class VecSub : public VecExpression<VecSub<E1, E2>> {
    const E1& u;
    const E2& v;

public:
    VecSub(const E1& u, const E2& v) : u(u), v(v) {}
    double operator[](size_t i) const { return u[i] - v[i]; }
    size_t size() const { return u.size(); }
};

template<typename E1, typename E2>
class VecMul : public VecExpression<VecMul<E1, E2>> {
    const E1& u;
    const E2& v;

public:
    VecMul(const E1& u, const E2& v) : u(u), v(v) {}
    double operator[](size_t i) const { return u[i] * v[i]; }
    size_t size() const { return u.size(); }
};
// 运算符重载
template<typename E1, typename E2>
VecSub<E1, E2> operator-(const VecExpression<E1>& u, const VecExpression<E2>& v) {
    return VecSub<E1, E2>(static_cast<const E1&>(u), static_cast<const E2&>(v));
}

template<typename E1, typename E2>
VecMul<E1, E2> operator*(const VecExpression<E1>& u, const VecExpression<E2>& v) {
    return VecMul<E1, E2>(static_cast<const E1&>(u), static_cast<const E2&>(v));
}
```

总的来说，表达式模板的实现通过构建一个能够代表运算表达式的类型，并在最终求值（如赋值运算或直接请求计算结果时）展开计算，从而实现延迟计算的优化。尽管这种方法增加了实现的复杂性，但在处理复杂表达式和大规模数据操作时，能够显著提升性能。

第 4 章

类型精粹：深化C++类型系统的理解

4.1 导语：探索 C++类型系统的奥秘

在前三章中，我们深入探讨了C++的设计哲学、核心设计技术和编程实践的高级技巧，奠定了坚实的基础，从而可以充分利用C++的多范式特性来设计和实现复杂的软件系统。随着对C++基本构建块和高级特性的逐步掌握，现在是时候聚焦于C++中一个极为核心且复杂的主题——类型系统。

类型系统是C++语言的基石之一，不仅保证了类型安全性，还直接影响程序的性能和可维护性。本章将深入探讨C++的类型系统，包括基本的类型安全概念、类型别名和转换的高级应用、类型推导的多样技巧以及运行时类型信息（runtime type information，RTTI）的实际应用。掌握这些知识将有助于读者更精确地操作C++的类型机制，编写出更安全、高效且易于维护的代码。亚里士多德曾说："知识的根是苦的，但其果实是甜的。"虽然类型系统的学习初期可能显得艰难，但深入理解后，我们将能更自信地面对各种编程挑战。

4.2 类型系统基础

4.2.1 C++中的类型系统

C++的类型系统是其核心特性之一，提供了多种类型以支持高效且灵活的编程。本节将介绍C++中的类型分类，并解释这些类型如何应用在不同编程情景中。

1. C++类型分类

C++中的类型分为基本类型和复合类型两大类。

1）基本类型

基本类型是C++编程的基础，包括：

- 整数类型：包括int、short、long、long long及其无符号版本。整数类型用于表示整数值，其大小和范围依赖于机器架构，但C++标准规定了最小范围。例如，int至少为16位，long long至少为64位。
- 浮点类型：主要包括float、double和long double。这些类型用于表示实数，并且具有不同的精度和范围。float通常是32位，而double是64位，long double的精度和大小则没有严格的规定，依赖于编译器和平台。

- 字符类型：包括char、wchar_t、char16_t和char32_t。这些类型用于存储字符数据。char通常用于存储标准的ASCII字符，而其他宽字符类型则支持Unicode或其他扩展字符集。
- void类型：void表示无类型，用于指定没有返回值的函数或泛型指针。
- nullptr_t：nullptr_t是nullptr的类型，用于表示空指针，与所有类型的指针兼容。
- 枚举类型：枚举是一种用户定义的类型，包含一组命名的整型常量。枚举增强了代码的可读性和安全性。

2）复合类型

复合类型允许组合基本类型或其他复合类型，形成复杂的数据结构。

- 类类型：用于封装数据和行为，支持继承和多态。
- 数组类型：集合的同一类型元素，分为静态和动态数组。
- 指针类型：存储变量地址，类型依赖于其指向的数据。
- 引用类型：变量的别名，定义后不能更改指向，需要初始化。
- 函数类型：定义函数的返回类型和参数列表，支持通过函数指针动态调用。
- 成员指针类型：指向类的数据成员或成员函数，用于实现回调和封装。
- 联合类型：同一内存位置存储不同类型数据，优化内存的使用。

2. 类型特征及其在C++中的应用

在C++编程中，正确地理解和使用各种类型是非常重要的。就像我们在社交互动中需要区分不同的人物角色和情绪信号一样，在编程中，我们需要区分不同的数据类型和它们的行为。

<type_traits>头文件提供了一系列的类型特征，这些特征是模板元编程的核心工具，允许在编译时检查和推导类型信息。通过使用这些类型特征，开发者可以编写更为健壮和自适应的模板代码，从而提高代码的安全性和灵活性。

类型特征的使用场景非常广泛，从简单的类型检查到复杂的条件编译都有涉及。例如，可以在模板函数中根据不同的类型特性执行不同的操作，或在编译时断言以确保类型安全。

表4-1是C++中常用的类型特征列表，描述了它们在<type_traits>头文件中的定义和主要作用。

表4-1 C++中常用的类型特征列表

类型特征	C++版本	说　　明
std::is_void	C++11	检查类型是否为void
std::is_null_pointer	C++14	检查类型是否为std::nullptr_t
std::is_integral	C++11	检查类型是否为整型
std::is_floating_point	C++11	检查类型是否为浮点型
std::is_array	C++11	检查类型是否为数组类型
std::is_enum	C++11	检查类型是否为枚举类型
std::is_union	C++11	检查类型是否为联合体
std::is_class	C++11	检查类型是否为非联合类类型
std::is_function	C++11	检查类型是否为函数类型
std::is_pointer	C++11	检查类型是否为指针类型

（续表）

类型特征	C++版本	说　　明
std::is_lvalue_reference	C++11	检查类型是否为左值引用
std::is_rvalue_reference	C++11	检查类型是否为右值引用
std::is_member_object_pointer	C++11	检查类型是否为指向非静态成员对象的指针
std::is_member_function_pointer	C++11	检查类型是否为指向非静态成员函数的指针

在平时的编程实践中，这些类型特征主要用于类型安全检查、条件编译以及优化模板代码。例如，当需要编写一个泛型函数，并且这个函数只接收整型参数时，可以使用std::is_integral来静态断言传入参数的类型，确保类型安全。类似地，std::is_class可以用于模板中区分处理类类型和非类类型的不同逻辑，增强代码的通用性和灵活性。

【示例展示】

以下是一个使用std::is_integral来静态断言的示例，确保一个模板函数仅接收整型参数。

```
#include <type_traits>              // 引入type_traits头文件
#include <iostream>

// 定义一个模板函数，仅接收整型参数
template<typename T>
void printIfIntegral(T value) {
    // 静态断言，确保T是整型
    static_assert(std::is_integral<T>::value, "printIfIntegral requires an integral
type.");

    // 执行操作：打印值
    std::cout << value << std::endl;
}

int main() {
    printIfIntegral(27);                // 正确：传入整数
    // printIfIntegral(3.14);           // 错误：尝试传入非整数将在编译时失败
}
```

在这个示例中，printIfIntegral()函数利用std::is_integral来检查模板参数T是否为整型。这种类型的检查是在编译时进行的，如果尝试传入一个非整型的参数，如3.14，编译器会根据static_assert的失败抛出编译错误，有效地阻止了错误代码的生成。这种方法提高了代码的安全性，保证了函数的使用符合设计预期。

4.2.2　类型的属性

在C++中，类型的属性是极其重要的，因为它们定义了数据如何被存储、访问和处理。C++的设计哲学强调性能、效率、可控性以及与硬件的接近性，因此理解并应用这些类型属性对于开发高效和可预测的代码至关重要。

类型的属性包括常量性、易变性、平凡性、三态性、POD（plain old data，即简单数据类型）类型以及标准布局。接下来，我们将详细探讨这些属性，以帮助读者更好地理解和应用这些概念。

1. 常量性和const关键字

常量性在C++中通过const关键字体现，它指示一个变量一旦被初始化后就不能被修改。这适用于基本数据类型、对象及指针（包括指针本身和指针指向的内容），有助于保证程序的稳定性和可预测性。

- const变量：使用const关键字声明的变量表示这些变量的值在初始化之后不可改变。这种机制非常重要，特别是在涉及全局数据或敏感数据时，确保值不被意外或恶意修改。
- const成员函数：在成员函数声明后添加const关键字，表明该函数不会修改其所属对象的任何成员变量。这是类设计中的一种常见做法，用于增强方法的安全性和可靠性，尤其在多线程环境中确保对象状态的不变性。

2. 易变性与volatile关键字

易变性（volatile）在C++中通过volatile关键字实现，它主要应用于变量，以告知编译器这些变量的值可能在程序直接控制之外被修改。这是在嵌入式系统或直接与硬件交互的场景中常见的需求。不同于const关键字，volatile不是用来表明变量的值不会改变，而是表示变量的值可能会以程序无法预测的方式发生变化。

volatile的主要作用是防止编译器对涉及这些变量的代码进行潜在的优化，因为这些优化可能会基于假设变量值在程序执行过程中保持不变的错误预期。这种声明确保程序每次访问变量时都直接从其对应的内存位置读取值，而不是从寄存器或其他被优化的位置读取值，从而正确地反映外部改变的状态。

3. 平凡性

在C++中，trivial用于描述类型或特定成员函数的平凡属性，这个词本质上指的是"非复杂"或"基本操作的"。一个类型如果没有任何构造、析构和拷贝操作的特殊处理，它就是平凡的。

平凡性是对类型在拷贝或移动时行为的一种判断。如果一个类型能够通过简单的内存复制操作进行安全拷贝，则称这个类型具有平凡拷贝能力（trivial copyability）。这通常意味着类型不含有复杂的资源管理，如动态分配的内存、文件句柄等。具有平凡拷贝能力的类型可以通过memcpy安全地复制，并且保证与C语言兼容。

4. 三态性

三态性通常指的是类型的特殊成员函数（构造函数、拷贝构造函数、移动构造函数和析构函数）是不是平凡的。这一概念非常重要，因为它涉及类型在内存操作和性能优化方面的特性。

- 平凡的构造函数：如果一个类型的默认构造函数是由编译器自动生成的，并且没有用户自定义的内容，那么这个构造函数被认为是平凡的。这意味着该构造函数本质上不做任何操作，仅仅是为了类型的一致性和完整性。
- 平凡的拷贝和移动构造函数：同样地，如果拷贝和移动构造函数没有被用户自定义，并且仅由编译器以最简单的方式处理（如直接内存拷贝），那么这些函数也被认为是平凡的。
- 平凡的析构函数：当析构函数没有用户自定义的行为，且由编译器自动处理时，它同样被视为平凡的。通常，这意味着析构函数不需要执行任何特别的资源释放操作。

如果一个类型的所有特殊成员函数都是平凡的，那么这个类型就具有极好的性能特性，因为它们可以通过简单的内存拷贝进行操作，且不需要复杂的构造和析构逻辑。

5. POD类型

POD类型是C++中的一种特殊的数据类型，它的内存布局与C语言的结构体完全兼容，确保了跨语言的接口设计与直接的内存操作的可能性。一个POD类型既是平凡的（trivial），也具有标准布局，这意味着它不仅符合标准布局的所有条件，而且其构造函数、析构函数以及拷贝和赋值操作都是平凡的，确保没有复杂的行为或资源管理。

POD类型对于确保数据在不同系统之间兼容极为关键，特别是在进行网络通信、二进制文件操作或与C语言代码的接口互操作时。例如，如果需要确保一个数据结构可以在不同的平台或网络环境中以二进制形式安全且一致地传输，那么这个数据结构被定义为POD类型是非常重要的。

6. 标准布局

标准布局类型在C++中是特别定义的，以确保类型的内存布局在不同编译器和平台之间具有一致性。要成为标准布局类型，类必须满足以下条件：

- 类型不能含有虚函数和虚继承。
- 所有非静态成员都必须来自同一个类，不得有来自多个基类的非静态成员。
- 类型的第一个非静态成员的类型本身也必须是标准布局类型。
- 类中所有非静态成员必须有相同的访问权限（要么全部是public，要么全部是protected或private）。

这种类型的一个重要特点是，它允许与C语言代码进行更容易的接口交互，因为C++的标准布局类型与C语言的结构体内存布局兼容。

类型的属性判断

在之前的讨论中，我们探索了C++中的多种类型属性，包括常量性、易变性、平凡性、三态性、POD类型以及标准布局。C++标准库中的<type_traits>头文件为这些属性提供了一套强大的类型特征工具，例如std::is_const、std::is_volatile、std::is_trivial、std::is_trivially_copyable、std::is_pod和std::is_standard_layout。这些工具能够帮助开发者检查和确认类型的具体属性。

这些类型特征均为模板实现，并提供一个静态的value成员，该成员返回一个布尔值，表明被检查的类型是否具有相应的属性。例如，std::is_const<T>::value可以用来确认类型T是否被const修饰。这一功能为程序员提供了一种编程手段，以验证类型特性，从而提升代码的安全性和健壮性，尤其在涉及模板元编程或复杂API设计的场景中。

值得注意的是，在C++20标准中，std::is_pod类型特征已被弃用。标准委员会认为POD的概念在现代C++中可能过于宽泛且容易造成误解，因此建议使用std::is_trivial和std::is_standard_layout进行更精确的类型判断。

理解和应用C++中的类型属性对于编写高质量的程序至关重要。这些属性深刻影响着变量和对象的行为，它们是高效、安全、可移植代码的基石。具体而言：

- **效率**：正确理解并应用如trivial和POD等属性，可以帮助开发者利用编译器进行优化，例如，通过简单的内存复制来提高对象操作的速度，从而增强程序的运行效率。
- **安全性**：使用const和volatile等关键字能明确变量的用途和行为，减少由于误用变量而产生的bug，如在多线程环境下通过volatile确保内存可见性，增强程序的执行安全。
- **可移植性**：标准布局和POD类型的属性保证了数据在不同编译环境和硬件平台之间具有一致的内存布局，这对于网络通信、硬件接口交互以及与其他语言（如C语言）的集成尤为重要。

通过掌握C++的这些基本且强大的类型工具，开发者可以更加精确地控制程序的行为和性能。这不仅使得代码更加健壮和易于维护，也为处理更复杂的系统和架构问题提供了必要的基础。因此，每位C++程序员都应该深入理解这些类型属性及其在现代C++编程中的应用，以确保能够编写出既高效又可靠的代码。

【示例展示】

以下示例将使用std::is_trivial和std::is_standard_layout来检查一个类型是否满足传统的POD标准。这对于理解类型的内存布局和保证类型操作的安全性是很有帮助的。

```cpp
#include <type_traits>
#include <iostream>

struct MyPOD {
    int x;
    double y;
};

struct MyNonPOD {
    int x;
    double y;
    virtual void display() {}  // 虚函数
};

template<typename T>
void checkPOD() {
    if (std::is_trivial<T>::value && std::is_standard_layout<T>::value) {
        std::cout << "Type is POD." << std::endl;
    } else {
        std::cout << "Type is not POD." << std::endl;
    }
}

int main() {
    std::cout << "Checking MyPOD:" << std::endl;
    checkPOD<MyPOD>();  // 应该输出: Type is POD.

    std::cout << "Checking MyNonPOD:" << std::endl;
    checkPOD<MyNonPOD>();  // 应该输出: Type is not POD.
}
```

在这个示例中：

- MyPOD是一个简单的结构体，只包含基本数据类型，没有虚函数或其他复杂的成员，应被认为是POD。
- MyNonPOD则包含一个虚函数，这使得它不满足POD的要求。
- 函数checkPOD使用了std::is_trivial和std::is_standard_layout来检查传入类型是否同时满足POD的特征，如果都满足，则可以认为该类型是POD。

这个示例清楚地展示了如何使用类型特征来进行编译时检查，确保类型的特定属性，从而可以安全地假设关于对象内存布局的特定行为。这对于低级编程或需要高性能优化的场景尤其重要。

4.2.3　类型安全概述

在C++中，类型安全是核心设计原则之一，通过严格的类型系统和编译时检查，它大幅降低了运行时错误，提高了程序的稳定性和安全性。本节将探讨C++如何通过类型检查、类型转换控制以及类型属性的正确使用来实现类型安全。

1. 类型安全的重要性

类型安全的重要性主要体现在以下几个方面：

- 错误预防：C++的强类型检查可以在编译阶段识别并阻止了多种潜在错误，如类型不匹配和不恰当的类型操作，从而减少运行时的故障。
- 内存安全：C++类型系统限制了对原始内存的直接操作，比如通过指针，从而防止了缓冲区溢出和野指针等可能导致程序崩溃或安全漏洞的错误。
- 维护与扩展性：类型安全的代码更清晰易懂，简化了软件的维护和升级，减少了因类型错误而引起的问题。

2. C++的类型安全机制

C++的类型安全机制如下：

- 丰富的类型系统：C++提供了基本类型、类、模板等多种类型，每种类型都有明确的用途和操作规则，增强了代码的表现力和安全性。
- 类型转换控制：C++支持显式类型转换（如 static_cast、dynamic_cast），增加了类型转换的意图清晰度和可追踪性，防止了隐式的危险转换。

3. 类型安全与类型属性

- 常量性和不变性：通过使用const和constexpr，C++允许开发者定义不可变的数据。这不仅提高了代码的可读性，也有助于编译器优化并防止在代码中不小心修改数据。
- 易变性：使用volatile关键字指示编译器该数据可能在程序控制之外被修改，这在多线程环境或直接与硬件交互时尤其重要，可以确保程序的行为正确并避免潜在的并发问题。
- 平凡性和标准布局：这些属性允许类型与C语言或其他语言进行兼容，确保数据布局的一致性。这对于底层编程、操作系统接口或与其他编程语言的交互至关重要。

4. 强枚举

强枚举（scoped enumerations）引入于C++11，是类型安全的增强特性之一。与传统的枚举（即unscoped enumerations）相比，强枚举提供了更好的类型安全性，因为它们不会自动转换为整数类型，也不允许隐式类型之间的转换。此外，强枚举通过其作用域限定符增强了命名空间的使用，减少了名称冲突的可能性。

- 类型安全增强：传统的枚举可能导致类型安全问题，因为它们可以自由地与整数类型混用。强枚举通过禁止这种隐式转换，避免了潜在的类型不匹配错误。
- 避免名称冲突：在传统枚举中，枚举值直接暴露在定义它们的作用域中，这可能导致与其他局部变量或枚举值的名称冲突。强枚举必须通过枚举类型名来访问，从而明确了它们的作用域，提高了代码的清晰度和模块化。
- 显式类型转换：在需要将强枚举值转换为其他类型时，必须使用显式类型转换，如 static_cast。这一机制确保了转换的显性和可控，进一步提升了代码的安全性和可维护性。

1）定义强枚举

不同于传统的enum，强枚举通过enum class来定义。这样定义的枚举类型是强类型的，并且其枚举值是封闭在枚举类中的，不会与整数或其他枚举发生隐式转换。例如：

```
enum class Color {
    Red,
    Green,
```

```
    Blue
 };
```

在这个例子中，Color 是一个枚举类，其中包含3个枚举值：Red、Green和Blue。

2）访问强枚举的值

与传统枚举不同，访问强枚举的值需要使用枚举类名作为前缀。例如：

```
 Color myColor = Color::Red;
```

这里Color::Red指明了我们正在使用Color枚举类中的Red值。

3）类型转换

如果需要将强枚举的值转换为整数，必须使用显式的类型转换。例如：

```
 int colorCode = static_cast<int>(Color::Green);
```

这里使用static_cast<int>()将Color::Green转换为其对应的整数值（默认情况下，枚举值从0开始编号，因此Green通常是1）。

通过这些机制，C++的类型系统不仅支持多样的编程范式，而且在确保软件安全性、稳定性和高性能方面发挥了关键作用。

4.3　类型别名与类型转换

本节将进一步探讨如何通过类型别名和类型转换来增强代码的可读性和灵活性，以及如何安全地实现类型转换。

4.3.1　使用 typedef 和 using

1. 理解C/C++中的typedef

1）typedef概要

typedef是C++语言中的一种关键字，用于为已存在的数据类型赋予新的名字。这一机制的主要目的是简化复杂数据类型的声明，从而使代码更加清晰易懂，便于阅读和维护。

例如，我们可以使用typedef为复杂的指针类型或容器类型设定更直观的别名，如将std::vector<int>定义为IntVector，这样的命名直接反映了其作为整数向量的用途。

在C++11标准引入using声明以前，typedef是定义类型别名的唯一手段，它被广泛应用于为特定平台定义适配的数据类型。例如，可以定义平台特定的整数大小，如typedef int int32_t，确保在不同的硬件架构上具有一致的行为和性能。

此外，typedef在模板编程和处理复杂数据结构时尤为重要，因为它不仅提高了代码的清晰度，还使得程序员能通过语义化的名称来操作类型，极大提升了代码的可读性和可维护性。在深入模板库（如STL）时，合理运用typedef可以有效地管理类型，使得代码结构更加紧凑和高效。

通过这种方式，typedef成为C++编程中一个不可或缺的工具，帮助开发者在保持代码逻辑清晰的同时，优化了类型的使用和管理。

2）typedef的适用场景

typedef的适用场景如下：

- 定义机器无关的类型，有利于程序的通用与移植。

```
//对已经存在的类型增加一个类型名，而没有创造新的类型。有时程序会依赖于硬件特性
typedef long double REAL;    //在目标机器上可以获得最高的精度
typedef double REAL;         //在不支持 long double 的机器上
typedef float REAL;          //在连 double 都不支持的机器上
```

- 创建易于记忆的类型名：

```
typedef int size    //此声明定义了一个 int 的同义字，名字为 size
```

- 掩饰复合类型：

```
typedef char Line[81]; //定义一个 typedef 的意思就是给 81 个字符元素的数组起了一个昵称Line
```

3）typedef的使用陷阱

在使用 typedef 时，注意以下陷阱：

- typedef声明指针：

```
typedef char * pstr;
```

```
const pstr    //被编译器解释为char * const（一个指向 char 的常量指针），而不是const char *（指
向常量 char 的指针）
```

- typedef不能与其他存储类共用关键字：

```
typedef static int FAST_COUNTER; // 编译报错
typedef volatile char VolatileChar;// 编译正确,为 volatile char 创建了别名
```

typedef在语法上是一个存储类的关键字（与auto、extern、mutable、static等一样），虽然并不真正影响对象的存储特性，但因为它已经占据了存储类关键字的位置，所以在typedef声明中不能使用其他存储类关键字。

2. 掌握C++11中using的用法

1）C++11中引入using关键字的目的

C++11的设计目标之一是提升语言的灵活性和表达能力，using关键字的引入正体现了这一点。它的主要目的包括：

- 增强模板编程的表达力：using引入了别名模板，允许模板类型参数以更直观的方式声明。这相比传统的typedef更适应现代编程的需求，尤其在模板元编程中，更清晰的语法可以帮助开发者更快地理解和使用高级功能，降低心理阻碍。
- 提供更灵活的类型和命名空间管理工具：通过using声明，开发者可以在需要时引入特定的命名空间或类型到当前作用域，以减少代码量并提高其局部可读性。然而，这种做法在多库和大型项目中需要谨慎使用，以避免命名冲突。合理的做法是在限定的作用域内使用（如函数内部或局部类内部），而避免在全局作用域或头文件中广泛使用，以减少对项目整体命名空间的污染。
- 解决继承中的名称遮蔽问题：在面向对象编程中，using关键字允许派生类显式地引入基类的函数，避免由于方法重载引入的名称遮蔽问题。这有助于保持接口的一致性并防止潜在的功能隐藏，从而符合开发者对代码逻辑明确性和稳定性的基本期望。

通过提供更直接的语法，using关键字旨在降低理解和使用高级语言特性的复杂性，同时也呼应了程序员对代码简洁性和高效管理的需求。然而，要使用这一特性，特别是在复杂项目中，需要权衡其便利性与潜在的风险，以确保项目的健康和可维护性。

2）using关键字的作用展示

在C++中，using关键字有多种使用场景，包括类型别名定义、命名空间的使用简化，以及在类继承中解决名称隐藏问题。

【示例展示】

```cpp
#include <iostream>
#include <vector>

// 1. 类型别名定义
using VecInt = std::vector<int>;  // 将 std::vector<int> 定义为 VecInt，便于使用
void printVector(const VecInt& vec) {
    for (int num : vec) {
        std::cout << num << " ";
    }
    std::cout << std::endl;
}
// 2. 使用命名空间中的特定成员
using std::cout;                   // 直接使用cout，而不需要每次都写 std::cout
using std::endl;
// 3. 使用命名空间，简化代码
namespace my_space {
    void printHello() {
        cout << "Hello, World!" << endl;
    }
}
// 4. 在类继承中使用 using
class Base {
public:
    void show() {
        cout << "Base show function" << endl;
    }
};

class Derived : public Base {
public:
    using Base::show;              // 继承基类的 show 函数，确保不被隐藏
    void show(int x) {
        cout << "Derived show function with int: " << x << endl;
    }
};

int main() {
    VecInt numbers = {1, 2, 3, 4, 5};
    printVector(numbers);          // 使用类型别名

    my_space::printHello();        // 使用命名空间简化后的函数调用

    Derived d;
    d.show();                      // 调用 Base 类的 show
    d.show(10);                    // 调用 Derived 类的 show

    return 0;
}
```

上述代码包括了几种使用using的典型场景：

● 类型别名定义：通过using VecInt = std::vector<int>; 定义一个类型别名，简化了 std::vector<int>类型的重复使用，使得代码更加清晰、易懂。

- 使用命名空间中的特定成员：通过using std::cout;和using std::endl;将常用的 I/O 对象和操作引入当前作用域，减少了 "std::" 前缀的重复书写。
- 使用命名空间：定义了一个自己的命名空间 my_space，内含函数printHello；在main函数中通过my_space::printHello()调用，体现了命名空间的组织功能。
- 在类继承中使用using：在派生类Derived中通过using Base::show;引入基类Base的show方法，解决了可能的名称隐藏问题，使得派生类可以同时调用不同签名的show方法。

通过以上介绍，可以看出typedef和using在现代C++编程中的重要性及其对代码结构和维护的积极影响。

4.3.2 C/C++类型转换

1. 静态类型转换（static_cast）

static_cast<type-id>(expression) 运算符用于将表达式expression转换为type-id类型，这种转换没有运行时类型检查，主要用于基本数据类型之间的转换、非多态类型的转换，以及类层次结构中父类与子类之间的转换。它的特点是不改变表达式的const、volatile或__unaligned属性。

1）主要用途

- 类型间转换：实现基本数据类型之间的转换，如从float转换为int，尽管这可能会导致精度损失。
- 类指针和引用转换：在有继承关系的类之间，可以将子类的指针或引用转换为父类（向上转换），这是安全的。反向转换（父类转为子类，即向下转换）则不安全，因为子类可能包含父类所没有的字段或方法。
- 非基本类型转换：可以使用static_cast将非const对象的类型转换为具有const属性的新类型。这种转换结果是一个类型为const的新表达式；反之，如果需要从const类型移除const属性，则必须使用const_cast转换符。
- 特殊类型转换：允许将任何类型的表达式转换为void类型。

2）安全性和注意事项

- static_cast通常较安全，因为它仅允许编译时可以确定的类型转换。
- 在类之间的转换中，需要确保父类至少与目标类型具有兼容性；如果两个类之间没有任何关系，尝试进行转换将导致编译错误。

【示例展示】

下面是一个使用static_cast进行安全的基本类型转换的示例。在C++中，向上转型是指将派生类的指针或引用转换为基类的指针或引用。这通常在多态性中使用，允许通过基类的指针或引用调用在派生类中实现的方法。

```cpp
#include <iostream>

// 基类
class Base {
public:
    virtual void display() const {          // 虚函数以支持多态
        std::cout << "Display Base class" << std::endl;
    }
```

```
    virtual ~Base() {}                         // 虚析构函数以支持多态
};

// 派生类
class Derived : public Base {
public:
    void display() const override {            // 重写基类的虚函数
        std::cout << "Display Derived class" << std::endl;
    }
};

int main() {
    Derived d;                                 // 派生类对象
    Base* b = &d;                              // 自然向上转型，无须显式转换
    b->display();                              // 调用 Derived 的 display，展示多态性

    // 使用 static_cast 进行显式向上转型
    Derived d2;
    Base* b2 = static_cast<Base*>(&d2);
    b2->display();                             // 同样调用 Derived 的 display

    return 0;
}
```

在上述代码中：

- 类定义：Base是基类，具有一个虚函数display()，允许派生类Derived进行覆盖。这是实现多态的关键。
- 向上转型：在main函数中，我们创建了一个Derived类的对象d，然后将它的地址赋给Base类型的指针b。这种自然的转换是安全的，因为每个Derived对象也是一个Base对象。
- 使用static_cast：虽然直接赋值已经足够，但如果需要显式转换，可以使用static_cast来实现。这显示了static_cast的正确使用场合之一——进行安全的向上转型。

这个示例展示了如何在实际程序中应用向上转型，以及static_cast在实现多态中的重要性。

2. 动态类型转换（dynamic_cast）

dynamic_cast<type_id>(expression)用于在类层次结构中进行类型转换，主要用于处理多态类型，它能在运行时检查类型转换的合法性。这种检查是通过类的类型信息（通常是类的虚表中的信息）来实现的，因此只适用于至少有一个虚函数的类（即多态类）。

但是，虽然dynamic_cast提供了类型转换的安全性，但不当使用仍可能导致性能问题或逻辑错误，应仅在确实需要利用多态性进行类型转换时使用。

1）主要用途

- 安全的向下转型：dynamic_cast允许将基类指针或引用安全地转换为派生类指针或引用。如果转换合法（即运行时类型匹配），则转换成功；如果不合法，对于指针返回nullptr，而对于引用抛出std::bad_cast异常。
- 向上转型：绝大部分情况static_cast执行这一转换已经足够，这也是推荐的操作。不过在多重继承的复杂情形中，dynamic_cast提供了额外的安全性，因为它会在运行时确认类型的实际兼容性。

2）适用性限制

dynamic_cast只适用于含有至少一个虚函数的类的指针或引用的转换。这是因为RTTI需要通过虚函数表来存取类型信息。如果类没有虚函数，编译器通常不生成类型信息，导致dynamic_cast无法执行。

【示例展示】

下面是一个使用dynamic_cast进行多态类型的安全向下转型的示例。

```cpp
#include <iostream>
#include <stdexcept>                              // 引入标准异常库

// 基类
class Base {
public:
    virtual void display() const {                // 虚函数以支持多态
        std::cout << "Display Base class" << std::endl;
    }
    virtual ~Base() {}                            // 虚析构函数以支持多态
};

// 派生类
class Derived : public Base {
public:
    void display() const override {               // 重写基类的虚函数
        std::cout << "Display Derived class" << std::endl;
    }
    void specificFunction() const {
        std::cout << "Specific function for Derived class" << std::endl;
    }
};

int main() {
    Base* b = new Derived();                      // 向上转型，安全
    Derived* d;

    // 尝试向下转型
    d = dynamic_cast<Derived*>(b);
    if (d != nullptr) {
        d->display();                             // 成功转换，调用派生类的方法
        d->specificFunction();                    // 调用派生类特有的方法
    } else {
        std::cout << "Conversion failed." << std::endl;
    }

    delete b; // 释放资源
    return 0;
}
```

在上述代码中：

- 类定义：Base是基类，带有一个虚函数display()，而Derived是它的派生类，不仅重写了display()，还增加了一个特有的方法specificFunction()。
- 向下转型：通过dynamic_cast尝试将基类指针b转换为派生类指针d。这个转换检查b是否真的指向一个Derived类型的对象。
- 类型检查和转换安全：如果转换成功（d不是nullptr），则可以安全地调用派生类的方法；如果转换失败，d将是nullptr，示例中将打印 "Conversion failed."。

这个示例展示了向下转型在实现多态时的重要性及其潜在风险，以及如何通过dynamic_cast保证转换的安全性。

3. 常量类型转换（const_cast）

const_cast<type_id>(expression)运算符允许修改类型的const或volatile属性。这种转换的目的是在不改变表达式的基本类型的情况下，去除其const或volatile修饰。例如，它可以将const int*转换为int*，或从const int&转换为int&。

1）主要用途

（1）去除常量性：最常见的用途是将常量指针转换为非常量指针，或者将常量引用转换为非常量引用，使得原本不可修改的数据变得可以修改。

（2）接口兼容性：有时候旧的C++代码库或第三方库要求参数非常量，而使用的数据被定义为常量，此时可以用const_cast进行转换以匹配这些接口。

（3）去除局部变量的常量性：虽然不常见，但const_cast也可以用于去除局部常量变量的const标记，以便于在局部范围内修改它们。

2）安全性和注意事项

- 潜在风险：const_cast的不当使用可能导致未定义行为。如果对本质上是常量的对象进行修改，可能会导致程序崩溃或数据损坏。
- 必要性：仅当确信对象在某个上下文中不应是常量时，才使用 const_cast。在设计接口或使用第三方库时，谨慎使用，确保不会违反原始对象的常量性承诺。
- 深拷贝与浅拷贝：转换过程本身不涉及对象的拷贝，去除对象的 const 属性不会创建新的对象实例，而是允许原有对象被修改。

【示例展示】
下面是一个使用const_cast以调用修改成员数据的方法的示例。

在面向对象的编程中，可能遇到需要调用某个类的成员函数，但该函数未被声明为const的情况。如果试图在一个const对象上调用此方法，编译器会报错。在这种情况下，const_cast可以用来临时移除对象的const性质，以允许调用非const成员函数。

```cpp
#include <iostream>
class MyClass {
public:
    void modify() {                      // 修改成员变量的非const方法
        data++;
    }
    void display() const {               // const成员函数，不修改数据
        std::cout << "Data: " << data << std::endl;
    }
private:
    int data = 0;
};
void process(const MyClass& obj) {
    obj.display();                       // 正常调用const成员函数
```

```
    // 尝试调用modify()将导致编译错误，因为obj是const
    // obj.modify();

    // 使用const_cast来移除const
    MyClass& modifiable = const_cast<MyClass&>(obj);
    modifiable.modify();                        // 现在可以调用modify()

    modifiable.display();                       // 查看修改后的数据
}

int main() {
    MyClass myObject;
    process(myObject);
    return 0;
}
```

在上述代码中：

- 类定义：MyClass中有一个修改数据的方法modify()和一个不修改数据的方法display()。
- 处理函数：函数process接收一个const MyClass类型的引用。由于modify方法不是const的，直接调用会引起编译错误。
- 使用const_cast：通过const_cast，我们将const MyClass&强制转换为MyClass&，从而能够调用modify()方法。

通过这个示例，我们展示了如何在特定情况下使用 const_cast 来克服语言的限制，同时也强调了在使用时必须确保操作的安全性和合理性。

4. 重新解释类型转换（reinterpret_cast）

reinterpret_cast<type_id>(expression)允许进行几乎任意指针或整数值之间的转换，包括将指针转换为整数类型或反向转换。这种转换不进行任何运行时类型检查，只是简单地重新解释给定值的位模式。

1) 主要用途和功能

- 类型间的低级转换：常用于需要对数据进行底层、位级操作的场景，如硬件编程、系统编程中与操作系统或网络交互的情况。
- 指针与整数间的转换：可以将任何类型的指针转换为整数类型，或者将整数类型转换为指针类型，这在处理与底层内存相关的操作时非常有用。
- 指针类型间的转换：例如，可以将char*转换为int*或将一类指针转换为完全无关类的指针。

2) 特点和考虑

- 风险性：reinterpret_cast是4种C++强制类型转换中功能最强大也最危险的。不当使用可能导致数据损坏、程序崩溃等未定义行为。
- 不改变常量性：reinterpret_cast不能改变操作数的const、volatile或__unaligned特性。
- 适用情况：应仅在其他更安全的转换操作符无法满足需求时使用，且使用者必须完全理解进行此类转换的后果。

【示例展示】

下面是一个使用reinterpret_cast进行指针类型间的低级转换的示例。在C++中，将二进制数据转换为结构体是一个常见的操作，尤其在处理低级网络通信或文件I/O时。这类转换通常涉及对内存的直接操作，因此需要谨慎处理以避免安全问题和数据不一致。

【示例代码】

```cpp
#include <iostream>
#include <cstring>                                          // 用于 memcpy
#include <cassert>

// 指定结构体的对齐为 1 字节，以避免自动填充
#pragma pack(push, 1)
struct MyData {
    int id;
    double value;
    char name[10];
};
#pragma pack(pop)

int main() {
    // 假设我们从文件或网络读取了以下二进制数据
    unsigned char buffer[] = {
        0x01, 0x00, 0x00, 0x00,                             // int (1)
        0x00, 0x00, 0x00, 0x00, 0x00, 0x00, 0xF0, 0x3F,     // double (1.0)
        'e', 'x', 'a', 'm', 'p', 'l', 'e', '\0', '\0', '\0' // char[10] ("example")
    };

    // 确保 buffer 的大小与 MyData 结构体大小相匹配
    static_assert(sizeof(buffer) == sizeof(MyData), "Size of buffer does not match size
of structure");

    // 将 buffer 的内容转换为 MyData 结构体
    MyData* data = reinterpret_cast<MyData*>(buffer);

    // 输出转换后的结构体内容
    std::cout << "ID: " << data->id << std::endl;
    std::cout << "Value: " << data->value << std::endl;
    std::cout << "Name: " << data->name << std::endl;

    return 0;
}
```

在上述代码中：

- 结构体定义：定义了一个包含整数、双精度浮点数和字符数组的结构体MyData。
- 二进制数据：模拟从网络或文件中接收的字节序列。这里直接初始化了一个数组buffer，其内容按照MyData结构的内存布局来填充。
- 类型转换：使用reinterpret_cast将字节数组buffer转换为MyData结构体的指针。这种转换假设内存布局是兼容的，并且数据已经按照目标平台的对齐要求正确排列。

注意事项：

- 平台依赖性：这种转换依赖于具体平台的字节序（大端或小端）和数据类型的对齐方式，因此通常不具备移植性。
- 对齐和填充：结构体的对齐和填充必须与源数据匹配，否则可能导致数据解析错误。
- 安全性：直接操作内存时必须确保数据的边界和类型安全，避免缓冲区溢出等安全问题。

通过这个示例，我们展示了如何直接将二进制数据映射到结构体上，这种技术在性能要求高的场合（如实时系统、网络通信）中非常有用。然而，考虑到平台依赖性和潜在的安全风险，开发者应仔细设计并确保数据的一致性和程序的健壮性。

5. C风格转换

C风格的转换使用(type_id) expression的形式，它能够模拟C++中的4种命名强制转换（static_cast、dynamic_cast、const_cast、reinterpret_cast）的功能，甚至可能是这些转换的组合。

例如：

```cpp
int main() {
    double a = 9.5;
    int b = (int)a;   // C 风格转换，将double转换为int，这种转换会丢失小数部分，只保留整数部分
    void* ptr = (void*)&a;    // 将 double 类型的地址转换为 void 指针
    return 0;
}
```

虽然这种转换语法简洁，但它的使用通常被认为是不明确且不够安全的。那么它的底层具体是怎么处理的呢，接下来让我们一起了解一下C风格转换的底层行为。

在C++中，当使用C风格转换时，如(type)expression，编译器会根据转换的上下文和需求来解释这个转换命令。编译器尝试将C风格的转换解释为最适合当前情况的一种或多种C++命名转换。大体流程如下：

- 如果转换只涉及去除或修改类型的const或volatile属性，编译器首先考虑使用const_cast。
- 如果需要进行基本的类型转换，如基本数据类型之间的转换、非多态基类指针转换为派生类指针，编译器会尝试使用 static_cast。如果同时需要去除 const 属性，这可能会与 const_cast 组合使用。
- 如果前两者都不适用，并且需要进行更底层的指针或整数之间的转换，编译器则尝试使用reinterpret_cast。这种转换不涉及类型安全检查，可能也会与const_cast组合使用以去除const属性。
- 最后，如果其他转换都不适用，并且涉及多态类型之间的转换，且需要运行时类型检查以保证转换的安全性，编译器会使用 dynamic_cast。这种转换最常见于需要确定派生类对象是否真正属于指定的类型的场景。

如果以上情况都不满足，那么C风格转换可能会在某些特定情况（如类型安全违规）下被视为非法，即无法匹配到C++的4种转换中的任何一种。

C风格转换虽然提供了一定程度的便利，它的自动选择机制也看似"安全"，但实际上隐藏了风险：它的类型安全检查不足，隐含复合行为（隐含const_cast的可能性较高），维护难度高，减少了代码的透明度和可预测性。在C++编程中，强烈建议使用具名的C++强制转换运算符，这些转换提供了更好的类型安全，可以明确转换的意图，并且更容易在代码审查中被识别和处理。

表4-2详细总结了C++中的5种类型转换（static_cast、dynamic_cast、const_cast、reinterpret_cast 以及 C 风格的强制转换），提供了一个清晰的视角来比较各种转换，从而帮助开发者根据具体的需求和上下文选择合适的类型转换方法。同时，也强调了每种方法的潜在风险，以促使开发者更加谨慎地使用类型转换。

表4-2　C++中的5种类型转换

转换类型	原理及作用	适用场景	注意事项
static_cast	编译时类型检查，不允许低级别转换	类型之间安全的基本转换，例如基本数据类型转换、向上转型	不能用于含多态性的类转换，不检查运行时类型
dynamic_cast	运行时类型检查，需要多态类型（虚函数）	用于多态类型的安全向下转型，确定对象是否为特定的派生类	转换失败时指针返回nullptr，引用抛出std::bad_cast异常

（续表）

转换类型	原理及作用	适用场景	注意事项
const_cast	只改变对象的const/volatile属性，不改变其类型	用于修改对象的const/volatile属性，如将const指针转为非const指针	使用不当可能导致未定义行为，应仅在确知对象不是常量时使用
reinterpret_cast	低级别直接位的重新解释，不检查逻辑安全性	适用于指针与足够大的整型之间的转换，或不同类型的指针间的不安全转换	风险很大，可能导致硬件级的错误，使用前需确保转换的安全性和必要性
C风格转换	编译时尝试匹配适当的C++强制转换，不明确具体操作类型	兼容C代码或旧C++代码中已存在的转换	类型检查不严格，易导致错误，推荐用具名转换替代以提高代码清晰度和安全性

6. 智能指针的转换

在探讨智能指针的转换方法之前，有必要了解为什么不能直接使用传统的4种C++类型转换（static_cast、dynamic_cast、const_cast、reinterpret_cast）来处理智能指针。智能指针（如std::shared_ptr和 std::unique_ptr）是为了自动化内存管理而设计的，它们封装了原始指针，并在其生命周期中执行适当的内存管理操作。这些智能指针类型不仅控制内存，还涉及如引用计数等复杂的状态管理和构造、析构逻辑。这种设计的复杂性使得智能指针不能简单地通过传统的转换来处理，因为这可能会破坏其内部状态管理，从而导致程序错误或资源泄漏。

1）智能指针与传统转换方法的差异

智能指针与传统转换方法有如下差异：

- 所有权语义：例如，std::unique_ptr持有对对象的唯一所有权，这意味着它不能被简单地复制或分配给另一个std::unique_ptr。传统的转换方法如static_cast或dynamic_cast并不考虑所有权转移的语义，而智能指针的转换方法（如 std::move）则是为处理这些所有权语义而设计的。
- 引用计数机制：对于std::shared_ptr，每次复制都涉及引用计数的调整。传统的转换方法无法直接应用于std::shared_ptr，因为它们不会自动处理引用计数的更新，可能导致内存泄漏或双重释放。
- 类型安全：智能指针的转换方法，如std::dynamic_pointer_cast，在运行时检查类型安全，提供比传统的dynamic_cast更高级的功能。这种转换确保了在多态类型之间转换时的安全性，防止了在不兼容的类型之间进行转换的风险。
- 异常处理：智能指针的转换可以处理异常情况，例如std::dynamic_pointer_cast在转换失败时会返回空指针，这与原始指针使用dynamic_cast的行为不同，后者可能导致不可预测的行为。

因此，智能指针的专用转换方法不仅解决了传统转换方法在智能指针上的应用问题，还增强了类型安全和异常安全性，确保了智能指针在现代C++应用中的有效和安全使用。这些专用转换方法使得智能指针能够在维持自己的内部状态和管理逻辑的同时，提供灵活的类型转换功能，从而使它们在复杂的系统中更为可靠。

2）转换方式

接下来，我们将探讨如何在不同类型的智能指针之间进行转换，包括从 std::unique_ptr到std::shared_ptr的转换，以及在继承体系中智能指针的向上和向下转型的处理。

智能指针转换的核心目标是保持对象生命周期的正确管理，同时允许在对象的不同视图之间灵活转换。在多态使用场景中，这种转换尤为关键，因为它允许我们利用基类和派生类之间的关系，通过智能指针安全地实现类型转换。以下是几种常见的智能指针转换情况及其实现方法。

（1）std::unique_ptr到std::shared_ptr

转换std::unique_ptr到std::shared_path是一种常见需求，尤其在需要将对象的所有权从一个单一所有者变为多个共享所有者时。这种转换可以通过std::move实现，以确保所有权的正确转移，避免原始指针的复制，防止资源管理上的错误。

【示例展示】

```cpp
#include <memory>
#include <iostream>

class Resource {
public:
    void use() { std::cout << "Using Resource\n"; }
};

int main() {
    std::unique_ptr<Resource> uniqRes(new Resource());
    std::shared_ptr<Resource> sharedRes(std::move(uniqRes));

    if (!uniqRes) {
        std::cout << "uniqRes is now empty, ownership transferred to sharedRes\n";
    }

    sharedRes->use(); // 使用资源
    return 0;
}
```

（2）智能指针的向上转型

对于基于继承的类体系，智能指针的向上转型是将派生类的智能指针转换为基类的智能指针。在C++中，这可以安全地通过 std::static_pointer_cast 实现（对于 std::shared_ptr）。这种转换在多态性管理中尤其有用，允许通过基类指针来访问派生类对象。

【示例展示】

```cpp
#include <memory>
#include <iostream>

class Base {
public:
    virtual void perform() { std::cout << "Base action\n"; }
    virtual ~Base() {}
};

class Derived : public Base {
public:
    void perform() override { std::cout << "Derived action\n"; }
};

int main() {
    std::shared_ptr<Derived> derivedPtr = std::make_shared<Derived>();
    std::shared_ptr<Base> basePtr = std::static_pointer_cast<Base>(derivedPtr);

    basePtr->perform(); // 输出 "Derived action"
    return 0;
}
```

（3）智能指针的向下转型

向下转型即将基类智能指针转换为派生类智能指针，这在C++中通常使用std::dynamic_pointer_cast实现。这种转换在运行时检查对象类型，如果转换合法则成功，否则返回空指针。这是在确保类型安全的前提下进行类型转换的安全方法。

【示例展示】

```cpp
#include <memory>
#include <iostream>
class Base {
public:
    virtual void perform() {
        std::cout << "Base::perform\n";
    }
};
class Derived : public Base {
public:
    void perform() override {
        std::cout << "Derived::perform\n";
    }
};

int main() {
    std::shared_ptr<Base> basePtr = std::make_shared<Derived>(); // 向上转型
    std::shared_ptr<Derived> derivedPtr = std::dynamic_pointer_cast<Derived>(basePtr);

    if (derivedPtr) {
        derivedPtr->perform(); // 正确调用 Derived 的 perform
    } else {
        std::cout << "Conversion failed\n";
    }
    return 0;
}
```

（4）使用std::const_pointer_cast

在智能指针的使用中，std::const_pointer_cast允许修改智能指针所指对象的const性质。这在需要去除或添加const修饰符时非常有用，尤其在想在保持原有智能指针管理生命周期的同时，对数据进行修改或保证数据不被修改时。它主要用于std::shared_ptr，因为std::unique_ptr的使用场景通常不需要这种类型的转换。

【示例展示】

```cpp
#include <memory>
#include <iostream>

class Data {
public:
    void modify() { std::cout << "Data modified.\n"; }
};

int main() {
    std::shared_ptr<const Data> constDataPtr = std::make_shared<Data>();

    // 尝试修改数据将导致编译错误: constDataPtr->modify();

    // 使用 const_pointer_cast 移除 const
    std::shared_ptr<Data> modifiableDataPtr =
std::const_pointer_cast<Data>(constDataPtr);
    modifiableDataPtr->modify();  // 现在可以调用 modify()
```

```
        return 0;
    }
```

在 这 个 例 子 中 ， constDataPtr 是 指 向 Data 类 型 的 const 版 本 的 智 能 指 针 。 通 过 使 用 std::const_pointer_cast，我们创建了一个新的非const智能指针modifiableDataPtr，它指向同一个对象但允许修改。

（5）使用std::reinterpret_pointer_cast（C++17引入）

std::reinterpret_pointer_cast是在C++17中新引入的，它允许对智能指针进行低级别的重新解释类型转换。这种转换可以在完全不同的类型间进行指针转换，而不进行任何类型安全检查。它的使用场景通常涉及底层编程，如直接与操作系统或硬件交互时，或在处理原始内存时。

【示例展示】

```cpp
#include <memory>
#include <iostream>
struct A {
    int x;
};
struct B {
    double y;
};

int main() {
    std::shared_ptr<A> aPtr = std::make_shared<A>();
    aPtr->x = 10;

    // 将 A 类型智能指针转换为 B 类型智能指针
    std::shared_ptr<B> bPtr = std::reinterpret_pointer_cast<B>(aPtr);

    std::cout << "Reinterpreted data: " << bPtr->y << std::endl; // 输出可能无意义或导致运
行时错误

    return 0;
}
```

在这个示例中，我们将A类型的智能指针转换为B类型的智能指针。由于这两个结构体在内存中的表示可能完全不同，访问bPtr->y可能会得到无意义的结果，甚至可能导致程序崩溃。因此，使用std::reinterpret_pointer_cast 需要非常小心，确保已完全理解内存布局和访问的后果。

表4-3汇总了C++智能指针转换方法及其使用场景。

表4-3 智能指针类型转换

转换方法	说　　明	主要用途
std::static_pointer_cast	用于同类型的不同类层次之间的转换	适用于基类与派生类之间的向上转型，保持多态性
std::dynamic_pointer_cast	运行时检查的安全向下转型	用于将基类智能指针安全地转换为派生类智能指针，仅在基类含虚函数时可用
std::const_pointer_cast	添加或移除const属性	当需要修改通过智能指针管理的对象的const状态时使用，通常用于std::shared_ptr
std::reinterpret_pointer_cast	允许在不同类型间进行低级转换	用于底层或硬件相关编程，涉及原始内存操作时使用，需谨慎处理以避免未定义行为

这个表格为智能指针的各种类型转换提供了清晰的参考，帮助开发者在需要时选择正确的转换方法，确保类型安全和程序的健康运行。在实际编程中，正确使用这些转换技术可以大大提高代码的可维护性和稳定性。

7. 位级别的转换

std::bit_cast是C++20标准库中的一个功能，定义在<bit>头文件中。std::bit_cast提供了一种安全且不违反类型系统的方法来进行位级别的转换，这在C++其他4种转换中是无法做到的。

首先，std::bit_cast允许我们在不改变底层比特位的情况下，将一个类型的数据直接转换为另一个类型的数据。这对于底层编程、硬件接口操作或者性能关键型应用非常有用，因为它可以直接操控数据的二进制表示，而不引入额外的运行时开销。其基本语法和用法如下：

```
template< class To, class From >
constexpr To bit_cast(const From& from) noexcept;
```

位级别转换的主要特性如下：

- 类型安全的位级别转换：std::bit_cast提供了一种类型安全的方法来执行位级别的转换，这意味着转换过程中不会改变任何比特位的值。
- 编译时常量：如果满足一定条件（如类型为TriviallyCopyable），std::bit_cast可以在编译时计算，支持constexpr。
- 无副作用：由于标记为noexcept，此函数保证不会抛出异常。

使用条件：

- sizeof(To)必须等于sizeof(From)。
- To和From必须是TriviallyCopyable类型，这意味着它们可以通过简单的内存复制操作来复制。

注意事项：

- 不应使用reinterpret_cast或类似的显式转换来代替std::bit_cast，因为这可能违反类型别名规则，导致未定义行为。
- 在使用std::bit_cast时，必须确保目标类型有能力表达源类型的所有比特位，否则可能导致未定义的行为。

【示例展示】

接下来看看std::bit_cast的具体应用吧。例如，在处理图形数据或网络数据传输时，经常需要在数据类型间进行转换，但是又不希望改变其二进制表示。在这种情况下，使用std::bit_cast再合适不过了。

```
#include <bit>
#include <iostream>
#include <type_traits>
#include <cstdint>
struct Color {
    uint8_t r, g, b, a;
};

int main() {
    static_assert(sizeof(Color) == sizeof(uint32_t), "Size of Color and uint32_t must be
equal");
    static_assert(std::is_trivially_copyable_v<Color>, "Color must be trivially
copyable");
```

```
        Color color {255, 0, 0, 255}; // 红色, 不透明
        auto colorAsInt = std::bit_cast<uint32_t>(color);
        std::cout << "The bit representation of red is: 0x" << std::hex << colorAsInt <<
std::endl;
        return 0;
    }
```

在这个例子中，创建了一个Color结构体实例，并将其转换为一个uint32_t，以便可以作为一个整数处理。通过std::bit_cast，转换是安全的，并且保证了数据的比特位不会被改变。

std::bit_cast的引入使得我们可以更自然、安全地在不同数据类型之间进行直接的位级别转换，这在许多高性能和底层系统编程场景中极为重要，如图4-1所示。这样的功能强化了C++在系统级编程中的地位，让我们可以写出既高效又安全的代码。

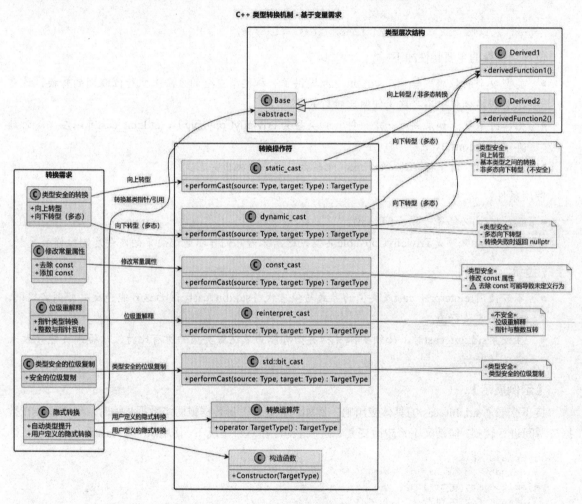

图 4-1　C++类型转换机制

4.4　类型特征探究：编译时类型判断的艺术

在前面的章节中，我们已经介绍了C++中类型系统的基本知识，以及如何使用<type_traits>头文件

中的类型特征来进行基本的类型检查。本节将进一步探讨类型特征与萃取的概念，这是模板元编程中用于编译时类型判断和操作的关键工具。

类型萃取允许开发者在编译时查询和操作类型信息，是提高代码灵活性和安全性的有效手段。这些操作通常依赖于模板元编程技术，可以在不产生运行时开销的情况下，实现对类型的精细控制。

它的实际应用范围非常广泛，从简单的类型判断到复杂的类型操作都有涉及。它们为模板代码提供了一种方式，以适应各种数据类型和操作，同时确保代码的类型安全和高效执行。

4.4.1　类型系统的深入探索

深入探讨C++中的标量类型、对象类型以及复合类型对于理解C++类型系统的更多细节至关重要。这些概念在C++标准库的<type_traits>头文件中也有相应的类型特征提供支持。

1. 标量类型的判断

标量类型在C++中指的是可以表示单一值的类型，包括算术类型、指针类型、成员指针以及枚举类型。std::is_scalar类型特征用于判断一个类型是否为标量类型。

例如，std::is_scalar<T>::value或std::is_scalar_v<T>（C++17及以后版本）可以用来检查类型T是否为标量类型。它在实现泛型编程和编写类型约束时非常有用。例如：

```
template<class T>
struct is_scalar : std::integral_constant<bool, std::is_arithmetic<T>::value
                                    || std::is_enum<T>::value
                                    || std::is_pointer<T>::value
                                    || std::is_member_pointer<T>::value
                                    || std::is_null_pointer<T>::value>
{};
```

2. 对象类型的判断

对象类型在C++中是指拥有固定大小和存储的任何非函数类型，包括标量类型、数组、类类型等。std::is_object类型特征用于判断一个类型是否为对象类型。这对于区分对象类型和非对象类型（如函数类型）非常关键。

std::is_object的使用方式与std::is_scalar类似，可以用std::is_object<T>::value或std::is_object_v<T>来进行判断。例如：

```
template<class T>
 struct is_object : std::integral_constant<bool,
                    std::is_scalar<T>::value ||
                    std::is_array<T>::value ||
                    std::is_union<T>::value ||
                    std::is_class<T>::value> {};
```

3. 复合类型的判断

复合类型是指由基本类型构成的更复杂的类型，包括指针、引用、数组、函数、类、联合等。std::is_compound类型特征用于检测一个类型是否为复合类型。它实际上是基本类型的反义词，因为所有非基本类型默认都是复合类型。在C++中，任何类型要么是基本类型，要么是复合类型。

我们可以使用std::is_compound<T>::value或std::is_compound_v<T>来检查类型T是否为复合类型。例如：

```
template<class T>
struct is_compound : std::integral_constant<bool, !std::is_fundamental<T>::value> {};
```

4. 引用与成员指针

在C++的类型系统中，引用和成员指针类型占据了特殊的位置。理解这些类型的概念以及如何在编译时进行判断，是深入掌握C++模板编程和类型特征的关键。

C++中的引用类型包括左值引用和右值引用。这些引用类型在函数重载、模板特化等方面发挥着关键作用。std::is_reference、std::is_lvalue_reference和std::is_rvalue_reference类型特征被用于识别引用类型。

- std::is_reference<T>::value或std::is_reference_v<T>（C++17及以后版本）用于检查T是否为任意类型的引用。
- std::is_lvalue_reference<T>::value或std::is_lvalue_reference_v<T>用于检查T是否为左值引用。
- std::is_rvalue_reference<T>::value或std::is_rvalue_reference_v<T>用于检查T是否为右值引用。

在模板函数中，当我们使用T来表示参数类型时，T已经包含了它是引用类型的信息（如果实际传入的是引用）。因此，当要求直接对引用类型进行判断时，使用std::remove_reference_t<T>是不必要的，因为它会去除引用，从而改变我们想要检查的实际类型。

【示例展示】

```
#include <iostream>
#include <type_traits>
#include <vector>

template <typename T>
void printType(const T&) {
    if constexpr (std::is_fundamental_v<T>) {
        std::cout << "引用了基本类型" << std::endl;
    } else if constexpr (std::is_compound_v<T>) {
        std::cout << "引用了复合类型" << std::endl;
    } else {
        std::cout << "引用了其他类型" << std::endl;
    }
}

int main() {
    int basic = 42;
    std::vector<int> vec = {1, 2, 3};
    int& basicRef = basic;
    std::vector<int>& vecRef = vec;

    printType(basicRef); // 应该打印 "引用了基本类型"
    printType(vecRef);   // 应该打印 "引用了复合类型"

    return 0;
}
```

在这个例子中，我们直接使用模板参数T来进行类型判断，如果T是引用类型，将保持其为引用的特性。这样，我们可以正确地判断引用指向的是基本类型还是复合类型。

图4-2总结了C++的类型系统，帮助读者加深对类型系统的认识。

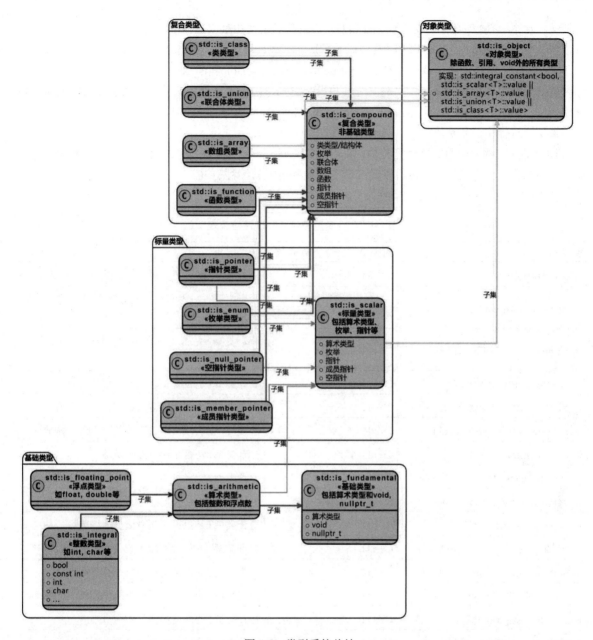

图 4-2　类型系统总结

4.4.2　C++中的类型修饰符和类型转换工具

1. C++中类型转换的核心要素

在探索C++的类型转换时，首先需要理解可构造性、可赋值性以及可析构性的重要性。可构造性关注于一个类型是否能够通过特定参数成功构造，而可赋值性则涉及对象在创建后能否接纳新的值。例如，如果某个类缺少必要的构造函数或赋值运算符，我们需要明确提供这些方法或利用默认、删除或自定义版本来确保其作为目标类型转换的可行性。

在多态基类的设计中，可析构性尤为关键。若基类的析构函数未声明为虚函数，则通过基类指针删除派生类对象可能会导致资源泄漏或其他未定义行为。因此，引入虚析构函数是避免这些问题的常见做法。此外，考虑对象的可交换性也非常重要，确保类之间的赋值或转换操作逻辑上合理且一致。这通常涉及赋值运算符以及拷贝和移动构造函数的适当重载，以优化不同使用场景下的类型行为和性能。

C++提供了丰富的类型特性，如is_constructible、is_assignable和is_destructible，这些特性不仅在编译时就能帮助我们检查并确保代码的安全性与可预测性，还在设计类和函数时提供了极大的灵活性和精确控制。例如，通过使用is_nothrow_constructible和is_nothrow_assignable，我们可以确保在不抛出异常的情况下进行构造和赋值操作，从而增强代码的健壮性。

通过深入理解并应用这些类型特性，我们能够更好地设计和实现那些对性能和安全性要求极高的系统。每当我们使用这些工具时，都是在向更高效和可靠的编程迈进。

表4-4总结了从C++11起的类型特性和构造性相关的检查手段。

表4-4　C++类型特性和构造性检查表

类型特征	自哪个 C++版本起有效	作用说明
is_constructible<T, Args...>	C++11	检查类型T是否可以用一组参数Args...构造
is_trivially_constructible<T, Args...>	C++11	检查类型T是否可以用Args...进行平凡构造（不涉及复杂操作）
is_nothrow_constructible<T, Args...>	C++11	检查类型T是否可以在不抛出异常的情况下用Args...构造
is_default_constructible<T>	C++11	检查类型T是否有默认构造函数
is_trivially_default_constructible<T>	C++11	检查类型T的默认构造函数是否为平凡的
is_nothrow_default_constructible<T>	C++11	检查类型T的默认构造函数是否不抛出异常
is_copy_constructible<T>	C++11	检查类型T是否有拷贝构造函数
is_trivially_copy_constructible<T>	C++11	检查类型T的拷贝构造函数是否为平凡的
is_nothrow_copy_constructible<T>	C++11	检查类型T的拷贝构造函数是否不抛出异常
is_move_constructible<T>	C++11	检查类型T是否可以从右值引用构造
is_trivially_move_constructible<T>	C++11	检查类型T的移动构造函数是否为平凡的
is_nothrow_move_constructible<T>	C++11	检查类型T的移动构造函数是否不抛出异常
is_assignable<T, U>	C++11	检查类型T的对象是否可以从类型U的对象赋值
is_trivially_assignable<T, U>	C++11	检查类型T的赋值操作是否为平凡的
is_nothrow_assignable<T, U>	C++11	检查类型T的赋值操作是否不抛出异常
is_copy_assignable<T>	C++11	检查类型T是否有拷贝赋值运算符
is_trivially_copy_assignable<T>	C++11	检查类型T的拷贝赋值操作是否为平凡的
is_nothrow_copy_assignable<T>	C++11	检查类型T的拷贝赋值操作是否不抛出异常
is_move_assignable<T>	C++11	检查类型T是否有移动赋值运算符
is_trivially_move_assignable<T>	C++11	检查类型T的移动赋值操作是否为平凡的
is_nothrow_move_assignable<T>	C++11	检查类型T的移动赋值操作是否不抛出异常
is_destructible<T>	C++11	检查类型T是否有非删除的析构函数
is_trivially_destructible<T>	C++11	检查类型T的析构函数是否为平凡的

类型特征	自哪个 C++版本起有效	作用说明
is_nothrow_destructible<T>	C++11	检查类型T的析构函数是否不抛出异常
has_virtual_destructor<T>	C++11	检查类型T是否有虚析构函数
is_swappable_with<T, U>	C++17	检查类型T的对象是否可以与类型U的对象交换
is_swappable<T>	C++17	检查类型T的两个对象是否可以互换
is_nothrow_swappable_with<T, U>	C++17	检查类型T和U的对象交换操作是否不抛出异常
is_nothrow_swappable<T>	C++17	检查类型T的两个对象的交换操作是否不抛出异常
reference_constructs_from_temporary	C++23	检查在直接初始化中一个引用是否绑定到一个临时对象上
reference_converts_from_temporary	C++23	检查在拷贝初始化中一个引用是否绑定到一个临时对象上

2. 探索C++中的cv限定符与类型变换

在C++的类型系统中，cv限定符（即const和volatile）以及引用和符号性调整是关键概念，它们为类型安全和灵活的编程提供了强大支持。const限定符增加了变量的不可变性，确保数据在程序运行中不被修改，这对于保证多线程代码的安全性和优化编译器行为至关重要。而volatile限定符则指示编译器管理硬件或并发操作可能影响的变量，确保程序能够正确处理外部变化。

C++标准库中包含了一系列的类型变换工具，例如 std::add_const、std::add_volatile 和 std::add_cv，这些模板在模板元编程中尤为重要，它们允许开发者在编译时根据上下文动态地应用或调整类型限定符。这些工具通过生成新类型或调整现有类型的限定符，为类型安全和优化代码提供了极大的灵活性。

对于引用和符号性的处理，C++提供了如 std::remove_reference和std::add_lvalue_reference的工具，使得类型在保留或转换其引用性质时更为灵活。这些功能在实现泛型编程和库功能时尤为重要，如标准容器和算法库广泛使用这些工具以支持各种类型操作。

进一步地，C++允许通过模板（如std::make_signed和std::make_unsigned）在有符号和无符号整数类型之间进行转换。这不仅有助于处理不同的数值范围，也在特定应用中（如位操作和系统级编程）优化性能。这些模板的使用增强了类型系统的表达力和灵活性，为开发者在复杂的系统和应用中提供了必要的工具，以确保类型操作的精确性和高效性。

这些类型转换特征的实现通常依赖于模板偏特化。例如，std::add_lvalue_reference<T>可能会有一个偏特化版本，用于处理当T已经是一个引用类型的情况。在这种情况下，它简单地返回T本身，因为引用的引用在C++中是不合法的。类似的逻辑也适用于make_signed和make_unsigned，这些特征内部会检查并转换基础类型，确保类型安全。

通过这些类型特征的应用，我们可以在编写模板代码或进行复杂的类型操作时，更加灵活和精确地控制类型的引用性质和符号性，从而提高代码的通用性和安全性。

【示例展示】

下面将深入探索一个精彩的示例，展示如何在C++中使用类型修改和转换来支持我们的操作。让我们一起走进代码的世界，探索这些工具的实用魅力！

```
#include <type_traits>
#include <iostream>
```

```cpp
    // 定义一个简单的结构体S来演示类型操作
    struct S {
        int n;
        S(int m) : n(m) {}
        S& operator=(const S& other) {
            if (this != &other) {
                n = other.n;
            }
            return *this;
        }
    };

    template<typename T>
    void processValue(const T& value) {
        // 使用std::remove_cv来确保处理的类型没有const或volatile限定符
        using CleanType = typename std::remove_cv<T>::type;
        CleanType modifiable = value; // 现在可以修改这个值

        std::cout << "Original value: " << value << ", modified value: " << ++modifiable <<
std::endl;
    }

    template<typename T>
    void demonstratePointerBehavior(T* ptr) {
        // 演示指针类型的const限定符操作
        using PtrToConst = typename std::add_pointer<typename
std::add_const<T>::type>::type;
        PtrToConst constPtr = ptr;

        std::cout << "Pointer points to: " << *constPtr << std::endl;
        // *constPtr = 100; // 错误：不能修改const指向的值
    }

    int main() {
        const int a = 55;
        processValue(a); // 将处理int类型的值

        int b = 27;
        demonstratePointerBehavior(&b); // 演示指向int的指针如何处理

        // 使用类型特征判断来决定类型行为
        if (std::is_constructible<S, int>::value && std::is_assignable<S&, const S&>::value) {
            S s1(10), s2(20);
            s1 = s2;
            std::cout << "s1.n = " << s1.n << std::endl;

            // 演示使用模板和类型特征结合的交换逻辑
            std::swap(s1, s2);
            std::cout << "After swap s1.n = " << s1.n << std::endl;
        } else {
            std::cout << "S类型不支持用int构造或不可赋值" << std::endl;
        }

        return 0;
    }
```

在上述示例中，不仅展示了如何操作基本类型，还演示了如何结合类型特征和模板编程技术来优化类的行为，如构造函数和赋值运算符的定义，确保对象间的正确复制和交换。

这种方法的核心在于使用C++的类型特征工具来控制和转换数据类型。通过模板化函数，我们可以更灵活地处理各种类型，同时保持代码的通用性和可扩展性。这对于理解C++的类型系统和强类型检查机制至关重要，有助于开发者编写出更安全、高效的代码。

希望通过这些具体示例，读者能够深入理解C++中类型转换和修改器的强大功能，并能够在日常编程工作中找到它们的实际应用场景，从而提高软件的质量和性能。

4.4.3 C++类型特征中的核心概念与实用技巧

1. 探索编译时类型间的关系

在深入C++类型特征的世界时，理解和判断类型之间的关系同样是编程的核心。

下面将探索两个基本概念：类型相同性（type sameness）和基类与派生类关系（base-derived class relationships）。这些概念不只是模板元编程的关键，也构成了理解C++类型系统的基石。

1）类型相同性检查

当需要确认两个类型是否完全一致时，类型相同性检查就派上了用场。在C++中，使用std::is_same来完成这项检查。这不仅是一种技术操作，更是一种确保模板参数符合期望类型的方法。例如：

```
std::is_same<int, int>::value                 // 返回 true
std::is_same<int, unsigned int>::value        // 返回 false
```

这种检查通过比较两个类型的内部表示来确认它们是否一致，对于模板特化和编译时断言尤其重要。

2）基类与派生类关系检查

我们转向继承结构的探讨。std::is_base_of是判断继承关系的关键工具，它允许在编译时确认一个类是否为另一个类的基类，从而安全地实现基于继承的设计模式。例如：

```
class Base {};
class Derived : public Base {};

std::is_base_of<Base, Derived>::value         // 返回 true
std::is_base_of<Derived, Base>::value         // 返回 false
```

这种类型特征在处理类的继承和多态性时至关重要，它确保了代码可以安全、准确地应用面向对象的设计原则。

3）其他类型特征

除了提到的std::is_same和std::is_base_of之外，C++标准库中还提供了许多其他与类型兼容性和转换相关的有用特征。

（1）is_convertible(C++11)

检查一个类型是否可以隐式转换到另一个类型。这是用来确定在不使用显式转换操作的情况下，一个类型是否能被安全地视为另一个类型。

```
std::is_convertible<int, double>::value        // 返回 true，因为int可以隐式转换为double
```

（2）is_nothrow_convertible(C++20)

类似于 is_convertible，但额外检查转换过程中是否保证不抛出异常。这对于编写异常安全的代码非常重要。

```
std::is_nothrow_convertible<int, double>::value // 检查从int到double的转换是否不抛出异常
```

（3）is_layout_compatible(C++20)

自C++20起提供，检查两种类型是否具有兼容的内存布局。这在与C语言的接口交互或需要精确控制数据布局的低级编程中特别有用。

```
std::is_layout_compatible<int, unsigned int>::value // 检查int和unsigned int是否布局兼容
```

（4）is_pointer_interconvertible_base_of(C++20)

检查一个类型是否为另一个类型的指针可互转基类。这对于理解和利用基于指针的类继承关系极其重要。

```
std::is_pointer_interconvertible_base_of<Base, Derived>::value // 检查Base是否为Derived
的指针可互转基类
```

（5）is_invocable / is_invocable_r(C++17)

检查一个类型是否可以被调用，即是否可以作为函数使用。这对于编写接收函数或函数对象参数的模板代码非常有用。

```
std::is_invocable<void(*)(int), int>::value // 检查void(*)(int)类型是否可以使用int参数调用
```

（6）is_nothrow_invocable / is_nothrow_invocable_r(C++17)

类似于is_invocable和is_invocable_r，但检查调用过程是否保证不抛出异常。

```
std::is_nothrow_invocable<void(*)(int), int>::value // 检查void(*)(int)函数是否能保证在使
用int参数调用时不抛出异常
```

这些类型特征为C++程序提供了强大的工具，使开发者能够在编译时进行复杂的类型检查和断言，确保类型安全和程序的正确性。

2. 揭示类型属性与内存布局

类型属性查询工具为我们提供了关于类型的内存布局、大小及其他关键特性的详尽信息，使我们能够优化代码结构和提升性能。

1）对齐要求

在C++中，每个类型的内存对齐要求指明了该类型实例在内存中的起始地址必须满足的字节对齐边界。这可以通过类型特性std::alignment_of来查询。

对于任何类型T，std::alignment_of<T>::value或C++17引入的简化形式std::alignment_of_v<T> 会返回所需的对齐字节数。例如，一个基本的 int 类型在不同的平台和编译器中，其对齐值可能为 4 或 8 字节。精确地理解和处理对齐要求，对于提升程序性能和防止运行时错误至关重要。

【示例展示】

下面是一个使用 std::alignment_of_v<T> 的示例。此工具常用于确保数据结构的内存对齐，优化性能，尤其在处理具有特定硬件需求的低层次系统编程时非常有用。

```
#include <iostream>
#include <type_traits>

struct MyStruct {
    char c;
    int i;
    double d;
```

```
};

int main() {
    // 检查基本数据类型的对齐要求
    std::cout << "Alignment of int: " << std::alignment_of_v<int> << " bytes\n";
    std::cout << "Alignment of double: " << std::alignment_of_v<double> << " bytes\n";

    // 检查自定义结构的对齐要求
    std::cout << "Alignment of MyStruct: " << std::alignment_of_v<MyStruct> << " bytes\n";

    // 使用 std::alignment_of_v 进行内存对齐的动态分配
    void* ptr = aligned_alloc(std::alignment_of_v<MyStruct>, sizeof(MyStruct));
    if (ptr) {
        MyStruct* myStruct = new(ptr) MyStruct; // 使用定位new构造对象
        // 使用 myStruct 做一些操作
        myStruct->c = 'a';
        myStruct->i = 123;
        myStruct->d = 3.14159;

        std::cout << "MyStruct instance - char: " << myStruct->c
                << ", int: " << myStruct->i
                << ", double: " << myStruct->d << std::endl;

        myStruct->~MyStruct(); // 手动调用析构函数
        free(ptr); // 释放分配的内存
    }

    return 0;
}
```

在这个示例中，首先检查了几种类型（基本类型和自定义结构）的对齐要求；然后展示了如何使用std::alignment_of_v进行正确对齐的内存分配，这对于确保数据的正确对齐非常关键。特别是在多线程环境中操作共享数据时，正确的数据对齐可以减少锁的争用，提高缓存的利用效率。这样的处理可以显著提升程序在特定硬件上的性能。

2）数组维度与大小

数组类型的两个基本特性——维度和尺寸，对于编写与数组交互的泛型代码尤为重要。这些特性可通过std::rank和std::extent在编译时被查询。std::rank<T>::value会返回数组类型 T 的维度数，而std::extent<T, N>::value则提供第N维的具体大小。

【示例展示】

以下是一个简单的C++代码示例，演示如何使用std::rank和std::extent来查询数组类型的维度和各维度的大小。我们将使用一个二维数组 int array[10][20]来展示如何操作这些类型特性。

```
#include <iostream>
#include <type_traits>

int main() {
    int array[10][20];

    // 查询数组的维度数
    constexpr size_t dimensions = std::rank<decltype(array)>::value;
    std::cout << "数组的维度数为: " << dimensions << std::endl; // 输出数组的维度数

    // 查询第一维度的大小
```

```
constexpr size_t first_dim_size = std::extent<decltype(array), 0>::value;
std::cout << "第一维的大小为: " << first_dim_size << std::endl; // 输出第一维的元素数量

// 查询第二维度的大小
constexpr size_t second_dim_size = std::extent<decltype(array), 1>::value;
std::cout << "第二维的大小为: " << second_dim_size << std::endl;// 输出第二维的元素数量

return 0;
}
```

在这个示例中：

- 使用std::rank<decltype(array)>::value来获取数组的维度数，这里应为2，因为array是一个二维数组。
- 使用std::extent<decltype(array), 0>::value来获取数组第一维的元素数量，这里应为10。
- 使用std::extent<decltype(array), 1>::value来获取数组第二维的元素数量，这里应为20。

3. 强化逻辑操作与类型判断

在C++类型特征的探索中，逻辑操作（logical operations）扮演着至关重要的角色。这些操作由C++17引入，通过逻辑运算符对其他类型特征的结果进行组合与推理，提供了强大的工具来处理复杂的类型判断。下面将详细讨论3个主要的逻辑操作：逻辑与（conjunction）、逻辑或（disjunction）以及逻辑非（negation），它们使得C++模板编程变得更加灵活与强大。

1）逻辑与

逻辑与是一个变参模板，用于实现多个类型特征的逻辑与操作。这意味着只有当提供的所有类型特征都评估为true时，conjunction的结果才为true。例如，假设有两个类型特征A和B，仅当A和B均为std::true_type时，std::conjunction<A, B>::value才返回true。这种操作在需要确保多个类型条件同时被满足的场景下极其有用。

2）逻辑或

逻辑或同样是一个变参模板，用于实现类型特征的逻辑或操作。其特点是，只要提供的类型特征中有一个为true，disjunction的结果就为true。这提供了一种在多个类型条件中，"至少满足一个"的灵活性。例如，对于类型特征 A、B 和 C，只要其中一个为std::true_type，std::disjunction<A, B, C>::value就会返回true。

3）逻辑非

逻辑非是一个模板，专门用于反转单个类型特征的结果。具体来说，如果提供的类型特征为true，negation就返回false，反之亦然。例如，std::negation<A>::value将在A为std::false_type时返回true。这种操作在需要对类型条件进行反向判断的场景中特别有用。

【示例展示】

以下是一个进行逻辑操作的综合示例。在这个示例中，我们将定义几个检查类型特性的traits，并使用逻辑操作来组合这些traits，以决定一个类型是否满足特定的条件组合。这些操作在模板元编程中非常实用，尤其在创建复杂的类型约束和编译时（compile-time）检查时。

```
#include <type_traits>
#include <iostream>
```

```
    // 检查类型是否为整型
    template<typename T>
    using is_integral = std::is_integral<T>;

    // 检查类型是否为浮点型
    template<typename T>
    using is_floating_point = std::is_floating_point<T>;

    // 检查类型是否为指针
    template<typename T>
    using is_pointer = std::is_pointer<T>;

    // 示例：使用逻辑操作组合类型traits
    template<typename T>
    struct MyTypeChecker {
        // 检查类型T是否为整型或者浮点型（至少满足其中一个条件）
        static constexpr bool is_numeric_or_pointer = std::disjunction<is_integral<T>,
is_floating_point<T>, is_pointer<T>>::value;

        // 检查类型T是否既是整型又是浮点型（当然这是不可能的，用于示例）
        static constexpr bool is_integral_and_floating = std::conjunction<is_integral<T>,
is_floating_point<T>>::value;

        // 检查类型T是否不是指针
        static constexpr bool is_not_pointer = std::negation<is_pointer<T>>::value;
    };

    int main() {
        // 检查int类型
        std::cout << "int is numeric or pointer: " << MyTypeChecker<int>::is_numeric_or_pointer
<< std::endl; // 应输出1（true）
        std::cout << "int is integral and floating: " <<
MyTypeChecker<int>::is_integral_and_floating << std::endl; // 应输出0（false）
        std::cout << "int is not a pointer: " << MyTypeChecker<int>::is_not_pointer << std::endl;
// 应输出1（true）

        // 检查float类型
        std::cout << "float is numeric or pointer: " <<
MyTypeChecker<float>::is_numeric_or_pointer << std::endl; // 应输出1（true）
        std::cout << "float is integral and floating: " <<
MyTypeChecker<float>::is_integral_and_floating << std::endl; // 应输出0（false）
        std::cout << "float is not a pointer: " << MyTypeChecker<float>::is_not_pointer <<
std::endl; // 应输出1（true）

        // 检查float*类型（指针类型）
        std::cout << "float* is numeric or pointer: " <<
MyTypeChecker<float*>::is_numeric_or_pointer << std::endl; // 应输出1（true）
        std::cout << "float* is integral and floating: " <<
MyTypeChecker<float*>::is_integral_and_floating << std::endl; // 应输出0（false）
        std::cout << "float* is not a pointer: " << MyTypeChecker<float*>::is_not_pointer <<
std::endl; // 应输出0（false）
    }
```

· 通过这些逻辑操作，我们不仅可以简化类型判断的逻辑，还可以构建出更为复杂且灵活的类型条件组合，从而大大增强C++模板的功能性和应用范围。

4. 类型转换和类型推导工具

下面介绍3个类型转换和类型推导工具。

1）decay（C++11）

std::decay类模板在C++类型系统中起到核心作用，特别是在模板编程和函数参数处理中。它用于模拟通过值传递方式发送到函数时参数类型所经历的变换，确保类型能够在模板编程中正确传递和使用。

（1）功能和应用

当类型作为函数参数按值传递时，std::decay 模拟并应用了几个重要的转换：

- 去除引用：转换过程中会移除类型的所有引用，使得引用类型变成其基本类型。
- 去除 cv 限定符：从类型中移除const和volatile限定符，有助于在函数模板中处理不同的cv-qualification。
- 数组和函数到指针的转换：将数组类型转换为相应的指针类型，同时将函数类型转换为指向该函数的指针类型。

这些转换使得std::decay在处理泛型编程中的函数参数时非常有用，尤其在模板函数需要处理来自不同调用上下文的类型时。

【示例展示】

下面的示例演示了std::decay在几种不同类型上的效果。

```cpp
#include <type_traits>
#include <iostream>

int func() { return 42; }

int main() {
    using ArrayType = int[10];
    using FunctionType = decltype(func);

    // 应用 std::decay
    using DecayedArrayType = std::decay<ArrayType>::type;  // 数组到指针的转换
    using DecayedFunctionType = std::decay<FunctionType>::type;  // 函数到指针的转换

    std::cout << std::boolalpha;
    std::cout << "Decayed ArrayType is int*: " << std::is_same<int*,
DecayedArrayType>::value << std::endl;
    std::cout << "Decayed FunctionType is int(*)(): " << std::is_same<int(*)(),
DecayedFunctionType>::value << std::endl;
}
```

在这个示例中：

- ArrayType是一个整型数组，通过std::decay转换成了指向整型的指针。
- FunctionType是一个函数类型，通过std::decay转换成了函数指针。

这些转换展示了std::decay如何在实际编程中处理复杂类型，使其适合于模板编程和通用编码实践。

（2）使用场景

std::decay的使用场景如下：

- 模板函数参数处理：在模板函数中，std::decay常用于标准化传递给函数的参数类型，确保模板函数的参数处理逻辑简单明了。

- 类型萃取与转换：在进行类型萃取或需要类型转换的复杂元编程任务中，std::decay 提供了一种标准方式来处理类型的标准化。

（3）std::decay_t

std::decay_t是一个模板别名，从C++14开始引入，用来简化std::decay<>::type的写法。其实质上等价于std::decay<Type>::type，但更简洁。使用std::decay_t可以直接得到退化后的类型，而不需要通过type成员。

【示例展示】

```
#include <type_traits>

int main() {
    using OriginalType = int[];
    using DecayedType = std::decay_t<OriginalType>; // 直接使用别名模板获取退化后的类型
}
```

std::decay的应用确保了C++程序在类型处理上的灵活性和健壮性，是现代C++编程中不可或缺的工具之一。

2）result_of和invoke_result

在C++的类型特性中，result_of和invoke_result 扮演了核心角色，用于推断调用可调用对象（如函数、函数指针、Lambda表达式或任何实现了函数调用操作符的类）时产生的结果类型。这两个特性在设计通用代码和函数模板时非常有用，特别是在需要根据函数调用的返回类型来推导或决定模板行为时。

（1）result_of（C++11）

std::result_of 在 C++11 中引入，用于推断函数调用的结果类型。它基于一种假定的函数类型和一组参数类型来确定调用结果的类型。

然而，result_of 的语法比较复杂且容易出错，因此在 C++17 中引入了 invoke_result，并在 C++20 中弃用result_of。

【示例展示】

```
#include <type_traits>
#include <functional>

int func(int, double) { return 42; }

int main() {
    // 使用 result_of
    using ResultType = std::result_of<decltype(func)&(int, double)>::type;
    static_assert(std::is_same<ResultType, int>::value, "Result type is int");
}
```

（2）invoke_result（C++17）

std::invoke_result 在 C++17 中引入，用作 result_of 的现代替代品。它提供了一个更简洁和更直观的语法来推断调用可调用对象的结果类型。invoke_result 不仅易于使用，而且更符合直觉，因为它直接对可调用对象和参数类型进行操作，而不是模拟函数类型。

【示例展示】

```
#include <type_traits>
#include <functional>
```

```
int func(int, double) { return 42; }

int main() {
    // 使用 invoke_result
    using ResultType = std::invoke_result<decltype(func), int, double>::type;
    static_assert(std::is_same<ResultType, int>::value, "Result type is int");
}
```

在上面两个示例中，我们分别使用result_of和invoke_result来推断函数func的返回类型，注意到invoke_result的使用更直接和简洁。

（3）使用场景

result_of和invoke_result的使用场景如下：

- 模板编程：在设计模板函数或类，需要根据传入的函数或可调用对象的返回类型决定行为时，这些工具显得尤为重要。
- 类型安全：通过提前确定函数调用的结果类型，可以在编译时捕捉到类型错误，增加了程序的类型安全。
- 函数包装器：在编写通用的函数包装器或代理时，了解目标函数的返回类型对于正确传递返回值至关重要。

通过result_of和invoke_result，C++ 程序员可以更精确地控制和预测代码在多种调用情况下的行为，这对于高级模板编程和泛型编程是至关重要的。

3）common_type（C++11）

std::common_type类模板用于计算一组类型中的共同类型，即所有给定类型实例都可以安全转换到的类型。这个特性在编写通用代码时尤其有用。

例如，在设计函数模板或类模板时，需要根据不同的输入类型推导出一个统一的工作类型。

【示例展示】

```
#include <type_traits>
#include <iostream>

int main() {
    using T1 = int;
    using T2 = double;
    using CommonT = std::common_type<T1, T2>::type;  // 应为 double
    std::cout << "Common type of int and double is double: " << std::is_same<double,
CommonT>::value << std::endl;
}
```

在此示例中，std::common_type能够推导出int和double之间的共同类型为double。

4）其他类型特性

除了上述类型特性，C++还提供了以下类型特性：

- remove_cvref（C++20）：结合了std::remove_cv和std::remove_reference，用于从类型中同时移除cv限定符和引用。
- common_reference & basic_common_reference（C++20）：用于确定一组类型的共同引用类型。
- underlying_type（C++11）：获取枚举类型的底层整数类型。

通过这些工具，C++程序员可以在编译时进行高效且安全的类型操作，从而编写出更健壮和更通用的代码。

4.4.4 实战案例：利用类型特征操作强枚举类型

在本章之前的部分，我们详细探讨了C++中的类型系统、类型属性、类型安全以及类型别名和转换等多个方面，学习了如何利用类型特征来提高代码的安全性和灵活性。本节将通过一个具体的实战案例来综合运用这些概念，尤其强化我们对枚举类型的理解和操作。

1. 应用场景：控制访问权限

在设计系统安全性时，合理的权限控制是核心考虑之一。为此，我们通常会定义不同的用户权限级别来管理对系统资源的访问。这些权限级别需要被精确地管理和检查，因此它们的定义方式至关重要。使用强枚举类型来定义这些权限可以提供更高的类型安全，防止权限级别被错误地应用或泄漏。

同时，为了展示强枚举和普通枚举的不同，我们还定义一个普通枚举类型，用于表示不同的服务等级。这种类型允许隐式转换到整数，可以用于不需要严格类型安全的情境。

```cpp
enum class AccessLevel : int {
    None,
    Read,
    Write,
    Admin
};

enum NormalEnum {
    Low,
    Medium,
    High
};
```

在这个系统中，AccessLevel用于控制对敏感系统部分的访问，确保只有适当授权的操作才能够执行。这需要强类型检查以避免安全漏洞。而NormalEnum主要用于处理那些对安全要求不那么严格的操作。例如日志级别设置或非关键性服务的响应等级，这些场合通常不需要严格的类型安全，但需要简便的值比较和计算。

这样的设置允许我们根据场景的不同需求，选择合适的枚举类型。下面将详细展示如何区分这两种枚举类型，并根据枚举的性质执行适当的操作。

2. 案例演示

1）使用std::is_enum判断枚举类型

在C++中，std::is_enum是一个类型特征，用于检测给定的类型是否为枚举。这是理解和处理任何枚举类型的第一步。例如，通过以下方式检查AccessLevel是否为枚举类型：

```cpp
#include <type_traits>

bool isEnum = std::is_enum<AccessLevel>::value; // 返回 true
```

这个检测对于所有枚举类型都是通用的，无论它们是传统的枚举还是强类型枚举。

2）强枚举与普通枚举的区分

虽然std::is_enum可以告诉我们一个类型是否为枚举，它并不区分这是一个普通枚举还是一个强枚举。区分这两者是非常重要的，因为强枚举提供了更高的类型安全，不允许隐式转换至整数类型，而普通枚举则允许这种转换。为了确保我们可以针对这两种枚举类型采取正确的措施，需要一个更具体的工具来帮助我们理解每种枚举的特性。

3）探索类型转换特性：引入std::is_convertible

std::is_convertible也是一个类型特征，用于检测一个类型是否能被隐式转换到另一个类型。对于枚举类型，尤其在处理权限级别时，我们需要确保枚举类型的安全性不被隐式类型转换破坏。因此，可以使用std::is_convertible来检测AccessLevel是否可以隐式转换到int：

```
bool canConvertToInt = std::is_convertible<AccessLevel, int>::value; // 返回 false
```

这个检测有助于我们确定AccessLevel是一个强枚举，因为它不支持隐式转换到整数。同时，对于普通枚举NormalEnum，也可以进行类似的测试，以验证它是否允许这种转换，从而根据枚举类型的这一特性来调整代码逻辑。

4）面对挑战：使用std::underlying_type_t

在处理强枚举类型时，std::is_convertible能提供关于类型是否可进行隐式转换的信息，这对于判断类型安全很有用。然而，仅凭这个特性不足以让我们进行更精细的操作，如直接与枚举的数值进行比较或计算。在这种情况下，std::underlying_type_t成为关键的工具。

std::underlying_type_t是一个模板，它允许我们明确获取任何枚举类型的底层类型。了解枚举的确切底层类型是必要的，特别是在需要将枚举值与整数进行比较或计算的场合。例如，如果未来AccessLevel的底层类型从int变为long，我们仍然可以通过std::underlying_type_t获得正确的类型信息，并据此安全地处理枚举值：

```
using LevelType = std::underlying_type_t<AccessLevel>;
std::cout << "The underlying type of AccessLevel is " << typeid(LevelType).name() <<
std::endl;
```

这种方法确保了我们可以基于枚举的底层类型安全地执行转换和其他操作，从而充分利用C++的类型安全特性，而不违反强枚举类型设计的初衷。这样的处理不仅提升了代码的健壮性，还增强了其未来的兼容性和可维护性。

5）定义is_scoped_enum检测函数

结合前面讨论的类型特性，我们现在可以定义一个is_scoped_enum函数，专门用来检测一个枚举是否为强枚举。

```
template<typename T>
constexpr bool is_scoped_enum() {
    return std::is_enum_v<T> && !std::is_convertible_v<T, std::underlying_type_t<T>>;
}
```

这个函数的定义充分利用了我们之前讨论的std::is_enum、std::is_convertible和std::underlying_type_t。通过这个函数，我们可以确保只有那些不支持隐式转换的枚举（即强枚举）会被识别出来，从而维护系统的类型安全性。

6）利用is_scoped_enum进行条件操作

在我们的系统中，对权限级别的处理不仅需要识别枚举的类型（是否为强枚举），还需要根据这些级别执行具体的逻辑判断或数值比较。以下是如何在实际代码中使用is_scoped_enum函数，并根据不同的枚举类型采取不同策略的示例。

```cpp
#include <type_traits>
#include <iostream>

// 定义用于判断强枚举的模板函数
template<typename T>
constexpr bool is_scoped_enum() {
    return std::is_enum_v<T> && !std::is_convertible_v<T, std::underlying_type_t<T>>;
}

// 枚举类型定义
enum class AccessLevel : int { None, Read, Write, Admin };
enum NormalEnum { Low, Medium, High };

// 模板函数, 根据枚举类型执行操作
template<typename Enum>
void checkAndPerformAction(Enum level) {
    if constexpr (is_scoped_enum<Enum>()) {
        std::cout << "Scoped enum detected. Performing type-safe comparison." << std::endl;
        // 执行基于枚举的安全操作
        if (level == AccessLevel::Admin) {
            std::cout << "Admin access granted." << std::endl;
        }
    } else {
        std::cout << "Normal enum detected. Performing general comparison." << std::endl;
        // 执行普通枚举操作, 可能需要类型转换
        if (static_cast<int>(level) == static_cast<int>(High)) {
            std::cout << "High access granted." << std::endl;
        }
    }
}

int main() {
    AccessLevel adminLevel = AccessLevel::Admin;
    NormalEnum userLevel = High;

    // 测试强枚举
    checkAndPerformAction(adminLevel);
    // 测试普通枚举
    checkAndPerformAction(userLevel);
}
```

在这个示例中, checkAndPerformAction模板函数通过is_scoped_enum检查传入的枚举类型。如果是强枚举, 就执行类型安全的比较操作; 如果是普通枚举, 就执行普通的整数比较。

通过这样的设计, 我们能够在实际编程中充分利用is_scoped_enum函数的优势, 确保每种枚举类型都得到适当的处理, 同时维护程序的健壮性和灵活性。这也展示了现代C++类型特性在实际应用中的强大功能和灵活性。

3. C++23中的std::is_scoped_enum

在之前的讨论中, 我们已经见识了如何利用C++的类型特性来增强枚举的类型安全性和灵活性。现在, 让我们一起探索C++23中引入的一个新成员: std::is_scoped_enum。这个工具正好填补了之前提到的一个关键需求——直接判断一个枚举是否为强枚举类型。

1）功能探索

定义于<type_traits>头文件中的std::is_scoped_enum是一个一元类型特征, 它提供了一种直接且类

型安全的方法来检查给定类型T是否为强枚举类型。如果T是强枚举类型，那么这个特征的成员常量value将返回true，否则返回false。

这个新特性不仅简化了is_scoped_enum模板函数的实现，还使代码更加整洁和标准化。在C++23中，如果试图为std::is_scoped_enum或其变量版本std::is_scoped_enum_v添加特化，将会导致未定义行为。这个设计确保了该类型特征的使用和行为的一致性。

2）实际应用和示例

使用std::is_scoped_enum<T>::value或std::is_scoped_enum_v<T>，我们可以轻松地验证任何枚举类型是否符合强枚举的标准，确保我们的代码既安全又符合最新的C++标准。

【示例展示】

```
#include <type_traits>
class A {};
enum E {};
enum struct Es { oz };
enum class Ec : int {};
int main()
{
    static_assert(std::is_scoped_enum_v<A> == false, "A is not a scoped enum");
    static_assert(std::is_scoped_enum_v<E> == false, "E is not a scoped enum");
    static_assert(std::is_scoped_enum_v<Es> == true, "Es is a scoped enum");
    static_assert(std::is_scoped_enum_v<Ec> == true, "Ec is a scoped enum");
    static_assert(std::is_scoped_enum_v<int> == false, "int is not a scoped enum");
}
```

这段代码展示了如何使用std::is_scoped_enum_v来检查不同类型是否为范围限定的枚举类型。通过这样的改进，我们不仅保持了与现代C++发展同步，还增强了程序的健壮性和可维护性。

4.5 类型推导深度解析

本节进入另一个重要主题——类型推导。

4.5.1 使用 auto 关键字

在现代C++编程中，auto关键字扮演着至关重要的角色，通过自动类型推导，它可以显著提高代码的可读性和可维护性。下面将探讨auto关键字的基本用法、实际应用，以及在特定场景中的局限性。

1. auto的基本用法

auto关键字使得编译器能够基于变量初始化时的表达式自动推导变量的类型。例如：

```
auto x = 5;              // x 被推导为 int
auto y = 3.14;           // y 被推导为 double
auto z = "hello";        // z 被推导为 const char*
```

这种推导基于初始化表达式的静态类型，而不是表达式的值或动态类型。

使用auto关键字可以极大简化代码中复杂类型的声明，特别是在涉及标准库或API函数返回类型较复杂的情况下。例如，当我们使用标准库中的时间库函数时，这种自动类型推导显示出明显的优势。

【示例展示】

下面例子展示如何使用auto来推导复杂表达式的类型。

```cpp
#include <iostream>
#include <chrono>
#include <thread>  // For std::this_thread::sleep_for

int main() {
    // 使用高精度时钟记录开始时间
    auto start = std::chrono::high_resolution_clock::now();

    // 模拟一些工作，比如线程休眠200毫秒
    std::this_thread::sleep_for(std::chrono::milliseconds(200));

    // 记录结束时间
    auto end = std::chrono::high_resolution_clock::now();

    // 计算持续时间，使用更精确的单位（微秒）
    auto duration = std::chrono::duration_cast<std::chrono::microseconds>(end - start);

    // 输出执行时间
    std::cout << "Execution time: " << duration.count() << " microseconds." << std::endl;

    return 0;
}
```

这种方式减少了因为手动指定复杂类型而可能出现的错误，并且使代码更加清晰易读。使用auto特别有助于处理这类涉及多重类型转换和高精度要求的场景。

2. auto的实际应用

1）在函数返回中的应用

当用于函数返回类型时，auto可以简化复杂类型的声明，尤其在使用模板或者匿名类型时：

```cpp
template<typename T, typename U>
auto add(T t, U u) -> decltype(t + u) {
    return t + u;
}
```

这里，返回类型通过decltype和auto组合来推导，便于处理各种不同类型的加法操作。

2）在循环和条件语句中的应用

（1）在基于范围的for循环中

使用auto可以避免编写冗长的类型名称，尤其在遍历复杂的容器时：

```cpp
std::vector<std::pair<int, std::string>> vec = {{1, "one"}, {2, "two"}};
for (auto& item : vec) {
    std::cout << item.first << " - " << item.second << std::endl;
}
```

这种用法不仅减少了代码的冗余，还提高了代码的可读性和可维护性。

（2）在条件赋值中

auto也常用于条件语句中，尤其在多分支返回不同类型的场景：

```cpp
bool condition = true;
auto result = condition ? 1 : 3.14; // result会根据条件推导出最合适的类型
```

这里auto用于简化复合条件语句的类型管理。

3. auto的局限性

1）隐藏类型信息

auto虽然能简化代码，但过度使用可能会使代码的意图不够明显，特别是在复杂的表达式中，可能隐藏错误的类型使用。

```
auto ptr = new auto(10); // 错误的用法，不能用 auto 初始化动态分配的类型
```

2）类型推导不符合预期

在某些情况下，auto的类型推导结果可能与预期不符，尤其在涉及模板和继承的复杂情况下。

```
auto var = 1u; // var 被推导为 unsigned int，可能不是预期的 int 类型
```

在使用auto时需要对涉及的表达式类型有清晰的认识，确保类型推导的结果符合预期。

通过上述详细探讨，我们可以看到auto关键字在简化代码、提高灵活性方面的显著优势，同时也需要注意其局限性。在后续的开发和维护中，合理使用auto将是一种提升代码质量的有效手段。

4.5.2 使用 decltype 关键字

decltype关键字在C++中用于查询表达式的类型，而不进行表达式的评估。这一特性使得 decltype成为模板编程和类型推导中非常有用的工具，特别是在需要精确控制类型行为的场合。

1. decltype的介绍

1）基本语法

decltype用来查询变量或表达式的类型，其基本用法如下：

```
int x = 0;
decltype(x) y = 1; // y 的类型为 int

auto z = 2.0;
decltype(z) w = 2.3; // w 的类型为 double
```

在这里，decltype直接推导出变量的类型，并用于声明新的变量。

2）在复杂表达式中的使用

decltype特别适用于复杂的表达式，其中涉及的操作可能改变结果的类型。例如：

```
int n = 0;
double d = 0.0;

decltype(n + d) result; // result 的类型为 double
```

这种能力使得decltype在模板编程中尤为重要，可以确保类型精确匹配。

2. decltype与auto的差异化

1）类型推导差异

尽管auto和decltype都用于类型推导，但它们的行为有显著差异。auto忽略顶层const和引用，而decltype则保留这些类型修饰符。例如：

```
const int ci = 0;
auto ai = ci;           // ai 的类型为 int
decltype(ci) di = ci;   // di 的类型为 const int
```

这种区别使得decltype更适合需要保留表达式完整类型信息的场景。

2）与引用结合使用

当 decltype 用于引用的表达式时，其行为也会有所不同。例如：

```
int x = 0;
int& xr = x;
decltype(xr) y = xr; // y 的类型为 int&，与 xr 一致
```

这说明 decltype 能够精确地推导出包括引用在内的完整类型。

3. 复杂表达式中的 decltype

1）模板与 decltype

decltype 在模板编程中极为有用，尤其当函数的返回类型依赖于参数类型时。例如：

```
template<typename T, typename U>
auto multiply(T t, U u) -> decltype(t * u) {
    return t * u;
}
```

在这里，decltype 用于推导两个模板参数乘积的类型，确保返回类型的正确性。

2）条件表达式与 decltype

decltype 同样适用于条件表达式，它可以保证返回类型的一致性，特别是在条件表达式的结果类型可能不同的情况下。例如：

```
int i = 4;
float f = 5.5;
decltype((i < f) ? i : f) result; // result 的类型为 float
```

通过上述探讨，我们看到 decltype 提供了一种强大的机制，用于精确地掌握和操作表达式和变量的类型。它在模板编程和复杂的类型推导场景中尤为重要，允许开发者写出更安全、更健壮的类型安全代码。

4.5.3　尾返回类型的应用

尾返回类型（trailing return type）是 C++11 引入的一项语法特性，允许在函数定义的尾部使用 auto 关键字后跟 "->" 符号来明确指定返回类型。这种语法在模板编程中尤其有用，因为它可以根据表达式简化复杂类型的推导，提高代码的灵活性和可读性。例如：

```
template<typename T, typename U>
auto add(T t, U u) -> decltype(t + u) {
    return t + u;
}
```

这里，decltype(t + u) 使得函数的返回类型直接根据表达式 t + u 的类型进行推导，从而避免了复杂的类型声明。

随着 C++14 的推出，尾返回类型的语法得到了进一步的简化。C++14 允许完全省略尾返回类型，直接使用 auto 关键字推导函数的返回类型，这进一步减少了模板编程中的语法负担。例如：

```
template<typename T, typename U>
auto multiply(T t, U u) {
    return t * u;
}
```

在这种情况下，编译器将基于t * u表达式的结果类型自动推导multiply函数的返回类型。这种自动推导特别适用于返回类型难以手动指定或表达式类型过于复杂的场合。

通过这些改进，C++11和C++14显著提高了模板函数的声明清晰度和编码效率，使得开发者能够更专注于逻辑实现而非类型管理。

4.6　探索运行时类型信息

C++中的RTTI（运行时类型信息）是一种机制，允许在程序运行时识别对象的数据类型。RTTI主要用于处理多态数据结构，尤其在涉及继承和类型转换时非常有用。使用RTTI，程序可以动态地检查对象的类型，并在运行时进行相应的操作。

4.6.1　基础 RTTI 工具

C++中的RTTI包含以下几个主要部分：

1. 使用dynamic_cast

在RTTI中，dynamic_cast被广泛用于安全地管理类型转换，它的使用通常与多态结构相关，可以确保在将基类指针或引用转换为更具体的派生类类型时的类型安全。

当不确定一个对象是否属于某个特定的派生类时，通过dynamic_cast，开发者可以在执行操作前确认对象的类型，确保代码的安全性和稳定性。这在设计包含多层继承和复杂类层次结构的大型软件系统时尤其重要。

2. 使用typeid运算符和type_info类

1）typeid运算符和type_info类

typeid运算符在C++中用于获取表达式的类型信息。当对表达式使用typeid时，它返回一个引用，指向std::type_info对象。该对象由<typeinfo>头文件定义，提供了关于表达式类型的详细信息，使typeid成为在程序中检查和使用类型信息的一个重要工具。

type_info类提供的关键成员函数之一是name()，它返回一个表示类型名称的字符串。这可以用于输出日志、调试信息或在运行时进行类型比较。此外，type_info还提供了operator==()和operator!=()，允许比较两个类型是否相同。这在处理类型安全的转型和多态性时非常有用。

2）类型比较

typeid还可以用来比较两个表达式的类型是否相同。例如，在执行类型安全的向下转型或在多态结构中确认对象的实际类型时，typeid的使用尤为重要。通过比较typeid操作符返回的type_info对象，程序可以安全地确定对象的具体类别。

【示例展示】

以下简单示例展示的是如何使用typeid来识别和比较对象类型。

```
#include <iostream>
#include <typeinfo>

class Base {
public:
```

```
    virtual void print() { std::cout << "Base class" << std::endl; }
    virtual ~Base() {}
};

class Derived : public Base {
    void print() override { std::cout << "Derived class" << std::endl; }
};

int main() {
    Base* b = new Derived();
    // 利用 RTTI 的 typeid 运算符来确认动态类型
    std::cout << "The type of b is: " << typeid(*b).name() << std::endl;
    // 输出指向对象的实际类型（Derived），这是多态性的直接体现

    delete b;
    return 0;
}
```

在这个示例中，通过使用typeid，展示了RTTI的核心功能：在运行时确定对象的实际类型。这种检查是通过typeid运算符实现的，它是RTTI系统的一部分，允许程序动态地检查和响应不同类型的对象。这对于涉及多态性的编程场景尤其有用，因为它允许类型安全地检索或操作对象。

3. 使用std::type_index

std::type_index类位于<typeindex>头文件中，封装了对 std::type_info 对象的引用，提供了一种方式来安全地存储和使用类型信息的索引。它主要作为关联容器如（std::map或std::unordered_map）的键值使用，因为直接使用 std::type_info 是不允许的（type_info对象没有公开的默认构造函数，且拷贝和赋值操作都被禁止）。

std::type_index的主要功能和用途如下：

- 类型安全的索引：std::type_index提供了一种方法来比较和存储运行时类型信息，使其在容器中的处理更为简便和安全。这对于实现如工厂模式等设计模式中，需要根据类型动态创建对象的场景非常有用。
- 容器中的类型管理：使用std::type_index可以将类型信息作为键存储在任何标准关联容器中，如std::map<std::type_index, std::unique_ptr<Base>>，便于管理一系列通过基类接口派生的对象实例。
- 类型比较：与std::type_info直接比较不同，std::type_index提供了必要的比较运算符，允许在标准容器中对类型进行排序或查找操作。

【示例展示】

```
#include <typeindex>
#include <typeinfo>
#include <unordered_map>
#include <iostream>
#include <memory>

class Base {
public:
    virtual ~Base() {}
    virtual void doWork() = 0;
};

class Derived1 : public Base {
```

```cpp
public:
    void doWork() override { std::cout << "Derived1 working." << std::endl; }
};
class Derived2 : public Base {
public:
    void doWork() override { std::cout << "Derived2 working." << std::endl; }
};
int main() {
    std::unordered_map<std::type_index, std::unique_ptr<Base>> factory;

    // 使用 type_index 来索引不同的派生类
    factory[std::type_index(typeid(Derived1))] = std::make_unique<Derived1>();
    factory[std::type_index(typeid(Derived2))] = std::make_unique<Derived2>();

    // 调用各个对象的 doWork 函数
    for (auto& pair : factory) {
        pair.second->doWork();
    }
    return 0;
}
```

在这个例子中，std::type_index用于在一个unordered_map中索引不同的派生类对象。每个类型都与一个动态分配的对象关联，我们可以通过类型信息动态地访问并调用适当的函数。这样的用法展示了std::type_index在实现基于类型的逻辑分派中的实用性和灵活性。

通过这些工具，C++提供了强大的机制来处理运行时的类型信息，这在构建复杂且可维护的系统时非常重要，特别是在那些涉及继承和多态性的应用程序中。

4.6.2　RTTI 的应用与局限

在面向对象编程中，尽管RTTI增加了多态性和类型安全的动态检查能力，但它也引入了性能和兼容性的挑战。下面将探讨RTTI的优势、局限性以及可能的替代方案。

1. RTTI的优势

RTTI具有以下优势：

- 多态行为的支持：RTTI在支持多态行为中发挥着核心作用，尤其当需要将基类指针或引用安全地转换为派生类指针或引用时。在复杂的类层次结构和继承关系中，RTTI提高了处理不同类型对象时的灵活性。

- 类型安全的动态类型检查：RTTI通过dynamic_cast和typeid提供了一种类型安全的方式来执行动态类型检查，使开发者可以在运行时验证和确认类型信息，从而防止类型错误并增强程序的稳定性。

2. RTTI的局限性

RTTI具有以下局限性：

- 性能开销：RTTI机制在使用dynamic_cast或typeid时需在运行时查询类型信息，这一过程的性能开销比静态类型检查的高，尤其在性能敏感的应用中可能成为瓶颈。

- 跨编译器兼容问题：不同编译器对RTTI的实现不同，这可能在跨编译器的项目中引发兼容性问题。此外，一些编译器允许禁用RTTI，这可能导致依赖于RTTI的代码无法正常工作。

- 增加可执行文件的大小：由于RTTI信息存储在程序的元数据中，因此可能增加最终可执行文件的大小，这在需要最小化文件体积的应用中（如嵌入式系统或移动应用）可能不可接受。

3. RTTI的替代方案

RTTI具有以下替代方案：

- 虚函数：为实现多态而不依赖于RTTI，可以考虑使用虚函数。通过基类指针调用派生类方法的虚函数机制，实现类型相关的行为而无须显式进行类型检查。
- 访问者模式：访问者模式是一种设计模式，允许在不使用RTTI的情况下实现对象的多态调用。这种模式适用于对象结构相对稳定而操作频繁变化的场景。
- 类型标签和手工管理：在需要强控制和减少对语言特性依赖的场合，可以在类中手动维护类型信息，例如使用枚举或特定字段作为类型标签。此方法虽然牺牲了一定的自动化和安全性，但提供了更强的控制。

4. 禁用RTTI在GCC中的设置

当考虑在项目中禁用RTTI时，了解如何在不同的编译器中进行设置是非常重要的。下面将提供GCC和MSVC编译器的设置方法，帮助读者根据需要配置编译环境。

1）在GCC中禁用RTTI

在GCC编译器中，可以通过添加编译器选项"-fno-rtti"来禁用RTTI。这个选项会阻止编译器生成与RTTI相关的信息，进而减小可执行文件的大小并提升性能。例如，如果正在编译一个C++程序，可以在命令行中使用以下命令：

```
g++ -fno-rtti -o my_program my_program.cpp
```

这将编译my_program.cpp文件，生成名为my_program的可执行文件，同时不包含RTTI信息。

2）在MSVC中禁用RTTI

在Microsoft Visual C++（MSVC）编译器中，禁用RTTI的设置稍有不同，需要使用"/GR-"编译器选项。这个选项告诉编译器不要支持RTTI。我们可以在Visual Studio的项目属性中设置这一选项，或者在命令行中直接指定。例如：

```
cl /GR- /Fe:my_program.exe my_program.cpp
```

这个命令会编译my_program.cpp并生成my_program.exe，同时禁用RTTI。

3）注意事项

禁用RTTI可能会导致代码中依赖于dynamic_cast和typeid的部分无法正确工作。因此，在禁用RTTI之前，确保代码库中没有依赖于RTTI的代码，或者已经有了替代实现的方案。此外，一些第三方库可能需要RTTI支持，所以在禁用RTTI前需要仔细评估依赖关系。

通过这些设置，我们可以更精确地控制编译过程，根据项目的需要优化性能和输出文件的大小。

4.6.3　类型消除的实现方式

1. 类型消除技术

类型消除是一种在编译时去除类型信息的技术，使得运行时代码能以统一的方式处理不同数据类型。这种技术应用广泛，不仅包括在C++中通过std::function、std::any和std::variant实现的类型安全的多态性，还扩展到更复杂的场景，如动态库接口和插件架构，其中接口需适应未知的数据类型。

STL中类型消除的实现技术如下：

- std::function：一个模板类，可以存储、调用任何形式的可调用目标，通过类型消除技术在运行时确定调用目标。
- std::any：提供一种存储任意类型的方法，支持在不知道具体类型的情况下安全地存取数据。
- std::variant：作为一种类型安全的联合体，能够存储固定集合中的任意一种类型，用于实现标准化的类型选择行为。

2. 类型消除在库设计中的应用

在Boost和STL等库中，类型消除用于实现一些高级功能，如信号和槽机制（事件系统）或泛型回调系统。这些实现通过类型消除技术提供了极大的灵活性和可扩展性。

【示例展示】

下面是一个使用Boost.Signals2实现信号和槽机制的简单示例，展示如何创建信号、连接槽（即回调函数），以及通过信号触发这些槽。Boost.Signals2是一个类型安全的可扩展信号槽库，它广泛利用了模板和类型消除技术来提供灵活的连接机制。

```cpp
#include <boost/signals2.hpp>
#include <iostream>

// 定义一个信号，传递一个int参数
typedef boost::signals2::signal<void (int)> SignalType;

// 槽函数：打印一个数字
void printNumber(int x) {
    std::cout << "Received: " << x << std::endl;
}

// 槽函数：打印数字的平方
void printSquare(int x) {
    std::cout << "Square: " << x * x << std::endl;
}

int main() {
    // 创建一个信号对象
    SignalType mySignal;

    // 连接多个槽到这个信号
    mySignal.connect(&printNumber);
    mySignal.connect(&printSquare);

    // 触发信号，调用所有连接的槽，传递数字20
    mySignal(20);

    return 0;
}
```

类型消除虽然提供了显著的灵活性和接口简化，但也可能带来一定的性能开销。因此，在设计时需要在灵活性和性能之间做出权衡。

3. 类型消除的底层实现

类型消除技术使得程序可以在不直接处理具体类型信息的情况下执行操作，它通过几种不同的实现方式支持编译时或运行时的多态。这些实现方式各有其用途和特点，适用于不同的编程场景。下面具体介绍这些实现方式。

1）虚函数接口

这是一种传统的实现多态的方式，涉及定义一个包含虚函数的抽象基类。每个派生类实现这些虚函数，封装具体的数据类型和操作。这种方法的优点是运行时灵活，可以在不知道具体类型的情况下进行类型安全的操作，但可能引入额外的运行时开销。

【示例展示】

```cpp
class AbstractBase {
public:
    virtual void performTask() = 0;
    virtual ~AbstractBase() {}
};

class ConcreteClass : public AbstractBase {
public:
    void performTask() override {
        // 实现细节
    }
};
```

2）模板元编程

利用 C++ 的模板元编程技术可以在编译时实现类型消除。通过模板特化和函数重载，可以生成针对不同类型的操作代码。这种方式消除了运行时类型检查的需要，提高了性能，但增加了编译时间和复杂性。

【示例展示】

```cpp
template<typename T>
void process(T data) {
    // 处理数据
}

template<>
void process<int>(int data) {
    // 针对int类型的特化实现
}
```

3）类型安全联合体（如 std::variant）

std::variant 是一种类型安全的联合体，可以存储固定类型集合中的任意一种类型，并通过访问控制确保类型安全。它在运行时提供类型安全而不依赖于虚函数，适合需要存储多种类型且类型集合不频繁变更的情况。

【示例展示】

```cpp
#include <variant>
#include <string>
#include <iostream>

std::variant<int, double, std::string> data;

data = 10;
std::visit([](auto&& arg) { std::cout << arg << std::endl; }, data);
```

4）通用容器（如std::any）

std::any允许存储任意类型的数据，提供了一种运行时处理类型信息的方式。它非常灵活，适合于类型完全未知或者非常动态的情况。

【示例展示】

```
#include <any>
#include <iostream>

std::any variable = 20;
variable = std::string("Hello, World!");
try {
    std::cout << std::any_cast<std::string>(variable) << std::endl;
} catch(const std::bad_any_cast& e) {
    std::cout << e.what() << '\n';
}
```

通过以上方式，类型消除技术提供了广泛应用的可能性，从严格类型安全的场景到完全动态的类型处理，各种方法各有优势和适用场景。在选择具体的实现方式时，开发者需要在应用的性能需求、类型安全要求和代码复杂性之间做出权衡。

4.6.4　自定义 RTTI 系统

尽管C++提供了内置的RTTI功能，如dynamic_cast和typeid，但在某些场合，这些机制可能不符合特定应用的需求。自定义RTTI系统允许更灵活地控制类型信息的处理，可以优化性能，减少依赖，或提供跨平台的支持。

1. 基本组件

自定义RTTI系统通常包括几个关键组件：一个中心化的类型注册系统、一个类型索引或标识符以及一个查询接口。这些组件一起工作，提供类型的动态识别和信息检索。

【示例展示】

下面是一个简单的自定义RTTI系统的实现。

```
#include <iostream>
#include <unordered_map>
#include <string>

// 类 TypeRegistry 用于注册和查询类型信息
class TypeRegistry {
private:
    // 使用 std::unordered_map 来存储类型名称及其对应的唯一标识符
    std::unordered_map<std::string, int> typeMap;

public:
    // 注册类型：将类型名称与一个唯一标识符相关联
    void registerType(const std::string& typeName, int typeId) {
        typeMap[typeName] = typeId;
    }

    // 获取类型：根据类型名称返回其唯一标识符
    int getType(const std::string& typeName) {
        // 使用 .at() 方法安全地访问元素，如果类型不存在将抛出 std::out_of_range 异常
        return typeMap.at(typeName);
```

```
    }
};

int main() {
    TypeRegistry registry;

    // 注册类型MyClass并分配一个标识符1
    registry.registerType("MyClass", 1);

    // 查询并打印MyClass的类型标识符
    try {
        std::cout << "Type ID of 'MyClass': " << registry.getType("MyClass") << std::endl;
    } catch (const std::out_of_range& e) {
        std::cerr << "Error: Type not found." << std::endl;
    }

    return 0;
}
```

在这个示例中：

- TypeRegistry类负责维护一个从类型名称到类型标识符的映射。这个映射存储在一个std::unordered_map中，有效减少查找的时间。
- registerType方法用于添加新类型到注册表中。如果类型名称已存在，其标识符将被更新。
- getType方法用于根据类型名称获取对应的标识符。它使用std::unordered_map的at方法，该方法在找不到键时抛出异常。这有助于处理错误情况。
- 在main函数中，类型MyClass首先被注册，然后通过getType方法查询其标识符。使用了异常处理来捕获并处理可能的错误，例如查询一个未注册的类型。

2. 性能和灵活性的考量

在性能方面，在自定义RTTI系统的时候可以考虑选择合适的数据结构，如在哈希冲突频发时，考虑使用更适合的哈希函数或探索其他如Trie或自平衡二叉搜索树的数据结构。同时，减少动态类型转换的需求和优化数据访问路径，如通过线程局部存储或使用LRU缓存算法，可以显著提高性能。

在灵活性方面，设计支持跨平台和跨语言的自定义RTTI系统，通过模块化设计增强系统的适应性和可维护性，并确保系统在不同编程环境中能有效运行，如在不支持标准C++ RTTI的环境中，不依赖特定编译器的实现细节。

4.7　高级类型技巧与模式

本章最后，介绍一些高级的类型技巧与模式，帮助读者更好地理解和使用 C++的类型系统。

4.7.1　使用 SFINAE 原则

在之前的章节中，我们简要介绍了模板推导、参数包处理中的基础SFINAE应用，这些内容涉及如何利用SFINAE解决特定的编程问题。

本节将专注于SFINAE技术在高级类型系统中的应用，强调其对类型安全和模板编程的贡献。

1. 类型安全的函数模板

使用SFINAE可以设计仅对特定类型有效的函数模板，从而提高代码的类型安全性。例如，定义一个仅适用于支持流输出操作的类型的print函数。

```
template<typename T, typename = decltype(std::cout << std::declval<T>())>
void print(const T& x) {
    std::cout << x << '\n';
}
```

这里使用了一个SFINAE技巧，通过一个默认的模板参数来启用或禁用print函数模板。这个默认的模板参数使用了decltype和std::declval。

- std::declval<T>()用于产生一个T类型的实例（注意这只是类型推导过程中的一个假设，不会真正构造对象），这允许我们在不实际构造T的情况下使用它。
- decltype(std::cout << std::declval<T>())尝试推导出将std::declval<T>()（即T类型的假设实例）插入std::cout的表达式的类型。

如果T类型可以被正常插入std::cout中，表明这个表达式是合法的，decltype就能成功推导出类型。这意味着模板参数有效，print函数模板被启用。

如果T类型不能被插入std::cout，比如T是一个不支持流操作的复杂类，那么std::cout << std::declval<T>()会产生一个编译时错误，但由于SFINAE原则，这个错误不会导致编译失败，而是让print模板实例被编译器忽略。

因此，这种方法允许print函数仅对可以通过std::cout输出的类型进行实例化，而不会对不支持此操作的类型产生编译错误。这就是"替代失败不是错误"——它允许编译器在检测到替代失败时安全地退回，继续查找其他可能的模板，而不是停止编译。这种机制非常有用，可以帮助创建更灵活且健壮的模板代码。

2. 类型适应性接口

SFINAE不仅限于简单地排除特定类型，还可以根据类型的特性调整接口的行为。例如，可以创建根据类型是否支持某一操作来调整其功能的模板。

```
template<typename T, typename Enable = void>
class Adapter;

template<typename T>
class Adapter<T, std::enable_if_t<std::is_arithmetic<T>::value>> {
    // 算术类型的实现
};

template<typename T>
class Adapter<T, std::enable_if_t<!std::is_arithmetic<T>::value>> {
    // 非算术类型的实现
};
```

通过这种方式，Adapter类可以为算术和非算术类型提供不同的实现，增强了类型系统的表达力和灵活性。

3. SFINAE与模板特化的区别

SFINAE与模板特化在处理类型特化时扮演不同的角色。模板特化允许为特定类型提供详细的实现，而SFINAE主要用于在编译时基于类型属性动态选择模板。这种区分是高级类型技巧中不可或缺的部分，有助于编写更加灵活和强大的代码。

4.7.2 类型转换与萃取技巧

在之前的章节中，我们通过 SFINAE 简单地介绍了类型的条件处理。现在，将深入这些技术的核心，探讨如何通过标准库中的工具来精确控制和转换类型属性。这些工具能够帮助我们在更广泛的场景中动态适应和优化代码。

1. 使用 std::enable_if

std::enable_if 是一个模板元编程工具，用于根据布尔表达式的结果启用或禁用模板代码。它的基本形式提供了一种机制，允许根据类型特性或其他编译时可确定的条件，控制模板的实例化。

使用 std::enable_if 可以创建接收不同类型参数的重载函数，而不会引起歧义。例如，区分可打印和不可打印类型的函数模板：

```
#include <iostream>
#include <type_traits>

// 使用 std::enable_if 为算术类型定义 process 函数
template<typename T, typename std::enable_if<std::is_arithmetic<T>::value, T>::type* =
nullptr>
    void process(T value) {
        // 这个版本的 process 仅适用于算术类型，例如 int、float
        std::cout << "Arithmetic value: " << value << '\n';
    }

// 使用 std::enable_if 为非算术类型定义 process 函数
template<typename T, typename std::enable_if<!std::is_arithmetic<T>::value, T>::type* =
nullptr>
    void process(const T& value) {
        // 这个版本的 process 用于处理非算术类型
        std::cout << "Non-arithmetic type processed." << '\n';
    }

int main() {
    process(10);  // 输出 Arithmetic value: 10
    process("Hello, World!");  // 输出 Non-arithmetic type processed.
}
```

这样的设计不仅增加了代码的灵活性，而且通过编译时检查确保了类型安全。

2. 条件类型std::conditional

std::conditional可以根据布尔条件在两种类型之间进行选择。这是编写可适应不同需求的模板代码的有力工具。在模板编程中使用std::conditional来决定使用哪种数据结构或类型，以最大化性能或最小化内存使用。

```
#include <type_traits>
#include <iostream>

// 定义两种不同的类型，用于表示不同的存储或处理策略
struct SmallType {
    int data[2];                              // 较小的数据容量
    void info() { std::cout << "Using SmallType\n"; }
};
```

```cpp
struct LargeType {
    int data[100];                           // 较大的数据容量
    void info() { std::cout << "Using LargeType\n"; }
};

// 使用 std::conditional 根据类型 T 的大小选择合适的类型
template<typename T>
using SmallOrLarge = typename std::conditional<sizeof(T) < sizeof(void*), SmallType,
LargeType>::type;

int main() {
    // 实例化模板，基于 int 类型的大小选择合适的类型
    SmallOrLarge<int> a;
    a.info();                                // 显示使用的是哪种类型

    // 实例化模板，基于 double 类型的大小选择合适的类型
    SmallOrLarge<double> b;
    b.info();                                // 显示使用的是哪种类型
}
```

这种方法可以基于类型大小或其他条件动态选择最适合的实现。

4.7.3　编译时断言和检查技术

在前面的示例中，我们多次使用过static_assert，现在我们将探讨如何结合类型特征和其他编译时检查技术，来增强代码的静态验证能力。图4-3展示的是static_assert在编译流程中的工作时机。

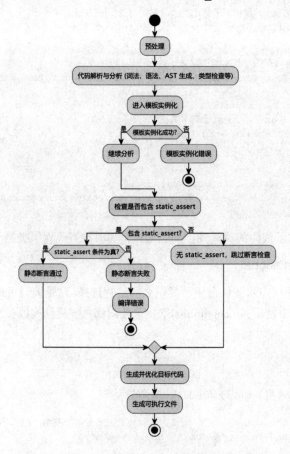

图 4-3　static_assert 作用时机图

1. static_assert的高级应用

1）复杂条件的断言

static_assert可以用来验证复杂的类型条件和程序逻辑，确保模板元编程代码在编译时满足特定的约束。例如，确保模板类的类型参数必须满足某些特质。

```cpp
template<typename T>
class NumericCalculator {
    static_assert(std::is_arithmetic<T>::value, "Template parameter T must be an
arithmetic type.");
    public:
    T add(T a, T b) { return a + b; }
};
```

这种断言不仅限制了类型 T 的使用，还在编译阶段提供了明确的错误信息，有助于避免运行时错误。

2）模板间依赖性验证

在模板库中，多个模板类或函数可能相互依赖。使用 static_assert 来验证这些依赖关系是正确的，可以避免在实际使用时出现逻辑错误。

```cpp
template<typename T, typename U>
class DataRelation {
    static_assert(sizeof(T) > sizeof(U), "Type T must be larger than type U for
DataRelation.");
};
```

这确保了类型T总是比U占用更多的存储空间，按照设计意图处理数据关系。

2. 编译时条件检查

1）类型特征与static_assert结合使用

通过结合使用static_assert和类型特征（如 std::is_constructible、std::is_assignable 等），我们可以在编译时检查类型的特定属性，以确保它们符合函数或类的设计预期。

```cpp
template<typename T>
void process(T&& value) {
    static_assert(std::is_constructible<std::string, T>::value, "Parameter must be
constructible as std::string.");
    std::string str = std::forward<T>(value);
}
```

这个例子中的检查确保传递给process函数的参数可以安全地转换成 std::string。

2）动态特性的编译时验证

在模板元编程中，还可以利用static_assert来验证类型对齐、预期大小或是接口实现等动态特性，这有助于创建更安全、高效的系统。

3. 增强代码健壮性与局限性分析

使用static_assert能显著提升代码的健壮性，其主要优点包括：

1）提前捕捉错误

static_assert可以在编译阶段捕捉可能在运行时才会暴露的错误，大大降低了代码运行时出错的概率。这种编译时的强制检查有助于确保代码的正确性，特别是在模板元编程或复杂类型推导的场景中。

2）编译时反馈

编译器提供的直接反馈可以帮助开发者快速定位问题所在，避免了长时间的调试过程。这在处理庞大和复杂的模板代码时尤为重要。通过在编译阶段强制执行条件检查，static_assert能够使得潜在问题在编译期就被发现，从而减少了运行时错误。

然而，尽管static_assert在提升代码健壮性方面表现出色，但它在使用过程中也存在一些局限性和潜在的弊端，需要开发者在设计和实现时进行权衡。

1）错误信息的局限性

虽然static_assert提供了自定义错误信息的能力，但这种信息的表达能力有限，特别是在复杂的模板和类型推导过程中。如果断言条件复杂且不直观，生成的错误信息就可能难以理解，从而增加了调试的难度。开发者应尽量编写清晰明了的错误信息，以减少其他团队成员在理解代码时的障碍。

2）编译时间的增加

static_assert需要在编译阶段执行条件检查，这可能导致编译时间的增加，尤其在模板元编程中大量使用时。对于大型项目，这种编译时间的增加可能会对开发效率产生负面影响。因此，在使用static_assert时，开发者需要权衡其带来的安全性和编译性能之间的关系。

3）可读性的降低

频繁使用static_assert可能会降低代码的可读性，特别是当断言条件复杂且嵌套过深时，其他开发者在阅读代码时可能难以理解这些断言的目的和逻辑。为保持代码的清晰性，建议在合理范围内使用static_assert，并确保断言条件的描述简洁明了。

4）动态检查能力的不足

static_assert只能在编译期执行检查，无法处理运行时动态变化的情况。因此，对于需要运行时决策的代码场景，static_assert无法发挥作用。开发者需要考虑到这一点，在编写代码时结合使用运行时检查，以确保全面的错误捕捉能力。

5）模板元编程中的复杂性

在复杂的模板元编程中，static_assert的条件可能依赖于多层嵌套的模板和类型推导，增加了代码的复杂性。为了避免由于模板实例化深度和复杂性导致的难以调试的错误信息，建议开发者在可能的情况下简化模板结构，减少static_assert的嵌套使用。

总结起来，虽然static_assert能显著提升代码质量和开发效率，尤其在大型项目和复杂系统的开发中，但它的局限性也提醒我们在使用时应保持谨慎，避免过度依赖。通过深入理解static_assert的优势和局限性，我们能够在设计阶段更好地确保代码的正确性和健壮性。

第 5 章

并发的细语：掌握C++内存模型与并发编程

5

5.1 导语：探索并发编程的核心概念

在现代计算机领域，通过并发和并行编程来利用多核处理器的能力，以提升应用性能，已成为软件开发的关键策略之一。随着硬件的发展，C++作为一门高性能编程语言，提供了丰富的机制来支持复杂的并发编程模式。

弗里德里希·尼采曾经说过："在混乱中寻找秩序。"这一思想对并发编程尤其适用，其中开发者必须在众多并发执行的线程所引发的混乱中创造出高效且稳定的执行流。并发编程的核心挑战之一是如何安全、有效地管理多个线程对共享数据的访问。

本章将深入探讨C++并发编程的基础，重点解析C++内存模型及其在多线程编程中的应用和影响。通过本章的学习，读者将全面掌握C++并发编程的原理与实践，了解多线程、协程和事件驱动等多种并发手段，为构建响应迅速和高效的现代软件应用奠定坚实的基础。

5.2 并发编程基础

本节主要介绍并发编程的基础知识。

5.2.1 C++并发技术

1. C++并发实现技术

并发技术允许任务在多核处理器上并行执行。它不仅提高了系统的处理能力，还能优雅地管理和执行多个任务，展示了计算的多维特性。通过并发技术，程序可以在同一时刻并行处理多个操作，从而实现更流畅、高效的运行。

C++并发技术的实现主要体现在以下4个方面：

1）线程（threads）

- 标准线程库：C++11引入的<thread>库，提供了基本的线程管理功能；C++20引入了std::jthread类，它自动管理线程的生命周期，并支持中断，进一步简化了线程的使用。

- POSIX线程：这是类UNIX系统中广泛使用的更底层线程处理技术，提供了更丰富的配置选项，如线程属性的设置（优先级、调度策略等）。

2）协程（coroutines）

C++20引入了协程，提供了一种更轻量的任务调度方式。与线程相比，协程在用户空间进行调度，可以在不同的执行点挂起和恢复，适用于处理异步操作和实现非阻塞并发编程。

3）异步编程（asynchronous programming）

- 异步I/O操作：通过<future>和<async>实现异步编程，其中<async>用于启动一个可能在后台运行的异步任务，返回std::future对象以获取任务结果，减少阻塞并提高应用的效率。
- Boost.Asio：这是一个专注于网络和低级I/O操作的异步处理库，支持跨平台操作，适合开发高性能的异步I/O应用程序。

4）事件驱动模型（event-driven models）

select和epoll系统调用允许单线程高效地处理大量的I/O事件。select适合处理较少的文件描述符，而epoll能够更好地扩展到大量文件描述符，特别适用于构建高性能的服务器环境。

2. 并发工具和辅助技术

C++标准库还提供了一系列并发工具和辅助技术。这些工具和技术虽然不直接参与并发执行，但在确保并发编程的效率与安全性方面起到了基石的作用。它们为并发的世界提供了坚实的支撑结构，确保每个并行任务能够在稳定有序的环境中执行。这些技术是并发编程的默默支撑者，保障了整个并发系统的协调与优化。

- 内存模型和原子操作（memory model and atomic operations）：C++的<atomic>库允许开发者执行线程安全的操作，确保多线程环境夏的数据一致性。这些原子操作是构建无锁数据结构和保障线程安全的基石。
- 并发数据结构（concurrent data structures）：并发队列、锁等同步机制在多线程环境中控制数据访问至关重要。它们帮助管理数据安全性，提供有效的访问控制，减少竞态条件并避免死锁。

虽然本书主要讨论C++标准库，但在某些高级应用场景中，诸如Intel Threading Building Blocks（TBB）和Microsoft Parallel Patterns Library（PPL）等任务并行库也值得考虑。它们提供了高级的并发和内存管理功能，为开发者提供额外的支持。鉴于篇幅和主题范围的限制，本书不详细探讨这些工具，读者可根据需要去深入了解。

5.2.2 理解并发概念

1. 并发与并行的区别

在讨论软件设计和系统架构时，了解并发（concurrency）与并行（parallelism）之间的区别非常重要。虽然这两个术语在日常使用中经常被互换，但它们在设计原则上有着本质的不同。

1）并发

并发是指系统能够处理多个任务的能力，这些任务可能是同时启动的，也可能是交替执行的。关键点在于，系统需要管理多个同时"活跃"的任务，这些任务可能会相互影响。

- 设计原则：并发设计的重点是正确地处理多个同时活跃的任务或进程间的交互，例如通过锁、信号量、消息队列等机制来管理共享资源的访问和避免竞态条件。并发不一定意味着这些任务在同一时刻被实际处理器同时执行，而是在逻辑上认为它们是同时进行的。
- 应用场景：服务器处理多个客户端请求，操作系统管理多个运行的应用程序，以及单核处理器上的多任务操作都是并发的例子。

2）并行

并行是多个计算任务实际上在同一时刻被多个处理器或多核处理器实际处理。并行的核心在于同时执行任务以提高效率和速度。

- 设计原则：并行设计的重点是如何有效地将任务分解和分配给多个处理单元（如多核处理器、多个处理器或其他硬件资源），以最大化资源利用率和减少计算时间。这通常涉及任务的分解策略，比如数据并行处理（将数据分割成块，每块由不同的处理单元处理）和任务并行处理（不同的任务由不同的处理单元执行）。
- 应用场景：大规模数据处理、科学计算和图形渲染等，其中的任务可明显地被分割成能同时执行的小部分。

3）关键区别

并发和并行的关键区别主要体现在以下两个方面：

（1）时间与结构

并发注重"时间上的重叠"——任务启动，运行和完成时间上的重叠（tasks start, run and complete in overlapping time periods）。多个任务可以交替执行，关键在于任务的管理和交互。

并行强调"结构上的重叠"——任务在多个处理器上同时运行（tasks literally run at the same time），重点在于如何高效地在多个处理器上同时执行任务。

（2）设计焦点

并发设计侧重于如何安全、有效地管理和协调多任务环境中的资源共享和任务调度，而并行设计则更侧重于性能优化，即如何扩展系统处理能力并缩短任务执行时间。

理解二者的区别对于开发高效、可靠、可扩展的系统至关重要。每种方法有其适用场景和特定的设计考量。

2. 单核处理器中的并发

谈到单核处理器中的并发，许多人可能会产生疑惑：单核处理器如何同时执行多个任务？实际上，虽然单核处理器在物理上无法同时处理多个任务，但操作系统通过"时间分片"技术，巧妙地实现了并发执行的效果。

这就像一位魔术师，在观众眼前快速切换不同的魔术道具，让人感觉所有魔术都在同一时间发生，而实际上是逐一表演的。

1）时间分片

想象一个快速旋转的转盘，每个任务占据转盘上的一个扇区。单核处理器通过在极短的时间内快速切换任务的执行，就像转盘转动一样，让每个任务轮流占用处理器，各自执行一小段时间。这种方法让每个任务都能获得执行机会，尽管它们并非真正同时进行。

2）任务优先级

并不是所有任务都同等重要，操作系统会根据任务的优先级决定它们获得处理器时间的频次和长短。优先级较高的任务会更频繁地获得时间片，这就像在一个忙碌的厨房里，制作时间最长的菜肴会优先开始烹饪，以确保所有菜肴都能按时完成。

3）I/O等待优化

当任务需要等待外部数据（如从硬盘读取数据或等待网络响应）时，它会被暂时挂起，处理器切换到其他不需要等待的任务。这类似于准备晚餐时，如果某个菜需要等待烤箱预热，等待烤箱预热时我们会去准备其他菜肴。

通过这些技术，单核处理器得以有效地实现并发环境，显著提高了响应速度和资源利用率，使得即使在资源受限的情况下也能流畅地执行多任务。这种技术不仅是技术的展示，还赋予开发者更强的性能调控能力，使他们能够更加精细地优化程序，进而提升用户体验。

3. 异步和并发的定义

异步指的是启动一个操作后，不需要等待该操作完成即可继续执行后续代码。异步编程的关键是任务的启动和完成是分离的，完成通常通过回调、事件、通知等机制来处理。

并发是指系统同时处理多个任务的能力，这些任务可能是同一时间执行，或通过任务切换给人同时执行的错觉。并发不一定意味着多个任务真正同时执行（即并行），但通常会重叠处理多个任务。

1）异步与并发的关系

异步与并发之间的关系如下：

- 实现异步的技术支持并发：异步操作本质上是非阻塞的，这使得在等待一个异步操作完成时，可以处理其他任务。因此，任何支持异步操作的技术（如事件循环或协程）在逻辑上都能实现并发。
- 并发技术不一定实现异步：并发技术（如多线程）可以并行处理多个任务，但这些任务可以是同步或异步的。例如，多个线程可以并发执行多个阻塞的I/O操作，但这些操作在各自的线程中仍然是阻塞的。

因此，虽然异步和并发在技术实现上有很多共同点，它们都可以通过类似的机制（如事件循环、协程）来实现，但它们在概念上是为了解决不同的问题：异步主要解决阻塞问题，而并发主要解决多任务处理问题。理解这些概念之间的关系有助于选择合适的技术和模式来优化程序的性能和响应性。

2）异步的实现方式

异步的实现涉及软件层面和操作系统层面。

（1）软件层面的异步

在软件层面，异步通常涉及以下实现方式：

- 事件循环：用于管理和调度异步事件，例如网络请求、文件I/O或定时事件。事件循环等待事件发生，并将事件它分派给对应的处理器或回调函数。
- 协程：这是一种更高级的程序结构，允许以近似同步的方式编写异步代码，实际执行时，协程可以被挂起和恢复，通常由调度器（可以视为一种事件循环）来管理。

这些模型在很大程度上依赖软件层面的抽象和操作系统提供的基础设施（如线程、进程和基本的异步I/O操作），但不会自动地进行中断处理或在任意代码点中断执行，这是它们与操作系统层面实现异步的主要区别。

（2）操作系统层面的异步

操作系统层面的异步，如信号、中断和某些类型异步I/O（如POSIX AIO），不需要事件循环即可工作。这些机制通常由硬件和操作系统内核直接支持：

- 信号和中断：可以在任何时刻中断程序的正常执行流程，由操作系统管理。它们用于处理各种外部事件（如硬件中断、系统调用返回等）。
- 异步I/O：操作系统支持的真正的异步I/O（如Linux的io_uring或Windows的IOCP）可以在没有显式事件循环的情况下工作，操作系统内核会在操作完成时通知应用程序。

软件层面的异步编程模型需要显式地使用事件循环或协程调度器，它们提供了强大的工具来管理复杂的异步操作和大规模并发，是现代应用程序开发中不可或缺的部分。

操作系统层面的异步则更接近于硬件，通常被用于需要极高性能和实时响应的场景。在选择异步技术时，需要根据应用的具体需求和上下文来决定使用哪种层级的异步机制。

4. 协作式多任务与抢占式多任务

在讨论并发时，理解协作式多任务（cooperative multitasking）与抢占式多任务（preemptive multitasking）的区别同样重要。这两种多任务处理模式为现代操作系统和应用程序提供了不同的任务调度和执行策略。

1）协作式多任务

协作式多任务又称非抢占式多任务，是一种任务管理方式，其中每个任务都必须主动放弃控制权，以便系统可以切换到下一个任务。这种模式的关键在于任务之间的合作。

- 设计原则：在协作式多任务环境中，每个任务需要在适当的时候通过显式的调用（如yield）让出CPU使用权。这种设计要求任务编写者必须具有良好的自律性，以确保系统的响应性和公平性。
- 应用场景：适用于资源受限的环境（如嵌入式系统），或者在任务相对独立且可预测时非常有效。由于上下文切换开销较低，因此在管理简单任务时非常高效。

2）抢占式多任务

与协作式多任务不同，抢占式多任务允许操作系统中断任务，按照调度策略进行任务切换。这种方式更加复杂，但可以提供更好的系统利用率和响应性。

- 设计原则：操作系统可以随时中断正在运行的任务，并根据任务的优先级或其他调度算法切换到另一任务。这种设计允许系统更好地控制任务执行和资源分配。
- 应用场景：该设计广泛应用于多用户、多任务的操作系统中，如Windows、Linux等，特别适合用于处理高度异步的任务和需求不确定的环境。

3）设计焦点的比较

协作式多任务的设计焦点在于简化上下文切换和调度逻辑，使得每个任务都必须有明确的挂起点。

抢占式多任务则着重于最大化CPU的利用率和响应不同优先级任务的能力，但代价是更复杂的调度策略和更高的上下文切换成本。

理解这两种多任务处理模式，对于开发能够有效管理多种操作和交互的系统至关重要，尤其在设计需要处理大量并发任务的软件和系统时。

5.2.3　C++内存模型概述

在探讨并发编程时，理解C++的内存模型是至关重要的。C++内存模型定义了多线程环境中变量的行为，特别是关于原子操作、内存顺序和同步操作的规则。这个模型旨在提供一种一致的方式来描述线程间如何通过共享内存进行交互，以及如何控制这种交互的发生顺序。

1. 原子性

原子操作是C++内存模型的核心概念之一。如果一个操作被视为原子的，则它是不可分割的，即在执行过程中不会被其他线程观察到中间状态。

C++标准库中的<atomic>提供了一系列原子类型和操作，确保在多线程访问共享数据时不需要额外的同步机制。std::atomic类型确保对特定变量的操作在技术上是不可分割的。

2. 内存顺序

在多线程程序中，不同线程对内存的读写操作可能导致意想不到的结果，这主要是因为现代计算机系统和编译器通常会对操作进行重排序，以优化性能和资源利用率。然而，这种重排序可能会打破代码的逻辑顺序，导致数据竞争和不一致的问题。

- 处理器重排序影响：为了提高执行效率，处理器可能会改变指令的执行顺序，只要这种重排序不影响单线程内的程序语义。
- 编译器优化：编译器同样可能为了优化而改变代码的执行顺序。

内存顺序是一种规则，定义了操作的可见性和执行顺序，是确保多线程程序正确性的关键。在C++中，这些规则是通过原子操作的内存顺序标志来实现的。

通过指定合适的内存顺序，我们可以：

- 防止重排序：确保在关键操作之间的顺序得到维护，防止由于编译器或处理器优化引起的意外重排序。
- 保证数据一致性：确保一个线程的操作结果能被其他线程按照预期的顺序观察到。
- 提高性能：通过放宽顺序要求，允许一定程度的重排序，从而提高程序的性能。

3. 同步与顺序一致性

为了控制线程间的执行顺序和数据一致性，C++内存模型使用了锁、屏障等同步机制。顺序一致性是内存模型的一种理想化模式，它假设所有线程以一种固定的全局顺序来观察内存访问操作，这简化了理解和应用并发程序的行为。

顺序一致性是并发编程中最直观、最易理解的内存模型，它遵循两个基本原则：

- 操作顺序：在单个线程内部，所有操作（包括原子操作和非原子操作）的执行顺序与程序代码中的顺序相符。
- 全局顺序：程序中所有原子操作都存在一个全局的顺序，所有线程都能观察到这一相同的顺序。

4. 数据竞争与同步原语

数据竞争发生在多个线程并发访问同一内存位置时，至少有一个线程在进行写操作，而且这些操作之间没有适当的同步措施。避免数据竞争是并发编程中的一项基本任务。

C++标准库通过互斥锁（如 std::mutex）、条件变量（如 std::condition_variable）等同步原语（synchronization primitives）帮助开发者控制对共享资源的访问。

在使用互斥锁时，如果一个线程需要访问共享数据，它首先尝试锁定与该数据相关联的互斥锁。如果锁已经被另一个线程持有，该线程将等待（或阻塞）直到锁被释放。获取锁后，线程可以安全地访问共享数据。访问完成后，线程应释放锁，使其他线程可以访问数据。

通过精确地理解和应用 C++的内存模型，开发者可以编写出既安全又高效的多线程应用程序。这种对底层内存和线程行为的深入理解，对于解决复杂的并发问题至关重要。

虽然本节重点在于讨论内存模型以保证线程安全性，不过我们也可以回顾一下之前讨论的函数的不可重入性。C++中的内存模型和不可重入性是两个不同的概念，但它们都与并发编程和多线程有关。

- 不可重入是指一个函数不能同时被多个线程调用，否则可能导致意外的结果或者错误。
- 不可重入函数通常依赖于全局变量或者静态变量的状态，并且在函数执行过程中可能会被修改。如果多个线程同时调用这样的函数，它们可能会相互干扰，导致不可预料的行为。
- 为了保证函数的可重入性，可以使用互斥锁或者避免使用全局变量等方法来避免竞态条件。

虽然内存模型和不可重入性都与多线程编程相关，但它们着眼点不同：内存模型更关注线程之间共享数据的同步和一致性，而不可重入性则更关注单个函数的线程安全性。

5.2.4　线程管理

在 C++中，线程的管理涉及创建、控制和终止线程的操作。通过标准库中的线程类，开发者可以控制线程的生命周期，实现复杂的并发逻辑。

在 C++中使用线程时，需要包含<thread>头文件，并且在链接时指定线程库。这是因为线程相关的功能被封装在单独的线程库中，而不是直接包含在标准库中。

例如，如果使用的是 GCC 编译器，则需要在编译时加上-pthread 选项，以告诉编译器链接线程库。在其他编译器和平台上可能会有不同的指定方式，但基本思路是相似的。

这种设计允许开发者在需要时选择是否使用线程功能，并且可以避免将不必要的线程相关代码包含到最终的可执行文件中，从而减小了程序的体积。同时，独立链接的设计也使得线程库的实现更加灵活，可以根据不同的需求进行优化和适配。C++标准库中的线程模块被设计为需要额外的链接步骤，是为了提供更好的灵活性和性能优化。

1. 线程对象的构造与启动

在标准库中，我们使用 std::thread 对象来表示线程。当创建 std::thread 对象时，新的线程就会立即开始执行，这是通过在 std::thread 的构造函数中启动新线程来实现的。

【示例展示】

```
#include <iostream>
#include <thread>
#include <vector>

// 使用函数指针创建线程
```

```cpp
void threadFunction() {
    std::cout << "Thread function executed." << std::endl;
}

// 使用函数对象创建线程
class ThreadFunctor {
public:
    void operator()() const {
        std::cout << "Functor thread executed." << std::endl;
    }
};

// 使用成员函数创建线程
class MyClass {
public:
    void memberFunction() const {
        std::cout << "Member function thread executed." << std::endl;
    }
};

int main() {
    // 创建线程，使用函数指针
    std::thread t1(threadFunction);

    // 创建线程，使用Lambda表达式
    std::thread t2([]() {
        std::cout << "Lambda thread executed." << std::endl;
    });

    // 创建线程，使用函数对象
    ThreadFunctor functor;
    std::thread t3(functor);

    // 创建线程，使用类的成员函数
    MyClass myObject;
    std::thread t4(&MyClass::memberFunction, &myObject);

    // 确保所有线程在main函数结束前完成
    t1.join();
    t2.join();
    t3.join();
    t4.join();

    return 0;
}
```

在这个例子中，我们使用了多种方式创建std::thread对象。

- 使用函数指针：这是创建线程最简单的方法之一，适用于全局或静态函数。这里我们直接将全局函数 threadFunction 作为线程函数传递给 std::thread 构造器。
- 使用Lambda表达式：Lambda表达式提供了一种便捷的方式来创建线程，并直接在创建线程时传递匿名函数。这种方式在需要快速实现简单线程行为时非常有用。
- 使用函数对象：如果一个复杂的操作需要在多个线程中重复执行，可以将这些操作封装在一个类的函数调用操作符中。这里使用ThreadFunctor 类的实例作为线程函数。
- 使用成员函数：如果需要在线程中访问某个对象的成员函数，可以直接传递成员函数指针，并且传递对象的指针作为线程构造器的参数。

2. 线程对象的移动语义

需要注意的是，std::thread对象支持移动语义，但不支持复制语义。这意味着我们可以将一个std::thread对象移动到另一个std::thread对象，但不能将一个std::thread对象复制到另一个std::thread对象。下面，我们将展示如何利用std::thread的移动语义来转移线程所有权。

【示例展示】

```cpp
#include <iostream>
#include <thread>

void threadFunction() {
    std::cout << "Hello from thread!" << std::endl;
}

int main() {
    // 创建并启动线程 t1
    std::thread t1(threadFunction);
    std::cout << "Thread t1 started." << std::endl;

    // 通过使用移动构造函数，将线程的所有权从 t1 转移到 t2。此后 t1 变为"空"状态，不再拥有任何线程，
因此不可加入（join）
    std::thread t2 = std::move(t1);
    std::cout << "Ownership of thread moved from t1 to t2." << std::endl;

    // 检查 t1的状态以确认其不再拥有线程，这表明所有权转移成功
    if (!t1.joinable()) {
        std::cout << "t1 is no longer joinable after move operation." << std::endl;
    }

    // 使用移动赋值运算符将 t2的所有权移动到 t3。同样，这会使 t2 变为空状态，不再拥有任何线程
    std::thread t3;
    t3 = std::move(t2);
    std::cout << "Ownership of thread moved from t2 to t3." << std::endl;

    // 检查 t2的状态以确认其不再拥有线程
    if (!t2.joinable()) {
        std::cout << "t2 is no longer joinable after move assignment." << std::endl;
    }

    // 因为所有权在t3上，所以在程序结束前需要等待 t3的线程完成以确保正确清理资源
    t3.join();
    std::cout << "Thread t3 has completed and joined." << std::endl;

    return 0;
}
```

通过这个示例可以看到，std::thread的对象移动后，原对象将变为不再拥有线程的状态。这是通过将内部管理的线程句柄设置为一个有效的 "null" 状态来实现的，从而确保对原对象的操作不会影响到现在拥有线程的对象。这种机制避免了资源管理错误，例如尝试对一个已经不再拥有线程的std::thread对象进行操作（如join或detach），这可能会导致程序运行时错误。

在C++中，std::thread对象的生命周期管理是多线程编程的关键，尤其要正确处理线程的析构和结束。不恰当地处理可能会导致程序崩溃或资源泄漏。下面将详细地讨论std::thread的析构和线程结束的管理。

3. 线程对象的析构与线程的结束

1）析构行为的重要性

当一个std::thread对象被析构时，它的析构函数会检查是否仍然拥有与之关联的线程。如果有，并且该线程未被join或detach，则std::thread的析构函数会调用std::terminate来结束程序。这种设计是为了防止线程无意中被遗漏，从而导致它在没有适当监管的情况下继续执行。

2）join和detach的使用

为了避免上述的程序终止，开发者在析构std::thread对象之前，必须决定如何处理与之关联的线程：

- 使用join：join方法将阻塞调用它的线程（通常是主线程），直到关联的线程完成执行。这是确保所有线程逻辑安全完成的好方法。
- 使用detach：如果不希望阻塞主线程或需要长时间运行的后台任务，可以调用detach。这将使线程在后台独立运行，std::thread对象可以安全销毁而不会影响分离的线程，但这也意味着主线程将无法再通过std::thread对象管理或控制该线程。因此，在分离线程的生命周期内，我们必须确保线程在运行过程中所使用的资源能够被妥善管理和释放。

【示例展示】

```cpp
#include <iostream>
#include <thread>
#include <chrono>
#include <exception>

void doWork() {
    std::cout << "Thread is running..." << std::endl;
    std::this_thread::sleep_for(std::chrono::seconds(5));    // 模拟更长时间的耗时操作
}

int main() {
    std::thread t(doWork);

    // 选择使用join等待线程完成
    // t.join();                                             // 取消注释以防止程序异常终止

    // 或者选择detach，让线程独立于主线程之外运行
    // t.detach();                                           // 取消注释以防止程序异常终止

    // 如果不调用join或detach，程序将在析构t时调用std::terminate，因为t仍拥有一个活跃的线程

    // 设置 std::terminate的自定义处理器
    std::set_terminate([]() {
        std::cerr << "Terminate handler called" << std::endl;
        abort();  // 强制结束程序
    });

    // 允许主线程继续运行一段时间
    std::this_thread::sleep_for(std::chrono::seconds(2));

    // 主线程完成工作，尝试退出
    // 注意：这里故意没有调用t.join()或t.detach()
    // 线程在2秒后结束并退出，整个程序和所有属于它的线程也都会结束
    return 0;
}
```

上述代码由于没有调用t.join()或t.detach()，因此在程序退出时可以观察到Terminate handler called消息。

通过理解和应用上述规则，可以确保多线程程序在管理线程生命周期方面既安全又有效。

4. std::thread的弊端

尽管std::thread提供了许多便利，但它也存在一些设计上的限制。除了前面提及的它不支持复制构造和赋值以外，还有以下限制。

1）无法默认构造空线程

std::thread的设计不支持默认构造，这意味着在创建线程时，必须立即指定要执行的任务。这种设计阻止了更灵活的使用场景，如先创建一个线程对象，稍后再根据需要配置它要执行的任务。这不仅限制了设计模式的多样性，而且在某些情况下，如需基于运行时决策动态分配任务，可能导致额外的编程复杂性。

2）创建后才能设置底层属性

由于std::thread必须在创建时绑定执行函数，因此无法在创建线程之前设置诸如优先级、堆栈大小或CPU亲和性等底层属性。虽然可以通过native_handle()在线程创建后调整这些属性，但这样做有其局限性：

- 时机问题：线程已经开始执行，可能已错过设置某些属性的最佳时机（如堆栈大小），因为某些属性必须在线程启动前设置。
- 平台依赖性：使用native_handle()需要依赖于特定平台的API，这会牺牲代码的可移植性，并增加代码维护的复杂性。

3）对高级线程管理功能的支持不足

标准的std::thread缺乏线程池管理、任务调度和负载平衡等更高级的线程管理功能。虽然这些功能可以通过其他库实现，但这种额外的依赖可能会让项目管理变得更复杂，尤其在跨平台开发中。

这些设计弊端揭示了std::thread在处理复杂多线程需求时的一些局限性，尤其在需要精细控制线程行为或需要更高级的并发管理功能的场景中。

5. C++20线程新纪元：std::jthread

在使用std::thread时，需要手动管理线程的join()或detach()，并且不能直接支持外部请求的中止，这带来了额外的性能开销和编程复杂性。根据C++长期以来的零开销设计哲学，C++20引入了std::jthread和std::stop_token。这些新特性不仅能自动处理线程的加入，还支持协作式的线程取消，极大地简化了线程的使用和管理，而不增加任何未使用功能的成本。下面让我们深入了解一下它们的使用和设计哲学。

1）std::jthread

std::jthread是C++20引入的一个新的线程类，它与std::thread类似，但提供重要的改进：

- 自动管理生命周期：std::jthread在作用域结束时会自动调用join，因此不需要显式地调用join或detach。
- 自停止机制：std::jthread与std::stop_token集成，支持直接请求停止线程。

其类成员如下：

- 成员类型：
  - id: std::thread::id。
  - native_handle_type（可选）：std::thread::native_handle_type。

- 成员函数：
  - 构造函数：构造新的jthread对象。
  - 析构函数：如果线程是可加入的，请求停止并加入线程。
  - operator=：移动jthread对象。
  - joinable：检查线程是否可加入，即能否在并行上下文中运行。
  - get_id：返回线程的id。
  - native_handle：返回底层实现的线程句柄。
  - hardware_concurrency [静态]：返回实现支持的并发线程数。
  - join：等待线程完成执行。
  - detach：允许线程独立于线程句柄执行。
  - swap：交换两个jthread对象。
  - get_stop_source：返回与线程的共享停止状态关联的stop_source对象。
  - get_stop_token：返回与线程的共享停止状态关联的stop_token。
  - request_stop：通过共享停止状态请求执行停止。

可以看到，std::jthread支持std::thread的所有功能并提供了扩展。在自动处理线程生命周期的同时，仍提供join和detach方法，保证使用的灵活性和控制性。这样设计既维持了与std::thread的接口一致性，又方便了开发者的使用和过渡。

2）std::stop_token

std::stop_token及其相关类的说明如表5-1所示。

表5-1   std::stop_token及其相关类的说明

类 名	说 明
std::stop_source	用于发起停止请求的对象。它负责生成 std::stop_token，并在需要时发出停止信号
std::stop_token	由 std::stop_source 创建的令牌，用于在线程中检测是否有停止请求。可以传递给线程，使它能定期检查并决定是否停止执行
std::stop_callback	允许注册回调函数，这些函数在 std::stop_source 发出停止请求时被调用，提供一种响应停止请求的机制

std::stop_token和std::stop_callback虽然是与std::jthread紧密集成的，但并不局限于与std::jthread的使用。它们是独立于线程的，可用于程序中的任何地方，以提供一种灵活的停止信号处理机制。

【示例展示】

```cpp
#include <iostream>
#include <chrono>
#include <stop_token>

int main() {
    std::stop_source source;
    std::stop_token token = source.get_token();

    // 模拟一些可以被取消的工作
    auto startTime = std::chrono::steady_clock::now();
    auto endTime = startTime + std::chrono::seconds(10);  // 设定10秒后结束任务

    while (std::chrono::steady_clock::now() < endTime) {
        if (token.stop_requested()) {
```

```
            std::cout << "Task was canceled!" << std::endl;
            break;
        }
        std::cout << "Working..." << std::endl;
        std::this_thread::sleep_for(std::chrono::seconds(1));

        // 模拟在某个条件下请求停止
        if (std::chrono::steady_clock::now() > startTime + std::chrono::seconds(5)) {
            source.request_stop();
        }
    }

    if (!token.stop_requested()) {
        std::cout << "Task completed normally." << std::endl;
    }

    return 0;
}
```

在这个示例中，主线程中运行一个循环，并通过 std::stop_source 来控制何时停止循环。这种方式非常适合于不需要多线程但需要响应取消请求的场景。

std::stop_token 和 std::stop_callback 也可以与 std::thread 结合使用，但使用方式略有不同，因为 std::thread 没有内建的支持来直接接收 std::stop_token。

【示例展示】

```
#include <iostream>
#include <thread>
#include <stop_token>
#include <chrono>
void threadFunction(std::stop_token stoken) {
    std::stop_callback callback(stoken, []() {
        std::cout << "Stop request received.\n";
    });
    // 4. 定期检查停止请求
    while (!stoken.stop_requested()) {
        std::cout << "Running...\n";
        std::this_thread::sleep_for(std::chrono::seconds(1));
    }
    // 5. 响应取消请求
    std::cout << "Thread finishing.\n";
}

int main() {
    // 1. 创建并发起取消请求的源
    std::stop_source stopSource;
    // 2. 生成停止令牌
    std::stop_token stoken = stopSource.get_token();
    // 3. 传递停止令牌
    std::thread t(threadFunction, stoken);

    std::this_thread::sleep_for(std::chrono::seconds(5));
    // 触发停止请求
    stopSource.request_stop();

    t.join();
    std::cout << "Thread stopped.\n";
    return 0;
}
```

在这个示例中，使用std::stop_source来创建一个std::stop_token，然后将这个令牌传递给一个标准的std::thread对象。这种做法是可行的，因为std::thread的构造函数能接收任何类型的可调用对象及其参数，这使得我们可以在std::thread中手动使用std::stop_token。尽管std::thread并没有内建对std::stop_token的直接支持，如自动在析构时请求停止，我们仍然可以通过这种方式在std::thread中实现线程的优雅停止。

我们可以发现，此方式在功能上与通过线程间共享的 std::atomic<bool> 或通过其他同步手段来传递停止信号的方法相似，只不过std::stop_token 提供了更高级的抽象，允许更安全、便利地管理停止信号，尤其在需要注册多个停止回调时。但通常来说，std::stop_source和std::jthread的搭配使用更为方便和安全。

3）共同工作机制

当然，std::stop_token更多的是和std::jthread共同使用。其步骤如下：

① 自动管理停止令牌：当使用std::jthread 时，不需要手动创建std::stop_source。std::jthread自动包含一个内部的std::stop_source，并在启动线程时将相关的std::stop_token传递给线程函数。

② 接收停止令牌：线程函数可以直接接收一个 std::stop_token 参数，该令牌由std::jthread提供，确保与线程的内部停止机制同步。

③ 定期检查停止请求：在线程函数中，应定期调用std::stop_token::stop_requested()来检查是否接收到停止请求。这为安全且及时地停止执行提供了机制。

④ 响应停止请求：一旦std::stop_token表明停止已被请求，线程函数应采取必要的操作来安全地终止，这可能包括资源的清理和状态的保存。

【示例展示】

```cpp
#include <iostream>
#include <chrono>
#include <thread>

// 使用std::jthread 运行的函数
void task(std::stop_token stoken) {
    while (!stoken.stop_requested()) {
        std::cout << "任务正在运行..." << std::endl;
        // 模拟一些工作
        std::this_thread::sleep_for(std::chrono::seconds(1));
    }
    std::cout << "任务已收到停止请求，现在停止运行。" << std::endl;
}

int main() {
    // 创建 std::jthread，自动处理停止令牌
    std::jthread worker(task);

    // 模拟主线程运行一段时间后需要停止子线程
    std::this_thread::sleep_for(std::chrono::seconds(5));
    std::cout << "主线程请求停止子线程..." << std::endl;

    // 触发停止请求
    worker.request_stop();

    // std::jthread在析构时自动加入
    return 0;
}
```

4）底层实现机制

std::jthread在底层实现中利用了std::thread的功能，但添加了对线程取消的支持。std::jthread的主要特点是它在析构时会自动执行线程的加入，并且支持协作式取消。

如果线程函数被设计为接收一个std::stop_token作为参数，那么std::jthread会自动从其内部的std::stop_source提供一个令牌。这种设计简化了线程取消的管理，使线程函数可以间接地从std::jthread的取消机制中接收停止请求，从而这大大增强了线程安全性，简化了代码。

然而，如果在std::jthread中手动传递一个外部的std::stop_token给线程函数，它并不会与std::jthread的内部std::stop_source绑定或同步。这是因为std::stop_token与生成它的特定std::stop_source紧密相关。每一个std::stop_source都有自己的取消状态，从不同源生成的令牌不共享这种状态。因此，从外部源传递的令牌不会受到std::jthread内部状态变化的影响，比如由std::jthread自身发起的停止请求。

这种行为强调了在使用std::jthread的自动管理功能时，依赖std::jthread提供的std::stop_token进行取消操作的必要性，而不是试图集成外部的停止机制，除非显式地处理超出std::jthread自动范围的单独取消逻辑。

std::stop_source和std::stop_token提供了一种管理和查询停止状态的机制。std::stop_source负责发起停止请求，而std::stop_token允许在关联的std::stop_source发起停止请求后进行查询。当std::stop_source调用request_stop()时，它会修改内部状态以表示停止已被请求，并通过与之关联的所有std::stop_token反映这一状态变更。

这种设计使得std::jthread及其协作的取消机制不仅简化了线程的使用，还增强了线程间的协作和通信能力，提高了代码的安全性和可维护性。

总的来说，std::jthread解决了std::thread缺乏自动资源管理（RAII）的问题，自动管理线程的生命周期，避免了资源泄漏和死锁的风险，并通过std::stop_token增加了能够主动取消或停止线程执行的新特性。

在后续内容中，我们将继续深入探讨原子操作、同步机制、锁策略与线程间通信等更为高级的并发编程主题。通过这些详尽的解析，相信读者能够更加全面地掌握C++并发编程的精髓。

5.3　原子操作与同步机制

本节将探讨并发编程的核心概念——原子操作与同步机制。首先，介绍原子操作的基础知识，包括其概念、应用和在C++中的实现方式。接着，讨论内存顺序与原子操作的关系，以及如何通过适当的内存顺序规定来防止重排序和保证数据一致性。最后，介绍同步原语，如互斥锁和条件变量等，帮助开发者更好地控制共享资源的访问，确保程序的正确执行。

5.3.1　原子操作基础

在C++中，std::atomic是为了实现线程间的原子操作而设计的。原子操作是那些在多线程环境中不会被线程调度机制中断的操作，也就是说，这些操作一旦开始就会一直运行到结束，中间不会被其他线程打断。std::atomic提供了一种方式，可以在多线程程序中安全地操作数据，而无须使用互斥锁。这些特性在实现锁自由数据结构和算法中非常有用。

【示例展示】

```
#include <atomic>
#include <iostream>
#include <thread>

std::atomic<int> count(0);

void increment() {
    for (int i = 0; i < 10000; ++i) {
        count.fetch_add(1, std::memory_order_relaxed);
    }
}

int main() {
    std::thread t1(increment);
    std::thread t2(increment);
    t1.join();
    t2.join();
    std::cout << "Count: " << count << '\n';
    return 0;
}
```

在这个例子中，fetch_add 是一个原子操作，它安全地增加一个std::atomic<int>类型的变量。

原子类型适用条件

std::atomic在C++中并不适用于任何数据类型，主要适用于整数类型和指针类型。对于更复杂的数据类型，如自定义类或结构体，std::atomic不直接支持，除非这些类型满足特定的条件。

对于一个类型T，要使用std::atomic<T>，T必须是平凡可复制的。这意味着类型T必须同时具备平凡的拷贝构造函数、平凡的赋值运算符以及平凡的析构函数，因为原子类型的操作依赖于类型能够通过简单的内存复制来进行值的传递。此外，为了确保原子操作可以安全且一致地执行，类型T的大小必须是固定的且在编译时已知。这样，std::atomic才能保证在进行原子操作时，可以作为一个完整的内存单元来进行处理，确保操作的原子性。

另外，对于某些特定平台，如果一个类型T是平凡可复制的且大小合适，那么它可以使用std::atomic，尽管这并不保证跨所有平台的兼容性。例如，某些编译器支持使用std::atomic对特定的自定义类型进行操作，但这依赖于编译器和平台的内存模型。

当设计自定义类型时，要考虑该类型是否适合作为std::atomic的模板参数。下面是一个简单的示例，展示一个自定义类型如何适用于原子操作。

【示例展示】

```
#include <atomic>
#include <iostream>
#include <type_traits>

// 自定义类型 Point
struct Point {
    int x;
    int y;

    // 默认构造函数
    Point() : x(0), y(0) {}
```

```
    // 自定义构造函数
    Point(int x, int y) : x(x), y(y) {}

    // 拷贝构造函数和拷贝赋值运算符
    Point(const Point&) = default;
    Point& operator=(const Point&) = default;

    // 析构函数
    ~Point() = default;
};

int main() {
static_assert(std::is_trivially_copyable<Point>::value,
          "Point must be trivially copyable");

    std::atomic<Point> atomic_point;

    Point p1(1, 2);
    atomic_point.store(p1);

    Point p2 = atomic_point.load();
    std::cout << "Atomic Point: (" << p2.x << ", " << p2.y << ")" << std::endl;

    return 0;
}
```

在这个示例中，首先定义了一个自定义类型Point，代表一个二维平面上的点。Point类型包含两个整数成员变量x和y，用来表示点的坐标。

然后，我们希望能够在多线程环境中安全地对Point对象进行原子操作。因此，尝试将Point类型用作std::atomic<Point>的模板参数。然而，为了能够安全地使用std::atomic，必须保证Point类型是平凡的拷贝构造可析构的类型。这意味着它的拷贝构造函数和析构函数必须是默认的，并且不执行任何操作。因此，我们添加了静态断言来确保它满足了所需的条件。如果Point类型不满足这些条件，编译器将在编译时产生错误。

最后，尝试在main函数中创建一个std::atomic<Point>对象，并对它进行一些基本的原子操作，以验证我们的自定义类型是否可以安全地用作std::atomic的模板参数。

浮点数类型的原子操作

需要注意的是，在C++20之前，虽然已广泛支持整数的原子操作，但对于浮点数类型，则尚未直接支持原子操作。这主要是由于早期的标准和多数硬件对浮点数的原子操作支持不足，以及标准库的逐步发展策略。然而，随着并发编程的需求日益增长和硬件能力的逐步提升，C++20引入了对浮点数类型（如float、double和long double）进行原子操作的支持，例如fetch_add和fetch_sub。这增强了在并发环境中进行科学计算和数据处理的能力。

C++23进一步扩展了对浮点数的支持，包括对扩展的浮点类型（如cv-unqualified extended floating-point types）进行原子操作的支持，进一步增强了并发编程在处理复杂数值类型时的能力。这些扩展确保了C++在并发和高性能计算领域的持续竞争力和适应性。

5.3.2 内存顺序与原子操作

C++中的原子操作允许通过不同的内存顺序指定，极大地提升了性能优化的空间。自C++11起，引入了多种内存顺序标志，使开发者能够精确地控制线程间的操作顺序。

1. 内存顺序的概念

内存顺序中有以下两个概念需要关注：

- happens-before：这是预防数据竞争和确保内存一致性的基本内存顺序概念。如果操作A happens-before操作B，则A的效果对B是可见的，且B不会在A之前执行。
- strongly happens-before：这是C++20引入的概念，强化了happens-before关系。如果操作A strongly happens-before操作B，则在所有上下文中A的执行及其结果都在B之前发生。这种关系确保了顺序一致的原子操作间全线程操作顺序的一致性。

2. 内存顺序的用法

通过设置内存顺序，原子操作间可以定义偏序关系。例如，使用std::memory_order_release 进行写操作，并在随后的读操作上使用std::memory_order_acquire，可以无须锁的介入，确保了写操作对读操作的可见性。这种"发布－获取"模式避免了线程阻塞和上下文切换，减少了同步的开销。

3. 内存顺序的枚举类型

std::memory_order是一个枚举类型，定义了多种内存顺序。在C++20之前，它是一个普通枚举，从C++20开始，被定义为强枚举类型以增强类型安全。这些内存顺序为std::atomic操作提供了灵活的内存语义选择，帮助开发者在性能和正确性之间找到平衡。

std::memory_order的枚举值如表5-2所示。

表5-2   std::memory_order的枚举值

内存顺序	说　　明	常见用途
std::memory_order_relaxed	不对执行顺序提供任何保证，仅保证操作的原子性	适用于不关心跨线程操作顺序的场景,如独立计数器
std::memory_order_consume	载入操作的直接依赖操作不能被重排到载入操作之前（C++20 废弃，视为 memory_order_acquire）	原本用于数据依赖场景，现建议使用 memory_order_acquire
std::memory_order_acquire	载入操作后的所有操作（读或写）不能被重排到载入操作之前	控制跨线程的数据依赖,保证数据的可见性和顺序
std::memory_order_release	存储操作之前的所有操作（读或写）不能被重排到存储操作之后	发布数据给另一线程，常与 memory_order_acquire 结合使用实现同步
std::memory_order_acq_rel	结合了获取和释放顺序的特性，用于读－修改－写操作	更新共享状态时，需要同时保证载入和存储顺序
std::memory_order_seq_cst	最严格的内存顺序，保证全局的顺序一致性	需要严格的全局顺序的场景,如跨线程的严格同步或统计全局事件发生次序

1）std::memory_order_relaxed（松散顺序）

std::memory_order_relaxed是原子操作中最不严格的内存顺序，不保证除原子操作本身外的任何同步或顺序。也就是说，使用此内存顺序的操作不会阻止指令被处理器或编译器重排，只要它们不违反单线程程序的执行语义。这种内存顺序主要用于那些不需要与其他线程同步，只需保证对单个原子变量本身的操作是原子的情况。

【示例展示】

下面是一个使用std::memory_order_relaxed的示例，演示如何在不关心执行顺序的情况下使用它。

```
#include <atomic>
#include <iostream>
#include <thread>
#include <vector>

std::atomic<int> x(0);

void write_x() {
    x.store(1, std::memory_order_relaxed);  //对x的写入，不需要与其他线程同步
}

void read_x_and_print() {
    // 循环直到x变为1，但由于内存顺序是relaxed，这个变化可能无法立即在其他线程中观察到
    while (true) {
        int current_x = x.load(std::memory_order_relaxed);
        if (current_x == 1) {
            std::cout << "x was set to 1" << std::endl;
            break;
        }
    }
}

int main() {
    std::thread writer(write_x);
    std::thread reader(read_x_and_print);

    writer.join();
    reader.join();

    return 0;
}
```

在这个示例中，两个线程分别用于写入和读取原子变量 x。由于使用了std::memory_order_relaxed，写入操作对读取操作几乎没有同步作用，这意味着读取线程可能会延迟看到 x 被设置为 1的状态，甚至可能出现看似永无止境的循环，尤其在有弱内存模型的处理器上。

使用std::memory_order_relaxed的优点是性能较高，因为它减少了与内存屏障相关的开销。然而，这也使得编写正确的多线程程序变得更加困难，因为开发者必须非常小心地处理可能出现的所有竞争条件和内存可见性问题。这种内存顺序适用于那些明确知道不需要跨线程同步保证的场景，例如统计计数器或状态标志，其中每次更新仅依赖于之前的值，而不依赖于其他变量的状态。

2）std::memory_order_consume（消费顺序）

在C++20之前，memory_order_consume旨在为基于依赖的加载操作提供一种更轻量级的同步模式，用于保证一个载入操作的后续操作（仅限于依赖于该载入操作的结果的操作）不能被重排到该载入操作之前。

然而，由于这种内存顺序在实践中难以正确实现并且很难被编译器优化，因此在实际的多数平台和编译器实现中，memory_order_consume可能被处理得与memory_order_acquire相同。

到了C++20，尽管语言规范中仍保留了memory_order_consume，但它实际上已被废弃，通常会被当作memory_order_acquire来处理。这意味着在编写代码时，使用memory_order_consume的实际效果和使用memory_order_acquire是一样的。这个改变主要是因为memory_order_consume带来的实际性能优势不明显，而且其复杂性和潜在的错误风险远大于其理论上的性能提升。

因此，尽管从规范上来看C++20仍区分这两者，但在实际应用中，可以认为它们是等价的，而且为了代码的可移植性和可维护性，推荐使用memory_order_acquire而非memory_order_consume。

3）std::memory_order_acquire（获取顺序）和std::memory_order_release（释放顺序）

（1）基本概念

std::memory_order_acquire是一种内存顺序，用于消费者（consumer）端，确保在此内存顺序的原子操作之后的所有读取和写入操作（在程序的执行顺序中）不会被重排到这个原子操作之前。换句话说，它用于确保当前线程看到另一线程在对应的 std::memory_order_release 原子操作之前发布的所有结果。这是实现线程间数据依赖同步的重要保证。

std::memory_order_release则与std::memory_order_acquire相对应，用于生产者（producer）端。此内存顺序确保所有在此原子操作之前的写操作（在程序的执行顺序中）完成后，才会执行此原子操作。这意味着，所有的写入必须在原子操作实际发生之前发生，保证了在该点之后的读取操作可以看到这些写入的最新状态。

这两种内存顺序通常结合使用，形成所谓的"释放－获取"模式，如图5-1所示。在此模式下，一个线程通过std::memory_order_release顺序写入某个标志（或者完成一系列写入），然后另一个线程通过std::memory_order_acquire读取这个标志，这样可以确保第二个线程看到第一个线程在写入标志之前的所有写入操作。这种机制是保障多线程程序中内存一致性和顺序性的关键手段。

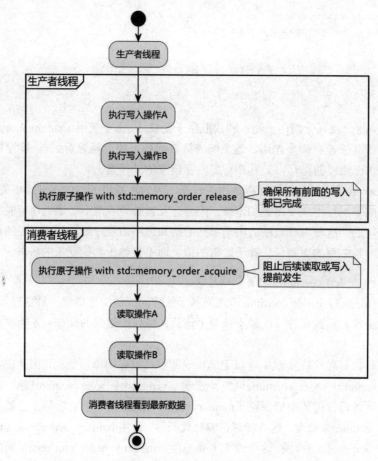

图 5-1　"释放－获取"模式

【示例展示】

下面是一个使用std::memory_order_acquire和std::memory_order_release的示例，展示如何在一个简单的生产者－消费者场景中正确同步数据。在这个例子中，生产者将几个数据项放入一个共享缓冲区，并通过一个原子标志来通知消费者数据已准备好。

```cpp
#include <atomic>
#include <iostream>
#include <thread>
#include <vector>

std::atomic<bool> ready(false);                     // 原子变量，用于同步生产者和消费者
std::vector<int> data;                              // 共享数据

void producer() {
    // 生产者准备数据
    data.push_back(42);                             // 添加数据项
    data.push_back(1997);                           // 继续添加数据项
    ready.store(true, std::memory_order_release);   // 释放顺序，发布数据
    std::cout << "Producer has published the data.\n";
}

void consumer() {
    // 消费者等待数据就绪
    while (!ready.load(std::memory_order_acquire)) { // 获取顺序，等待数据
        std::this_thread::yield();                  // 让出CPU，防止忙等
    }
    // 当从循环中出来时，保证看到生产者发布的所有写入
    std::cout << "Consumer sees the data: ";
    for (int val : data) {
        std::cout << val << " ";
    }
    std::cout << std::endl;
}

int main() {
    std::thread producerThread(producer);           // 创建生产者线程
    std::thread consumerThread(consumer);           // 创建消费者线程

    producerThread.join();                          // 等待生产者线程结束
    consumerThread.join();                          // 等待消费者线程结束

    return 0;
}
```

在上述代码中：

- 原子变量ready：这是一个布尔型原子变量，用来标示数据是否已经准备好。它确保生产者和消费者之间的同步。
- 生产者（producer）：生产者线程负责准备数据，并在数据准备完成后，通过ready.store(true, std::memory_order_release)设置ready为true。这里使用的是释放顺序，保证所有在此之前的内存写入（即数据的准备）都在此原子操作之前完成，从而当ready被设置为true时，所有数据已经就绪。
- 消费者（consumer）：消费者线程等待ready变为true，使用std::memory_order_acquire保证一旦看到ready == true，就能看到生产者在设置ready之前的所有写入。这样就确保了消费者能看到完整且最新的数据。

如此一来，即使在多核处理器系统上，也可以保证线程间的数据一致性和同步。通过正确使用这些内存顺序，开发者可以避免因内存操作重排导致的不一致和错误。

（2）线程内顺序与线程间可见性

- 线程内顺序（intra-thread ordering）：std::memory_order_acquire和std::memory_order_release首先确保的是线程内的操作顺序。std::memory_order_release确保所有在原子操作之前的写入（从程序执行顺序的角度看）都必须在该原子操作发布之前完成。相应地，std::memory_order_acquire保证所有在这个原子操作之后的读取或写入操作，都不会在逻辑上被重排到原子操作之前。
- 线程间可见性（inter-thread visibility）：std::memory_order_acquire和std::memory_order_release同时关注线程间数据的可见性。如果一个线程在一个变量上执行了带有std::memory_order_release的原子写操作，然后另一个线程在同一变量上执行了带有std::memory_order_acquire的原子读操作，那么第一个线程的所有先前写入都将在第二个线程中变得可见。这种同步确保了第二个线程能"看到"第一个线程在发布前的所有写操作。

（3）线程间协调

std::memory_order_acquire和std::memory_order_release并不直接提供两个线程间操作的互斥执行，只保证内存操作的顺序和可见性。如果两个线程试图同时修改同一数据（例如，都使用std::memory_order_release 写同一个变量），则这种用法本身不能阻止竞争条件。因此，需要其他的同步机制（如互斥锁）来确保数据的一致性和线程安全。

（4）小结

std::memory_order_acquire和std::memory_order_release的设计是为了解决多核处理器中数据可见性和顺序一致性的问题。它们允许开发者细粒度地控制内存操作，以优化性能，特别是在不需要完全序列化（互斥）的场景中。这两种内存顺序的使用使得线程间可以高效地同步数据，但对于数据修改的直接同步（如防止两个线程同时写），仍然需要额外的同步机制。

（5）解惑

有些读者可能会疑惑，使用std::memory_order_release保证写入后其他线程可见就可以了,为什么还要和std::memory_order_acquire一起用呢？

这就涉及另一个概念。在多处理器系统中，每个核心通常有自己的缓存，这使得数据的写入操作首先发生在局部缓存中，并不会立即写回主内存。这意味着其他核心上的线程可能无法立即看到这些更改，除非有一种机制来保证数据的一致性和可见性。这种机制通常涉及缓存一致性协议（如MESI协议）和内存屏障。

std::memory_order_acquire是为了确保消费者线程在读取由生产者线程发布的数据时，能看到一个一致和更新的视图。虽然生产者线程使用std::memory_order_acquire确保了其写入操作完成并发布，但消费者线程如果不使用std::memory_order_acquire，就有可能由于以下原因而看不到这些更新：

- 内存重排序：现代处理器和编译器可能会为了优化性能而重排序指令。即使代码中的写操作先于发布操作，处理器或编译器仍可能会调整这些操作的顺序。std::memory_order_acquire 防止这种重排序，确保消费者在看到的任何读取都是在发布操作之后发生的。

- 缓存一致性：处理器缓存可能使得同一内存位置在不同处理器核心上的缓存行内容不一致。std::memory_order_acquire确保在读取任何之前由其他核心通过std::memory_order_release发布的数据时，相关的缓存行被适当更新。

因此，std::memory_order_acquire在消费者端是必需的，它与生产者端的std::memory_order_release配合使用，才能确保内存操作的顺序和数据的一致性。这样的同步机制是必要的，尤其在高并发的多线程应用中，可以避免数据竞争和提供可靠的同步。

4）std::memory_order_acq_rel（获取 - 释放顺序）

std::memory_order_acq_rel 同时包含了std::memory_order_acquire和std::memory_order_release的语义。这种内存顺序常用于同时需要获取和释放语义的操作，例如std::atomic::exchange。

【示例展示】

```cpp
#include <atomic>
#include <iostream>
#include <thread>

std::atomic<int> x(0);

void thread1() {
    int expected = 0;
    // 尝试将x从0改为1，同时确保这个操作的释放和获取语义
    if (x.compare_exchange_strong(expected, 1, std::memory_order_acq_rel)) {
        std::cout << "Thread 1: Successfully changed." << std::endl;
    }
}

void thread2() {
    int expected = 1;
    // 尝试将x从1改为2，同样确保释放和获取语义
    if (x.compare_exchange_strong(expected, 2, std::memory_order_acq_rel)) {
        std::cout << "Thread 2: Successfully changed." << std::endl;
    }
}

int main() {
    std::thread t1(thread1);
    std::thread t2(thread2);
    t1.join();
    t2.join();
    std::cout << "Final value of x: " << x.load() << std::endl;
}
```

这个示例使用std::memory_order_acq_rel在一个原子操作中同时实现获取和释放语义。这在需要保证在一个操作中修改一个值，并确保这个操作之前和之后的相关操作都按预期顺序进行时非常有用，常见于需要精确控制执行顺序的复杂同步场景。

5）std::memory_order_seq_cst（顺序一致性）

std::memory_order_seq_cst是最严格的内存顺序，它确保操作在多个线程间具有全局一致性。这意味着所有使用std::memory_order_seq_cst的原子操作在所有线程中看起来是按照同一序列发生的。这种内存顺序不仅能保证获取和释放语义，还能确保所有线程观察到的操作顺序是一致的。

【示例展示】

以下示例展示如何使用这种内存顺序来同步多个线程间的操作。

```cpp
#include <atomic>
#include <iostream>
#include <thread>
#include <vector>

std::atomic<int> x(0);
std::atomic<bool> go(false);

void thread_function(int id) {
    while (!go.load(std::memory_order_seq_cst)) {
        // 循环等待，直到主线程发出开始信号
    }
    // 安全地进行计算或状态更新，所有线程都将看到相同的操作顺序
    int value = x.load(std::memory_order_seq_cst);
    std::cout << "Thread " << id << " sees x = " << value << std::endl;
}

int main() {
    std::vector<std::thread> threads;
    for (int i = 0; i < 5; ++i) {
        threads.emplace_back(thread_function, i);
    }

    // 准备数据
    x.store(1, std::memory_order_seq_cst);
    // 通知所有线程开始执行
    go.store(true, std::memory_order_seq_cst);

    for (auto& t : threads) {
        t.join();
    }

    return 0;
}
```

在这个示例中，所有对x和go执行的操作都使用了默认的 std::memory_order_seq_cst 内存顺序，确保所有线程在访问这些变量时都能看到一致的值和顺序。使用std::memory_order_seq_cst的优势在于它简化了原子操作的顺序理解，但代价是可能会有性能上的降低，因为它需要更多的硬件协作来保证全局的操作顺序。

这个内存顺序适合那些需要严格顺序保证的场景，例如初始化单例。这是默认的内存顺序，也是最易于理解和使用的内存顺序。

4. 如何选择正确的内存顺序

选择正确的内存顺序是至关重要的，因为它可以影响程序的性能和正确性。以下是一些关于如何选择内存顺序的建议：

● 如果不确定应该使用哪种内存顺序，那就使用std::memory_order_seq_cst。这是默认的内存顺序，提供了最强的顺序保证。

● 如果需要更高的性能，并且能确保代码在更宽松的内存顺序下仍然正确，那么可以考虑使用std::memory_order_relaxed、std::memory_order_acquire或std::memory_order_release。

- 如果代码涉及多个std::atomic变量，并且这些变量之间存在依赖关系，那么可能需要使用std::memory_order_acq_rel。

需要注意的是，不同的内存顺序实际上是通过内存屏障（memory barrier）来实现的。内存屏障是一种同步原语，用于确保特定的内存操作顺序。它们可以防止处理器重排指令，并确保缓存一致性。不同的内存顺序会插入不同类型的内存屏障，从而实现所需的同步效果。例如，std::memory_order_release 通常会在操作之前插入一个释放屏障，而 std::memory_order_acquire 会在操作之后插入一个获取屏障。理解内存屏障有助于更深入地理解内存顺序的工作原理。

不同处理器架构中的内存屏障

在不同的处理器架构中，内存屏障的实现方式存在差异，了解这些差异可以帮助我们更好地选择和优化内存顺序。

1. x86/x86-64架构

强内存模型：x86和x86-64架构采用较强的内存模型，称为TSO（Total Store Order），该模型通常能自动维护指令顺序。因此，在这种架构上，std::memory_order_relaxed、std::memory_order_acquire和 std::memory_order_release 不 需 要 额 外 的 指 令 即 可 保 证 正 确 的 顺 序 。 只 有 在 使 用std::memory_order_seq_cst时，才会显式插入mfence指令来确保全局顺序一致性。

2. ARM架构

弱内存模型：ARM架构（尤其是ARMv7和ARMv8）采用较弱的内存模型，允许更多的指令重排。这意味着必须使用更多的内存屏障来确保正确的操作顺序。std::memory_order_acquire通常会在加载操作后插入dmb（Data Memory Barrier）指令，而std::memory_order_release则在存储操作前插入相应的屏障指令。

3. PowerPC架构

极弱内存模型：PowerPC架构的内存模型允许大量的指令重排，因此依赖更多的内存屏障来确保操作顺序。例如，std::memory_order_acquire在加载操作后插入lwsync指令，而std::memory_order_release在存储操作前插入同样的指令。在涉及全局顺序的std::memory_order_seq_cst操作时，通常会使用更强的sync指令。

内存屏障的具体类型：

- Load Barrier（读取屏障）：确保在读取操作之前不会有其他读取或写入操作被重排。常见于ARM架构的dmb ishld和PowerPC的lwsync指令。
- Store Barrier（写入屏障）：确保在写入操作之前不会有其他写入操作被重排。ARM使用dmb ishst，PowerPC使用lwsync。
- Full Memory Barrier（完全内存屏障）：防止所有类型的重排，是最强的屏障类型。x86架构使用mfence，ARM和PowerPC则分别使用dmb ish和sync。

通过理解这些架构差异，开发者可以更好地在跨平台开发中选择合适的内存顺序，并在必要时进行架构特定的优化。

5.3.3 同步原语

在计算机科学中，同步原语是用来协调多个进程或线程在访问共享资源或执行过程中所需的协同操作的基本构建块。这些原语提供必要的机制，以确保在并发环境中数据的一致性和执行的正确性。

同步原语的概念源于需要解决并发编程中的各种问题，如竞争条件、死锁和饥饿等。这些问题通常发生在多个并发执行的线程或进程互相干扰时，尤其在共享内存或资源时。随着多任务和多线程能力的发展，开发了多种同步技术来处理这些问题。

1. C++ 11中的同步原语

在C++中，最基本的同步原语包括：

- 互斥锁：确保同时只有一个线程可以访问某个资源。
- 条件变量：允许线程在特定条件未满足时挂起，直到其他线程改变条件并通知等待的线程。

同步原语对于构建安全、可靠的多线程应用程序至关重要。正确使用这些原语是高效并发编程的基础。

1）数据竞争与互斥量：std::mutex的基本应用

数据竞争是指两个或更多的线程同时访问同一块内存区域时，至少有一个线程进行写操作，且这些操作没有通过同步来进行协调。数据竞争可能导致不可预知的结果，因此应尽量避免。

C++提供了互斥量（mutex）来防止数据竞争。互斥量是一种同步原语，可以确保同一时间只有一个线程能够访问特定的内存区域。它包含以下几种常见的使用方式：

（1）std::lock_guard

这是最基本的锁管理器，提供了一个方便的RAII风格的机制。它在构造时自动获取锁，并在析构时自动释放锁。这种方式适用于简单的场景，其中锁的持有时间明确且不需要手动控制。

在多线程编程中，控制锁的作用域不仅可以提高代码的清晰性，还可以大幅度提升程序的运行效率。通过缩小锁的作用域，可以减少锁的持有时间，避免不必要的线程阻塞，从而提高应用程序的响应速度和并发性能。

在使用std::lock_guard时，锁的作用域被自动限定在锁对象存在的代码块内。这意味着锁会在std::lock_guard对象被创建的地方自动获取，在对象生命周期结束时自动释放。为了更有效地管理锁的持有时间，可以通过引入额外的作用域来控制锁的精确生命周期。例如，如果一个函数中的多个操作中只有某个小部分需要同步，那么可以将锁的作用域限定在这部分操作周围，而不是整个函数或更大的代码块。

【示例展示】

以下示例展示如何通过控制作用域来优化锁的使用。

```cpp
#include <mutex>
#include <iostream>

std::mutex mtx;                          // 全局互斥锁
int shared_data = 0;                     // 共享数据

void update_data() {
    // 执行一些不需要同步的预处理
    std::cout << "Performing some preparatory work..." << std::endl;
```

```
    {
        // 限定锁的作用域到实际需要同步的代码区块
        std::lock_guard<std::mutex> lock(mtx);
        shared_data++;                      // 只有这部分需要被锁保护
        std::cout << "Shared data updated to " << shared_data << std::endl;
    }  // 锁在这里自动释放

    // 继续执行不需要同步的后处理
    std::cout << "Performing some follow-up work..." << std::endl;
}

int main() {
    update_data();
    return 0;
}
```

在这个示例中，通过将std::lock_guard放入一个单独的作用域内，锁的持有时间被限制在必需的最短时间内。这种做法不仅减少了线程争用的可能性，也使得程序的逻辑更加清晰和容易理解。

（2）std::unique_lock

std::unique_lock比std::lock_guard更灵活。它不仅能自动管理锁的获取和释放，还可以在运行时手动控制锁的获取和释放。此外，它支持条件变量和延迟锁定（deferred locking），允许更复杂的同步操作。

（3）std::scoped_lock（C++17及以上）

std::scoped_lock是C++17中引入的，用于替代std::lock_guard，它可以同时管理多个互斥量，而无须担心死锁的问题。它在构造时尝试锁定所有给定的互斥量，并在析构时释放它们。

【示例展示】

在下面的示例中，将使用std::scoped_lock来同时管理两个互斥量，避免潜在的死锁问题。

```
#include <iostream>
#include <thread>
#include <mutex>

std::mutex mtx1;            // 第一个全局互斥量
std::mutex mtx2;            // 第二个全局互斥量
int data1 = 0;             // 第一个共享数据
int data2 = 0;             // 第二个共享数据

void worker(int id) {
    // 使用std::scoped_lock 同时锁定两个互斥量
    std::scoped_lock lock(mtx1, mtx2);

    // 修改共享数据
    data1 += id;
    data2 -= id;
    std::cout << "Thread " << id << " modified data1 to " << data1 << " and data2 to "
<< data2 << std::endl;
    // 锁在 std::scoped_lock对象析构时自动释放
}

int main() {
    std::thread t1(worker, 1);
    std::thread t2(worker, 2);

    t1.join();
    t2.join();
```

```
        std::cout << "Final values - data1: " << data1 << ", data2: " << data2 << std::endl;

        return 0;
    }
```

在这个示例中，std::scoped_lock用于同时管理两个互斥量mtx1和mtx2。这是为了确保当两个线程试图修改两个相关联的共享资源（data1和data2）时，不会发生死锁。通过锁定所有相关的资源，std::scoped_lock确保了线程在尝试获取锁时的顺序一致性，这是避免死锁的关键。

实现机制

在C++中，std::scoped_lock使用一种死锁避免算法，确保不会因为锁的提供顺序不同而发生死锁。它内部使用了std::lock函数，这个函数被专门设计来锁定多个互斥体，即使在不同的线程中提供的锁的顺序不同，也不会引起死锁。

因此，对于锁的获取顺序可能导致死锁的初步担忧，通过 std::scoped_lock的设计得到了缓解。它使用的机制确保了锁是以一致的顺序在内部获取的，避免了手动处理锁时常见的死锁情况，如在程序的不同部分以不一致的顺序获取锁。

使用std::scoped_lock可以简化代码，因为它处理了锁的所有细节，包括在异常发生时确保锁的释放，这是一种安全且有效的多线程同步策略。

（4）std::recursive_mutex

std::recursive_mutex是一种特殊类型的互斥锁，允许同一个线程多次对同一个锁进行加锁，特别适合处理递归函数或多层嵌套调用的场景，其中函数可能需要多次访问同一共享资源。虽然这种锁在某些特定情况下非常有用，但在使用时应注意不要滥用。

滥用std::recursive_mutex 可能会掩盖潜在的设计问题，比如过度依赖共享资源或不适当的调用层次结构。因此，当考虑使用这种锁时，应首先从根本上评估和优化程序设计。尝试简化递归逻辑或重新组织代码结构可能是更好的解决方案。只有在确实适合并且其他锁机制无法满足需求的情况下，才应考虑使用std::recursive_mutex。

【示例展示】

以下是一个使用std::recursive_mutex的示例，演示一个简单的递归函数，该函数在递归过程中多次加锁以确保线程安全。

```cpp
#include <iostream>
#include <thread>
#include <mutex>

std::recursive_mutex rec_mtx;                                    // 全局递归互斥量
int shared_data = 0;                                             // 共享数据

void recursive_increment(int id, int level) {
    if (level == 0) {
        return;                                                  // 递归结束条件
    }

    std::lock_guard<std::recursive_mutex> lock(rec_mtx);         // 自动获取互斥量的锁
    ++shared_data;                                               // 修改共享数据
    std::cout << "Thread " << id << " increased shared data to " << shared_data << " at
level " << level << std::endl;

    recursive_increment(id, level - 1);                          // 递归调用，再次尝试获取锁
    // 锁在 lock_guard对象析构时自动释放
```

```
}

int main() {
    std::thread t1(recursive_increment, 1, 3);          // 线程1递归三层
    std::thread t2(recursive_increment, 2, 3);          // 线程2递归三层

    t1.join();
    t2.join();

    std::cout << "Final value of shared data: " << shared_data << std::endl;

    return 0;
}
```

在这个示例中，函数recursive_increment会递归地调用自己，并且在每一层递归中尝试获取互斥量。因为使用了std::recursive_mutex，所以即使同一个线程在未释放锁的情况下再次请求锁，程序也不会产生死锁。这同时也体现了std::recursive_mutex的必要性，特别是在递归调用中频繁访问共享资源的情况下。

2）条件变量与同步：std::condition_variable的策略

条件变量是另一种同步原语，用于线程间的协调，使得一个线程能在特定条件成立时继续执行。条件变量依赖于互斥锁来保护共享数据，并允许线程在没有丢失互斥锁的情况下等待一个事件。

这种机制涉及两个主要的操作：一个是等待操作，当条件不满足时，线程将阻塞并释放已持有的锁；另一个是通知操作，用于唤醒一个或多个正在等待的线程。

然而，在使用条件变量时，必须考虑到虚假唤醒的问题。虚假唤醒是指线程可能在没有接收到实际信号的情况下被唤醒。虽然虚假唤醒的具体原因可能涉及底层操作系统的调度策略、信号处理或其他系统级中断，但从程序设计的角度看，重要的是要保证即使发生虚假唤醒，程序逻辑也不会出错。

如果条件变量在等待过程中因虚假唤醒而错误地继续执行，可能会导致不稳定或不可预测的行为。因此，合理使用条件变量，并正确处理虚假唤醒，是多线程编程中保证数据完整性和程序稳定性的关键。

为了防止虚假唤醒造成的问题，必须在条件变量的等待中使用循环来持续验证条件是否满足。这可以通过在cv.wait调用中使用谓词来实现，如下面的示例所示。

【示例展示】

```
#include <iostream>
#include <thread>
#include <mutex>
#include <condition_variable>

std::mutex mtx;
std::condition_variable cv;
bool ready = false;

void worker() {
    std::unique_lock<std::mutex> lock(mtx);
    std::cout << "Worker thread is waiting." << std::endl;
    cv.wait(lock, []{ return ready; });                 // 使用谓词，持续检查条件
    std::cout << "Worker thread is notified." << std::endl;
    // 执行后续工作
    for (int i = 0; i < 5; ++i) {
        std::cout << "Worker is processing data " << i << std::endl;
    }
    std::cout << "Worker finished processing." << std::endl;
}

int main() {
    std::thread t(worker);
```

```
        std::this_thread::sleep_for(std::chrono::seconds(2)); // 延迟以模拟主线程处理其他任务
        {
            std::lock_guard<std::mutex> lock(mtx);
            ready = true;                                    // 设置 ready 为 true
            std::cout << "Main thread sets ready and notify worker." << std::endl;
        }
        cv.notify_all();                                     // 唤醒所有等待的线程

        t.join();
        std::cout << "Main thread and worker thread have completed." << std::endl;

        return 0;
    }
```

在这个示例中，工作线程使用cv.wait等待ready变量变为true。这个等待操作是通过将一个条件变量与互斥锁相结合实现的。具体过程如下：

- 自动释放锁：当工作线程调用cv.wait(lock, []{ return ready; });时，它首先将互斥锁lock暂时释放。这一步是必需的，因为它允许其他线程获得锁并修改条件变量依赖的状态（在这个例子中是ready变量）。

- 等待条件满足：线程进入等待状态后，只有当cv.notify_all()或cv.notify_one()被调用时，它才有机会被唤醒。然而，仅仅被唤醒并不意味着条件已经满足。线程被唤醒后会再次尝试获取锁，并且重新评估谓词[]{ return ready; }。如果该谓词被评估为false（即ready依然是false），线程将再次释放锁并进入等待状态。这个循环过程会一直继续，直到谓词被评估为true。

- 自动重新获取锁：一旦谓词被评估为true，表示ready已经是true，线程将停止等待，保持锁的持有状态，并继续执行wait之后的代码。这保证了在检查条件和执行后续工作之间的线程安全，因为其他线程无法在此期间获取锁并更改ready或其他共享数据。

- 主线程的操作：主线程在设置ready为true后，立即调用cv.notify_all()唤醒所有等待的线程。由于工作线程在唤醒后会检查ready条件，因此可以安全地继续执行而不会错过状态的变更。

通过这种方式，条件变量配合互斥锁可以精确地控制线程间的同步，确保只有在正确的条件下线程才会继续执行，同时避免了在等待期间阻塞其他线程对共享资源的访问。这是一种有效的方法，用来处理涉及多线程同步和资源共享的复杂情况。

2. C++ 20中的同步原语

在C++20中，引入了多个新的同步原语，以帮助我们处理多线程编程中的同步问题。

- std::barrier: 是一个允许一定数量的线程相互等待，直到所有线程都到达某个点（称为屏障点），然后才能继续执行的同步原语。它适用于需要所有线程在继续执行之前达到相同执行点的场景。

- std::latch: 提供了一种机制，允许一个或多个线程等待，直到一定数量的操作完成。与std::barrier不同，std::latch是单次使用的，意味着它的计数器值达到0后就不能再被重置了。它通常用于在继续执行前等待多个并发操作完成。

- std::semaphore: 是一种广泛使用的同步原语，用于控制对一定数量的资源的访问。它维护一个计数器，表示可用资源的数量，线程可以增加或减少该计数器的值。当计数器值为0时，线程尝试减少计数器值的操作将会被阻塞，直到其他线程释放资源。它用于控制对有限资源的并发访问。

这些同步原语各有特点，适用于不同的并发编程场景，增加了C++在多线程环境中处理同步的灵活性和效率。

1）协同多线程的屏障点：std::barrier的使用

std::barrier允许多个线程在一个特定的同步点上等待，直到所有线程都到达这个点，然后继续执行。这个特性在并发编程中非常重要，因为它可以确保所有线程在继续执行之前都已经完成了必要的工作。

在内部，std::barrier使用一个计数器来跟踪已经到达同步点的线程数量。当一个线程到达同步点时，它会调用std::barrier的成员函数arrive()，这会使计数器的值递减。当计数器的值达到0时，所有等待的线程都会被释放，可以继续执行。

如何使用std::barrier进行同步

std::barrier提供了几个成员函数来进行同步：

- arrive()：表示一个线程已经到达同步点。这会使内部的计数器值递减。如果计数器值达到0，所有等待的线程都会被释放。
- wait()：使一个线程在同步点上等待，直到所有线程都到达同步点。
- arrive_and_wait()：这是arrive()和wait()的组合，表示一个线程已经到达同步点，并在同步点上等待，直到所有线程都到达同步点。
- arrive_and_drop()：表示一个线程已经到达同步点，并且不再需要同步。这会使内部的计数器值递减，并且将barrier的总线程数减1。

此外，当创建std::barrier对象时，可以选择性地提供一个回调函数，该函数会在所有线程都调用arrive()后且在屏障自动重置前执行。这允许执行一些额外的操作，如资源初始化或状态更新，确保在所有线程继续执行之前，这些操作已经完成。这个回调是可选的，但它增加了 std::barrier的灵活性和功能性，使其成为处理复杂同步需求的理想选择。

通过这种方式，std::barrier 不仅简化了多线程程序的同步操作，还提供了一个机制，通过回调函数来协调线程间的一致性操作，使并发程序更加健壮和易于管理。

【示例展示】

下面是一个使用std::barrier的C++示例，演示4种成员函数（arrive()、wait()、arrive_and_wait()、arrive_and_drop()）以及回调函数的使用。这个例子将设置一个简单的场景——4个线程需要在继续执行前同步它们的状态。

```
#include <iostream>
#include <thread>
#include <barrier>
#include <vector>

// 回调函数
void on_completion() {
    std::cout << "Barrier is reset. All threads have synchronized their state." <<
std::endl;
}

int main() {
    const int num_threads = 4;
    std::barrier sync_point(num_threads, on_completion);  // 创建barrier对象，设置需要同步
的线程数和回调函数

    auto thread_work = [&sync_point](int thread_id) {
        std::cout << "Thread " << thread_id << " is starting its task." << std::endl;

        // 模拟不同线程工作的不同阶段
```

```
        std::this_thread::sleep_for(std::chrono::seconds(1 + thread_id)); // 不同线程可能
在不同时间到达

        if (thread_id == 0) {
            // 第一个线程只到达，不等待
            (void)sync_point.arrive();//显式忽略返回值
            std::cout << "Thread " << thread_id << " calls arrive()." << std::endl;
        } else if (thread_id == 1) {
            // 第二个线程到达并立即等待
            sync_point.arrive_and_wait();
            std::cout << "Thread " << thread_id << " calls arrive_and_wait()." << std::endl;
        } else if (thread_id == 2) {
            // 第三个线程到达并使用token 等待
            auto token = sync_point.arrive();
            sync_point.wait(std::move(token));
            std::cout << "Thread " << thread_id << " calls wait() with token." << std::endl;
        } else if (thread_id == 3) {
            // 第四个线程到达并退出同步机制
            sync_point.arrive_and_drop();
            std::cout << "Thread " << thread_id << " calls arrive_and_drop()." << std::endl;
        }

        // 一些后续工作
        std::cout << "Thread " << thread_id << " completes its task." << std::endl;
    };

    std::vector<std::thread> threads;
    for (int i = 0; i < num_threads; ++i) {
        threads.emplace_back(thread_work, i);
    }

    for (auto& thread : threads) {
        thread.join();
    }

    return 0;
}
```

以上代码使用C++20中引入的std::barrier来协调4个线程的同步。std::barrier 允许这些线程在一个共同的同步点上进行同步，确保所有线程都完成一定的任务后才能继续执行。

在所有线程都到达同步点后，会自动调用回调函数on_completion，输出一条消息，表示所有线程已经同步。

此外，每个线程模拟不同的工作负载，并且根据不同的需要，可以选择直接标记到达（使用arrive()）、到达并等待其他线程（使用arrive_and_wait()）或者退出同步机制（使用arrive_and_drop()）。通过这种方式，std::barrier确保所有线程在继续执行之前都到达了同一执行阶段。

2）一次性同步点的控制与协调：std::latch的机制

std::latch也是C++20引入的一种同步原语，用于管理一组线程之间的同步点，它的工作方式是通过一个内部的计数器来实现的。这个计数器在std::latch对象被创建时初始化为一个特定的值，这个值代表在std::latch对象可以释放所有等待线程之前必须达到的"到达"次数。

以下是std::latch内部工作机制的简要概述：

（1）计数器初始化

当std::latch对象被创建时，需要指定一个初始计数值。这个值表示有多少次"到达"操作发生后才能允许所有在std::latch上等待的线程继续执行。这通常与希望同步的线程数量相对应。

（2）到达和减计数

线程通过调用count_down()方法来通知std::latch它们已经达到了同步点。每次调用count_down()，都会将内部计数器的值减少。如果一个线程知道它是最后到达的，可以选择调用count_down_and_wait()，这个方法同时减少计数器的值并等待其他线程。

（3）等待释放

如果内部计数器的值达到0，意味着所有需要的"到达"操作都已经发生，此时 std::latch 会释放所有在 wait()或count_down_and_wait() 中等待的线程。被释放的线程可以继续执行它们后续的操作。

（4）自动重置与一次性使用

与std::barrier不同，std::latch是一次性使用的，这意味着一旦计数器的值减到0并且所有线程被释放，它就不能再被重置或再次使用。这样的设计简化了某些使用场景，但也限制了其适用性。

（5）线程安全

std::latch的实现保证了其方法的线程安全，这意味着多个线程可以安全地调用count_down()、wait()和count_down_and_wait()，而不需要额外的同步机制。

这种计数器的机制非常适合管理多个工作线程完成各自任务后的同步点，特别是在并行编程和任务分割的情况下非常有用。例如，在开始一个涉及多个阶段的计算之前，可能需要等待多个预备阶段的完成，而每个阶段可能由不同的线程处理。

如何使用std::latch进行同步

std::latch 提供了以下几个核心成员函数来进行同步：

- count_down(): 用于减少std::latch的内部计数器值。每次调用都会将计数器值减少指定的数量，默认为1。当计数器值达到0时，所有在等待的线程将被释放。
- wait(): 使线程在std::latch上等待，直到内部计数器值减至0。这通常用于那些需要等待其他线程完成一系列任务之后才能继续执行的线程。
- count_down_and_wait(): 这是 count_down()和wait()的组合，同时减少计数器值并等待计数器值减至0。这对于那些既需要减少计数又需要等待其他线程的线程来说非常方便。

std::latch非常适合于那些需要多个线程完成各自的任务后，才能一起继续执行后续操作的场景。例如，在启动一个大型计算任务之前可能需要加载多个数据集，而每个数据集由一个单独的线程处理。每个线程在加载完数据集后调用count_down()，而主线程通过调用wait()或count_down_and_wait()等待所有数据集加载完成。

【示例展示】

以下示例展示如何使用std::latch。

```cpp
#include <latch>
#include <iostream>
#include <thread>

void loadData(std::latch& latch) {
    // 模拟数据加载
    std::this_thread::sleep_for(std::chrono::seconds(1));
    std::cout << "Data loaded by thread " << std::this_thread::get_id() << std::endl;
    latch.count_down();                    // 通知latch一个任务已完成
```

```
    }
int main() {
    std::latch sync_point(3);                // 设置计数器为3，表示需要3个线程完成任务

    std::thread t1(loadData, std::ref(sync_point));
    std::thread t2(loadData, std::ref(sync_point));
    std::thread t3(loadData, std::ref(sync_point));

    sync_point.wait();                       // 等待所有线程完成加载
    std::cout << "All data loaded, proceeding with main computation." << std::endl;

    t1.join();
    t2.join();
    t3.join();
    return 0;
}
```

在这个例子中，std::latch 被用来确保在3个线程都完成了数据加载任务后，主线程才继续执行。这样可以确保所有必要的前置条件都得到满足，从而提高程序的稳定性和效率。

3）管理并发资源访问的计数器：std::counting_semaphore的操作

信号量机制起源于操作系统的并发控制，用于管理有限数量的资源，如数据库连接、线程池资源或者任何需要限制同时访问量的资源。

通常，信号量维护一个内部计数器，该计数器代表可用资源的数量。这个计数器的值可以在初始化时被设置，并且随着资源的获取和释放而增减。

在不同的操作系统中，信号量的具体实现可能略有不同：

- Linux中，信号量通常通过系统调用如sem_init、sem_wait和sem_post实现，这些都是POSIX标准的一部分。Linux的信号量机制提供了强大的并发控制功能，特别是在处理大量并发线程时。
- Windows 操作系统提供了名为"Waitable Semaphore"的对象，这些对象是通过CreateSemaphore和ReleaseSemaphore函数控制的。Windows信号量也支持超时机制，允许线程在指定时间内无法获取信号量时自动释放。

C++20标准引入std::counting_semaphore是为了提供一个标准化的、跨平台的并发控制机制，使得C++程序员能够更容易地编写可移植且安全的多线程代码。

因为此前C++标准库中并没有提供信号量类型的同步原语，开发者通常需要依赖操作系统特定的API或第三方库来实现类似功能。通过将信号量纳入标准库，C++增强了其并发编程能力，提供了一种方式来控制对一定数量的共享资源的访问，使得开发者可以更便捷地控制对共享资源的并发访问。这对于开发高性能的应用程序和系统软件尤为重要。

在理解了信号量的基本概念及其在不同操作系统中的实现后，我们可以进一步探讨如何在多线程环境中使用信号量来管理对共享资源的访问。信号量操作主要通过两个基本方法实现：acquire()和release()。这些方法共同维护信号量的内部计数器，确保资源的有效分配和使用。

（1）获取资源

在信号量中，获取资源的过程由acquire()方法或其语义等价的wait()方法实现。当一个线程或进程需要访问共享资源时，它将调用这些方法之一。如果信号量的内部计数器值大于0，表示目前还有未被完全占用的资源。信号量随即将计数器的数值减1，表示一个资源单位已经被分配，并允许该线程继续执行其后续操作。这种机制确保了当资源可用时，线程可以即刻进入执行状态，无须等待。

如果信号量的计数器值为0，表示所有资源当前都已被占用。在这种情况下，尝试获取资源的线程将被阻塞，即它们不能进行任何进一步的操作。这些线程会留在等待状态，直到其他线程释放了所占用的资源。

（2）释放资源

一旦线程完成对其获取的资源的使用，就必须通过调用release()方法来归还资源，这个操作会导致信号量的内部计数器的值增加。计数器值增加通常意味着阻塞的线程可以被唤醒，因为现在有新的资源可用。这种方法不仅保证资源能够得到有效管理，还有助于优化资源利用率和避免死锁。

（3）延迟等待（try_acquire_for和try_acquire_until）

在C++20中，std::counting_semaphore提供了两种延迟等待的方法，允许线程在尝试获取资源时进行有限的等待。

- try_acquire_for方法：这个方法允许线程指定一个时间段，在这段时间内等待获取资源。如果在此期间内资源变得可用，则线程会获取资源并继续其任务；如果这个时间段过后资源仍然不可用，则返回false，线程不会继续等待。
- try_acquire_until方法：与try_acquire_for相似，这个方法允许线程等待直到某一具体的时间点。如果在指定的时间点之前资源可用，线程将获取资源；如果到达时间点后资源还不可用，则返回false。

这两种方法提供了额外的灵活性，尤其适用于那些对响应时间敏感的应用场景，如实时系统或需要快速响应用户交互的应用。通过使用延迟等待，开发者可以有效地控制线程的阻塞行为，优化系统的整体性能和响应速度。这些功能确保了 std::counting_semaphore 不仅能够用于简单的资源管理，还能适应更复杂和要求更高的并发控制场景。

（4）应用及局限性

信号量广泛用于并发编程中，用于控制对共享资源的访问，以确保线程或进程间的协调和同步。在多任务操作系统中，信号量常用于实现任务同步和互斥，避免竞态条件。它们还可以有效管理有限资源，如数据库连接或线程池，确保资源的合理分配并防止过载。在复杂系统中，信号量用于维护任务的执行顺序，如确保某些任务在继续执行前必须等待其他任务完成。

尽管信号量是并发控制的强大工具，但它也有一些局限性，其中最显著的是信号量所携带的信息相对较少且种类单一。信号量本身仅能表示一个整数值，即可用资源的数量，而无法提供更多关于资源本身的信息或状态。这限制了它在需要细粒度控制或更复杂的状态管理的场景中的使用。

此外，信号量的使用需要精确的控制，错误的使用可能导致死锁或资源饥饿现象。例如，如果线程未能正确释放信号量，可能导致其他线程永远等待，从而阻塞系统的运行。信号量还可能导致优先级反转问题，例如低优先级的线程持有资源使得高优先级线程阻塞。

信号量的这些局限性表明，尽管它们在多种场景下非常有用，但在设计系统时需要仔细考虑其适用性和潜在的问题。对于更复杂或需要更高级状态管理的并发控制，可能需要考虑使用其他同步机制，如条件变量或高级的消息传递系统。

这种对信号量的应用和局限性的讨论不仅有助于理解信号量在并发编程中的扮演的角色，也提供了对其潜在缺陷的洞察，这对于设计高效、可靠的并发系统至关重要。

【示例展示】

下面是一个使用std::counting_semaphore的示例。在这个示例中，我们模拟了一个有限资源池（例如数据库连接池），并通过多个线程并发访问这些资源来展示 std::counting_semaphore的工作机制。

```cpp
#include <iostream>
#include <thread>
#include <vector>
#include <chrono>
#include <semaphore>

// 模拟资源池的大小
const int MAX_RESOURCES = 9;

// 创建一个计数信号量，初始可用资源数为 MAX_RESOURCES
std::counting_semaphore resource_semaphore(MAX_RESOURCES);

// 一个模拟使用资源的函数
void use_resource(int id, int num_resources) {
    try {
        // 尝试获取指定数量的资源
        for (int i = 0; i < num_resources; ++i) {
            resource_semaphore.acquire();
        }
        std::cout << "Thread " << id << " acquired " << num_resources << " resources." << std::endl;

        // 模拟执行一些工作
        std::this_thread::sleep_for(std::chrono::seconds(1));

        // 释放资源
        for (int i = 0; i < num_resources; ++i) {
            resource_semaphore.release();
        }
        std::cout << "Thread " << id << " released " << num_resources << " resources." << std::endl;
    } catch (const std::exception& e) {
        std::cout << "Thread " << id << " encountered an exception: " << e.what() << std::endl;
    }
}

int main() {
    std::vector<std::thread> threads;

    // 启动多个线程来模拟并发请求
    for (int i = 0; i < 5; ++i) {
        threads.emplace_back(use_resource, i, i + 1); // 请求资源数量逐渐增加
    }

    // 等待所有线程完成
    for (auto& t : threads) {
        t.join();
    }

    return 0;
}
```

以上示例展示了如何使用std::counting_semaphore来模拟一个有限资源池的工作机制，类似于一个数据库连接池。通过std::counting_semaphore，我们可以有效地管理对固定数量资源的并发访问。资源池被设置为包含9个资源单位；对应地，信号量的初始计数也被设置为9。

每个线程在这个模拟中代表一个客户端请求，请求从1到5个资源单位。线程通过resource_semaphore.acquire()获取资源，并在完成任务后通过resource_semaphore.release()释放资源。这种模式不仅确保了资源的合理分配，也防止了资源的过度使用，从而避免了潜在的系统崩溃或锁定状态。

此外，通过try-catch块，程序能够捕获并处理在资源分配过程中可能出现的异常，如资源不足等。这为高并发环境中的资源管理提供了一种健壮的解决方案，显示了std::counting_semaphore在实际应用中如何提供对有限资源的精确控制。这种机制非常适合于需要对资源进行严格管理的场景，比如数据库连接池、网络连接或文件句柄的管理等。

3. C++ 20中std::atomic的同步

C++20在其并发支持库中引入了几个重要的成员函数：wait、notify_one和notify_all。这些函数专为std::atomic类型设计，允许线程在等待某个原子值发生变化时挂起，直到该值被其他线程修改。wait函数使得当前线程等待直到原子值改变，而notify_one和notify_all则用于唤醒一个或多个正在等待这一原子值改变的线程。

这种机制显著优化了线程间的协作和资源管理，使得线程可以更有效率地处理同步问题，减少了资源的空闲等待和冲突，极大地提高了程序在多核处理器上的表现。这些功能的加入，使得C++的并发编程模型更加完善，更能适应复杂的多线程场景需求。

【示例展示】

```cpp
#include <iostream>
#include <thread>
#include <atomic>
#include <chrono>

std::atomic<int> data{0};

void producer() {
    std::this_thread::sleep_for(std::chrono::seconds(1));      // 模拟数据生产延时
    data.store(1, std::memory_order_release);                 // 设置 data 为 1
    data.notify_one();                                        // 通知等待的线程
    std::cout << "Producer set data to 1 and notified." << std::endl;
}

void consumer() {
    std::cout << "Consumer is waiting for data..." << std::endl;
    data.wait(0, std::memory_order_acquire);                  // 等待 data 变为非0
    std::cout << "Consumer received data: " << data.load(std::memory_order_acquire) <<
std::endl;
}

int main() {
    std::thread consumerThread(consumer);
    std::thread producerThread(producer);

    producerThread.join();
    consumerThread.join();

    return 0;
}
```

在这个示例中：

- 生产者线程通过data.store()更改data的值，并使用data.notify_one()来唤醒一个可能正在等待该变量变化的消费者线程。

- 消费者线程使用data.wait()方法在data值改变之前挂起。一旦data从初始值0变为1，消费者线程就被唤醒并继续执行。

这个简单的同步机制避免了忙等，也就是说，消费者不需要在循环中不断检查数据是否已经准备好，从而更有效地使用了处理器资源。

总的来说，在高并发系统中，wait、notify_one和notify_all的使用可以显著减少CPU资源的浪费，特别是在需要频繁检查数据状态变化时。这些函数在实时数据处理和事件驱动架构中特别有价值，如实时交易系统或多媒体处理，在这些场景中，精确的时间控制和资源效率至关重要。

4. 线程间通信的基本方法和适用场景

在并发编程中，线程间通信是确保多个线程协调工作和数据共享的关键。除了前面介绍的条件变量和信号量之外，在更复杂的场景下，常用的线程间通信方法还包括消息队列和事件驱动模型。

1）消息队列

消息队列是一种高级通信机制，适用于需要在线程之间传递复杂消息或任务的情况。通过消息队列，生产者线程可以将消息放入队列中，而消费者线程可以从队列中取出消息，从而实现异步通信和任务分配。

2）事件驱动模型

事件驱动模型适用于需要处理大量并发事件的场景。在这种模型中，线程通过事件通知机制进行协调，避免了频繁的轮询和资源浪费。事件驱动模型在异步编程中非常常见，特别是在需要高并发处理能力的应用中。

3）适用场景

不同的线程间通信方法有不同的适用场景：

- 简单同步：使用条件变量和信号量进行线程间的简单同步，适用于需要等待和通知的场景。
- 复杂消息传递：使用消息队列进行复杂的消息传递，适用于需要在线程间传递数据或任务的场景。
- 高并发事件处理：使用事件驱动模型处理高并发事件，适用于需要高效处理大量并发事件的应用。

通过结合使用这些线程间通信方法，可以根据不同的应用场景选择合适的通信机制，确保并发程序的高效运行和可靠性。

5.4 锁的策略与优化技巧

锁在多线程编程中扮演着至关重要的角色，它们确保当多个线程尝试同时访问相同资源时，能够避免数据冲突和状态不一致，从而维护程序的稳定性和数据的完整性。本节介绍C++编程中锁的使用策略与优化技巧。

5.4.1 锁的类型与选择

在C++中，选择正确的锁类型对于提高程序性能和资源利用率至关重要。不同类型的锁提供了不同的特性和性能考虑。

1. 自旋锁

自旋锁是一种在等待释放锁的过程中持续检查锁状态的锁，不释放当前线程的执行权。它适用于锁持有时间极短的情况，因为它可以避免线程上下文切换的开销。然而，如果持有锁的时间较长，自旋锁可能导致CPU时间的浪费。

在C++中使用自旋锁，可以选择使用标准库中的相关功能或者依靠操作系统层面的原语。这里介绍两种常见的方法：

1）使用C++11及以上版本的std::atomic_flag

std::atomic_flag作为原子类型，专为构建无锁的同步机制而设计。尽管它本身不是锁，但它的这些特性使其成为实现自旋锁的理想选择。自旋锁是一种忙等锁，其中线程反复检查锁的状态，而不是进入阻塞状态。这在等待时间非常短的场景中非常有效，因为它避免了线程挂起和恢复带来的开销。

【示例展示】

```cpp
#include <atomic>
#include <thread>
#include <iostream>
class SpinLock {
private:
    std::atomic_flag flag = ATOMIC_FLAG_INIT;
public:
    void lock() {
        while (flag.test_and_set(std::memory_order_acquire));  // 等待直到锁被释放
    }
    void unlock() {
        flag.clear(std::memory_order_release);
    }
};
void task(SpinLock& spinlock) {
    spinlock.lock();
    // 执行临界区代码
    std::cout << "Thread " << std::this_thread::get_id() << " entered critical section.\n";
    spinlock.unlock();
}
int main() {
    SpinLock spinlock;
    std::thread t1(task, std::ref(spinlock));
    std::thread t2(task, std::ref(spinlock));

    t1.join();
    t2.join();

    return 0;
}
```

在这段代码中，SpinLock类使用std::atomic_flag来实现锁的功能。锁的获取是通过在循环中不断尝试设置标志直到成功为止，这个过程称为自旋。

2）使用POSIX线程库的自旋锁

当我们在使用 UNIX/Linux 系统的时候，可以使用 POSIX 线程库提供的自旋锁。其中pthread_spinlock_t是POSIX线程库中提供的一种自旋锁实现，专为多线程应用中的轻量级同步而设计。

与传统的互斥锁（如pthread_mutex_t）相比，自旋锁不会使等待锁的线程进入睡眠状态，而是让线程在一个紧密的循环中忙等，直到锁变为可用。这种类型的锁特别适合于锁持有时间非常短的场景，因为它避免了线程上下文切换的开销。

【示例展示】

下面是一个使用自旋锁的实例，我们需要包含<pthread.h>头文件，并在编译时链接pthread库。

```cpp
#include <iostream>
#include <pthread.h>

// 定义全局变量和自旋锁
int sharedVariable = 0;
pthread_spinlock_t spinlock;

// 线程函数
void *threadFunction(void *arg) {
    int thread_id = *(int*)arg;

    // 加锁
    pthread_spin_lock(&spinlock);

    // 临界区
    std::cout << "Thread " << thread_id << " is incrementing sharedVariable..." <<
std::endl;
    sharedVariable++;

    // 解锁
    pthread_spin_unlock(&spinlock);

    pthread_exit(NULL);
}

int main() {
    // 初始化自旋锁
    pthread_spin_init(&spinlock, PTHREAD_PROCESS_PRIVATE);

    // 创建线程
    pthread_t thread1, thread2;
    int id1 = 1, id2 = 2;
    pthread_create(&thread1, NULL, threadFunction, &id1);
    pthread_create(&thread2, NULL, threadFunction, &id2);

    // 等待线程结束
    pthread_join(thread1, NULL);
    pthread_join(thread2, NULL);

    // 销毁自旋锁
    pthread_spin_destroy(&spinlock);

    // 输出结果
    std::cout << "sharedVariable = " << sharedVariable << std::endl;

    return 0;
}
```

这个例子展示了如何使用POSIX的pthread_spinlock_t实现自旋锁。在使用时需要注意，这种方法依赖于操作系统的支持。

使用自旋锁时应当注意，如果锁持有时间较长，或者系统中有许多线程在竞争同一个锁，使用自旋锁可能会导致CPU资源的浪费。在这种情况下，可能需要考虑其他类型的锁，如互斥锁。

2. 阻塞锁和递归锁

1）阻塞锁

在C++中，阻塞锁（如std::mutex）在无法获得锁时会让线程进入休眠状态，减少CPU的无效利用并优化能源消耗，但增加了线程切换的成本。这类锁特别适合于锁持有时间较长或资源竞争较少的情况。

std::mutex是标准库提供的一种基本互斥锁，用于管理对共享资源的访问。当一个线程锁定资源时，任何尝试获取该锁的其他线程都会被阻塞，直到锁被释放。

为了简化锁的使用并确保被正确管理，推荐采用RAI风格的锁管理器，如std::lock_guard。该工具在对象构造时自动获取锁，并在对象析构时自动释放锁，从而避免了因忘记释放锁而引起的错误。

2）递归锁

递归锁（如std::recursive_mutex）允许同一线程多次获取同一锁。这在某些复杂的递归函数或多层嵌套调用中非常有用，其中某些函数可能被同一线程多次调用，每次都需要访问共享资源。

尽管std::recursive_mutex提供了这种灵活性，但滥用递归锁可能导致复杂的锁定模式和性能问题，因此应谨慎使用。

3. 读写锁

读写锁（也称为共享－独占锁或者RWLock）在C++中可以通过std::shared_mutex来实现，这种锁在C++17标准中被引入。读写锁允许多个读操作同时进行，但写操作是互斥的，即任何时候只允许一个线程执行写操作，并且在执行写操作时不能有读操作或其他写操作。

读写锁的主要优势在于提高并发性，尤其在读操作远多于写操作的情况下。

1）使用std::shared_mutex

以下是一个使用std::shared_mutex的示例，展示如何实现多个线程可以同时读取数据，但只有一个线程可以写入数据的情况。

【示例展示】

```cpp
#include <iostream>
#include <shared_mutex>
#include <thread>
#include <vector>

std::shared_mutex rwMutex;
int data = 0;                              // 共享数据

void reader(int id) {
    for (int i = 0; i < 5; ++i) {
        rwMutex.lock_shared();                     // 获取共享锁
        std::cout << "Reader " << id << " reads " << data << '\n';
        rwMutex.unlock_shared();                   // 释放共享锁
        std::this_thread::sleep_for(std::chrono::milliseconds(100));  // 模拟读取所需时间
    }
}

void writer(int id) {
    for (int i = 0; i < 5; ++i) {
        rwMutex.lock();                            // 获取独占锁
        data += id;
        std::cout << "Writer " << id << " writes " << data << '\n';
        rwMutex.unlock();                          // 释放独占锁
```

```
        std::this_thread::sleep_for(std::chrono::milliseconds(100));  // 模拟写入所需时间
    }
}

int main() {
    std::thread w(writer, 10), r1(reader, 1), r2(reader, 2);

    w.join();
    r1.join();
    r2.join();

    return 0;
}
```

在这个例子中，使用std::shared_mutex允许多个读者同时读取数据，但只允许一个写者独占访问。读者调用lock_shared()方法来获取共享锁，写者调用lock()方法来获取独占锁。

2）优化：使用std::shared_lock

为了简化锁的管理并自动处理锁的释放，C++17同时引入了std::shared_lock，它对于共享锁的使用与std::lock_guard或std::unique_lock类似，可以自动管理读锁的获取和释放。

【示例展示】

```
void reader(int id) {
    for (int i = 0; i < 5; ++i) {
        std::shared_lock<std::shared_mutex> lock(rwMutex);        // 自动获取和释放共享锁
        std::cout << "Reader " << id << " reads " << data << '\n';
        std::this_thread::sleep_for(std::chrono::milliseconds(100));  // 模拟读取所需时间
    }
}
```

读写锁非常适合读多写少的应用场景，可以有效地提高程序的并行性和性能。通过std::shared_mutex和相关的工具类（如std::shared_lock），C++提供了现代和安全的方式来使用读写锁，简化了复杂并发环境下的编程工作。

4. 综合对比

在C++中，了解不同类型的锁及其适用场景对于提升性能和资源利用效率至关重要。自旋锁、阻塞锁（互斥锁）、递归锁和读写锁的总结及比较如表5-3所示。

表5-3　锁的类型总结

锁的类型	说　明	优　点	缺　点	适用场景
自旋锁	忙等待,不释放CPU以等待锁释放	避免了线程上下文切换的开销	长时间持有会浪费CPU资源	锁持有时间非常短的场景
阻塞锁（互斥锁）（std::mutex）	线程在无法获取锁时会进入休眠状态	减少了CPU资源的浪费	增加了线程切换开销	锁持有时间较长或资源竞争较少的场景
递归锁（std::recursive_mutex）	允许同一线程多次获取同一个锁	避免在递归调用中由于多次尝试获取同一个非递归锁而导致的死锁	可能导致复杂的锁定模式和性能问题	递归函数或多层嵌套调用需要多次访问共享资源的场景
读写锁（std::shared_mutex）	允许多个读操作,写操作是互斥的	提高了并发性,尤其在读操作远多于写操作的情况下	写操作需要等待所有读操作完成	读多写少的应用场景

5.4.2　锁的粒度与性能优化

锁的粒度是并发编程中一个重要的性能因素。优化锁的粒度可以减少竞争，提高程序效率。

1. 细粒度锁

细粒度锁涉及对数据结构中较小的部分进行加锁，通常用于保护单个元素或较小的数据集。使用细粒度锁的优点是它们可以大幅度减少线程之间的竞争。

- 优势：线程争用锁的概率降低，因为不同线程可能会在不同的锁上操作，这提高了并行度和系统整体的吞吐量。
- 挑战：管理多个锁增加了编程复杂性，需要精细地控制锁的颗粒大小和数量，以避免过度锁定和死锁。锁的细粒度化还可能增加锁的开销，因为每个锁都是一个同步对象，其状态需要被操作系统或运行时环境维护。

【示例展示】

在以下示例中，将使用一个std::vector和多个std::mutex，每个元素都由一个独立的互斥量保护，这样不同的线程可以同时操作不同的元素，从而提高并行性。

```cpp
#include <iostream>
#include <vector>
#include <mutex>
#include <thread>
class ThreadSafeVector {
private:
    std::vector<int> data;
    std::vector<std::mutex> locks;

public:
    ThreadSafeVector(int n) : data(n), locks(n) {}

    // 设置指定索引的元素值，锁定对应的互斥量
    void set(int index, int value) {
        std::lock_guard<std::mutex> lock(locks[index]);
        data[index] = value;
    }

    // 获取指定索引的元素值，锁定对应的互斥量
    int get(int index) {
        std::lock_guard<std::mutex> lock(locks[index]);
        return data[index];
    }
};

void worker(ThreadSafeVector& vec, int index, int value) {
    vec.set(index, value);
    std::cout << "Set value at index " << index << " to " << value << std::endl;
}

int main() {
    ThreadSafeVector vec(10);
    std::thread t1(worker, std::ref(vec), 3, 100);
    std::thread t2(worker, std::ref(vec), 7, 200);

    t1.join();
    t2.join();
```

```
    return 0;
}
```

2. 粗粒度锁

粗粒度锁是指用单一较大的锁来保护整个数据结构或大块数据区域的做法。这种锁的使用简化了并发控制的复杂性。

- 优势：简化了程序的设计和实现，因为只需管理少数几个锁；减少了死锁的风险，因为较少的锁意味着较少的相互依赖关系。
- 挑战：如果多个线程需要访问被这些大锁保护的资源，那么它们将不得不排队等待同一锁，这限制了程序的并行性，可能导致严重的性能瓶颈。在高负载情况下，线程竞争严重，响应时间和吞吐量都可能受到影响。

【示例展示】

在以下示例中，将使用一个单一的互斥量来保护整个std::vector的所有操作，确保线程安全，但这可能限制并发性。

```cpp
#include <iostream>
#include <vector>
#include <mutex>
#include <thread>

class SimpleThreadSafeVector {
private:
    std::vector<int> data;
    std::mutex lock;

public:
    SimpleThreadSafeVector(int n) : data(n) {}

    // 设置指定索引的元素值，锁定整个数据结构
    void set(int index, int value) {
        std::lock_guard<std::mutex> guard(lock);
        data[index] = value;
    }

    // 获取指定索引的元素值，锁定整个数据结构
    int get(int index) {
        std::lock_guard<std::mutex> guard(lock);
        return data[index];
    }
};

void worker(SimpleThreadSafeVector& vec, int index, int value) {
    vec.set(index, value);
    std::cout << "Set value at index " << index << " to " << value << std::endl;
}

int main() {
    SimpleThreadSafeVector vec(10);
    std::thread t1(worker, std::ref(vec), 1, 300);
    std::thread t2(worker, std::ref(vec), 1, 400);

    t1.join();
    t2.join();

    return 0;
}
```

上述两个例子展示了锁的粒度对程序设计和性能的潜在影响。第一个例子中的细粒度锁允许更高的并发，而第二个例子中的粗粒度锁虽然简化了程序的设计，但在高并发情况下可能成为性能瓶颈。

3. 性能优化策略

在设计并发控制策略时，应综合考虑以下因素来选择合适的锁粒度：

- 数据访问模式：分析数据的访问模式，了解哪些数据经常一起被访问，可以帮助决定锁的范围和类型。
- 锁的开销与管理：考虑锁的维护成本，尤其在高度竞争的环境中，锁请求和释放的开销可能非常显著。
- 避免死锁：设计锁策略时，考虑采用锁顺序、锁超时等技术来避免死锁。

通过精心设计锁的粒度和管理策略，开发者可以大幅提升多线程程序的性能和稳定性。

5.5　并发设计模式

并发设计模式为常见的并发问题提供了解决方案和框架，使得开发者能够编写更可靠、更高效的多线程应用程序。本节就来介绍并发设计模型。

5.5.1　无锁编程

无锁编程是一种避免传统锁机制，通过原子操作保证多线程安全的技术。无锁数据结构不仅可以减少线程争用和阻塞，还可以提升性能。

1. 无锁编程的概念

无锁编程依赖原子操作来管理共享数据，从而避免了锁的使用。这种方式特别适用于竞争激烈的环境，因为它消除了锁带来的开销和潜在的死锁问题。

2. 实现无锁数据结构的技巧

要实现无锁数据结构，通常需要精确地控制内存操作的顺序。

【示例展示】

以下是一个无锁栈的实现示例，使用C++的std::atomic和std::shared_ptr进行线程安全操作。

```cpp
#include <atomic>
#include <memory>
#include <iostream>
#include <thread>
#include <vector>
#include <chrono>

// 定义模板类型的无锁栈
template<typename T>
class LockFreeStack {
private:
    // 内部节点结构
    struct Node {
        std::shared_ptr<T> data;        // 节点存储的数据，使用智能指针自动管理内存
        Node* next;                      // 指向下一个节点的指针
```

```cpp
        // 节点构造函数
        Node(const T& data_) : data(std::make_shared<T>(data_)), next(nullptr) {}
    };

    // 原子类型的头节点指针
    std::atomic<Node*> head;

public:
    // 向栈中压入元素
    void push(const T& data) {
        Node* new_node = new Node(data);      // 创建新节点
        new_node->next = head.load(std::memory_order_relaxed);  // 仅需读取head的当前值，不
关心与其他内存操作的顺序

        // 尝试将新节点设置为头节点，直到成功为止
        while (!head.compare_exchange_weak(new_node->next, new_node,
                                std::memory_order_release,
                                std::memory_order_relaxed));
    }

    // 从栈中弹出元素
    std::shared_ptr<T> pop() {
        Node* old_head = head.load(std::memory_order_relaxed);    // 读取头节点
        // 尝试更新头节点为其下一个节点，直到成功或栈为空
        while (old_head != nullptr && !head.compare_exchange_weak(old_head,
                                                old_head->next,
                                                std::memory_order_release,
                                                std::memory_order_relaxed));

        // 如果头节点存在，则返回数据，否则返回空指针
        return old_head ? old_head->data : std::shared_ptr<T>();
    }
};

int main() {
    LockFreeStack<int> stack;
    const int NUM_OPERATIONS = 1000000;                           // 定义操作次数

    auto start_time = std::chrono::high_resolution_clock::now();  // 记录开始时间

    // 启动一个生产者线程进行数据入栈
    std::thread producer([&]() {
        for (int i = 0; i < NUM_OPERATIONS; ++i) {
            stack.push(i);
        }
    });

    producer.join();                                              // 等待生产者线程结束

    // 启动一个消费者线程进行数据出栈
    std::thread consumer([&]() {
        for (int i = 0; i < NUM_OPERATIONS; ++i) {
            auto item = stack.pop();
            if (!item) {                                          // 检查是否成功出栈
                std::cout << "Pop failed: stack might be empty" << std::endl;
            }
        }
    });

    consumer.join();                                              // 等待消费者线程结束

    auto end_time = std::chrono::high_resolution_clock::now();    // 记录结束时间
    auto duration = std::chrono::duration_cast<std::chrono::milliseconds>(end_time -
start_time).count();                                              // 计算总耗时
```

```
    // 输出操作的总时间
    std::cout << "Total time for " << 2 * NUM_OPERATIONS << " operations: " << duration
<< " ms" << std::endl;
    return 0;
}
```

这个例子演示了如何使用无锁数据结构进行高效的并发编程，并通过std::chrono测试其耗时。

- 模板定义：LockFreeStack是一个模板类，允许用户定义储存任何类型T的栈。
- 节点结构体：每个节点包含一个数据项和一个指向下一个节点的指针。
- 原子头节点：head是一个原子类型的指针，用于确保线程安全地访问栈的顶部。
- push方法：创建一个新节点，并尝试将它设置为栈的新顶部，这一操作在多线程环境中重复进行，直到成功。
- pop方法：尝试移除栈顶节点，这一操作可能会因为其他线程的介入而重复尝试，直到成功或栈为空。
- 线程同步：在main函数中，使用了join来确保在生产者线程完成后才开始消费者线程，以防止消费者在栈空的情况下尝试弹出元素。

另外，示例中使用的head.compare_exchange_weak(new_node->next, new_node, std::memory_order_release, std::memory_order_relaxed)操作是无锁编程中常用的一种原子操作,用于确保多线程中数据的一致性和线程安全。

---

compare_exchange_weak函数

compare_exchange_weak是一个条件式原子操作，用于比较head指针的当前值与第一个参数（这里是new_node->next）：

- 如果两者相等，它会将head指针的值设置为第二个参数（这里是new_node），表示成功地将新节点推入栈顶。
- 如果两者不相等，它会重新加载head的当前值到第一个参数（这里是new_node->next），并返回false，表示操作未成功。

这个操作在一个循环中进行，直到操作成功为止。这是无锁编程中常见的方法，用以确保数据的正确性而不使用锁。

内存顺序参数的应用与理由

compare_exchange_weak操作在成功和失败的场景下使用不同的内存顺序参数，这种设计既确保了必要的内存同步，又优化了性能：

- std::memory_order_release（成功时）：此内存顺序用于释放操作，确保在此原子操作将新节点new_node写入head之前，所有先前的写操作都已完成，并对其他线程可见。这是为了确保新的节点正确设置好所有的数据和指针，之后其他线程才能通过head安全地访问该节点。
- std::memory_order_relaxed（失败时）：当操作失败时（即头节点已被其他线程更新），使用relaxed内存顺序。因为失败仅表示需要重新读取head的值并重试操作，此时无须对之前的内存写入进行同步保证。Relaxed顺序允许更快的执行速度，因为它不强制对内存操作的顺序进行任何保证。

这样的内存顺序使用策略在多线程环境中不仅保证了数据的正确性和线程的安全，还通过减少不必要的内存屏障，提升了操作的性能。这种设计是多线程程序中效率与性能的折衷选择，特别适用于高并发场景下的无锁数据结构。

5.5.2 并发设计模式

并发设计模式提供了一套解决多线程问题的模板，旨在帮助开发者构建安全、可靠且易于维护的并发系统。

1. 生产者－消费者模式

这是一种常见的并发模式，用于处理生成数据的线程（生产者）和处理数据的线程（消费者）之间的协调。

【示例展示】

```cpp
#include <queue>
#include <mutex>
#include <condition_variable>
#include <thread>
#include <iostream>
std::mutex mtx;                       // 定义互斥锁，用于保护共享数据
std::condition_variable cv;           // 定义条件变量，用于协调生产者和消费者线程
std::queue<int> queue;                // 定义一个整数类型的队列，用作生产者和消费者之间的缓冲区

// 数据生产函数
int produce_data(int id) {
    return id * 2;                    // 以简单的方式生成数据，例如id的两倍
}

// 数据处理函数
void process_product(int product) {
    // 数据处理逻辑，可以是任何处理步骤，例如打印、计算等
    std::cout << "Processed product: " << product << std::endl;
}

// 生产者函数
void producer(int id) {
    int product = produce_data(id);                      // 生产数据
    {
        std::lock_guard<std::mutex> lck(mtx);            // 自动加锁
        queue.push(product);                             // 将生产出的数据放入队列
        // 自动解锁：当lock_guard对象被销毁时，它会自动释放锁
    }
    cv.notify_one();                                     // 通知一个正在等待的消费者
}

// 消费者函数
void consumer() {
    std::unique_lock<std::mutex> lck(mtx);               // 加锁，但允许在等待时解锁
    cv.wait(lck, [] { return !queue.empty(); });         // 等待直到队列不为空
    int product = queue.front();                         // 获取队列前端的数据
    queue.pop();                                         // 移除已消费的数据
    lck.unlock();                                        // 手动解锁
    process_product(product);                            // 处理数据
}

int main() {
    std::thread producer1(producer, 1);                  // 创建生产者线程，id为1
```

```
        std::thread producer2(producer, 2);              // 创建生产者线程, id为2
        std::thread consumer1(consumer);                 // 创建消费者线程

        // 等待线程结束
        producer1.join();
        producer2.join();
        consumer1.join();

        return 0;
    }
```

在上述代码中：

- 生产者：生产者线程会生成数据，然后将数据放入共享队列中。它使用一个互斥锁来确保在修改队列时不会有其他线程同时修改数据。
- 消费者：消费者线程等待队列中有数据可用，然后处理它。它使用条件变量来等待直到队列中有数据。
- 锁和条件变量：这些工具用来同步生产者和消费者的行为，以防止数据竞争和确保线程之间的合理协调。

2. 任务并行与异步编程

任务并行是一种将大任务分解为小任务并并行执行的策略。在C++中，std::async、std::future、std::promise和std::packaged_task是实现异步任务的重要工具，允许我们在抽象的任务层执行并发工作，极大地简化了并行和异步代码的编写，提高了程序的响应性和性能。通过这种方式，开发者可以更有效地利用多核处理器的能力，编写出既简洁又高效的多线程应用程序。

- std::async：提供了一种简便的方式来异步执行任务，并返回一个std::future对象以访问任务的结果。它自动管理线程的创建和生命周期。
- std::future：用于从异步操作获取结果。它与std::async或std::promise关联，提供了一种等待任务完成并获取结果的方法。
- std::promise：允许在一个线程中设置一个值或异常，其他线程可以通过关联的std::future对象来获取这个值，非常适用于线程间的单一结果传递。
- std::packaged_task：封装一个可调用的目标，使其可以异步执行，并自动将结果或异常与一个std::future对象关联，适合于可重复执行的复杂任务。

1) 任务并行与异步编程：探索std::async

在现代软件开发中，有效地利用多核处理器的能力是提高应用性能的关键。C++11提供了一系列工具，使得并行和异步编程变得触手可及，其中std::async是一个好帮手。

想象一下，有一个复杂的数据分析任务或者需要加载大文件，这些操作可能会占用大量时间。在这种情况下，std::async就像一个神奇的工具箱，允许在后台轻松地执行这些任务，而不会阻塞主程序流程。使用std::async，可以这样启动一个异步任务：

```cpp
#include <future>
#include <iostream>

int longComputation() {
    // 假设这是一个耗时计算
    return 27; // 返回计算结果
}
```

```
int main() {
    // 启动异步任务
    auto result = std::async(longComputation);

    // 继续执行其他任务...
    std::cout << "计算进行中，请稍候...\n";

    // 当需要结果时，获取它
    std::cout << "结果: " << result.get() << std::endl;
    return 0;
}
```

灵活选择执行策略

std::async不仅简化了任务的异步执行，还提供了灵活的执行策略。通过指定策略参数，可以控制任务的执行方式：

- std::launch::async: 这个策略指示程序尽可能立即在一个可用的线程上开始执行任务。这通常意味着创建一个新的线程。
- std::launch::deferred: 这个策略意味着任务将被延迟执行，直到我们首次请求其结果，通常是通过调用std::future的.get()方法。任务将在当前线程中执行，而不是创建新线程。

这两种策略使得std::async可以灵活地应对不同的程序设计场景，让开发者可以根据实际情况选择合适的执行方式。

当不指定任何策略（即使用默认参数调用std::async）时，实际上相当于指定了std::launch::async | std::launch::deferred。这意味着编译器和运行时环境有权自行决定使用哪种策略。它们可以基于当前的系统负载、线程可用性或其他运行时考虑因素来选择。通常：

- 如果资源允许，任务可能会像使用std::launch::async 一样立即在新线程上执行。
- 如果系统资源紧张或者运行环境决定更合适，任务可能会延迟执行，直到调用get()，就像使用std::launch::deferred一样。

这种灵活性让std::async能适应不同的运行条件，但也增加了一些不确定性，因为不能保证任务已经开始执行，除非明确指定执行策略。

需要说明的是，对于std::launch::async，标准只要求任务必须异步执行，但具体是否创建新线程，或者是否使用线程池中的线程，取决于C++运行时环境的实现细节。在一些C++运行时环境中，为了效率和资源管理的考虑，可能会使用线程池来管理和复用线程。在这种情况下，当使用std::async并指定std::launch::async策略时，任务可能会被分配给线程池中的一个现有线程来执行，而不是创建一个新的线程。

对于开发者来说，理解每种策略的具体行为非常重要，这样才能根据程序的需求做出恰当的选择。如果需要确保任务立即执行，应明确使用std::launch::async；如果希望延迟执行或者想在需要结果之前不启动任务，那么std::launch::deferred是个不错的选择；如果希望让系统自行决定最佳策略，那么使用默认参数是合适的。

2）理解 std::future: 未来的承诺

当使用std::async或其他并行工具启动一个异步任务时，它返回一个std::future对象。我们可以将std::future想象成一个承诺：尽管结果还没准备好，但未来某时你一定能获取到它。

（1）访问异步结果

使用std::future的优点是，我们可以在任务执行过程中继续做其他事情，而不必阻塞等待结果；只在真正需要结果时，std::future才会等待任务完成，保证结果的获取。这是通过get()方法实现的，它会阻塞当前线程，直到异步操作完成并返回结果。

（2）处理异步中的异常

如果异步操作中发生异常，std::future会安全地捕获这些异常并保存下来。当调用get()方法时，如果异步任务中抛出了异常，则它会被重新抛出，允许在主线程中处理异常。

【示例展示】

```
try {
    auto riskyTask = std::async([]() -> int {
        throw std::runtime_error("有问题的任务！");
        return 0;                                // 这行代码实际上永远不会执行
    });
    int result = riskyTask.get();                // 这里将抛出异常
} catch (const std::exception& e) {
    std::cout << "捕获到异常: " << e.what() << std::endl;
}
```

（3）和std::promise的关系

std::future经常与std::promise配对使用，后者提供了一种方式来传递值或异常到std::future。这种机制非常适合处理那些计算结果需要时间准备，但一旦准备好就可以被其他线程安全访问的情况。

通过上面的介绍可以看到，std::future不仅提供了强大的异步结果管理能力，还增加了错误处理的灵活性，使我们能够编写更加健壮和高效的并行程序。接下来，一起看看std::promise如何成为这个高效协作中不可或缺的一部分。

3）std::promise：为未来承诺值

在C++的异步编程中，std::promise像一个承诺者，保证会在将来某个时刻提供一个计算结果或状态。它的主要用途是创建一个与std::future对象相关联的值。通过std::promise，我们可以在一个线程中设置值，并在另一个线程中通过std::future安全地访问这个值。

它们实现异步的关键在于分离值的设置和值的获取过程，使得这两个操作可以在不同的线程中发生。这里的"异步"不一定意味着任务必须在不同的线程上执行，而是指值的产生和消费可以不在同一时间发生。

std::promise非常适合处理那些结果需要异步计算，并且计算完成后需要立即被其他线程知晓的场景。无论是在图形渲染、数据加载还是网络通信中，std::promise都能发挥巨大作用，提高程序的响应性和效率。

【示例展示】

```
#include <future>
#include <iostream>

void calculate(std::promise<int> promise) {
    try {
        // 执行一些计算
        int result = 527;                        // 模拟计算结果
        promise.set_value(result);               // 将结果传递给 future
    } catch (...) {
        // 如果有异常，传递异常到 future
```

```
            promise.set_exception(std::current_exception());
    }
}

int main() {
    std::promise<int> promise;
    std::future<int> future = promise.get_future();            // 从promise获取future

    std::thread producerThread(calculate, std::move(promise)); // 在新线程中执行计算

    try {
        std::cout << "计算结果: " << future.get() << std::endl; // 获取计算结果
    } catch (const std::exception& e) {
        std::cout << "异常: " << e.what() << std::endl;
    }

    producerThread.join();                                     // 等待线程结束
    return 0;
}
```

在这个例子中，std::promise 用于在一个线程中设置某个值，而 std::future 则用于在另一个线程中获取这个值。这个机制允许生产者线程和消费者线程解耦，从而实现异步处理。这种情况下的“异步”主要是指生产者线程在未来某个不确定的时间点完成值的设置，而消费者线程则在需要时获取这个值，两者不需要同时进行。

另外，在使用std::promise和std::thread的上下文中，使用std::move是非常重要的，因为std::promise对象不支持拷贝操作，只能被移动。这个设计是为了确保与std::future相关联的共享状态的唯一性和完整性。下面来探讨一下为什么必须使用std::move。

为什么使用std::move？

- **不支持拷贝**：std::promise类不支持拷贝构造函数，只支持移动构造函数。这是因为每个std::promise对象都有一个独特的共享状态，这个状态与一个对应的 std::future对象相关联。如果std::promise对象被拷贝，就会存在多个对同一个结果的引用，这可能导致对共享状态的管理变得复杂和出错。
- **保持状态的唯一性**：移动std::promise的实质是将原始对象的所有权和它的共享状态转移给新的对象。这样做可以保证共享状态的唯一性，确保只有一个std::promise对象可以设置值或异常，同时只有一个std::future可以访问这个值。
- **线程安全**：在多线程环境下工作时，确保每个线程中只有一个std::promise对象可以访问特定的共享状态非常重要。使用std::move 可以确保共享状态在不同线程间正确且安全地转移，避免潜在的数据竞争或同步问题。

4）std::future、std::promise和std::async的关系及其合作方式

std::future、std::promise和std::async是处理异步编程的重要工具，它们通过不同的方式协同工作，以适应各种场景的需求。

std::async：

- std::async是一个函数模板，用于简化异步任务的创建和管理。调用std::async时，它可以启动一个异步任务（可能在新线程中，或使用std::launch::deferred 策略延迟执行），并立即返回一个std::future对象。这个std::future对象用于获取异步任务的结果。

- 使用std::async的关键好处是自动处理线程的创建和管理，省去了直接与线程交互的需要。当与std::launch::deferred策略结合使用时，任务将延迟到std::future的get()或wait()函数被调用时在同一线程中执行，这适用于不急于立即执行或不需要多线程处理的任务。

std::promise：

- std::promise提供了一种手动设置值或异常的方式，在任何时点都可以设定，并通过与之关联的std::future对象让其他线程能够安全地获取这个值或异常。
- std::promise适用于需要精确控制值何时被设置或需要显式进行线程管理的场景，它支持在多个地点设置和获取未来值，特别适合生产者－消费者模型，其中生产者通过std::promise提供数据，而消费者通过std::future接收数据。

std::future：

- std::future作为一个从异步操作获取结果的接口，既可以与std::async直接配合使用，也可以通过std::promise来设置值。
- 它为获取异步或手动设置的结果提供了统一的接口，连接了std::async和std::promise的功能，使得异步编程更为灵活和高效。

5）探索std::packaged_task：任务封装与异步执行

前面已经详细探讨了std::future、std::promise和std::async的使用方法及它们之间的关系。现在，将介绍另一个同样重要但功能独特的组件——std::packaged_task。std::packaged_task封装一个可调用的目标，如函数或Lambda表达式，使之可以异步执行，并通过一个相关联的std::future对象来提供执行结果。

（1）功能与用途

std::packaged_task的主要优点在于其任务的可复用性以及对异步执行任务的精确控制。它非常适合于那些可能需要多次执行或者在特定时刻执行的场景。

【示例展示】

```cpp
#include <future>
#include <iostream>
#include <thread>

// 一个简单的函数，用于模拟复杂的计算
void compute(int x) {
    std::cout << "Processing: " << x << std::endl;
}

int main() {
    // 封装 compute 函数
    std::packaged_task<void(int)> task(compute);

    // 获取与任务关联的 future
    std::future<void> result = task.get_future();

    // 在新线程中执行任务
    std::thread thread(std::move(task), 10);
    thread.join();                          // 等待任务完成

    std::cout << "Task completed" << std::endl;
}
```

在这个例子中，std::packaged_task 将 compute 函数封装起来，并在新线程中执行。通过 std::future，主线程可以安全地等待任务的完成。

（2）任务复用

与 std::async不同的是，std::packaged_task允许任务的复用。为了重复使用std::packaged_task，需要使用reset()方法来重置它的状态，这样就可以再次执行封装的任务。

【示例展示】

```
// 重置 task 并在新线程中再次执行
task.reset();                                              // 重置任务状态
std::future<void> newResult = task.get_future();          // 获取新的 future
std::thread anotherThread(std::move(task), 20);
anotherThread.join();                                     // 等待新任务完成

std::cout << "Re-executed task completed" << std::endl;
```

（3）灵活性与适用场景

在生产者－消费者模型中，std::packaged_task可以扮演生产者的角色，专门负责计算或处理数据。完成后，消费者线程可以通过与之关联的 std::future对象安全地获取结果。这种方式不仅解耦了生产者和消费者的实现，而且提高了程序的可扩展性和可维护性。与直接使用std::thread或std::async进行线程管理相比，std::packaged_task提供了更明确的任务和结果管理机制。

此外，std::packaged_task的可复用性允许一个任务在完成后，通过调用reset()方法重置其状态，来用于新的执行周期。这一特性在需要周期性执行任务的服务器端应用或定时触发的后台处理中特别有用，提供了 std::promise 无法直接提供的灵活性。

std::packaged_task的这种灵活应用不仅适用于多线程环境，还可用于需要任务按特定时间点触发或在事件驱动的程序中响应用户交互的场景。例如，在图形用户界面应用中，主线程负责响应用户操作，而工作线程则在背后执行时间密集型任务，通过 std::packaged_task和std::future 实现非阻塞的数据交换。这与使用std::async 直接发起异步调用相比，提供了更高的控制度和可复用性。

总的来说，std::packaged_task 不仅提升了应用程序的响应速度，还通过优化资源的使用，使开发者更有效地管理和执行异步任务，为多线程应用带来更高的性能和更好的可维护性。

5.6　协程：C++中的现代并发编程

协程是一种程序组件，用于更高级地控制程序的执行流程，使得能够以更接近人类思维的方式进行编程，尤其在处理需要暂停和恢复执行的场景时。本节主要介绍协程的相关知识和应用。

5.6.1　协程的基础

1. 协程的基本概念

协程与传统的函数不同，能在执行中暂停（挂起），并在需要的时候从暂停点恢复（继续）执行。这种能力允许协程保持其执行状态（包括局部变量和程序指针等），直到它们再次被激活。协程的这种行为类似于电子游戏中的"保存进度"和"继续游戏"的功能，允许玩家在停止点保存游戏状态，之后可以从相同的地方继续游戏。

2. 协程的必备功能

协程具有以下功能：

- 启动和停止：协程必须能够启动执行，并在指定的停止点暂停执行流。当外部条件得到满足时，应能从停止的地方恢复执行。
- 状态管理：协程在其生命周期内需要管理自己的状态，包括局部变量、堆栈帧和执行位置等。这些状态在协程暂停时被保存，在恢复时重新激活。
- 异步操作支持：协程通常用于执行耗时的异步操作，如I/O操作、网络请求等。它们需要与异步操作无缝集成，能够在操作完成时自动恢复执行。

5.6.2　协程与线程的对比

在理解协程和传统的线程时，关键在于区分它们在设计、使用成本和适用场景上的差异。这有助于开发者更好地把握两者的使用时机，并根据具体需求选择合适的并发模型。

1）设计哲学与实现

线程是一种重量级的操作系统级功能，由操作系统调度，并可能在多个处理器上并行执行。每个线程都是一个独立的执行路径，拥有自己的调用栈、程序计数器和其他系统资源。协程则是一种轻量级的用户态构造，它们寄生在线程之中，并由应用程序或运行时库来管理。协程共享其宿主线程的资源，如调用栈和程序状态，这使得协程之间的切换成本远低于线程之间的切换成本。

2）开销与效率

线程的创建和上下文切换是资源密集型的操作，特别是当系统运行大量线程时，这些开销可能会显著影响系统性能。相比之下，协程提供了一种更为高效的并发执行模式。协程之间的切换主要涉及寄存器的简单变更，不像线程切换那么复杂和耗时。

3）适用性与灵活性

对于计算密集型任务或需要真正并行处理的场景，线程是一个非常合适的选择。然而，在面对I/O密集型或要求高并发的网络应用时，过多的线程可能会耗尽系统资源，影响性能。在这种情况下，协程以其低开销和高效的上下文切换优势，成为更理想的选择。它们能够在不增加额外硬件负担的情况下，显著提升应用的响应速度和处理能力。

5.6.3　C++20 中的协程

1. 无栈式协程

在C++20中，协程被实现为"无栈式"（stackless），这意味着它们的状态、局部变量和必要信息不是存储在传统的调用栈上，而是放置在一个堆上分配的数据结构中，被称为"协程帧"（coroutine frame）。这种设计避免了在传统调用栈上保存状态的需求，从而减少了栈溢出的风险，并允许协程在需要时被挂起和恢复。

2. 协程的挂起与恢复

协程的挂起通过co_await表达式实现，此时控制权返回到调用者或恢复者。当协程被挂起时，其当前执行状态被保存在协程帧中。这使得协程可以在稍后某个时间点，如I/O操作完成时，通过协程句柄重新恢复执行，从而继续从上次停止的地方执行。

3. 协程库的链接

在C++中使用协程时，需要包括<coroutine>头文件并指定协程库，比如在GCC编译器中加上-fcoroutines选项。

协程库之所以设计为独立链接，是为了让开发者可以根据需求决定是否使用协程功能，避免将不必要的代码加入最终产品中，从而减轻程序负担、缩小体积，并提高效率。

此外，这种设计也增加了灵活性和可优化性，使得协程库能够针对不同应用场景进行特定的性能优化。

4. 关键字

C++20通过引入几个关键字和库来实现协程的功能：

- co_await：这个关键字用于暂停当前协程的执行，直到等待的条件被满足。它常用于等待异步操作完成，如文件读取或网络请求。使用co_await可以保持代码的简洁性，避免复杂的回调结构。
- co_return：用于从协程中返回一个值，并标记协程的结果。这类似于传统函数中的 return 语句，但它还涉及协程的清理和状态终结处理。
- co_yield：使协程可以返回一个序列中的当前值，并在下次恢复时继续执行。这非常适用于生成器（generator）模式，允许协程按需产生值。

5. 协程库组件

协程库中的常用组件如下：

- std::coroutine_handle<>：这是协程的运行时表示，提供了一种机制来恢复或挂起协程。它是对底层协程帧的封装，允许开发者直接管理协程的生命周期。
- std::suspend_always和std::suspend_never：这两个类用于控制协程的挂起行为，可以在协程的initial_suspend()或final_suspend()函数中使用，来决定协程在启动或完成时是否应立即挂起或继续执行。
- std::suspend_always：这是一个等待对象，总是使协程挂起，直到显式地恢复。
- std::suspend_never：这是另一个等待对象，它指示协程在此点不应挂起。
- promise_type：这是协程承诺类型，定义了协程如何开始、如何处理返回值或异常，以及如何结束。每个协程都必须有一个承诺类型，这是协程的编译时和运行时行为的核心。promise_type通常包含对协程局部状态的管理，以及协程结束时资源的清理逻辑。

接下来，将详细探讨C++20中协程的生命周期管理。这一部分将专注于如何通过协程的创建、暂停、恢复到终止过程中，系统地管理协程的生命期，以确保资源的有效利用和程序的稳定运行。

5.6.4   协程的生命周期管理

C++20的协程生命周期管理主要涉及以下几个关键阶段：

1. 创建和启动

协程的生命周期开始于被调用时的创建。一旦一个函数被声明为协程（通常通过包含co_await、co_yield或co_return关键字），编译器将自动处理协程所需的设置工作，包括为协程分配一个协程帧，并初始化promise_type对象。

promise_type对象在协程的整个生命周期中扮演着核心角色，负责初始化和维护协程状态。协程的实际运行由协程句柄（std::coroutine_handle<>）触发，该句柄管理着协程的入口和恢复点。

2. 暂停与挂起

协程在执行过程中，可以通过co_await表达式在等待异步操作的完成时自动暂停，将执行权交还给调用者或恢复者。协程的状态（包括局部变量和执行点）将保存在协程帧中。这一机制允许协程在非阻塞的情况下等待，从而不占用宝贵的系统资源。

3. 恢复执行

当协程等待的条件被满足时，如I/O操作完成或定时器被触发，协程可以通过其句柄被重新激活。此时，协程从上次暂停的地方恢复执行，所有的状态信息都会从协程帧中恢复。

4. 结束与清理

当协程达到co_return表达式或正常结束其逻辑时，协程将进入清理阶段。在这个阶段，promise_type对象会处理任何必要的状态终结工作，包括返回值的传递和异常的处理。一旦协程完成所有操作，其协程帧和其他资源会被释放，标志着协程生命周期结束。

通过这样的生命周期管理，C++20的协程不仅优化了资源的使用，还提高了程序的响应性和并发性能。理解并掌握这些生命周期阶段对于开发高效和可维护的异步C++应用程序至关重要。

5.6.5　实例：使用协程处理异步任务

假设有一个需要从多个数据源异步加载数据的应用场景。传统的方法可能需要使用多线程或者异步回调，这样会增加代码的复杂性和维护难度。使用协程能以接近同步代码的方式书写异步逻辑，从而使得代码更加直观和易于理解。

```cpp
#include <coroutine>
#include <iostream>
#include <memory>
#include <thread>
#include <chrono>
#include <optional>


// 协程返回类型定义
struct Task {
    // Promise 类型定义协程的行为和返回值
    struct promise_type {
        std::optional<int> value;  // 存储协程返回的值，用optional 包装以支持延迟赋值
        // 初始挂起，协程启动时挂起，等待显式恢复
        std::suspend_always initial_suspend() { return {}; }
        // 最终挂起，协程结束时挂起，防止协程退出后立即销毁资源
        std::suspend_always final_suspend() noexcept { return {}; }
        // 获取协程的返回对象，链接协程与外部世界
        Task get_return_object() { return Task{this}; }
        // 设置协程的返回值
        void return_value(int v) { value = v; }
        // 异常处理，若协程内部抛出未捕获异常，则结束程序
        void unhandled_exception() { std::exit(1); }
        // 生成暂停点并返回值给调用者，再次挂起协程
        auto yield_value(int v) {
            value = v;
            return std::suspend_always{};
```

```
        }
    };

        // 尝试恢复协程的执行，如果协程已完成，则返回 false
        bool resume() {
            if (handle.done()) {
                return false;
            }
            handle.resume();
            return true;
        }

        // 获取协程处理完成后的结果
        int get() {
            return *handle.promise().value;
        }

        // 构造函数和析构函数管理协程的生命周期
        Task(promise_type* p) :
handle(std::coroutine_handle<promise_type>::from_promise(*p)) {}
        ~Task() {
            if (handle) handle.destroy();
        }

    private:
        std::coroutine_handle<promise_type> handle;  // 内部保存对应协程的句柄
    };
    // 异步函数定义，模拟长时间的数据处理任务
    Task loadDataAsync(int data) {
        // 模拟耗时操作
        std::this_thread::sleep_for(std::chrono::seconds(2));
        // 通过 co_return 语句返回处理结果，协程在此挂起并将控制权交还给调用者
        co_return data * 2;
    }
    int main() {
        // 启动异步任务
        auto dataLoader = loadDataAsync(10);

        // 同时执行其他任务
        std::cout << "Doing other work while waiting for data..." << std::endl;

        // 循环调用resume 直到协程执行完成
        while (dataLoader.resume());

        // 获取异步任务的结果并打印
        int result = dataLoader.get();
        std::cout << "Data loaded: " << result << std::endl;

        return 0;
    }
```

在这个示例中，使用了C++20的协程特性来异步处理数据加载任务。下面将逐步解析示例代码的关键部分，以帮助理解协程的工作原理。

1）协程返回类型Task

这个自定义的Task类型是构建协程的基础。它定义了协程的行为，特别是如何启动、暂停、结束以及处理返回值。promise_type结构体是协程的核心，负责管理协程的状态和返回值。它包括以下几个重要的成员函数：

- initial_suspend()：在协程最初启动时调用，返回一个使协程立即挂起的对象。这意味着协程在启动后不会立即执行，而是等待外部逻辑显式恢复。
- final_suspend() noexcept：在协程准备结束时调用，确保协程在所有操作完成后仍然挂起，直到显式销毁，防止资源过早释放。
- return_value(int v)：允许协程通过 co_return 语句返回值。这个值被存储在 std::optional<int> 中，使得在协程外部可以检查并获取这个值。

2）异步函数loadDataAsync

这是一个返回Task类型的函数，它模拟一个耗时的数据加载过程，使用std::this_thread::sleep_for来模拟数据处理的延迟。

co_return这个关键字结束协程并将结果传回。在本例中，通过 co_return data * 2; 返回输入数据的两倍。这里的操作被异步执行。

3）主函数main

主函数展示了如何使用协程进行异步编程。

- 创建协程实例：auto dataLoader = loadDataAsync(10); 启动异步加载任务，并立即返回一个Task对象，此时协程处于挂起状态。
- 协程恢复：使用while (dataLoader.resume()); 循环尝试恢复协程。resume 方法检查协程是否已经完成，如果未完成，则恢复执行；如果已完成，则退出循环。
- 获取结果：使用dataLoader.get(); 获取协程返回的结果并输出。这里使用了 std::optional<int> 的值，确保安全地访问可能的返回值。

这个示例说明协程在保持代码逻辑清晰的同时，能有效地管理和同步异步任务。通过协程，我们能以几乎同步的方式编写代码来执行异步操作，这对于复杂的程序设计尤其有益。

5.6.6　C++23 中的协程增强

在C++20中，协程的引入为异步编程和非阻塞操作提供了强大的工具。C++23继续在此基础上进行扩展，尤其针对生成器和异步范围的支持，引入了std::generator。它允许开发者以延迟计算的方式生成值序列，这在处理大数据集或复杂算法时尤其有用。

1. std::generator的定义和基本用法

std::generator定义在<generator> 头文件中，是一个模板类，用于从协程中生成元素序列。每次协程中的co_yield被执行时，就会产生一个元素。例如：

```
template<class Ref, class V = void, class Allocator = void>
class generator : public ranges::view_interface<generator<Ref, V, Allocator>> {
    // 类定义
};
```

2. 特点

std::generator模拟了视图和输入范围（input_range），可以轻松地与现有的范围库（ranges library）集成。当协程中的co_yield语句被执行时，它产生序列中的下一个元素。

【示例展示】

使用std::generator遍历二叉树。

```cpp
#include <generator>
#include <iostream>

template<typename T>
struct Tree
{
    T value;
    Tree *left{}, *right{};

    std::generator<const T&> traverse_inorder() const
    {
        if (left)
            for (const T& x : left->traverse_inorder())
                co_yield x;

        co_yield value;
        if (right)
            for (const T& x : right->traverse_inorder())
                co_yield x;
    }
};

int main()
{
    Tree<char> tree[]
    {
                                        {'D', tree + 1, tree + 2},
        //                                  |
        //                    _____|_____
        //                    |                           |
              {'B', tree + 3, tree + 4},        {'F', tree + 5, tree + 6},
        //          |                                 |
        //     _____|_____                       _____|_____
        //     |         |                       |         |
          {'A'},    {'C'}, {'E'},                              {'G'}
    };

    for (char x : tree->traverse_inorder())
        std::cout << x << ' ';
    std::cout << '\n';
}
```

C++23的协程不仅增加了新的功能，如std::generator，还对协程的内部实现进行了优化，提升了性能和灵活性。这些改进使得协程在现代C++程序设计中扮演了更加重要的角色，为开发者提供了更多的编程工具和选项。

5.7　事件驱动模型

事件驱动模型是一种软件架构风格，它将应用程序的行为基于对事件的生成、检测和响应来构建。本节介绍C++中的事件驱动模型。

5.7.1 事件驱动模型的定义与特点

事件驱动模型的引入主要是为了解决传统的轮询或阻塞式编程模型在处理高并发、高I/O密集型应用时所面临的效率和性能问题。传统的轮询方式会导致系统资源的浪费,而阻塞式编程模型则会导致程序在等待I/O操作完成时被挂起,无法处理其他任务,影响了系统的响应速度和并发处理能力。

事件驱动模型的设计初衷是为了提高系统的效率、可扩展性和响应速度,使得程序能够更好地适应大规模的并发连接和高I/O负载。这种模型的引入可以追溯到早期图形用户界面(GUI)应用程序和网络服务器应用的开发需求,这些应用需要及时响应用户输入、网络请求等外部事件,并且需要处理大量的并发连接或请求。因此,事件驱动模型成为一种自然而然的选择。

事件驱动模型的核心特征如下:

- 事件监听与响应:事件驱动的应用程序持续监控各种事件的发生,例如用户输入、文件I/O操作或网络活动。一旦检测到事件,系统便会触发一个预定义的回调函数进行处理。使用回调函数的主要优点是它们提供了一种灵活的方法来关联事件与处理逻辑,从而使得应用程序能够根据事件的具体类型和数据执行相应的动作,增强了程序的响应性和灵活性。
- 非阻塞行为:在等待事件的过程中,事件驱动的应用程序不会阻塞其主线程,而是允许系统继续执行其他任务。这种非阻塞的特性极大地提高了程序在处理大量并发连接时的效率。通过这种方式,应用程序能够在不中断主要工作流的情况下,高效地处理各类事件。
- 可扩展性:得益于其非阻塞和异步的特性,事件驱动模型能够在不增加额外处理负担的情况下,支持数以千计的并发事件和操作。这种高度的可扩展性对于需要同时管理多种资源和服务的现代高性能服务器应用来说至关重要。

虽然我们已经初步了解了事件驱动模型的定义与特点,但这只是构建高效并发应用的起点。接下来,我们将深入地探讨模型的内部结构,详细介绍事件驱动模型的核心组成部分。

5.7.2 事件驱动模型的组成

事件驱动模型是构建高效、响应式应用程序的重要架构,主要由4个核心组件构成:事件源(event sources)、事件队列(event queues)、事件循环(event loops)和事件处理器(event handlers),如图5-2所示。

每个组件都扮演着关键角色,确保事件被有效地生成、管理和响应。下面将详细探讨每个组成部分的功能和作用。

1. 事件源

事件源是事件驱动架构中的起点,负责生成事件。这些事件可能是由外部触发的,例如用户操作、系统提示或网络活动;也可能是内部触发的,如定时器到期。在C++中,事件源通常与某些特定的系统资源(如文件描述符或套接字)或程序状态变更相关联。

主要功能:

- 触发事件:当某个特定的条件被满足时,事件源生成一个事件。这个条件可以是数据的到达、时间的到期或任何其他可识别的状态变化。
- 通知机制:事件源通常通过回调函数、信号或消息传递机制将事件通知给事件队列或直接传递给事件处理器。

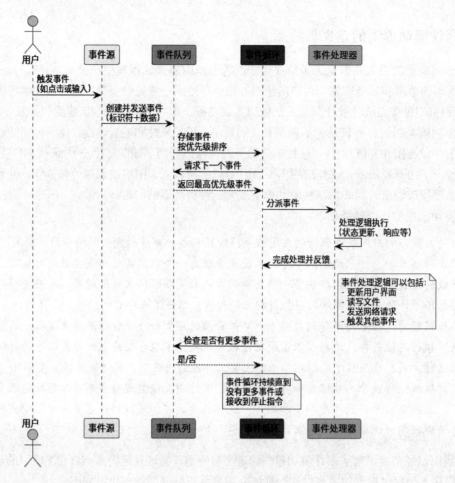

图 5-2　事件驱动模型组成图

2. 事件队列

事件队列作为事件和处理器之间的缓冲区，管理着所有待处理的事件。事件一旦被事件源生成，就会被送入事件队列。队列不仅确保事件按照特定的顺序（如先进先出）处理，还能管理事件的优先级，以优化处理效率。

主要功能：

- 事件缓冲：队列存储事件直到它们被处理，这有助于处理短时间内大量发生的事件。
- 事件排序：根据事件的重要性或紧急性对事件进行排序，确保关键事件优先处理。

3. 事件循环

事件循环是事件驱动模型的核心，负责不断检查事件队列并将事件分派给相应的事件处理器。事件循环运行在一个持续的循环中，直到应用程序结束或显式地退出循环。

主要功能：

- 监控事件队列：持续检查事件队列，查看是否有新的事件需要处理。
- 事件分派：从队列中取出事件并将它们发送到相应的事件处理器。
- 循环控制：提供启动和停止循环的机制，允许动态地加入或移除事件和处理器。

4. 事件处理器

事件处理器是响应事件的具体逻辑单元。每个事件类型可以有一个或多个关联的处理器。当事件循环将事件分派给处理器时，处理器执行必要的操作来响应该事件。

主要功能：

- 处理逻辑：定义如何响应不同类型的事件，这可能包括更新用户界面、读写文件、发送网络请求等操作。
- 状态管理：在处理事件时，处理器可能需要访问或修改应用程序的状态。

通过这些组件的协同工作，事件驱动模型支持复杂的业务逻辑和高效的资源管理，特别适合于需要高度响应性和可扩展性的应用程序。这种模型的实现在现代软件开发中被广泛应用，尤其在网络服务器和客户端应用程序中。

5.7.3 事件驱动模型的实现探索

1. C++中实现事件驱动模型的方式

在C++中，实现事件驱动模型通常涉及以下两种主要方式：

1）基于库的实现

使用第三方库如Boost.Asio、libuv等来实现跨平台的事件处理功能。这些库提供了对底层操作系统功能的高级抽象，使开发者能够以统一的方式处理不同操作系统的事件机制。通过这种方式，开发者可以便捷地构建高效、可移植的事件驱动应用程序。

2）操作系统原生支持

直接利用操作系统提供的API来实现事件驱动模型。例如，在Linux系统上可以使用epoll，在Windows系统上可以使用IOCP（I/O完成端口）。这些API被设计用来高效地处理大量I/O操作，并且针对各自平台进行了优化，能够提供最佳的性能表现。

尽管C++标准库提供了一些基础设施来支持并发和异步编程，如线程、异步任务处理等，但它并没有直接支持构建完整的事件驱动模型所需的具体组件，比如事件循环或事件队列。这主要是因为完整的事件驱动架构通常需要紧密集成特定操作系统的底层调用和特性，而这些特性在不同的操作系统平台之间可能存在差异。因此，开发者在构建高效的事件驱动应用程序时通常会依赖特定平台的解决方案或广泛采用的第三方库。

为什么事件驱动模型依赖于系统底层特性？

在实际的事件驱动编程中，许多关键操作，如文件描述符的监控和异步I/O操作，均依赖于操作系统底层的支持。例如，文件描述符的状态监控需要操作系统提供的特定机制，如epoll、kqueue和IOCP等。这些机制允许应用程序有效地监听和响应网络套接字、文件和定时器的状态变化。同样地，异步I/O操作使应用程序能够在不阻塞线程的情况下发起I/O操作，这依赖于操作系统能够在I/O操作完成时向应用程序发送通知，例如通过Linux的AIO或Windows的Overlapped I/O。此外，信号处理和定时器的实现也与操作系统紧密相关，这些系统特有的功能是事件驱动模型能够高效运作的关键。

由上述依赖可知，虽然C++标准库可以提供基础设施来支持并发和部分异步操作，但要实现完整

的事件驱动模型，仍然需要大量依赖操作系统特定的功能和第三方库，以利用这些底层特性来实现高效、可扩展的应用程序。

由于不同平台的事件驱动模型各有千秋，本书将不深入探讨每种模型的独特之处。在这里，我们只以跨平台的select为例，向读者展示事件驱动模型的基本工作原理和核心概念。

select函数是一个早期在UNIX系统的Berkeley Software Distribution（BSD）中出现的I/O多路复用技术，后被POSIX标准采纳。它允许程序同时监视多个文件描述符，检测它们的状态变化（如数据可读或可写），从而高效地管理多个I/O操作而不需为每个操作创建独立线程或进程。这种能力尤其在网络通信和服务器编程中提高了并发性能。select还支持非阻塞I/O，允许程序在等待I/O事件的同时执行其他任务，有效利用CPU资源。

尽管select函数的跨平台性使其被广泛应用，但在处理大量连接时它有局限，如对监视的文件描述符数量有系统限制。为了应对这些挑战，开发出了更先进的技术如poll和epoll，它们提供了扩展的功能和更高的效率。

下面将详细地探讨select函数的原型和其参数，以及如何在实际编程中应用这些知识。

2. select函数详解

select函数是I/O多路复用的经典实现，其基本原型如下：

```
int select(int nfds, fd_set *readfds, fd_set *writefds, fd_set *exceptfds, struct timeval
*timeout);
```

1）参数详解

select函数的参数解释如下：

- nfds: 这个参数的值是监控的文件描述符集合中最大文件描述符的值加1。在使用select函数时，必须确保这个参数被正确设置，以便函数能监视所有相关的文件描述符。
- readfds、writefds、exceptfds: 这3个参数分别代表读、写和异常监视的文件描述符集合。它们使用fd_set类型表示，这是一种通过位图来管理文件描述符的数据结构。以下是对fd_set操作的常用宏定义：
  - FD_SET(fd, &set): 将文件描述符fd添加到集合set中。
  - FD_CLR(fd, &set): 从集合set中移除文件描述符fd。
  - FD_ISSET(fd, &set): 检查文件描述符fd是否已被加入集合set。
  - FD_ZERO(&set): 清空集合set中的所有文件描述符。
- timeout: 这是一个指向timeval结构的指针，该结构用于设定select等待I/O事件的超时时间。timeout结构定义如下：

```
struct timeval {
    long tv_sec;  // seconds
    long tv_usec; // microseconds
};
```

timeout的设定有3种情况：

- 当timeout为NULL时，select会无限等待，直到至少有一个文件描述符就绪。
- 当timeout设置为0（即tv_sec和tv_usec都为0）时，select会立即返回，用于轮询。
- 设置具体的时间，select将等待直到该时间过去或者有文件描述符就绪。

2）返回值与错误处理

select函数的返回值有3种可能：

- 大于0：表示就绪的文件描述符数量，即有多少文件描述符已经准备好进行I/O操作。
- 等于0：表示超时，没有文件描述符在指定时间内就绪。
- 小于0：发生错误。错误发生时，应使用perror或strerror函数来获取具体的错误信息。

在使用select函数后，通过检查readfds、writefds和exceptfds集合的变化，可以精确地知道哪些文件描述符已经准备好进行读、写或异常处理。这使得程序能够有效地响应多个I/O请求，提高程序的整体性能和响应速度。

3. select的原理和工作机制

select函数的原理和工作机制可以概括为以下几个步骤：

① 初始化文件描述符集合：

- 使用fd_set类型的集合来监控不同的I/O操作（读、写、异常）。
- 操作这些集合可使用宏：FD_SET（添加描述符）、FD_CLR（移除描述符）、FD_ISSET（检查描述符是否存在）、FD_ZERO（清空集合）。

② 调用select函数：传入文件描述符集合和超时时间（timeval结构），允许select在超时或有描述符就绪时返回，避免无限等待。

③ 阻塞与等待I/O事件：select阻塞程序执行，直至至少一个文件描述符就绪或超时。

④ 检查就绪的文件描述符：当select返回后，检查各文件描述符集合的状态，确定哪些文件描述符准备好进行读、写或异常处理。

⑤ 循环监控：如果继续监控是必要的，就重置文件描述符集合并重新调用select，这支持持续监控多个I/O源。

需要理解的是，文件描述符集合（fd_set）在计算机底层通常是以位数组（bit array）的形式实现的。在这个数组中，每个位代表一个文件描述符。如果某一位设为1，那么对应的文件描述符就包含在这个集合里。

这样的设计主要是为了效率：操作位比操作整个数组元素要快，这在处理大量文件描述符时尤其有优势，能显著提高程序的运行速度。

然而，由于fd_set的大小是固定的，它能表示的文件描述符数量有限。这个数量通常由一个叫作FD_SETSIZE的常量决定，这个常量定义了fd_set可以跟踪的最大文件描述符数量。

在许多UNIX和Linux系统中，这个常量通常被设置为1024，意味着fd_set和select函数默认能处理的文件描述符从0到1023。

【示例展示】

以下是一个简单的示例，展示如何使用select函数监控多个文件描述符的读操作。

```
#include <iostream>
#include <vector>
#include <array>
#include <algorithm>
#include <unistd.h>
#include <sys/time.h>
```

```cpp
#include <sys/types.h>
#include <sys/select.h>

int main() {
    // 创建两个管道
    std::array<int, 2> pipefds1, pipefds2;
    pipe(pipefds1.data());                    // 创建第一个管道
    pipe(pipefds2.data());                    // 创建第二个管道

    // 向管道写入数据
    write(pipefds1[1], "Hello", 5);          // 写入数据到第一个管道
    write(pipefds2[1], "World", 5);          // 写入数据到第二个管道

    fd_set readfds;                          // 文件描述符集合，用于select调用
    struct timeval timeout;                  // 时间结构体，用于设置超时
    int ret, fd_max;                         // 用于存储select的返回值和文件描述符的最大值

    while (true) {
        FD_ZERO(&readfds);                   // 清空文件描述符集
        FD_SET(pipefds1[0], &readfds);       // 将pipefds1[0]加入读集合
        FD_SET(pipefds2[0], &readfds);       // 将pipefds2[0]加入读集合

        // 计算最大的文件描述符
        fd_max = std::max(pipefds1[0], pipefds2[0]);

        // 设置超时时间为5秒
        timeout.tv_sec = 5;
        timeout.tv_usec = 0;

        // 调用select等待文件描述符准备好或超时
        ret = select(fd_max + 1, &readfds, nullptr, nullptr, &timeout);

        if (ret == -1) {
            perror("select");                            // select调用失败
            exit(EXIT_FAILURE);
        } else if (ret == 0) {
            std::cout << "Timeout!" << std::endl;        // select超时
            break;
        } else {
            // 检查文件描述符是否准备好读取数据
            if (FD_ISSET(pipefds1[0], &readfds)) {
                char buf[6];
                read(pipefds1[0], buf, 5);               // 从pipefds1[0]读取数据
                buf[5] = '\0';
                std::cout << "Data from pipe1: " << buf << std::endl;
            }
            if (FD_ISSET(pipefds2[0], &readfds)) {
                char buf[6];
                read(pipefds2[0], buf, 5);               // 从pipefds2[0]读取数据
                buf[5] = '\0';
                std::cout << "Data from pipe2: " << buf << std::endl;
            }
            break;
        }
    }

    // 关闭管道文件描述符
    close(pipefds1[0]);
    close(pipefds1[1]);
    close(pipefds2[0]);
    close(pipefds2[1]);

    return 0;
}
```

在这个示例中，首先创建了两个管道，并向这些管道分别写入了"Hello"和"World"两个字符串。接着，利用select()函数来监控这两个管道的读文件描述符。这个函数的功能是等待直到一个或多个文件描述符准备好进行I/O操作。

在本例中，当任意一个管道中有数据可读时，select()函数就返回，并允许程序通过读操作来获取并输出这些数据。这展示了如何在Linux环境下使用select()函数来处理多个I/O源的事件驱动模型。

替代方案

对于需要处理大量文件描述符或需要更高效事件处理机制的应用程序，可能需要考虑其他技术：

- 在类UNIX系统中：可以使用poll或epoll（仅限Linux）作为更现代且效率更高的替代方案。
- 在Windows系统中：通常使用I/O完成端口（IOCP），这是一种专为高性能I/O操作和高并发设计的机制。

总的来说，尽管select提供了一个基本且广泛支持的跨平台解决方案，但在设计要求更高的现代应用中，开发者可能会考虑使用更高效的系统特定工具来优化性能和资源利用率。

5.7.4　异步事件处理库的探索：Boost.Asio 和 libevent

在前文中，我们已经探讨了使用系统级API（如select）进行事件驱动编程的基本概念和操作方式。尽管这些方法在某些场景下仍然有效，但它们面对现代高性能、高并发的需求时往往显得力不从心。为了解决这些限制并提供更高级的功能和更好的开发体验，许多高级库被开发出来，专门用于处理复杂的异步I/O操作。本节将介绍两个使用广泛的库——Boost.Asio和libevent，它们都提供了强大的工具来简化和优化事件驱动的程序设计。

1. Boost.Asio

Boost.Asio是一个跨平台的C++库，用于编程网络和低级I/O操作。它不仅支持同步和异步操作，而且是基于Proactor设计模式的，这意味着它将异步操作的复杂性隐藏在库的内部，允许开发者以一种几乎是声明性的方式来处理异步I/O。Boost.Asio使用了现代C++的设计原则，如模板和回调函数，使其非常灵活而强大。

例如，使用Boost.Asio可以创建一个TCP服务器，其接收连接的代码不会阻塞主线程，因为所有I/O操作都是异步完成的。这种设计使得服务器能够在处理大量连接时，还能保持高响应性和低延迟。

1）Boost.Asio的异步机制

Boost.Asio库支持多种异步操作方式，使得开发者可以根据应用需求选择最合适的方法来优化性能和资源利用率。以下是Boost.Asio支持的几种主要的异步操作方式：

- 异步I/O操作：Boost.Asio允许开发者执行非阻塞的读写操作，这意味着程序可以在不等待I/O操作完成的情况下继续执行。这对于需要高效处理大量并发网络连接的服务器应用来说非常关键。
- 异步定时器：定时器在很多应用中都非常有用，尤其在需要定时执行任务或者在某段时间后需要触发事件的场景。Boost.Asio提供了强大的异步定时器功能，允许开发者精确地控制操作何时发生。
- 信号处理：Boost.Asio支持异步处理UNIX信号，这意味着应用程序可以响应外部中断，而无须阻塞当前的操作。这对于需要处理突发事件，如终止信号或其他重要中断的应用程序来说，是必不可少的。

- 异步解析DNS：Boost.Asio可以进行异步的DNS查询，这有助于非阻塞地解析主机名。这对于网络客户端应用来说非常有用，因为它可以避免因DNS解析延迟而阻塞整个网络通信流程。
- 异步流协议：Boost.Asio支持多种流协议的异步操作，如TCP和UDP。开发者可以使用这些协议来实现各种网络通信需求，同时保持代码的非阻塞和响应性。

通过这些异步操作方式，Boost.Asio提供了一种强大的机制来处理多种I/O任务，而无须牺牲程序的整体性能和响应性。这种灵活性和效率是Boost.Asio成为许多高性能网络应用和服务首选框架的重要原因。

2）Boost.Asio的实现原理

Boost.Asio的强大功能和灵活性部分源于其底层的实现原理，特别是利用现代操作系统的异步I/O功能，如图5-3所示。

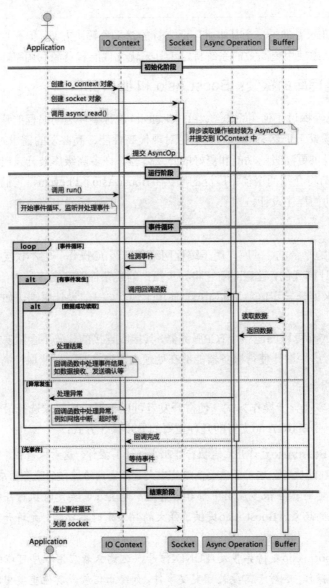

图 5-3   Boost.Asio 事件循环图

下面将探讨Boost.Asio如何实现其异步操作，以及这些实现如何影响应用程序的性能和可扩展性。

（1）Proactor设计模式

Boost.Asio基于Proactor设计模式实现异步操作。在这种模式下，操作系统完成I/O操作后，会自动通知应用程序。这种机制使得应用程序无须在I/O操作完成时阻塞等待，从而能够继续执行其他任务。Boost.Asio的核心组件之一是io_context对象，它在内部管理着所有异步操作的状态和通知机制。

（2）非阻塞I/O

Boost.Asio通过非阻塞I/O操作来提高应用的效率和响应性。它配置套接字和其他I/O对象为非阻塞模式，这意味着任何I/O操作都会立即返回，不会等待操作系统完成操作。这允许程序在等待I/O操作完成的同时，可以处理其他任务或响应其他事件。

（3）异步事件处理循环

在Boost.Asio中，io_context对象负责处理所有的异步事件。开发者通过向io_context提交异步操作（如异步读写、定时器等）并调用io_context.run()来启动事件处理循环。这个循环会持续检查执行完成的异步操作，并调用相应的处理函数（通常是回调函数）。

（4）底层I/O多路复用技术

Boost.Asio底层使用了I/O多路复用技术，如select、poll、epoll（在Linux上），或者IOCP（在Windows上）。这些技术允许程序同时监控多个I/O流的状态变化，有效地管理大量并发I/O操作，无须为每个I/O操作创建和管理独立的线程。

（5）线程安全和并发模型

Boost.Asio设计为线程安全的，可以支持多线程环境下的并发异步I/O操作。通过在多个线程中分别调用io_context.run()，可以将I/O任务分发到多个线程上执行，这样可以充分利用多核处理器的性能，提高应用程序的吞吐量和响应速度。

Boost.Asio为C++开发者提供了一个强大而灵活的平台，以支持高性能的异步网络编程和I/O处理。这些技术不仅提升了程序的性能，也使得程序的结构更加清晰和易于维护。实际应用中，了解这些底层原理将帮助开发者更好地利用Boost.Asio的功能，设计出更高效、稳定的系统。

2. libevent

libevent是另一个用于构建异步通信应用的库，更侧重于事件驱动的编程。与Boost.Asio类似，libevent支持多种类型的网络协议和I/O操作，但它的设计更轻量级，通常用于需要快速处理大量小型事件的场景，如HTTP服务器。

libevent通过一个事件循环来工作，开发者注册感兴趣的事件和相应的回调函数，当事件发生时，libevent负责调用这些回调。这种模型非常适合处理高并发的环境，它可以帮助程序维持清晰的逻辑和高效的执行。

1）libevent的异步机制

libevent是一个高效的事件驱动库，通过简化事件处理和非阻塞I/O操作，使开发者能够构建高效的异步应用。以下是libevent支持的几种主要异步方式：

- 异步网络I/O：libevent提供了对TCP和UDP套接字的异步处理能力。开发者可以使用libevent来管理套接字的读写事件，而不需要阻塞等待网络操作完成。这使得应用可以同时处理大量的网络连接，而不会造成线程阻塞或资源浪费。

- 定时事件：libevent允许开发者创建定时器，用于在指定的时间后执行回调。这适用于需要定期或延时执行任务的场景，如定时检查资源、定时更新状态等。定时器的使用有助于保持应用的性能和响应性。
- 信号处理：libevent可以异步处理UNIX信号，如SIGINT和SIGTERM。这允许应用在不中断当前操作的情况下响应外部信号，例如进行优雅的关闭或资源清理。
- 缓冲事件：libevent的缓冲事件API允许开发者不直接处理套接字I/O操作，而是通过缓冲区来读写数据。这种方法简化了数据处理的逻辑，特别是在需要处理大量数据的网络应用中。
- 事件回调：libevent基于事件回调机制工作。开发者可以为不同的事件（如读、写、超时、错误）指定回调函数，当这些事件发生时，相应的回调函数将被触发执行。

这些异步处理方式使libevent非常适合于高性能的网络服务器和复杂的事件驱动应用，其中包括HTTP服务器、数据库连接池和实时消息处理系统等。通过优化事件处理和减少阻塞操作，libevent帮助开发者提高应用性能，同时降低复杂性和提高代码的可维护性。

2）libevent的实现原理

libevent是为高性能事件驱动应用设计的库，它的底层实现原理关键在于高效地管理和处理事件，如图5-4所示。了解这些实现细节不仅有助于更好地利用libevent的功能，还可以启发开发者在自己的项目中实现类似的机制。

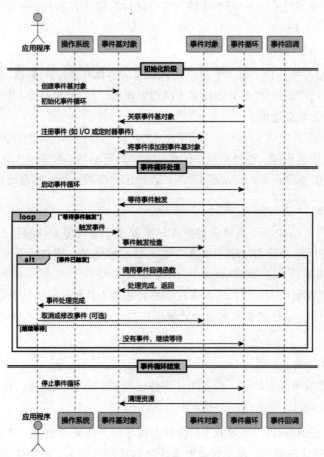

图 5-4　libevent 事件循环图

以下是libevent底层实现的几个核心方面：

（1）事件多路复用

libevent的使用了多种I/O多路复用技术，包括select、poll、epoll（Linux）、kqueue（BSD）和event ports（Solaris）。这些技术允许libevent同时监控多个I/O源（如套接字、定时器、信号）的状态变化，从而无须为每个I/O源创建单独的线程。选择哪种技术取决于操作系统的支持和性能特性，libevent能够自动选择最优的多路复用机制。

（2）事件处理循环

libevent的核心是一个事件处理循环，该循环不断检查注册的事件是否就绪，并调用相应的回调函数处理事件。开发者可以向事件循环中注册感兴趣的事件和对应的处理函数，然后启动循环以持续响应事件。这种模型非常适合处理高并发的网络请求，因为它避免了频繁的线程切换和同步开销。

（3）缓冲事件和水位标记

libevent提供了缓冲事件API，这些API允许开发者在高层次上处理I/O操作，而不必担心底层的I/O多路复用细节。缓冲事件自动为读写操作维护内部缓冲区，并提供水位标记功能，允许开发者控制何时开始读取或写入数据。这有助于管理大块数据的传输，例如在网络应用中处理大文件上传或下载。

（4）定时器管理

libevent的定时器管理允许精确控制事件触发的时间。内部实现通常使用最小堆数据结构来存储所有定时器事件，以确保可以快速地检索和更新即将触发的定时器。这种高效的定时器管理机制对于需要精确计时的应用尤其重要，如心跳检测和超时管理。

（5）线程安全和锁机制

尽管libevent本身不是线程安全的，但它提供了机制来支持在多线程环境中使用。例如，可以在多个线程中创建独立的事件循环，或者使用锁和条件变量来同步对共享资源的访问。此外，libevent还支持使用工作队列来分发事件处理任务到多个线程，这样可以利用多核处理器的并行处理能力，提高应用性能。

通过这些高效且灵活的底层实现机制，libevent支持开发者构建出响应迅速且能高效处理大量并发事件的应用程序。理解这些实现原理可以帮助开发者更好地设计和优化自己的事件驱动系统，无论是在网络编程还是在其他需要高性能事件处理的场景中。

3. 实现自定义异步事件处理的思路

在现代C++中，要实现一个类似于Boost.Asio和libevent的异步I/O系统，我们可以借鉴这些库的设计思想，并利用C++语言特性。重点包括I/O多路复用技术、事件循环、缓冲事件和Proactor设计模式的实现。

1）I/O多路复用技术

I/O多路复用是异步I/O系统的核心。在C++中，我们可以使用操作系统提供的API（如Linux的epoll，Windows的IOCP），或是跨平台的库（如boost::asio）实现I/O多路复用。C++标准库本身并不直接支持这些低级操作，因此通常需要操作系统特定的API调用。

- Linux平台：可以使用epoll——一个高效的事件通知接口。通过epoll_create、epoll_ctl和epoll_wait函数来管理和等待I/O事件。
- Windows平台：可以利用IOCP（输入/输出完成端口）。通过创建完成端口、将文件句柄绑定到端口，在异步操作完成时获取通知。

2）事件循环

事件循环是处理异步I/O请求的另一个关键组件。使用C++11的线程库（如std::thread）、同步原语（如std::mutex、std::condition_variable）和原子操作可以构建有效的事件循环：

- 初始化：设置事件存储结构，通常是一个队列或优先队列，存储即将处理的I/O事件。
- 循环处理：循环监听事件，当I/O事件就绪时，从队列中取出并处理。处理过程中可以使用std::async或std::thread来异步执行任务。

3）缓冲事件

缓冲事件是异步I/O中常见的概念，用于管理I/O数据流。可以通过C++的STL容器（如std::vector、std::deque）来实现输入输出缓冲区：

- 数据读取：当数据到达时，将数据存入缓冲区，直到达到某个条件（如缓冲区满、特定字节到达）后，触发数据处理回调。
- 数据写入：将待发送数据存储在缓冲区，当通道可写时发送数据，并在数据成功写入后更新缓冲区状态。

4）Proactor设计模式

Proactor模式是异步处理模式的一种，主要在处理完I/O操作后通知应用程序。在C++中，可以结合异步任务和回调机制实现：

- 异步任务发起：使用std::async或std::promise和std::future来发起异步I/O操作。
- 完成处理：I/O操作完成后，相关的回调函数被调用，这些回调函数可以在std::future对象上设置，当操作完成时通过std::future::get()获取结果并进行处理。

5.8   并发工具与技术

探索C++中用于支持并发编程的各种工具与技术是理解和实现高效并发解决方案的关键。本节将详细介绍一些核心工具和库，它们从C++11开始逐步引入，并在后续的标准中得到增强和扩展。

5.8.1   使用 std::call_once 实现线程安全的延迟初始化

在并发环境中，正确地实现延迟初始化是非常重要的，这可以避免不必要的计算和资源消耗，同时确保线程安全。

在多线程程序设计中，确保某些初始化操作只执行一次是一个常见的需求。例如，在创建单例对象或加载配置数据时，我们必须确保即使多个线程尝试同时执行这些操作，初始化也只会发生一次，以避免资源竞争和数据不一致。

为了解决这一问题，C++11标准引入了std::once_flag和std::call_once这两个工具，它们配合使用可以保证指定函数在多线程环境中只被执行一次，即使有多个线程同时到达执行点。

- std::once_flag：这是一个不透明的数据结构，用于存储函数是否已经被调用的状态。每个std::once_flag实例都只与一个需要被保证只执行一次的函数关联。std::once_flag应当与需要单次执行的函数或者代码块保持相同的生命周期，通常作为静态状态存在于全局或者作为某个对象的一部分。一旦被std::call_once标记为已调用，它的状态就不会再变更，确保生命周期的管理不会影响其功能。

- std::call_once: 这是一个模板函数，接受一个std::once_flag和一个可调用对象（如函数、Lambda表达式、函数对象等）。std::call_once将检查关联的std::once_flag是否已被标记为执行过，如果没有执行过，则std::call_once会执行传入的函数，并将标记设置为已执行，保证此后的调用不会再次执行该函数；如果已执行过，则std::call_once不会执行传入的函数。

这种机制的优点是线程安全的，而且不需要显示地使用互斥锁，因为std::call_once内部已经处理了所有必要的同步操作。这样，开发者可以更加简洁地编写安全的初始化代码，而无须担心复杂的同步和竞争条件。

【示例展示】

在下面示例中，将定义一个全局资源resource和一个初始化函数init_resource()，后者假设执行一些复杂的初始化操作（在这个例子中，简单地设置resource的值为77）。我们使用std::once_flag变量flag来控制init_resource()的执行。

```cpp
#include <iostream>
#include <mutex>
#include <thread>

std::once_flag flag;
int resource;

void init_resource() {
    resource = 77; // 假设这是一项复杂的初始化操作
    std::cout << "Resource initialized.\n";
}

void thread_func() {
    std::call_once(flag, init_resource);
    std::cout << "Resource: " << resource << std::endl;
}

int main() {
    std::thread t1(thread_func);
    std::thread t2(thread_func);
    t1.join();
    t2.join();
    return 0;
}
```

这种模式特别适用于以下场景：

- 单例模式初始化：当设计模式需要确保一个类只有一个实例时，初始化这个实例的函数可以通过std::call_once保证线程安全。
- 一次性配置加载：如从文件或网络加载配置数据，可以确保无论多少线程需要这些数据，加载操作都只执行一次。

5.8.2　线程局部存储

线程局部存储（TLS）技术在并发编程中起到了至关重要的作用，主要用于为每个线程创建和管理特有的数据副本。TLS的引入旨在解决多线程环境中数据共享可能带来的问题，如竞争条件、数据不一致等。

在C++中，TLS通过thread_local关键字实现，该关键字在C++11标准中引入。它指示编译器为每个线程提供变量的私有副本。这意味着每个使用thread_local标记的变量，在每个线程的生命周期内都是唯一的，互不干扰。

TLS的实现依赖于操作系统和编译器的支持。在编译时，标记为thread_local的变量会被编译器处理，以确保在每个线程的上下文中都分配有独立的存储空间。操作系统负责在创建线程时为这些变量分配内存，并在销毁线程时释放内存。

【示例展示】

使用C++11的thread_local关键字可以非常方便地实现线程局部存储。下面是一个简单的示例，展示如何使用thread_local关键字来定义每个线程具有自己的数据副本，并通过一个函数来修改并打印这些数据。

```
#include <iostream>
#include <thread>

// 定义一个线程局部变量
thread_local int n = 0;

void increment_and_print() {
    ++n; // 每个线程都会修改自己的n副本
    std::cout << "Thread " << std::this_thread::get_id() << " n = " << n << std::endl;
}

int main() {
    std::thread t1(increment_and_print);
    std::thread t2(increment_and_print);
    t1.join();
    t2.join();
    return 0;
}
```

在并发编程中，通过thread_local关键字使用线程局部存储可以有效避免多线程环境中的数据竞争和同步问题，但是在决定使用这一技术时，还需要考虑一些设计原则和潜在的限制。

- 首先，使用thread_local关键字在需要确保数据隔离的场景下非常有用，比如当变量状态严重依赖于线程特定的执行路径时。然而，这也意味着每个线程的内存占用会增加，尤其在有大量线程或thread_local变量较大时。
- 其次，虽然thread_local提供了一种简便的方式来避免跨线程的数据访问问题，但它也可能限制软件的可扩展性。如果未来的软件版本对于此变量的访问需求有变更，原先使用thread_local的设计可能需要重大调整。例如，如果某个变量的值需要在多个线程之间传递或者单个线程需要多个独立的变量实例，使用thread_local可能就不是一个合适的选择。

因此，在决定是否使用thread_local时，除了考虑它带来的线程安全性优势之外，还需要从软件整体架构和未来发展的角度，综合评估它对资源使用、可扩展性和维护复杂性的影响。这种评估将帮助确保选择最适合当前及未来需求的并发编程模型。

5.8.3　并发工具与算法

随着C++标准的不断演进，C++17标准引入了执行策略，这些策略定义了算法的执行模式。std::execution::par是其中一种策略，表示算法应该并行执行。其加入的并行算法是一大亮点，它们允许开发者利用并行执行的方式来加速数据的处理和计算。例如，std::sort算法的并行版本可以在多核处理器上同时运行，显著提高大数据集的排序速度。

std::sort并行版本的原理如下：

当使用std::sort(std::execution::par, vec.begin(), vec.end())时，这个算法背后的并行机制主要依赖于

分治算法。具体来说，通常使用的是一种并行化的快速排序或归并排序，这里的关键在于将数据分割成多个小块，每块可以在不同的处理器核心上独立排序。底层实现细节依赖于编译器和使用的标准库的具体实现，不同的实现可能会采用不同的并行库（如OpenMP、Intel TBB等）。编译器负责优化执行策略，以在运行时提供最佳的性能。

- 排序开始时，整个数组被分割成多个较小的段。这个分割的粒度（即每个段的大小）通常会根据处理器的核心数量和当前的系统负载动态调整。
- 每个数据段由一个独立的线程（或进程）在不同的核心上进行排序。这意味着如果有多个核心，那么多个数据段可以同时被排序。
- 一旦各个段都排序完成，这些独立排序的结果需要合并成一个有序的数组。在并行快速排序中，这通常涉及额外的合并步骤，而并行归并排序则自然包含合并过程。

【示例展示】

以下是一个使用并行算法的示例，展示如何对一个包含10000个整数的向量进行快速排序。

```cpp
#include <algorithm>
#include <vector>
#include <execution>
#include <numeric>
#include <random>
#include <iostream>
#include <chrono>
#include <thread>
int main() {
    std::vector<int> vec(10000);
    // 使用iota填充从0开始的连续整数
    std::iota(vec.begin(), vec.end(), 0);
    // 使用默认随机数生成器打乱顺序
    std::shuffle(vec.begin(), vec.end(), std::mt19937{std::random_device{}()});
    // 输出排序前的结果
    for (int num : vec) {
        std::cout << num << " ";
    }
    std::cout << "                    " <<std::endl;
    std::cout << "                    " <<std::endl;
    std::this_thread::sleep_for(std::chrono::milliseconds(2000));
    // 使用并行算法进行排序
    std::sort(std::execution::par, vec.begin(), vec.end());

    // 输出排序后的结果
    for (int num : vec) {
        std::cout << num << " ";
    }
    std::cout << std::endl;

    return 0;
}
```

这段代码首先填充了一个大型向量，然后使用C++11中引入的<random>库打乱顺序，最后应用并行执行策略进行高效排序。

使用std::execution::par并行执行策略的std::sort能够显著提高大数据集的处理速度。利用多核处理器的并行处理能力，它可以更有效地处理大规模数据，这对于需要高性能计算的应用程序尤其重要。

通过标准库中现成的并行算法，开发者无须直接管理线程和锁等并发编程的底层细节，从而能够更专注于业务逻辑的实现。

值得注意的是，C++17引入的执行策略不仅包括std::execution::par，还有其他几种策略，每种策略都适用于不同的场景。表5-4总结了C++17中的并发算法执行策略。

表5-4　C++17中的并发算法执行策略

执行策略	描　　述	适用场景
std::execution::seq	顺序执行	小数据集或严格要求按顺序执行的情况
std::execution::par	并行执行	大数据集，可以并行处理的情况
std::execution::par_unseq	并行且可能向量化执行	大数据集，且算法允许重排序的情况
std::execution::unseq (C++20)	允许向量化但不并行	需要 SIMD 优化但不需要多线程的情况

选择哪种执行策略可以根据具体的应用场景、数据规模和硬件环境来决定。在实际应用中，开发者可能需要通过性能测试来确定哪种策略能够为特定的算法和数据集带来最佳的性能提升。

5.8.4　并发框架的应用

C++社区和第三方开发者提供了多种并发框架，旨在简化并发编程的复杂性，同时提供高性能的解决方案。

1. Intel Threading Building Blocks（TBB）

Intel TBB是一个广泛使用的C++并发编程库，它提供了丰富的并发数据结构和算法，以支持可扩展的并行编程。TBB设计用于抽象化硬件级别的并发性，以便应用程序能够充分利用多核处理器的性能。

【示例展示】

```
#include <tbb/parallel_for.h>
#include <vector>

int main() {
    std::vector<int> vec(1000000);
    // 填充数据
    std::iota(vec.begin(), vec.end(), 0);

    tbb::parallel_for(size_t(0), vec.size(), [&](size_t i) {
        vec[i] *= 2;
    });

    return 0;
}
```

在这个示例中，parallel_for函数自动将循环的迭代分配到多个线程上，实现数据的并行处理。

2. C++ Actor Framework（CAF）

CAF是一个基于演员模型的并发框架，它提供了一种不同的方式来处理并发：通过创建互相独立的演员（actors），每个演员都在自己的执行线程中处理消息。

当然，还有许多其他框架同样值得探索，每个框架都有其独特的优势和适用场景。因此，鼓励读者根据具体的项目需求和技术兴趣，进一步探索和实验这些工具。掌握多种并发框架将为我们的编程工具箱增添强大的多线程处理能力，使我们能够更好地应对现代软件开发中的并发挑战。

5.9　线程池的设计

在并发编程中，线程池是一种非常重要的技术，它可以有效地管理和调度大量的线程，从而提高应用程序的性能和资源利用率。本节旨在深入探讨线程池的设计原理和实现方式，以及如何在C++中有效地构建和使用线程池。

5.9.1　线程池的基本概念及其解决的问题

线程池是一种基于预创建线程集的技术，用于在多线程环境下管理线程的创建、执行和销毁。这种方法可以看作一种"空间换时间"的优化策略，即通过使用更多的内存空间来维持一组线程，以减少每次任务执行所需的时间开销，提高了响应速度，同时也减少了操作系统在线程管理上的负担。此外，线程池允许开发者控制并发级别，从而更精确地根据应用需求和系统能力来调整性能表现。

线程池解决的核心问题包括：

- 性能开销：线程的创建和销毁都是昂贵的操作，涉及操作系统的多个层面，如内核资源的分配和释放。在高负载系统中，如果每个任务都需要创建新的线程，将极大增加总体的性能开销。
- 资源消耗：每个线程都需要系统资源，如内存和处理器时间。线程池通过维持一定数量的线程来优化资源分配，避免了过多线程同时运行时的资源冲突和浪费。
- 稳定性和可靠性：控制线程数量有助于防止由于线程过多导致的系统崩溃或性能下降，提高了程序的稳定性和可靠性。

5.9.2　线程池的设计模式

线程池设计模式涉及不同的策略和架构，用于控制线程的生命周期、任务分配和资源管理。这些模式通常针对不同的应用需求和性能优化目标。下面是一些常见的线程池设计模式：

1）固定数量线程池（fixed thread pool）

在这种模式下，线程池的大小在创建时被设置，并且在运行期间保持不变。适用于已知并发负载较为稳定的情况。

优点：管理简单，资源控制容易。

缺点：在负载高峰期可能无法提供足够的线程处理任务，而在低负载时又可能导致资源浪费。

2）可变数量线程池（cached thread pool）

在这种模式下，线程数量不固定，可以根据需要创建新线程，空闲线程在一定时间后会被自动回收。

优点：能够较好地适应不同的工作负载变化。

缺点：线程数量的无限制增长可能会导致资源耗尽。

3）单线程池（single thread executor）

在这种模式下，只有一个工作线程来处理任务，确保所有任务按照指定顺序（FIFO、LIFO、优先级）执行。

优点：简化了线程管理，不需要处理线程同步的问题。

缺点：不能在多核处理器上并行处理任务，可能会成为性能瓶颈。

4）调度线程池（scheduled thread pool）

在这种模式下，线程池用于延迟执行或定期执行任务。

优点：可以设定任务在指定延迟后执行，或定期重复执行，适用于需要多个后台任务定时执行的应用场景。

缺点：如果任务执行时间较长或任务频率过高，可能会影响其他任务的调度，导致任务堆积和延迟。

5）工作窃取线程池（work stealing pool）

在这种模式下，线程可以从其他线程的任务队列中窃取任务来执行，使得所有线程的工作负载尽可能平衡。

优点：提高了线程利用率和吞吐量，特别是在多核处理器上。

缺点：实现复杂，需要精细的控制和优化。

每种设计模式都有其适用场景和性能考量，在选择线程池模式时，开发者需要根据应用的具体需求，考虑任务的类型、频率、执行时间和资源限制等因素，选择最合适的线程池策略。

虽然不同类型的线程池在具体实现上有所不同，但它们的基本架构和工作原理是类似的。一个简化的线程池机制图如图5-5所示，展示了线程池的一般组成和工作流程。

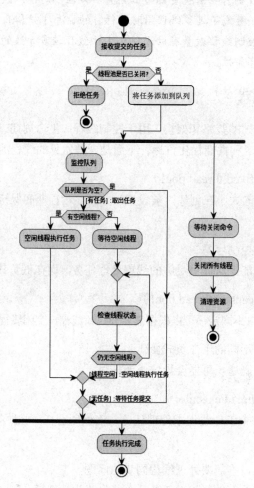

图 5-5　线程池的工作流程图

5.9.3　线程池的基本设计思路

线程池的基本设计思路是优化程序性能和资源利用率——通过预先分配一定数量的线程并重复使用它们来执行多个任务，避免了频繁地创建和销毁线程的开销。在详细介绍线程池的设计之前，先了解其核心组成部分和主要功能。

1. 核心组成和主要功能

线程池的核心组成包括：

- 线程管理器：负责管理线程池中的线程，包括线程的创建、销毁和状态监控。
- 工作队列：任务队列作为缓冲区，存储待处理的任务。线程池中的线程会从这个队列中获取任务去执行。
- 任务接口：定义任务的结构，通常是以一定方式封装的可执行代码。
- 同步机制：包括锁、条件变量等，用于协调线程之间的工作，确保线程安全性。

线程池的主要功能包括：

- 任务调度：线程池需要有效地从工作队列中调度任务给空闲线程，这通常涉及使用算法优化任务执行的顺序和时间。
- 负载均衡：合理地分配任务给各个线程，确保所有线程的工作负载尽可能均衡，避免某些线程长时间空闲而其他线程过载。
- 异常处理：在执行任务过程中可能会出现异常，线程池设计需要考虑到异常处理机制，确保一个任务的失败不会影响整个线程池的稳定性。

2. 线程池可能的扩展功能

为了提高线程池的适应性和效率，可以考虑一些扩展功能，使线程池能够更好地满足特定应用的需求。以下是一些常见的扩展功能：

1）动态调整线程数量

- 自适应调整：根据当前的工作负载动态地增加或减少线程数量。这种机制可以通过监控任务队列的长度和线程的利用率来实现，帮助线程池在任务量大时增强处理能力，在任务量小时减少资源消耗。

2）优先级任务调度

- 优先级队列：允许任务按照优先级被调度。在这种机制下，高优先级的任务可以跳过队列中的其他任务更快地被执行，适用于那些对响应时间有严格要求的应用。

3）高级任务调度策略

- 公平调度：确保长时间运行的大型任务不会阻塞队列中的小任务。这可以通过轮询或时间片等技术实现，提高线程池的响应性和任务处理的公平性。
- 依赖任务处理：支持任务之间的依赖关系，允许某些任务只在其依赖的任务完成后才开始执行。这对于执行复杂的任务流程非常有用。

4）健康监控与管理

- 线程健康检查：定期检查线程的状态，及时重启那些因错误而停止或表现不正常的线程。这可以提高线程池的可靠性和稳定性。
- 性能监控：集成监控工具来跟踪线程池的性能指标，如任务平均处理时间、队列长度、线程利用率等。这可以为优化线程池配置提供数据支持。

5）灵活的线程配置选项

- 线程局部存储：允许线程存储其独有的数据。这对于处理不需要与其他线程共享数据的任务非常有用。
- 配置化的线程属性：允许为线程池中的线程配置具体的属性，如堆栈大小、优先级等，以满足特定的性能要求。

通过引入这些扩展功能，线程池不仅能够更有效地处理多样化的任务，还能提供更高的可配置性和更强的错误恢复能力，从而适应更广泛的应用场景。这些功能的实现将依赖于具体的应用需求和资源条件，开发者需权衡功能的复杂性和实际的性能收益。

5.9.4   线程池的基本技能及其实现手段

线程池的实现涉及多个关键技术点，这些技术点确保线程池不仅能有效地管理线程和任务，还能适应各种并发需求。本节将介绍一些基本的线程池实现手段，包括线程池的初始化、工作线程的管理，以及任务插入和执行功能的实现思路。

1. 线程池的初始化与工作线程的管理

线程池的初始化与工作线程的管理是线程池功能实现的核心部分。正确的初始化和有效的线程管理是确保线程池高效运行的关键。

1）初始化线程池

初始化线程池涉及几个关键步骤：

- 确定线程数量：基于应用需求和硬件资源（如CPU核心数）确定线程池中线程的数量。这一步很重要，因为它直接影响到线程池的性能和资源使用效率。
- 创建线程：根据确定的数量创建线程。线程可以自定义线程包裹类，也可以直接使用std::thread。
- 启动线程：线程创建后，启动线程并将其置于等待任务的状态。线程一旦启动，便等待从任务队列中获取任务来执行。

2）管理工作线程

工作线程的管理则包括以下几个方面：

- 任务分配：线程池需要有效地将任务分配给工作线程。通常这是通过一个共享的任务队列完成的，线程从队列中取出任务并执行。
- 状态监控：实时监控每个线程的状态，包括运行、空闲、阻塞或终止等。状态监控有助于识别和处理潜在的性能瓶颈或错误。
- 资源回收：对于不再需要的线程，如负载减少时，线程池应该能够适时回收线程资源，以减少系统的资源占用。

通过这些操作，线程池不仅能够在启动时配置和优化线程资源，还能在运行时持续管理线程的状态和性能，确保线程池能够适应不断变化的工作负载。

2. 任务插入和执行功能的实现思路

任务的插入和执行是线程池中最核心的功能之一，它不仅关系到线程池的性能，还直接影响到程序的响应速度和稳定性。

1）任务插入

任务插入涉及以下关键步骤：

- 任务封装：每个任务在插入线程池前需要被封装为一个任务对象。这通常涉及将函数、方法或任何可执行代码封装成一个统一的接口，如 C++ 中的 std::function。
- 同步控制：由于线程池的任务队列被多个线程共享，插入任务时需要适当的同步机制来避免竞争条件。这可以通过互斥锁（mutexes）或原子操作来实现。
- 任务队列管理：任务被插入一个中央任务队列中，这个队列通常是一个先进先出（FIFO）的数据结构，但也可以根据需要支持优先级排序。
- 条件变量通知：当任务被插入任务队列后，通过条件变量通知等待的工作线程有新任务到来，使得线程被唤醒来执行任务。

2）任务执行

任务的执行则涉及以下步骤：

- 任务获取：工作线程从任务队列中获取任务。如果队列为空，线程将进入等待状态，直到有新任务被插入。
- 执行环境准备：在任务执行前，可能需要准备相应的执行环境，如设置线程局部存储等。
- 任务执行：线程执行封装在任务对象中的代码。如果任务执行过程中出现异常，应有异常处理机制来捕获和处理，以防止一个任务的失败影响到整个线程池。
- 任务后处理：任务执行完毕后，进行必要的后处理，如更新任务状态、记录执行结果和时间，以及进行任何必要的资源清理。

通过这样的设计，线程池能够高效地处理大量并发任务，同时保证高度的灵活性和可扩展性。

【示例展示】

```cpp
#include <iostream>
#include <vector>
#include <thread>
#include <queue>
#include <functional>
#include <mutex>
#include <condition_variable>
#include <future>
#include <chrono>                              // 用于测量执行时间
class ThreadPool {
public:
    ThreadPool(size_t threads) : stop(false) {
        for (size_t i = 0; i < threads; ++i) {
            workers.emplace_back([this, i] {
                thread_local std::string threadIdentifier = "Thread " + std::to_string(i
+ 1);
```

```cpp
            while (true) {
                std::function<void()> task;

                {
                    std::unique_lock<std::mutex> lock(this->queue_mutex);
                    this->condition.wait(lock,
                        [this] { return this->stop || !this->tasks.empty(); });
                    if (this->stop && this->tasks.empty())
                        return;
                    task = std::move(this->tasks.front());
                    this->tasks.pop();
                }

                // 记录开始时间
                auto start = std::chrono::high_resolution_clock::now();

                try {
                //    std::cout << threadIdentifier << " is executing a task." <<
std::endl;

                    task();
                } catch (const std::exception& e) {
                    std::cerr << threadIdentifier << " caught exception: " << e.what()
<< std::endl;

                    // 在这里处理异常
                } catch (...) {
                    std::cerr << threadIdentifier << " caught non-standard exception."
<< std::endl;

                    // 处理所有非标准异常
                }

                // 记录结束时间并计算持续时间
                auto end = std::chrono::high_resolution_clock::now();
                auto duration =
std::chrono::duration_cast<std::chrono::milliseconds>(end - start).count();

                std::cout << threadIdentifier << " has completed a task in " << duration
<< " ms." << std::endl;

                // 任务后清理或状态更新
                // 在这里实施必要的清理或更新
                }
            });
        }
    }
    #if __cplusplus >= 202002L
    template<class F, class... Args>
    requires std::invocable<F, Args...>
        auto enqueue(F&& f, Args&&... args) ->
std::future<decltype(std::forward<F>(f)(std::forward<Args>(args)...))>
    #else
    template<class F, class... Args>
        auto enqueue(F&& f, Args&&... args) -> std::future<typename
std::result_of<F(Args...)>::type>
    #endif
    {
    #if __cplusplus >= 202002L
        // 自C++20起，我们可以使用std::invocable概念来检查f是否可以用args调用
        using return_type = decltype(std::forward<F>(f)(std::forward<Args>(args)...));
```

```cpp
        auto task = std::make_shared<std::packaged_task<return_type()>>(
                // 将函数和参数转发给Lambda表达式
                [f = std::forward<F>(f), ...args = std::forward<Args>(args)]() mutable {
                    // 用参数调用函数
                    return f(args...);
                }
        );
#else
        using return_type = typename std::result_of<F(Args...)>::type;
        auto task = std::make_shared< std::packaged_task<return_type()> >(
                std::bind(std::forward<F>(f), std::forward<Args>(args)...)
        );
#endif
        auto res = task->get_future();
        {
                std::unique_lock<std::mutex> lock(queue_mutex);

                // 在停止线程池后不允许继续入队
                if(stop.load())
                    throw std::runtime_error("enqueue on stopped ThreadPool");

                tasks.emplace([task]() { (*task)(); });
        }
        condition.notify_one();
        return res;
    }
    void shutdown() {
        stop = true;
        condition.notify_all();  // 唤醒所有线程以检查 stop
    }
    ~ThreadPool() {
        stop = true;
        condition.notify_all();  // 唤醒所有等待线程

        for (auto& worker : workers) {
            if (worker.joinable())
                worker.join();  // 等待线程完成
        }
    }

private:
    // 需要跟踪线程以便能够加入它们
    std::vector<std::thread> workers;
    // 任务队列
    std::queue<std::function<void()>> tasks;

    // 同步
    std::mutex queue_mutex;
    std::condition_variable condition;
    std::atomic<bool> stop;
};

// 示例用法
int main() {
    ThreadPool pool(8);  // 创建一个具有4个工作线程的线程池
    std::vector <std::future<int>> results;
    for (int i = 0; i < 8; ++i) {
        results.emplace_back(
            pool.enqueue([i] {
```

```
            std::this_thread::sleep_for(std::chrono::seconds(1));
            return i * i;
        })
    );
}
// 打印结果
for (size_t i = 0; i < results.size(); ++i) {
    std::cout << "Result of task " << i << " is " << results[i].get() << std::endl;
}

std::cout << "All tasks completed." << std::endl;
pool.shutdown();  // 确保在退出前所有线程都已停止
return 0;
}
```

上述示例包含了以下设计：

（1）构造函数

在构造函数中，线程池初始化指定数量的工作线程。每个工作线程执行一个无限循环，等待任务队列中有可执行的任务。

- 任务获取与执行：
  - 使用互斥锁（std::mutex）和条件变量（std::condition_variable）来同步对任务队列的访问。
  - 工作线程通过条件变量等待，直到有任务加入队列或线程池被终止。
  - 任务通过移动语义从队列中取出并执行。
- 异常处理：每个任务的执行被封装在try-catch块中，以捕获并处理任何在任务执行时抛出的异常。
- 性能监控：记录每个任务的开始和结束时间，计算并输出任务执行耗时。

（2）enqueue方法

此方法用于向线程池提交新任务，返回一个std::future对象，该对象可用于稍后获取任务的结果。

- 任务封装：
  - 使用std::packaged_task来封装可调用对象及其参数，这允许异步执行并返回结果。
  - 在C++20中，使用了概念（requires子句和std::invocable）来确保函数参数的正确性和类型安全。
- 任务添加到队列：
  - 使用互斥锁来同步访问任务队列。
  - 任务被添加到队列后，通过条件变量通知一个等待的工作线程。

（3）shutdown方法

用于停止线程池的所有工作线程，确保所有线程都优雅地终止：

- 设置stop标志为true。
- 唤醒所有等待的工作线程。
- 等待所有工作线程完成当前任务并退出。

（4）析构函数

确保在线程池对象被销毁时，所有工作线程都已经被正确地停止和回收。

5.9.5　线程池的扩展功能设计思路

1. 线程健康检查设计思路

线程健康检查是线程池管理中的一个重要功能，它确保所有工作线程都处于正常运行状态，没有发生死锁或长时间的非活跃状态。合理的健康检查机制可以提升线程池的可靠性和鲁棒性。以下是线程健康检查的设计思路。

1）功能概述

线程健康检查的核心目的是及时发现并处理那些因错误或其他原因而停止响应的线程。对于健康检查机制来说，关键是如何定义和监测"健康"状态。

2）实现步骤

- 心跳机制：在每个工作线程中引入一个"心跳"信号，该信号通过定时更新一个时间戳来实现。心跳更新不仅在任务执行时进行，也应在线程等待任务时进行，确保即使线程暂时没有执行任务，仍能表明其活跃状态。

- 监控策略：设立一个监控线程或在主线程中定期检查每个工作线程的最后心跳时间。比较当前时间与最后心跳时间，如果超出预设的阈值，则判定线程可能出现问题。

- 线程响应检查：对于疑似问题的线程，可以进一步检查其状态，如尝试发送一个轻量级的探测任务，看线程是否能正常接收并执行。

- 错误处理和线程重启：
  - 如果线程确认无响应或执行探测任务失败，则进行错误处理流程，这可能包括重启线程、记录错误日志、发送警报等。
  - 在重启线程之前，应确保原线程被安全地清理和终止，避免资源泄漏。

【示例展示】

以下是简化的线程健康检查设计示例。

```cpp
void worker_function(size_t index) {
    while (!stop) {
        std::unique_lock<std::mutex> lock(queue_mutex);

        // 每隔一定时间更新心跳，即使没有任务可执行
        while (!condition.wait_for(lock, std::chrono::seconds(10), [this] {
            return stop || !tasks.empty();
        })) {
            // 如果等待超时但没有任务执行，更新心跳
            update_heartbeat(index);
        }

        // 无论是因为有新任务到来还是周期性心跳更新，均更新心跳
        update_heartbeat(index);

        if (!tasks.empty()) {
            auto task = std::move(tasks.front());
            tasks.pop();
            lock.unlock();
            execute_task(task);
        }
```

```
    }
}

void update_heartbeat(size_t index) {
    std::lock_guard<std::mutex> guard(heartbeat_mutex);
    last_heartbeat[index] = std::chrono::steady_clock::now();
}
```

在这个示例中，wait_for函数用于等待条件变量。如果在指定的等待时间内没有任务被加入队列，循环将因超时而继续，并执行心跳更新；如果条件变量因为新任务到来而被唤醒，心跳也会在检查条件之后被更新。

2. 线程池任务优先级支持设计思路

支持任务优先级是线程池功能的一个重要扩展，它允许根据任务的紧急程度动态调整任务执行的顺序。在任务优先级相同的情况下，可以通过任务的提交时间来进一步排序，保证公平性和效率。以下是基于优先级和时间戳的任务调度设计思路。

1）功能概述

任务优先级支持允许线程池根据任务的优先级和提交时间来决定任务的执行顺序。这样不仅可以处理最紧急的任务，还能保证在相同优先级的任务中，先提交的任务先执行。

2）实现步骤

- 任务结构：定义一个Task结构体，包括任务的优先级、时间戳和实际的函数对象。优先级数值越小，表示优先级越高；时间戳用于在优先级相同的情况下比较任务的提交顺序。
- 比较运算符：为Task结构体实现比较运算符，使得可以根据优先级和时间戳来排序任务。这些运算符确保优先级队列可以正确地将最高优先级的任务（或者在优先级相同的情况下，最早提交的任务）放在队列的前端。
- 任务队列：使用std::priority_queue来管理任务，该数据结构根据提供的比较运算符自动维护元素的顺序。
- 任务提交：提交任务时，为每个任务分配一个时间戳，这通常可以通过记录任务提交的系统时间来实现。
- 同步控制：使用互斥锁和条件变量来保证对优先级队列的线程安全访问，并在任务被添加到队列时通知工作线程。

【示例展示】
以下是具有优先级和时间戳功能的线程池实现示例。

```
#include <iostream>
#include <queue>
#include <vector>
#include <thread>
#include <mutex>
#include <condition_variable>
#include <functional>
#include <chrono>

struct Task {
    int priority;
    std::chrono::steady_clock::time_point timestamp;
```

```cpp
    std::function<void()> func;

    Task(int p, std::chrono::steady_clock::time_point t, std::function<void()> f) :
        priority(p), timestamp(t), func(f) {}

    bool operator<(const Task& t) const {
        if (priority == t.priority)
            return timestamp > t.timestamp;        // 时间戳更晚的优先级更低
        return priority > t.priority;              // 数值更小的优先级更高
    }
};

class ThreadPool {
private:
    std::priority_queue<Task> tasks;
    std::vector<std::thread> workers;
    std::mutex queue_mutex;
    std::condition_variable condition;
    bool stop;

public:
    ThreadPool(size_t threads) : stop(false) {
        for (size_t i = 0; i < threads; ++i) {
            workers.emplace_back([this] {
                while (true) {
                    Task task(0, std::chrono::steady_clock::now(), []{});
                    {
                        std::unique_lock<std::mutex> lock(this->queue_mutex);
                        this->condition.wait(lock, [this] {
                            return this->stop || !this->tasks.empty();
                        });
                        if (this->stop && this->tasks.empty())
                            return;
                        task = this->tasks.top();
                        this->tasks.pop();
                    }
                    task.func();                    // 执行任务
                }
            });
        }
    }

    template<typename F>
    void enqueue(F&& f, int priority) {
        auto now = std::chrono::steady_clock::now();
        {
            std::unique_lock<std::mutex> lock(queue_mutex);
            tasks.emplace(priority, now, f);
        }
        condition.notify_one();
    }

    ~ThreadPool() {
        stop = true;
        condition.notify_all();
        for (auto& worker : workers) {
            worker.join();
        }
    }
```

```
    };

    // 示例用法
    int main() {
        ThreadPool pool(4);                         // 创建一个具有4个工作线程的线程池

        for (int i = 0; i < 16; ++i) {
            int priority = i % 4;                   // 0是最高优先级，3是最低优先级
            pool.enqueue([i, priority] {
                std::cout << "Task " << i << " with priority " << priority << " is running."
<< std::endl;
                std::this_thread::sleep_for(std::chrono::seconds(4 - priority));  // 减少睡眠
以获得更高的优先级
                std::cout << "Task " << i << " with priority " << priority << " is done." <<
std::endl;
            }, priority);
        }

        std::this_thread::sleep_for(std::chrono::seconds(20)); // 等待所有任务完成
        std::cout << "All tasks completed." << std::endl;

        return 0;
    }
```

在上述示例中，使用了std::priority_queue，它默认使用std::less作为比较函数。这意味着队列内的元素通过各自的"<"运算符进行比较。当A < B返回true时，A被视为"小于"B。

然而，std::priority_queue实际上是一个最大堆，这使得在默认情况下，被视为"大于"的元素（即B）会先出队。因此，如果希望优先级较高的任务（即优先级数值小的任务）先执行，就需要反转比较逻辑，确保数值较小的任务在比较中返回"大于"的结果。

这个设计通过结合任务的优先级和时间戳来调整任务的执行顺序，使线程池能够更公平且高效地处理多样化的任务负载。

3. 线程池任务历史记录设计思路

在一个复杂的多线程环境中，能够追踪和记录每个任务的执行历史对于调试、监控性能和优化线程池是非常有价值的。任务历史记录功能可以帮助管理员和开发者了解线程池的行为模式，识别性能瓶颈，以及验证任务执行的正确性。以下是实现线程池任务历史记录的设计思路。

1）功能概述

任务历史记录功能涉及捕捉每个任务的关键信息，如任务的提交时间、开始执行时间、完成时间，以及任务的执行结果和状态。这些信息可以被存储在一个日志文件或数据库中，以便于后续的查询和分析。

2）实现步骤

- 历史记录数据结构：定义一个TaskRecord结构，用于存储任务相关的历史信息，例如任务标识、优先级、提交时间、执行时间、完成时间和执行结果。
- 记录任务提交：当任务被提交到线程池时，创建一个新的TaskRecord实例，记录任务的提交时间和其他初始参数。
- 记录任务执行和完成：
  - 在任务开始执行时，更新其在TaskRecord中的开始执行时间。

◆ 任务完成后，记录完成时间和执行结果（成功、失败、异常等）。
● 存储和访问历史记录：
  ◆ 将 TaskRecord 实例存储在一个线程安全的容器中，如一个线程安全的队列或列表。
  ◆ 提供接口供管理员或开发者查询历史记录，支持按照不同的条件（时间范围、任务状态等）筛选记录。
● 历史记录的维护：定期清理历史记录以防止内存溢出。可以设定一个时间阈值，超过该阈值的记录可以被移除或归档。

【示例展示】

以下是简化的实现示例，展示如何记录任务的执行历史。

```cpp
#include <iostream>
#include <vector>
#include <queue>
#include <mutex>
#include <shared_mutex>
#include <thread>
#include <functional>
#include <chrono>

struct TaskRecord {
    int taskId;
    int priority;
    std::chrono::steady_clock::time_point submitted;
    std::chrono::steady_clock::time_point started;
    std::chrono::steady_clock::time_point finished;
    std::string status;
};

class TaskHistory {
private:
    std::vector<TaskRecord> records;
    mutable std::shared_mutex mutex;

public:
    void addRecord(const TaskRecord& record) {
        std::lock_guard<std::shared_mutex> lock(mutex);
        records.push_back(record);
    }

    std::vector<TaskRecord> getRecords() const {
        std::shared_lock<std::shared_mutex> lock(mutex);
        return records;
    }
};

class ThreadPool {
private:
    TaskHistory history;
    int taskIdCounter = 0;
    std::mutex taskMutex;

public:
    void executeTask(int priority, std::function<void()> func) {
        std::lock_guard<std::mutex> lock(taskMutex);
        auto submittedTime = std::chrono::steady_clock::now();
```

```
            TaskRecord record{taskIdCounter++, priority, submittedTime, {}, {}, "Submitted"};
            history.addRecord(record);

            // 启动时更新任务记录
            record.started = std::chrono::steady_clock::now();
            record.status = "Running";

            func();  // 执行任务

            // 任务完成时更新任务记录
            record.finished = std::chrono::steady_clock::now();
            record.status = "Completed";
            history.addRecord(record);
        }

    void printHistory() {
        auto records = history.getRecords();
        for (const auto& record : records) {
            std::cout << "Task " << record.taskId << ": Priority " << record.priority
                    << ", Submitted at " << std::chrono::duration_cast
<std::chrono::milliseconds>(record.submitted.time_since_epoch()).count()
                    << ", Started at " << std::chrono::duration_cast
<std::chrono::milliseconds>(record.started.time_since_epoch()).count()
                    << ", Finished at " << std::chrono::duration_cast
<std::chrono::milliseconds>(record.finished.time_since_epoch()).count()
                    << ", Status " << record.status << std::endl;
        }
    }
};

int main() {
    ThreadPool pool;

    // 模拟添加任务
    pool.executeTask(5, []() {
        std::this_thread::sleep_for(std::chrono::seconds(1));  // 模拟工作
        std::cout << "Task 1 executed\n";
    });

    pool.executeTask(3, []() {
        std::this_thread::sleep_for(std::chrono::seconds(2));  // 模拟工作
        std::cout << "Task 2 executed\n";
    });

    pool.printHistory();

    return 0;
}
```

在这个示例中，TaskHistory类用于存储和管理任务的历史记录。线程池在执行每个任务时更新历史记录，从而提供任务生命周期的详细信息。这些记录可以被用于分析和监控线程池的性能和行为。

4. 线程池动态调整设计思路

线程池的动态调整是指根据当前的工作负载和其他运行时指标来增加或减少线程池中线程的数量。这一功能使得线程池能够根据实际需求更有效地管理资源，从而提高处理效率并减少资源浪费。以下是实现线程池动态调整功能的设计思路。

1）功能概述

动态调整功能旨在使线程池的规模能够自适应应用程序的需求变化。当工作负载增加时，线程池可以自动增加工作线程以处理更多的任务；当工作负载减少时，一些线程可以被逐渐停用以节省系统资源。

2）实现步骤

- 监控工作负载：定期检查线程池的任务队列长度以及线程的工作状态（如正在处理的任务数量）。这些数据可以帮助判断是否需要调整线程数量。
- 定义调整策略：设定线程数量调整的规则，例如当任务队列中的任务超过某一阈值时增加线程，当大量线程处于空闲状态且超过一定时间时减少线程数量。但策略应该考虑到线程创建和销毁的成本，避免频繁的调整。
- 实施调整操作：
  - 增加线程：在线程池中创建新线程，将它们加入工作线程队列中。
  - 减少线程：标记一定数量的空闲线程为可停用，然后逐渐停止这些线程的执行。
- 线程启停管理：对于需要停止的线程，可以通过设置一个停止标志，并在线程的主循环中检查这个标志来优雅地终止线程。确保线程安全地完成当前任务后再退出。
- 性能反馈调整：基于历史性能数据动态调整策略，以实现更优的资源利用和更少的响应时间。

【示例展示】

以下是一个简化的动态调整线程池大小的示例。

```cpp
#include <iostream>
#include <vector>
#include <queue>
#include <thread>
#include <mutex>
#include <condition_variable>
#include <atomic>
#include <chrono>
#include <functional>
class ThreadPool {
private:
    std::vector<std::thread> workers;
    std::queue<std::function<void()>> tasks;
    std::mutex queue_mutex;
    std::condition_variable condition;
    std::atomic<bool> stop;
    std::atomic<int> idleThreads;
    int minThreads, maxThreads;

    void worker() {
        while (!stop) {
            std::function<void()> task;
            {
                std::unique_lock<std::mutex> lock(this->queue_mutex);
                this->condition.wait(lock, [this] {
                    return this->stop || !this->tasks.empty();
                });
                if (this->stop && this->tasks.empty())
                    return;
                task = std::move(this->tasks.front());
```

```cpp
                    this->tasks.pop();
                }

                idleThreads--;
                task();
                idleThreads++;
                adjustThreadPool();
            }
        }

        void adjustThreadPool() {
            std::lock_guard<std::mutex> lock(queue_mutex);
            int currentThreadCount = workers.size();
            if (tasks.size() > workers.size() && workers.size() < maxThreads) {
                workers.emplace_back(&ThreadPool::worker, this);
                idleThreads++;
                std::cout << "Increased thread count to " << workers.size() << std::endl;
            }
            else if (idleThreads > minThreads && tasks.empty()) {
                stop = true;
                condition.notify_one();
                std::cout << "Reduced thread count to " << workers.size() - 1 << std::endl;
            }
        }

public:
    ThreadPool(int min = 2, int max = 4) : minThreads(min), maxThreads(max), stop(false) {
        idleThreads = min;
        for (int i = 0; i < minThreads; ++i)
            workers.emplace_back(&ThreadPool::worker, this);
        std::cout << "Initial thread count: " << workers.size() << std::endl;
    }

    ~ThreadPool() {
        stop = true;
        condition.notify_all();
        for (std::thread &worker : workers)
            worker.join();
        std::cout << "Final thread count: " << workers.size() << std::endl;
    }

    template<class F>
    void enqueue(F&& f) {
        {
            std::unique_lock<std::mutex> lock(queue_mutex);
            if (stop)
                throw std::runtime_error("enqueue on stopped ThreadPool");
            tasks.emplace(std::forward<F>(f));
        }
        condition.notify_one();
    }
};

int main() {
    ThreadPool pool(2, 4);

    for (int i = 0; i < 10; ++i) {
        pool.enqueue([i]() {
            std::cout << "Executing task " << i << std::endl;
            std::this_thread::sleep_for(std::chrono::seconds(1));
        });
    }
```

```
    std::this_thread::sleep_for(std::chrono::seconds(12));  // 等待所有任务完成
    return 0;
}
```

在这个简化的示例中，resizePool方法允许动态调整线程池中的线程数量，主要是为了演示如何根据当前任务的多少和线程的空闲状态来增加或减少线程池中的线程数。在实际应用中，动态调整线程池的需求场景和实现会更加复杂和多样化。

3）实际应用场景

在实际的生产环境中，应用程序可能面对的工作负载是不断变化的，这些变化可能受到用户行为、时段、系统状态等多种因素的影响。例如：

- 网络服务器：在处理网络请求的服务器上，流量的峰值和谷值可能在一天中的不同时间出现。例如，一个购物网站在促销期间可能会遇到突然的高流量，需要更多的线程来处理用户请求以保持响应速度。
- 数据处理应用：在大数据分析或视频处理应用中，数据的批处理工作可能会周期性地发生，工作量在不同的时间段有明显的高低峰，需要根据数据处理任务的开始和结束动态调整计算资源。
- 游戏服务器：在线多人游戏服务器在玩家活跃时段需要更多资源来处理并发的游戏会话，而在玩家活动低谷时期可以减少资源使用，优化成本。

4）动态调整的实现考虑

尽管上述示例展示了动态调整的基本原理，但实际部署时需要考虑更多的因素：

- 性能监测：需要实时监控系统性能指标（如CPU和内存使用率），以及任务的等待时间和处理时间，确保线程池的调整基于全面的性能数据。
- 成本与效益分析：频繁地创建和销毁线程可能会引入额外的开销。在实际应用中，应平衡线程管理的开销与性能改善之间的关系。
- 平滑调整策略：避免线程数的剧烈波动，可以引入渐进式调整或使用某种形式的防抖技术，以确保系统的稳定性。
- 安全性和健壮性：在设计线程池时，还需要考虑异常管理和错误恢复策略，确保在面对各种边缘情况时系统的稳定性和数据的一致性。

通过考虑这些因素，可以设计出能够适应各种应用需求和环境变化的、高效且灵活的线程池，从而在确保性能的同时，优化资源使用率和成本。

本章介绍了线程池的核心设计和扩展功能的实现方法。希望这些知识能够帮助读者在未来的项目中设计出更高效、稳定的线程池，以应对各种并发编程挑战。不断实践并优化这些设计，将有助于读者深入理解并发编程的精髓，从而在软件开发的道路上更进一步。

第 6 章

设计哲学实践：编程范式、原则与实际应用

6.1 导语：探索设计哲学与跨平台策略

设计原则和编程范式是编程艺术中不可或缺的部分，帮助我们理解问题、分析需求，并选择适当的解决方案。在本章中，我们将探讨不同的C++编程范式，这些范式不仅定义了编程的风格和方法，还指导了我们的思考和决策过程。

同时，我们将讨论如何将这些编程范式和设计原则应用于跨平台开发，确保代码可以在不同的系统和环境中高效运行。掌握这些策略将使我们能够编写出更健壮、更可维护的代码，并优化整个软件开发的生命周期。

此外，关于代码规范的讨论将指导我们如何制定和遵守标准，这不仅提升代码的质量，也增强了团队协作。本章将通过具体的示例和实际应用，展示这些原则和范式的实用性和力量。

正所谓"知己知彼，百战不殆"。在编程中，了解和掌握这些范式和原则，并在跨平台开发中应用它们，将是迈向高效编程的关键。接下来，让我们带着这种理解继续，深入探索C++编程的奥秘，打造出卓越的软件作品。

6.2 C++编程范式及其应用

C++作为一种多范式编程语言，提供了广泛的功能和灵活性，支持从低级硬件操作到高级抽象概念的多种编程风格。

本节将简要回顾C++支持的基本编程范式，并探索其在现代C++中的应用和实现。

6.2.1 范式概览

1. 过程式编程

过程式编程是最古老的编程范式之一，在C++中也被广泛应用。这种风格通过函数或过程来表达逻辑，强调的是程序的操作步骤。C++中的过程式编程可以直接借鉴其祖先语言C的特性，使用函数调用、循环控制和条件语句来直接操纵内存和对象。

2. 面向对象编程

面向对象编程是C++的核心特性之一，支持通过类和对象封装数据和操作。OOP侧重于创建包含数据字段和能够执行数据相关操作的对象。它利用继承、封装和多态等概念来增强代码的可复用性、灵活性和可扩展性。

3．泛型编程

泛型编程扩展了C++的功能，允许开发者编写与数据类型无关的代码。通过模板，开发者可以编写可应用于任意数据类型的函数和类。尽管传统上C++被视为一种面向对象和过程式的语言，但近年来，随着C++11及后续版本的推出，它逐渐融入了更多函数式编程的特性。

4．函数式编程

函数式编程的一个核心概念来源于伟大的数学家阿隆佐·邱奇设计的Lambda验算，主要为了研究函数定义、函数应用和递归的数学逻辑系统。它为后来的许多编程语言提供了理论基础，特别是那些支持函数式编程范式的语言。

相比其他编程范式，函数式编程是一种更加注重无副作用的纯函数和数据不可变性的编程范式。在函数式编程中，函数被视为一等公民，这意味着它们可以像任何其他数据类型一样被传递和操作。

概念解析

"函数作为一等公民（first-class functions）"是计算机科学中的一个概念，用以描述某些编程语言（特别是函数式编程语言）中函数的行为特性。在支持此概念的语言中，函数可以像任何其他数据类型一样进行操作：它们可以被赋值给变量、作为参数传递给其他函数、作为返回值返回，或者存储在数据结构中。

表6-1总结了常见的函数式编程技术。

表6-1　函数式编程技术

特　性	说　明	原　则	应用场景
不可变数据	使用const关键字确保数据在创建后不可更改	增强代码的可预测性和线程安全	适用于多线程环境，防止数据竞争
纯函数	函数不产生外部可观察的副作用，相同输入总是得到相同输出	提高函数的可测试性和可靠性	适用于需要高可靠性和易于测试的应用
高阶函数	函数可以接收另一个函数作为参数或返回一个函数	提供更强的抽象能力，使代码更灵活	用于抽象和组织复杂的逻辑流程
Lambda 表达式和闭包	允许定义匿名函数，并捕获上下文中的变量	简化代码，增强表达力和局部封装	快速定义轻量级的函数逻辑，尤其在 STL 算法中
递归	使用函数自身调用自己来循环或迭代	避免状态改变和循环变量的使用	适用于可以自然分解为相似子问题的算法
模式匹配	通过 std::variant 和访问者模式模拟模式匹配	提高代码的可读性和匹配效率	适用于需要处理多种类型或结构的数据
惰性评估	表达式在需要其结果时才计算	提升性能，避免不必要的计算	处理大规模数据集或复杂算法时效果显著
函数对象和 std::bind	使用可调用对象和函数绑定来代替及扩展传统函数	代码复用和参数灵活性	定制回调、事件处理等需要可定制操作的场景

6.2.2 选择合适的编程范式

1. 各种编辑范式的核心优势

在深入讨论如何根据场景和需求选择编程范式之前，首先要理解每种范式的核心优势。这些优势不仅定义了它们各自最适合应用的领域，也为软件开发提供了不同的解决方案和方法论。

- 过程式编程：这种范式的主要优势在于其直接性和简洁性，使得它在需要精确控制程序行为和资源使用时非常有效。过程式编程通常直接操作内存和处理器资源，因此在执行速度和内存使用优化方面表现出色。
- 面向对象编程：面向对象编程的核心优势在于其强大的封装能力、继承结构和多态性。这些特性使得面向对象编程非常适合处理复杂的系统和应用，其中包含了大量交互的组件和模块，需要维护和扩展现有代码库。
- 泛型编程：泛型编程的优势在于其高度的抽象化和代码复用能力。通过定义与类型无关的模板，开发者可以编写出既通用又高效的代码，适用于任何数据类型，从而极大地提高开发效率和程序的灵活性。
- 函数式编程：函数式编程的核心优势在于提高代码的可预测性和透明性，增强并发程序的安全性，简化复杂系统的测试和维护，以及促进函数组合和代码复用。这种编程方式使得每个函数调用结果完全依赖于输入参数，不依赖于外部状态，从而简化了程序行为的理解和预测，尤其在并发和多线程环境中。通过数据的不可变性，函数式编程减少了多线程环境下的数据竞争和时序错误，降低了并发编程的复杂性。此外，纯函数的特性允许每个函数独立测试，简化了单元测试的编写和系统维护。然而，在C++中，函数式编程呈现出一些独特的差异和挑战：
  - 非纯函数式语言：C++是一种多范式编程语言，不是一种纯函数式编程语言（如Haskell）。虽然C++11及之后的版本增加了对函数式编程的支持，如Lambda表达式和标准模板库中的一些函数式风格的算法，但C++允许并鼓励使用状态和副作用。
  - 有限的不可变性支持：C++中的数据是可变的，这与纯函数式编程语言中数据不可变的理念相背。虽然可以通过const关键字等方式来强制数据的不可变性，但这需要开发者显式地进行管理。
  - 并发支持：C++11引入了对并发的原生支持，例如线程库。这与函数式编程中的并发模型——无共享状态并发——有所不同，需要开发者在使用C++进行函数式编程时更加小心地处理并发问题。

理解了这些核心优势后，我们可以更好地根据项目的具体需求和挑战来选择合适的编程范式，或者将它们组合使用以发挥各自的长处。

2. 不同场景下编程范式的应用

在项目的不同阶段和模块中，选择合适的编程范式可以显著影响开发的灵活性和效率。例如：

- 数据密集型和资源管理：在这些场景下，结合使用过程式编程和泛型编程可以显著提升性能。过程式编程允许精确控制资源使用，而泛型编程则提供了代码的灵活性和可复用性。
- 系统架构和业务逻辑：面向对象编程是设计复杂系统的理想选择，它通过类和对象的抽象提供了管理复杂性的方法。结合函数式编程，可以增加代码的表达性和减少副作用，尤其在并发或多线程环境中处理共享状态。

- 算法和高级数据结构：泛型编程在实现算法时提供了极高的灵活性，使得算法可以独立于数据类型。此外，函数式编程的概念（如纯函数和不可变性），可以帮助设计出更安全、清晰的算法实现。
- 云服务和微服务架构：在构建云服务和微服务架构时，面向对象编程可以用于封装服务的业务逻辑；而函数式编程支持无状态服务的设计，提高了服务的可扩展性和可维护性；泛型编程增强了服务间数据处理的灵活性。

当然，在实际项目中，单一范式往往不足以满足所有的开发需求，因此灵活地结合不同的范式变得尤为重要。

- 面向对象编程与泛型编程：可以创建通用的接口和抽象类，利用模板提供灵活的实现方式。这种结合方式适合构建高度可配置的系统，同时保持代码的模块化和可测试性。
- 函数式编程与面向对象编程：在面向对象设计中引入函数式编程的元素（如纯函数和不可变数据），可以显著提升程序的健壮性。例如，使用纯函数来处理类的内部状态变更，不仅简化了状态管理，而且在多线程环境中能够有效避免竞态条件。此外，利用Lambda表达式定义局部函数，不仅增强了代码的灵活性和可读性，还提高了并发执行的安全性。
- 泛型编程与函数式编程：结合这两种范式可以在实现算法时既保持类型的通用性，又确保算法的行为不受副作用的影响，特别适用于需要高性能和高可靠性的计算密集型应用。

通过理解这些范式的应用场景和结合方式，开发者可以更好地设计出既符合业务需求又高效可维护的软件解决方案。这种多范式的结合策略是现代C++编程的一大优势，使得C++在多种不同的应用领域中保持了竞争力。接下来，让我们通过几个实际案例来探讨C++编程范式的应用。

6.2.3　C++编程范式应用案例

6.2.3.1　数据处理

假设需要开发一个系统来处理大量的数据集，这些数据集可能包括用户信息、交易记录或者其他统计数据。目标是能够灵活处理不同类型的数据，并提供一系列的操作，如筛选、排序和计算汇总信息。你会如何选择呢？

1. 分析问题

在数据处理中，核心需求通常包括但不限于：

- 处理多种数据类型。
- 执行复杂的数据操作，如条件筛选、转换和聚合。
- 优化性能，特别是在处理大规模数据时。

2. 确定使用的范式

在处理复杂的数据集时，选择正确的编程范式是关键。考虑到不同范式的优缺点，我们做出以下选择：

- 泛型编程：由于过程式编程在处理更复杂的数据结构或需要频繁修改的算法时，可复用性和可扩展性可能受限，导致代码重复和硬编码，增加了维护难度，因此在处理需要高度数据类型通用性和可扩展性的数据处理任务时，选择泛型编程。泛型编程通过模板允许代码独立于数据类型，极大增强了软件的可维护性和可扩展性。

- 函数式编程：由于面向对象编程在处理大量简单数据类型时可能引起性能开销，且在快速适应新的数据类型和操作时可能不够灵活，因此在需要处理包含复杂数据转换和多步骤数据流的任务时，选择函数式编程。函数式编程通过强调不可变性和使用纯函数来简化错误处理和并行计算，提高了代码的清晰度和可维护性。

3. 设计解决方案

让我们逐步设计一个框架，能够高效地处理和分析数据。

1）创建一个泛型的数据容器

这个容器将使用模板来存储任意类型的数据集。例如，使用std::vector<T>作为基础数据结构来存储元素。

```cpp
template <typename T>
class DataContainer {
public:
    // 添加数据
    void add(const T& item) {
        data_.push_back(item);
    }

    // 通用的数据处理函数，允许对数据集中的每个元素执行任何操作
    template <typename Func>
    void process(Func func) {
        std::transform(data_.begin(), data_.end(), data_.begin(), func);
    }

private:
    std::vector<T> data_;
};
```

2）应用函数式编程概念

通过Lambda表达式和高阶函数来定义数据的处理逻辑，如筛选、映射和聚合。这种方法的优点在于它使得数据处理的逻辑变得更加模块化和可复用。

```cpp
#include <vector>
#include <algorithm>
#include <functional>
#include <numeric>
#include <iostream>

template <typename T>
class DataContainer {
public:
    // 添加数据：简单的数据添加，为接下来的函数式操作准备数据集
    void add(const T& item) {
        data_.push_back(item);
    }

    // 映射：应用一个函数到数据集中的每个元素。函数式编程的优势在于能够将处理逻辑作为一等公民传递，提高代码的通用性和可复用性
    template <typename Func>
    void map(Func func) {
        std::transform(data_.begin(), data_.end(), data_.begin(), func);
    }

    // 筛选：根据给定的谓词函数返回满足条件的元素集合。这种方式使数据处理非常灵活，易于调整和扩展筛选条件
```

```cpp
    template <typename Predicate>
    DataContainer<T> filter(Predicate pred) {
        DataContainer<T> result;
        std::copy_if(data_.begin(), data_.end(), std::back_inserter(result.data_),
pred);
        return result;
    }

    // 聚合：使用一个归约函数来转换和合并整个数据集。这种方法允许灵活定义如何合并数据元素，支持从简单
的总和到更复杂的统计模型
    template <typename ReduceFunc>
    T aggregate(T initVal, ReduceFunc func) {
        return std::accumulate(data_.begin(), data_.end(), initVal, func);
    }

    // 获取数据用于演示或测试
    std::vector<T> getData() const {
        return data_;
    }

private:
    std::vector<T> data_;
};

int main() {
    DataContainer<int> data;
    data.add(1);
    data.add(2);
    data.add(3);
    data.add(4);
    data.add(5);

    // 映射：将每个元素乘以2。此操作展示了如何简捷地应用转换逻辑到数据集的每一个元素
    data.map([](int x) -> int { return x * 2; });

    // 筛选：选择大于5的元素。筛选操作的优势在于能够灵活快速地调整条件，应对不同的数据筛选需求
    auto filtered = data.filter([](int x) -> bool { return x > 5; });

    // 聚合：计算总和。通过聚合，我们可以非常灵活地定义整个数据集如何被合并处理，支持各种复杂的统计聚
合功能
    int sum = filtered.aggregate(0, [](int acc, int x) -> int { return acc + x; });

    std::cout << "Sum of elements > 5 after mapping: " << sum << std::endl;
    return 0;
}
```

3）优化与并行处理

考虑使用C++的并行算法库来加速数据处理操作。例如，使用std::sort的并行版本来对大数据集进行排序。

```cpp
std::sort(std::execution::par, data.begin(), data.end());
```

4）思考和实验

随着系统的发展，继续考虑如何进一步优化数据结构和算法。例如，可以实现懒惰求值来延迟计算结果，直到真正需要输出结果为止。

6.2.3.2　仿真系统

假设需要开发一个物理仿真系统，该系统能够模拟不同的物理过程，如流体动力学、粒子系统或经典力学。这个系统需要灵活地支持多种物理模型，并且能够高效地处理大量计算。

1. 探索需求

让我们从定义仿真系统的需求开始。开发的系统需要能够满足以下需求：

- 支持多种物理模型的仿真。
- 提供高性能计算，特别是在处理复杂模型时。
- 允许用户轻松添加或修改模型的参数。

2. 选择合适的编程范式

在开发一个复杂的物理仿真系统时，面临的挑战是如何支持多种物理模型并提供高性能计算。为此，选择了面向对象编程结合模板元编程的方法来设计系统。

- 面向对象编程：由于在物理仿真中需要封装复杂的模型和仿真过程以便管理和扩展，而传统的过程式编程可能导致模型之间界限不清、维护和扩展困难，因此在设计需要易于管理和可扩展的仿真系统时，选择面向对象编程。面向对象编程通过使用类和对象可以很好地封装每个物理模型，支持继承和多态，从而简化模型的添加和修改。
- 模板元编程：由于需要在仿真系统中处理多种数据类型的数值计算，并且要求在编译时优化性能和提高类型安全性，而传统的面向对象编程在运行时的类型灵活性和性能优化方面可能存在限制，因此在需要高性能计算和类型操作优化的场景中选择模板元编程。模板元编程使得在编译时进行计算和类型决策成为可能，特别适合于需要高度优化和精确控制类型的计算场景。

通过这种方法，仿真系统能够有效地处理多种物理模型的计算，同时保持高度的可扩展性和灵活性。这种编程范式的结合为高性能计算和复杂系统设计提供了强有力的支持。

3. 设计解决方案

现在，让我们构建这个仿真系统的架构。

1）定义基础模型类

所有的物理模型都从一个基类继承，这个基类定义了所有模型必须实现的接口。

```cpp
class PhysicsModel {
public:
    virtual void simulate(double timeStep) = 0;
    virtual ~PhysicsModel() {}
};
```

2）使用模板实现具体模型

具体的物理模型可以通过模板类实现，这样可以为不同的数值类型（如float或double）提供特化。

```cpp
template<typename T>
class FluidDynamicsModel : public PhysicsModel {
public:
    void simulate(double timeStep) override {
        // 实现流体动力学的模拟代码
    }
};
```

3）优化性能和灵活性

模板的使用允许在编译时确定最适合的数值类型和计算方法，从而优化性能。同时，利用模板元编程的技术，如表达式模板，可以进一步减少运行时的开销。

```
template<typename T>
class ParticleSystemModel : public PhysicsModel {
public:
    void simulate(double timeStep) override {
        // 实现粒子系统的模拟代码
    }
};
```

4）组合和集成

仿真系统的核心可以使用一个对象容器来管理所有的物理模型对象，同时提供统一的模拟控制接口。

```
class SimulationSystem {
    std::vector<std::unique_ptr<PhysicsModel>> models;
public:
    void addModel(PhysicsModel* model) {
        models.emplace_back(model);
    }

    void runSimulation(double timeStep) {
        for (auto& model : models) {
            model->simulate(timeStep);
        }
    }
};
```

通过这种设计，仿真系统不仅能够高效地处理多种物理模型的计算，而且还具有很强的可扩展性和灵活性。这种方法充分展示了面向对象编程和模板元编程如何有效结合，以应对高性能计算和复杂系统设计的挑战。

总的来说，每种编程范式都有着独特且不可替代的作用。在实际编程中，我们往往需要根据不同的问题做出恰当的选择，以发挥出最佳的效果。程序设计的艺术实质上是掌握复杂性的艺术，理解并运用不同的编程范式，是我们在这一过程中掌握复杂性、优化解决方案的关键。

6.2.4　探索 CRTP：C++中的模板奇技

在前面的章节中，已经讨论了不同的C++编程范式及其应用案例。在具体的应用案例中，我们选择了合适的编程范式来解决特定问题。而CRTP（curiously recurring template pattern，奇异递归模板模式）作为一种高级编程技巧，正是解决复杂设计需求的利器之一。这个看似奇怪的名称源于其独特的结构：派生类以看似递归的方式出现在其自身的基类定义中。现在，让我们一起来探讨CRTP。

由于传统的运行时多态性在某些高性能需求的场景中会引入额外的运行时开销和复杂性，因此CRTP应运而生。CRTP是一种利用C++模板机制的强大模式，能够在编译时实现多态性，从而提高代码的性能和可复用性。

CRTP的核心思想是使用一个基类模板，让派生类作为模板参数传递给基类。这样，基类在编译时就能知道派生类的类型，从而实现编译时的多态性。下面通过一个简单的例子来展示CRTP的基本用法。

```cpp
#include <iostream>
#include <vector>

// 基类模板
template <typename Derived>
class Base {
public:
    void interface() {
        // 基类提供公共接口，调用派生类的实现
        static_cast<Derived*>(this)->implementation();
    }

    void print() const {
        const Derived& derived = static_cast<const Derived&>(*this);
        for (const auto& elem : derived.data) {
            std::cout << elem << " ";
        }
        std::cout << std::endl;
    }
};

// 派生类
class Derived : public Base<Derived> {
public:
    std::vector<int> data;

    Derived(const std::initializer_list<int>& init) : data(init) {}

    void implementation() {
        std::cout << "Derived implementation" << std::endl;
    }
};

int main() {
    Derived d = {2, 0, 2, 4, 10};
    d.interface();        // 输出: Derived implementation
    d.print();            // 输出: 2 0 2 4 10
    return 0;
}
```

在这个综合示例中，Base类模板接收一个派生类Derived作为模板参数，并在interface方法中通过static_cast调用Derived类的implementation方法。同时，Base类还提供了一个print方法，用于打印派生类中的数据。

CRTP具有以下优势：

- 编译时多态性：CRTP通过编译时确定类型信息，实现了多态性，而无须运行时的虚函数调用，从而提高了程序的性能。
- 代码复用：通过CRTP，可以将公共功能提取到基类模板中，而具体的实现则由派生类提供，这种方式极大地提高了代码的可复用性。
- 灵活性与可扩展性：CRTP使得基类模板可以根据不同的派生类进行定制，提供了极大的灵活性和可扩展性。

CRTP在实际编程中有许多应用场景，例如：

- 表达式模板：在数值计算库中，CRTP常用于实现表达式模板，极大地优化了矩阵和向量计算的性能。

- 静态多态性：CRTP可以用于替代传统的继承和虚函数，实现静态多态性，提高类型安全性和编译时检查能力。
- 混入模式：CRTP可以用于实现混入模式，通过将多个功能模块混入一个类中，形成复杂的类层次结构。

尽管CRTP是一种强大的技术，但它也有其局限性和潜在的陷阱，在使用时需要格外注意：

- 菱形继承问题：CRTP可能导致菱形继承问题，特别是在多重继承的情况下。这可能引起歧义和未定义行为。
- 类型安全陷阱：如果在基类中错误地使用了派生类的方法或属性，可能导致编译错误或运行时错误。
- 命名冲突：由于CRTP基类和派生类紧密耦合，因此可能出现命名冲突，特别是当基类和派生类有相同名称的成员时。
- 代码膨胀：过度使用CRTP可能导致代码膨胀，因为每个模板实例化都会生成新的代码。

为了缓解这些问题，可以采取以下策略：

- 谨慎使用：只在确实需要编译时多态性和性能优化的场景中使用CRTP。
- 良好的文档：为使用CRTP的代码提供清晰的文档，解释设计意图和使用方法。
- 合理抽象：将CRTP模式封装在易于理解和使用的接口后面，降低复杂性。
- 使用现代C++特性：结合使用constexpr、static_assert等特性，增强类型安全性和编译时检查。
- 性能测试：在应用CRTP之前进行性能测试，以确保它确实带来了预期的性能提升。

总之，CRTP是一把双刃剑，它可以带来显著的性能提升和设计灵活性，但也增加了代码的复杂度和维护难度。在决定使用CRTP时，应该权衡其优势和潜在的缺点，确保它真正适合项目需求。

6.3　设计原则与解耦策略

在软件工程的实践中，构建一个既健壮又可维护的系统往往是一个挑战。为了应对这一挑战，一系列设计原则被开发出来，以指导开发者如何设计和实现易于维护和扩展的代码。

其中，SOLID设计原则是最广为人知和最广泛应用的一组面向对象设计原则，它们由Robert C. Martin（常被称为"Uncle Bob"）在21世纪初提出，并迅速被软件开发社区接受。SOLID是5个设计原则的统称，它们分别是单一职责原则（single responsibility principle，SRP）、开闭原则（open/closed principle，OCP）、里式替换原则（Liskov substitution principle，LSP）、接口隔离原则（interface segregation principle，ISP）和依赖倒置原则（dependency inversion principle，DIP），依次对应SOLID中的S、O、L、I、D。这些原则旨在促进软件设计的可理解性、灵活性和可维护性，是任何希望建立高质量面向对象系统的开发者必须掌握的基础。SOLID设计原则如图6-1所示。

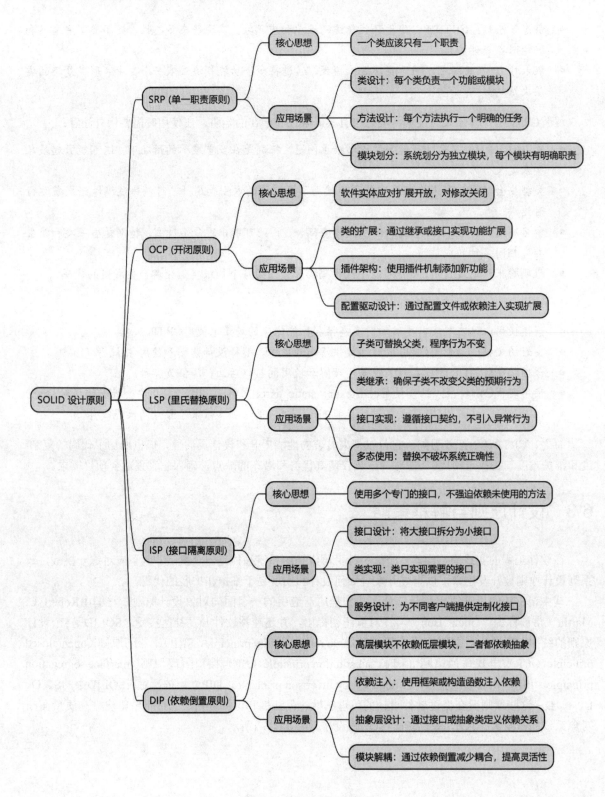

图 6-1   SOLID 设计原则

6.3.1　单一职责原则

1. 基本概念

单一职责原则是SOLID设计原则中的第一个原则，核心思想是"一个类应该仅有一个引起它变化的原因"。这个原则强调的是职责的单一性，意味着一个类应当只承担一种职责或功能。若一个类承担过多的功能，它在软件系统中将扮演多个角色，这不仅会增加代码修改和维护的难度，还会影响到类的可复用性。

其中，职责可以理解为完成特定行为的义务或者必须履行的功能。在面向对象设计中，职责通常是指一个类中实现的功能。

识别职责是实现单一职责原则的第一步。通常，这涉及对系统的功能需求进行分析，确保每个类映射到单一的功能。如果发现一个类支持多个不同的功能，应考虑将其拆分。

2. 单一职责的优势

单一职责具有以下优势：

- 可维护性：职责明确的类更易于理解和维护。因为它们的功能单一，修改一个功能不会影响到其他功能。
- 可扩展性：当需要扩展某个功能时，职责单一的类使得新增功能更为直观和安全，不需要担心修改带来的连锁反应。
- 可复用性：功能单一的类更易于在其他系统或模块中复用。因为它们不依赖于无关的功能，因此在不同的上下文中更加灵活。

3. 实现单一职责原则的挑战

实现单一职责原则的挑战如下：

- 职责的界定：在某些情况下，界定一个类的职责可能不是非常明确。功能之间可能存在重叠或紧密耦合，使得分离成为一种挑战。
- 过度工程：应用单一职责原则时，可能会导致系统中类的数量过多，每个类只处理非常小的功能。这可能会导致设计过度复杂，增加学习和管理的负担。

通过在设计阶段认真考虑并应用单一职责原则，可以大大提高软件的质量和后期的维护效率。在实际操作中，当修改引发错误时，职责单一的类使得问题更容易被识别和修复。此外，这一原则也是写出清晰、可管理代码的基础。

4. 示例：重构违反SRP的C++类

接下来，我们将通过一个具体的C++示例来演示单一职责原则的应用。这个例子将首先展示一个在初始设计中违反SRP的情况，然后通过重构来改进代码结构，使每个类只承担单一职责。

1）初始设计

假设有一个类ReportGenerator，它的职责包括生成报告数据、格式化输出以及打印报告。这个类的设计违反了单一职责原则，因为它同时承担了数据处理、报告格式化和输出打印这3个不同的职责。

```
#include <iostream>
#include <vector>
#include <string>
```

```cpp
class ReportGenerator {
public:
    void gatherData() {
        // 模拟数据收集
        data.push_back("Data 1");
        data.push_back("Data 2");
        data.push_back("Data 3");
    }

    void formatReport() {
        for (const auto& d : data) {
            formattedData += d + "\n";
        }
    }

    void printReport() const {
        std::cout << formattedData;
    }
private:
    std::vector<std::string> data;
    std::string formattedData;
};

int main() {
    ReportGenerator report;
    report.gatherData();
    report.formatReport();
    report.printReport();
    return 0;
}
```

2）重构设计

为了遵守单一职责原则，可以将ReportGenerator拆分成3个类，每个类只负责一个功能：

- 数据收集类：负责收集报告所需的数据。
- 报告格式化类：负责将数据格式化为报告格式。
- 报告打印类：负责输出报告到控制台或其他媒介。

```cpp
#include <iostream>
#include <vector>
#include <string>

class DataCollector {
public:
    void gatherData() {
        data.push_back("Data 1");
        data.push_back("Data 2");
        data.push_back("Data 3");
    }
    const std::vector<std::string>& getData() const {
        return data;
    }
private:
    std::vector<std::string> data;
};

class ReportFormatter {
public:
```

```cpp
    void formatReport(const std::vector<std::string>& data) {
        for (const auto& d : data) {
            formattedData += d + "\n";
        }
    }
    const std::string& getFormattedData() const {
        return formattedData;
    }
private:
    std::string formattedData;
};

class ReportPrinter {
public:
    void printReport(const std::string& report) const {
        std::cout << report;
    }
};

int main() {
    DataCollector collector;
    collector.gatherData();

    ReportFormatter formatter;
    formatter.formatReport(collector.getData());

    ReportPrinter printer;
    printer.printReport(formatter.getFormattedData());
    return 0;
}
```

通过这种重构，每个类都只承担了一个职责，使得整个代码结构更加清晰和易于维护。这样的设计也提高了每个部分的可复用性和可测试性。例如，如果需要更改数据收集方式或报告格式，只需修改相应的类，而不会影响到其他功能。此外，这种模块化的设计使得未来的功能扩展变得更加简单和安全。

这个例子清楚地展示了SRP在实际C++项目中的重要性和实用性。通过应用单一职责原则，我们不仅提高了代码的质量和可维护性，还降低了因功能修改而引入错误的风险。

值得注意的是，单一职责原则特别适合于正式的项目开发，其中代码量通常较大，功能和需求的变更频繁。在这种情况下，将职责明确分离到不同的类中，可以大大降低修改一个部分时引入错误的风险，同时提高了代码的可维护性。

然而，对于个人的小项目，如果每个类的职责非常有限且项目后期不预期进行大规模扩展，则严格遵循单一职责原则可能会导致不必要的复杂性和开发负担。在这种情况下，适当的权衡和简化可能更加实用，特别是当开发速度和简化代码结构成为优先考虑因素时。开发者应灵活应用设计原则，根据具体情况和需求做出最合适的设计选择。

6.3.2　开闭原则

1. 基本概念

开闭原则是SOLID设计原则中的第二个原则，其核心思想是"软件实体应该对扩展开放，对修改关闭"。这意味着一个系统的设计和实现应该使得它可以在不修改现有代码的情况下进行扩展。这个原则强调了设计的灵活性和可维护性，是构建大型复杂系统的关键方面。

开闭原则鼓励我们通过抽象来设计组件，使得组件的行为可以通过新增派生类来扩展，而不是通过修改现有的代码。这种方法帮助开发者在不触碰原有代码的前提下，添加新功能或改变程序的行为。遵循这一原则可以显著减少系统在升级和维护过程中引入错误的风险。

2. 实现开闭原则

实现开闭原则的方法如下：

- 使用接口和抽象类：在C++中，可以通过定义接口（通常是纯虚拟基类）来实现抽象。具体的实现细节在派生类中完成，保持基类不变。
- 利用多态性：C++的多态性允许我们通过基类指针或引用来调用派生类的方法，实现在不改变原有代码结构的情况下扩展功能。
- 模板编程：模板提供了一种机制，允许代码对数据类型进行参数化，从而可以在不修改现有代码的基础上支持新的数据类型。

3. 开闭原则的优势

开闭原则具有以下优势：

- 增强系统的可扩展性：系统更容易响应未来的需求变化，因为新功能可以通过添加新的实体来实现，而不是修改现有代码。
- 提高代码的可复用性：遵守开闭原则的系统通常有更高的模块化和抽象级别，这使得单个组件或类更容易在其他系统中复用。
- 降低维护成本：系统的主体架构不需要因为功能改动而频繁修改，从而减少了维护过程中的错误和成本。

4. 实现开闭原则的挑战

实现开闭原则具有以下挑战：

- 预见性设计：在设计初期就必须具备一定的预见性，以便定义出足够通用的接口和抽象类。过度抽象或不足的抽象都会妨碍原则的实现。
- 复杂度和学习曲线：为了遵守开闭原则，可能需要引入额外的抽象层次，这可能会增加系统的复杂度和新成员的学习曲线。

5. 示例：重构不遵循OCP的C++设计

接下来，将通过一个具体的C++示例来展示开闭原则的实现。我们会从一个初始设计开始，这个设计没有遵循开闭原则，然后通过重构展示如何使得这个设计符合开闭原则，允许系统对扩展开放而对修改关闭。

1）*初始设计*

假设有一个简单的支付系统，其中PaymentProcessor类用于处理支付。最初的设计中，PaymentProcessor直接实现了信用卡支付的处理逻辑。随着系统的发展，如果需要支持新的支付方式，如PayPal或者银行转账，就需要修改PaymentProcessor类的代码，这违反了开闭原则。

```
#include <iostream>
#include <string>
```

```cpp
class PaymentProcessor {
public:
    void processPayment(const std::string& paymentType, double amount) {
        if (paymentType == "CreditCard") {
            std::cout << "Processing credit card payment of $" << amount << std::endl;
        }
        // 随着新支付方式的增加，这里需要不断修改和添加新的条件判断
    }
};

int main() {
    PaymentProcessor processor;
    processor.processPayment("CreditCard", 100.0);
    return 0;
}
```

2）重构设计

为了遵循开闭原则，将引入一个抽象基类PaymentMethod，它定义了一个纯虚函数processPayment。然后，为每种支付方式创建一个派生类。这样，PaymentProcessor类可以使用这些派生类来处理具体的支付方式，而无须修改其代码。

```cpp
#include <iostream>
#include <string>
#include <memory>

class PaymentMethod {
public:
    virtual ~PaymentMethod() {}
    virtual void processPayment(double amount) = 0;
};

class CreditCardPayment : public PaymentMethod {
public:
    void processPayment(double amount) override {
        std::cout << "Processing credit card payment of $" << amount << std::endl;
    }
};

class PayPalPayment : public PaymentMethod {
public:
    void processPayment(double amount) override {
        std::cout << "Processing PayPal payment of $" << amount << std::endl;
    }
};

class PaymentProcessor {
public:
    void processPayment(PaymentMethod* method, double amount) {
        method->processPayment(amount);
    }
};

int main() {
    CreditCardPayment creditCard;
    PayPalPayment payPal;

    PaymentProcessor processor;
    processor.processPayment(&creditCard, 100.0);
```

```
        processor.processPayment(&payPal, 200.0);

        return 0;
    }
```

通过引入抽象基类PaymentMethod和具体的派生类，PaymentProcessor类现在可以处理多种支付方式而不需直接修改其代码。新的支付方法可以通过添加新的派生类来实现，完全不触碰现有的类。这样，支付系统就对扩展开放（可以容易地添加新的支付方式），而对修改关闭（不需要修改PaymentProcessor类或其他已有代码）。

这个例子展示了如何通过使用多态和抽象基类在C++中实现开闭原则，从而提高代码的灵活性和可维护性。通过这种设计，系统可以在不破坏现有功能的前提下，轻松适应未来的需求变化。

6.3.3　里氏替换原则

1. 基本概念

里氏替换原则是SOLID设计原则中的第三个原则，最早由Barbara Liskov在1987年的一个会议上提出。后来，Robert C. Martin将这一原则纳入他总结的SOLID原则中，这也是这个原则以Barbara Liskov的名字命名的原因。

这个原则指出，如果程序中使用了某个基类的对象，那么在不改变程序正确性的情况下，应能够用其派生类的对象来替换这个基类对象。这个原则强调了继承机制的正确使用，确保派生类能够完全代替其基类。

这个原则的遵守有助于保证继承体系的健康，使得基于基类的代码在使用派生类时不会出现错误。

2. 实现里氏替换原则

实现里氏替换原则的方法如下：

- 保持接口一致性：派生类应保持与基类相同的接口，这不仅包括方法的签名，还包括它们的行为。
- 不重写基类的非抽象方法：派生类应避免重写基类中已实现的方法，除非是为了扩展其功能，而非改变原有功能。
- 使用抽象基类声明所有虚函数：确保所有可能需要在派生类中被重写的方法都是虚函数。
- 强化契约：通过断言和其他检查方式来确保派生类不违反基类的功能预期。

3. 里氏替换原则的优势

里氏替换原则的优势如下：

- 增强模块间的互操作性：遵守LSP可以确保一个模块的更换不会导致依赖该模块的代码出错，因为所有派生类都可以代替基类使用。
- 提高代码的可维护性：代码中的依赖关系清晰且一致，有利于代码的维护和扩展。
- 促进代码复用：正确的继承结构使得派生类可以复用基类代码，同时提供定制化功能。

4. 实现里氏替换原则的挑战

实现里氏替换原则有以下挑战：

- 设计过度严格：在追求严格遵守LSP的过程中，可能导致设计过于复杂，为了保持兼容而牺牲设计的灵活性。

- **性能考量**：在某些情况下，为了确保替换的一致性，可能需要在派生类中引入额外的性能开销。

5. 示例：重构不遵循LSP的C++设计

接下来，将通过一个具体的C++示例来演示里氏替换原则的实现。我们会从一个初始设计开始，展示一个可能违反LSP的情形，然后通过修改代码来说明如何符合LSP，确保派生类能够无缝地替换基类。

1）初始设计

考虑一个图形界面组件的类层次结构，其中包含一个基类Widget和两个派生类Button和TextBox。基类Widget有一个draw()方法，用于绘制组件。假设TextBox的draw()方法实现引入了额外的条件——只在文本框非空时绘制，这违反了LSP，因为它改变了基类Widget的基本行为，使得TextBox在某些条件下不执行任何绘制操作。

```cpp
#include <iostream>
#include <string>

class Widget {
public:
    virtual void draw() {
        std::cout << "Drawing Widget" << std::endl;
    }
};

class Button : public Widget {
public:
    void draw() override {
        std::cout << "Drawing Button" << std::endl;
    }
};

class TextBox : public Widget {
private:
    std::string text;

public:
    TextBox(const std::string& txt) : text(txt) {}

    void draw() override {
        if (!text.empty()) {
            std::cout << "Drawing TextBox: " << text << std::endl;
        } else {
            // 不绘制任何东西，违反了Widget的预期行为
        }
    }
};

void renderScreen(Widget* widget) {
    widget->draw();
}

int main() {
    Widget* w = new Widget();
    Widget* b = new Button();
    Widget* t = new TextBox("Hello");

    renderScreen(w); // Draws "Drawing Widget"
```

```
    renderScreen(b); // Draws "Drawing Button"
    renderScreen(t); // Draws "Drawing TextBox: Hello"

    delete w;
    delete b;
    delete t;
    return 0;
}
```

在这个设计中，TextBox类在text为空时不执行任何绘制操作，这违反了Widget类的通用行为（总是执行绘制），因此违反了LSP。这种行为可能导致依赖于Widget接口的代码在处理TextBox对象时不会按预期工作，从而影响程序的可预测性和稳定性。

2）重构设计

为了保持TextBox类的行为与Widget基类一致，我们需要修改TextBox的draw()方法以确保它在所有情况下都执行一些形式的绘制操作，即使在没有文本时也应至少调用基类的绘制方法。这样可以确保TextBox类可以无缝替换Widget类，而不会导致程序行为的任何变化。

```cpp
#include <iostream>
#include <string>

class Widget {
public:
    virtual void draw() {
        std::cout << "Drawing Widget" << std::endl;
    }
};

class Button : public Widget {
public:
    void draw() override {
        std::cout << "Drawing Button" << std::endl;
    }
};

class TextBox : public Widget {
private:
    std::string text;

public:
    TextBox(const std::string& txt) : text(txt) {}

    void draw() override {
        if (!text.empty()) {
            std::cout << "Drawing TextBox: " << text << std::endl;
        } else {
            // 为了保持与 Widget 类的行为一致，即使没有文本也进行绘制
            std::cout << "Drawing TextBox" << std::endl;
        }
    }
};

void renderScreen(Widget* widget) {
    widget->draw();
}

int main() {
    Widget* w = new Widget();
    Widget* b = new Button();
    Widget* t = new TextBox("");
```

```
    renderScreen(w); // Draws "Drawing Widget"
    renderScreen(b); // Draws "Drawing Button"
    renderScreen(t); // Draws "Drawing TextBox"

    delete w;
    delete b;
    delete t;
    return 0;
}
```

在这个重构的设计中，即使TextBox没有包含文本，它仍然执行一个绘制操作，输出 "Drawing TextBox"。这保证了TextBox对象可以在任何需要Widget对象的场合中无缝替代基类实例，同时保持程序的预期行为不变。

这个例子展示了如何在实际的C++应用中通过简单的设计考虑来满足里氏替换原则，从而确保软件设计的健康和可维护性。通过这种方式，我们不仅提高了代码的可用性，还保证了在扩展功能或维护过程中的安全性和一致性。

然而，严格遵守LSP并非在所有情况下都是必需或最优的选择。在面对特定的系统需求时，如性能优化、安全控制或特定的错误处理策略，可能需要适当调整或放宽对LSP的遵守。例如，当派生类需要实现额外的功能或管理资源时，其行为可能与基类略有不同。在这些情况下，设计者应权衡遵循LSP带来的好处与满足特定应用需求之间的关系。理解这一点有助于开发者更加灵活地运用设计原则，在避免过度工程化的同时满足项目的具体需求。通过明智地应用LSP，我们可以在保持代码整洁和一致性的同时，为特定情况下的必要例外提供空间。

6.3.4　接口隔离原则

1. 基本概念

接口隔离原则是SOLID设计原则中的第四个原则，它强调“客户端不应被迫依赖于它们不使用的接口”。这个原则建议将大的接口拆分成更小和更具体的接口，以确保实现类只需要关心它们真正需要的接口。这样，实现类不会被迫实现它们不需要的方法，从而减少了接口的负担。

接口隔离原则鼓励将庞大的接口分解为更细小、专一的接口。每个接口应该代表一个特定的角色或功能集合，只包含一个具体客户端（类或模块）所需的操作。

这样的设计有助于提高系统的灵活性和可维护性，因为改变一个接口的影响范围被限制在真正依赖该接口的客户端上。

2. 实现接口隔离原则

实现接口隔离原则的方法如下：

- 识别客户端需求：分析现有的接口使用情况，识别不同客户端（类或模块）的具体需求。
- 定义专用接口：根据不同的需求定义专用接口，确保每个接口都紧密对应于特定客户端的需求。
- 避免过度泛化：避免创建包含多个方法的大接口，这些方法不会被单一客户端同时使用。
- 使用抽象类和接口实现分离：在语言（如C++）中，可以通过抽象类或纯虚函数定义接口，确保派生类实现具体的功能。

3. 接口隔离原则的优势

接口隔离原则具有以下优势：

- 增强模块化：更小的接口促进了代码的模块化，使得不同的模块可以独立变化而不互相影响。
- 提升可维护性和可测试性：小接口使得单个模块或类的测试和维护更加容易，因为接口的职责清晰且局限。
- 减少未使用的依赖：实现类不再依赖于它们不需要的方法，减少了因接口改变而导致的不必要的重构。

4. 实现接口隔离原则的挑战

实现接口隔离原则具有以下挑战：

- 过度细分：接口的过度细分可能会导致系统中接口数量急剧增加，增加了管理和使用的复杂性。
- 接口和实现的分离：确保接口的分离不会导致系统的整体设计变得过于碎片化，需要维持适当的平衡。

5. 示例：重构不遵循ISP的C++设计

接下来，将通过一个具体的C++示例来演示接口隔离原则的实现。这个示例将展示如何将一个庞大且通用的接口拆分为更小、更专用的接口，从而确保实现类只依赖于它们真正需要的接口。

1）初始设计

假设有一个MultiFunctionDevice类，它代表了一个多功能设备，如打印机、扫描仪和复印机。最初的设计是将所有功能都集中在一个接口中，这迫使实现该接口的类必须实现所有功能，即使某些功能对特定的设备来说是不必要的。

```cpp
#include <iostream>
class MultiFunctionDevice {
public:
    virtual void print() = 0;
    virtual void scan() = 0;
    virtual void copy() = 0;
};

class PrinterScannerCopier : public MultiFunctionDevice {
public:
    void print() override {
        std::cout << "Print document" << std::endl;
    }
    void scan() override {
        std::cout << "Scan document" << std::endl;
    }
    void copy() override {
        std::cout << "Copy document" << std::endl;
    }
};
// 假设我们需要一个只能打印的设备
class Printer : public MultiFunctionDevice {
```

```cpp
public:
    void print() override {
        std::cout << "Print document" << std::endl;
    }

    void scan() override {
        // 空实现，因为设备不支持
    }

    void copy() override {
        // 空实现，因为设备不支持
    }
};
```

2）重构设计

为了遵循接口隔离原则，可以将MultiFunctionDevice接口拆分为3个更小的接口：Printer、Scanner、Copier。这样，不同的设备类可以只实现它们需要的接口。

```cpp
#include <iostream>
class Printer {
public:
    virtual void print() = 0;
};

class Scanner {
public:
    virtual void scan() = 0;
};

class Copier {
public:
    virtual void copy() = 0;
};

class PrinterOnly : public Printer {
public:
    void print() override {
        std::cout << "Print document" << std::endl;
    }
};

class PrinterScannerCopier : public Printer, public Scanner, public Copier {
public:
    void print() override {
        std::cout << "Print document" << std::endl;
    }

    void scan() override {
        std::cout << "Scan document" << std::endl;
    }

    void copy() override {
        std::cout << "Copy document" << std::endl;
    }
};
```

通过将大的接口拆分为小的、专用的接口，我们确保了设备类只需要实现它们真正需要的方法。这减少了类的负担，提高了代码的清晰度和可维护性。每个类只关心它需要关心的部分，这不仅减少了实现不必要功能的工作量，也使得每个接口的职责更加明确。同时，这样的设计还增强了系统的可扩展性，未来添加新设备或功能时也更加灵活。

　　实施接口隔离原则以满足C++项目的设计需求，关键在于平衡接口的细化程度。适当的接口细化可以确保系统的高内聚与低耦合，从而提升大型软件系统的开发和维护效率。然而，接口的颗粒度应该根据具体需求来进行权衡，以避免过度细化导致的管理复杂性和性能问题。

　　为了做出合理的权衡，开发者应该从以下几个方面进行考虑：

- 功能的复杂性：如果一个模块的功能极其复杂，将其拆分为多个更小的接口可以使功能更容易管理。然而，如果功能相对简单，过度拆分可能会引入不必要的复杂性。
- 模块的使用频率：频繁使用的功能可以考虑设计为单独的接口，这样便于优化和维护。对于较少使用或者功能非核心的部分，可以与其他功能合并到一个更通用的接口中。
- 预期的变更频率：如果某个功能模块可能频繁变更，将其独立为一个接口可以减少对系统其他部分的影响。这样在功能变更时，只需修改该接口和实现该接口的类，而不会影响其他模块。
- 团队协作需求：在多人协作的项目中，将功能清晰地分配到不同的接口，可以帮助团队成员明确责任范围，减少协作中的沟通成本。

　　通过综合考虑这些因素，开发者可以设计出既不会过度细化也不会过度粗糙的接口，从而在确保代码的灵活性和可维护性的同时，保持了系统的整体性能和效率。这种平衡的艺术是每个C++开发者在实际工作中需要不断精进的技能。

6.3.5　依赖倒置原则

1. 基本概念

　　依赖倒置原则是SOLID设计原则中的第五个原则，它强调"高层模块不应依赖于低层模块，两者都应依赖于抽象；抽象不应依赖于细节，细节应依赖于抽象"。DIP主张在软件组件之间建立稳定的抽象，使得高层（策略性和复杂的决策逻辑）和低层（具体的操作细节）的模块都依赖于这些抽象。

　　这个原则帮助我们避免高层模块对低层模块的直接依赖，如实现细节或具体操作，从而使得改变一个系统的低层实现不会影响到高层模块。

2. 实现依赖倒置原则

　　实现依赖倒置原则的方法如下：

- 使用接口或抽象类：在C++中，可以通过纯虚拟基类（抽象类）定义接口，高层和低层模块都依赖这些接口而非具体实现。
- 依赖注入：通过依赖注入的方式将具体的依赖对象传递给高层模块，而不是让高层模块自己创建依赖对象。
- 服务定位器模式：虽然服务定位器模式可能导致依赖关系不那么明显，但它也可以用来解耦模块之间的直接依赖。

3. 依赖倒置原则的优势

　　依赖倒置原则具有以下优势：

- 增强模块的可替换性：由于模块之间依赖于抽象，因此更换具体的实现变得容易，只要新的实现符合相同的抽象即可。
- 提高系统的可扩展性：新增功能或改变低层实现时，不需要修改依赖于抽象的高层模块。

- 促进单元测试和模拟：依赖倒置使得在测试时可以容易地用模拟对象替换实际对象。

4. 实现依赖倒置原则的挑战

实现依赖倒置原则的挑战如下：

- 抽象的设计和维护：正确设计和维护抽象层需要深入理解领域和应用场景，可能需要更多的初始设计工作和持续的维护。
- 过度抽象：过度使用抽象可能会导致系统复杂度增加，理解和维护变得更加困难。

5. 示例：重构不遵循DIP的C++设计

接下来，将通过一个具体的C++示例来展示依赖倒置原则的实现。这个示例将说明如何在实际的软件项目中设计模块，以使它们依赖于抽象而不是具体的实现，从而提高代码的可维护性和灵活性。

1）初始设计

假设有一个应用程序，它需要记录信息。最初的设计直接依赖于一个具体的日志记录类，这意味着高层模块（如业务逻辑类）直接依赖于低层模块（如文件日志记录器）。

```cpp
#include <iostream>
#include <fstream>
#include <string>

// 低层模块
class FileLogger {
public:
    void logMessage(const std::string& message) {
        std::ofstream logFile("log.txt", std::ios::app);
        logFile << message << std::endl;
        logFile.close();
    }
};

// 高层模块
class Application {
private:
    FileLogger logger;
public:
    void process() {
        // 业务逻辑
        logger.logMessage("Process started.");
        // 更多业务逻辑...
        logger.logMessage("Process finished.");
    }
};
```

2）重构设计

为了遵循依赖倒置原则，首先定义一个抽象的日志接口，然后让高层模块依赖于这个接口，而不是具体的日志记录实现。这样，不同的日志记录方式（如文件记录、数据库记录或网络日志记录）可以通过不同的实现类提供服务，而无须修改高层模块。

```cpp
#include <iostream>
#include <fstream>
#include <string>

// 抽象接口
class ILogger {
```

```cpp
public:
    virtual ~ILogger() {}
    virtual void logMessage(const std::string& message) = 0;
};
// 具体实现：文件日志记录
class FileLogger : public ILogger {
public:
    void logMessage(const std::string& message) override {
        std::ofstream logFile("log.txt", std::ios::app);
        logFile << message << std::endl;
        logFile.close();
    }
};
// 高层模块
class Application {
private:
    ILogger& logger;
public:
    Application(ILogger& logger) : logger(logger) {}
    void process() {
        logger.logMessage("Process started.");
        // 更多业务逻辑...
        logger.logMessage("Process finished.");
    }
};
// 在客户端代码中使用
int main() {
    FileLogger fileLogger;
    Application app(fileLogger);
    app.process();
    return 0;
}
```

通过这种重构，Application类不再直接依赖于FileLogger，而是依赖于ILogger接口。这样，日志记录的具体实现方式可以灵活替换，而不影响Application类的实现。例如，如果未来需要将日志记录到云服务而非文件，我们只需提供一个新的ILogger实现即可。

这个示例展示了依赖倒置原则在实际中的应用，即通过抽象化依赖关系来提高软件模块的灵活性和可维护性。这种设计允许高层模块和低层模块独立于具体实现进行开发和维护，有效地解耦了系统的各个部分。

在大多数情况下，依赖倒置原则是一种非常有效的设计策略，特别是在需要保持高度灵活性和可扩展性的大型软件项目中。然而，也存在一些特定场景，在其中严格遵循依赖倒置原则可能不是最优选择：

- **性能敏感的应用**：在一些性能至关重要的应用中，使用抽象可能会引入一定的性能开销。例如，在高频交易系统中，每一个额外的抽象层次都可能影响执行速度。
- **资源受限的环境**：在嵌入式系统或资源受限的环境中，每一层的抽象都可能消耗宝贵的系统资源，如内存和处理能力。在这些情况下，直接使用具体实现可能更为高效。
- **项目规模和复杂度**：对于较小或较简单的项目，过度使用抽象可能会导致不必要的复杂性，增加学习和维护的难度，而不是简化开发。

6.3.6　DRY、KISS、YAGNI 原则：提高代码质量的金科玉律

DRY（Don't repeat yourself，不要重复自己）、KISS（Keep it simple, stupid，保持简单、愚蠢）和 YAGNI（You aren't gonna need it，你不会需要它）这3个原则（见图6-2）同样是在软件工程领域中被广泛采用的设计原则，它们与软件工程中的SOLID原则有一些相似之处，但聚焦的方向略有不同。前者侧重于代码质量和开发效率的具体方面，而后者则更多关注面向对象设计的5个基本原则。

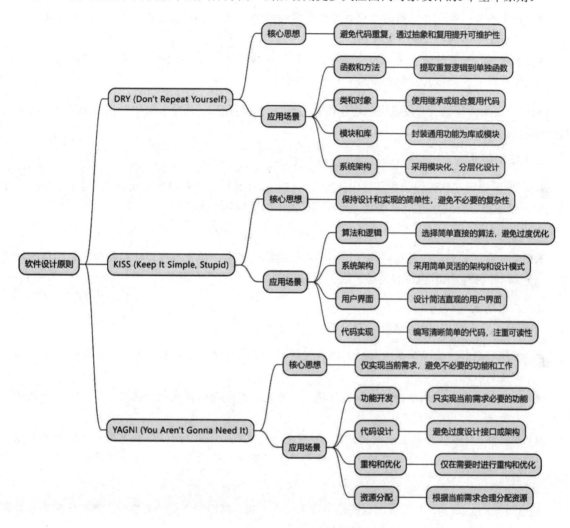

图 6-2　DRY、KISS、YAGNI 原则

1. DRY原则

DRY原则源于对代码重复性的问题的关注。在软件开发中，重复的代码不仅增加了维护成本，还降低了代码的灵活性和可扩展性。因此，为了提高代码的可维护性和可读性，DRY原则被引入软件工程中。

1）核心思想

DRY原则的核心思想是避免在代码中重复相同的逻辑或信息。通过将重复的代码抽象为可复用的组件，可以减少代码量，并使代码更加清晰和易于理解。

2）应用场景

在软件开发中，DRY原则可以应用于各个层面和阶段：

- 函数和方法：避免在不同的函数或方法中编写相同的代码逻辑，可以将重复的逻辑提取到单独的函数中，然后在需要时进行调用。
- 类和对象：避免在不同的类或对象中重复相似的功能，可以使用继承、组合等方式实现代码的复用。
- 模块和库：避免在不同的模块或库中编写相同的功能，可以将通用的功能封装为库或模块，然后在不同的项目中重复使用。
- 系统架构：在设计系统架构时，避免重复设计相似的模块或组件，可以采用模块化、分层化等方式，将相似的功能抽象为可复用的组件。

通过遵循DRY原则，开发者可以避免代码的重复，提高代码的质量和可维护性，同时也能够更加高效地完成软件开发任务。

2. KISS原则

KISS原则强调在软件设计和开发中保持简单性，以降低复杂度并提高可理解性。过于复杂的设计和实现不仅增加了开发和维护的难度，还可能引入不必要的风险和错误。

1）核心思想

KISS 原则的核心思想是尽可能使用简单直接的解决方案，避免过度设计和复杂化。简单的设计更易于理解和维护，同时也更容易被扩展和适应变化。

2）应用场景

在软件开发中，KISS 原则可以应用于各个层面和阶段：

- 算法和逻辑：选择简单直接的算法或逻辑，而不是过度复杂的解决方案。避免过度优化和不必要的抽象。
- 系统架构：采用简单的架构和设计模式，避免过度复杂的模块化和层次化。保持系统的简洁和灵活。
- 用户界面：设计简洁直观的用户界面，避免功能过载和混乱的布局。注重用户体验和易用性。
- 代码实现：编写清晰简单的代码，避免过度嵌套和冗长的代码块。注重代码的可读性和易理解性。

通过遵循KISS原则，开发者可以简化设计和实现过程，减少不必要的复杂性，提高代码的质量和可维护性，从而更加高效地完成软件开发任务。

3. YAGNI原则

YAGNI原则强调避免不必要的工作和功能，专注于当前的需求。在软件开发中，过度工程化和实现不必要的功能会增加开发成本，并可能导致资源浪费。

1）核心思想

YAGNI原则的核心思想是不要为了未来可能的需求而做过多的设计和实现，而是根据当前需求进行开发。只有当确实需要时才添加新功能或改进现有功能，避免预先优化和不必要的复杂性。

2）应用场景

在软件开发中，YAGNI原则可以应用于各个层面和阶段：

- 功能开发：只实现当前需求所必需的功能，避免添加不确定性或未经验证的功能。根据实际需求进行开发，而不是根据假设或预测。
- 代码设计：避免过度设计和过度工程化，只设计满足当前需求的简单且有效的解决方案。不要为了可能出现的未来需求而过度设计接口或架构。
- 重构和优化：只在需要时进行重构和优化，而不是为了理论上的完美或未来可能的需求。优先处理当前存在的问题，而不是预防未来可能出现的问题。
- 资源分配：只分配所需的资源，避免过度预算或浪费资源。根据当前需求和项目阶段进行资源规划和分配。

通过遵循YAGNI原则，开发者可以专注于当前需求，避免不必要的工作和资源浪费，从而更加高效地完成软件开发任务，并在必要时灵活地适应未来的变化。

总的来说，DRY、KISS和YAGNI这3个原则的引入都是为了提高代码质量、降低维护成本，并使软件开发过程更加高效和可靠。通过遵循这些原则，开发者可以编写出更简洁、更可维护、更易扩展的代码，从而提升软件的质量和可靠性。

6.3.7　PIMPL 模式：封装实现细节以减少编译依赖

1. 理解PIMPL模式

在我们探索了DRY、KISS和YAGNI等原则后，理解如何在实际编程中应用这些理念至关重要。PIMPL模式（Pointer to IMPLementation）提供了一个极佳的框架，用于在C++中实现这些设计原则，特别是当涉及封装和减少编译依赖时。这个模式不仅帮助我们隐藏实现细节，还能显著减少编译时间，使得代码更易于管理和扩展。

那么，什么是PIMPL模式呢？简而言之，它涉及将一个类的实现细节完全隐藏在一个独立的、仅在源文件中定义的实现类中，而在头文件中只保留一个指向这个实现类的指针。这种技术不但可以帮助我们维护API的稳定性，还可以避免在头文件中引入大量的依赖，从而减少了与其他组件的耦合。

2. 实现PIMPL模式

PIMPL模式通常涉及3个主要部分：外部类的声明、指向实现类的指针，以及实现类本身。外部类负责提供API接口，而实现类则封装所有具体的实现细节。

实现PIMPL模式的方法如下：

- 定义外部类：外部类提供了一个清晰、简洁的接口，并持有一个指向其实现类的指针。外部类的头文件中不包含任何关于实现细节的信息，仅包括必要的方法声明和一个指向实现类的前向声明。
- 实现类的隐藏：实现类定义在源文件中，包括所有的数据成员和实现逻辑。这样做的好处是任何对实现类的修改都不会影响到使用外部类的代码，从而避免了不必要的重新编译。
- 动态内存管理：由于外部类只保留一个指向实现类的指针，因此通常需要在外部类的构造函数中创建实现类的实例，并在外部类的析构函数中删除实现类的实例，以管理内存。

【示例展示】

假设有一个图形界面库中的窗口类，该类可能涉及复杂的系统调用和平台依赖，这些细节可以通过PIMPL模式隐藏。我们首先需要创建两个主要部分：窗口类的公共接口（头文件中的声明）和实现细节（源文件中的实现）。以下示例展示如何利用PIMPL模式封装平台依赖的实现细节。

1）头文件：Window.h

这个文件将定义窗口类的公共接口，用户将通过这些接口与窗口对象交互。

```cpp
#ifndef WINDOW_H
#define WINDOW_H

// 前向声明实现类
class WindowImpl;

class Window {
public:
    Window();               // 构造函数
    ~Window();              // 析构函数

    // 公共接口方法
    void open();
    void close();
    void resize(int width, int height);

private:
    // 指向实现类的指针
    WindowImpl* impl;
};

#endif // WINDOW_H
```

2）源文件：Window.cpp

这个文件包含窗口类的具体实现，这些实现细节对于使用该类的用户是隐藏的。

```cpp
#include "Window.h"
#include <iostream>

// 实现类定义
class WindowImpl {
public:
    void open() {
        std::cout << "Window opened." << std::endl;
        // 添加特定于平台的开窗代码
    }

    void close() {
        std::cout << "Window closed." << std::endl;
        // 添加特定于平台的关窗代码
    }

    void resize(int width, int height) {
        std::cout << "Window resized to " << width << "x" << height << "." << std::endl;
        // 添加特定于平台的调整窗口大小代码
    }
};

// 外部类方法实现
Window::Window() : impl(new WindowImpl()) {}
```

```
Window::~Window() {
    delete impl;
}

void Window::open() {
    impl->open();
}

void Window::close() {
    impl->close();
}

void Window::resize(int width, int height) {
    impl->resize(width, height);
}
```

在这个实现中，Window类的用户只看到在头文件中声明的方法open、close和resize。所有与平台相关的系统调用和其他细节都封装在 WindowImpl 类中，该类仅在源文件 Window.cpp 中定义。这种结构允许在不影响使用该类的客户端代码的情况下修改实现细节，例如添加对不同操作系统的支持。

3）应用程序：main.cpp

一旦定义了窗口类和其PIMPL实现，使用它就非常直接。下面展示如何创建Window对象并调用其方法。

```
#include "Window.h"

int main() {
    // 创建窗口对象
    Window myWindow;

    // 打开窗口
    myWindow.open();

    // 调整窗口大小
    myWindow.resize(800, 600);

    // 关闭窗口
    myWindow.close();

    return 0;
}
```

通过这种方式，PIMPL模式展示了如何通过设计智慧优化软件架构。对于追求高质量C++代码的开发者而言，理解并运用PIMPL模式无疑是提升技术栈的一部分。下面，将详细介绍使用PIMPL模式的场景、优势以及一些潜在的限制。

3. PIMPL模式的适用场景和优势

1）适用场景

PIMPL模式的适用场景如下：

- 封装复杂的实现细节：当类的实现涉及复杂的系统调用或平台特定的代码时，使用PIMPL模式可以隐藏这些复杂细节，只暴露必要的接口给用户。
- 减少编译依赖：在C++项目中，头文件的改动会触发所有包含它的文件重新编译。通过PIMPL模式，实现细节的改动只影响实现文件，从而减少不必要的重新编译。
- 稳定的ABI(应用程序二进制接口)：对类的内部实现进行修改不会影响到已编译的应用程序，这对于库开发者来说是非常重要的。

2）优势

PIMPL模式具有以下优势：

- 提高编译速度：由于减少了头文件的依赖，改动一个类的实现不会引起广泛的重编译。
- 接口与实现的分离：用户只能看到类的接口而不是实现细节，这有助于保持API的清晰和简洁。
- 灵活的后端实现：可以根据需要更换实现细节，而不需要修改公共接口，便于支持不同的平台或优化性能。
- 更好的封装性：实现细节的隐藏提高了代码的安全性和健壮性。

4. PIMPL模式的限制与优化

1）限制

PIMPL模式具有以下限制：

- 运行时性能开销：PIMPL模式通常涉及动态内存分配和额外的间接调用，这可能会略微影响性能。
- 内存管理复杂性：需要负责实现类的创建和销毁，增加了代码的复杂度，尤其在考虑异常安全性时。
- 调试难度：由于实现细节被隐藏，调试时可能难以直接访问实现类的内部状态或行为。

2）结合C++特性优化PIMPL模式

利用C++的一些现代特性，可以优化PIMPL模式的实现：

- 智能指针：使用std::unique_ptr而不是原始指针来自动管理实现类的生命周期，可以简化内存管理并提高代码的安全性。
- 规则的应用：遵循C++的资源管理规则（RAII），确保资源在构造函数中获得，在析构函数中释放，以防止内存泄漏。
- 模板技术：通过模板和类型擦除技术，可以进一步抽象实现细节，允许更灵活的后端实现替换。

总之，PIMPL模式是C++中一个非常有用的设计模式，特别是在开发需要隐藏实现细节和减少编译依赖的大型软件项目时。正确使用此模式可以显著提升项目的可维护性和可扩展性，尽管它也带来了一些性能和复杂性方面的挑战。

6.3.8　依赖注入：提高模块解耦性的策略

依赖注入（dependency injection，DI）是一种设计模式，用于实现对象间的松耦合。通过将对象的依赖关系外部化并由容器进行管理，DI可以有效地提高模块的可维护性和灵活性。

1. 依赖注入的基本概念

依赖注入是控制反转（inversion of control，IoC）的一种实现形式，它将对象的依赖关系从内部转移到外部，使得对象不再直接依赖具体的实现类，而是依赖抽象接口。这种做法不仅简化了单元测试，还使得代码更易于扩展和维护。

2. 依赖注入的优势

依赖注入具有以下优势：

- 提高模块解耦性：通过依赖抽象接口而非具体实现，大大降低模块之间的耦合度。
- 增强可测试性：由于依赖关系可以在外部进行替换，因此在单元测试时可以轻松地使用模拟对象。
- 提高灵活性：依赖关系可以在运行时动态配置，增强了系统的灵活性和可配置性。
- 促进职责分离：通过将依赖关系管理外部化，促使代码更符合单一职责原则。

3. 依赖注入的实现方式

依赖注入通常有3种实现方式：

- 构造函数注入：通过构造函数将依赖对象注入目标对象中。
- Setter方法注入：通过Setter方法将依赖对象注入目标对象中。
- 接口注入：通过接口方法将依赖对象注入目标对象中。

以下是各实现方式的详细介绍。

1）构造函数注入

构造函数注入是最常见的依赖注入方式，通过构造函数显式地将依赖传递给目标对象。

【示例展示】

```cpp
// 抽象接口
class IService {
public:
    virtual void execute() = 0;
};

// 具体实现
class ConcreteService : public IService {
public:
    void execute() override {
        // 实现具体逻辑
    }
};

// 客户端类
class Client {
private:
    IService* service;

public:
    // 通过构造函数注入依赖
    Client(IService* svc) : service(svc) {}

    void doSomething() {
        service->execute();
    }
};

int main() {
    ConcreteService service;
    Client client(&service);
    client.doSomething();
```

```
        return 0;
    }
```

2）Setter方法注入

抽象接口和具体实现都是一致的，而Setter方法注入允许依赖对象在实例化之后进行设置，从而提供了更大的灵活性。

【示例展示】

```
class IService {
    public:
            virtual void execute() = 0;
    };

    class ConcreteService : public IService {
    public:
        void execute() override {
            // 实现具体逻辑
        }
    };

class Client {
private:
    IService* service;

public:
    Client() : service(nullptr) {}

    void setService(IService* svc) {
        service = svc;
    }

    void doSomething() {
        if (service) {
            service->execute();
        }
    }
};

int main() {
    ConcreteService service;
    Client client;
    client.setService(&service);
    client.doSomething();

    return 0;
}
```

3）接口注入

接口注入是一种更为高级的依赖注入方式，通过实现特定的接口将依赖传递给目标对象。

【示例展示】

```
class IService {
    public:
            virtual void execute() = 0;
    };

    class ConcreteService : public IService {
    public:
```

```
        void execute() override {
            // 实现具体逻辑
        }
    };
class IClient {
public:
    virtual void setService(IService* svc) = 0;
};

class Client : public IClient {
private:
    IService* service;

public:
    Client() : service(nullptr) {}

    void setService(IService* svc) override {
        service = svc;
    }

    void doSomething() {
        if (service) {
            service->execute();
        }
    }
};

int main() {
    ConcreteService service;
    Client client;
    client.setService(&service);
    client.doSomething();

    return 0;
}
```

4. 依赖注入框架

在实际项目中，手动管理依赖关系可能会变得复杂且容易出错。因此，使用依赖注入框架可以简化依赖关系的管理。常见的C++依赖注入框架包括Boost.DI和Google Guice等，其中Boost.DI是一个轻量级的依赖注入框架，使用非常简便。

【示例展示】

```
#include <boost/di.hpp>

namespace di = boost::di;

class IService {
public:
    virtual void execute() = 0;
};

class ConcreteService : public IService {
public:
    void execute() override {
        // 实现具体逻辑
    }
};

class Client {
private:
```

```
        IService* service;
    public:
        Client(IService* svc) : service(svc) {}

        void doSomething() {
            service->execute();
        }
};
int main() {
    auto injector = di::make_injector(
        di::bind<IService>.to<ConcreteService>()
    );

    auto client = injector.create<Client>();
    client.doSomething();

    return 0;
}
```

表6-2整理了3种依赖注入方式以及与使用Boost.DI的多角度对比。这将有助于理解每种方法的特点和使用场景，帮助读者根据具体需求选择合适的依赖注入策略。

表6-2   依赖注入方式对比

特征/方法	构造函数注入	Setter 方法注入	接口注入	Boost.DI
依赖设置时机	在对象构建时完成	在对象构建后任意时间	在对象构建后任意时间	在对象构建时完成
依赖安全性	高（依赖必须提供）	低（可能未设置依赖）	低（可能未设置依赖）	高（依赖必须提供）
灵活性	低（依赖不可更改）	高（可以随时更改依赖）	高（可以随时更改依赖）	低到中（取决于配置）
使用场景	适合必需依赖	适合可选依赖	适合动态依赖	适合复杂依赖关系
典型应用	基础框架、关键服务	配置加载、资源管理	插件系统、扩展模块	大型应用、多模块系统

通过引入依赖注入，我们进一步强化了设计原则与解耦策略，使得软件系统的模块化和灵活性得到提升。理解和应用依赖注入，可以帮助开发者构建更具可维护性和可扩展性的高质量软件系统。依赖注入不仅是一种设计模式，更是一种设计思想，促使我们在开发过程中更加注重模块的解耦与职责分离。

6.3.9   设计原则与解耦策略小结

本节详细探讨了几个关键的面向对象设计原则以及解耦技巧，每个原则都旨在提高软件的可维护性和灵活性，同时降低未来修改的复杂度和成本。

- 单一职责原则：强调一个类应该仅有一个引起它变化的原因。
- 开闭原则：提倡软件实体应对扩展开放，对修改关闭。
- 里氏替换原则：确保子类可以替换掉它们的基类而不影响程序的整体功能。
- 接口隔离原则：建议使用多个专门的接口。
- 依赖倒置原则：强调高层模块不应依赖低层模块的具体实现，而应依赖抽象。

此外，还介绍了几个重要的编程原则：

- DRY原则：避免重复是软件设计的金科玉律，通过减少重复可以提高代码的可维护性和可扩展性。

- KISS原则：保持简单，使其愉悦，简单的设计更易于理解、调试和维护。
- YAGNI原则：不要为了未来的可能性而过度设计，只实现当前需要的功能，避免不必要的复杂性。

这些原则不是孤立使用的，而是相互依赖，共同作用于软件架构的设计和实现过程中。在设计软件系统时，理解并合理运用这些原则，可以有效地帮助开发者构建出高质量、易于扩展和维护的软件系统。随着项目需求的变化和技术的发展，开发者应不断地回顾和调整设计策略，确保它们依然适用于当前的开发环境和业务需求。

通过本节的学习，相信读者能够识别和实施这些核心原则，从而在实际开发中有效地提升代码质量和系统的整体结构。

6.4 跨平台复用设计

在探索C++的编程范式和设计原则之后，我们转向一个至关重要的实践领域——跨平台复用设计。随着技术的发展，软件需要在多种操作系统和硬件上高效运行，开发可移植性强的代码不仅可提高效率，也可扩展软件的应用范围。本节旨在深入探讨如何在C++中实现代码的跨平台复用，确保读者能够设计出既健壮又灵活的跨平台应用。

6.4.1 设计跨平台接口

在深入探索跨平台接口设计之前，想象一下，如果应用或软件能够在Windows、macOS、Linux，甚至是移动平台上无缝运行，那将会是什么样的体验。这不仅意味着能触及到更广泛的用户群体，还意味着在业务扩展或市场变动时，产品能够迅速适应，而无须重新构建整个系统。简而言之，投资跨平台接口的设计，是为软件在未来技术演变中打造更广阔的舞台，确保其更加灵活和持久。

许多开发者可能已习惯于在特定平台上进行开发，这可能是因为他们熟悉那个平台的工具和库，或者认为目前尚无须为一个不确定的多平台未来投入额外的努力。然而，考虑到技术栈的快速发展和业务需求的不断变化，跨平台开发不仅可以显著提升应用或软件的潜力，还可以避免优秀软件仅蒙尘于一个平台。

当然，C++的标准模板库（STL）本身就具有跨平台的特性，而随着C++语言标准的不断更新，STL也在持续加强其跨平台的能力。例如，C++11标准引入了对多线程的支持，封装了系统调用，如线程库（包括std::thread）、互斥锁（std::mutex）、条件变量（std::condition_variable）等，这些都是对操作系统功能的高级封装，使得多线程编程在不同平台上可以保持一致性和可移植性；C++17标准增加了更多的库支持，例如引入了std::filesystem库，提供了一种统一的方法来处理文件系统，这在以前需要依赖于特定平台的API来实现。

此外，现代的开发工具和库，如Qt和Boost，进一步简化了跨平台开发的复杂性。这些工具不仅使得跨平台开发变得更为简单和高效，而且还能为项目打开更广阔的未来前景，并为我们的技能组合带来宝贵的多样性。这些更新不仅增强了STL的功能，还进一步推动了其在不同平台间的一致性。

现在，让我们详细探讨如何在不同的操作系统和硬件平台上确保接口的一致性和可扩展性，以实现这些目标。

要使代码保持跨平台兼容性，通常需要使用以下方法：

- 设计通用API：
  - ◆ 定义清晰的API边界：确保API公开的功能明确，并且与平台无关，这样可以最小化平台间的差异对上层应用的影响。
  - ◆ 使用抽象数据类型：利用面向对象的原则封装平台特定的实现细节，通过虚拟接口和抽象类提供一致的用户接口。
- 条件编译：
  - ◆ 使用预处理器：通过#ifdef、#ifndef和#define等预处理器指令，可以根据不同的编译目标选择性地编译代码。
  - ◆ 组织代码结构：合理组织代码文件和模块，以便通过条件编译轻松地切换不同平台的实现。
- 平台适配层：
  - ◆ 实现适配层：为每个目标平台实现一个适配层，用于处理操作系统和硬件的具体差异。
  - ◆ 封装系统调用：将操作系统的系统调用和库函数调用封装在内部，对外提供统一的API，减少直接依赖特定平台的代码。
- 持续集成和测试：
  - ◆ 自动化测试：设置自动化测试流程，确保在所有目标平台上API的行为都保持一致。
  - ◆ 多平台持续集成：利用持续集成工具，如Jenkins或GitHub Actions，自动在不同平台上编译和测试代码，及时发现并修复兼容性问题。

通过上述方法，可以有效地设计出在多种平台上稳定工作的跨平台接口，从而为整个软件项目的跨平台复用打下坚实的基础。

6.4.2 使用预处理器支持多平台

预处理器是C++中处理跨平台编程挑战的强大工具。它们允许在编译之前对代码进行条件编译，根据编译环境的不同来包含或排除部分代码。这种方式非常适用于在多个操作系统或硬件配置上部署应用程序。以下是有效使用预处理器来支持多平台开发的关键点。

1. 基本预处理器指令

预处理器是C++编译过程中的一个初步阶段，它处理源代码文件之前的指令，用来准备代码的实际编译。以下是几种基本的预处理器指令，它们对于跨平台编程尤为重要。

- #ifdef和#ifndef：检查是否定义了某个宏。如果已定义（或未定义），则编译接下来的代码块。
- #define和#undef：用于定义或取消定义宏。这些宏可以是平台标识符，或者是控制代码编译的开关。
- #if、#else、#elif和#endif：提供更复杂的条件编译选项，允许基于具体的条件进行细粒度的代码控制。

2. 平台检测宏

在跨平台编程中，预处理器宏是识别和适应不同操作系统和硬件环境的关键。正确使用这些宏可以大幅度简化平台特定的代码实现。

1）使用内置宏

大多数编译器，如GCC、MSVC（Microsoft Visual C++）以及Clang，都提供了预定义宏来帮助检测正在使用的操作系统和硬件架构。这些宏非常有用，因为它们在编译时自动定义，无须额外配置。常见的宏包括：

- _WIN32：在所有Windows平台上定义，无论是32位还是64位。
- __linux__：在Linux平台上定义。
- __APPLE__：在所有Apple操作系统上定义，包括macOS和iOS。
- __ANDROID__：在Android平台上定义。

使用这些宏可以根据操作系统包含或排除代码，从而为不同的环境编写特定的代码。

2）定义自己的平台宏

虽然使用编译器提供的宏很方便，但在大型项目中，定义一套自己的平台宏可以进一步简化和统一代码。这可以通过在项目的配置或构建脚本中根据检测到的环境定义更具体的宏来实现。

例如，可以自定义以下平台宏：

- PLATFORM_WINDOWS：将_WIN32的检测封装起来，使其更易读。
- PLATFORM_LINUX：封装__linux__，提供统一的标识。
- PLATFORM_MACOS：专门为macOS定义的宏，可以区分不同的Apple操作系统，尽管__APPLE__同样适用于所有Apple产品。

自定义宏的好处在于，它们可以根据项目的需求进行专门化，例如区分不同版本的操作系统或处理不同的硬件配置。这样的做法可以使条件编译的逻辑更加清晰，并易于管理。

通过这两种方法，开发者可以有效地管理跨平台代码的复杂性，确保应用程序可以在不同环境中正确编译和运行。这种策略特别适用于需要同时支持多个操作系统的软件开发项目。

3. 组织跨平台代码

当处理多平台支持的软件开发时，组织和管理代码以适应不同的系统是至关重要的。合理地组织代码不仅可以提高代码的可维护性，还可以简化多平台的开发和测试过程。

1）分离平台相关代码

在理想的跨平台开发策略中，应当尽量将平台相关的代码与平台无关的代码分开。这可以通过以下几种方式实现：

- 使用不同的文件或目录：为每个平台创建专门的源文件或目录。例如，可以有windows/、linux/和macos/等目录，每个目录下存放各自平台特有的实现文件。
- 预处理器指令：在文件内部使用预处理器指令来包含或排除特定于平台的代码块。这样，可以在单个文件中维护多个平台的实现，但每个平台仅编译其相关的部分。

通过这种组织方式，不同平台的特定代码可以被清晰地隔离，减少了不同平台间代码的耦合，使得维护和更新特定平台的代码变得更加容易。

2）创建通用接口

设计一个对所有平台均适用的公共接口是实现真正跨平台代码的关键。这种接口应该抽象出所有操作系统共有的功能，背后通过预处理器指令将调用重定向到对应平台的具体实现。实施步骤包括：

- 定义接口规范：在一个公共的头文件中定义所有的函数原型和必要的数据结构，这些定义不包含任何平台特定的实现细节。
- 平台实现：为每个平台编写符合接口规范的具体实现代码。这些实现文件将根据编译目标平台被相应地编译。

这种方法的优点在于，应用程序的其余部分可以完全独立于底层平台，只与这个通用接口交互。这样不仅提高了代码的可移植性，还大大简化了在新平台上进行移植的工作。开发者可以专注于使用统一的接口编程，而将平台差异性的管理留给底层实现，这样也更有利于进行单元测试和功能扩展。

4. 注意事项和最佳实践

1）使用跨平台接口替代系统调用

在处理跨平台编程时，如果系统调用有跨平台接口的替代方案，那么优先使用这些通用接口。表6-3所示是常见的跨平台接口及其对应的系统调用替代方案。

表6-3　常见的跨平台接口及其对应的系统调用替代方案

功能类别	C++跨平台接口	替代的系统调用	C++版本	注　释
多线程和时间管理	std::this_thread::sleep_for, std::this_thread::sleep_until	usleep, nanosleep (POSIX), Sleep (Windows)	C++11	提供更精确的睡眠控制
	std::thread, std::jthread	POSIX 线程库(pthread)	C++11, C++20 (jthread)	std::jthread 提供自动 join 功能
	std::mutex, std::recursive_mutex, std::timed_mutex	POSIX 互斥锁 (pthread_mutex_t)	C++11	性能与原生 mutex 相近
	std::shared_mutex	pthread_rwlock_t	C++17	读写锁，适用于读多写少的场景
	std::condition_variable	POSIX 条件变量 (pthread_cond_t)	C++11	注意虚假唤醒问题
文件和文件系统操作	<filesystem> 库	mkdir, rm, cp (POSIX), Windows API 文件操作	C++17	在某些编译器上可能需要链接额外的库
	std::filesystem::file_size, std::filesystem::last_write_time	文件大小和修改时间的系统调用	C++17	可能略微影响性能，但提供了更好的可移植性
随机数生成	<random>库	rand, srand	C++11	提供更高质量的随机数，但可能较慢
时间处理	std::chrono 库	clock_gettime (POSIX), Windows API 时间函数	C++11	高精度计时，可能在某些平台上性能较低
正则表达式处理	std::regex	POSIX regex 库	C++11	某些实现的性能可能不如专门的正则表达式库

注意事项：

- *性能：虽然C++标准库接口经过了优化，但在某些情况下比直接的系统调用稍慢。如果性能至关重要，可能需要进行基准测试。*
- *错误处理：C++接口通常使用异常或返回值来表示错误，而不是设置全局错误变量（如errno）。*

- 兼容性：某些新特性（如std::filesystem）可能在旧编译器中不可用或需要额外的编译标志。
- 功能完整性：标准库接口可能不包含某些系统特定的高级功能。在这些情况下，可能仍需使用系统API。

2）保持代码的可测试性

为了维护高质量的代码标准，确保每个平台特定的代码块都能在相应的平台上进行单元测试至关重要。这不仅能及时发现并修复平台相关的错误，还能确保在所有目标平台上都有稳定、一致的行为。以下是一些具体的策略和实践：

- 使用条件编译：利用预处理器指令（如#ifdef、#elif、#endif）来隔离平台特定代码，使其易于识别和测试。
- 抽象平台差异：创建抽象接口层来封装平台特定的实现，这样可以更容易地模拟和测试不同平台的行为。
- 使用跨平台测试框架：选择支持多平台的测试框架，如Google Test或Catch2，它们允许我们编写一次测试用例，然后在不同的平台上运行。
- 持续集成（CI）：为每个目标平台设置CI管道，确保每次代码变更都在所有支持的平台上进行测试。
- 模拟平台特定行为：使用模拟对象或桩（stub）来模拟难以在所有环境中重现的平台特定行为。

接下来通过一个实际案例来直观地展示如何在实际开发中应用这些最佳实践，以及预处理器在处理平台特定代码时的有效性和潜在的复杂性。

5. 应用案例：跨平台获取系统内存使用情况

下面以如何在不同操作系统上获取系统的内存使用情况为例写一个接口代码。由于这类信息通常不被标准库直接支持，需要依赖于各个平台特定的API来实现。我们的目标是封装操作系统依赖的代码，以实现在Windows、Linux和macOS上均可使用的内存监控功能。

1）确定操作系统

首先，我们需要根据编译环境预定义的宏来确定当前的操作系统，从而选择合适的实现方法。在大多数简单情况下，可以直接使用编译器提供的系统宏进行平台检测，无须额外定义自定义宏。例如：

```
#ifdef _WIN32
    // Windows-specific code
#elif defined(__linux__)
    // Linux-specific code
#elif defined(__APPLE__)
    // macOS-specific code
#else
    #error "Platform not supported!"
#endif
```

然而，在某些复杂的场景下，可能需要处理更细粒度的条件或支持更多的操作系统变种，此时定义自定义宏可以提高代码的可读性和可维护性。例如，可以通过预定义的宏组合来处理特定的子平台或特性：

```
// Platform detection with custom macros for complex conditions
#if defined(_WIN32) || defined(_WIN64)
    #define PLATFORM_WINDOWS
#elif defined(__linux__)
```

```
    #define PLATFORM_LINUX
#elif defined(__APPLE__) && defined(__MACH__)
    #define PLATFORM_MAC
#else
    #error "Platform not supported!"
#endif
```

通过这种方式,可以在代码中使用统一的自定义宏(如PLATFORM_WINDOWS、PLATFORM_LINUX、PLATFORM_MAC)来简化后续的条件编译逻辑,特别是在需要处理多个相关条件或扩展支持更多平台时。这种方法在保持代码清晰的同时,也增强了代码的灵活性和可扩展性。

2)编写平台特定的内存信息获取代码

针对每个操作系统,我们将展示如何利用系统特有的接口获取内存使用情况。

(1)Windows平台

在Windows上,使用GlobalMemoryStatusEx函数获取内存状态。

```
#ifdef PLATFORM_WINDOWS
#include <windows.h>
#include <sstream>

std::string getMemoryUsage() {
    MEMORYSTATUSEX statex;
    statex.dwLength = sizeof(statex);
    GlobalMemoryStatusEx(&statex);
    std::ostringstream stream;
    stream << "Total physical memory: " << statex.ullTotalPhys
          << ", Available physical memory: " << statex.ullAvailPhys;
    return stream.str();
}
#endif
```

(2)Linux平台

在Linux上,通过读取/proc/meminfo文件来获得内存数据。

```
#ifdef PLATFORM_LINUX
#include <fstream>
#include <sstream>
#include <string>

std::string getMemoryUsage() {
    std::ifstream file("/proc/meminfo");
    std::string line;
    std::ostringstream stream;
    while (std::getline(file, line)) {
        stream << line << '\n';
        if (line.substr(0, 17) == "MemAvailable:") {
            break;
        }
    }
    return stream.str();
}
#endif
```

(3)macOS平台

在macOS上,使用sysctl系统调用来查询物理内存大小。

```
#ifdef PLATFORM_MAC
#include <sys/sysctl.h>
#include <sstream>

std::string getMemoryUsage() {
    int mib[2];
    int64_t physical_memory;
    size_t length = sizeof(physical_memory);

    // Set the mib for hw.memsize
    mib[0] = CTL_HW;
    mib[1] = HW_MEMSIZE;
    sysctl(mib, 2, &physical_memory, &length, NULL, 0);

    std::ostringstream stream;
    stream << "Total physical memory: " << physical_memory;
    return stream.str();
}
#endif
```

注意　示例中包含的标准库头文件（如<fstream>、<sstream>、<string>）在各平台上都是通用的，通常无须进行条件包裹。条件编译主要用于平台特定的实现代码部分。

3）提供统一的接口

为了简化用户的使用过程，定义一个通用接口函数，用户无须关心底层的操作系统细节，直接调用此函数即可获取内存使用情况。

```
std::string getMemoryUsage();
```

通过这种方式，我们分别处理了特定操作系统的API调用，确保代码可以在多个平台上无缝运行，而开发者和用户只需与一个统一的接口交互。这种方法减少了平台相关的复杂性，同时保持了代码的可移植性和可维护性。

6.4.3　抽象化硬件依赖

在跨平台软件开发中，抽象化硬件依赖是关键技术之一。它允许程序在不同的硬件平台上运行，而无须对每个平台编写专门的代码。通过封装与硬件交互的细节，软件可以在一个高层次的抽象上运行，从而提高了代码的可维护性和可移植性。以下是实现硬件依赖抽象化的主要方法。

1. 定义硬件抽象层

定义硬件抽象层（HAL）的方法如下：

- 创建统一接口：定义一组统一的接口或抽象基类，这些接口封装所有与硬件相关的操作，如I/O处理、内存管理和设备控制。
- 平台特定实现：针对每个目标平台提供这些接口的具体实现。这样，应用程序只需要与统一的接口交互，而不是直接与硬件交互。

定义一个统一的硬件抽象层接口，不仅要求我们深入理解硬件的内在复杂性，还需要我们在C++的严谨框架内进行创造性的设计。这里涉及的核心问题是：应该如何选择合适的抽象级别，同时如何在不牺牲平台特有优势的情况下保持接口的一致性？

1）选择合适的抽象级别

在决定抽象级别时，C++设计者面临着一个微妙的平衡挑战。一方面，一个高度抽象的接口可以提供极大的灵活性，使得上层应用能够无缝运行在多种硬件平台上。另一方面，过度的抽象可能导致接口变得过于通用，无法充分利用某些硬件的特有功能，从而潜在地牺牲性能。

例如，考虑设计一个用于处理不同类型存储设备的HAL。如果接口过于抽象，仅提供基本的读写功能，那么特定设备的高效操作（如DMA传输）可能无法通过这一通用接口进行优化。因此，设计接口时必须考虑足够的灵活性来适应特定硬件的性能优化需求。

2）维持接口的一致性

当涉及为每个目标平台实现具体的HAL时，保持接口的一致性是另一个关键考量。在C++中，这通常通过定义一组精心设计的抽象基类来实现，每个平台特定的HAL实现都继承自这些基类并提供具体实现。

使用C++模板和策略模式可以提供额外的灵活性，允许在运行时根据不同的硬件配置选择最合适的实现。例如，通过模板参数化的类可以在编译时根据不同的硬件特性调整其行为，从而既保持了接口的一致性，又没有放弃硬件的特有优势。

3）面临的挑战和使用的策略

在实际操作中，合理选择抽象级别和维持接口一致性需要开发者具备深厚的硬件知识和丰富的C++编程经验。为了达成这一平衡，建议采用以下策略：

- 广泛的需求调研：在设计阶段，广泛收集不同硬件平台的需求和特性，确保设计的HAL能够覆盖主要的使用场景。
- 迭代和反馈：设计初稿后，通过实际的硬件测试来评估HAL的性能和功能，根据反馈进行调整。
- 模块化设计：采用模块化的设计方法，将通用功能和特定硬件优化明确区分开来，通过条件编译或配置文件来灵活调整。

通过这些策略，可以确保HAL不仅在C++的严格设计哲学下实现了高度的技术精确性，还能在多种硬件平台上实现最优性能。这种精心设计的HAL将成为软件工程师在面对多样化硬件环境时的坚强后盾，极大地提高了软件的可移植性和可维护性。

2. 使用设计模式支持抽象化

设计模式有以下两种：

- 工厂模式：使用工厂模式可以根据运行时环境动态创建具体的硬件交互对象，而不需要在代码中硬编码具体的类。
- 策略模式：允许在运行时选择不同的算法或处理方式，这些算法或处理方式可以针对不同的硬件配置进行优化。

这两种极为有效的设计模式可以帮助我们根据不同的硬件环境动态选择最合适的HAL实现，以及在运行时调整算法或处理方式以适应不同的硬件配置。接下来，将详细探讨这两种模式的具体应用。

1）使用工厂模式动态选择HAL实现

工厂模式通过定义一个创建对象的接口，允许子类决定实例化哪一个类。在HAL的上下文中，工厂模式使我们能够根据不同的硬件环境动态创建相应的HAL对象。那么，如何在C++中应用工厂模式来动态选择适合特定硬件环境的HAL实现呢？

通常可以参考以下实现策略：

- 定义HAL接口：首先，定义一个HAL的抽象基类，其中声明了所有必要的硬件操作方法，如读写、控制等。
- 创建具体的HAL类：为每种支持的硬件平台创建具体的HAL类，这些类继承自HAL抽象基类，并实现其所有方法。
- 实现工厂类：设计一个工厂类，包含一个静态方法来决定并创建具体HAL类的实例。这个决策可以基于配置文件、环境变量或其他适合的机制来进行。
- 配置依赖注入：工厂类可以在应用启动时或在首次需要HAL服务时被调用，从而根据当前硬件环境注入正确的HAL实现。

【示例展示】

下面是一个示例，演示如何使用工厂模式来实现硬件抽象层。这个例子中，定义一个抽象基类和几个具体的HAL类，并提供了一个工厂类来决定和创建具体的HAL实例。

```cpp
#include <iostream>
#include <string>
#include <memory>
// 1. 定义HAL的抽象基类
class HardwareAbstractionLayer {
public:
    virtual void read() = 0;                        // 定义读取数据的纯虚函数
    virtual void write() = 0;                       // 定义写入数据的纯虚函数
    virtual ~HardwareAbstractionLayer() {}          // 虚析构函数，保证派生类的正确析构
};
// 2. 创建具体的HAL类，用于不同的硬件平台
class ConcreteHAL1 : public HardwareAbstractionLayer {
public:
    void read() override {
        std::cout << "Reading using ConcreteHAL1." << std::endl;
    }
    void write() override {
        std::cout << "Writing using ConcreteHAL1." << std::endl;
    }
};

class ConcreteHAL2 : public HardwareAbstractionLayer {
public:
    void read() override {
        std::cout << "Reading using ConcreteHAL2." << std::endl;
    }
    void write() override {
        std::cout << "Writing using ConcreteHAL2." << std::endl;
    }
};
// 3. 实现工厂类
class HALFactory {
public:
    static std::unique_ptr<HardwareAbstractionLayer> createHAL(const std::string& type) {
        if (type == "HAL1") {
            return std::make_unique<ConcreteHAL1>();
        } else if (type == "HAL2") {
            return std::make_unique<ConcreteHAL2>();
```

```
            } else {
                throw std::runtime_error("Unsupported hardware type");
            }
        }
    };

    // 4. 示例使用工厂类
    int main() {
        // 假设根据环境变量或配置文件得到了硬件类型
        std::string hardwareType = "HAL1";            // 这里可以根据实际情况动态设置

        // 使用工厂类创建对应的HAL实例
        auto hal = HALFactory::createHAL(hardwareType);

        // 使用HAL实例进行操作
        hal->read();
        hal->write();

        return 0;
    }
```

在上述代码中：

- 抽象基类HardwareAbstractionLayer：定义了所有HAL必须实现的基本操作（如read和write），确保所有具体HAL类遵循同一接口。
- 具体的HAL类ConcreteHAL1和ConcreteHAL2：实现了基类中定义的操作，各自可能针对不同的硬件优化。
- 工厂类HALFactory：根据传入的类型参数（如hardwareType），决定创建并返回哪一种具体的HAL对象。这里使用了std::unique_ptr来管理对象的生命周期，避免内存泄漏。
- main函数中的使用：示例展示了如何根据动态决定的硬件类型来创建和使用HAL对象，展现了工厂模式的灵活性和强大功能。

通过这个例子，读者可以清晰地看到工厂模式在实际中的应用，以及它如何帮助我们灵活地处理不同硬件平台的特定需求。这不仅简化了上层应用的开发，还提高了代码的可维护性和可扩展性。

2）利用策略模式调整算法或处理方式

策略模式定义了一系列的算法，并将每一种算法封装起来，使它们可以互相替换。这种模式让算法的变化独立于使用算法的客户端。

（1）问题探讨

在不同硬件配置下，策略模式如何帮助我们调整算法或处理方式？

（2）实现策略

通常可以参考以下实现策略：

- 定义策略接口：创建一个策略接口，这个接口定义了一系列可能变化的操作，例如数据处理、图像渲染等。
- 实现具体策略：针对每种硬件特性实现具体的策略类。例如，高性能GPU和标准CPU可能需要不同的图像处理策略。
- 配置策略使用：在客户端代码中配置策略对象，客户端通过策略接口与策略类交互，具体使用哪个策略实例可以在运行时通过配置或环境因素来决定。

【示例展示】

下面是一个使用策略模式的示例，将演示如何根据不同硬件特性动态选择适当的数据处理策略。我们将定义一个策略接口，针对不同的硬件配置实现具体的策略类，并在客户端代码中使用这些策略。

```cpp
#include <iostream>
#include <memory>

// 策略接口
class DataProcessingStrategy {
public:
    virtual void process() = 0;                    // 策略接口中定义的处理数据的纯虚函数
    virtual ~DataProcessingStrategy() {}           // 虚析构函数，保证资源被正确释放
};

// 具体策略类：高性能GPU处理
class HighPerformanceGPUProcessing : public DataProcessingStrategy {
public:
    void process() override {
        std::cout << "Processing data with high-performance GPU." << std::endl;
    }
};

// 具体策略类：标准CPU处理
class StandardCPUProcessing : public DataProcessingStrategy {
public:
    void process() override {
        std::cout << "Processing data with standard CPU." << std::endl;
    }
};

// 客户端代码
class DataProcessor {
private:
    std::unique_ptr<DataProcessingStrategy> strategy;

public:
    DataProcessor(std::unique_ptr<DataProcessingStrategy> strategy) :
strategy(std::move(strategy)) {}

    void setStrategy(std::unique_ptr<DataProcessingStrategy> newStrategy) {
        strategy = std::move(newStrategy);
    }

    void processData() {
        strategy->process();                        // 使用当前策略处理数据
    }
};

int main() {
    // 根据运行时的配置或环境选择策略
    std::unique_ptr<DataProcessingStrategy> strategy;
    if (/* 条件：高性能GPU可用*/) {
        strategy = std::make_unique<HighPerformanceGPUProcessing>();
    } else {
        strategy = std::make_unique<StandardCPUProcessing>();
    }

    DataProcessor processor(std::move(strategy));
    processor.processData();                        // 处理数据

    // 动态改变策略
    processor.setStrategy(std::make_unique<StandardCPUProcessing>());
```

```
    processor.processData();                    // 重新处理数据

    return 0;
}
```

在上述代码中：

- **策略接口DataProcessingStrategy**：定义了所有数据处理策略必须实现的方法process()，这使得策略的具体实现可以在运行时互换。
- **具体策略类**：HighPerformanceGPUProcessing和StandardCPUProcessing分别实现了使用不同硬件特性的数据处理方法。
- **客户端类DataProcessor**：包含一个策略对象，并提供方法setStrategy在运行时更换策略。这展示了策略模式的灵活性，允许客户端根据当前情况选择最适合的策略。
- **main函数**：示范了如何根据具体情况初始化和更换策略，以及如何使用策略对象处理数据。

这个例子清楚地展示了策略模式在实现硬件抽象层时提供了必要的灵活性和可扩展性，同时也保持了代码的整洁和易于维护。通过策略模式，我们能够根据不同的硬件环境优化数据处理过程，从而提高整体的系统性能。

3. 封装第三方库

封装第三方库的方法如下：

- **集成硬件操作库**：利用特定于平台的第三方库来处理与硬件相关的操作，例如GPU计算和网络通信。这样做可以有效减少应用程序中需要直接编写的硬件特定代码，提高开发效率。
- **创建适配器层**：为特定平台的硬件操作库设计适配器层，目的是解耦应用程序与硬件操作的直接交互。这个适配器层提供一致且抽象的接口，使得应用程序可以在不直接依赖具体硬件实现的情况下，进行高效的硬件交互。

1）使用适配器层整合平台特有的硬件操作库

当集成特定平台的硬件操作库时，设计一个有效的适配器层是关键。这个适配器层应该能够：

- **抽象硬件细节**：即使是针对特定平台的库，适配器层也应隐藏这些库的具体实现细节，为上层应用提供一个清晰、一致的接口。
- **保持应用层的一致性**：适配器层应保证，无论底层硬件如何变化，应用层调用的API都保持不变。这有助于未来的维护和可能的平台扩展。
- **简化错误处理**：适配器层应统一处理来自硬件操作库的所有错误，并将它们转换为应用可以理解和反应的异常或错误代码。

2）设计原则

在设计适配器层时，可以遵循以下设计原则：

- **最小依赖原则**：尽管硬件操作库是平台特有的，适配器层也应尽量减少对这些库的直接依赖，使得在更换底层库或者迁移到新平台时，所需的修改尽可能小。
- **模块化设计**：适配器层应该是模块化的，便于测试和维护。每个模块应负责一组功能相近的接口，使得功能清晰、职责明确。

为了展示如何使用适配器模式来整合平台特有的硬件操作库，我们可以创建一个简单的适配器来封装一个假设的音频处理库。这种适配器的目的是使上层应用能够通过一个统一的接口与底层音频硬件交互，而不用关心底层的具体实现细节。

【示例展示】

假设有一个平台特有的音频库，它提供了一些基本的音频控制功能，比如播放和停止。我们的目标是创建一个适配器类，使得应用程序可以使用统一的接口控制音频，而无论底层使用何种硬件或库。

首先，定义一个抽象基类来声明我们需要的音频操作接口：

```
// AudioInterface.h

#ifndef AUDIO_INTERFACE_H
#define AUDIO_INTERFACE_H

class AudioInterface {
public:
    virtual ~AudioInterface() {}

    virtual void play() = 0;
    virtual void stop() = 0;
};

#endif // AUDIO_INTERFACE_H
```

这个抽象基类定义了所有音频操作的基本接口，任何具体的音频处理类都需要继承这个类并实现其方法。

接下来，假设有一个第三方库提供了具体的音频操作实现，但是其接口与我们的抽象基类不完全兼容：

```
// ThirdPartyAudioLib.h

#ifndef THIRD_PARTY_AUDIO_LIB_H
#define THIRD_PARTY_AUDIO_LIB_H

class ThirdPartyAudioLib {
public:
    void startAudio() {
        // 实际的开始播放音频的代码
    }

    void haltAudio() {
        // 实际的停止播放音频的代码
    }
};

#endif // THIRD_PARTY_AUDIO_LIB_H
```

为了整合这个第三方库，创建一个适配器类：

```
// AudioAdapter.h

#ifndef AUDIO_ADAPTER_H
#define AUDIO_ADAPTER_H

#include "AudioInterface.h"
#include "ThirdPartyAudioLib.h"

class AudioAdapter : public AudioInterface {
private:
    ThirdPartyAudioLib audioLib;            // 第三方库的实例

public:
    void play() override {
        audioLib.startAudio();              // 适配调用
```

```
    }

    void stop() override {
        audioLib.haltAudio();            // 适配调用
    }
};
#endif                                   // AUDIO_ADAPTER_H
```

这个适配器类继承自AudioInterface，并实现了所有的虚函数。每个函数内部调用第三方库的相应方法，实现了接口的适配。这样，上层应用只需要依赖AudioInterface，而无须关心底层是如何实现的，从而达到了解耦和一致性的目的。

这个例子展示了适配器模式在实际应用中如何用于整合具体的硬件操作库，并提供了一个清晰的接口给上层应用。通过这种方式，可以灵活地替换或升级底层库而不影响整个应用程序的其他部分。

4. 性能考虑

性能考虑主要包括以下两点：

- 最小化抽象成本：虽然抽象化可以提高代码的可移植性，但可能会引入额外的性能开销。在设计抽象层时，需要权衡抽象的好处和性能成本。
- 性能测试：对不同平台上的硬件抽象层进行性能测试，确保在所有目标硬件上都能满足性能要求。

1）衡量抽象化层的性能开销

性能开销可以从多个维度进行衡量，包括但不限于执行时间、内存使用、CPU占用以及输入/输出操作的效率。在C++中，这通常涉及以下几个方面：

- 基准测试：通过设计一系列基准测试来定量分析HAL的性能。这些测试应涵盖所有关键操作，如数据读写、设备控制等。
- 性能分析工具：使用性能分析工具（如Valgrind、gprof等）来识别热点函数和性能瓶颈。这些工具可以帮助开发者了解HAL在运行时的行为，并指出优化的方向。
- 代码审查：定期进行代码审查，特别关注可能引入性能问题的高风险更改，如接口的不必要调用或数据结构的不当选择。

2）优化抽象化层的性能

优化HAL的性能涉及多个层面的考量，包括代码级优化和结构级调整。

- 代码优化：利用C++的语言特性，如内联函数、模板和移动语义，减少不必要的函数调用和对象复制。
- 数据局部性优化：改进数据结构和访问模式，以提高缓存利用率和减少页面错误。
- 异步和并行处理：利用C++11及以上版本提供的多线程和异步编程功能，提高并发执行效率，特别是在多核硬件上。

3）设计性能测试

设计有效的性能测试不仅要涉及广泛的硬件覆盖，还需要考虑测试的可重复性和准确性。

- 覆盖所有目标硬件：性能测试设计应确保包括所有支持的硬件平台。这可能需要设置具有不同硬件配置的测试环境。

- 测试场景的真实性：确保测试场景尽可能地模拟真实世界中的使用情况，这样测试结果才能准确反映出 HAL 在实际应用中的表现。
- 自动化测试：实现测试的自动化，以便在代码更新后快速运行性能测试，并跟踪性能趋势。
- 性能指标的多样性：确保性能测试不仅关注单一指标，如执行速度，还应包括内存使用、能耗等其他重要指标。

通过这些策略，我们不仅能准确衡量 HAL 带来的性能开销，还能有针对性地进行优化，确保在所有目标硬件上都能达到预期的性能标准。这种精细化的性能管理策略是 C++ 在系统级编程中不可或缺的一部分，它确保了 HAL 的高效性和广泛的适用性。

5. 适用场景

通过以上讨论的策略，我们可以有效地隔离硬件依赖，使得代码更加模块化，同时便于在不同硬件平台之间移植和维护，尤其是在以下几种情况下。

1）多平台支持

当软件需要在多种操作系统和硬件平台上运行时，例如在桌面操作系统（Windows、macOS、Linux）与移动操作系统（iOS、Android）之间，或者在不同的处理器架构（如 x86、ARM）之间。通过使用 HAL，可以统一接口，避免针对每个平台编写和维护大量的平台特定代码。

2）嵌入式系统开发

在嵌入式系统中，软件直接与硬件密切相关，不同产品或项目可能使用不同的微控制器或传感器。HAL 可以隔离这些硬件特定的差异，使得应用层代码可以在不同的硬件上复用，从而降低开发成本和时间。

3）硬件升级和替换

当项目涉及硬件的升级或替换（如更换更高性能的处理器或其他组件）时，HAL 可以最大限度地减少上层应用需要调整的代码量。开发者只需在 HAL 层更新相应的硬件驱动，而不需要修改应用层逻辑。

4）提高代码的可测试性

使用 HAL 层允许开发者在不同的硬件或模拟环境下进行软件测试。这是因为 HAL 提供了一种机制，通过模拟或虚拟化硬件接口来验证上层应用的功能，而不受真实硬件环境的限制。

5）安全性和稳定性需求

在需要高安全性或稳定性的系统（如医疗设备、工业控制系统）中，HAL 可以提供一种隔离层，有助于保护系统不受不稳定硬件驱动的影响。此外，封装可以确保所有硬件访问都通过统一安全的途径进行，从而降低系统遭受攻击的风险。

6）产品系列化开发

对于产品线中包含多个类似产品但硬件配置有差异的情况，如不同级别的消费电子产品，HAL 能够提供一个统一的开发接口，使得基础软件能够在整个产品线中得以复用。

通过实施这样的硬件抽象化策略，开发团队能够专注于核心应用逻辑的开发，而将硬件兼容性问题交给 HAL 层处理，从而提高软件项目的可维护性、可移植性和可扩展性。

在接下来的小节中，我们将探讨如何通过依赖管理和模块化进一步提高代码的可复用性和可维护性。

6.4.4　依赖管理和模块化

依赖管理和模块化是实现跨平台软件开发中不可或缺的策略。它们帮助开发者组织和维护大型代码库，简化多平台支持，并提高代码的可复用性。以下是采用模块化设计和有效管理依赖关系以增强软件跨平台能力的关键步骤。

1. 模块化设计

- 使用C++20模块：利用C++20的模块功能替代传统的头文件和源文件方法，可以显著提高编译速度，减少名称冲突，改善封装。
- 划分功能模块：按功能将代码划分为独立的模块，每个模块负责一组特定的功能。这样可以减少模块间的依赖，提高代码的可维护性和可复用性。

2. 依赖管理工具

- 选择合适的工具：使用如CMake、Conan或vcpkg等现代C++依赖管理和构建系统，可以简化跨平台开发的复杂性。
- 自动化依赖解析：利用工具自动解析和管理外部库依赖，确保在不同平台上能够顺利编译和链接所需的库。

3. 接口和实现分离

- 明确接口和实现：在模块或库的设计中明确区分接口和实现，接口只暴露必要的部分，实现则隐藏在模块内部。这有助于降低模块间的耦合，并提高代码的可测试性。
- 使用抽象类和接口：在跨平台模块中使用抽象类定义通用接口，各平台具体实现这些接口，这样只需通过接口与各个实现互动，而无须关心具体的平台细节。

4. 持续集成的集成

- 跨平台构建验证：配置持续集成系统在多个平台上自动构建和测试代码，以验证代码的跨平台兼容性。
- 定期代码审查：定期审查依赖关系和模块划分的合理性，确保项目结构随着需求的变化而适当调整。

通过这些方法，开发者可以更有效地管理大规模的跨平台项目，确保软件结构的清晰和代码的高效，同时也降低维护成本，提高开发效率。

接下来，我们将通过一个具体的示例进一步探索如何在C++20环境中实现这些概念。

【示例展示】

假设有一个数学运算的模块，我们将其命名为 math_utils。

1）定义模块 math_utils

创建一个文件 math_utils.cpp，内容如下：

```
export module math_utils;  // 声明这是一个模块，并给出模块名

export namespace math {
    // 导出一个函数，使其在模块外部可见和可用
    int add(int a, int b) {
        return a + b;
```

```
    }
    // 导出另一个函数
    int multiply(int a, int b) {
        return a * b;
    }
}
```

2）使用模块 math_utils

在另一个文件中，我们可以导入并使用math_utils 模块。假设这个文件叫 main.cpp。

```
import math_utils;  // 导入模块

#include <iostream>

int main() {
    std::cout << "5 + 3 = " << math::add(5, 3) << std::endl;
    std::cout << "5 * 3 = " << math::multiply(5, 3) << std::endl;
    return 0;
}
```

3）编译和运行

使用支持C++20模块的编译器编译上述代码。例如，如果使用GCC，则可以使用以下命令：

```
g++ -std=c++20 -fmodules-ts main.cpp math_utils.cpp -o example
```

然后运行生成的程序：

```
./example
```

输出如下：

5 + 3 = 8

5 * 3 = 15

这个示例清楚地展示了如何定义一个模块，如何在模块内部导出函数，以及如何在其他文件中导入并使用这些模块。这有助于简化和模块化代码的管理，提高代码的可复用性和可维护性。

6.4.5　泛型编程与代码复用

泛型编程是C++中提升代码可复用性的关键技术之一，特别是在跨平台开发中，它通过模板提供了一种高效的方式来编写可在多种数据类型和系统上工作的代码。以下是使用泛型编程实现代码复用并确保在不同平台间保持一致性的关键步骤。

1. 使用模板编程

- 模板函数和类：利用模板函数和类来创建可复用的代码组件，这些组件可以适应任何数据类型，提高代码的灵活性和通用性。
- 类型无关性：设计时考虑类型无关性，确保模板代码不依赖于特定类型的特性，这样可以无缝工作在不同的数据类型和结构上。

2. 元编程技术

- 编译时计算：通过模板元编程技术进行编译时计算，可以优化性能，因为很多决策和计算可以在程序运行前完成。

- 条件编译技术：使用模板的特化和偏特化技术来处理不同平台或条件下的特定实现，这样可以在编译时根据平台或条件选择最合适的代码。

3. 设计通用算法

- 算法抽象化：设计算法时，尽量抽象化，不依赖于特定的数据结构或操作系统特性，使得同一算法可以应用于多种容器和数据类型。
- 使用标准库算法：尽可能利用C++标准库中提供的泛型算法，如std::sort、std::find_if等，这些算法已经优化并提供了跨平台支持。

通过这些策略，泛型编程不仅能提高代码的复用性，还能保证在不同平台间的一致性和效率，使开发过程更加高效和可控。

6.5   编程规范与代码维护

本节将探讨如何通过编程规范和维护策略来提升代码质量和团队效率。这些策略不仅适用于大规模项目和多人团队，同样也对在个人项目中培养良好的编程习惯极为重要。通过这些实践，我们能够在各种规模的项目中实现更高的效率和更佳的代码管理。

6.5.1   制定编程规范

在软件开发中，编程规范不仅帮助保持代码的一致性和可读性，还能提高团队协作的效率。对于C++项目，特别是那些团队成员来自不同背景的大型项目，一个明确且全面的编程规范是不可或缺的。

6.5.1.1   规范的目的和重要性

在软件开发中，编程规范不仅是一个技术需求，更是一种良好习惯的体现。正如生活中的许多其他领域，一致的习惯可以带来良好的秩序和效率，编程也不例外。一致的编码风格可以减少需要做出的决定的数量，让开发人员更专注于解决问题而非代码的格式。当这种习惯形成后，无论是回顾过去的代码，还是开始新的项目，都能更快地进入状态。

制定编程规范的重要性主要体现在以下两个方面：

- 可维护性：让代码易于理解和修改。即便是独立开发者，也难免会在未来的某个时刻回顾自己的旧代码。一个明确的编程规范可以使得这一过程更为顺畅。代码的可读性和一致性直接影响了定位问题和引入新功能的速度。规范的代码像是好的笔记，它让未来的我们或者其他可能接手项目的人更容易理解程序的工作原理。
- 可扩展性：对于那些希望将个人项目转变为更大规模项目的开发者来说，初期就建立起良好的编程规范尤为重要。当项目开始增长，可能涉及更多人的协作时，一套共同遵守的规则将极大地简化沟通和协作过程。此外，良好的结构和可预见性的设计使得在现有代码基础上增加新功能或进行调整变得更加容易和安全。

6.5.1.2   规范内容的制定

在制定编程规范时，我们应该牢记以下几个关键目标：

- 风格规范的实际效益：规则应该能带来足够大的好处，以证明要求所有工程师遵守的合理性。好处是相对于没有该规则的代码库来衡量的。
- 一致性：保持一致的编码风格可以让我们专注于更重要的问题，并有利于自动化工具的应用。然而，一致性不应成为拒绝采用更现代、更优良实践的借口。
- 以读者为中心：优化代码的可读性、可维护性和可调试性，而不是编写的便利性。在复杂或不寻常的代码处为读者提供清晰的提示。
- 避免过度复杂：尽量不使用会让普通C++程序员感到困难或难以维护的复杂结构。在某些情况下，复杂实现带来的好处可能值得权衡，但应谨慎考虑长期维护成本。

基于这些目标，我们将从以下几个方面详细制定规范内容。

1. 命名约定

1）变量命名

良好的变量命名习惯可以帮助开发者快速理解变量的功能，从而提高代码的清晰度和可维护性。以下是针对不同类型变量的命名建议。

（1）局部变量

局部变量通常用于函数内部，它们的命名应简洁明了，足以说明变量的意图和用途。

- 命名方式：推荐使用小驼峰式（lowerCamelCase）。例如，startIndex、recordCount。
- 描述性：名称应具有描述性，直接反映变量的用途，避免过度缩写。例如，使用pageNumber而非pageNum，使用temperature而非temp（后者可能与"临时"混淆）。

（2）全局变量

全局变量的作用域较大，使用时应更加谨慎，命名上要能清楚地区分出它们是全局变量。

- 命名方式：有些编程规范建议为全局变量添加特定前缀或后缀，如 g_或_global，以便与局部变量区分，如 g_userCount或config_global。
- 明确性：全局变量的名字应足够明确，能够说明其在整个程序中的角色和用途。

（3）成员变量

在类中使用的变量称为成员变量，它们应该能够清楚地表示其属于某个对象的状态。

- 前缀风格：
  - 使用m_前缀：这种方式在许多C++项目中很常见，有助于快速区分成员变量和局部变量。例如，m_speed、m_name。
  - 使用_前缀：这也是一个流行的风格，尤其在某些特定的编程环境中。例如，_speed、_name。
- 后缀风格：
  - 使用_后缀：这种方式同样能够帮助区分成员变量。例如，speed_、name_。

2）类和接口命名

类和接口是面向对象编程中的基石，合理的命名策略能够显著提升代码的可理解性和可维护性。

（1）基本原则

类和接口命名的基本原则如下：

- **命名风格**：使用大驼峰式（CamelCase），即所有单词首字母大写，无额外的下画线或缩写。这种风格有助于区分类和接口与其他变量或函数。
- **明确性和描述性**：类和接口的名称应该直接反映其功能或责任。例如，Vehicle类可以是一个基类，而Car和Bicycle可以是派生类。

（2）具体建议

类和接口命名时有以下几点建议：

- **类命名**：类名应描述对象的抽象和职责。例如，User表示一个用户对象，UserManager表示管理用户的对象。避免使用非描述性的名称，如Manager、Processor，除非与其他描述词一起使用，可以明确其作用。
- **接口命名**：接口名通常应表明类的行为。根据不同编程规范，接口名称可能以 I 开头，以区分实现类。例如，IReadable表示具有可读功能的接口，ISavable表示对象可以被保存的能力。
- **抽象类命名**：抽象类通常用于定义模板和继承层次结构中的部分实现。它们的命名应该清晰地指示其抽象的性质。例如，BaseVehicle或AbstractVehicle提供了一个车辆的基本框架。

3）文件和文件夹命名

良好的文件和文件夹命名策略是任何项目管理的基础，特别是在需要多人协作的项目中。

（1）基本原则

文件和文件夹命名的基本原则如下：

- **简洁明了**：文件和文件夹名称应直接反映其内容或功能，名称应简洁且有意义。
- **避免空格**：使用下画线（_）或连字符（-）代替空格，以避免命令行使用中的复杂性和错误。
- **命名一致性**：在项目中保持一致的命名风格，无论是使用全小写、驼峰命名法还是其他约定。

（2）具体建议

为文件和文件夹命名时有以下几点建议：

- **源代码文件**：文件名应该反映包含的类或功能。例如，如果一个文件包含UserProfile类，则该文件名可以是user_profile.cpp和user_profile.h（使用小写和下画线），或UserProfile.cpp和UserProfile.h（使用大驼峰命名法）。对于C++项目，通常.cpp用于源文件，.h用于头文件。
- **特定名称和缩写**：对于特定的专有名词、产品名称或广为人知的缩写，可以保留其原有的大小写形式。例如，SQLServer.cpp或RTEConfig.h。这有助于提高代码的可读性和识别度。
- **资源文件和配置文件**：资源文件（如图片、配置文件等），应根据其内容进行分类，并放在描述性的目录中。例如，所有配置文件可能位于config/目录下，图片文件位于images/下。
- **脚本文件**：脚本文件（如安装脚本或构建脚本），应直接描述其功能，如install.sh或build.py。对于特定的工具或框架相关的脚本，可以遵循其常用的命名约定。
- **文件夹结构**：文件夹应按照项目的逻辑结构进行组织。例如，将所有源代码放在src/中，所有的第三方库放在lib/中，所有的文档放在docs/中。项目的主要部分如src/、tests/、docs/和tools/应清晰定义。
- **操作系统考虑**：在跨平台项目中，需要注意不同操作系统对文件名大小写的敏感度。在这种情况下，可能需要采取更保守的命名策略，如全部使用小写，以避免潜在的问题。
- **项目约定**：最重要的是在项目内部达成一致的命名约定，并在整个项目中始终如一地应用这些约定。这种一致性有助于提高代码的可读性和可维护性。

2. 代码布局

良好的代码布局不仅使代码更易于阅读和理解，还可以减少错误的引入。以下是代码布局的几个关键方面。

1）缩进和空格

谷歌推荐使用两个空格进行缩进，以确保一致的代码显示。然而，其他规范可能推荐使用统一宽度的制表符。关键是保持团队内的统一标准，以确保代码的可读性和可维护性。

当一行代码太长，需要分成多行书写时，续行应该至少有4个空格的缩进，以区分这些行是继续上一行的内容。

2）花括号风格

谷歌规范使用的是Kernighan和Ritchie (K&R)风格，也称为"Egyptian brackets"。

（1）函数和类定义

左花括号放在声明末尾的同一行上，右花括号单独放在函数或类定义后的下一行。例如：

```cpp
int main() {
    return 0;
}
```

（2）控制结构（如if、for、while等）

左花括号放在控制语句的同一行，右花括号放在块结束后的新行。else 语句的左花括号放在前一个右花括号的同一行。例如：

```cpp
if (x < 0) {
    std::cout << "Negative";
} else {
    std::cout << "Non-negative";
}
```

3）空行和空格的使用

（1）空行

在函数之间和类定义之间使用空行可以增加可读性。同样地，相关的代码块之间也可以适当地添加空行来区分。

（2）空格

空格的使用：

- 在大多数操作符周围使用空格，如赋值（=）、算术操作符（+, -, *, /）等。
- 在逗号后面使用空格，但在逗号前面不使用空格。
- 在花括号内部不直接跟随空格，例如，不推荐{ 1, 2, 3 }而推荐{1, 2, 3}。

4）头文件的组织

（1）头文件保护

每个头文件都应有防止多重包含的保护。在选择头文件保护的方式时，#pragma once和传统的#ifndef、#define、#endif宏保护方法之间存在几个本质的差异：

- #pragma once：
  - 通过检测文件路径或唯一文件标识符避免重复包含，简洁但非标准，有潜在的兼容性问题。
  - 虽被多数现代编译器支持，但不是C++标准的一部分。
- 宏保护（#ifndef、#define、#endif）：
  - 通过预处理器宏检测重复包含，符合标准但需手动维护宏名称，确保兼容性。
  - 完全符合C++标准，所有C/C++编译器都支持。

对于正式项目，建议使用宏保护（#ifndef、#define、#endif）来避免一些意外问题，例如文件名不同但内容相同的情况，而且这种方法符合C++标准，确保了在各种编译器间的最高兼容性。

对于个人小项目，如果明确了解依赖关系，可以使用#pragma once。它简洁易用，能提供更清洁的方式来防止头文件的重复包含，适合在现代编译环境中使用。

（2）头文件顺序

在.cpp文件中包含头文件的顺序可以是：相关头文件、C系统文件、C++系统文件、其他库的头文件、项目内的头文件。这有助于减少依赖和避免命名冲突。

遵循这些代码布局原则可以显著提高代码的整洁性和一致性，有助于团队成员之间的协作以及新成员的快速上手。

3. 注释标准

注释不仅是代码的解释说明，它还关系到项目的文档化和未来的维护便利性。选择一个统一且功能强大的注释风格是非常关键的。在此，推荐使用 Doxygen 注释风格。

1）Doxygen注释风格简介

Doxygen是一个文档生成工具，主要用于编写代码中的注释文档。它支持多种编程语言，可以生成HTML、LaTeX、RTF等格式的文档。使用Doxygen风格的注释可以自动从源代码中提取文档，大大简化了文档的生成和维护过程。

2）头文件注释

头文件注释描述文件的内容，包括模块功能、作者、创建日期。

【示例展示】

```
/**
 * @file example.h
 * @brief 定义了示例类和相关函数
 * @author 张三
 * @date 2024年7月27日
 */
```

3）函数注释

函数注释详细描述函数的作用、参数、返回值及可能抛出的异常。

【示例展示】

```
/**
 * @brief 计算两个整数的和
 * @param a 第一个整数
 * @param b 第二个整数
 * @return 返回两个整数的和
```

```
 * @throws std::invalid_argument 如果输入参数无效
 */
int add(int a, int b);
```

4）类注释

类注释用于对类的功能和职责进行说明。

【示例展示】

```
/**
 * @class User
 * @brief 用户类，表示一个系统用户
 * @details 包含用户的基本信息和操作方法
 */
class User {
    // 类成员和方法
};
```

5）代码块注释

代码块注释用于对复杂逻辑或关键代码块进行详细注释，帮助理解其功能和目的。

【示例展示】

```
/**
 * @brief 检查输入值是否为正数并处理
 * @param value 输入值
 */
void checkValue(int value) {
    if (value > 0) {
        // 正数处理逻辑
        processPositiveValue(value);
    } else {
        // 负数或零处理逻辑
        processNonPositiveValue(value);
    }
}
```

通过采用Doxygen注释风格，开发团队可以确保代码的高度自文档化属性，极大地便利了新成员的加入和代码的长期维护。这种风格的注释不仅提供了对代码功能的直接视觉解释，还使得生成综合文档变得自动化和系统化，是一种面向未来的代码编写实践。

6.5.2　代码审查的实施

代码审查是确保软件项目高质的关键实践之一。它不仅有助于发现和修正错误，还可以提升团队成员的技能，促进知识共享，并加强编程规范的遵守。

1. 代码审查的目的

代码审查的目的如下：

- 提高代码质量：通过同行的评审，发现潜在错误和缺陷，减少生产环境中的问题。
- 知识共享：代码审查是团队成员间分享新知识和技术的平台，有助于减少项目中的知识孤岛现象。
- 强化编程规范：定期审查可以确保团队成员遵循既定的编程规范，促进代码的一致性和可维护性。

2. 代码审查的实施方法

1）选择审查工具

- 使用专门的代码审查工具，如Gerrit、Review Board；或使用集成到版本控制系统中的工具，如GitHub Pull Requests。
- 工具应支持注释、讨论以及更改建议，使审查过程更高效。

2）确定审查标准

- 明确哪些类型的代码变更需要审查，如新功能、重要修复、性能改进等。
- 设定审查的质量标准，如测试覆盖率、文档完整性和符合性等。

3）审查过程

- 预审查准备：提交者应确保代码自测试通过，并附带必要的测试结果和文档。
- 进行审查：审查者应专注于代码的功能、结构、性能和风格。审查不仅是找错，也是提供改进意见的机会。
- 后审查跟进：提交者根据反馈修改代码，并重新提交至审查工具，以确认所有问题都已解决。

4）审查的建议

- 小而频繁的提交：较小的变更更容易审查，错误也更容易被发现。
- 确保审查者多样性：不同背景的审查者可能会从不同角度发现问题，从而提升代码质量。

3. 代码审查的挑战及其应对策略

代码审查的挑战及其应对策略如下：

- 审查疲劳：长时间的审查可能导致注意力下降。限制单次审查会话的时间，确保审查的效率和质量。
- 非建设性批评：建立清晰的沟通准则，确保所有反馈都是建设性的，避免个人情绪影响专业判断。
- 技术争议：对于审查中出现的技术争议，可以安排讨论会或引入第三方专家意见，以达成共识。

通过以上步骤和策略的实施，代码审查可以成为增进团队协作、提升项目质量、维护编程规范的有效工具。

6.5.3 自动化测试的角色

自动化测试在维护代码质量、确保软件功能正常运行以及快速反馈开发周期中起着至关重要的作用。对于C++项目来说，考虑复杂性和性能要求，构建一个稳固的自动化测试框架是确保长期项目成功的关键。

1. 自动化测试的目的

自动化测试的目的如下：

- 保证质量：自动化测试可以持续验证软件的功能和性能，确保软件行为符合预期。

- 快速反馈：开发中的问题可以通过自动化测试迅速发现，大大缩短了问题定位和修复的时间。
- 减少重复劳动：自动化执行那些重复的测试任务，释放开发和测试人员的时间，让他们可以专注于更高价值的活动。

2. 实施自动化测试的策略

1）测试类型

- 单元测试：测试代码的最小单元，例如函数或方法。C++中常用的单元测试框架包括 Google Test和Boost.Test。
- 集成测试：测试多个组件或系统的合作关系，确保它们作为一个整体正确运行。
- 系统测试：在完整的软件环境中运行软件，确保其满足所有指定的需求。

2）测试环境

- 配置一个可复制的测试环境，确保测试结果的一致性和可靠性。
- 使用虚拟机或容器化技术（如Docker）来模拟不同的操作系统和硬件配置。

3）测试维护

- 定期回顾和更新测试用例，以适应软件的变化。
- 移除不再相关或重复的测试，保持测试套件的效率和相关性。

3. 自动化测试的实践指南

1）持续集成（CI）

- 将自动化测试集成到持续集成流程中，每次代码提交都自动运行测试，以便快速发现并解决问题。
- 使用工具如 Jenkins、Travis CI或GitHub Actions来自动化测试和部署流程。

2）测试覆盖率

- 使用覆盖率工具（如 gcov 用于 C++）来分析哪些代码被测试覆盖，哪些未被覆盖。
- 目标是达到较高的测试覆盖率，但也需注意覆盖率不是万能的，避免过度依赖覆盖率指标。

3）测试驱动开发（TDD）

- 采用测试驱动开发方法，先写测试用例，再编写实现代码，可以确保代码质量并减少未来的维护成本。
- TDD有助于开发者聚焦需求，预防功能过度和不必要的设计。

通过实施这些策略和最佳实践，自动化测试将成为维护和提升C++项目质量的强大工具。

6.5.4 版本控制最佳实践

版本控制系统是软件开发中不可或缺的工具，它帮助团队管理代码的变更历史，协调团队成员间的工作，并支持故障回溯和功能切换。对于C++项目，有效的版本控制策略不仅可以提升开发效率，还能降低代码冲突和回归错误的风险。

1. 版本控制的基本原则

版本控制的基本原则如下：

- **透明性**：所有的代码变更都应通过版本控制系统进行，确保每一次提交都有明确的记录和理由。
- **可追溯性**：每次提交应包括清晰的消息，描述更改的内容和目的，以便团队成员理解每次更改的背景。
- **一致性**：团队中的所有成员应遵循统一的提交规范，包括命名约定和提交信息的格式。

2. 版本控制的实践指南

1）使用分支策略

- **主分支保持稳定**：主分支应始终反映生产环境中的代码状态，仅用于发布稳定和经过全面测试的更改。
- **功能分支**：为每一个新功能或改进创建独立的分支，这样可以在不影响主分支稳定性的情况下开发和测试新功能。

2）合并策略

- **定期合并**：定期将主分支的更改合并到功能分支中，避免长时间的分离导致合并困难。
- **代码审查**：合并请求（MR）或拉取请求（PR）在合并前应进行代码审查，确保代码符合质量标准。

3）标签和发布管理

- 使用标签来标记发布版本，这可以帮助团队追踪特定版本的代码，并方便地回滚到旧版本。
- 发布管理应包括预发布和正式发布的不同阶段，确保代码经过足够的测试和验证。

4）冲突解决

- **及时解决冲突**：在发现冲突时应立即解决，避免随着时间推移冲突变得更复杂。
- **使用可视化工具**：利用可视化工具如 GitKraken或SourceTree 来帮助理解和解决冲突。

3. 版本控制工具的应用

常用的版本控制工具如下：

- **Git**：是目前最流行的版本控制系统，支持分布式操作，非常适合团队协作。
- **Subversion（SVN）**：是一个集中式版本控制系统，适合对访问控制有较高要求的环境。

通过采用这些版本控制最佳实践，团队可以更高效地管理代码变更，减少错误，提高生产效率。

6.5.5　持续集成与持续部署

持续集成与持续部署（CI/CD）是现代软件开发流程中不可或缺的部分，特别是对于动态和复杂的项目，如C++开发项目。CI/CD不仅能提高开发效率和代码质量，还有助于加速产品的交付过程。

1. CI/CD的基本概念

- 持续集成（CI）：持续集成是一个自动化的过程，开发者的代码变更会被频繁地合并到共享仓库中。每次代码提交都要通过自动构建和自动化测试，确保新代码的整合没有破坏现有功能。
- 持续部署（CD）：持续部署自动化了软件从开发阶段通过测试到生产环境的过程。每当代码通过所有测试时，它都会被自动部署到生产环境中，确保用户总是能接触到最新的功能和修复。

2. 实施CI/CD的关键步骤

1）建立自动化构建系统

- 使用构建自动化工具如Make、CMake或Bazel 来配置和管理C++项目的构建。
- 确保构建过程包括代码编译、链接以及必要的资源打包。

2）配置自动化测试

- 集成单元测试、集成测试和系统测试到CI流程中，使用自动化测试框架如 Google Test或Catch2。
- 设定测试通过的标准，例如测试覆盖率的最小值或性能基准。

3）部署策略

- 配置自动部署流程，可使用工具如Jenkins、GitLab CI或GitHub Actions。
- 在部署前设置环境特定的配置，如数据库连接、外部服务的接口。

4）监控和反馈

- 实施监控工具来跟踪生产环境的性能和稳定性。
- 自动化反馈机制，例如当部署失败或出现性能下降时，自动回滚到前一个稳定版本。

3. CI/CD的实践指南

1）代码仓库管理

- 确保代码仓库整洁有序，避免复杂的分支结构。
- 维护良好的提交历史、清晰的提交消息和合理的分支命名。

2）环境一致性

- 使用容器化技术如Docker来确保开发、测试和生产环境的一致性。
- 配置管理工具如Ansible或Puppet可用于自动化环境的设置和维护。

3）安全和合规性

- 在CI/CD流程中集成安全测试，如静态代码分析和依赖性扫描。
- 确保所有自动化脚本和工具符合安全标准和法规要求。

通过这些策略和实践，持续集成和持续部署可以显著提升C++项目的开发效率和产品质量，加快产品上市速度，并减少因人为错误而导致的问题。这不仅为团队带来了技术优势，也提供了竞争优势，使得快速响应市场变化成为可能。

第 7 章

架构之道：C++设计模式与架构策略

7.1 导语：铺垫设计的哲学之路

在前面的章节中，我们深入探讨了C++的基础、高级技巧及其并发能力。现在，是时候将视角转向软件设计的更广阔领域——设计模式与架构策略。这些工具和方法不仅是解决具体编程问题的方案，也代表了一种成熟的软件工程实践，帮助我们构建更健壮、灵活且易于维护的系统。

设计模式作为面向对象设计的经典元素，为常见问题提供了标准化的解决方案，代表了一系列经过实战检验的最佳实践。这些模式最初由Erich Gamma、Richard Helm、Ralph Johnson和John Vlissides在他们的著作《设计模式：可复用面向对象软件的基础》中描述。而架构策略则专注于系统的高层结构设计，帮助我们在更广阔的层面上通过技术实现业务需求。正如哲学家卡尔·波普尔（Karl Popper）所言："一个好的理论具有极高的解释力。"在软件设计领域，这种理论的体现在我们将复杂的系统需求转换为切实可行的且优雅的设计方案。

在本章中，将首先介绍设计模式的三大类别：

- 创建型模式，如单例、工厂方法和抽象工厂，它们提供了一种控制对象创建的方式，使得系统在不具体指定对象类型的情况下，仍能被设计成独立于对象创建和表示的方式。

- 结构型模式，如适配器和外观模式，它们帮助我们通过优化设计来组织类和对象，以适应更复杂的应用需求。

- 行为型模式，如观察者和策略模式，它们主要关注对象之间的通信，为复杂的控制逻辑提供更灵活的维护方式。

接着，将深入探讨架构设计的各种原则和实践，从组件化和事件驱动的方法到微服务和层次结构，以及管道与过滤器模型，旨在构建稳健且可靠的软件系统。我们将通过实际案例和策略指南，展示如何在C++中有效应用这些架构设计。

通过对这些知识的学习和应用，我们不仅能够提高单个模块的代码质量，还能在系统级别上实现设计的优化。此外，我们将通过一系列实际案例分析，展示这些设计模式和架构策略如何在现实世界中被有效应用，从而将理论与实践完美结合。

7.2 创建型设计模式：塑造对象的艺术

在软件开发中，对象的创建策略对系统的设计和维护有着深远的影响。创建型设计模式提供了一种机制，使得对象的生成既灵活又与类的具体实现解耦，从而支持更高的模块化和可扩展性。这类模式通过引入抽象层，管理对象的实例化过程，使系统在不依赖具体类的情况下构建对象。

1. 设计原则与动机：创建的哲学

创建型模式的核心原则是"封装知识"，即封装那些可能变化的部分（如对象的创建过程），从而降低系统各组件之间的依赖关系。在传统编程中，对象的创建往往被硬编码在类内部，导致当需求变化或需要采用新的对象创建策略时，相关代码需要大量修改，增加了维护的难度。

创建型设计模式的引入不仅解决了复杂性管理和代码灵活性的问题，还提高了代码的复用率。例如，在根据不同的环境或配置条件需要创建不同类型的对象时，一个中心化的创建逻辑（如工厂方法）可以简化这一需求，使添加新类型或修改现有类型的生成逻辑变得更加简单。

2. 掌控创造：创建型模式的多面观

创建型模式主要包括以下几种：

- 单例模式（singleton）：确保一个类有且仅有一个实例，并提供一个全局访问点。
- 工厂方法模式（factory method）：允许类在不指定具体类的情况下实例化产品，通过定义一个创建对象的接口，子类可以决定实例化哪一个类。这种方法把简单的对象创建过程延伸到工厂类中，使代码更加灵活和易于扩展。
- 抽象工厂模式（abstract factory）：提供一个接口，用于创建一系列相关或相互依赖的对象，而无须指定它们的具体类。抽象工厂模式常用于系统中产品族的构造，当产品族中的多个对象被设计为一起使用时，它可以确保客户端始终只使用同一族的对象。
- 建造者模式（builder）：将对象子部件的单独构造（由Builder类负责）和装配过程（由Director类控制）分离。这种分离使得构造过程可以创建不同的表示方式。
- 原型模式（prototype）：允许一个对象通过复制自身来创建新的对象实例。适用于创建复杂对象的情况，尤其是当系统需要独立于其产品的创建、构成和表示方式时。

这些模式各自解决了特定的对象创建问题。通过应用这些创建型模式，开发者可以更好地控制系统中的对象创建过程。

7.2.1 单例模式：独一无二的存在

单例模式是最常用且为人熟知的设计模式之一。在很多软件系统中，对于特定类型的对象，我们只需要一个实例，例如配置管理器、线程池或者数据库连接池，这样的设计可以减少系统资源的消耗，提高系统的性能。

在C++中，由于全局变量的构造顺序是不确定的，尤其当全局变量之间存在互相依赖时，可能导致程序启动时的问题。单例模式确保一个类只有一个实例存在，并提供全局访问点来获取这个实例，并且该实例的创建是按需进行的，从而有效地避免了因全局变量初始化顺序不确定带来的风险。这不仅解决了潜在的初始化依赖问题，还提供了一种安全和可靠的方式来全局访问特定资源，如配置管理器或数据库连接池。

1. 设计原则

单例模式的主要目的是控制对象的数量，确保在整个程序的生命周期中只创建一个实例。通过限制实例的数量来减少内存的使用，同时避免在资源管理上出现多个对象之间的冲突。

单例模式的设计原则如下：

- 私有化构造函数：为防止外部通过new直接创建对象实例，单例类的构造函数需被声明为私有。
- 提供全局访问点：通常通过一个公共的静态方法（如getInstance）返回此类的唯一实例。此方法需要确保多线程访问时的安全性。
- 延迟初始化：单例实例通常在第一次被请求时创建。这种技术被称为懒加载（lazy loading），它可以减少程序启动时的加载时间。
- 线程安全：在多线程环境下，实现单例模式需要特别考虑线程安全问题，以确保单例实例在多线程中只被创建一次。

2. 现代C++实现的变化与优化

传统的单例模式实现主要有两种方法：

- 饿汉模式：在类加载时就立即初始化单例对象，确保线程安全，但可能增加启动负载。
- 懒汉模式：只有在实际使用时才创建单例对象，通常需要通过双重检查锁定等机制确保线程安全，但在多线程环境下可能导致额外的性能开销。

与之相对，现代C++实践中，Meyers' Singleton提供了一种更为优雅的解决方案。这种方法使用局部静态变量，其线程安全由自C++11起的编译器自动保证，同时实现了延迟加载且不需要显式的锁。这种实现不仅简化了代码，还提高了效率，并且不需要开发者关心对象的生命周期管理。

使用局部静态变量的单例模式实现：

```cpp
class Singleton {
public:
    // 删除拷贝构造函数和拷贝赋值运算符，防止被复制
    Singleton(const Singleton&) = delete;
    Singleton& operator=(const Singleton&) = delete;

    static Singleton& getInstance() {
        static Singleton instance;
        return instance;
    }

protected:
    Singleton() {}              // 构造函数为 protected，防止外部构造

    ~Singleton() {}             // 析构函数为 protected，保证只能在类内部被析构
};
```

尽管局部静态变量在实现单例模式时提供了众多优点，如简单性、自带的线程安全性等，但在某些特定场景下，使用指针来实现单例模式可能更具优势。

- 延迟销毁：如果需要对单例对象的生命周期进行更细致的控制，例如在程序的特定阶段需要明确地销毁单例对象，使用指针会更加方便。这种方式允许开发者手动控制单例的构造和析构时机，从而可以根据应用程序的需要优化资源管理。

- 子类化：在单例模式的实现中，如果单例类存在子类，并且程序需要根据不同的运行条件来决定实例化哪一个子类，那么使用指针可以在运行时动态决定创建哪个子类的实例。这为单例模式提供了更大的灵活性和可扩展性。

总体而言，选择哪种实现方式应基于具体的需求和场景。虽然在大多数情况下，局部静态变量因其简单和内置的线程安全而被推荐，但在需要特殊处理单例生命周期或进行复杂的子类化时，指针的使用可能更合适。此外，通过结合使用std::mutex和std::call_once，也可以非常便捷地实现线程安全的单例模式，这为使用指针提供了额外的线程安全保障。

3. 单例模式的使用场景及其潜在的滥用问题

单例模式由于其提供全局访问点和确保单一实例的特性，在很多场合下非常有用。然而，正因为这些特性，如果不慎滥用，也可能带来一系列问题。因此，了解单例的适用场景并避免滥用非常重要。

单例模式特别适用于以下几种情况：

- 全局状态或共享资源的管理：如配置信息管理器，其中配置信息广泛应用于整个应用程序。由于这些信息通常不会改变，并且被多个组件共享，因此使用单例模式可以避免数据的重复加载和存储。
- 控制资源的访问：如日志记录器或数据库连接池。单例模式可以确保所有的数据库操作都通过同一个连接池进行，这有助于节省资源并进行统一管理。
- 服务类的对象：提供跨系统的多个其他对象或服务使用的服务，如线程池或缓存。

尽管单例模式有其明确的优势，但在不适当的情况下使用它可能会导致问题。

- 过度使用单例：将大量的功能集中在一个单例类中，会使该类过于复杂，难以维护和测试。此外，单例类往往携带状态，这在多线程环境中可能导致数据访问冲突和不一致性。
- 降低模块的可测试性：由于单例模式提供的是全局访问点，它可能隐藏类之间的依赖关系，这对于进行单元测试尤其不利。测试时很难替换或模拟单例对象，可能导致测试代码与生产代码的行为不一致。
- 破坏模块化：如果不同的组件都依赖于某个单例，这可能导致代码之间的耦合度增加，违反了软件开发中推崇的高内聚低耦合的原则。

因此，在决定使用单例模式之前，应仔细考虑是否真的需要一个全局访问点，以及是否有必要限制实例的数量。对于某些情况，使用依赖注入可能是更好的选择，他通过显式地将资源或服务传递给需要它们的对象，以此提高代码的可测试性和模块化。

在考虑使用其他设计技巧来避免单例模式的潜在问题时，有一种常见的方法是创建临时对象。这种方法主要是利用栈对象包含单例对象的引用的特点，在不牺牲单例模式提供全局访问性的前提下，达到解耦的目的。具体实现方式是定义一个栈对象，该栈对象在构造时获取单例对象的引用，并在其生命周期内进行操作。当栈对象生命周期结束时，它会自动被销毁（通过析构函数），而不会影响单例对象的生命周期。这种技巧的优势在于，既保留了单例提供的全局访问点，又通过局部栈对象管理降低了组件间的直接依赖，提高了代码的模块化。

【示例展示】

下面将展示一个使用栈对象来管理单例类对象生命周期的例子。这个例子中，首先定义了一个单例类DatabaseConnection，负责数据库连接，然后创建一个辅助类DatabaseConnectionManager，用于通过栈对象管理单例对象的生命周期。

1）定义单例类

首先，定义单例类DatabaseConnection，该类包含一个用于获取实例的静态方法，并将构造函数设为私有，以确保只能通过该静态方法创建实例。

```cpp
#include <iostream>

class DatabaseConnection {
public:
    static DatabaseConnection& getInstance() {
        static DatabaseConnection instance;              // 确保被销毁
        return instance;
    }

    // 拷贝构造函数和赋值运算符已禁用
    DatabaseConnection(const DatabaseConnection&) = delete;
    DatabaseConnection& operator=(const DatabaseConnection&) = delete;

    void connect() {
        // 模拟连接数据库
        std::cout << "Database connected." << std::endl;
    }

    void disconnect() {
        // 模拟断开数据库连接
        std::cout << "Database disconnected." << std::endl;
    }

private:
    DatabaseConnection() {}                      // 私有构造函数
    ~DatabaseConnection() {}                     // 私有析构函数
};
```

2）定义辅助管理类

定义一个辅助类DatabaseConnectionManager，该类在构造函数中获取单例实例，并在析构函数中执行清理操作。

```cpp
class DatabaseConnectionManager {
public:
    DatabaseConnectionManager() {
        // 获取单例并进行连接
        db = &DatabaseConnection::getInstance();
        db->connect();
    }

    ~DatabaseConnectionManager() {
        // 断开连接
        db->disconnect();
    }

private:
    DatabaseConnection* db;
};
```

3）使用栈对象管理单例

在函数或者代码块中创建DatabaseConnectionManager的对象，这样就可以自动管理数据库连接的生命周期了。

```
int main() {
    {
        DatabaseConnectionManager dbManager;
        // 这里进行数据库操作
    } // dbManager 在这里出了作用域，自动调用析构函数断开连接

    // 这里数据库已经断开连接，不再可用

    return 0;
}
```

在 这 个 例 子 中， DatabaseConnectionManager 的 对 象 在 其 生 命 周 期 结 束 时 自 动 管 理 单 例
DatabaseConnection的连接和断开，从而降低了与单例类的耦合。此外，DatabaseConnectionManager的
对象利用RAII原则管理资源，使得代码更清晰，也更易于管理。

这种使用栈对象管理单例类生命周期的方法通过一个管理类自动获取和释放资源，借助C++的
RAII特性减少资源泄漏风险，并降低代码耦合，增强测试性，同时可以精细控制单例的访问时机和方
式。但它不改变单例的全局性和静态状态，可能增加代码复杂性和维护难度，尤其在多线程环境中，
需要妥善处理同步和竞态条件。此外，还存在生命周期管理风险，尤其在多个管理对象独立操作同一
单例时，可能导致使用错误和生命周期问题。

总的来说，这种方法在需要减少对全局状态的依赖和提高模块性的场景中非常有用，但它也引入
了额外的复杂性和潜在的线程安全挑战。设计时需要权衡这些因素，确保所采用的策略符合应用的具
体需求。

第二种常用的设计技巧是通过命名空间中的全局函数来代替单例模式。这种方法充分利用了命名
空间的作用域管理特性，通过全局函数直接提供服务，而不是通过一个全局访问的单一实例。

在这种设计中，相关的功能和数据被封装在一个命名空间中，而非单一的对象。全局函数负责处
理所有需要的操作，例如配置数据的加载和访问、日志的记录等。这些函数通过维护静态局部变量来
存储状态，从而在保持状态持久化的同时，避免了单例模式中全局对象可能带来的问题。

例如，在一个应用程序中，可以将日志功能封装在一个命名空间中，提供一个全局的记录日志的函
数。这样，任何需要记录日志的组件都可以直接调用这个函数，而无须关心日志记录器实例的创建和管
理。这样做的好处是降低了代码的复杂性，提高了模块的独立性，使得每个部分更加专注于其职责。

使用命名空间的全局函数替代单例的优势在于：

● 减少依赖：不需要在应用程序的不同部分间共享和维护一个单一的对象实例。

● 提高可测试性：由于依赖更少，各个模块或功能可以更容易地进行独立测试。

● 增强灵活性：更改和扩展功能时，只需修改或增加全局函数，而无须担心影响其他依赖于单
例实例的组件。

这种方法适用于那些需要全局访问但不适合单例模式管理的场景，特别是在需要避免复杂依赖和
增强模块独立性的大型应用程序中。总的来说，命名空间的全局函数是一个简洁且有效的替代方案，
能够提供与单例模式类似的便利性，同时避免了单例模式带来的一些结构上的缺陷。

总之，单例模式是一个强大的工具，但它并不适合所有情况。在使用单例模式时，应慎重考虑其
对应用程序架构的影响，并确保其使用方式符合开发的长远目标。通过明确需求并评估各种替代方案，
可以有效地利用单例模式的优势，同时避免其潜在的缺陷。

7.2.2 工厂方法模式：定制的工厂线

工厂方法模式是一种非常实用的设计模式，尽管它的名字听起来可能有些抽象。其核心思想是定义一个用于创建对象的接口，让子类决定实例化哪个类。这使得类的实例化延迟到其子类。工厂方法模式在开发中的应用非常广泛，因为它帮助解耦了对象的创建和使用，使得系统更易于扩展和维护。

在深入讨论工厂方法模式之前，有必要先提到简单工厂。简单工厂虽然不是正式的设计模式，但它是一种常用的对象创建实践。简单工厂通过一个独立的类来封装对象的创建过程，这样当在需要新对象时，代码不再直接实例化类，而是通过工厂类获取。尽管简单工厂简单有效，但它在应对类的增加时往往显得不足，因为每次添加新类都需要修改工厂类，这违反了开闭原则。

与简单工厂相比，工厂方法模式提供了一种更加灵活的方式来扩展产品类，因为它允许类在不修改现有代码的情况下引入新的类型。这可以通过定义一个用于创建对象的接口，并让子类实现该接口以确定实例化哪个特定类来实现，从而完成扩展。

1. 工厂方法的思想

在工厂方法模式中，创建对象的任务被转移到实现了工厂接口的具体子类中，从而使得添加新产品类时，系统无须修改已有代码。这种模式特别有助于创建复杂对象，其创建过程需要大量配置选项或依赖不同条件。

工厂方法模式体现了"依赖倒置原则"，即：

- 高层模块不应依赖低层模块，两者都应依赖抽象。
- 抽象不应依赖细节，细节应依赖抽象。

在这种情境下，高层模块是调用工厂的代码，低层模块是具体的产品实现类，而抽象则是工厂和产品的接口。工厂方法模式如图7-1所示。

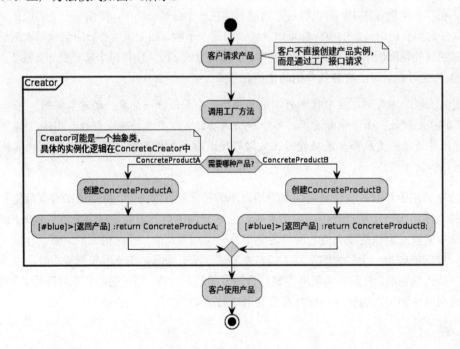

图 7-1 工厂方法模式

在工厂方法模式中，核心角色包括：

- 抽象产品（Product）：定义了产品对象的接口。
- 具体产品（Concrete Product）：实现抽象产品接口的具体类。
- 抽象工厂（Creator）：声明了工厂方法，该方法返回一个抽象产品。
- 具体工厂（Concrete Creator）：重写工厂方法以返回一个具体产品实例。

2. 工厂方法模式的应用场景

工厂方法模式主要应用在以下场景：

- 产品族：当存在多个产品系列，且这些产品都设计为一起使用时，工厂方法可以确保客户端始终只使用同一个产品系列的对象。
- 依赖注入：在需要灵活地向应用程序注入不同行为或资源时，工厂方法可以用于创建这些对象的实例，增加程序的灵活性和可配置性。
- 可扩展性需求：当系统预计会频繁地添加新产品，或者需要根据不同的环境条件创建不同的对象时，使用工厂方法模式可以避免构造函数的泛滥，使得系统更容易管理。

【示例展示】

考虑一个简单的日志记录系统，我们可能需要根据不同的运行环境（开发环境、生产环境）来决定是否将日志信息输出到控制台或者文件。

```cpp
class Logger {
public:
    virtual void log(const std::string& message) = 0;
};

class ConsoleLogger : public Logger {
public:
    void log(const std::string& message) override {
        std::cout << "Console log: " << message << std::endl;
    }
};

class FileLogger : public Logger {
public:
    void log(const std::string& message) override {
        // 将消息写入文件的代码
    }
};

class LoggerFactory {
public:
    virtual Logger* createLogger() = 0;
};

class ConsoleLoggerFactory : public LoggerFactory {
public:
    Logger* createLogger() override {
        return new ConsoleLogger();
    }
};

class FileLoggerFactory : public LoggerFactory {
public:
    Logger* createLogger() override {
```

```
            return new FileLogger();
        }
    };
```

通过使用工厂方法模式，我们的代码不直接依赖于具体的日志类，而是依赖于一个抽象的Logger接口。这样，我们可以轻松地添加新的日志方法，或者更改日志记录的方式，而不需要修改依赖于日志的代码。

在介绍了工厂方法模式之后，下面将通过一个实际的案例来探讨另一个非常重要的设计模式——抽象工厂模式。

7.2.3 抽象工厂模式：构建对象的生态系统

1. 案例分析

假设正在开发一个需要在Windows、macOS和Linux上运行的图形编辑软件。每个操作系统的用户界面风格和交互设计存在显著差异，例如按钮、文本框和滚动条在不同系统中的视觉效果和行为都不同。如果为每个平台以硬编码方式实现各个组件，不仅会导致代码冗余、难以维护，还会降低未来对新平台支持的扩展性。

让我们思考以下问题：

- 如何设计一套系统，使它能够在不同操作系统中保持界面的一致性，同时又能尊重并适应每个系统的原生外观和用户体验？
- 如果直接在应用代码中创建具体的组件对象（如 new WindowsButton()），会带来哪些问题？这种做法的可扩展性、可维护性和灵活性如何？
- 如何通过设计模式来解决这些问题，同时使得新增对另一个操作系统的支持变得简单？

要设计一个能够在不同操作系统中保持界面一致性，同时尊重并适应每个系统原生外观和用户体验的系统，抽象工厂模式提供了一个极佳的解决方案。我们通过这个设计模式来回答几个关键的疑问，以展示它如何应对跨平台UI组件库的挑战。

疑问一：设计跨平台一致性系统的方法是什么？

抽象工厂模式用于在不指定具体类的情况下创建一系列相关或依赖对象的接口。在跨平台UI组件库的情景中，这意味着我们可以设计一个抽象的UIComponentFactory接口，它声明了创建基本UI组件（如按钮、文本框和滚动条）的方法。然后，为每个操作系统实现具体的工厂类（如WindowsUIComponentFactory、MacOSUIComponentFactory），这些具体工厂类负责产生符合各自操作系统风格的组件实例。

疑问二：直接在应用代码中创建具体的组件对象有哪些问题？

如果在应用代码中直接使用如new WindowsButton()的方式来创建具体组件，将会面临以下几个问题：

- 可扩展性低：新增对另一个操作系统的支持时，必须遍历整个代码库，为新平台添加特定的组件创建代码，这使得维护成本极高。
- 可维护性差：硬编码具体组件类使得任何对UI组件的修改都需要修改使用它们的代码，违反了开闭原则（对扩展开放，对修改关闭）。

- 灵活性低：难以适应变化的需求，例如不能在不同的操作系统版本之间切换或者支持新的用户界面风格。

疑问三：如何通过设计模式简化对新操作系统的支持？

通过实施抽象工厂模式，我们只需增加新的具体工厂实现即可支持新的操作系统。应用代码不需要改变，因为它仅依赖于抽象工厂接口。这种方法大大简化了适配新操作系统的工作，同时保持了代码的清洁和易于管理。此外，这种设计使得单个应用能够在运行时动态适应用户的操作系统，无须重新编译或重写大量代码。

解答完以上疑问后，我们可以总结出抽象工厂模式在应对跨平台UI设计和支持新操作系统时所具有的主要优势，如表7-1所示。

表7-1　抽象工厂模式的优势

优　　势	说　　明
系统的独立性	抽象工厂模式允许系统配置为多个不同的产品族，无须在代码中绑定具体类，增加了系统的灵活性
系列产品族的支持	当产品有多个变体时，确保客户端仅使用同一变体集合，如操作系统间的视觉风格或操作控件的一致性
促进一致性	确保所有客户端使用的产品来自同一个产品族，这对于需要强调一致性的设计尤为重要
替代直接构造调用	允许通过具体的工厂类间接创建对象，这样可以引入新的产品变体或更换产品组合，而不需改变客户端代码
封装多个具体工厂	提供封装具体工厂的接口，使得客户端编程时只需面对接口，而不是具体的工厂实现，便于切换不同工厂逻辑

2. 抽象工厂模式的设计实例

基于抽象工厂模式，我们可以设计一个简单的跨平台的UI组件库。

1）抽象产品和具体产品

首先，定义抽象产品，即UI组件的接口。这些接口包括Button和TextBox：

```
class Button {
public:
    virtual void paint() = 0;
    virtual ~Button() {}
};

class TextBox {
public:
    virtual void render() = 0;
    virtual ~TextBox() {}
};
```

接下来，为每个平台实现这些接口：

```
// Windows特定实现
class WindowsButton : public Button {
public:
    void paint() override {
        std::cout << "Rendering a button in Windows style\n";
    }
};
```

```cpp
class WindowsTextBox : public TextBox {
public:
    void render() override {
        std::cout << "Rendering a text box in Windows style\n";
    }
};
// macOS特定实现
class MacOSButton : public Button {
public:
    void paint() override {
        std::cout << "Rendering a button in MacOS style\n";
    }
};

class MacOSTextBox : public TextBox {
public:
    void render() override {
        std::cout << "Rendering a text box in MacOS style\n";
    }
};
```

2）抽象工厂和具体工厂

定义一个抽象工厂接口，它声明了创建各种UI组件的方法：

```cpp
class GUIFactory {
public:
    virtual Button* createButton() = 0;
    virtual TextBox* createTextBox() = 0;
    virtual ~GUIFactory() {}
};
```

为每个操作系统提供具体的工厂实现：

```cpp
class WindowsFactory : public GUIFactory {
public:
    Button* createButton() override {
        return new WindowsButton();
    }
    TextBox* createTextBox() override {
        return new WindowsTextBox();
    }
};

class MacOSFactory : public GUIFactory {
public:
    Button* createButton() override {
        return new MacOSButton();
    }
    TextBox* createTextBox() override {
        return new MacOSTextBox();
    }
};
```

3）使用工厂

在应用中，根据当前操作系统环境选择使用哪个工厂：

```cpp
GUIFactory* factory;
if (runningOnWindows()) {
    factory = new WindowsFactory();
} else if (runningOnMacOS()) {
```

```
        factory = new MacOSFactory();
}

Button* button = factory->createButton();
button->paint();

TextBox* textBox = factory->createTextBox();
textBox->render();

delete button;
delete textBox;
delete factory;
```

3. 抽象工厂模式中的角色

抽象工厂模式如图7-2所示。

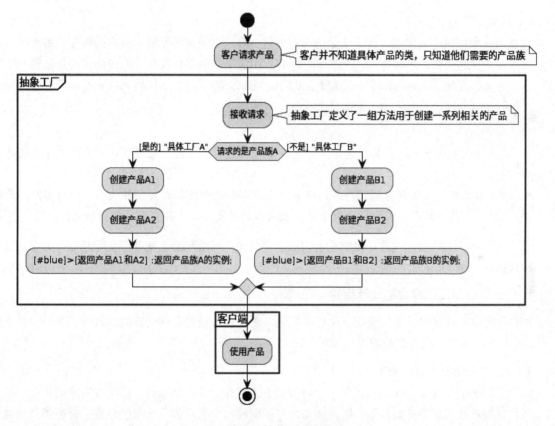

图 7-2　抽象工厂模式

抽象工厂模式中的角色行为有以下几点：

- 客户请求产品：客户开始请求一系列相关的产品，但他们不直接创建产品实例。
- 抽象工厂：这个分区表示抽象工厂接口，它定义创建产品的方法，但不实现这些方法。
- 具体工厂A和具体工厂B：这些分区展示了具体的工厂，它们通过实现抽象工厂接口中的方法来创建具体的产品。具体工厂决定了应该创建哪个产品族。
- 返回产品：具体工厂创建完产品后，将它们返回给客户端。
- 使用产品：客户端收到产品实例后使用它们，客户端与具体产品的创建过程完全解耦，只依赖于产品接口。

4. 工厂模式之间的差异

在了解了抽象工厂模式的概念后，我们再回顾一下工厂方法模式，虽然两者看起来有些相似——都属于创建型设计模式，用于帮助我们更优雅地创建对象，但它们各自最适用的场景和实现方式有显著的不同。

1）工厂方法模式

想象你在一个餐厅点餐，每道菜都是由专门的厨师负责做的。如果想要一份比萨，就去找做比萨的厨师；如果想要一份汤，就去找做汤的厨师。这里，每个厨师都有他们的专长，这就像工厂方法模式，你有一个创建对象的方法，这个方法会根据情况调用不同的构造器或工厂方法来创建特定类型的对象。

2）抽象工厂模式

想象有一家提供不同国家美食（比如意大利餐区、墨西哥餐区等）的大型自助餐厅，每个区域都能提供一套完整的菜单，包括前菜、主菜、甜点等。在这里，你不是找单独的厨师，而是选择一个区域，这个区域的厨师团队会为你准备所有类型的菜。这就类似于抽象工厂模式，它不仅仅创建一个产品，而是创建一系列相关或依赖的产品族。

这两种模式的本质区别在于：

- 工厂方法专注于一个产品的构建，并允许子类决定实现逻辑，适用于一个产品有多个变体的情况。
- 抽象工厂则关注生产一系列产品，这些产品通常是相关的，需要一起使用，使得客户端可以不依赖于具体的产品实现，适用于产品组内部构成复杂或产品类别多样的情况。

理解这两种模式的设计理念以及它们各自的应用场景，可以帮助开发者在实际开发中做出更合适的架构选择。

5. C++中应用工厂模式的设计变种

在C++的实际开发中，工厂模式不仅使用广泛，而且经常根据项目的具体需求进行变种。以下是一些在C++中运用工厂模式思想的设计变种。

1）使用Lambda函数注册工厂

在现代C++中，Lambda表达式提供了一种灵活的方式来定义匿名函数。这可以用来简化工厂模式的实现，特别是在注册产品类到工厂时。例如，可以创建一个工厂类，使用映射将字符串类型的键与对应的Lambda创建函数关联起来。这种方式特别适用于对象创建逻辑简单且需要频繁修改或扩展的情况。

【示例展示】

```
#include <iostream>
#include <map>
#include <functional>

class Product {
public:
    virtual void display() = 0;
    virtual ~Product() {}
};
```

```cpp
class ProductA : public Product {
public:
    void display() override { std::cout << "Product A" << std::endl; }
};

class ProductB : public Product {
public:
    void display() override { std::cout << "Product B" << std::endl; }
};

class Factory {
private:
    std::map<std::string, std::function<Product*()>> registry;

public:
    void registerProduct(const std::string& key, std::function<Product*()> creator) {
        registry[key] = creator;
    }

    Product* createProduct(const std::string& key) {
        if (registry.find(key) != registry.end()) {
            return registry[key]();
        }
        return nullptr;
    }
};

int main() {
    Factory factory;
    factory.registerProduct("A", []() -> Product* { return new ProductA(); });
    factory.registerProduct("B", []() -> Product* { return new ProductB(); });

    Product* productA = factory.createProduct("A");
    if (productA != nullptr) {
        productA->display();
    }

    Product* productB = factory.createProduct("B");
    if (productB != nullptr) {
        productB->display();
    }

    delete productA;
    delete productB;

    return 0;
}
```

2）模板化工厂

在C++中，模板是一种强大的工具，可以用来进一步抽象化工厂模式。通过模板化工厂类，可以避免在工厂中显式注册每个产品类，而是利用模板的自动类型推导来创建对象。这种方式可以简化代码，提高其灵活性和可复用性。

【示例展示】

```cpp
#include <iostream>

template<typename T>
class Product {
public:
    void display() {
        std::cout << "Displaying product of type " << typeid(T).name() << std::endl;
```

```
    }
};

template<typename T>
class Factory {
public:
    static T* create() {
        return new T();
    }
};

int main() {
    Product<int>* product1 = Factory<Product<int>>::create();
    product1->display();

    Product<double>* product2 = Factory<Product<double>>::create();
    product2->display();

    delete product1;
    delete product2;

    return 0;
}
```

这些设计变种展示了C++在实现工厂模式时的灵活性和强大功能。通过利用现代C++的特性，如Lambda表达式和模板，可以使工厂模式更加强大且易于维护。

7.2.4　建造者模式：精细构造的艺术

建造者模式是一种用于构建复杂对象的设计模式，它非常适合用于管理具有多个组件和复杂构建过程的对象。下面通过一个案例来探讨建造者模式在实际应用中的价值和效用。

1. 案例分析

设想你正在开发一个文档编辑软件，这个软件的一个关键功能是生成包含多种元素（如文本、图像、表格）的复杂报告。这些报告不仅内容丰富，而且需要支持多种输出格式，包括PDF、HTML和Word。每种元素和每种格式的创建步骤都可能不同，直接在主代码中管理这些步骤将使代码复杂且难以维护。

那么就出现了以下几个问题：

- 如何设计一个系统，使其可以灵活地构建包含各种元素的复杂文档，同时又能轻松地扩展到新的文档格式？
- 如果直接在文档生成代码中集成所有创建逻辑，会有哪些潜在的问题？这样的系统易于维护和扩展吗？
- 哪种设计模式可以帮助我们将文档的构建过程与其表示方式解耦，从而提高系统的灵活性和可维护性？

2. 建造者模式的应用

建造者模式主要用于分离复杂对象的构造过程和表示方式，以增加代码的灵活性和可维护性。它通过提供一个逐步构造复杂对象的接口，允许不同的表示方式和精确的控制构造过程，同时隐藏对象的内部结构和组装细节。这种模式特别适合构建需要多个部分和步骤的复杂对象，使得构造过程更加模块化，易于应对未来的变化或扩展。

因此，建造者模式可以通过将一个复杂对象的构造过程分解为多个简单的步骤，并允许按照不同的方法和顺序来构建对象，以解决上述问题。那么这个模式又是如何实现的呢？

- 解耦构建与表示方式：建造者模式允许同一个构建过程可以创建不同的表示方式。这意味着文档的构建过程被封装在一个名为Director的类中，而不同的文档表示方式（PDF、HTML、Word）由不同的具体建造者实现。
- 逐步构造：对于复杂文档中的每个元素（文本、图像、表格），建造者提供了添加和配置这些元素的方法。Director类负责调用这些方法按需构建文档。
- 灵活性：如果需要支持新的文档格式，只需实现一个新的具体建造者即可，而无须修改现有的构建逻辑。

3. 建造者模式的代码示例

```cpp
// 声明一个DocumentBuilder抽象基类，定义构建文档的各个步骤
class DocumentBuilder {
public:
    // 构建文档的头部，具体实现由子类提供
    virtual void buildHeader() = 0;
    // 构建文档的文本部分，具体实现由子类提供
    virtual void buildTextSection() = 0;
    // 构建文档的图像部分，具体实现由子类提供
    virtual void buildImageSection() = 0;
    // 构建文档的脚部，具体实现由子类提供
    virtual void buildFooter() = 0;
    // 获取构建完成的文档对象，返回类型为Document指针
    virtual Document* getResult() = 0;
};

// 实现一个具体建造者HTMLDocumentBuilder，用于构建HTML格式的文档
class HTMLDocumentBuilder : public DocumentBuilder {
    // 私有成员，指向正在构建的HTML文档对象
    HTMLDocument* doc;
public:
    // 构造函数，创建一个新的HTMLDocument对象
    HTMLDocumentBuilder() { doc = new HTMLDocument(); }
    // 实现基类定义的构建文档头部的方法
    void buildHeader() override { doc->addHeader("<html><body>"); }
    // 实现基类定义的构建文本部分的方法
    void buildTextSection() override { doc->addTextSection("<p>Some text</p>"); }
    // 实现基类定义的构建图像部分的方法
    void buildImageSection() override { doc->addImageSection("<img
src='image.jpg'/>"); }
    // 实现基类定义的构建脚部的方法
    void buildFooter() override { doc->addFooter("</body></html>"); }
    // 实现基类定义的获取构建结果的方法，返回构建完成的HTML文档
    Document* getResult() override { return doc; }
};

    // 类似地，可以定义 PDFDocumentBuilder和WordDocumentBuilder
    // 这些类将实现相同的DocumentBuilder接口，但具体的构建细节会根据文档类型（PDF、Word）而有所不同
```

在这个代码示例中，DocumentBuilder是一个抽象类，它定义了所有文档构建者共有的接口。这些接口包括构建文档的头部、文本部分、图像部分和脚部的方法，以及一个获取构建结果的方法。HTMLDocumentBuilder是这个接口的一个具体实现，它封装了构建HTML文档的具体步骤，并在内部

持有一个正在被构建的文档对象。这样的设计允许将文档的构建过程与具体的文档类型解耦，使得在添加新的文档类型（如PDF或Word）时，只需增加新的构建者类而不需要修改其他代码。这正是建造者模式的核心价值所在。

可以发现，工厂模式和建造者模式都提供了创建对象的方式，同时都实现了客户端代码与对象创建过程的解耦。不过，这两个模式的应用场景和目的有所不同，这也是它们各自存在的原因。

我们可以通过一些常见的场景和需求来指导这个选择：

建造者模式在以下情况下是合适的：

- **对象非常复杂**：对象包含多个部分，这些部分在创建过程中需要不同的处理步骤，或者对象的创建涉及多种设置和配置选项。
- **构建过程需要被精细控制**：如果对象的构建过程需要按照特定的顺序执行，或者在构建过程中需要进行复杂的决策和计算，建造者模式可以帮助我们将这些过程细分并进行管理。
- **生成的对象需要有不同的表示方式**：如果系统需要生成多种不同配置的相似对象，建造者模式可以通过使用相同的构建过程创建具有不同特性的对象。

工厂模式通常在以下情况下是合适的：

- **产品类的结构比较简单**：对象的创建不需要多个步骤或配置过程，可以通过单一的调用来完成。
- **客户端不需要知道它所创建的具体类型**：工厂方法可以返回一个通用的接口或基类指针，客户端依赖这个接口进行编程，不关心具体实现。
- **系统需要增加新的产品类型而不影响现有代码**：工厂模式支持良好的可扩展性，新的具体产品可以加入系统而不需要修改现有的客户端代码。

虽然没有明确的界限说明何时应该切换使用这两种模式，但有一些通用做法：

- 如果发现创建对象的逻辑变得太复杂或者对象由多个部件组成，那么使用建造者模式更为合适。
- 如果创建过程比较简单，或者更多关注于抽象产品的类型而非构建的细节，那么使用工厂模式更为适合。

在实际应用中，还可能会遇到需要结合使用这两种模式的情况。例如，一个复杂对象的构建可能使用建造者模式，而这些复杂对象的不同实现则通过工厂模式来创建。这种混合使用可以提供更大的灵活性和可扩展性。

在实践中，项目的具体需求和未来可能的扩展，通常是设计决策中的重要考虑因素。

7.2.5　原型模式：复制的力量

原型模式是一种创建型设计模式，它通过允许一个对象复制自身来创建新的对象实例，从而使得对象的创建更加灵活和高效。这种模式在游戏开发中十分有用，尤其在需要快速生成大量类似对象时。

1. 案例分析

想象你正在开发一个游戏，其中包含大量的怪物角色。这些怪物的大部分属性是相似的，但每一个都可能有一些个性化的小变化，比如不同的血量、攻击力或者防御力。如果从头开始创建每一个怪物实例，不仅编程复杂，而且效率低下。

那么，我们可能需要考虑以下问题：

- 如何在不牺牲性能的情况下快速生成大量相似的游戏角色？
- 如果为每个怪物独立创建实例，将面临哪些技术挑战？这种方法的可扩展性如何？
- 使用原型模式复制和定制怪物实例有哪些优势？

2. 原型模式的应用

原型模式起源于面向对象编程的早期实践中对创建复杂对象的需求。在很多情况下，对象的创建不仅涉及简单的实例化，还可能包括设置各种初始状态、配置多个参数等复杂步骤。当对象类型多样，并且每个对象的初始化过程都有所不同时，如果从头开始创建每个对象，将会导致代码的重复和维护难度的增加。

原型模式提供了一种创建对象的机制，通过复制一个已经存在的实例来生成新的实例，并允许修改新生成的实例，从而达到快速且高效地创建对象的目的。

- 效率和简化创建过程：对于游戏中的怪物角色，使用原型模式可以快速复制现有的怪物实例并进行必要的调整，而不需要每次都从头开始创建，这大大提高了效率。
- 易于实现个性化设置：原型模式允许在复制后对实例进行修改，使得每个怪物都可以有独特的属性，满足游戏设计中对角色多样性的需求。
- 动态添加新类型的怪物：在游戏开发过程中，可能会不断增加新类型的怪物。原型模式使得添加新类型怪物只需定义一个原型对象，之后可以无限复制，极大降低了扩展的复杂性。

3. 原型模式的代码示例

```cpp
class Monster {
public:
    virtual Monster* clone() = 0;
    virtual void customize(int health, int attack) = 0;
    // 其他成员函数
};

class Goblin : public Monster {
private:
    int health;
    int attack;
public:
    Goblin(int h, int a) : health(h), attack(a) {}
    Monster* clone() override {
        return new Goblin(*this);
    }
    void customize(int health, int attack) override {
        this->health = health;
        this->attack = attack;
    }
};

// 使用原型
Goblin* original = new Goblin(100, 30);
Monster* clonedGoblin = original->clone();
clonedGoblin->customize(120, 35);
```

原型模式的优势不仅在于其灵活性和可扩展性，还在于解决了一些直接使用拷贝构造函数无法实现的问题。

- 类型抽象与对象的独立创建：原型模式允许在运行时抽象对象的类型，使得客户端代码通过处理Monster类型的接口来创建和管理对象，而无须了解如Goblin等具体的派生类型。这种抽象性让代码更通用和灵活。相较之下，拷贝构造函数需预先知道具体对象类型，限制了灵活性。

- 动态添加和删除对象类型：原型模式支持在运行时动态地注册和删除对象原型，极大地提高了系统的可扩展性，适应快速变化的需求，如游戏中根据进度引入新怪物类型。而拷贝构造函数无法提供这种即时的灵活性。

- 优化性能和资源使用：如果对象初始化非常密集，原型模式通过复制已有的对象状态，避免了重复的初始化过程，这在需要快速生成大量相似对象的场景中特别有用。相对地，拷贝构造函数通常涉及更多的计算和资源消耗。

- 提高系统的灵活性：原型模式允许深拷贝或浅拷贝的灵活配置，使得开发者可以根据需求决定如何复制对象的内部状态，这在处理包含复杂引用的对象时尤其重要。而拷贝构造函数在处理深、浅拷贝时通常更固定，不易调整。

对象切片问题

这里涉及一个对象切片问题，此问题发生在通过基类类型的引用或指针操作派生类对象时。如果通过基类的引用或指针调用拷贝构造函数，只复制了基类部分属性，将导致派生类特有的数据被忽略。这是因为拷贝构造函数是静态绑定的，编译器只能调用基类的拷贝构造函数，而不是派生类的，除非对象的类型在编译时已经明确。原型模式则通过每个派生类实现的虚函数 clone() 解决了这个问题，确保了类型安全的复制和完整性。

总结来说，原型模式在需要高度抽象和类型安全的复制操作时显示出优势，特别是在对象类型多变或未知的环境中。如果对象类型始终已知且明确，直接调用拷贝构造函数也是一个高效的选择。

7.2.6 小结：创造性模式的合奏

在探索创建型设计模式时，我们了解了如何有效地管理和封装对象的创建过程。这些模式提供了多种机制来控制实例化逻辑，帮助软件开发者在构建应用时提高代码的灵活性、可维护性和可扩展性。从单例模式的全局访问点，到抽象工厂模式的产品族创建，每种模式都有其独特的适用场景和实现考量。

创建型设计模式的主要目的是解耦对象的构造和使用，允许系统在不同情况下使用不同的创建策略，同时避免客户端代码依赖于具体类。这些模式可以帮助开发者：

- 控制对象创建的复杂性：简化复杂对象的创建过程，使其更易管理和修改。
- 提高系统的灵活性：通过改变产品的内部表示或创建细节，可以轻松适应系统的发展需求。
- 增强代码的可复用性：封装固定的创建逻辑和预配置，使得相同的创建过程可以复用于不同的环境和需求中。

然而，虽然创建型模式为对象的构造提供了强大的工具，但每种模式的使用也需谨慎，避免导致代码过于复杂或引入不必要的设计复杂性。表7-2是对这些模式的核心原则、应用场合和注意事项的总结，以帮助读者选择最适合特定需求的模式。

表7-2　创建型模式的总结

设计模式	核心原则	应用场合	注意事项
单例模式	确保一个类只有一个实例，并提供全局访问点	需要全局访问的共享资源，如配置管理器	需要处理线程安全；避免滥用导致系统过于耦合
简单工厂	提供一个创建对象的接口，封装实例化过程	当创建逻辑简单时，可用于封装对象的创建	可能违反开闭原则，因为增加新产品需修改工厂
工厂方法	通过允许类延迟实例化到子类中，帮助代码解耦	需要灵活和可扩展的创建逻辑时	需要创建者和产品之间的稳定接口
抽象工厂	提供一个创建一系列相关或依赖对象的接口，而无须指定它们具体的类	创建一组具有共同主题的产品时	难以支持新种类的产品，需要修改抽象工厂的接口
建造者模式	封装一个复杂对象的构造过程，并允许按步骤构造	构建复杂对象，特别是那些包含多个部分的对象	确保当新增或更改部件时维持构造过程的灵活性和清晰性
原型模式	使用复制方法来复制现有对象，避免重新执行构造过程	需要频繁创建相似对象时，尤其当对象创建成本较高时	确保复制过程正确处理深拷贝和浅拷贝的问题；避免循环引用

　　当然，开发过程中经常会遇到需要在多个设计方案之间进行权衡的情况。为了帮助读者更好地理解这些复杂的决策点，并做出明智的选择，下面的决策图（见图7-3）提供了一种直观的方式来导航这些两难选择，确保开发者能够根据具体的应用场景和需求，选择最合适的设计模式。

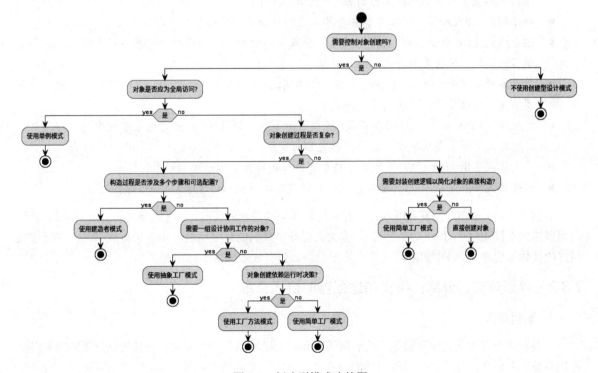

图 7-3　创建型模式决策图

7.3　结构型设计模式：编织代码的架构网

在深入探讨了创建型模式如何通过抽象的创建过程来提高软件系统的灵活性和可维护性后，本节将转向另一类关键的设计模式——结构型模式。结构型模式关注如何将类或对象组合进更大的结构，以简化设计并提高系统的可扩展性。这类模式特别适用于那些需要通过建立强大的对象关系来实现功能的场景。

7.3.1　结构型设计模式：优化组合与系统灵活性

结构型模式基于一个简单的目标：通过优化设计来实现类或对象的组合。在面向对象的设计中，合理地组织类和对象关系是达到代码复用和增强系统灵活性的关键。结构型模式通过提供固定的设计模板，帮助开发者在设计时考虑各种可能的运用场景，从而更好地实现类和对象的组合。

例如，当系统需要通过几种不同的方式来扩展功能时，硬编码所有可能的操作不仅不现实，而且难以维护。结构型模式通过定义一个包含多个组件的统一接口来解决这个问题，从而使得单个组件的变化不会影响到整个系统的结构。

结构型模式主要包括以下几种：

- 适配器模式（adapter）：允许将不兼容的接口转换为可通过其他方式兼容的接口，使得原本因接口不兼容而不能一起工作的类可以一起工作。
- 桥接模式（bridge）：将抽象部分与其实现部分分离，使得它们可以独立变化。
- 组合模式（composite）：允许将对象组合成树形结构，以表示部分-整体层次结构。组合能使客户端统一对待单个对象和组合对象。
- 装饰器模式（decorator）：动态地给一个对象添加一些额外的职责。就增加功能来说，装饰器提供了比继承更为灵活的替代方案。
- 外观模式（facade）：也称门面模式，提供了一个统一的接口，用来访问子系统中的一群接口。外观定义了一个高层接口，让子系统更容易使用。
- 享元模式（flyweight）：运用共享技术有效地支持大量细粒度的对象。
- 代理模式（proxy）：为其他对象提供一种代理，以控制对这个对象的访问。

通过引入这些模式，开发者可以在保持系统整体架构清晰的同时，灵活地调整和扩展系统的功能。结构型模式不仅优化了对象和类的组织，也大大提升了代码的可复用性。接下来将逐一深入探讨这些模式的具体实现和在C++中的应用案例，展示它们如何有效地解决实际问题。

7.3.2　界面与实现分离：桥接和适配器的协同舞蹈

1. 案例探索

在现代软件开发实践中，确保系统的灵活性和可扩展性是至关重要的。一种常见且有效的策略是将接口与实现分离，这不仅提高了模块的独立性，还确保了各模块能够独立演化，而不会互相影响。

设想我们正在负责一个大型项目，需要设计一个企业级的应用程序。这个应用程序的一个关键功能是能够整合多个不同来源的财务数据。这些数据来源可能包括内部部署的遗留系统、第三方服务以及最新的云平台。每个来源都有其特定的数据访问接口和数据格式。那么面临的挑战是设计一个能够无缝连接所有这些不同数据源的系统，同时保持应用程序核心逻辑的一致性和高性能。

在这种复杂的技术环境中，一个关键的问题是：如何设计应用程序架构，使其既能够与各种不同的技术栈兼容，又能保持足够的灵活性和可扩展性？直接与每个系统的原生接口进行交互可能会导致代码复杂且难以维护。那么，有没有一种方法可以简化这一过程，使得所有不同的系统都能通过一个统一的方式来交互？

这里，适配器模式和桥接模式提供了解决方案：

- 适配器模式：这种模式非常适合于解决由于接口不兼容所带来的问题。适配器充当了一个中间层，将一个类的接口转换成客户端期望的另一种接口。适配器模式让原本由于接口不匹配而不能一起工作的类可以协同工作。这在整合多种技术平台时尤为重要，特别是当这些平台具有完全不同的数据处理和API调用方式时。
- 桥接模式：当我们需要将抽象和实现独立进行变化，但又不想在抽象层见到任何实现细节时，桥接模式是理想的选择。它允许我们将接口（抽象部分）和实现（实现部分）分开，然后通过一个"桥"将它们连接起来。这种分离有助于提高代码的可管理性，并且可以独立地修改或扩展抽象和实现。

通过应用这两种模式，我们不仅可以解决接口不兼容的问题，还可以提供一个清晰且灵活的系统架构，以支持不断变化的技术需求和业务目标。

1）适配器模式的实现

我们有几个不同的财务数据源，每个数据源都有自己的API接口和数据格式。我们的目标是创建适配器来统一这些接口，以便应用程序可以通过一个共同的接口访问所有数据源。

（1）定义统一接口

首先，定义一个统一的接口，接口中包含获取财务数据的方法。这个接口将被所有适配器实现。

```cpp
#include <vector>
#include <string>

// 交易数据结构
struct Transaction {
    std::string date;
    double amount;
    std::string currency;
};

// 数据范围结构
struct DateRange {
    std::string start;
    std::string end;
};

// 财务数据接口
class FinancialDataInterface {
public:
    virtual std::vector<Transaction> fetchTransactions(const DateRange& range) = 0;
    virtual ~FinancialDataInterface() {}
};
```

（2）实现具体的适配器

假设我们有两个具体的数据源，一个遗留系统（LegacySystem）和一个现代系统（ModernSystem）。遗留系统使用的是XML格式的数据，而现代系统使用的是JSON格式的数据。

遗留系统适配器：

```cpp
#include <iostream>  // For demonstration purposes

// 假设的遗留系统 API
class LegacySystemAPI {
public:
    std::string getDataXML(const std::string& startDate, const std::string& endDate) {
        // 返回一些XML数据
        return "<transactions><transaction><date>2024-11-11</date><amount>100.0
</amount><currency>USD</currency></transaction></transactions>";
    }
};

// 遗留系统适配器
class LegacySystemAdapter : public FinancialDataInterface {
private:
    LegacySystemAPI* legacyAPI;

public:
    LegacySystemAdapter() : legacyAPI(new LegacySystemAPI()) {}
    ~LegacySystemAdapter() { delete legacyAPI; }

    std::vector<Transaction> fetchTransactions(const DateRange& range) override {
        std::string xmlData = legacyAPI->getDataXML(range.start, range.end);
        // 解析XML数据，转换为Transaction结构
        std::vector<Transaction> transactions;
        // 这里只是示意，实际应用需要XML解析器
        transactions.push_back({"2024-11-11", 100.0, "USD"});
        return transactions;
    }
};
```

现代系统适配器：

```cpp
#include <iostream>  // For demonstration purposes

// 假设的现代系统 API
class ModernSystemAPI {
public:
    std::string getDataJSON(const std::string& startDate, const std::string& endDate) {
        // 返回一些JSON数据
        return "{\"transactions\":[{\"date\":\"2024-11-11\",\"amount\":200.0,
\"currency\":\"EUR\"}]}";
    }
};

// 现代系统适配器
class ModernSystemAdapter : public FinancialDataInterface {
private:
    ModernSystemAPI* modernAPI;

public:
    ModernSystemAdapter() : modernAPI(new ModernSystemAPI()) {}
    ~ModernSystemAdapter() { delete modernAPI; }

    std::vector<Transaction> fetchTransactions(const DateRange& range) override {
        std::string jsonData = modernAPI->getDataJSON(range.start, range.end);
        // 解析JSON数据，转换为Transaction结构
```

```
    std::vector<Transaction> transactions;
    // 这里只是示意，实际应用需要JSON解析器
    transactions.push_back({"2024-11-11", 200.0, "EUR"});
    return transactions;
    }
};
```

以上代码演示了如何通过适配器模式将不同的数据源适配到一个统一的接口。每个适配器实现了从特定源获取数据的逻辑，并将其转换为应用程序可用的标准格式。

2）桥接模式的实现

我们将实现一个DataFetcher类，它使用FinancialDataInterface作为其实现部分。通过这种方式，DataFetcher可以独立于数据来源的具体实现，从而增强系统的可扩展性。

（1）定义桥接抽象

首先，定义一个抽象类DataFetcher，它持有一个指向FinancialDataInterface的指针，这是实现部分的接口。DataFetcher提供了一个接口fetchData，允许客户端通过它来获取数据。

```
#include <iostream>
#include <vector>
#include <string>

// 抽象类 DataFetcher 作为桥接
class DataFetcher {
protected:
    FinancialDataInterface* impl;  // 指向实现部分的指针

public:
    DataFetcher(FinancialDataInterface* implementation) : impl(implementation) {}
    virtual ~DataFetcher() {}

    // 获取数据的方法
    virtual std::vector<Transaction> fetchData(const DateRange& range) {
        return impl->fetchTransactions(range);
    }
};
```

（2）实现具体的桥接类

现在，我们可以创建具体的DataFetcher类，这些类可以根据需要继承自DataFetcher并提供特定的逻辑或扩展功能。例如，我们可以创建一个VerboseDataFetcher类，它在获取数据前后打印额外的调试信息。

```
// 继承自 DataFetcher的具体类，添加额外的调试输出
class VerboseDataFetcher : public DataFetcher {
public:
    VerboseDataFetcher(FinancialDataInterface* implementation) :
DataFetcher(implementation) {}

    std::vector<Transaction> fetchData(const DateRange& range) override {
        std::cout << "Fetching data from " << range.start << " to " << range.end << std::endl;
        std::vector<Transaction> data = DataFetcher::fetchData(range);
        std::cout << "Data fetching complete. Number of transactions: " << data.size() <<
std::endl;
        return data;
    }
};
```

（3）使用桥接模式

最后，我们在客户端代码中创建适配器的实例，并将它传递给VerboseDataFetcher。这样，VerboseDataFetcher可以独立于数据源的具体实现，仅通过FinancialDataInterface与数据源交互。

```cpp
int main() {
    // 创建适配器实例
    LegacySystemAdapter* legacyAdapter = new LegacySystemAdapter();
    ModernSystemAdapter* modernAdapter = new ModernSystemAdapter();

    // 创建桥接实例
    VerboseDataFetcher legacyFetcher(legacyAdapter);
    VerboseDataFetcher modernFetcher(modernAdapter);

    // 获取数据
    DateRange range = {"2024-11-11", "2024-11-11"};
    std::vector<Transaction> legacyTransactions = legacyFetcher.fetchData(range);
    std::vector<Transaction> modernTransactions = modernFetcher.fetchData(range);

    // 清理资源
    delete legacyAdapter;
    delete modernAdapter;

    return 0;
}
```

这个示例充分展示了两种设计模式在实际应用中的互补性和实用性：

- 适配器模式主要用于解决接口不兼容问题，使不同的系统或组件能够一起工作。
- 桥接模式则用于分离抽象和实现，允许它们独立变化，这样可以灵活地扩展或替换系统的各个部分。

通过这种方式，软件架构保持了足够的灵活性和可维护性，同时也简化了各个组件之间的交互，使得系统更加健壮和易于扩展。这种设计的另一个优点是支持开闭原则，即软件实体应该对扩展开放，对修改关闭。当需要添加新的数据源或改变数据获取逻辑时，我们只需要增加新的适配器或扩展DataFetcher，而不需要修改现有代码。

如果有更多的实际需求，例如处理特定类型的数据处理或引入新的服务，这些模式也提供了一个良好的基础，使得这些扩展变得更加简单和直接。

注意 在本示例中，我们专注于演示如何通过适配器模式和桥接模式来整合和抽象不同的数据源接口。为了保持示例的清晰和专注，省略了与数据存储和复杂的错误处理相关的逻辑。在实际应用中，我们可能需要实现更完善的数据管理策略，包括但不限于数据的持久化存储、异常处理、安全性控制等。

此外，示例中的数据转换（如从XML和JSON格式到Transaction结构的转换）也是简化的。在实际应用中，我们可能需要使用成熟的库来处理这些数据格式的解析和转换，以确保处理过程的准确性和高效性。

---

2. 适配器模式

在我们的示例中，适配器模式扮演着一个"英雄"的角色，它解救了被不兼容接口所困扰的应用。这个模式基于一个简单而强大的思想：转换接口以兼容不同的系统。通过引入一个中介层，适配器允许原本由于接口不匹配而不能一起工作的系统彼此交流。

1）适配器模式设计原则

设计适配器模式的关键在于确保接口的兼容性和代码的清晰性。遵循以下基本规则可以有效实现适配器模式，并确保其正常运作。

- 明确目标接口：目标接口定义了客户端期望的行为。适配器需要实现这一接口，以确保可以无缝集成到现有系统中。这个接口应当明确、简洁，直接反映出客户端所需的功能。
- 保持接口简洁：遵循接口隔离原则，确保目标接口尽可能地小和专一，包含客户端所需的最小必要方法。这有助于使适配器保持聚焦于特定的功能，从而提高代码的可维护性和可理解性。
- 封装被适配者：适配器应封装其背后的被适配者（即旧接口），对客户端隐藏具体的实现细节。适配器中的方法通常会处理数据格式的转换或调用转发，确保与被适配者的兼容性。
- 最小化改动：适配器的目的是在不修改旧接口代码的前提下，实现与新系统的兼容。设计适配器时应尽量减少对现有系统的侵入和修改，以避免引入新的错误并保持系统稳定。
- 保持透明性：对客户端而言，适配器的存在应当是透明的。客户端只需通过目标接口与适配器交互，无须关心适配器的具体实现。这有助于将来更换或更新适配器而不影响客户端的使用。
- 提高灵活性和可复用性：考虑设计可适应多种被适配者的通用适配器。这种方式提高了适配器的灵活性和可复用性，可以支持一系列相似的旧接口，而不必为每种类型单独设计适配器。

通过遵守这些设计原则，适配器模式不仅可以解决接口不匹配的问题，还能确保系统的整洁性和可维护性。适当的设计考虑可以帮助开发者确保适配器功能的完整性，同时避免引入不必要的复杂性。

2）适配器模式中的角色

适配器模式如图7-4所示。

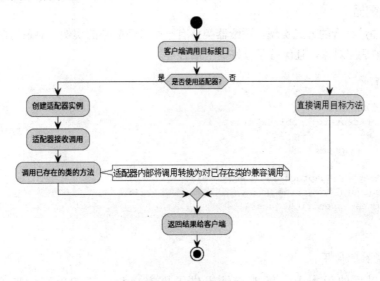

图 7-4　适配器模式

它包含以下角色：

- 目标接口：这是应用程序期望使用的接口，它定义了应用程序需要的操作。
- 需要适配的类：这是已经存在的类，其接口与目标接口不兼容。
- 适配器：适配器实现了目标接口，并持有一个需要适配的类的实例。适配器接收调用目标接口的请求，并将其转换为对适配类的调用。

适配器模式是一种强大的设计工具，允许不同的系统通过一个统一的接口进行交互，解决了因接口不兼容而导致的集成问题。通过实现适配器模式，开发者可以确保系统的可扩展性和灵活性，同时保持代码清晰和可维护。这个模式的优雅和实用性，使其成为解决现代软件开发中常见的接口兼容问题的首选方案。

3）适配器模式的实现技巧

在C++中，适配器模式可以通过多种方式来适应不同的需求和场景。以下几个关键的技术细节和实现技巧是确保适配器模式有效、灵活地工作的关键。

（1）类适配器和对象适配器

适配器模式可以通过类适配器或对象适配器两种方式实现，各自有其优缺点。

➲　类适配器

利用C++的多重继承特性，类适配器继承自目标接口和被适配者。这种方式的优点是可以直接访问被适配类的接口，性能较高；缺点是灵活性不足，且多重继承可能引入复杂性。

【示例展示】

```
// 类适配器示例
class ClassAdapter : public Target, private Adaptee {
public:
    void request() override {
        specificRequest();             // 直接调用基类方法
    }
};
```

➲　对象适配器

对象适配器通过组合的方式实现，适配器类持有一个被适配类的实例。对象适配器更为灵活，适合在运行时改变被适配对象，且保持了较好的松耦合性。

【示例展示】

```
// 对象适配器示例
class ObjectAdapter : public Target {
private:
    Adaptee* adaptee;
public:
    ObjectAdapter(Adaptee* a) : adaptee(a) {}
    void request() override {
        adaptee->specificRequest();
    }
};
```

（2）智能指针的使用

在C++11及以后的版本中，智能指针提供了更安全和便捷的内存管理方式。通过使用std::unique_ptr或std::shared_ptr，可以有效避免内存泄漏，同时简化了代码。

【示例展示】

```
class ObjectAdapter : public Target {
private:
    std::unique_ptr<Adaptee> adaptee;
public:
```

```
    ObjectAdapter(std::unique_ptr<Adaptee> a) : adaptee(std::move(a)) {}
    void request() override {
        adaptee->specificRequest();
    }
};
```

（3）模板适配器

在需要适配多个类或提供通用解决方案时，模板适配器是一种强大且灵活的方式。通过模板技术，可以创建适用于不同类的适配器，从而减少了代码重复，提高了扩展性。

【示例展示】

```
template<typename Adaptee>
class TemplateAdapter : public Target {
private:
    Adaptee adaptee;
public:
    void request() override {
        adaptee.specificRequest();
    }
};
```

（4）其他重要考虑

- 异常处理：在适配器模式中，应妥善处理适配过程中的异常，确保系统的稳定性。
- const正确性：确保适配器类正确处理const方法，以保持接口的一致性和正确性。
- 虚析构函数：为适配器类提供虚析构函数，确保在通过基类指针删除对象时能正确释放资源。

（5）适配器模式与其他模式的结合

适配器模式经常与其他设计模式结合使用，以增强系统的功能性和灵活性。例如，与桥接模式结合，适配接口的同时分离抽象和实现；与装饰器模式结合，适配接口的同时动态扩展对象功能。

3. 桥接模式

在我们的示列中，桥接模式是解耦的大师，将抽象与实现分离，使它们可以独立变化。这种模式启示我们，真正的强大不仅来自结构的稳固，更来自灵活应对变化的能力。它提醒我们，在设计系统时，预见并适应未来的变化同样重要。

1）桥接模式设计原则

桥接模式的设计原则包括：

- 明确区分抽象和实现：
  - 抽象层：定义高层和抽象的接口，这个接口控制着底层操作。抽象层应专注于提供业务逻辑的抽象，而非具体实现。
  - 实现层：负责具体的底层操作。抽象层通过实现层定义的接口与具体实现进行交互，从而避免直接依赖具体实现类。
- 使用组合而非继承：桥接模式推荐通过组合关系（通常是在抽象层中包含一个指向实现层接口的引用或指针）连接抽象和实现，而非继承关系。这种方式增加了设计的灵活性，允许运行时动态改变实现。
- 提供接口的一致性：实现层的接口必须是统一且一致的，确保所有具体实现都可以通过抽象层使用。这样设计的接口应清晰规范，以保证不同实现之间的互换性。

- 封装实现的变化：实现层的变化不应影响抽象层。这要求实现细节应当尽可能地封装，保持实现层对抽象层的透明性。
- 增强可扩展性：在设计时应预见到未来可能的变化，如添加新的实现或修改现有的抽象方法。桥接模式应支持这些扩展而无须修改现有代码，提供足够的接口和扩展点以支持未来的需求。

这些原则非常重要，因为它们帮助确保桥接模式的实现不仅能解决短期的设计问题，而且能够适应长期的技术和业务需求变化。通过遵循这些原则，开发者可以更有效地提高系统的模块化和灵活性。

2）桥接模式中的角色

桥接模式如图7-5所示。

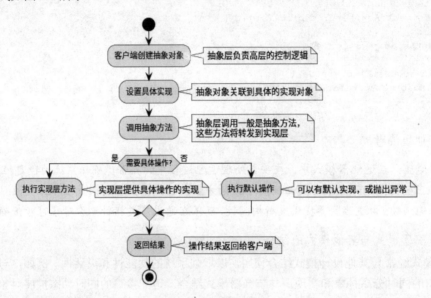

图7-5　桥接模式

桥接模式包含以下结构：

- 抽象：这是高层的控制逻辑，它依赖于底层的实现接口来进行数据处理和操作。
- 实现接口：这是底层操作的接口，它为抽象层提供具体的操作方法。
- 具体实现：它是实现接口的具体类，提供实现接口中定义的操作的具体实现。

3）桥接模式的实现技巧

桥接模式的实现核心是通过分离抽象与实现层来增强系统的扩展性和灵活性。为了避免重复展示代码示例，这里仅通过文字描述实现技巧。

（1）核心实现技巧

- 抽象与实现的分离：桥接模式的核心在于将抽象层与实现层分离，使得两者可以独立变化。我们之前展示了如何定义抽象类并通过组合的方式将实现类注入抽象类。这种设计允许在运行时动态更换实现层，增强了系统的灵活性。
- 动态更换实现层：桥接模式允许动态更换实现层，从而在不修改抽象层的情况下适应新的业务需求。例如，可以通过简单地替换实现层的实例来实现这一点。详细的实现代码已在前文中展示过。

（2）其他重要考虑

在实现桥接模式时，除了核心实现外，还有一些辅助性的技巧和考虑：

- 内存管理：在桥接模式中，抽象层通常持有实现层的指针。为了避免内存泄漏，建议使用智能指针（如std::unique_ptr或std::shared_ptr）来管理实现层的对象生命周期。
- 接口的一致性：为了确保抽象层能够无缝地切换不同的实现，所有实现类应严格遵循实现层接口的定义。这有助于维持系统的稳定性和可维护性。
- 性能优化：在桥接模式中，如果频繁切换实现层，可能会带来性能开销。在性能敏感的场景中，可以考虑减少不必要的虚函数调用，或者使用内联函数来优化性能。
- 多线程支持：在多线程环境中使用桥接模式时，需要确保线程安全性。可以使用同步机制（如std::mutex）来保护共享数据，或设计无锁的实现策略以提高性能。
- 扩展性与开闭原则：桥接模式的一个重要优势是其符合开闭原则（OCP），即软件实体应对扩展开放，对修改关闭。通过添加新的实现类或扩展抽象层的接口，系统可以在不修改现有代码的前提下实现扩展。

通过应用桥接模式，我们能够在保持高层逻辑独立性的同时，灵活地应对底层实现的变化。这种分离抽象与实现的策略不仅提升了系统的可维护性和可扩展性，还使得未来的变化或扩展变得更加容易实施。桥接模式展现了如何通过灵活的架构设计应对快速变化的技术需求和业务环境，从而成为软件开发中实现解耦和增强系统灵活性的关键技术。

7.3.3　对象组合：装配艺术中的组合与装饰

1. 案例探索

在编程世界里，有些模式适合于将独立的个体组合成一个整体，有些则擅长逐层增加个体的功能。本节将探讨组合模式和装饰器模式，这两种模式在构建灵活的对象结构和增强对象功能方面展现了独特的魅力。

设想我们正处在一个创新项目中，目标是开发一个图形编辑器，它能够让用户自由地创建和修改复杂的图形设计。这些设计可能包括简单的图形元素，如圆形和矩形；也可能包括更复杂的组合，如图表和整个布局。这样的系统需要一种灵活的结构来管理这些图形元素，同时还需要能够随时增加新功能，如添加边框、颜色变换等，而不影响现有的系统结构。

对此，有以下挑战与思考：

- 我们的图形编辑器应如何处理单个图形元素和复杂的图形组合，使得从外部看它们能被统一管理和操作？
- 当新的设计需求出现，比如需要为特定的图形元素添加新的视觉效果，我们如何在不修改现有代码的情况下实现这些功能的添加？

这些问题引出了我们对特定设计模式的需求，即能够让我们的图形编辑器既保持组件的灵活性，又能轻松扩展功能。

2. 设计模式的探索

1）装饰器模式

装饰器模式主要是为了解决扩展对象功能的需求，同时避免通过继承导致类的爆炸性增长。在面向对象设计中，继承是一种强大但是不够灵活的机制，因为它是在编译时定义的，这意味着用户不能在运行时通过改变继承关系来增加或修改对象的行为。

装饰器模式提供了一种灵活的替代方案，允许用户在运行时通过组合的方式向对象添加新的功能。这是通过创建一个包含原对象的包装对象（即装饰器）来实现的，而不是通过创建子类。这种模式特别适合于需要动态、透明地为单个对象添加职责的情况，而且可以用于任何时候，不仅仅是对象的初始化。

2）组合模式

组合模式则是为了简化客户端代码，使得单个对象和组合对象可以被一致地处理。在处理对象组合时，如果每个组件都可以被相同的方式处理，而无论它是一个单独的对象还是一个对象的集合，那么代码会变得更简洁、通用。

组合模式使得客户端可以忽略对象之间的层次差异，如同对待单个实例一样对待整个对象结构。这种模式特别适用于那些元素组成部分—整体层次结构的场景，如图形用户界面组件、目录文件系统等。

通过将组合模式用于管理图形的层次结构，将装饰器模式用于增强图形的功能，我们的图形编辑器可以在不牺牲代码质量的前提下，提供强大的功能和灵活性。这种设计不仅满足了用户的创造性需求，也保持了开发的效率和系统的可维护性。

下面是一个简单的图形界面库例子。在这个例子中，我们利用组合模式和装饰器模式来展示如何构建灵活的对象结构并动态增强对象功能。

```cpp
#include <iostream>
#include <vector>
#include <memory>
#include <string>

// 抽象基类，代表图形元素
class Graphic {
public:
    virtual void draw() const = 0;              // 绘制图形的接口
    virtual void move(int x, int y) = 0;        // 移动图形元素到新的位置
    virtual ~Graphic() {}
};

// 单一的图形元素：圆形
class Circle : public Graphic {
private:
    int x, y, radius;
public:
    Circle(int x, int y, int radius) : x(x), y(y), radius(radius) {}
    void draw() const override {
        std::cout << "Draw Circle at (" << x << ", " << y << ") with radius " << radius << "\n";
    }
    void move(int newX, int newY) override {
        x = newX;
        y = newY;
    }
};

// 单一的图形元素：矩形
class Rectangle : public Graphic {
private:
    int x, y, width, height;
public:
```

```
        Rectangle(int x, int y, int width, int height) : x(x), y(y), width(width), height(height)
{}
        void draw() const override {
            std::cout << "Draw Rectangle at (" << x << ", " << y << ") with width " << width
<< " and height " << height << "\n";
        }
        void move(int newX, int newY) override {
            x = newX;
            y = newY;
        }
    };

    // 组合类：可以包含多个图形元素，包括其他组合
    class CompositeGraphic : public Graphic {
    private:
        std::vector<std::shared_ptr<Graphic>> m_children;
    public:
        // 添加图形到组合中
        void add(const std::shared_ptr<Graphic>& graphic) {
            m_children.push_back(graphic);
        }
        // 绘制组合图形，即绘制其包含的所有图形元素
        void draw() const override {
            std::cout << "Draw CompositeGraphic with " << m_children.size() << " children:\n";
            for (const auto& child : m_children) {
                child->draw();                              // 调用每个元素的绘制方法
            }
        }
        // 移动组合图形的位置，即移动其包含的所有图形元素
        void move(int newX, int newY) override {
            for (const auto& child : m_children) {
                child->move(newX, newY);                    // 移动每个元素到新位置
            }
        }
    };
    // 装饰器基类
    class Decorator : public Graphic {
    protected:
        std::shared_ptr<Graphic> m_component;
    public:
        Decorator(const std::shared_ptr<Graphic>& component) : m_component(component) {}
        void draw() const override {
            m_component->draw();                            // 调用被装饰对象的绘制方法，由子类实现装饰
        }
        void move(int x, int y) override {
            m_component->move(x, y);                        // 调用被装饰对象的移动方法，由子类实现装饰
        }
    };
    // 具体的装饰器：边框装饰器
    class BorderDecorator : public Decorator {
    private:
        void addBorder() const {
            std::cout << " with Border" << std::endl;
        }
    public:
        BorderDecorator(const std::shared_ptr<Graphic>& component) : Decorator(component) {}
        void draw() const override {
            Decorator::draw();                              // 调用被装饰对象的绘制方法
            addBorder();                                    // 添加边框
```

```
        }
    };
    // 具体的装饰器：颜色滤镜装饰器
    class ColorDecorator : public Decorator {
    private:
        std::string m_color;
        void addColor() const {
            std::cout << " with Color " << m_color << std::endl;
        }
    public:
        ColorDecorator(const std::shared_ptr<Graphic>& component, const std::string& color) :
Decorator(component), m_color(color) {}
        void draw() const override {
            Decorator::draw();                          // 调用被装饰对象的绘制方法
            addColor();                                 // 添加颜色滤镜
        }
    };
    int main() {
        // 创建图形
        auto circle = std::make_shared<Circle>(10, 10, 5);
        auto rectangle = std::make_shared<Rectangle>(10, 20, 5, 6);
        auto compositeGraphic = std::make_shared<CompositeGraphic>();

        // 添加简单图形到组合中
        compositeGraphic->add(circle);
        compositeGraphic->add(rectangle);

        // 绘制原始组合图形
        std::cout << "Original positions:\n";
        compositeGraphic->draw();

        // 移动组合图形中的所有元素
        compositeGraphic->move(50, 50);
        std::cout << "\nAfter moving the composite graphic:\n";
        compositeGraphic->draw();

        // 使用装饰器增强图形
        auto borderedCircle = std::make_shared<BorderDecorator>(circle);
        auto colorFilteredCircle = std::make_shared<ColorDecorator>(circle, "red");

        // 绘制装饰后的图形
        std::cout << "\nDecorated circles:\n";
        borderedCircle->draw();
        colorFilteredCircle->draw();

        // 移动装饰后的图形
        colorFilteredCircle->move(70, 70);

        borderedCircle->draw();

        return 0;
    }
```

示例中装饰器模式和组合模式中的角色组成如图7-6所示。

基于上述图示，可以进一步理解装饰器模式和组合模式中的角色组成和它们之间的关系。这将有助于深入理解这两种设计模式的结构和应用。

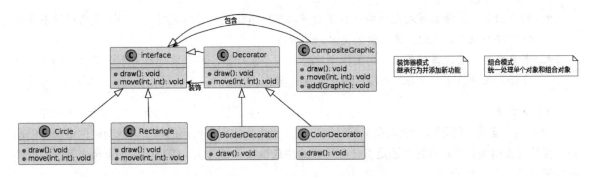

图 7-6　装饰器模式和组合模式中的角色组成

3. 装饰器模式

1）装饰器模式的角色

示例代码中的装饰器模式如图7-7所示，主要由以下几个角色组成：

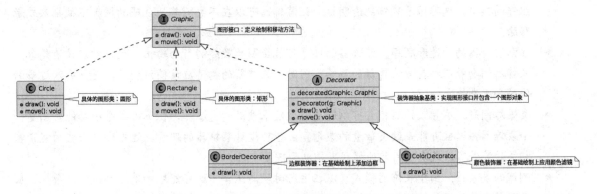

图 7-7　装饰器模式

- 接口（Graphic）：这是一个抽象接口，定义了draw()和move()两个方法。所有的图形对象（包括装饰器）都必须实现这个接口，这保证了装饰器可以用来包装任何实现了该接口的对象。
- 具体组件（Circle、Rectangle）：这些类实现了Graphic接口，代表可以被装饰的具体对象。例如，Circle和Rectangle类拥有自己的draw()和move()实现。
- 装饰器基类（Decorator）：这是一个抽象类，也实现了Graphic接口，并持有一个Graphic类型的对象。这允许装饰器在执行自己的操作的同时，调用原始对象的方法。
- 具体装饰器（BorderDecorator, ColorDecorator）：这些类继承自Decorator类，每个类都增加了特定的功能。例如，BorderDecorator在绘制时添加了一个边框，而ColorDecorator添加了一个颜色滤镜。这些装饰器通过重写draw()方法实现装饰功能，同时可调用原始图形对象的draw()方法。

2）装饰器模式的设计规则

装饰器模式的设计规则如下：

- 接口一致性：装饰器和它所装饰的对象应该实现相同的接口。这是装饰器模式的核心，确保装饰器对象可以在客户端代码中代替原始对象使用，客户端代码对此无须做任何修改。
- 透明封装：装饰器应该对客户端透明，即客户端不应该知道对象是否被装饰。装饰器本身应该只关注如何增加或改善对象的行为，并保持原有对象的方法调用逻辑不变。

- 动态组合：装饰器模式允许用户在运行时动态地添加或删除特定功能，而不是通过继承在编译时静态地添加功能。这提供了更大的灵活性。
- 多重装饰：装饰器模式应支持无限制地添加多个装饰器，每个装饰器都添加其独特的功能或责任。装饰器可以堆叠，并按照特定顺序执行。

3）注意事项

虽然装饰器模式特别适合于需要扩展功能但又要避免修改现有代码的情况，帮助软件遵循开闭原则，但是在使用装饰器模式时，还是有一些重要的注意事项需要考虑，以确保它不会带来其他的设计或维护问题。

- 避免过度使用：虽然装饰器模式提供了很大的灵活性，但不应无节制地使用。过多地使用装饰器可能会导致代码难以理解和维护，特别是当装饰链变得很长时，它可能会让调试和跟踪问题变得复杂。
- 维护接口一致性：装饰器和它所装饰的对象应保持接口一致性。任何装饰器都应该遵循基本组件的接口，这确保了装饰的透明性，让装饰器可以在不影响其他代码的情况下被插入或者移除。
- 注意装饰器的构造和顺序：装饰器的顺序可能会影响最终的行为输出。设计时应该清楚每个装饰器的功能及对其他装饰器的影响。同时，装饰器的构造应该简洁明了，避免引入过多的依赖和复杂性。
- 类爆炸问题：尽管装饰器模式可以避免通过继承造成的类爆炸，但如果每个小功能都创建一个装饰器，同样可能导致类数量的激增。应合理设计装饰器的职责，适当合并一些功能紧密相关的装饰器，或者使用其他模式来辅助管理复杂性。
- 测试的复杂性：由于装饰器模式可以在运行时动态组合，这可能增加单元测试的复杂性。应确保每个装饰器能够独立测试，并在组合后的环境中进行充分的集成测试。

4）结合其他模式使用

装饰器模式可以与其他设计模式结合使用，解决更复杂的设计问题。例如，结合工厂模式可以在运行时动态决定装饰哪些对象，或者结合策略模式允许动态更改对象的行为。

- 结合工厂模式：使用一个工厂类来创建带有特定装饰的对象。这样，客户端代码只需通过工厂接口请求对象，无须直接与装饰器类交互，降低了模块间的耦合度。
- 结合策略模式：装饰器可以在运行时根据策略更改对象的行为，提供了一种灵活的方式来扩展对象的功能。

4. 组合模式

1）组合模式中的角色

示例代码中的组合模式如图7-8所示，主要由以下角色组成：

- 接口（Graphic）：与装饰器模式共用同一个接口，定义了draw()和move()方法。这为组合模式中的叶节点和复合节点提供了一致的操作方式。
- 叶节点（Circle、Rectangle）：这些是组合结构中的基本元素，不包含其他对象。它们具体实现了在Graphic接口中定义的方法。

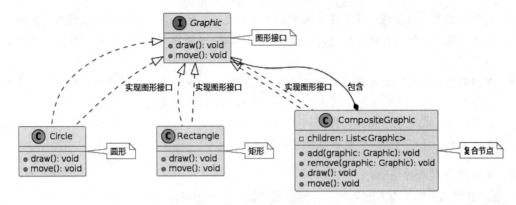

图 7-8　组合模式

- 复合节点（CompositeGraphic）：这是一个容器对象，可以包含多个Graphic对象，包括其他的CompositeGraphic或叶节点（如Circle和Rectangle）。它同样实现了Graphic接口，其draw()和move()方法将操作委托给它所包含的所有子对象，实现了统一的接口调用。

这种组织方式允许在装饰器模式中动态地添加或更改对象的行为；而在组合模式中则可以统一管理和调用组合内的各个对象，无论它们是简单的图形还是复杂的组合。每个模式通过其特定的结构和角色分工解决了不同的设计问题，提高了代码的灵活性和可扩展性。

2）组合模式的设计规则

组合模式的设计规则如下：

- 统一的组件接口：组合模式中的所有对象（叶节点和复合节点）都应该共享一个公共接口。这个接口为这些对象定义了一组公共的操作。
- 树形结构：组合模式通常以树形结构组织对象，使得单个对象和组合对象的管理方式一致。复合节点可以包含其他复合节点或叶节点，创建一个部分 - 整体的层次结构。
- 递归组合：组合模式应支持递归组合，即一个复合节点可以包含其他复合节点。这样的设计使得整个结构的管理和操作变得简单和统一。
- 分层管理：通过组合模式，客户端可以统一管理整个对象结构，而无须关心处理的是单个对象还是对象的组合。这样可以简化客户端的代码，特别是在对整体和部分对象执行操作时。
- 设计意图清晰：在使用组合模式时，应明确模式的设计意图，即是否真的需要一个能够包含其他对象的复合结构。这种模式适合用于那些基本对象和复合对象需要被一致对待的场景。

这些规则为使用装饰器模式和组合模式提供了指导，帮助开发者创建更加灵活、可扩展和可维护的系统。在设计和实现这些模式时，遵循这些规则可以确保模式的正确应用，从而充分发挥其设计优势。

3）组合模式的应用场景

组合模式非常适合于那些需要以树形结构来组织或管理对象的场景。它允许客户端通过统一的方式对单个对象和组合对象进行操作，这在很多应用中是非常有用的。下面是一些具体的应用场景：

- 图形界面组件：组合模式在图形用户界面组件的开发中非常常见。例如，一个窗口可以包含文本框、按钮等组件，而这些组件本身又可以包含其他组件。使用组合模式可以统一处理这些组件的渲染、事件处理等任务。

- 文件和文件夹的管理：在文件系统中，文件和文件夹的关系可以通过组合模式来表示。文件夹可以包含文件或其他文件夹，组合模式允许以统一的方式处理文件和文件夹，而无论其实际类型如何。
- 组织架构：在处理公司或其他组织的层次结构时，组合模式也非常适用。例如，一个部门可以包含子部门，同时也包含员工。组合模式允许以相同的方式处理部门和员工。
- 产品部件：在处理产品的部件结构（如汽车或电脑）时，组合模式可以用来表示部件之间的层次关系。这可以帮助管理和维护复杂的部件组合。

4）使用组合模式的界限

尽管组合模式提供了很大的灵活性，但在某些情况下，使用它可能并不合适：

- 不需要统一对待元素时：如果应用中的元素无须统一处理，或者几乎不需要执行对整体和单个部分的相同操作，那么使用组合模式可能就是过度设计。
- 过度的一般化：如果将组合模式应用于非常简单的场景，可能会导致设计过于复杂，从而增加了理解和维护的难度。
- 性能考虑：在性能敏感的应用中，组合模式可能由于增加了额外的层次和间接性，而引入不必要的性能开销。
- 结构固定不变：如果对象间的层次结构是固定的，或者在应用的生命周期内不需要变动，那么使用组合模式可能不会带来太多好处。

在考虑使用组合模式时，要评估是否真正需要一个动态变化且需统一管理的层次结构。如果答案是肯定的，那么组合模式通常可以提供一个优雅的解决方案。

7.3.4　简化接口和共享对象：外观与享元的双重奏

在现代软件开发的复杂迷宫中，开发者们如同航海家航行在浩瀚的大海，面临着导航复杂系统的巨大挑战。随着功能的迭代和系统的扩展，接口变得越来越复杂，而对象数量的急剧增加，如同海中的冰山，既隐蔽又危险，严重影响了系统的性能和可维护性。但是，在这样的挑战中，外观（facade）和享元（flyweight）两种设计模式如同两盏明灯，照亮了前进的道路。

1. 案例探索

假设你是一名软件架构师，负责一个大型电子商务平台的开发。业务的不断扩展带来了多个子系统的集成，包括支付、库存管理、订单处理等，每个子系统都拥有复杂的接口。新加入的开发者面对这些庞大而复杂的系统会感到困惑，效率低下，错误频发。

在这种情形下，一个简化的解决方案显得尤为必要。这就是外观模式闪亮登场的时刻。通过设计一个名为"电子商务平台外观"的高层接口，为整个系统提供一个简单且统一的访问点。这不仅使得新开发者更容易上手，也极大地提高了开发效率，减少了错误。

然而，随着用户数量的激增，每个用户会话都创建了大量的对象，资源消耗急剧上升。对此，享元模式提供了另一个关键的解决策略。它通过共享技术有效支持了大量细粒度对象的管理，使得即使用户量剧增，系统的性能也不再是问题。

现在，让我们通过具体的C++代码来深入探索这两个模式的实现和应用。

1）外观模式实现

首先，实现外观模式以简化对子系统的访问。假设系统中有多个子系统：订单处理系统、库存管理系统和用户验证系统。我们将创建一个ECommerceFacade类，它封装这些子系统的操作，提供一个清晰简单的接口给客户端代码。

```cpp
#include <iostream>

// 子系统1：订单处理系统
class OrderProcessingSystem {
public:
    void processOrder(const std::string& orderDetails) {
        std::cout << "Processing order: " << orderDetails << std::endl;
    }
};

// 子系统2：库存管理系统
class InventoryManagementSystem {
public:
    bool checkInventory(const std::string& item) {
        // 示例简化处理，假设所有物品都有库存
        return true;
    }
};

// 子系统3：用户验证系统
class UserAuthenticationSystem {
public:
    bool authenticateUser(const std::string& userID) {
        // 示例简化处理，假设用户总是验证成功
        return true;
    }
};

// 外观类：电子商务平台外观
class ECommerceFacade {
    OrderProcessingSystem orderProcessor;
    InventoryManagementSystem inventoryManager;
    UserAuthenticationSystem userAuthenticator;

public:
    void placeOrder(const std::string& userID, const std::string& item, const std::string&
orderDetails) {
        if (userAuthenticator.authenticateUser(userID)) {
            if (inventoryManager.checkInventory(item)) {
                orderProcessor.processOrder(orderDetails);
                std::cout << "Order placed successfully!" << std::endl;
            } else {
                std::cout << "Failed to place order: Item out of stock." << std::endl;
            }
        } else {
            std::cout << "Failed to place order: User authentication failed." << std::endl;
        }
    }
};
```

2）享元模式实现

为了处理大量细粒度对象的问题，我们使用享元模式。假设在电商平台中，每个用户会话需要生成大量的对象，如用户偏好、历史记录等。我们将使用享元模式来共享这些对象，减少资源消耗。

```cpp
#include <string>
#include <unordered_map>
#include <memory>

// 享元类：用户偏好
class UserPreference {
    std::string preferenceDetails;
public:
    UserPreference(const std::string& details) : preferenceDetails(details) {}
    void display() const {
        std::cout << "User Preference: " << preferenceDetails << std::endl;
    }
};

// 享元工厂：管理用户偏好的共享
class PreferenceFactory {
    std::unordered_map<std::string, std::shared_ptr<UserPreference>> preferences;
public:
    std::shared_ptr<UserPreference> getPreference(const std::string& preferenceDetails) {
        if (preferences.find(preferenceDetails) == preferences.end()) {
            preferences[preferenceDetails] =
std::make_shared<UserPreference>(preferenceDetails);
            std::cout << "Creating new preference object for: " << preferenceDetails <<
std::endl;
        }
        return preferences[preferenceDetails];
    }
};
```

这两个模式的应用帮助电子商务平台在保持高性能的同时简化了接口。外观模式提供了一个简洁的门面，隐藏了系统的复杂性。享元模式通过共享资源，有效地减少了对象的创建，提高了系统的整体效率。

通过这两种模式的应用，电子商务平台不仅在外部呈现了简洁的面貌，内部也实现了高效的运作。这就像是在航海中找到了一种能同时优化船只性能和简化导航技术的新方法，使得旅途更加顺畅。下面让我们深入探讨这两个设计模式。

2. 外观模式

外观模式在订单处理中的应用流程如图7-9所示。

外观模式简化了复杂系统的操作，通过ECommerceFacade，客户端无须直接与多个子系统交互，降低了系统的复杂度并提高了代码的可维护性。

1）外观模式的意义

外观模式的引入主要是为了解决软件系统中接口复杂性和子系统间依赖性的问题。每个子系统都有自己的接口，而这些接口往往相当复杂，在大型软件或企业级应用中更是如此。这种复杂性如果不加以管理，将直接影响软件的可维护性、可扩展性以及可用性。

外观模式通过引入一个简化的接口来隐藏子系统的复杂性。这个简化的接口被称为"门面"，它为客户端提供了一个统一的、高层次的接口，使得客户端不需要了解子系统的具体实现细节。

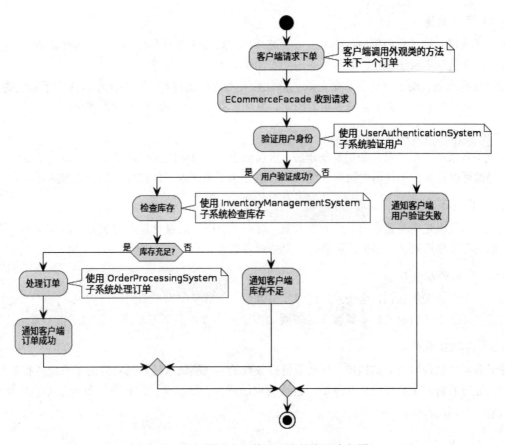

图 7-9　外观模式在订单处理中的应用流程图

2）外观模式的设计原则

设计外观模式时，需要遵循一些基本原则和规则，以确保模式的实施既能简化系统的接口，又能维持系统的灵活性和可扩展性。以下是设计外观模式时应考虑的关键规则：

（1）封装子系统的复杂性

外观模式的核心目的是简化复杂的子系统。外观类应为子系统中的复杂操作提供一个简单、清晰的接口，而不暴露其内部细节。这使得客户端代码可以轻松使用子系统的功能。

（2）遵循最小知识原则和单一职责原则

外观类应遵循最小知识原则（迪米特法则），仅与直接的子系统通信，避免成为所有类的通用入口，从而减少系统组件间的依赖关系。此外，外观类应遵守单一职责原则，只负责协调子系统的请求，而不包含业务逻辑。

（3）接口与实现的分离

客户端应通过外观接口与子系统交互，而不依赖于实现细节。这样，即使子系统发生变化，客户端代码也不需要修改，从而提高系统的可维护性。同时，子系统应能够独立于外观接口的存在和操作。

（4）避免过度设计与保持简洁

外观类应保持简洁，不应成为子系统功能的复杂封装。如果外观变得过于复杂，可以考虑将其拆分为几个更小的外观类，每个类专注于特定的子系统集。

（5）可选的接口

外观类提供一个简化的接口，但不应限制高级用户直接使用子系统。应允许那些需要更细粒度控制的客户端直接与子系统交互，而不是强迫所有的交互都通过外观进行。

遵循这些规则有助于设计出一个有效、健壮且灵活的外观模式，它不仅可以简化子系统的使用，还可以保护客户端不受复杂子系统更新的影响，从而提高整个系统的可扩展性和可维护性。

3）外观模式的实现步骤

实现外观模式通常涉及几个明确的步骤，旨在创建一个简化的接口来整合一个或多个复杂的子系统。这样做可以让客户端代码更简明易懂，同时也减少了系统内部各部分之间的依赖关系。

（1）识别子系统

首先，需要确定需要整合或简化的子系统。这些子系统可能包含复杂的业务逻辑或者庞大的功能集，它们的直接使用对客户端来说可能过于复杂或者低效。

（2）定义外观接口

设计一个外观类的接口，这个接口应该足够高层，能够覆盖客户端的所有需求，同时隐藏子系统的具体实现。这个接口应该只暴露客户端需要的方法和属性，而不应暴露复杂的或者不常用的功能。

（3）实现外观类

在外观类中实现定义好的接口。外观类将接收到的客户端请求转发到对应的子系统进行处理。外观类应该处理所有与子系统的交互逻辑，包括请求的路由、数据格式的转换、聚合子系统的结果等。

```cpp
class Facade {
public:
    Facade(SubSystem1* ss1, SubSystem2* ss2) : subsystem1(ss1), subsystem2(ss2) {}

    void Operation() {
        subsystem1->Operation();
        subsystem2->Operation();
    }
private:
    SubSystem1* subsystem1;
    SubSystem2* subsystem2;
};
```

（4）客户端使用外观类

修改客户端代码，使其只通过外观类与子系统交互。这可以通过简化客户端代码来隐藏系统的复杂性，减少客户端与多个子系统直接交互的必要性。

（5）保持子系统的独立性

虽然外观类提供了子系统的简化接口，但应保持子系统可以独立于外观存在和操作。这意味着子系统不应依赖于外观的存在，同时外观也不应太过于具体地依赖子系统的内部实现细节。

（6）测试和维护

最后，通过单元测试和集成测试来验证外观模式的实现是否正确。外观模式的实施应提升系统的可维护性，同时也需要定期更新以适应系统的变化。

通过遵循这些步骤，可以有效地实施外观模式，简化复杂系统的接口，提高系统的可用性和可维护性。

4）外观类与管理类的异同

在探索软件设计的旅程中，我们常常听到"管理类"这一术语，它指的是那些负责协调和管理各种子系统或组件的类。下面让我们来深入了解一下管理类与外观类之间的联系和区别。虽然它们在某些方面有相似之处，但是核心理念和使用意图还是有所不同。

表面上，外观类似乎与一个管理类的角色相似，都是为了简化那些由多个复杂子系统构成的更大系统的操作。例如，一个电商平台可能包含订单处理、库存管理和支付处理等子系统，一个外观类或管理类可能会提供一个统一的接口来处理这些子系统的交互，以简化客户端代码的复杂度。

尽管外观类和管理类在功能上看起来相似，但它们在设计初衷、依赖关系和使用意图上却有本质的区别。

（1）设计初衷

- 外观类：其主要目的是提供一个简化的接口到一个或多个子系统。外观不处理具体的业务逻辑，而是将请求委托给相应的子系统处理，从而使子系统的使用变得更简单。
- 管理类：通常负责业务逻辑的协调和状态管理。它们可能涉及更复杂的业务规则处理，而不仅仅是简单地代理子系统的功能。

（2）依赖关系

- 外观类：客户端可以选择通过外观类或直接与子系统交互，外观类通常不是必需的，仅作为提供便利的一个途径。
- 管理类：是业务流程中必不可少的一部分，通常它们对系统的运行和业务流程的正确性承担更直接的责任。

（3）使用意图

- 外观类：主要是为了减少系统复杂性，提高客户端的使用便利性。
- 管理类：更多关注于维护和增强系统内部的业务逻辑和数据一致性。

总的来说，管理类可以包含外观类的功能，提供简化的接口来协调多个子系统的操作，但它还会承担额外的职责，如维护业务逻辑、状态管理以及处理更复杂的系统内部交互。而外观类主要关注于提供一个简化的接口到一组子系统，其主要目的是减少系统的复杂性，使子系统更易于使用，并不直接涉及业务逻辑的处理。

3. 享元模式

享元模式活动图如图7-10所示。享元模式帮助管理内存使用和对象创建，特别是在对象数量非常大时。

1）享元模式的意义

享元模式是为了解决大量相似对象的内存消耗问题而引入的。在许多应用场景中，尤其是资源密集型的场景，系统可能需要生成大量的对象，这些对象在结构上很相似，却消耗大量的内存。享元模式通过共享对象，有效减少了这些对象的数量，从而降低了内存使用和提高了系统的整体性能。

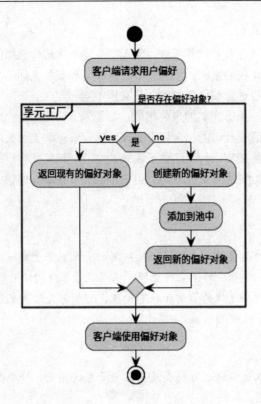

图 7-10　享元模式活动图

享元模式的主要需求和目标包括：

- **减少内存消耗：** 当系统中存在大量相似或完全相同的对象时，每个对象都会占用一定的内存空间。享元模式允许系统复用这些对象，而不是为每个实例分别分配内存，从而显著减少总体的内存需求。
- **提高性能：** 在需要实例化大量对象时，创建和销毁对象的过程可能会消耗大量的计算资源。通过享元模式，已创建的对象可以被重复使用，减少了创建和销毁对象的次数，从而提高了应用程序的性能。
- **支持大规模的对象网络：** 在图形相关的应用程序（如图形设计、游戏开发）或其他处理大量数据项的系统中，需要处理的对象数量可能非常庞大。享元模式使得系统能够支持这种大规模的对象网络，而不会耗尽内存。

2）享元模式的实现步骤

享元模式通常通过以下步骤实现：

（1）享元工厂

享元工厂负责创建和管理享元对象。当请求一个享元对象时，享元工厂会检查现有对象池中是否已经有一个满足要求的对象，如果存在，就返回这个已存在的对象；如果不存在，就创建一个新的享元对象，并将它添加到对象池中。

（2）享元对象

这些对象包含可以共享的状态（内在状态），通常不变且可以在多个上下文中共享。每个享元对象可以有自己的外在状态，这是由客户端管理和传递给享元对象的，外在状态取决于具体的上下文。

（3）客户端

客户端是使用享元对象的外部实体，负责保持或计算享元对象的外部状态。

3）享元模式的设计规则

实现享元模式时，需要遵循一些关键的设计规则和原则以确保其有效性和效率。这些规则有助于最大化享元模式的优势，特别是在提高内存和性能效率方面。以下是实现享元模式的核心规则：

（1）区分内在状态和外在状态

- 内在状态：这是存储在享元对象内部，不随外部环境变化而变化的状态。内在状态是可以共享的，不应该受到客户端使用环境的影响。
- 外在状态：这是随外部环境变化而变化的状态，由客户端代码维护并在享元对象的方法被调用时传递给它。外在状态是不能共享的，因为它是特定于上下文的。

（2）享元工厂的使用

创建一个享元工厂类，负责管理享元对象的创建和复用。

（3）确保享元对象的不可变性

享元对象一旦创建，其内在状态不应该改变。这确保了对象可以安全地在多个客户端间共享而不会出现数据竞争或状态不一致的问题。

（4）客户端责任

客户端需要负责维护和管理外在状态。当使用享元对象时，客户端应该提供外在状态到享元对象。这种方式确保了享元对象可以在不同的应用场景下重复使用，而且不会互相干扰。

（5）适当的对象共享策略

选择合适的对象共享策略至关重要。过度使用享元模式可能会导致系统复杂度增加，而不恰当的共享策略可能会减少应用程序的性能。分析和设计应用场景中对象的使用模式，以决定哪些对象适合作为享元共享。

（6）内存管理

虽然享元模式本质上是为了优化内存使用，但管理享元对象的生命周期和确保内存不被过度消耗仍然非常重要。在实际应用中，需要考虑以下几个关键点：

- 对象生命周期：长时间不被使用的享元对象可能需要从内存中清理掉。可以实现一个简单的超时机制或使用"最近最少使用（LRU）"策略来管理对象池。
- 动态调整：根据系统负载动态调整享元对象池的大小，在内存使用和性能之间取得平衡。例如，在低负载时减少对象池大小，在高负载时适度增加对象池大小。
- 线程安全：在多线程环境中，确保对享元对象的访问是线程安全的。可以使用并发集合或适当的同步机制来管理共享对象。
- 监控和诊断：定期监控享元对象的使用情况和内存消耗，以便及时发现和解决潜在的内存问题。可以集成简单的日志或性能计数器来跟踪对象的创建和复用频率。

遵循这些规则将有助于有效实现享元模式，从而提高应用程序的性能和资源使用效率。正确的实现可以显著减少因大量细粒度对象而导致的系统负担。

4）享元模式的适用场景

享元模式主要用于优化性能和内存使用，通过共享尽可能多的相似对象来减少对象数量。它特别适用于以下应用场景：

- 大量相似对象：当程序中存在大量相似对象时，使用享元模式可以减少内存的消耗。这些对象大部分状态都相同，只有少数几个状态是可变的。
- 内存限制严格：在内存限制严格的应用程序中，如嵌入式系统或移动应用，享元模式可以有效减少程序占用的内存。
- 对象状态大部分可共享：当对象的大部分状态可以共享，而只有少部分状态需要独立于外部环境时，享元模式是一个好选择。
- 重复对象频繁创建和销毁：如果应用中频繁创建和销毁大量相同或相似的对象，享元模式可以通过复用已存在的对象来优化性能。

5）判断相似对象的手法和界限

在享元模式中，对象是否相似通常基于以下几个考虑：

- 内在状态的共通性：如果多个对象可以共享同一组数据或状态（如对象的数据字段不依赖于特定的使用场景），则这些对象可以被认为是相似的。内在状态通常是静态的、不变的，适合在多个实例间共享。
- 外在状态的独立性：如果一个对象的某些状态是随外部环境变化而变化的（如位置、颜色等视觉表现），这些状态就应当被视为外在状态。外在状态不适合共享，因为它特定于个别对象的使用上下文。
- 分离的可行性：是否能够明确地将对象的状态分为内在状态和外在状态也是判断对象是否适合应用享元模式的一个标准。如果一个对象的状态很难区分为内在和外在，或者其大部分状态都是外在的，那么使用享元模式可能不会带来太大的好处。
- 实现成本与收益：在实践中，还需要考虑实现享元模式的成本与收益。如果对象的共享不会显著减少内存使用或提高性能，那么因共享而增加额外的复杂度就不值得。

在设计享元模式时，应该对系统中的对象进行彻底的分析，识别哪些数据是可以被多个对象共享的。这通常涉及对系统的性能和内存使用的详细评估，以确保享元模式的引入能够达到预期的优化效果。

6）享元模式应用示例

下面是几个典型的享元模式应用的简单例子，展示如何通过共享对象来减少内存消耗和提升性能。

（1）文本编辑器中的字符对象

在一个文本编辑器中，可能需要表示数以万计的字符。如果每个字符都用一个对象表示，将消耗大量内存。享元模式可以通过创建一个共享的字符对象池来优化这种情况。每个字符类型（如A、B、C等）只创建一次，并被多次引用。内在状态可以是字符本身，而外在状态可以包括字符的字体、大小和颜色。

（2）游戏中的树木渲染

在一个需要渲染大量树木的游戏场景中，每棵树作为一个对象进行处理会极大地消耗计算资源和内存。通过享元模式，可以创建树木模型的共享实例。这里的内在状态可以是树的模型和纹理，而外在状态可以是树的位置、旋转和缩放大小。这样，不同的树木可以共享同一模型和纹理，但在不同的位置和大小进行渲染。

（3）网页中的图标处理

在一个复杂的网页中，可能会多次使用相同的图标（如社交媒体图标、小工具图标等）。每个图标如果都单独加载，会增加网页的加载时间和内存使用。通过享元模式，可以将这些图标作为共享对象存储，每个图标只加载一次，并在多个位置复用，从而减少资源的重复加载。

（4）数据库连接池

在后端服务器应用程序中，数据库连接是一种昂贵的资源。创建和销毁数据库连接需要消耗大量的时间和系统资源。使用享元模式的数据库连接池可以管理这些连接对象。连接池维护一定数量的数据库连接对象，这些对象可以被任意客户端反复利用而无须重新初始化，实现了资源的高效利用。

7.3.5　代理模式：智能控制与资源管理的守门人

1. 代理模式的基本介绍

"代理"通常指代替别人行事的人或物。在软件设计中，代理模式体现了这样一个概念：一个代理对象代替另一个对象执行操作或控制对该对象的访问。这种模式特别适用于情况复杂或需要额外控制层的场景，例如网络请求、大型图像处理或数据库访问等。

代理模式不仅可以控制访问，还可以负责实例化、加载、缓存等操作，从而提高系统整体的性能和安全性。

2. 代理模式的实现流程

代理模式的核心思想是通过一个代理类来控制对另一个对象的访问。这个代理对象可以在客户端和真实对象之间起到中介的作用，从而可以在不修改真实对象代码的前提下增加额外的功能。代理模式的实现流程如图7-11所示。

1）定义接口

首先定义一个接口，该接口规定了真实对象和代理对象需要实现的方法。这保证了代理可以在任何时刻代替真实对象。

2）创建真实对象类

真实对象类实现上述接口，定义实际的业务逻辑。

3）创建代理类

代理类同样实现该接口，并持有一个对真实对象的引用。代理类通常在执行真实对象的方法前后执行额外的功能，如安全检查、缓存、延迟初始化等。

4）使用代理

客户端不直接与真实对象交互，而是通过代理对象。这样，所有对真实对象的调用都会经过代理类。代理可以决定是否和何时将请求转发给真实对象，并在转发前后执行额外的操作。

5）执行操作

代理在转发请求之前，可能会执行权限验证、日志记录、请求修改等预处理操作。然后，它将调用真实对象的方法。

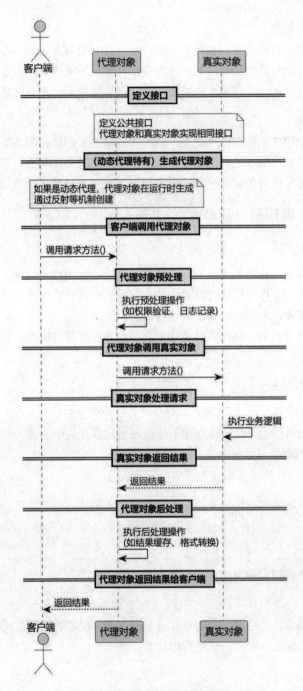

图 7-11   代理模式的实现流程

6）返回结果

真实对象完成请求后，结果会返回给代理对象。代理对象可以对结果进行后处理，然后将结果返回给客户端。

这种模式非常适合用于那些需要对象级别访问控制的场景，例如在需要控制和管理资源访问时，或者在对象的操作需要伴随额外行为时。代理模式也可以用来实现懒加载，即延迟对象的创建和初始化直到实际需要时，从而提高效率或减少系统资源的占用。

通过使用代理模式，可以使系统的结构更加清晰和简单，同时增加了对象的控制力，但代理模式也可能引入更多的类和对象，增加了系统的复杂性。

3. 静态代理和动态代理

1）静态代理

静态代理（static proxy）是在编译时已经完全确定下来的代理方式，意味着代理类和真实对象的关系在编译期间就已经建立，不会在运行时改变。静态代理通常要求代理类和真实对象类实现相同的接口或继承相同的父类，代理类通过持有一个真实对象的引用来转发请求。

【示例展示】

```cpp
class Subject {
public:
    virtual void request() = 0;
    virtual ~Subject() {}
};

class RealSubject : public Subject {
public:
    void request() override {
        std::cout << "RealSubject: Handling request." << std::endl;
    }
};

class Proxy : public Subject {
private:
    RealSubject* realSubject;
public:
    Proxy(RealSubject* realSubject) : realSubject(realSubject) {}

    void request() override {
        std::cout << "Proxy: Doing some work before passing request." << std::endl;
        realSubject->request();
        std::cout << "Proxy: Doing some work after passing request." << std::endl;
    }

    ~Proxy() {
        delete realSubject;
    }
};
```

2）动态代理

动态代理（dynamic proxy）更为灵活，它允许在运行时创建代理对象，并动态地将请求转发给真实对象。这通常涉及更复杂的编程技术，如使用函数指针、Lambda表达式或者第三方库（如std::function）。

在C++中，动态代理可能会用到库，如Boost或者std::experimental::reflection（尚处于实验阶段的特性），来实现在运行时绑定方法。动态代理的一个简单示例是使用std::function来存储和转发方法调用。

【示例展示】

```cpp
#include <functional>
#include <iostream>

class DynamicProxy {
private:
    std::function<void()> func;

public:
```

```
    DynamicProxy(const std::function<void()>& f) : func(f) {}

    void execute() {
        std::cout << "Proxy before executing." << std::endl;
        func();
        std::cout << "Proxy after executing." << std::endl;
    }
};

void realFunction() {
    std::cout << "Real Function is called." << std::endl;
}

int main() {
    DynamicProxy proxy(realFunction);
    proxy.execute();
    return 0;
}
```

这两种方式各有优劣，静态代理简单明了但缺乏灵活性，而动态代理虽然灵活但可能带来更复杂的实现和性能开销。

4. 代理模式的应用场景

前面我们探讨了动态代理和静态代理的基本概念和实现方式，了解到每种代理在某些情境下的适用性和优势。然而，在实际开发中，选择合适的代理模式往往需要基于具体的业务需求和场景。接下来，我们将深入探讨几种常见的具体需求情况，分析在这些情况下如何有效地选择和实现代理模式，以确保既能满足功能需求，又能提供优化的性能和资源管理。

1) 权限控制与安全性管理

首先，让我们考虑一种需要控制对象访问权限的场景。假设正在开发一个企业管理系统，其中包含敏感的用户数据和业务信息。在这样的系统中，不同级别的用户（例如普通员工、部门经理和系统管理员）应有不同级别的数据访问权限。那么如何在不修改现有业务逻辑的前提下，实现这样的访问控制呢？

这里，保护代理模式提供了一个优雅的解决方案。通过在真实对象之前设置一个保护代理，系统可以在代理层进行安全性检查，根据用户的身份和权限决定是否允许访问特定的数据。代理模式不仅保护了对象，避免了直接的不恰当访问，还帮助维持了业务逻辑和数据访问逻辑的分离。

例如，实现一个DocumentAccessProxy类，它可以代理对Document类的访问。在这个代理类中，每次访问都会先检查用户的权限。

```
class Document {
public:
    void displayDocument() const {
        std::cout << "Displaying document content." << std::endl;
    }
};

class DocumentAccessProxy {
private:
    Document* document;
    User* user;

public:
    DocumentAccessProxy(Document* doc, User* usr) : document(doc), user(usr) {}

    void displayDocument() {
```

```
        if (user->hasPermission("READ")) {
            document->displayDocument();
        } else {
            std::cout << "Access denied. Insufficient permissions." << std::endl;
        }
    }
};
```

在这个示例中，代理类DocumentAccessProxy承担了检查权限的责任，而Document类则专注于其核心功能，即展示文档内容。这种分离确保了系统的可扩展性和可维护性。

2）资源优化与延迟初始化

接下来，让我们探索另一个常见需求——延迟初始化。假设正在开发一个图形密集型的应用程序，如视频游戏或设计软件，其中包含大量的图像资源。如果在程序启动时就加载所有图像，会显著增加启动时间并消耗大量内存。然而，不是所有的图像都会在每个会话中被使用。那么如何更有效地管理这些资源呢？

这里，虚拟代理模式提供了一个理想的解决方案。虚拟代理允许我们延迟实际对象的创建直到真正需要它时，从而优化资源的使用和应用程序的性能。代理对象在内部管理对象的初始化过程，并在必要时才创建或加载真实对象。

考虑以下实现方式，创建一个Image接口和一个ProxyImage类，后者在用户首次需要图像时才加载它。

```cpp
class Image {
public:
    virtual void display() = 0;
    virtual ~Image() {}
};

class RealImage : public Image {
private:
    std::string filename;
public:
    RealImage(const std::string& fname) : filename(fname) {
        loadFromDisk();
    }

    void display() override {
        std::cout << "Displaying " << filename << std::endl;
    }

    void loadFromDisk() {
        std::cout << "Loading " << filename << std::endl;
    }
};

class ProxyImage : public Image {
private:
    RealImage* realImage;
    std::string filename;
public:
    ProxyImage(const std::string& fname) : filename(fname), realImage(nullptr) {}

    void display() {
        if (!realImage) {
            realImage = new RealImage(filename);
        }
        realImage->display();
```

```
    }
    ~ProxyImage() {
        delete realImage;
    }
};
```

在此例中，ProxyImage在首次被请求展示时才加载图片，之后的调用直接使用已加载的图片。这种方式显著减少了程序的初始加载时间和运行时内存需求。

3）异步处理与系统响应性

接下来，让我们考虑一个高流量的客户服务中心系统，该系统需要处理大量的用户查询和数据请求。在高峰时段，同步处理所有请求可能会导致显著的响应延迟。为了提高响应速度和系统的整体效率，我们可以引入一个异步处理模型。

在这个场景中，一个智能引用代理或保护代理非常有用。例如，代理可以管理一个任务队列，所有的请求首先被代理接收并放入队列。代理随后根据系统当前的负载情况，异步地处理这些请求。这种方式不仅平衡了负载，还提高了用户的感知性能，因为他们不需要等待每个请求被同步处理。

具体实现上，我们可以使用C++中的多线程和异步编程技术来设计这样一个代理。

```cpp
#include <iostream>
#include <queue>
#include <thread>
#include <mutex>
#include <condition_variable>
#include <functional>

class AsyncProxy {
private:
    std::queue<std::function<void()>> tasks;
    std::mutex mtx;
    std::condition_variable cv;
    bool stopped = false;

    void worker() {
        while (true) {
            std::function<void()> task;
            {
                std::unique_lock<std::mutex> lock(mtx);
                cv.wait(lock, [this] { return !tasks.empty() || stopped; });
                if (stopped && tasks.empty()) break;
                task = std::move(tasks.front());
                tasks.pop();
            }
            task();                                        // 执行任务
        }
    }

public:
    AsyncProxy() {
        std::thread(&AsyncProxy::worker, this).detach();
    }

    ~AsyncProxy() {
        {
            std::lock_guard<std::mutex> lock(mtx);
            stopped = true;
        }
        cv.notify_all();
```

```
    }

    void addTask(const std::function<void()>& task) {
        {
            std::lock_guard<std::mutex> lock(mtx);
            tasks.push(task);
        }
        cv.notify_one();
    }
};

void handleRequest() {
    std::cout << "Handling request asynchronously." << std::endl;
}

int main() {
    AsyncProxy proxy;
    proxy.addTask(handleRequest);
    proxy.addTask(handleRequest);
    std::this_thread::sleep_for(std::chrono::seconds(1)); // 模拟等待更多任务
    return 0;
}
```

通过引入一个异步代理，我们可以有效地管理并发请求，优化系统的响应时间，并减轻高流量条件下的压力。这种设计不仅提高了系统的可扩展性，还改善了用户体验，显示了代理模式在现代软件架构中的广泛应用性和灵活性。

至此，我们详细探讨了代理模式在权限控制与安全性管理、资源优化与延迟初始化、异步处理与系统响应性这三个具体场景中的应用。这些例子展示了代理模式如何根据不同的业务需求提供定制化的解决方案，从而增强应用程序的功能性和效率。

然而，代理模式的潜力远不止于此。在现代软件开发中，还有诸多场景可能会从代理模式中受益，例如缓存代理用于提高数据访问速度、日志记录代理用于审计和监控系统活动，甚至复杂的事务处理代理用于确保数据的一致性和恢复。每种用途都有其独特的实现方式和优势。

由于篇幅限制，这些场景未能一一详述。不过，我们鼓励有兴趣的读者自行探索这些场景的应用，以充分挖掘代理模式在解决复杂软件问题中的潜力。通过实际的编程实践和解决问题，读者将更深刻地理解这些模式的灵活性和强大功能。

7.3.6　小结：结构型设计模式的协同与实效

在本节中，我们深入探讨了结构型设计模式，并通过具体的实例展示了这些模式在实际软件开发中的应用。结构型设计模式提供了一种强大的工具集，用以编织代码的架构网，优化组件的组织和相互作用。这些模式不仅帮助我们解决了接口兼容性问题，还增强了系统的灵活性和可扩展性，同时简化了管理的复杂性。

- 界面与实现分离：通过桥接和适配器模式，我们学习了如何将接口从其实现中分离出来，使得软件能够在不同环境中以最少的改动适应各种需求。这种分离确保了系统部件的独立性，允许它们独立变化而不互相影响。
- 对象组合：组合和装饰器模式展示了如何通过对象的组合来构建复杂的层次结构，以及如何动态地添加功能，提供了比传统继承更灵活的扩展方式。这些模式使我们能够以透明的方式对单个对象和组合对象进行统一处理。

- 简化接口和共享对象：外观和享元模式教会了我们如何提供简洁的接口以降低系统复杂度，并通过共享技术有效地支持大量细粒度对象的使用，从而优化资源管理和性能。
- 代理模式：代理模式的讨论揭示了如何有效地控制对对象的访问，它在安全性、延迟初始化和智能引用管理方面提供了重要的策略。

表7-3综合对比了各个结构型设计模式的核心原则和应用场合。

表7-3　结构型设计模式的综合比较

设计模式	核心原则	应用场合	注意事项
适配器	将一个接口转换成另一个接口	使用现有类，但其接口不符合需求	确保适配器能够正确地转换接口，并处理适配器和被适配对象之间的关系
桥接	分离抽象与实现，使它们可以独立变化	系统需要在多个维度上变化或实现细节需要独立于抽象时	设计良好的抽象和实现接口，确保它们可以自由组合而不影响系统的稳定性
组合	构造树形结构，统一处理单个对象和组合对象	表达对象的部分—整体层次结构时	确保组合对象的操作适用于所有组件，而不仅限于单个对象
装饰器	动态地给对象添加新的功能，比继承更灵活	需要扩展对象功能，但不想通过修改代码来扩展类	注意装饰器的组合顺序，确保装饰器的嵌套顺序不会影响最终功能的实现
外观	提供统一的高层接口，简化复杂子系统的使用	系统非常复杂或需要简化关键接口时	确保外观对象可以正确地封装和暴露子系统的功能，避免暴露过多细节
享元	通过共享技术支持大量细粒度对象的高效共享	需要创建大量具有重复状态的小粒度对象时	确保共享对象的状态能够正确地被共享和管理，避免状态混乱或泄漏
代理	为其他对象提供代理以控制对这个对象的访问	需要控制对特定对象的访问或在访问对象前后进行额外处理	确保代理对象能够正确地控制对目标对象的访问，并处理额外的访问逻辑

在实际的软件系统设计中，结构型设计模式往往并不是孤立使用的，而是协同工作，以解决复杂的架构问题。例如，在一个大型企业级应用中，我们可能会使用外观模式来简化多个子系统的复杂接口，为客户端提供统一的访问点。同时，在这些子系统的内部，桥接模式可以帮助我们分离抽象和实现，使得系统的不同部分能够独立演化和扩展。此外，组合模式和装饰器模式可以结合使用：组合模式负责组织和管理层次化的对象结构，而装饰器模式则允许我们在这些结构中动态地添加功能，从而实现灵活且可扩展的系统设计。在这种情况下，各个模式相互补充，外观模式简化了接口，桥接模式保证了实现的灵活性，组合和装饰器模式则增强了对象的可重用性和功能扩展能力。这种协同效应不仅提高了系统的模块化程度，还提升了代码的可维护性和扩展性，从而帮助开发者应对复杂的软件架构挑战。

通过本节的学习，我们不仅提升了对结构型设计模式的理解，更重要的是学会了如何将这些模式应用于实际编程中，以创造出更加健壮、灵活和高效的软件架构。合理运用这些模式，可以显著提高代码的可维护性和可扩展性。因此，这些模式是每位软件工程师设计工具箱中不可或缺的部分。

7.4　行为型设计模式：激活对象的行为剧本

在详细探讨了结构型设计模式如何通过优化类和对象的组合来增强系统的灵活性之后，本节将转向另一个关键领域——行为型设计模式。

行为型设计模式主要关注对象之间的通信方式，以及如何分配和管理对象的职责。在复杂的软件系统中，有效地管理对象间的关系，使得系统易于理解和维护，是设计中的一个大挑战。行为型设计模式通过提供一种处理对象交互的结构化方法来解决这些问题，从而使系统中的每个部分都可以独立变化而不影响其他部分。

行为型模式包括多种不同的模式，每种模式解决特定的设计问题：

（1）观察者模式：一种发布−订阅的模式，允许多个观察者对象同时监听某一个主题对象，这个主题对象在状态变化时会通知所有观察者对象。

（2）命令模式：将一个请求封装为一个对象，从而可用不同的请求对客户端进行参数化；允许对请求排队或记录请求日志，以及支持可撤销的操作。

（3）策略模式：定义一系列算法，把它们一个一个地封装起来，并使它们可以相互替换。策略模式让算法的变化独立于使用算法的客户端。

（4）模板方法模式：在一个方法中定义一个算法的骨架，而将一些步骤延迟到子类中。模板方法使得子类可以在不改变算法结构的情况下，重新定义算法中的某些步骤。

（5）状态模式：允许一个对象在其内部状态改变时改变它的行为，对象看起来好像修改了它的类。

（6）责任链模式：使多个对象都有机会处理请求，从而避免请求的发送者和接收者之间的耦合关系。将这些对象连成一条链，并沿着这条链传递该请求，直到有一个对象处理它为止。

通过学习这些模式，开发者可以更有效地设计和维护对象间的交互关系，确保系统的高内聚和低耦合，同时提高代码的可复用性和灵活性。接下来，我们将逐一探讨这些模式的具体应用和在C++中的实现，展示它们如何在实际开发中提供解决方案。

7.4.1　响应变化：观察者模式在事件驱动系统中的应用

1. 案例探索

在现代软件开发中，事件驱动架构是一种广泛应用的设计模式，特别是在用户界面、网络编程和系统监控领域。事件驱动架构的核心在于组件之间的松耦合和动态响应能力。然而，设计一个能够有效管理事件和通知的系统却是一项挑战。下面从一个具体的问题开始探讨。

设想一个在线股票交易系统，其中包含一个显示实时股票价格的仪表板。该系统需求如下：当特定股票的价格发生变动时，系统不仅需要更新仪表板上的显示信息，还需要通知风险管理部门进行评估，并触发自动交易系统做出响应。在这种情况下，股票价格的变化是一个关键事件，而响应此事件的不只一个组件。

传统的设计方法可能会要求仪表板、风险管理系统和自动交易系统都直接监控股票价格变化。然而，这种方法存在几个问题：

- 耦合度高：每个组件都需要知道股票价格的来源和获取更新，这使得组件之间的依赖关系过于紧密，难以维护和扩展。
- 可扩展性差：在系统中新增一个需要响应股票价格变动的组件时，必须修改现有的数据源或添加新的监控逻辑，这违反了开闭原则。

这是一个典型的场景，观察者模式可以提供优雅的解决方案。观察者模式允许一个或多个观察者对象注册自己到一个主题对象上，以便在主题对象状态发生变化时，所有注册的观察者都会被通知并自动更新。

在股票交易系统的例子中，股票价格可以视为一个"主题"，而仪表板、风险管理系统和自动交易系统则是"观察者"。通过实现观察者模式，当股票价格发生变动时，价格更新只需通知一个统一的接口，由该接口负责进一步通知所有关注该事件的观察者。这样，每个组件只需关心如何响应价格的变动，而不需要知道价格是如何更新的，从而降低了系统的耦合度，并增强了可扩展性。

下面，我们将通过一个具体的编程示例来展示如何在C++中实现观察者模式，从而解决这一类问题，提高系统的响应性和灵活性。

2. 案例代码

在这个编程示例中，我们将展示如何使用观察者模式来构建一个简单的股票价格更新系统。这个系统将包括一个股票价格更新的主题（subject）和两个观察者（observer）：一个仪表板和一个风险管理通知器。

1）定义观察者和主题接口

首先，定义一个观察者基类和一个主题基类。观察者基类将包含一个更新接口，每个具体的观察者类都必须实现这个接口。主题基类则包含添加、移除和通知观察者的方法。

```cpp
#include <list>
#include <string>

// 观察者基类
class Observer {
public:
    virtual void update(float price) = 0; // 纯虚函数，用于更新通知
};

// 主题基类
class Subject {
public:
    virtual void attach(Observer* observer) = 0;
    virtual void detach(Observer* observer) = 0;
    virtual void notify() = 0;
};
```

2）实现具体的主题——股票价格

```cpp
class StockPrice : public Subject {
private:
    std::list<Observer*> observers;
    float price;

public:
    StockPrice() : price(0.0f) {}

    void attach(Observer* observer) override {
        observers.push_back(observer);
    }

    void detach(Observer* observer) override {
        observers.remove(observer);
    }

    void notify() override {
        for (Observer* observer : observers) {
            observer->update(price);
        }
    }
```

```cpp
    void setPrice(float newPrice) {
        if (price != newPrice) {
            price = newPrice;
            notify();   // 通知所有观察者价格变动
        }
    }
};
```

3）实现具体的观察者——仪表板和风险管理通知器

```cpp
// 仪表板观察者
class DashboardDisplay : public Observer {
public:
    void update(float price) override {
        std::cout << "Dashboard display updated: Stock price is now $" << price << std::endl;
    }
};

// 风险管理观察者
class RiskManagement : public Observer {
public:
    void update(float price) override {
        if (price > 100.0f) {
            std::cout << "Risk Management Alert: Stock price above $100 - $" << price <<
std::endl;
        }
    }
};
```

4）使用示例

```cpp
#include <iostream>
int main() {
    StockPrice stockPrice;                          // 创建主题对象
    DashboardDisplay dashboard;                     // 创建具体观察者
    RiskManagement riskManagement;                  // 创建另一个具体观察者

    stockPrice.attach(&dashboard);                  // 注册观察者
    stockPrice.attach(&riskManagement);             // 注册另一个观察者

    stockPrice.setPrice(95.0f);                     // 更新价格, 通知观察者
    stockPrice.setPrice(105.0f);                    // 再次更新价格, 通知观察者

    return 0;
}
```

在这个示例中,当股票价格通过setPrice方法被更新时,StockPrice对象会通知所有注册的观察者。这种方式使得仪表板和风险管理系统可以独立于股票价格的数据源更新自己的响应,充分展示了观察者模式在解耦和增强系统可扩展性方面的优势。

观察者模式在实时股票价格更新系统中的应用如图7-12所示。该模式通过定义清晰的角色和职责,极大地简化了复杂交互的管理,使得系统更加灵活和易于扩展。

接下来,我们将介绍观察者模式中的关键角色,以及它们在模式中承担的具体职责。

3. 观察者模式中的角色定义

观察者模式主要涉及两种类型的角色:主题和观察者。每种角色都有其独特的职责,它们共同协作,确保状态变化能够被有效传达和处理。

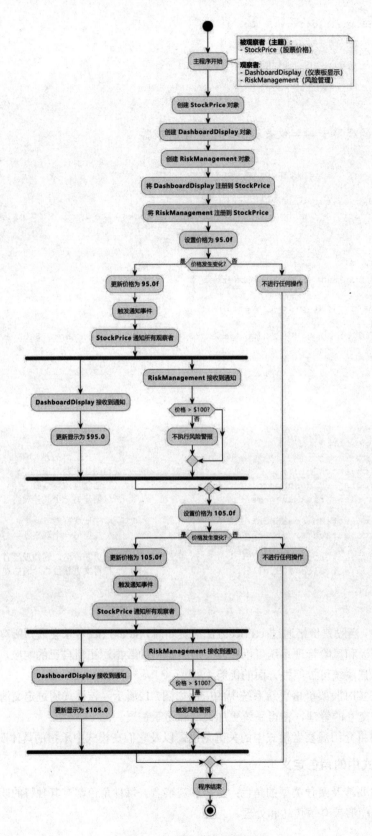

图 7-12　观察者案例流程

1）主题

主题在观察者模式中扮演着信息源的角色，通常包含一些核心业务逻辑，一旦其状态发生变化，就需要通知所有注册的观察者。

主题的职责如下：

- 维护一个观察者列表。
- 提供注册和注销观察者的接口。
- 在自身状态发生变化时，通过调用观察者的更新方法来通知所有观察者。

在我们的股票价格更新示例中，StockPrice类实现了主题接口，当价格更新时，它负责通知所有关注价格变动的观察者。

2）观察者

观察者是主题状态变化的响应者。每个观察者需要注册到感兴趣的主题上，以便在主题状态改变时接收到通知。

观察者的职责如下：

- 定义一个更新接口，以便在主题状态变化时获取更新。
- 实现响应逻辑，以便在接收到状态更新通知时采取相应行动。

在示例中，DashboardDisplay和RiskManagement类分别实现了观察者接口。它们根据股票价格的变化更新显示或触发风险警报。

通过这些角色的定义和配合，观察者模式为多组件系统中的交互提供了一种优雅且解耦的方式。这不仅增强了系统的可维护性，也提升了可扩展性和灵活性。在任何需要多个组件相互协作响应同一事件的场景中，观察者模式都是一种非常适合的设计选择。

4. 观察者模式的设计规则

在实现观察者模式时，为了确保模式的正确性和效率，开发者应遵循一些设计规则。这些规则有助于保持系统的灵活性、可维护性和可扩展性，同时避免常见的陷阱。以下是实现观察者模式时应考虑的关键规则：

（1）保持主题与观察者之间的松耦合

原则：主题不应该知道观察者的具体类，只需知道观察者实现了更新接口。这种松耦合设计使得观察者可以自由地添加或移除，而不影响主题的核心功能。

实践：在主题中使用观察者接口的引用或指针，而不是具体类的引用或指针。

（2）及时且安全的通知传递

原则：当主题的状态变化时，所有注册的观察者都应该及时且安全地得到通知。

实践：在主题的状态更新函数中，如有任何状态改变，立即调用通知方法。使用互斥锁或其他同步机制来保护观察者列表的修改及通知调用的整个过程，避免在通知过程中修改观察者列表，出现迭代错误。

（3）管理好观察者的注册与注销

原则：提供清晰的方法来管理观察者的订阅和取消订阅，避免内存泄漏或无效引用。

实践：在主题中维护观察者列表，并确保添加和移除观察者的操作是安全的。使用智能指针等机制管理资源，以自动处理生命周期问题。

（4）优化通知过程中的性能与异常处理

原则：观察者在接收通知并执行更新操作时，应避免执行耗时长或复杂度高的操作，同时允许观察者处理更新过程中可能遇到的异常。

实践：观察者的更新方法中主要进行状态同步或轻量级处理，如果需要执行复杂操作，应考虑异步处理或将任务推送到工作队列。在更新方法中添加异常处理逻辑，确保异常不会传播回主题。

遵循这些规则可以帮助开发者有效地实现观察者模式，同时确保模式的应用可以为系统带来预期的设计益处。接下来，将探讨一些具体的应用场景，以及如何根据不同的需求调整观察者模式的实现策略。

5. 观察者模式的应用场景

在C++的实际应用中，观察者模式有许多具体的实例，其中一个非常著名且使用广泛的是Qt框架中的信号槽机制。此外，我们还可以看看其他领域中观察者模式的应用，比如事件处理系统和数据绑定。

1）Qt信号槽机制

Qt框架是一个跨平台的C++图形用户界面应用程序开发框架，广泛用于开发GUI应用程序。Qt中的信号槽机制是观察者模式的一个具体实现，用于对象间的通信。

- 信号（signal）：当特定事件发生时，一个Qt对象（主题）会发出一个信号。
- 槽（slot）：一个槽是另一个对象（观察者）中的一个函数，用于响应信号。

【示例展示】

```cpp
#include <QCoreApplication>
#include <QObject>
#include <QDebug>
class Button : public QObject {
    Q_OBJECT

public:
    Button() {}

signals:
    void clicked();                 // 定义一个信号

public slots:
    void onClick() {                // 定义响应信号的槽
        emit clicked();             // 发射信号
    }
};

class Application : public QObject {
    Q_OBJECT

public slots:
    void onButtonClicked() {        // 定义用来响应按钮被单击的槽
        qDebug() << "Button was clicked!";
    }
};

int main(int argc, char *argv[]) {
```

```
    QCoreApplication app(argc, argv);

    Button button;
    Application application;

    QObject::connect(&button, &Button::clicked, &application,
&Application::onButtonClicked);

    button.onClick();  // 模拟按钮被单击

    return app.exec();  // 启动事件循环
}
#include "main.moc"  // moc 文件的包含（用于包含元对象代码）
```

在这个示例中，当按钮被单击时，它发出一个clicked信号，应用程序中的onButtonClicked槽会被调用以响应这个信号，从而实现了主题和观察者之间的解耦。

2）事件处理系统

在很多现代C++应用程序中，特别是在游戏开发和实时系统中，使用观察者模式来处理事件，如用户输入、文件更改通知或网络消息。

【示例展示】

```
#include <map>
#include <string>
#include <vector>
#include <functional>
#include <iostream>

class EventManager {
    std::map<std::string, std::vector<std::function<void()>>> listeners;

public:
    void subscribe(const std::string& event, std::function<void()> callback) {
        listeners[event].push_back(callback);
    }

    void emit(const std::string& event) {
        for (auto& listener : listeners[event]) {
            listener();                        //通知所有监听者
        }
    }
};

void onKeyPressed() {
    std::cout << "Key Pressed Event Triggered!" << std::endl;
}

int main() {
    EventManager manager;
    manager.subscribe("keyPressed", onKeyPressed);

    manager.emit("keyPressed");
    return 0;
}
```

这个简单的事件处理系统允许用户注册事件监听器，并在事件发生时调用所有注册的回调函数。

上述两个例子展示了观察者模式在C++中的灵活应用，帮助开发者构建可维护和可扩展的应用程序。通过这种模式，可以有效地将事件源（主题）与事件响应者（观察者）解耦，增强系统的整体设计。

6. 难点和挑战

虽然观察者模式为设计提供了显著的灵活性和解耦能力，但在实际部署过程中，我们常常面临一系列实现难点和挑战。这些挑战往往涉及确保模式的效率、可扩展性以及在复杂环境中的适应性。接下来，我们将探讨这些挑战的具体内容，包括信号来源的追踪、在多线程环境中确保观察者响应的独立性，以及跨进程通信的实现方式。

1）追踪信号发射源：实现观察者模式中的来源识别

首先让我们聚焦于如何监控哪个主题发出信号，确定信号的来源。这一点在需要根据信号的来源做出不同响应的场景中尤为重要。下面详细探讨这个问题和可能的解决策略。

（1）监控信号的来源

在一个复杂的系统中，可能有多个主题发出相同的信号，观察者需要根据信号的来源采取不同的行动。这要求观察者不仅要知道什么时候接收到一个信号，还要知道这个信号是从哪个主题发出的。

（2）实现难点

- 识别信号来源：观察者需要区分信号的来源，这在多主题和多观察者的环境中尤其复杂。
- 维护状态一致性：在信号传递过程中保持系统状态的一致性，避免在处理信号时状态已被其他观察者改变。
- 性能考虑：在实时系统中，处理大量的信号并维护每个信号的来源可能会对性能产生影响。

（3）解决策略

① 传递信号来源：创建一个包含信号来源信息的事件对象，当主题发出信号时，它会将自己的引用或标识符作为事件的一部分传递给观察者。

【示例展示】

```cpp
#include <string>
#include <iostream>
#include <algorithm>
#include <vector>
class Event {
public:
    std::string type;          // 事件类型
    void* source;              // 事件源

    Event(std::string t, void* s) : type(t), source(s) {}
};

class Observer {
public:
    virtual void update(Event* event) = 0;
};

class Subject {
    std::vector<Observer*> observers;

public:

    void notify(Event* event) {
      for (auto& observer : observers) {
        observer->update(event);
      }
```

```
    }
    void attach(Observer* observer) {
      observers.push_back(observer);
    }
    void detach(Observer* observer) {
      observers.erase(std::remove(observers.begin(), observers.end(), observer),
observers.end());
    }
  };
  class ConcreteObserver : public Observer {
  public:
    void update(Event* event) override {
      std::cout << "Received event from " << event->source << " with type " << event->type
<< std::endl;
    }
  };
```

② 事件分派机制：使用一个中央事件分派器或事件总线，所有的事件通过这个中心点传递。这样，每个事件都可以附带发送者的信息。

【示例展示】

```
class EventBus {
    std::map<std::string, std::vector<std::function<void(Event*)>>> listeners;
public:
    void subscribe(const std::string& eventType, std::function<void(Event*)> listener) {
        listeners[eventType].push_back(listener);
    }
    void publish(Event* event) {
        auto& handlers = listeners[event.type];
        for (auto& handler : handlers) {
            handler(event);  // Call each handler with the event
        }
    }
};
```

③ 性能优化：

● 异步处理：考虑异步处理事件，特别是在高频更新的系统中，以避免阻塞主线程或造成用户界面的延迟。

● 资源管理：优化资源管理和清理，使用智能指针等技术自动管理内存，减少内存泄漏的风险。

通过这些策略，不仅可以有效地管理观察者模式中的信号来源监控问题，确保系统的响应性和可扩展性，还能够确保在复杂环境中的正确性和效率。

2）线程独立性：在多线程环境中执行观察者响应

在多线程编程环境中实现观察者模式时，确保每个观察者的处理逻辑在各自的线程中执行是一个复杂且关键的问题。这样的需求常见于需要高度并行处理能力的应用，如实时数据处理和用户界面管理，其中每个观察者可能需要独立地更新其状态而不干扰其他观察者或主线程的运行。

（1）实现难点

- 线程安全性：在多线程环境下，共享资源（如观察者列表）的访问需要被妥善管理，以避免竞态条件和数据不一致。
- 消息传递的同步性：确保消息在正确的时间点被传递到正确的观察者，而且处理过程不阻塞发送者或其他观察者。
- 性能考量：在不同线程间调度任务可能会引入延迟和增加系统的复杂性，需要有效的管理以保持系统性能。

（2）解决策略

① 线程隔离的观察者模式：

在此模式中，我们通过为每个观察者分配一个专用的工作线程并使用线程安全的队列来管理事件，确保每个观察者能独立且高效地处理其事件。这种模式不仅优化了响应性，还增强了系统的并发处理能力。下面的示例展示如何实现这种模式，使每个观察者都在自己的线程中隔离地处理消息。

【示例展示】

```cpp
#include <iostream>
#include <vector>
#include <thread>
#include <mutex>
#include <queue>
#include <condition_variable>
#include <memory>

// Event 类定义
class Event {
public:
    virtual void handle() = 0;          // 虚函数，具体事件需要实现此方法
    virtual ~Event() {}
};

// 具体的事件类型
class ConcreteEvent : public Event {
public:
    void handle() override {
        std::cout << "Handling Concrete Event" << std::endl;
    }
};

// 线程安全的队列
template<typename T>
class ThreadSafeQueue {
private:
    std::mutex mutex;
    std::queue<T> queue;
    std::condition_variable cond_var;
    bool closed = false;

public:
    void push(T value) {
        std::lock_guard<std::mutex> lock(mutex);
        if (closed) throw std::runtime_error("Pushing to a closed queue");
        queue.push(std::move(value));
        cond_var.notify_one();
    }
```

```cpp
    T pop() {
        std::unique_lock<std::mutex> lock(mutex);
        cond_var.wait(lock, [this] { return !queue.empty() || closed; });
        if (queue.empty()) return nullptr;
        T value = std::move(queue.front());
        queue.pop();
        return value;
    }

    void close() {
        std::lock_guard<std::mutex> lock(mutex);
        closed = true;
        cond_var.notify_all();
    }
};
// 观察者类
class Observer {
private:
    std::thread worker;
    ThreadSafeQueue<std::shared_ptr<Event>> eventQueue;
    bool running = true;

    void run() {
        while (running) {
            std::shared_ptr<Event> event = eventQueue.pop();
            if (!event) break;              // 接收空指针作为终止信号
            event->handle();
        }
    }

public:
    Observer() {
        worker = std::thread(&Observer::run, this);
    }

    ~Observer() {
        running = false;
        eventQueue.close();                // 关闭队列并推送终止信号
        if (worker.joinable()) {
            worker.join();
        }
    }

    void update(std::shared_ptr<Event> event) {
        eventQueue.push(event);
    }
};
// 主题类
class Subject {
private:
    std::vector<std::shared_ptr<Observer>> observers;
public:
    void attach(std::shared_ptr<Observer> observer) {
        observers.push_back(observer);
    }

    void notify(std::shared_ptr<Event> event) {
        for (auto& observer : observers) {
            observer->update(event);
```

```
            }
        }
};

// 主函数
int main() {
    Subject subject;
    auto observer1 = std::make_shared<Observer>();
    auto observer2 = std::make_shared<Observer>();

    subject.attach(observer1);
    subject.attach(observer2);

    // 发送事件
    std::shared_ptr<Event> event = std::make_shared<ConcreteEvent>();
    subject.notify(event);

    // 给一些处理时间
    std::this_thread::sleep_for(std::chrono::seconds(1));

    return 0;
}
```

② 使用异步编程模型：

利用C++11及更高版本中的std::async和std::future，可以异步地处理通知，从而不阻塞主题或其他观察者。

【示例展示】

```
#include <iostream>
#include <vector>
#include <future>
#include <memory>

// 简单的事件类
class Event {
public:
    virtual void handle() = 0;
    virtual ~Event() {}
};

// 具体事件实现
class ConcreteEvent : public Event {
public:
    void handle() override {
        std::cout << "Concrete Event handled." << std::endl;
    }
};

// 观察者接口
class Observer {
public:
    void update(Event* event) {
        // 使用std::async 来异步处理事件
        auto future = std::async(std::launch::async, &Observer::handleEvent, this,
event);
        future.wait();  // 可以选择等待异步操作完成，或者存储future对象进行后续处理
    }

    void handleEvent(Event* event) {
        if (event) {
            event->handle();
```

```
        }
    }
};

// 主题，负责管理观察者并在状态改变时通知它们
class Subject {
private:
    std::vector<Observer*> observers;

public:
    void attach(Observer* observer) {
        observers.push_back(observer);
    }

    void notify(Event* event) {
        for (Observer* obs : observers) {
            obs->update(event);
        }
    }
};

int main() {
    Subject subject;
    Observer observer1, observer2;

    // 将观察者附加到主题
    subject.attach(&observer1);
    subject.attach(&observer2);

    // 创建一个具体的事件
    ConcreteEvent event;

    // 通知所有观察者
    subject.notify(&event);

    return 0;
}
```

这些策略允许将观察者的处理逻辑分离到各自的线程中，从而实现高效且独立的并行处理，增强了应用的响应性和可扩展性。在实现时，确保适当地管理线程和资源是非常重要的，避免引入额外的复杂性和潜在的性能问题。

3）异步消息处理：利用ZeroMQ实现跨进程的观察者模式

设计跨进程的观察者模式需要考虑不同进程间的通信方式。跨进程通信可以使用多种机制实现，包括但不限于管道、消息队列、共享内存、套接字等。在这里，我们将探讨如何使用ZeroMQ（简称为ZMQ）——一个高性能的异步消息库——来实现跨进程的观察者模式。

ZeroMQ是一个消息队列库，抽象了传统的套接字通信，提供了更简单、强大的消息传递和连接模式。使用ZeroMQ可以方便地在不同的进程甚至不同的机器之间传递消息。

（1）定义主题和观察者

在ZeroMQ中，可以使用"发布－订阅"模式来实现观察者模式。在这种模式中，主题作为发布者，观察者作为订阅者。

- 主题：负责发布状态更新消息。
- 观察者：订阅并接收来自主题的消息，进行相应处理。

（2）设计消息格式

为了使消息能够在不同进程间传递并被正确处理，需要设计一个合适的消息格式。这通常包括事件类型、数据内容等。

（3）实现发布者

使用ZeroMQ的发布者套接字（ZMQ_PUB）来发送消息。

```cpp
#include <zmq.hpp>
#include <string>
#include <iostream>

int main() {
    zmq::context_t context(1);
    zmq::socket_t publisher(context, ZMQ_PUB);
    publisher.bind("tcp://*:5556");                               // 绑定到一个端口

    while (true) {
        zmq::message_t message(20);
        snprintf((char *)message.data(), 20 , "Update %d", rand() % 100);
        publisher.send(message, zmq::send_flags::none);
        std::this_thread::sleep_for(std::chrono::seconds(1));     // 发送更新间隔
    }
    return 0;
}
```

（4）实现订阅者

使用ZeroMQ的订阅者套接字（ZMQ_SUB）来接收消息。

```cpp
#include <zmq.hpp>
#include <string>
#include <iostream>

int main() {
    zmq::context_t context(1);
    zmq::socket_t subscriber(context, ZMQ_SUB);
    subscriber.connect("tcp://localhost:5556");          // 连接到发布者
    subscriber.set(zmq::sockopt::subscribe, "");         // 订阅所有消息

    while (true) {
        zmq::message_t update;
        subscriber.recv(update, zmq::recv_flags::none);
        std::string data(static_cast<char*>(update.data()), update.size());
        std::cout << "Received update: " << data << std::endl;
    }
    return 0;
}
```

（5）处理网络和进程间通信问题

在设计跨进程通信时，还需要考虑网络延迟、消息丢失、连接断开等问题，并在必要时实现适当的错误处理和重试机制。

通过使用ZeroMQ，我们可以有效地实现一个高效、可扩展的跨进程观察者模式。这种模式不仅适用于本地多进程通信，也适用于分布式系统中不同服务间的解耦和消息传递。

7. 观察者模式的安全实践

在实现观察者模式时，尤其在C++中，管理对象生命周期和确保内存安全是非常重要的。智能指针，如std::shared_ptr和std::weak_ptr，是现代C++中管理动态分配对象的首选工具，因为它们可以自动

管理对象的生命周期，从而减少内存泄漏和悬空指针的风险。然而，在使用智能指针时，需要避免循环引用，这是观察者模式中一个常见的陷阱。下面是一些实践和技术，用于确保实现观察者模式时的安全性。

1）智能指针管理和安全通知机制

（1）观察者的生命周期管理

观察者通常由std::shared_ptr管理，确保其整个生命周期内不会被意外销毁。只有在没有任何std::shared_ptr或std::weak_ptr引用时，对象才会被销毁，保证对象生命周期与程序逻辑的一致性。

（2）使用弱引用避免循环引用

当观察者注册到主题时，应以std::weak_ptr的形式传递，这样主题只持有观察者的弱引用（std::weak_ptr），不增加观察者的引用计数。这种管理方式避免了循环引用，确保了观察者可以适时地被自动销毁。

（3）观察者的注销处理

在观察者生命周期结束前，尤其在销毁前，观察者应主动从主题注销自己。这样确保主题中不保留已被销毁的观察者的引用，从而防止在尝试通知已不存在的观察者时出现错误。

（4）安全通知机制

在通知过程中，主题通过std::weak_ptr::lock()尝试将弱引用转换为std::shared_ptr。这确保只有当观察者实际存在时才会被通知，从而维护了系统的稳定性和可靠性。

通过整合观察者的注册方式和主题持有观察者的引用方式，我们清晰地描述了如何在观察者模式中使用智能指针来优化内存管理和增强程序的健壮性。这样的描述既避免了重复，也提高了内容的可读性和实用性。

2）确保多线程安全

在多线程环境中使用观察者模式时，还需确保操作的线程安全，特别是在添加、移除和通知观察者时。

（1）同步访问

使用互斥锁（如std::mutex）来保护对观察者列表的访问，确保在添加、移除或通知观察者时不会发生数据竞争。

（2）条件变量

使用条件变量（如std::condition_variable）可以在特定条件下同步线程。例如，在某个条件完成前，观察者不会接收通知。这可以在通知前确认所有观察者都已被正确添加并且准备好，从而减少错误的发生。

（3）锁保护的区域

使用std::lock_guard或std::unique_lock在作用域内自动管理锁的获取和释放，这样可以避免因忘记释放锁而造成的死锁问题。特别是在函数中操作观察者列表时，应使用这些锁来管理互斥锁，确保即使发生异常也能自动释放锁。

（4）复制通知列表

在通知观察者之前，可以考虑先将观察者列表复制到一个局部变量中，这样即使在通知过程中观察者列表被修改，也不会影响当前的通知操作。复制过程需要在互斥锁的保护下完成，以防止复制过程中的数据竞争。

（5）细粒度锁

如果性能是关注点，可以考虑实施细粒度锁或读写锁（如std::shared_mutex），允许多个线程同时读取观察者列表，但在写入（添加或删除观察者）时需要独占访问。这样可以在提高并发性的同时，保持对观察者列表的访问安全。

通过上述策略，可以有效地在多线程环境中维护观察者模式的正确性和效率。

【示例展示】

以下是一个示例，将展示一个主题和观察者的基本实现，同时确保使用std::shared_ptr和std::weak_ptr来管理对象，避免循环引用；使用互斥锁和其他同步机制来保证线程安全。

```cpp
#include <iostream>
#include <vector>
#include <memory>
#include <mutex>
#include <thread>
#include <algorithm> // Include this for std::remove_if
class Observer {
public:
    virtual ~Observer() {}
    virtual void update(int message) = 0;
};

class Subject {
private:
    std::vector<std::weak_ptr<Observer>> observers;
    std::mutex mutex;

public:
    void registerObserver(std::shared_ptr<Observer> observer) {
        std::lock_guard<std::mutex> lock(mutex);
        observers.push_back(observer);
        std::cout << "Observer registered.\n";
    }

    void unregisterObserver(std::shared_ptr<Observer> observer) {
        std::lock_guard<std::mutex> lock(mutex);
        observers.erase(
            std::remove_if(
                observers.begin(), observers.end(),
                [&observer](const std::weak_ptr<Observer>& weak_obs) {
                    return (weak_obs.expired() || weak_obs.lock() == observer);
                }),
            observers.end());
        std::cout << "Observer unregistered.\n";
    }

    void notifyObservers(int message) {
        std::lock_guard<std::mutex> lock(mutex);
        for (auto weak_obs : observers) {
            auto obs = weak_obs.lock();
            if (obs) {
                obs->update(message);
                std::cout << "Observer notified.\n";
            }
        }
    }
```

```
    }
};

class ConcreteObserver : public Observer, public std::enable_shared_from_this<Observer> {
public:
    void update(int message) override {
        std::cout << "Received message: " << message << std::endl;
    }
};

int main() {
    std::shared_ptr<Subject> subject = std::make_shared<Subject>();
    std::shared_ptr<Observer> observer1 = std::make_shared<ConcreteObserver>();
    std::shared_ptr<Observer> observer2 = std::make_shared<ConcreteObserver>();

    subject->registerObserver(observer1);
    subject->registerObserver(observer2);

    subject->notifyObservers(1);

    subject->unregisterObserver(observer1);
    subject->notifyObservers(2);

    return 0;
}
```

在这个示例中：

- 观察者通过std::shared_ptr进行管理，注册到主题时使用std::weak_ptr进行引用，避免循环引用问题。
- 使用std::mutex来同步对观察者列表的访问，包括在注册、注销和通知观察者时。这防止了多线程环境下的数据竞争。
- std::lock_guard在作用域结束时自动释放锁，保证即使在抛出异常的情况下锁也能被释放。

这个示例清楚地展示了如何在实现观察者模式时，综合考虑内存安全和线程安全的策略。

7.4.2　解耦请求与处理：责任链模式在复杂业务流程中的运用

在面对复杂的业务流程，尤其是那些涉及多个处理步骤和决策点的场景时，如何有效管理和分配请求对于保持系统的清晰性和灵活性至关重要。责任链模式提供了一种强大的解决方案，允许请求在多个对象间传递，每个对象处理它能处理的部分，然后将请求转发给链上的下一个对象。

1. 案例探索

想象一个大型公司的客户支持服务系统，该系统需要处理各种类型的客户请求，如信息查询、订单处理、退款请求等。这些请求必须经过多个部门，例如客服、财务和物流部门。在传统的处理模型中，这些请求可能需要通过一个中心化的管理点进行分发。每当引入新的请求类型或处理规则时，中心化的管理点都需要更新其逻辑，这不仅增加了系统的复杂度，还提高了维护成本。此外，不同类型的请求可能需要不同的处理流程和决策路径，使得整个系统变得难以管理和扩展。

2. 责任链模式的引入

责任链模式通过创建一个由多个处理对象组成的链来解决这一问题。每个处理对象都包含对特定类型请求的处理逻辑，以及决定如何将请求转发到链上的下一个对象的规则。在客户支持服务系统案例中，可以为每个部门实现一个处理对象：

- **客服部门**：负责处理所有初步查询和基本问题。
- **财务部门**：处理与账单相关的所有查询和操作。
- **物流部门**：负责所有与订单履行相关的请求。

通过这种方式，每个请求都从链的开始处传入，然后沿着链传递，直到被相应的部门处理。这样，每个部门只关注其专责的请求类型，当新的处理规则或请求类型引入时，只需修改或添加相应的处理对象即可，而无须重新设计整个处理流程。

引入责任链模式后，系统的灵活性和可扩展性将显著提高，但这种模式也可能带来一些挑战，例如如何确保请求不会在链中无限循环，以及如何有效地管理链中的处理对象。在下一部分中，我们将展示如何在实际的C++代码中实现责任链模式，以及如何解决这些潜在的挑战。

3. 实现责任链模式

前面讨论了责任链模式的理论基础及其在一个客户支持服务系统中的概念应用。现在，让我们通过具体的C++代码示例，展示如何实现这一模式，并解决一些常见的挑战。

首先，定义一个抽象基类，该类包含一个指向下一个处理者的指针以及一个处理请求的接口方法：

```cpp
#include <iostream>
#include <memory>
class Handler {
protected:
    std::shared_ptr<Handler> nextHandler;

public:
    void setNext(std::shared_ptr<Handler> handler) {
        nextHandler = handler;
    }

    virtual void handleRequest(const std::string& request) {
        if (nextHandler) {
            nextHandler->handleRequest(request);
        }
    }

    virtual ~Handler() {}
};
```

接着，实现具体的处理者类，例如客服部门、财务部门和物流部门：

```cpp
class CustomerServiceHandler : public Handler {
public:
    void handleRequest(const std::string& request) override {
        if (request == "General Inquiry") {
            std::cout << "Customer Service Handling '" << request << "'\n";
        } else {
            Handler::handleRequest(request);
        }
    }
};
class FinanceHandler : public Handler {
public:
    void handleRequest(const std::string& request) override {
        if (request == "Billing Issue") {
            std::cout << "Finance Handling '" << request << "'\n";
        } else {
```

```
            Handler::handleRequest(request);
        }
    }
};
class LogisticsHandler : public Handler {
public:
    void handleRequest(const std::string& request) override {
        if (request == "Order Status") {
            std::cout << "Logistics Handling '" << request << "'\n";
        } else {
            Handler::handleRequest(request);
        }
    }
};
```

一旦定义了各个处理者，就可以将它们连接成链：

```
int main() {
    auto customerService = std::make_shared<CustomerServiceHandler>();
    auto finance = std::make_shared<FinanceHandler>();
    auto logistics = std::make_shared<LogisticsHandler>();
// 构建派生类的nextHandler，形成顺序调用
    customerService->setNext(finance);
    finance->setNext(logistics);

    // 模拟请求
    customerService->handleRequest("General Inquiry");
    customerService->handleRequest("Billing Issue");
    customerService->handleRequest("Order Status");

    return 0;
}
```

示例中责任链模式的工作原理，以及每个处理者在处理请求中的角色和职责，如图7-13所示。
下面详细解析这个示例：

- 抽象基类Handler:
    - 定义了一个std::shared_ptr<Handler>类型的成员nextHandler，这是一个指向链中下一个处理者的智能指针。
    - setNext方法用于设定这个指针，从而构建处理链。
    - handleRequest方法提供了基本的请求传递逻辑；如果当前处理者不能处理请求，它会调用nextHandler的handleRequest方法（如果存在），这样请求就会沿链向下传递。
- 具体的处理者类：
    - CustomerServiceHandler: 专门处理General Inquiry类型的请求。如果请求不匹配，它会调用基类的handleRequest方法，即将请求传递给下一个处理者。
    - FinanceHandler: 处理Billing Issue类型的请求。同样地，如果请求不是财务问题，它将调用基类的handleRequest，将控制权传递给链中的下一个处理者。
    - LogisticsHandler: 专门处理Order Status类型的请求。如果请求与物流无关，它也会调用基类的handleRequest方法，继续传递请求。
- 链的构建和使用：
    - 在main函数中，创建了3个处理者的实例，并通过setNext方法将它们连接成一条链（客服→财务→物流）。

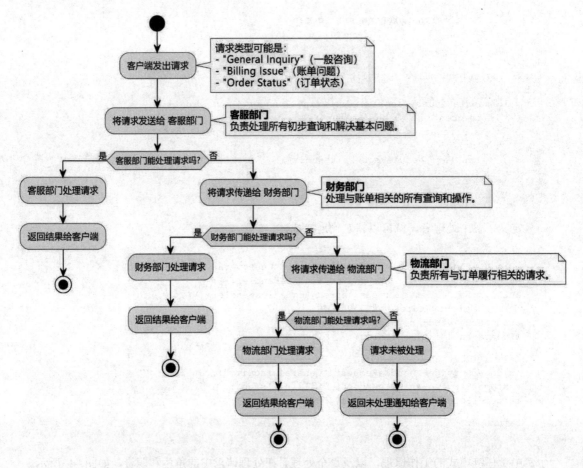

图 7-13   客户支持服务系统中的责任链处理流程

- ◆　然后模拟3种类型的请求。每个请求首先由客服部门处理，如果客服部门不负责该请求，就会传递给财务部门，以此类推。

　　这个例子展示了责任链模式的强大之处：它将请求的处理逻辑分散到不同的处理者中，每个处理者只关注自己专责的部分，从而使得系统的可扩展性和可维护性得到提高。同时，这种模式也支持动态地重新组织处理链，以适应不同的处理需求。

　　在我们编写责任链模式时，一个潜在的挑战是确保请求不会在链中无限循环。为避免这种情况，我们需要确保：

- ● 每个处理者在转发请求之前有明确的停止条件。
- ● 链的结尾有一个处理者能够处理所有未被处理的请求，或者简单地停止传递请求。

4. 责任链模式的设计规则

　　实现责任链模式时，遵守一些关键规则可以帮助确保设计的有效性和灵活性。以下是在设计和实现责任链模式时应考虑的主要规则：

1）单一职责原则

　　每个处理者（handler）应只负责一类特定的请求。这符合单一职责原则，即每个类或模块只有一个改变的理由。这样做有助于保持类的简单和专注，也便于未来的修改和扩展。

2）封闭链的结束

责任链应有明确的结束条件。在设计链时，应确保请求最终被处理，或者在链的末端明确地拒绝或丢弃请求。这避免了请求在链中无限传递的问题。

3）灵活配置链

责任链应能够灵活地构建和重构。应该提供一种方式能动态地添加、移除或更改链中的处理者。这种灵活性允许系统适应运行时变化或不同的业务需求。

4）避免循环引用

在设计责任链时，确保不会发生循环引用。这意味着请求不应在链中形成闭环，否则会导致无限循环和资源耗尽。

5）合适的传递条件

每个处理者在传递请求前应有明确的条件判断。只有当处理者确定无法处理当前请求时，才将请求传递给链中的下一个处理者。

6）透明处理

处理者对请求的处理应尽可能透明，即调用者不需要知道请求是如何在链中传递和处理的。这有助于降低系统各部分之间的耦合。

7）合理的性能考虑

责任链可能影响系统性能，因为请求可能需要经过多个处理者才能得到处理。在设计时，应评估性能需求，并适当优化链的结构，比如减少链长度，或优化链中处理者的顺序。

8）错误和异常处理

链中的处理者在处理请求时可能会遇到错误或异常。设计时应考虑错误处理策略，确保异常情况能被妥善管理，不会导致整个处理流程被中断。

通过遵守这些规则，责任链模式可以在保持系统组件低耦合的同时，提供高效的请求处理框架。这种模式特别适合那些处理流程分散，需要多个对象协作处理请求的场景。

5. 责任链模式的最佳适用场景

虽然在大多数情况下，简单地遵循责任链模式的设计思想和原则已足以应对需求，但是在某些特定应用场景中，形式化地实现责任链模式将带来显著的好处。这些场景通常具有以下特征：

1）高度动态的请求处理

当系统需要动态地增加或改变处理逻辑，而不影响其他部分时，完整实现责任链模式可以提供必要的灵活性。例如插件架构系统，其中可以随时添加新的插件（处理者），以处理特定类型的请求。

2）复杂的条件逻辑

在处理流程涉及多个决策点，且这些决策点根据业务规则频繁变化的场景中，责任链模式允许独立地修改各个处理者的逻辑，而不需要修改其他部分。这是处理复杂审批流程和规则引擎的理想选择。

3）多级处理需求

对于需要多个对象按特定顺序协作处理请求的系统，如请求需要经过多级审核或多层过滤器的情况，责任链模式提供了一种清晰的方法来组织这些对象。

4）透明性和可追踪性要求高的场景

在需要清晰记录每个处理步骤和决策结果的场景中，如金融服务或安全审计，责任链模式不仅帮助减少耦合，还便于追踪和记录请求的处理过程。

5）优化分布式系统的处理

在分布式系统中，责任链模式可以用于构建一个处理节点网络，其中每个节点处理不同的任务或服务。这种模式有助于分散负载，提高系统的响应速度和效率。

在这些情况下，采用形式化的责任链模式是值得的，因为它可以明显优化设计和维护过程，解决那些简单的设计思想难以克服的复杂问题。

6. 责任链模式与观察者模式的区别

责任链模式和观察者模式都涉及在对象之间传递通知，但它们的目的和实现方式有很大的不同。

责任链模式主要用于处理请求。在这个模式中，多个对象被组成一条链，并沿着这条链传递请求，直到有一个对象处理这个请求为止。每个对象都有机会处理请求，但具体由哪个对象处理，则取决于链中对象的运行时决策。这样的结构可以动态地添加或修改责任链，而不会影响其他的代码逻辑。

例如，在一个文本编辑器的命令处理中，可能会有一个命令对象链，其中包括撤销、重做、复制等命令的处理对象。当用户执行一个操作时，命令会沿着链传递，直到找到相应的处理者。

观察者模式则主要用于实现一对多的依赖关系，当一个对象的状态发生改变时，所有依赖于它的对象都会得到通知并被自动更新。这种模式通常用于实现分布式事件处理系统，如GUI工具中的事件监听机制。观察者模式强调的是主体和观察者之间的松耦合。例如，在一个股票市场应用中，当某只股票的价格变动时，所有订阅了这只股票信息的投资者都应该收到通知，这样的场景就很适合使用观察者模式。

总的来说，虽然两者都涉及信息的传递，但责任链模式侧重于在对象链中处理请求，而观察者模式侧重于状态变化时通知多个依赖的观察者。

7.4.3 封装与交换：掌握命令和策略模式的独特运用

封装是面向对象编程的基石之一，它不仅保护了数据的安全性，也使得代码更易于管理和扩展。在设计模式中，封装行为的思想被运用于多种模式中，其中命令模式和策略模式通过封装行为提供了软件设计中的灵活性和动态交换能力。

1. 封装在设计模式中的应用

1）命令模式：封装操作和请求

命令模式将请求或简单操作封装成对象，允许用户以参数的形式在程序中存储、传递和返回消息或请求调用。这种模式的核心在于分离了发送命令的对象和接收并执行命令的对象。

应用场景与优势：

- 事务行为：例如，撤销和重做功能在文本编辑器或图形编辑工具中极为常见，命令模式允许将执行操作的历史记录下来，便于未来进行回溯。
- 任务调度：在需要安排任务、排队执行或者通过网络发送请求的应用中，命令对象可以作为数据传递。

例如，在一个智能家居控制系统中，用户的单击动作可以封装成命令对象，无论是开灯、调节温度还是关闭安全系统，每个命令都可以被日志记录、调度或者撤销。

2）策略模式：封装算法族

策略模式定义了一系列算法，并将每个算法封装起来，使它们可以互换使用。这种模式让算法的变更独立于使用算法的客户端。

应用场景与优势：

- 优化选择：当有多种算法适用于某个特定的任务时，策略模式允许在运行时选择最适合的方法。
- 动态替换：策略模式支持根据不同的情境动态地替换方法的实现，提高了应用的灵活性。

例如，在一个电子商务系统中，不同类型的用户或购买的不同商品类型可能会应用不同的折扣计算策略。通过策略模式，系统可以在不修改现有代码的情况下引入新的折扣算法，或者改变现有算法，以适应市场的变化。

封装不仅仅是数据保护的工具，它也是一种功能强大的设计策略，用于提高软件系统的可维护性和可扩展性。命令模式和策略模式通过封装行为和算法，允许开发者构建出更加灵活和具有更强适应性的应用。

2. 封装原则与设计准则

尽管命令模式和策略模式都使用封装作为其核心设计理念，但它们在实现时遵循的具体准则和目标有所不同。了解这些准则有助于更有效地实现和应用这些模式。

1）命令模式的设计准则

命令模式主要是将操作封装为对象，允许将函数调用、请求或某些操作延迟到其他对象中进行处理。其核心设计准则包括：

- 接口隔离：命令模式要求将调用操作和执行操作的对象隔离开来。这通常通过定义一个统一的命令接口实现，该接口具备一个执行方法，所有的命令对象都必须实现这个接口。
- 可扩展性：设计应允许轻松添加新命令而不影响现有代码。每个命令都独立为一个类，增加新命令只需新增类而无须修改现有结构。
- 撤销操作：命令模式通常配合撤销功能实现，这要求命令对象存储足够的状态信息，以便于恢复到执行命令前的状态。
- 命令聚合与宏命令：命令可以组合成宏命令，即一个命令的执行可以触发多个命令。这需要设计支持组合的命令对象。

2）策略模式的设计准则

策略模式的关键在于定义一系列算法，把它们一一封装起来，并使它们可相互替换。该模式的核心设计准则包括：

- 定义算法族：策略模式要求识别出应用中涉及的相关算法，并将每个算法封装到具有共同接口的独立类中。
- 运行时策略选择：策略模式允许在运行时选择使用哪种算法。为此，策略对象通常从上下文对象中分离出来，并通过同一策略接口进行交互。
- 互换性：策略模式的设计应确保所有策略类实现相同的接口。这种一致性使得策略之间可以自由替换，而不会影响使用策略的客户端。

- 简化上下文：策略模式应简化上下文类的责任，上下文不应该包含策略决策逻辑，而只需要维护与策略对象的关联。

通过应用这些设计准则，命令模式和策略模式可以有效地帮助开发者管理和扩展代码。命令模式侧重于操作的封装和延时执行，而策略模式侧重于算法的封装和动态选择。尽管它们的应用场景不同，但都是通过封装来提高软件的灵活性和可维护性。接下来，我们将通过具体的示例来展示这两种模式的实现和实际应用。

3. 设计模式角色和示例

1）命令模式

（1）命令模式中的角色
命令模式主要包括以下几个角色：

- 客户端：创建具体命令对象，并设置其接收者。
- 调用者：要求命令执行请求。
- 命令接口：声明执行操作的接口。
- 具体命令：将一个接收者对象与一个动作绑定，调用接收者相应的操作。
- 接收者：知道如何实施与执行一个请求相关的操作。

命令模式的活动图如图7-14所示，展示了这些角色如何交互。

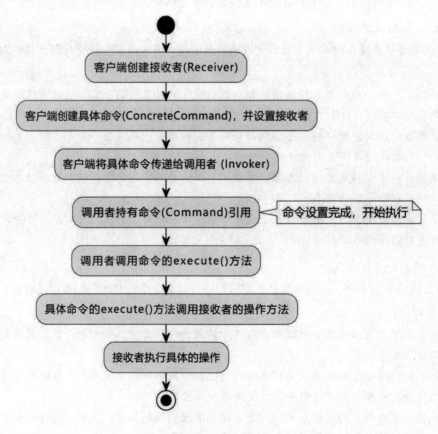

图 7-14　命令模式

【示例展示】

下面是一个使用命令模式的C++示例代码。在这个例子中，我们将模拟一个简单的遥控器，可以控制灯的开和关。代码中将展示命令模式的各个角色。

```cpp
#include <iostream>
#include <vector>
#include <memory>

// 命令接口
class Command {
public:
    virtual ~Command() {}
    virtual void execute() = 0;
};

// 接收者类
class Light {
public:
    void turnOn() {
        std::cout << "Light is on." << std::endl;
    }

    void turnOff() {
        std::cout << "Light is off." << std::endl;
    }
};

// 具体命令类：开灯
class LightOnCommand : public Command {
private:
    Light& light;

public:
    LightOnCommand(Light& light) : light(light) {}

    void execute() override {
        light.turnOn();
    }
};

// 具体命令类：关灯
class LightOffCommand : public Command {
private:
    Light& light;

public:
    LightOffCommand(Light& light) : light(light) {}

    void execute() override {
        light.turnOff();
    }
};

// 调用者类
class RemoteControl {
private:
    std::vector<std::unique_ptr<Command>> onCommands;
    std::vector<std::unique_ptr<Command>> offCommands;

public:
    void setCommand(size_t slot, std::unique_ptr<Command> onCmd, std::unique_ptr<Command>
offCmd) {
```

```
            if (slot >= onCommands.size()) {
                onCommands.resize(slot + 1);
                offCommands.resize(slot + 1);
            }
            onCommands[slot] = std::move(onCmd);
            offCommands[slot] = std::move(offCmd);
        }

        void pressOnButton(size_t slot) {
            if (slot < onCommands.size() && onCommands[slot] != nullptr) {
                onCommands[slot]->execute();
            }
        }

        void pressOffButton(size_t slot) {
            if (slot < offCommands.size() && offCommands[slot] != nullptr) {
                offCommands[slot]->execute();
            }
        }
    };

    // 客户端代码
    int main() {
        Light livingRoomLight;
        RemoteControl remote;

        remote.setCommand(0, std::make_unique<LightOnCommand>(livingRoomLight),
std::make_unique<LightOffCommand>(livingRoomLight));

        remote.pressOnButton(0); // Light is on.
        remote.pressOffButton(0); // Light is off.

        return 0;
    }
```

在这段代码中：

- Light是一个接收者，实现了开灯和关灯的操作。
- LightOnCommand和LightOffCommand是具体命令，实现了Command接口，并调用Light的方法来执行具体操作。
- RemoteControl是调用者，持有命令对象，并在合适的时刻触发它们。
- 在main函数中，我们充当客户端，创建具体命令并将它们关联到接收者和调用者。

（2）为命令模式添加撤销功能

在介绍了命令模式的基本实现后，我们来探讨如何为命令模式添加撤销功能，这是软件设计中常见的一个需求，特别是在用户界面交互密集的应用程序中。实现撤销功能能够让用户更加自由地探索功能，同时提高用户体验。

① 为命令添加撤销功能：

要在命令模式中实现撤销功能，首先需要修改命令接口，加入一个用于撤销命令的方法。这通常是通过在Command接口中添加一个undo方法来实现的。

```
// 命令接口
class Command {
public:
    virtual ~Command() {}
    virtual void execute() = 0;
    virtual void undo() = 0;  // 添加一个undo方法用于撤销命令
```

```cpp
};
// 具体命令类：开灯
class LightOnCommand : public Command {
private:
    Light& light;

public:
    LightOnCommand(Light& light) : light(light) {}

    void execute() override {
        light.turnOn();
    }

    void undo() override {
        light.turnOff();  // 撤销开灯命令即为关闭灯
    }
};
// 具体命令类：关灯
class LightOffCommand : public Command {
private:
    Light& light;

public:
    LightOffCommand(Light& light) : light(light) {}

    void execute() override {
        light.turnOff();
    }

    void undo() override {
        light.turnOn();  // 撤销关灯命令即为开启灯
    }
};
```

② 修改调用者以支持撤销操作：

我们需要修改RemoteControl类，以便它不仅可以执行命令，还可以撤销命令。为此，可以增加一个历史记录栈，用来保存已经执行的命令，以便在需要时可以从栈中取出命令并调用它们的undo方法。

```cpp
#include <stack>

class RemoteControl {
private:
    std::vector<std::unique_ptr<Command>> onCommands;
    std::vector<std::unique_ptr<Command>> offCommands;
    std::stack<Command*> commandHistory;  // 用栈来记录命令历史

public:
    void setCommand(size_t slot, std::unique_ptr<Command> onCmd, std::unique_ptr<Command>
offCmd) {
        if (slot >= onCommands.size()) {
            onCommands.resize(slot + 1);
            offCommands.resize(slot + 1);
        }
        onCommands[slot] = std::move(onCmd);
        offCommands[slot] = std::move(offCmd);
    }

    void pressOnButton(size_t slot) {
        if (slot < onCommands.size() && onCommands[slot] != nullptr) {
            onCommands[slot]->execute();
            commandHistory.push(onCommands[slot].get());  // 执行命令后将其压入历史栈
```

```
            }
        }
        void pressOffButton(size_t slot) {
            if (slot < offCommands.size() && offCommands[slot] != nullptr) {
                offCommands[slot]->execute();
                commandHistory.push(offCommands[slot].get());  // 执行命令后将其压入历史栈
            }
        }

        void pressUndoButton() {
            if (!commandHistory.empty()) {
                Command* lastCommand = commandHistory.top();
                lastCommand->undo();
                commandHistory.pop();  // 撤销命令后将其从历史栈中移除
            }
        }
    };
```

③ 测试命令的执行和撤销：

我们可以修改main函数来测试这个新功能。下面是一个示例main函数，其中包括了命令的设置、执行以及撤销的测试。

```
int main() {
    Light livingRoomLight;
    RemoteControl remote;

    // 设置命令
    remote.setCommand(0, std::make_unique<LightOnCommand>(livingRoomLight),
std::make_unique<LightOffCommand>(livingRoomLight));

    // 测试开灯命令
    std::cout << "Testing On Command:" << std::endl;
    remote.pressOnButton(0); // Light is on.
    std::cout << "Undoing On Command:" << std::endl;
    remote.pressUndoButton(); // Light is off.

    std::cout << std::endl; // 添加一个空行用于分隔输出

    // 测试关灯命令
    std::cout << "Testing Off Command:" << std::endl;
    remote.pressOffButton(0); // Light is off.
    std::cout << "Undoing Off Command:" << std::endl;
    remote.pressUndoButton(); // Light is on.

    return 0;
}
```

首先，我们为遥控器的第一个槽位设置了两个命令对象，LightOnCommand和LightOffCommand，这两个命令分别控制客厅的灯开和关。

然后，执行并撤销开灯命令：

- 执行开灯命令，预期输出为"Light is on."。
- 立即使用撤销功能，应该关闭灯，预期输出为"Light is off."。

最后，执行并撤销关灯命令：

- 执行关灯命令，因为灯已经是关的，这里可能不会看到状态改变，但逻辑上是尝试关闭灯。
- 使用撤销功能，应该打开灯，预期输出为"Light is on."。

通过在命令模式中加入撤销功能，我们提高了程序的灵活性和用户的控制能力。每个命令通过实现undo方法来定义其撤销操作，而调用者则负责维护命令的执行历史。这样，即便在复杂的应用中，用户也可以轻松地回退到之前的状态，从而探索不同的操作可能性，增强了应用的可用性和互动性。

此外，命令模式的灵活性还可以通过实现宏命令和命令队列来进一步增强。宏命令允许将多个命令组合成一个单一的命令，以便一次性执行多个操作，这在需要进行批量处理或复杂的交互操作时尤为有用。例如，一个"宏"命令可以同时关闭房间的灯、电视和音响系统。

同时，命令队列提供了一种方式，通过排队命令并按顺序执行它们来管理复杂的命令流。这在应用程序需要异步处理多个任务时非常有效，如在后台执行批处理任务或网络请求。命令队列可以保证命令的执行顺序，同时分离出命令的发起和执行过程，增强了程序的模块化和响应能力。

通过引入宏命令和命令队列，命令模式不仅支持更复杂的操作场景，而且提供了更高的配置灵活性和扩展性，使得程序能够以更可控和可维护的方式响应不断变化的用户需求和操作环境。

2）策略模式

策略模式通常包括3个主要角色：

① 上下文：维护一个对策略对象的引用，可以定义一个接口来让策略访问它的数据。
② 策略接口：定义所有支持的算法的公共接口。
③ 具体策略：实现策略接口的具体算法。

策略模式的基本流程如图7-15所示。

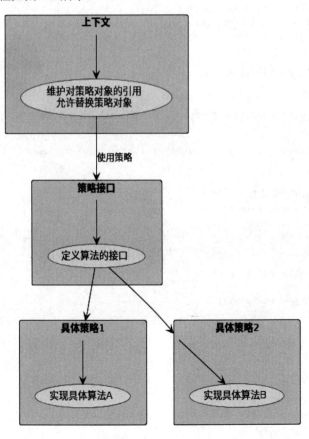

图 7-15　策略模式

在C++中实现策略模式时，通常会定义一个策略接口，以及一些实现这个接口的具体策略类。上下文类会使用一个策略接口的引用或指针，以调用具体策略实现的方法。

【示例展示】

以下是一个简单的例子，展示如何在C++中应用策略模式。

```cpp
#include <iostream>
#include <memory>

// Strategy Interface: 定义所有支持的算法的公共接口
class Strategy {
public:
    virtual ~Strategy() {}
    virtual void execute() const = 0;
};

// ConcreteStrategyA: 实现策略接口的具体算法A
class ConcreteStrategyA : public Strategy {
public:
    void execute() const override {
        std::cout << "Executing strategy A." << std::endl;
    }
};

// ConcreteStrategyB: 实现策略接口的具体算法B
class ConcreteStrategyB : public Strategy {
public:
    void execute() const override {
        std::cout << "Executing strategy B." << std::endl;
    }
};

// Context: 维护一个对策略对象的引用
class Context {
private:
    std::unique_ptr<Strategy> strategy; // 使用智能指针管理策略对象

public:
    Context(Strategy* strategy = nullptr) : strategy(strategy) {}

    ~Context() {}

    // 允许替换当前的策略对象
    void setStrategy(Strategy* newStrategy) {
        strategy.reset(newStrategy);
    }

    // 执行策略
    void executeStrategy() const {
        if (strategy) {
            strategy->execute();
        }
    }
};

int main() {
    Context context;

    // 使用动态分配的策略对象
    context.setStrategy(new ConcreteStrategyA());
    context.executeStrategy();

    // 切换到策略B
```

```
        context.setStrategy(new ConcreteStrategyB());
        context.executeStrategy();

        return 0;
    }
```

在上述代码中：

- Strategy：这是一个策略接口，所有的策略类都必须实现这个接口。
- ConcreteStrategyA和ConcreteStrategyB：是实现了Strategy接口的具体策略类，每个类提供了不同的算法实现。
- Context：这是使用策略的类。它包含了一个指向策略对象的指针，可以通过setStrategy方法来改变所使用的具体策略。executeStrategy方法用于调用当前策略的执行方法。

在本节中，我们深入探讨了命令模式和策略模式，通过角色描述和具体的C++代码示例展示了这两种模式的应用和效用。这两种模式提供了架构设计中增加灵活性和可扩展性的有效手段，同时帮助解耦了应用程序中的关键组件。

命令模式允许将请求封装为对象，从而可以使用不同的请求、队列或日志来参数化其他对象。策略模式则通过定义一系列算法，并将每一个算法封装起来，使得它们可以互换，这有助于改变算法的独立性和可复用性。

通过这两种模式的应用，相信开发者可以更好地管理代码的复杂性，提高程序的可维护性，灵活应对未来的需求变化。

7.4.4　跟踪与回滚：备忘录模式在状态管理中的应用

上一节讨论了命令模式中命令的撤销操作，这种设计通过执行一个命令的逆操作来实现对状态的回滚。这种处理方式直观且针对性强，适合操作可以明确逆转的场景。然而，在有些情况下，我们可能面临更复杂的状态管理问题，或者命令的逆向执行逻辑难以定义。这时，就需要一种能够从根本上回到过去某一状态的方法，而不仅仅是简单地"逆转"操作。这就诞生了一个与命令模式中的撤销思想相似但在实现方式上有所不同的设计模式——备忘录模式（memento pattern）。

备忘录模式提供了一种恢复对象到其先前状态的能力，而不需暴露该对象的内部细节。这个模式特别适合处理那些直接逆向操作成本高昂或不可能的场景。在用户界面丰富的应用程序中，如文本编辑器或图形编辑软件，用户可能期望随时回退到任意先前的状态，备忘录模式在这类用例中尤为重要。

1. 备忘录模式中的角色

备忘录模式如图7-16所示，它通过3个关键组件实现其功能：

- 发起人（Originator）：这是我们希望保存和恢复状态的对象。
- 备忘录（Memento）：用于存储发起人对象的内部状态。备忘录保护发起人状态的完整性，确保只有发起人本身可以访问此状态。
- 负责人（Caretaker）：其职责是保存或恢复备忘录，但不修改或访问备忘录的内容。它只能将备忘录传递给发起人，让发起人自行处理状态的恢复。

与命令模式的撤销操作相比，备忘录模式的主要优势在于其通用性和灵活性。它不仅可以回滚到上一个状态，还可以访问对象状态的任何先前保存的版本，提供了更为全面的状态管理解决方案。

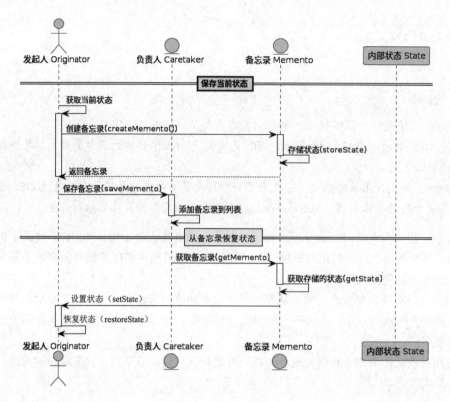

图 7-16　备忘录模式

　　备忘录模式在C++中通常通过将对象状态封装在一个独立的类中实现，这个类被称为"备忘录"。状态恢复则是通过将这个备忘录对象的状态回复到原始对象（发起人）中完成的。备忘录模式的实现关键在于保持好封装边界，确保只有发起人可以访问备忘录内部的状态，而其他对象，如负责人（Caretaker），则不能直接访问这些状态，只负责存储备忘录对象。

2. 实现备忘录模式的关键技术

- 封装类：C++中的类可以用来封装复杂的数据结构和行为，为发起人的状态提供一个清晰的存储结构。备忘录对象通常是私有嵌套类或友元类，这样可以保证只有发起人可以访问备忘录的内部状态。
- 深拷贝：状态的保存和恢复往往需要进行对象的深拷贝，以确保原始对象和备忘录对象之间的状态完全独立。在C++中，可以通过拷贝构造函数和赋值运算符重载来实现深拷贝。
- 友元类：通过将备忘录类定义为发起人类的友元，备忘录类可以访问发起人的私有和受保护成员。这样可以有效地封装状态信息，同时确保除了发起人之外没有其他对象可以修改这些状态。
- 智能指针：使用智能指针如std::unique_ptr或std::shared_ptr来管理备忘录对象，可以简化内存管理并防止内存泄漏。

【示例展示】
下面是一个使用备忘录模式的简单示例，用于保存和恢复一个简单对象的状态。

```
#include <iostream>
#include <memory>

// Memento类存储Originator对象的内部状态
```

```cpp
class Memento {
    friend class Originator;                 // 允许Originator访问私有成员
    int state;                               // 存储Originator的状态

    // 构造函数为私有，确保只有Originator能创建Memento
    Memento(int state): state(state) {}
public:
    ~Memento() {}                            // 析构函数
};
// 生成Originator类并在以后使用Memento对象来恢复其先前的状态
class Originator {
    int state;                               // Originator当前状态
public:
    // 构造函数，可初始化状态
    Originator(int state = 0): state(state) {}

    // 设置Originator的状态
    void set(int state) {
        this->state = state;
        std::cout << "State set to " << this->state << std::endl;
    }

    // 保存当前状态到Memento
    std::unique_ptr<Memento> saveToMemento() {
        return createMemento(state);
    }

    // 从Memento恢复状态
    void restoreFromMemento(const Memento& memento) {
        state = memento.state;
        std::cout << "State restored to " << state << std::endl;
    }
private:
    // 私有静态方法，用于创建Memento对象
    static std::unique_ptr<Memento> createMemento(int state) {
        return std::unique_ptr<Memento>(new Memento(state));
    }
};

// Caretaker负责保存和恢复Originator的Memento
class Caretaker {
    std::unique_ptr<Memento> memento;        // 存储Memento的指针

public:
    // 保存Originator的状态
    void saveState(Originator& originator) {
        memento = originator.saveToMemento();
    }

    // 恢复Originator的状态
    void restoreState(Originator& originator) {
        if (memento) {
            originator.restoreFromMemento(*memento);
        }
    }
};
// 主函数
int main() {
    Originator originator(10);               // 创建状态为10的Originator对象
```

```
    Caretaker caretaker;                        // 创建Caretaker对象

    caretaker.saveState(originator);            // 保存当前状态
    originator.set(20);                         // 改变状态为20
    caretaker.restoreState(originator);         // 恢复之前的状态

    return 0;
}
```

在这个示例中，Originator类代表发起人，它可以保存和恢复其状态到Memento对象。Caretaker类管理这些备忘录对象，但它自己并不修改或访问这些备忘录对象的具体内容。这种方式确保了状态封装的安全性，并使得状态管理变得更加清晰和可控。

可以看到，在备忘录模式中，保存状态通常是一个主动的行为，而不是自动或默认发生的。发起人需要显式地调用一个方法来生成其状态的快照，并将这个快照（备忘录对象）交给负责人进行管理。这样的设计允许更精细地控制何时保存状态，以及保存哪些特定的状态，从而更好地符合应用程序的需求和性能考虑。

3. 实践指南

在设计备忘录模式时，确定需要保存的状态内容是一个关键步骤，这通常取决于以下几个因素：

1）业务需求

首先，需要明确应用场景和业务需求。问自己，用户可能想要撤销哪些操作？哪些状态的改变是关键的，可能需要回滚？这些问题将帮助确定状态中哪些部分是必须保存的。

2）对象的核心属性

考虑那些定义了对象当前行为和外观的核心属性。例如，在文本编辑器中，可能需要保存文本内容、字体大小、颜色等属性；在游戏中，可能需要保存角色的位置、健康状态和物品清单。

3）依赖性和关联性

检查对象状态中的依赖性。某些状态可能依赖于其他对象的状态，或与其他对象的状态密切相关。确定这些关系并确保在备忘录中适当地处理这些依赖性，这样状态恢复时可以维持对象间的一致性和完整性。

4）状态的复杂性和开销

评估保存和恢复状态的资源开销。更复杂或更大的状态可能会导致性能问题。在一些性能敏感的应用中，可能需要通过只保存变化的部分或者其他优化策略来减少开销。

5）频率和时机

考虑状态保存的频率和时机。不是每次状态变化都需要保存备忘录。可能只有在特定的操作后，如用户执行了一个明确的操作（例如保存、提交或达到了一个重要的操作步骤），才进行保存。

6）用户控制

在某些情况下，可以让用户选择想要保存的状态。这增加了灵活性，允许用户根据自己的需要自定义撤销和恢复的行为。

4. 实施建议

在实际开发中，确定何时以及如何保存状态通常需要与团队成员进行讨论，包括开发人员、设计师和项目管理者，以确保备忘录模式的实现满足项目需求并且与用户期望一致。设计时应该尽量保持备忘录的独立性和封装性，避免导致程序中不必要的耦合或性能问题。

5. 性能优化策略

备忘录模式在恢复对象状态时确保了高度的灵活性和隔离性，但这种设计也可能引入数据复制的性能问题，特别是在处理大型或复杂对象时。以下是几种优化备忘录模式实现的策略。

1）增量备忘录

- 概念：增量备忘录不保存整个对象状态，仅保存状态改变的部分。这种方法适用于对象状态变化较小的情况，可以显著减少所需的存储空间。
- 实施方式：在创建备忘录时，记录自上次保存以来的状态变更，而非完整状态。恢复时，逐步应用这些变更直到到达所需的历史状态。

2）共享状态数据

- 概念：使用共享对象来保存未变更的状态部分，仅对变更的部分创建备份。这可以减少冗余数据的存储，并降低内存占用。
- 实施方式：采用引用计数或智能指针来管理共享对象，确保数据在没有必要时不被复制。

3）状态差异记录

- 概念：类似于软件版本控制，备忘录可以只记录与前一状态的差异。这种方式可以在保存和恢复状态时提供更高的效率。
- 实施方式：每个备忘录对象存储一个指向前一状态的链接和当前状态与前一状态的差异。恢复状态时，从最初状态开始逐步应用这些差异。

4）按需备忘录

- 概念：仅在用户或系统明确需要时才创建备忘录，而不是在每次状态变化时自动创建。
- 实施方式：提供一个显式的"保存"操作，让用户决定何时保存状态，这可以减少不必要的性能开销。

5）资源管理和清理

- 概念：有效管理备忘录对象的生命周期，及时清理不再需要的备忘录，以避免内存泄漏和性能下降。
- 实施方式：使用智能指针和自动内存管理策略，确保备忘录对象在适当的时候被销毁。

通过这些策略，我们可以在实现备忘录模式的同时，优化其性能和资源使用，使其更加适合于资源敏感或要求高性能的应用环境。这些策略还帮助我们在不牺牲设计优点的前提下，有效地管理和减轻备忘录模式可能引入的性能负担。

7.4.5　行为的动态变化：模板方法与状态模式的精确应用

在构建复杂的软件系统时，设计模式不仅提供了一种解决问题的方法，还体现了一种哲学，即通过智能的设计来管理系统中的行为变化。本节将探讨两种极具影响力的行为型设计模式：模板方法模式和状态模式。这些模式帮助我们在对象的行为需要根据其内部状态变化或需要遵循特定步骤执行时，保持代码的清晰性和灵活性。

1. 模板方法模式和状态模式的概念

模板方法模式通过在父类中定义一个操作的骨架，允许子类在不改变算法结构的情况下重定义算法的某些步骤。这种模式的核心思想是实现代码的复用与扩展，允许将共同的行为移至一个父类，并允许子类按需覆盖或扩展特定步骤。在需要固定算法框架，同时提供部分步骤的灵活实现时，模板方法模式提供了一种优雅的设计方案。

例如，在软件工具中，操作的主体结构（如初始化、执行、清理）是稳定的，但每个步骤的具体实现可能因具体任务而异。

状态模式允许对象根据内部状态的变化而改变行为，就像对象从一个类变到另一个类一样。这种模式将不同状态的行为封装到各自的状态类中，并由当前状态的对象来处理行为。这样，对象的行为随状态改变，而代码保持清晰和易于维护。

状态模式特别适用于对象行为强依赖于状态的情况，能有效管理状态之间的过渡，提升代码的可维护性和系统的可扩展性。

模板方法模式和状态模式虽然用途不同，但都在处理行为的动态变化上提供了极大的灵活性和可扩展性。这不仅有助于保持代码的整洁，还使得功能的修改和扩展变得更加方便。

2. 具体实现和实例分析

在理解了模板方法和状态模式的理论基础后，让我们通过具体的实现和实例分析来深入探索这些模式的应用。

1）模板方法模式的实现

考虑一个数据分析应用程序，其中多种类型的数据需要通过一系列标准步骤进行处理，如加载数据、分析数据和生成报告。

```cpp
#include <iostream>
#include <vector>

// 抽象基类，定义算法的骨架
class DataAnalyzer {
public:
    // 模板方法，定义算法的结构
    void analyze() {
        loadData();
        processData();
        if (needExtraProcessing()) {  // 添加钩子方法
            extraProcessing();
        }
        saveReport();
    }

protected:
    virtual void loadData() = 0;
    virtual void processData() = 0;
    virtual void saveReport() = 0;
    virtual bool needExtraProcessing() { return false; }  // 钩子方法，默认不执行额外处理
    virtual void extraProcessing() {}  // 钩子方法的默认实现
};

// 具体实现类，实现具体步骤
class CSVDataAnalyzer : public DataAnalyzer {
protected:
    void loadData() override {
```

```
            std::cout << "Loading data from CSV file." << std::endl;
        }

        void processData() override {
            std::cout << "Processing CSV data." << std::endl;
        }

        void saveReport() override {
            std::cout << "Saving report from CSV analysis." << std::endl;
        }

        bool needExtraProcessing() override { return true; }  // 重写钩子方法
        void extraProcessing() override {
            std::cout << "Performing extra processing for CSV data." << std::endl;
        }
};
// 使用模板方法
int main() {
    CSVDataAnalyzer csvAnalyzer;
    csvAnalyzer.analyze();  // 执行定义在基类的模板方法
    return 0;
}
```

这个例子展示了如何在父类中定义一个算法的骨架，同时允许子类提供具体的算法实现。这样的设计让算法的结构保持固定，而具体步骤的实现可以根据需要进行调整或替换，执行流程如图7-17所示。

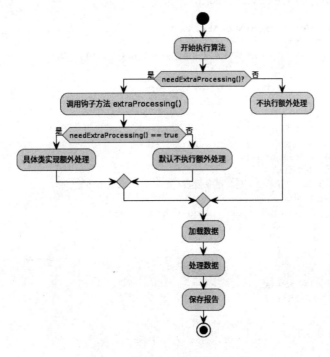

图 7-17　模板方法模式执行流程

2）状态模式的实现

考虑一个电商系统中的订单处理流程，订单可以处于多个状态，如待支付、已支付、已发货和已完成，并且每个状态下的行为各不相同。

```
#include <iostream>
#include <memory>
```

```cpp
class OrderState;                                    // 前向声明

// Context（上下文）类：订单
class Order {
    std::unique_ptr<OrderState> state;               // 使用智能指针管理状态对象
public:
    // 构造函数：接收一个初始状态对象的智能指针
    Order(std::unique_ptr<OrderState> initState) : state(std::move(initState)) {}

    // 设置新的状态
    void setState(std::unique_ptr<OrderState> newState) {
        state = std::move(newState);
    }

    // 处理请求的方法
    void handleRequest();
};

// 抽象状态类
class OrderState {
public:
    // 处理请求的纯虚函数，每个具体状态都需要实现它
    virtual void handle(Order& order) = 0;
};

// 具体状态类：已发货
class Shipped : public OrderState {
public:
    void handle(Order& order) override {
        // 处理已发货的订单
        std::cout << "订单已发货。关闭订单。" << std::endl;
    }
};


// 具体状态类：已支付
class Paid : public OrderState {
public:
    void handle(Order& order) override {
        // 处理已支付的订单
        std::cout << "订单已支付。准备发货。" << std::endl;
        // 切换到已发货状态
        order.setState(std::make_unique<Shipped>());
    }
};


// 处理订单的方法
void Order::handleRequest() {
    state->handle(*this);
}

// 使用状态模式的主函数
int main() {
    // 创建订单对象，并初始化为已支付状态
    Order order(std::make_unique<Paid>());
    // 处理订单请求：将状态从已支付切换到已发货
    order.handleRequest();
    // 处理订单请求：执行已发货状态的行为，即关闭订单
    order.handleRequest();
    return 0;
}
```

这个例子展示了状态模式的强大之处，状态转换逻辑被封装在状态对象内部，而Order类无须了解具体状态的细节。这样做不仅简化了状态管理，而且使得添加新的状态或修改现有状态变得更加容易。

状态模式在订单处理流程中的应用，如图7-18所示。我们可以清晰地看到订单在不同状态下的行为转换，这使得订单处理过程更加灵活和可维护。

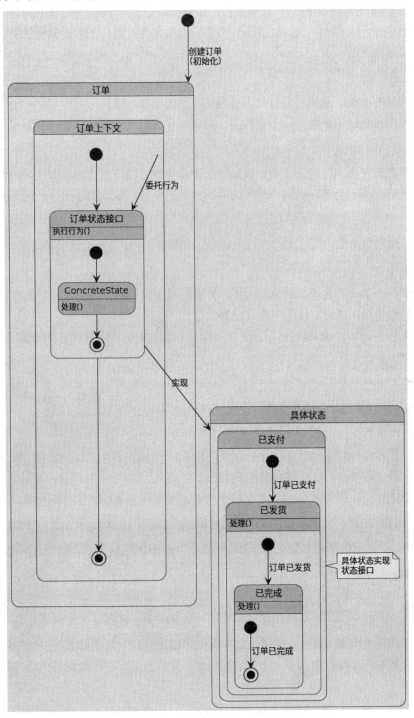

图 7-18　状态模式执行流程

3. 模式中的角色

1）模板方法模式中的角色

（1）抽象类

职责：定义算法的骨架，即模板方法。模板方法设置算法的主要步骤，并提供执行这些步骤的框架。

实例：在数据分析应用中，DataAnalyzer 类是一个抽象类，定义了数据分析的基本步骤：加载数据、处理数据和保存报告。

（2）具体类

职责：实现抽象类中定义的抽象方法，具体化算法的某些步骤。

实例：CSVDataAnalyzer 类是一个具体类，它实现了数据加载、处理和报告保存的具体逻辑。

（3）钩子方法（可选）

职责：提供默认行为的方法，子类可以视情况覆盖这些方法以影响模板方法中的算法流程。

实例：DataAnalyzer 类可以提供一个可选的数据验证步骤，该步骤通过一个钩子方法实现，子类选择是否覆盖它。

2）状态模式中的角色

（1）上下文

职责：维护一个指向当前状态对象的引用，并将与状态相关的行为委托给状态对象处理。上下文提供了接口供外部调用，以触发状态转换和行为执行。

实例：在电商系统中，Order类充当上下文，根据不同的支付和发货状态来处理订单流程。

（2）状态抽象类

职责：定义一个接口以封装与上下文的一个特定状态相关的行为。

实例：OrderState类定义了处理订单的不同阶段所需的行为接口。

（3）具体状态类

职责：各个子类实现状态抽象类的接口，提供与具体状态相关的行为。每个具体状态类都可以执行自己的行为，并在必要时自行转换到其他状态。

实例：Paid和Shipped类分别处理订单在已支付和已发货状态下应当执行的操作。

这些角色之间的交互定义了模板方法和状态模式的结构和功能，使得它们可以灵活地应用于各种不同的软件设计中。这种明确的角色分工也有助于保持代码的组织结构清晰，使得代码易于理解和维护。

4. 模式的设计规则

在深入探索模板方法模式和状态模式的设计规则之前，先回顾一下模板方法模式是如何帮助我们以一种结构化且灵活的方式编写代码的。想象一下，我们正在建造房子，尽管每座房子的设计细节可能不同，但建造的基本步骤（比如打地基、建立框架、铺设屋顶）是相同的。模板方法模式正是基于这样的理念，它在软件开发中建立了一个算法的框架，让我们可以在不改变整体结构的情况下，调整某些特定的步骤。

1）模板方法模式的设计规则

（1）明确算法的骨架

首先，设计模板方法模式的核心在于在一个抽象类中清晰地定义出算法的骨架。这就像建房子的蓝图，规定了建造的主要步骤。这样做的好处是无论我们的团队成员在具体实现上有何不同，大家都遵循同一个基本流程，确保最终产品的一致性。

（2）最小化模板方法中的代码

模板方法本身应当尽可能简洁，只包含定义骨架的必要步骤。这就如同建筑蓝图只显示建筑的主体结构，而不包括装饰的细节。这种做法使得每个子类可以在不影响整体结构的情况下，自由地实现或修改具体的步骤。

（3）利用钩子函数提供灵活性

我们可以在抽象类中提供所谓的钩子函数。这些钩子允许子类决定是否要对算法的某些部分进行扩展或修改。比如，在建房过程中，可能需要根据地形或气候的不同添加地下室或防风设计。钩子函数就是这样一个让步骤变得可选的设计策略。

（4）保持抽象方法的专一性

每一个抽象方法都应该只关注于一项具体的任务。这有助于保持实现的清晰和简洁，就像建筑团队中，电工、水管工和木工都各司其职，专注于他们擅长的部分。

（5）避免过深的继承层次

尽管模板方法模式依赖于继承，但过深的继承层次会使系统变得复杂且难以维护。设想如果每个小的改动都需要新建一个子类，那么项目就会变得难以控制。因此，设计时应保持继承体系的简洁，这就像是在确保建筑设计既符合功能需求又不过分复杂。

通过遵循这些设计规则，模板方法模式不仅可以帮助我们保持代码的组织性和可维护性，还能在保持总体框架稳定的同时，提供足够的灵活性来应对具体情况的变化。这样的设计思想让我们的代码就像精心设计的建筑一样，既坚固又美观。

2）状态模式的设计规则

如果说模板方法模式是建筑的蓝图，那么状态模式就像一个高效的中央控制系统，它能够根据房间的不同需求（比如温度或光照）调整各个部分的设置。在软件开发中，状态模式让我们能够管理一个对象在其生命周期中可能经历的各种状态，以及这些状态之间的转换，而不必在对象本身中堆砌复杂的条件分支。

状态模式的设计具有以下规则：

（1）封装状态转换

在状态模式中，状态转换的逻辑应当被完全封装在状态类内部。这意味着，上下文类不需要知道何时或如何进行状态的转换。这类似于中央控制系统自动检测外部条件并做出调整，而不需要用户手动切换。这种设计大幅减少了上下文类和具体状态类之间的耦合，使得状态转换的管理更加清晰和可控。

（2）定义清晰的状态接口

所有的状态类应实现一个共同的接口或继承自同一个抽象状态类。这确保了不同状态之间可以无缝地在上下文中进行切换，正如不同的设备或系统部件能够无缝集成进中央控制系统。一个清晰的接口也使得新增状态或修改现有状态变得简单，保持了系统的灵活性和可扩展性。

（3）避免状态类之间的依赖

每个状态类都应该是自足的，并且不依赖于其他特定的状态类。这避免了复杂的依赖链和难以预测的行为，就像各个设备应能独立运行，而不必依赖其他设备的特定设置。独立的状态设计使得每个状态的逻辑更容易理解和维护。

（4）利用状态对象来存储状态特有的数据

如果某个状态在执行其行为时需要特定的数据，那么这些数据应存储在状态对象内，而不是散布在上下文类或全局变量中。这样不仅保持了数据的封装性，也提高了状态管理的整体安全性和清晰度。

（5）上下文委托行为到状态对象

上下文类的角色维护当前状态的引用，并将所有与状态相关的行为委托给表示当前状态的状态对象。上下文本身不执行这些行为，仅作为状态之间转换的触发点。这就像中央控制系统仅需要知道何时启动空调或加热系统，至于具体的温度调整逻辑则由各自系统内部决定。

通过遵循这些设计规则，状态模式可以极大地提升代码的可维护性，使得对象的状态管理变得清晰而简洁。它允许系统在增加新的状态或改变状态行为时保持高度的灵活性，同时确保代码的整洁性和系统的稳定性。

3）错误处理

在状态模式中，处理错误是至关重要的，尤其在状态转换或状态恢复过程中。正确的错误处理策略可以防止程序在遇到意外情况时崩溃，确保系统的稳定性和数据的一致性。

- 预防性检查：在执行任何状态转换之前，先进行必要的检查。这包括验证状态转换的合法性，检查任何必需的条件是否已满足，以及确保所有必要的资源都是可用的。
- 异常捕获和处理：在状态变化逻辑中使用try-catch块来捕捉和处理可能抛出的异常。这允许程序在遇到错误时执行一些清理操作，如回滚到安全状态，记录错误日志，或者通知用户错误信息。
- 状态回退机制：为系统设计一种机制，在转换过程中如果检测到错误或不一致状态，能够自动回退到之前的稳定状态。这类似于数据库事务的回滚，是恢复系统稳定性的有效方式。
- 错误传播：有时状态对象自身无法处理一个错误，需要将错误传递给上下文或更高层的错误处理系统。确保错误信息足够详细，包括错误类型、状态信息和推荐的处理策略，以便进行适当的错误响应。
- 用户反馈：在用户界面密集的应用中，确保向用户清晰地反馈错误信息。这应包括错误发生的原因、当前的应用状态以及用户可以采取的补救措施。

通过这些策略，可以增强状态模式的健壮性和用户的信任度，同时减轻维护工作。正确的错误处理不仅是技术上的需求，也是提升用户体验的重要方面。

5. 小结

在本节中，我们深入探讨了行为型设计模式中的两个重要成员：模板方法模式和状态模式。

简单来说，模板方法模式其实就是通过继承来重写父类方法的一个有意识的扩展。它不仅包含了基于继承和方法重写的常规做法，而且有意地维护了步骤的执行顺序和统一的行为模式。通过这种方式，我们可以在不改变算法结构的前提下，灵活地实现和扩展步骤的具体内容，从而构成了模板方法模式。

而状态模式其实就为了灵活地维护复杂的状态管理而设计的。在这种模式中，每个状态都以一个类的形式存在，从而能够隐式地维护和转换内部状态。这样的设计使得状态之间的转换更加清晰且易于管理，极大地提升了系统的可维护性和可扩展性。

模板方法模式适用于那些具有相似流程但细节不同的场景，可以将共同的行为抽象到父类中，同时由子类实现特定的细节。

状态模式则适用于对象存在多种状态且状态之间的转换比较复杂的情况，可以将每种状态封装为一个类，使得状态变化对对象的影响更加清晰和可控。

综上所述，模板方法模式和状态模式在软件设计中都具有重要的作用，我们可以根据具体需求选择合适的模式来提高代码的质量和可维护性。

7.4.6　结构访问与操作：访问者模式的策略与实践

在许多系统中，对象结构相对稳定，例如图形编辑器中的图形对象集合，或者编译器中的抽象语法树。这些结构中的元素可能属于许多不同的类，并且随着产品的发展，我们可能需要对这些对象实施各种操作，如渲染、导出、类型检查或优化等。如果我们将这些操作直接编码到对象类中，每当添加新操作时，都必须修改这些类。这不仅违反了开闭原则，还使得系统难以管理和扩展。特别是在涉及大量类和操作时，频繁修改是不可行的，也容易引入错误。

访问者模式应运而生，它允许我们在不修改对象结构的情况下引入新的操作。这是通过在外部创建一个或多个访问者类来实现的，这些类可以"访问"对象结构中的元素并对它们执行操作。这种方式的好处是，对象结构的类不需要知道具体的操作细节，只需提供接收访问者的接口，而具体的操作细节则封装在访问者对象中。

这种模式的引入，使得系统能轻松地应对功能的增加，无须每次变更都修改对象的类定义，尤其当这些功能涉及复杂的决策和操作时。这样，系统的可扩展性和灵活性大大增强，同时也保持了代码的清晰和可维护性。

接下来，我们将深入讨论访问者模式，帮助读者更好地理解访问者模式的实际运用，并看到它在解决某些特定问题时的优势。

1. 访问者模式的核心角色和职责

访问者模式的核心角色及其职责如下：

- 元素：元素接口声明了一个accept方法，该方法接收一个访问者对象作为参数。这是访问者模式中的关键机制，它允许访问者在访问对象结构时能够执行特定的操作。每一个具体元素类都实现了这个接口，并定义了接收访问者的方式，从而使访问者能够对其进行操作。
- 具体元素：具体元素是实现元素接口的类。在这些类中，accept方法的实现通常涉及调用访问者的访问方法、传递自己（即this）作为参数，从而允许访问者访问自己的状态或执行与该元素相关的操作。
- 访问者：访问者接口声明了一组访问方法，用来处理不同类型的具体元素。这些方法的命名通常反映了它们可以接收的具体元素类型，如visitConcreteElementA(ConcreteElementA element)。
- 具体访问者：具体访问者实现了访问者接口，定义了对每种类型的具体元素执行的操作。这使得在不修改元素类的情况下添加新操作成为可能，因为具体的操作逻辑封装在具体访问者类中。

访问者模式如图7-19所示。

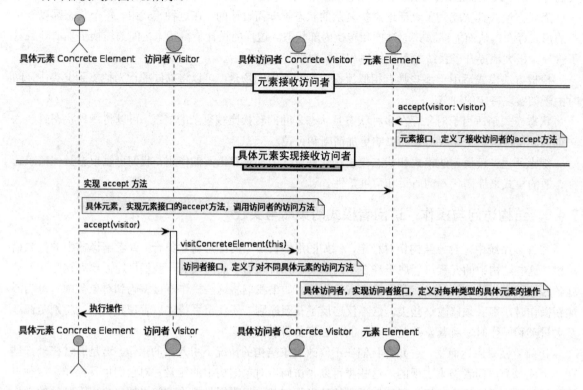

图 7-19　访问者模式

从图7-19中可以看到，访问者模式在不修改元素类的情况下通过访问者来添加新的操作。核心点就是将操作的实施逻辑从对象结构中分离出来，这使得在不改变元素类的代码的同时，可以灵活地添加新的操作或改变现有操作的实现。

2. 访问者模式的示例应用

假设有一个图形编辑器，其中包含各种图形元素，如圆形、矩形和多边形。我们希望能够在不修改这些图形元素的类的情况下，添加新的操作，如导出图形。

- 定义元素接口：每种图形元素都实现一个accept方法，该方法接收一个访问者对象。
- 创建具体元素类：每种图形类（圆形、矩形、多边形）都是元素接口的具体实现。
- 定义访问者接口：访问者接口声明了访问不同图形的方法。
- 实现具体访问者：创建一个导出访问者，它实现了访问者接口并定义了如何将每种图形导出为SVG格式。

```cpp
#include <iostream>
#include <vector>

// 元素接口：所有图形元素都应实现这个接口
class GraphicElement {
public:
    virtual ~GraphicElement() {}
    virtual void accept(class Visitor& v) = 0;          // 接收访问者的方法
};
```

```cpp
// 访问者接口
class Visitor {
public:
    virtual void visitCircle(class Circle& c) = 0;
    virtual void visitRectangle(class Rectangle& r) = 0;
    virtual void visitPolygon(class Polygon& p) = 0;
};

// 具体元素类：圆形
class Circle : public GraphicElement {
public:
    int radius = 5;                              // 圆的半径

    void accept(Visitor& v) override {
        v.visitCircle(*this);                    // 调用访问者的访问方法
    }
};

// 具体元素类：矩形
class Rectangle : public GraphicElement {
public:
    int width = 10;
    int height = 20;                             // 矩形的宽和高

    void accept(Visitor& v) override {
        v.visitRectangle(*this);                 // 调用访问者的访问方法
    }
};

// 具体元素类：多边形
class Polygon : public GraphicElement {
public:
    std::vector<std::pair<int, int>> points = {{0, 0}, {5, 10}, {10, 0}}; // 多边形的顶点

    void accept(Visitor& v) override {
        v.visitPolygon(*this);                   // 调用访问者的访问方法
    }
};

// 具体访问者：导出为SVG格式
class SVGExportVisitor : public Visitor {
public:
    void visitCircle(Circle& c) override {
        std::cout << "<svg><circle r='" << c.radius << "' /></svg>" << std::endl; // SVG
格式输出圆形
    }

    void visitRectangle(Rectangle& r) override {
        std::cout << "<svg><rect width='" << r.width << "' height='" << r.height << "'
/></svg>" << std::endl;                          // SVG格式输出矩形
    }

    void visitPolygon(Polygon& p) override {
        std::cout << "<svg><polygon points='";
        for (auto& point : p.points) {
            std::cout << point.first << "," << point.second << " ";
        }
        std::cout << "'/></svg>" << std::endl;   // SVG格式输出多边形
    }
```

```
};

    // 主函数：使用访问者模式
int main() {
    std::vector<GraphicElement*> elements;              // 图形元素集合
    elements.push_back(new Circle());
    elements.push_back(new Rectangle());
    elements.push_back(new Polygon());

    SVGExportVisitor exportVisitor;                     // 创建导出访问者

    // 遍历所有元素并接受访问
    for (GraphicElement* element : elements) {
        element->accept(exportVisitor);                 // 元素接收访问者，进行导出操作
    }

    // 清理资源
    for (GraphicElement* element : elements) {
        delete element;
    }
    elements.clear();

    return 0;
}
```

这个例子中：

- 每种图形元素（Circle、Rectangle、Polygon）都实现了GraphicElement接口，并定义了accept方法。accept方法使得每个元素都能够接收一个访问者（Visitor），并通过调用访问者的相应方法来处理具体的操作，这里是导出为SVG格式。
- SVGExportVisitor是一个具体的访问者，实现了Visitor接口，为每种图形定义了导出为SVG格式的具体实现。当访问者被传递给图形元素时，元素调用访问者的visit方法，从而实现了将图形导出为SVG格式的功能，而无须修改图形类本身。

通过这种方式，如果未来需要添加新的导出格式或其他操作，我们只需添加新的访问者类即可，无须改动现有的图形类，从而保持了代码的开闭原则。

3. 应用场景

在C++程序设计中，除了处理复杂对象结构以外，访问者模式还被用于解决一些特定的问题，其中典型的应用场景包括：

（1）分离算法与对象结构

在需要对一组对象执行操作，而又不希望这些操作使得对象结构变得复杂或臃肿时，访问者模式提供了一种将操作逻辑从数据结构中分离出来的方式。这样可以保持对象结构的稳定性，同时添加新操作而不影响到对象本身。

（2）增加新的操作而非新的类

当系统需要新的操作而不是新的对象类型时，使用访问者模式可以避免修改现有的类结构。这在维护那些需要频繁扩展新功能的大型软件系统中尤为有用，因为它有助于遵守开闭原则。

（3）复用代码

如果不同类型的对象结构中的元素需要执行一些相似或重复的操作，访问者模式可以对这些操作进行集中管理，减少重复代码。通过将操作逻辑封装在访问者中，各种元素的处理方式可以被复用于多个对象结构。

（4）执行复杂的运算

对于需要在一个复杂对象集合上执行复杂运算或策略的情况，访问者模式提供了一种组织代码的有效方法。例如，统计一个文档中不同类型元素的数量，或者在一个游戏的场景图中应用不同的物理效果。

（5）优化设计与分层逻辑

在需要对系统的不同部分应用不同逻辑或者设计层次时，访问者可以帮助实现这一点。例如，在一个多层次的图形用户界面框架中，可以使用访问者来处理事件分发或渲染。

4. 设计挑战与权衡

虽然访问者模式提供了显著的灵活性和可扩展性，但在实际应用中也面临一些挑战和权衡。

- 双重分派的复杂性：访问者模式使用了双重分派机制，这可能使得代码结构变得复杂，特别是对于不熟悉此模式的开发者来说。这种机制的使用增加了理解和维护的难度。
- 违反封装：访问者需要访问被访问元素的内部状态，这可能违反对象的封装原则，增加了对象间的耦合。这种设计使得元素的私有数据暴露给外部操作，可能导致数据泄漏和数据不完整的问题。
- 添加新元素困难：虽然添加新的访问者相对容易，但在系统中引入新的具体元素类型则较为困难，因为这需要修改所有现有的访问者以适应新元素。
- 性能考虑：由于访问者模式依赖于运行时的多态性，频繁的虚函数调用可能导致性能损失，特别是在处理大型对象结构时。这种性能开销在大规模系统中尤为明显。
- 上下文依赖：在某些情况下，访问者可能需要访问元素的上下文信息，这可能导致访问者和元素之间紧密耦合。这种依赖关系限制了元素和访问者的独立性，使得系统难以进行模块化设计。

针对上述问题，有以下优化策略：

- 使用静态类型检查：在可能的情况下，使用模板或CRTP（奇异递归模板模式）来实现静态访问，以减少运行时开销。
- 批处理操作：对于大型对象结构，考虑批量处理元素，而不是逐个处理，以减少函数调用开销。
- 缓存策略：对于频繁访问的结果，可以实现缓存机制，以避免重复计算。
- 权衡封装和性能：在设计时，需要权衡封装性和性能需求，可能的话，提供受控的接口来访问必要的内部状态。

在应用访问者模式时，C++程序员需要注意管理好类型安全和性能开销。因为访问者模式依赖于动态类型识别（通常通过虚函数实现），这可能会引入额外的运行时成本。然而，对于那些结构相对稳定，但需要灵活处理多种操作的系统，访问者模式提供了一种强大的设计策略。

7.4.7　语言的规则与解释：解释器模式的核心原理

在深入探讨解释器模式之前，首先需要了解在软件开发中，特别是在复杂的文本处理或编程语言设计时，为什么会有将某些任务中的规则和逻辑解释为可执行代码的需求。想象一下，我们需要开发一个新的工具，它可以理解和执行用户定义的脚本或命令，类似于SQL解析器或数学表达式计算器。这些工具都需要某种方式来解析并执行用户输入的文本。

这里的核心挑战是如何将这些用户定义的命令或表达式转换成机器可以理解和执行的代码。如果每次增加或修改语法规则都必须修改并重编译整个应用，那么这个过程既不灵活也不高效。因此，我们需要一种设计模式，它可以在运行时解释语言规则，同时易于扩展和维护。这就是解释器模式的用武之地。

1. 解释器模式简介

解释器模式是一种特定的设计模式，它为某个语言定义一个表示和提供一个解释器，通过这个解释器可以解释该语言中的句子。这种模式通常用于频繁改变或复杂的算法表示，使得算法的修改和扩展更加容易。解释器模式的核心思想是将语法表达式分解为多个更小的部分，然后通过解释器递归地处理这些部分，从而实现对整个表达式的解析和处理。

2. 解释器模式的核心组成

解释器模式的设计通常涉及多个角色，每个角色承担不同的职责。

- 抽象表达式（abstract expression）：定义解释操作的接口。所有具体表达式类都需遵循此接口，以确保统一性和可替换性。
- 具体表达式（concrete expression）：实现抽象表达式中定义的解释方法。具体表达式包括两类：
  - 终结符表达式（terminal expression）：实现与语法中的终结符相关的解释操作。每个终结符表达式通常对应语言的一个基本规则。
  - 非终结符表达式（nonterminal expression）：对文法的非终结符规则进行解释。通常为复合表达式，可能包含多个终结符或非终结符表达式的组合，用于处理更复杂的语法结构。
- 上下文（context）：存储解释器之外的全局信息，如变量的当前状态或为解释操作提供必要的环境信息。
- 客户（client）：构建（或被提供）抽象语法树，由抽象表达式派生的实例组成。客户负责组装表达式，并根据语言的语法构建解释器结构，启动解释操作。

这些角色合作，构成了一个完整的解释器模式，能够解释复杂的表达式或命令，如图7-20所示。

在设计解释器时，通常需要注意抽象表达式的定义是否足够通用，以及是否所有的具体表达式都恰当地实现了其定义的接口。同时，上下文的设计也非常关键，它需要为解释过程提供必要的环境或状态，而客户则负责根据需要创建和组合这些表达式，最终形成一个适用的解释器。

【示例展示】

下面通过一个具体的示例来阐述解释器模式在C++中的应用。在这个例子中，我们将构建一个简单的布尔逻辑表达式解释器，用于解析和计算形如"true AND false"或"true OR (false AND true)"的表达式。这个例子将涉及解释器模式中的抽象表达式、终结符表达式、非终结符表达式、上下文和客户。

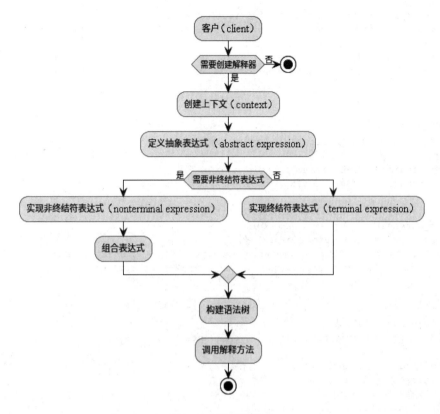

图 7-20　解释器模式

```cpp
#include <iostream>
#include <string>
#include <memory>
#include <map>

// 抽象表达式
class AbstractExpression {
public:
    virtual bool interpret(const std::map<std::string, bool>& context) = 0;
    virtual ~AbstractExpression() {}
};

// 终结符表达式
class TerminalExpression : public AbstractExpression {
private:
    std::string variable;
public:
    TerminalExpression(const std::string& variable) : variable(variable) {}
    bool interpret(const std::map<std::string, bool>& context) override {
        return context.at(variable);
    }
};

// 非终结符表达式：AND
class AndExpression : public AbstractExpression {
private:
    std::shared_ptr<AbstractExpression> expr1;
    std::shared_ptr<AbstractExpression> expr2;
public:
```

```
        AndExpression(std::shared_ptr<AbstractExpression> expr1,
std::shared_ptr<AbstractExpression> expr2)
            : expr1(expr1), expr2(expr2) {}
        bool interpret(const std::map<std::string, bool>& context) override {
            return expr1->interpret(context) && expr2->interpret(context);
        }
    };

    // 非终结符表达式：OR
    class OrExpression : public AbstractExpression {
    private:
        std::shared_ptr<AbstractExpression> expr1;
        std::shared_ptr<AbstractExpression> expr2;
    public:
        OrExpression(std::shared_ptr<AbstractExpression> expr1,
std::shared_ptr<AbstractExpression> expr2)
            : expr1(expr1), expr2(expr2) {}
        bool interpret(const std::map<std::string, bool>& context) override {
            return expr1->interpret(context) || expr2->interpret(context);
        }
    };

    // 客户（client）构建表达式
    std::shared_ptr<AbstractExpression> buildExpressionTree() {
        // 上下文：用户变量定义
        std::shared_ptr<AbstractExpression> expr1 =
std::make_shared<TerminalExpression>("X");
        std::shared_ptr<AbstractExpression> expr2 =
std::make_shared<TerminalExpression>("Y");
        std::shared_ptr<AbstractExpression> expr3 = std::make_shared<AndExpression>(expr1,
expr2);
        return std::make_shared<OrExpression>(expr3,
std::make_shared<TerminalExpression>("Z"));
    }

    int main() {
        std::shared_ptr<AbstractExpression> expression = buildExpressionTree();
        std::map<std::string, bool> context = {{"X", true}, {"Y", false}, {"Z", true}};
        bool result = expression->interpret(context);
        std::cout << "The result is " << (result ? "true" : "false") << std::endl;
        return 0;
    }
```

示例中解释器模式角色如图7-21所示。

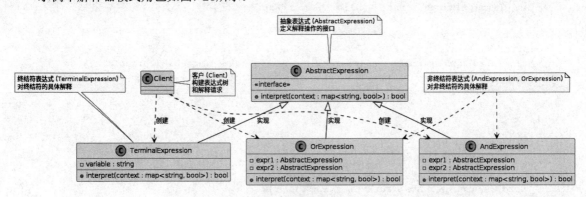

图7-21　解释器模式角色

具体说明如下：

- 抽象表达式：这是一个定义了interpret方法接口的类。在本例中，AbstractExpression是基类，定义了所有具体表达式类必须实现的interpret方法。
- 具体表达式：有两种类型：
  - 终结符表达式：TerminalExpression类，它直接从上下文中返回一个变量的值。
  - 非终结符表达式：AndExpression和OrExpression类，这些类代表包含逻辑运算符（AND和OR）的复杂表达式。这些类通过组合其他表达式（可以是终结符也可以是非终结符表达式）来计算表达式的值。
- 上下文：在main函数中，context是一个std::map<std::string, bool>，它为表达式的变量提供具体的布尔值。
- 客户：buildExpressionTree函数扮演了客户的角色，构建了表达式的结构。客户端决定表达式的结构并提供所需的上下文以便求值。

3. 应用场景

解释器模式在C++中适用于一些特定的场景，尤其是那些涉及解析和执行定义好的语言或表达式的场景。以下是适合使用解释器模式的一些典型场合。

1）解析表达式或语言

当需要解析和执行用户定义的复杂表达式或小型编程语言时，解释器模式是一个理想的选择。例如，开发一个工具来解析数学表达式、布尔逻辑表达式或特定领域的脚本语言。

2）配置脚本解释

在软件工具或游戏中，解释器模式可以用来解释和执行配置文件或脚本，这些脚本定义了特定的行为或游戏规则。

3）SQL解析器

数据库查询语言（如SQL），是解释器模式的另一个应用。SQL解析器可以解释和执行数据库查询命令，管理数据库操作。

4）编程语言的解释器和编译器

虽然现代编程语言大多使用复杂的编译器技术，但简单的编程语言或脚本语言仍可通过解释器模式来实现。这适用于那些语法相对简单，执行效率要求不是特别高的场景。

4. 界限和考虑

尽管解释器模式在上述场合中非常有用，但它也有局限性，应当在满足以下条件时谨慎使用：

- 性能问题：解释器模式通常涉及大量的动态解析，这可能导致性能问题，特别是在解析大型或复杂的表达式时。如果性能是一个关键因素，可能需要考虑其他方法，如直接编译到机器码而非运行时解析。
- 复杂性管理：对于非常复杂的语言，如完整的编程语言，解释器模式可能过于简单，难以有效管理。在这些情况下，更复杂的编译器/解释器架构（如使用抽象语法树、优化器、字节码等）可能更为合适。

- 维护难度：随着解释的语言或表达式的复杂性增加，维护由解释器模式构建的解释器可能会变得困难。这种模式要求开发者对解释的语言有深入的理解，而且代码可能难以适应语言规则的变更。

解释器模式在C++中非常适合用于那些需要灵活解释和执行自定义或特定规则的应用。然而，考虑到其潜在的性能问题和难以扩展的特性，它更适用于规则相对简单且变更不频繁的语言解析任务。在决定是否使用解释器模式时，应该根据具体需求和上下文权衡其优势和局限。

5. 设计案例

假设你是一个Linux系统管理员，需要频繁地配置和管理各种服务和进程。每次都手动编辑配置文件或运行命令行可能既耗时又容易出错。如果有一个简单的脚本语言让你能快速描述和执行这些配置任务，岂不是美滋滋？

1）定义脚本的目的和功能

首先，确定这个配置脚本需要支持哪些操作。我们可能需要启动服务、停止服务、查看服务状态、修改服务的某些配置参数等。让我们定义一些基本命令：

- start <service>：启动指定服务。
- stop <service>：停止指定服务。
- status <service>：显示服务的当前状态。
- set <service> <param> <value>：设置服务的参数。

2）设计语言的语法

有了基本命令，接下来需要定义这些命令的语法。为了保持代码简单易懂，可以使用类似于常见配置文件和简单命令行工具的语法风格。例如：

```
start nginx
stop apache
status mysql
set httpd MaxConnections 100
```

3）构建解释器的组件

（1）抽象表达式

定义一个Expression接口，它有一个方法interpret(Context context)，用来根据提供的上下文解释表达式。

```
class Expression {
public:
    virtual void interpret(Context& context) = 0;
    virtual ~Expression() {}
};
```

（2）终结符表达式

对于我们的命令，每个操作命令（如start, stop, status, set）都可以是一个终结符表达式。

```
class StartCommand : public Expression {
    std::string service;
public:
    StartCommand(const std::string& service) : service(service) {}
    void interpret(Context& context) override {
```

```
        context.startService(service);
    }
};
```

（3）非终结符表达式

如果我们的语言支持更复杂的结构（例如条件语句或循环），这里就是定义它们的地方。在这个基本示例中，每个命令可以直接视为终结符。

（4）上下文

上下文可能包含关于服务状态的信息、配置参数等，这些都是命令执行所需的环境信息。

```cpp
class Context {
    std::map<std::string, Service> services;
public:
    void startService(const std::string& name) {
        // 启动服务的逻辑
    }
    // 其他方法
};
```

4）客户

客户负责解析用户输入的脚本并构建相应的表达式树，然后执行它。

```cpp
class Client {
public:
    void executeScript(const std::string& script, Context& context) {
        // 解析脚本，创建表达式并执行
        auto expr = parseScript(script);
        expr->interpret(context);
    }

    std::unique_ptr<Expression> parseScript(const std::string& script) {
        // 简单的解析逻辑，返回一个表达式对象
    }
};
```

这样就有了一个基本的框架，可以按照这个框架逐步扩展和完善解释器。设计解释器的时候，目标是让语法简单明了、容易理解和使用，同时也易于扩展和维护。通过这个解释器，管理员可以更加高效和准确地管理Linux服务，让整个过程更加自动化和智能化。

7.4.8 协调复杂交互：中介者模式在系统设计中的应用

在系统设计中，随着组件数量的增加和交互的复杂化，有效地管理这些组件之间的通信成为一个不容忽视的挑战。中介者模式为我们提供了一种优雅的解决方案，它通过一个中介对象来封装一系列对象之间的交互方式。这种模式特别适用于以下几种应用需求：

- 大量组件互动：当系统中的组件数量很多，且彼此间需要频繁交互时，直接的通信会导致难以管理的依赖关系和高耦合度。中介者模式允许这些组件不直接通信，而是通过一个中心点来协调交互，从而降低系统的复杂性。
- 改变交互逻辑：在系统需求频繁变更的情况下，如果交互逻辑直接嵌入组件中，每次变更都可能需要修改多个组件。中介者模式使得交互逻辑集中于一个地方，更改时只需调整中介者即可。

- 复用组件：当需要在不同的上下文中复用组件时，如果这些组件高度依赖于特定的交互逻辑，复用就会变得非常困难。通过使用中介者模式，组件可以更加独立和通用，易于在不同的场景下复用。

在思考这些需求的时候，我们可以问自己几个问题来评估是否适合采用中介者模式：

- 系统中是否存在多个组件需要频繁交互？
- 是否希望能够轻松更改组件之间的交互逻辑？
- 是否需要在不同的场景中复用某些组件？

当我们对这些问题有了答案后，就可以更深入地探讨中介者模式的具体应用了。

1. 中介者模式中的角色

中介者模式如图7-22所示，它主要包含以下几个关键角色：

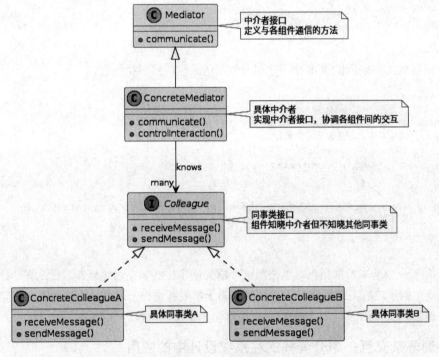

图 7-22　中介者模式

- 中介者接口：定义了中介者的基本行为，即用于与各个组件通信的方法。所有具体的中介者类都需要实现这个接口，从而在系统中充当协调者的角色。
- 具体中介者：实现中介者接口，并负责协调各个组件之间的交互。具体中介者知道所有的同事类，并通过提供集中控制的机制，管理组件间的通信和依赖，解除组件之间的直接依赖关系。例如，当某个组件需要与其他组件通信时，它不再直接与这些组件通信，而是通过中介者进行。这使得组件可以独立开发和修改，而无须关注其他组件的具体实现。
- 同事类接口：同事类是系统中各个对象的基类，它们通过继承同事类来实现自己的特定功能。每个同事类都包含一个指向中介者对象的引用，从而可以通过中介者与其他同事类进行通信，而无须直接引用这些同事类。

　　例如，在一个在线协作系统中，可能包括文档编辑器、聊天窗口、用户列表等多个组件。这些组件需要频繁地互相交流，比如更新文档状态、发送消息通知等。在没有中介者的设计中，这些组件之间的直接引用和调用会导致系统耦合度增加，使得维护和扩展变得困难。引入中介者后，所有组件的交互都通过中介者对象进行。当用户在文档编辑器中做出更改时，编辑器只需通知中介者，由中介者来通知其他相关组件更新状态。这种方式解除了组件之间的直接依赖关系，使得每个组件只需要与中介者交互。这样不仅简化了组件之间的通信逻辑，还降低了系统的耦合度，组件的替换和修改也变得更加方便。即使交互逻辑发生变化，也只需调整中介者，而无须修改所有组件的代码，从而提高了系统的可维护性和可扩展性。

【示例展示】

```cpp
#include <iostream>
#include <vector>

// 中介者接口定义与各组件通信的方法
class Mediator {
public:
    virtual void communicate(const std::string& message, class Colleague* colleague) = 0;
};

// 同事类接口，组件知晓中介者但不知晓其他同事类
class Colleague {
protected:
    Mediator* mediator;
public:
    Colleague(Mediator* m) : mediator(m) {}
    virtual void receiveMessage(const std::string& message) = 0;
    virtual void sendMessage(const std::string& message) = 0;
};

// 具体中介者，实现中介者接口，协调各组件间的交互
class ConcreteMediator : public Mediator {
private:
    std::vector<Colleague*> colleagues;
public:
    void addColleague(Colleague* colleague) {
        colleagues.push_back(colleague);
    }

    void communicate(const std::string& message, Colleague* originator) override {
        for (auto* colleague : colleagues) {
            if (colleague != originator) {  // 发送信息给除了发起者之外的所有同事
                colleague->receiveMessage(message);
            }
        }
    }
};

// 具体同事类A
class ConcreteColleagueA : public Colleague {
public:
    ConcreteColleagueA(Mediator* m) : Colleague(m) {}

    void receiveMessage(const std::string& message) override {
        std::cout << "同事A收到消息: " << message << std::endl;
    }
```

```cpp
    void sendMessage(const std::string& message) override {
        std::cout << "同事A发送消息: " << message << std::endl;
        mediator->communicate(message, this);
    }
};

// 具体同事类B
class ConcreteColleagueB : public Colleague {
public:
    ConcreteColleagueB(Mediator* m) : Colleague(m) {}

    void receiveMessage(const std::string& message) override {
        std::cout << "同事B收到消息: " << message << std::endl;
    }

    void sendMessage(const std::string& message) override {
        std::cout << "同事B发送消息: " << message << std::endl;
        mediator->communicate(message, this);
    }
};

int main() {
    ConcreteMediator mediator;
    ConcreteColleagueA colleagueA(&mediator);
    ConcreteColleagueB colleagueB(&mediator);

    mediator.addColleague(&colleagueA);
    mediator.addColleague(&colleagueB);

    colleagueA.sendMessage("你好，同事B");
    colleagueB.sendMessage("你好，同事A，今天感觉怎么样？");

    return 0;
}
```

在这个示例中：

- Mediator 是一个中介者接口，定义了通信的抽象方法。
- ConcreteMediator 是具体的中介者，管理了同事对象的交互。
- Colleague 是同事类的接口，提供了接收和发送消息的方法。
- ConcreteColleagueA和ConcreteColleagueB 是实现了同事接口的具体类。

当一个具体同事类（比如 ConcreteColleagueA）发送消息时，它会调用中介者的 communicate 方法，这个方法会让其他的同事类接收到消息，从而完成各个组件之间的交互。

2. 中介者模式的作用

中介者模式在软件设计中的主要作用如下：

- 降低耦合度：通过引入一个中介者对象，各个同事类（即组件）不再直接通信。它们只与中介者交互，这意味着任何同事类之间的交互逻辑都被封装在中介者中。这样，每个组件都只依赖于一个中介者而不是多个组件，从而降低了系统的耦合度。
- 集中控制交互逻辑：所有的交互逻辑都集中在中介者中进行管理，使得这些逻辑更容易修改和维护。例如，如果交互规则发生变化，只需修改中介者而无须修改各个同事类。

- 简化组件设计：同事类可以更专注于自己的功能实现，它们不需要处理与其他组件的直接通信。这使得每个组件的设计和实现都更简单，也更容易理解和维护。
- 提高可扩展性：在中介者模式下添加新的同事类变得更简单，因为新的组件只需与中介者进行交互，而不需要知道系统的所有细节。这使得扩展系统功能或添加新的功能变得更容易。

这样可以避免以下问题：

- 避免直接依赖和形成复杂的网络关系：在没有中介者的情况下，每个组件可能需要直接与多个其他组件通信，形成复杂的网络关系。这种设计不仅使系统难以理解和扩展，还可能导致各种运行时错误。
- 减少修改时的影响范围：当系统中的通信逻辑需要修改时，如果没有中介者模式，可能需要修改多个组件的代码。这样做增加了出错的风险，并可能引入新的缺陷。而有了中介者，通常只需修改中介者的代码即可，其他同事类保持不变。

总之，中介者模式通过将交互逻辑集中到一个中介者中来管理，降低了系统内各部分之间的耦合，简化了组件的设计和维护，提高了系统的灵活性和可扩展性。这种模式特别适合用于复杂的交互系统，例如大型GUI应用程序或业务流程管理系统。

7.4.9　遍历与控制：迭代器模式在集合操作中的精妙运用

在现代软件设计中，有效管理和操作数据结构是至关重要的，尤其在处理集合数据时。迭代器模式提供了一种优雅的解决方案，允许我们在不暴露集合内部结构的情况下，顺序访问聚合对象中的元素。在C++中，迭代器不只是简单的遍历机制，它是迭代器设计模式的一个典型应用，是标准模板库的核心组成部分。本节将探索迭代器模式的核心概念和应用实例，深入了解它如何协助开发者更加高效地控制数据遍历和操作，以及如何在多种场景下灵活运用。

1. 迭代器模式基础

迭代器模式的核心目的是提供一种方法去顺序访问一个集合对象中的各个元素，同时不需要暴露该对象的内部表示。在C++中，迭代器模式可以帮助我们分离集合的遍历行为与集合本身的结构，提高代码的可扩展性和可复用性。

迭代器执行机制如图7-23所示。

具体说明如下：

- 抽象迭代器：定义访问和遍历元素的接口，通常包括first()、next()、isDone()和currentItem()等方法。
- 具体迭代器：实现迭代器接口的具体类。这个类需要知道如何遍历和访问集合，同时保持追踪当前遍历的状态。
- 抽象聚合：定义创建相应迭代器对象的接口。
- 具体聚合：实现创建相应迭代器的具体类，返回一个合适的具体迭代器实例。

【示例展示】

有一个表示书籍集合的类，我们希望能够遍历这个集合中的每本书。

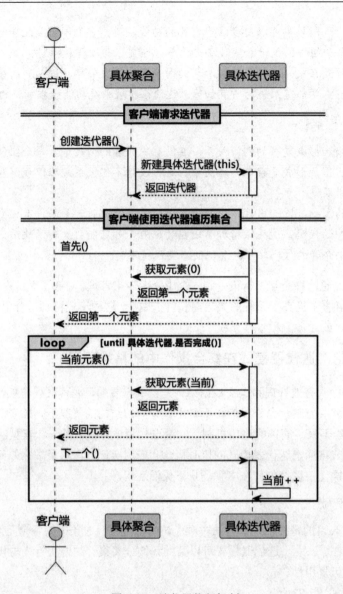

图 7-23   迭代器执行机制

```cpp
#include <vector>
#include <string>
#include <iostream>

// 抽象迭代器
class Iterator {
public:
    virtual ~Iterator() {}
    virtual void first() = 0;                       // 将迭代器移动到第一个元素
    virtual void next() = 0;                        // 移动到下一个元素
    virtual bool isDone() const = 0;                // 检查迭代器是否已经遍历完所有元素
    virtual std::string currentItem() const = 0;    // 获取当前元素
};

// 具体迭代器实现
class BookIterator : public Iterator {
private:
    const std::vector<std::string>& books;          // 图书集合的引用
```

```cpp
    size_t current;                                   // 当前元素的索引
public:
    BookIterator(const std::vector<std::string>& books) : books(books), current(0) {}

    void first() override {
        current = 0;
    }

    void next() override {
        if (!isDone()) {
            current++;
        }
    }

    bool isDone() const override {
        return current >= books.size();
    }

    std::string currentItem() const override {
        if (isDone()) {
            throw std::out_of_range("Iterator out of range");
        }
        return books[current];
    }
};

// 抽象聚合类
class Aggregate {
public:
    virtual ~Aggregate() {}
    virtual Iterator* createIterator() const = 0;     // 创建迭代器的抽象方法
};

// 具体聚合实现
class BookCollection : public Aggregate {
private:
    std::vector<std::string> books;                   // 存储图书的容器
public:
    void addBook(const std::string& book) {           // 添加图书到集合
        books.push_back(book);
    }

    Iterator* createIterator() const override {       // 实现创建迭代器的方法
        return new BookIterator(books);
    }
};

// 主函数，演示迭代器的使用
int main() {
    BookCollection collection;
    collection.addBook("Design Patterns");
    collection.addBook("Design C++");

    Iterator* it = collection.createIterator();
    for (it->first(); !it->isDone(); it->next()) {
        std::cout << it->currentItem() << std::endl;
    }
    delete it;                                         // 不要忘记释放迭代器
    return 0;
}
```

在这个例子中，BookCollection作为一个具体的聚合类，提供了创建迭代器的方法；BookIterator

则是一个具体的迭代器实现，用于遍历书籍集合。这样的设计允许我们在不暴露集合内部结构的情况下，进行灵活的遍历操作，同时也方便了未来集合类型的变更或扩展，因为迭代器提供了一种统一的接口来处理遍历。

2. 适用场景

在 C++中，标准迭代器通常是针对特定容器直接实现的，并且与容器的内部结构紧密关联。这种实现方式确保了性能的优化，因为迭代器可以直接操作容器内部的数据结构，如数组或链表。而设计模式中描述的迭代器模式更强调通过提供统一的接口来分离集合对象的遍历行为与其内部表示，从而增强代码的通用性和可维护性。因此，C++的迭代器实践虽然遵循迭代器模式的基本理念，但更多地考虑了语言特性和性能需求。

在实际的C++应用中，通过编写自定义迭代器就可以满足大部分需求。传统的迭代器模式在C++中并不常用，主要是因为标准库已经提供了非常强大的迭代器和容器支持。但迭代器模式的优势在于它提供了更高级别的抽象和灵活性，尤其在需要与外部系统集成或当数据结构变得复杂时。下面详细比较一下自定义迭代器和迭代器模式的不同点和适用场景，并通过具体例子说明如何选择适当的迭代器实现策略。

1）自定义迭代器

自定义迭代器通常是针对具体的数据结构设计的，它们可以直接访问数据结构的内部成员。例如，可以为一个特定类型的树或图写一个自定义迭代器来执行深度优先或广度优先遍历。这种方法在以下情况非常有效：

（1）数据结构相对简单，遍历逻辑不需要频繁更改或扩展

例如，在处理一个简单的二叉树结构时，自定义迭代器可以直接访问节点并实现深度优先遍历。由于二叉树结构相对简单，遍历逻辑也较为固定，因此自定义迭代器能够提供最高效的遍历方式，而不需要复杂的抽象。

（2）性能要求较高，需要直接访问数据结构内部以优化遍历

例如，在实现图遍历时，为了提高遍历速度，可以编写一个专门针对邻接矩阵或邻接列表的自定义迭代器。由于这些数据结构的访问方式不同，因此自定义迭代器能够根据具体的存储方式进行优化，以达到最佳性能。

2）迭代器模式

迭代器模式在设计上提供了一层抽象，允许遍历机制独立于数据结构。这种方式在以下情况更有优势：

（1）支持多种数据结构

例如，在一个由多种数据结构组合而成的系统（如包含链表、栈、队列的集合管理器）中，使用迭代器模式可以实现统一遍历接口，避免在客户端代码中硬编码不同的遍历逻辑，从而提高代码的通用性和维护性。

（2）提供多种遍历策略

例如，在处理复杂的树结构（如表达式树或抽象语法树）时，可能需要支持深度优先、广度优先等多种遍历策略。迭代器模式允许为每种策略实现独立的迭代器，而不必更改树的结构或客户端代码。这种灵活性在需要随时切换遍历策略的场景中特别有用。

（3）复杂状态管理

例如，在实现一个回溯算法（如解决迷宫问题）时，自定义迭代器可能需要维护复杂的状态信息（如已访问节点、当前路径等）。通过迭代器模式，这些状态信息可以封装在迭代器内部，使得迷宫数据结构保持简单，而回溯逻辑则被整合在迭代器中。

3）与外部库或框架的集成

在需要与外部库或框架集成，且这些工具或框架期望使用迭代器模式时，使用标准的迭代器模式可能更为合适。在这种情况下，迭代器模式可以提供必要的接口兼容性，使得集成更为顺畅。

例如，在与某个需要通过迭代器接口遍历数据的第三方库集成时，如果数据结构不支持标准迭代器，则使用迭代器模式可以实现一个兼容的接口，从而与该库无缝对接。

总的来说，在设计系统时，选择使用自定义迭代器还是迭代器模式，应根据具体的需求、预期的系统复杂度以及未来可能的扩展进行权衡。对于简单且性能要求高的场景，自定义迭代器更为合适；对于数据结构复杂、具有多种遍历策略或需要与外部系统集成的情况，迭代器模式提供了更高的灵活性和可扩展性。

7.4.10　小结：行为型模式的编织

在行为型设计模式的探索中，我们深入研究了如何有效地组织对象之间的交互，以实现灵活、可维护和可扩展的软件系统。这些模式提供了多种方法来管理对象间的算法、职责和通信，从而实现系统行为的动态变化。这些方法适用于处理复杂的工作流程，管理状态变化，优化对象之间的交互，以及实现灵活的系统扩展。

行为型设计模式的核心目标是将系统中不同对象的责任进行解耦，使得系统更易于理解、扩展和修改。这些模式可以帮助开发者：

- 将算法和对象间的交互独立于彼此，提高代码的模块化程度。
- 通过定义一组灵活的行为接口，允许系统中的对象相对自由地交互和变化。
- 促进对象之间的松耦合，降低系统的耦合度和复杂度。

然而，行为型模式的使用应谨慎考虑，过度使用可能导致系统的复杂度上升或引入不必要的性能开销。通过合理的应用，行为型设计模式可以在复杂系统中实现灵活的结构和高效的交互，最终提高系统的可维护性和扩展性。表7-4是对行为型模式的核心原则、应用场合和注意事项的总结，以帮助读者在实际项目中正确应用这些模式。

表7-4　行为型模式的总结

设计模式	核心原则	应用场合	注意事项
观察者模式	主体与观察者分离、可扩展性	发布—订阅模型、	
事件处理	注意避免观察者之间的循环引用，以免造成资源泄漏		
责任链模式	请求与处理分离、责任链构建	请求处理、工作流程	注意责任链的设计，确保每个处理者只处理自己关注的请求
命令模式	封装请求、解耦请求发送者与接收者	菜单操作、撤销操作、	

（续表）

设计模式	核心原则	应用场合	注意事项
任务队列管理	确保命令对象封装完整，包括执行所需的全部信息，若需支持命令的持久化或序列化，注意实现命令的正确序列化机制		
策略模式	封装算法、灵活选择	策略选择、算法替换	注意策略的选择和实现，确保各个策略之间相互独立且可替换
备忘录模式	跟踪与回滚状态	状态保存与恢复	注意状态对象的大小和恢复效率，避免资源浪费
模板方法模式	定义算法骨架、延迟实现	框架设计、算法设计	注意模板方法的设计，确保算法的骨架和步骤清晰明了
状态模式	状态与行为分离、状态转换封装	状态机、工作流程	注意状态的切换和封装，确保状态转换的合理性和可控性
访问者模式	结构访问与操作分离	数据结构操作、功能扩展	注意访问者和数据结构的耦合问题，确保易于扩展和维护
解释器模式	语言规则解释与执行	特定语言的解释执行	注意解释器的性能和可扩展性，避免过度复杂化
中介者模式	协调复杂交互、减少组件间直接交互	系统设计、组件交互	注意中介者的复杂性，避免成为系统瓶颈
迭代器模式	统一访问接口、隐藏遍历细节	集合对象的遍历	注意迭代器的失效问题，避免因修改集合而导致迭代器失效

随着C++11及其后续标准的引入，许多新的语言特性极大地增强了行为型设计模式的表达能力和性能。C++11引入的Lambda表达式、智能指针、std::function、auto以及多线程支持等特性，显著简化了设计模式的实现，并提升了代码的可读性和安全性。

例如，命令模式现在可以利用std::function和Lambda表达式轻松实现，减少了对单独命令类的需求，简化了代码结构。状态模式和策略模式则可以借助智能指针和std::unique_ptr等特性更好地管理对象生命周期，避免内存泄漏问题。观察者模式中的事件回调可以通过std::function直接绑定，提供了更灵活的观察者管理机制。C++11的多线程支持为中介者模式和责任链模式中的并发处理提供了更为便捷的工具，提升了系统的响应能力和扩展性。

通过结合这些现代C++的特性，行为型设计模式不仅在表达能力上得到了提升，还使得代码更简洁、高效，进一步降低了开发和维护的复杂度。在现代C++环境下，这些设计模式依旧是构建灵活、可维护软件系统的重要工具，只是它们的实现方式变得更为简便和直观。

7.5 架构设计的原则与实践：构建稳健可靠的软件之道

在软件工程的世界中，架构设计是构建可靠、高效且可维护的软件系统的关键。就像建筑师设计建筑蓝图一样，良好的软件架构为系统提供了坚实的基础，使其能够适应不断变化的需求，并在各种情况下保持稳定和高效。

在前面的章节中，我们已经深入探讨了C++编程的多种范式、设计原则和设计模式，这些都是构建可靠软件的基本工具。本节将扩展这些讨论，转向架构设计的具体实现。

7.5.1　组件化架构：模块化的 C++实践

组件化架构（component-based architecture）的引入是为了克服传统软件开发方法的局限，特别是在单体应用程序在处理日益增长的复杂性和快速变化方面所遇到的挑战。随着软件规模的扩大和业务需求的多样化，软件开发需要一种更灵活、易于维护和可扩展的架构模式。组件化架构正是提供了这样一种解决方案，它允许将应用程序分解为独立的组件，每个组件都承担特定的功能，并且可以独立开发、测试和部署。

1. 组件化架构的核心思想

组件化架构的核心思想是将软件系统分解为独立的、可复用的组件或模块，每个组件负责实现特定的功能或服务。这些组件之间通过明确定义的接口进行通信和交互，而不需要了解彼此的内部实现细节。组件化架构的核心思想可以归纳为以下几个方面：

- 模块化设计：将系统划分为小的、独立的模块或组件，每个组件都具有清晰的责任和功能范围。这些组件应该是相对独立的，能够以自包含的方式存在，并且易于理解、维护和测试。
- 接口定义：每个组件都应该有明确定义的接口，用于与其他组件进行通信。接口定义了组件之间的约定和交互方式，使得组件之间的耦合度降低，并且可以更容易地进行替换或升级。
- 封装和信息隐藏：组件的内部实现应该对外部组件隐藏，只暴露必要的接口。这样做可以降低组件之间的耦合度，提高系统的可维护性和可复用性。
- 独立开发和测试：每个组件都可以独立开发、测试和部署，而不会影响其他组件。这样可以加快开发周期，提高开发效率，并且可以更容易地定位和修复bug。

2. 组件化架构与封装

组件化架构看似简单，和C++类的封装有不少相似之处，但也有一些关键的区别。

1）封装的粒度

在C++中，封装通常是指将数据和操作数据的函数捆绑在一起，形成一个类。这种封装是以类为单位的，它将相关的数据和行为组合在一起，以实现数据的隐藏和保护。

在组件化架构中，封装的粒度可能更大。一个组件可以包含多个类，甚至是多个相关的功能模块。

2）独立性和可复用性

类的封装更多地关注于单个类的独立性和可复用性。一个类封装了特定的功能，可以被其他类或模块调用和复用，但它们通常是在同一个应用程序中使用的。

组件化架构更强调独立的组件之间的交互和复用。一个组件可以被多个应用程序或系统使用，它提供了一种更高级别的封装，将多个类或模块组合成一个可独立部署和维护的单元。

3）部署和维护

- 类的封装通常是在编译时静态确定的，类的实现通常包含在编译后的可执行文件中。类的使用是在程序编译时决定的。
- 组件化架构更注重于动态加载和部署。组件可以在运行时加载和替换，它们可以独立部署和更新，而不需要重新编译整个应用程序。

因此，虽然类的封装是组件化架构的一部分，但组件化架构是更高级别的概念，涉及更大粒度的封装和更高级别的可复用性、独立性以及动态部署和维护。

3. 组件之间的交互

组件之间的交互需要注意以下几点：

- 明确定义的接口：每个组件应该有清晰、明确定义的接口，用于与其他组件进行通信。这些接口应该尽可能简洁清晰，只暴露必要的功能和数据，避免暴露过多的内部细节。
- 解耦和低依赖：组件之间的交互应该尽量解耦，即减少彼此之间的依赖关系。高度耦合的组件之间的修改会产生连锁反应，降低了系统的灵活性和可维护性。因此，在设计组件之间的交互时，应该尽量降低它们之间的依赖关系，通过接口抽象来实现解耦。
- 异步通信和事件驱动：使用异步通信和事件驱动的方式可以降低组件之间的耦合度。通过事件驱动的方式，一个组件可以发布事件，而其他组件可以订阅并响应这些事件，从而实现松散的耦合。
- 异常处理和错误传递：在组件之间的交互过程中，需要考虑异常处理和错误传递的机制。组件之间的错误应该被适当地捕获和处理，避免向上传递，导致系统的不稳定和异常。
- 安全性和权限控制：组件之间的交互可能涉及敏感数据或者重要操作，因此需要考虑安全性和权限控制的问题。确保只有有权限的组件能够访问和操作相关的数据和功能，防止数据被泄漏或者恶意操作。

4. 跨组件事件传递的实践

在 C++项目中，跨组件事件的传递可以有效地通过已经讨论过的观察者模式和信号与槽机制实现。这些模式支持组件间的松散耦合，增强了系统的可扩展性和可维护性。

1）观察者模式和信号与槽机制

这些模式允许组件在不直接相互依赖的情况下相互通信，是实现组件间解耦的关键技术。在组件化架构中，它们支持异步通信和事件驱动的交互，从而提高系统反应速度和处理能力。

2）实现异步通信

异步通信是提升大型系统性能的重要手段。在C++中，这可以通过多线程或异步编程技术（如std::async和std::future）实现，以处理跨组件事件。

综上所述，组件之间的交互需要明确策略，确保在系统设计阶段考虑到交互的稳定性、安全性和灵活性，从而设计出更灵活、响应更快的软件系统。

5. 案例：系统管理之进程管理和日志管理

1）分析需求

在许多软件系统中，系统管理是至关重要的一环，涵盖了进程管理、日志管理等多个方面。组件化架构在系统管理方面具有独特的优势。

首先，组件化架构使日志管理和进程管理可以独立存在。这样，在改进或扩展日志功能时，不会影响进程管理，提高了开发效率和系统稳定性。

其次，组件化架构允许复用日志和进程管理组件，减少开发时间，并确保不同系统中管理功能的一致性和可靠性。

最后，组件化架构使系统管理更灵活。比如，当系统需要处理不同类型的日志数据时，可以轻松添加或替换日志管理组件，而无须大规模修改系统。同样地，优化或扩展进程管理功能也更加简单。

总之，组件化架构通过独立的日志和进程管理组件，提高了开发效率以及系统的稳定性和灵活性，确保系统可靠运行。

2）开始设计

在设计组件化系统管理框架时，可以考虑系统管理包含多个组件，每个组件负责不同的功能。下面将着重介绍以下两个组件：

（1）进程管理组件

进程管理组件负责监控、创建和终止系统中的进程。它是系统管理框架中的一个核心组件，其主要功能包括：

- 进程创建和启动：能够创建新的进程，并启动执行指定的程序。
- 进程监控和状态查询：能够监控正在运行的进程，查询其状态并获取相关信息，如进程ID、名称等。
- 进程终止和资源释放：能够安全地终止正在运行的进程，并释放相关资源，以确保系统资源的有效利用和管理。

（2）日志管理组件

日志管理组件负责记录系统运行时产生的日志信息。它可以提供日志的记录、存储、检索和分析等功能，帮助开发人员监控系统的运行状态、排查问题和分析性能。

日志管理组件包含的功能如下：

- 日志记录：记录系统运行时产生的日志信息，包括普通信息、警告和错误信息等。
- 日志存储：将日志信息存储到文件、数据库或其他存储介质中，以便后续检索和分析。
- 日志检索：提供检索和过滤日志的功能，以便开发人员快速定位和查看特定时间段、特定级别或特定关键字的日志信息。

通过将系统管理功能划分为这些独立的组件，我们可以实现一个灵活、可维护和可扩展的系统管理框架。每个组件负责特定的功能，可以被独立开发、测试和维护。同时，这些组件之间通过清晰的接口进行通信，使得系统更加模块化和可复用。

3）实现进程管理组件

各个进程管理组件的C++实现如下：

（1）process_executor.hpp

```
#ifndef PROCESS_EXECUTOR_HPP
#define PROCESS_EXECUTOR_HPP
#include <string>
#include <vector>
#include <memory>
#include <iostream>
#include <sstream>
#include <errno.h>
#include <chrono>
#include <boost/process.hpp>
#include <boost/asio.hpp>
```

```cpp
#include <system_error>
#include "log_manager.hpp"
class ProcessExecutor
{
    enum processsstatus
    {
        PROCESS_STATUS_RUNNING = 0,
        PROCESS_STATUS_STOPPED = 1,
        PROCESS_STATUS_ERROR = 2,
        PROCESS_STATUS_UNKNOWN = 3,
    };
public:
    ProcessExecutor(std::string name, std::string bin, std::vector<std::string> args =
{}):name_(name), bin_(bin), args_(args),status_(PROCESS_STATUS_UNKNOWN) {
        std::cout << "ProcessExecutor constructor" << std::endl;
        LogManager::getInstance("log.txt").log(LogManager::LogLevel::INFO,
"ProcessExecutor constructor");
    }
    ~ProcessExecutor(){
        std::cout << "ProcessExecutor destructor" << std::endl;
        stop();
    }
    void start() {
        if (isRunning()) {
            std::cout << "Process is already running." << std::endl;
            return;
        }
        try {
            // 尝试启动进程
            process_ = boost::process::child(bin_, args_);

            // 检查进程是否成功启动
            if (!process_.running()) {
                std::cerr << "Failed to start process." << std::endl;
                LogManager::getInstance("log.txt").log(LogManager::LogLevel::ERROR,
"Failed to start process.");
                status_ = PROCESS_STATUS_ERROR;
                throw std::system_error(errno, std::system_category(), "Failed to start
process.");
            } else {
                std::cout << "Process started successfully." << std::endl;
                status_ = PROCESS_STATUS_RUNNING;
            }
        } catch (const boost::process::process_error& e) {
            std::cerr << "Error starting process: " << e.what() << std::endl;
            LogManager::getInstance("log.txt").log(LogManager::LogLevel::ERROR, "Error
starting process: " + std::string(e.what()));
            status_ = PROCESS_STATUS_ERROR;
            throw std::system_error(errno, std::system_category(), "Failed to start
process.");
        }
    }

    void stop() {
        if (isRunning()) {
            try{
                process_.terminate(); // 尝试正常终止进程

                boost::asio::io_context io_context;
                boost::asio::steady_timer timer(io_context, std::chrono::seconds(5));
```

```
                        timer.async_wait([&](const boost::system::error_code& /*ec*/) {
                            if (this->isRunning()) {
                                ::kill(process_.id(), SIGKILL);
                                process_.wait(); // 等待进程结束，确保资源被释放
                            }
                        });

                        io_context.run(); // 启动 ASIO 处理，等待超时或进程结束

                        // 如果进程已经正常结束，或在上述检查后判定已结束
                        if (!this->isRunning()) {
                            status_ = PROCESS_STATUS_STOPPED;
                            // 获取并处理退出状态
                            std::cout << this->getName() << "Process stopped." << "exit code: " <<
process_.exit_code() << std::endl;
                        } else {
                            std::cerr << "Failed to stop process." << std::endl;
                            LogManager::getInstance("log.txt").log(LogManager::LogLevel::ERROR,
"Failed to stop process.");
                        }
                    } //boost::process::process_error std::exception
                    catch (const boost::process::process_error& e ) {
                        std::cerr << "Error stopping process: " << e.what() << std::endl;
                        status_ = PROCESS_STATUS_ERROR;
                        throw std::system_error(errno, std::system_category(), "Failed to stop
process.");
                        LogManager::getInstance("log.txt").log(LogManager::LogLevel::ERROR,
"Error stopping process: " + std::string(e.what()));
                    }
                    catch (const std::exception& e) {
                        std::cerr << "Error stopping process: " << e.what() << std::endl;
                        status_ = PROCESS_STATUS_ERROR;
                        throw std::system_error(errno, std::system_category(), "Failed to stop
process.");
                        LogManager::getInstance("log.txt").log(LogManager::LogLevel::ERROR,
"Error stopping process: " + std::string(e.what()));
                    }
                }
            }
        }
    void restart() {
        stop();
        start();
    }
    bool isRunning() const {
        return process_.valid() && process_.running();
    }
    pid_t getPid() const {
        return process_.id();
    }
    std::string getName() const {
        return name_;
    }
    std::string getBin() const {
        return bin_;
    }
private:
    mutable boost::process::child process_;
    std::string name_;
    std::string bin_;
    std::vector<std::string> args_;
```

```
        int status_;
    };

    #endif //PROCESS_EXECUTOR_HPP
```

（2）process_manager.hpp

```
    #ifndef PROCESS_MGR_HPP
    #define PROCESS_MGR_HPP


    #include "process_executor.hpp"
    class ProcessManager
    {
    public:
        static ProcessManager& getInstance(){
            static ProcessManager instance;
            return instance;
        }
        ProcessManager(ProcessManager&) = delete;
        ProcessManager& operator=(ProcessManager&) = delete;
        bool addProcess(std::string process_name,std::string bin, std::vector<std::string>
args = {});

        bool removeProcess(std::string process_name);
        bool removeAllProcess();

        bool startProcess(std::string process_name);
        bool stopProcess(std::string process_name);

        int InspectionApps();

    private:
        ProcessManager(){
        }
        ~ProcessManager(){
        }
        bool _startProcess(std::string process_name);
        bool _stopProcess(std::string process_name);

        std::unordered_map <std::string, std::shared_ptr<ProcessExecutor>> process_map_;
    };
    #endif // PROCESS_MGR_HPP
```

（3）process_manager.cpp

```
    #include "process_manager.hpp"
    #include "boost/filesystem.hpp"
    #include <iostream>
    #include "log_manager.hpp"
    bool ProcessManager::addProcess(std::string process_name, std::string bin,
std::vector<std::string> args) {
        boost::filesystem::path p(bin);

        if (!p.is_absolute()) {
            bin = (boost::filesystem::current_path() / bin).string();
        }
        std::cout << "Adding process: " << process_name << " " << bin << std::endl;
        // 检查文件是否存在并且可执行
        if (boost::filesystem::exists(p) && access(bin.c_str(), X_OK) == 0) {
            process_map_[process_name] = std::make_shared<ProcessExecutor>(process_name, bin,
args);
        } else {
```

```
            std::cerr << "The specified binary path is not an executable or does not exist:
" << bin << std::endl;
            LogManager::getInstance("log.txt").log(LogManager::LogLevel::ERROR, "The
specified binary path is not an executable or does not exist: " + bin);
            return false;
        }
        return true;
    }
    bool ProcessManager::_startProcess(std::string process_name) {
        try
        {
            process_map_[process_name]->start();
        } catch (const std::system_error& e) {
            std::cerr << "Error starting process: " << e.what() << std::endl;
            LogManager::getInstance("log.txt").log(LogManager::LogLevel::ERROR, "Error
starting process: " + std::string(e.what()));
            return false;
        }

        return true;
    }
    bool ProcessManager::_stopProcess(std::string process_name) {
        try {
            process_map_[process_name]->stop();
        } catch (const std::system_error& e) {
            std::cerr << "Error stopping process: " << e.what() << std::endl;
            LogManager::getInstance("log.txt").log(LogManager::LogLevel::ERROR, "Error
stopping process: " + std::string(e.what()));
            return false;
        }
        return true;
    }

    bool ProcessManager::startProcess(std::string process_name) {
        auto it = process_map_.find(process_name);
        if (it != process_map_.end()) {
            if (!it->second->isRunning()) {
                return _startProcess(process_name);
            }
        }
        return true;
    }
    bool ProcessManager::stopProcess(std::string process_name){
        auto it = process_map_.find(process_name);
        if (it != process_map_.end()) {
            if (it->second->isRunning()) {
                return _stopProcess(process_name);
            }
        }
        return true;
    }
    bool ProcessManager::removeProcess(std::string process_name){
        auto it = process_map_.find(process_name);
        if (it != process_map_.end()) {
            if (it->second->isRunning()) {
                _stopProcess(process_name);
            }
            process_map_.erase(it);
        }
        return true;
```

```
        }
    bool ProcessManager::removeAllProcess(){
        for (auto it = process_map_.begin(); it != process_map_.end(); ++it) {
            if (it->second->isRunning()) {
                _stopProcess(it->first);
            }
        }
        process_map_.clear();
        return true;
    }
    int ProcessManager::InspectionApps(){
        //std::cout << "InspectionApps size: " << process_map_.size() << std::endl;
        // 检查所有进程的状态
        for (auto it = process_map_.begin(); it != process_map_.end(); ++it) {
            if (!it->second->isRunning()) {
                std::cout << "Process " << it->first << " is not running. Restarting..." <<
std::endl;
                if(_startProcess(it->first) == false) {
                    std::cerr << "Failed to restart process: " << it->first << std::endl;
                    LogManager::getInstance("log.txt").log(LogManager::LogLevel::ERROR,
"Failed to restart process: " + it->first);
                    return -1;
                }
            }
        }
        return 0;
    }
```

在上述代码中，有两个关键的类需要说明：

- ProcessExecutor类：这个类负责执行系统中的进程管理功能。它的主要功能如下：
    - 构造函数和析构函数：构造函数负责初始化进程管理器，析构函数负责在对象被销毁时停止运行中的进程。
    - start()方法：启动一个新的进程。如果进程已经在运行，它将不执行任何操作，并输出一条提示信息。
    - stop()方法：停止当前运行的进程。它首先尝试正常终止进程，如果在一定时间内进程没有正常终止，它将发送一个SIGKILL信号来强制终止进程。
    - restart()方法：先停止当前运行的进程，然后启动一个新的进程。
    - isRunning()方法：检查当前进程是否正在运行。
    - getPid()和getName()方法：分别返回当前进程的ID和名称。
- ProcessManager类：这个类是一个单例类，负责管理系统中的所有进程。它包含以下功能：
    - addProcess()方法：向进程管理器中添加一个新的进程。
    - removeProcess()和removeAllProcess()方法：分别用于移除单个进程和移除所有进程。
    - startProcess()和stopProcess()方法：分别用于启动和停止指定名称的进程。
    - InspectionApps()方法：用于检查当前所有进程的状态。

4）实现日志管理组件

日志管理组件的C++实现如下：

```
#ifndef LOG_MANAGER_HPP
#define LOG_MANAGER_HPP

#include <iostream>
```

```cpp
#include <fstream>
#include <string>
#include <ctime>
#include <mutex>
class LogManager {
public:
    enum class LogLevel {
        INFO,
        WARNING,
        ERROR
    };
    // 获取 LogManager的单例实例
    static LogManager& getInstance(const std::string& filename) {
        static LogManager instance(filename);
        return instance;
    }

    // 防止拷贝和赋值操作
    LogManager(const LogManager&) = delete;
    LogManager& operator=(const LogManager&) = delete;

    // 记录日志信息
    void log(LogLevel level, const std::string& message) {
        // 使用互斥锁保护对日志文件的访问
        std::lock_guard<std::mutex> lock(mutex_);
        std::ofstream file(filename_, std::ios::app);
        if (!file.is_open()) {
            std::cerr << "Error: Unable to open log file." << std::endl;
            return;
        }

        std::string level_str;
        switch (level) {
            case LogLevel::INFO:
                level_str = "[INFO] ";
                break;
            case LogLevel::WARNING:
                level_str = "[WARNING] ";
                break;
            case LogLevel::ERROR:
                level_str = "[ERROR] ";
                break;
        }

        std::time_t now = std::time(nullptr);
        std::string time_str = std::ctime(&now);
        // 删除时间字符串中的换行符
        time_str.erase(std::remove(time_str.begin(), time_str.end(), '\n'),
time_str.end());

        file << time_str << " " << level_str << message << std::endl;
        file.close();
    }

    // 检索和过滤日志信息
    void search(const std::string& keyword) {
        // 使用互斥锁保护对日志文件的访问
        std::lock_guard<std::mutex> lock(mutex_);
        std::ifstream file(filename_);
        if (!file.is_open()) {
            std::cerr << "Error: Unable to open log file." << std::endl;
```

```
                return;
            }

            std::string line;
            while (std::getline(file, line)) {
                if (line.find(keyword) != std::string::npos) {
                    std::cout << line << std::endl;
                }
            }
            file.close();
        }
        // 日志存储：将日志信息存储到文件
        void store(const std::string& message) {
            // 使用互斥锁保护对日志文件的访问
            std::lock_guard<std::mutex> lock(mutex_);
            std::ofstream file(filename_, std::ios::app);
            if (!file.is_open()) {
                std::cerr << "Error: Unable to open log file." << std::endl;
                return;
            }

            std::time_t now = std::time(nullptr);
            std::string time_str = std::ctime(&now);
            // 删除时间字符串中的换行符
            time_str.erase(std::remove(time_str.begin(), time_str.end(), '\n'),
time_str.end());

            file << time_str << " " << message << std::endl;
            file.close();
        }

    private:
        LogManager(const std::string& filename) : filename_(filename) {}
        std::string filename_;
        std::mutex mutex_; // 添加互斥锁，用于保护对日志文件的访问
    };

    #endif // LOG_MANAGER_HPP
```

　　这个日志管理组件使用互斥锁mutex_来保护对日志文件的访问，确保了多线程环境下的线程安全性；通过getInstance()方法获取LogManager的单例实例，使得该组件在整个程序中只有一个实例存在，确保了日志管理的一致性和可靠性。

　　5）主文件调用

　　主文件调用的C++实现如下：

```
#include "log_manager.hpp"
#include "ProcessMgr/process_manager.hpp"

int main() {

    // 获取 LogManager的单例实例
    LogManager& logManager = LogManager::getInstance("log.txt");

    // 使用单例实例进行日志记录、存储和检索
    logManager.log(LogManager::LogLevel::INFO, "This is an information message.");
    logManager.log(LogManager::LogLevel::WARNING, "This is a warning message.");
    logManager.log(LogManager::LogLevel::ERROR, "This is an error message.");

    logManager.store("This is a message directly stored in the log.");
```

```
logManager.search("error");

// 测试进程管理器功能
ProcessManager& processManager = ProcessManager::getInstance();

processManager.addProcess("Process1", "/bin/echo", {"Hello from Process1"});
processManager.addProcess("Process2", "/bin/echo", {"Hello from Process2"});

processManager.startProcess("Process1");
processManager.startProcess("Process2");

std::this_thread::sleep_for(std::chrono::seconds(5));

processManager.stopProcess("Process1");

return 0;
}
```

至此，系统管理中的进程管理和日志管理实现完成，整个流程如图7-24所示。

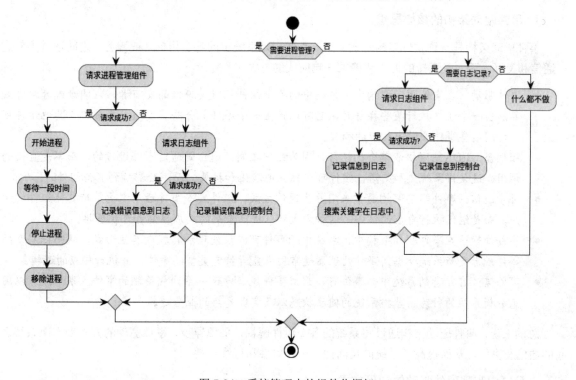

图 7-24　系统管理中的组件化框架

这个流程说明如下：

- 模块化：流程中的每个决策节点都包含了请求组件的步骤，例如请求进程管理组件或请求日志组件。这体现了组件化架构中的模块化设计，将不同功能的实现封装在独立的组件中。
- 解耦：在请求进程管理组件时，如果请求失败，流程会尝试请求日志组件来记录错误信息。这种设计将错误处理逻辑从进程管理组件中分离出来，实现了组件之间的解耦。
- 灵活性：流程中的每个决策节点都允许根据需要执行不同的操作，例如启动进程、记录日志或什么都不做。这种灵活性使得系统可以根据具体需求动态地调整行为，而不需要修改整个系统。

综上所述，这个流程很好地体现了组件化架构的设计理念，通过将不同功能的实现封装为独立的组件，并在需要时动态请求组件来完成任务，实现了模块化、解耦和灵活性。

然而，随着现代应用程序对实时响应和更高并发处理能力的需求日益增长，我们需要探索更加动态的架构模式来应对这些挑战。这就引出了事件驱动架构（event-driven architecture，EDA）的概念，一个旨在通过松散耦合的事件通信来增强系统的响应性和可扩展性的架构模式。在接下来的部分中，我们将详细探讨事件驱动架构，并通过C++实现技巧展示如何构建一个响应式的程序设计，以应对复杂和动态的业务需求。

7.5.2　事件驱动架构：响应式 C++程序设计

事件驱动架构的引入是为了克服对传统的请求－响应式架构模式的限制。在传统的请求－响应式架构模式中，系统的各个组件通常通过直接调用彼此的接口来进行通信，这种紧耦合的方式限制了系统的灵活性和可扩展性。随着应用程序的复杂性和规模的增加，需要一种更加灵活和松耦合的架构模式来应对不断变化的需求。由此产生了事件驱动架构。

1. 事件驱动架构的核心思想

事件驱动架构是一种软件架构范式，其核心思想是系统中的各个组件（或服务）之间通过事件进行通信和交互，而不是直接的调用或请求－响应式的方式。

- 事件驱动：在事件驱动架构中，系统中的各个组件可以是事件的发布者、订阅者或者两者兼具。当一个组件执行某些操作时，它可以产生一个事件，并将其发布到系统中，其他组件可以订阅这些事件并做出相应的响应。
- 松耦合：EDA鼓励松散耦合的设计，因为组件之间的通信是通过事件进行的，而不是直接的调用。这使得系统更加灵活，组件可以独立地演化和扩展，而不会影响到其他组件。
- 异步通信：事件驱动架构通常采用异步通信方式，组件发布事件后不需要等待其他组件的响应，而是继续执行自己的任务。这种方式可以提高系统的响应性能和可扩展性。
- 事件处理：在事件驱动架构中，系统中的事件可以被处理和转换成其他形式，从而触发新的事件或者更新系统状态。事件处理器通常用来监听特定类型的事件，并执行相应的逻辑。
- 事件流：在复杂的系统中，事件可以形成事件流，表示一系列相关联的事件。事件流可以用来分析系统的行为、监控系统的健康状态以及实现复杂的业务逻辑。

总的来说，事件驱动架构通过将系统的各个组件解耦，采用异步、事件驱动的方式来实现系统之间的通信和协作，从而提高了系统的灵活性、可扩展性和可维护性。

2. C++中实现事件驱动的常见方式

在C++中，实现事件驱动架构需要借助一些技术和库。这些技术和库包括：

- 观察者模式：在观察者模式中，可以通过定义接口或基类来实现主体和观察者，然后通过注册和通知机制来实现事件的发布和订阅。
- 事件库：可以使用现有的事件库来简化事件驱动架构的实现。一些常见的C++事件库包括Boost.Signals2和CppEvent。这些库提供了事件的发布、订阅和触发机制，可以大大简化事件驱动架构的开发。
- 消息队列：使用消息队列可以实现异步的事件处理和通信。C++中有一些成熟的消息队列库，如ZeroMQ和RabbitMQ。通过将事件封装成消息，然后发布到消息队列中，其他组件可以异步地从队列中订阅和处理事件。

- 回调函数：可以使用回调函数来实现事件的处理。当事件发生时，可以调用预先注册的回调函数来处理事件。这种方法在简单的情况下比较方便，但在复杂的系统中可能会导致代码的耦合度增加。
- 异步编程库：使用异步编程库可以实现事件驱动架构中的异步通信和处理。例如，可以使用C++11标准中引入的std::async和std::future来实现异步任务，或者使用第三方的库如Boost.Asio来实现异步的网络通信。

综上所述，要在C++中实现事件驱动架构思想，可以利用观察者模式、事件库、回调函数、消息队列和异步编程库等技术和库来简化开发，并实现松耦合、异步通信的目标。表7-5是各种事件驱动实现方式技术的总结。

表7-5 事件驱动技术实现表

实现方式	特　点	限　制	适用场合
观察者模式	可以实现松耦合的事件通知机制，易于扩展和维护	观察者过多时可能影响性能，需要额外的管理机制	多个对象需要观察另一个对象的状态变化
事件库	提供高级抽象和功能，可以简化事件管理和处理	可能引入额外的依赖，以及不同库的兼容性问题	复杂的事件处理需求
回调函数	简单直接，易于实现	可能导致代码耦合度增加，不易管理和维护	简单的事件处理场景
消息队列	支持异步事件处理和通信，可以实现分布式系统	引入消息队列可能增加系统复杂度，需要处理消息丢失和重复的问题	分布式系统，需要实现异步事件处理和通信
异步编程库	提高系统性能，支持高并发处理，可以使用现有库简化开发	增加代码复杂度，需要掌握异步编程概念，依赖库可能引入兼容性问题	高并发和需要异步处理的场景，高性能网络应用

3. 事件驱动架构的实现案例

在了解了不同的实现方式后，让我们来看一个基于回调函数的事件驱动架构的设计代码示例。

```cpp
#include <iostream>
#include <vector>
#include <functional>

// 事件类型枚举
enum class EventType {
    EVENT_1,
    EVENT_2,
    EVENT_3
};

// 事件处理器
class EventHandler {
public:
    // 注册回调函数
    void registerCallback(EventType event, std::function<void()> callback) {
callbacks[static_cast<int>(event)].push_back(callback);
    }

    // 触发事件
    void triggerEvent(EventType event) {
        for (auto& callback : callbacks[static_cast<int>(event)]) {
            callback();
        }
```

```
    }
private:
    std::vector<std::function<void()>> callbacks[3]; // 事件回调函数列表
};

int main() {
    // 创建事件处理器
    EventHandler eventHandler;
    // 注册事件1的回调函数
    eventHandler.registerCallback(EventType::EVENT_1, []() {
        std::cout << "Event 1 occurred!" << std::endl;
    });
    // 注册事件2的回调函数
    eventHandler.registerCallback(EventType::EVENT_2, []() {
        std::cout << "Event 2 occurred!" << std::endl;
    });
    // 触发事件
    eventHandler.triggerEvent(EventType::EVENT_1);
    eventHandler.triggerEvent(EventType::EVENT_2);

    return 0;
}
```

这个示例通过触发事件来调用相应的回调函数。这种设计使得组件之间的通信更加灵活，适用于简单的事件处理场景，但在复杂的系统中，可能需要考虑更多的因素，例如：

- 事件类型和分类：在实际系统中，可能存在多种类型的事件，需要对事件进行分类和管理。这可能涉及事件的层级结构、事件的优先级和相关性等方面。
- 事件的传递和路由：在大型系统中，事件可能需要在不同的组件之间进行传递和路由。这可能涉及事件的转发、过滤和路由策略的设计。
- 异步处理和并发控制：在高并发的环境下，可能需要考虑事件的异步处理和并发控制。这可能涉及多线程、线程池和同步机制的设计。
- 错误处理和容错机制：在复杂的系统中，可能会出现各种错误和异常情况，需要考虑事件的错误处理和容错机制。这可能涉及异常处理、事务管理和回滚机制的设计。

上述示例的逻辑比较简单，图7-25展示了实际开发场景中常见的事件驱动架构的处理流程。

4. 增强系统的响应性和维护效率

事件驱动架构（EDA）不仅通过其松耦合和异步特性提供了设计上的灵活性，还显著提高了系统的响应性和维护效率。这些特性使EDA成为应对快速变化需求和复杂系统维护的理想选择。

1）提升系统响应性

在EDA中，组件不需要等待其他组件的响应即可继续执行，这种非阻塞特性显著提高了系统的整体响应速度。例如，在面对突发流量时，事件处理机制可以快速地重新分配资源或调整负载，而不会阻塞主要的业务流程。这对于需要高度可靠性和实时处理能力的应用尤其重要，如在线金融服务或大规模的用户交互平台。

2）优化维护和迭代过程

由于EDA允许独立更新和扩展各个组件，系统的维护和升级变得更为高效。开发团队可以单独部署新的事件处理器或修改现有事件逻辑，而无须重启系统或影响其他部分的运行。这种模块化的维护方式降低了系统升级时的风险，同时也加快了新功能的推出速度。

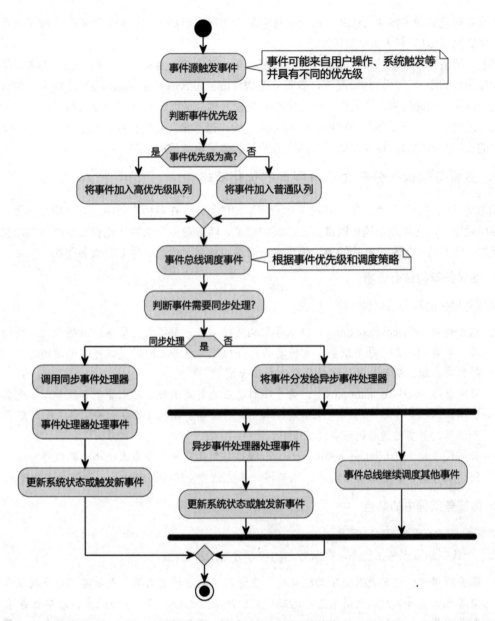

图 7-25 事件驱动架构执行机制

3）简化复杂度管理

在复杂的系统中，管理众多的依赖和交互往往是一个挑战。EDA通过定义清晰的事件和处理流程，减少了组件间的直接依赖关系，使系统的业务逻辑更加清晰。每个事件的处理逻辑都可以被封装在独立的处理器中，这不仅提高了代码的可重用性，也使得逻辑修改和错误排查变得更容易。

4）增强错误处理和容错性

EDA的异步和事件驱动特性使得实现复杂的错误处理逻辑和容错机制变得更为直观。系统可以设计为在检测到失败事件时自动触发恢复或回滚事件，从而迅速响应系统故障并最小化服务中断。此外，事件的独立处理也意味着一个组件的失败不会直接影响到整个系统，从而增强了系统的整体稳定性。

通过以上方式，事件驱动架构显著提高了软件系统的操作灵活性和维护效率，使其更加适应快速变化的商业环境和技术需求。这种架构模式特别适合那些需要快速迭代和高可靠性的应用场景，如云服务、物联网（IoT）和大数据处理平台。

然而，随着系统需求的增长和业务逻辑的复杂化，事件驱动架构在单一系统的框架内可能遇到扩展性和维护性的限制。在这种情况下，微服务架构（microservices architecture）提供了一种有效的解决方案。这种架构通过将大型应用分解为更小和更松散耦合的服务集合，不仅保持了事件驱动架构的灵活性，还进一步提高了系统的可维护性和可扩展性。接下来，我们将探讨微服务架构在分布式C++服务中的应用及其优势，以及它如何帮助克服传统单体应用架构的局限。

7.5.3 微服务架构：分布式 C++服务的优化策略

微服务架构的引入是为了克服传统单体应用架构的不足。在单体应用中，所有功能都集成在一个大型应用程序中，这导致系统难以维护、扩展和部署。随着业务需求的变化和系统规模的增长，需要一种更加灵活、可扩展和可维护的架构模式来应对这些挑战。由此产生了微服务架构。

1. 微服务架构核心思想

微服务架构的核心思想包括：

- 服务拆分（service decoupling）：微服务架构的核心之一是将大型单体应用拆分为一系列小型、独立部署的服务。每个服务负责特定的业务功能，服务之间的通信可以通过消息队列、RPC等机制实现，从而降低系统的复杂性和耦合度。
- 服务自治（service autonomy）：每个微服务应具备自治性，独立管理和维护，不受其他服务影响。这提升了系统的稳定性和可靠性。使用服务发现和注册中心等工具来管理服务的部署和调用，并实施适当的服务治理策略。
- 分布式架构（distributed architecture）：微服务架构是一种分布式架构，各服务可以部署在不同的服务器、容器或云平台上，从而提升系统的可伸缩性和容错性，降低单点故障风险。

2. 微服务架构中的角色

微服务通信流程如图7-26所示。

在一个典型的微服务架构中，微服务之间可以分为两种角色：

- 服务提供者：它们是系统中的服务端，负责提供某些特定的服务或功能。服务提供者处理来自其他服务或客户端的请求，并返回相应的结果。例如，用户管理服务、订单服务等。
- 服务消费者：它们是系统中的客户端，使用其他服务提供的功能。服务消费者发出请求，调用其他服务提供者的接口，并处理接收到的响应。例如，用户界面服务、报告服务等。

在实际的微服务架构中，一个微服务可能既是服务提供者，也是服务消费者。它可能提供某些服务供其他微服务调用，并同时调用其他微服务提供的服务来完成自己的业务逻辑。在这种情况下，一个微服务可能扮演着多种角色，形成复杂的服务网络。

3. C++实现微服务架构设计

在C++程序中实现微服务架构的步骤与其他编程语言中的类似，主要包括以下几个方面：

- 确定服务边界和拆分：首先需要根据业务功能和需求确定服务的边界和拆分方式。这可以通过分析业务领域和现有的单体应用来确定，每个服务应该负责一个特定的业务功能或领域。

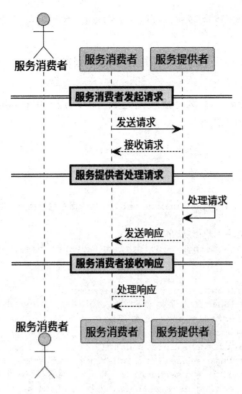

图 7-26　微服务通信流程

- 设计服务接口：对于每个服务，需要设计清晰的接口，包括输入参数、输出结果和可能的异常情况等。在C++中，可以使用类和函数来定义服务接口，确保接口的简洁、可理解和易于使用。
- 实现服务功能：针对每个服务的接口，需要实现具体的功能逻辑。在C++中，可以编写相应的类和函数来实现服务的功能，确保功能的正确性和效率。
- 服务通信和集成：微服务架构中，服务之间通常通过网络进行通信。在C++中，可以使用各种网络通信库（如Boost.Asio、cpp-netlib等）来实现服务之间的通信。可以选择适合项目需求的通信协议（如HTTP、TCP、ZeroMQ等），并确保通信的稳定性和可靠性。
- 服务发现和治理：为了管理和调用服务，需要实施服务发现和治理机制。可以使用服务注册表或服务目录等工具来帮助管理服务的部署和调用。同时，需要实施适当的服务治理策略，确保系统的稳定性和安全性。

4. 微服务架构的实现案例

为了更好地理解实现微服务架构的流程，下面通过一个简单的示例来进行演示。我们将创建一个基于C++和ZeroMQ库的微服务，用于处理用户管理的功能。这个示例将包括服务的初始化、启动、停止以及消息的处理。

首先，确定服务边界和拆分。在本例中，我们决定将用户管理功能拆分成两个服务：一个用于创建新用户，另一个用于获取用户信息。

其次，设计服务接口。对于创建用户服务，我们将设计一个接收用户信息的接口，并返回新用户的ID；对于获取用户信息服务，我们将设计一个接收用户ID的接口，并返回相应的用户信息。

再次，实现服务功能。我们将编写C++代码来实现这两个服务的功能，确保它们正确、高效且可靠。

然后，实现服务通信和集成。我们将使用ZeroMQ库来实现服务之间的通信，使用REQ/REP模式来实现请求–响应式的通信方式。

最后，实现服务发现和治理。本例将直接指定服务的端点，但在实际的项目中，可能需要使用服务注册表或服务目录来管理和调用服务。

（1）主函数部分

```cpp
#include "Microservice.hpp"
#include <iostream>
#include <unordered_map> // 包含unordered_map用于保存用户信息，实际项目通常使用数据库

// 使用unordered_map来保存用户信息的简单数据库
std::unordered_map<std::string, std::string> userDatabase;

// 示例：创建用户服务
std::string createUser(const std::string& userInfo) {
    // 假设用户信息格式为 "UserID:UserName"
    std::size_t delimiterPos = userInfo.find(':');
    if (delimiterPos != std::string::npos) {
        std::string userId = userInfo.substr(0, delimiterPos);
        std::string userName = userInfo.substr(delimiterPos + 1);
        userDatabase[userId] = userName; // 将用户信息保存到内存中
        std::cout << "Creating user with ID: " << userId << " and name: " << userName <<
std::endl;
        std::cout << "User database size: " << userDatabase.size() << std::endl;
        // 返回保存成功的消息
        return "User created successfully";
    } else {
        return "Error: Invalid user information format";
    }
}

// 示例：获取用户信息服务
std::string getUserInfo(const std::string& userId) {
    auto it = userDatabase.find(userId);
    if (it != userDatabase.end()) {
        std::cout << "Getting user info for user with ID: " << userId << std::endl;
        // 返回相应的用户信息
        return "User info for user with ID " + userId + ": " + it->second;
    } else {
        std::cout << "User with ID " << userId << " not found" << std::endl;
        return "Error: User with ID " + userId + " not found";
    }
}

int main() {
    // 创建两个微服务实例
    Microservice createUserService("tcp://*:5555");
    Microservice getUserInfoService("tcp://*:5556");

    // 设置服务的消息处理回调函数
    createUserService.setCallback(createUser);
    getUserInfoService.setCallback(getUserInfo);

    // 启动服务
```

```
    createUserService.start();
    getUserInfoService.start();

    // 等待服务运行
    std::cout << "Services are running..." << std::endl;
    std::cin.get();

    // 停止服务
    createUserService.stop();
    getUserInfoService.stop();

    return 0;
}
```

在示例中，主函数首先创建并启动两个微服务实例，一个用于创建用户，另一个用于获取用户信息。然后，它设置了每个服务的消息处理回调函数，并启动了这两个服务。最后，它等待用户输入以保持服务的运行，并在用户输入后停止服务。

（2）服务提供者类的定义

```cpp
#ifndef MICROSERVICE_H
#define MICROSERVICE_H

#include <zmq.hpp>
#include <string>
#include <functional>
#include <thread>  // 用于多线程
#include <iostream>
class Microservice {
public:
    // 构造函数，初始化ZeroMQ上下文和套接字，设置服务端点
    Microservice(const std::string& endpoint) : context_(1), socket_(context_, ZMQ_REP),
endpoint_(endpoint) {}

    // 析构函数，关闭套接字和上下文
    ~Microservice() {
        socket_.close();
        context_.close();
    }

    // 启动服务
    void start() {
        // 绑定到指定的端点
        socket_.bind(endpoint_);

        // 创建一个线程来处理消息
        std::thread t(&Microservice::handleMessages, this);
        t.detach();                    // 分离线程，使得主线程可以继续执行
    }

    // 停止服务
    void stop() {
        // 关闭套接字
        socket_.close();
    }

    // 设置消息处理回调函数
    void setCallback(std::function<std::string(const std::string&)> callback) {
        callback_ = callback;
    }
```

```
    private:
        zmq::context_t context_;                                // ZeroMQ 上下文
        zmq::socket_t socket_;                                  // ZeroMQ 套接字
        std::string endpoint_;                                  // 服务端点
        std::function<std::string(const std::string&)> callback_;    // 消息处理回调函数

        // 处理接收到的消息
        void handleMessages() {
            while (true) {
                // 接收消息
                zmq::message_t request;
                // 接收消息，并检查返回值
                zmq::recv_result_t result = socket_.recv(request, zmq::recv_flags::none);
                if (result.has_value()) {
                    //   std::cout << "Received message: " << std::string(static_cast<char*>
(request.data()), request.size()) << std::endl;
                } else {
                    std::cout << "Error receiving message: " << zmq_strerror(zmq_errno()) <<
std::endl;
                }
                // 转换消息为字符串
                std::string message = std::string(static_cast<char*>(request.data()),
request.size());

                std::string response;

                // 调用回调函数处理消息
                if (callback_) {
                    response = callback_(message);
                }
                else {
                    response = "Error: No callback function set";
                }
                zmq::message_t reply(response.size());
                memcpy(reply.data(), response.data(), response.size());
                // 发送消息，并指定发送标志为默认值
                socket_.send(reply, zmq::send_flags::none);
            }
        }
    };

    #endif // MICROSERVICE_H
```

　　Microservice类是我们定义的一个简单的微服务类，包含了服务的初始化、启动、停止以及消息处理等方法。在这个类中，使用了ZeroMQ库来实现服务之间的通信，同时提供了一个回调函数来处理接收到的消息。

　　（3）服务消费者类的定义

```
#include <zmq.hpp>
#include <string>
#include <iostream>

int main() {
    // 创建 ZeroMQ 上下文和套接字
    zmq::context_t context(1);
    zmq::socket_t socket(context, ZMQ_REQ);

    // 连接到创建用户服务
    socket.connect("tcp://localhost:5555");
```

```
// 向创建用户服务发送请求
std::string message = "1127:NewUsercc"; // 假设要创建的用户信息为 "UserID:UserName"
zmq::message_t request(message.size());
memcpy(request.data(), message.data(), message.size());
if (!socket.send(request, zmq::send_flags::none)) { // 检查send函数的返回值
    std::cerr << "Failed to send message to create user service" << std::endl;
    return 1;
}

// 接收并打印创建用户服务的响应
zmq::message_t reply;
if (!socket.recv(reply, zmq::recv_flags::none)) { // 检查recv函数的返回值
    std::cerr << "Failed to receive reply from create user service" << std::endl;
    return 1;
}
std::string replyMessage = std::string(static_cast<char*>(reply.data()),
reply.size());
std::cout << "Received reply from create user service: " << replyMessage << std::endl;

// 关闭与创建用户服务的连接
socket.disconnect("tcp://localhost:5555");

// 连接到获取用户信息服务
socket.connect("tcp://localhost:5556");

// 向获取用户信息服务发送请求
message = "1127"; // 假设要获取的用户ID为1127
request = zmq::message_t(message.size());
memcpy(request.data(), message.data(), message.size());
if (!socket.send(request, zmq::send_flags::none)) { // 检查send函数的返回值
    std::cerr << "Failed to send message to get user info service" << std::endl;
    return 1;
}

// 接收并打印获取用户信息服务的响应
if (!socket.recv(reply, zmq::recv_flags::none)) { // 检查recv函数的返回值
    std::cerr << "Failed to receive reply from get user info service" << std::endl;
    return 1;
}
replyMessage = std::string(static_cast<char*>(reply.data()), reply.size());
std::cout << "Received reply from get user info service: " << replyMessage << std::endl;

// 关闭套接字和上下文
socket.close();
context.close();

return 0;
}
```

服务消费者类负责调用之前创建的两个微服务。它需要知道服务的端点信息以及如何发送和接收消息。在本例中，服务消费者类使用ZeroMQ库来实现与微服务之间的通信，并调用相应的服务接口来完成用户的创建和获取用户信息的操作。

微服务架构示例中，通过使用ZeroMQ库实现服务消费者和服务提供者之间的通信，我们展示了如何在分布式环境中有效地管理服务调用和数据交换。这种架构优化了服务的独立性和可扩展性，使得各个服务可以灵活地部署和维护。

然而，随着服务数量的增加和系统规模的扩大，对整体系统架构的管理和组织也提出了更高的要求。这时，层次架构（hierarchical architecture）就显得尤为重要了。层次架构通过明确的分层设计，不仅帮助我们更好地组织和隔离不同的系统功能，还确保每一层都可以专注于其特定职责，从而简化

了复杂系统的开发和维护。接下来，我们将探讨如何在C++中实现和优化层次架构，以及它如何帮助我们管理大型软件系统的复杂性。

7.5.4　层次架构：C++中的分层逻辑设计

层次架构主要是为了管理大型软件系统的复杂性而引入的。随着系统功能的增加，整体结构的复杂性也会上升。通过将系统分层，每层承担特定的职责，不仅可以简化设计和维护，还能提高代码的可复用性和限制变化的影响范围。

1. 层次架构的核心思想

层次架构的核心思想体现在以下几个关键方面：

- 抽象：每一层提供一定级别的抽象，上层不需要知晓下层的具体实现细节。这种抽象化帮助开发者专注于当前层的设计与逻辑，而不必深究底层的具体操作，简化了复杂系统的开发流程。
- 封装：层与层之间通过定义清晰的接口交互，每一层封装其内部的实现，仅对外暴露必要的接口。这种封装不仅维护了数据和方法的安全性，也增强了代码的可维护性和可扩展性。
- 分层责任：系统被划分为若干层，每一层都有其特定的责任。通常，底层负责处理与硬件或数据更接近的功能，如数据存储和基础服务；中间层处理业务逻辑；顶层则负责用户交互和高级数据处理。这样的分工明确了各层的功能界限，有助于团队分工和并行开发。

通过这些核心思想，层次架构为开发复杂系统提供了一种清晰、有效且灵活的方法，使得开发过程更加有序且易于管理。

2. 案例：客户管理系统

假设我们需要设计一个客户管理系统，这个系统的主要功能包括管理客户的基本信息、查询客户资料、更新和删除客户信息。系统的用户主要是企业的销售和客户服务部门的工作人员。

这种情况使用层次架构设计客户管理系统的主要原因如下：

- 复杂性管理：客户管理系统涉及数据处理、业务逻辑和用户交互等多个方面，层次架构能有效地分离这些关注点，简化系统的复杂性。
- 可维护性和可扩展性：随着企业的发展，客户信息管理的需求可能会变得更加复杂。层次架构提供了良好的模块化，使得系统易于扩展和维护。
- 可复用性：某些功能，如数据访问逻辑，可能在其他系统中也有应用。通过层次架构，可以将这些通用功能独立出来，以便复用。
- 隔离变更影响：在层次架构中，修改一个层的实现通常不会影响到其他层。这种低耦合设计有助于局部化问题，减少错误的传播。

1）C++层次架构设计思路

在设计客户管理系统的C++层次架构时，可以采用一种结合自顶向下的设计和自底向上的实现的方法。这样的方法允许我们在保持整体设计清晰和目标导向明确的同时，确保实现的逐步精确和高效。

（1）自顶向下的设计

自顶向下的设计步骤如下：

① 总体架构设计：

明确系统的层次结构，包括界面层、业务逻辑层和数据访问层，确定每层的基本职责和相互之间的接口。

界面层负责用户交互，业务逻辑层处理业务规则，数据访问层管理数据的持久化。

② 详细层次规划：

为每一层定义具体的类和方法。例如，数据访问层可能包括CustomerData类，业务逻辑层可能包括CustomerManager类，界面层可能包括GUI类。

设计各层之间的接口，如业务逻辑层如何调用数据访问层的方法，界面层如何触发业务逻辑层的操作。

（2）自底向上的实现步骤

自底向上的实现步骤如下：

① 数据访问层实现：

首先开发CustomerData类，实现基础的数据库操作功能，如连接数据库、执行SQL命令等。

确保数据访问层能够独立运行和测试，提供稳定的数据服务。

② 业务逻辑层实现：

在数据访问层完成后，实现CustomerManager类。这个类将使用CustomerData类的对象来完成具体的业务操作，如添加、更新、删除和查询客户。

业务逻辑层需要处理的是如何使用数据访问层提供的数据完成业务需求，并保证业务规则的实现。

③ 界面层实现：

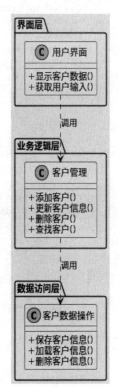

最后实现GUI类，这个类将负责与用户直接交互：展示界面，接收输入，并调用CustomerManager类的方法来执行用户请求的操作。

界面层的任务是提供一个友好的用户界面，使用户能够容易地进行操作，同时正确展示业务逻辑层提供的数据。

客户管理系统的层次架构如图7-27所示。通过这种设计和实现方法，每一层都建立在前一层的基础上，保证了开发过程中的逻辑清晰和技术的可控性。每一步的实现都依赖于前一步的完成，确保了整个系统的稳健性和功能的正确实现。

2）Qt代码实例

在设计CustomerData类时，我们将使用Qt 6，这是一个跨平台的应用程序框架，广泛用于图形用户界面应用程序的开发。同时，它也提供了强大的非GUI功能，如数据库访问、文件处理等。下面是一个示例实现，展示如何用Qt 6来构建CustomerData类，用于处理与客户数据相关的存储操作。

（1）CustomerData类设计

```
#ifndef CUSTOMERDATA_H
#define CUSTOMERDATA_H
```

图 7-27　客户管理系统的层次架构图

```cpp
#include <QtSql/QSqlDatabase>
#include <QtSql/QSqlQuery>
#include <QtSql/QSqlError>
#include <QDebug>
#include <QVariant>

class CustomerData {
public:
    CustomerData() {
        // 初始化数据库连接
        initializeDatabase();
    }

    ~CustomerData() {
        db.close();   // 关闭数据库连接
    }

    bool addCustomer(const QString& name, const QString& email) {
        QSqlQuery checkQuery(db);
        checkQuery.prepare("SELECT COUNT(*) FROM customers WHERE email = :email");
        checkQuery.bindValue(":email", email);
        if (!checkQuery.exec()) {
            qDebug() << "检查客户失败: " << checkQuery.lastError().text();
                                                         return false;
        }
        if (checkQuery.next() && checkQuery.value(0).toInt() > 0) {
            qDebug() << "客户已存在，不能重复添加";
            return false;
        }

        QSqlQuery insertQuery(db);
        insertQuery.prepare("INSERT INTO customers (name, email) VALUES (:name, :email)");
        insertQuery.bindValue(":name", name);
        insertQuery.bindValue(":email", email);
        if (!insertQuery.exec()) {
            qDebug() << "添加客户失败: " << insertQuery.lastError().text();
            return false;
        }
        return true;
    }

    // 从数据库中删除客户
    bool removeCustomer(int id) {
        QSqlQuery query(db);
        query.prepare("DELETE FROM customers WHERE id = :id");
        query.bindValue(":id", id);
        if (!query.exec()) {
            qDebug() << "删除客户失败: " << query.lastError().text();
            return false;
        }
        if (query.numRowsAffected() == 0) {
            qDebug() << "没有找到需要删除的客户，ID可能不存在";
            return false;
        }
        return true;
    }

    // 更新客户信息

    bool updateCustomer(int id, const QString& name, const QString& email) {
```

```cpp
        QSqlQuery query(db);
        query.prepare("UPDATE customers SET name = :name, email = :email WHERE id = :id");
        query.bindValue(":name", name);
        query.bindValue(":email", email);
        query.bindValue(":id", id);
        if (!query.exec()) {
            qDebug() << "更新客户信息失败: " << query.lastError().text();
                                                            return false;
        }
        if (query.numRowsAffected() == 0) {
            qDebug() << "未找到需要更新的客户, ID可能不存在";
            return false;
        }
        return true;
    }

    QList<QPair<int, QString>> getAllCustomers() {
        QList<QPair<int, QString>> customers;
        QSqlQuery query("SELECT id, name FROM customers", db);
        while (query.next()) {
            int id = query.value(0).toInt();
            QString name = query.value(1).toString();
            customers.append(qMakePair(id, name));
        }
        return customers;
    }

private:
    QSqlDatabase db;

    // 初始化数据库连接
    void initializeDatabase() {
        db = QSqlDatabase::addDatabase("QSQLITE");
        db.setDatabaseName("customer_db.sqlite");

        if (!db.open()) {
            qDebug() << "数据库连接失败: " << db.lastError().text();
            return;
        }

        // 检查表是否存在, 如果不存在则创建
        QSqlQuery query(db);
        if (!query.exec("SELECT COUNT(*) FROM sqlite_master WHERE type='table' AND
name='customers'")) {
            qDebug() << "检查表存在失败: " << query.lastError().text();
            return;
        }

        if (query.next() && query.value(0).toInt() == 0) {
            // 创建表
            if (!query.exec("CREATE TABLE customers ("
                "id INTEGER PRIMARY KEY AUTOINCREMENT, "
                "name TEXT NOT NULL, "
                "email TEXT NOT NULL)")) {
                qDebug() << "创建表失败: " << query.lastError().text();
            } else {
                qDebug() << "表 'customers' 已成功创建";
            }
        } else {
            qDebug() << "表 'customers' 已存在";
        }
    }
```

```
};
#endif // CUSTOMERDATA_H
```

在上述代码中：

- 构造函数和析构函数：在构造函数中初始化数据库连接，在析构函数中关闭数据库连接。这是资源管理的一种典型方式，确保资源的正确释放。
- 数据库操作方法：
  - addCustomer：添加新客户到数据库。
  - removeCustomer：根据客户ID从数据库中删除客户。
  - updateCustomer：更新数据库中的客户信息。
- 错误处理：在执行数据库操作时，如果遇到错误，使用QSqlQuery::lastError()方法获取错误详情，并通过qDebug()打印错误信息，这有助于调试和维护。
- 数据库初始化：initializeDatabase方法用于设置数据库驱动、数据库文件名并尝试打开/创建数据库。这个方法在类的构造函数中被调用。

此实现仅是一个基础版本，依据实际需求，可能需要进一步完善数据库的设计、异常处理策略，以及添加更多的数据库操作方法。

（2）CustomerManager类设计

CustomerManager类是业务逻辑层的核心，负责处理与客户相关的所有业务逻辑。这个类将使用之前设计的CustomerData类来执行具体的数据存储操作。我们将在Qt 6环境中继续实现此类，确保它能够有效地管理客户数据的添加、更新和删除等操作。

```
#ifndef CUSTOMERMANAGER_H
#define CUSTOMERMANAGER_H

#include "CustomerData.h"
#include <QString>
#include <QDebug>

class CustomerManager {
public:
    CustomerManager() {

    }

    // 添加新客户
    bool addCustomer(const QString& name, const QString& email) {
        if (name.isEmpty() || email.isEmpty()) {
            qDebug() << "客户名或邮箱不能为空";
            return false;
        }
        // 可以添加更多的验证逻辑，比如检查邮箱格式
        return customerData.addCustomer(name, email);
    }

    // 删除客户
    bool removeCustomer(int id) {
        if (id < 1) {
            qDebug() << "无效的客户ID";
            return false;
        }
        return customerData.removeCustomer(id);
    }
```

```
        // 更新客户信息
    bool updateCustomer(int id, const QString& name, const QString& email) {
        if (id < 1 || name.isEmpty() || email.isEmpty()) {
            qDebug() << "客户信息更新错误：无效的ID或字段为空";
            return false;
        }
        // 进一步验证，例如邮箱格式验证
        return customerData.updateCustomer(id, name, email);
    }

    QList<QPair<int, QString>> getAllCustomers() {
        return customerData.getAllCustomers();
    }

private:
    CustomerData customerData; // 数据访问层对象
};
#endif // CUSTOMERMANAGER_H
```

在上述代码中：

● 构造函数：可以用于进行一些必要的初始化工作，目前我们暂时不需要特别处理。

● 业务逻辑方法：

　◆ addCustomer：添加客户之前，检查客户的姓名和邮箱是否为空。这是一种基本的数据验证，确保添加到数据库的所有数据都是有效的。

　◆ removeCustomer：在删除客户之前，验证客户ID的有效性。这样可以避免因无效ID而产生的数据库错误。

　◆ updateCustomer：更新客户信息时，同样需要验证ID、姓名和邮箱是否有效，并可以根据需要进行更复杂的验证（如邮箱格式）。

● 错误处理与反馈：在添加、删除或更新操作中，如果检测到错误，通过qDebug()输出错误信息，并根据情况返回相应的成功或失败状态。

● 数据访问对象的使用：CustomerManager类包含了一个CustomerData的实例，用于实际执行数据库操作。这展示了如何将业务逻辑与数据访问层解耦，使得业务逻辑层专注于处理业务规则。

该类的设计和实现体现了业务逻辑层的职责，它依赖数据访问层来处理与数据相关的具体操作，而自身则集中于验证和执行业务规则。这种分层设计有助于保持代码的清晰和可维护性，同时也便于未来的扩展和修改。

（3）GUI类设计

下面是一个简单的GUI类实现示例，用于显示客户管理系统的用户界面和与用户的交互。在这个示例中，我们使用Qt Widgets模块来创建一个基于QWidget的简单窗口，并添加一些控件用于输入客户信息和执行操作。

首先，设计GUI层的核心组件，即MainWindow类。在Qt 6中，MainWindow通常作为应用程序的主窗口，用于显示用户界面和处理用户交互。这里，我们将定义MainWindow的头文件，其中将包括必要的Qt库、用户界面元素，以及与CustomerManager类的交互。

mainwindow.h文件：

```
#ifndef MAINWINDOW_H
#define MAINWINDOW_H
```

```cpp
#include <QMainWindow>
#include <QPushButton>
#include <QLineEdit>
#include <QLabel>
#include <QGridLayout>
#include <QMessageBox>

#include "CustomerManager.h"

QT_BEGIN_NAMESPACE
namespace Ui { class MainWindow; }
QT_END_NAMESPACE

class MainWindow : public QMainWindow {
    Q_OBJECT

public:
    explicit MainWindow(QWidget *parent = nullptr);
    ~MainWindow();

private slots:
    void onAddCustomerClicked();
    void onRemoveCustomerClicked();
    void onUpdateCustomerClicked();
    void onShowAllCustomersClicked();
private:
    Ui::MainWindow *ui;
    CustomerManager customerManager;

    // UI组件
    QLineEdit *editName;
    QLineEdit *editEmail;
    QLineEdit *editId;
    QPushButton *btnAddCustomer;
    QPushButton *btnRemoveCustomer;
    QPushButton *btnUpdateCustomer;
    QPushButton *btnShowAllCustomers;

    QLabel *labelStatus;

    void setupUi();
    void connectSignalsSlots();
    void clearInputFields();
};
#endif // MAINWINDOW_H
```

在上述代码中：

- 类和成员函数：
  - 构造函数和析构函数：初始化和销毁MainWindow实例。
  - Slot函数：响应用户的单击事件，如添加、删除和更新客户。
- 成员变量：
  - ui：由Qt Designer工具生成的界面类实例，如果界面是手动编码，则可能不需要此成员。
  - customerManager：业务逻辑层的实例，用于执行用户的请求。
  - 用户界面组件：包括文本输入框（QLineEdit）用于输入姓名、邮箱和ID，按钮（QPushButton）用于提交操作，以及状态显示（QLabel）。
- 辅助函数：
  - setupUi：配置界面布局和初始化界面组件。

- ◆ connectSignalsSlots：连接信号和槽，确保用户界面的交互能正确触发相应的操作。
- ◆ clearInputFields：在操作后清除输入字段，为下一次操作做准备。

此头文件定义了所有必要的Qt组件和一些辅助方法，为实现功能完整的用户界面打下了基础。

然后，我们将具体实现这些组件的交互逻辑和业务逻辑的调用。在MainWindow类的.cpp文件中，具体设置用户界面的布局、连接信号与槽，以及定义事件处理函数来调用业务逻辑层的操作。这将使我们的GUI能够与用户互动，并执行添加、删除和更新客户的操作。

mainwindow.cpp文件：

```cpp
#include "mainwindow.h"
#include "ui_mainwindow.h"

MainWindow::MainWindow(QWidget *parent)
    : QMainWindow(parent), ui(new Ui::MainWindow)
{
    ui->setupUi(this);
    setupUi();
    connectSignalsSlots();
}

MainWindow::~MainWindow() {
    delete ui;
}

void MainWindow::setupUi() {
    // 设置主窗口的属性和布局
    this->setWindowTitle("Customer Management System");
    this->resize(400, 300);

    // 创建和放置UI组件
    editName = new QLineEdit(this);
    editEmail = new QLineEdit(this);
    editId = new QLineEdit(this);
    btnAddCustomer = new QPushButton("Add Customer", this);
    btnRemoveCustomer = new QPushButton("Remove Customer", this);
    btnUpdateCustomer = new QPushButton("Update Customer", this);
    btnShowAllCustomers = new QPushButton("Show All Customers", this);
    labelStatus = new QLabel("Ready", this);

    QGridLayout *layout = new QGridLayout;
    layout->addWidget(new QLabel("Name:"), 0, 0);
    layout->addWidget(editName, 0, 1);
    layout->addWidget(new QLabel("Email:"), 1, 0);
    layout->addWidget(editEmail, 1, 1);
    layout->addWidget(new QLabel("ID (for Remove/Update):"), 2, 0);
    layout->addWidget(editId, 2, 1);
    layout->addWidget(btnAddCustomer, 3, 0, 1, 2);
    layout->addWidget(btnRemoveCustomer, 4, 0, 1, 2);
    layout->addWidget(btnUpdateCustomer, 5, 0, 1, 2);
    layout->addWidget(labelStatus, 6, 0, 1, 2);
    layout->addWidget(btnShowAllCustomers, 7, 0, 1, 2);

    QWidget *centralWidget = new QWidget(this);
    centralWidget->setLayout(layout);
    this->setCentralWidget(centralWidget);
}

void MainWindow::connectSignalsSlots() {
```

```
        connect(btnAddCustomer, &QPushButton::clicked, this,
&MainWindow::onAddCustomerClicked);
        connect(btnRemoveCustomer, &QPushButton::clicked, this,
&MainWindow::onRemoveCustomerClicked);
        connect(btnUpdateCustomer, &QPushButton::clicked, this,
&MainWindow::onUpdateCustomerClicked);
        connect(btnShowAllCustomers, &QPushButton::clicked, this,
&MainWindow::onShowAllCustomersClicked);
    }

    void MainWindow::onAddCustomerClicked() {
        bool result = customerManager.addCustomer(editName->text(), editEmail->text());
        if (result) {
            labelStatus->setText("Customer added successfully.");
            clearInputFields();
        } else {
            labelStatus->setText("Failed to add customer.");
        }
    }

    void MainWindow::onRemoveCustomerClicked() {
        bool result = customerManager.removeCustomer(editId->text().toInt());
        if (result) {
            labelStatus->setText("Customer removed successfully.");
            clearInputFields();
        } else {
            labelStatus->setText("Failed to remove customer.");
        }
    }

    void MainWindow::onUpdateCustomerClicked() {
        bool result = customerManager.updateCustomer(editId->text().toInt(),
editName->text(), editEmail->text());
        if (result) {
            labelStatus->setText("Customer updated successfully.");
            clearInputFields();
        } else {
            labelStatus->setText("Failed to update customer.");
        }
    }
    void MainWindow::onShowAllCustomersClicked() {
        QList<QPair<int, QString>> customers = customerManager.getAllCustomers();
        QString info;
        for (const auto &customer : customers) {
            info += QString("ID: %1, Name: %2\n").arg(customer.first).arg(customer.second);
        }
        QMessageBox::information(this, "All Customers", info.isEmpty() ? "No customers
found." : info);
    }

    void MainWindow::clearInputFields() {
        editName->clear();
        editEmail->clear();
        editId->clear();
    }
```

在上述代码中：

- 构造函数和析构函数：初始化用户界面并配置窗口的基本属性。
- setupUi方法：配置布局和添加各种UI组件，如编辑框、按钮和标签。

- connectSignalsSlots方法：连接按钮的单击事件到相应的槽函数，这些槽函数将处理具体的业务逻辑调用。
- 事件处理函数：
  - ◆ onAddCustomerClicked: 处理添加客户的逻辑，调用CustomerManager的addCustomer方法。
  - ◆ onRemoveCustomerClicked: 处理删除客户的逻辑。
  - ◆ onUpdateCustomerClicked: 处理更新客户信息的逻辑。
  - ◆ onShowAllCustomersClicked:查询数据库中所有记录。
- clearInputFields方法：在每次操作后清除输入框，为下一次操作做准备。

这个实现通过Qt的信号和槽机制将GUI的操作和业务逻辑层连接起来，确保了界面的响应性和功能的正确实现。

在客户端管理系统示例中，通过Qt框架的层次架构，我们有效地将界面层、业务逻辑层和数据访问层分离开来，每层负责特定的功能，保证了系统的结构清晰和维护方便。这种分层方法优化了功能模块的组织和相互操作，但它主要处理的是用户交互和业务逻辑的直接管理。

然而，尽管层次架构在组织复杂的业务逻辑和用户界面方面表现出色，但在处理连续的数据流或需要多阶段处理的任务时,它可能显示出一些限制。这类场景更适合采用管道与过滤器（pipes and filters）架构，其中数据可以流经一系列专门的处理单元，每个单元完成一定的处理任务。接下来，我们将探讨如何在C++中实现管道与过滤器架构，并分析其在流式处理中的应用和优势。

7.5.5　管道与过滤器架构：流式处理在 C++中的应用

管道与过滤器架构主要是为了处理数据流，特别是需要对其进行一系列的处理和转换操作的情况。

1. 管道与过滤器架构的核心思想

管道与过滤器架构的核心思想是将数据处理过程分解为一系列独立的处理步骤（即过滤器），并通过管道将这些步骤连接起来。每个过滤器都有明确定义的输入和输出，它负责接收输入数据，对其进行某种处理或转换，然后输出结果。管道则负责数据的传输，将数据从一个过滤器传送到下一个过滤器。

这种架构的核心思想强调了以下几个关键点：

- 独立性：每个过滤器都是独立的处理单元，只关注自己的处理任务，具有高内聚性，不与其他过滤器直接交互。这种独立性使得系统更易于模块化和维护。
- 数据流转：数据通过管道在过滤器之间流动，每个过滤器对数据进行特定的处理，并将处理后的数据传递给下一个过滤器。这种流式处理方式使得数据处理流程清晰、灵活且可扩展。

2. 实现管道与过滤器架构

在C++中，实现管道与过滤器架构通常涉及定义一系列的处理单元（过滤器），每个处理单元对数据进行处理后将结果传递给下一个处理单元。这种架构模式非常适合于数据流处理和信号处理等应用。实现这种架构的基本步骤如下：

① 定义过滤器接口：所有的过滤器都应该实现一个共同的接口，这样它们可以在管道中互换使用。

② 创建具体的过滤器类：实现具体的处理逻辑。

③ 构建管道：将不同的过滤器连接起来，形成数据处理的流程。

④ 处理数据：通过管道发送数据，并让它流经各个过滤器。

【示例展示】

首先，定义一个过滤器接口：

```cpp
class Filter {
public:
    virtual ~Filter() {}
    virtual std::string process(const std::string& input) = 0;
};
```

然后，创建一些具体的过滤器：

```cpp
class CapitalizeFilter : public Filter {
public:
    std::string process(const std::string& input) override {
        std::string output = input;
        std::transform(output.begin(), output.end(), output.begin(), ::toupper);
        return output;
    }
};

class AppendFilter : public Filter {
public:
    std::string process(const std::string& input) override {
        return input + " - Appended";
    }
};
```

接着，定义一个管道来管理和连接这些过滤器：

```cpp
class Pipeline {
private:
    std::vector<std::unique_ptr<Filter>> filters;
public:
    void addFilter(std::unique_ptr<Filter> filter) {
        filters.push_back(std::move(filter));
    }

    std::string process(const std::string& input) {
        std::string data = input;
        for (auto& filter : filters) {
            data = filter->process(data);
        }
        return data;
    }
};
```

最后，使用这个架构处理数据：

```cpp
int main() {
    Pipeline myPipeline;
    myPipeline.addFilter(std::make_unique<CapitalizeFilter>());
    myPipeline.addFilter(std::make_unique<AppendFilter>());

    std::string inputData = "hello world";
    std::string result = myPipeline.process(inputData);
    std::cout << "Processed Output: " << result << std::endl;

    return 0;
}
```

本例的管道与过滤器架构如图7-28所示，展示了如何通过管道模式将字符串先转换为大写，然后在其后追加字符串。读者可以根据需要添加更多的过滤器或修改现有过滤器来处理不同类型的数据。

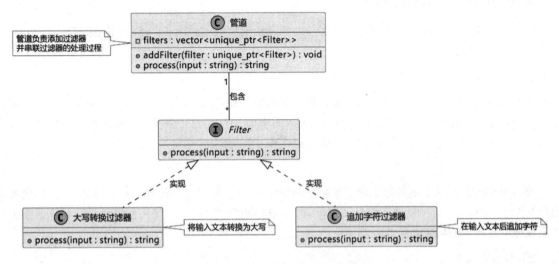

图 7-28　管道与过滤器架构图

3. 管道与过滤器架构的适用场景

在C++编程和开发中，管道与过滤器架构主要适用于以下几种类型的需求：

- 数据流处理：当程序需要处理的数据可以视为一个连续的流，并且这些数据需要经过多个处理步骤时，管道与过滤器架构非常合适。例如，音视频数据处理、实时数据监控系统等。

- 可复用性需求高：当不同的处理功能需要在不同的场景下复用时，将这些功能封装成独立的过滤器可以提高代码的可复用性。每个过滤器实现特定的数据处理任务，可独立于其他过滤器运行。

- 可扩展性和灵活性：在需要频繁修改或扩展处理逻辑的系统中，使用管道与过滤器架构可以轻松地添加、移除或替换过滤器，而不需要修改管道的其他部分。这种模式使得系统的维护和升级变得更加灵活。

- 并行处理需求：如果数据处理的各个步骤可以并行执行，管道与过滤器架构能够有效地利用多核处理器的优势，提高处理效率。每个过滤器可以在不同的线程或处理器上执行，提高整体的处理速度。

- 清晰的数据处理逻辑：在需要清晰定义数据处理各个阶段的系统中，使用管道与过滤器架构可以帮助开发者和设计者更好地理解数据流动和处理过程。这有助于降低系统的复杂性，并提高可理解性。

- 串行数据处理任务：适用于那些需要数据按照特定顺序经过多个处理阶段的应用，每个阶段对数据进行某种转换或提取信息，然后传递给下一个阶段。

例如，在图像处理软件中，原始图像数据可能需要经过一系列的处理过程，如缩放、滤镜应用、边缘检测等，这些都可以通过管道与过滤器架构来实现，每个处理步骤作为一个独立的过滤器。这样的设计不仅使得每个步骤的实现清晰，也方便以后根据需求添加或修改处理步骤。

总之，管道与过滤器架构提供了一种强大的方法来处理序列化的数据流和复杂的数据转换任务，其模块化和可扩展的特性使得它非常适合处理需要清晰处理逻辑和高并行性的应用场景。这种架构的实践不仅凸显了在C++中处理数据流的效率，还展示了良好架构设计在软件开发中的重要性。

7.5.6　综合探索与实践指南：C++中的架构策略

1. 快速回顾：C++架构的精粹

在之前的章节中，我们深入探讨了几种核心的软件架构模式。现在，让我们快速梳理这些架构的要点，为接下来的探索做好准备。

1）组件化架构

组件化架构通过模块化设计原则，强调将功能划分为独立的、可替换的组件，每个组件都封装了特定的业务逻辑。在C++中，这种架构可以通过类和接口的精心设计来实现，使用抽象基类定义接口和派生类实现具体功能，支持代码的高度的复用性和可维护性。

2）事件驱动架构

事件驱动架构侧重于事件的生成、检测、消费模式，适用于高度异步的系统，如实时消息处理或用户界面。在C++中，这可以通过信号和槽机制（如在Qt框架中实现）或使用回调和函数对象来构建，使系统能够更灵活地响应外部或内部事件。

3）微服务架构

微服务架构将应用程序分解为一组小服务，每个服务实现特定的功能，并可以独立部署、扩展和更新。在C++环境中，这通常涉及使用网络通信库（如Boost.Asio）来处理服务间的消息传递，并在独立的服务中封装业务逻辑。

4）层次架构

层次架构通过逻辑上的分层来简化复杂的系统设计，常见的层次包括表示层、业务逻辑层和数据访问层。C++中的层次架构设计可以通过类的分层和职责划分来实现，确保每一层只处理与其职责相对应的任务，从而提高代码的可管理性和可维护性。

5）管道与过滤器架构

管道与过滤器架构适用于数据流处理和变换任务，其中数据通过一系列处理单元（过滤器）传递，每个过滤器处理输入数据并生成输出到下一个过滤器。在C++中，这种模式可以通过创建链式函数调用或使用流式处理库（如Boost.Iostreams）来实现，允许灵活地组合不同的数据处理操作。

通过以上的回顾，我们重新认识了几种重要的架构模式及其在 C++ 中的实现方法。这些架构不仅能够提高代码的可复用性和可维护性，还能增强系统的灵活性和可扩展性。

2. 探索未尽：C++中其他架构的简介

目前探讨的是几种核心的软件架构模式，但在C++的世界里，还有许多其他架构策略值得探索。接下来将简要介绍这些架构，旨在拓宽读者的视野，帮助读者更全面地理解如何通过先进的架构策略提升开发效率和系统性能。

1）服务定向架构（service-oriented architecture，SOA）

（1）核心思想

服务定向架构是一种设计模式，旨在将应用程序组织成松散耦合的服务集合，每个服务都执行定义明确的、独立的任务。这些服务通常通过网络进行通信，使用通用的通信协议，如HTTP。SOA的核心在于服务的独立性，使得每个服务都可以作为单独的单元进行开发、部署、维护和替换，而不会影响系统的其他部分。

（2）适用场景

SOA特别适用于大型企业级应用，其中需要集成多个业务单元或系统，这些系统可能是异构的，分布在不同的物理位置。SOA允许这些不同的系统和组件能够通过定义良好的接口和契约进行有效的互操作。此外，SOA在需要频繁更新或替换业务逻辑组件的环境中表现良好，因为它的设计允许系统的某部分可以独立于其他部分进行更新。

（3）C++中的实现

在C++中，实现SOA可能涉及以下几个关键技术和策略：

- 接口定义与服务契约：使用C++抽象类或接口来定义服务的契约。这些接口定义了服务的公共方法，而实现这些接口的具体类则封装了业务逻辑。
- 网络通信：C++应用通常会利用网络库（如Boost.Asio、Poco Libraries等）来处理HTTP或其他协议的通信。这些库提供了强大的工具来创建网络客户端和服务器，从而使得服务可以接收和发送请求。
- 服务发现：在SOA中，服务需要能够被其他服务发现和调用。在C++中，可以实现一个服务注册中心，服务在启动时向此中心注册自己的地址和可用性信息。这可以通过使用像Apache ZooKeeper这样的分布式服务框架来实现。
- 序列化与反序列化：服务之间的数据交换通常需要序列化（将数据结构转换为可传输的格式）和反序列化（将接收到的数据转换回原始格式）。在C++中，可以使用Boost.Serialization或Cereal等库来处理数据的序列化和反序列化。
- 错误处理和事务管理：错误处理是C++中实现SOA的关键考虑因素，需要确保服务间的错误能够被妥善处理，并且适当的事务管理机制能够回滚失败的操作。

在探讨服务定向架构的上下文中，特别是在微服务或分布式系统的环境下，了解不同组件之间如何协作是至关重要的。现在通过图7-29来详细展示服务接口、具体服务实现、客户端应用以及它们之间的通信机制。

具体说明如下：

- 服务接口：这是一个抽象层，定义了所有服务必须遵循的操作和结果类型。它保证了服务实现的一致性和可替换性。
- 具体服务实现：这些服务实现了接口中定义的业务逻辑，并可以通过消息队列与其他服务进行通信。
- 客户端应用：依赖于服务接口进行业务操作的客户端应用。客户端通过服务注册中心发现和调用可用的服务。
- 服务间通信：包括服务注册中心和消息队列。服务注册中心允许服务实例注册自己并被发现，而消息队列则用于在服务实例之间异步交换消息。

通过这种设计，系统的不同部分可以高度解耦，增强了系统的可扩展性和可维护性。服务接口的一致性使得客户端应用可以透明地调用任何具体的服务实现，而服务实现可以独立于客户端应用进行优化或替换。

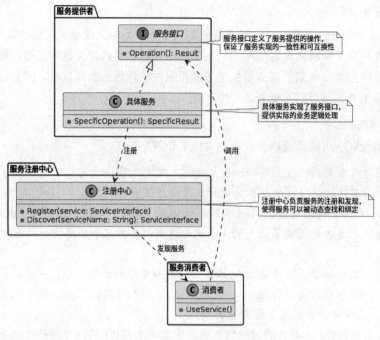

图 7-29   服务定向架构

服务定向架构、微服务架构和组件化架构的关系

　　到这里读者可能已经发现，服务定向架构、微服务架构和组件化架构，虽然是3种不同的软件架构模式，但它们之间有一定的关系和区别。具体介绍如下：

　　共同点：

- 模块化思想：三者都强调将系统分解为独立的模块或服务，提升系统的可维护性和可扩展性。
- 松耦合：都注重降低模块或服务之间的耦合度，通过接口或协议进行通信。

　　差异点：

- 粒度不同：组件化架构关注的是系统内模块的划分，通常粒度较粗。服务定向架构和微服务架构关注的是独立服务的划分，尤其是微服务，粒度更细。
- 技术实现：服务定向架构通常使用企业级服务总线（ESB）进行服务间通信，而微服务架构则更倾向于使用轻量级协议和去中心化的通信方式，组件化架构的通信则更多依赖于系统内部的接口调用。
- 部署方式：服务定向架构和微服务架构服务可以独立部署，尤其是微服务可以独立于整个系统进行部署和扩展。组件化架构的组件一般作为一个整体进行部署。

　　发展演变：

- 服务定向架构到微服务：微服务架构可以看作服务定向架构的精细化和去中心化版本，它强调更小粒度的服务、独立部署和多样化技术。
- 组件化到微服务：微服务架构在组件化架构的基础上，进一步将系统划分为独立的服务单元，并强调独立的生命周期管理和跨团队协作。

服务定向架构、微服务架构和组件化架构各有其特点和应用场景。理解三者的关系和差异有助于在实际项目中选择合适的架构模式，以满足不同的业务需求和技术要求。

2）领域驱动设计（domain-driven design，DDD）

（1）核心思想

领域驱动设计是一种软件设计哲学，强调以业务领域为中心的软件开发。DDD倡导开发团队与领域专家紧密合作，以确保软件模型能够精确反映业务领域的复杂性和动态性。

有些读者可能会疑惑，为什么要与领域专家紧密合作呢？这是因为DDD通过深入理解和建模业务领域来指导系统设计。领域专家拥有对业务规则、流程和需求的深刻理解，他们的参与能确保开发团队准确捕捉到业务需求的细节，从而创建一个与实际业务情况高度一致的软件模型。这样，软件不仅能满足当前的业务需求，还能在未来的变化中保持灵活性和可扩展性。

核心概念包括领域模型、限界上下文（bounded context）、实体（entities）、值对象（value objects）、聚合（aggregates）、仓库（repositories）和服务（services）。这些构建块帮助开发者创建一个既符合业务需求又可维护的系统。

（2）适用场景

DDD特别适合于业务规则复杂、业务逻辑频繁变更的系统。例如，金融服务、保险、医疗和电子商务等领域。在这些领域中，业务流程的变更可能非常快，对系统的灵活性和适应性要求极高。DDD通过创建一个与业务紧密相连的模型，使得软件更容易适应这些变化。

（3）C++中的实现

尽管DDD与Java和.NET等高级语言更为密切相关，但在C++中实现DDD也是可行的，尤其是在需要高性能和精细控制资源的应用中。以下是一些关键的实现策略：

- 领域模型的建立：在C++中，可以使用类和模板来定义领域模型中的实体和值对象。使用类继承和组合可以有效地表示领域中的复杂关系和行为。
- 限界上下文的管理：限界上下文是DDD中用于定义领域模型边界的一个概念。在C++项目中，可以通过命名空间或者单独的库文件来物理隔离和管理不同的限界上下文。
- 聚合和聚合根的设计：使用C++中的智能指针和容器，如std::unique_ptr、std::shared_ptr和std::vector等，可以管理聚合内部的生命周期和关联关系，确保聚合根控制聚合的一致性。
- 仓库的实现：仓库模式用于封装数据库访问的逻辑，使得领域模型与数据持久化层解耦。在C++中，可以实现模板类仓库，使用模板特化来适应不同的实体类型。
- 领域服务的设计：对于跨聚合或跨限界上下文的操作，可以设计领域服务。在C++中，这些服务通常作为独立的类实现，提供一系列静态或非静态成员函数来执行领域逻辑。

为了进一步明确这些概念在实际项目中的应用，现在通过图7-30来展示领域模型的组成和各组件之间的关系。

领域驱动设计主要包括以下部分：

- 领域模型：包括实体、值对象和聚合根。实体包含唯一标识符和其他必要属性，它通过包含值对象来表示更复杂的属性结构。聚合根则作为聚合的入口点，确保聚合内部的一致性和业务规则的实施。
- 领域服务：表示领域逻辑的执行点，提供了执行复杂业务操作的方法。

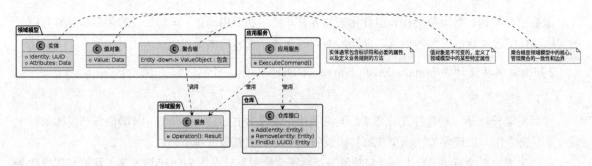

图 7-30   领域驱动设计图

- 仓库：为实体的持久化提供接口，包括添加、移除和查找实体的方法。
- 应用服务：作为使用领域模型的客户端，负责协调领域服务和仓库的操作，执行具体的业务命令。

通过这种方式，我们可以清楚地看到领域驱动设计中不同组件如何协同工作，以及它们如何支持业务逻辑的实施和数据的一致性维护。这种模型的清晰划分使得系统不仅易于管理和维护，而且增强了业务逻辑的可测试性和可扩展性。

3）命令查询责任分离（command query responsibility segregation，CQRS）

（1）核心思想

CQRS是一种软件架构模式，它将数据的修改（命令）和读取（查询）操作分开处理。这种分离可以优化性能、可扩展性和安全性，因为它允许独立地优化读写操作，适应不同的需求。命令操作确保数据的一致性和完整性，而查询则可以灵活地进行优化，如读取优化的数据库视图或使用专门的查询模型。

（2）适用场景

CQRS特别适用于读写负载高度不对称的应用，例如，用户交互生成的数据（命令）相对较少，但用户查询这些数据的操作非常频繁。这种架构常见于需要高性能读取操作的系统，如金融市场数据分析、电子商务平台的用户界面、大规模CRM系统等。

（3）C++中的实现

在C++中实现CQRS涉及构建两个分离的模块：命令处理模块和查询处理模块。以下是一些关键实施策略：

- 命令处理：命令处理部分负责处理所有写入操作，维护数据的一致性和完整性。在C++中，这可以通过类和方法来实现，其中每个命令都是一个对象，具体的命令类负责执行具体的操作。可以使用事件源策略来记录每个命令的结果，以便可以重新构建状态或撤销操作。
- 查询处理：查询处理部分则专注于数据的读取操作，可以设计为只读且高度优化的数据访问层。在C++中，可以利用多线程和缓存策略来优化查询性能。例如，可以预先计算并存储那些需要频繁查询的数据视图。
- 数据模型的隔离：在CQRS中，命令和查询可能使用完全不同的数据模型。在C++应用中，这意味着可能需要为命令和查询分别设计和维护不同的类和对象模型。
- 事件处理：通常与CQRS配合使用的还有事件驱动架构。命令的处理结果会生成事件，这些事件被用来触发查询模型的更新或其他后续处理。在C++中，事件处理通常通过观察者模式或回调机制来实现。

- 异步和并发处理：CQRS架构允许命令和查询操作并行执行，增加了系统的响应能力和吞吐量。在C++中，这可以通过使用异步编程模型（如std::async、std::future或使用线程池）来实现。

为了进一步加深对CQRS架构如何在实际中被组织和操作的理解，下面通过图7-31来可视化这种架构的整体结构和组成。

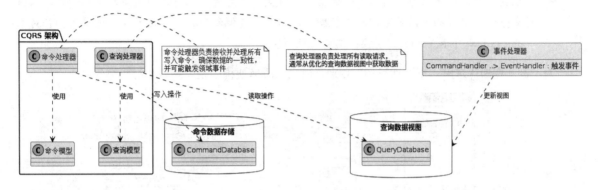

图 7-31　命令查询责任分离设计图

CQRS架构被分为命令和查询两部分。命令处理器负责处理所有写入命令，确保数据的一致性，并可能触发领域事件，这些事件随后由事件处理器接收并处理，以更新查询数据视图。查询处理器则专注于从这些优化的数据视图中读取数据，以支持高效的查询操作。这种分离确保了系统在处理复杂的业务逻辑时既能维持高性能，也能保持良好的数据一致性。

CQRS架构的清晰的职责划分和高度的系统响应性特性，使得它成为处理大规模和复杂数据系统的理想选择。该架构不仅提高了系统的可维护性，还通过解耦命令和查询操作，优化了数据处理的效率。

4）六边形架构（hexagonal architecture）

（1）核心思想

六边形架构（也称为端口与适配器架构）是由Alistair Cockburn 提出的一种软件架构模式。这种模式的核心是将应用程序的核心逻辑（业务逻辑）与其外部组件（如数据库、用户界面、网络接口等）进行分离。应用程序的核心逻辑位于中心，被称为"域模型"或"应用程序核心"，而与外部世界的所有交互都通过"端口"（定义的接口）和"适配器"（实现接口的具体方法）来进行。这样的设计使得应用程序的核心逻辑与外部设备或服务的具体实现细节解耦，从而增加了代码的可维护性和灵活性。

（2）适用场景

六边形架构特别适用于需要与多种外部设备或外部服务交互的应用程序，例如需要同时处理数据库、网络服务请求和用户界面的复杂业务应用。此外，这种架构非常适合于需要高度模块化和可测试性的系统，因为它允许开发者独立测试应用程序的内部逻辑，而不依赖于外部系统。

（3）C++中的实现

在C++中，实现六边形架构涉及以下关键技术和策略：

- 定义端口：端口在六边形架构中充当接口的角色。在C++中，可以使用抽象基类或接口类来定义端口。这些端口定义了与外部世界交互所需的所有功能，而不实现任何具体逻辑。

- 实现适配器：适配器是实现端口的具体类。在C++中，适配器通常作为从端口派生的具体类来实现，负责将端口的抽象请求转换为对特定技术或设备的调用。例如，数据库访问适配器可能使用SQL来与数据库交互，而网络适配器可能使用HTTP库来处理网络请求。
- 依赖注入：六边形架构常常与依赖注入技术一起使用，以实现运行时的灵活性和可配置性。在C++中，这可以通过传递具体适配器实例到使用它们的对象来实现。例如，可以在应用程序启动时从配置文件中读取具体适配器的选择，然后创建并传递给应用程序核心。
- 测试友好性：由于业务逻辑与外部通信完全解耦，开发者可以更容易地编写单元测试，只针对业务逻辑进行测试，而不依赖于数据库、网络或其他外部服务。这可以通过使用模拟对象（mocks）或存根（stubs）来模拟端口的行为实现。

为了进一步加深理解，下面通过图7-32来可视化六边形架构的整体结构和组成部分。

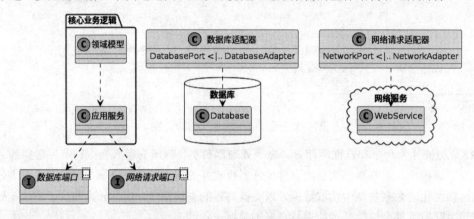

图 7-32   六边形架构设计图

六边形架构中心的"应用服务"和"领域模型"代表应用程序的核心业务逻辑，它们与外部世界的交互完全通过定义清晰的端口进行。各个端口由具体的适配器实现，这些适配器负责将端口的抽象请求转换成对特定技术或设备的具体调用，例如数据库或网络服务。

六边形架构提供了一种强大的方法来构建灵活、可维护且高度可测试的应用程序。在C++项目中，采用这种架构模式可以帮助开发者清晰地隔离应用程序的不同部分，提高系统的整体质量和长期可维护性。

3. 比较与选择：架构间的权衡

在深入探讨各种软件架构之后，关键的一步是全面理解这些架构在多个维度上的差异以及它们的优势和局限。软件架构的设计不是只关注单一的性能或可扩展性，而是兼顾性能、可扩展性、可维护性和成本效益在内的多个方面。

下面将从多个角度出发，深入分析各种架构模式，比较它们在不同技术和业务需求下的综合表现。通过这种全面的对比，我们将探索每种架构最适合的应用场景，理解它们如何平衡多方面的需求以解决特定类型的问题。

1）可扩展性分析：架构设计的关键要素

在现代软件开发中，可扩展性是衡量架构设计成功与否的关键指标之一。可扩展性专注于在系统需求增加时，如何有效地增加资源以保持或提高系统性能。这涵盖了水平扩展（增加更多的处理单元或机器）和垂直扩展（增加单个节点的资源）。

　　一个可扩展的架构可以随着用户需求和数据量的增长，有效地增加资源以保持或提升系统性能。在这部分，我们将探讨几种架构模式的模块化以及如何支持系统的水平扩展和垂直扩展，并分析它们在实际应用中的优势和局限。

　　（1）模块化设计的角色

　　在探讨各种架构的可扩展性时，模块化设计扮演了至关重要的角色。通过模块化，系统被划分为多个较小的、可独立管理的单元或组件，每个单元都可以独立开发、测试、部署和扩展。这种划分提升了系统的可维护性，同时也使得按需扩展资源成为可能。

- 微服务架构中的模块化：微服务架构本质上是模块化设计的一种表现，每个微服务都是围绕特定业务功能构建的独立服务。这使得在不增加整体系统复杂性的情况下，单独对某个服务进行扩展或优化成为可能。
- 单体架构中的模块化：虽然单体应用将所有功能都集成在一起，但内部也可以通过实施模块化策略来提高可扩展性。通过定义清晰的功能模块，并在内部实现低耦合和高内聚，可以在需要时更容易地扩展或修改特定模块。

　　（2）水平扩展与垂直扩展

　　水平扩展指增加更多的机器到现有的池中，以分散负载和增加处理能力。这种方式通常适用于分布式系统，如微服务架构和服务定向架构。

　　垂直扩展指增强单个节点的资源（如CPU、内存），以提高其处理能力。这种方式适用于需要强大处理能力的单体应用。

　　（3）架构对比

　　⮕　微服务架构的可扩展性

　　微服务架构将大型应用拆分成独立的小型服务单元，每个服务都运行在其自有的进程中，并通过轻量级通信机制（如HTTP REST APIs）进行交互。

　　优点：

- 弹性扩展：单个服务可以独立扩展，无须整体应用扩展，允许针对具体业务需求进行资源优化。
- 故障隔离：一个服务的失败不会影响到整个系统，容易实现高可用性。

　　缺点：

- 网络开销大：服务间频繁的网络通信可能导致性能问题。
- 复杂的服务管理：随着服务数量的增加，管理和维护的复杂性也会相应提高。

　　⮕　单体架构的可扩展性

　　在单体架构中，所有的功能模块都被整合在一个大的应用程序中。

　　优点：

- 简化的开发和部署：由于所有的模块都在一个应用内，因此开发和部署过程较为简单。
- 性能优化：组件间调用不涉及网络，可以更快地进行数据处理。

缺点：

- 有限的可扩展性：整体应用扩展时需要整体部署，资源利用可能不够灵活。
- 故障影响广：一个模块的问题可能会影响整个应用的稳定性。

常用软件架构的可扩展性对比如表7-6所示。

表7-6   软件架构中的可扩展性对比

架构模式	说　明	适用场景	优　点	缺　点
微服务架构	将大型应用分解为独立的小型服务单元，每个服务运行在自己的进程中	大型应用，需要快速迭代和独立扩展的系统	弹性扩展 故障隔离 可以独立部署	网络开销大 服务管理复杂
单体架构	所有功能模块整合在一个大的应用程序中	初创项目，小型应用，或对性能有极高要求的系统	开发和部署简单 组件间通信快	扩展受限 故障影响整个系统
服务定向架构	业务功能分解成独立的服务，通过网络协议进行通信	需要高度模块化和业务间解耦的企业级应用	高度模块化 易于集成和替换服务	高复杂性 性能可能受到网络延迟的影响
可伸缩的分布式系统	采用分布式计算资源，可以动态调整以适应负载变化	大数据处理，高并发处理，实时计算系统	可以动态增加或减少资源 高并发处理能力	实现复杂 数据一致性和同步是挑战

通过深入分析每种架构的可扩展性，我们可以更好地理解如何根据项目需求选择最适合的架构策略。这种理解不仅帮助我们在设计初期做出明智的决策，还能在项目扩展和成长时提供必要的支持。

2）性能评估：软件架构的关键因素

性能是衡量软件架构有效性的关键因素之一，它直接关系到应用的响应时间、处理速度和系统吞吐量。不同的架构模式会以不同的方式影响这些性能指标，选择适当的架构可以显著提高系统的整体效率和用户体验。下面将深入探讨几种主要的软件架构，并分析它们在性能方面的优势和潜在局限，以帮助读者在不同场景下做出权衡。

（1）CQRS架构：读写差异大的场景

CQRS架构通过将命令（写操作）和查询（读操作）分离到不同的模型中，在读写差异大的应用场景下提供了显著的性能优势。

- 读写分离：通过独立优化读模型和写模型，CQRS架构能够在高并发的读取和写入操作中表现出色。特别适用于读多写少或读写操作复杂性差异大的系统。
- 可扩展性：能够独立扩展读写部分，提高系统资源利用效率和整体可用性。
- 数据一致性：结合事件溯源，CQRS架构能够提供更好的数据一致性和审计能力。

（2）事件驱动架构：高并发事件处理

事件驱动架构适用于需要高并发事件处理的场景，例如实时数据处理、金融交易系统等。

- 异步处理：通过事件通知和异步处理，减少同步阻塞，提高系统的响应速度和并发处理能力。
- 解耦合：各组件通过事件进行通信，降低了系统耦合度，便于扩展和维护。

（3）微服务架构：复杂业务逻辑和独立部署

微服务架构适用于业务逻辑复杂、需要独立部署和扩展的系统，例如电子商务平台、企业级应用等。

- 服务拆分：将应用拆分为多个小服务，每个服务独立部署和扩展，适应复杂业务逻辑和高扩展需求。
- 独立部署：服务间解耦合，独立部署，减少系统更新时的风险和影响范围。

（4）分片架构：大规模数据管理

分片架构适用于需要处理大规模数据的系统，例如社交网络、搜索引擎等。

- 数据分片：通过将数据分割成多个独立的分片，分散数据处理负载，提高系统的并发处理能力和数据访问速度。
- 可扩展性：各分片可以独立扩展，方便系统应对不断增长的数据量。

（5）分层架构：简单业务逻辑和快速开发

分层架构适用于业务逻辑相对简单、需要快速开发和部署的系统，例如中小型企业应用、快速原型开发等。

- 职责分离：通过层次分离，简化开发和维护，提高代码可复用性和模块化。
- 开发效率：适合团队协作，快速开发和迭代，减少开发复杂度。

除了上述介绍的5种架构模式外，还有其他架构模式。常用软件架构的性能优化对比如表7-7所示。

表7-7　常用软件架构中的性能优化对比

架构模式	设计原则	优化场景	C++中的应用案例
CQRS	读写分离，独立优化读写模型	读写操作差异大，读多写少的场景	大规模电商系统，订单管理
微服务架构	服务拆分，独立部署和扩展	复杂业务逻辑、高扩展需求的系统	大型企业应用，微服务框架（如 gRPC）
事件驱动架构	异步处理，基于事件进行通信	高并发事件处理，实时数据处理	实时数据流处理系统，金融交易平台
分层架构	职责分离，模块化设计	简单业务逻辑，快速开发和部署	中小型企业应用，快速原型开发
分片架构	数据分片，分散处理负载	大规模数据管理，分布式数据库	社交网络平台，搜索引擎
反应式架构	响应式编程，异步非阻塞处理	高并发和低延迟要求的系统	高性能 Web 服务器，实时通信系统
管道—过滤器架构	将任务分解为一系列独立的处理步骤	数据处理流水线，图像处理，编译器设计	图像处理软件，数据处理管道
代理架构	通过代理层进行请求转发和缓存处理	需要负载均衡和缓存的系统	反向代理服务器，Web 缓存
服务总线架构（ESB）	通过消息总线进行服务间的通信和集成	企业系统集成，大规模分布式系统	企业级系统集成平台
服务定向架构	将系统功能划分为独立的服务模块	需要跨平台和跨技术栈集成的系统	大型企业服务，跨平台集成

（续表）

架构模式	设计原则	优化场景	C++中的应用案例
分布式缓存架构	将数据缓存分布在多个节点上	需要快速数据访问和高可用性的系统	分布式数据库，内容分发网络（CDN）
无服务器架构	基于事件触发的无服务器计算模型	需要按需计算和动态扩展的应用	函数即服务（FaaS），事件驱动处理
多租户架构	通过共享资源支持多个独立的用户或组织	软件即服务（SaaS）平台，多租户应用	企业级 SaaS 平台，云服务提供商

在选择架构时，应考虑以下性能相关的因素：

- **系统的预期负载和用户量**：高并发用户和数据量需要架构能够有效地分散负载和处理大量并行任务。
- **响应时间要求**：对于需要快速响应的应用，选择减少网络延迟和处理时间的架构更为关键。
- **资源的可用性和成本**：高性能硬件和基础设施的成本可能影响架构的选择。

选择合适的架构不仅要考虑它们的理论性能，还要根据实际应用场景进行优化。例如，对于处理速度有严格要求的应用，可能需要优先考虑事件驱动或反应式架构，以减少延迟和提高系统的响应速度。而对于需要清晰维护和扩展的大型系统，多层架构可能更为合适。

在实际部署时，还可以采用负载均衡、缓存策略和异步处理等技术来进一步提升性能。通过这种综合的分析和策略应用，可以确保选择的架构能够满足项目的性能需求，并在长期运营中保持高效。

3）可维护性和灵活性：核心考量的架构设计

在现代软件开发中，可维护性和灵活性是两个关键因素，它们直接影响应用程序的长期成功和可持续发展。可维护性指的是对软件进行修改（包括修复错误、改善设计、添加新功能等）的难易程度。高可维护性意味着更容易更新和升级系统，同时减少引入新错误的风险。灵活性则通常指软件对变更的适应能力，能够在不破坏现有系统功能的情况下，轻松地修改或扩展系统的功能。

下面将探讨不同架构如何影响系统的可维护性和灵活性，并分析其优缺点。

（1）设计原则与灵活性

领域驱动设计是一个突出可维护性和灵活性的架构例子，它通过将复杂系统分解为不同的领域模型，每个模型都围绕业务的特定部分设计，使得系统易于理解和修改。

优点：

- **业务逻辑清晰**：将复杂的业务逻辑封装在清晰定义的领域模型中，使开发者能够更好地理解和维护代码。
- **模块化结构**：模块化的设计允许独立开发和测试各个部分，从而提高了代码的可复用性和可测试性。

缺点：

- **初始复杂性**：实施DDD可能会在项目初期增加复杂性，因为它要求深入理解业务领域。
- **维护成本**：如果领域模型设计不当，后期的维护和扩展可能变得困难。

（2）架构的灵活性与可适应性

微服务架构提供了极高的灵活性，因为它允许独立部署和缩放各个服务。这种架构特别适合那些需要快速适应市场变化的大型应用。

优点：

- 独立部署：各个微服务可以独立于其他服务进行更新和部署，这大大减少了新功能部署的风险和复杂性。
- 技术多样性：每个服务都可以选择最适合其需求的技术栈，增加了技术的灵活性。

缺点：

- 接口管理：服务之间依赖接口进行通信，接口的管理和版本控制可能导致开发和维护上的复杂性。
- 数据一致性：分布式系统保持数据一致性比集中式系统更具挑战。

（3）结构化与代码的可复用性

模块化架构（如使用层次结构的系统），将功能分解成多个层次（如表示层、业务逻辑层、数据访问层），每层负责处理特定类型的任务。这种层次分解本质上是一种抽象实践，它允许开发者将复杂系统的不同部分隔离开来，从而专注于各自的职责。通过在设计中引入抽象层次，开发者能够更容易地管理复杂性，提高代码的可复用性和可维护性。

优点：

- 责任清晰：每层的职责清晰，易于理解和管理。
- 代码复用：良好的层次划分可以提高代码的可复用性，降低开发成本。
- 维护和扩展：高度抽象的层次使得维护和扩展系统更为容易，因为可以独立地修改或更新系统的各个部分，而不影响到其他层。

缺点：

- 层间耦合：如果层间的依赖管理不当，可能会增加系统的耦合性，影响灵活性和可维护性。
- 过度抽象：过度抽象可能导致系统的复杂度增加，反而降低了清晰度和效率。

除了上述3种架构模式以外，还有其他一些常见架构模式，其可维护性如表7-8所示。

表7-8　常见架构中的可维护性

架构模式	设计原则	优　　点	缺　　点	C++中的应用案例
分层架构	将系统分解为功能明确的层，每层负责特定的职责	易于理解和维护，清晰的职责分离	层间依赖可能导致灵活性降低	企业应用，客户端－服务器应用
微内核架构	核心系统提供最小功能，其他功能通过插件或模块扩展	高度模块化，核心系统简洁	插件管理和接口设计复杂	操作系统，可扩展的应用平台
组件式架构	将系统构建为相互独立、可换的组件，通过契约进行交互	促进复用，易于替换和升级组件	组件集成和版本控制可能复杂	软件库，中间件
插件架构	系统通过核心与多个插件组合运作，插件可以热插拔	系统可灵活扩展，插件独立开发和测试	核心与插件的接口设计关键	浏览器，IDE，应用服务器

通过对不同架构模式的深入分析，我们可以看到，可维护性和灵活性是设计软件架构时必须综合

考虑的关键因素。在选择合适的架构模式时，不仅要考虑系统的当前需求，还要预见并适应未来可能的变化。这要求架构不仅要具备足够的灵活性来应对需求的演进，还需要保持足够的结构化以确保系统的可维护性。

- 代码的表达力：高质量的代码应该清晰表达其意图，使得其他开发者能够轻松理解和维护。代码表达力的优化可以通过使用清晰的命名约定、合理的模块划分和遵循设计模式来实现。
- 层次结构：恰当的层次结构可以有效地隔离系统的不同部分，减少各组件之间的依赖，从而提高系统的灵活性和可维护性。每一层都应该有明确的职责，并且与其他层通过定义良好的接口进行交互。
- 一致性：在整个系统中保持一致性是至关重要的，无论是代码实现、接口设计还是用户体验。一致性降低了学习和使用软件的复杂性，同时也简化了维护工作。

4）容错性和可靠性：架构设计的关键考量

在构建健壮的软件系统时，容错性和可靠性是两个至关重要的特性。容错性指的是系统在发生错误时仍然能够继续运行的能力，而可靠性则是指系统在给定时间内无故障运行的能力。例如，在C++中实现CQRS和事件溯源架构可以显著增强数据一致性和系统的恢复能力。

（1）CQRS

CQRS在容错性方面有着良好的表现。其优点如下：

- 灵活性提高：独立的模型使得开发者可以针对查询和命令选择不同的数据模型，更好地满足业务需求。
- 增强安全性：通过将读写权限分离，可以更精细地控制访问权限，提高系统的安全性。

（2）事件溯源

事件溯源是一种通过保存所有状态变更事件来重构对象状态的技术。这种方式的好处包括：

- 完整的历史记录：事件溯源保留了所有的状态变化历史，方便查看任何时间点的系统状态，也便于进行错误诊断和数据分析。
- 系统恢复能力：在系统故障后，可以通过重放事件日志来恢复系统状态，这比传统的定期快照恢复更加灵活和精确。
- 增强数据一致性：由于所有状态变更都通过事件来完成，因此可以通过事件处理机制确保数据的一致性和完整性。

（3）在C++中的实现

在C++中实现CQRS和事件溯源需要考虑以下几个方面：

- 事件存储：需要有一个机制来持久化事件数据，例如使用数据库或文件系统。
- 事件重放：为了恢复系统状态或者进行历史数据分析，需要实现事件的重放逻辑。
- 命令处理：需要实现命令的接收、处理和响应逻辑，同时确保命令处理过程中的数据一致性。
- 查询优化：查询服务可能需要独立的数据存储和优化策略，以提高查询效率和响应速度。

使用CQRS和事件溯源可以显著增强C++应用程序的数据一致性和系统恢复能力。这些架构模式尤其适用于需要高度一致性和可追溯历史的复杂系统。实现这些模式需要细致的设计和良好的技术支持，但它们带来的长远益处可以超过初期的投入和复杂性。

（4）其他架构模式在提高容错性和可靠性方面的作用

除了CQRS和事件溯源，其他架构模式在增强软件系统的容错性和可靠性方面也发挥了重要作用，如表7-9所示。

表7-9　常见软件架构的容错性对比

架构模式	设计原则	优点	缺点	C++中的应用案例
冗余架构	使用额外的硬件或软件组件来复制关键操作或数据	高可用性,减少单点故障的风险	成本较高, 资源使用率低	关键系统, 如交易平台
微服务架构	服务间独立,每个服务单独维护和部署	故障隔离,单个服务故障不影响整体系统	通信复杂性增加,系统管理更困难	大型分布式应用,如云服务
负载均衡	在多个服务器间分配流量,提高应用的处理能力和可用性	在一台服务器或服务实例出现故障时,将流量重定向到健康的实例,从而保持系统的持续运行	成本较高, 维护困难, 容易成为性能瓶颈	网络服务器、云服务器
服务熔断	当检测到一定阈值的失败率后,暂时停止服务调用,防止系统过载和进一步的故障蔓延	系统在部分服务不可用时仍能维持运行,同时避免连锁反应导致更大规模的故障	响应延迟、资源浪费、配置复杂	分布式系统、高性能计算
主从复制架构	设置主节点进行写操作,多个从节点复制主节点数据	数据可靠性高,读负载可分散到从节点	主节点故障可能导致写操作暂停	数据库系统
故障转移架构	预设备份系统或组件在主系统故障时接管运行	系统连续性好和数据不丢失	故障转移时可能有短暂的服务中断	关键任务控制系统
检查点/恢复架构	定期保存系统状态,以便在故障后从最近的安全点恢复运行	可从故障点恢复,减少数据丢失风险	恢复过程可能耗时,影响性能	大规模计算任务,如科研计算

5）C++架构实践：场景匹配与实现技巧

在了解了不同架构的特点后，让我们探讨如何在实际C++项目中应用这些架构，并介绍一些实用的实现技巧。

（1）架构与C++项目类型匹配

① 高性能计算系统：适合使用事件驱动架构或管道—过滤器架构。

技巧：利用C++11的std::async和std::future实现高效的并行计算。

② 大型企业应用：考虑微服务架构或分层架构。

技巧：使用gRPC框架实现高效的微服务通信，利用Protocol Buffers进行数据序列化。

③ 实时系统（如游戏引擎）：事件驱动架构或组件式架构较为合适。

技巧：使用观察者模式和C++的函数指针或std::function实现灵活的事件处理系统。

④ 数据密集型应用：CQRS或分片架构可能更适合。

技巧：使用C++17的std::optional处理可能缺失的数据，提高代码的健壮性。

（2）C++特性与架构实现

① 模板元编程：在编译时生成代码，优化性能关键部分。

应用：在实现组件式架构时，使用模板创建类型安全的组件接口。

② RAII（资源获取即初始化）：确保资源管理的安全性和异常安全。

应用：在微服务架构中管理数据库连接或网络套接字等资源。

③ 智能指针：简化内存管理，减少内存泄漏风险。

应用：在分层架构中管理跨层对象的生命周期。

（3）架构适配性优化

① 使用依赖注入原则：增强系统的可测试性和灵活性。

技巧：使用std::function和Lambda表达式实现灵活的依赖注入。

② 接口抽象：使用纯虚函数定义接口，提高系统的可扩展性。

应用：在插件架构中定义插件接口，实现松耦合的系统设计。

（4）性能与可维护性平衡

① 编译时多态与运行时多态：权衡性能和灵活性。

技巧：使用CRTP（奇异递归模板模式）在保持灵活性的同时提高性能。

② 内存池和对象池：优化频繁分配和释放对象的场景。

应用：在事件驱动系统中管理大量小对象，如事件或消息。

（5）工具和库的选择

① 序列化库（如Boost.Serialization）：在分布式系统中实现数据传输。
② 并发库（如Intel TBB）：在并行计算密集型应用中实现高效的任务调度。
③ 网络库（如Boost.Asio）：在分布式架构中实现高性能的网络通信。

（6）测试策略

① 单元测试：使用Google Test框架进行全面的单元测试。
② 性能测试：使用Google Benchmark库进行精确的性能测量和优化。

通过将这些C++特定的技巧和工具与前面讨论的架构原则相结合，开发者可以更有效地在C++项目中实现和优化所选择的架构。记住，最佳的架构往往是根据具体项目需求定制和优化的结果，而不是简单地套用模板。

4. 总结

程序设计的核心意义在于创建解决方案，满足特定需求。它是使用C++这样的工具，通过清晰、高效的代码来实现功能、优化性能和保证可维护性的实践。

在本部分中，我们从可扩展性、性能、可维护性和灵活性、容错性和可靠性几个关键角度出发，深入探讨了C++软件架构的设计和评估。每一方面都不是孤立存在的，它们相互影响，共同决定了软件系统的最终表现和稳健性。在面对实际的架构设计任务时，我们不能单一地侧重某一方面，而是需要综合考虑所有因素。

C++作为一种功能强大但复杂的语言，为架构师提供了多样的工具和方法，但也要求他们具备高度的技术敏感性和前瞻性。通过阅读本书，希望读者能够获得一套全面的分析工具和思考框架，使得在面对复杂的架构挑战时，能够做出明智且具有前瞻性的决策。

第 8 章

性能的追求：
优化C++应用的艺术与技术

8.1 导语：探索性能优化的哲学之旅

前面章节已经涵盖了C++设计的多个方面，从基础语法到复杂的架构策略。现在，我们将转向一个对于任何严肃的C++开发项目都至关重要的话题——性能优化。性能不仅影响应用的响应速度和资源效率，也是衡量技术解决方案成功与否的关键指标。

在探索性能优化的过程中，我们追求的是以最小的努力获得最大的成果。因此，我们不仅要追求代码的运行速度，还要兼顾开发过程的效率和经济性。通过合理的设计和策略，可以在保持代码的清晰和可维护性的同时，最大限度地提升性能。

在许多场合，选择C++作为开发语言正是因为其卓越的性能表现。无论是在资源受限的嵌入式系统，还是在对处理速度要求极高的大型数据应用中，性能都是项目成功的关键。性能问题不仅会导致用户体验不佳、响应时间延长，甚至可能引起更严重的后果，如系统超时或失败。因此，理解和优化性能是每个C++开发者的必修课。

在性能优化领域，找到效率和开发成本之间的最佳平衡点是一门核心哲学。虽然"过早优化是万恶之源"的观点提醒我们在项目初期避免不必要的优化，但这并不意味着应完全忽视性能调整。恰当的、基于数据的性能优化是确保项目质量的关键。本章将探讨在不牺牲代码可维护性的情况下，实施有效的性能优化，并通过准确的性能测量和分析做出明智的优化决策。该平衡方法鼓励在项目适当阶段引入合理的性能改进，以优化整体项目的成效。

通过本章的学习，希望读者能够全面理解性能优化，并在C++项目中实现有效的性能提升。

8.2 掌握性能分析工具

为了优化C++程序的性能，开发者通常会使用一系列的性能分析工具来识别瓶颈和优化代码。因此，掌握性能分析工具的使用方法是每一个开发者的必备技能。

8.2.1 编译器优化参数

虽然不同的C++编译器有各自特定的编译参数，但它们在性能优化方面的目的和作用是相似的。主流的C++编译器，如GCC、Clang和MSVC，都提供了一系列用于优化程序性能的编译参数。下面是一些常见的性能优化参数。

1. 优化级别

在编写高性能的C++程序时，理解并正确应用编译器的优化选项是至关重要的。优化级别是编译器设置中最直接影响程序执行效率的参数。通过合理选择优化级别，开发者可以在开发周期的不同阶段平衡编译时间、程序性能和调试的便利性。下面将详细探讨各个主流编译器的优化级别及其对程序性能的具体影响，以及如何选择优化级别。

1）GCC和Clang的优化级别

GCC和Clang的优化级别如下：

- -O0: 这是默认的优化级别，不进行任何优化。在这个级别下，编译时间最短，生成的代码保留了源代码的结构，使得调试过程简单、直接。
- -O1: 提供基本的优化，而不会显著增加编译时间。该级别会执行一些简单的代码改进，如死代码消除、简单的常量传播等，可以在不牺牲太多编译时间的前提下，提高程序运行速度。
- -O2: 在 -O1 基础上进一步提升优化级别，包括更复杂的数据流分析和循环变换。这是生产环境中常用的优化级别，它在提高性能和增加编译时间之间提供了一个合理的平衡。此级别的优化可以显著减少程序的执行时间，适合性能要求较高的应用。
- -O3: 最高的优化级别，包括-O2的所有优化，并加入更激进的优化策略，如更积极的循环展开、向量化以及更多的内联函数。使用-O3 可能会大幅提高程序的性能，但同时也可能导致编译时间显著增加，并占用更多的内存。此外，过度优化有时会引发难以诊断的问题，因此在使用-O3 时需要谨慎。
- -Os: 专注于优化代码大小，尽可能减少生成的二进制文件大小。适用于存储资源受限的系统，比如嵌入式系统或移动设备。
- -Ofast: 这个级别包括 -O3的所有优化，并放宽了一些精确的浮点规则，以进一步提速。这可以在科学计算或高性能计算应用中提供性能上的优势，但可能会牺牲结果的精度和可移植性。

2）MSVC的优化级别

MSVC的优化级别如下：

- /O1（最小空间）: 优化生成的代码大小，适用于资源受限的应用程序。
- /O2（最大速度）: 这是MSVC推荐的一般优化级别，提供了性能和编译时间之间的良好平衡。
- /Ox（全面优化）: 启用所有的速度优化，相当于GCC/Clang的 -O3，适用于对执行速度有极端要求的场景。

3）合理选择优化级别

在选择C++编译器优化级别时，开发者需要根据应用程序的具体需求和目标性能标准来决定。优化级别的选择不仅影响程序的执行速度和响应时间，还可能影响程序的大小和调试的便利性。下面是如何根据不同需求选择适当优化级别的一些指导原则和考虑因素。

（1）开发阶段：调试与开发效率

在程序的开发阶段，通常选择-O0或者不加任何优化参数。这个级别不进行任何优化，保证编译速度最快，使得程序易于调试。因为加入优化可能会改变代码的结构，使得在调试过程中难以追踪问题。

（2）测试阶段：性能调优

当程序的基本功能实现后，可以使用-O1进行基本的优化。这个级别的优化旨在提高性能而不牺牲过多的编译时间，同时不会过分改变代码结构，相对容易调试。

在功能稳定后，可以尝试更高级的优化级别。-O2提供了不牺牲稳定性的良好性能提升。对于追求极致性能的场合，-O3提供了更激进的优化手段，包括更复杂的循环处理和向量化等，但可能会增加编译时间和调试难度。

（3）发布阶段：性能与大小平衡

如果目标平台的存储空间有限，或者希望减少程序的内存占用，可以使用-Os优化。这个级别在不显著影响性能的前提下，尽可能减少编译后的程序的大小。

当性能是最关键需求时，选择最大速度的优化级别（-Ofast、/O2、/Ox）。-Ofast包括O3级别的所有优化，并进一步放宽了对浮点运算的标准兼容性，以获得可能的性能提升。

实际应用举例如下：

- 实时系统：对于需要快速响应的实时系统，如交易系统或高频交易算法，可能会采用-O3或-Ofast，因为在这些系统中，执行速度是最重要的。
- 桌面应用：对于普通的桌面应用程序，-O2通常是一个合理的选择，因为它提供了性能和编译时间的良好平衡。
- 嵌入式设备：在资源受限的嵌入式设备中，-Os可能是更好的选择，可以减少程序的内存和存储需求。

选择合适的优化级别是编译过程中的一个重要决策，开发者可以根据具体情况灵活选择编译优化级别，以达到预期的程序性能和效率。

2. 链接时间优化

链接时间优化（LTO）是一种高级编译器优化技术，可以在程序的链接阶段应用。与传统的编译阶段优化不同，LTO 能够在整个程序的上下文中进行优化，从而提高程序的性能和效率。

1）LTO的工作原理

在传统的编译流程中，编译器通常只能看到单个源文件的内容，这限制了它能应用的优化范围。例如，编译器无法在不同编译单元之间进行内联或移除未使用的函数。而在启用了 LTO 后，编译器会生成中间表示代码，并在链接阶段重新载入所有单元的中间表示代码，这使得编译器可以跨文件进行优化。

2）LTO的优势

LTO具有以下优势：

- 代码内联：LTO允许编译器在整个程序范围内进行函数内联，即使这些函数跨越了不同的编译单元。
- 废弃代码消除：编译器能够识别整个程序中未被调用的函数和变量，并将其从最终的执行文件中删除。
- 常量传播和重复代码消除：编译器可以跨模块优化常量使用，并删除重复的代码块。

3）LTO的缺点

尽管LTO提供了显著的性能优势，但它也有一些潜在的缺点：

- 编译时间增加：由于在链接阶段需要执行额外的优化步骤，因此整体的编译时间可能会增加。
- 内存使用增加：在LTO过程中，编译器需要在内存中处理整个程序的中间表示代码，这可能需要更多的内存资源。

4）启用LTO

启用LTO的方法如下：

- GCC和Clang：可以通过将-flto参数添加到编译和链接命令中来启用LTO。
- MSVC：使用/GL选项启用LTO，并在链接时加上/LTCG选项。

链接时间优化是一种强大的工具，可以帮助开发者释放应用程序的最大性能潜力。选择是否使用LTO应基于项目的具体需求和资源，特别是在项目的构建时间和内存使用方面进行权衡。通过精确的测试和评估，开发者可以更好地决定在何种场景下启用LTO，以达到最佳的性能优化效果。

3. 编译时间优化

在提高编译效率方面，除了链接时间优化之外，C++开发者还可以利用预编译头文件（PCH）、并行编译以及模块化编译这几种技术来减少编译时间。这些技术各有其特点，可以根据项目的具体需求和结构来选择使用。

1）预编译头文件

预编译头文件是一种使用广泛的技术，旨在减少重复编译相同的头文件的操作。在C++项目中，有些头文件（如标准库头文件、常用的第三方库头文件）会被频繁包含在多个源文件中。通过将这些头文件预编译成一个二进制形式的PCH文件，编译器可以在编译项目的其余部分时复用这些预编译信息，从而显著减少编译时间。

预编译头文件的优点：

- 加快编译速度：对于大型项目或频繁包含大量头文件的项目，使用PCH可以显著减少编译时间。
- 提高编译效率：避免了对同一头文件的多次编译，特别是在大型代码库中。

预编译头文件的缺点：

- 内存和磁盘使用：预编译的头文件通常体积较大，会占用更多的磁盘和内存资源。
- 管理和维护：需要确保预编译头文件的更新与项目中其他部分的同步，否则可能导致编译错误或不一致。

表8-1总结了在GCC、Clang和MSVC三大主流编译器中使用PCH的方法，以及如何在CMake中配置PCH。

表8-1　编译器设置PCH方式总结

编 译 器	操 作	命 令
GCC	创建 PCH	g++ -x c++-header -o header.hpp.gch -c header.hpp
	使用 PCH	在编译命令中添加 -include header.hpp

（续表）

编　译　器	操　　作	命　　令
Clang	创建 PCH	clang++ -x c++-header -o header.hpp.pch -c header.hpp
	使用 PCH	在编译命令中添加 -include-pch header.hpp.pch
MSVC	创建 PCH	在编译设置中使用/Yc[filename] 选项来创建 PCH
	使用 PCH	使用/Yu[filename] 选项来使用 PCH

通过上述方法，可以在GCC、Clang和MSVC中有效地使用PCH来优化编译时间。

2）并行编译

并行编译是另一种提高编译效率的方法。现代编译器如GCC、Clang和MSVC支持在多核处理器上并行编译多个源文件。通过充分利用系统的CPU资源，可以同时编译多个文件，从而大幅度减少总的编译时间。对于大型项目，这种方法尤其有效。

- make：使用-j参数来指定同时进行的作业数（如make -j4）。
- MSVC：通过在Visual Studio中设置项目属性来启用并行编译。

3）模块化编译

C++20的引入为C++带来了模块化编译的概念，这是一种旨在提高编译效率和改善代码组织的编译单元管理方法。与传统的头文件和源文件模型相比，模块化编译提供了一个更清晰、有效的方式来处理代码依赖和编译。

（1）模块化编译的实现

在C++20中，模块的使用通过关键字module和import来实现。这些关键字允许开发者定义模块的边界，并显式地导入或导出功能。

例如，定义一个模块：

```cpp
// math_module.cpp
export module math;

export int add(int a, int b) {
    return a + b;
}
C++
```

使用模块：

```cpp
// main.cpp
import math;

int main() {
    auto sum = add(1, 2);
    return 0;
}
```

（2）编译器设置

要启用模块的支持，需要在编译命令中指定相应的编译参数。不同的编译器对模块的支持和编译参数可能有所不同。

- GCC（从GCC 11开始支持模块）：

```
g++ -fmodules-ts -std=c++20 main.cpp math_module.cpp -o main
```

- Clang（对模块有较早的实验性支持）：

```
clang++ -std=c++20 -fmodules main.cpp math_module.cpp -o main
```

- MSVC（Visual Studio 2019 16.8及以上版本）：

```
cl /std:c++20 main.cpp math_module.cpp /EHsc /MD /link /out:main.exe
```

（3）优化编译时间

模块化编译的优化编译时间比传统包含头文件的方式的编译时间快数倍，其速度提升的秘诀在于它避免了传统头文件的重复解析。模块接口仅需编译一次，生成一个可以被其他编译单元复用的二进制接口。而传统头文件则需要将所有直接或间接的信息传递给编译器。

（4）模块和传统头文件之间的主要差异

C++20引入的模块是一个设计用来替代传统头文件的新特性，目的在于改善编译时间和程序的封装性。以下是模块和传统头文件之间的主要差异：

- 编译性能：模块显著提高了编译效率。在传统的头文件系统中，头文件的内容在每次包含时都会被复制并重新解析和编译，这在大型项目中会导致编译时间大幅增加。而模块则只需编译一次，之后可直接使用编译后的二进制形式，从而减少了编译时间和资源消耗。
- 命名空间污染：头文件中定义的宏和全局变量会污染全局命名空间，因为预处理器会将头文件内容直接展开到包含它们的文件中。而模块提供了更好的封装，不会无意间暴露或共享宏定义或全局变量，有助于避免命名冲突。
- 重复包含问题：在传统的头文件中，常常需要使用预处理宏（如 #ifndef, #define, #endif）来防止头文件被重复包含。这种方法虽然有效，但增加了代码的复杂性。模块自然解决了重复包含的问题，使得代码更为清晰。
- 依赖管理：在头文件中，开发者需要手动管理依赖关系，确保头文件的包含顺序正确。模块则简化了依赖管理，因为编译器能够理解模块之间的依赖关系，并自动处理它们，所以两个模块的导入顺序不会影响其含义。

通过将模块化编译纳入编译时间优化策略中，可以有效提高大型项目的编译效率，同时提升代码的结构清晰度和维护便利性。

4）小结

这些编译时间优化技术各有优势，可以根据项目的具体需求灵活选择。预编译头文件适用于减少因频繁包含普遍头文件而导致的编译开销。并行编译可以有效利用现代多核处理器的计算能力，加速编译过程。而模块化编译则是一种更为现代的方法，它通过优化依赖管理来提高编译效率。结合这些技术，开发者可以显著提高项目的编译效率，从而缩短开发周期，提升工作效率。

4．调试信息的保留

在进行编译优化的同时保持调试信息是软件开发中的一个重要考虑因素，特别是在项目的开发和测试阶段。调试信息帮助开发者在执行文件中跟踪源代码，这对于调试程序和理解程序行为至关重要。

1）调试信息的重要性

当编译器执行优化时，源代码的结构可能会被显著改变。例如，某些变量可能会被优化掉，或者多个指令可能合并成一个更高效的指令。这些改变虽然提升了程序的执行效率，但同时也可能使得根据编译后的代码追踪问题变得复杂。因此，保留调试信息可以帮助维护代码的可调试性，使开发者能够在优化的代码上进行有效的故障排除。

2）保留调试信息的方法

GCC和Clang：

- 使用-g选项来保留调试信息。此选项可与各种优化级别（如-O2或-O3）结合使用，尽管优化级别较高时，某些调试信息可能不完全准确。
- 可以选择不同级别的调试信息，如-g1、-g2、-g3，以控制调试信息的详细程度和生成的调试数据的大小。

MSVC：

- 使用/Zi或/ZI选项来保留调试信息。/ZI提供了"编辑并继续"的功能，允许在调试时修改代码；而/Zi则是标准调试信息。
- 与优化选项结合使用时（如/O2），MSVC也可以保留有用的调试信息，尽管同样存在因优化级别较高而部分信息可能失真的问题。

合理地保留调试信息是确保软件可维护性和可调试性的关键。但保留调试信息对内存和磁盘空间的需求较高，可能会影响程序的加载时间和调试工具的响应速度。因此，开发者需要在调试的便利性与程序性能之间找到平衡点。通常，在开发阶段保留完整的调试信息，在产品发布时则移除或减少这些信息。

5. 硬件特定优化

硬件特定优化是编译器优化中的一种策略，通过针对特定的处理器架构和指令集进行优化，可以提升程序在特定硬件上的性能。这种优化可以显著提高应用程序的效率，特别是在计算密集型任务中。

1）硬件特定优化的意义

不同的处理器具有不同的性能特性和指令集。通过为特定处理器进行优化，编译器能够利用这些处理器的特定指令，例如SIMD（单指令多数据）指令，来加速数据的处理和计算。此外，针对具体硬件进行优化，还可以提高缓存利用率和减少指令管线中的延迟。

2）实施硬件特定优化的方法

GCC和Clang：

- 使用-march= 选项来指定目标CPU的架构，例如 -march=native表示自动检测并优化当前使用的CPU类型。
- 使用-mtune= 选项来调整编译的代码以适合指定的CPU类型，而不生成专用于该CPU的特定指令。
- 使用-mfpmath= 选项来控制浮点运算的优化方式，如使用SSE或AVX指令集。

MSVC：

- 使用 /arch: 选项来指定用于代码生成的特定于x86或x64架构的指令集，如/arch:SSE2或/arch:AVX。
- 可以通过Visual Studio的项目属性页面轻松设置这些选项。

3）选择合适的硬件特定优化级别

在实际应用中，选择硬件特定优化级别时需要权衡通用性和性能。较高的硬件特定优化级别可能会限制软件只能在具有相应指令集支持的硬件上运行。因此，如果软件需要在多种硬件上运行，可能需要提供多个不同优化级别的版本，或选择一个更通用的优化级别。

硬件特定优化是提升软件性能的有效手段，尤其在性能需求较高的应用程序中。通过精确地针对特定硬件进行优化，开发者可以充分利用现代处理器的高级功能和指令集。然而，这种优化需要精细的规划和测试，因为它可能引入与旧硬件的兼容性问题。

6. 内联展开

内联展开是编译器的一种优化技术，它通过将函数调用替换为函数体本身的代码来减少函数调用的开销。这种技术特别适用于那些体积小、调用频繁的函数，可以显著提高程序的执行速度和效率。

1）内联展开的优势

内联展开可以减少函数调用时产生的开销，例如参数传递、栈帧创建和销毁等。这不仅减少了执行时间，还提高了代码的局部性，从而更好地利用 CPU 缓存。此外，将函数体直接展开在调用点，还可以为编译器提供进一步优化的机会，例如循环展开、常量折叠等。

2）实施内联展开的方法

GCC 和 Clang：

- 使用-finline-functions 选项来鼓励编译器内联所有合适的函数。
- 使用-finline-limit=选项来控制编译器进行内联时的复杂度阈值。较高的值会鼓励更多的内联。
- 使用__attribute__((always_inline))或 inline 关键字在代码级别强制内联特定函数。

MSVC：

- 使用/Ob 选项控制内联的程度。/Ob1 选项允许内联那些明确标记为 inline 的函数，而/Ob2 允许内联任何适合内联的函数。
- 使用__forceinline 关键字在代码级别强制内联特定函数。

3）内联展开的考虑因素

虽然内联可以提高性能，但过度内联可能导致代码膨胀，增加二进制文件的大小。这不仅可能影响程序的加载时间，还可能降低缓存的效率，尤其在内存受限的环境中。因此，合理使用内联展开是必要的，需要在性能提升和资源使用之间找到平衡。

虽然内联本身可以提供优化的契机，但它也可以与其他编译器优化策略相互作用，产生协同效应。例如，内联后的代码块可以与邻近的代码一起重新排列和优化，实现更高的执行效率。

为了避免潜在的代码膨胀和其他副作用，开发者需要谨慎地选择使用哪些函数进行内联，以及在何种程度上进行内联。通过综合考虑程序的性能需求和资源限制，内联展开可以作为提升软件性能的一个重要工具。

8.2.2　性能分析方法

在探索 C++的设计哲学时，理解和评估性能是不可分割的部分。性能分析不仅仅是一个技术活动，它在设计优良的软件中扮演着核心角色。为此，我们需要掌握一系列的分析技术，从基本的手动测量到使用高级工具进行深入分析。

1. 基于手动测量的方法

首先讨论一种粗糙的性能分析方法——手动时间测量。这种方法虽然简单，但对于初步识别性能瓶颈非常有效，尤其在开发初期阶段。

手动时间测量方法的优点在于它的简便性和直接性。开发者可以通过简单的代码更改，立即获得关于程序执行效率的反馈。这种方法不需要依赖任何外部工具，因此，无论在哪种开发环境下，都可以轻松实施。

1）如何实施手动时间测量

使用C++标准库中的<chrono>库，可以精确地测量代码执行的时间。

【示例展示】

```cpp
#include <chrono>
#include <iostream>

int main() {
    auto start = std::chrono::high_resolution_clock::now();

    // 需要测量的代码
    // for example: perform a complex calculation or process large data

    auto end = std::chrono::high_resolution_clock::now();
    std::chrono::duration<double, std::milli> elapsed = end - start;
    std::cout << "Execution time: " << elapsed.count() << " ms\n";

    return 0;
}
```

2）分析和解读数据

通过手动测量得到了时间数据后，我们可以对执行时间较长的代码段进行初步分析，识别可能的性能瓶颈。需要注意的是，这种方法虽然提供了执行时间的直接视图，但它不包括CPU周期、内存使用情况等更深入的分析。

手动时间测量是一个强有力的工具，尤其适用于快速性能检查或验证特定优化的效果。但这种方法较为原始，可能不适合复杂的性能分析，因为它只提供了时间上的测量，没有详细数据。此外，频繁的时间戳记录可能会影响程序本身的性能。下面将探讨如何使用更专业的工具来进行更全面的性能分析，这些工具能够提供更详细的性能指标和诊断信息。

2. 利用工具进行性能分析

1）常见性能分析工具

在C++性能分析领域，选择合适的工具对于有效地诊断和优化代码至关重要。下面我们详细探讨几种流行工具的底层检测机制，这有助于理解它们如何提供性能数据。

（1）gprof

gprof是GNU项目的一部分，它通过对程序执行的采样（profiling）以及对函数调用的跟踪来工作。其底层机制包括：

- 采样机制：gprof定期中断程序执行来记录当前执行的函数。这种方法称为采样。它可以生成一个统计，显示各个函数在整个执行过程中所占的执行时间百分比。

- 调用图（call graph）分析：除了时间采样外，gprof还通过修改编译生成的代码来收集函数调用信息。编译器插入额外的代码，每次函数被调用时记录信息，从而建立一个调用图。

（2）Valgrind的Callgrind

Valgrind是一个编程工具集，旨在帮助检测内存管理和线程管理错误。Callgrind 是其中的一个工具，专门用于性能分析，其检测机制包括：

- 代码模拟：Callgrind使用一个基于Valgrind的核心，通过模拟中央处理单元（CPU）的执行来分析程序。这种模拟允许它监控每一个指令的执行，提供非常详细的性能数据。
- 函数调用记录：它记录所有函数的调用关系，包括调用次数和调用树。这对于分析程序结构和性能瓶颈非常有用。

（3）Perf

Perf是Linux内核提供的性能分析工具，广泛用于各种性能分析任务。其底层机制包括：

- 硬件计数器访问：Perf能够利用CPU内置的性能计数器来监控各种硬件事件，如缓存未命中、分支预测失败和执行的指令数。
- 内核事件跟踪：Perf不仅可以跟踪用户空间的程序，还可以跟踪内核空间事件，提供一个全局视角的性能分析。

（4）Visual Studio Performance Profiler

Visual Studio Performance Profiler 是Microsoft Visual Studio集成的性能分析工具，适用于Windows平台的应用程序。其检测机制包括：

- 采样和检测技术：该工具通过采样应用程序的运行情况来识别性能瓶颈。它还可以监控并分析UI响应时间、内存使用、CPU使用等多种资源的使用情况。
- 详细的诊断报告：它提供详尽的报告，包括热路径分析（hot path analysis），帮助开发者快速定位性能问题。

这些工具各有其特点和优势，通过深入了解它们的底层机制，开发者可以更好地选择适合自己项目需求的工具。无论是基于采样的方法，还是基于事件的跟踪，或是通过模拟和内核级监控，每种方法都能为C++程序的性能优化提供强大的支持。

2）如何选择合适的性能分析工具

选择合适的性能分析工具是确保有效诊断和优化C++应用性能的关键。下面将探讨如何根据不同的需求选择合适的工具，并简要说明一些工具的潜在弊端。

（1）需求分析

调用树信息（call tree information）的详细程度：

- 基本的调用信息：如果只需要基本的性能数据和函数调用次数，那么轻量级的分析工具或标准分析工具（如gprof）即可满足需求。
- 详细的调用图：对于需要详尽函数调用路径和执行时间分布的情况，Callgrind提供了深入的分析能力。

内存使用关注程度：

- 泄漏检测：当项目中存在内存管理问题或疑似内存泄漏时，Valgrind的Memcheck是一种理想的选择。
- 内存分配分析：当需要跟踪内存分配和释放的详细信息时，Massif（Valgrind的一部分）可以提供更具体的内存使用分析。

分析的实时性和开销：

- 低开销/实时分析：在生产环境中或对程序干扰要求极低的场合，Perf和其他基于硬件计数器的工具可以提供实时性能监控和较低的运行开销。
- 详细但高开销分析：对于可以承受较高开销、需要详细数据的开发或测试环境，Callgrind和Valgrind提供了深度分析，但可能显著影响程序性能。

多线程和并发性能：

- 多线程分析：如果应用程序使用了复杂的多线程技术，需要工具能够识别并发性问题和竞争条件，那么Helgrind（Valgrind的一部分）和Intel VTune Amplifier是不错的选择。

平台依赖性：

- 跨平台兼容性：如果开发涉及多平台部署，就要确保选择的工具支持所有目标平台。例如，Perf主要用于Linux，而Visual Studio Performance Profiler仅在Windows上有效。
- 开发环境集成：对于希望在特定开发环境（如Visual Studio、Eclipse）内进行性能分析的开发者，考虑选择与IDE集成良好的工具。

（2）工具的局限性

Gprof：

- 多线程支持不足：gprof不适合分析多线程应用，因为它无法准确区分不同线程的时间开销，这可能导致分析数据混淆。
- 优化代码分析困难：在使用编译器优化（如 -O2或-O3）的情况下，gprof可能无法准确追踪函数调用，因为优化改变了函数的调用结构。

Valgrind：

- 性能开销大：Valgrind通过模拟整个CPU来运行应用，这导致其运行时间可能比实际应用多10~20倍，不适合用于性能敏感或实时性要求高的环境。
- 不适用于低级硬件分析：Valgrind主要关注软件层面的错误和性能问题，对于需要深入硬件级性能分析的情况，它可能不能提供足够的数据。

Perf：

- 复杂的用户界面：Perf的命令行界面较为复杂，新用户可能需要较长时间来学习如何有效地使用所有的功能。
- 依赖于Linux内核版本：Perf的强大功能依赖于Linux内核的版本，不同版本之间的兼容性问题可能影响其分析功能的完整性。

Visual Studio Performance Profiler：

- 平台限制：此工具仅适用于Windows操作系统，这限制了它在非Windows平台上的应用。
- 资源占用：在分析大型应用时，Visual Studio Performance Profiler可能会占用大量系统资源，影响计算机的响应速度和性能。

每个工具都有其特定的优势和局限性。了解这些局限性可以帮助开发者在选择工具时做出更加明智的决策，确保选择的工具能够满足具体需求并有效地融入开发流程中。在实际选择时，评估项目的具体情况与需求是关键，这包括技术栈、项目规模、团队熟悉度以及预期的分析深度。

8.2.3　热点代码分析

热点代码分析是性能优化过程中的关键步骤，它涉及识别和优化程序中最耗时的部分，即性能瓶颈。这种分析的重要性在于它能显著提高应用的整体性能，尤其在资源受限或对响应时间有严格要求的环境中。热点分析不仅帮助开发者避免盲目优化，而且使他们能够将有限的资源和努力集中在最关键的部分，从而实现最大程度的性能提升。通过精确地识别需要改进的代码区域，热点分析确保优化活动的高效和有针对性。

1. 热点识别方法

热点识别方法如下：

- 基于时间的分析：这种方法利用分析工具（如gprof或Intel VTune）进行时间采样，以确定程序中哪些函数或代码段的执行时间最长。时间采样提供了一个直观的性能剖析，揭示了程序执行中时间消耗的分布情况。这些工具通常能给出函数调用次数和每次调用的平均执行时间，帮助开发者快速定位到热点函数。
- 基于事件的分析：基于事件的分析关注特定事件，如缓存未命中、CPU周期数、指令重排序等，与基于时间的分析相辅相成。工具如Intel VTune和Linux的Perf能够跟踪这些底层事件，为开发者提供关于程序性能低下的原因的深入见解。例如，如果缓存未命中率异常高，可能指示需要优化数据的局部性或重新考虑数据结构的选择。
- 可视化工具的使用：性能分析的可视化是帮助开发者直观理解性能数据的重要手段。Flame Graphs是一种流行的可视化工具，它以火焰图的形式展示程序的各个部分的相对时间消耗。每一个"火焰"的宽度代表该函数或代码段占用CPU时间的比例，使得识别程序中的热点变得直观易懂。通过Flame Graphs，开发者可以迅速识别出性能问题的热点区域，进而进行深入分析和优化。

通过结合这些方法，开发者可以全面地识别应用中的性能瓶颈，进而制定出有效的优化策略。

2. 实际应用

下面探讨如何利用工具进行热点分析，以及如何根据分析结果实施具体的优化措施。

gprof的应用：

- 配置与运行：在编译时添加-pg选项以启用gprof支持。运行程序后，它将生成一个名为gmon.out的性能数据文件。使用gprof命令配合此文件和可执行文件来生成性能分析报告。
- 结果解析：报告将列出函数调用频率和时间消耗，从而帮助开发者识别执行时间最长的函数。
- 优化建议：针对执行时间长的函数，考虑优化算法、减少循环开销或进行其他代码改进。

Callgrind的应用：

- 启动分析：使用valgrind --tool=callgrind ./your_application命令开始性能分析。
- 查看结果：使用kcachegrind等工具查看Callgrind生成的性能分析文件，这些工具提供图形界面来展示函数调用图和热点。
- 实施优化：基于函数调用图中的热点数据，重构代码以提高效率，例如优化数据结构或调整算法逻辑。

Perf的应用：

- 收集数据：使用perf record -g ./your_application命令运行应用并记录性能事件。
- 性能报告：通过perf report命令分析性能数据，识别消耗CPU周期最多的代码段。
- 优化策略：对识别出的问题区域进行并行化处理，或优化内存访问模式以减少缓存未命中。

Visual Studio Performance Profiler的应用：

- 配置分析：在Visual Studio中设置性能分析器，选择需要监控的性能指标。
- 分析与诊断：运行性能分析并使用Visual Studio的诊断工具查看热路径，这些路径显示了执行最频繁的代码段。
- 代码优化：根据性能分析的结果调整代码，可能包括优化数据访问、改进异步处理或调整UI响应逻辑。

8.2.4　性能分析工具综合应用总结

在C++性能优化的实践中，单一工具往往难以全面覆盖所有性能分析需求。因此，开发者通常需要结合使用多种工具，从不同角度综合诊断和优化应用程序。每种工具都有其独特的侧重点，例如某些工具优于捕捉运行时的CPU使用情况，而另一些则更适合详细的内存访问分析或多线程问题诊断。了解这些工具的特点和最佳应用场景将帮助开发者更有效地利用它们，以实现最优的性能调优结果。

表8-2总结了几种常用工具的侧重点，以及它们在性能分析中的常见用途。

表8-2　性能分析工具侧重点总结表

工具名称	侧　重　点	优　势	使用场景
gprof	函数级时间采样	简单易用，适合快速识别函数调用频率和时间消耗	初步性能分析,函数级别的时间消耗评估
Valgrind 的 Callgrind	详细的函数调用图和指令级分析	提供深入的程序行为分析，包括精确的函数调用次数和调用路径	需要详尽代码行为分析时，如复杂应用的性能瓶颈定位
Perf	硬件事件和系统级性能监控	直接访问硬件计数器，支持实时分析，适合分析系统级性能问题	实时系统性能监控，高级性能调优，如缓存未命中和 CPU 周期分析
Visual Studio Performance Profiler	Windows 平台的集成性能分析	集成开发环境内使用，提供丰富的 UI 和详细的性能报告	Windows 平台下的应用性能分析，UI 和响应性能调优

在实际操作中，开发者应根据具体的性能瓶颈和项目需求灵活选择合适的工具组合，以达到最佳的性能优化结果。通过这些方法，我们不仅能够诊断出性能瓶颈，还能为接下来的优化提供清晰的方向。

8.3　代码优化：提升性能的核心技术

在前一节中，介绍了如何使用性能分析工具来识别和分析性能瓶颈。本节将专注于通过具体的编程策略和技术来解决这些性能问题，将详细探讨如何通过优化算法、数据结构、循环逻辑、内存管理等关键编程实践来提升应用程序的性能。

8.3.1　算法与数据结构的选择

在软件开发中，选择合适的算法和数据结构是实现高性能应用程序的基石。下面将探讨如何根据具体的应用需求选择最合适的算法和数据结构，以及这些选择如何直接影响程序的性能。

在深入讨论如何选择合适的算法之前，首先需要了解时间复杂度的概念，它是衡量算法效率的关键指标之一。

1. 时间复杂度

时间复杂度是描述算法执行时间随着输入数据规模增长而增加的速率，通常表示为大 O 符号（O-notation）。时间复杂度提供了一个高层次的理解，表明算法在最坏情况或平均情况下的性能表现。

- 最好情况时间复杂度：在最理想的情况下，算法完成任务所需的时间。
- 最坏情况时间复杂度：在最不利的情况下，算法完成任务所需的时间。
- 平均情况时间复杂度：考虑所有可能的输入情况，算法完成任务所需的平均时间。

例如，考虑简单的排序算法：

- 冒泡排序：具有 $O(n^2)$ 的时间复杂度，表示随着输入数据量的增加，所需时间增加的速率是输入大小的平方。
- 归并排序：具有 $O(n \log n)$ 的时间复杂度，它比冒泡排序更有效率，尤其在处理大量数据时。

理解这些概念有助于我们选择最适合当前需求的算法。一个选择了合适时间复杂度的算法可以极大地提高程序的运行效率和响应速度。

2. 选择合适的算法

算法是解决特定问题的步骤或方法。在性能优化中，选择一个效率高的算法可以显著减少执行时间和资源消耗。例如，在排序问题中，归并排序通常比冒泡排序更有效率，因为其平均时间复杂度为 $O(n \log n)$，远优于冒泡排序的 $O(n^2)$。

在选择算法时，应考虑以下因素：

- 问题的性质：不同的问题适合使用不同的算法。例如，图搜索问题可能需要使用深度优先搜索（DFS）或广度优先搜索（BFS），具体取决于问题的需求，如路径找寻的优化等。
- 数据的大小和分布：数据量大或数据分布不均时，某些算法可能表现更好。例如，在处理大数据集时，使用分而治之的算法（如归并排序）可能比插入排序更适合。
- 执行环境限制：在内存受限或处理器资源有限的环境中，选择内存效率高或并行能力强的算法尤为重要。

在选择适合的算法时，还可以参考C++标准库中的algorithm库，这个库包括了一系列高效的标准算法，如排序、搜索、变换等。例如，对于需要高效排序的场景，可以使用std::sort而不是手动实现一个快速排序；对于查找操作，std::find和std::binary_search提供了方便的接口。这些库函数通常都是经过优化的，能够在常见的编程环境下提供良好的性能表现。利用这些现成的算法，可以避免重复造轮子，同时确保代码的效率和可读性。

3. 选择合适的数据结构

数据结构是存储、组织数据的方式，它影响数据访问和修改的效率。正确的数据结构选择可以提高数据处理的速度和效率。

例如，当需要频繁查找元素时，哈希表提供平均常数时间复杂度的查找性能，远优于数组的线性查找时间。如果数据元素经常在有序集合中进行插入和删除操作，那么平衡二叉树（如AVL树或红黑树）可能比普通数组更加高效。

在选择数据结构时，应考虑以下因素：

- **操作的类型和频率**：选择应支持高效执行最频繁操作的数据结构。例如，如果应用需要高效的随机访问和快速更新，动态数组或链表可能是更好的选择。
- **数据的动态性**：数据结构应能有效管理数据的增加和删除。例如，链表在元素的插入和删除操作中通常比数组更高效。
- **内存使用**：在资源受限的环境下，考虑内存使用效率极为重要。例如，紧凑的数据结构（如数组或压缩树）在内存受限的设备上可能表现更好。

表8-3总结了C++编程中的常见数据结构及其适用场景和性能特点，可以作为选择合适数据结构的参考。

表8-3   常用数据结构特点

数据结构	适用场景	性能特点
数组（array）	随机访问频繁，数据量固定	随机访问的时间复杂度为 O(1)，插入和删除的时间复杂度为 O(n)
向量（vector）	动态数组，需要动态扩展	随机访问的时间复杂度为 O(1)，在末尾插入和删除的时间复杂度为 O(1)，但可能需要重新分配内存而变为 O(n)，在中间的也为 O(n)
链表（list）	插入和删除操作频繁	插入和删除的时间复杂度为 O(1)，随机访问的时间复杂度为 O(n)
双端队列（deque）	两端都需要高效插入和删除操作	随机访问的时间复杂度为 O(1)，两端插入和删除的时间复杂度为 O(1)
栈（stack）	后进先出（LIFO）操作	压入和弹出的时间复杂度均为 O(1)
队列（queue）	先进先出（FIFO）操作	入队和出队的时间复杂度均为 O(1)
优先队列（priority queue）	需要频繁获取最小/最大元素	插入和删除的时间复杂度均为 O(log n)
集合（set）	需要唯一元素集合，频繁查找操作	插入、删除和查找的时间复杂度均为 O(log n)
无序集合（unordered set）	唯一元素集合，快速查找	插入、删除和查找的平均时间复杂度均为 O(1)，最坏为 O(n)，性能依赖于哈希函数的质量和负载因子

（续表）

数据结构	适用场景	性能特点
映射（map）	需要键值对集合，频繁查找操作	插入、删除和查找的时间复杂度均为 O(log n)
无序映射（unordered map）	键值对集合，快速查找	插入、删除和查找的平均时间复杂度均为 O(1)，最坏的时间复杂度为 O(n)，性能依赖于哈希函数的质量和负载因子
堆（heap）	需要动态获取最小/最大元素集合	插入和删除的时间复杂度均为 O(log n)，获取最小/最大元素的时间复杂度为 O(1)
位图（bitset）	需要高效存储和操作大量布尔值	位操作时间复杂度均为 O(1)，存储效率高
树（tree）	层级数据表示和查找	插入、删除和查找的时间复杂度均为 O(log n)，具体取决于树的类型，如 AVL 树、红黑树等
图（graph）	需要表示和操作节点及其连接关系	根据表示方法（邻接矩阵、邻接表等），复杂度有所不同，适用于广泛的图算法

通过在项目的早期阶段仔细选择合适的算法和数据结构，可以避免后期进行昂贵的代码重写，从而在保持代码质量的同时提高性能。

4. constexpr 在算法和数据结构中的优化

在考虑性能优化的同时，constexpr 关键字为算法优化提供了一种额外的手段。通过使用 constexpr，开发者可以指定某些计算或对象构造在编译时完成，从而避免运行时的性能开销。这在需要常量表达式或编译时计算的算法中尤为有用。例如，将一个用于计算常量值的函数标记为 constexpr，可确保它在编译时被计算，从而减少运行时的负担。

在 C++20 中，constexpr 的功能得到了增强，尤其是通过对动态内存分配和更复杂的控制流结构的支持（尽管存在使用限制），极大地扩展了其适用场景。这些改进使得开发者现在可以在 constexpr 函数中使用以往无法使用的复杂数据结构和算法，例如 std::vector（有限支持）和 std::string（有限支持）。此外，constexpr 现在也支持 std::atomic、std::atomic_flag、std::allocator 等工具，以及允许在编译时执行数值算法和容器操作。新增的 std::invoke() 和对交换函数的 constexpr 支持进一步加强了函数调用和数据处理的能力。通过这些扩展，C++20 在编译时计算和优化方面迈出了重要的一步，提高了代码的效率和安全性。

在 C++23 中，constexpr 关键字的功能得到了显著扩展和加强。新增了对 std::optional 和 std::variant 的 constexpr 支持，覆盖了它们全部的成员函数，使开发者能在编译时更灵活地处理这些复杂的数据结构。同时，std::unique_ptr 现在也支持在 constexpr 上下文中使用（仍有使用限制），增强了其编译时的应用潜力。此外，对 std::bitset、type_info::operator==() 以及整数重载的 std::to_chars() 和 std::from_chars() 函数的 constexpr 支持也都在此版本中引入。这些改进共同提升了 C++ 的表达能力和性能，使得编译时计算和优化更为高效。

5. 实例分析

接下来，将通过几个实际例子来展示如何基于具体需求选择合适的算法和数据结构，并分析这些选择是如何影响性能的。

1）社交网络的好友推荐功能

在一个社交网络平台中，好友推荐系统是一个常见的功能，它需要快速有效地分析和处理大量用户数据。在这种场景下，图数据结构配合广度优先搜索（BFS）算法通常是一个良好的选择。

- 数据结构：使用邻接表来表示用户之间的好友关系。邻接表不仅可以有效地存储稀疏图，还能在添加或删除好友关系时保持高效率。
- 算法：广度优先搜索可以帮助我们快速找到与给定用户距离较近的其他用户，这对于推荐系统是非常有用的。由于BFS只访问每个节点一次，它的时间复杂度为O(V + E)，其中V是顶点数，E是边数，这保证了处理大规模数据的效率。

2）电子商务平台的商品搜索

对于电子商务平台，高效的商品搜索是吸引和保持用户的关键。在这种情况下，使用哈希表或二叉搜索树可以优化搜索操作。

- 数据结构：哈希表能够提供平均时间复杂度为O(1)的快速搜索，适合于处理大量的商品数据，并且商品ID或名称作为键值。
- 算法：对于复杂的查询，如范围搜索或排序，平衡二叉搜索树（如AVL树或红黑树）提供了O(log n)的搜索和更新时间，使得动态数据集在维护有序状态下依旧保持高效率。

3）实时数据处理系统

实时数据处理系统需要快速响应和处理流式数据，例如股票市场数据分析。在这种应用中，使用队列和堆结构可以有效管理数据流。

- 数据结构：使用循环队列来处理实时数据流，因为它支持高效的元素插入和删除操作。此外，使用最小堆（或最大堆）可以快速提取最小（或最大）元素，适合实时计算最值操作。
- 算法：可以实施一些流处理算法，如滑动窗口技术，以便在保持低的时间复杂度和空间复杂度的同时，对数据进行实时分析和处理。

通过这些实例可以看到，根据应用的具体需求和约束，恰当地选择算法和数据结构是优化性能的关键。正确的选择不仅提高了数据处理的速度，还能大幅度提升系统的响应能力和效率。在接下来的内容中，我们将继续探讨如何优化程序的循环和逻辑结构，以进一步提升性能。

8.3.2   循环与逻辑的优化

循环结构是程序中常见的元素，它们在处理数据和执行重复任务时扮演着核心角色。然而，如果没有正确优化，循环可能会成为性能瓶颈。本节将探讨几种优化循环和逻辑的技巧，以提高程序的执行效率。

1. 循环展开

循环展开（loop unrolling）是一种编译器优化技术，用于提高程序执行效率，主要通过修改循环的结构来减少循环迭代次数或消除循环控制开销。这项技术可以手动实现或由编译器自动完成，在某些情况下可以显著提高代码的运行速度，特别是在循环体较小而迭代次数较多的情况下。

1）部分展开

在部分展开的场景中，每个循环迭代中执行的操作数量增加，但循环仍然保留。这意味着循环的每次迭代将处理多个元素，而不是一个，从而减少了总的迭代次数。部分展开的主要目的是平衡循环控制的开销与循环体内操作的数量。

【示例展示】

原始循环如下：

```
for (int i = 0; i < n; i++) {
    process(i);
}
```

部分展开后的循环可能是：

```
for (int i = 0; i < n; i += 2) {
    process(i);
    if (i + 1 < n) process(i + 1);
}
```

在这个例子中，每次迭代处理两个元素，从而使迭代次数减少一半。这种方式减少了循环次数和与之相关的控制开销（如索引递增和条件检查），但没有完全消除这些开销，因为循环结构仍然存在。

2）完全展开

在完全展开的场景中，循环结构被完全消除，每次迭代的操作都转换成一系列的连续执行语句。这种方式通常适用于迭代次数少且已知的循环，可以完全消除循环控制开销。

【示例展示】

原始循环如下：

```
for (int i = 0; i < 4; i++) {
    process(i);
}
```

完全展开后的代码如下：

```
process(0);
process(1);
process(2);
process(3);
```

这里，原本的循环被4个连续的函数调用替代，不再有任何循环控制语句（如初始化、条件检查、索引递增和跳转），从而彻底消除了循环产生的开销。

综上所述，循环展开通过两种主要方式提高程序性能：部分展开减少了循环迭代次数，适用于循环体较小而迭代次数较多的情况；完全展开则消除了循环控制开销，适用于迭代次数少且已知的情况。通过适当选择展开的程度，开发者可以根据具体的性能需求和循环特性来优化代码。

2. 循环融合

循环融合（loop fusion）是将多个相邻的循环结构合并为一个循环的优化技术。通过将这些相邻循环合并，可以减少循环结构之间的开销，以及循环中的临时变量和计算量，从而提高程序的执行效率。例如，如果有两个相邻的循环，它们可以被融合为一个更大的循环，这不仅减少了循环的开销，还可能帮助减少内存访问次数和提高缓存利用率。

【示例展示】

```
// 循环融合前
for (int i = 0; i < n; ++i) {
    a[i] = b[i] + c;
}
```

```cpp
for (int i = 0; i < n; ++i) {
    d[i] = a[i] * e;
}

// 循环融合后
for (int i = 0; i < n; ++i) {
    a[i] = b[i] + c;
    d[i] = a[i] * e;
}
```

3. 循环分裂

循环分裂（loop fission）又称为循环分解，是将一个大循环拆分为多个较小循环的优化技术。通过将大循环拆分为多个小循环，可以减少每个循环中的计算量，提高程序的并行性和执行效率。

例如，如果一个循环包含多个独立的计算任务，可以将这些任务拆分为多个小循环，每个循环处理一个独立的计算任务，从而提高程序的并行性和执行效率。

【示例展示】

```cpp
// 循环分裂前
for (int i = 0; i < n; ++i) {
    process1(i);
    process2(i);
}
// 循环分裂后
for (int i = 0; i < n; ++i) {
    process1(i);
}
for (int i = 0; i < n; ++i) {
    process2(i);
}
```

4. 条件逻辑优化

优化条件逻辑是提高程序性能的关键策略之一，特别是在那些条件判断频繁的程序中。正确优化条件逻辑不仅可以减少错误的分支预测，还可以减少不必要的计算，从而显著提高程序的运行效率。

1）优化条件判断的策略

在多数情况下，程序的执行路径并不是均匀分布的，某些条件更可能为真，而其他条件则可能经常为假。理解这一点并据此优化条件语句，可以帮助编译器和CPU更有效地处理程序。以下是一些基本策略：

- 重组条件语句：将最有可能为真的条件放在前面。这种策略简单但非常有效，尤其在条件分支很多的情况下，可以减少程序进入不常用代码块的次数，从而优化整体的执行流程。
- 使用条件运算符：在适当的情况下，使用条件运算符（如 ?:）替换传统的 if-else 结构，不仅可以简化代码，提高代码的可读性，还有可能帮助编译器生成更为高效的机器码。尤其在执行简单条件表达式时，条件运算符的效率通常高于标准的分支结构。

2）利用likely和unlikely属性优化分支预测

编译器在生成机器代码时，会尽力优化分支指令以减少错误的分支预测。C++20 引入的 [[likely]] 和[[unlikely]] 属性为开发者提供了一种新的工具，通过这些属性可以显式地告诉编译器某个分支的执行概率，从而帮助编译器生成更优化的指令序列。

（1）属性的基本使用

当知道某个条件分支的执行概率极高（或极低）时，可以使用likely或unlikely属性来标注。例如：

```
if (x > 10) [[likely]] {
    // 高概率执行的代码
} else [[unlikely]] {
    // 低概率执行的代码
}
```

这样的标注有助于编译器在生成代码时做出更优的布局决策，比如将最可能执行的代码放在更容易被CPU预测和执行的位置。

（2）底层原理

使用likely和unlikely属性并不改变程序的逻辑结构，即它们不会改变条件判断的结果。相反，这些属性影响的是编译器生成的指令集的结构。具体来说，编译器会优化指令的布局，将被标记为likely的分支放置在主执行路径上，而被标记为unlikely的分支则放置在较远的位置。这种布局优化减少了CPU执行不太可能的分支时的跳转次数，从而提高了指令缓存的效率和整体执行速度。

（3）优化效果

这些属性的使用能显著提高分支密集型代码的性能，特别是在那些分支结果非常倾斜的情况下。它们通常用在循环内部或条件判断极为频繁的代码段中，可以有效减少CPU的分支预测失误。

（4）适用场景

虽然likely和unlikely属性在某些情况下可以带来显著的性能提升，但使用它们时需要基于充分的测试和性能分析。不恰当的使用不仅不会带来任何性能改进，甚至可能因为误导编译器而降低性能。

CPU分支预测原理及其性能影响

CPU分支预测是现代处理器中的一项关键技术，旨在提高指令流水线的效率。以下是其工作原理和对性能的影响：

① 分支预测的基本原理：

- 指令流水线：现代CPU使用指令流水线来并行处理多条指令，提高执行效率。
- 预测执行：当遇到分支指令时，CPU会预测下一步要执行的指令路径，并开始预加载和执行这些指令。
- 投机执行：CPU基于预测结果执行后续指令，但保持这些操作的结果处于临时状态。

② 分支预测器的工作方式：

- 静态预测：基于固定规则进行预测，如"向前分支通常不执行，向后分支通常执行"。
- 动态预测：根据分支的历史执行情况动态调整预测。常见的实现包括双位饱和计数器和分支目标缓冲器（BTB）。

③ 分支预测对性能的影响：

- 预测成功：如果预测正确，流水线可以继续顺畅执行，维持高效率。
- 预测失败：如果预测错误，CPU需要清空流水线，丢弃错误执行的结果，并重新从正确的分支开始执行，这会导致显著的性能损失。

④ 性能影响quantification ration：

- 预测失败惩罚：在现代CPU中，一次分支预测失败可能导致10~20个时钟周期的延迟。
- 累积效应：在分支密集的代码中，频繁的预测失败可能导致性能显著下降，有时甚至达到50%或更多。

⑤ 分支预测优化的其他方法：

- 代码重构：重新组织代码结构，使常见情况在if语句的前面，减少跳转。
- 查表法：对于复杂的分支逻辑，使用查找表替代多重if-else结构。
- 消除分支：使用位操作、条件移动指令或其他技巧来避免使用分支语句。
- 循环展开：减少循环中的分支预测失败。

5. 利用元模板帮助循环优化

在C++中，元编程提供了一种强大的工具，用于编译时进行代码生成和优化。尤其在循环结构的优化中，模板元编程可以用来实现编译时的循环展开，从而提高运行时的性能。

模板元编程允许开发者将一些计算从运行时转移到编译时进行，这意味着循环中的一些决策和计算可以在程序运行前就被确定和执行。这种技术特别适合于处理那些在编译时就已知的数据或计算。

【示例展示】

下面的例子展示如何使用模板递归来展开循环。

```cpp
template<int N>
struct LoopUnroll {
    static void execute() {
        process(N);  // 假设process是对数据的某种处理函数
        LoopUnroll<N-1>::execute();
    }
};

template<>
struct LoopUnroll<0> {
    static void execute() {
        process(0);
    }
};

// 在程序中调用
LoopUnroll<100>::execute();  // 这将在编译时展开为对process函数从100到0的101次调用
```

在上面的例子中，LoopUnroll模板通过递归调用自身来逐步减少参数N，直至基本情况（N == 0），这导致了循环的编译时展开。每次递归实际上都生成了对process函数的一次调用，从而消除了运行时循环的开销。

此外，使用现代C++标准（C++17及以上）中的constexpr和if constexpr语句，可以使编译时决策更加直观和灵活。

【示例展示】

```cpp
template<int N>
constexpr void StaticLoop() {
    process(N);
    if constexpr (N > 0) {
```

```
        StaticLoop<N - 1>();
    }
}

// 在程序中调用
StaticLoop<100>();  // 这将在编译时展开
```

在这个改进的例子中，if constexpr用于在编译时根据条件进行分支。这种方法只会在满足条件的情况下递归，从而提供了更大的灵活性和控制。

利用模板元编程进行循环展开，虽然可以显著提高某些计算密集型任务的性能，但也应注意它可能增加编译时间和代码复杂性。因此，这种技术应根据实际需要谨慎使用。

6. 循环优化技术总结

表8-4从多个角度对比了3种常见的循环优化技术——循环展开、循环融合和循环分裂，详细阐述了每种技术的核心思想、作用和适用场景。

表8-4   循环优化技术

技 术	核心思想	作 用	适用场景
循环展开	通过增加每次迭代中的操作数量，减少迭代次数或完全消除循环控制开销	提高执行效率，减少循环控制开销	循环迭代次数少且确定，或循环体较小而迭代次数多的情况
循环融合	将多个操作同一数据集的循环合并成一个，减少数据访问次数	减少内存访问次数，提高缓存效率	多个循环操作相似或操作同一数据集，且独立循环对缓存不友好的情况
循环分裂	将一个大循环分割成多个小循环，根据数据的局部性优化缓存使用	提高缓存命中率，可能改善并行执行的机会	循环体大，处理数据部分的局部性差，或需要并行处理的情况

通过这些技巧，开发者可以显著提高循环的效率和整体程序性能。在实际应用中，应结合具体情况和性能分析工具的反馈来决定使用哪种优化技术。

8.3.3 数据访问的性能考量：值拷贝、引用和移动语义

在C++中，数据访问的优化对于提高应用程序的性能至关重要。下面将探讨数据访问方法以及它们在不同情况下的优势和适用场景。

1. 值拷贝访问

值拷贝访问指的是通过拷贝对象来访问数据。这种方法简单直接，但可能涉及额外的内存分配和数据复制。对于大型对象而言，这可能导致显著的性能开销。

- **优点**：保证数据的独立性，避免原始数据被修改。
- **缺点**：对于大型对象，拷贝成本高。
- **适用场景**：处理基本数据类型或小型对象，或需要保护原始数据不被调用者修改时。

2. 引用访问

引用访问通过引用（或指针）直接访问对象的内存地址，避免了数据的拷贝。这种方法可以显著提高对大型数据结构的处理速度。

- **优点**：避免拷贝，节省内存和时间，允许直接修改原始数据。
- **缺点**：增加了数据被意外修改的风险。

- **适用场景**：需要高效访问和操作大型数据或复杂对象，且函数需要修改原始数据时。

对于无法直接引用的容器，C++提供了std::reference_wrapper。这是一个模板类，旨在允许引用被用作可复制和可赋值对象，解决标准容器（如std::vector）不支持存储引用的问题。

- **优点**：允许容器中存储引用，使得引用可以作为函数对象按值传递而保持引用语义。
- **缺点**：使用略显复杂，需要理解其与原生引用的操作和行为差异。
- **适用场景**：当需要在标准容器中存储引用或者需要按值传递函数对象而保持引用语义时，std::reference_wrapper 是一个理想的选择。

3. 移动语义

移动语义是C++11引入的一种优化数据访问的方法，它允许资源（如动态分配的内存）从一个对象转移至另一个对象，而不进行实际的数据拷贝。

- **优点**：减少不必要的数据拷贝，提高性能。
- **缺点**：源对象在移动操作后处于未定义状态。
- **适用场景**：处理临时对象或转移大型数据的所有权时，特别适用于返回或传递大型动态数据结构的场景。

4. 实战示例

下面的示例展示3种访问方式在具体代码中的应用，突出它们在不同情况下的效果和适用性。

```cpp
#include <vector>
#include <iostream>

// 示例结构体
struct Data {
    std::vector<int> content;
    Data() : content(1000, 1) {}                         // 大型数据初始化
};

// 值拷贝函数
void processByCopy(Data data) {
    data.content[0] = 10;                                // 修改不会影响原数据
}

// 引用访问函数
void processByReference(Data& data) {
    data.content[0] = 10;                                // 直接修改原数据
}

// 移动语义函数
void processByMove(Data&& data) {
    std::vector<int> newContent = std::move(data.content);   // 转移数据
}

int main() {
    Data originalData;
    processByCopy(originalData);
    processByReference(originalData);
    Data anotherData;
    processByMove(std::move(anotherData));
    return 0;
}
```

5. 结论

为了优化性能和减少不必要的内存使用，我们应该根据数据的大小和类型来选择最合适的传递机制。对于小数据类型，如基本数据类型或小型结构体，通过值传递是合理的。因为与通过引用传递相比，这样做通常具有相似或更低的开销，并且可以减少函数调用中的间接性。例如，在传递一个整数或一个小的结构体到函数中时，直接复制的成本很低，同时避免了潜在的别名问题，从而有利于编译器优化。

对于大型数据结构，如大型数组、字符串或自定义的大对象，应通过引用或常量引用传递，以避免复制操作带来的高开销。通过引用传递，函数可以直接操作原始数据而无须进行复制，这样不仅可以减少内存消耗，还能提高执行效率。

此外，对于那些支持移动操作的数据类型（如std::vector、std::string等动态数据容器），我们应当优先考虑移动语义而不是复制。移动语义允许我们将资源从一个对象转移到另一个对象，这一过程不涉及数据复制，只是简单地转移控制权，从而显著减少了操作成本和时间。这在处理返回大对象或函数接收临时对象作为参数时尤其有用。

8.3.4　特殊类型的数据访问优化

在现代C++应用程序中，除了传统的值拷贝、引用和移动语义外，还引入了一些特殊的类型和特性，用以进一步优化数据访问的效率和安全性。这些现代特性提供了灵活性和性能优势，但同时也带来了新的使用考量。下面将探讨几种特殊的数据访问方式，如string_view、std::span和std::array，并详细分析它们在提升性能和减少资源消耗方面的应用。

1. string_view：优化字符串数据的高效访问

string_view是C++17标准引入的一个轻量级的非拥有字符串视图，它的本质是一个（指针，长度）对，标明了一个字符串序列，提供了对其的只读访问，可以无缝地与现有的C++字符串类型协同工作。使用string_view可以显著提高字符串处理的性能，特别是在需要频繁读取或检查字符串内容，但不需要修改字符串时。由于它仅存储了指向原始字符串的指针和字符串的长度，因此其构造和传递的开销极低。

1）风险和限制以及实践

尽管string_view提供了对字符串的高效访问，但使用时必须警惕以下风险：

- 生命周期问题：string_view仅仅是字符串数据的一个视图，并不拥有该数据。如果原始数据在string_view的生命周期内被修改或释放，将导致未定义行为。因此，确保string_view的使用范围严格限制在原始数据的生命周期内是非常重要的。
- 非空字符终止：不同于传统的C风格字符串，string_view不保证自动添加空字符终止符（'\0'）。如果将string_view直接传递给期望接收以空字符终止的C风格字符串的函数，可能会导致读取越界，从而引发未定义行为。
- 非拥有性和不可修改：由于string_view是非拥有性质的，因此不能用来修改所指向的字符串内容。任何尝试使用string_view来更改字符串的操作都可能导致编译错误或未定义行为。这一点在设计接口时尤为重要，确保不会误用string_view来进行数据修改。

2）与const std::string&的比较

std::string_view和const std::string&都是用于读取和操作字符串数据的工具，但它们在特定场景下的适用性和效率有所不同。以下是对这两种类型的使用场景的详细分析。

（1）相同作用的场景

- 只读访问：当函数仅需要读取和分析字符串内容而不修改它时，std::string_view和const std::string& 均可用。例如，检查字符串是否包含某个特定的前缀或后缀。
- 字符串搜索和比较：两者都可以用于执行字符串的搜索和比较操作，如查找子字符串、比较字符串等。

（2）适合使用std::string_view的场景

- 处理多种字符序列：std::string_view可以轻松接收来自std::string、字符数组或C风格字符串的数据，无须进行复制或内存分配。这一点在处理多种数据源时显得尤为重要。
- 高效传递子串：当需要从一个大字符串中提取多个子字符串进行处理时，std::string_view 可以直接创建指向原始字符串特定部分的视图，无须创建新的字符串副本。这在分析日志文件、解析复杂格式的文本等场景中特别有用。
- 接收临时字符序列：当函数参数可能是临时的字符串时（例如直接传入字符串字面量或来自其他函数的返回值），std::string_view 由于不拥有字符串数据，能够避免不必要的字符串构造和内存分配。

【示例展示】

```
void printSubstring(const std::string_view text, const size_t start, const size_t length) {
    std::cout << "Substring: " << text.substr(start, length) << std::endl;
}

int main() {
    std::string str = "Hello, this is a sample string";
    printSubstring(str, 7, 4);  // Outputs: this
}
```

在这个示例中，printSubstring函数使用std::string_view来高效地处理子字符串，避免了复制整个字符串。

通过这些分析可以看出，std::string_view提供了更大的灵活性和性能优势，尤其是在需要处理多种数据源或进行大量的子字符串操作时，但要记得它是只读的。例如，当需要一个函数来修改数组中的元素，将所有正整数转换为其相反数时，就不适合用std::string_view，而在C++20引入的std::span是一个理想的选择。

2. std::span：灵活的序列视图

在C++的发展历程中，高效且安全地处理连续数据一直是一个核心课题。虽然现代容器如std::vector和std::array提供了范围检查等安全特性，但在某些性能敏感的场景下，这些特性可能会引入不希望的开销。C++20引入的std::span提供了一种更为灵活和高效的解决方案。它是一个模板类型，用于为连续数据块（例如数组、std::vector或std::array）提供一种轻量级的非拥有视图。与直接操作指针相比，std::span在默认情况下不进行边界检查，但可以通过编译时配置或调试工具来启用，从而结合了性能与安全的优势。

std::span的引入显著提高了处理大规模数据集或频繁访问数据特定部分的应用的效率和灵活性。它支持多种便捷操作，如切片（slice），这使得访问数据的任何子集变得简单而直接。此外，std::span通过提供对底层数据的直接访问而无须数据复制，进一步提高了内存和缓存的使用效率。这些特性使得std::span成为现代C++应用中处理和传递连续数据的首选工具，特别是在对性能有严格要求的系统中。

1）切片操作

使用 std::span 进行切片操作是一个高效的数据访问策略，无须复制就可以访问数组或容器的任何子序列。例如，可以从一个大的数据集中快速切出需要处理的部分，而不引入额外的复制开销。

【示例展示】

```
void processSubsetData(std::span<int> data) {
    for (int i : data) {
        std::cout << i << " ";
    }
    std::cout << std::endl;
}

// 使用例子
std::vector<int> largeData = {0, 1, 2, 3, 4, 5, 6, 7, 8, 9};
std::span<int> subset = largeData.subspan(2, 4); // 从索引2开始，长度为4的子集
processSubsetData(subset);
```

除了通过范围 for 循环遍历 std::span 的元素之外，还有几种其他的方法可以访问和操作数据：

（1）索引访问

可以直接使用索引来访问 std::span 中的元素，就像在数组或 std::vector 中那样。

```
std::cout << "First element: " << subset[0] << std::endl;//与容器类似，下标访问不提供范围检查
```

（2）迭代器访问

std::span 支持迭代器，因此可以使用标准算法或迭代器语法进行遍历和操作。

```
std::for_each(subset.begin(), subset.end(), [](int x) {
    std::cout << x << " ";
});
std::cout << std::endl;
```

（3）指针访问

由于 std::span 本质上是一个视图，可以通过获取其内部指针直接操作底层数据。

```
int* ptr = subset.data();
for (int i = 0; i < subset.size(); ++i) {
    std::cout << ptr[i] << " ";
}//此方法不提供范围检查
std::cout << std::endl;
```

（4）使用算法

std::span 可以与 C++ 标准库中的算法库结合使用，使得数据处理更加高效和直观。

```
auto max_elem = std::max_element(subset.begin(), subset.end());
if (max_elem != subset.end()) {
    std::cout << "Maximum element: " << *max_elem << std::endl;
}
```

这些方法使得 std::span 成为一个非常灵活的工具，能够以多种方式安全且有效地操作和访问数据。这不仅提高了代码的可读性和可维护性，也保留了对性能的严格要求。

2）性能优化实例

std::span 显著提高了数据处理的效率，特别是在需要高性能的应用场景（如实时系统和大数据处理）中。这种优化主要源自减少内存分配和避免数据复制，因此多个线程可以共享对同一数据集的视

图（需要保证线程安全），而无须复制数据。这降低了同步开销并加快了数据访问速度。

【示例展示】

```
void analyzeData(std::span<const double> data);

std::vector<double> bigData(1000000);
// 假设 bigData 已经被填充数据
analyzeData(bigData);                              // 直接传递大数据集的视图，避免复制

std::vector<int> data = {1, 2, 3, 4, 5};
std::span<int> dataSpan(data);
auto result = std::accumulate(dataSpan.begin(), dataSpan.end(), 0);
std::cout << "Sum: " << result << std::endl;
```

在这些示例中，std::span 通过提供对原始数据的直接访问来支持高效的算法操作，从而不需要额外的复制或内存分配即可处理数据。

3）风险和限制分析

虽然 std::span 提供了高效的数据访问方式，但它也带来了对原始数据生命周期管理的重要考虑。作为非拥有视图，std::span 不控制所指数据的生命周期，如果原始数据在 std::span 还在使用时就被销毁或移动，将导致未定义行为。

【示例展示】

```
std::span<int> createSpan() {
    std::vector<int> data = {1, 2, 3, 4, 5};
    return std::span<int>(data);                   // 错误：data 在函数返回时被销毁
}

int main() {
    std::span<int> mySpan = createSpan();
    // 使用mySpan 是不安全的，因为其指向的 vector 已经不存在了
}
```

这个示例明确展示了std::span需要外部保证数据的有效性。在系统设计中，合理的内存管理和错误处理是必需的，以确保数据的稳定性和安全性。

4）不同视图的设计目的

不同的视图有不同的设计目的：

- std::string_view: std::string_view是为了提供一个高效的方式来传递和访问字符串数据而设计的，它专门用于字符串操作的场景。std::string_view内部持有一个指向const char的指针和一个长度，这意味着它只能提供对字符串的只读访问。它的设计初衷是替代传统的const std::string&参数，以减少处理字符串时的不必要的复制，但同时避免修改字符串内容，确保字符串的不可变性。

- std::span: std::span设计为一个更通用的视图，用于访问任何类型的连续存储数据，比如原始数组、std::vector、std::array等。与std::string_view不同，std::span的设计允许它既可以是只读的也可以是可写的，这取决于它指向的数据类型。如果std::span指向的是常量数据（比如std::span<const int>），则它表现为只读；如果它指向的是非常量数据（比如 std::span<int>），则它可以用来修改那些数据。

通过深入了解这些风险和限制，开发者可以更有效地利用std::span，在保证程序安全性的同时，提高程序的性能和灵活性。

3. std::array：静态大小数组的包装

std::array是一个固定大小的数组封装，提供了标准容器的接口，如迭代器支持、常量时间的大小访问以及与C++标准库其他部分的无缝集成。

1）优点

std::array具有以下优点：

- 性能：std::array 存储在栈上，避免了动态内存分配的开销。它的性能与内置类型数组相同，但提供了更强的类型安全和附加的成员函数。
- 确定性：固定的大小意味着在编译时就已经确定了其内存布局，这对于需要预测性能表现的应用来说非常有利。

2）风险和限制

由于大小固定，std::array 在需要动态调整大小的场合不如 std::vector 或其他动态容器灵活。

std::array适用于知道固定元素数量且需要快速、一致性能的场景，如在嵌入式系统或性能敏感的应用中处理静态配置数据。

通过这些介绍，可以看出 std::span和std::array 如何补充现代 C++ 应用程序中的数据访问模式，每种类型根据其特性和应用场景提供了不同的优势和考量。

8.3.5　就地构造与内存管理

1. 就地构造基本介绍

在C++中，就地构造（in-place construction）是一个重要的性能优化技术，它通过直接在已分配的内存中构造对象，减少了不必要的内存分配和对象复制，从而提高程序的运行效率。这种技术不仅减轻了CPU的负担，还有助于提高处理器缓存的命中率，使得对象在内存中更紧凑地排列。

就地构造的应用场景包括：

- 容器优化：标准库容器（如std::vector）利用就地构造技术，在需要扩容时可以直接在新的内存块中构造新元素，避免了额外的复制或移动操作。
- 内存池管理：在游戏开发和实时系统中，内存池被广泛用于管理频繁创建和销毁的小对象。通过预先分配一大块内存并在这些预分配的内存中就地构造对象，内存池显著减少了内存分配的开销，提高了资源的使用效率。

通过这些实际应用，就地构造技术展现了其在资源管理和高性能应用中的巨大价值。

2. 容器中的优化

std::vector是C++中使用广泛的动态数组容器，它可以通过emplace_back方法允许开发者在容器内直接构造对象，而不是先构造一个临时对象然后将其复制或移动到容器中。这一就地构造的特性大大优化了性能，这在包含复杂对象的容器中表现尤为明显。

【示例展示】

考虑下面的示例，其中定义了一个简单的 Point 结构体，表示三维空间中的点，并在std::vector中使用emplace_back。

```
#include <vector>
#include <iostream>

struct Point {
    double x, y, z;

    Point(double px, double py, double pz) : x(px), y(py), z(pz) {}
};

int main() {
    std::vector<Point> points;
    points.reserve(5); // 预先分配足够的内存以避免多次内存分配

    // 使用就地构造创建点对象，避免额外的复制或移动
    points.emplace_back(1.0, 2.0, 3.0);
    points.emplace_back(4.0, 5.0, 6.0);
    points.emplace_back(7.0, 8.0, 9.0);

    // 遍历并打印点的坐标
    for (const auto& point : points) {
        std::cout << "Point: (" << point.x << ", " << point.y << ", " << point.z << ")"
<< std::endl;
    }

    return 0;
}
```

在这个例子中，emplace_back直接在vector的内部存储空间中构造Point对象。与使用push_back相比，emplace_back避免了临时对象的创建和潜在的对象移动或复制操作，因此更为高效。

3. 内存池管理：使用std::allocator进行精细控制

在介绍了std::vector的就地构造优化之后，我们现在转向更底层的内存管理方法，特别是使用std::allocator。std::allocator是C++标准库提供的一个内存分配器，它允许开发者直接控制内存的分配和对象的构造，是实现内存池和复杂内存管理策略的基础。

【示例展示】

在以下示例中，将展示如何使用std::allocator来管理一组Point对象的内存。这可以模拟内存池的一个简单应用场景。

```
#include <memory>
#include <iostream>
#include <utility>

struct Point {
    double x, y, z;

    Point(double px, double py, double pz) : x(px), y(py), z(pz) {}
    ~Point() { std::cout << "Point destructed\n"; }
};

int main() {
    std::allocator<Point> allocator; // 创建 Point 类型的分配器

    // 分配内存但不构造对象
    Point* points = allocator.allocate(3); // 分配足够内存以存储3个Point对象

#if __cplusplus >= 202002L
    // 使用std::construct_at 在分配的内存中创建对象
```

```
        std::construct_at(points, 1.0, 2.0, 3.0);
        std::construct_at(points + 1, 4.0, 5.0, 6.0);
        std::construct_at(points + 2, 7.0, 8.0, 9.0);
    #else
        // 使用allocator.construct 在分配的内存中创建对象
        allocator.construct(points, 1.0, 2.0, 3.0);
        allocator.construct(points + 1, 4.0, 5.0, 6.0);
        allocator.construct(points + 2, 7.0, 8.0, 9.0);
    #endif

        // 遍历并打印点的坐标
        for (int i = 0; i < 3; i++) {
            std::cout << "Point: (" << points[i].x << ", " << points[i].y << ", " << points[i].z
<< ")" << std::endl;
        }

    #if __cplusplus >= 202002L
        // 使用std::destroy_at 析构对象
        for (int i = 0; i < 3; i++) {
            std::destroy_at(points + i);
        }
    #else
        // 使用allocator.destroy 析构对象
        for (int i = 0; i < 3; i++) {
            allocator.destroy(points + i);
        }
    #endif
        allocator.deallocate(points, 3); // 释放内存

        return 0;
    }
```

在本示例中，首先预留了足够的内存空间以存储3个Point对象。然后，在这些预留的内存上直接构造对象，有效地避免了额外的内存分配和对象复制，增强了处理效率。这一过程涉及对象的就地构造，无论是通过标准的构造函数还是C++ 20推荐的全局函数，如std::construct_at。

完成对象使用后，我们通过适当的析构和内存释放方法来确保资源得到正确管理。std::allocator 提供了一种灵活的内存管理策略，使开发者能够实现内存池等复杂策略，这在需要管理大量小型对象的场景中尤其有用，例如游戏开发和实时系统。这种策略通过预先分配一大块内存，并在其中高效地构造和析构对象，可以显著减少内存碎片和分配延迟，从而提升应用程序的性能和响应速度。

4. 内存碎片及其优化措施

1）内存碎片的产生

内存碎片主要分为两种：外部碎片和内部碎片。外部碎片是由于频繁的内存分配和释放导致的可用内存空间被分割成小的、不连续的部分。这使得即使存在足够的总空闲内存，程序也可能因找不到连续的足够大的空间而无法分配内存。内部碎片则是指分配给程序的内存块比实际需要的大，多出的部分未被使用，导致内存的浪费。

这些碎片现象不仅降低了内存的使用效率，还可能导致程序运行速度减慢，特别是在内存需求较高的应用中，碎片化可能会显著影响程序的性能。

2）优化措施

通过前面的讨论，我们已经见识到就地构造、内存池管理和精细的内存控制如何帮助减少内存碎片并提升应用性能。具体来说：

- 就地构造：在已分配的内存空间直接构造对象，避免了不必要的内存分配和对象移动。这种方法在如std::vector这样的容器中尤其有效。当容器动态增长时，就地构造新元素可以避免多次内存分配和对象复制，从而减少外部碎片的产生。
- 内存池管理：通过内存池管理策略，预先分配一大块内存并在这些预分配的内存中就地构造对象。这不仅优化了小对象的频繁创建和销毁的性能，还保持了内存分配的连续性，有效减少了外部碎片。
- 精细控制内存分配：std::allocator工具提供了对内存分配过程的精细控制，允许开发者避免内部碎片，并通过控制内存分配的大小和时间来优化内存使用。

通过这些策略，我们不仅能够减少内存碎片，还可以提高内存使用效率和程序性能。在处理大量数据和高频内存操作的应用程序中，这种效果尤为显著。

8.3.6　CPU 缓存效率优化

在探讨计算机性能优化的旅程中，我们常常被引导去关注算法的复杂度、代码的优化，或是更高效的数据结构。然而，有一个经常被忽视的角色在幕后默默地影响着程序的运行效率，那就是缓存（cache）。在软件开发的世界里，细节是造成程序性能美丽的源泉，对缓存的理解和优化，便是其中的重要一环。

1. 缓存的基本概念

缓存，作为一种快速存取数据的机制，存在于硬件（如CPU的L1、L2、L3缓存）和软件（如操作系统、应用程序中的缓存）中。其主要目的是减少访问主存储器（通常是RAM）的次数，因为与读写缓存相比，读写主存储器的时间成本要高得多。在硬件缓存中，数据以“缓存行”为单位存储，缓存行通常是一小块连续的内存区域，其大小通常为64字节。

这种组织方式允许缓存系统高效地加载和存储连续的数据块，从而提高访问速度。缓存命中（cache hit）发生在请求的数据已经在缓存中，而缓存未命中（cache miss）则意味着数据需要从较慢的存储（如RAM）中检索。

2. CPU缓存层级

CPU缓存是高速数据存储层，旨在缩小中央处理单元（CPU）与主存之间的速度差异。CPU缓存分为3个主要层级，每个层级在速度、容量和数据访问场合上都有各自的特点，如表8-5所示。

表8-5　CPU缓存层级

缓存层级	速度与容量	特　点	访问场合
L1 缓存	最快的访问速度，容量通常仅几万字节到几十万字节	直接集成在 CPU 核心内部，访问延迟极低	处理当前 CPU 执行的最频繁访问的指令和数据
L2 缓存	速度比 L1 慢，容量更大，通常在几兆吉字节范围内	独立于每个核心或多个核心共享，提供更大的数据缓冲区	处理不那么频繁但仍然重要的数据访问请求
L3 缓存	速度慢于 L1 和 L2，容量更大，通常从几兆吉字节到几十兆吉字节	通常由所有核心共享，能缓存更大范围的数据	存储核心间需要共享的数据，减少对慢速主存的访问

3. 缓存预取策略

缓存预取是一种由CPU自动执行的过程，旨在提前识别程序可能需要的数据并将其加载到缓存中。

这一策略基于程序运行的模式预测，例如，如果一个程序连续访问数组中的元素，那么预取逻辑会预测接下来的元素也会被访问，并提前将它们加载到缓存中。这样做可以显著减少等待数据加载的时间，优化程序的执行速度。

4. 优化数据局部性

数据局部性是提高缓存效率的关键。它包括时间局部性和空间局部性：

- 时间局部性：如果一个数据项被频繁访问，那么它应该保留在缓存中，以便快速访问。
- 空间局部性：如果一个数据项被访问，那么其附近的数据项也很可能在不久的将来被访问。

5. 编程时的具体策略

在 C++ 编程中，合理地利用 CPU 缓存可以显著提高程序的性能。这主要涉及数据结构的选择、内存分配模式的调整以及循环和算法的优化。下面详细说明这 3 个方面：

1）数据结构的选择

- 空间局部性：选择可以提高空间局部性的数据结构，例如使用数组或紧凑结构（如 std::vector），而不是使用指针或引用频繁的数据结构（如链表）。数组确保数据元素在内存中连续存放，这有助于有效利用缓存行，减少缓存未命中的情况。
- 数据访问模式：根据数据的访问模式选择合适的数据结构。对于需要频繁遍历的数据，使用可以顺序访问内存的数据结构，如 std::array 或 std::vector，这些结构可以利用预取机制和缓存行效果。对于需要频繁插入和删除的情况，可以考虑使用 std::deque，它在两端都能高效地添加或删除元素，同时保持相对较好的内存连续性。
- 对齐和填充：对数据结构进行对齐和填充，确保它们符合缓存行的大小，这样可以优化 CPU 的缓存利用率并减少缓存行抖动。例如，可以显式指定结构体成员的对齐方式，或在结构体中添加填充字段以避免伪共享。
- 避免伪共享：在多线程环境中，确保不同线程访问的数据位于不同的缓存行中。这可以通过增加填充或调整数据结构布局来实现，以避免多个线程同时修改相邻的数据项，从而导致频繁的缓存行无效化。

2）内存分配模式的调整

- 对象池：使用对象池来管理内存分配。这种方法可以减少内存分配的碎片，确保相关对象在内存中位置接近或相邻，增加局部性。
- 对齐存储：确保数据对齐，特别是在使用大型结构或数组时。现代编译器和 CPU 通过对齐提高访问速度，防止跨缓存行的访问。
- 大块内存分配：尽可能使用大块连续内存分配方式，避免多次小块分配带来的内存碎片和缓存不一致性。

3）循环和算法的优化

- 循环展开：通过循环展开减少循环的开销。循环展开可以减少每次迭代中条件判断的次数，从而减少指令数量并增加每次循环中处理的数据量，提高缓存的利用率。
- 避免循环依赖：减少循环之间的数据依赖，使得循环能够被更好地并行处理，减少等待时间。

- 访问顺序：优化数据访问顺序，使其与数据在内存中的存储顺序一致，即顺序访问而非随机访问。这样可以最大化利用缓存行，因为缓存行加载到缓存中的数据通常包括所请求数据的周围数据。
- 循环交换：通过调整嵌套循环的顺序（例如在处理多维数组时），使内层循环沿着数据的连续内存布局进行，从而提高内存访问的连续性和缓存的局部性。例如，在处理二维数组时，确保最内层循环沿数组的一行（若行是连续存储的）进行迭代，以有效利用缓存行。
- 代码向量化：利用现代CPU的向量化指令集（如SSE或AVX）来处理数据。通过向量化，可以一次处理多个数据点，显著提高数据处理的速度和效率，同时减少循环的迭代次数。

通过上述方法，可以在编写C++程序时有效地提高CPU缓存的效率，从而提高整体程序的性能。这些技术不仅适用于高性能计算，也适用于需要处理大量数据的应用程序。

6. 优化案例

1）改进数组处理性能

假设有一个大型二维数组，该数组用于存储图像数据，每个像素是一个结构体，包含颜色和深度信息。我们需要对这个数组进行遍历，计算每个像素的某种属性。

原始代码如下：

```cpp
struct Pixel {
    int color;
    int depth;
};

const int WIDTH = 1024;
const int HEIGHT = 768;
Pixel image[WIDTH][HEIGHT];

void processImage() {
    for (int x = 0; x < WIDTH; x++) {
        for (int y = 0; y < HEIGHT; y++) {
            //对每个像素进行处理
            image[x][y].color = computeColor(image[x][y]);
            image[x][y].depth = computeDepth(image[x][y]);
        }
    }
}
```

问题分析如下：

- 在原始代码中，数组是按照列优先的顺序遍历的。这种访问模式使得每次迭代都可能导致缓存未命中，因为image[x][y]和image[x+1][y]在内存中并不相邻，尤其在y值相同时。
- CPU缓存是以行为单位加载的，因此按列访问二维数组会频繁地导致缓存行的加载和替换。

优化方法是将数组的遍历方式从列优先改为行优先。优化后的代码如下：

```cpp
void processImage() {
    for (int y = 0; y < HEIGHT; y++) {
        for (int x = 0; x < WIDTH; x++) {
            //对每个像素进行处理
            image[x][y].color = computeColor(image[x][y]);
            image[x][y].depth = computeDepth(image[x][y]);
        }
    }
}
```

效果：

- 优化后的访问模式使得每次的数据访问都能更好地利用缓存行，因为现在遍历是按行进行的，即image[x][y]到image[x+1][y]在内存中是连续的。
- 这种改变可以显著减少缓存未命中的次数，从而提高整体处理速度。

这个案例显示了通过简单地调整遍历顺序，可以有效地利用CPU缓存，从而提高数据处理性能。

2）使用对象池管理内存分配

假设我们正在开发一个实时模拟系统，该系统中包含大量动态创建和销毁的小对象，如模拟粒子。每个粒子对象包含位置、速度和其他几个属性，对象的创建和销毁频率非常高。

原始代码如下：

```
struct Particle {
    float x, y, z;    // 位置坐标
    float vx, vy, vz; // 速度
    // 其他属性
};

std::vector<Particle*> particles;

void simulate() {
    // 每个模拟步骤可能创建和销毁数千个粒子
    for (int i = 0; i < 1000; i++) {
        particles.push_back(new Particle());
    }

    // 处理粒子逻辑

    // 假设我们在这里销毁一些粒子
    for (int i = 0; i < 500; i++) {
        delete particles[i];
        particles[i] = nullptr;
    }
    // 清理并整理容器
    particles.erase(std::remove(particles.begin(), particles.end(), nullptr),
particles.end());
}
```

问题分析如下：

- 使用标准的new和delete操作符进行频繁的内存分配和释放，会导致内存碎片和性能下降。
- 每次new操作都可能导致CPU缓存未命中，因为新分配的内存块位置随机且不可预测。

优化方法是引入对象池来统一管理Particle对象的创建和销毁，以减少内存碎片和提高内存访问的局部性。优化后的代码如下：

```
class ParticlePool {
private:
    std::vector<Particle> pool;
    std::vector<Particle*> available;

public:
    ParticlePool(int size) {
        pool.reserve(size);
        for (int i = 0; i < size; ++i) {
```

```
            pool.push_back(Particle());
            available.push_back(&pool[i]); // 将地址放入可用列表
        }
    }

    Particle* allocate() {
        if (!available.empty()) {
            Particle* p = available.back();
            available.pop_back();
            return p;
        }
        return nullptr; // 池子满了
    }

    void free(Particle* p) {
        available.push_back(p);
    }
};

ParticlePool pool(5000);
std::vector<Particle*> particles;

void simulate() {
    for (int i = 0; i < 1000; i++) {
        Particle* p = pool.allocate();
        if (p) particles.push_back(p);
    }

    // 处理粒子逻辑

    for (int i = 0; i < 500; i++) {
        pool.free(particles[i]);
        particles[i] = nullptr;
    }
    particles.erase(std::remove(particles.begin(), particles.end(), nullptr),
particles.end());
}
```

这个案例展示了对象池如何帮助提高内存分配效率和缓存利用率，从而显著提升实时模拟系统的性能。

8.3.7 智能指针的合理使用

智能指针是C++中管理资源和内存的重要工具，它们通过自动处理内存释放和引用计数，帮助开发者避免内存泄漏。虽然智能指针为内存管理提供了极大的便利，但当它们不当使用时也可能对性能造成影响。因此，合理使用智能指针以减少对性能的负面影响是至关重要的。

1. 回顾智能指针的基本作用

先回顾一下智能指针的基本作用：

- std::unique_ptr：提供对单一对象的唯一所有权，不支持复制，只支持移动，适用于资源独占的场景。
- std::shared_ptr：支持多个指针对象共享资源的所有权，内部通过引用计数机制来确保资源在最后一个引用被销毁时释放。
- std::weak_ptr：配合std::shared_ptr使用，解决由共享所有权引起的潜在循环引用问题。

2. 减少智能指针的性能影响

在高性能应用中，合理使用智能指针可以减少其对性能的负面影响：

- 选择合适的智能指针类型：在大多数情况下，如果不需要共享资源的所有权，优先使用 std::unique_ptr。它的开销比 std::shared_ptr小，因为不涉及引用计数的管理。
- 避免不必要的共享所有权：仅在多个所有者确实需要管理同一个资源时使用std::shared_ptr。过度使用std::shared_ptr可能增加引用计数操作的开销，这些操作在多线程环境下可能成为性能瓶颈。
- 最小化引用计数的改变：避免在高频操作中不断创建和销毁std::shared_ptr实例。频繁的引用计数更新会增加开销。在可能的情况下，使用局部的普通指针或引用来访问std::shared_ptr管理的对象。
- 使用 std::make_shared和std::make_unique：当创建 std::shared_ptr或std::unique_ptr时，使用std::make_shared和std::make_unique可以优化内存使用。特别是std::make_shared，它通过单次分配同时处理对象和其引用计数的存储，从而减少了内存分配次数和提升了内存访问效率。
- 注意线程安全和同步开销：std::shared_ptr在多线程环境中对引用计数的修改是线程安全的，但这种安全性是以性能为代价的。在高并发场景下，频繁修改引用计数可能导致显著的同步开销。在这种情况下，评估是否必须共享所有权，或考虑使用其他机制。

通过这些策略，可以有效地利用智能指针来管理资源，同时最大限度地减少它们对系统性能的影响。这对于编写高效且可维护的 C++ 应用程序至关重要。

8.3.8　返回值优化：RVO 与 NRVO

在C++中，返回值优化（RVO）和命名返回值优化（NRVO）是编译器使用的两种技术，旨在通过省略不必要的复制和移动操作，减少或消除在函数返回对象时的复制成本，即使没有定义移动构造函数。这些技术提高了代码的执行效率，尤其在处理大型对象时。

1. RVO（返回值优化）

当函数返回一个临时对象时，编译器可以直接在接收变量的存储空间中构造这个返回对象，而不是在函数的局部环境中构造后再复制或移动到接收变量中。这允许编译器省略创建临时对象并将其复制到目标对象的过程，而是直接在目标位置创建对象。

【示例展示】

```
MyClass func() {
    return MyClass();
}

int main() {
    MyClass obj = func();  // RVO 可以避免复制或移动
}
```

2. NRVO（命名返回值优化）

当函数返回一个命名的局部对象而不是临时对象时，编译器允许直接在调用者的上下文中构造这个对象，从而避免复制或移动操作。NRVO允许编译器在函数内部创建并返回局部对象时优化掉复制或移动的过程。

【示例展示】

```
MyClass func() {
    MyClass result;
    //对 result 进行操作
    return result;                        // NRVO 可以避免复制或移动
}

int main() {
    MyClass obj = func();                 // NRVO 可能发生，取决于编译器
}
```

3. 注意事项

在进行返回值优化时，有以下注意事项：

- 编译器的自由度：虽然C++标准允许使用RVO和NRVO来优化代码，但实际上是否进行这样的优化取决于编译器的实现。不同的编译器和编译选项可能会影响优化的结果。
- C++17后的改进：在C++17以后的版本中，对返回值优化进行了进一步的标准化，要求编译器在某些情况下必须执行这种优化，例如当返回局部对象时，以减少编译器实现间的差异。
- 不适用场景：返回值优化（RVO/NRVO）可能不会在以下情况下发生：存在多个返回点、返回局部引用或指针、依赖动态类型、涉及复杂异常处理或受到编译器优化的限制。

8.3.9　并发与并行的优化

在现代软件开发中，充分利用多核处理器的并发与并行能力是提升应用性能的关键。下面将探讨几种核心编程策略和技术，以帮助开发者优化多线程程序的性能。

1. 减少锁的竞争

多线程程序中，锁是一种基本的同步机制，但过度依赖会引发性能瓶颈。优化锁的使用策略包括：

- 细粒度锁：采用更小的锁范围来保护数据，仅在必要时加锁，以减少线程间的等待。
- 锁的选择：根据场景选择适当的锁类型。例如，在读多写少的情况下，读写锁（std::shared_mutex）能允许多个读操作并行，而写操作则单独访问。

2. 使用无锁编程技术

无锁编程可以显著减少传统锁的开销，特别适合高并发场景。

- 原子操作：利用std::atomic 提供的原子操作确保操作的原子性，无须使用互斥锁。
- 无锁数据结构：实现或使用无锁队列和栈，这些结构通过原子操作管理内部状态，实现无锁并发访问。

3. 线程管理

有效的线程管理能显著提升并行程序的性能。

- 线程数量控制：线程数应与处理器核心数匹配，避免过多线程导致的调度和上下文切换开销。
- 使用线程池：线程池可以减少线程的频繁创建与销毁，同时提供任务队列管理，优化负载平衡和减少空闲。

4. 并行算法的选择和实现

选择合适的并行算法是关键。

- 任务划分：将大任务拆分为多个小任务，并行处理。
- 并行算法库：利用C++17的并行STL算法，如std::sort和std::for_each，自动利用多核处理器。

5. 设计高效的并发模型

选择合适的并发模型对性能优化至关重要。

- 生产者 – 消费者模型：优化数据缓冲和同步机制，确保生产者和消费者高效并行工作。
- 事件驱动模型：在适用场景中，减少线程使用，通过事件循环和回调处理任务，降低复杂性，提升响应速度。

6. 并发调度器优化

并发调度器优化的主要目标是提高任务处理的效率，减少等待时间，并合理利用系统资源。以下是一些主要的优化策略。

1）动态负载均衡

动态负载均衡策略可以根据实时的系统负载情况调整任务的分配。通过监控各线程的工作负载和处理器的使用情况，调度器可以将任务动态地重新分配给空闲或负载较轻的线程，从而避免某些线程过载而其他线程空闲的情况。

2）优先级调度

在多任务并发环境中，不同任务的优先级可能不同。实施优先级调度可以确保高优先级的任务能够更快得到处理，从而响应关键任务的需求。优先级调度要合理设计，避免低优先级任务长时间得不到执行的饥饿问题。

3）工作窃取策略

工作窃取（work stealing）是一种有效的任务调度策略，常用于异步任务并行算法中。在这种策略中，每个线程维护自己的任务队列。当某个线程完成自己队列中的所有任务后，它可以从其他线程的队列中"窃取"任务来执行。这种方法可以有效地平衡各线程的工作负载，提高系统的整体效率。

4）粒度控制

任务的粒度（即任务的大小和复杂度）对调度器的性能有重要影响。过大的任务粒度可能导致线程在执行单个任务时占用过多时间，而其他线程空闲；过小的任务粒度则可能因任务调度和管理的开销过大而降低效率。合理的粒度控制可以使调度器更有效地分配和管理任务。

5）考虑数据局部性

数据局部性原则指的是尽可能在相同的处理器或核心上处理相同的数据集，以减少数据传输的延迟和开销。调度器应考虑数据局部性，在分配任务时尽量让处理数据的线程接近数据存储位置，这在处理大规模数据集时尤为重要。

6）利用并行框架和库

现代编程语言和框架提供了多种并行和异步处理的库，如C++的Intel Threading Building Blocks（TBB）、Microsoft's Parallel Patterns Library（PPL）和C++17中的并行算法支持。使用这些成熟的库可以大幅简化调度器的实现，并利用这些库背后的高级优化技术。

7）减少上下文切换

上下文切换虽然是操作系统管理多任务的必要过程，但过多的上下文切换会造成大量的时间和资源浪费。以下是几种减少上下文切换的方法。

（1）线程数量的合理配置

控制线程数量是减少上下文切换的有效方法之一。线程数过多会导致操作系统频繁切换，每次切换都会消耗CPU时间。合理配置线程数量使其接近或等于处理器的核心数，可以减少不必要的上下文切换，提高核心的利用率。

（2）长时间运行的线程

优先使用长时间运行的线程，而不是频繁创建和销毁线程。这种方式可以减少因线程创建和终止而导致的上下文切换。线程池是实现这一策略的有效工具，它允许线程被重复使用，执行多个任务。

（3）亲和性调度

线程或进程的亲和性调度是指将线程或进程绑定到特定的CPU核心上运行，这样可以利用CPU缓存的局部性原则，减少缓存失效，同时也减少了调度器的上下文切换需求。亲和性调度特别适用于高性能计算和实时系统，其中处理器的每一点性能都极其宝贵。

（4）优化任务切换点

合理安排任务的切换点，避免在高频操作中进行上下文切换。例如，可以将一些短小的任务合并为一个较大的任务，减少切换频率。同时，确保在任务自然结束点或等待I/O操作时进行切换，这样可以最小化处理器状态保存和恢复的开销。

通过在代码层面实现这些优化，开发者可以显著提升多线程和多核应用程序的性能，更好地利用现代硬件的并行处理能力。

8.4　编译器优化：深入编译器的性能调节

前面讨论了多种代码级优化技巧，这些技巧主要集中于直接通过改变和优化代码本身来提升性能。虽然代码级的手动优化可以显著提升应用程序的执行效率，但是，充分发挥现代编译器的强大功能，了解并利用编译器级的优化同样至关重要。编译器优化可以视为代码优化的一个自动化延伸——它依赖于编译器的智能分析和处理能力，无须开发者进行过多的干预。

8.4.1　编译器优化概述

编译器优化指的是编译器在代码编译过程中自动应用的一系列策略，旨在改进程序的运行时间、减少内存使用、优化资源利用等，而不牺牲程序的功能性。这些优化措施包括但不限于删除无用代码、减少重复计算、提升代码运行路径的效率等。通过这些技术，编译器能够使得优良的代码成为卓越的代码，进一步利用每一份硬件的潜力。

本节将探讨编译器如何进行优化，以及开发者如何通过编写"优化友好"的代码来配合编译器工作。理解这些原理不仅可以帮助开发者编写出更高效的代码，还可以在更深层次上理解代码与计算机硬件之间的相互作用。

8.4.2　优化的影响因素

在编写代码时，了解哪些因素会影响编译器的优化决策对于实现高效的程序性能至关重要。编译器会根据代码的具体结构和特定的编程模式来应用最合适的优化策略。下面将探讨两个主要的影响因素：代码结构和数据访问模式。

1. 代码结构的影响

编译器在分析和优化代码时，对代码的结构极为敏感。一些编码习惯可能会限制或阻碍编译器执行某些优化：

- 复杂控制流：过于复杂的条件判断和控制流转可以导致编译器难以进行分支预测优化，从而降低执行效率。
- 函数调用：频繁的函数调用可能妨碍内联等优化措施的应用。简化函数调用关系或采用内联函数可以帮助编译器更有效地优化代码。

2. 数据访问模式

数据如何在内存中组织和访问对编译器优化同样有重大影响。合理的数据访问模式可以大幅提升性能。

- 数据局部性：良好的数据局部性（数据在内存中的聚集程度）可以增加缓存命中率，减少访问延迟。例如，对数组的连续访问（如数组遍历）通常比随机访问更高效。
- 数据结构选择：合适的数据结构也能显著影响性能。例如，对于频繁的查找操作，使用哈希表可能比使用列表更合适。

8.4.3　编译器优化技术详解

本节将列举一些关键的编译器优化技术，这些技术在提升程序性能方面起着至关重要的作用。需要注意的是，虽然将介绍多种优化技术，但这些技术只是编译器优化领域的一部分。实际上，现代编译器采用的优化技术远远超出了这些，它们复杂且多样，针对不同的编程语言和应用场景可能有着不同的优化策略。

对于有志于深入了解编译器优化全貌的读者，推荐参考更多的专业图书和文献。这些资源将提供更广泛的视角和更深入的技术细节，帮助大家全面理解编译器优化技术的潜力和复杂性。

1. 循环优化

- 循环展开：减少循环迭代次数，减轻每次迭代的开销，提升运行速度。
- 循环合并：当多个循环有相同的循环条件和迭代次数时，将它们合并为一个循环以减少管理循环的开销。
- 循环分离：将复杂循环中独立的部分分离出来，使得剩余循环更紧凑，提高缓存效率。
- 代码移动：将与循环迭代无关的计算从循环体中移出，以减少每次迭代的计算量。

2. 函数优化

- 内联函数：将函数调用替换为函数体本身的代码，消除函数调用的成本，适用于小而频繁调用的函数。

- 尾递归优化: 通过在递归函数的最后一步直接进行递归调用来转换为迭代形式, 以节省栈空间。

3. 条件表达式优化

- 分支预测优化: 编译器基于可能的执行路径预测代码最可能的分支, 优化该路径的执行。
- 条件移动: 利用特定的硬件指令, 根据条件赋值而不是使用分支结构, 减少分支带来的性能损失。

4. 数据流分析

- 死代码消除: 移除那些在程序执行过程中实际上不会被执行的代码段。
- 变量寄存器分配: 智能分配寄存器以存储变量, 优化存取速度, 减少内存访问次数。
- 依赖分析与重排: 分析程序中的数据依赖关系, 优化代码执行顺序以减少运行时的延迟和提高并行度。

5. 性能增强技术

- 向量化: 将数据操作转换为向量操作, 利用处理器的SIMD指令来处理多个数据点, 以提升数据处理的速度。
- 别名分析: 分析并确定不同指针或引用是否指向相同的内存位置, 从而在不影响程序正确性的前提下, 进行进一步的优化。

6. 编译器优化的基本原则

- 安全性: 所有的优化必须保证不改变程序的预期行为。
- 效率: 优化应当减少程序的运行时间或资源消耗。
- 透明性: 大部分优化对开发者是透明的, 不要求开发者做出太多调整。
- 可靠性: 优化过的程序应保持稳定可靠, 不引入新的错误。

7. 代码层面和编译器层面的循环展开

在上一节中已经探讨了如何在代码级优化中应用循环展开。然而, 值得注意的是, 编译器在处理代码时也会执行类似的循环展开操作。下面详细解释代码级别的循环展开和编译器自动循环展开之间的主要区别, 以帮助读者更深入理解两者在性能优化中的作用和优势。

当开发者手动进行循环展开时, 他们会在编写代码时直接减少循环的迭代次数, 这通过复制循环体内的代码来实现, 以此减少循环控制逻辑的开销。这种方法需要开发者对循环的性能瓶颈和硬件行为有深刻的理解, 以确保展开后的代码确实能带来性能提升。手动展开的主要缺点是它可能会导致代码膨胀, 增加代码复杂性和维护难度。

编译器在进行循环展开时, 会在编译期间自动进行。编译器拥有执行代码分析的能力, 能够基于当前目标机器的体系结构特点（如指令流水线、缓存大小、分支预测机制等）来决定是否展开循环、展开多少次是最优的。编译器的循环展开通常更加智能和保守, 能够在不牺牲过多可读性和增加额外维护成本的情况下, 做出适合当前编译目标的优化决策。

8. 需要手动进行循环展开的情况

编译器自动进行循环展开时, 可能受到一些限制或遇到特定情况使得它不能有效地或根本不进行展开。在这些情况下, 手动进行循环展开可能更加有效。以下是一些可能需要手动进行循环展开的情况:

- 复杂的循环体：如果循环体内部复杂或包含动态数据依赖、函数调用等，编译器可能无法确保展开后的代码仍然保持正确性和效率。
- 不明确的迭代次数：编译器通常在迭代次数明确且固定时最有效地进行循环展开。如果循环的迭代次数依赖于运行时才能确定的数据，编译器可能不会展开这样的循环。
- 优化目标不明确或过于保守：编译器的优化通常针对广泛的情况和目标，这可能会在某些特定的硬件或场景下显得过于保守。如果开发者明确知道特定的硬件特性，比如缓存大小、处理器的指令并行能力等，手动展开可能更为高效。
- 编译器评估错误：虽然现代编译器非常智能，但它们的优化决策有时可能不是最佳的，尤其在面对非常具体的性能优化目标时。开发者可以通过分析性能瓶颈，确定编译器未能充分优化的循环。
- 避免代码膨胀对性能的负面影响：编译器在考虑循环展开时会尽量平衡代码大小和执行速度。在一些极端性能需求的情况下，即使代码膨胀，手动展开循环也可能因为极端的执行效率需求而变得合理。
- 利用特定编译器未支持的优化技术：有些编译器可能不支持某些先进的或特定的优化技术，这种情况下手动优化能够实现编译器未能利用的潜在性能提升。

因此，在实践中如果决定手动进行循环展开，重要的是要使用性能分析工具来确保这种改变确实带来了性能提升。通常，循环展开应该是对已经通过分析并被确定为瓶颈的代码进行的优化，而不是盲目地对所有循环都进行应用。

8.4.4　辅助编译器优化

在编写代码时，开发者可以采取一些策略来帮助编译器更有效地进行优化。以下是一些实用的技巧和建议。

1. 编写优化友好的代码

- 避免复杂表达式：简化算术和逻辑表达式，使它们更容易被编译器识别和优化。
- 有意识地使用算法和数据结构：选择合适的算法和数据结构可以显著提升性能，尤其在处理大量数据时。
- 减少条件分支：通过合并条件语句或使用多态等技术来减少代码中的条件分支，以提升分支预测的准确性。
- 优化循环性能：尽可能减少循环体内的计算和复杂操作，使用提前退出循环等手段来提高效率。
- 考虑线程安全：在多线程环境中，确保代码的线程安全性，可以避免潜在的竞态条件，并允许编译器进行更多的并行优化。

2. 使用编译器优化指令

- 优化编译选项：合理使用编译器提供的优化选项，如 GCC 的 -O2、-O3 等，可以启用更广泛的优化。
- 功能属性：利用编译器特有的功能标记（如 GCC 的 __attribute__ 或 MSVC 的 #pragma optimize），来指示编译器对特定函数或代码块进行特殊优化。
- 链接时优化（LTO）：允许编译器在链接程序的所有模块时进行优化。这有助于发现和实施跨文件的优化机会。

3. 标记不可达代码

std::unreachable()是C++23标准中新增的一个实用功能，用于告诉编译器某个代码点是不可达的。当开发者能确定在逻辑上某个代码位置永远不会被执行到时，可以使用这个功能标记这些位置。这有助于编译器进行更深入的代码优化，比如去除那些永远不会被执行的代码分支。

使用std::unreachable()时，如果代码在运行时真的执行到了标记为std::unreachable()的位置，则会触发未定义行为，通常这会导致程序崩溃。这个特性使得std::unreachable()成为一个强大的工具，用于在开发中调试和验证程序的正确性，同时也是在告诉编译器可以安全地忽略某些代码路径，从而提高程序的运行效率。

在实际使用中，std::unreachable()常常出现在switch语句的默认分支中（如果开发者确信所有可能的情况已经被覆盖），或在一些条件逻辑之后（开发者认为逻辑上不可能再有其他情况发生时）。这不仅帮助编译器进行优化，还可以作为代码自我文档的一部分，明确指出这些区域不应该被访问。

通过理解和应用这些原理，开发者可以显著提高编译器优化的效果，编写出更加"编译器友好"的代码，使编译器能够更有效地实施优化，从而提高程序的执行效率。

8.5　系统与环境优化：操作系统和硬件的性能调整

在前面的小节中，我们已经深入探讨了如何通过代码层面和编译器级别的优化来提高C++应用程序的性能。这些技术非常重要，但它们通常集中于软件本身的改进。接下来，我们将扩展视野，探索如何通过优化应用程序的运行环境和系统配置来进一步提升性能。

系统与环境优化涵盖了一系列广泛的技术，从操作系统的调整到硬件配置，再到虚拟化技术的应用。这些优化措施可以显著影响应用程序的响应时间和处理能力，尤其在资源密集型的任务或高并发的应用场景中。

8.5.1　操作系统调优

操作系统调优是提升C++应用性能的基石。通过精细地调整操作系统层面的各项参数和行为，开发者可以为C++应用提供一个更加高效的执行环境。操作系统的调优应当遵循C++的设计哲学：高效、灵活、控制。下面详细介绍几个关键的操作系统调优策略。

1. 内核参数调整

操作系统的内核参数直接影响应用程序的运行表现。在Linux系统中，可以通过修改/etc/sysctl.conf文件或使用sysctl命令实时调整这些参数。

主要的内核参数如下：

- vm.swappiness: 这个参数控制了内核交换区的使用倾向，值范围从0到100。较低的值意味着内核会尽量使用物理内存，而不是交换空间。这对于内存访问密集型的应用来说可以减少延迟。
- fs.file-max: 增加这个参数的值可以提高系统允许打开的文件数量上限。这对于需要打开大量文件的服务或应用来说非常有用。

2. 实时优先级处理

对于需要高实时性的C++应用，如音视频处理或高频交易系统，操作系统提供了实时调度策略，如SCHED_FIFO（先进先出）和SCHED_RR（时间轮转）。这些策略可以通过pthread_setschedparam函数在应用程序中设置，以确保关键任务能优先获得CPU时间，从而减少延迟。

3. 透明大页

透明大页（transparent huge pages，THP）可以自动管理大页内存分配，这对于大规模内存操作非常有利。通过启用THP，可以减少页表项的数量，提高地址翻译效率。然而，对于某些应用，如数据库系统，过度使用大页可能会导致性能下降。因此，评估并根据应用特性合理配置大页支持是非常重要的。

通过以上操作系统调优策略，开发者可以显著提高C++应用程序的执行效率和响应速度。这些调整需要精确控制和深入理解操作系统的工作机制，体现了C++设计哲学中对效率和控制的追求。在实施这些优化时，应确保广泛测试，以验证改动带来的效果，并避免可能的副作用。

8.5.2　硬件亲和性

硬件亲和性是提高C++应用性能的关键策略之一，尤其在多核处理器普遍的今天。通过合理地分配计算任务到特定的CPU核心或内存节点，可以有效减少CPU缓存失效，提高内存访问速度，从而优化程序的运行效率。下面将探讨CPU亲和性和内存访问策略，以及它们如何帮助提升C++应用的性能。

1. CPU亲和性

CPU亲和性指的是将进程或线程绑定到一个或多个CPU核心，这样可以保证任务在特定的核心上运行，减少进程或线程在核心之间的迁移，避免由此引起的缓存失效和调度开销。在Linux系统中，可以通过如下方法设置CPU亲和性：

- taskset命令：这是一个简单的命令行工具，可以用来设置或查询进程的CPU亲和性。例如，taskset -c 0-3,8-11 pid将进程pid绑定到CPU0 ~ CPU3和CPU8 ~ CPU11。
- pthread_setaffinity_np函数：在C++中，可以使用这个函数直接在代码内设置线程的CPU亲和性。这允许更细粒度的控制，适用于需要高性能的多线程应用程序。

2. NUMA优化

在现代计算机架构中，非一致性内存访问（NUMA）是常见的配置，特别是在多处理器系统中。NUMA优化是确保每个处理器或核心快速访问其本地内存，而不是远程节点的内存，这可以显著提高内存访问速度。

- numactl工具：Linux提供了numactl工具来控制NUMA策略。使用numactl可以指定进程运行的节点以及内存分配策略，如numactl --cpunodebind=0 --membind=0 myapp将应用绑定至节点0的CPU和内存。
- 自动NUMA平衡：Linux内核可以自动调整任务和内存的NUMA局部性，以提高性能。虽然这增加了内核的复杂性，但对于大多数应用，开启自动NUMA平衡可以带来性能提升。

8.5.3　I/O 性能优化

在性能优化的讨论中，I/O操作常常是瓶颈所在，特别是对于I/O密集型的应用程序，如数据库和文件服务。优化I/O性能不仅涉及软件层面的调整，也包括硬件选择和配置。下面探讨如何通过各种策略提升磁盘和网络I/O的效率。

1. 文件系统优化

选择和配置合适的文件系统对于磁盘I/O性能至关重要。不同的文件系统设计理念和技术特点使它们在不同的应用场景下表现各异。

- EXT4、XFS、Btrfs：对于Linux系统，EXT4提供稳定的性能和广泛的支持，而XFS优化了大文件的处理，Btrfs则提供高级功能（如快照和动态卷管理）。选择哪种文件系统可以根据应用需求和特定的性能考虑来决定。
- 调整挂载选项：noatime可以禁止更新文件的访问时间，从而减少写操作；data=writeback模式可以在不牺牲太多数据一致性的情况下提高EXT4的性能。

2. 磁盘调度优化

磁盘调度器决定了磁盘操作的处理顺序。选择合适的调度器可以提高响应速度和吞吐量。

- CFQ、Deadline、NOOP：CFQ（完全公平队列）调度器适合普通的桌面应用；Deadline调度器减少了I/O操作的延迟，优化了读取速度；NOOP简单地按顺序处理请求，适用于SSD等低延迟设备。
- 调整调度器：可以通过修改/sys/block/<device>/queue/scheduler来选择适合特定负载的调度器。

3. 网络性能优化

网络配置也是影响应用性能的重要因素，特别是在分布式系统和云应用中。

- TCP参数调整：例如，增加tcp_max_syn_backlog和tcp_fin_timeout可以优化TCP连接的建立和释放，适合高并发的服务器环境。
- 使用高效的网络协议：在可能的情况下，使用UDP代替TCP可以减少传输的开销，适合对延迟敏感的应用，比如实时视频传输。

4. 使用缓存和预读技术

- 操作系统级缓存：大多数现代操作系统已经使用了高效的缓存机制来减少对磁盘的访问次数。通过合理配置和使用缓存，可以显著提高I/O性能。
- 预读策略：通过智能预读，系统可以预先加载用户可能要访问的数据到缓存中，这在顺序读取大文件时效果显著。

通过这些I/O性能优化策略，开发者可以显著降低I/O延迟，提高数据处理速度，从而提升整体应用性能。这些技术的实施和调整需要仔细考虑应用的特定需求和底层硬件的特性，以确保最优的性能输出。

8.5.4 虚拟化与容器优化

随着虚拟化和容器技术的普及，优化这些环境下的C++应用性能变得越来越重要。虚拟化技术允许多个操作系统实例在单一硬件上并行运行，而容器则提供了一种更轻量级的、基于操作系统级虚拟化的解决方案。这些技术虽然带来了灵活性和可扩展性，但也引入了新的性能挑战。下面将探讨如何在虚拟机和容器环境中实施性能优化。

1. 虚拟机优化

虚拟机提供了完整的硬件虚拟化，但这种完整性通常以性能为代价。优化虚拟机性能的关键是减少虚拟化开销并确保资源的充分利用。

- 选择合适的虚拟化技术：例如，与传统的全虚拟化（如VMware）相比，基于硬件辅助的虚拟化技术（如Intel VT或AMD-V）可以显著减少性能开销。
- 优化虚拟硬件配置：为虚拟机分配足够的CPU核心和内存，避免因过度配置而导致的资源争抢和性能下降。合理配置网络和存储接口，比如使用虚拟机队列（virtio）可以提高网络和磁盘I/O性能。

2. 容器性能优化

容器由于其共享操作系统内核的特性，比虚拟机有更少的性能开销。但是，正确的配置和资源管理仍然十分关键。

- 资源限制和分配：使用Docker或Kubernetes时，可以通过cgroups来限制容器的CPU和内存使用。适当的资源限制不仅可以防止单个容器占用过多资源，而且可以通过均衡分配提高整体系统的稳定性和效率。
- 优化镜像大小和结构：构建轻量级的容器镜像，并尽可能利用镜像层次来复用共同的基础设施，这可以减少启动时间和网络传输负载。
- 网络和存储优化：在容器化环境中，网络和存储配置同样重要。例如，使用Overlay网络可以提供灵活性，但可能影响性能；使用本地存储或高性能网络存储可以提高I/O效率。

3. 监控和分析

无论是虚拟机还是容器，有效的监控和性能分析都是优化的关键。使用Prometheus和Grafana这样的工具进行资源使用监控，以及使用cAdvisor和Docker Stats这样的工具分析容器性能，可以帮助管理员和开发者及时发现并解决性能问题。

通过这些策略，开发者可以有效地优化在虚拟化和容器环境中运行的C++应用的性能。正确地理解和应用这些技术将有助于最大化资源的利用率，同时保持应用的响应速度和处理能力。

8.5.5　环境监控与自动调整

为了确保C++应用在生产环境中持续运行在最佳状态，环境监控与自动调整成为必不可少的策略。下面将讨论如何通过监控工具收集关键性能指标，并利用这些数据自动优化系统配置，以适应不断变化的负载条件和系统状态。

1. 性能监控工具

性能监控是环境优化的第一步。只有正确地了解应用和系统的运行状态，我们才能进行有效的优化。以下是一些主流的监控工具。

- Prometheus：这是一个开源系统监控和警告工具，它通过HTTP协议周期性抓取配置好的作业的指标，非常适合收集和记录实时的性能数据。
- Grafana：通常与Prometheus搭配使用，提供强大的数据可视化支持。通过Grafana，开发者可以创建仪表板来实时查看和分析性能指标。

- Nagios：一种更为传统的监控解决方案，适用于大型环境，可以监控网络服务、主机资源，甚至具体的服务状态。

2. 自动化性能调整

手动调整系统设置以响应监控数据是不现实的，尤其在大规模或高动态变化的环境中。自动化性能调整可以解决这一问题。以下是一些实现自动化调整的策略和工具。

- Ansible和Puppet：这些工具可以用来编写自动化脚本，根据监控到的性能数据动态调整系统配置。
- Kubernetes Autoscaling：对于在Kubernetes环境下运行的应用，可以利用Horizontal Pod Autoscaler自动根据CPU使用率等指标扩展或缩减服务实例数量。

3. 预测性维护

除了响应当前的性能数据之外，通过使用机器学习算法分析历史数据来预测未来的系统负载和潜在问题，也是一种先进的优化策略。这可以帮助开发者提前调整资源，避免性能瓶颈的发生。

- 机器学习模型：开发自定义的预测模型来分析性能数据和预测趋势。
- 自动化反馈循环：整合监控、分析和执行的自动化流程，确保系统不断自我优化，始终保持在最佳状态。

通过实施这些监控和自动化调整的策略，开发者和系统管理员可以确保C++应用及其运行环境能够持续适应变化，维持高效的运行效率。这不仅减轻了日常维护的负担，还能提高系统的稳定性和可靠性。

8.5.6　Windows环境下的性能优化策略

在之前的章节中，我们主要讨论了Linux环境下的各种性能优化技术。这种选择是基于Linux系统在服务器和科学计算领域的广泛应用，以及其开源和高度可配置性的特点使其成为性能调优和深度定制的理想平台。然而，Windows系统在企业和桌面应用领域也占有重要位置，因此了解如何在Windows环境下进行性能优化同样重要。

与Linux不同，Windows操作系统是封闭源代码的，这限制了用户对系统底层行为的控制和调整。尽管如此，Windows提供了多种工具和策略，允许开发者和系统管理员优化应用性能。

1. 性能监控工具

Windows的性能监控工具包括：

- 任务管理器和资源监视器：这些是Windows内置的工具，提供了实时的系统性能数据，包括CPU、内存、磁盘和网络使用情况。
- 性能监视器（PerfMon）：一个更为强大的工具，可以收集和显示Windows操作系统和应用程序的性能数据。用户可以配置数据收集器集来跟踪特定的性能指标。

2. 服务配置优化

Windows使用服务管理控制台来允许用户启用或禁用特定的系统服务，以关闭不必要的服务来释放资源。

3. 注册表调优

Windows 注册表中存储了系统和应用程序的配置信息。通过调整注册表项，比如调整系统的网络堆栈配置或界面行为，可以优化系统性能。需要注意的是，错误的注册表配置可能导致系统不稳定，因此建议在修改前进行充分的测试和备份。

4. 高级电源管理设置

调整电源计划以优先考虑性能，特别是在需要高性能输出的工作站和服务器上。

5. 硬件加速与图形性能优化

在支持高性能图形处理的应用（如游戏或图形设计软件）中，通过配置 NVIDIA 或 AMD 的控制面板可以优化图形卡设置，进而提升性能。

8.6　总结：C++性能优化的策略与实践

本章探讨了多个层面的 C++性能优化，涵盖了从编译器调优、代码优化，到系统与环境配置的全方位策略。每个部分都是为了帮助开发者提升应用的执行效率和响应速度。下面总结性能优化的执行时机与原则，指导读者在开发过程中合理安排优化工作。

1. 早期介入

性能优化并非仅在项目后期考虑的事项，而是从项目设计开始就应纳入的组成部分。在早期阶段，选择合适的算法和数据结构是基础性的决定，这将极大地影响后续的性能。

2. 持续评估

性能评估应该是一个持续的过程，不仅限于开发初期。随着项目的发展，新增功能和代码可能会引入新的性能瓶颈。定期使用性能分析工具来检测和诊断这些瓶颈是必要的。

3. 分阶段优化

优化应根据项目的不同阶段进行：

- 开发阶段：关注代码效率，利用编译器优化以及代码层面的优化，如循环优化、数据访问优化等。
- 集成阶段：重点在于整体系统的性能，如并发性、内存使用和 I/O 优化。
- 部署前：在真实环境中模拟负载，进行系统调优和环境配置，确保软件在生产环境中达到最优性能。

4. 原则化的实践

- 不牺牲代码可读性：优化不应以牺牲代码的可维护性和可读性为代价。清晰和简洁的代码更容易被优化。
- 优化的适度原则：避免过度优化。在确认性能瓶颈之前，不应盲目优化代码。通过工具精确地定位热点，有针对性地进行优化。
- 测试驱动优化：每次优化后，都应通过性能测试来验证优化的效果，确保改动带来了实际的性能提升，并未引入新的问题。

5. 避免常见陷阱和误区

在追求性能优化时，开发者还应该警惕一些常见的陷阱和误区，如表8-6所示。

表8-6　性能优化中常见的陷阱和误区

陷阱/误区	描　　述	潜在问题	建　　议
过早优化	在代码还未完全成形或没有性能问题证据时就开始优化	可能导致代码复杂化，难以维护	先编写清晰、正确的代码，然后使用性能分析工具识别真正的瓶颈
忽视算法复杂度	过分关注低层次的优化，而忽视了算法本身的效率	即使是高度优化的低效算法，也可能比简单实现的高效算法慢	优先考虑算法和数据结构的选择，然后进行低层次优化
滥用内联函数	将所有小函数都声明为inline	可能导致代码膨胀，影响指令缓存效率	让编译器决定是否内联，只在关键路径上的小函数中使用 inline
误解虚函数的开销	认为虚函数总是性能低下的，应该避免使用	可能导致过度工程化，牺牲代码的灵活性	不要为了微小的性能收益而牺牲代码的灵活性和可维护性
过度使用动态内存分配	频繁地使用 new 和 delete 进行小对象的分配和释放	可能导致内存碎片和性能下降	考虑使用对象池、栈分配或自定义内存管理策略
忽视数据局部性	编写的代码没有考虑到 CPU 缓存的工作方式	缓存未命中可能导致严重的性能下降	设计数据结构和算法时考虑内存访问模式，尽量保持数据的局部性
过度使用异常处理	在正常控制流中使用异常处理	异常处理机制的开销较大，不适合用于常规流程控制	仅在真正的异常情况下使用异常处理
误解编译器优化能力	过分依赖编译器优化，或者试图"欺骗"编译器	可能导致代码难以理解，而且编译器的优化可能不如预期	编写清晰的代码，让编译器能够更容易地进行优化
忽视多线程安全	在多线程环境中过度使用锁，或完全忽视线程安全	可能导致性能瓶颈或难以发现的并发错误	谨慎设计多线程代码，考虑使用无锁算法或细粒度锁
过度抽象	创建过多的小型函数或过度使用设计模式	可能导致函数调用开销增加，代码难以优化	在抽象和性能之间找到平衡，适度使用抽象

理解这些常见的陷阱和误区对于进行有效的性能优化至关重要。开发者应该始终保持警惕，在追求性能的同时不忽视代码的可读性、可维护性和正确性。性能优化是一个需要权衡的过程，要在多个目标之间找到适当的平衡点。

此外，性能优化应该始终基于实际的测量和分析，而不是猜测或假设。使用性能分析工具来识别真正的瓶颈，并通过benchmark来验证优化的效果，这样可以确保我们的优化努力是有的放矢的。

通过本章的学习，希望读者能够掌握在C++项目中有效地应用性能优化技术的方法。性能优化既是一门技巧，也依赖经验。通过在实践中不断学习和调整，开发者将能够逐步加深对性能的理解与掌握。